T0225259

Chemisch-technische Untersuchungsmethoden

Ergänzungswerk
zur achten Auflage

Herausgegeben von

Dr.-Ing. **Jean D'Ans**

Zweiter Teil

Untersuchungsmethoden der allgemeinen und anorganisch-chemischen Technologie und der Metallurgie

Bearbeitet von

J. D'Ans, G. Darius, A. Dietzel, H. Fischer, R. Grün, W. Heimsoeth, Fr. Heinrich, Fr. Kurz, W. Liesegang, A. Orlicek, Fr. Petzold, P. Sander, F. Scheffer, L. Schmitt, F. Schuster, G. Siebel, Fr. Specht, A. Splittgerber, U. Stolzenburg, R. Strohecker, H. Toussaint, K. Wagenmann, R. Walcher, B. Wandrowsky, D. Witt, G. Wittmann, W. Wöhlbier, C. Zerbe

Mit 114 Abbildungen im Text

Springer-Verlag Berlin Heidelberg GmbH
1939

ISBN 978-3-7091-3170-1 ISBN 978-3-7091-3206-7 (eBook)
DOI 10.1007/978-3-7091-3206-7

Ursprünglich erschienen bei Julius Springer, Berlin 1939
Softcover reprint of the hardcover 1st edition 1939

Vorwort.

In diesem zweiten Band des Ergänzungswerkes sind die Fortschritte der chemisch-technischen Untersuchungsmethoden für die allgemeine und anorganisch - chemische Technologie und für die Metallurgie zusammengefaßt worden.

Die Untersuchungsmethoden der Metalle Aluminium, Eisen, Chrom, Nickel usw. ihrer Erze und ihrer Legierungen sind viel ausführlicher als bisher berücksichtigt worden. Dies erschien richtig mit Rücksicht auf die Entwicklung der Metallurgie, bei der wesentlich höhere Anforderungen an die Qualität als bisher gestellt werden, und dann mit Rücksicht auf die große Bedeutung, welche die verschiedensten Eisenlegierungen als Baustoffe und als Werkstoffe für gewerbliche und chemische Zwecke erlangt haben. Beim Aluminium braucht man den großen Umfang seines Abschnittes nicht zu begründen.

Auch bei einer Reihe anderer Abschnitte sind die Nachträge recht umfangreich ausgefallen, so z. B. für Kraftstoffe, Mineralöle, komprimierte Gase, Luft, Kesselspeisewasser, Schwefelsäure und schweflige Säure usw. Bei mehreren anderen Abschnitten, insbesondere der anorganisch-chemischen Technologie sind dagegen die Nachträge klein.

Die Rückverweisungen auf die zugehörigen Abschnitte des Hauptwerkes sind, wo nur angängig, mit kurzer Angabe der Bandnummer und der Seitenzahl (z. B. III, 427) erfolgt, um die Benutzung des Gesamtwerkes möglichst bequem zu gestalten. Aus diesem Grund wird auch dem 3. Band des Ergänzungswerkes ein Gesamtsachregister angefügt werden, das beide, das Haupt- und das Ergänzungswerk, umfassen wird. Das Schrifttum ist am Ende jedes einzelnen Abschnittes in alphabetischer Reihenfolge nach Autornamen geordnet, zu finden.

Der Dank an alle Mitarbeiter sei auch in diesem Band wärmstens wiederholt. Trotz aller Erschwernisse und Behinderungen ist es ihnen zu danken, daß dieser zweite Band schon wenige Monate nach dem ersten erscheinen kann.

Auch sei wieder Dank gesagt der Industrie und den behördlichen Untersuchungsämtern für ihre freundliche Unterstützung, die wesentlich zum Gelingen vieler Abschnitte beigetragen hat.

Berlin, September 1939.

D'Ans.

Inhaltsverzeichnis.

Feste und flüssige Brennstoffe.

Von

Dipl.-Ing. **Robert Walcher**, Ingenieurkonsulent, Wien.

I. Feste Brennstoffe (II/1, 2—30).

1. Wasserbestimmung (II/1, 7). Zur raschen und genauen Feuchtigkeitsbestimmung ist die von M. Dolch ausgearbeitete kryohydratische Wasserbestimmung ausgezeichnet geeignet. Außerdem bietet die Methode die Gewähr, bei Brennstoffen mit ausgesprochen adsorptiven Eigenschaften den gesamten Feuchtigkeitsgehalt zu ermitteln, der nach den üblichen Methoden (Trocknung bei 105—110° C im Lufttrockenschrank oder inerten Gasstrom, Xylolmethode) nicht vollständig erfaßt werden konnte und daher zu niedrige Werte ergab.

Wird ein fester, in Alkohol nichtlöslicher Stoff mit einem mehr oder minder hohen Wassergehalt, mit absolutem Alkohol übergossen, so tritt nach gewisser Zeit Ausgleich von Wasser und Alkohol ein unter Bildung eines Alkohol-Wassergemisches. Die zu diesem Ausgleich notwendige Zeit ist im wesentlichen eine Funktion der Diffusionsgeschwindigkeit, die durch weitgehende Zerkleinerung des untersuchten Stoffes bzw. durch Erwärmen beschleunigt werden kann. Wird nach eingetretenem Ausgleich eine Probe des Alkohols, gegebenenfalls nach vorgenommener Filtration, mit der gleichen Menge Petroleum vermischt und dann unter Abkühlung die Temperatur bestimmt, bei welcher die Entmischung eben eintritt bzw. bei neuerlicher Wärmezufuhr eben wieder verschwindet, dann kann an Hand einer vorher vorgenommenen Eichung des Petroleums mit Alkohol-Wassergemischen ohne weiteres die Dichte des Alkohols ermittelt werden. Für ein Gemisch von Alkohol und Petroleum ist der Entmischungspunkt eine durch den Wassergehalt eindeutig bestimmte Funktion, und zwar steigt der Entmischungspunkt mit steigendem Wassergehalt fast geradlinig an. Eine Steigerung von 1% Wasser (z. B. von 2 auf 3%) im Alkohol gibt eine Erhöhung der Entmischungstemperatur von fast 10° C. Eine teilweise Lösung des Bitumens von Braunkohle (bzw. die gänzliche Lösung von Teer) im Alkohol beeinträchtigt in nicht meßbarer Weise das Resultat.

Eichung. Zunächst ist die Entmischungskurve für den verwendeten Alkohol und das zur Anwendung gelangende Petroleum zu bestimmen. 50 cm³ des zu untersuchenden Alkohols werden in einem 100 cm³ fassenden Kölbchen mit eingeschliffenem Glasstöpsel auf der analytischen Waage genau gewogen, 5 Tropfen destilliertes Wasser zugesetzt und wieder gewogen. Von diesem verdünnten Alkohol werden genau 20 cm³ in das Entmischungsgefäß pipettiert und genau 20 cm³ des zu verwendenden Petroleums zugesetzt. Man bestimmt nun den Entmischungspunkt, indem man durch Eintauchen in eine Kältemischung das Eintreten der Trübung abwartet und unter kräftigem Rühren des Gefäßinhaltes die Entmischungstemperatur abliest bzw. wenn diese Trübung schon bei Zimmertemperatur entstanden ist durch Eintauchen in warmes Wasser unter Rühren die Temperatur feststellt, bei der Klärung des Flüssigkeitsgemisches eintritt (Abb. 1). Diese ist mit der Entmischungstemperatur beim Abkühlen identisch. Diesen Vorgang wiederholt man unter Zusatz von 10 bzw. 15, bzw. 20 bis 50 Tropfen destillierten Wassers und erhält so eine Reihe von Entmischungspunkten, die man zweckmäßigerweise in ein Koordinatensystem einträgt, wobei auf der Ordinate die Entmischungstemperatur und auf der Abszisse der Wassergehalt aufgetragen wird.

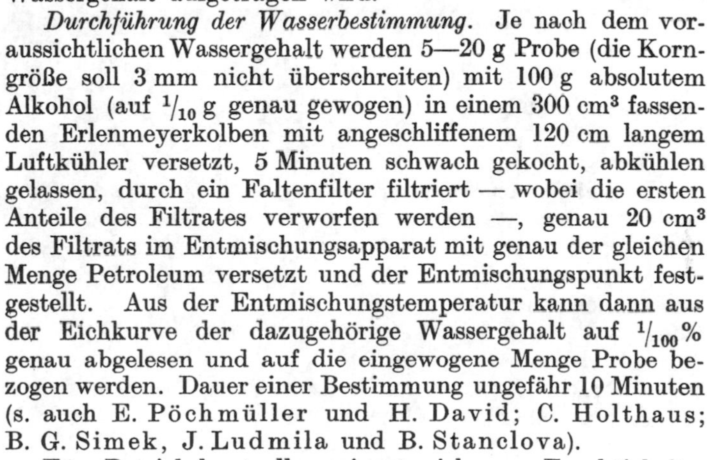

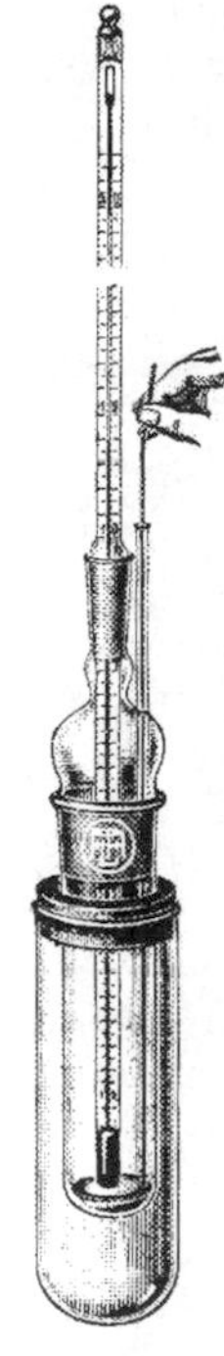

Abb. 1. Entmischungsapparat.

Durchführung der Wasserbestimmung. Je nach dem voraussichtlichen Wassergehalt werden 5—20 g Probe (die Korngröße soll 3 mm nicht überschreiten) mit 100 g absolutem Alkohol (auf $^1/_{10}$ g genau gewogen) in einem 300 cm³ fassenden Erlenmeyerkolben mit angeschliffenem 120 cm langem Luftkühler versetzt, 5 Minuten schwach gekocht, abkühlen gelassen, durch ein Faltenfilter filtriert — wobei die ersten Anteile des Filtrates verworfen werden —, genau 20 cm³ des Filtrats im Entmischungsapparat mit genau der gleichen Menge Petroleum versetzt und der Entmischungspunkt festgestellt. Aus der Entmischungstemperatur kann dann aus der Eichkurve der dazugehörige Wassergehalt auf $^1/_{100}$% genau abgelesen und auf die eingewogene Menge Probe bezogen werden. Dauer einer Bestimmung ungefähr 10 Minuten (s. auch E. Pöchmüller und H. David; C. Holthaus; B. G. Simek, J. Ludmila und B. Stanclova).

Für Betriebskontrollen eignet sich zur Feuchtigkeitsbestimmung von Koks, Anthrazit und Magerkohlen durch Trocknen im Lufttrockenschrank bei 105—110° C der „Feuchtigkeitsbestimmer", D.R.P. der Merseburger Waagenfabrik, A. Dresdner. Wie aus Abb. 2 ersichtlich, befindet sich die Probe während der Trocknung auf einer Neigungswaage, deren Skala auf Prozente Wasser geeicht ist, so daß während der Trocknung laufend der Gewichtsverlust in Teilen von Hundert abgelesen werden kann. Der Apparat wird für Einwaagen von 10, 50 oder 100 g hergestellt.

Weitere Feuchtigkeitsbestimmungen mittels physikalischer Methoden haben W. Bielenberg und O. Zdralek, B. van Steenbergen und S. A. Kotkow ausgearbeitet (s. auch S. 28).

2. Asche (II/1, 8). Zur Bestimmung des Aschenschmelz- bzw. Erweichungspunktes ist das Erhitzungsmikroskop mit photographischer Registrierung von E. Leitz, Wetzlar als der vollkommenste Apparat für diese Zwecke anzusprechen.

Zylindrische Proben der Asche von 3 mm Durchmesser und 2 mm Höhe werden in einem elektrischen Ofen, dessen Atmosphäre von beliebigen Gasen erfüllt werden kann, der Untersuchung unterzogen, ohne daß dieselben mit einem Taststab belastet werden müssen. Der in den Strahlengang eingeschaltete Spiegel des Galvanometers, das von dem im Ofen sitzenden Thermoelement gesteuert wird, dreht sich je nach der im Ofen herrschenden Temperatur. Das durch eine eingeschaltete Spaltblende gebildete Spaltbild wandert über die entsprechend geeichte Mattscheibe bzw. über das photographische Papier und zeichnet die jeweilige Höhe des niederschmelzenden Prüflings in Abhängigkeit von der Temperatur in Kurvenform auf. Abb. 4 zeigt eine derartige Schmelzkurve einer Kohlenasche.

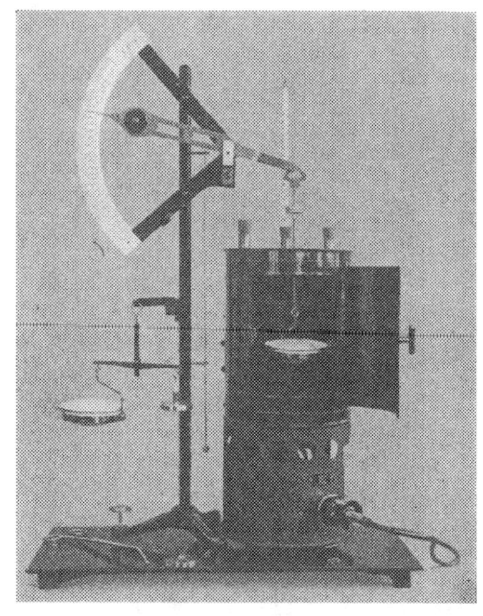

Abb. 2. Feuchtigkeitsbestimmer.

Über eine einfache Form der Schmelzpunktbestimmung von Aschen berichten M. Dolch und E. Pöchmüller. Die Asche wird auf die breitgeklopfte Lötstelle eines Thermoelementes aufgebracht, unterhalb befindet sich als Heizung ein elektrischer Lichtbogen, oberhalb das Beobachtungsmikroskop, zwischen Mikroskop und Thermoelement eine Blende aus Platinblech.

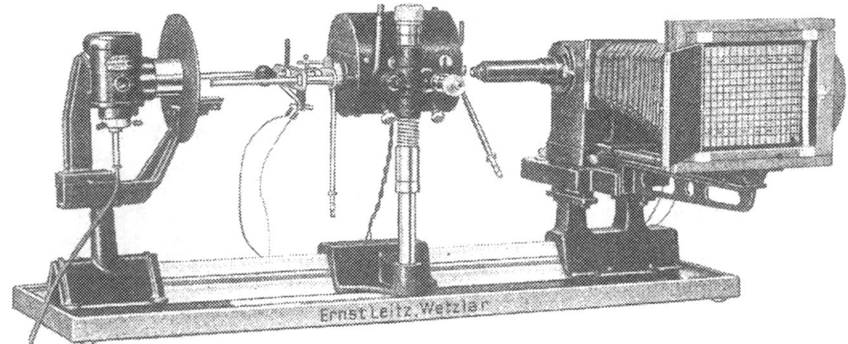

Abb. 3. Erhitzungsmikroskop von E. Leitz.

3. Elementarzusammensetzung. Schwefel (II/1, 14). Mit der Ausarbeitung neuer bzw. Verbesserung bekannter Methoden, sowie mit der Überprüfung derselben auf ihre Genauigkeit befaßten sich eine größere Anzahl Arbeiten unter anderem von Niezoldi; G. W. Lernermann; C. Otin und G. Cotrutz; R. Lanzmann; G. F. Smith und

A. G. Deem; W. Grote und H. Krekeln; A. Thau und W. Wisser; M. G. Schifrin; A. S. Jurowski; M. M. Kefeli und E. R. Berliner.

Die von W. J. Müller, H. Hiller und E. Klaude ausgearbeitete Methode zur Bestimmung des verbrennlichen Schwefels, die im folgenden beschrieben sei, ist wegen ihrer allgemein anwendbaren, raschen und

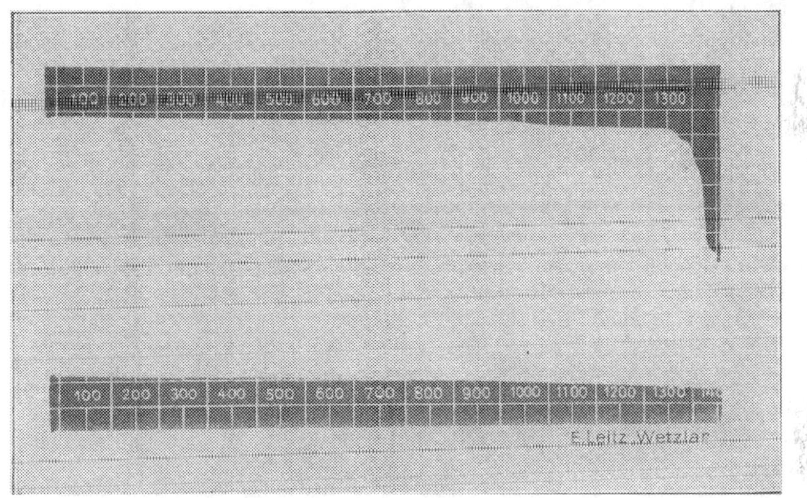

Abb. 4. Schmelzkurve einer Kohlenasche.

genauen Durchführbarkeit — sowohl für feste wie auch für flüssige Brennstoffe — als die geeignetste zu bezeichnen. Ein Quarzrohr von etwa 50 cm Länge — ein Ende ist zu einer Spitze ausgezogen und mit einer geeigneten Absorptionsvorrichtung, z. B. einer Friedrichschen

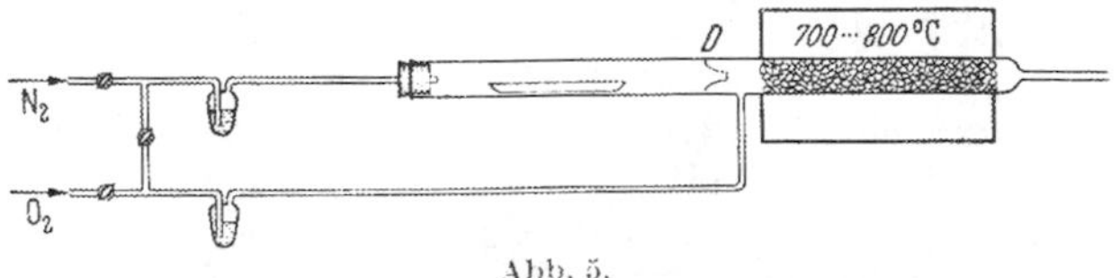

Abb. 5.

Waschflasche, verbunden — ist in einer Länge von etwa 20 cm mit einem Cerdioxydkatalysator beschickt und in einem geeigneten Ofen eingesetzt. Der Katalysator wird durch Tränken von Bimssteinstücken mit Cernitratlösung und darauffolgendes Ausglühen des Bimssteines hergestellt. Knapp vor dem Ofen hat das Rohr einen düsenförmigen Einbau (*D*). Zwischen Düse und Katalysator mündet die Sauerstoffeinleitung in das Rohr. Der vor der Düse liegende Teil des Rohres dient zur Aufnahme des Schiffchens.

Zunächst wird der Katalysator auf Reaktionstemperatur (700 bis 800° C) gebracht, die Absorptionseinrichtung angeschlossen, hierauf das Schiffchen mit der Probe (0,5—5 g Einwaage, je nach Schwefelgehalt) eingebracht, das Rohr verschlossen und der Stickstoffstrom zum Verdrängen der Luft aus dem Schiffchenraum und der Sauerstoffzutritt hinter der Düse eingeregelt. Je nach Flüchtigkeit der Probe wird das Schiffchen mit einem Gasbrenner vorsichtig angeheizt. Es ist zu beachten, daß sich vor Eintritt des Gasstromes in die Absorptionsflasche kein Niederschlag bildet, der zu Schwefelverlusten führen könnte; gegebenenfalls ist ein solcher durch vorsichtiges Anwärmen zu verdampfen. Der im Schiffchen zurückbleibende Koks wird durch direktes Überleiten von Sauerstoff über das Schiffchen verbrannt. Zu diesem Zwecke wird der Stickstoff langsam abgeschaltet und durch geeignete Hahnstellung Sauerstoff zugeleitet.

Der in der Absorptionslösung (ammoniakalische Wasserstoffsuperoxydlösung oder alkalische Bromlauge) gesammelte Schwefel wird in bekannter Weise mit Bariumchlorid als Bariumsulfat gefällt.

Bei dieser Methode ist auch die Bestimmung des Aschenschwefels möglich, indem man den Aschenrückstand mit bromhaltiger Salzsäure auskocht und nach Abscheidung der Kieselsäure die Schwefelsäure gewichtsanalytisch bestimmt.

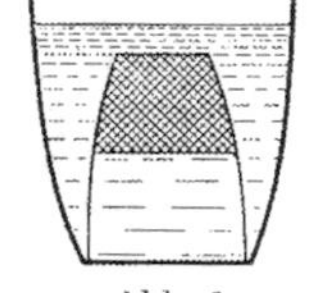
Abb. 6.

Zur Bestimmung des Gesamtschwefels haben G. Stadnikow und N. Titow die bekannte Eschka-Methode in zweckmäßiger Weise abgeändert. Da bei der Eschka-Methode jener Teil der Mischung, der den flüchtigen Schwefel aufnehmen soll, verhältnismäßig nur schwach erhitzt wird, können leicht Verluste eintreten. Um diese Verluste zu vermeiden, verfahren die beiden Autoren wie folgt: In einem Porzellantiegel wird die Probe (1 g) mit Eschka-Mischung innig vermischt, der Tiegel bis zum Rande mit Eschka-Mischung vollgefüllt, darüber ein etwas größerer Platintiegel gestülpt, beide Tiegel umgedreht und der Zwischenraum zwischen Platin- und Porzellantiegel ebenfalls mit Eschka-Mischung ausgefüllt (Abb. 6). Auf diese Weise wird erreicht, daß die reine Eschka-Mischung, die zur Aufnahme des flüchtigen Schwefels dient, der Flamme am nächsten ist und daher auch am stärksten erhitzt wird.

4. Calorimetrische Heizwertbestimmung (II/1, 16). Eine neue Eichsubstanz, die auch als Hilfsmittel bei schlecht zündenden Stoffen (Graphit, Hüttenkoks, Anodenkohlen u. dgl.) vorteilhaft zu verwenden ist, ist Paraffinöl (Paraffinum liquidum), unter dem Namen „Geprüftes Paraffinöl für calorimetrische Zwecke" (Schering-Kahlbaum A.G., Berlin) mit einer Verbrennungswärme von 10990 $\pm$ 2 cal/g im Handel erhältlich (W. A. Roth; H. H. Müller-Neuglück).

Eine neue Formel zur Berechnung der Temperaturkorrektur wurde von W. Schultes und R. Nübel, eine Vereinfachung der Regnault-Pfaundler-Formel von H. Moser ausgearbeitet. Näheres über diese ist in der Originalliteratur nachzusehen.

II. Flüssige Brennstoffe.

Physikalische Eigenschaften. Zündverhalten („Zündwilligkeit") von Dieselkraftstoffen. Die Güte eines Dieselkraftstoffes hängt in erster Linie von seiner Zündwilligkeit im Motor ab. Je größer die Zerfallsneigung der im Kraftstoff enthaltenen Kohlenwasserstoffe ist, um so besser ist seine Zündwilligkeit im Motor. Es ist daher ein Dieselkraftstoff etwa umgekehrt wie ein Kraftstoff für Explosionsmotoren zu bewerten. Die Zündwilligkeit von Dieselkraftstoffen wird in Prüfmotoren (C.F.R.-Motoren) untersucht, indem man das Zündverhalten der Kraftstoffe mit dem von Gemischen aus leicht- und schwerzündenden Eichstoffen vergleicht. Zur Kennzeichnung der Zündwilligkeit gibt man den Gehalt (in Volumsprozenten) an leicht zündendem Eichstoff der Mischung an, die dieselbe Zündneigung wie der zu untersuchende Kraftstoff besitzt. Als Eichstoffe benutzt man nach einem Vorschlag von G. D. Boerlage und J. J. Broeze Ceten (leichtzündend) und l-Methylnaphthalin (schwerzündend). Die Zündwilligkeit von Dieselkraftstoffen wird dementsprechend in „Cetenzahlen" angegeben. Nach A. E. Thiemann wurde durch Maschinenversuche festgestellt, daß Kraftstoffe mit einer Cetenzahl 44 gerade noch brauchbar sind, schnellaufende Fahrzeugdiesel Kraftstoffe mit einer Cetenzahl über 55 erfordern. Die besten Dieselöle gehen mit der Cetenzahl nicht über 65 hinaus. Ein nach dem Fischer-Tropsch-Verfahren hergestelltes synthetisches Dieselöl hatte nach M. Marder und P. Schneider eine Cetenzahl von 130!

Um nicht auf die Maschinenversuche mit den Prüfmotoren zur Bewertung der Dieselkraftstoffe angewiesen zu sein, war man bemüht Beziehungen zwischen den chemischen und physikalischen Eigenschaften des Kraftstoffes und seinem Zündverhalten zu finden. Eine einzelne physikalische oder analytische Konstante gibt keine genügende Aussage zur Beurteilung des motorischen Verhaltens — lediglich der Anilinpunkt ist der Zündneigung annähernd proportional —, erst kombinierte Konstanten lassen Rückschlüsse auf die motorische Eigenschaft zu. A. E. Becker und H. G. M. Fischer fanden im „Dieselindex" eine deutlichere Abhängigkeit.

$$\text{Dieselindex} = \frac{\text{Anilinpunkt } (^\circ\text{ Fahrenheit}) \cdot \text{Dichte } (^\circ\text{ A.P.I.})}{100}$$

(Anilinpunkt s. II/1, S. 113).

Nach R. Heinze und M. Marder (1, 2) ist die Zündwilligkeit von Dieselkraftstoffen durch den „spezifischen Parachor" — eine temperaturunabhängige kombinierte physikalische Konstante, die die Oberflächenspannung und die Dichte enthält $\left(P = \frac{\sqrt[4]{\sigma}}{d}\right)$ — und die Siedekennziffer (s. II/1, 41) bzw. die Dichte und die Siedekennziffer der Kraftstoffe festgelegt. Die Zündwilligkeit von Dieselkraftstoffen gleicher Siedekennziffer ist dem Parachor nahezu direkt, ihrer Dichte etwa umgekehrt proportional [R. Heinze und H. Hopf; M. Marder (1, 2); A. Hagemann und Th. Hammerich].

Untersuchungsmethoden für verdichtete Heiz- und Treibgase siehe S. 152f.

Literatur.

Becker, A. E. and H. G. M. Fischer: S. A. E. Journ. **35** (4), 376—384 (1934).
Bielenberg, W. u. O. Zdralek: Braunkohlenarchiv **1931**, H. 33, 65—73.
Dolch, M.: Brennstoffchem. **11**, 271, 429 (1930). — Dolch, M. u. E. Pöchmüller: Feuerungstechn. **18**, 149—151 (1930).

Grote, W. u. H. Krekeln: Angew. Chem. 46, 106—109 (1933).

Hagemann, A. u. Th. Hammerich: Öl und Kohle/Erdöl u. Teer 12, 171—381 (1936). — Heinze, R. u. H. Hopf: Brennstoffchem. 17, 441 (1936). — Heinze, R. u. M. Marder: (1) Brennstoffchem. 16, 286 (1935). — (2) Angew. Chem. 48, 335 bis 338 (1935). — (3) Brennstoffchem. 17, 326 (1936). — Holthaus, C.: Arch. Eisenhüttenw. 5, 149—162 (1931).

Jurowski, A. S.: Koks u. Chem. 3, Nr. 12, 75, 76.

Kefeli, M. M. u. E. R. Berliner: Betr.-Lab. (russ.) 3, 201—204 (1934). — Kotkow, S. A.: Betr.-Lab. (russ.) 5, 358, 359 (1936).

Lanzmann. R.: Brennstoffchem. 13, 167 (1932). — Lernermann, G. W.: Journ. chem. Ind. (russ.) 8, 1087, 1089 (1931).

Marder, M.: (1) Öl u. Kohle/Erdöl u. Teer 12, 1061—1063, 1087—1093 (1936). (2) Angew. Chem. 50, 147—151 (1937). — Marder, M. u. P. Schneider: Automobiltechn. Ztschr. 40, 195—202 (1937). — Moser, H.: Physikal. Ztschr. 37, 529—533 (1936). — Müller-Neuglück, H. H.: Glückauf 73, 345—355 (1937). — Müller, W. J., H. Hiller u. E. Klaude: Brennstoffchem. 13, 145 (1932).

Niezoldi: Glückauf 67, 805 (1931).

Otin, C. u. G. Cotrutz: Brennstoffchem. 13, 126 (1932).

Pöchmüller, E. u. H. David: Chem. Apparatur 16, H. 13 u. 14.

Roth, W. A.: Brennstoffchem. 11, 46 (1930).

Schifrin, M. G.: Ber. allruss. wärmetechn. Inst. 1934, Nr. 2, 41—45. — Schultes, W. u. R. Nübel: Brennstoffchem. 15, 466 (1934). — Simek, B. G., J. Ludmila u. B. Stanclova: Mitt. Kohlenforschg. Inst. Prag 1932, H. 4, 452, 453. — Smith, G. F. and A. G. Deem: Ind. and Engin. Chem., Anal. Ed. 4, 227—229 (1932). — Stadnikow, G. u. N. Titow: Brennstoffchem. 13, 285 (1932). — Steenbergen, B. van: Het. Gas 55, 137—139 (1935).

Thaur, A. u. W. Wisser: Wasser und Gas 23, 467—475 (1933). — Thiemann, A. E.: Brennstoff- u. Wärmew. 17, 153 (1935).

Flüssige Kraftstoffe.

Von

Dr. C. Zerbe, Hamburg.

Allgemeines.

1. Begriffsbestimmung für Kraftstoffe (II/1, 47, 133). Seit 1. Februar 1937 gelten für Deutschland die von der Überwachungsstelle für Mineralöl, Berlin, herausgegebenen vorläufigen Richtlinien über die Begriffsbestimmungen für Mineralölerzeugnisse und verwandte Stoffe, die auszugsweise wiedergegeben werden, soweit sie die flüssigen Kraftstoffe berühren.

A. Flüssige Kraftstoffe.

I. Vergaserkraftstoffe = Flüssige Kraftstoffe für Vergaser- (Otto-) Motoren:

a) Benzin: 1. Flugbenzin, 2. sonstiges Motorenbenzin,

b) Benzol: 1. Flugbenzol, 2. B.V.-Motorenbenzol, 3. sonstiges Motorenbenzol,

c) Alkohole für Motoren: 1. Motoren-Äthanol, 2. Motoren-Methanol, 3. Gemisch von 1. und 2. (Kraftsprit),

d) Gemisch aus a) bis c): 1. für Flugmotoren ausdrücklich bestimmt, 2. Benzin und Benzol, 3. Benzin und/oder Benzol mit Alkoholen,

e) Schlepper- (Traktoren-) Kraftstoffe.

II. Dieselkraftstoffe = Flüssige Kraftstoffe für Dieselmotoren:

a) Flugdieselkraftstoffe
b) für Fahrzeugmotoren
c) sonstige Motoren

} Herkunft (Ausgangsstoff) ist auf Wunsch anzugeben.

B. Feste Kraftstoffe.

C. Gasförmige Kraftstoffe.

1. Für Wechselbetriebsmotoren oder für abgewandelte Dieselmotoren:

a) Hochdruckgas: 1. Stadt- und Ferngas, 2. Methan, 3. sonstige Hochdruckgase,

b) Flüssiggas: Propan, Butan und ähnliche, z. B. Ruhrgasol, Deuraggas, Leunagas.

2. Für Gasmotoren.

2. Prüfverfahren. Ebenso wie für Diesel und Heizöle sind auch für Leichtkraftstoffe einheitliche Prüfverfahren festgelegt worden. Der Arbeitsausschuß „Leichtkraftstoffe" des Deutschen Verbandes für die Materialprüfungen der Technik hat die Entwürfe:

DIN D.V.M. E 3672 — Prüfung von Leichtkraftstoffen, Siedeverlauf,
DIN D.V.M. E 3673 — Prüfung der Kältebeständigkeit,
DIN D.V.M. E 3676 — Prüfung des Wasseraufnahmevermögens (Wasserwert),
DIN D.V.M. E 3678 — Prüfung der Neutralisationszahl (Säurezahl)
ausgearbeitet[1].

I. Vergaserkraftstoffe.

1. Taupunkt von Benzin (II/1, 86)[2]. Da bei der Siedeanalyse nach Engler-Ubbelohde als Siedebeginn nicht die Temperatur gemessen wird, bei welcher das Benzin im Kolben eben zu sieden beginnt, sondern die höhere Temperatur bereits abziehender Dämpfe, bestimmt man daneben den „Taupunkt", d. i. die Temperatur, bei welcher die erste Bildung deutlich sichtbarer Nebel infolge Verdunstung beginnt (Wawrziniok).

Normale Autobenzine haben einen Taupunkt von etwa 50—60°. In anderen Ländern, z. B. in Amerika, weicht die Definition des Taupunktes von dem deutschen Begriff insofern ab, als man dort als Taupunkt die Temperatur bezeichnet, bei der ein theoretisch zusammengesetztes Kraftstoff-Luftgemisch 1:12 bei Atmosphärendruck vollständig verdampft ist bzw. sich eben zu kondensieren beginnt.

2. Untersuchung mittels Siedeanalyse (II/1, 88). H. Brückner beschreibt eine einfache Apparatur zur exakten fraktionierten Destillation von Kraftstoffen. Aus den Siedeanalysen und Ergebnissen dieser Destillation sollen die wesentlichen Bestandteile eines Kraftstoffes zu etwa 75—85% der Gesamtmenge nachgewiesen werden können.

3. Heizwert (II/1, 81). M. Richter und Marg. Jaeschke (1) beschreiben eine verbesserte calorimetrische Heizwertbestimmung für flüssige Brennstoffe in Platingefäßen.

[1] Zu beziehen durch Beuth-Vertriebs-G. m. b. H., Berlin SW 68.
[2] Siehe auch den Abschnitt „Verdichtete Treib- und Heizgase", S. 152.

4. Bestimmung des Flammpunktes im geschlossenen Tiegel nach Luchaire (II/1, 36, 81). Der Flammpunktapparat von Luchaire ist in Frankreich gebräuchlich.

a) Apparatur. Der Apparat besteht aus einem zylindrischen Messingmantel, in den man ein Bad hängt, das man bei Ölen mit unter 90° C Flammpunkt mit Wasser und bei Ölen mit höherem Flammpunkt mit Rüböl füllt, und zwar so weit, daß bei einer Erhitzung das Wasser bzw. Rüböl aus einer seitlich angebrachten Überlaufröhre ausfließt. In dieses Wasser- bzw. Rübölbad hängt man den etwa 150 ccm fassenden, kupfernen Tiegel, der bis zur Marke mit dem Versuchsöl gefüllt sein muß. Das Bad wird von einem Flächenbrenner erhitzt. Bei der Erhitzung sorgt ein Netz aus Messinggaze für eine gleichmäßige Erwärmung. Der Versuchstiegel wird mit einem Deckel geschlossen, der sich in einer Entfernung von 1 cm von der Öloberfläche befindet. Dieser Deckel ist mit vier Öffnungen versehen, von denen zwei den Austritt von Gasen ermöglichen. Über der dritten brennt die Zündflamme, die erbsengroß sein soll. Die vierte Öffnung ist für das Thermometer bestimmt. Das Thermometer wird mit Hilfe einer Lehre auf 3 cm Eintauchtiefe eingestellt.

b) Versuchsausführung. Man erhitzt so, daß der Temperaturanstieg genau 3° C pro Minute beträgt. Es ist darauf zu achten, daß jeder Luftzug vermieden wird. Bewegte Luft würde in die beiden Luftlöcher drücken und dadurch die entflammbaren Gase zu früh der Zündflamme zuführen. Einen Augenblick vor dem Flammpunkt zeigt die Versuchsflamme ein leichtes Vibrieren, das einige Sekunden andauert und bei dem man die Aufmerksamkeit verdoppeln muß, weil sofort die Zündung vor sich geht, die die Versuchsflamme auslöscht, da sie sehr klein ist. Die am Thermometer angezeigte Temperatur im Augenblick der Zündung ist der Flammpunkt.

Vor Beginn eines neuen Versuches muß der Apparat vollständig abgekühlt und ausgetrocknet sein.

5. Selbstzündungseigenschaften (II/1, 82—84). Für die laboratoriumsmäßige Bestimmung hat sich der von der deutschen Kriegsmarine allgemein eingeführte „Zündwertprüfer nach Jentzsch" am besten bewährt. Jentzsch stellte fest, daß zu jeder Selbstzündungstemperatur eine bestimmte Mindestsauerstoffdichte und zu der Sauerstoffdichte eine bestimmte Mindesttemperatur gehört und bringt diese Zusammenhänge in einer Kurve zum Ausdruck, bei der die minutlich den Zündtiegel durchstreichende Anzahl Sauerstoffblasen auf der Ordinate, die Selbstzündungstemperaturen auf der Abszisse aufgetragen werden. Die Kurven (s. Abb. 1) beginnen mit dem Selbstzündungspunkt (Szp.), d. i. der niedrigsten Temperatur bei der im reichlichen Sauerstoffstrom noch eine Zündung eintritt; sie werden begrenzt durch den unteren Zündwert (Zu.), welcher die Mindestsauerstoffdichte der Umgebung bei einem Minimum der Temperatur anzeigt, sowie durch den oberen Zündwert (Zo.), d. h. der niedrigsten Zündtemperatur bei abgestellter Sauerstoffzufuhr, d. h. also in atmosphärischer Luft. Dazwischen gibt es für jede Temperatur eine zugeordnete Mindestsauerstoffdichte, die erforderlich ist um eine Selbstzündung des Stoffes bei dieser Temperatur zu ermöglichen. Die Temperaturspannen zwischen Selbstzündungspunkt und oberen Zündwert, geteilt durch den für den unteren Zündwert erforderlichen Mindestsauerstoffbedarf ergibt den Kennzündwert (Zk.), der ein besonders scharfes Kriterium für die Zerfallsneigung eines Stoffes darstellt.

Neben dem Zündwert kann man in dem Zündwertprüfer nach speziellen Methoden noch den Zündverzug, die Siedezahl, die Verdampfungsdauer in dünner Schicht, den Verkokungsrückstand und den Flammpunkt bestimmen. Die Einzelwerte können mit Hilfe von Nomogrammen

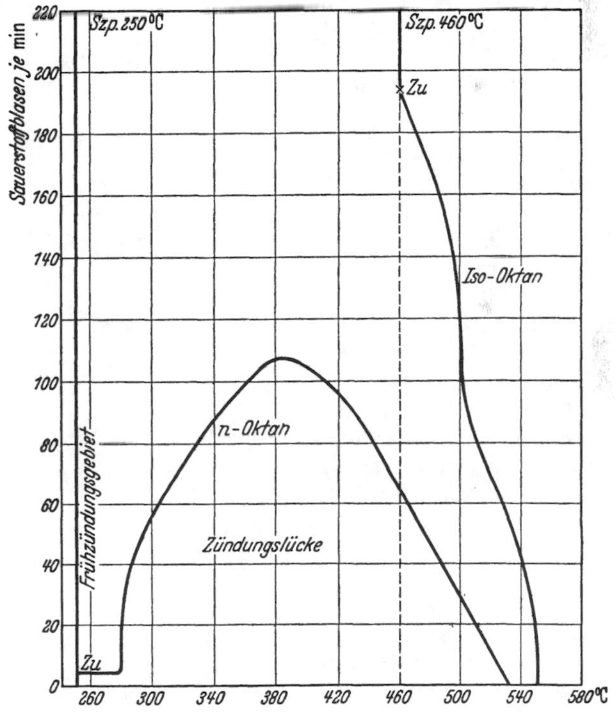

Abb. 1. Selbstzündungskurve von Octan und Iso-Octan.

in „Vergleichszahlen" zusammengefaßt und als „Zündwert-Octan" und „Zündwert-Cetenzahlen" ausgewertet werden.

6. Dampfdruckbestimmung nach Reid (A.S.T.M.-Methode D 323/37 T) (II/1, 86). Die Apparatur (Abb. 2) besteht aus einer kleinen Dampfspannungsbombe *a* bzw. *b*, die mit einem größeren Luftbehälter *c* und einem Manometer *d* verbunden ist. Für Benzin soll die Skala des Manometers bis 1 Atm., bei Benzin mit höherem Dampfdruck bis 3—4 Atm. reichen (W. Reid).

Zur Temperaturregulierung wird die ganze Bombe bis zum Manometeransatz in ein Wasserbad von 37,8° C (±0,1°) eingesetzt. (Ein Vakuumschlauch von 40 cm Länge mit einem Durchmesser von 2—3 mm innen und 8—12 mm außen, der mit einer Quetschschraube versehen ist, dient zur Verbindung des Dampfauslassers an der Bombe mit dem Quecksilbermanometer.)

Die Bombe *a* verwendet man für Benzine, die man offenen Behältern entnimmt; die mit zwei Ventilen versehene Bombe *b* kann durch Anschließen an Rohrleitungen und dgl. gefüllt werden. Das Einfüllen des Benzins in die Bombe soll durch Einsenken der Bombe in das Benzin erfolgen, um die bei einfachem Eingießen unvermeidlichen Verdampfungsverluste auszuschalten.

Vor dem Ziehen der Probe soll die Benzinkammer mindestens so tief oder tiefer gekühlt werden als die Temperatur der zu nehmenden Probe.

Bei einem Dampfdruck des Benzins bei 37,8° C von	Pfund/Quadratzoll bis	9	12	16	20	25	30
	kg/cm² bis	0,6	0,8	1,1	1,4	1,8	2,1
Kühlt man auf ° C	. . . .	+10	+4	—1	—4	—7	—9

Benzindämpfe aus früheren Versuchen entfernt man dadurch, daß man durch den Luftbehälter *c* vor dem Versuch mindestens 5mal warmes Wasser (etwa 35°) durchfließen läßt. Nach gutem Abtropfen wird der Behälter mit Luft trocken geblasen. Vor dem Versuch wird die Luftkammer dann nochmals mit warmen Wasser gespült. Bevor man die Benzinkammer mit der Luftkammer verbindet, wird die Lufttemperatur in der Kammer gemessen. Man läßt das Benzin durch Umdrehen bzw. horizontales Hinlegen in die Luftkammer eindringen, schüttelt mehrmals durch und bringt den Apparat dann in das Wasserbad. Dieses Schütteln muß so oft wiederholt werden, bis die Bombe einen konstanten Druck erreicht hat. Für die Änderung des Teildruckes, der in dem oberen Gefäß enthaltenen Luft, sind Korrekturen gemäß nachfolgender Tabelle anzubringen, die sich nach folgender Formel berechnen:

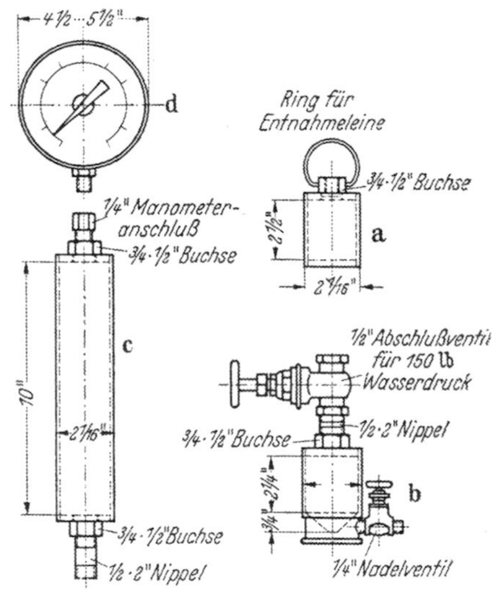

Abb. 2. Apparat zur Messung des Dampfdruckes von Kraftstoffen nach Reid.

$$\text{Korrektur} = \frac{(P_a - P_t)\,(t - 100)}{460 + t} - (P_{100} - P_t);$$

hierin bedeutet: t Anfangstemperatur der Luftkammer in °F, P_t Wasserdampfdruck in Pfund/Quadratzoll bei t °F, P_{100} desgl. bei 100° F, P_a Normalbarometerstand des Untersuchungsortes in Pfund/Quadratzoll. Für die Umrechnung auf Kilogramm/Quadratzentimeter gilt: 1 Pfund/Quadratzoll = 0,0703 kg/cm². Die Werte der Tabelle stimmen nur genau bei einem Barometerstand von 760 mm = 14,7 Pfund/Quadratzoll. Ist die Abweichung vom Barometerstand 760 mm größer als ±20 mm, muß die Korrektur nach obiger Formel umgerechnet werden. Zwei

Parallelbestimmungen sollen nicht mehr als 13 mm für Benzin mit einem Dampfdruck unter 620 mm voneinander abweichen. Für andere Benzine soll die Differenz nicht höher als 26 mm sein.

Korrektur des gemessenen Dampfdrucks bei verschiedener Temperatur und verschiedenem Barometerstand.

Anfangstemperatur der Luft		Barometerstand in mm				
		760	745	700	650	600
° F	(° C)	Korrekturen in Pfund/Quadratzoll				
32	(0,0)	—2,9	—2,9	—2,7	—2,6	—2,5
40	(4,4)	—2,6	—2,6	—2,4	—2,3	—2,2
50	(10,0)	—2,2	—2,2	—2,1	—2,0	—1,9
60	(15,5)	—1,8	—1,8	—1,7	—1,6	—1,6
70	(21,1)	—1,4	—1,4	—1,3	—1,3	—1,2
80	(26,7)	—1,0	—1,0	—1,0	—0,9	—0,9
90	(32,2)	—0,5	—0,5	—0,5	—0,5	—0,5
100	(37,8)	—0,0	—0,0	—0,0	—0,0	—0,0
110	(43,3)	+0,6	+0,6	+0,5	+0,5	+0,5

7. Dampfdruckbestimmungsgerät mit veränderlicher Einstellung. E. M. Barber und A. V. Ritchie haben ein Gerät mit veränderlicher Einstellung entwickelt, mit dem sich der Dampfdruck von Benzin bis zu schweren Ölen für jeden zu ermittelnden Verdampfungsgrad messen läßt, wobei eine größere Genauigkeit als mit dem Reid-Gerät erzielt werden soll.

8. Hochsiedende Bestandteile in Benzinen und anderen Stoffen (II/1, 88). Nach I. Tausz und A. Rabl werden diese mit Hilfe einer Waage besonderer Konstruktion nachgewiesen, bei der die Wägung kleiner Substanzmengen (0,13 g) nicht durch Auflegen von Gewichten, sondern durch Drehung einer mit einer Skala versehenen Scheibe erfolgt. Der zu untersuchende Stoff wird auf ein gewogenes Stück Filterpapier gebracht und der Gewichtsverlust in regelmäßigen Zeitabständen durch Drehen der Skala bestimmt. Die Messungen sollen auf 1% genau sein.

9. Bestimmung der Klopffestigkeit von Kraftstoffen (II/1, 103). a) Motorische Untersuchungsverfahren. Mit der Entwicklung des motorischen Prüfwesens für Treibstoffe sind die Octanzahl- bzw. Ceten- oder Cetanzahl zu allgemein bekannten Begriffen geworden. Die Bestimmungsverfahren entstanden aus dem Gedanken heraus, daß Kraftstoffe, die in Verbrennungskraftmaschinen Verwendung finden sollen, am besten auch unter ähnlichen oder gleichen Bedingungen, also in Motoren, zu prüfen sind.

Die Octanzahl ist der Maßstab für die Klopffestigkeit von Benzinen, eine Eigenschaft, die sich bei der Entwicklung von Motoren mit höherer und höchster thermischer Beanspruchung als wichtigster Faktor der Qualitätsbewertung zeigte. Mit Erhöhung des Verdichtungsverhältnisses ist praktisch jedes Benzin zum Klopfen zu bringen. Ricardo, der als erster planmäßige Untersuchungen auf diesem Gebiet durchführte, entwickelte einen Motor (E 35) mit einer während des Betriebes veränderlichen Verdichtung und benutzte als Maßstab für die Beurteilung der Kraftstoffe das Verdichtungsverhältnis, bei dem mit richtiger Einregulierung des Kraftstoff/Luftgemisches die höchste Leistung erzielt wurde (HUC-Zahl = highest usefull compression ratio). Abb. 3[1] zeigt an einem Beispiel, wie sich bei Veränderung des Verdichtungsverhältnisses die unterschiedliche Klopffestigkeit zweier Benzine *A* und *B* auf die Motorleistung auswirken kann. Die Kurven zeigen die Abhängigkeit des mittleren Effektivdruckes (Leistung) von dem Verdichtungsverhältnis. Kraftstoff *A* kommt in dem untersuchten Verdichtungsbereich nicht zum Klopfen und ergibt mit steigendem Verdichtungsverhältnis eine stetige Leistungssteigerung. Kraftstoff *B* durchläuft von Verdichtungsverhältnis 4,6:1 ab die in der Abbildung bezeichneten Klopfstadien, wobei das Drehmoment bei häufigem mäßigen Klopfen seinen Höchstwert erreicht, um bei noch stärkerem Klopfen schnell abzufallen.

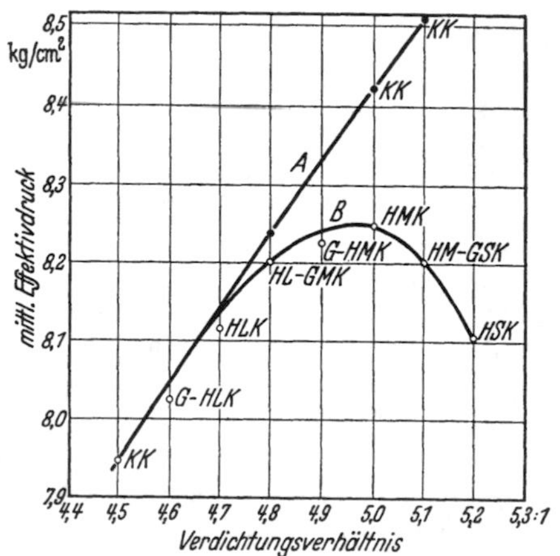

Abb. 3. Abhängigkeit des mittleren Effektivdruckes von dem Verdichtungsverhältnis.

Der C.F.R.-Motor, ein von dem amerikanischen Untersuchungsausschuß — Cooperative Fuel Research Committee — entwickelter Motor (Horning-Motor), ist eine Weiterentwicklung des Ricardo (E 35)-Motors, ebenso der in Deutschland auf Veranlassung der I.G. bei Daimler-Benz gebaute Variomotor.

Die Octanzahl eines Kraftstoffes wird in einer vergleichenden Klopffestigkeitsprüfung gegen iso-Octan/n-Heptangemische erhalten. Eine Octanzahl von 60 besagt beispielsweise, daß der betreffende Kraftstoff in seiner Klopffestigkeit unter den genormten Prüfbedingungen einem Gemisch aus 60 Vol.-% iso-Octan und 40 Vol.-% n-Heptan entspricht. Durch dieses Vergleichsverfahren ist der Einfluß der atmosphärischen und motorischen Änderungen (beispielsweise durch Verschmutzung und Verschleiß) weitgehend ausgeschaltet. Die Eichkraftstoffe iso-Octan und n-Heptan sind international eingeführt.

Zur Messung der Klopfintensität ist der C.F.R.-Motor mit einem Sprungstabindicator nach Midgley (II/1, 105) ausgerüstet. Abb. 4 zeigt in einer schematischen Skizze den Aufbau und die elektrische Schaltung dieses Gerätes. Der auf einer in Höhe der Wand des Zylinderkopfes eingespannten Membran stehende Sprungstab wird von einer Kontaktfeder mit leichtem Druck auf dieser Membran gehalten. Eine zweite Kontaktfeder liegt mit einem geringen Abstand von der unteren Feder mit leichtem Druck gegen den abgefederten Amboß einer Einstellschraube. Bei normalem, klopffreiem Motorbetrieb hält die Spannung der unteren Kontaktfeder den Sprungstab in Kraftschluß mit der

[1] Aus E. L. Bass: Kraftstoffe für Flugmotoren, Shell Aviation News, Nr. 52, Okt. 1935.

Membran. Wird die Verbrennung bei erhöhter Verdichtung bzw. mit zu schlechtem Kraftstoff klopfend, so wird die Beschleunigung des Sprungstabes von einer bestimmten Klopfstärke ab so groß, daß er zu springen beginnt und die beiden Kontaktfedern zusammenschlägt. Dieser Sprungstabkontakt liegt in einem Stromkreis mit dem sog. Klopfmesser (Knockmeter) bzw. der mit 10%iger Schwefelsäure gefüllten Bürette zur Erzeugung von Knallgas. Die Anzeige des Knockmeters bzw. die Menge des gebildeten Knallgases entspricht den Schließungszeiten der Kontakte, d. h. also der zu bestimmenden Klopfstärke. Da der Klopfgrad auch von dem Kraftstoff/Luftverhältnis und dem Vorzündungswinkel abhängig ist, werden sowohl die zu untersuchenden Kraftstoffe als auch die beiden der Octanzahl nach bekannten Vergleichsbenzine durch Gemischregulierung bei konstantem Verdichtungsverhältnis auf maximales Klopfen und diese Klopfstärke dann durch Änderung der Verdichtung auf den für die Vergleichsprüfung genormten Standardwert gebracht. Das Kraftstoff/Luftverhältnis entspricht dabei etwa der wirtschaftlichen Einstellung eines Fahrzeugmotors. Bei richtiger Wahl der Vergleichskraftstoffe — der eine klopffester, der andere weniger klopffest, bei maximal zwei Octanzahlen Differenz — ergibt sich die Octanzahl durch lineare Interpolation der Büretten- bzw. Knockmeterablesungen.

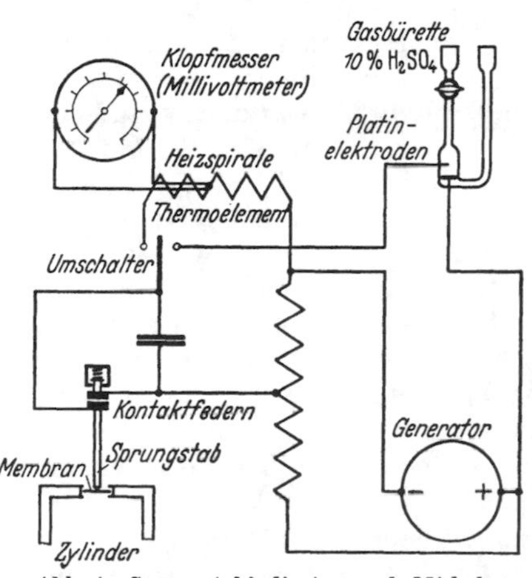

Abb. 4. Sprungstabindicator nach Midgley.

Die Octanzahl ist keine Absolutbewertung eines Kraftstoffes, da die handelsüblichen Waren auf Druck und Temperatur (Verdichtungsverhältnis, Brennraumgestaltung und Betriebsbedingungen) durchweg anders reagieren als die reinen Kohlenwasserstoffe iso-Octan und n-Heptan. Die Prüfbedingungen sind daher genau so genormt wie die motorischen Abmessungen.

Man hat deshalb verschiedene Methoden geschaffen, deren Anforderungen an die Kraftstoffe sich nach den sehr verschiedenen Bedingungen der Praxis richten. Die allgemein angewandte Motormethode stellt in bezug auf die Klopffestigkeit wesentlich höhere Anforderungen als die Research-Methode. In Deutschland werden Kraftstoffe für Fliegerei und Rennbetrieb nach der Motormethode und Benzine für Wagenmotoren nach der Research-Methode untersucht. Der Variomotor ist in seinen Betriebsbedingungen auf die C.F.R.-Motormethode abgestimmt. Beide Verfahren werden in den verschiedenen Ländern nur für Sonderzwecke noch mit Abänderungen gehandhabt. Hierher gehören eine gemäßigte Motormethode und die U.S. Army-Methode.

Unter Einhaltung der genormten Prüfbedingungen ergibt sich für jeden Motor eine Reproduktionsgenauigkeit innerhalb einer halben Octanzahl und eine übereinstimmende Bewertung durch verschiedene Motoren

Motorische Daten:	C.F.R.-Motor	Variomotor
Bohrung:	82,5 mm	65 mm
Hub:	114,3 mm	100 mm
Verdichtungsverhältnis:	veränderlich von 4:1—10:1 veränderliches Kraftstoff/Luftgemisch	veränderlich von 4:1—12:1 veränderliches Kraftstoff/Luftgemisch
Vorzündung:	veränderlich in Abhängigkeit vom Verdichtungsverhältnis	konstant 22° vor o. T.
Prüfbedingungen:	C.F.R.-Motormethode 900 U/Min. Vorwärmung des Gemisches auf 150° C	C.F.R.-Research-Methode 600 U/Min. Vorwärmung der Ansaugluft auf 30° C

von etwa $\pm 1{,}5$ Octanzahlen, unter der Voraussetzung, daß mit gleichwertigen Eichkraftstoffen (Octan, Heptan) oder einheitlichen Unterkraftstoffen gearbeitet wird. Solche ,,Substandards" werden für laufende Untersuchungen zur Herabsetzung der Unkosten verwandt und am besten von einer Zentralstelle bezogen, die für diese Unterkraftstoffe und deren Mischungen eine Eichkurve (Octanzahl) mitliefert. Solche Bezugskraftstoffe sind entweder straight-run oder synthetische Benzine, deren Mischungen einen möglichst großen Octanzahlbereich (etwa 40—79 Octanzahlen nach der Motormethode) einschließen oder Mischungen eines sehr klopffreudigen Benzins (etwa 40 O.Z.) mit Benzol oder zur Bestimmung höherer Octanzahlen auch ethylisierte Benzine und ethylisierte Mischungen. Die Verwendung einheitlicher Vergleichskraftstoffe ist Voraussetzung für eine zufriedenstellend übereinstimmende Bewertung durch viele Prüfstellen[1].

Bestimmung einer Octanzahl. Der zu untersuchende Kraftstoff wird durch Erhöhung der Verdichtung zum Klopfen gebracht bis der Klopfmesser (Knockmeter) die für die Prüfung vorgeschriebene Klopfstärke (C.F.R.: 50—60, Vario: 40) anzeigt. Hierbei muß das Kraftstoff/Luftverhältnis durch Regelung der Zusatzluft bzw. des Kraftstoffspiegels im Vergaser auf maximales Klopfen eingestellt sein. Ebenso wird mit zwei Vergleichskraftstoffen verfahren, wovon der eine klopffester, der andere weniger klopffest sein soll. Die Octanzahl ergibt sich dann durch lineare Interpolation der Knockmeter- und Bürettenablesungen.

Vergleiche dieser Octanzahlen zu Bestimmungen in physikalischen Geräten sind trotz empirisch gefundener Umrechnungsfaktoren äußerst unsicher, besonders wenn die untersuchten Kraftstoffe von sehr verschiedener Struktur (Fundort, Herstellung) und gedopt sind, d. h. z. B. Bleitetraethyl oder Eisencarbonyl enthalten.

Da Octan/Heptangemische gegen Veränderung der Betriebsbedingungen unempfindlicher sind als die handelsüblichen Treibstoffe, ergibt die Motormethode allgemein niedrigere Octanzahlen als die Verfahren mit weniger scharfen Bedingungen. Je größer die Octanzahldifferenz beispielsweise zwischen der Motor- und Research-Methode ist, um so empfindlicher und weniger temperaturbeständig ist der

[1] USA., England und Holland benutzen mit Erfolg die von der Standard Oil Development Company bezogenen Standard Reference Fuels A (40,4 O.Z.), C (78,8 O.Z.) und F (99,4 O.Z.) rein und ethylisiert.

betreffende Kraftstoff. Diese Eigenschaft zeigen z. B. vor allem Benzine mit hohem Aromatengehalt und Gemische mit Benzol und Alkohol, während sich „straight-run“-Kraftstoffe und deren Ethylisierungen als ziemlich unempfindlich erweisen. Eine Kombination beider Methoden erlaubt eine wertvolle voraussagende Bewertung für verschiedene Motortypen, wenn deren Anforderungen an die Kraftstoffe aus dem praktischen Betrieb bekannt sind.

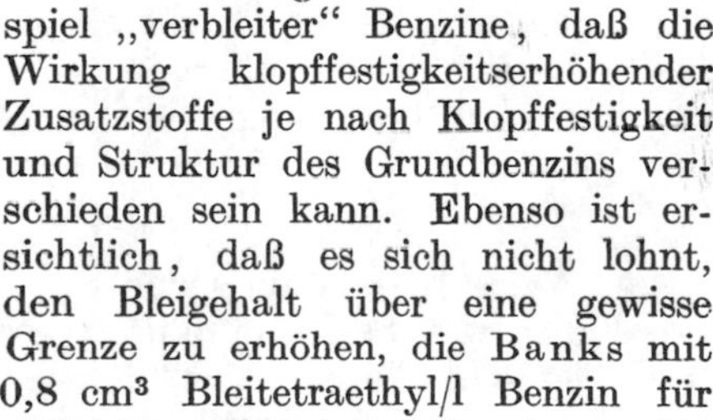

Abb. 5. Wirkung von Antiklopfmitteln.

Die Klopffestigkeit der aus Erdölen durch Destillation und Kracken gewonnenen Benzine bewegt sich zwischen etwa 40 und 79 O.Z. nach der Motormethode. Ihre Klopffestigkeit kann durch Zusatz von Benzol, Toluol oder anderen aromatischen Kohlenwasserstoffen, Alkohol oder geringen Mengen sog. Dopstoffe gesteigert werden.

Abb. 5[1] zeigt aber an dem Beispiel „verbleiter“ Benzine, daß die Wirkung klopffestigkeitserhöhender Zusatzstoffe je nach Klopffestigkeit und Struktur des Grundbenzins verschieden sein kann. Ebenso ist ersichtlich, daß es sich nicht lohnt, den Bleigehalt über eine gewisse Grenze zu erhöhen, die Banks mit 0,8 cm³ Bleitetraethyl/l Benzin für die zivile Luftfahrt und mit 1,5 cm³/l für militärische Zwecke angibt (F. R. Banks).

Eine Untersuchung über die Wirksamkeit verschiedener Dopmittel ergab folgende Werte[2], die sich je nach Betriebs- und Prüfbedingungen in einem Motor beträchtlich ändern können:

Relative Wirksamkeit (Benzol = 1)

Alkohol	1,9	Diäthylselenid	62,5
Anilin	11,5	Diäthyltellurid	250
Toluidin	11,9	Eisencarbonyl	250
Xylidin	12,0	Nickelcarbonyl	277
Äthyljodid	13,9	Bleitetraethyl	528
Tetraethylzinn	20,4		

Zur Prüfung hochklopffester Kraftstoffe für die Fliegerei von etwa Octanzahl 90 und darüber sind die C.F.R.-Standardverfahren unzureichend, da das Sprungstabgerät bei sehr hohen Verdichtungsverhältnissen zu unempfindlich wird und der Einfluß des Mischungsverhältnisses auf das Klopfen nicht mehr genau bestimmbar ist. Schließlich

[1] Aus F. R. Banks, Ethyl, Sonderdruck, The Royal Aeronautical Society, Dez. 1933.

[2] Chem.-Ztg. **60**, Nr. 93 (18. Nov. 1936).

wirkt sich hier das unterschiedliche Brennverhalten von iso-Octan/n-Heptangemischen gegen die in den Flugmotoren verwandten Kraftstoffe so stark aus, daß keine verläßliche Parallele zu dem Verhalten in der Praxis zu erwarten ist (E. L. Bass). Die Klopffestigkeit für solche Kraftstoffe wird neuerdings besser wieder in HUC-Zahlen (nach Ricardo) ausgedrückt oder als „zulässige Vorverdichtung" (C. D. Boerlage), d. h. als Maßstab für die Klopffestigkeit gilt damit die Aufladung (Vorverdichtung der Ansaugluft) bis zum beginnenden Klopfen in verhältnismäßigem Vergleich zu einem Standardkraftstoff. Die Bestimmung des Klopfbeginns und der zulässigen Klopfstärke wird an den dabei verwandten Prüfmotoren (C.F.R.-Motor, Ein- und Mehrzylinderflugmotoren) behelfsweise mit dem Gehör oder Thermoelementen, besser aber mit elektrischen Indicatoren hoher Empfindlichkeit und Frequenz bestimmt. Klopfender Betrieb äußert sich in den Diagrammen außer in einem Ansteigen des Maximaldruckes gleichzeitig im Auftreten hochfrequenter Schwingungen (je nach Motorkonstruktion etwa 15000 bis 25000 in der Sekunde).

b) Parachor zur Bestimmung der Klopffestigkeit von Kraftstoffen. Nach Heinze und Mader (1) kann man die aus der C.F.R.-Motormethode abgeleitete Bewertung von Leichtkraftstoffen durch Messung des Parachors und der Siedekennziffer bestimmen. Parachor ist eine Beziehung zwischen Dichte und Oberflächenspannung eines Stoffes. Als spezifischen Parachor bezeichnet man:

$$P = 1/d \cdot \sigma^{\frac{1}{4}} \quad (d = \text{Dichte und } \sigma = \text{Oberflächenspannung}).$$

Der Wert P stellt für jeden Stoff eine charakteristische Größe dar, die ähnlich wie die Molrefraktion von der Temperatur unabhängig ist. Der chemische Aufbau eines Kohlenwasserstoffes bestimmt die Höhe des P-Wertes. Die Paraffine besitzen die höchsten, dann folgen abfallend die ungesättigten Naphthene und Aromaten. Die Größe des Parachors ist von Doppelbindungen, Ringen und Seitenketten im Molekül abhängig.

Die Benutzung der P-Gleichung zur Kraftstoffuntersuchung setzt voraus, daß die P-Werte von Kohlenwasserstoffgemischen additiv aus den Werten der Komponenten errechenbar sind. Dies hängt in erster Linie von der Additivität der Oberflächenspannung ab, die bei Kohlenwasserstoffgemischen als praktisch erfüllt angesehen werden kann. Klopffestigkeit und Octanzahl sind dem P-Wert umgekehrt proportional.

10. Entfernung von Thiophen aus Benzol (II/1, 110). H. N. Holmes und N. Beemann fanden, daß man durch wiederholte Behandlung von Benzol mit trockenem Aluminiumchlorid eine vollständige Entfernung des Thiophens erzielen kann. A. Gillies stellte fest, daß zur Entfernung von Thiophen bei der Raffination von Benzolvorprodukt mit konzentrierter Schwefelsäure, die gleichzeitige Anwesenheit von ungesättigten Kohlenwasserstoffen erforderlich ist, da diese mit dem Thiophen durch die Einwirkung der Schwefelsäure feste harzartige Kondensationsprodukte bilden. Ferner wird aus dem Vorprodukt zweckmäßig bereits vor der Raffination Schwefelkohlenstoff und Schwefelwasserstoff durch Abtrennung des Vorlaufes entfernt. Nach E. G. R. Ardagh und

W. H. Bowman läßt sich Thiophen aus Benzol auch in schwachsaurer (bor- oder essigsaurer) Lösung mit Hypochloritlösung entfernen.

11. Jod- und Bromzahl im Benzin (II/1, 112). a) Jodzahl. G. Barre und H. Grosse-Oetringhaus weisen darauf hin, daß die Bestimmungsmethode mit methylalkoholischer NaBr-Br_2-Lösung auch für Benzin vortrefflich geeignet ist, während nach der Methode von Hanus in einigen Fällen ein unscharfer Haltepunkt eintritt. Zur Ausführung der Jodzahlbestimmungen wägt man bei Benzinen hoher Jodzahl in kleinen Ampullen ab, bei Benzinen bis zu einer Jodzahl von etwa 10 genügt das Abpipettieren von 1 ccm Benzin. Man verfährt sonst wie in den deutschen Einheitsmethoden der Deutschen Gesellschaft für Fettforschung (Wissenschaftliche Verlagsges., Stuttgart) angegeben wird.

Eine Mikromethode zur Bestimmung der Jodzahl beschreibt J. O. Ralls.

H. P. Kaufmann und H. Grosse-Oetringhaus gelang es, durch Verwendung von Jodrhodan in Gegenwart von Eisessig und Essigsäureanhydrid recht titerbeständige Lösungen zu erhalten. Bei der Bestimmung werden die Öle in Äther oder Pentan gelöst und der Verbrauch an Jodrhodan in äquivalenten Mengen Jod angegeben.

E. Galle und R. Klatt beschreiben eine Jodzahlschnellmethode, mit der man die Menge der verbliebenen ungesättigten Verbindungen in dem nach den verschiedenen Methoden gereinigten Benzol feststellen kann. Die nach der Schnellmethode bestimmte Jodzahl gibt in Verbindung mit der Verharzungsprobe, die den Gehalt der im Benzol gelösten verharzten Körper angibt, ergänzend eine Qualitätsbestimmung eines Motorenbenzols.

b) Bromzahl. Da das Brom nicht nur an ungesättigten Kohlenwasserstoffen addiert, sondern auch ziemlich rasch Substitutionsreaktionen eingeht, hat sich die Bromzahlbestimmung nach McIlhiney immer mehr eingeführt. Mit ihr wird neben dem in Reaktion getretenen Brom auch die aus den Substitutionsreaktionen herrührende Bromwasserstoffsäure bestimmt und da diese dem substituierten Brom äquivalent ist, kann der Wert des addierten Halogens nach folgender Formel berechnet werden:

addiertes Brom = totales Brom-[überschüssiges Brom
+ 2 Brom (als Bromwasserstoffsäure bestimmt)].

α) *Bromzahl nach McIlhiney.* 1. Eine 0,33 n-Lösung von Brom in reinem, vor dem Gebrauch sorgfältig über $CaCl_2$ getrockneten Tetrachlorkohlenstoff wird in einer dunklen Flasche mit automatischer Pipette (s. Abb. 6) aufbewahrt.

2. Eine 10%ige wäßrige Lösung von Kaliumjodid.
3. Eine 2%ige Lösung von Kaliumjodat.
4. Eine etwa 0,1 n-Lösung von Natriumthiosulfat.

Eingewogen werden etwa 0,2 g des zu untersuchenden Produktes bei einer Bromzahl über 60 (z. B. bei unverdünntem Krackbenzin) nur 0,1 g. Eine trockene Reaktionsflasche von etwa 500 cm^3 Inhalt mit einem Stopfen, der einen mit einem Hahn versehenen Trichter trägt, wird in Eis gekühlt. 10—15 cm³ der $^1/_3$ n-Bromlösung werden dann mittels der automatischen Pipette in die Reaktionsflasche gemessen. Nachdem die Bromlösung gekühlt ist, bringt man das zu untersuchende Muster in die Reaktionsflasche und schüttelt 2 Minuten lang. Darauf werden durch den Trichter 20 cm³ Kaliumjodidlösung zugefügt. Nach Ausspülen des Trichters mit destilliertem Wasser wird der Kolben kräftig geschüttelt und schnell mit Thiosulfatlösung mit Stärke als Indicator auf „farblos" titriert. Dann werden 5 cm³ der 2%igen Kaliumjodatlösung hinzugefügt, die Flüssigkeit wird nochmals schnell mit Thiosulfat auf farblos titriert. In der gleichen Weise wird eine Blindprobe ausgeführt. Wenn:

a = Kubikzentimeter Thiosulfat bei der Blindprobe (nach Zugabe von Kaliumjodidlösung),
b = Kubikzentimeter Thiosulfat bei dem Versuch (nach Zugabe von Kaliumjodidlösung),
c = Kubikzentimeter Thiosulfat nach Zugabe der Kaliumjodatlösung,
N = Titer der Thiosulfatlösung,
w = das Gewicht des zu untersuchten Materials, dann ist die Bromzahl =

$$\frac{(a - b - 2c) \cdot 8{,}0 \cdot N}{w}.$$

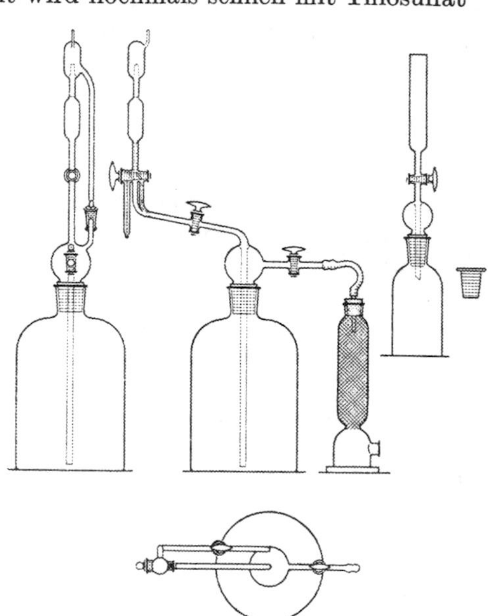

Abb. 6. Automatische Pipette für die Bestimmung der Bromzahl nach Mc Ilhiney.

Die folgenden Punkte müssen beachtet werden:

1. Die Bromlösung muß praktisch frei von Bromwasserstoff sein, was sich zeigt, wenn die zweite Titration bei der Blindprobe mehr als 0,1 cm³ verbraucht.

2. Nach Zufügen der Kaliumjodidlösung muß sehr stark geschüttelt werden, bevor titriert wird.

3. Man titriere so schnell wie möglich.

β) *Kaliumbromid-Kaliumbromatmethode.* S. P. Mulliken und R. L. Wakeman stellen bei der Nachprüfung der Methode fest, daß sich Olefine quantitativ bestimmen lassen, daß die Methode jedoch beim Vorhandensein mehrerer Doppelbindungen nur qualitativen Wert besitzt.

γ) *Die Bestimmung ungesättigter Verbindungen in Ölen und Harzen* durch Anlagerung von Brom in Dampfform beschreibt E. Roßmann.

12. Methanol. a) Prüfung auf Aldehydfreiheit (II/1, 63). 10 ccm des zu untersuchenden Methanols werden in einem Reagensglas mit 1 cm³ einer 10%igen wäßrigen Lösung von m-Phenyldiaminchlorhydrat z. A. versetzt und durchgeschüttelt. (Die Lösung soll farblos — darf höchstens ganz schwach gelbstichig — sein.) Nach Ablauf von 10 Minuten darf keine Trübung auftreten.

b) Wassergehalt. Um in einfacher Weise zu hohen Wassergehalt schnell zu erkennen, schlägt Th. Hammerich folgende Methode vor: 100 cm³ Methanol werden bei 20° mit einer Pipette abgemessen, in eine 300-cm³-Pulverflasche gefüllt und dann mit 100 cm³ eines Gemisches von 80 Vol.-% n-Heptan (I.G.) und 20 Vol.-% Benzol (thiophenfrei) versetzt. Die Flasche wird mit einem Korkstopfen verschlossen, durch den ein in Zehntelgrade geteiltes Thermometer in die Flüssigkeit eingeführt wird. Ist das Gemisch getrübt, so schüttelt man kurze Zeit bei leichtem Erwärmen des Gefäßes durch die Hand, bis die Trübung verschwindet. Dann wird das Gemisch mit Hilfe eines Wasserbades von 20° unter Schütteln langsam abgekühlt, bis gerade bleibende Trübung auftritt. Die betreffende Temperatur wird am Thermometer

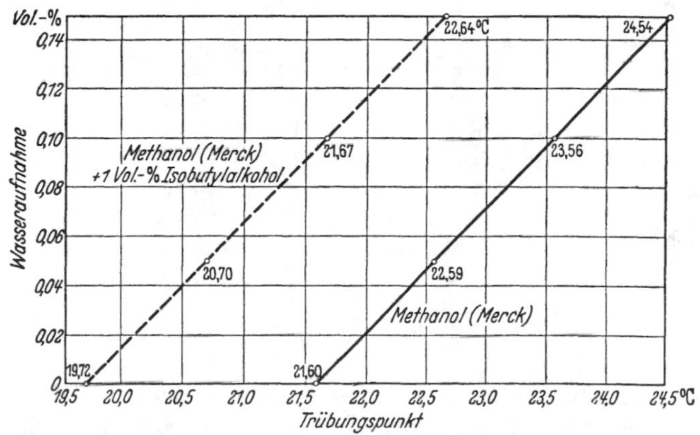

Abb. 7. Einfluß von Wasser auf den Trübungspunkt von Methanol.

abgelesen. Aus dem Trübungspunkt kann (vgl. Abb. 7) unmittelbar auf die Eigenschaften des Methanols geschlossen werden.

c) Qualitativer Nachweis (II/1, 63). Nach K. R. Dietrich und H. Jeglinski werden 0,2 cm³ der bis 75° siedenden Fraktion der wasserlöslichen Anteile mit 5 cm³ Kaliumpermanganatlösung (3 g $KMnO_4$, 15 cm³ 85%ige H_3PO_4, 100 g Wasser) 10 Minuten oxydiert. Zur Entfärbung des überschüssigen Permanganats gibt man 2 cm³ einer Lösung von 5 g Oxalsäure in 50 cm³ Schwefelsäure und 50 cm³ Wasser zu und schüttelt bis zur Farblosigkeit. Schließlich werden 5 cm³ Schiffsches Reagens, modifiziert nach Elvove zugefügt und gut durchgeschüttelt. Bei Anwesenheit von Methylalkohol erfolgt nach kurzer Zeit Violett- bis Rotfärbung. Zur Herstellung des Schiffschen Reagens löst man 0,2 g Fuchsin in 120 cm³ heißem Wasser, versetzt nach dem Abkühlen mit einer Lösung von 2 g wasserfreiem Na_2SO_3 in 20 cm³ Wasser und 2 cm³ Salzsäure und füllt auf 200 cm³ auf.

Der Nachweis des Methylalkohols in der mit Permanganat oxydierten Lösung kann besonders scharf mit Morphinhydrochlorid erfolgen, jedoch macht die Beschaffung des nicht frei verkäuflichen Morphins Schwierigkeiten.

d) Nachweis von Methanol im Äthanol. α) *Fuchsinschweflige Säuremethode.* 0,3 cm^3 des zu prüfenden Alkohols werden in einem 100 cm^3 fassenden Meßzylinder mit 5 cm^3 1%iger Kaliumpermanganatlösung und 0,2 cm^3 Schwefelsäure, rein (1,84) versetzt und geschüttelt. Nach 2—3 Minuten gibt man 1 cm^3 einer 8%igen Oxalsäurelösung hinzu und schüttelt erneut um. Der etwa ausgeschiedene Braunstein geht in Lösung und die Flüssigkeit wird klar. Nun gibt man 1 cm^3 obiger Schwefelsäure und 5 cm^3 fuchsinschweflige Säure hinzu. Es entsteht, je nach dem Gehalt an CH_3OH, eine hellblaue bis rotviolette Färbung, die nach 15 Minuten ihren Höchstwert erreicht hat. Durch Auffüllen mit destilliertem Wasser auf 100 cm^3 nach der $^1/_4$stündigen Induktionszeit erhält man mit gleichzeitig angesetzten Vergleichslösungen verhältnismäßig gute Werte mit einer Toleranz von $\pm 0,5\%$.

Farbtöne in Rotviolett durch etwa 7% CH_3OH und mehr entstehend, sind für ungeübte Augen schwierig erkennbar. Es ist daher zu empfehlen, einen Blindversuch mit dem zu untersuchenden Alkohol und einem 7%igen Methyl:—Äthylalkohol durchzuführen. Bei höherem Gehalt des zu untersuchenden Alkohols an Methylalkohol ist mit chemisch reinem Äthylalkohol zu verdünnen, um in die Farbenzone von 0—7% CH_3OH zu gelangen. Diese Maßnahme ist notwendig, da die Farbenstufen von Blau bis zum Rotviolett nicht linear, sondern logarithmisch verlaufen. Ist nun durch Blindversuch der Grenzgehalt festgelegt, so kann man mit weiteren Vergleichsalkoholen, deren CH_3OH-Gehalt mit je 1% abgestuft ist, die endgültige colorimetrische Bestimmung durchführen.

Fuchsinschweflige Säure wird wie folgt hergestellt: 0,5 g Fuchsin wird unter gelindem Erwärmen in 250 cm^3 Wasser gelöst. Nach dem Lösen setzt man noch 12,5 g kristallisiertes Natriumsulfit zu, führt 15 cm^3 25%ige Salzsäure zu und füllt auf 500 cm^3 mit Wasser auf.

β) *Methode nach Mader und Frank.* 100 g Kraftstoff werden mit 50 g Wasser ausgeschüttelt. Der Rauminhalt und der Refraktometerwert der wäßrigen Lösung werden gemessen. Aus dem Rauminhalt erhält man mittels eines Diagrammes den Gehalt des Kraftstoffes an beiden Alkoholen und mit Hilfe eines zweiten Diagrammes die Dichte der ausgeschüttelten wäßrigen Lösung. Aus Dichte und Refraktometerwert dieser Lösung errechnet man das Gewichtsverhältnis zwischen Methanol und Äthanol mit Hilfe eines von Berl und Ranis aufgestellten Stoffdreiecks. Aus dem Gesamtgehalt an Alkohol und dem Mischungsverhältnis Methanol zu Äthanol ergeben sich unmittelbar die Gewichtsanteile Methanol und Äthanol im Kraftstoff.

Der mittlere Fehler bei der Bestimmung des Gesamtalkoholgehaltes (Äthanol und Methanol) beträgt $\pm 0,07\%$, das Mischungsverhältnis läßt sich mit einer Genauigkeit von $\pm 0,23\%$ ermitteln.

γ) H. Schildwächter beschreibt eine Vervollkommnung der Methode von E. Berl und L. Ranis.

Der Gesamtalkohol wird mit Wasser ausgeschüttelt, die gewichtsmäßige Bestimmung erfolgt durch Auswägung. Die Bestimmung der beiden Alkohole erfolgt durch Oxydation mit Chromsäure.

13. Alkoholgehalt (II/1, 114). a) Vorschrift der Monopolverwaltung für Branntwein. In einem mit Glasstopfen versehenen Schüttelzylinder, mit einer von 0—200 cm^3 gehende Teilung in $^1/_1$ cm^3, werden 100 cm^3 des zu prüfenden Treibstoffgemisches eingefüllt; dann wird mit Wasser bis 200 cm^3 aufgefüllt und eine Minute kräftig geschüttelt. Es bilden sich nach einiger Zeit zwei deutlich getrennte Schichten. Die obere, die nur die Benzin-Benzolanteile enthält, muß eine dem vorgeschriebenen Alkoholgehalt entsprechende Verminderung des Volumens des Treibstoffgemisches zeigen. Enthält z. B. das Gemisch 20 Gew.-% Spiritus, so muß die oberste Schicht rund 80 cm^3 betragen. Ein Fehler von 2 cm^3 nach oben oder unten kann auftreten und ist unberücksichtigt zu lassen.

b) W. R. Ormandy, T. W. M. Pond und W. R. Davies beschreiben eine neue Methode zur Bestimmung des Alkoholgehaltes und der Wassertoleranz von Alkohol-Benzingemischen. Der Apparat besteht aus zwei Rohren, die nach Art der Röhren für die Wasserbestimmung durch Xyloldestillation aus einem weiten Rohr mit einem unten geschlossenen kalibrierten engen Ansatzrohr bestehen. Das eine Rohr faßt bis zur Marke 50 cm^3, das andere 500 cm^3. Die Ansatzrohre sind in 0,1 cm^3 bzw. 1,0 cm^3 geteilt. Bei der Bestimmung werden in jedes Rohr 2,5 cm^3 Wasser gegeben und dann bis zur Marke mit dem Versuchsbrennstoff aufgefüllt. Diese Wassermenge entspricht einerseits einem großen (5%) und andererseits einem geringen Wasserüberschuß (0,5%). Die Rohre werden mit Stopfen verschlossen, $^1/_4$ Minute lang geschüttelt und nach Absitzen das Volumen der wäßrigen Schichten abgelesen und aus den beigegebenen Tafeln der Alkoholgehalt und die restliche Wassertoleranz ermittelt.

14. Volumenänderungen von Mischungen aus Benzin und Petroleum mit Alkohol und Motorenbenzol. Nach F. Spausta sind mit einer Ausnahme, bei den Mischungen von Motorenbenzol mit Alkohol die Dichten kleiner als nach der Mischungsregel zu erwarten war. Die größten Unterschiede zeigen Mischungen mit 50 Vol.-% Alkohol. Die Abweichungen von der Mischungsregel werden mit zunehmender Dichte der Erdölfraktionen geringer. An 10 Benzinen mit verschiedenem Siedeverhalten wurden die Dichten in Mischung mit 50 Vol.-% Alkohol bestimmt; in jedem Falle war die Volumenzunahme verschieden groß. Ein Zusammenhang zwischen Siedeverhalten und Volumenzunahme besteht nicht.

15. Bestimmung von Kohlenstoff und Wasserstoff in Benzin (II/1, 114). H. Levin und K. Uhrig beschreiben eine Vorrichtung zum Einbringen der Substanz in das Verbrennungsrohr (Kugelzertrümmerungsapparat).

M. Richter und Marg. Jaeschke (2) machen Verbesserungsvorschläge für die Elementaranalyse flüssiger Treibstoffe nach der Halbmikromethode.

16. Aromaten und Naphthene in Benzin[1] (II/1, 117). a) Aromaten. Etwa 3 cm^3 98%ige Schwefelsäure werden in einen Scheidetrichter

[1] Spezialmethode der Bataafschen Petrol. Matsch.

(Abb. 8) eingebracht und mit 25 cm³ Benzin überschichtet. Dann bringt man 73 cm³ 98%iger Schwefelsäure (bei Bestimmung des Prozentsatzes an Aromaten in Benzol wird 100%ige Schwefelsäure gebraucht) dazu und schüttelt 15 Minuten. Nach Trennung von Benzin und Säure wird die Säure abgelassen. Nach 1stündigem Stehen liest man das Volumen des verbliebenen Benzins ab. Die Dichten des ursprünglichen Benzins und des sulfonierten Rückstandes werden bestimmt. Der Aromatengehalt errechnet sich nach folgender Formel:

$$\text{in Gew.-\%}\ A = \frac{(V.1 \cdot d.1) - (V.2 \cdot d.2)}{V.1 \cdot d.1} \cdot 100\,,$$

$$\text{in Vol.-\%}\ B = \frac{V.1 - V.2}{V.1} \cdot 100\,,$$

wobei: *d.* 1 die Dichte des ursprünglichen Benzins, *d.* 2 die Dichte des sulfonierten Benzins, *V.* 1 des Volumen des ursprünglichen Benzins, *V.* 2 das Volumen des sulfonierten Benzins ist.

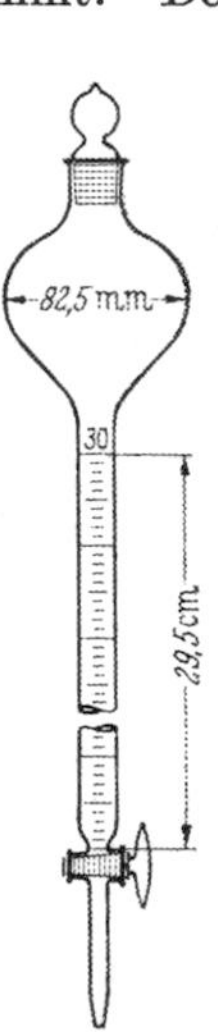

Abb. 8. Graduierter Scheidetrichter für Aromatenbestimmung in Kraftstoffen.

b) Aromaten in Crackbenzin. Die Bestimmung des Aromatengehaltes mittels konzentrierter Schwefelsäure oder des Anilinpunktes macht bei gesättigten Benzinen keine Schwierigkeiten, während sie bei stark ungesättigten Crackbenzinen nicht zum Ziel führt, da die Olefine viel leichter als die Aromaten von der Schwefelsäure angegriffen werden.

J. C. Vlugter entfernt deshalb die Olefine durch selektive Hydrierung mit Palladium bei Zimmertemperatur, oder falls die Olefine Schwefel enthalten und der Palladiumkontakt sehr giftempfindlich ist, mit einem schwefelfesten Molybdänkontakt bei 100 Atm. und 300° C. Nach der Hydrierung der Olefine wird der Aromatengehalt wie üblich mit Schwefelsäure bestimmt.

c) Naphthene. Um den Gehalt an Naphthenen zu ermitteln, bestimmt man den Anilinpunkt des sulfonierten Benzins wie folgt: In ein Reagensglas von 25 mm Durchmesser, das von einem weiteren Reagensglas als Luftmantel umgeben ist, werden mit der Pipette je 10 cm³ des zu untersuchenden niedrig siedenden Mineralöles und 10 cm³ Anilin eingefüllt. Durch den Korken, mit dem das innere Reagensglas verschlossen wird, reicht ein Rührer in die Flüssigkeit und ein in $^1/_5$° geteiltes Thermometer, dessen Quecksilberkugel sich in der Mitte der Flüssigkeit befindet.

Man erwärmt die Mischung unter vorsichtigem Rühren im Wasserbade, bis sich die Flüssigkeiten klar ineinander lösen. Man läßt dann abkühlen und beobachtet, bei welcher Temperatur sich die Flüssigkeit so stark trübt, daß die Quecksilberkugel vollständig verhüllt wird. Die Temperatur, bei der dies der Fall ist, wird als Anilinpunkt angegeben. Man wiederholt durch Anwärmen und Abkühlen diese Bestimmung 3mal und nimmt aus den drei Werten das Mittel.

Aus dem Anilinpunkt läßt sich an Hand nachstehender Tabellen der Gehalt an Naphthenen ablesen. Läßt sich das ursprüngliche Benzin bis 95° C vollkommen destillieren, dann gilt folgende Tabelle:

Anilinpunkt	70° C	bedeutet	0%	Naphthene	(Gew.-%)
,,	60° C	,,	25%	,,	,,
,,	50° C	,,	50%	,,	,,
,,	40° C	,,	75%	,,	,,
,,	30° C	,,	100%	,,	,,

Siedet das Benzin von *95—122° C*, errechnet sich der Naphthenegehalt wie folgt:

Anilinpunkt	70° C	bedeutet	0%	Naphthene	(Gew.-%)
,,	60° C	,,	33%	,,	,,
,,	50° C	,,	67%	,,	,,
,,	40° C	,,	100%	,,	,,

Siedet das Benzin *über 122° C*, gilt nachstehende Tabelle:

Anilinpunkt	70° C	bedeutet	0%	Naphthene	(Gew.-%)
,,	60° C	,,	50%	,,	,,
,,	50° C	,,	100%	,,	,,

Dazwischen liegende Werte ermittelt man am einfachsten durch graphische Interpolation, wobei man auf der Abszisse die Temperatur bzw. den Anilinpunkt, auf der Ordinate die Prozentgehalte an Naphthenen aufträgt.

17. Bestimmung von Peroxyden. H. Hock und O. Schrader schlagen folgende Methode vor: In einem Erlenmeyer, aus dem die Luft durch Kohlendioxyd verdrängt worden ist, werden 10 ccm Zinnchlorürlösung mit 10—20 cm³ Treibstoff vermischt, dann wird unter Einleiten von Kohlendioxyd 5 Minuten im Wasserbad von 95° erwärmt, durch Einstellen in kaltes Wasser auf Zimmertemperatur abgekühlt, dann 20 cm³ Salzsäure ($D = 1{,}13$) und 10 Tropfen Indicatorlösung hinzugegeben und unter Einleiten von Kohlendioxyd das überschüssige Zinnchlorür abtitriert.

Der Indicator schlägt hierbei meist nach dunkelgrün um. Ist die Reduktion des Peroxydes nicht vollständig gewesen, so wird der Indicator zerstört und man erhält keinen Umschlag.

In Gumrückständen und Crackbenzin werden oft Aldehyde nachgewiesen, die offenbar aus Peroxyden durch Feuchtigkeit gebildet werden.

Zum Nachweis der Peroxyde werden nach J. A. C. Yule und C. P. Wilson jr. 10 cm³ Kraftstoff in 50 cm³ einer Lösung aus 50 g Ferrosulfat und 50 g Ammoniumrhodanid und 50 cm³ Schwefelsäure in 5 l Wasser und 5 l Aceton 5 Minuten geschüttelt. Bei Gegenwart von Peroxyd bildet sich Ferrirhodanid, das mit 0,01 n-Titantrichlorid nach G. Middleton und F. C. Hymas titriert wird. Das Resultat wird in Grammäquivalenten aktivem Sauerstoff in 1000 l Kraftstoff ausgedrückt.

E. Lederer beschreibt eine neue Reaktion auf ungesättigte Kohlenwasserstoffe bzw. deren Peroxyde durch Umsetzung der Schwermetallsalze von organischen Carbon- oder Sulfosäuren.

18. Gumbestimmung (II/1, 125). a) Abdampftest nach W. A. Ostwald. 100 cm³ Benzin werden in einer Glas- oder Quarzschale auf dem Wasserbad vorsichtig abgedampft, der Rückstand bei 100° zur Gewichtskonstanz getrocknet und gewogen.

b) Harzbildnerprüfung (Benzolverband). In einem Rundkolben mit eingeschliffenem Rückflußkühler und eingeschliffenem Gaseinleitungsrohr, das dicht über dem Kolbenboden in einer 2 mm weiten Öffnung mündet, werden 100 cm³ filtriertes Benzin 3 Stunden lang im gelinden Sieden gehalten und dabei ein durch $CaCl_2$ und H_2SO_4 getrockneter Luftstrom langsam (35 cm³ pro Minute) hindurchgeleitet. Nach 3stündigem Erhitzen werden 80% des Benzins abdestilliert, der Rest mit einem Gemisch von gleichen Teilen Methylalkohol und Benzol in

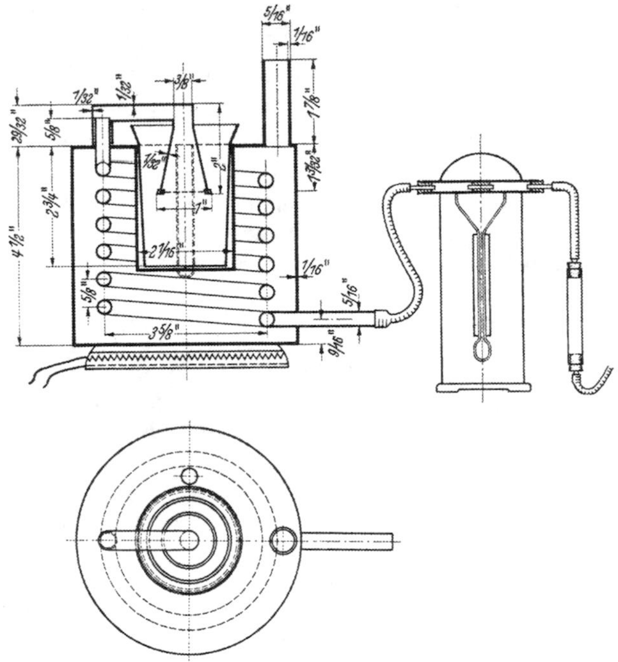

Abb. 9. Apparat zur Bestimmung des Gumgehaltes in Kraftstoffen nach der A.S.T.M.-Methode.

eine gewogene Glasschale übergeführt und eingedampft. Der bis zur Konstante bei 105° getrocknete Rückstand gilt als Maßstab der Harzbildung.

c) Gumgehalt A.S.T.M. D 381—36. Der Test dient dazu, den Gumgehalt in Motorkraftstoffen zur Zeit des Versuches festzustellen, gibt aber keinen Maßstab für die Gumstabilität des Benzins bei der Lagerung.

50 cm³ Benzin werden in einem Berzelius-Becherglas aus hitzebeständigem Glas ohne Tülle von 100 cm³ Inhalt innerhalb 8—15 Minuten auf einem Spezialbad verdampft. Das Bad besteht aus einem mit Asbest isolierten geschlossenen Gefäß mit Rückflußkühler, einer Bohrung, die das Becherglas aufnimmt, einer Heizschlange zum Vorwärmen der Luft (Abb. 9) und einem konischen Trichter, der die Luft etwa in der Mitte des Becherglases verteilt. Das Bad soll bis zu 1″ vom oberen

Rand mit einer beständigen Flüssigkeit gefüllt sein, von einem Siedepunkt zwischen 320 und 330° F bzw. 160—165,8° C, z. B. Glykol mit etwa 3% Wasser.

Während des Verdampfens wird ein durch ein Woll- oder Glaswolle filtrierter Luftstrom (1 l pro Sekunde) durch den Vorwärmer zugeführt. Die Temperatur der ausströmenden Luft wird mit einem Thermometer, dessen Kugel sich am Boden in der Mitte des Bechers befindet, gemessen und soll zwischen 305 und 320° F bzw. 151,7—160° C liegen. Die Gewichtszunahme des Prüfbechers ist gleich dem Gumgehalt des Musters, das in Milligramm Gum pro 100 cm³ Benzin angegeben wird.

Die Ergebnisse, die in verschiedenen Laboratorien gefunden werden, sollen voneinander nicht mehr als um die folgenden Werte abweichen:

für Gumgehalte von	0— 20 mg	pro 100 cm³	4 mg
„ „ „	20—100 mg	„ 100 cm³	10 mg
„ „ „	100— ∞ mg	„ 100 cm³	20 mg

Die Ergebnisse von Wiederholungen, durch den gleichen Bearbeiter, sollen nicht mehr als um die Hälfte der oben angegebenen Werte differieren.

d) M. J. Mulligan, W. G. Lovell und T. A. Boyd schlagen folgende neue Methode zur Bestimmung des Harzgehaltes vor, bei welcher die Abscheidung der harzigen Rückstände auf ähnliche Weise wie im Verbrennungsmotor geschieht.

Ein Becherglas von 100 cm³ Inhalt, welches 50 cm³ des zu untersuchenden Benzins enthält, wird in ein Bad von einer bei etwa 200° siedenden Flüssigkeit (Tetralin oder Äthylenglykol) erhitzt. Ein Luftstrom von 1 l in der Sekunde, durch eine im Bad angebrachte Schlange erhitzt, dient zum schnellen Verdampfen des Benzins und zum Trocknen des harzigen Rückstandes. Nach 20—25 Minuten Luftdurchleiten werden aus 50 cm³ Benzin Rückstände von praktisch konstantem Gewicht erhalten.

Eine Übersicht über die Literatur „Harz in Treibstoffen“ gab L. v. Szeszich.

19. Vorhandenes Harz in Kraftstoffen I.P.T.-Methode G 25 (T). 25 cm³ der zu untersuchenden Probe werden in einer halbkugeligen Glasschale aus widerstandsfähigem Glas, z. B. Jena, Pyrex (Durchmesser 6 cm, Höhe 3 cm, Gewicht 12 g, ± 3 g) 60 Minuten oder solange auf einem stark kochenden Wasserbad erhitzt, bis eine vollständige Verdampfung erreicht ist. Man trocknet dann die Schale 1 Stunde im Trockenschrank bei 150° (± 5°), läßt sie 15—20 Minuten abkühlen und wägt sie mit einer Genauigkeit von ± 0,1 mg zurück.

Wenn das Gewicht des Harzes, das man schließlich erhält, weniger als 5 mg beträgt, soll die Prüfung wiederholt werden unter Anwendung einer 50-cm³-Probe. Die Schale für diese Probe soll im Durchmesser 9 cm, 5 cm hoch sein und 35 g (± 5 g) wiegen. Während der Verdampfung wird über die einzelnen Proben in einer Entfernung von 5 cm von der Oberfläche der Probe Luft aufgeblasen. Die Düse an dem Luftrohr soll $^1/_{16}''$ = 1,6 mm im Durchmesser betragen und aus einer Platte von $^1/_{16}''$ Dicke hergestellt sein. Der Druck der gefilterten Luft, die durch das Rohr geht, soll 2 cm Wassersäule entsprechen.

20. Bestimmung des potentiellen Harzgehaltes in Kraftstoffen I.P.T.-Methode G 25 A I[1]. 50 cm^3 der Probe, die vorher in Eiswasser auf 0° abgekühlt worden ist, werden in einer Flasche aus Hartglas und rundem Boden von 500 cm^3 (Dicke des Halses 2 cm, Länge des Halses 15 cm, innerer Durchmesser des Halses 15 mm) eingebracht, ohne die Flüssigkeit aufzuwirbeln. Die Flasche wird dann so verschlossen, daß sie während der ganzen Prüfung gasdicht bleibt.

Man erwärmt dann die Flasche, ohne daß sie geschüttelt wird 2 Stunden in einem Flüssigkeitsbad auf 100° C ($\pm$0,5°). Nach dem Erhitzen werden Flasche und Inhalt abgekühlt und die Harzbestimmung sofort ausgeführt. Der Gesamtharzgehalt der Probe wird nach der Arbeitsweise für vorhandenes Harz unter Anwendung der großen Schale bestimmt. Zu diesem Zweck wird die Flasche, nachdem die Probe herausgewogen ist, 2mal mit 5 cm^3 harzfreiem Petroläther ausgespült. Der potentielle Harzgehalt (Gesamtharzgehalt weniger ursprünglich vorhandenes Harz) soll berechnet und ausgedrückt werden in Milligramm Harz auf 100 cm^3.

21. Lagerbeständigkeit von Kraftstoffen (II/1, 125). C. Conrad schlägt das sog. Bombenverfahren für die Kurzprüfung der Lagerbeständigkeit von Kraftstoffen vor. In einer V_2A-Stahlbombe wird der Kraftstoff in einem Glaseinsatzgefäß 6 Stunden bei einem Sauerstoffdruck von 7 atü auf 100° erhitzt. Der Bombeninhalt steht mit einem Druckschreibegerät in Verbindung, das jede Druckveränderung registriert.

Nach dem Öffnen der erkalteten Bombe wird der Inhalt des Einsatzgefäßes durch ein Faltenfilter filtriert, um den gelösten Sauerstoff zu entfernen. Von der filtrierten Flüssigkeit wird der übliche Abdampftest nach der Luftblasemethode auf dem Wasserbad durchgeführt. Da die Genauigkeit des Testes sehr von der Rückstandsmenge abhängig ist, werden 10 cm^3 des Versuchskraftstoffes mit 90 cm^3 Normalbenzin vermischt und diese Mischung für den Abdampftest verwendet.

Aus dem Verlauf der Druckkurve und dem Abdampftest lassen sich folgende Werte angeben:

1. Induktionszeit in Minuten, worunter die Zeit verstanden wird, die bis zum Beginn des Druckabfalles vergangen ist.
2. Druckabnahme in Atmosphäre, der Unterschied von Druckmaximum und dem Druck am Ende des Versuches.
3. Harztest in Milligramm bezogen auf 100 cm^3 des in der Bombe behandelten Kraftstoffes.

22. Glührückstand (II/1, 119). In einem sauberen, mehrmals mit dem zu prüfenden filtrierten Kraftstoff ausgespülten zweihalsigen Destillationskolben (Vakuumkolben) werden 1000 cm^3 Kraftstoff abdestilliert. Der Kraftstoff läuft dem Destillationskolben aus einem Scheidetrichter der in den geraden Kolbenhals mittels eines durchbohrten Korkens eingefügt ist, ununterbrochen bis auf einen Rest von etwa 20 cm^3 zu. Nach Beendigung der Destillation wird der Destillationsrückstand (etwa 50 cm^3) in eine ausgeglühte und gewogene Porzellan- oder Platinschale überführt unter Nachspülung des Kolbens mit dem verbliebenen

[1] Vorläufige Bestimmungsvorschrift.

Kraftstoffrest. Der Schaleninhalt wird auf dem Wasserbad zur Trockne eingedampft und anschließend bis zur Gewichtskonstanz schwach geglüht. Der Glührückstand wird ausgedrückt in Milligramm/Liter.

23. Wasserbestimmung (II/1, 120). Die Destillation mit Xylol kann sehr kleine Mengen Wasser in Treibmitteln nicht erfassen. Man wendet in solchen Fällen Verfahren an, bei denen das Wasser chemisch mit anderen Stoffen reagieren und entstehende Reaktionsprodukte erfassen kann.

a) Verfahren nach Schütz und Klauditz. Das durch Zusatz von Calciumcarbid entstehende Acetylen wird in Aceton aufgefangen und durch Umsetzung mit Kupfernitrat, Ammoniak und salzsaurem Hydroxylamin Cuprosalzlösung nach L. Ilosvay isoliert und in Acetylenkupfer umsetzt. Dieses wird mit saurer Ferrisulfatlösung zu Cuprisulfat und Ferrosulfat umgesetzt und mit Permanganat titriert. 1 cm^3 0,1 n-$KMnO_4$ = 1,8 mg Wasser.

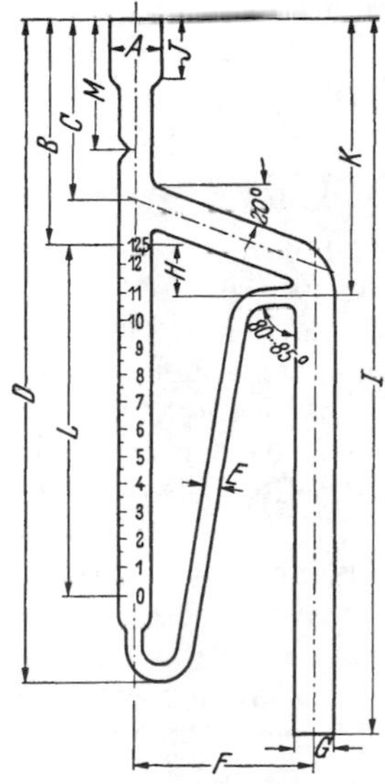

Abb. 10. Apparat zur Bestimmung des Wassergehaltes nach der A.S.T.M.-Methode.

b) Verfahren nach Dietrich und Conrad. Man läßt Magnesiumnitrid einwirken und bestimmt das gebildete Ammoniak titrimetrisch. 1 Mol. Wasser entspricht $^1/_6$ Mol. Mg_3N_2 und $^1/_3$ Mol. NH_3.

Wasserfreier Äthylalkohol reagiert nicht mit Magnesiumnitrid, wohl aber Methanol, unter Bildung von Trimethylamin. Ist das Methanol aber mit absolutem Äthylalkohol soweit verdünnt, daß der Methanolgehalt unter 60% sinkt, bleibt die Reaktion aus.

c) Verfahren nach Fischer (s. Erg.-Bd. II, 154).

Eine Wasserbestimmung wurde im Jahre 1937 von der Britisch Standard Institution genormt, die der A.S.T.M.-Methode sehr ähnlich ist und sich nur durch geringe apparative Änderungen unterscheidet.

24. Bestimmung von Kraftstoffresten in Schmieröl (Ölverdünnung) (II/1, 121). a) A.S.T.M.-Methode D 322—35. In einen Apparat nach dem Prinzip wie für die Wasserbestimmung bestimmt man die Schmierölverdünnung durch kontinuierliche Wasserdampfdestillation unter Rückfluß. Um zu erreichen, daß der spezifisch leichtere Kraftstoff aufgefangen werden und das schwerere Wasser zurückfließen kann, wurde die Vorlage in der in der Abb. 10 wiedergegebenen Form ausgebildet. Der Kühler ist der gleiche wie zur Wasserbestimmung. Der kurzhalsige Destillierkolben soll 1 l fassen.

Man füllt 25 cm^3 des gut durchmischten Schmieröles und 500 cm^3 Wasser in den Kolben, verbindet dann das Abflußrohr mit der Vorlage, füllt diese mit Wasser und setzt den Kühler so auf, daß er bis zur Einschnürung der Vorlage reicht. Nunmehr erhitzt man das Wasser zum lebhaften Sieden und liest zuerst nach 5 Minuten und dann jeweils nach 15 Minuten das Volumen des Kraftstoffes in der Vorlage so lange ab, bis die Volumenzunahme innerhalb 15 Minuten nicht größer als 0,1 cm³ ist.

b) Methode nach Kiemstedt. Der Apparat besteht aus zwei Teilen, einem Destillierapparat und einem Kühler. Der Destillierapparat besteht aus einem großen Metallgefäß, in das Wasser eingefüllt werden kann, welches durch eine Heizplatte zum Sieden gebracht wird. In dieses Metallgefäß kann ein kleineres so eingesetzt werden, daß es das größere vollkommen dicht abschließt. Durch den Boden dieses Gefäßes führen Metallrohre ins Innere, die innen U-förmig umgebogen sind, so daß der eine Schenkel fast den Boden des Gefäßes erreicht. Durch diese Rohre kann Wasserdampf vom äußeren in das innere Gefäß eindringen. An dieses Gefäß ist die Kühlapparatur angeschlossen, die aus einem Dephlegmatoraufsatz mit angeschlossenem Schlangenkühler besteht.

Zur Bestimmung des Betriebsstoffes wird das größere Gefäß mit etwa 200 g Wasser gefüllt; dann wird das kleinere Gefäß dicht schließend aufgesetzt und in dieses 50 g des zu untersuchenden Öles (bei Ölen, die sehr viel Betriebsstoff enthalten, unter Umständen auch nur 25 g) eingefüllt. Nachdem man die Apparatur an den Kühler angeschlossen hat, schaltet man die Heizplatte ein. Der sich entwickelnde Dampf tritt von dem äußeren Gefäß in das innere Gefäß durch die Röhrchen ein, muß durch das Öl hindurchströmen und nimmt dabei den Betriebsstoff aus dem Öl mit.

Unter den Kühler stellt man einen kleinen Standzylinder von 150 cm³ Inhalt, an den ein Meßröhrchen, das mit Überlauf versehen ist, angehängt wird. Das Meßröhrchen faßt 10 cm³ und ist genau in $^1/_{10}$ cm³ eingeteilt. Das Destillat tropft in dieses kleine Meßröhrchen ein, das spezifisch schwerere Wasser läuft kontinuierlich in den Standzylinder ab, während der Betriebsstoff in dem Meßröhrchen verbleibt. Sobald in dem Standzylinder sich 150 cm³ Wasser angesammelt haben, bricht man die Destillation ab und liest die in dem Meßröhrchen vorhandene Menge Betriebsstoff in Kubikzentimeter ab. Dieser Wert, mit zwei multipliziert (bei Anwendung von 25 g mit vier multipliziert) ergibt den Gehalt an Betriebsstoff in Volumprozent.

Die oben genannten beiden Methoden eignen sich nur zur Bestimmung des Betriebsstoffgehaltes von gebrauchten Autoölen. Bei gebrauchten Dieselmotorenölen sind die Resultate unsicher, da bei den Bestimmungen nur die niedrig siedenden Betriebsstoffanteile erfaßt werden, während die höher siedenden, wie sie gerade in gebrauchten Dieselmotorenölen in größerer Menge vorhanden sind, nicht erfaßt werden. Bei Dieselmotorenölen führt man deshalb eine Engler-Destillation bis 250° durch.

25. Neutralisationsziffer (II/1, 122). Zur Prüfung der Neutralisationszahl (Säurezahl) von Leichtkraftstoffen wurde vom D.V.M. folgender DIN-Entwurf I D.V.M. 3678 am 1. 1. 1937 vorgeschlagen:

Die Methode soll die freie Mineralsäure erfassen, die von der Raffination der Kraftstoffe herrühren kann und so die mit diesem in Berührung kommenden Metallteile angreift. Auch der Gehalt an organischen Säuren muß sich in gewissen Grenzen bewegen.

Unter Neutralisationszahl versteht man bei Kraftstoffen die Milligramm Kaliumhydroxyd, die zur Neutralisation der in 100 cm^3 Kraftstoff enthaltenen Säuren (ausschließlich Kohlensäure) verbraucht werden. Als Maßeinheit ist festgelegt:

mg Kaliumhydroxyd/100 cm^3 Kraftstoff bei 20°.

50 cm^3 Kraftstoff (20° C) werden in einem enghalsigen Erlenmeyerkolben 200 Denog 11 mit Rückflußkühler auf dem Wasserbad zum Sieden erhitzt und 15 Minuten lang bei dieser Temperatur belassen. Nach dem Erkalten titriert man nach Zusatz eines Tropfens Phenolphthalein mit $^1/_{10}$ n-alkoholischem Kaliumhydroxyd.

Zulässiger Prüffehler $\pm 0{,}3$ mg.

26. Schwefel nach der A.S.T.M.-Methode (II/1, 129). F. Esling beschreibt einen neuen Absorptionsapparat für die Verbrennungsgase bei der Lampenmethode, wobei die Gase in einem zylinderförmigen Trichter aufgefangen, in den oberen Teil eines zylinderförmigen Tropftrichters geleitet werden und dann ein bis zu dem Grunde geführtes Rohr eines zweiten darüber angeordneten zylinderförmigen tropftrichterähnlichen Gefäßes passieren, das mit einer Siebplatte versehen und mit Glasperlen gefüllt ist.

E. R. Gillis beschreibt eine verbesserte Lampe zur Schwefelbestimmung.

R. Heinze und Schmeling beschreiben eine neue Lampenmethode zur Bestimmung von Schwefel in Kraftstoffen, nebst einer dazugehörigen Absorptionsanlage.

27. Quantitative Bestimmung von elementarem Schwefel in Benzin (II/1, 129). Ch. Wirth und J. R. Strong schlagen folgende Methode vor: 3 cm^3 einer Butylmercaptanlösung werden zu 147 cm^3 Benzin gegeben und dieses Gemisch mit 20 cm^3 Natrium-Plumbitlösung 5 Minuten in einem Scheidetrichter gut geschüttelt. Nachdem sich die Natrium-Plumbitlösung abgesetzt hat, wird die überstehende Benzin-Mercaptanmischung abgezogen und mit 50 Vol.-% 20%iger H_2SO_4 versetzt. Hierbei wird das Blei-Mercaptid, das durch den vorhanden gewesenen elementaren Schwefel nicht angegriffen, also nicht in das Disulfid übergeführt wurde, wieder zersetzt und das Butylmercaptan wieder frei gemacht. Nachdem der Bleiniederschlag sich abgesetzt hat, wird dekantiert und die Benzin-Mercaptanmischung mit 50 cm^3 angesäuerter $CdCl_2$-Lösung zur Entfernung etwa vorhandenen Schwefelwasserstoffs gewaschen.

In 100 cm^3 der verbleibenden Lösung wird nun durch Versetzen mit einem Überschuß an Silbernitratlösung und Zurücktitrieren mit Ammoniumrhodanidlösung mit Eisenalaun als Indicator die vom vorhanden gewesenen elementaren Schwefel nicht angegriffene Mercaptanmenge ermittelt.

Aus der Differenz der gefundenen Mercaptanmenge von der zu Beginn der Untersuchung angewandten wird der Schwefelgehalt des Benzins errechnet.

28. Chlor und Schwefel in Benzin bestimmt man nach Ch. Wirth III und M. J. Stroß wie folgt: 10—15 ccm des zu untersuchenden Benzins werden in der Lampe verbrannt. Die Gesamtsäure wird durch Rücktitration mit 0,0623 n-Schwefelsäure mit Methylorange als Indicator bestimmt und in Prozent Schwefel ausgedrückt. Die neutralisierte Lösung wird auf 25 cm³ eingeengt und nach dem Erkalten mit 0,1 n (bei sehr geringen Chlorgehalten auch mit schwächerer) Silbernitratlösung titriert, mit Natriumchromat als Indicator. Hieraus ergibt sich der Chlorgehalt. Der Schwefel errechnet sich nach:

$$\% \text{ Schwefel} = \% \text{ Gesamtsäure} - \% \frac{\text{Chlor}}{2{,}22}.$$

29. Schwefel in Braunkohlenleichtölen. Nach H. Hofmeier und S. Wisselinck ist die Schwefelbestimmung nach der Lampenmethode für rohe Braunkohlenleichtöle ungeeignet, weil sich am oberen Ende des Baumwolldochtes kohlige Substanzen abscheiden, die den Docht verstopfen. Die Methode wurde dadurch verbessert und für rohes Braunkohlenleichtöl geeignet gemacht, daß der Baumwolldocht durch ein Bündel feiner Quarzfäden von 0,08—0,10 mm ersetzt wurde.

V. Zahn beschreibt eine Verbesserung der Schwefelbestimmung in leichtflüchtigen organischen Verbindungen nach der A.S.T.M.-Lampenmethode, die darin besteht, daß

1. die zur Verbrennung notwendige Luft besser gereinigt wird, indem man sie auf 500° erhitzt und mit alkalischer Hypobromitlösung wäscht,

2. auf einer exakteren Bestimmung der bei der Verbrennung gebildeten Schwefeloxyde, die nicht titrimetrisch in einer vorgelegten Alkalilösung, sondern als Bariumsulfat bestimmt werden, indem die Verbrennungsgase durch NaOBr-Lösung geleitet werden und mit Bariumchlorid das Sulfat gebildet wird.

30. Schwefelkohlenstoff (II/1, 126). Chem. Dept. of the South Metropolitan Gas Co. beschreibt eine Abänderung der bisher üblichen Methode (Tischler) zur colorimetrischen Bestimmung geringer Mengen Schwefelkohlenstoff in Gasen, die auf der Reaktion von Schwefelkohlenstoff mit Diäthylamin in alkoholischer Lösung unter Bildung der Diäthyldithiocarbaminsäure, die mit Kupfersalzen eine grünlich-braune Farbreaktion gibt. Das leichtflüssige Diäthylamin wird durch das höher siedende Piperidin ersetzt; an Stelle des verhältnismäßig teuren absoluten Äthylalkohols wird Monochlorbenzol als Lösungsmittel verwendet. Der Farbton wird in einem photoelektrischen Colorimeter untersucht.

Die Methode kann auch für die CS_2-Bestimmung in Benzol und Kohlenwasserstoffölen herangezogen werden.

31. Entschwefelung von Benzin. W. A. Schulze und L. S. Gregory berichten über die Anwendung des Kupferverfahrens zur Entschwefelung von Benzin und weisen auf die geringen Raffinationsverluste hin.

Bei dem „Kupferverfahren" wird die Umwandlung der Mercaptane in Disulfide durch Oxydation mittels Cuprisalzlösungen erreicht. Die Regeneration der hierbei gebildeten Cuproionen wird auf einfache Weise mit Luft bewerkstelligt, und zwar so leicht, daß eine Oxydation gleichzeitig neben dem Raffinationsprozeß vorgenommen werden kann. Die bei der Raffination zwischendurch freiwerdenden Cuprosalze sowie Salzsäure werden durch konzentrierte Kochsalzlösung in Lösung gehalten.

32. Phosphorpentoxyd als Reinigungsmittel für Benzin. B. W. Malishev empfiehlt Phosphorpentoxyd als Reinigungsmittel für Benzin. Über die Raffination von Motorentreibstoffen mit Floridin berichten M. R. Mandelbaum, P. F. Swanson und C. H. N. Bensmann.

33. Tetraäthylblei in Benzin (II/1, 128). a) Chromatmethode. Zu 100 cm^3 Benzin fügt man eine 30%ige Lösung von Brom (Holde, S. 215) in CCl_4 bis zur Braunfärbung, filtriert den Niederschlag auf einem Glasfiltertiegel, wäscht mit Petroläther aus und zersetzt durch Auskochen mit Salpetersäure. Die Lösung wird dann auf 3 cm^3 eingedampft, mit Ammoniak neutralisiert und mit 5 cm^3 50%iger Essigsäure und 40 cm^3 einer 50%igen Kaliumbichromatlösung versetzt. Man kocht etwa 5 Minuten unter Umrühren und filtriert den Niederschlag (Bleichromat) nach längerem Absitzen ab, trocknet bei 105° und wägt. 1 g $PbCrO_4$ (Mol.-Gew. 323,2) entspricht 1 g $Pb(C_2H_5)_4$ (Mol.-Gew. 323,4).

b) Methoden der Ethyl G. m. b. H.[1]. Enthält der Treibstoff Alkohol, so ist Methode II anzuwenden, da bei Gegenwart von Alkohol das Bleibromid nicht ausfällt. Wird der Alkohol durch wiederholtes Auswaschen mit Wasser zuerst entfernt, so kann für den verbleibenden Treibstoffrest zwar Methode I angewandt werden, doch ist Methode II vorzuziehen. Das erste Ausschütteln muß in diesem Falle mit verdünnter und nicht mit konzentrierter Salpetersäure vorgenommen werden, um heftige Reaktion zwischen Säure und Alkohol zu vermeiden.

Benzine, die einen abnormal hohen Gehalt an Blei aufweisen, sind mit Blei-freiem, Olefin-armem Benzin in geeignetem Maße zu verdünnen, bevor die eine oder andere der beiden Methoden angewandt wird.

Die gravimetrische Bestimmung (Methode III) des Bleitetraäthyls hat zur Voraussetzung, daß sämtliches Blei als Äthylblei vorliegt.

Die jodometrische Analyse (Methode IV) gründet sich auf die Reaktion:

$$Pb(C_2H_5)_4 + 2\,J = Pb(C_2H_5)_3J + C_2H_5J.$$

Stets vorhandene andere Bleiverbindungen verbrauchen kein Jod oder weniger Jod. Das immer zu einigen Zehntelprozent anwesende Hexaäthyl-Diplumban verbraucht je Bleiatom nur die Hälfte Jod:

$$Pb_2(C_2H_5)_6 + 2\,J = 2\,Pb(C_2H_5)_3J.$$

Daher ergibt die gravimetrische Bestimmung (Methode III) gegenüber der jodometrischen Methode IV einen um 0,2—0,5% höheren Gehalt an Bleitetraäthyl.

Wegen der schnelleren Ausführung wird für die Fabrikation die volumetrische Bestimmung (Methode IV) angewandt und der Bleitetraäthylgehalt im Produkt nach dieser eingestellt. Aus dem gleichen Grunde empfiehlt es sich, auch die 10 Vol.-%igen, auf Prüfständen benutzten Fluidlösungen nach der jodometrischen Methode IV zu untersuchen. Voraussetzung ist natürlich, daß die Verdünnung des Fluids mit einem Benzin oder Benzol, das selbst kein Jod verbraucht, erfolgt.

Auch die gravimetrischen Methoden I und II lassen sich ohne weiteres auf 10%iges Fluid übertragen, nach Verdünnung desselben auf etwa das 10fache.

α) *Methode I.* Mit einer Pipette werden 100 cm^3 Bleitetraäthylhaltiges Benzin in ein 400-cm^3-Becherglas abgemessen. Eine Lösung

[1] Privatmitteilung.

von 30% Brom in Tetrachlorkohlenstoff wird langsam hinzugefügt, bis eine bleibende rotbraune Färbung von Brom auftritt (s. Anmerkung I). Darauf wird das Bleibromid sofort durch Asbest in einem trockenen Goochtiegel oder besser durch ein Jenaer Sinterglasfilter Nr. 2 filtriert und mit Petroläther nachgewaschen (s. Anmerkung II). Der Tiegel oder das Glasfilter wird in das Becherglas, in welchem die Ausfällung vorgenommen wurde, zurückgesetzt und etwa 3 cm³ Salpetersäure (spez. Gew. 1,40) hindurchgegossen. Sodann wird das Becherglas mit warmer 10%iger Salpetersäure soweit aufgefüllt, daß der obere Rand des Tiegels oder Glasfilters bedeckt ist. Man kocht kurz auf, nimmt den Tiegel oder das Glasfilter heraus, spült mit warmen Wasser ab und dampft das Ganze bis auf etwa 3 cm³ ein. Dann verdünnt man wiederum, filtriert die Lösung, wenn ein Goochtiegel benutzt worden war, durch ein weiches Filtrierpapier und spült das Becherglas mit warmem Wasser aus. Das Filtrat wird mit Ammoniakwasser gerade neutralisiert und mit 5 cm³ 50%iger Essigsäure versetzt. Man erhitzt auf einer Heizplatte zum Sieden und fügt langsam unter Rühren 10 cm³ einer 10%igen Kaliumbichromatlösung hinzu. Das Kochen wird fortgesetzt, bis sich der Niederschlag gut zusammengeballt hat. Dann läßt man an einem warmen Platz 1 Stunde lang absitzen. Der Niederschlag wird durch einen gewogenen und ausgeglühten Goochtiegel abfiltriert und mit heißem Wasser gut ausgewaschen. Man trocknet bei 105° C und wiegt als Bleichromat ($PbCrO_4$).

$$\text{Gewicht } PbCrO_4 \cdot 6{,}019 = \text{cm}^3 \text{ TEL pro Liter.}$$

Anmerkung I. Bei Benzinen mit einem hohen Prozentgehalt an ungesättigten Kohlenwasserstoffen, die Brom heftig absorbieren, ist es sehr zweckmäßig, die Probe mit etwa 100 cm³ einer leichtflüchtigen Benzinfraktion, die weitgehend frei ist von ungesättigten Verbindungen (wie sie hauptsächlich in Crackprodukten auftreten), zu versetzen. Außerdem ist das Brom vorsichtig und langsam hinzuzusetzen und das Becherglas in Eis zu stellen. Werden diese Vorsichtsmaßnahmen nicht eingehalten, so werden die Resultate leicht zu niedrig. Geeignete Verdünnungsmittel sind z. B. Fliegerbenzin mit hoher Octanzahl, Petroläther und Ligroin oder Normalbenzin.

Anmerkung II. Einige Benzine geben, wenn sie mit Brom versetzt werden, eine teerige Flüssigkeit, die in Benzin unlöslich ist. In solchen Fällen ist das ausgefällte Bleibromid, bevor es in Salpetersäure aufgelöst wird, besonders sorgfältig mit Petroläther auszuwaschen, um den Teer gründlich zu entfernen.

β) Methode II. 200 cm³ der zu untersuchenden Probe werden in einem 500-cm³-Scheidetrichter mit 20 cm³ konzentrierter Salpetersäure 15 Minuten lang geschüttelt. Nach kurzem Absitzen läßt man die Säureschicht in einen hohen 200-cm³-Kochbecher ab. Wenn das Benzin reich an ungesättigten Verbindungen ist, kann es Schwierigkeiten machen, die Säureschicht abzutrennen. In diesem Falle spritzt man mit der Waschflasche einige Kubikzentimeter Wasser ein, indem man den Strahl rings an der Wand des Scheidetrichters entlang laufen läßt. Dadurch wird die Emulsion gebrochen und die Säureschicht von dem Benzin scharf getrennt. Nach Ablassen der Säure schüttelt man das Benzin 15 Minuten lang mit 20 cm³ destilliertem Wasser. Nach einigen Minuten Absitzen läßt man die untere Schicht ebenfalls in den 200-cm³-Kochbecher laufen. Das Ausschütteln mit Säure und Wasser wird wiederholt, wobei jedesmal die untere saure Schicht in dasselbe Becherglas abgelassen wird. Die beiden ersten Ausschüttelungen lösen 98% des Gesamtbleies heraus. Die letzten Spuren werden durch die weiteren Ausschüttelungen entfernt.

Das Becherglas mit den vereinigten Waschwässern wird mit einem Uhrglas bedeckt, unter welches ein Glashaken geschoben wird. Auf einer Heizplatte wird rasch bis auf 20 cm³ eingeengt. Nach gelindem Abkühlen setzt man 15 cm³ konzentrierte Schwefelsäure hinzu und kocht wieder auf der Heizplatte bis zum Entweichen von Dämpfen. Wenn bei diesem Zeitpunkt noch nicht alle organischen Stoffe durch die Salpetersäure zerstört sind, wird sich die Lösung färben, besonders bei Crackbenzinen. Um diese organischen Stoffe zu zerstören, setzt man vorsichtig ein paar Tropfen Salpetersäure (oder besser festes Ammonnitrat) hinzu und erhitzt wieder bis zum Auftreten von Dämpfen. Das Becherglas wird abgekühlt, der Inhalt mit Wasser bis auf 40 cm³ verdünnt und wieder bis zum Auftreten von Dämpfen eingeengt. Dadurch werden die letzten Spuren von Stickoxyden ausgekocht.

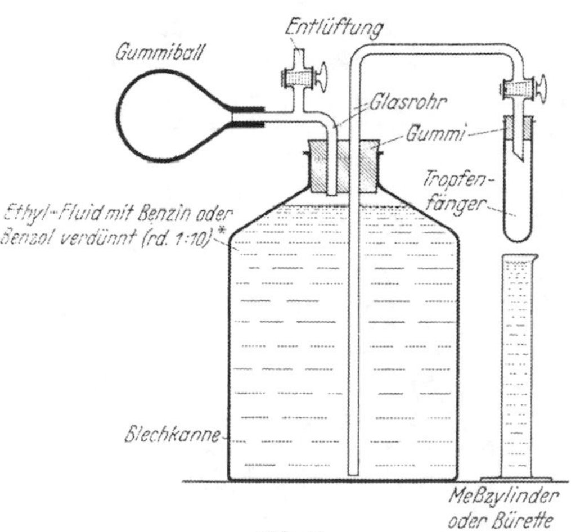

Abb. 11.
Laboratoriumsabfüllvorrichtung für Ethyl-Fluid.

Man verdünnt auf 150 cm³ und kühlt unter Umrühren 1 Stunde auf 15° ab. Das Bleisulfat wird durch einen Goochtiegel abfiltriert, mit 2%iger Schwefelsäure und sodann einmal mit 95%igem Alkohol ausgewaschen, 20 Minuten lang bei 105° C getrocknet und 5 Minuten lang bei Dunkelrotglut geglüht; Gramm Bleisulfat in 200 cm³ Benzin × 3,209 = Kubikzentimeter TEL je Liter Benzin.

γ) *Methode III.* Etwa 0,5 g reines Ethyl-Fluid oder die entsprechende Menge verdünntes Ethyl-Fluid werden in einer Lunge-Rey-Pipette abgewogen und zu etwa 20 cm³ Tetrachlorkohlenstoff im 400-cm³-Becherglas hinzugesetzt. Es wird in Eis abgekühlt und langsam eine 30%ige Lösung von Brom in Tetrachlorkohlenstoff im Überschuß zugefügt. Man verdampft auf dem Wasserbad zur Trockne. Das trockne Bleibromid wird mit etwa 10 cm³ konzentriertem Ammoniakwasser und mit 25 cm³ 50%iger Essigsäure versetzt und unter Sieden gelöst. Sodann wird filtriert und das Papierfilter gut mit heißem Wasser ausgewaschen. Man verdünnt auf 200 cm³, bringt auf einer Heizplatte zum Sieden und fügt zur kochenden Lösung tropfenweise 10 cm³ einer 10%igen Kaliumbichromatlösung hinzu. Man kocht noch 5 Minuten, läßt 1 Stunde lang auf dem Wasserbad stehen, filtriert durch einen Goochtiegel, wäscht heiß aus, trocknet bei 105° C und wiegt als Bleichromat ($PbCrO_4$). Gewicht $PbCrO_4$ = Gewicht TEL.

Aus den Gewichtsprozenten des Bleichromats werden die Volumprozente TEL berechnet, indem man die Dichte der Fluidprobe bestimmt und die des Bleitetraäthyls, welches bei 20° C zu 1,6615 angenommen werden kann, einsetzt, nach folgender Formel:

$$\text{Gewichtsprozent } PbCrO_4 \cdot \frac{D\,(\text{Ethyl-Fluid})}{D\,(\text{TEL})} = \text{Vol.-\% TEL}.$$

δ) *Methode IV.* Benötigte Lösungen: $^1/_{10}$ n-Jod, enthaltend 25 g Jodkalium pro Liter, $^1/_{10}$ n-Natriumthiosulfat, Stärkelösung, frisch destilliertes chemisch reines Benzol.

In einer Lunge-Rey-Pipette werden etwa 1,4 g reines Ethyl-Fluid oder die entsprechende Menge verdünntes Ethyl-Fluid genau abgewogen. Sie werden in einen 250-cm³-Erlenmeyerkolben mit Glasstopfen gegeben, der 50 cm³ frisch destilliertes Benzol enthält. Darauf werden auf einmal soviel (etwa 50 cm³) $^1/_{10}$ n-Jodlösung unter Schütteln hinzugelassen, daß der theoretisch nötige oder durch Vorversuch ermittelte Betrag 2—5 cm³ überstiegen wird. 2—3 Minuten wird kräftig geschüttelt und der Jodüberschuß sodann mit Thiosulfat unter dauerndem Schütteln mit Stärke als Indicator zurücktitriert. Wenn der Jodüberschuß weniger als 2 cm³ beträgt, sind die Resultate gewöhnlich zu niedrig, und die Analyse muß mit entsprechend größerem Überschuß an Jod wiederholt werden. Wenn ein gelber Niederschlag von Bleijodid auftritt, muß die Analyse verworfen werden.

Die Anzahl der von Blei verbrauchten Kubikzentimeter Jodlösung ergibt, multiplziert mit 0,01616, das Gewicht des Bleitetraäthyls in der Probe.

c) Schnellmethode zur Bestimmung von Tetraäthylblei (nach Walter Ulrich). 100 cm³ Bleitetraäthylhaltiger Kraftstoff von 20°, den man vorher durch Filtrieren von allen Verunreinigungen befreit hat, werden in einem Scheidetrichter von 250 cm³ Inhalt mit 10 cm³ einer 10 Vol.-%igen Lösung von Brom in Tetrachlorkohlenstoff versetzt und das Gemisch etwa $^1/_2$ Minute lang stark geschüttelt. Man schüttelt dann mit 5 cm³ konzentrierter Salpetersäure (65%ig) kräftig durch, bis sich der Niederschlag von Bleibromid vollkommen gelöst hat. Nach kurzem Stehen läßt man die abgesetzte Salpetersäure in einen gewogenen, vorher geglühten Porzellantiegel ab. Das im Scheidetrichter verbleibende Benzin wird nochmals 2mal mit je 5 cm³ verdünnter Salpetersäure (10%ig) ausgewaschen und der Säureüberschuß ebenfalls in den Porzellantiegel übergeführt und mit 1 cm³ verdünnter Schwefelsäure (10%ig) versetzt. Man verdampft dann bis zur Trockne, raucht schwach ab und glüht, bis die organischen Anteile restlos verbrannt sind. Da hierbei ein Teil des Bleisulfates zu Metall reduziert werden kann, befeuchtet man den Tiegelinhalt mit verdünnter Salpetersäure, verdampft zur Trockne, fügt 2 Tropfen konzentrierter Schwefelsäure hinzu, raucht ab, glüht schwach und wägt den Tiegel nach Erkalten im Exsiccator.

Für die Berechnung des Bleitetraäthylgehaltes in Volumprozent ist die in 100 cm³ der Probe gefundene Bleisulfatmenge mit dem Faktor 0,6427 zu multiplizieren.

d) Einfluß von Schwefelverbindungen auf die Bleiempfindlichkeit. S. F. Birch und R. Stansfield[1] stellen auf Grund von Octanbestimmungen im C.F.R.-Motor nach der Motormethode fest, daß Thiophen keinen wesentlichen Einfluß auf das Tetraäthylblei ausübt, während Sulfid-, Mercaptan-, Disulfid-, Trisulfid- und Thioglykolschwefel einen höheren Abfall in der Octanzahl hervorbrachten. Äthyltrisulfid und Mercaptane erwiesen sich als ausgesprochen klopfsteigernde Mittel, während alle verwendeten Sulfide die gleiche Depression in der Empfänglichkeit bei konstantem Schwefelgehalt bewirkten.

W. A. Schulze und A. E. Buell weisen auf die Verminderung der Wirksamkeit von Bleitetraäthyl bei Gegenwart von Disulfiden in Motorkraftstoffen hin.

Über den Nachweis von Tetraäthylblei und über die Flüchtigkeit des Bleitetraäthyls berichtet Siebeneck.

e) Zusammenstellung von Vorsichtsmaßregeln für Arbeiten mit Ethyl-Fluid in Laboratorien[2]. Es sei auf die Gefährlichkeit beim Umgang mit Ethyl-Fluid aufmerksam gemacht. Das Bleitetraäthyl wirkt sowohl als Haut- wie als Atemgift.

Bei der Arbeit mit diesem Stoff, vor allem beim Abmessen und Ansetzen der Proben für Klopfwertbestimmungen, was nur im Labor unter dem Abzug gemacht werden soll, müssen Schutzbrille und Gasmaske mit Einsatz A, Gummischürze und Gummihandschuhe getragen werden. Berührung mit der bloßen Hand muß vermieden werden. Zum Ansetzen der Proben für Klopfwertbestimmungen empfiehlt sich, mit Benzin (Jodzahl 0) oder chemisch reinem Benzol verdünntes Ethyl-Fluid (etwa 1:10) zu verwenden, um die für die Klopfproben notwendigen geringen Mengen Bleitetraäthyl genau abmessen zu können.

Nach längerer Mischtätigkeit ist Kleider- und Wäschewechsel erwünscht, gründliches Waschen und Mundspülung nötig, ebenso vor Eßpausen. (Blei kann bekanntlich auch durch den Darm aufgenommen werden.) Befleckte Gummischutzkleidung oder befleckte Arbeitskleider müssen sofort ausgezogen werden und entweder bei geringer Beschmutzung mit Benzin oder Petroleum und darauf mit Wasser und Seife abgewaschen oder bei starker Beschmutzung verbrannt werden. Befleckte Schuhe oder andere Ledergegenstände sind zu verbrennen, da das Ethyl-Fluid von ihnen nicht entfernt werden kann.

Gelangt Ethyl-Fluid auf die Haut, so muß die betreffende Stelle ebenfalls gründlich mit Petroleum oder Benzin und hierauf mit Wasser und Seife abgewaschen werden. In ernsten Fällen ist die betreffende Person 3—4 Wochen lang auf Zeichen von Bleivergiftung ärztlich zu überwachen. In diesem Falle ist die Ethyl G. m. b. H. zu verständigen, damit einer ihrer Vertrauensärzte, wenn nötig zu Rate gezogen werden kann.

Spritzer auf dem Tisch, am Boden usw. sind mit einer Lösung von 5% Sulfuryl-chlorid in Petroleum zu zerstören, hierauf mit Petroleum

[1] Tagung der American Chemical Society in Kansas City, April 1936.
[2] Privatmitteilung der Ethyl G. m. b. H.

abzuwaschen und mit Wasser nachzuspülen und alsdann ist die betreffende Stelle nochmals mit Seife und Wasser zu reinigen.

Es darf kein konzentriertes Ethyl-Fluid in den Ausguß gelangen, daher sind alle benutzten Gefäße, Kannen und Meßzylinder usw. unter dem Abzug erst mit einer Lösung von 2% Brom in Tetrachlorkohlenstoff, zur Zerstörung des Bleitetraäthyls, auszuspülen und hierauf mit 25%iger Salpetersäure und dann mit Wasser nachzuspülen.

34. Angriff von Kraftstoffen auf verschiedene Werkstoffe (II/1, 123). K. R. Dietrich und W. Lohrengel untersuchten die Einwirkung von alkoholhaltigen Kraftstoffen auf Eisen, Eisen verzinnt und verzinkt, Eisen verbleit, Elektron AZM, Elektron AM, Reinaluminium, Reinaluminium mit MBV-Schutz, Duraluminium K 39, Duraluminium 681 B, Bondur P, Bondur M, Bondur B, Duranalium 5, Silumin mit und ohne MBV-Schutz, Hydronalium-Lautal II, III, 14 V und stellten fest, daß ein Äthanol-Methanolgemisch rohes Eisen, verbleites Eisen, Silumin mit MBV-Schutz und Elektron ebenfalls mit Schutzschicht angreift. Bei den Eisenblechen war der Angriff ein gleichmäßig fortschreitender, während Silumin und Elektron nur kurze Zeit bis zur Bildung einer Schutzschicht angegriffen wurden.

Eine Mischung von Äthanol-Methanol mit 90% Spaltbenzin zeigte gleiche Ergebnisse, nur daß auch ein fortlaufender Angriff auf verzinktes Eisen und Elektron AM und AZM erfolgte, während rohes Eisen nach anfänglichem Angriff späterhin beständig bleibt. Bei verbleitem Eisen ist der Angriff bedeutend stärker als der früher bei Versuchen mit Äthanol allein festgestellte. Die Bildung von Bleiäthylat und Bleimethylat ist in Alkohol-Benzingemischen erhöht gegenüber den benzinfreien Alkoholgemischen. Bei der Verwendung von Elektron ist Vorsicht geboten, da bei Verletzung der Schutzschicht auch hier geringe Angriffe beobachtet wurden. Allgemein kann gesagt werden, daß durch den Methanolzusatz zum Äthanol in der derzeitigen Größenordnung keine anderen Maßnahmen erforderlich sind, als bei Zusatz von Äthylalkohol allein.

II. Dieselkraftstoffe.

Man teilt die Anforderungen an die Beschaffenheit in a) handels-, b) betriebs- und c) motortechnische Daten:

a) Handelstechnische Daten: 1. Flammpunkt 2. Wassergehalt 3. Reinheit b) Betriebstechnische Daten: 1. Stockpunkt	nach üblichen Methoden
2. Filtrierbarkeit 3. Korrosion c) Motortechnische Daten: 1. Zähigkeit 2. Zündwilligkeit 3. Verkokbarkeit 4. Bestimmung an der Rauchgrenze	siehe unten

a) Filtrierbarkeit. Hagemann und Hammerich bestimmen die Filtrierbarkeit von Dieselkraftstoffen in einem Spezialgerät (s. Abb. 12), indem der eingefüllte Kraftstoff unter dauerndem Rühren durch ein Kühlbad von Alkohol mit Kohlensäure auf die Versuchstemperatur gekühlt wird. Das Öl muß dann durch einen Luftüberdruck von 0,5 atü ein Kupferfilter durchfließen und wird in einem vorgelegten Meßglas aufgefangen. Die Ausflußzeit für 200 cm³ Öl stellt ein Maß für die Filtrierbarkeit dar. Als Filter werden 10 Kupfersiebe von 0,1 mm Maschenweite (3600 Maschen je Quadratzentimeter) bei einer lichten Weite der gesamten Filterfläche von 6 mm verwendet.

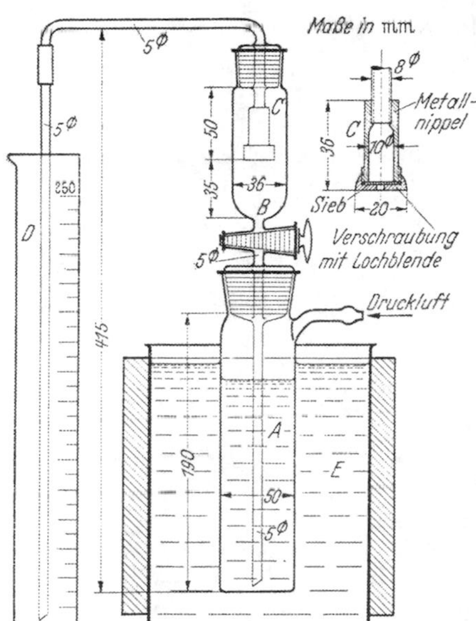

Abb. 12. Apparat zur Bestimmung der Filtrierbarkeit von Dieselkraftstoffen nach Hagemann und Hammerich.

b) Korrosion bestimmt man nach Hagemann und Hammerich wie folgt: 0,1 cm dicke und 1 × 10 cm breite Kupferstreifen werden eingewogen und in das zu untersuchende Öl getaucht, so daß bei Verwendung eines 25-cm³-Meßglases die Eintauchtiefe 8 cm beträgt. Vor dem Einwägen werden die Bleche mit einer unter dem Namen „Abrazo" im Handel befindlichen feinen Stahlwolle gereinigt und leicht aufgerauht. Das Öl wird 24 Stunden bei 50° gehalten, dann wird das Blech aus dem Öl herausgenommen, mit einem leichtflüchtigen Lösungsmittel (Benzol-Äthergemisch 1:1) abgespritzt und anschließend in 10%ige Cyankalilösung getaucht, wobei sich in wenigen Sekunden die gegebenenfalls entstandene Kupfersulfidschicht unter Bildung des komplexen Cuprosalzes löst. Das Kupferblech wird mit Alkohol abgespritzt und zurückgewogen. Die Gewichtsabnahme ist ein Maß für die korrosiven Eigenschaften des verwendeten Öles.

c) Säureangriff. Zu einem Wert der besonders den Säureangriff kennzeichnet, kommt man, wenn man an Stelle des Kupferstreifens einen Zinkstreifen anwendet.

d) Verkokbarkeit. An Stelle der bisher üblichen Methode nach Muck, Finkener, Conradson oder Ramsbottom schlagen Hagemann und Hammerich vor: 5 g Öl werden in ein kleines Becherglas eingewogen, das in eine Druckbombe (s. Abb. 13) eingesetzt wird. Diese mit zwei Nadelventilen versehene Druckbombe wird mit Preßluft beschickt, und zwar bis zu einem an einem Manometer ablesbaren Druck von 20 atü. Dann wird die Bombe 2 Stunden in einem Metallbad erhitzt, das bei selbsttätiger Temperaturregelung gleichbleibend auf 155°

gehalten wird. Nach Abkühlung der Bombe wird das Becherglas herausgenommen und sein Inhalt nach der bekannten, bei Schmierölen angewendeten Bestimmung auf Asphalt und Koks untersucht.

e) Leistung an der Rauchgrenze (nach Hagemann und Hammerich). Zündwilligkeit und Verkokbarkeit geben noch nicht erschöpfend über die Beschaffenheit des Dieselkraftstoffes Auskunft. Hagemann und Hammerich stellen Versuche in Aussicht die Rauchgrenze photoelektrisch festzulegen.

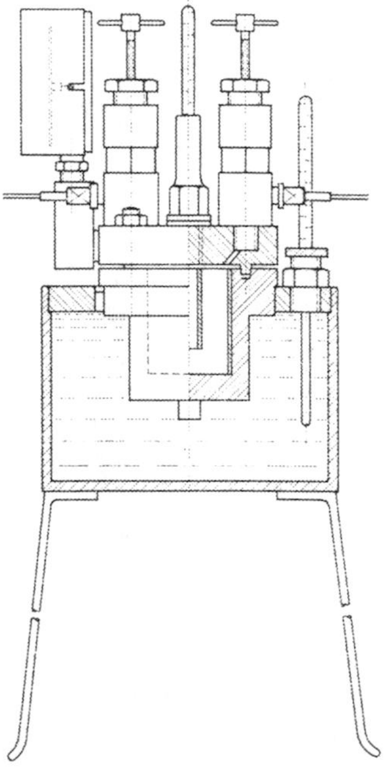
Abb. 13. Druckbombe zur Bestimmung der Verkokbarkeit nach Hagemann und Hammerich.

f) Motorische Prüfungen. *Zündwilligkeit von Dieselkraftstoffen.* Die Cetenzahl ist ein Maß für die Zündeigenschaften eines Dieselkraftstoffes. Die erste für derartige motorische Untersuchungen geschaffene Methode wurde von dem Delfter Versuchslaboratorium der Shell entwickelt[1]. Sie beruht darauf, daß der Zündverzug des zu prüfenden Kraftstoffes an einem liegenden Einzylinder - Thomassen - Motor ($n = 275$ U/Min.) — als Zeit vom Einspritzbeginn bis zu dem auf einem um 90° versetzten Diagramm erkennbaren Zündbeginn (Druckanstieg) — zu Mischungen aus Ceten und Alpha-Methyl-Naphthalin in Vergleich gesetzt wird.

Abb. 14[1] ist ein solches Diagramm, das durch schrittweises Drosseln der Ansaugluft erhalten wird. Der Schnittpunkt der 30 Atm.-Linie mit der Kurve für den jeweiligen

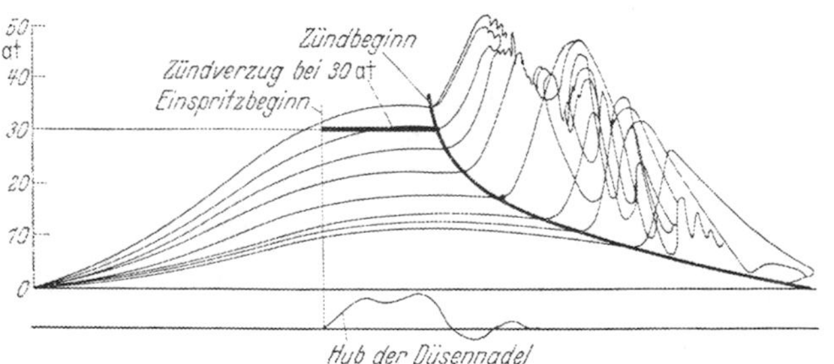

Abb. 14. Zündverzug bei Dieselkraftstoffen.

Zündbeginn bestimmt den für die Vergleichsprüfung gewerteten Zündverzug.

[1] Aus G. D. Boerlage and J. J. Broeze: Knock-Rating for Hight-Speed C. I. Engine Fuels, World Petr. Congress, London 1933. Proceedings, Vol. II, p. 271f.

Ceten ist im Gegensatz zu Alpha-Methyl-Naphthalin ein sehr zündwilliger Kohlenwasserstoff, der in dieser Eigenschaft fast alle handelsüblichen Gasöle übertrifft. An Stelle von Ceten wird neuerdings Cetan verwandt, das hinsichtlich Zündvermögen und Lagerbeständigkeit Vorteile bietet.

Im Gegensatz zur Octanzahl zeigt die Zündverzugs-Cetan-(Ceten-) Zahl nur geringfügige Abhängigkeit von der Konstruktion des Prüfmotors und dessen Betriebsbedingungen, vorausgesetzt, daß der Zündverzug nach einem weitgehend trägheitslosen Meßverfahren bestimmt wird. Der Zündverzug kann daher nur behelfsmäßig an größeren langsam laufenden Motoren (bis etwa 350 U/Min.) mit Hilfe der üblichen mechanischen Indicatoren ermittelt werden, da eine Meßgenauigkeit von mindestens $^1/_4{}^\circ$ K.W. erwünscht ist. Bei höheren Drehzahlen sind durchweg optische und elektrische Verfahren in Gebrauch, wobei letztere den Vorzug verdienen.

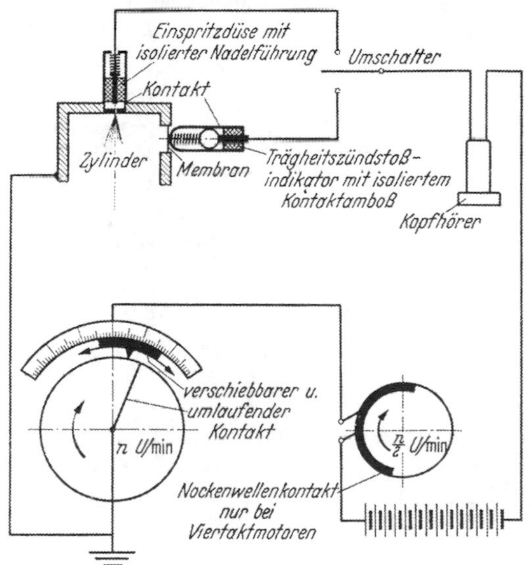

Abb. 15. Schaltschema zur Ermittlung des Zündverzuges nach H. H. Neumann.

Abb. 15 zeigt eine einfache elektrische Schaltung[1] zur praktisch trägheitslosen Bestimmung des Einspritz- und Zündbeginns. Die Einspritzdüse ist in diesem Verfahren mit einer isolierten Nadelführung versehen, so daß Nadel und Düsenplatte einen Kontakt bilden, der in einem Stromkreis mit einem verschiebbaren Kurbelwellenkontakt (Schließungszeit $<^1/_4{}^\circ$ K.W./Arbeitshub) und einem Kopfhörer liegt. Das Knacken (Frequenz 2 n) im Kopfhörer für den Kurbelwinkelbereich, in dem die Düse geschlossen ist, verschwindet, sobald der Kontakt in den Einspritzbereich verschoben wird. Der Spritzbeginn ist an einer Gradteilung auf $^1/_{10}{}^\circ$ K.W. ablesbar. Ebenso kann auf einen anderen Kontakt in einem Trägheitsindicator (von Membran gesteuert) umgeschaltet werden, der sich mit Beginn des Druckanstiegs infolge Zündung öffnet.

In Abb. 16[2] findet sich das Schaltschema einer anderen Zündverzugsmethode, die mit magnetelektrischen Gebern für Einspritz- und Zündbeginn arbeitet. Hier werden beide Zeitpunkte mit Hilfe einer mit dem

[1] Schaltung nach H. H. Neumann: Automobiltechn. Ztschr., 10. Sept. **1933**, 424, H. 17.

[2] Aus P. H. Schweitzer: Die Prüfung von Brennstoffen für Dieselmotoren. Automobiltechn. Ztschr., 25. Jan. **1936**, H. 2, 29.

Schwungrad umlaufenden Neon-Lampe in °K.W. ermittelt. Ähnlich werden auch piezoelektrische Geber (Quarzindicatoren) in Verbindung mit Kathoden-Oszillographen verwandt, die jedoch wegen ihres verwickelten Aufbaues für laufende Kraftstoffuntersuchungen weniger verbreitet sind.

Daneben sind noch eine Reihe anderer motorischer Prüfmethoden bekannt, bei denen die Zündwilligkeit der Kraftstoffe nach der mit ihnen erzielbaren Start- oder Anspringfreudigkeit der Versuchsmotoren beurteilt wird. Hierzu gehören die z. B. am C.F.R.-Motor gehandhabte C.C.R. (Critical Compression Ratio)-Methode oder das Aussetzerverfahren, nach dem unter anderem der vom Heereswaffenamt eingeführte Dieselprüfmotor arbeitet[1]. Hier wird der Motor fremd angetrieben, wobei die Betriebsbedingungen genauestens eingehalten werden müssen. Nachdem der Temperaturbeharrungszustand erreicht ist, werden in bestimmten Zeitabständen einmalige Einspritzungen ausgelöst und bei gleichzeitigem Drosseln der Ansaugluft wird der kritische Ansaugunterdruck bestimmt, bei dem mit Sicherheit keine Zündung mehr erfolgt. Als Vergleichsmaßstab dient auch hier vielfach die Cetan- (Ceten-) Zahl. Zur näheren Kennzeichnung muß dann jedoch das Verfahren und der Motor angegeben werden, da diese Zahlen nicht mit den Zündverzugswerten übereinstimmen.

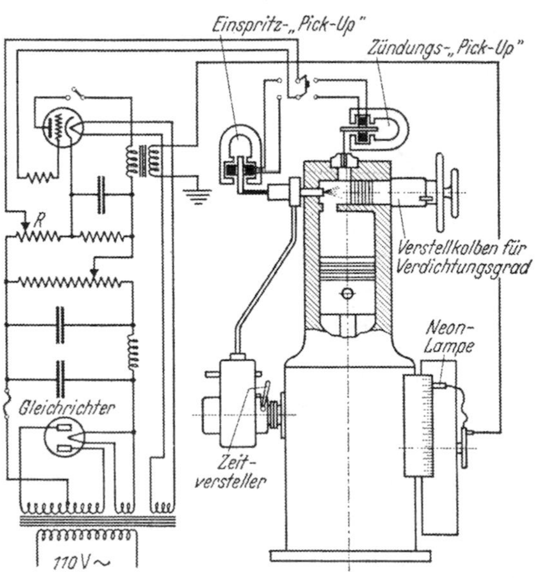

Abb. 16. Schaltschema zur Ermittlung des Zündverzuges mit magnetelektrischen Gebern.

Die handelsüblichen Kraftstoffe zeigen Zündverzugs-Cetenzahlen bis rund 65, während einige synthetische Waren Cetenzahlen bis über 100 aufweisen. Die Zündwilligkeit läßt sich durch geringe Zusätze von Peroxyden heraufsetzen. Doch spielen diese Zusatzmittel für die Praxis keine allzu große Rolle, da fast alle handelsüblichen Dieselkraftstoffe wegen der starken Unterschiede in den motorischen Abmessungen und Konstruktionen den Anforderungen einer der Motorgruppen genügen. Als Regel kann auf Grund praktischer Erfahrungen gesagt werden, daß ortsfeste mittlere und Großdieselmotoren mit niedriger bis mittlerer Drehzahl durchweg anstandslos mit Kraftstoffen von 25—45 Ceten-

[1] Siehe auch A. W. Schmidt; G. D. Boerlage und J. J. Broeze (1); Hagemann und Hammerich.

zahlen betrieben werden können, daß Fahrzeugmotoren jedoch mindestens 40 Cetenzahlen erfordern[1]. Gasöle mit Cetenzahlen über 65 sind im normalen Motorbetrieb nicht erforderlich und unwirtschaftlich, da die Motoren der Praxis durchweg für Dieselkraftstoffe mit mittleren Zündeigenschaften (45—55 Cetenzahlen) entwickelt werden und selbst kleine Motoren mit Drehzahlen über 3000 U/Min. keine höheren Werte verlangen. Bei Verwendung von Gasölen mit bedeutend höheren Cetenzahlen ist eher ein Absinken der erreichbaren Höchstlast zu erwarten [G. D. Boerlage und J. J. Broeze (2)]. Darum ist es vorteilhaft, solche Kraftstoffe in Mischung mit Dieseltreibstoffen, die den normalen Anforderungen der Praxis nicht genügen, zur Verbesserung der Zündeigenschaften zu verwerten. Das englische Motorprüfverfahren ist in Öl u. Kohle **13**, 179 (1937) bezüglich Versuchsanordnung, Ausführung und Genauigkeit eingehend beschrieben.

g) Laboratoriumsmäßige Methoden. α) *Dieselindex.* A. E. Becker und H. G. M. Fisher bringen zur laboratoriumsmäßigen Bestimmung der Cetenzahl von Kraftstoffen den Dieselindex in Vorschlag.

$$\text{Dieselindex} = \frac{\text{Anilinpunkt } (^\circ\,\text{F}) \cdot \text{Dichte } (^\circ\,\text{A.P.I.})}{100}.$$

β) *Viscositäts-Dichte-Konstante.* Nach C. C. Moore jr. und C. R. Kaye besteht eine Beziehung zwischen der Zündwilligkeit von Dieselkraftstoffen und der Viscositäts-Dichte-Konstante, die eine kombinierte Konstante darstellt, in der die Viscosität und die Dichte des Kraftstoffes enthalten sind.

γ) *Spezifisches Gewicht und Siedekennziffer.* R. Heinze und M. Marder (2) bestimmen die Zündwilligkeit von Dieselkraftstoffen mit Hilfe des spezifischen Gewichts und der Siedekennziffer.

δ) *Spezifischer Parachor.* Eine Verbesserung der obigen Dichtemethoden ist die ebenfalls von R. Heinze und M. Marder (2) entwickelte Parachormethode (s. S. 17).

Nach Heinze und Hopf nimmt bei obigen Bestimmungsweisen die Genauigkeit in der Reihenfolge ab: Spezifischer Parachor, Dichte, Dieselindex, Viscositäts-Dichte-Konstante.

Literatur.

Ardagh, E. G. R. and W. H. Bowman: Journ. Soc. Chem. Ind., Chem. u. Ind. **54**, 267 (1935). — A.S.T.M. D 322—35: A.S.T.M. Standard on Petrol. Prod. and Lubricants 1937, p. 76. — A.S.T.M. D 323—37 T: A.S.T.M. Standard on Petrol. Prod. and Lubricants 1937, p. 299. — A.S.T.M. (Gum) D 381—36: A.S.T.M. Standard on Petrol. Prod. and Lubricants 1937, p. 181.

Barre, G. u. H. Grosse-Oetringhaus: Öl u. Kohle/Erdöl u. Teer **14**, 95 (1938). Bass, E. L.: High Octane Fuels, Aircraft Engineering, Jan. 1937. Vortrag auf „Salon des l'Aironautique" Paris, 25. Nov. 1936. — Becker, A. E. and H. G. M. Fisher: S. A. E. Journ. **35**, 376 (1934). — Boerlage, G. D. u. J. J. Broeze: (1) Zündung und Verbrennung im Dieselmotor. Forschungsheft **366**, 9 (1934). — (2) Some Points in Combustion Efficiency of Diesel Engines, Gas and Oil Power, Jan. **1935**. — Boerlage, G. D., L. A. Peletier and J. L. Tops: The "Allowabl Boost Ratio". Aircr. Engng., Dez. **1935**. — Brückner, H.: Gas- u. Wasserfach **77**, 58 (1934).

[1] Siehe Fußnote 1, S. 41.

Chem. Dept. of the South Metropolitan Gas Comp.: Journ. Soc. Chem. Ind. **56**, 287 (1937). — Conrad, C.: Öl u. Kohle/Erdöl u. Teer **11**, 421 (1934).

Dietrich u. Conrad: Ztschr. angew. Ch. **44**, 532 (1931). — Dietrich, K. R. u. H. Jeglinski: Chem.-Ztg. **53**, 177 (1929). — Dietrich, K. R. u. W. Lohrengel: Öl u. Kohle/Erdöl u. Teer **12**, 91 (1936).

Elvove: Ind. and Engin. Chem. **9**, 953 (1917). — Esling, F.: Journ. Inst. Petrol. Technologists **20**, 1051 (1934).

Galle, E. u. R. Klatt: Brennstoffchem. **14**, 321 (1933). — Gillies, A.: Gas World **104**, Nr. 270; The Coking Section 10/13 (1936). — Gillis, E. R.: Ind. and Engin. Chem., Anal. Ed. **5**, 421 (1933). — Hagemann u. Hammerich: Öl u. Kohle/Erdöl u. Teer **12**, 372 (1936). — Hammerich, Th.: Öl u. Kohle/Erdöl u. Teer **12**, 641 (1936). — Heinze u. Hopf: Brennstoffchem. **17**, 445 (1936). — Heinze, R. u. M. Marder: (1) Ztschr. f. angew. Ch. **48**, 335 (1935). — (2) Brennstoffchem. **16**, 286 (1935); Öl u. Kohle/Erdöl u. Teer **11**, 724 (1935). — Heinze, R. u. F. Schmeling: Öl u. Kohle **2**, 61 (1934). — Hock, N. u. O. Schrader: Brennstoffchem. **18**, 6 (1937). — Hofmeier, H. u. S. Wisselinck: Braunkohle **32**, 361 (1933). — Holmer, H. N. and N. Beemann: Ind. and Engin. Chem. **26**, 172 (1934).

Ilosvay, L.: Ber. Dtsch. Chem. Ges. **32**, 2698 (1899).

Kaufmann, H. P. u. H. Grosse-Oetringhaus: Ber. Dtsch. Chem. Ges. **70**, 911 (1937); Öl u. Kohle/Erdöl u. Teer **14**, 95 (1938).

Lederer, E.: Petroleum **33**, Nr. 38 (1937). — Levin, H. and K. Uhrig: Ind. and Engin. Chem., Anal. Ed. **29**, 326 (1937).

Mader u. Frank: Chem.-Ztg. **60**, 1013 (1936). — Malishev, B. W.: Ind. and Engin. Chem. **28**, 190 (1936). — Mandelbaum, M. R., P. F. Swanson u. C. H. N. Bensmann: Petroleum **32**, Nr. 43 (1936). — Middleton, G. and F. C. Hymas: Analyst **53**, 201 (1928). — Moore jr., C. C. and G. R. Kaye: Oil Gas Journ. **33**, 108 (1934). — Mulligan, M. J., W. G. Lovell and T. A. Boyd: Ind. and Engin. Chem., Anal. Ed. **4**, 351 (1932). — Mullikan, S. P. and R. L. Wakeman: Ind. and Engin. Chem., Anal. Ed. **7**, 59 (1935).

Ormandy, W. R., T. N. M. Pond and N. R. Davies: Journ. Inst. Petrol. Technologists **20**, 913 (1934). — Ostwald, W. A.: Kraftstoff, Auto. Technisches Handbuch, 13. Aufl., S. 22. 1931.

Ralls, J. O.: Journ. Amer. Chem. Soc. **56**, 121 (1934). — Reid, W.: Nat. Petrol. News **20**, Nr. 34, 2 (1928). — Richter, M. u. Marg. Jaeschke: (1) Ztschr. f. angew. Ch. **51**, 146 (1938). — (2) Ztschr. f. angew. Ch. **51**, 147 (1938). — Roßmann, E.: Ztschr. f. angew. Ch. **50**, 187 (1937).

Schmidt, A. W.: Probleme um Dieselkraftstoffe. Brennstoff- u. Wärmew. **20**, 20 (1938). — Schütz u. Klauditz: Ztschr. angew. Ch. **44**, 42 (1931). — Schulze, W. A. and A. E. Buell: Nat. Petrol. News **27**, Nr. 41, 25 (1935). — Schulze, W. A. and L. S. Gregory: Nat. Petrol. News **28**, Nr. 41, 34 (1936). — Siebeneck, H.: Öl u. Kohle/Erdöl u. Teer **13**, 1193 (1937); Chem.-Ztg. **62**, 188 (1938). — Spausta, F.: Brennstoffchem. **16**, 181 (1935). — Szeszich, L. v.: Brennstoffchem. **15**, 421 (1934).

Tausz, J. u. A. Rabl: Erdöl u. Teer **9**, 43 (1933). — Tischler, N.: Ind. and Engin. Chem., Anal. Ed. **4**, 146 (1932).

Ulrich, W.: Öl u. Kohle/Erdöl u. Teer **14**, 131 (1938).

Vlugter, J. C.: Journ. Inst. Petrol. Technologists **21**, 36 (1935).

Wawrziniok: Autotechnik **16**, Nr. 19, 21 (1927). — Wirth, Ch. and J. R. Strong: Ind. and Engin. Chem. **28**, 344 (1936). — Wirth III, Chr. and M. J. Stross: Ind. and Engin. Chem., Anal. Ed. **5**, 85 (1933).

Yule, J. A. C. and C. P. Wilson jr.: Ind. and Engin. Chem. **23**, 1254 (1931).

Mineralöle und verwandte Produkte (IV, 600).

Von

Dr. C. Zerbe, Hamburg.

Normung von Mineralölerzeugnissen und verwandten Stoffen (IV, 829).

Die Benennung von Mineralölerzeugnissen im Handelsgebrauch ist genormt worden.

Das nachfolgende Verzeichnis ist 1937 als DIN 6511 und 6512 zur Vornorm erklärt worden. Es wird darauf hingewiesen, daß die Begriffsbestimmung für im vorliegenden Verzeichnis nicht genannte Erzeugnisse der Steinkohlen- und Braunkohlenteerdestillation sowie für die Zwischenerzeugnisse aus der Erdölindustrie, ferner für Bitumina, Asphalte, Peche sowie Wachse u. dgl., in gesonderten Normblättern festgelegt werden.

Im einzelnen sind folgende Richtlinien zu beachten: zu 306, 317:

Motorenbenzin, welchem zur Verbesserung der Qualität Benzol zugegeben worden ist, fällt unter Nr. 317 „Benzin-Benzolgemisch". Im Gegensatz dazu Benzine mit Zusatz von Antiklopfmitteln, wie Bleitetraäthyl (Ethyl), Eisencarbonyl u. ä., unter Nr. 306 „Sonstiges Motorenbenzin".

Zu 361, 383; 506, 507; 511, 512; 517, 518; 520, 521:

Für sämtliche Bezeichnungen der Schmierstoffe sind ausnahmslos die vom Verein Deutscher Eisenhüttenleute und vom Deutschen Normenausschuß herausgegebenen DIN-Normen (enthalten in den Richtlinien für Einkauf und Prüfung von Schmiermitteln) sowohl hinsichtlich der Bezeichnungen als auch hinsichtlich der Qualität maßgebend gewesen.

Rückstandsöle und Mischungen aus Destillaten oder Raffinaten mit Rückstandsölen sind ihrer Qualität entsprechend in der jeweiligen Gruppe unter „Raffinate und gleichwertige Öle" oder „Destillate und gleichwertige Öle" eingeordnet. Entsprechen diese Öle keiner der beiden Qualitätsanforderungen, sind sie in dem in Arbeit befindlichen Normblatt für Zwischenerzeugnisse der Erdölindustrie bzw. Erzeugnisse der Stein- und Braunkohlenteerdestillation zuzuordnen.

Für den Gebrauch der Begriffsbestimmungen im Verkehr mit den Behörden werden noch gesondert ins einzelne gehende Einführungs- und Gebrauchserläuterungen von der Überwachungsstelle für Mineralöl aufgestellt werden.

301 Kraftstoffe
302 Flüssige Kraftstoffe
303 Vergaser-Kraftstoffe [Flüssige Kraftstoffe für Vergaser-(Otto-) Motoren]
304 Benzin[1]:
305 Flugbenzin
306 Sonstiges Motorenbenzin
307 Benzol[1]:
308 Flugbenzol
309 Sonstiges Motorenbenzol
311 Alkohole für Motoren[1]:
312 Motoren-Äthanol
313 Motoren-Methanol
314 Gemisch von 312 und 313 (Kraftspiritus)
315 Gemische aus 304—314[1]:
316 Fluggemisch (ausdrücklich für Flugmotoren bestimmt)
317 Benzin-Benzolgemisch
318[1] Benzin-Alkoholgemisch (Zweiergemisch[2])
318[2] Benzol-Alkoholgemisch (Zweiergemisch[2])
318[3] Benzin-Benzol-Alkoholgemisch (Dreiergemisch[2])
319 Schlepper-(Traktoren-) Kraftstoffe
320 Dieselkraftstoffe (Flüssige Kraftstoffe für Dieselmotoren[1])
321 Flug-Dieselkraftstoffe
322 Fahrzeug-Dieselkraftstoffe
323 Sonstige Dieselkraftstoffe[3]
324 Feste Kraftstoffe
325 Für Motoren (über Gaserzeuger)
326 Teerhaltig
328 Steinkohle[4]
329 Braunkohle[4]
330 Torf[4]
331 Holz[4]
332 Sonstige[4]
333 Teerfrei
334 Hochtemperaturkoks[1, 4]
335 Mitteltemperaturkoks[1, 4]
336 Tieftemperaturkoks[1, 4]
337[1] Öl- und Teerkoks[4]
337[2] Torfkoks[4]
338 Holzkohle[4]
339 Sonstige[4]
340 Für Staubmotoren
341 Gasförmige Kraftstoffe für Motoren ohne Eigengaserzeugung
343 Hochverdichtetes Gas (Flaschengas)
344 Stadt- und Ferngas
345 Methan
346 Sonstige hochverdichtete Gase
347 Flüssiggas (Flaschengas) Propan, Butan und Gemische
348 Sonstige gasförmige Kraftstoffe
349 Flüssige oder gasförmige Heiz- oder Leuchtstoffe
350 Heizöl
351 Leuchtöl
352 Leuchtpetroleum
353 Sonstige reine Leuchtöle
354 Mischungen
355 Öl zur Herstellung von Ölgas (Gasöl)
356 Karburieröl
357 Heiz- und Leuchtgas (s. DIN 1340)
358 Sonstige flüssige und gasförmige Heiz- und Leuchtstoffe (z. B. Flüssiggas)
359 Schmierstoffe
360 Schmieröle
361 Raffinate und gleichwertige Öle ohne Zusätze von Nichtmineralölstoffen
362 Spindelöl, z. B. für Druckerei- und Textilmaschinen, sonstige schnellaufende, leicht belastete Maschinenteile
364 Weißöl
365 Lagerschmieröl
366 Leichtes Maschinenöl für raschlaufende Zapfen
367 Schweres Maschinenöl für normal belastete Zapfen
368 Schweres Maschinenöl für schwer belastete, langsamlaufende Maschinenteile und hohe Lagertemperaturen
369 Schmieröl für Verbrennungskraftmaschinen
370 Schmieröl für Flugmotoren (ausdrücklich für Flugmotoren bestimmt)
371 Schmieröl für ortsfeste oder Fahrzeugmotoren
373 Zylinderöl
374 Dampfzylinderöl
376 Gefiltertes Zylinderöl (Brightstock)
377 Sonstige Öle
378 Dampfturbinenöl
379 Wasserturbinenöl
380 Verdichteröl (Kompressorenöl)

[1] Herkunft (Ausgangsstoff) ist auf Wunsch anzugeben.

[2] Zweier- und Dreiergemisch im Sinne der Bekanntmachung der Reichsmonopolverwaltung vom 9. Juli 1936 (Reichsanz. vom 11. Juli 1936), vgl. auch Öl u. Kohle **12**, 620 (1936).

[3] Alle Dieselkraftstoffe für Motoren bis aufwärts zu etwa 600 U/Min.

[4] Auch Preßlinge (Briketts).

381 Kältemaschinenöl
382[1] Getriebeöl
382[2] Weitere Öle
383 Destillate und gleichwertige Öle ohne Zusätze von Nichtmineralölstoffen
384 Spindelöl, z. B. für Druckerei- und Textilmaschinen, sonstige schnellaufende, leicht belastete Maschinenteile
385 Lagerschmieröl
386 Leichtes Maschinenöl für raschlaufende Zapfen
387 Schweres Maschinenöl für normal belastete Zapfen
388 Schweres Maschinenöl für schwer belastete, langsamlaufende Maschinenteile und hohe Lagertemperaturen
389 Schmieröl für Verbrennungskraftmaschinen
392 Dampfzylinderöl
393 Sattdampfzylinderöl
394 Heißdampfzylinderöl
395 Sonstige Öle
396[1] Achsenöl
396[2] Getriebeöl
397 Weitere Öle
424 Schmieröle mit Zusätzen von fetten Ölen, Graphit und dgl.
425 Spindelöl, z. B. für Druckerei- und Papiermaschinen, Textilmaschinen, sonstige schnellaufende, leicht belastete Maschinenteile
426 Lagerschmieröl
427 Leichtes Maschinenöl für raschlaufende Zapfen
428 Schweres Maschinenöl für normal belastete Zapfen
429 Schweres Maschinenöl für schwer belastete, langsamlaufende Maschinenteile und hohe Lagertemperaturen
430 Schmieröl für Verbrennungskraftmaschinen
431 Schmieröl für Flugmotoren (ausdrücklich für Flugmotoren bestimmt)
432 Schmieröl für ortsfeste oder Fahrzeugmotoren
434 Dampfzylinderöl
435 Sattdampfzylinderöl
436 Heißdampfzylinderöl
437 Sonstige Öle
438 Achsenöl
439 Getriebeöl
440[1] Weißöl
440[2] Weitere Öle
441 Schmierfette
442 Schmierfette ohne Zusätze
443 Reinmineralische Schmierfette
444 Wälzlagerfett für Kugel-, Rollen-, Tonnen- und Nadellager
445 Getriebefett
446 Seilfett
448 Sonstige rein mineralische Schmierfette ohne Zusätze, soweit nicht unter 523 und 531 enthalten
449 Verseifte Schmierfette[1]
450 Wälzlagerfett für Kugel-, Rollen-, Tonnen- und Nadellager
451 Heißlagerfett
452 Getriebefett
453 Maschinenfett
454
455 Förderwagenspritzfett
456 Seilfett
457 Zahnradfett
458 Kaltwalzenfett
459 Wagenfett
460 Walzenfettbriketts
462 Sonstige verseifte Schmierfette mit Zusätzen, soweit nicht unter 523 und 531 enthalten
463 Schmierfette mit Zusätzen[2]
464 Rein mineralische Schmierfette
465 Wälzlagerfett für Kugel-, Rollen-, Tonnen- und Nadellager
466 Getriebefett
467 Seilfett
468 Sonstige rein mineralische Schmierfette mit Zusätzen, soweit nicht unter 523 und 531 enthalten
469 Verseifte Schmierfette
470 Wälzlagerfett für Kugel-, Rollen-, Tonnen- und Nadellager
471 Heißlagerfett
472 Getriebefett
473 Maschinenfett
475 Förderwagenspritzfett
476 Seilfett
477 Zahnradfett
478 Kaltwalzenfett
479 Wagenfett
480 Walzenfettbriketts
482 Sonstige verseifte Schmierfette mit Zusätzen, soweit nicht unter 523 und 531 enthalten
483 Heißwalzenfett
484 Technische Hilfsstoffe aus der Gruppe Mineralölerzeugnisse und verwandte Stoffe
485 Lösungs- und Extraktionsmittel

[1] Als Zusätze gelten alle Stoffe, die nicht fertige Seifen oder Seifenbildner darstellen. [2] Als Zusätze gelten hier alle Stoffe, ausgenommen fertige Seifen und Seifenbildner.

486 Aus Erdöl, Braunkohle oder Ölschiefer, sowie Öle aus der Synthese oder aus der Hydrierung
487 Lösungsbenzin, z. B. Testbenzin (White spirit)
488 Extraktionsbenzin
489 Waschbenzin
490 Putzöl
491 Sonstige Lösungs- und Extraktionsmittel aus Nr. 486
492 Aus Steinkohle
493 Benzol (90er Benzol, Reinbenzol)
494 Toluol, auch Reintoluol
495 Xylol, auch Reinxylol
496 Lösungsbenzol (Solventnaphtha) I und II
497 Sonstige Lösungs- und Extraktionsmittel aus Steinkohle, z. B. Schwerbenzol
498 Alkohol
499 Äthanol
500 Methanol
501 Sonstige Alkohole
502 Sonstige Lösungs- und Extraktionsmittel, die nicht unter 486—501 fallen
503 Öle und Fette zur Metallbearbeitung
504 Härte und Vergüteöl
505 ohne Zusatz von Nichtmineralölstoffen
506 Raffinate und gleichwertige Öle
507 Destillate und gleichwertige Öle
510 gefettete oder mit sonstigen Zusätzen versehene Öle
511 Raffinate und gleichwertige Öle
512 Destillate und gleichwertige Öle
515 Schneidöl und Kühlöl für Metallbearbeitung (mit Wasser nicht mischbar)
516 ohne Zusatz von Nichtmineralölstoffen
517 Raffinate und gleichwertige Öle
518 Destillate und gleichwertige Öle
519 gefettete oder mit sonstigen Zusätzen versehene Öle
520 Raffinate und gleichwertige Öle
521 Destillate und gleichwertige Öle
522 Schneid- und Kühlöl für Metallbearbeitung (Kühlmittelöl) (mit Wasser mischbar)
523 Schneid- und Kühlfette für Metallbearbeitung
524 Mit Wasser nicht mischbar
525 Mit Wasser mischbar
526 Isolieröle
527 Isolieröl für Transformatoren und Schalter
528 Kabelisolieröl
529 Für Höchstspannung
530 Sonstige Kabelisolieröle
531 Öle und Fette als Pflege- und Schutzmittel
532[1] Lederöle
532[2] Lederfette
533 Luftfilteröl
534 Hanfseilfett
535[1] Rostschutzöle
535[2] Rostschutzfette
536 Fußbodenöl
537[1] Weitere Öle als Pflege- und Schutzmittel
537[2] Weitere Fette als Pflege- und Schutzmittel
538 Sonstige technische Hilfsstoffe
539 Formenöl
540 Kernöl
541 Textilöle

DIN 6512 enthält ein alphabetisches Suchverzeichnis.

An Prüfverfahren sind genormt:
Probenahme DIN D.V.M. 3651
Toleranz DIN D.V.M. 3652
Spezifisches Gewicht, Dichte DIN D.V.M. 3653
Fließpunkt und Tropfpunkt für Schmiermittel DIN D.V.M. 3654
Tropfpunkt für DIN 6573 DIN 1995
Erweichungspunkt nach Krämer-Sarnow DIN 1995
Zähigkeit (Viscosität) DIN D.V.M. 3655
Wassergehalt DIN D.V.M. 3656
Aschegehalt DIN D.V.M. 3657
Neutralisationszahl (bisher Säurezahl) DIN D.V.M. 3658
Verseifungszahl DIN D.V.M. 3659
Hartasphalt DIN D.V.M. 3660
Flammpunkt DIN D.V.M. 3661
Stockpunkt DIN D.V.M. 3662

Emulgierbarkeit (nicht genormt) Feste Fremdstoffe (nicht genormt) Fließvermögen im U-Rohr (nicht genormt)	s. Richtlinien für den Einkauf von Schmiermitteln, 7. Aufl., S. 102—106

1. Flammpunktprüfer nach Baader (IV, 653). Der Flammpunktprüfer arbeitet mit elektrischer Heizung und Zündung (Platinspule) und gemessener Sauerstoffmenge. Er kann auch offen verwendet werden, um den Anschluß an den Apparat von Marcusson herzustellen.

[1] u. [2] Siehe Fußnote 1 und 2, S. 46.

2. Schwefel in Ölen (IV, 677). Über die Abhängigkeit der physikalischen Eigenschaften, Dichte, Erstarrungspunkt, Siedepunkt, Löslichkeit und Lösungsfähigkeit, Oberflächenspannung, Farbe und Refraktion, Alterung, chemische Eigenschaften, physikalische Eigenschaften, Korrosion, verbrennungstechnische Eigenschaften, physiologische Eigenschaften vom Schwefelgehalt berichtet F. Schmeling (1).

Nach E. A. Wernicke wird die zu untersuchende Substanz in einem beschriebenen Gerät im Wasserstoffstrom vergast und die Wasserstoff-Öldämpfe verbrannt. Der beim Vergasen eventuell zurückbleibende Koksrückstand wird im Sauerstoffstrom verbrannt. Die in den Verbrennungsgasen enthaltenden Oxyde des Schwefels werden in Wasserstoffperoxydlösung und trockenem Seesand absorbiert.

3. Heizwert (IV, 703). H. H. Müller-Neuglück beschreibt die Fehlerquellen der Heizwertbestimmung nach DIN D.V.M. 3716 und empfiehlt Maßnahmen zu ihrer Vermeidung. Die Temperaturkorrektur bei der calorimetrischen Heizwertbestimmung bringt große Fehler durch die unglückliche Fassung der Regnault-Pfaundlerschen und der Langbeinschen Formel. W. Schultes und R. Nübel teilen neue Formeln mit und empfehlen diese wegen ihrer Genauigkeit bei technischen Untersuchungen. Auch H. Moser gibt bedeutend vereinfachte Formeln an.

Heizwertbestimmung von schwer zündbaren oder zur unvollständigen Verbrennung neigenden Brennstoffen, bei denen auch mit staubfein gemahlenen Proben keine vollständige Verbrennung zu erreichen ist, bestimmt H. Löffler dadurch, daß man der Probe einige Tropfen Wasser zufügt, oder daß man schwer entzündliche Brennstoffe mit Luftdruck und Braunkohle von bekanntem Heizwert mischt. Flüssige Brennstoffe, die zu rasch und daher unvollständig verbrennen, mischt man mit etwas ausgeglühtem Quarzsand, oder man verbrennt mit geringerem Sauerstoffdruck in der Bombe, um die Verbrennung zu verlangsamen.

Woog, Givaudon und Dacheux schlagen vor, im Calorimeter an Stelle von Wasser Perchloräthylen zu verwenden, da es eine spezifische Wärme von nur 0,22 besitzt. Sie benutzen als Calorimetergefäß ein Dewar-Gefäß, in dem eine Verbrennungsbombe sitzt. W. Lüdering beschreibt eine neue Verbrennungsbombe aus V2A-Stahl zum Calorimeter nach Berthelot-Mahler-Kroeker, bei der die Bleidichtung durch Anwendung von Conusabdichtungen vermieden ist. Auch die übrige Calorimeterapparatur ist durch Einbau aller Nebenapparaturen auf den erdenklichst kleinsten Raum gebracht.

4. Paraffin in asphalthaltigen Mineralölen (IV, 722). a) Nach A. Zwergal werden die leichtsiedenden Anteile zunächst unter gewöhnlichem Druck, der Rückstand dann im Hochvakuum destilliert und in den Destillaten das Paraffin nach R. Heinze und A. Zwergal bestimmt. Vor der eigentlichen Paraffinbestimmung werden die Asphaltstoffe mit Bleicherde entfernt. Das adsorbierte Paraffin wird aus der Bleicherde mit Benzin extrahiert und nach Abdampfen des Benzins aus dem Extrakt und in dem vom Asphalt befreiten Material zusammen das Paraffin bestimmt. Bei asphalthaltigen Ölen, die gleichzeitig Naphthensäuren enthalten, erwies es sich als zweckmäßig, die niedrig siedenden

Anteile bis etwa 280° bei 30 mm Druck abzudestillieren und ferner ein alkoholhaltiges Chloroform-Kresolgemisch zu verwenden. Die Entparaffinierung von Mineralöl mit Trichloräthylen als Lösungsmittel beschreibt N. O. Backlund.

b) B.P.M.-Methode[1]. Von dem Öl wird in einem Stockpunktglas so viel abgewogen, daß man 50—100 mg Paraffin zur Wägung bekommt. Das Öl wird in 25 cm³ Äther gelöst, mit 25 cm³ 96%igem Alkohol versetzt, auf genau —20° C abgekühlt und dann die Flüssigkeit durch einen auf —20° C abgekühlten Trichter abfiltriert. Das Stockpunktglas wird mit etwa 5 cm³ Äther-Alkohol (1:1, auf —20° C abgekühlt) nachgewaschen. Das Filter wird in einem Trichter übergeführt, unter dem sich ein gewogenes Becherglas von 50 cm³ Inhalt befindet. Der Niederschlag wird auf dem Filter in heißem 60/80 aromatenfreien Benzin gelöst, das Stockpunktglas wird mit heißen Benzin nachgespült und die Waschflüssigkeit durch das Filter dem Inhalt des Becherglases zugegeben. Die Benzinlösung wird zur Trockne eingedampft. Der Paraffinrückstand wird in 15 cm³ warmen Aceton gelöst und dann schnell genau auf + 15° C abgekühlt. Das Abkühlen muß schnell stattfinden, damit sich das Paraffin in feinen Kristallen ausscheidet. Der Paraffinniederschlag wird bei + 15° C abfiltriert (Filter Schleicher & Schüll, Nr. 595, 9 cm) und das Becherglas mit 10—15 cm³ Aceton von 15° C nachgespült. Schließlich wird das Paraffin auf dem Filter mit heißem 60/80 Benzin in dasselbe vorher gewogene Becherglas übergeführt. Die Benzinlösung wird zur Trockne eingedampft, der Rückstand 15 Minuten bei 105° C im Trockenschrank getrocknet und gewogen.

Das in dieser Weise ausgeschiedene Paraffin muß völlig weiß sein. Ist es gelb, so ist noch Öl eingeschlossen. Um dieses festzustellen, wird der Schmelzpunkt bestimmt; dieser soll ungefähr 56° C sein. Ist der Schmelzpunkt zu niedrig, so muß das Lösen in Aceton usw. wiederholt werden.

Wenn ein Heizöl zur Untersuchung vorliegt, ist es zu empfehlen, erst 20 g Öl in einen Schwelapparat (der Firma Andreas Hofer) zu bringen und es darin bis 430° abzudestillieren. Die Temperatur wird so lange auf 430° gehalten, bis kein Öl mehr überdestilliert. Das Destillat wird dann für die Paraffinbestimmung benutzt.

5. Alterungsneigung von Isolierölen a) Französische Methode[2] (IV, 783). 9 Pyrexgläser von 150 mm Höhe und 15 mm lichter Weite werden gewogen und bis zu $^{8}/_{10}$ ihrer Höhe mit Öl gefüllt. Nach der Wägung (jedes Rohr enthält etwa 10—12 g Öl) werden sie in ein doppeltes Ölbad gesetzt und in einem Ofen mit Temperaturregelung auf 150° ± 1° C erhitzt. Nach je 5, 50 und 125 Stunden werden ein oder mehrere Rohre entnommen und 16 Stunden unter einer Glocke erkalten lassen. Um den ausgeschiedenen Schlamm zu bestimmen, füllt man Jenaer Tiegel G—4 mit einer 5 mm dicken Glaspulverschicht an. Der Tiegel wird vor der Wägung bei 110° getrocknet und im Exsiccator erkalten lassen (3 Stunden). Man filtriert den Inhalt eines Rohres durch einen Tiegel, bringt allen Schlamm mit Normalbenzin auf das Filter und wäscht bis

[1] Methode der Balaafschen Petrol. Matsch.

[2] Union des Syndikats de l'Electricité, Publ. 136, p. 303, 1923. (Noch nicht endgültig angenommen.)

6. Bedingungen

	Deutschland[1] V.D.E.	Schweiz S.V.M.T.		Italien A.E.I.
Dichte 20°	innen nicht über 0,920 außen nicht über 0,895	nicht über 0,890		0,85—0,92 (15° C)
Flammp. o. T.	nicht unter 145° C	nicht unter 145° C		nicht unter 140° C (P.M.)
Viscosität E° + 20° C	61 cSt = 8° E	nicht über 50 cSt = 6,63° E b/20° C		20° C 60,8 cSt = 8° E
E° — 5° C	380 cSt = 50° E	nicht über 15 cSt = 2,32° E b/50° C		50° C 16,6 cSt = 2,5° E
E° — 30° C	3800 cSt = 500° E	nicht über 6 cSt = 1,48° E b/80° C		75° C 6,3 cSt = 1,5° E
Kälteprüfung (Stockpunkt)	—	tiefer als —30° C		—
Neutralisationszahl	nicht über 0,05%	nicht über 0,1%		nicht über 0,05% als Ölsäure
Verseifungszahl	nicht über 0,15%	—		—
Asche	nicht über 0,10%	—		Spuren
Verdampfungs-verlust	—	—		—
Alterungs-beständigkeit	70 Std. 120° O_2	110° C Kupfer-becher Proben nach		300 Std. 110° C Cu-Netz
		3 Tagen	7 Tagen	
NZ		n. üb. 0,3	n. üb. 0,4	nicht über 0,25% als Ölsäure
Schlamm	Verteerungen nicht über 0,1%	—	n. üb. 0,15%	nicht über 0,5‰
Zerreißfestigkeit	—	n. üb. 25%	n. üb. 35%	nicht unter 60%

[1] A. Baader berichtet ausführlich über die gegenwärtig geltenden und anzustrebenden deutschen Vereinbarungen für die Bewertung von Isolierölen [Öl u. Kohle **12**, 1009 (1936).

kein Öl mehr auf dem Filter ist. Nach dem Filtrieren wird der Tiegel bei 110° getrocknet, 3 Stunden im Exsiccator erkalten lassen und gewogen. Die Menge des Schlamms wird auf 100 g Öl bezogen. Es werden

für Isolieröle (IV, 792).

Schweden S.E.N.	England B.S.I.	Tschechoslowakei E.S.C.	Frankreich U.S.E.
Klasse A: 0,85—0,90 Klasse B: 0,85—0,92	—	Klasse A: nicht über 0,925 (15° C) Klasse B: nicht über 0,895 (15° C)	0,85—0,92 bei 15° C
nicht unter 140° C geschlossener Tiegel	P. Martens nicht unter 145° C	P. Martens nicht unter 145° C	nicht unter 160° oder 180° C nach Luchair
—	15,5° C nicht über 200 Redwood-secund	Klasse A: nicht über 9° E b/20° C	nicht über 2,5 E bei 50° C
—			
—		Klasse B: nicht über 5° E b/20° C	
Klasse A: nicht über —30° C Klasse B: nicht über —5° C	Klasse 0 ± 0° C 10 — 10° C 30 — 30° C	—	nicht über —5° C
nicht über 0,05% als Ölsäure	nicht über 0,2%	nicht über 0,05%	nicht über 0,02% als H_2SO_4
—	nicht über 4	nach Charicek klar	—
—	—	—	—
—	nicht über 1,6%	—	nach 5 Std./100° C nicht über 0,2%
100 Std. 100° C Cu, Fe	45 Std. 150° C Luft, Cu	56 Std. 120° O_2	150° C Luft
nicht über 0,40% als Ölsäure	—	Fettstoffe und Asphalt nicht über 0,1%	—
nicht über 0,08%	Klasse A: nicht über 0,1% Klasse B: nicht über 0,8%	—	nach 5 Std. 0 nach 50 Std. 0,02% nach 125 Std. 0,10%
—	—	—	—

drei Rohre untersucht, die gewogenen Mengen dürfen nicht mehr als 15% von der Höchstmenge abweichen. Das Mittel je dreier Versuche wird angegeben. Als Grenzwerte gelten:

nach 5 Stunden . . . . . . kein Schlamm
nach 50 Stunden . . . . . . nicht mehr als 0,02%
nach 125 Stunden . . . . . . nicht mehr als 0,10%

b) K. O. Müller und F. Graf Consolati besprechen eine neue Bestimmungsmethode zur Alterung von gebrauchten Transformatorenölen hinsichtlich der Schlammbildung. Die verschiedenen Verfahren, wie die deutsche Verteerung (V.D.E.), die Schweizer B.B.C.-Methode, die A.S.E.A.-Methode, die Verfahren von Baader, von Evers und Schmidt, die Verteerung mit Kupfer (A.E.G.), der amerikanische Life-Test, haben bei vergleichenden Prüfungen durch die internationale Elektrizitätskommission, zu unterschiedlichen Resultaten und Bewertungen geführt, dagegen gibt das Verfahren von Weisz und Salomon nach fremden und eigenen Beobachtungen ein eindeutiges Bild über die Alterungsneigung von neuen und gebrauchten Transformatorenölen.

7. **Hochdruckschmiermittel** (IV, 795). Die Entwicklung des Kraftfahrzeugbaues führte zu Getrieben mit derartig hohen Drucken zwischen den Zähnen, daß reine Mineralöle zur Schmierung nicht mehr ausreichen. Deshalb werden „Hochdruckbasen“ in Form von Schwefel, Chlor oder Blei enthaltenden organischen Verbindungen zugesetzt. Zu beachten ist die Möglichkeit einer chemischen Reaktion der Zusätze mit den Metalloberflächen. Diese Zusätze erniedrigen die Oberflächenspannung des Schmieröles. Ob dies die Ursache der Erhöhung der Schmierfähigkeit ist, konnte nicht entschieden werden. Sie scheint aber ein Maß dafür zu sein.

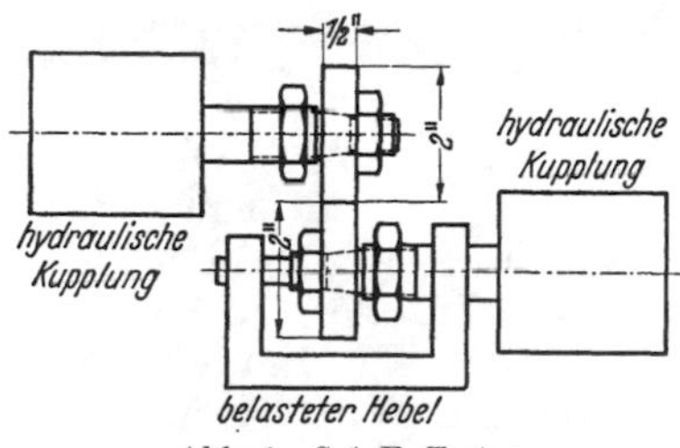

Abb. 1. S.A.E.-Tester.

Messungen der Druckbeständigkeit eines dampfraffinierten Mineralöls (Viscosität 6,14° Engler bei 100° C), dem „Hochdruckbasen“ beigemischt wurden, führte C. J. Boner mit einer Almen-Hochdruckmaschine durch. Eine Beimischung von 2% Fett, das 16% Schwefel enthält, gewährleistet die Schmierfähigkeit bis zu einem Druck von 6,35 kg; weitere 5% Sojaöl bis über 13,6 kg. Aus diesem und anderen Befunden geht die günstige Wirkung von pflanzlichen Ölen hervor. Direkte Messungen der Oberflächenspannungsverminderung eines Midcontinent Bright stock-Öls nach der Beimischung von handelsüblichen „Hochdruckbasen“ ergaben unter anderem eine Überlegenheit schwefelhaltiger Verbindungen gegenüber chlorhaltigen.

Zur Prüfung von Hochdruckschmiermitteln werden folgende Methoden vorgeschlagen:

a) S.A.E.-Tester[1]. Zwei Außenringe von konischen Rollenlagern mit einem Durchmesser von 1,91″ und einer Weite von $^1/_2$″ werden auf zwei rotierende Schalen aufgespannt (s. Abb. 1). Verwendet werden normale Laufringe von Rollenlagern, nur daß diese Ringe besonders fein bearbeitet worden sind. Die beiden sich berührenden Ringe drehen sich mit verschiedener Umfangsgeschwindigkeit in dem Versuchsöl. Zwischen den beiden Antriebswellen befindet sich ein Getriebe, das die beiden Drehzahlen in den Verhältnissen 3,4:1, 10,4:1, 14,6:1 und

[1] The Institution of Mechanical Engineers, Group IV, Oktober 1937.

20,7:1 verändern läßt. Das zu prüfende Öl befindet sich in einem Gefäß, in welches die Oberfläche des unteren Ringes eintaucht. Der obere Ring befindet sich vollkommen außerhalb des Öls und wird nur durch die Ölmenge geschmiert, die durch den unteren Ring gefördert wird. Die Belastung der Ringe wird stufenweise verändert, und zwar beginnt man mit einer leichten Berührung bis zu dem Punkt, wo der Ölfilm reißt und die Ringe fressen. Der Druck, bei dem der Film zerreißt, wird gemessen.

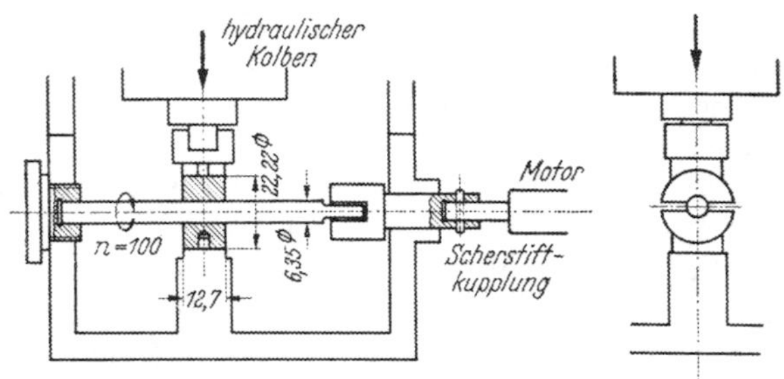

Abb. 2. Floyd-Tester.

b) Floyd-Tester[1]. Eine Stahlwalze dreht sich in zwei Lagerschalen aus Stahl (s. Abb. 2). Die obere Lagerschale wird hydraulisch belastet. Der Test wird bei Zimmertemperatur ausgeführt und der Druck auf das obere Lager wird alle 10 Sekunden um 25 Pfund bis zu 200 Pfund erhöht. Bei dieser Belastung läßt man die Maschine 5 Minuten laufen. Dann wird der Versuch bei 200° F wiederholt. Hierbei wird der Druck endlich bis zu 325 Pfund erhöht, unter welchem Druck die Maschine wieder 5 Minuten läuft. Die Beurteilung ist: die Scherstiftkupplung, die das Drehmoment auf den rotierenden Zapfen überträgt, darf nicht brechen. Tritt ein Bruch ein, so gilt die Belastung als Wertgrenze für das Versuchsöl. Bei dieser Maschine bleibt die spezifische Flächenpressung während der Dauer des Versuches konstant, und zwar beträgt sie bei einer Belastung von 325 Pfund 1,757 kg pro Quadratzentimeter.

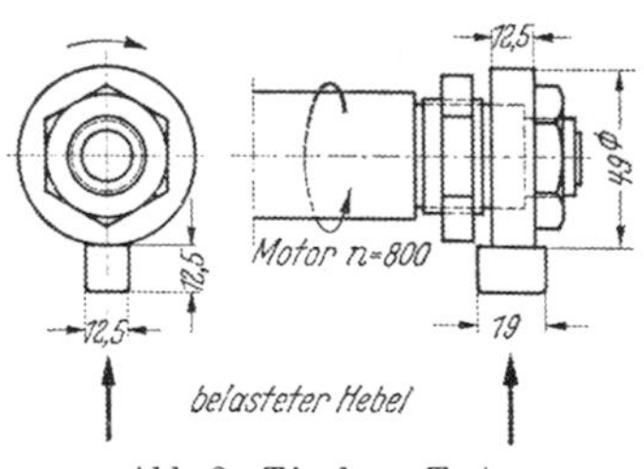

Abb. 3. Timken-Tester.

c) Timken-Tester[2]. Gegen ein Stahlprisma wird ein rotierender Ring eine bestimmte Zeit unter bestimmtem Druck angepreßt (s. Abb. 3). Der Reibungskoeffizient und der Verschleiß des Prismas werden gemessen. Das Öl wird zwischen Ring und Block und bei beliebigen Temperaturen eingeführt. Der Versuch wird unter verschiedenen Drucken ausgeführt und der Druck, unter dem ein Fressen des Stahlblockes eintritt, der sog. „O.K.-Wert", wird ermittelt. Der Test wird bei 100° F ausgeführt und die Maschine läuft 10 Minuten mit 800 U/Min. Der Anfangsdruck ist sehr hoch und verringert sich entsprechend dem Verschleiß während des Versuches.

d) Vierkugelapparat. Boerlage, van Dijk und Blok empfehlen den sog. „Vierkugelapparat. Drei 1/2″ Stahlkugeln werden so

[1] Institution of Mechanical Engineers, Group IV, Oktober 1937.
[2] Timken-Petroleum Times 1934.

zusammen festgehalten, daß sie sich nicht bewegen können (s. Abb. 4). Auf diese drückt eine vierte Kugel mit einem Druck, der veränderlich eingestellt werden kann. Der Versuch wird mit 1500 U/Min. ausgeführt. Der Reibungskoeffizient während des Testes und der Verschleiß an den Kugeln werden gemessen. Der Anfangsdruck pro Quadratzentimeter ist sehr groß, nimmt aber bei zunehmendem Verschleiß der Kugeln ab.

8. Farbmessungen von Mineralölen (IV, 799). a) Koetschau empfiehlt eine absolute Messung der Farbwerte an Stelle der empirischen Farbmessungen von Mineralölen. Es wird vorgeschlagen, vorzugsweise aus den Extinktionskoeffizienten k_{57} = gelb und k_{47} = blau die absoluten Farbkurven zu berechnen. Diese verlaufen im Spektralgebiet gelb/blau bei Mineralölen praktisch gradlinig und können durch ihre Neigungsdifferenz log log Δ ausgedrückt werden. Absolute Farbwerte von Mineralölen lassen sich exakt im Pulfrich-Photometer nach den beiden, voneinander unabhängigen Gesichtspunkten der Farbtiefe (k-Werte) und des Farbtyps (log log Δ) bestimmen.

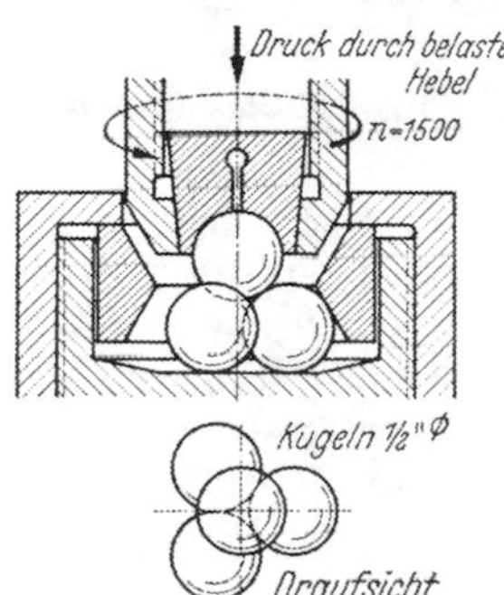

Abb. 4. Vierkugelapparat.

In Verbindung mit anderen analytischen Daten geben die absoluten Farbwerte auch für praktische Zwecke, z. B. im Motorenbetrieb, wertvolle Hinweise.

Über eine einfache Methode der Farbenbestimmung an Mineralölen und ihre Anwendung im Betrieb und Laboratorium berichtet H. Siebeneck.

b) F. Evers beschreibt ein einfaches Verfahren um die Fluorescenzfarben von Mineralölen quantitativ zu messen.

c) Spezifische Dispersion. A. L. Ward und W. H. Fulweiler bestimmen mit dem Pulfrich-Refraktometer die Dispersion, wobei sie mit spezifischer Dispersion den Ausdruck:

$$\frac{n\,\eta_1 - n\,\eta_2}{d} \cdot 10^4$$

bezeichnen. Die Brechungsindices werden bei 20° C für die folgenden fünf Spektrallinien bestimmt: die beiden Wasserstofflinien C und F, die Natriumlinie D und die grüne und die blaue Quecksilberlinie e bzw. g.

9. Zähigkeit (Viscosität) (IV, 611, 803). a) Allgemeines. Walther (1) hat an Hand von Versuchen eine empirische Formel für die Abhängigkeit der Zähigkeit von der Temperatur aufgestellt, die sich auf Mineralöle anwendbar erwiesen hat:

$$\lg\lg(\nu + C) = m(\lg T_1 - \lg T) + \lg\lg(\nu_1 + C).$$

Hierin bedeuten: ν die kinematische Zähigkeit in Centistokes, T die absolute Temperatur, C und m sind Stoffkonstanten. C schwankt für Mineralöle zwischen 0,7 und 0,95 (die American Society for Testing Materials hat als genügend genauen Mittelwert 0,8 eingeführt). m ist eine für jedes Öl charakteristische Konstante, die die Steilheit der Viscositätskurve kennzeichnet.

Nach Erk und Eck gibt die Beziehung zwischen $+20°$ C und $60°$ C genaue Werte, Extrapolationen bis $80°$ C sind zulässig. In der Praxis ist aber diese Beziehung in einem noch viel größeren Temperaturbereich anwendbar, nach Ubbelohde (2) sogar von $-20°$ bis $195°$ C.

Die Formel bietet gegenüber allen anderen aufgestellten Beziehungen den Vorteil, daß sie gestattet, bei Anwendung eines geeigneten Koordinatensystems, die Temperaturabhängigkeit der Viscosität in Form einer geraden Linie darzustellen, so daß es genügt, nur zwei Viscositäten zu messen. Rechenblätter dieser Art sind von Ubbelohde (2) in Europa und von der A.S.T.M. in Amerika herausgegeben worden.

Entsprechend den in den einzelnen Ländern hauptsächlich verwendeten Maßsystemen, ist die Ordinate des Blattes von Ubbelohde (2) in Centistokes, die Abszisse in °C geteilt; das A.S.T.M.-Blatt ist entsprechend in Saybolt-Sekunden und °F gezeichnet.

Die Konstante m in der Waltherschen Gleichung gibt ein Maß für die Steilheit der Zähigkeitskurve, die als physikalische Eigenschaft des Öles für viele praktische Zwecke von Bedeutung ist. Zur Beurteilung bzw. zum Vergleich verschiedener Öle hat sich jedoch diese Konstante nicht als geeignet erwiesen, weil im allgemeinen die niedrigviscosen Fraktionen ein größeres m aufweisen als die höheren Fraktionen des gleichen Öltyps. Ubbelohde (2) fand, daß alle Geraden von Ölen gleicher Provenienz sich annähernd in einem Punkt schneiden und daß eine Gerade

$$\lg T = 2{,}410 - 0{,}194\, Wp,$$

wobei Wp die doppelt-logarithmische Ordinate bedeutet, der geometrische Ort aller dieser Schnittpunkte, der „Viscositätspole", ist. Er schlug deshalb die Ordinate des Schnittpunktes dieser „Polgraden" mit der Geraden des zu kennzeichnenden Öles als Qualitätskriterium vor und berechnet die „Polhöhe" mit

$$Wp = \frac{1}{\frac{1}{m} - 0{,}194} \cdot \left(0{,}0992 + \frac{1}{m} \cdot W_{50}\right),$$

worin $W_{50} = \lg \lg (\nu_{50} + 0{,}8)$ ist.

Ubbelohde und Kemmler entwickelten ein graphisches Verfahren zur Berechnung der „Polhöhe". Die Polhöhen gebräuchlicher Öle schwanken zwischen 1,9 und 4,5.

Früher schon hatten Dean und Davis einen Wertmaßstab für Öle in bezug auf ihr Viscositäts-Temperaturverhalten auf empirischem Wege zu definieren versucht. Sie stellten eine Gruppe von kalifornischen Ölen (mit steiler Viscositätskurve) und eine Gruppe von pennsylvanischen Ölen (mit flacher Viscositätskurve) gegenüber und zwar so, daß je ein Öl einer Gruppe zu dem der anderen Gruppe gehört, das bei $210°$ F die gleiche Viscosität hat. Sie bezeichnen das pennsylvanische Öl mit H (High Grade) und ordnen ihm die Zahl 100 zu, das kalifornische Öl mit L (Low Grade) mit der Ordnungszahl 0. Für ein zu kennzeichnendes Öl mit der gleichen Viscosität bei $210°$ F ergibt sich die Ordnungszahl, der „Viscositätsindex", mit:

$$\text{V.I.} = \frac{L - V}{L - H} \cdot 100,$$

wobei die Buchstaben *L*, *H* und *V* die Saybolt-Viscositäten bei 100° F des kalifornischen, des pennsylvanischen und des zu kennzeichnenden Öles bedeuten. Tabelle 1 gibt die Zusammenstellung der Saybolt-Viscositäten bei 210° F und 100° F für die Öle, die Dean und Davis willkürlich mit dem Viscositätsindex 0 und 100 einsetzten. Außer dem von Ubbelohde (2) angegebenen Kurvenblatt zur Berechnung des

Tabelle 1. Saybolt-Viscositäten bei 100° F von Ölen mit flacher Viscositätskurve (*H*) und von Ölen mit steiler Viscositätskurve (*L*) für Saybolt-Viscositäten bei 210° F.

Visc. 210° F	Visc. 100° F *H*	Visc. 100° F *L*	Visc. Diff. *L–H=D*	Visc. 210° F	Visc. 100° F *H*	Visc. 100° F *L*	Visc. Diff. *L–H=D*	Visc. 210° F	Visc. 100° F *H*	Visc. 100° F *L*	Visc. Diff. *L–H=D*
40	107	138	31								
41	120	161	41	81	810	1,674	864	121	1,643	3,902	2,259
42	133	185	52	82	829	1,721	892	122	1,665	3,966	2,301
43	147	210	63	83	849	1,769	920	123	1,688	4,031	2,343
44	161	237	76	84	868	1,817	949	124	1,710	4,097	2,387
45	176	265	89	85	888	1,865	977	125	1,733	4,163	2,430
46	191	293	102	86	907	1,914	1,007	126	1,756	4,229	2,473
47	206	322	116	87	927	1,964	1,037	127	1,779	4,296	2,517
48	221	353	131	88	947	2,014	1,067	128	1,802	4,363	2,561
49	239	386	147	89	966	2,064	1,098	129	1,825	4,430	2,605
50	257	422	165	90	986	2,115	1,129	130	1,848	4,498	2,650
51	272	456	184	91	1,006	2,166	1,160	131	1,871	4,567	2,696
52	288	491	203	92	1,026	2,217	1,191	132	1,894	4,636	2,742
53	305	525	220	93	1,046	2,270	1,224	133	1,918	4,705	2,787
54	322	561	239	94	1,066	2,322	1,256	134	1,941	4,775	2,834
55	339	596	259	95	1,087	2,375	1,288	135	1,965	4,845	2,880
56	356	632	276	96	1,107	2,428	1,321	136	1,988	4,916	2,927
57	374	669	295	97	1,128	2,481	1,353	137	2,012	4,986	2,974
58	391	706	315	98	1,148	2,536	1,388	138	2,036	5,058	3,022
59	408	743	335	99	1,168	2,591	1,425	139	2,060	5,130	3,070
60	426	781	355	100	1,189	2,646	1,457	140	2,084	5,202	3,118
61	443	819	376	101	1,210	2,701	1,491	141	2,108	5,275	3,167
62	461	857	396	102	1,231	2,757	1,526	142	2,132	5,348	3,216
63	478	897	419	103	1,252	2,814	1,562	143	2,156	5,422	3,266
64	496	936	440	104	1,273	2,870	1,597	144	2,180	5,496	3,316
65	514	976	462	105	1,294	2,928	1,634	145	2,205	5,570	3,365
66	532	1,016	484	106	1,315	2,985	1,670	146	2,229	5,645	3,416
67	550	1,057	507	107	1,337	3,043	1,706	147	2,254	5,721	3,467
68	568	1,098	530	108	1,358	3,102	1,744	148	2,278	5,796	3,518
69	586	1,140	554	109	1,379	3,161	1,782	149	2,303	5,873	3,570
70	604	1,182	578	110	1,401	3,220	1,819	150	2,328	5,949	3,621
71	623	1,225	602	111	1,422	3,280	1,858	151	2,353	6,026	3,673
72	641	1,268	627	112	1,444	3,340	1,896	152	2,378	6,104	3,726
73	660	1,311	651	113	1,466	3,400	1,934	153	2,403	6,182	3,779
74	678	1,355	677	114	1,488	3,462	1,974	154	2,428	6,260	3,832
75	697	1,399	702	115	1,510	3,524	2,014	155	2,453	6,339	3,886
76	716	1,444	728	116	1,532	3,585	2,053	156	2,478	6,418	3,940
77	734	1,489	755	117	1,554	3,648	2,094	157	2,503	6,498	3,995
78	753	1,534	781	118	1,576	3,711	2,135	158	2,529	6,578	4,049
79	772	1,580	808	119	1,598	3,774	2,176	159	2,554	6,659	4,105
80	791	1,627	836	120	1,620	3,838	2,218	160	2,580	6,740	4,160

Viscositätsindex sind eine ganze Reihe von Nomogrammen hierfür veröffentlicht worden.

Die Nachteile der graphischen Rechnungsverfahren vermeiden Amsel und Seeles, die sowohl die Waltherschen Temperaturfunktion als auch die Beziehung zur Ermittlung der Polhöhe, ferner die Tabellen von Dean und Davis zur Berechnung des Viscositätsindex und das ebenfalls auf dem Viscositäts-Temperaturblatt von Ubbelohde angegebene Diagramm zur Berechnung von Mischungsviscositäten derart umgeformt haben, daß sie sich als Leitern auf einen Rechenstab, dem „Visco-Calculator" anbringen ließen[1].

b) Ölmischungen (IV, 613). In der Praxis hat sich ein Diagramm eingebürgert, das die Zähigkeiten von Ölmischungen aus denen der Komponenten genügend genau abzulesen gestattet.

Die Abszisse ist in 100 Teile entsprechend Volumprozent der Ölkomponenten geteilt, die Ordinate trägt eine doppelt-logarithmische Centistokesteilung. Man verbindet die beiden Werte der absoluten Viscosität bei gleicher Temperatur der Komponenten durch eine Gerade und erhält so die Viscosität der Mischung in Abhängigkeit vom Volumprozentgehalt der Komponenten.

c) Capillarviscosimeter nach Ubbelohde mit hängendem Kugelniveau. Dieses Viscosimeter ist eine Weiterentwicklung des Viscosimeters nach Ubbelohde-Holde (IV, 615) und dient zur direkten Bestimmung der kinematischen Zähigkeit in Centistokes.

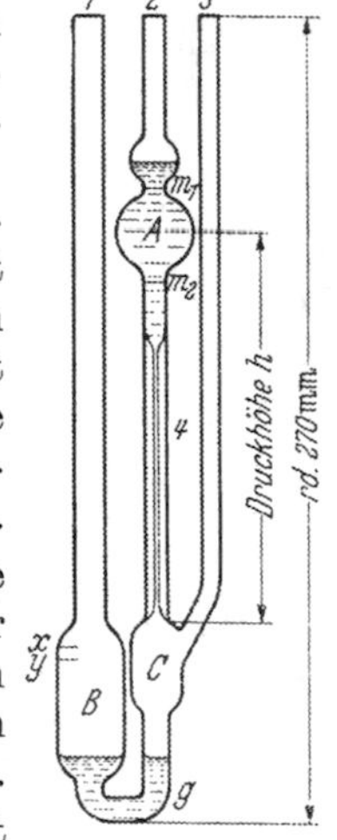

Abb. 5. Schematische Darstellung des Ubbelohde-Viscosimeters mit hängendem Kugelniveau.

α) *Prinzip des Verfahrens.* Wie Abb. 5 zeigt, schließt sich an die pipettenartige Hohlkugel mit den Marken m_1 und m_2 die Capillare *4* an, die in ein Hohlgefäß *C* mündet. Das untere trichterförmige Ende der Capillare befindet sich auf dem Scheitelpunkt einer Kugelfläche an der sich das hängende Kugelniveau ausbildet. Auf das Gefäß *C* folgt ein gebogenes Rohr *g* und das Hohlgefäß *B*, dieses steht durch das Rohr *1*, das Hohlgefäß *C* durch das Rohr *3* mit der Außenluft in Verbindung. Ist durch das Rohr *1* das Gefäß *B* soweit mit Flüssigkeit gefüllt, daß deren Oberfläche zwischen den Marken *x* und *y* liegt und saugt man dann mittels eines Schlauches am Rohr *2*, während man Rohr *3* schließt, so füllt sich die Capillare und die Hohlkugeln *A* und *D*. Öffnet man die Rohre *2* und *3*, so tritt durch Rohr *3* Luft in das Gefäß *C*, trennt die Flüssigkeit in zwei Teile und bringt sie in die Lage wie sie die Abb. 5 zeigt. Die Flüssigkeit fließt aus Gefäß *A* durch die Capillare, füllt jedoch nicht Gefäß *C*, sondern fließt in dünner Schicht an der vertikalen Wand ab und vereinigt sich mit der Flüssigkeit in *g* und *B*. Es wird die Zeit gestoppt, in der der Flüssigkeitsspiegel von der Marke m_1 bis zur Marke m_2 sinkt.

Die Glasapparatur ist in einem Metallkäfig untergebracht und wird in einen Thermostaten genau senkrecht eingehängt. Soll die mit diesem

[1] Zu beziehen durch A. Dargatz, Hamburg, Steinstr. 10.

Viscosimeter erreichbare Meßgenauigkeit voll ausgenutzt werden, so muß die Meßtemperatur auf $\pm 0{,}01°$ C konstant gehalten werden.

β) *Ausführung der Messung.* Nachdem die Glasapparatur sorgfältig gereinigt ist, wird diese mit Hilfe eines federnden Bügels im Gestell befestigt. Die zu messenden Flüssigkeiten 10—12 cm^3 werden vor dem Einfüllen sorgfältig gefiltert (Jenaer Glasfilter, z. B. 11 G 3) und in das Rohr *1* mit Hilfe einer sorgfältig mit filtriertem Methanol und Benzol gereinigten Pipette in einer Menge von etwa 10—12 cm^3 eingegeben, bis der Spiegel zwischen den Marken x und y steht. In das Rohr *1* wird ein Thermometer eingesetzt, das $^1/_{10}°$ C abzulesen gestattet und bei dem $^1/_{100}°$ C noch geschätzt werden kann. Ein gleiches Thermometer befindet sich im Thermostaten. Die Temperaturangleichung wird durch mehrmaliges Hochsaugen der Meßflüssigkeit in die Kugel beschleunigt. Mit dem Messen der Laufzeit wird erst dann begonnen, wenn beide Thermometer übereinstimmen.

Zur Bestimmung der Laufzeit saugt man mit Hilfe eines auf Rohr *2* aufgesetzten Gummischlauches die Flüssigkeit soweit hoch, bis D gefüllt ist. Das Ende des Rohres *3* muß dabei mit dem Finger verschlossen gehalten werden. Selbstverständlich muß man dafür sorgen, daß keine Luftblasen in dem System vorhanden sind. Es wird jetzt Rohr *3* geöffnet und die Zeit gemessen, die der Flüssigkeitsspiegel braucht, um von der Marke m_1 bis zur Marke m_2 abzusinken. Zweckmäßigerweise benutzt man zwei Stoppuhren, die je mit einer Hand betätigt werden. Man sollte drei Bestimmungen der Laufzeit nacheinander, mit Uhrenwechsel nach jeder Ablesung, durchführen.

Aus den drei Ablesungen jeder Uhr bestimmt man den Mittelwert und nimmt aus beiden Mittelwerten wiederum das Mittel. Von diesem Mittelwert ist, falls nach der jedem Apparat beigegebenen Korrektionstabelle die kinematische Energie berücksichtigt werden muß, ein bestimmter Betrag abzuziehen. Der korrigierte Sekundenwert ergibt dann durch Multiplikation mit dem genauen Wert des Eichfaktors unmittelbar die kinematische Zähigkeit in Centistokes. Bei Betriebsmessungen braucht diese Multiplikation nicht durchgeführt zu werden, sondern nur das Komma entsprechend versetzt werden.

Die Viscosimeter werden im allgemeinen in Sätzen von drei Stück mit folgenden Daten geliefert:

Tabelle 2.

Capillare Nr.	I	II	III
Eichfaktor reduziert	0,01	0,1	1,0
Lichte Weite der Capillare	0,63	1,13	2,0 mm
Zu empfehlen für Viscosität von etwa . . .	1 cSt	12 cSt	120 cSt ab

γ) *Berechnung.* Die Berechnung von Centistokes aus der Fließzeit und dem Eichwert der Capillare ist oben angegeben. Berechnung von Engler-Graden aus der absoluten Viscosität siehe Tabelle auf S. 623 des Hauptwerkes.

d) Ein neues System von Ostwald-Viscosimetern. E. H. Zeitfuchs empfiehlt ein Gerät, das im wesentlichen aus dem Ostwaldschen

Capillarviscosimeter besteht, das in Verbindung mit einem Überlaufgefäß die Einstellung des Meßvolumens erlaubt. Acht solcher Viscosimeter sind fest in ein Öltemperaturbad eingebaut, dessen Regler die Temperatur auf $\pm 0{,}015$ bis $0{,}05°$ F konstant hält. Die Capillaren werden zur Füllung oder Reinigung nicht aus dem Thermostaten entfernt, so daß durch Hysteresis des Glases verursachte Meßfehler vermieden werden.

e) Höpplersches Viscosimeter. α) *Prinzip des Verfahrens.* Das Höppler-Viscosimeter ist ein Kugelfallviscosimeter. Gemessen wird die Fallzeit von exzentrisch fallenden Kugeln (die mit einer Toleranz von 0,0005 mm hergestellt sind) in einem in konstantem Winkel aufgestellten und mit der zu untersuchenden Flüssigkeit gefüllten Fallrohr von auf $\pm 0{,}001$ mm genauer lichter Weite. Zwei eingesetzte Ringmarken stellen die Fallstrecke dar. Das Fallrohr ist von einem Wasserbad umgeben. Durch Umschwenken des Apparates wird die Kugel wieder in die Ausgangsstellung gebracht, worauf mit einer neuen Fallzeitbestimmung begonnen werden kann.

Abb. 6. Höppler-Viscosimeter.

Der Meßbereich dieses Gerätes ist außerordentlich groß und erstreckt sich über Werte von 0,01 bis größer als 400000 Centipoise. Es können Gase und alle Flüssigkeiten vom leichtesten Äther bis zum schwerflüssigsten Teer gemessen werden.

β) *Durchführung der Messung.* Das Gerät (s. Abb. 6) ist leicht zu bedienen und zu reinigen. Es ist lediglich darauf zu achten, daß der zu untersuchende Stoff gereinigt und blasenfrei eingefüllt wird.

γ) *Berechnung.* Die Ablesung des Meßergebnisses erfolgt ohne Umrechnung in absolutem Maßsystem (Centipoisen). Umrechnung auf Engler-Grade oder andere Maßsysteme kann nach den internationalen Tabellen für Viscositäten von Ubbelohde erfolgen. Prüfmenge etwa 30 cm³. Meßgenauigkeit bei Mineralölen $\pm 0{,}1\,\%$.

f) Tausz Kugelfallviscosimeter. α) *Prinzip des Verfahrens.* Das Viscosimeter arbeitet nach einem ähnlichen Verfahren wie das oben geschilderte Höppler-Viscosimeter. Dieses Gerät eignet sich für die Praxis des Ölverbrauchers, weniger für Laboratorien von Ölproduzenten.

Das Gerät besitzt keine Temperaturregelungsmöglichkeit, der Temperaturbereich erstreckt sich nur von 15—35° C. Trotz seiner einfachen Bedienung ermöglicht es recht genaue Viscositätsbestimmungen. Das Fallrohr kann gleichzeitig zum Spindeln des Öles benutzt werden. Es wird ein Aerometer mitgeliefert, so daß aus den gemessenen Fallzeiten einerseits und den gemessenen Dichten andererseits die Centipoisenwerte in Centistokes umgerechnet werden können.

Abb. 7. Schnellviscosimeter nach Dallwitz-Wegener. (R. Jung, Heidelberg.)

g) Schnellviscosimeter nach Dallwitz-Wegener. Für betriebsmäßige Laboratoriumsuntersuchungen hat sich dieses Viscosimeter als sehr geeignet erwiesen, da es gestattet, in kurzer Zeit Viscositätskurven aufzunehmen, wobei die Viscosität bei der jeweiligen Temperatur unmittelbar an einer Skala abgelesen werden kann.

Das Viscosimeter (s. Abb. 7) besteht aus einem zylindrischen Gefäß, das das zu prüfende Öl enthält und in dem eine Förderschnecke rotiert, die von einem Federmotor mit konstanter Drehzahl angetrieben wird. Die Förderschnecke drückt die zu untersuchende Flüssigkeit in ein Steigrohr, der Flüssigkeitsspiegel stellt sich in einer Höhe ein, die dem Druck entspricht, bei dem Fördermenge und Rückfluß den gleichen Betrag annehmen. An dem Steigrohr ist eine Skala angebracht, die unmittelbar in Engler-Graden, Centistokes, Saybolt-Sekunden oder Redwood-Sekunden geteilt ist. Zur Erwärmung des Öles dient ein Gasbrenner. Die Temperatur wird durch ein in die Mitte des Gefäßes eingesetztes Thermometer abgelesen. Der Meßkörper ist so groß, daß er als Wärmespeicher dient und ein Wasserbad überflüssig macht. Es können Temperaturen bis zu etwa 200° C eingestellt werden. Für Messungen unter Raumtemperatur ist eine Durchflußkühlung vorgesehen.

Zur Aufnahme von Viscositätstemperaturkurven geht man am zweckmäßigsten so vor, daß man das Öl bis auf die maximal gewünschte

Temperatur erwärmt, die Viscosität abliest und dann das Gerät abkühlen läßt, worauf man jeweils nach bestimmten Zeitintervallen Viscosität und Temperatur abliest.

Das Viscosimeter besitzt drei Meßbereiche, die während des Meßvorganges selbst eingestellt werden können. Die höchste zu messende Viscosität beträgt etwa 110° E. Die Prüfmenge beträgt 30 cm^3. Das Gerät ist, obwohl es genaue Resultate liefert, nicht überempfindlich, so daß es auch auf Schiffen Anwendung finden kann[1].

h) K. Schwaiger beschreibt ein rotierendes Viscosimeter für Messungen in der Kälte. Zwei ineinander gesteckte Zylinder, die an den Berührungsflächen mit dem Versuchsöl benetzt sind, werden gegeneinander gedreht. Der Spalt für den Ölfilm beträgt nur 0,05 mm, entspricht also ungefähr den Lauftoleranzen von hochbeanspruchten modernen Motorlagern. Das Ganze ist etwa ein aus dem Motor herausgenommenes Hauptlager einer Kurbelwelle.

Die Abkühlung der Meßzylinder erfolgt im isolierten Luftraum, der die Kühlschlangen einer SO_2-Kältemaschine enthält. Der äußere Zylinder wird festgehalten, der innere unter Zuhilfenahme eines konstanten Gewichtes in Drehung versetzt. Die Zeit für die Zurücklegung einer halben Zylinderumdrehung wird gestoppt und gibt nach Multiplikation mit der Apparatkonstanten die dynamische Viscosität des untersuchten Öles in Centipoisen.

i) Ein Kugelfallviscosimeter beschreibt E. Schroer. Es beruht auf dem freien Fall einer in ein zylindrisches Rohr (K-P-G-Hartglasrohr von Schott & Gen., Jena) genau passenden Stahlkugel, deren Fallzeit zwischen zwei Ringmarken bestimmt wird.

k) L. Ubbelohde (1) beschreibt ein Englersches Schmierölviscosimeter mit Überlaufstift und mit austauschbarem Ausflußrohr für Teere und Asphalte.

l) Mikromethode. Die Methode H. Levin gestattet eine Viscositätsbestimmung mit Schmierölmengen von etwa 15 mg. Die zu untersuchende Probe wird mittels einer Meßpipette in ein konisches Vorratsgefäß gegeben. Das Capillarviscosimeter mit 0,17 mm lichter Weite wird senkrecht hineingetaucht und gleichzeitig die Stoppuhr in Gang gesetzt.

Die Oberflächenspannung des Öles läßt dieses emporsteigen und die Zeit bis zum Erreichen einer in 25 mm Höhe gelegenen Marke steht in gradliniger Beziehung zur absoluten Viscosität in Centipoisen. Als Thermostat kann das Wasserbad eines Vogel-Ossag-Viscosimeters dienen, in das ein Reagensglas als Luftbad gehängt wird.

Ein Mikroviscosimeter beschreibt ferner F. M. Lidstone.

m) Viscosität von Pech. A. B. Manning weist darauf hin, daß für die Brauchbarkeit des Peches bei der Steinkohlenbrikettierung neben der Oberflächenspannung in erster Linie seine Viscosität maßgebend ist.

Die Viscositätsmessungen bei 30—40° werden an einer Pechscheibe ausgeführt, die in einem Thermostaten auf konstanter Temperatur gehalten wird. Auf dem Pech ruht eine im Durchmesser größere Metallscheibe, die mit Bleigewichten belastet wird. Die Höhe der Pechscheibe

[1] Zu beziehen durch R. Jung, Heidelberg.

wird in gewissen Zeitintervallen gemessen. Die Methode ist geeignet für Viscositäten von etwa 10^8 bis 10^{10} Poise.

Das Prinzip der Viscositätsmessung bei Temperaturen von 30—80° besteht darin, daß ein Messingstab, der zentral in einem zylindrischen Gefäß gehalten wird, durch eine meßbare Belastung in Umdrehung versetzt wird. Mit Hilfe eines Wasserbades wird das Pech auf konstanter Temperatur gehalten.

Die Viscositäten bei Temperaturen über 80° werden dadurch gemessen, daß bei konstantem Unterdruck das auf die entsprechende Temperatur gebrachte Pech aus einem Vorratsgefäß durch ein Glasrohr gesaugt und hierbei die Zeit gemessen wird, die der Pechmeniscus braucht, um zwei Marken des Rohres zu durchlaufen.

n) Viscosität von Teer, Pech und anderen undurchsichtigen Stoffen. D. C. Broome und A. R. Thomas verwerfen die Viscositätsbestimmung von Teeren und dgl. in den gebräuchlichen Ausflußviscosimetern und haben statt dieser eine Kugelfallmethode ausgearbeitet, bei der die Geschwindigkeit einer zwischen zwei Geräten fallende Stahlkugel, die im undurchsichtigen Medium nicht beobachtet werden kann, auf elektrischem Wege (elektromagnetisches Feld, Wechselstrom) durch Klopftöne im Telephon gemessen wird.

10. Pseudoplastizität in Mineralölen. Es wurde beobachtet, daß bei den Viscositätsmessungen von Mineralölen unter gewissen Bedingungen mit Erscheinungen zu rechnen ist, wie sie in der Kolloidchemie unter dem Begriff „Flüssigkeitsstruktur“ zusammengefaßt werden.

H. Weiß fand bei vielen untersuchten Autoölen bei längerem Abkühlen auf eine Temperatur, die einige Grade über der des Festwerdens lag, eine allmähliche Änderung ihrer Viscosität, ohne daß dabei etwa irgendwelche Ausscheidung, z. B. von Paraffin, beobachtet werden konnte. So zeigte z. B. ein pennsylvanisches Öl im Laufe von 22 Tagen einen Anstieg der Viscosität bei 0° von 44,5 Poise auf einen Endwert von 51,6 Poise. Ausnahmsweise wurde auch die entgegengesetzte Erscheinung beobachtet, z. B. fiel bei einem russischen Öl die Zähigkeit bei 8tägigem Abkühlen auf 0° um etwa 10%. Die Gesamtheit der Erscheinungen faßt der Verfasser unter dem Ausdruck „Pseudoplastizität“ zusammen.

Die Pseudoplastizität kommt auch darin zum Ausdruck, daß die Füllungszeit des Pipettenviscosimeters nicht mehr eine genau entgegengesetzte Funktion des Saugunterdruckes ist, vielmehr ergeben sich für niedrige Saugunterdrücke mehrfach größere scheinbare Viscositätskoeffizienten.

Weitere Beobachtungen beziehen sich auf die mittels Torsionsfaden meßbare Elastizität und Starrheit der pseudoplastischen Öle. Die Erscheinungen der Pseudoplastizität können nicht mehr beobachtet werden, wenn Capillaren von größerem Durchmesser benutzt werden, da hier die Thixotropie die Pseudoplastizität verdeckt.

Eine hohe Viscosität allein genügt nicht, um die Plastizität hervorzubringen, jedoch wurde sie nur bei zähen Ölen beobachtet. Einem normalen Öl wird bei Zusatz von 1% Vaseline Pseudoplastizität verliehen und reine Vaseline zeigt alle Eigenschaften der Pseudoplastizität, wenn sie im Gebiet ihres Schmelzpunktes (bei 45°) beobachtet wird.

11. Aräometrie (IV, 803). M. Marder beschreibt eine Methode, um durch aräometrische Bestimmung eine Anzahl analytischer Daten, wie Wasserstoff- und Kohlenstoffgehalt, das Kohlenstoff-Wasserstoffverhältnis, den disponiblen Wasserstoff sowie den oberen und unteren Heizwert von Mineralölen verschiedener Herkunft zu messen.

12. Flüchtigkeit von Schmierölen (IV, 805). R. N. J. Saal und C. G. Verver beschreiben eine analytische Dampfdestillation zur Bestimmung der Flüchtigkeit von Schmierölen, bei der aus dem Verhältnis von destilliertem Öl und kondensiertem Dampf im Destillat Schlüsse auf die Flüchtigkeit der Ölfraktionen gezogen werden.

13. Vakuumdestillation von Autoölen. F. Spansta beschreibt einen einfachen Apparat für die Vakuumdestillation von Autoölen bei 11 mm und weist auf die Bedeutung der Kenntnis des Siedeverhaltens für den Ölverbrauch, für die Vermittlung der Erkenntnis der chemischen Konstitution, im Verein mit anderen physikalischen Konstanten und für die Kenntnis, ob und welche Mischungen von Ölen vorliegen, hin.

Eine Destillationsmethode für Schmieröle im Vakuum beschreibt auch C. Walther (2).

13a. Verdampfungsprobe von Schmierölen (IV, 808). K. Noak (1) hat zur Bestimmung des Verdampfungsverhaltens von Schmierölen einen Verdampfungsprüfer entwickelt, bei dem eine abgemessene Ölmenge von 65 g 1 Stunde bei 250° einem Luftstrom von festgesetzter Strömungsgeschwindigkeit ausgesetzt wird und bezeichnet den bei dieser Temperatur ermittelten Gewichtsverlust als Verdampfbarkeit.

H. Brückner beschreibt ein neues Verdampfungsgerät. Dabei wird die Ölprobe unter festgelegten Versuchsbedingungen und gleichbleibendem Temperaturanstieg bis 550° im Stickstoffstrom erhitzt und der Gewichtsverlust mittels einer selbsttätigen Waage ermittelt.

14. Ölprüfmaschinen (IV, 806; s. a. S. 53). a) Th. Rabinovitch bespricht die wichtigsten der bisher beschriebenen Ölprüfmaschinen. Die einzelnen Prüfverfahren beschränken sich bisher noch auf Untersuchungen und Vergleich von Ölen bestimmter Kategorien und für begrenzte Anwendungsgebiete.

Die Ölprüfmaschinen lassen sich nach ihrer Arbeitsweise in folgende Gruppen einteilen: 1. Pendelmaschinen, 2. Reibungswaagen, 3. Auslaufmaschinen, 4. Zerreibungsmaschinen, 5. Lagerprüfstände, 6. Sonderausführungen.

Zu den Pendelmaschinen, bei denen der beim Mitnehmen der Lagerschale durch den umlaufenden Zapfen entstehende Reibungsausschlag gemessen wird, gehört unter anderem die Maschine von Thurston. Unter den Reibungswaagen ist der Apparat von Duffing zu nennen. Beim Auslaufverfahren wird die Welle eines mit dem zu prüfenden Öl geschmierten Lagers auf eine bestimmte Drehzahl gebracht, der Antrieb ausgekuppelt und die Zeit bis zum vollständigen Stillstand gemessen. Nach diesem Verfahren arbeitet die Dettmarsche Maschine. Bei den Zerreibungsmaschinen wird eine bestimmte Menge Öl solange zwischen zwei Metallflächen zerrieben, bis sie aufgebraucht ist. Hierher gehörigen z. B. die bekannte Deeley-Prüfmaschine und die Konstruktion von R. Barthel. Die Lagerprüfstände wurden vor allem entwickelt, um Lagerschalen der verschiedensten Art bei wechselnden Geschwindigkeiten, Lasten, Temperaturen, Schmierarten usw. zu erproben. Die Prüfstände von Kammerer und Vieweg sind hier zu nennen. Schließlich sei auf die Ölprüfmaschine der M.A.N., Bauart Spindel hingewiesen.

b) Ölprüfmaschine nach Thoma. Zwei gekreuzt laufende Rollen aus Stahl (oder anderen Werkstoffen, die geprüft werden können), die mit verschiedenen Geschwindigkeiten (50 und 300 U/Min.) durch Elektromotore angetrieben werden, wirken gegeneinander. Im Ruhezustand ist die Berührung der Rollen punktförmig, bei Bewegung eine Schraubenlinie mit flacher Steigung, da die eine der Rollen selbsttätige Axialwanderung ausführt. Das Rollenpaar ist in einem öldichten und heizbaren Gehäuse untergebracht, welches abwechselnd mit den zu prüfenden Schmierölen gefüllt wird. Durch Laufgewichte wird die eine Rolle mit steigendem Druck gegen die andere Rolle gepreßt, die die dabei auftretenden Reibungsverluste einer Torsionsreibungswaage mit entsprechender Reibungsanzeige überträgt.

E. H. Kadmer fand mit dieser Maschine, daß die paraffinreichen Mineralschmieröle sich reibungs- und schmiertechnisch bedeutend günstiger verhalten als aromatenreiche Öle und daß zwischen der Reibungsanzeige einerseits und gewissen physikalischen und chemischen Merkmalen der Kohlenwasserstofföle andererseits (Dichte, Refraktion, Anilinpunkt, Prozentsatz C-Ringe zu C-Ketten) unverkennbare Zusammenhänge bestehen. Es dürfte das erstemal sein, daß es gelungen ist, auf einer Ölprüfmaschine Unterschiede in der Schmierfähigkeit von Mineralölen in sinngemäßer Abstimmung auf übliche Kennzahlen deutlich zu machen.

c) Prevost hat ein Friktometer gebaut, das zwei konzentrische Wellen und einen dazwischen liegenden Ring verwendet und mangels einer Meßmöglichkeit für die Filmdicke nur Vergleichswerte liefert.

d) J. W. Donaldson und D. R. Hutchinson berichten über einen Apparat zur Bestimmung des Reibungskoeffizienten von Schmierölen. Er besteht im wesentlichen aus einer Kugel, die in einem halbkugelförmigen Lager ruht. Die Kugel ist mit einem am Ende eines Stabes angeordneten Gewicht durch einen metallischen, festen Reifen verbunden, so daß der ganze Apparat ein Pendel darstellt, das auf der besten sphärischen Unterlage schwingt, wenn es von einer Ausklinkvorrichtung freigegeben wird. Die Lagerdruckbedingungen werden dadurch wiedergegeben, daß man die Größe des Gewichtes entsprechend verändert.

15. Alterungsneigung von Schmierölen (IV, 814). a) Die derzeitigen deutschen technischen Lieferungsbedingungen von Schmierölen für Kraftfahrzeuge werden nach K. Noack den praktischen Bedürfnissen nicht gerecht, weil unter anderem Anforderungen bezüglich Alterungsneigung dieser Öle fehlen.

Noack (2) hat deswegen acht Öle verschiedener Herkunft nach der Indiana-Methode[1], der deutschen Schiedsmethode[2], der Methode des

---

[1] Indiana-Methode: D. P. Barnard, T. H. Rogers, B. H. Shoemaker and R. E. Wilkin: Causes and effects of sludge formation in motor oils, S.A.E.-Journ. **1934**, 167, 181.

[2] Deutsche Schiedsmethode: D. Holde: Kohlenwasserstofföle und Fette, 7. Aufl., S. 268. 1933.

Britischen Luftfahrtministeriums[1], der Oxydatormethode von Evers und Schmidt[2], der Hackfordmethode[3] und der Methode eines deutschen Industriewerkes („B"-Methode) untersucht und festgestellt, daß die bisherigen Alterungsmethoden versagen:

1. wegen der Überspannung der Alterungsbedingungen,
2. wegen den unvollkommenen Untersuchungsmethoden, die entweder indirekter Natur sind, oder direkt nur einen Teil der Alterungsprodukte erfassen.

Noack schlägt daher vor,

1. die Alterung im Verdampfungsprüfer vorzunehmen, wobei über die Öle bei 250° und 40 mm Wasserspiegeldifferenz 1 Stunde lang Luft gesaugt wird;
2. quantitative Ermittlung der gesamten Alterungsprodukte (Erdölharz und Asphalt) in einem Arbeitsgang mit Hilfe von Normalbenzin Kahlbaum (Asphaltausfällung) und Bleicherde (Erdölharzadsorption) und Isolierung dieser Alterungsstoffe durch Lösen in Chloroform bzw. in Benzol-Alkohol 1:1, wobei die in der Bleicherde auch noch vorhandenen Asphaltharze (bei allen obigen Ölen nur einige zehntel Prozent) erfaßt werden.

b) Bei dem Verfahren nach Barnard, Rogers, Shoemaker und Wilkin werden durch 300 cm³ Öl konstant bei 172° durch Stunden und Tage 10 l Luft durchgeblasen.

c) H. Suida beschreibt eine neue Apparatur zur Alterung von Schmierölen, die aus einem kleinen Rührautoklaven aus Elektrostahlguß besteht. Der Rührer hat etwa 560 Umdrehungen pro Minute. Die Temperatur wird 40 Stunden auf 120° C gehalten und durch einen Stutzen aus einer Preßluftflasche unter 8 atü Luft eingepreßt. Der Autoklav wird jeweils mit 150 cm³ Öl beschickt.

d) Indiana-Probe auf Oxydationsbeständigkeit. Die Standard Oil Co. (Indiana) benutzt folgende Methode:

In einer genormten Apparatur werden 300 cm³ Öl auf 172,2° C (±0,5°) erwärmt, wobei stündlich 10 l Luft durchgeblasen werden. Von Zeit zu Zeit (etwa alle 24 Stunden) entnommene Proben werden auf ihren Asphaltgehalt nach A.S.T.M. (D 91—33) untersucht, wobei noch eine Umrechnung auf normalen Druck vorgenommen werden muß. Durch Auftragen auf eine Kurve erhält man die Zeit, bei der 10 und 100 mg Asphalt gebildet werden, die als Vergleichswerte genommen werden. Bei sehr widerstandsfähigen Ölen ist es zweckmäßig, alle 50 Stunden die Zähflüssigkeit zu messen und daraus einen Schluß auf die Oxydationsbeständigkeit zu ziehen.

e) Damian bestimmt die Bildung chloroformunlöslicher Produkte in einem geschlossenen Apparat bei einer Temperatur zwischen 200 und 550° C. Er schließt aus ihrer Menge auf die Eignung der Öle für die Verwendung bei bestimmten Betriebstemperaturen.

16. Korrosionen in der Mineralölindustrie (IV, 813). Nach einer in Amerika durchgeführten statistischen Erhebung betragen die durch

[1] British Luftfahrtministerium: F. H. Garner, C. J. Kelley, J. L. Taylor: The British air ministry oxydation test for lubricating oils, World Petroleum Congress London 1933, Proc. 2, 448 (1934).

[2] Oxydatormethode: D. Holde: Kohlenwasserstofföle und Fette, 7. Aufl., S. 277. 1933.

[3] Hackfordmethode: D. Holde: Kohlenwasserstofföle und Fette, 7. Aufl., S. 332. 1933.

Korrosion verursachten Schäden 16,50 RM. je 1 t gewonnenes Rohöl. Am schädlichsten wirkt der im Rohöl bereits vorhandene oder im Laufe der Verarbeitung gebildete Schwefelwasserstoff. Eine Korrosion durch freien oder organisch gebundenen Schwefel tritt erst bei höheren Temperaturen, dann aber in so starkem Umfange auf, daß die gefährdeten Metallteile entweder aus schwefelfesten Legierungen gefertigt oder mit einem Schutzüberzug aus schwefelbeständigen Metallen versehen werden müssen. Als solche kommen nur Chrom und Aluminium in Betracht, jedoch ist Aluminium wegen der hohen Temperaturen meist nicht verwendbar.

Korrosionen durch Schwefelwasserstoff lassen sich verhüten, indem man diesen durch geeignete Chemikalien bindet oder entfernt. Bei Rohölen und rohem Spaltbenzin kann man den Schwefelwasserstoff durch fraktionierte Destillation entfernen, da er mit den ersten Ölanteilen entweicht. Nach dem Verfahren vom Feld werden billige, leicht korrodierende Metallabfälle in die Destillationsapparatur eingebracht, und zwar an der Stelle, die die für die Korrosion günstigsten Temperaturen aufweisen.

Korrosionen durch Chlorwasserstoff, Schwefeldioxyd, Magnesiumchlorid, Schwefelsäure und andere Stoffe sind weniger häufig.

17. Raffination mit selektiven Lösungsmitteln. In den letzten Jahren haben diese Raffinationsmethoden große Verbreitung gefunden. Die Methoden gründen sich auf die ungleiche Löslichkeit der verschiedenen Erdölbestandteile in verschiedenen Lösungsmitteln. Man kann beispielsweise die Inhaltsstoffe von rohen Schmierölfraktionen, Destillaten und Rückständen nach Vorschlägen der Union Oil Co. of California (J. T. Ward und H. O. Forrest) einteilen in:

1. Asphaltene,
2. Carbogene, das sind hochmolekulare ungesättigte, den Aromaten nahestehende Verbindungen, die im Betrieb leicht Schlamm und Kohlenstoffabscheidungen liefern,
3. Naphthene mit vergleichsweise steiler Temperaturviscositätskurve und verhältnismäßig niedrigen Flammpunkten,
4. Parathene, eine für die höchste Klasse von Kohlenwasserstoff-Schmierölen eingeführte Bezeichnung, die weitgehend aus Naphthenringen mit paraffinischen Seitenketten bestehen sollen und flache Viscositätstemperaturkurve, hohen Flammpunkt, Beständigkeit gegen Schlammbildung und geringe Neigung zur Bildung von Koks in sich vereinigen,
5. Paraffine.

Um aus einem Destillat ein gutes Schmieröl herzustellen, müssen entweder die im Öl enthaltenen Kohlenwasserstoffgruppen mit ungünstigen Schmiereigenschaften in solche mit günstigen übergeführt werden (z. B. durch Hydrierung), oder weitgehend aus dem Öl entfernt werden, durch Zusatz eines Stoffes, der das Lösungsgleichgewicht im Mineralöl derart stört, daß die Kohlenwasserstoffe jeder Gruppe, welche herausgelöst werden sollen, in das zugesetzte Lösungsmittel übergehen. Der Vorgang der selektiven Lösung unterliegt der Gesetzmäßigkeit des Verteilungsgesetzes. Das vorherrschende Raffinationsmittel für Schmieröle war bis vor kurzem die Schwefelsäure. Mit ihr läßt sich jedoch bei gegebenem Ausgangsmaterial nicht jeder beliebige Reinheitsgrad erzielen, auch sind die Verluste verhältnismäßig groß.

Von der großen Zahl der vorgeschlagenen Verfahrensarten verwenden die meisten nur ein Lösungsmittel, dagegen benutzt das Duosol-Verfahren zwei Lösungsmittel, z. B. Propan und Kresol.

Für die Verwendung von gasförmigen Lösungsmitteln sind Druckapparaturen erforderlich, die besonders für Propan und SO_2 schon weitgehend entwickelt worden sind.

Nach Angaben der Literatur sollen die Verluste für alle Extraktionsmittel etwa die gleichen sein, 0,1—0,2%.

Als hauptsächliche Verfahren kommen in Frage:

Verfahren	Lösungsmittel
Edeleanu-Verfahren	Schweflige Säure allein oder in Mischung mit Benzol
Phenol-Verfahren	Phenole
Chlorex-Verfahren	β-β'-Dichlordiäthyläther (Standard Oil Co. of Indiana)
Furfurol-Verfahren	Furfurol (Texas Oil Co. und Indian Refining Co. seit 1933)
Nitrobenzol-Verfahren	Nitrobenzol
Foster-Wheeler-Verfahren	Crotonaldehyd
Duosol-Verfahren	z. B. Kresole und Propan

Das Crotonaldehyd-Verfahren ist durch den Gebrauch von Zentrifugen zum Trennen von Raffinat und Extrakt gekennzeichnet, da der Crotonaldehyd, ebenso wie das auch zur Raffination verwendete Acrolein nur ein geringes spezifisches Gewicht aufweist. Beim Duosol-Verfahren beruht die Wirkung des Propans nur auf eine Ausfällung der Asphaltstoffe und bei tiefer Temperatur auch des Paraffins, während das eigentliche Lösungsmittel das Kresol ist.

J. Herzenberg bespricht die wissenschaftliche Grundlage der Raffination der Mineralöle mittels aktivem Sauerstoff.

Über die Löslichkeit von Mineralöl- und Teerbestandteilen in flüssigem Schwefelwasserstoff berichten E. Terres und W. Vollmer.

R. Kobayashi bespricht die Bestrebungen in Amerika, geringwertige Schmieröle durch Hydrierung der darin enthaltenen stark ungesättigten Asphaltstoffe in wasserstoffreiche Verbindungen zu verbessern.

18. Regeneration. Der von der Deutschen Gesellschaft für Mineralölforschung eingesetzte Ausschuß stellte fest, daß von dem Jahresverbrauch von 75000 t Schmieröl für Verbrennungskraftmaschinen etwa 20000 t wiedergewonnen werden können, die nach ihrer Aufarbeitung der deutschen Wirtschaft rund 16000 t Motorenschmieröle im Einfuhrwerte von etwa 3 Millionen Mark erhalten.

Über einen einfachen Apparat zur Bestimmung des Schmutzgehaltes in gebrauchten Motorenölen berichtet E. Graefe.

19. Aschebestimmung in gebrauchten, insbesondere wasserhaltigen Schmierölen (IV, 829). Man läßt zunächst nach F. Schmeling (2) nach

(Fortsetzung S. 74)

20. Lieferbedingungen

Nr.	Schmiermaterial	DIN Nr.	Verwendung	d_{20} nicht über	Viscosität $E_{20°\,C}$	Viscosität $E_{50°\,C}$	Viscosität $E_{100°\,C}$	Flammpunkt o. T. mind. °C
1	Spindelöl	6541	Schnellaufende leicht belastete Maschinenteile, Präzisionsmaschinen, Textil-, Papier-, Druckmaschinen, Preßluftwerkzeuge und Bohrhämmer	—	1,8—12	—	—	125
2	Öl für Feinmechanik	6542	Uhrwerke, Indicatoren, Meßgeräte, Nähmaschinen, Büromaschinen, Magnetapparate für Automobile und dgl.	—	$>1{,}8$	—	—	125
3	*A* Lagerschmieröl	6543	Für raschlaufende Zapfen, z. B. elektrischer Maschinen, Kugellager, Rollenlager, Transmissionen	—	—	1,8—4	—	140
4	*B* Lagerschmieröl	6543	Für normal belastete Zapfen, z. B. elektrische Maschinen, Brikettpressen, Dreschmaschinen, Loch- und Stanzmaschinen, Sägemaschinen, Transmissionen, Werkzeugmaschinen, ferner für Drahtseilöl	—	—	4—7,5	—	160
5	*C* Lagerschmieröl	6543	Wie für *B*, jedoch für schwerbelastete langsamlaufende Zapfen und Lager mit hoher Arbeitstemperatur	—	—	$>7{,}5$	—	170
6	*A* Achsenöl	6544	Achsenlager der Eisenbahn	—	Sommeröl			
					—	8—10	—	160
					Winteröl			
					—	4,5—8	—	140
7	*B* Achsenöl	6544	Achsenlager der Kleinbahn-, Straßenbahnwagen und Förderwagen	—	—	>4	—	140
8	*A* Kompressoröl	6545	Für Kolbenverdichter, Luftglieder, Stopfbuchsen, Kolbenstangen und Steuerorgane der Luftseite von Kompressoren	—	—	für Ventilverdichter 4—12	—	4—6 E 175
						für Schieberverdichter 6—10		6—12 E 200

für Mineralschmieröle (IV, 830).

Stockpunkt nicht über °C	Neutralisationszahl nicht über	Verseifungszahl nicht über	Wasser nicht über %	Asche nicht über %	Hartasphalt nicht über %	Fettölzusatz	Bemerkungen
+5	Raff. 0,3	—	Raff. 0,1	Raff. 0,05	Raff. 0	zulässig	Raffinat, Destillat oder gefettes Öl
	Dest. 1,5	—	Dest. 0,2	Dest. 0,2	Dest. 0,3		
—15	0,1	0,25	0,1	0,05	0	zulässig	Raffinat oder gefettetes Öl. Für Schmierstellen und Ölleitungen, die sich im Freien befinden oder tieferen Temperaturen ausgesetzt sind, empfiehlt es sich, vornehmlich im Winter Öle mit tieferem Stockpunkt zu verwenden
+5	Raffinat					zulässig	Raffinat, Destillat oder gefettetes Öl
	0,3	—	0,1	0,05	0		
	Destillat						
	1,5	—	0,2	0,3	0,3		
+5	Raffinat					zulässig	Raffinat, Destillat oder gefettetes Öl
	0,3	—	0,1	0,05	0		
	Destillat						
	1,5	—	0,2	0,3	0,3		
+5	Raffinat					zulässig	Raffinat, Destillat oder gefettetes Öl. Die Grenzen zwischen A, B und C sind aus betriebstechnischen Gründen nicht genau festlegbar
	0,3	—	0,1	0,05	0		
	Destillat						
	1,5	—	0,2	0,3	0,3		
—	1,5	—	0,2	0,3	0,2	zulässig	Fließvermögen im U-Rohr Sommeröl: bei —5° C fließ. Winteröl: bei —20° C fließ. Erdöl, Mischöl, Steinkohlen- oder Braunkohlenschmieröl oder Rückstandöl
Sommeröl +5 Winteröl —10	2,2	—	0,2	0,3	2	zulässig	Erdöl, Mischöl, Steinkohlen- oder Braunkohlenschmieröl oder Rückstandöl
+5	0,3	—	0,1	0,05	0	—	Kolbenverdichter = Verdichter mit hin- und hergehendem Kolben

Lieferbedingungen für

Nr.	Schmiermaterial	DIN Nr.	Verwendung	d_{20} nicht über	Viscosität			Flammpunkt o. T. mind. °C
					$E_{20^\circ C}$	$E_{50^\circ C}$	$E_{100^\circ C}$	
9	*B* Kompressoröl	6545	Für Hochdruck-Kolbenverdichter über 20 atü	—	—	> 6	< 6	200
10	*C* Kompressoröl	6545	Für Zellenverdichter (Rotationsverdichter)	—	—	6—12	—	175
11	*A* Getriebeöl	6546	Für Zahnradvorgelege und Schneckengetriebe in Kraftfahrzeugen, wie Luftfahrzeugen, Kraftbooten, Personen- und Lastkraftwagen	—	—	> 12	—	175
12	*B* Getriebeöl	6546	Für sonstige Zahnradvorgelege und Schneckengetriebe, ausgenommen Getriebe von Dampfturbinen	—	—	> 4	—	175
13	*A* Kraftfahrzeugmotorenöl	6547	Für Benzinbetrieb, Motoren der Kraftfahrräder, Personen- und Lastkraftwagen, Zugmaschinen, Bootmotoren und Kraftpflüge (Motorpflüge)	—	—	Sommeröl 5—28 Winteröl 4—18	—	175
14	*B* Kraftfahrzeugmotorenöl	6547	Für Schwerölbetrieb wie oben	—	—	Sommeröl 10—24 Winteröl 6—17	—	175
15	*A* Gasmaschinenöl	6550	Für Kleingasmaschinen, Zylinder, Kolbenstangen, Stopfbuchsenventile und Umlaufschmierung	—	—	> 3	—	160
16	*B* Gasmaschinenöl	6550	Für Großgasmaschinen sonst wie oben	—	—	4-Taktmasch. > 4 2-Taktmasch. > 6	—	175

Mineralschmieröle (Fortsetzung).

Stockpunkt nicht über °C	Neutralisationszahl nicht über	Verseifungszahl nicht über	Wasser nicht über %	Asche nicht über %	Hartasphalt nicht über %	Fettölzusatz	Bemerkungen
+5	0,3	—	0,1	0,05	0	—	Bei Ölen mit über 2,5 E bei 100° C: 1. Neutralisationszahl nicht über 0,7, 2. Wassergehalt nicht über 0,5%, 3. Aschegehalt nicht über 0,1%. Bei der Auswahl der Öle für Hochdruckverdichter ist auf Bauart und Betriebsverhältnisse der Maschine besonders Rücksicht zu nehmen
+5	0,3	—	0,1	0,05	0	—	Zellenverdichter = Verdichter mit umlaufenden Kolben (z. B. Kapselgebläse)
Raffinat						zulässig	Raffinat, Destillat, Zylinderöl oder gefettetes Öl. Neben reinem Getriebeöl kommen Bleiseifen enthaltende ölartige Produkte in den Handel, die eine Mittelstellung zwischen reinem Öl und Konsistenzfett einnehmen. Der Aschen- und Wassergehalt dieser Produkte liegt entsprechend ihrem Seifengehalt höher als die Tabellenwerte
—	0,3	—	0,1	0,05	0		
Destillat							
—	1,5	—	0,2	0,3	0,3		
Zylinderöl							
—	0,7	—	0,5	0,1	0,4		
Raffinat						zulässig	Raffinat, Destillat, Zylinderöl oder gefettetes Öl. Die Zähigkeit ist nach Art, Belastung, Geschwindigkeit und Zuführungsart zu wählen; sie ist zweckmäßig vom Erbauer des Getriebes zu erfragen
—	0,3	—	0,1	0,05	0		
Destillat							
—	1,5	—	0,2	0,3	0,3		
Zylinderöl							
—	0,7	—	0,5	0,1	0,4		
+5	0,3	—	0,1	0,05	0	zulässig	Raffinat oder gefettetes Öl. Es empfiehlt sich, im Winter Öle mit tieferem Stockpunkt oder mit entsprechendem Fließvermögen in der Kälte zu verwenden
+5	0,3	—	0,1	0,05	0	zulässig	Raffinat oder gefettetes Öl. Es empfiehlt sich, im Winter Öle mit tieferem Stockpunkt oder mit entsprechendem Fließvermögen in der Kälte zu verwenden
Raffinat						zulässig	Raffinat, Destillat oder gefettetes Öl
+5	0,3	—	0,1	0,05	0		
Destillat							
	1,5	—	0,2	0,2	0,3		
Raffinat						zulässig	Raffinat, Destillat oder gefettetes Öl
+5	0,3	—	0,1	0,05	0		
Destillat							
	1,5	—	0,2	0,2	0,3		

Lieferbedingungen für

Nr.	Schmiermaterial	DIN Nr.	Verwendung	d_{20} nicht über	Viscosität $E_{20°C}$	Viscosität $E_{50°C}$	Viscosität $E_{100°C}$	Flammpunkt o. T. mind. °C
17	Dieselmotorenöl	6551	Für Zylinder, Kolbenstangen, Stopfbuchsen, Ventile und Umlaufschmierung der Dieselmotoren	—	—	>6	—	175
18	*A* Zylinderöl für Dampfmaschinen	6552	Sattdampf[1] für Zylinder, Kolbenstangen, Stopfbuchsen, Ventile und Schieber	—	—	—	2,5—7	240
19	*B* Zylinderöl für Dampfmaschinen	6552	Heißdampf[2] wie oben	—	—	—	3—9	270
20	Kältemaschinenöl	6553	Für Lager, Umlaufschmierung, Stopfbuchsen und Zylinder	—	4—25	—	—	145
21	Dampfturbinenöl		Für Lager, Getriebe und Regler von Dampfturbinen und Kreiselverdichtern (Turboverdichtern)	0,930	—	2,5—7	—	für Öle v. 2,5 bis 3,4 E bei 50° C 165
22	Flugmotorenöl	—	Alle heißen Schmierstellen in Flugzeug-, Luftschiff- und Automobilmotoren	0,950	—	>7	—	185
23	Wasserturbinenöl	6555	Für Spur- und Halslager, Leitapparate, Zahnradgetriebe, Hebel- und Zapfen des Reglers, Umlaufschmierung von Wasserturbinen	—	bei 0° C s. Bemerkungen	2,5—12	—	160
24	Isolieröl	6556	Für Füllung von Transformatoren, elektrische Schalt- und Regelgeräten aller Art	0,920	E —5° C <50 E ±0° C <35	E +5° C <22	E 20° C <8	145

Mineralschmieröle (Fortsetzung).

Stockpunkt nicht über °C	Neutralisationszahl nicht über	Verseifungszahl nicht über	Wasser nicht über %	Asche nicht über %	Hartasphalt nicht über %	Fettölzusatz	Bemerkungen
+5	0,3	—	0,1	0,05	0	zulässig	Raffinat oder gefettetes Öl. Bei Dieselmotoren mit Verdichtern Flammpunkt nicht unter 200° C
—	0,7	—	0,5	0,1	0,4	zulässig	[1] Auch für Heißdampf bis 275° C gemessen am Eintritt in den Zylinder
—	0,7	—	0,5	0,1	0,1	zulässig	[2] Für Heißdampf über 275° C, gemessen am Eintritt in den Zylinder
CO_2-Masch. —15 NH_3-Masch. —20 SO_2-Masch. —25	0,3	—	0,1	0,05	0	nicht zulässig	Raffinat, ungefettet: für Öle mit Viscosität von 4—10° E bei 20° C: Viscosität bei 0° C < 60° E für Öle mit Viscosität von 10—25° E bei 20° C: Viscosität bei 0° C < 170° E
+5	0,05	0,15	0,1	0,01	0	nicht zulässig	Raffinat, ungefettet. Für Öle mit Viscosität von 3,4—7 E/50° C: Flammpunkt > 180° C. Emulgierbarkeit nicht zulässig. Wichtig ist die Alterungsneigung, doch besteht hierüber noch keine einheitliche Auffassung
nach Vereinbarung	0,2 gefettet 3,0	—	0,1	0,02	0	zulässig	Raffinat oder gefettetes Öl. Reichswehr, Reichspost und B.V.G. gestatten einen Gehalt an verseifbaren Ölen und Fetten bis 5%
—	0,3	—	0,1	0,05	0	zulässig bei Umlaufschmierung nicht zulässig	Raffinat oder gefettetes Öl. Viscosität E bei 0° C: nicht über 200 für Öle mit Viscosität 2,5—5 E/50° C nicht über 500 für Öle mit Viscosität 5—7 E/50° C nicht über 900 für Öle mit Viscosität 7—12 E/50° C
—15	0,05	0,15	s. Bemerkungen	0,01	0	—	Raffinat. In Kesselwagen angelieferte Öle dürfen nach Ablassen von 10 l des Kesselinhaltes kein abgesetztes Wasser enthalten. In Fässern angelieferte Öle dürfen nicht mehr als 0,01 % Wasser enthalten. Für Alterungsneigung s. § 10 von V.D.E. 0370/1936 „Vorschriften für Schalter und Transformatorenöle

Lieferbedingungen für

Nr.	Schmier-material	DIN Nr.	Verwendung	d_{20} nicht über	Viscosität $E_{20°\,C}$	Viscosität $E_{50°\,C}$	Viscosität $E_{100°\,C}$	Flamm-punkt o. T. mind. °C
25	Schneid- u. Kühlöl für Metallbearbeitung	6557	Als Schneidöl und Kühlöl für Automaten und Revolverdrehbänke und als Zieh- und Stanzöl	—	—	> 1,8	—	140
26	Kühlmittelöl für Metallbearbeitung	6558	Vermischt mit Wasser als Kühlmittel bei der Metallbearbeitung durch Bohr-, Fräs- und Schälmaschinen und als Ziehöl, ferner als Zusatz zum Preßwasser	—	—	—	—	—
27	Härte- und Vergüteöl	6559	Zum Härten, Vergüten und Anlassen	—	—	1,5	—	140
					—	1,5	—	140
					—	—	2,5	240
28	Rostschutzöl	6560	Zum Schutz von Metallteilen vor Witterungseinflüssen	—	> 1,8	—	—	125
					> 1,8	—	—	125
					—	—	> 2,5	220
29	Luftfilteröl	6561	Für Filter zur Reinigung von angesaugter Luft	—	—	1,8—7,5	—	160
					—	1,8—7,5	—	160

kräftigem Durchschütteln und Umrühren das Öl $^1/_2$ Minute lang absetzen. Die gröbsten Schmutzstücke, die auch sonst sich im bewegten Öl absetzen, werden so nicht mitbestimmt, sondern nur der Schmutzanteil, der sich infolge seiner kolloidalen Aufschlämmung schon in leicht bewegtem Öl in der Schwebe hält.

Mineralschmieröle (Fortsetzung).

Stockpunkt nicht über °C	Neutralisationszahl nicht über	Verseifungszahl nicht über	Wasser nicht über %	Asche nicht über %	Hartasphalt nicht über %	Fettölzusatz	Bemerkungen
Raffinat						zulässig	Raffinat, Destillat oder gefettetes Öl
+5	0,3	—	0,1	0,05	0		
Destillat							
	1,5	—	0,2	0,3	0,3		
—	—	—	—	4	—	zulässig	Mischbarkeit mit Wasser: Eine Emulsion von 10 Raumteilen Kühlmittelöl und 90 Raumteilen Wasser darf nach 24stündigem Stehen bei Zimmertemperatur, keine klare Ölschicht bilden. Gesamtfettgehalt (Mineralöl + fettiges Öl) nicht unter 80%
Raffinat							Raffinat, Destillat, Zylinderöl. Vorstehende Angaben beziehen sich nicht auf Petroleum, Gasöl, Schieferöl, Teeröle, die zur Härtung kleinerer Stücke bis etwa 50 g ebenfalls verwendet werden können
—	—	—	0,1	—	—	—	
Destillat							
—	—	—	0,2	—	—	—	
Zylinderöl							
—	—	—	0,5	—	—	—	
Raffinat						zulässig	Raffinat, Destillat, Zylinderöl oder gefettetes Öl
—	0,3	—	0,1	0,05	0		
Destillat							
—	1,5	—	0,3	0,3	0,3		
Zylinderöl							
—	0,7	—	0,5	0,1	0,4		
Raffinat						—	Raffinat und Destillat. Neben den aus reinen Ölen bestehenden Luftfilterölen sind flüssige Seifen enthaltende Öle gebräuchlich. Für diese Erzeugnisse sind nebenstehende Zahlen für Asche und Wassergehalt nicht gültig
+5	0,3	—	0,1	0,05	0		
Destillat							
+5	1,5	—	0,2	0,3	0,3		

Um das Verspritzen beim Abschwelen einzuschränken, wird das Öl mit einem mit Alkohol befeuchteten Filter durchgerührt. Nachdem mit wenig Alkohol überschichtet ist, wird das Öl an einem hochstehenden Filtereck entzündet und abgebrannt. Der Verbrennungsrückstand wird verascht. Aschebestimmungen in Ölen mit Wasserzusatz von 4% ergaben gut übereinstimmende Werte.

21. Anforderungen der deutschen

Art des Öls	Spezifisches Gewicht 20°	Flammpunkt (n. P.M. oder n. J.)	Viscosität		Verdampfbarkeit	Kälteverhalten oder Stockpunkt
			bei 20°	bei 50°		
Gasöl für Dieselmaschinen (Erdöl)	mindestens 0,835 höchstens 0,880	über 65°	unter 2,6 E	—	bis 300° mindestens 70% überdestillieren	bei —5° keine Ausscheidungen
Braunkohlenteerheizöl	0,93 ~ 0,98	über 65°	bis 4 E	bis 2 E	—	Stockpunkt nicht über ±0°
Steinkohlenteerheizöl	1,— ~ 1,12	über 65°	1,5 ~ 3 E	—	—	—
Heizöl aus Erdöl	—	über 65°	möglichst nicht über 10 E	—	—	Stockpunkt nicht über ±0°

Weitere Kennwerte für Treib-

Art des Öles	Selbstzündpunkt	Unterer Zündwert	Kennzündwert	Zündverzug
Dieselkraftstoff aus Erdöl	nicht über 280°	nicht unter 8	nicht unter 8	nicht über 4 s
Heizöl aus Erdöl für Hauptkessel	nicht über 280°	nicht unter 3	nicht unter 3	nicht über 8 s

[1] Mit Genehmigung des Oberkommandos der Kriegsmarine.

22. Kautschukhaltige Schmieröle (IV, 871). Schmieröle mit 1—2% vulkanisiertem Kautschuk werden, wenn auch in geringen Mengen, im Automobilbau verwendet. Wegen ihrer stark fadenziehenden Eigenschaften sollen sie sich besonders für die Verwendung in Getrieben und Steuerschnecken bewährt haben.

Für den geräuschlosen Gang des Getriebes wurden in den letzten Jahren in Amerika kautschukhaltige Aufquellungen von Aluminiumseifen in viscosen Ölen eingeführt.

23. Konsistente Fette (IV, 874). B. B. Farrington hat eine mikrophotographische Methode zur Untersuchung von Schmierfetten entwickelt, die in der Länge der Seifenfiber deutliche Unterschiede zwischen dem Aufbau des Fettes zeigt.

24. Öle in der metallverarbeitenden Industrie (IV, 894). a) Öle für spangebende Metallbearbeitung. Die Leistungssteigerungen bei der Anwendung von Kühlmittel kann man wie folgt feststellen:

1. Bestimmung der Anzahl der Werkstücke, die jeweils, bis das Werkzeug wegen Abstumpfung erneuert werden muß, hergestellt werden können.

Kriegsmarine an Treib- und Heizöle[1].

Heizwert	Wasser	Schwefel	Kreosot	Wasserstoff	Asche	Organ. Säuren	Im Normalbenzin Unlösliches
unterer mindestens 9900 Cal. oberer mindestens 10620	höchstens 0,5%	höchstens 1%	—	mindestens 12%	höchstens 0,01%	höchstens 0,12% als SO_3	höchstens Spuren
unterer mindestens 9200 Cal. oberer mindestens 9500	höchstens 1%	höchstens 1,5%	höchstens 28%	—	—	—	—
unterer mindestens 9000 Cal. oberer mindestens 9300	höchstens 1%	höchstens 0,8%	—	—	höchstens 0,05%	—	—
unterer mindestens 9600 Cal.	höchstens 1%	höchstens 2%	—	—	—	—	—

und Heizöle der Kriegsmarine.

Rückstand		Verdampfungsdauer in dünner Schicht	Siedezahl n. J.	Alterungswert n. J.	Vergleichszahl n. J.
bei 350°	bei 500°				
Spuren	Spuren	nicht über 60 s	nicht unter 40	nicht über 3	nicht unter 44
nicht über 2%	nicht über 2%	nicht über 80 s	nicht unter 10	—	—

2. Bestimmung, um wieviel die Schnittgeschwindigkeit gegenüber Trockenschnitt erhöht werden kann, wenn die Zeit, nach der das Werkzeug wegen Abstumpfung erneuert werden muß, die gleiche bleibt.

Diese Verfahren haben den Vorteil, daß sie jederzeit im praktischen Betrieb ohne Störung der Fabrikation eingegliedert werden können. Man unterscheidet zwei große Gruppen von Kühlflüssigkeiten:

1. die nicht mit Wasser emulgierenden Schneid- und Kühlöle, im folgenden mit Schneidöle bezeichnet,
2. die mit Wasser emulgierenden Kühlmittelöle mit Bohröle bezeichnet.

α) *Schneidöle* sind Flüssigkeiten aus mineralischen, tierischen und pflanzlichen Ölen oder Mischungen aus solchen. Die Bezeichnungen, wie Räumnadelziehöl, Automatenöl, Gewindeschneidöl usw. beziehen sich lediglich auf den besonderen Verwendungszweck. Als Hauptanwendungsgebiete sind zu nennen: Räderstoßmaschinen, Räderfräsmaschinen, Automaten, Revolverbänke, Gewindeschneidmaschinen und Räumnadelmaschinen.

Öle auf Mineralölbasis sind besonders geeignet, da die fetten Öle leicht zu Veränderungen (Verharzungen) neigen. Dadurch werden nicht nur die Schneidleistungen beeinträchtigt, sondern es können auch Störungen im Vorschubmechanismus auftreten. Mit Schwefel behandelte Mineralöle zeigen besonders gute Schneidleistungen.

Die besonderen Anforderungen, die an ein Schneidöl gestellt werden müssen, sind folgende:

1. Die Zähflüssigkeit muß richtig gewählt sein, damit genügende Kühlwirkung vorhanden ist.

2. Die Rauchentwicklung muß gering und die Benetzungsfähigkeit gut sein.

3. Die Abtropffähigkeit muß ebenfalls gut sein, damit nicht zuviel Schneidöl verloren geht.

Die Zerspanung von Bronze, Rotguß, Messing, Kupfer usw. erfordert ein besonderes Öl, da diese Werkstoffe chemisch sehr aktiv sind. Hier müssen schwefelfreie Mineralöle von besonderer Beständigkeit benutzt werden.

β) *Bohröle.* Der Zusammensetzung nach bestehen Bohröle aus einer Lösung von Seife (10—25%) in einem Mineralöl. Als Basis für die Seifen dienen Fettsäuren pflanzlichen und tierischen Ursprungs sowie Harzsäuren und sulfurierte Fette. Bohröle haben die Eigenschaft in Wasser eine milchige Emulsion zu bilden. Je feiner die Tröpfchen sind und je weniger sie bei längerer Zeit dazu neigen, sich zu großen Tropfen zusammenzuschließen, desto zweckentsprechender ist die Emulsion. Das Wasser zum Ansetzen der Emulsion ist von größtem Einfluß. Kalkhaltiges Wasser bildet mit bestimmten Teilen des Bohröles eine unlösliche Kalkseife, die zur Ausscheidung einer rahmartigen, schmierigen Schicht führt, die man durch Enthärtung des Wassers mittels eines kleinen Sodazusatzes vermeiden kann (auf 1° deutsche Härte etwa 19 mg Na_2CO_3 wasserfrei).

Bohrungen von besonders großer Maßhaltigkeit und Oberflächengüte werden durch das benutzte Kühlmittel in ihrer Reibüberweite beeinflußt.

Die Kontrolle der Bohrölemulsion während des Betriebes ist notwendig, da sie im Gebrauch meist ärmer an Bohröl wird, weil dieses spänefreundlicher als das Wasser ist.

Der Bohrölgehalt läßt sich nach einer von der Rhenania-Ossag Mineralölwerke A.G., Hamburg, entwickelten Methode sehr schnell bestimmen: In eine Meßflasche (Abb. 8) wird bis zur untersten Marke die zu untersuchende Emulsion eingefüllt. Dann wird 10%ige Salzsäure bis zum obersten Strich beigegeben. (Bei schwachen Konzentrationen der Emulsionen, also z. B. unter 2%, ist es erforderlich, rauchende Salzsäure zu verwenden.) Nach kräftigem Durchschütteln trennt die Salzsäure die Emulsion unter Abscheidung des Öles. Wenn die untere Flüssigkeitsschicht möglichst klar geworden ist, kann man die Menge des abgeschiedenen Öles in Prozenten ablesen.

Als Richtlinien für Gebrauchsmischungen können folgende Angaben dienen:

Für schwere Schrupparbeiten, Gewindeschneiden, legierte Stähle, Werkstoffe über 50 kg/mm² Festigkeit, Temperguß usw.	10—20%
Für leichte Schlichtarbeiten, Werkstoffe unter 50 kg/mm² Festigkeit, Grauguß usw.	6—12%
Für Messing, Rotguß, Bronze, Aluminium usw.	5—10%
Für Schleifarbeiten	1— 2%

Bei Verwendung von Schleifölen muß vermieden werden, daß die Schleifscheiben sich durch den Fettgehalt des Bohröles zusetzen. Außerdem besteht bei ungeeigneten Bohrölen die Gefahr, daß sich der Schleifstaub zu dicken Klumpen zusammenballt. Als Schleiföle eignen sich deshalb am besten solche mit feiner Emulgierung und mit niedrigem Ölgehalt.

b) Öle für spanlose Formgebung. Bei der spanlosen Formgebung (Ziehen, Pressen) verwendet man an Stelle von Fetten immer mehr Ölemulsionen. Die Schmiermittel sind auch hier zweckmäßigerweise auf Mineralölbasis aufgebaut.

Abb. 8. Meßzylinder für Bohrölemulsionen.

c) Öle in Warmbehandlungsbetrieben. In den Härtereien und Vergütereien wurden bisher in bedeutendem Maße tierische oder pflanzliche Öle (Tran, Rüböl usw.) benutzt. Die neuere Entwicklung hat jedoch gezeigt, daß reine Mineralöle am geeignetsten sind. Man unterscheidet folgende Öle:

α) Härteöle (hierunter fallen auch die Öle, die beim Vergüten benutzt werden): a) gewöhnliche Härteöle, b) Blankhärteöle.

β) Anlaßöle,

γ) Öle zum Schwarzbrennen.

α) *Gewöhnliche Härteöle.* Der Flammpunkt soll hoch genug sein, damit ein zu leichtes Entflammen vermieden wird. Da aber Flammpunkt und Zähflüssigkeit in einem gewissen Zusammenhang stehen, muß man eine gewisse Beschränkung eintreten lassen, um nicht zu zähflüssige Öle zu haben. Die Flammpunktgrenze wird mit mindestens 175° C günstig gewählt sein; für sehr kleine Stücke kann diese Grenze noch unterschritten werden. Die Abtropffähigkeit muß gut sein, damit die Ölverluste niedrig bleiben. Deshalb ist die Zähflüssigkeit mit 3—5° Engler bei 50° C zu wählen.

In der Widerstandsfähigkeit gegen heißes Salz und Zunder sind die Mineralöle besonders geeignet.

Die Vergüteöle müssen den gleichen Anforderungen genügen, wie sie an die Härteöle gestellt werden.

Bei Abschreckung in gewöhnlichem Öl bildet sich durch die Zunderung des Werkstoffes und Verkokung des Öles eine schwarze Schicht auf dem Werkstück, die teilweise sehr tief eingebrannt ist. Um blank zu härten, muß das Werkstück unverzundert in das Ölbad. Die übrigen Anforderungen an Blankhärteöle sind die gleichen wie für Härteöle.

Die Analysendaten für Blankhärteöle richten sich nach den besonderen Anforderungen.

Häufig wird die irrtümliche Ansicht vertreten, daß Werkstücke in einem kalten Ölbad schneller und schroffer abgeschreckt würden, als in einem warmen oder sogar heißen Ölbad. Durch die Zähflüssigkeit kalter Öle ist der Wärmeaustausch verzögert, die Abkühlung geht infolgedessen langsamer vor sich. Zur Erzielung bestimmter Wirkungen wird deshalb in heißen Ölbädern von z. B. 100° C (und mehr) abgeschreckt.

β) *Anlaßöle.* Bei Anlaßölen richtet sich der Anwendungsbereich nach dem Flammpunkt, der 330—340° C nicht überschreitet. Die Beständigkeit der Anlaßöle ist von großer Bedeutung, da die hohen Temperaturen lange innegehalten werden müssen. Es ist notwendig, Öle mit geringem Asphaltgehalt und geringer Neigung zur Asphaltneubildung zu verwenden.

25. Paraffin (IV, 902). Neuerdings werden durch Synthese auf dem Wege über das Kohlenoxyd Paraffinkohlenwasserstofföle mit einer Kettenlänge hergestellt, wie man sie in natürlich vorkommenden Paraffinen bis jetzt noch nicht aufgefunden hat.

H. Koch und G. Ibing fanden, daß die Hartparaffinkohlenwasserstoffe bei einem Molekulargewicht von über 2000 einen Schmelzpunkt von etwa 117° aufweisen und daß bei einer weiteren Vergrößerung des Moleküls eine wesentliche Erhöhung des Schmelzpunktes nicht mehr zu erwarten ist.

Die Leitfähigkeit von Paraffin-Wachs wurde von W. Jackson bei 0—50° untersucht. Während normalerweise die Leitfähigkeit von Isolierstoffen mit steigender Temperatur zunimmt, ergab sich beim Paraffin ein Maximum bei etwa 18°, dem erst oberhalb 36° der normale schnelle Anstieg der spezifischen Leitfähigkeit folgte.

26. Abfallsäuren der Mineralölraffination (IV, 949). a) E. Holzman und S. Suknarowski schlagen folgende Methode zur Untersuchung der Abfallsäuren vor. 20 g Abfallsäure werden mit Natronlauge alkalisch gemacht, 50 cm^3 Benzol, 20 cm^3 Alkohol zugegeben, dann wenn nötig unter Rückflußkühlung bis zur vollständigen Auflösung gekocht. Anschließend wird mit Benzol im Scheidetrichter extrahiert, wobei alle neutralen Bestandteile (unverändertes Öl, Polymerisations-, Kondensations- und Oxydationsprodukte) in das Benzol übergehen. Nach der Befreiung von den neutralen Produkten wird die alkalische Lösung mit Salzsäure angesäuert und Amylalkohol zugegeben. Im Amylalkohol lösen sich die Sulfosäuren, die Schwefelsäure bleibt dagegen in der wäßrigen Lösung zurück. Nach Auswaschen der Amylalkohollösung mit Wasser wird dieser im Vakuum abdestilliert und somit die Sulfosäuren bestimmt. In wäßriger Lösung wird die Schwefelsäure mittels $BaCl_2$-Lösung ermittelt.

Die Verfasser weisen weiter darauf hin, daß die von Bleyberg empfohlene Methode zur Wasserbestimmung von Abfallsäuren durch Destillation mit Xylol falsche Ergebnisse liefert, da bei dieser Destillation ein weiterer Zerfall der Schwefelsäure in H_2O und SO_2 vor sich geht.

b) Koksgehalt in Säureteeren. In der Praxis wird der Koksgehalt meist so bestimmt, daß man den Gehalt in Schwefelkohlenstoff

Unlöslichem feststellt und davon den Aschegehalt abzieht. Diese Methode führt meist zu völlig unrichtigen Ergebnissen, da die die Asche bildenden Bestandteile in dem unveraschten Säureteer nicht in der gleichen Zusammensetzung vorhanden sind, wie in dem Veraschungsrückstand. E. L. Lederer zeigt, daß es unbedingt erforderlich ist, die aschebildenden Bestandteile in jener Form in Rechnung zu setzen, in welcher sie im ursprünglichen Produkt vorkommen. In den meisten Fällen wird zur Entfernung der Salze ein erschöpfendes Auswaschen des zu untersuchenden Produktes ausreichen.

c) Naphthensäuren (IV, 951). Y. Mayor gibt einen kurzen Überblick über das auf dem Gebiet der Naphthensäuren bisher erreichte, zum Teil an Hand der Arbeiten von v. Braun, unter Bezugnahme auf das Werk von O. Aschan.

Über das Verhalten der Naphthensäure bei der Sulfonierung berichten W. Kisielewicz, S. Pilat und J. Sereda.

27. Bitumen und verwandte Stoffe (IV, 961). a) Begriffsbestimmung. Nach dem vom Deutschen Normenausschuß im Einvernehmen mit dem D.V.M. und der Deutschen Gesellschaft für Mineralölforschung aufgestellten Entwurf für einheitliche Bezeichnung dieser Stoffe ist zu unterscheiden zwischen „Bitumen" (im weiteren Sinn) und „verwandten Stoffen" (Teeren und Pechen). Von der Fachgruppe für Brennstoff- und Mineralölchemie im Verein Deutscher Chemiker wurde folgende Definition für Bitumen (im weiteren Sinn) vorgeschlagen:

„Unter Bitumen sind zu verstehen alle natürlich vorkommenden oder durch einfache (nicht destruktive) Destillation aus Naturstoffen hergestellten flüssigen oder festen schmelzbaren oder löslichen Kohlenwasserstoffgemische. Sauerstoffverbindungen können mehr oder weniger darin enthalten sein, mineralische Stoffe dagegen nur in untergeordnetem Maße."

Teere und Peche sind im Gegensatz dazu künstlich durch destruktive Destillation organischer Naturstoffe gewonnene Kohlenwasserstoffe.

b) Einteilung. *I. Bitumen.* A) Größtenteils löslich in CS_2 und größtenteils verseifbar. Beispiele: Sapropelwachs, Montanwachs, fossile Harze.

B) Größtenteils löslich in CS_2 und größtenteils unverseifbar: 1. Ozokerit und CS_2-Lösliches der Ozokeritgesteine; 2. Erdöle und Erdöldestillationsrückstände; 3. CS_2-Lösliches der: a) Asphaltite, b) natürlichen Asphalte, c) Asphaltgesteine.

C) Größtenteils unlöslich in CS_2 und größtenteils unverseifbar, beispielsweise enthalten in Elaterit, Torf, Braunkohle, Steinkohle, Öl, Schiefer.

II. Verwandte Stoffe. Praktisch wird die Bezeichnung Bitumen nur für den Hauptvertreter der Stoffgruppe I, und zwar für einen Teil der unter IB2 aufgeführten Erdöldestillationsrückstände, und für das CS_2-Lösliche der unter IB3a) bis c) genannten natürlichen Asphalte angewandt (die Ausdrücke Erdölasphalte, Erdölpech und Goudron sind veraltet). Man versteht also unter Bitumen im allgemeinen nur die halbfesten bis festen zähen Produkte von schwarzem Aussehen, die bei der vorsichtigen Destillation bestimmter (asphaltbasischer) Erdöle als Destillationsrückstände gewonnen werden.

Asphalte sind Gemische von Bitumen (im engeren Sinn) mit Mineral (wie Gußasphalt, Walzasphalt, Asphaltbeton) und natürliche Gemische mit Mineralien wie unter I B 3a) bis c).

Erdölbitumen. Destillationsrückstände aus asphaltbasischen (teilweise auch gemischtbasischen) Erdölen.

c) Bitumen schwarz, hochglänzend, bei Zimmertemperatur von halbfest, klebrig bis sprunghart, bei zunehmender Erwärmung weich bis dünnflüssig werdend; im Gegensatz zu Wachsen, Harzen und Pechen durch einen großen Plastizitätsbereich, d. h. durch die Spanne zwischen Brechpunkt und Erweichungspunkt auszeichnet, im wesentlichen aus aliphatischen und Naphthen-Kohlenwasserstoffen bestehend, Schwefelgehalt bis 6%, frei von Phenolen, Diazoreaktion negativ, Verseifungszahl unter 15, Säurezahl unter 1, löslich in CS_2 und Benzol über 99%, Asche höchstens 0,5%. Je nach der Herstellungsweise wird zwischen destillierten, geblasenen und Hochvakuumbitumen unterschieden. Die Vorschriften für die weichen bis mittelharten Bitumen und die wichtigsten Prüfungsmethoden sind in DIN 1995 (U 1—11) 1934 festgelegt[1]:

Probenahme. DIN 1995.

Reinheit. Löslichkeit in CS_2 oder Chloroform (DIN 1995 U 9), Asche (DIN 1995 U 8), Wassergehalt (Xylolmethode, DIN 1995 U 15).

Spezifisches Gewicht. Nach DIN 1995 U 1 bei 25° C im Pyknometer, nach deutscher Zollvorschrift bei 15° C Schwimmethode im Wasser, bei 100—200° C Moorsche Waage.

Tropfpunkt nach Ubbelohde. DIN 1995 U 2.

Erweichungspunkt. a) Ring und Kugel DIN 1995 U 3, b) nach Krämer-Sarnow DIN 1995 U 4.

Brechpunkt nach Fraaß. DIN 1995 U 5.

Eindringtiefe (Penetration) bei 25° (gelegentlich auch bei 15° C) DIN 1995 U 6.

Streckbarkeit (Duktilität) bei 25° (gelegentlich auch bei 15° C) DIN 1995 U 7.

Gewichtsverlust. 5 Stunden 163° und Erweichungspunkt, Brechpunkt, Penetration und Duktilität nach dem Erhitzen, DIN 1995 U 11.

Viscosität. Engler-Viscosimeter mit 5-mm-Düse (relative Viscosität) Redwood II-Viscosimeter (absolute Viscosität).

Flamm- und Brennpunkt nach Marcusson o. T.

Säurezahl nach besonderer Methode (Marcusson, Die natürlichen und künstlichen Asphalte).

Verseifungszahl nach besonderer Methode (Marcusson).

Paraffin (sog. DIN-Methode). DIN 1995 U 10.

Schwefel. Durch Verbrennen im Quarzrohr und Luftstrom, Aufsaugen der Verbrennungsgase in 3%ige H_2O_2 und Titrieren.

---

[1] „Auszugsweise wiedergegeben mit Genehmigung des Deutschen Normenausschusses. Verbindlich ist die jeweils neueste Ausgabe des Normenblattes im Normformat A_4, das bei der Beuth-Vertrieb G. m. b. H., Berlin SW 68, erhältlich ist.“

Die Untersuchungsverfahren für Verschnittbitumen (Bitumen, deren Viscosität durch Zusatz von Verschnittmitteln erniedrigt ist) und von Bitumenemulsionen (Emulsionen von Bitumen in Wasser) siehe DIN 1995; Untersuchungsverfahren für Asphalte (Gußasphalt, Asphaltbeton, Walzasphalt) siehe DIN 1996.

Liegt Bitumen in Gemischen mit benzolunlöslichen organischen oder anorganischen Substanzen vor, so muß es durch Extraktion isoliert werden. Möglichst Kaltextraktion anwenden, die Lösung zentrifugieren, Lösungsmittel auf dem Dampfbad und unter Anwendung von Vakuum abtreiben.

III a) Asphaltite. Gilsonit, Manjak, Utait, Albertit. Schwarz, sehr hart, spröde, matt bis glänzend. Untersuchung: Erweichungspunkt Ring und Kugel, nach Krämer-Sarnow, Asche, Löslichkeit in CS_2.

b) Natürliche Asphalte. Trinidad Epuré, Bermudez. Schwarz, hart, matt. Untersuchung wie unter a). *Extrahiertes Reinbitumen.* Schwarz, glänzend, von mittlerer Härte.

c) Asphaltkalkstein (Eschershausen, Val de Travers, Ragusa, Lobsann).

Asphaltsande (Derna, Tartaros, Rußland, Kanada). Braun bis schwarz, felsig oder sandig. Untersuchung durch Extraktion.

Reinbitumen. Glänzend, schwarz, ziemlich weich.

Das in den Naturasphalten I B 3a) bis b) enthaltene Bitumen entspricht seinem chemischen Aufbau nach fast vollkommen dem Bitumen I B 2.

Über die Färbung der Bitumina, insbesondere der Asphalte berichtet E. Graefe. Der Schwärzegrad von Bitumina ist von Interesse bei der Verwendung von gefärbten Bitumina für farbige Asphaltplatten, bituminöse Anstriche, Kitte für farbige Platten und dgl. Der Verfasser vergleicht Lösungen von Bitumen oder Asphalt in Benzol in kleinen zylindrischen Fläschchen colorimetrisch mit Jodlösungen, deren Farbton bei den verschiedensten Konzentrationen dem der Bitumenlösungen sehr nahesteht. Von zwei gleichen Probefläschchen wird eines mit 5 cm³ einer benzolischen Lösung von Bitumen (1:10000) gefüllt, das andere mit 5 cm³ Wasser, dem tropfenweise Jodlösung (1 g Jod + 2 g KJ in wenig Wasser gelöst, auf 1000 Wasser verdünnt) zugegeben wird, bis Farbgleichheit erreicht ist. Ferner verwendet er das Mineralphotometer von Knauth und Weidinger, das verschieden gefärbte Mineralöle in Vergleichsgläsern enthält. Hierbei wurde benzolische Lösung 1:1000 verwendet.

Naturasphalte gaben wesentlich hellere Lösungen als die aus stark asphalthaltigen Ölen hergestellte Bitumina. Es wurde ferner festgestellt, daß die Farbe der Bitumina im wesentlichen schon dem Bitumen anhaftet, wie es im Rohöl enthalten ist. Blasen der Bitumina erzeugt meßbares Nachdunkeln.

Ubbelohde, Ullrich und Walther kennzeichnen Teere und Bitumen auf Grund der Abhängigkeit ihrer Viscosität von der Temperatur, gemessen mit dem französischen Einheitsgerät, und stellen fest, daß Viscositäten von Teeren und Bitumen der gleichen Gesetzmäßigkeit folgen wie Mineralschmieröle.

d) Teerbitumenmischungen. Es ist bekannt, daß sich Teer und Bitumen nicht in jedem Verhältnis mischen lassen. Bei der Viscosität von Gemischen konnte W. Rödiger nachweisen, daß sie sich anormal verhalten und bereits bei 12% Bitumengehalt (Temperatur 57°) Strukturviscosität auftritt, die sich mit Erhöhung des Bitumengehaltes zunächst steigert und bei weiterer Erhöhung über 50% hinaus wieder absinkt. Bei der Untersuchung eines Teerbitumengemisches von 17,4% Bitumengehalt und mittlerer Dispersität, bei dem also schon Strukturviscosität herrscht, wurde festgestellt, daß mit fallenden Temperaturen die Strukturviscosität zurückgeht und bei 30° verschwindet.

Die Eigenart der bituminösen Bindemittel bringt es mit sich, daß die Prüfverfahren ausgesprochene Konventionsmethoden sind, bei denen jede kleine Einzelheit festgelegt werden muß, damit vergleichbare Ergebnisse erzielt werden können.

Die für Bitumen, Straßenteere, Emulsionen, Kaltteere usw. neuerdings aufgestellten Normen sind 1934 unter DIN 1995 vom Deutschen Normenausschuß neu festgelegt[1].

Die Brechbarkeit einer Bitumenemulsion bezeichnet die unter der Wechselwirkung von Gesteinsoberfläche und Emulsion aus einer gut durchgerührten Emulsion auf 100 g gewaschenem und getrockneten Gestein bestimmter Körnung niedergeschlagene Asphaltmenge in Gramm. Die Ursache des Brechens ist die Adsorptionswirkung eines Gesteins für das Alkalitin der Emulsion.

Die Aktivität der Gesteine läßt sich in einfacher Weise durch die Adsorption von basischen Farbstoffen wie Methylenblau bestimmen. Je stärker die Verwitterung das Gestein verändert hat, um so größer ist die Alkalimenge, die einer Bitumenemulsion in der Berührungszone durch das Gestein entzogen wird, um so größer ist die Brechbarkeit. Sie sinkt mit wachsendem Alkaligehalt und mit wachsendem Emulgatorgehalt der Emulsion.

Emulsionen mit gleicher Brechbarkeit können also entweder viel Alkali und wenig Emulgator oder umgekehrt enthalten. Mit zunehmendem Asphaltgehalt, Erweichungspunkt und Teilchengröße steigt nach G. Keppeler, P. Blankenstein und H. Borchers auch die Brechbarkeit.

P. Schläpfer und W. Rodel beschreiben das nach den neuen Schweizer Qualitätsvorschriften für organische zur Oberflächentränkung verwendete Straßenbaustoffe angewandte Konsistometer an Stelle des bisher gebrauchten Hutchinson-Teerprüfers.

e) Phenole in Asphalt. *Diazoreaktion* (IV, 942). Dieser Test wird gebraucht, um im Asphalt Phenole, Holzteeröl, Wassergasteer, Steinkohlenteeröl usw. nachzuweisen. — Die Originalvorschrift von E. Graefe ist etwas abgeändert. 2 g des asphaltartigen Materials werden mit 20 cm³ normaler Natriumhydroxydlösung 5 Minuten gekocht. Nach dem Abkühlen wird die Flüssigkeit filtriert. Wenn die Farbe des Filtrats, welche blaßgelb sein soll, zu dunkel ist, wird sie durch Zugabe von fein verteiltem NaCl aufgehellt. Hierauf werden 2—3 cm³ gesättigte

[1] Beuth-Vertrieb G. m. b. H., Berlin SW 68.

Lösung Diazobenzol-Chlorid-p-Sulfat zugefügt. Wenn Phenole anwesend sind, tritt eine blutrote Farbe auf.

Wenn die bituminöse Substanz die Diazoreaktion gibt, ist es von Wichtigkeit zu wissen, was für ein Material vorhanden ist. — Zu diesem Zweck werden 10 g der Substanz in 15 cm³ Benzol gelöst und die Lösung in 200 cm³ 88° Bé Petrol-Naphtha gegossen. Der entstandene Niederschlag wird mit Petrol-Naphtha gewaschen, getrocknet und nachher 15 Minuten mit einhalbnormaler alkoholischer Kalilauge am Rückfluß gekocht, um die Phenole zu extrahieren. Die Lösung wird gekühlt und filtriert, der Alkohol verdampft. Der Rückstand wird in Wasser gelöst und Natriumchlorid zugefügt, um die Lösung zu klären und um farbige Substanzen niederzuschlagen. Die Lösung wird filtriert und das Filtrat mit der Diazolösung geprüft.

Wenn ein Destillat Phenole enthält, erhält man unter diesen Bedingungen eine positive Reaktion. Wenn aber die Originalsubstanz die Diazoreaktion gibt, während bei dieser zweiten Art der Untersuchung die Reaktion nicht auftritt, so ist die Substanz weiter zu untersuchen. Die Diazoreaktion mit oben erwähntem Reagens gibt eine schwache Färbung. In diesem Falle enthält der Asphalt etwa 2% Teer.

Wenn die Mischung 5% Steinkohlenteeröl enthält, ist die Farbe gut zu sehen. Wenn das zu untersuchende Material Calciumcarbonat enthält, so reagieren phenolartige Körper mit diesem, so daß höchstens eine schwache Diazoreaktion auftritt. — Bei Untersuchungen des Materials mit einem Lösungsmittel in Gegenwart von Salzsäure wird das Calciumphenolat zersetzt und gibt eine bessere Reaktion. Das Reagens für die Diazoreaktion wird wie folgt hergestellt:

17 g reine Sulfanilsäure wird in einem Becherglas in 50 cm³ Wasser und 15 cm³ konzentrierter Salzsäure gelöst und auf 0° C gekühlt. Unter Rühren gibt man eine auf 0° C gekühlte Lösung von 10 g Natriumnitrit in 25 cm³ Wasser tropfenweise zu und läßt die Mischung 1 Stunde stehen. — Der Diazokörper ist schwer löslich in kaltem Wasser und in Lösungsmitteln. Er wird in einer Büchner-Nutsche filtriert mit eiskaltem, destilliertem Wasser gewaschen und ohne Trocknen aufbewahrt. Die Farbe des Körpers soll nicht dunkler als schwach-braun sein. Die Ausbeute ist 12 g oder 75%.

f) Wasseraufnahme durch Bitumen. Das Bitumen wird zunächst in einer Schale oder einem großen Tiegel in dem Luftbad aufgeschmolzen und solange mäßig erhitzt, bis auf der Bitumenoberfläche praktisch keine Luftblasen mehr vorhanden sind. Von diesem klargeschmolzenen Bitumen werden auf einer Waage 40 g in eine im Trockenschrank vorgewärmte Petri-Schale — Durchmesser 10 cm — gegossen, so daß man eine Schichtdecke von ungefähr 5 mm erhält. Um die im Bitumen noch vorhandenen Bläschen zu entfernen, wird die mit Bitumen gefüllte Schale 20 Minuten lang in einen Trockenschrank gestellt, der auf etwa 100° über dem Erweichungspunkt Kr.-S. des Bitumens eingestellt ist. Die Bläschen steigen an die Oberfläche und können durch Abfächeln mit einer kleinen Flamme entfernt werden.

Nach dem Erkalten werden die Schalen mit dem Bitumen gewogen und in ein auf die Prüftemperatur eingestelltes Wasserbad gelegt. Nach jeweils 24 Stunden werden die Schalen aus dem Wasserbad herausgenommen, durch Abtupfen mit Filtrierpapier von dem anhaftenden Wasser befreit und nach einer Abkühlzeit von etwa 15 Minuten gewogen. Die Wasseraufnahme wird umgerechnet in Gramm/Quadratdezimeter angegeben.

28. Normung der Dachpappen (IV, 366, 983). Nach langwieriger und mühevoller Arbeit sind folgende Normen für die Dachpappen fertiggestellt worden:

DIN D.V.M. 2117 Rohdachpappe,
DIN D.V.M. 2118 Rohdachpappe, Wollfilzpappe, Prüfverfahren,
DIN D.V.M. 2119 Wollfilzpappe,
DIN D.V.M. 2121 Teerdachpappen, beiderseitig besandet,
DIN D.V.M. 2122 Tränkmassen für gesandete Teerdachpappen,
DIN D.V.M. 2123 Prüfung von Teerdachpappen,
DIN D.V.M. 2124 Prüfung von Tränkmassen für Teerdachpappen,
DIN D.V.M. 2125 Teerdachpappen, einseitig besandet,
DIN D.V.M. 2126 nackte Teerdachpappen,
DIN D.V.M. 2127 Tränkmasse für nackte Teerdachpappen,
DIN D.V.M. 2128 Asphaltbitumenpappen (teerfrei) mit beiderseitiger Asphaltbitumendeckschicht,
DIN D.V.M. 2129 nackte Asphaltbitumenpappen (teerfrei),
DIN D.V.M. 2130 Prüfung von Asphaltbitumenpappen (teerfrei).

29. Transport von Mineralölen. In der Abteilung Transport, Lagerung und Verteilung der Deutschen Gesellschaft für Mineralölforschung sind inzwischen folgende endgültige Normen vom Deutschen Normenausschuß herausgegeben worden:

Kesselwagen: DIN D.V.M. 671—80
Gewindeanschluß für Kesselwagenablaufstutzen: WAN 221,
Sondergewinde für Verschlüsse: DIN 368,
Tankanlagen: DIN 6601—6606,
eiserne Transportfässer: im Entwurf DIN 6631—37.

Literatur.

Amsel, O. u. H. Seeles: Chem. Fabrik **11**, 240 (1938).

Backlund, N. O.: Journ. Inst. Petrol. Technologists **19**, 1 (1933). — Barnard, Rogers, Shoemaker and Wilkin: S. A. E. Journ. **1934**, 167. — Boner, C. J.: Nat. Petrol. News **27**, 32 (1935). — Broome, D. C. and A. R. Thomas: Journ. Soc. Chem. Ind. **50**, 424 (1931). — Brückner, H.: Ztschr. f. angew. Ch. **51**, 53 (1938).

Damian: Welt-Erdöl-Kongreß 1937. — Davis, Lapeyrouse and Dean: Oil and Gas Journ. **30**, 46, 92 (1932). — Dean and Davis: Viscosity Variations of Oil with Temperature. Chem. Metallurg. Engineering **36** (10), 618 (1929). — Donaldson, J. W. and D. R. Hutchinson: Journ. Chem. Ind., Chem. & Ind. **52**, 424 (1933).

Erk, S. u. H. Eck: Physikal. Ztschr. **37**, 113 (1936). — Evers, F.: Öl u. Kohle/Erdöl u. Teer **11**, 746 (1935); Öl u. Kohle/Erdöl u. Teer **13**, 457 (1937).

Farrington, B. B.: Petroleum, Beilage IX, Nr. 2, 7 (1936).

Graefe, E.: Petroleum **31**, Nr. 11 (1935).

Heinze, R. u. A. Zwergal: Öl u. Kohle **2**, 154 (1934). — Herzenberg, J.: Erdöl u. Teer **9**, 436 (1933). — Holzman, E. u. S. Suknarowski: Przemysl Chem. **19**, 148 (1935).

Jackson, W.: Naturwissenschaften **22**, 238 (1934).

Kadmer, E. H.: Öl u. Kohle/Erdöl u. Teer **14**, 147 (1938). — Keppeler, G., P. Blankenstein u. H. Borchers: Ztschr. f. angew. Ch. **47**, 223 (1934). — Kisielewicz, W., S. Pilat u. J. Sereda: Petroleum **34**, Nr. 10 (1938). — Kobayashi, R.: Journ. Fuel Soc. Jap. **12**, 118 (1933). — Koch, H. u. G. Ibing: Brennstoffchem. **16**, 141 (1935). — Koetschau, R.: Öl u. Kohle/Erdöl u. Teer **11**, 351 (1935).

Lederer, E. L.: Petroleum **30**, Nr. 34 (1934). — Levin, H.: Ind. and Engin. Chem., Anal. Ed. **29**, 147 (1937). — Lidstone, F. M.: Journ. Soc. Chem. Ind., Chem. & Ind. **54**, 189 (1935). — Löffler, H.: Brennstoffchem. **18**, 396 (1937). — Lüdering, W.: Öl u. Kohle/Erdöl u. Teer **14**, 133 (1938).

Manning, A. B.: Department of Scientific and Industrial Research, Fuel Research Technical Paper Nr. 39. 1933. — Marder, M.: Öl u. Kohle/Erdöl u. Teer **13**, 644 (1937). — Mayor, Y.: Chimie et Industrie **34**, 526 (1935). — Moser, H.: Physikal. Ztschr. **37**, 529 (1936). — Müller-Neuglück, H. H.: Glückauf **73**, 345 (1937). — Müller, K. O. u. Graf Consolati: Erdöl u. Teer **8**, 525 (1932).

Noak, K.: (1) Ztschr. f. angew. Ch. **49**, 385 (1936). — (2) Öl u. Kohle/Erdöl u. Teer **13**, 959 (1937).

Prévost: Welt-Erdöl-Kongreß 1937.

Rabinovitch, Th.: Petroleum **31**, Nr. 36 (1935).

Saal, R. N. J. and C. G. Verver: Journ. Inst. Petrol. Technologists **19**, 336 (1933). — Schläpfer, R. u. W. Rodel: Schweiz. Ztschr. f. Straßenbau **1932**, Nr. 9. — Schmeling, F.: (1) Öl u. Kohle/Erdöl u. Teer **11**, 433 (1935). — (2) Öl u. Kohle/Erdöl u. Teer **13**, 273 (1937). — Schroer, E.: Chem. Fabrik **7**, 113 (1934). — Schultes, W. u. R. Nübel: Brennstoffchem. **15**, 466 (1934). — Schwaiger, K.: Öl u. Kohle/Erdöl u. Teer **13**, 715 (1937). — Siebeneck, H.: Petroleum **32**, Nr. 46 (1936). — Spausta, F.: Brennstoffchem. **18**, 153 (1937). — Suida, H.: Öl u. Kohle/Erdöl u. Teer **13**, 225 (1937).

Terres, E. u. W. Vollmer: Petroleum **31**, Nr. 19 (1935).

Ubbelohde, L.: (1) Erdöl u. Teer **9**, 123 (1933). — (2) Buch zur Viscosimetrie, 1936. — Ubbelohde u. Kemmler: Buch zur Viscosimetrie, 1936. — Ubbelohde, L., C. Ullrich u. C. Walther: Öl u. Kohle/Erdöl u. Teer **11**, 684 (1935).

Walther, C.: (1) Anforderungen an Schmiermittel. Maschinenbau **10**, H. 21, 671 (1931). — (2) Öl u. Kohle/Erdöl u. Teer **12**, 553 (1936). — Ward, A. L. and W. H. Fulweiler: Ind. and Engin. Chem., Anal. Ed. **6**, 396 (1934). — Weiß, H.: Öl u. Kohle/Erdöl u. Teer **11**, 811 (1935). — Wernicke, E. A.: Chem.-Ztg. **60**, 975 (1936). — Woog, Givandon u. Dacheux: Welt-Erdöl-Kongreß 1937.

Zeitfuchs, E. H.: Nat. Petrol. News **29**, Nr. 7, 68 (1937). — Zwergal, A.: Öl u. Kohle/Erdöl u. Teer **11**, 431 (1935).

Gasfabrikation.

Von

Dr. **Dietrich Witt**, Berlin-Wannsee.

A. Ofenbetrieb.

1. Heizwertbestimmung (IV, 4). Über die Berechnung des Heizwertes von Brennstoffen aus der Elementaranalyse und den Geltungsbereich verschiedener Formeln wurde unter anderem von Schuster (1) nähere Angaben gemacht.

Schultes und Nübel berichten über die Temperaturkorrekturen bei der calorimetrischen Heizwertbestimmung.

Löffler empfiehlt für feste Brennstoffe, die bei der Verarbeitung nach der Normvorschrift (DIN-DVM 3716 vom August 1931) durch unvollständige Verbrennung Schwierigkeiten bereiten, nach der staubfeinen Vermahlung einige Tropfen Wasser vor der Verbrennung hinzuzufügen oder die schwerentzündlichen Brennstoffe mit lufttrockner Braunkohle von bekanntem Heizwert zu mischen.

2. Chemische Untersuchung (IV, 11). Bei der regelmäßigen Aufarbeitung einer größeren Probenzahl empfiehlt sich folgender Arbeitsgang: Die auf mechanischem Wege oder von Hand genommene größere Probe wird mittels Stampfer auf Haselnußgröße zerkleinert. Von der so vorbereiteten größeren Probe wird eine Durchschnittsprobe von 1 kg in einem flachen Blechkasten $40 \times 20 \times 8$ cm eingewogen und im dampfbeheizten Vakuumtrockenschrank bei 105° bis zur Gewichtskonstanz (1 g Abnahme bei Einwaage von 1 kg) getrocknet und der Feuchtigkeitsgehalt als Gewichtsverlust bestimmt. Die getrocknete Kohle wird nach dem Abkühlen in eine geeignete Schlagkreuzmühle gegeben und über einem Sieb von 0,8 mm Lochgröße gemahlen. Die nicht durch das Sieb gegangenen Anteile werden von Hand im Mörser zerstoßen, mit der gemahlenen Probe gut durchgemischt und von dieser Mischung die 1 g Proben für die Bestimmung von Asche und flüchtigen Bestandteilen entnommen.

3. Asche (IV, 13). Bei Reihenbestimmungen erfolgt die Ermittlung des Aschegehaltes zweckmäßig mit je 1 g der Probe im elektrisch beheizten Muffelofen. Die Einwaage erfolgt in Quarz- oder ebensogut in Porzellanschälchen von 2×6 cm Abmessung.

Über das Verhalten der Asche gibt das Verfahren von Bunte und Baum, modifiziert von Reerink, brauchbare Werte, da es Auskunft über die Plastizität der Asche gibt. Die Fehler bei der Ascheschmelzpunktsbestimmung entstehen nach Simek, Coufalik und Beranek meist durch fehlerhafte Temperaturmessung. Weitere Schwierigkeiten bereitet die mehr oder weniger homogene Beschaffenheit der Asche, die unter anderem von der oxydierenden oder reduzierenden Atmosphäre bei der Aschebildung abhängig ist. Die genannten Forscher schlagen daher vor, den Koks oder die Kohle zunächst mit Kohlendioxyd endotherm zu verbrennen und dann den Ascheschmelzpunkt im Schiffchen bei übergelegtem Thermoelement zu bestimmen. Thiesen, Ball und Grotes zeigen, daß der weitaus größte Teil der Kohleaschen sich aus den Oxyden des Al, Si, Ca und Fe zusammensetzt. Von der Menge der einzelnen Oxyde hängt, wie durch Bestimmung des Erweichungsverhaltens der entsprechenden Oxydgemische gezeigt wird, die Erweichungstemperatur der Asche ab (s. a. S. 2).

4. Schwefelbestimmung (IV, 13 u. Erg.-Bd. II, 3). Sweschnikow und Smirnova stellen fest, daß bei der Schwefelbestimmung mit der Eschkamischung die Oxydation des zuerst entstehenden Na_2SO_3 zu Na_2SO_4 bei einer Glühdauer von $1^1/_2$—2 Stunden vollständig ist, so daß die übliche nachträgliche Oxydation mit Brom oder Wasserstoffperoxyd sich erübrigt.

5. Backfähigkeit (IV, 17). Nach Jenkner wird die Backfähigkeitsziffer bestimmt, indem 17 g Quarzsand, Körnung 400—900 M/cm² und 1 g Kohle, feiner als 900 M/cm² unter Zusatz von 1 Tropfen Glycerin je 18 g Kohle gut gemischt werden. Hiervon werden fünf Proben angesetzt, die ähnlich der Bochumer Tiegelprobe verkokt werden. Vor der Verkokung wird während 30 Sekunden mit 6 kg belastet. Nach 24stündigem Stehen wird der Kokskuchen mit dem Gerät von Kattwinkel (1) zerdrückt. Der Mittelwert des bei den fünf Proben erforderlichen Druckes in Kilogramm ergibt die Backfähigkeitsziffer. Die so gefundene Ziffer gibt aber infolge ihrer Unzuverlässigkeit leider wie so viele andere Untersuchungsmethoden zur Prüfung der Kohlebeschaffenheit keine praktisch eindeutigen Ergebnisse.

6. Erweichungsgrad (IV, 18). Die plastischen Eigenschaften von erhitzter Kohle werden von Gieseler durch Messung der Veränderung der Drehgeschwindigkeit eines mit gleicher Kraft betriebenen Rührkörpers gemessen, der sich innerhalb einer abgeschlossenen am Blähen verhinderten und in einem Salzbade erhitzten Kohlenmenge dreht. Der Apparat zeigt die großen Unterschiede der Plastizität der Mager-, Fett-, Gas- und Flammkohlen sowie die Veränderung der Plastizität bei verschiedener Anheizgeschwindigkeit an. Die Auswirkung der Alterung auf die Erweichungszone von Kokskohlen ist von Jung bei niederschlesischen Kohlen unter Anwendung des Plastometers von Gieseler untersucht worden, wobei gezeigt werden konnte, daß Körnung und Temperatur großen Einfluß auf die Alterungsgeschwindigkeit ausüben. Die Alterungsgeschwindigkeit wächst verhältnisgleich der Oberfläche der Kohle und steigt bei einer Temperaturerhöhung um 10° auf den doppelten Betrag.

7. Gasausbeute (IV, 19). Bei den Berliner Städtischen Gaswerken wird die Beurteilung der Gasausbeute und Gasbeschaffenheit der Kohle nach dem von Heßler beschriebenen Kleinentgasungsverfahren für 1 kg Kohle mit gut übereinstimmenden Ergebnissen ausgeführt. Die Kohle wird hierbei in einer eisernen Retorte, die in einem elektrisch beheizten Ofenblock eingesetzt wird, verkokt. Die Abscheidung der Teernebel aus dem Rohgas erfolgt auf elektrostatischem Wege.

8. Carburierung (IV, 25). Die Herstellung von carburiertem Wassergas kommt zur Zeit in Deutschland kaum in Frage. Auf diesem Gebiet sei auf folgende Veröffentlichungen verwiesen: Schuster (2), Herkus und White und Terzian.

B. Gas[1].

1. **Gasanalyse** (IV, 32). Die Gasanalyse durch Absorption führte bei ihrer Weiterentwicklung zu neuen Formen der Absorptionspipetten und Meßbüretten. Müller-Neuglück beschreibt eine Zweirohrmeßbürette, indem er empfiehlt von der Einröhrenform zur Zweiröhrenform überzugehen, wodurch eine Verkürzung der Meßbürette von 70 auf 43 cm erreicht wird, was für transportable Gasanalysenapparate von Wichtigkeit ist. Büchler gibt eine Meßbürette an, die bis zu 0,01 Vol.-% zu bestimmen gestattet und die ebenfalls als Zweiröhrenform ausgebildet ist, wobei das eine Rohr als Grobmeßbürette, das andere als Feinmeßbürette dient. Von demselben Autor wird auch eine Pipette beschrieben, die für die Verwendung von Aufschlämmungen als Absorptionsmittel geeignet ist. Eine von Tramm angegebene Absorptionspipette, in der das Gas bei einmaligem Durchgang 4mal gewaschen wird, hat sich als besonders günstig erwiesen.

2. **Kohlenoxyd** (IV, 36). Nach Untersuchungen von Brückner und Gröbner ist zur Kohlenoxydabsorption eine Lösung, die je 1 Mol CuCl 4 Mole NH_4Cl enthält in bezug auf Absorptionsvermögen und Gesamtaufnahmevermögen am besten geeignet. Etwas schlechter sind salzsaure Kupferchlorürlösungen, bei denen eine Salzsäurekonzentration von 20% am günstigsten ist. Ammoniakalische Kupferchlorürlösungen sind sowohl hinsichtlich der Absorptionsgeschwindigkeit als auch des Gesamtaufnahmevermögens unterlegen.

3. **Sauerstoff** (IV, 38). Quiggle weist darauf hin, daß nur frisch bereitete Natriumhydrosulfitlösung allein oder mit Zusatz von Anthrachinon-β-sulfonsäure zur Sauerstoffabsorption geeignet ist, da die Lösung sich beim Stehen rasch verändert und dann nicht mehr Sauerstoff in genügendem Maße aufnimmt.

Neuerdings hat sich ein Sauerstoffabsorptionsmittel der Union-Apparatebau-Gesellschaft, Karlsruhe, bestens bewährt, das unter dem Namen „O_2-Multi-Rapid“ im Handel ist. Das neue Absorptionsmittel zeichnet sich durch größere Geschwindigkeit der Sauerstoffaufnahme und durch ein hohes Sauerstoffaufnahmevermögen aus (vgl. Seebaum und Hartmann).

4. **Methan** (IV, 47). Nach Gehle erfolgt die Methanverbrennung am aktivierten Palladiumdraht bereits bei 400°. Die Aktivierung des Palladiumdrahtes wird erreicht durch vorangehende katalytische Verbrennung von Wasserstoff oder Methan bis zum anhaltenden Aufglühen des Drahtes. Zur vorhergehenden Bestimmung von Wasserstoff und Kohlenoxyd ist die Kupferoxydverbrennung erforderlich, da fraktionierte Verbrennung von Wasserstoff über aktiviertem Palladium nicht möglich ist.

Von Daßler wird vorgeschlagen, den Wasserstoff zur Trennung vom Methan durch Elektroanalyse zu bestimmen. Es wird hierbei in der Weise gearbeitet, daß eine Wasserstoffelektrode anodisch polarisiert wird,

[1] Man findet auch in den Abschnitten „Gasanalyse“ und „Luft“ weitere Bestimmungsmethoden bei den einzelnen Stoffen beschrieben.

wodurch Wasserstoff an der Elektrode verbraucht, d. h. absorbiert wird. Hierbei darf die Elektrode entweder nur mit ganz geringer Stromstärke belastet werden, oder man kann ihr durch Koppelung mit einer anderen Elektrode ein Potentialgefälle erteilen, das höchstens um etwa 1,3 Volt positiver ist als die Ruhespannung, da sonst Sauerstoff entwickelt wird. Als Elektrode dient Palladium, das auf galvanischem Wege auf einfachen Nickeldrahtnetzen oder vernickeltem Eisendrahtnetz (etwa 100—200 Maschen je Zoll) abgeschieden wird. Als Elektrolyt wählt man Kalilauge ($d = 1{,}20$). Der ganze Apparat besteht aus drei Teilen, die in einem Holzträger eingebaut sind: Aus dem Pipettengefäß, in dem die Elektrode untergebracht ist, dem Polwendeschalter und dem Nickel-Cadmiumakkumulator. Die Arbeitsweise mit der Gaselektrode bietet den Vorteil, daß eine teilweise Mitverbrennung des Methans nicht eintreten kann. Ein weiterer Vorteil ist der Fortfall jeglicher Manipulationen und Schütteltätigkeit. Das Kohlenoxyd muß aber vor der Wasserstoffbestimmung möglichst vollkommen entfernt werden, da sonst zu hohe Wasserstoffwerte gefunden werden.

5. Ausführung der Analysen (IV, 50). Kobe und Williams haben die Verwendung verschiedener wäßriger Lösungen als Sperrflüssigkeit für die Gasanalyse untersucht und empfehlen als beste Sperrflüssigkeit eine wäßrige Lösung von 20% Na_2SO_4 + 5% H_2SO_4. Die Löslichkeit von CO_2 wird durch Säurezusatz allein nicht merklich verändert.

6. Apparate (IV, 66). Die Ausführungsform der Orsatapparate ist noch weiter in der Entwicklung begriffen. Eine praktische Form ist von Schuster, Panning und Bülow beschrieben worden, bei der für das Jägerrohr ein Diatomitofen vorgesehen ist. Schierholz beschreibt einen transportablen Orsatapparat mit Zweirohrbürette nach Müller-Neuglück, bei dem die Verbrennung von Wasserstoff und Methan im elektrisch beheizten Öfchen im Quarzrohr erfolgt.

Bei Reihenanalysen ist es vorteilhaft, den Apparat mit einer kleinen Brause mit Ablauftrichter auszurüsten, die über das Jägerrohr geschoben werden kann. Man kann dann durch Abbrausen mit Wasser die Wartezeit zum Abkühlen des Jägerrohres ganz merklich verkürzen.

7. Kondensationsgasanalyse (IV, 69). Eine Apparatur zur Analyse mit Hilfe der rektifizierenden Destillation in einer Glaskolonne ist von Wustrow beschrieben worden. Sie besteht im wesentlichen aus einer Blase, der eigentlichen Kolonne und dem Rückflußerzeuger. Dazu kommen Pumpen zum Evakuieren, Manometer und eine Pumpe, die die gasförmig anfallenden Destillate kontinuierlich in bereitgestellte Büretten pumpt. Alle Teile sind aus Glas. Die erforderliche Apparatur wird von der Halleschen Laboratoriumsgeräte G. m. b. H., Halle a. d. Saale, hergestellt. Zur Analyse sind etwa 1000 cm^3 Gas erforderlich. Die Fraktionierung erfordert etwa 2 Stunden. Es gelingt mit der Apparatur beim Fraktionieren von Gemischen gasförmiger Kohlenwasserstoffe, Isobutan, neben Normalbutan durch einmalige Destillation ebenso zu trennen wie Äthylen und Äthan. Propylen fällt mit Propan in einer Fraktion aus. Der Anteil an ungesättigten Kohlenwasserstoffen muß auf chemischem Wege z. B. durch Absorption in Bromwasser ermittelt werden. Sind neben Butanen auch Butylene vorhanden, dann kann Isobutan von Normalbutan nicht mehr getrennt werden. In diesem Falle empfiehlt es sich, die Butane zunächst als Sammelfraktion aufzufangen, den ungesättigten Anteil durch Absorption in Bromwasser zu entfernen und im Restgas in einer zweiten Destillation Isobutan von Normalbutan zu trennen.

Ssakmin scheidet, nachdem zuvor das Benzol bei —60 bis —80° ausgefroren ist, mit flüssiger Luft aus dem Koksofengas die Olefine und Paraffine mit Ausnahme des Methans ab. Aus einer Probe von 100 cm^3 der Kohlenwasserstoffe werden mit 84%iger Schwefelsäure die Butylene und das Propylen absorbiert. Äthylen wird mit Bromwasser bestimmt. Der Rest besteht aus der Summe von Äthan und Propan. Nach der Verbrennung des Restes über Kupferoxyd erhält man die gesamte aus den Paraffinen entstehende Kohlensäure und kann aus der Summe der Paraffine und der entstandenen Kohlensäure den Gehalt an Äthan und Propan berechnen.

8. **Benzol** (IV, 75). Zur Beseitigung der ungleichmäßigen chemischen Beschaffenheit und zum Vergleich des Benzolgehaltes im Rohgas vor der Reinigung und im Endgas wird das Rohgas nach Kattwinkel (2) durch konzentrierte Schwefelsäure (1,84) oder ein Phosphorpentoxyd-Schwefelsäuregemisch (30 g P_2O_5 auf 100 cm^3 konzentrierter Schwefelsäure) geführt. Die Anordnung der Waschgefäße bei der Benzolbestimmung im Rohgas ist dann folgende: Rohgas — Teerfilter — Gasreinigungsmasse — konzentrierte Schwefelsäure — Wasser — Kalilauge — Wasser — Aktivkohlefilter — Gasmesser. Durchgang 150 l Gas je Stunde.

9. **Kohlenoxyd.** a) Mit Jodpentoxyd (IV, 81). Müller-Neuglück hat eine Jodpentoxydpipette mit Schutzgehäuse zur Kohlenoxydbestimmung angegeben, die ohne weiteres in jedes tragbare Gasuntersuchungsgerät eingebaut werden kann. Die Herstellung der Jodpentoxydsuspension erfolgt, indem 18 Gewichtsteile eines 10%igen Oleums allmählich unter Schütteln in einer Flasche mit eingeschliffenem Stopfen mit einem Gewichtsteil fein gepulverten Jodpentoxyd versetzt werden. Die Flasche wird danach 1—2 Stunden geschüttelt. Die Suspension soll sich langsam absetzen und leicht beweglich sein. Die Konzentration des Oleums darf etwas über 10% SO_3 aber nicht weniger betragen, da die Oxydationswirkung der Suspension sonst stark nachläßt. Bei etwa 20—25% SO_3 wird Wasserstoff merklich angegriffen.

Die Kohlenoxydbestimmung erfolgt im Gasuntersuchungsgerät in der üblichen Weise, indem aus 100 cm^3 in der Meßbürette abgemessenem Gas nacheinander Kohlendioxyd, schwere Kohlenwasserstoffe und Sauerstoff absorbiert werden. Dann wird das Gas durch die Jodpentoxydpipette gedrückt. Bei geringem Kohlenoxydgehalt genügt ein 3—4maliges Hin- und Herleiten des Gases, bei höheren Konzentrationen läßt man das Gas jeweils 1—2 Minuten mit der Aufschlämmung in Berührung. Zum Schluß absorbiert man in der Kalilaugepipette das entstandene Kohlendioxyd und die SO_3-Dämpfe und liest danach in der Meßbürette das Gasvolumen ab.

Im Gemisch mit Wasserstoff und Methan wird Kohlenoxyd nach Meyer und Slooff bestimmt, indem das Gemisch über eine Schicht von

J_2O_5 bei 120—130° geführt wird, wobei das Kohlenoxyd zu Kohlendioxyd oxydiert wird, dessen Volumen gemessen wird. Das bei der Reaktion entstehende Jod wird in einer mit einem Gemisch aus Alkohol und fester Kohlensäure gekühlten Vorlage (—80°) zurückgehalten, während das Kohlendioxyd und der größte Teil des Methans erst in einem zweiten, mit flüssiger Luft gekühlten U-Rohr kondensiert werden. Durch Anschluß der zweiten Vorlage an eine Quecksilberpumpe läßt sich das Methan vollständig aus dem Gemisch entfernen, während das Kohlendioxyd erst verdampft, wenn die flüssige Luftkühlung entfernt wird. Das Kohlendioxyd wird in einer graduierten Bürette aufgefangen und volumetrisch bestimmt.

Dittrich weist darauf hin, daß Jodpentoxyd-Schwefelsäure zur Kohlenoxydbestimmung nur ohne Fehler bei Gasen anzuwenden ist, die keine höheren Paraffine in merklichen Mengen enthalten. Bei Schwelgasen z. B. können sich die Fehler schon recht bemerkbar machen. Die stets beschriebene Grünfärbung bei der Absorption ist kein Kennzeichen für Kohlenoxyd allein, da sie auch durch Paraffine hervorgerufen wird.

b) Mit Palladiumchlorür (IV, 82). Winkler legt ebenfalls den Reaktionsverlauf $PdCl_2 + CO + H_2O = Pd + 2\,HCl + CO_2$ seiner Bestimmungsmethode zugrunde. Das zur Ausscheidung gelangte metallische Palladium wird mit überschüssigem Brom in Palladiumbromid umgewandelt und der Überschuß des Broms mit Arsenitlösung als Meßflüssigkeit, Jod als Endanzeiger zurückgemessen. Zur Durchführung der Bestimmung ist erforderlich:

1. Palladochloridlösung, erhalten durch Auflösen von 0,2 g reinem metallischen Palladium in etwa 10 cm³ Königswasser, Eintrocknen der Lösung auf dem Wasserbade und Wiederaufnehmen in 20%iger Salzsäure bis der Rückstand nitratfrei ist. Es wird mit 2 g Kaliumbromid gelinde erwärmt und in 10 cm³ n-Salzsäure gelöst. Die Lösung wird auf 150 cm³ verdünnt und mit einem Körnchen Bimsstein und 1 cm³ stärkstem Alkohol versetzt und in einem Erlenmeyerkolben etwa 10 Minuten am Sieden gehalten. Nach dem Erkalten versetzt man mit 2,5 g Natriumacetat, filtriert durch einen Wattebausch und verdünnt auf 200 cm³. Die 1‰ Palladium enthaltende rötlichbraune klare Flüssigkeit hält sich in einer Glasstöpselflasche unverändert. Sie wird im Dunkeln aufbewahrt.

2. 0,02 n-Kaliumbromatlösung, 0,5567 g $KBrO_3$/l.

3. 0,02 n-Arsenitlösung. 0,9893 g allerreinstes bei 100° getrocknetes Arsentrioxyd werden mit 1 g Natriumhydroxyd und 20 g Wasser auf dem Dampfbad gelöst. Die Lösung in einem 1-l-Meßkolben auf 500 cm³ verdünnt, 2 cm³ konzentrierte Schwefelsäure zugegeben und nach dem Temperieren auf 1000 cm³ aufgefüllt.

4. Alkalische Jodlösung. 0,053 g Jod werden in 1 cm³ n-Natronlauge gelöst und auf 1000 cm³ verdünnt.

Ausführung der Bestimmung. In einem mit der Probe gefüllten $^1/_4$-l-Kolben, der mit Glasstopfen und Schauröhre ausgerüstet ist, werden 10 cm³ Palladochloridlösung eingefüllt und der Kolben verschlossen. Die Schauröhre ist T-förmig auf dem Stopfen angebracht. Der Stopfen ist durchbohrt, so daß beim Umdrehen der verschlossenen Flasche, die Schauröhre, die etwa 10 cm³ faßt, mit Flüssigkeit gefüllt ist. Die Seitenwände des Schauröhrchens sind plangeschliffen. Der Inhalt der Flasche wird wiederholt geschüttelt und am nächsten Tage titriert. Zu diesem Zweck wird der Kolben geöffnet und 10 cm³ reiner Tetra und dann genau 1 cm³ von der 0,02 n-Bromatlösung zugegeben, verschlossen und geschüttelt. Aus einer Feinbürette werden kleine Teile der 0,02 n-Arsenitlösung zugegeben und nach jedem Zusatz geschüttelt. Dann wird umgewendet, so daß der Tetra sich in der Schauröhre sammelt. Er ist anfänglich gelb, dann farblos. Nun wird genau 1 cm³ alkoholische Jodlösung eingefüllt und dann in kleinen Teilen soviel 0,01 n-Arsenitlösung zugegeben, bis der Tetra in der Schauröhre eben blaßrot wird. Im Blindversuch wird derselbe Kolben mit Luft gefüllt genau so behandelt wie die kohlenoxydhaltige Probe. Auf 1 cm³ Bromatlösung sollen 0,94 ± 0,01 cm³ Arsenitlösung verbraucht werden. Der Unterschied zwischen der jetzt verbrauchten und der bei der Kohlenoxydbestimmung verbrauchten Arsenitlösung durch 2 geteilt, zeigt unmittelbar die in 1000 cm³ Luft enthaltene CO-Menge in Kubikzentimeter an, wenn der Kolben bis zum Schliff rund 260 cm³ faßt und bei 20° und nahezu 750 mm Hg Luftdruck gearbeitet wird.

In diesem Zusammenhang seien noch die Arbeiten von Daller, der den Einfluß verschiedener Zusätze auf die Empfindlichkeit von Palladiumchlorürlösung gegenüber Kohlenoxyd untersucht, sowie von Christman, Block und Schultz erwähnt. Die letzteren Autoren entwickelten ein Verfahren, bei dem der Überschuß des Palladiumchlorids vom ausgeschiedenen metallischen Palladium abfiltriert und das Palladiumchlorid colorimetrisch bestimmt wird. Die Methode ist aber nicht so exakt, daß sie z. B. für die Untersuchung von Gasen mit geringem Kohlenoxydgehalt (unter 1% Kohlenoxyd) in Frage kommt.

c) Apparate. Von den Drägerwerken, Lübeck, ist ein Apparat herausgebracht worden, der sich sehr gut für die Bestimmung von Kohlenoxyd in Abgasen eignet. Das Verfahren beruht darauf, daß das Kohlenoxyd des zu untersuchenden Gases über einem Katalysator verbrannt wird und die dabei auftretende Temperaturerhöhung proportional dem Kohlenoxydgehalt des Gases ist.

Durch einen Strömungsmesser am Eingang des Apparates ist dafür Sorge getragen, daß dem Apparat ein gleichmäßiger Gasstrom zugeführt werden kann. Das zu untersuchende Gas wird nachdem es vorher zwei Reinigungsgefäße passiert hat, mittels einer Rohrschlange durch ein Temperierbad geführt, das durch elektrische Beheizung am Sieden gehalten wird. In der Dampfzone des Temperierbades befindet sich das Katalysatorgefäß, durch das das zu untersuchende auf Siedetemperatur der Badflüssigkeit (Methylalkohol oder Wasser) vorgewärmte Gas hindurchgesaugt wird. Ein in das Katalysatorgefäß eingebautes in $^1/_{10}$° geteiltes Thermometer zeigt die jeweilige durch Kohlenoxydverbrennung erhaltene Temperaturerhöhung an, aus der sich direkt der CO-Gehalt des Gases ergibt.

10. Sauerstoff (IV, 88). Seebaum und Hartmann stellen fest, daß man die Manganchlorürmethode bedeutend beschleunigen kann, wenn man nur mit 1 l Gas statt mit 3 l arbeitet und gleichzeitig die

Schüttelintensität erhöht, um die Reaktionsdauer zu verkürzen. Eine geeignete Flasche für 1 l Inhalt ist durch die Firma Feddeler, Essen, zu beziehen. Genauigkeit der Methode 0,02 Vol.-%.

Dieselben Verfasser haben für das Verfahren von Lubberger eine Arbeitsweise angegeben, die für betriebsmäßige Untersuchungen zu vollkommen ausreichenden Ergebnissen führt und innerhalb 15 Minuten auszuführen ist.

In eine Bunte-Bürette von 100 cm³ Inhalt, die ziemlich gedrungen gehalten ist, wird Gas eingefüllt und der Inhalt unter geringen Unterdruck gesetzt. Die Bürette wird in ein Temperierbad gebracht. Nach 2—3 Minuten hat das eingeschlossene Gas die Badtemperatur angenommen. Nun wird durch Einfließenlassen von Wasser aus dem Trichter der Unterdruck — bei Belassung der Bürette im Temperierbad — aufgehoben und nach 2 Minuten die Ablesung des eingemessenen Gasvolumens vorgenommen. Die Reduzierung dieser Menge auf V_0 erfolgt unter Berücksichtigung der Temperatur des Temperierbades sowie des Barometerstandes. Man saugt nun das in der Bürette befindliche Wasser nahezu vollkommen ab und läßt aus einem Schälchen bis zur Aufhebung des Unterdruckes 3 cm³ Manganchlorürlösung, 1 cm³ Wasser und etwa 9 cm³ Jodkaliumlösung einsaugen. Dann wird 5 Minuten lebhaft geschüttelt und anschließend der obere Trichter mit verdünnter Salzsäure gefüllt. Nun läßt man nach Öffnen der beiden Bürettenhähne unter Umrühren die Absorptionsflüssigkeit in eine mit verdünnter Salzsäure gefüllte Schale laufen, wobei das untere Bürettenrohr in die Flüssigkeit eintauchen muß. Dann wird in üblicher Weise mit $^1/_{100}$ n-Natriumthiosulfatlösung das freie Jod titriert. Die Volumprozent Sauerstoff ergeben sich dann nach der Formel:

$$\text{Vol.-\% } O_2 = \frac{\text{cm}^3\ ^1/_{100}\ \text{n} \cdot Na_2S_2O_3 \cdot 0{,}056 \cdot 100}{V_0}.$$

11. Schwefelwasserstoff (IV, 91; s. a. Erg.-Bd. I, 156). A. Schmidt beschreibt eine Flasche zur Bestimmung des Schwefelwasserstoffes in Gasen. Die Flasche faßt $3^1/_2$ l, sie ist mit eingeschliffenem Glasverschluß versehen. Mit Hilfe des Trichteraufsatzes, der auf 0,2 cm³ unterteilt ist und des Dreiwegehahnes werden die erforderlichen Lösungen und das Untersuchungsgas eingebracht. Ein weiterer Dreiwegehahn mit Gasentlüftung und kugeligem Trichteraufsatz für Sperrwasser und ein weit in die Flasche eintauchendes Thermometer ermöglichen eine einwandfreie Messung des angewandten Gasvolumens. Die Bestimmung des Schwefelwasserstoffes erfolgt in der bekannten Weise durch Umschütteln mit Jodlösung und Rücktitration mit Natriumthiosulfat.

12. Gesamtschwefel (IV, 96). Da die Schwefelbestimmung mit der Lampe nach Drehschmidt nur die Verbrennung geringer Gasmengen (10—40 l/Std.) gestattet, haben Roelen und Feißt eine Apparatur entwickelt, mit der bequem 100—200 l/Gas/Std. verbrannt werden können. Das Gas tritt aus einer Quarzdüse in das fast waagerecht liegende Verbrennungsrohr (30 cm Länge, 6 cm Durchmesser) aus und verbrennt mit einer 10—20 cm langen Flamme. Die Austrittsöffnung der Quarzdüse muß dem Gasdruck angepaßt sein, damit eine richtige Flammenform zustande kommt. Die Verbrennungsgase werden von einer Wasserstrahlpumpe durch eine wassergekühlte Glasspirale gesaugt und anschließend durch zwei Frittenwaschflaschen (Schott Nr. 101a, G 1, 6 cm Durchmesser, 20 cm hoch) gesaugt. Die Frittenwaschflaschen enthalten die erste 100 cm³, die zweite 50 cm³ einer 1%igen Natriumcarbonatlösung. Das gebildete Natriumsulfit oxydiert sich hierbei sogleich mit dem überschüssigen Luftsauerstoff zu Sulfat, das dann gravimetrisch als $BaSO_4$ in bekannter Weise bestimmt wird. Das Verfahren arbeitet schnell und ist besonders für Gas mit geringem Schwefelgehalt, bei dem größere Gasmengen verbrannt werden müssen, zu empfehlen.

13. Eisencarbonyl. Unter Umständen kann die Untersuchung des Stadtgases auf Eisencarbonyl von Interesse sein, da die Anwesenheit des Eisencarbonyls z. B. zu Störungen in der öffentlichen Beleuchtung führen kann. Die Bestimmung erfolgt nach Kaatz und Richter in der Weise, daß je nach Carbonylgehalt 10—50 l Gas durch einen Gasmesser in drei hintereinander geschaltete Frittenwaschflaschen geleitet werden, die ein Gemisch von 200 cm³ nochmals destilliertem Methanol, 20 cm³ konzentriertem Ammoniak und 10 cm³ Perhydrol enthalten. Der Inhalt der Waschflaschen wird vereinigt und diese nacheinander mit derselben Menge 20 cm³ warmer Salzsäure 1:4 nachgespült, wobei die Säure auch mehrfach durch die Fritten gesaugt wird. Das, das Ferrihydroxyd in Kolloidal gelöster Form enthaltende Methanol wird mit 100 cm³ Wasser verdünnt und etwa 2 g NaCl zugegeben. Dann wird 5 Minuten im Sieden erhalten und nach dem Erkalten, bei sehr geringen Mengen nach dem Stehen über Nacht, das ausgeschiedene Eisen abfiltriert. Man wäscht mit heißem Wasser, löst das Eisen auf dem Filter mit 10 cm³ warmer 10%iger Salzsäure, versetzt wie üblich mit Rhodanammonlösung und colorimetriert. Es ist wichtig, daß vor Zusatz der Rhodanlösung kein Methanol mehr in der Lösung vorhanden ist, da sonst Mißfärbungen auftreten.

14. Cyan (IV, 102; s. a. Erg.-Bd. I, 150). Für Reingas wurde von Seebaum und Hartmann ein schneller als die Feldsche Methode ausführbares Verfahren nach Clayton, Williams und Avery überprüft, wobei eine gute Übereinstimmung zwischen beiden Methoden festgestellt wurde.

Durch eine Aufschlämmung von 1 g Nickelcarbonat und 1,5 g Natriumcarbonat in 60 cm³ Wasser wird das cyanwasserstoffhaltige Gas mit einer Geschwindigkeit von 40—50 l je Stunde durchgeleitet, wobei aller Cyanwasserstoff nach folgender Gleichung gebunden wird: $Na_2CO_3 + NiCO_3 + 4\,HCN = Na_2Ni(CN)_4 + 2\,H_2O + 2\,CO_2$. Durch Austreiben mit verdünnter Schwefelsäure, Auffangen in Alkali und Titrieren mit $^1/_{10}$ n-Silbernitratlösung in Gegenwart von Jodkalium wird der Cyanwasserstoff quantitativ bestimmt. Schwefelwasserstoff stört. Die Methode ist daher nur für Reingas zu verwenden.

15. Naphthalin (IV, 105). Die Bestimmung mit Hilfe von Pikrinsäure ist neuerdings mehrfach der Gegenstand von Untersuchungen gewesen. Seebaum und Oppelt benutzen eine 0,9%ige Pikrinsäurelösung und arbeiten bei + 4°, da sie feststellten, daß höhere Temperaturen zu Naphthalinverlusten führen. Zwieg und Kossendey schlugen eine besondere Apparatur mit Dewar-Gefäßen vor, in der die Pikrinsäurelösung über lange Zeit ihre Temperatur von $+4°$ behält. Funk hat festgestellt, daß man praktisch am einfachsten bei 0° arbeitet. Die Pikrinsäurelösung, die eine Konzentration von 0,8% aufweisen soll, wird dabei durch Eis gekühlt. Man kann den Naphthalingehalt dann durch Titration des Filtrates oder auch des Niederschlages mit gleich gutem Ergebnis bestimmen. Michaelis weist darauf hin, daß darauf geachtet werden muß, daß sich kein Tetralin in der Pikratlösung ausscheidet, da dieses Pikrat und Pikrinsäure mitreißt und dann zu hohe Naphthalinwerte gefunden werden. Weiteres Schrifttum siehe Seebaum und Hartmann und Winter.

16. Dichte (IV, 114). Die Bestimmung des Dichteverhältnisses (spez. Gew.) mit Hilfe des Bunsen-Schillingschen Apparates findet im Gebiet kleiner Reynoldsscher Zahlen statt, in dem die Durchflußziffer in hohem Maße von der Reynoldsschen Zahl abhängt. Infolgedessen treten bei der Bestimmung des Dichteverhältnisses aus der Ausströmungsgeschwindigkeit von Gas und Luft Fehler auf. Außerdem beeinflußt die Ausführungsart der Düse des Bunsen-Schillingschen Apparates ebenfalls das Ergebnis. Von Wunsch und Herning wird ein Apparat (Hersteller Junkers, Dessau) beschrieben, bei dem die Ausströmung mit gleichmäßiger Geschwindigkeit im Gebiet gleichbleibender Durchflußziffern erfolgt, und gleichzeitig durch Verwendung doppelseitig abgerundeter Düsen erreicht wird, daß Gas und Luft mit derselben Ausflußziffer ausströmen. Die Genauigkeit wird bei dem neuen Gerät noch dadurch gesteigert, daß die Zeitmessung mit Hilfe einer Wasserumschaltvorrichtung auf eine Gewichtsmessung zurückgeführt wird. Mit dem so abgeänderten Apparat werden die bei dem gewöhnlichen Bunsen-Schillingschen Apparat auftretenden Fehler vermieden und sehr gut übereinstimmende Meßergebnisse erzielt.

Ein von der Firma Pollux G. m. b. H., Ludwigshafen, hergestelltes registrierendes Gerät arbeitet nach dem Auftriebsverfahren, wobei die von der Gasdichte abhängige Auftriebskraft eines Verdrängungskörpers durch eine Waage gemessen wird. Das System ist in eine gasdichte Kammer eingebaut, die vom Prüfgas durchströmt wird. Der Ausschlag der Waage wird durch eine magnetische Kupplung aus dem Gasraum auf die außenliegende Anzeige- und Schreibvorrichtung übertragen.

17. Heizwert (IV, 118). R. W. Keith hat ein Gascalorimeter angegeben, das auf dem Prinzip des thermischen Gleichgewichts in einem Luftstrom beruht, der durch die beiden Kammern des Gerätes gesaugt wird. In der ersten Kammer wird die eintretende Luft durch einen mit dem zu untersuchenden Gas gespeisten Brenner erwärmt, dann im Wärmeaustauscher wieder auf die Eintrittstemperatur gekühlt und in der zweiten Kammer durch eine bekannte Vergleichswärmequelle auf die gleiche Temperatur wie in der ersten Kammer erhitzt. Temperaturgleichheit wird durch eine Differentialthermometereinrichtung (Thermoelemente) angezeigt oder automatisch reguliert. Die Vorteile des Apparates bestehen darin, daß keine Korrekturen für Wärmeverlust oder Kondensation von Wasser aus den Verbrennungsgasen nötig sind.

18. Gasprüfer (IV, 127). Ähnlich wie beim Ott-Brenner erfolgt beim Prüfbrenner nach Czako und Schaack die Beurteilung des Gases nach dem Verhalten der Flamme in einem Vergleichsbrenner. Es wird hierbei bei einem Betriebsdruck von 40 mm WS die Flamme eines Bunsenbrenners so eingestellt, daß der Innenkegel der Bunsenflamme eine bestimmte durch eine Markierung festgelegte Höhe erhält. Die hierfür erforderliche Einstellung der Primärluftzuführung ergibt dann ähnlich wie beim Ott-Brenner die Prüfbrennerzahl. Das Gerät ist exakter durchgebildet wie der Ott-Brenner, es wird auch als registrierendes Gerät von der Union-Apparatebaugesellschaft, Karlsruhe, hergestellt. Der Gasverbrauch beträgt 55 l pro Stunde.

C. Gasreinigung.

1. Gasreinigungsmasse. a) Aktivität (IV, 142). Bezüglich der Beurteilung der Aktivität von ungebrauchter Reinigungsmasse sei auf die Ausführungen von Krebs (1), Bunte und Bunte, Brückner und Lenze verwiesen.

b) Schwefel (IV, 147). Nach Boot und Ward wird die ausgebrauchte Reinigungsmasse mit Natriumsulfitlösung extrahiert und der Extrakt zur Bestimmung des Schwefels mit Jodlösung nach Zusatz von Formaldehyd und Essigsäure titriert. Nach der Schwefelbestimmung werden die Massen getrocknet und zur Teerbestimmung mit Schwefelkohlenstoff extrahiert.

Klemmer bestimmt den Reinschwefel im Rohschwefel bei ausgebrauchter Reinigungsmasse durch Oxydation des Schwefels zu Schwefelsäure mit Perhydrol und Fällung mit Bariumchloridlösung.

2. Benzolwaschung (IV, 159). Eine Apparatur zur Bestimmung des Benzols in Waschöl wird von Schneider beschrieben. Das Waschöl wird zunächst aus einer 2 l fassenden Eisenblase abdestilliert, die in einem mit Gasbrenner beheizten Ofen steht. Die Destillationsdämpfe werden durch einen Aufsatz geleitet in einem Schlangenkühler niedergeschlagen und in einer Vorlage gesammelt. Die Vorlage ist durch Dreiwegehahn unmittelbar mit dem Destillationsaufsatz des Nachdestillationsgerätes, einem entsprechend kleineren Destillierkolben aus Kupfer, verbunden. Vor dem Ablassen des noch ölhaltigen Benzols in das Nachdestillationsgerät wird das mit übergegangene Wasser durch den Dreiwegehahn abgelassen. Die Analyse wird wie folgt vorgenommen: Einwaage 1 kg benzolhaltiges Waschöl. Man destilliert bis 220°, trennt vom Wasser ab und läßt das noch ölhaltige Benzol in das Nachdestillationsgerät ab, aus dem nochmals destilliert wird und die Fraktionen bis 100°, 120°, 150° und 180° aufgefangen werden. Die übergegangenen Mengen werden mit 0,88 vervielfacht und als Gewichtsprozente angegeben. Die Bestimmung dauert mit Roh- und Feindestillation etwa 15 Minuten.

3. Benzoladsorption. Neben dem Waschölverfahren wird zur Gewinnung des Benzols auch mehr und mehr das Aktivkohleverfahren herangezogen. Zur Prüfung der Aktivkohle ermittelt man das Absorptionsvermögen der Kohle für Benzoldampfluft- oder Benzoldampfwasserstoffgemische von 3,2 g, 32 g und 289 g/m³ bei 20° entsprechend $^{1}/_{100}$, $^{1}/_{10}$ und $^{9}/_{10}$ Sättigung des Benzoldampfes. Man schickt die Gemische solange durch die vorgetrocknete Kohle bis das Gewicht konstant bleibt. Die Gewichtszunahme ergibt die maximale Beladungsfähigkeit bei der betreffenden Konzentration und Temperatur (Bailleul, Herbert und Reisemann).

D. Abwasser (IV, 189).

Nach Scott wird infolge der giftigen Bestandteile des Gaswassers schon durch eine Beimischung von 0,35% zum Abwasser die Funktion der Abwasserreinigungsanlagen gestört.

Betreffs Gewinnung von Phenol aus Gaswasser sei auf Sierp, Aktivkohle zur Entphenolung von Ammoniakwasser, Krebs (2), Phenolgewinnung aus Rohgaswasser und Gösmeyer-Kres, das Trikresylphosphatverfahren verwiesen.

E. Ammoniumsulfat (IV, 192).

Ammonsulfat aus der Steinkohlendestillation enthält im Gegensatz zu den Produkten aus synthetischem Ammoniak stets Spuren von Pyridin oder Pyridinbasen, die durch ihren Geruch beim Verreiben des Ammonsulfats mit $CaHPO_4$ eventuell unter Zusatz von einigen Tropfen Wasser zu erkennen sind.

Literatur.

Bailleul, Herbert u. Reisemann: Aktiv-Kohle. Stuttgart: Ferdinand Enke 1934. — Boot and Ward: Journ. Soc. Chem. Ind., Chem. & Ind. **54**, 116 (1935). — Brückner u. Gröbner: Gas- u. Wasserfach **78**, 269—273 (1935). — Bunte: Gas- u. Wasserfach **78**, 954—958 (1935). — Bunte, Brückner u. Lenze: Gas- u. Wasserfach **79**, 669—672, 689—693 (1936). — Büchler: Glückauf **71**, 641 (1935).

Christman, Block and Schultz: Ind. and Engin. Chem., Anal. Ed. **9**, 153—156 (1937). — Clayton, Williams and Avery: Gas-Journ. **196**, 311 (1931). — Czako u. Schaack: Gas- u. Wasserfach **77**, 587—596 (1934).

Daller: Ztschr. f. anal. Ch. **103**, 83—88 (1935). — Daßler: Angew. Chem. **50**, 725—728 (1937). — Dittrich: Brennstoffchem. **17**, 250 (1936).

Feil: Chem.-Ztg. **61**, 549, 550 (1937). — Funk: Gas- u. Wasserfach **78**, 263 (1935).

Gehle: Angew. Chem. **50**, 93—95 (1937). — Gieseler: Glückauf **70**, 178—183 (1934). — Gösmeyer-Kres: Brennstoffchem. **17**, 466—470 (1936).

Herkus and White: Gas-Journ. **209**, 196 (1935). — Heßler: Gas- u. Wasserfach **76**, 885 (1933).

Jenker: Glückauf **70**, 473—481 (1934). — Jung: Glückauf **71**, 1141—1148 (1935).

Kaatz u. Richter: Gas- u. Wasserfach **78**, 361—365 (1935). — Kattwinkel: (1) Brennstoffchem. **16**, 231 (1935). — (2) Glückauf **69**, 853—858 (1933). — Keith: Mech. Engng. **58**, 225—229 (1936). — Klemmer: Dtsch. Licht- u. Wasserf.-Ztg. **1937**, 8. — Kobe and Williams: Ind. and Engin., Anal. Ed. **7**, 37, 38 (1935). — Krebs: (1) Gas- u. Wasserfach **77**, 193—199 (1934). — (2) Chem.-Ztg. **57**, 721—723 (1933).

Löffler: Brennstoffchem. **18**, 396 (1937).

Meyer u. Slooff: Rec. trav. chim. Pays-Bas **54** (4), 800—803 (1935). — Michaelis: Glückauf **72**, 1102—1107 (1936). — Müller-Neuglück: Brennstoffchem. **16**, 129—132 (1935).

Quiggle: Ind. and Engin. Chem., Anal. Ed. **8**, 363 (1936).

Roelen u. Feißt: Brennstoffchem. **15**, 187—192 (1934).

Schierholz: Glückauf **73**, 875 (1937). — Schmidt: Brennstoffchem. **15**, 271, 272 (1934). — Schneider: Glückauf **72**, 908 (1936). — Schultes u. Nübel: Brennstoffchem. **15**, 466—469 (1934). — Schuster: (1) Brennstoffchem. **15**, 45, 46 (1934). — (2) Gas- u. Wasserfach **77**, 72 (1934). — Schuster, Panning u. Bülow: Gas- u. Wasserfach **78**, 584 (1935). — Schweschnikow u. Smirnova: Sawodskaja Laboratorija **5**, 497, 498 (1936). — Scott: Munic. Engng. sanit. Rec. munic. Motor **93**, 316, 317 (1934). — Seebaum u. Hartmann: Brennstoffchem. **16**, 323—325 (1935). — Seebaum u. Oppelt: Gas- u. Wasserfach **77**, 280 (1934). — Sierp: Gas- u. Wasserfach **76**, 105—109 (1933). — Simek, Coufalik u. Beranek: Feuerungstechn. **22**, 1—6 (1934). — Ssakmin: Gas- u. Wasserfach **78**, 490—492 (1935).

Terzian: Amer. Gas Journ. **144**, 13 (1936). — Thiesen, Ball and Grotes: Ind. and Engin. Chem. **28**, 355—361 (1936). —Tramm: Brennstoffchem. **16**, 130 (1935).

Winkler: Zschr. f. anal. Ch. **100**, 312—314 (1935). — Winter: Glückauf **71**, 789—790 (1935). — Wunsch u. Herning: Gas- u. Wasserfach **79**, 177—182 (1936). Wustrow: Zschr. f. anal. Ch. **108**, 305—309 (1937).

Zwieg u. Kossendey: Gas- u. Wasserfach **78**, 101 (1935).

Cyanverbindungen (IV, 200).

Von

Dr. techn. Dipl.-Ing. **Fritz Schuster**, Berlin.

I. Einfache Cyanverbindungen (IV, 206).

Auf Grund experimenteller Prüfungen bespricht Klaassen kritisch die verschiedenen Nachweis-, Bestimmungs- und Abscheidungsmethoden. Für die Freimachung des Cyanwasserstoffs empfiehlt er die Destillation aus borsaurer anstatt schwefelsaurer Lösung.

Der frei werdende Cyanwasserstoff wird von ungeschützten Kork- oder Gummistopfen merklich absorbiert; man soll diese deshalb nach Morris und Lilly mit Blattzinn umhüllen.

A. Qualitativer Nachweis (IV, 200).

Eine Übersicht der Tüpfelreaktionen mit organischen Reagenzien gibt Falciola.

a) Als Berlinerblau. Die Berlinerblaureaktion wird nach Goudswaard durch Alkohol gestört; in dessen Gegenwart soll deshalb die AgCN-Reaktion nach Klaassen und die Rhodanidprobe nach Kolthoff angewandt werden.

b) Als Rhodanid (IV, 201). Über die Herstellung der Rhodanide nach Kolthoff siehe S. 102 unter C 2 a).

c) Als Ammoniak. Dehn und Ballard oxydieren mit alkalischem Persulfat zu Cyanat, das mit Säuren verseift wird, worauf man das entstandene NH_3 wie üblich nachweist.

d) Reaktion nach Pertusi und Gastaldi (IV, 202). Eine Verfeinerung dieser mit Benzidin-Kupferacetat arbeitenden Methode beschreibt Schweißinger. Die Methode ist nach Sieverts und Rehm in ziemlich weiten Grenzen von den Versuchsbedingungen unabhängig, jedoch muß der Farbton sofort nach der Probe ermittelt werden.

e) Nachweis mit Alloxan. Die Reaktion Alloxan + NH_3 + H_2O = Oxaluramid + Dialursäure + CO_2 wird durch HCN katalytisch beschleunigt (Denigés), was sich zum mikrochemischen Nachweis für HCN auswerten läßt [Koslowsky und Penner (1)]. Das Reagens muß jeweils frisch hergestellt werden. Im Gegensatz zu den Angaben von Denigés soll sich das NH_3 nicht durch Pyridin ersetzen lassen, jedoch sind Gemische von NH_3 und Pyridin anwendbar. Die Wirkung von Aminen an Stelle des NH_3 wurde untersucht [Koslowsky und Penner (2)].

f) Nachweis mit Jodsilber. Unter Umkehrung der Methode von Bishop verfährt Fox wie folgt: Man bringt in ein Reagensglas 1 Tropfen 5%ige KJ-Lösung, 1 Tropfen 0,001 molare $AgNO_3$-Lösung und 1 cm^3 5%ige Kalilauge. Der Cyanwasserstoff wird in einen Luftstrom aufgenommen. Beim Durchleiten des Luftstroms durch das Reagens löst das entstehende AgCN den AgJ-Niederschlag auf.

B. Quantitative Bestimmung (IV, 204).

Zur genauen Cyanidbestimmung durch Destillation (s. auch S. 100) aus schwefelsaurer Lösung muß man nach Pagel und Carlson aus 0,35—0,6 n-H_2SO_4-Lösung schnell destillieren und die Dämpfe in 0,45 n-Natronlauge auffangen. Dann läßt sich das Cyanid neben großen Mengen Chlorid, Bromid, Nitrat und Sulfat genau bestimmen. Bei sehr langsamer Destillation entstehen Verluste infolge Hydrolyse von HCN zu $HCOONH_4$.

Die Methode von Kjeldahl zur Bestimmung des N-Gehaltes ist auch auf Cyanide anwendbar (Tettamanzi).

a) Titration mit Silbernitrat (IV, 205). Als Adsorptionsindicator wird Diphenylcarbazid in 0,1%iger, alkoholischer Lösung empfohlen (Wellings). Bartholomew und Raby messen das Ende der Titration mit dem Trübungsmesser von Wilcox.

Neben Cyanat ermittelt Ripan-Tilici die Cyanidmenge aus dem Verlauf der Leitfähigkeit.

b) Oxydation mit Permanganat. Stamm titriert mit alkalischer $KMnO_4$-Lösung bis zum Übergang $MnO_4' \rightarrow MnO_4''$ in Gegenwart von $BaCl_2$ und geringen Mengen von Co-, Ni-, Cu- oder Ag-Salzen.

c) Oxydation mit Natriumhypobromit. 10 cm^3 der Probelösung werden (Mesnard) mit 20 cm^3 0,2 n-Natronlauge und 20 cm^3 $HgCl_2$-Lösung (27,1 g/l) versetzt. Nach 15 Minuten wird mit Wasser auf 100 cm^3 aufgefüllt, gründlich geschüttelt und von dem anfangs hellen, später rötlichen Niederschlag filtriert. 50 cm^3 des Filtrats werden in einem 125-cm^3-Erlenmeyerkolben mit Schliffstopfen mit 10 cm^3 alkalischer NaOBr-Lösung (1 cm^3 Br + 10 cm^3 NaOH/1,33 auf 100 cm^3 aufgefüllt) versetzt und nach Zusatz von 10 cm^3 20%iger KJ-Lösung und 10 cm^3 HCl (1:5) mit 0,1 n-$Na_2S_2O_3$-Lösung titriert. Blindversuch mit 10 cm^3 NaOBr-Lösung ist erforderlich. Werden N cm^3 $Na_2S_2O_3$

im Blindversuch und n cm³ für die Probelösung verbraucht, dann ist $x = \text{g KCN/l} = [(N - n) \cdot 0{,}00325 \cdot 100]/5$.

d) Anlagerung von Brom (IV, 205). Das bei der Behandlung der Probelösung mit Bromwasser entstehende HBr ($HCN + Br_2 = CNBr + HBr$) wird nach Rosenthaler (1) mit 0,1 n-Lauge gegen Methylrot titriert, nachdem man das überschüssige Brom mittels eines Luftstroms entfernt hat.

e) Umwandlung in Ammoniak. Gales und Pensa destillieren das durch Weinsäure in Freiheit gesetzte HCN in 10 cm³ 0,1 n-Natronlauge und erhitzen 25 cm³ Destillat mit 5 cm³ konzentrierter HCl 30 Minuten lang im Autoklaven auf 140—150°: $HCN \rightarrow HCOOH + NH_4Cl$. Das NH_3 wird nach dem Erkalten colorimetrisch mit Neßlers Reagens bestimmt.

C. Einzelstoffe (IV, 206).

1. Cyanwasserstoff in Gasen. a) In Luft. Zur schnellen Bestimmung eignen sich Reagenspapiere, über deren Herstellung und Anwendung berichtet wurde (Weber; Thormann).

b) In Brenngasen. Die Bestimmung von Cyanwasserstoff (und Dicyan) in Brenngasen, vor allem Kohlendestillationsgasen, kann in verschiedener Weise erfolgen. Die im Hauptwerk IV, 218 bzw. 221 beschriebenen Methoden zur Untersuchung von Gasreinigungsmasse nach Knublauch und Feld lassen sich sinngemäß auf die Cyanbestimmung in Brenngasen anwenden.

Die Schwefelsäuremethode [Seil, Skelly und Heiligman (1)] hydrolysiert das HCN und Dicyan zu Ammoniak, das in üblicher Weise quantitativ bestimmt wird.

Die Polysulfidmethode von Gluud (Voituret; Klempt und Riese) beruht auf der Überführung des Gascyans mittels Ammonpolysulfid in Rhodanammon, das mit Silbernitrat titriert wird.

Bei schwefelwasserstofffreiem Gas kann man die selten gebräuchlichen Methoden mit Nickelcarbonat (Seebaum und Hartmann) und von Koppers [Seil, Skelly und Heiligman (2)] anwenden.

Vergleichende Übersichten der hier genannten Methoden verdanken wir Brender à Brandis und Bohlken (1), Pieters und Penners sowie Eymann.

Boye wendet die Jaffésche Reaktion (IV, 202) zur Cyanbestimmung im Leuchtgas an.

2. Kirschlorbeerwasser (IV, 208). a) Cyanwasserstoff. Karsten bestimmt das Cyanion durch titrimetrische Colorimetrie mit $Fe^{\cdots}$ nach Überführung in Rhodanid.

Marenzi und Bandoni bedienen sich zur Umwandlung in Rhodanid des $Na_2S_4O_6$ nach Kolthoff (vgl. IV, 201) und stellen das erforderliche Reagens folgendermaßen her: 50 g Jod, etwa 5 cm³ Wasser und 95—96 g $Na_2S_2O_3$ werden zu einer schwach gelblichen Masse verrieben, die man unter öfterem Durchrühren $^1/_2$—1 Stunde stehen läßt. Nach Zusatz von 200 cm³ Alkohol wird mit Alkohol auf dem Filter gewaschen und in 40—50 cm³ Wasser in Teilmengen von je 10 cm³ gelöst. Diese Lösung versetzt man mit der gleichen Menge 95%igen Alkohols und läßt 6 bis

8 Stunden kristallisieren. Die Kristalle werden mit etwas Alkohol gewaschen und zu einer 10%igen Lösung verarbeitet.

b) Benzaldehyd und Nitrobenzol. Nach vergleichender Nachprüfung der verschiedenen Methoden zur Bestimmung von Benzaldehyd geben Guillaume und Duval die Verfahren von Denner, von Tiefenau und von Morvillez und Desfossez als brauchbar an. Bartole stellte die wichtigsten Methoden zum Nachweis von Benzaldehyd und Nitrobenzol zusammen.

3. Cyanide (IV, 209). Die handelsüblichen Cyanide sind nie ganz rein. Bei der Cyanidbestimmung erhält man infolge Anwesenheit von Kaliumferrocyanid leicht zu hohe Werte. Eine Nachprüfung durch Morris und Lilly ergab gute Werte bei Anwendung der Arbeitsweise von Pagel und Carlson (s. I B), während die Methode von Feld zu niedrige Werte lieferte.

Ein etwaiger Chloridgehalt (IV, 214) läßt sich schnell nach Montequi und Otero nachweisen. Das hierzu erforderliche Reagens besteht aus: 4,25 g $AgNO_3$ + 2,7 g HgO + 10 cm³ HNO_3 (1,4) + 50 cm³ Wasser. Die Verdünnung der zu untersuchenden Lösung muß ausreichen, um die Bildung eines unlöslichen Komplexes von $AgNO_3$ und $Hg(CN)_2$ zu verhindern, was bei einem Gehalt von 0,5% Alkalicyanid bereits erreicht ist. 2 cm³ der 0,01 g Cyanid enthaltenden Probelösung werden mit 8 Tropfen des Reagens versetzt; schon bei einer Cl-Konzentration von 1% im Cyanid tritt Trübung ein. Noch schärfer ist folgende Methode: 0,25 g Cyanid werden in 3 cm³ kaltem Wasser gelöst. Dann wird mit 3 cm³ 2 n-Zn-Acetatlösung geschüttelt und filtriert. Zum Filtrat, das mit Zn-Acetat klar bleiben muß, werden 3—4 Tropfen konzentrierte HNO_3 und 4—6 Tropfen Reagens hinzugefügt. Schon bei 0,1% Cl′ im Cyanid trübt sich die Lösung.

4a. Quecksilbercyanid. Die Cyanbestimmung erfolgt in der bei Kirschlorbeerwasser (I C 2) beschriebenen Weise nach Marenzi und Bandoni. Die Probe ist jedoch mit KJ in stark salzsaurer Lösung vorzubehandeln (s. auch Weißmann).

4b. Quecksilberoxycyanid. Eine Schnellmethode zur Bestimmung von CN und Hg beschreibt Angeletti. Zur CN-Bestimmung wird die Lösung von 0,2—0,3 g Oxycyanid in 50 cm³ Wasser mit 10 g KJ und 2—3 Tropfen Methylorange versetzt. Dann leitet man unter Erhitzen und Zutropfen von verdünnter Schwefelsäure einen langsamen Luftstrom durch die Lösung. Der nach $Hg(CN)_2 \cdot HgO + 8\,KJ + H_2O = 2\,K_2HgJ_4 + 2\,KCN + 2\,KOH$ und $2\,KCN + H_2SO_4 = 2\,HCN + K_2SO_4$ sich bildende Cyanwasserstoff wird in zwei anschließende Waschflaschen mit je 100—150 cm³ Natronlauge übergetrieben. Nachdem bei 50—60° die Hauptmenge HCN übergegangen ist, wird auf dem kochenden Wasserbad noch mindestens $^1/_2$ Stunde erhitzt. Das NaCN der Absorptionsflüssigkeit wird mit 0,1 n-$AgNO_3$ nach Liebig (IV, 205) titriert. — Das Quecksilber wird zweckmäßig nach der Methode von Cattelain bestimmt (s. auch Weißmann).

5. Straßenteer. Zur Ermittlung des Gehaltes an wasserlöslichem Cyanid in Straßenteer werden nach Moffitt und Williams etwa 100 g Teer mit 1,5 l Wasser 16 Stunden lang bei 15—20° geschüttelt, dann filtriert. 250 cm^3 des Extrakts werden in einem Destillierkolben mit 50 cm^3 gesättigter Ag-Acetatlösung versetzt zwecks Oxydation von Teersäuren. Unter leichtem Schütteln läßt man 12 cm^3 1%ige Sodalösung zufließen, gibt nach 15 Minuten 20 cm^3 $SnCl_2$-Lösung (5%ige Lösung mit 2,5 Vol.-% konzentrierter HCl) hinzu und destilliert. Etwa 75 cm^3 des Destillats werden auf 100 cm^3 aufgefüllt und in einem trockenen Scheidetrichter 3mal mit 10 cm^3 Chloroform ausgeschüttelt. Die wäßrigen Schichten werden in einem trockenen Kolben gesammelt. 50 cm^3 davon werden auf 100 cm^3 verdünnt, mit 1 cm^3 Phenolphthaleinlösung und 2 cm^3 1%iger Sodalösung versetzt. Die auftretende Rotfärbung wird mit der Färbung von Lösungen bekannten Cyanidgehaltes (0—0,015 Teile CN'/100000) verglichen. Rhodanid stört nicht, von Phenolen stören nur die Di- und Trioxyphenole.

II. Komplexe Cyanverbindungen (IV, 216).

Von den komplexen Cyanverbindungen sind die Salze der Eisencyanwasserstoffsäuren technisch am wichtigsten.

Zu ihrer schnellen Bestimmung bei Gegenwart beider Säuren trennt man zunächst nach Kobljanski mittels des Zweischichtensystems Wasser + Alkohol + Pottasche/Wasser + Alkohol + Ammonsulfat.

1. Qualitativer Nachweis. a) Ferrocyanide. Falciola (s. I A) stellte für die Ferrocyanide die bekannten Tüpfelreaktionen mit organischen Reagenzien zusammen. Eine Übersicht letzterer geben auch Tananaeff und Schapowalenko. Den analytischen Nachweis mit Methylenblau behandeln Passerini und Michelotti.

Chelle, Dubaquié und Turbet führen durch Destillation mit Schwefelsäure in HCN über, das wie üblich als Berlinerblau nachgewiesen wird.

b) Ferricyanide. Die für den Nachweis der Ferrocyanide angeführten Arbeiten von Tananaeff und Schapowalenko sowie Passerini und Michelotti erstrecken sich auch auf die Ferricyanide.

Stofer beschäftigt sich mit dem Tüpfelnachweis von Ferricyaniden neben Ferrocyaniden mittels Trithioharnstoffcuprochlorid. Dem gleichen Ziel dient der Nachweis mit Indigocarminlösung (Korenman).

Die Nachweisreaktionen unlöslicher Ferricyanide behandelt Kuhlberg.

2. Quantitative Bestimmung. Wie bei den einfachen Cyaniden (s. S. 101) ist auch bei den komplexen Cyaniden die Kjeldahl-Methode zur Bestimmung des N-Gehaltes anwendbar (Tettamanzi).

a) Ferrocyanide. Sierra und Burriel titrieren mit 0,1 n- oder 0,02 n-$K_2Cr_2O_7$-Lösung unter Verwendung von Benzidinacetat (0,4%ige essigsaure Lösung) als Indicator: 50 cm^3 der etwa 1%igen Ferrocyanidlösung werden mit 25 cm^3 2 n-HCl und 1 cm^3 Indicatorlösung versetzt und nach Verdünnung auf 100—150 cm^3 durch tropfenweise Zugabe der Bichromatlösung unter starkem Rühren titriert. Beim Umschlagspunkt wird die grüngelbe Lösung dunkelbraun unter Bildung eines reichlichen, lilafarbenen Niederschlags. Die Bichromatlösung wird mit reinem Kaliumferrocyanid eingestellt.

Nach Janssen ist die potentiometrische Titration mit Cerisulfat der mit Permanganat oder Bichromat überlegen. Willard und Young benutzen bei der Titration mit Cerisulfat als Indicator einen Ferro-o-Phenantrolinkomplex.

Karsten empfiehlt die titrimetrische Colorimetrie mit $Cu^{\cdot\cdot}$.

Edwards und Langley haben die Hydrolyse des Ferrocyanids mit Schwefelsäure und Titration des HCN zur mikrochemischen Auswertung umgearbeitet.

Hynes, Malko und Yanowski fällen Ferrocyanide (0,1—0,2 g) nach Auflösung in 15—20 cm³ Wasser mittels einer 0,15 molaren Lösung von Luteoamminkobaltichlorid. Der Niederschlag wird durch einen gewogenen Goochtiegel filtriert, mit Eiswasser bis genau zum Verschwinden der Färbung gewaschen, bei 100—110° getrocknet, zunächst vorsichtig und dann kräftig geglüht. Chromate, Bichromate und Vanadate stören die Fällung.

b) Ferricyanide. Tomiček und Hubrová bestimmen Ferricyanide mit $AgNO_3$ potentiometrisch in neutraler, schwach salpeter- oder schwefelsaurer Lösung oder in verdünnter alkoholischer Lösung. Na, K, Erdalkalien, Al und Pb vermindern die Ergebnisse, große Mengen Cl' oder Nitroprussidsalze stören. Hingegen können Ferricyanide und Rhodanide nebeneinander direkt bestimmt werden.

3. Einzelstoffe. a) Gasreinigungsmasse (IV, 217). Mit den Untersuchungsmethoden für Gasreinigungsmasse beschäftigen sich Brender à Brandis und Bohlken (2) sowie Granjon.

III. Rhodanverbindungen (IV, 230).

Zur Bestimmung von Rhodaniden in Gemischen mit Ferro- oder Ferricyaniden empfiehlt sich die bereits zur Trennung der Eisencyanide empfohlene Behandlung mit Zweischichtensystemen nach Kobljanski (s. S. 104).

Grant gibt eine ausführliche Zusammenstellung der Angaben über organische Reagenzien für Nachweis und Bestimmung von Rhodaniden und behandelt auch die Anwendungsbedingungen.

1. Qualitativer Nachweis. Die den Nachweis von einfachen (Falciola, s. I A — Dehn und Ballard, s. I A c) und von komplexen (Tananaeff und Schapowalenko, s. II 1 a — Passerini und Michelotti, s. II 1 a) Cyaniden behandelnden Arbeiten beschäftigen sich auch mit dem Nachweis von Rhodaniden.

2. Quantitative Bestimmung. Baumann, Sprinson und Metzger oxydieren mit Chromsäure zu HCN wie folgt: Die zu untersuchende Lösung wird in einem 1-l-Meßkolben mit gesättigter $Ba(OH)_2$-Lösung bis zur vollständigen Fällung versetzt, aufgefüllt und filtriert. Ein aliquoter Teil des Filtrats wird auf dem Wasserbad annähernd zur Trockne eingedampft und der Rückstand mit 75 cm³ warmem absoluten Alkohol extrahiert. Der jetzige Rückstand wird mit 5 cm³ warmem Wasser angerührt. Dann gibt man 75 cm³ absoluten Alkohol langsam hinzu, erwärmt und zentrifugiert mit dem ersten Extrakt. Die Flüssigkeit und der mit Alkohol gewaschene Zentrifugenniederschlag werden im Weithals-Erlenmeyerkolben zur Trockne verdampft, der Rückstand mit mehr als 20 cm³ Wasser aufgenommen, in eine Waschflasche gespült, mit einigen Tropfen 85%iger Phosphorsäure und Caprylalkohol versetzt, mit einer NaOH-Vorlage (10 cm³ 10%ige NaOH) verbunden, 10 cm³ CrO_3-Lösung (100%) zugegeben und ein CO_2-freier Luftstrom $^1/_2$ Stunde lang durchgeleitet: HCN geht über. Die HCN-Austreibung wird durch 2stündiges Einstellen der Waschflasche in Wasser von 50° vervollständigt. In der Vorlage wird mit $AgNO_3$ titriert.

Mikrochemische Oxydationsmethoden beschreiben Rosenthaler (2) sowie Korenman und Anbroch.

Die Oxydation mit Permanganat wurde ebenfalls titrimetrisch ausgewertet (Illarionow; Stamm).

Bei der Oxydation mit Jod in verschiedenen alkalischen Pufferlösungen ergaben Boraxpuffer die besten Werte (Greenspan).

Kahane und Coupechoux haben eine bromometrische Bestimmung für die Mikroanalyse ausgearbeitet: Die Rhodanidlösung wird mit eingestellter KBr-$KBrO_3$-Lösung und mit $^1/_3$ des Volumens konzentrierter HCl versetzt. Das frei werdende Brom wird durch unmittelbaren Zusatz von KJ und Titration mit $Na_2S_2O_3$ nach Verdünnung mit der 3—4fachen Wassermenge bestimmt. Die Methode läßt sich zur Analyse der Reinecke-Salze verwenden.

Für die Ag-Titration von Rhodaniden werden als Adsorptionsindicatoren empfohlen: Chlorphenolrot (Akiyama und Mine) und in fallender Wirkungsreihe alizarinsulfosaures Natrium, Phenolphthalein, Bromphenolblau und Diphenylcarbazid (Akiyama und Yabe).

Über die titrimetrische Colorimetrie mit $Fe^{\cdots}$ berichtet Karsten.

Lang fällt das Rhodanid zunächst als Ag-Salz aus, zerlegt den Ag-Niederschlag mittels Schwefelwasserstoff, engt die Flüssigkeit auf ein kleines Volumen ein und führt durch Zugabe von $CuSO_4$ und Pyridin in die Komplexverbindung $[Cu(Py)_2](SCN)_2$ über. Durch Ausschütteln mit Brombenzol wird die gelblichgrün gefärbte Komplexverbindung isoliert und die Farbtiefe der Brombenzolphase im Stufenphotometer gemessen.

Bursuk und Zanko behandeln die potentiometrische Nebeneinanderbestimmung von Rhodaniden, Chloriden und Sulfiden.

IV. Kalkstickstoff (IV, 234).

Einige Arbeiten beschäftigen sich mit der Bestimmung des Gesamtstickstoffs (Rabowski und Schilowa; Lepper).

Die N-Bestimmung in Gegenwart von Nitrat behandelt Gittel.

Über die potentiometrische Titration des Cyanamids in alkalischer Lösung mit $AgNO_3$ in Abwesenheit von Sulfiden berichtet Sinozaki.

Haas beschreibt die in den Falkenauer Werken gebräuchlichen Arbeitsweisen zur Bestimmung des löslichen Stickstoffs, Cyanamids, Dicyanamids und Harnstoffs im Kalkstickstoff.

Literatur.

Akiyama u. Mine: Journ. pharmacol. Soc. Jap. **55**, 225 (1935). — Akiyama u. Yabe: Journ. pharmacol. Soc. Jap. **55**, 23 (1935). — Angeletti: Annali Chim. appl. **23**, 38 (1933).

Bartholomew and Raby: Ind. and Engin. Chem., Anal. Ed. **7**, 68 (1935); Journ. Assoc. Off. agricult. Chemists **29**, 472 (1936). — Bartole: Boll. Chim. Farm. **73**, 882 (1934). — Baumann, Sprinson and Metzger: Journ. Biol. Chem. **105**, 269 (1934). — Boye: Chem.-Ztg. **60**, 508 (1936). — Brender à Brandis and Bohlken: (1) Het Gas **53**, 194 (1933). — (2) Het Gas **53**, 353 (1933). — Bursuk u. Zanko: Ber. ukrain. wiss. Forschungs-Inst. physik. Chem. **4**, 83 (1934).

Chelle, Dubaquié et Turbet: Bull. Trav. Soc. Pharm. Bordeaux **73**, 9 (1935).

Dehn and Ballard: Journ. Amer. Chem. Soc. **54**, 3264 (1932). — Denigés: Mikrochemie **4**, 149 (1926).

Edwards and Langley: J. Biol. Chem. **112**, 469 (1936). — Eymann: Gas- u. Wasserfach **81**, 484 (1938).

Falciola: Industria chim. **6**, 1111, 1251, 1356 (1931). — Fox: Science, New York **79**, 37 (1934).

Gales and Pensa: Ind. and Engin. Chem., Anal. Ed. **5**, 80 (1933). — Gittel: Z. f. anal. Ch. **93**, 331 (1933). — Goudswaard: Pharm. Tijdschr. Niederl.-Indië **10**, 65 (1933). — Granjon: Rev. Viticulture **83**, 361 (1935). — Grant: Ind. Chemist chem. Manufact. 8, 169, 217 (1932). — Greenspan: Journ. Amer. Chem. Soc. **54**, 2850 (1932). — Guillaume et Duval: Bull. Sci. pharmacol. **43**, 105 (1936).

Haas: Chem. Obzor 8, 170, 196, 215 (1933). — Hynes, Malko and Yanowski: Ind. and Engin. Chem., Anal. Ed. **8**, 356 (1936).

Illarionow: Ztschr. f. anal. Ch. **87**, 26 (1931).

Janssen: Natuurwetenschappelijk Tijdschr. **13**, 257 (1931).

Kahane et Coupechoux: Bull. Soc. Chim. de France **3**, 1588 (1936). — Karsten: Pharm. Weekblad **72**, 1327 (1935). — Klaassen: Pharm. Weekblad **69**, 655 (1932). — Klempt u. Riese: Brennstoffchem. **14**, 21 (1933). — Kobljanski: Chem. Journ. Ser. B, Journ. angew. Chem. russ. 8, 1494 (1935). — Kolthoff: Ztschr. f. anal. Ch. **63**, 188 (1923). — Korenman: Ztschr. f. anal. Ch. **101**, 417 (1935). — Korenman u. Anbroch: Mikrochemie **21**, 60 (1936). — Koslowsky u. Penner: (1) Arch. der Pharm. **272**, 792 (1934). — (2) Mikrochemie **21**, 82 (1936). — Kuhlberg: Ztschr. f. anal. Ch. **106**, 30 (1936).

Lang: Biochem. Zentralblatt **262**, 14 (1933). — Lepper: Ztschr. f. anal. Ch. 88, 81 (1932).

Marenzi et Bandoni: An. Farm. Bioquim. **5**, 135 (1934). — Mesnard: Bull. Trav. Soc. Pharm. Bordeaux **75**, 173 (1937). — Moffitt and Williams: Analyst **62**, 101 (1937). — Montequi y Otero: Anales soc. espanola Fis. Quim. **30**, 564 (1932). — Morris and Lilly: Ind. and Engin. Chem., Anal. Ed. **5**. 407 (1933).

Pagel and Carlson: Journ. Amer. Chem. Soc. **54**, 4487 (1932). — Passerini e Michelotti: Gazz. chim. ital. **65**, 824 (1935). — Pieters and Penners: Het Gas **55**, 402 (1935).

Rabowski u. Schilowa: Journ. chem. Ind. russ. **1932**, Nr. 4, 50. — Ripan-Tilici: Ztschr. f. anal. Ch. **99**, 415 (1934). — Rosenthaler: (1) Pharmac. Acta Helv. **7**, 45 (1932). — (2) Mikrochemie **13**, 317 (1933).

Schweissinger: Dtsch. Apotheker-Ztg. **52**, 953 (1937). — Seebaum u. Hartmann: Brennstoffchem. **16**, 321 (1935). — Seil, Skelly and Heiligman: (1) Gas Age-Rec. **60**, 223 (1927). — (2) Gas Age-Rec. **60**, 259 (1927). — Sierra y Burriel: Anales Soc. espanola Fis. Quim. **30**, 441 (1932); Anales Soc. espanola Fis. Quim. **32**, 87 (1934). — Sieverts u. Rehm: Angew. Chem. **50**, 88 (1937). — Sinozaki: Journ. Soc. Chem. Ind., Japan (Suppl.) **36**, 1453 (1933). — Stamm: Angew. Chem. **47**, 791 (1934). — Stofer: Mikrochemie **17**, 170 (1935).

Tananaeff u. Schapowalenko: Ztschr. f. anal. Ch. **100**, 343 (1935). — Tettamanzi: Atti R. Accad. Sci. Torino (Classe Sci. fisich. mat. nat.) **68**, 153 (1932—1933). — Thormann: Protar **3**, 81 (1937). — Tomiček a Hubrová: Coll. Trav. chim. Tschécoslovaquie 8, 293 (1936).

Voituret: Brennstoffchem. **13**, 264 (1932).

Weber: Zbl. Gew.-Hyg. **23**, 177 (1936). — Weißmann: Pharm. Zentralhalle Deutschland **77**, 361 (1936). — Wellings: Analyst **58**, 331 (1933). — Willard and Young: Journ. Amer. Chem. Soc. **55**, 3260 (1933).

Steinkohlenteer.

Von

Dr. **Dietrich Witt**, Berlin-Wannsee.

A. Rohteer.

1. Unlösliches (IV, 251). Die mißverständliche Bezeichnung „freier Kohlenstoff" ist inzwischen fallengelassen worden und man sagt statt dessen besser „Unlösliches" und fügt die Bezeichnung des Lösungsmittels hinzu. Von Mallison wird vorgeschlagen folgendermaßen zu verfahren:

3 g des zu untersuchenden Teeres oder gepulverten Pechs werden in einem 100 cm^3 fassenden Erlenmeyerkolben mit der 10fachen Menge wasserfreier Pyridinbasen übergossen und $^1/_4$ Stunde auf dem Wasserbade zum Kochen erhitzt. Die heiße Lösung wird durch zwei gegeneinander tarierte Schwarzbandfilter, die ineinander gesteckt werden, filtriert, der Niederschlag mit heißen Pyridinbasen ausgewaschen, bis die Waschflüssigkeit praktisch farblos abläuft, mit heißem Benzol nachgewaschen und bei 105° getrocknet und gewogen.

2. Saure Öle und Basen. Einen zusammenfassenden Bericht über die wichtigsten Methoden zur Bestimmung der sauren Öle und der Basen im Teer geben Fisher und Eisner. Durch sukzessives Schütteln erst mit konzentrierter NaCl-Lösung zu Entfernung des Wassers, hierauf mit konzentrierter K_2CO_3-Lösung zur Bestimmung der Carboxylsäuren und anschließendes mehrmaliges Schütteln, abwechselnd mit 10%iger Säure und 10%iger Natronlauge wird restlose Entfernung der Basen und Säuren erreicht.

3. Asphalt (IV, 257). Sebor überprüft die zur Bestimmung des Asphaltgehaltes von Mineralölen bekannten Methoden bei ihrer Anwendung auf Kokereiteer und gibt als günstigstes Verfahren die Ausfällung mit Methylalkohol aus einer Lösung des Teeres in CS_2 an.

4. Schwefel (IV, 257). Einen Literaturbericht über die Schwefelverbindungen der Hoch- und Tieftemperaturteere von Steinkohle gibt Free. Vergleiche hierzu auch Schmeling.

5. Spezifische Wärme. Über die wahren und mittleren spezifischen Wärmen von rohem und destilliertem Teer, Leicht- und Mittelöl, Benzolwaschöl und Gaswasser berichtet Schairer.

B. Zwischenerzeugnisse.

Anthracenöl (IV, 271). Ganguli und Guka untersuchten die mit mäßig verdünnter Salzsäure ausgezogenen Basen aus Anthracenöl.

C. Fertigerzeugnisse.

1. Handelsbenzol. Naphthalin (IV, 294). Nach Zwieg und Kossendey wird in die Waschflasche *A* das zu untersuchende, abgewogene

Benzol sowie Pikrinsäurelösung eingefüllt. Die beiden anschließenden Waschflaschen *B* und *C* werden nur mit Pikrinsäurelösung beschickt. Dann wird ein kalter Luftstrom durchgesaugt, wobei der größte Teil des Naphthalins als schwerer verdampfbarer Körper in der Pikrinsäurelösung zurückbleibt und Pikrat bildet. Die restlichen Mengen des Naphthalins werden in den zu einem Drittel mit Pikrinsäurelösung (0,7%ig) gefüllten und mit Eis gekühlten Gefäßen *B* und *C* zurückgehalten. Nach dem Verdampfen des Benzols wird das Pikrat abfiltriert und die darin enthaltene Pikrinsäure in bekannter Weise mit $^1/_{10}$ n-Kalilauge titriert. Hierbei wird eine Korrektur von 0,3 cm^3 KOH berücksichtigt. Bei Durchführung der Bestimmung muß ein Mindestniederschlag von 30 mg vorhanden sein.

2. Anthracen (IV, 308). Posstowski und Chmelewski geben eine Schnellmethode zur Bestimmung von Anthracen in Rohanthracen an, die auf der Addition von Maleinsäureanhydrid an Anthracen nach Diels und Adler beruht. Die Additionsverbindung ist unlöslich in Wasser und wird beim Erhitzen mit Wasser nicht gespalten.

1 g Einwaage, 0,5 g Maleinsäureanhydrid und 5 cm^3 Xylol werden im Rundkolben mit Luftkühler 25 Minuten schwach gekocht, dann 80 cm^3 Wasser zugegeben und 15 Minuten Dampf durch das Gemisch zum Abtreiben des Xylols geleitet. Die Titration des Kolbeninhalts erfolgt mit 0,5 n-Kalilauge. Für angereichertes Anthracen sind 0,8 g für reines Anthracen 1,2 g Maleinsäureanhydrid zu verwenden.

3. Straßenteer (IV, 360). a) Phenolabgabe. Feil bestimmt die Phenolabgabe von Teerasphaltgemischen an Wasser nach folgendem Verfahren: Ein quadratischer Papierstreifen von 4 cm Kantenlänge wird an einem dünnen Draht befestigt und getrocknet. Das auf seine Phenolabgabe zu prüfende Teerasphaltgemisch wird in eine Blechschachtel von 90 mm Durchmesser und 45 mm Höhe 30 mm hoch eingefüllt und unter Umrühren auf genau 100° erhitzt. Man taucht nun rasch 3mal hintereinander den Papierstreifen ein, läßt abtropfen und hängt in ein 200 cm^3 fassendes Becherglas, das mit 200 cm^3 Wasser bei 20° beschickt ist. Das Becherglas ist durch Stopfen luftdicht abgeschlossen. Nach 24 Stunden wird der Papierstreifen herausgezogen und von dem Wasser 50 cm^3 auf Phenol mit Millon-Reagens geprüft. Das Ergebnis mit vier multipliziert, ergibt die Phenolabgabe unter den angeführten Bedingungen.

b) Cyan. Nach Moffit und Williams werden zur Bestimmung des Cyans in wäßrigen Auszügen von Straßenteer 100 g des Teeres mit 1,5 l Wasser 16 Stunden bei 15—20° geschüttelt und filtriert. 250 cm^3 des Extraktes werden in einem Destillierkolben mit 50 cm^3 gesättigter Silberacetatlösung versetzt. Unter leichtem Schütteln läßt man 12 cm^3 1%ige Sodalösung zufließen. Nach 15 Minuten gibt man 20 cm^3 $SnCl_2$-Lösung (5% $SnCl_2$-Lösung mit 2,5 Vol.-% konzentrierter Salzsäure) hinzu und destilliert. Etwa 75 cm^3 des Destillates werden auf 100 cm^3 aufgefüllt und 3mal mit 10 cm^3 Chloroform ausgeschüttelt. Die wäßrigen Schichten werden gesammelt und 50 cm^3 davon auf 100 cm^3 verdünnt. Dann wird mit 1 cm^3 Phenolphthaleinlösung und 2 cm^3 1%iger Sodalösung versetzt. Die auftretende Rotfärbung wird mit der Färbung von Lösungen von bekanntem CN'-Gehalt (0—0,015 Teile CN'/100000) verglichen. CNS' stört nicht, von den Phenolen nur die Di- und Trioxyphenole.

4. Teeremulsionen (IV, 363). Vorschläge zur weiteren Verbesserungen auf dem Gebiet der Emulsionsuntersuchungen (DIN-Vorschriften 1995) sind unter anderem von Kleinert gemacht worden.

5. Pech (IV, 371). Die Extraktion des Pechs mit Benzol und Fällung der Benzollösung mit Petroläther liefert nach Demann (1) drei Körpergruppen: α-Pech (benzolunlöslich), β-Pech (petrolätherunlöslich) und γ-Pech (petrolätherlöslich). α-Pech entspricht dem freien Kohlenstoff, es zeigt keine Bindefähigkeit. β- und γ-Pech bedingen die Bindefähigkeit, β-Pech hat ausgesprochenen Bitumencharakter, γ-Pech Kohlenwasserstoffcharakter aliphatischer Natur. Nach dem Gehalt an den einzelnen Gruppen läßt sich die Brikettierungseigenschaft voraussagen. Außerdem kann bei der Teerdestillation auf ein Pech von guten Briketteigenschaften hingearbeitet werden.

Zur Bestimmung des Pechgehalts in Steinkohlenbriketts werden nach Demann (2) 5 g der Probe mit CS_2 extrahiert und der Rückstand 1 Stunde bei 60° und 2 Stunden bei 105° getrocknet und der Pechgehalt unter Berücksichtigung des Brikettpechs an freiem C und des Wassergehaltes errechnet.

Bei längerem Lagern von Pech im Freien greift der Luftsauerstoff die bindenden Bestandteile unter Oxydation an. Sowohl β-Pech als auch γ-Pech weisen nach der Lagerung einen höheren Sauerstoffgehalt auf (Stuchtey und Demann).

Literatur.

Demann: (1) Brennstoffchem. **14**, 121—123 (1933). — (2) Techn. Mitt. Krupp **2**, 78—80 (1934).

Feil: Chem.-Ztg. **61**, 549, 550 (1937). — Fisher and Eisner: (1) U. S. Dep. Interior Bur. Mines Rep. Invest. **3310**, 1—34 (1937). — (2) Ind. and Engin. Chem., Anal. Ed. **9**, 213—218 (1937). — Free: Chem.-Ztg. **60**, 547—549 (1936).

Ganguli and Guka: Journ. Indian Chem. Soc. **11**, 197—206 (1934).

Kleinert: Asphalt u. Teer **35**, 194—199 (1935).

Mallison: Teer u. Bitumen **35**, 231 (1937). — Moffit and Williams: Analyst **62**, 101—107 (1937).

Posstowski u. Chmelewski: Chimitscheski Shurnal Scer. B, Shurnal prikladnoi Chimii **10**, 759—764 (1937).

Schairer: Glückauf **72**, 454—456 (1936). — Schmeling: Braunkohlenarchiv **1936**, 15—34. — Sebor: Montan. Rdsch. **25**, Nr. 4, 1—7 (1933). — Stuchtey u. Demann: Techn. Mitt. Krupp **2**, 76, 77 (1934).

Zwieg u. Kossendey: Gas- u. Wasserfach **78**, 602 (1935).

Braunkohlenteer (IV, 375).

Von

Dr. **Dietrich Witt**, Berlin-Wannsee.

Über die neuzeitliche Verwendung des Braunkohlenschwelteeres und neuere Vorschläge für seine Aufarbeitung berichtet R. Schmidt.

1. Schwefel (IV, 390). Bei der Verbrennung von Braunkohlenbenzin zur Schwefelbestimmung in der Lampe verwendet man an Stelle eines Dochtes ein Quarzfadenbündel von 0,08—0,1 mm Fadenstärke in einem Quarzröhrchen, dadurch kann die Abscheidung kohliger Substanzen, die am Docht leicht eintritt, vermieden werden (Hoffmeier und Wisselinck).

2. Teeröle (IV, 391). Dichte. Für Braunkohlenöle besteht nach Marder zwischen der chemischen Zusammensetzung und der Dichte eine enge Beziehung. Auf Grund dieser Beziehung sind von Marder Diagramme aufgestellt worden, mit deren Hilfe es möglich ist, den oberen und unteren Heizwert, den Wasserstoffgehalt, das Kohlenstoff-Wasserstoffverhältnis und bis zu einem gewissem Grade auch den Kohlenstoffgehalt von Braunkohlenölen zu bestimmen. Zur Bestimmung des Kohlenstoffgehaltes und des Heizwertes ist außer der Dichte auch der Kreosotgehalt zu ermitteln.

Literatur.

Hoffmeier u. Wisselink: Braunkohle **32**, 361, 362 (1933). — Marder: Brennstoffchem. **17**, 181—185 (1936). — Schmidt: Brennstoffchem. **16**, 241—247 (1935).

Calciumcarbid und Acetylen.

Von

Dr. phil. **Ulrich Stolzenburg**, Piesteritz.

Die Bearbeitung erstreckt sich auf die in den Jahren 1931—1937 bekannt gewordenen Methoden und schließt sich in der Einteilung an das Hauptwerk III, 707f. an.

I. Ausgangsmaterialien für die Fabrikation des Carbids (III, 707)[1].

Wesentliche Änderungen bzw. Neuerungen sind hier nicht zu verzeichnen.

II. Technisches Calciumcarbid (III, 708).

Während früher bei der Analyse des technischen Calciumcarbids das Interesse für die Gesamtausbeute an Acetylengas im Vordergrund stand, sind in den letzten Jahren eine ganze Reihe von Arbeiten bekannt geworden, welche sich mit dem Nachweis und der Bestimmung mehr oder weniger großer Mengen von Acetylen überhaupt oder in anderen Gasen befassen. Außerdem interessiert die Bestimmung geringer Mengen Acetylen im flüssigen Sauerstoff und die Bestimmung geringer Verunreinigungen bzw. geringer Luftmengen im hochprozentigen Acetylen. Hierauf wird unter III, Acetylengas besonders einzugehen sein.

Calciumcarbid wird mehrfach zur Feuchtigkeitsbestimmung vorgeschlagen (s. unter IIB 5, S. 118).

Hansen bespricht die Unfallgefahren bei der Verwendung von Acetylen in gewerblichen Betrieben und die Bekämpfung derselben.

A. Probenahme (III, 709).

Die im Hauptwerk eingehend besprochenen Schwierigkeiten bei der Probenahme von Carbid werden sich kaum beseitigen lassen. Will man aber eine entnommene Stücken-Probe zur Analyse brechen und vermahlen, so empfiehlt es sich, „das Brechen unter Stickstoff vorzunehmen" und für das Mahlen eine gasdicht gekapselte Laboratoriumsmühle zu verwenden, welche mit Stickstoff gespült wird. Den Spülstickstoff leitet man zweckmäßig vorher über stückiges Carbid, um ihn von Spuren von Feuchtigkeit und etwaigen anderen das Carbid angreifenden Verunreinigungen wie Sauerstoff usw. zu befreien. (Über die Normbestimmungen s. S. 119.)

B. Bestimmung der Gasausbeute (III, 710).

1. Normbestimmungen (III, 710) (s. S. 119).

2. Berechnung (III, 710). Im Hauptwerk ist für reines Acetylen ein Litergewicht von 1,1791 angegeben und daraus errechnet, daß 1 kg

[1] Neuere Darstellung der Carbidherstellung vgl. z. B. G. G. Hoffmann in „Der Chemieingenieur", Bd. III, S. 3. 1939.

chemisch reines Calciumcarbid 344,42 l reines trockenes Acetylen von 0° und 760 mm Druck liefert. Neuere Bestimmungen von Leduc bzw. Bretschger [Landolt-Börnstein: Phys.-chem. Tabellen I, Erg.-Bd., S. 161 (1927)] ergeben für das Litergewicht 1,1708 bzw. 1,1709. Aus

Abb. 1. Caro-Apparat, neue Bauart nach Vorschlägen des DAV.

der zweiten Zahl berechnet sich, daß 1 kg chemisch reines Carbid 346,79 l reines Acetylen von 0° und 760 mm gibt. Die Zahl 1,1709 findet sich bei Küster-Thiel: Logarithmische Rechentafel für Chemiker, 41. bis 45. Aufl., S. 81, 1935. Im Chemiker-Taschenbuch, 58. Aufl., 1937 ist im Teil II auf S. 247 das Litergewicht unter Normalverhältnissen mit 1,1708 angegeben.

J. Froidevaux gibt ein Nomogramm für die Bewertung von Calciumcarbid, aus dem man den reduzierten Acetylengehalt direkt ablesen kann.

3. Totalvergasung (III, 713). a) Caro-Apparat. Der zur Totalvergasung des Calciumcarbids von N. Caro eingeführte Apparat ist in den letzten Jahren wesentlich vervollkommnet. E. Sauerbrei und W. Scheruhn (1) geben eine ausführliche Beschreibung der jetzigen Ausführungsform, wie sie beim Deutschen Acetylenverein zur Zeit gehandhabt wird. Die Abb. 1 und 2 und der heute übliche hier abgedruckte Analysengang sind dieser Veröffentlichung entnommen.

α) *Vorbereitung der Apparatur.* Der Entwickler wird mit 120 l Wasser von etwa 10° C gefüllt, wobei eine Toleranz von ± 3° C zulässig ist. Die Absättigung dieser Wassermenge geschieht durch Einwurf von 2 kg normal vergasendem Carbid der Körnung 25/50 mm, dessen Qualität den Normvorschriften genügen muß. Der Einwurf des Sättigungscarbids muß in Teilmengen von 1 kg erfolgen, wobei zu

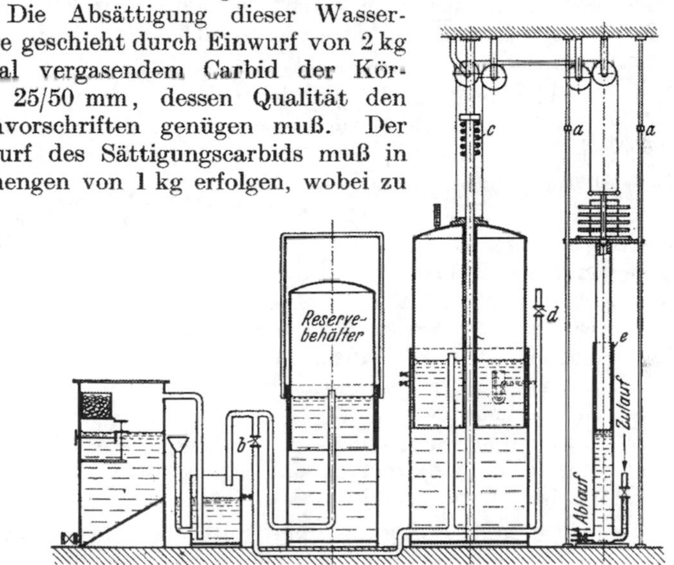

Abb. 2. Caro-Apparat, neue Bauart (schematisch).

beachten ist, daß das zweite Kilogramm erst 10 Minuten später einzuwerfen ist als das erste. Auf diese Weise wird eine restlose Absättigung des Entwicklerwassers erreicht. Während des Sättigungsvorgangs ist der Gasabgangshahn aus der Kubizierglocke geschlossen zu halten, so daß die Apparatur unter ihrem Arbeitsdruck steht. Nach restlosem Ausgasen des Sättigungscarbids erfolgt die Füllung mit dem Probecarbid.

β) *Vergasungsvorgang.* Die auf 0,5 g genau gewogene Carbidprobe wird in den dafür vorgesehenen Beschickungskästen untergebracht und diese darauf im Entwickler nach Öffnen desselben möglichst schnell eingesetzt. Der Entwickler wird dann gasdicht abgeschlossen. Der Sättigungszustand des Entwicklerwassers erleidet dabei keine das Ergebnis der Analyse beeinflussende Veränderung. Sofern die gesamte Probe nicht auf einmal eingebracht werden kann, wird der Rest nach Ausvergasung der ersten Abteilung sofort im Anschluß in demselben Entwicklerwasser vergast. Während des Einsetzens der Kästen ist der Haupthahn *b* geschlossen zu halten. Nach Einstellen der Kubizierglocke auf den Nullstand und Schließen des Gasabgangshahnes wird der erste Kasten zum Einwurf gebracht. Von diesem Zeitpunkt ab hat es der Analytiker in der Hand, die Vergasung des Musters schnell oder langsam durchzuführen, weil er bereits kurz nach der Hauptentwicklung der Einzelbeschickungen ablesen kann. Eine Beeinflussung der Endausbeute konnte durch die Zeitdauer des Vergasungsvorgangs nicht beobachtet werden.

Die entwickelten Gasmengen werden jeweils mit einer Genauigkeit von 0,1 l zusammen mit der Temperatur des Gases und dem herrschenden Barometerstand abgelesen und auf feuchtes Gas von 15° C und 760 mm Q.-S. umgerechnet. Dazu bedient man sich der von Hammerschmidt herausgegebenen Tabellen, die sich mit den nach den üblichen Gasgesetzen errechenbaren Werten mit hinreichender Genauigkeit decken.

Die Vorteile der neuen Bauart liegen in der Hauptsache darin, daß infolge der hydraulischen Hebevorrichtung und des Reservebehälters (Druckausgleich) auch feinkörniges Carbid vergast werden kann, und daß die Zeitdauer einer Analyse wesentlich verkürzt ist.

b) „Modifizierter" Caro-Apparat. R. Vondráček beschreibt und kritisiert einen „modifizierten" Caro-Apparat, der in der Carbidindustrie sehr verbreitet sein soll. Bei diesem Apparat wird das Acetylen unmittelbar in dem Gasbehälter entwickelt. Die Carbidprobe (250 bis 500 g), die unter der Gasbehälterglocke untergebracht ist, fällt durch Drehen des Deckels in das Zersetzungsgefäß. Das entwickelte Acetylen tritt, ohne gewaschen zu werden, unter die Gasglocke, deren Zeiger auf einer Skala die Gasmenge angibt. Zur Umrechnung des Gases auf Normalverhältnisse nimmt man das Mittel der Temperatur unter der Gasglocke und derjenigen des Sperrwassers. Diese letztere Temperaturermittlung ist zu beanstanden.

c) Bestimmung der Vergasungsgeschwindigkeit. Da die Acetylenentwicklung trotz gleicher Versuchsbedingungen bei verschiedenen Carbiden verschieden schnell verläuft, hat man mehrfach versucht, diese Tatsache zur Charakterisierung von Carbid zu benutzen. E. Sauerbrei und W. Scheruhn (2) besprechen diese Verfahren, die auf der Aufstellung einer Volumen-Zeit-Kurve beruhen. Die Methoden sind für die Praxis teilweise hinreichend genau, benötigen aber verhältnismäßig teure Apparaturen. Die Verfasser geben dann eine von ihnen in der Untersuchungs- und Prüfstelle des Deutschen Acetylenvereins ausgearbeitete Methode wieder, die darauf beruht, daß statt des Volumens des entwickelten Acetylens die Temperatursteigerung im Entwicklerwasser gemessen wird. Es zeigt sich, daß die Temperaturkurve von dem Anfangszustand des Wassers (mit C_2H_2 gesättigt oder nicht) nicht beeinflußt wird. Die Temperaturkurve wird mit einem Temperaturschreiber aufgenommen.

4. Teilvergasung (III, 715). E. Sauerbrei und W. Scheruhn (2) weisen in anderem Zusammenhang darauf hin, daß beim Vergasen kleiner Carbidmengen infolge der Inhomogenität des Carbids Fehlmessungen und Trugschlüsse leicht möglich sind. Für Teilvergasungen ist es zweckmäßig, nur unter den obengenannten Vorsichtsmaßregeln sorgfältig zerkleinerte und gut durchgemischte Teilproben zu verwenden.

H. Moll weist auf die Explosionsgefahr bei der technischen Gasanalyse hin. Durch örtliche Überhitzung und anschließende Entzündung durch die Reaktionswärme kommen solche Explosionen zustande. Es empfiehlt sich zur Vermeidung derselben das Arbeiten unter Stickstoff.

a) Bestimmung auf volumetrischem Wege. R. Vondrácek beschreibt eine Apparatur zur Teilvergasung, bei der etwa 70 g Carbid von der Körnung 5—10 mm mittels einer an das Entwicklungsgefäß (zweihalsige Flasche von etwa 5 l Inhalt) angeschlossenen Eprouvette

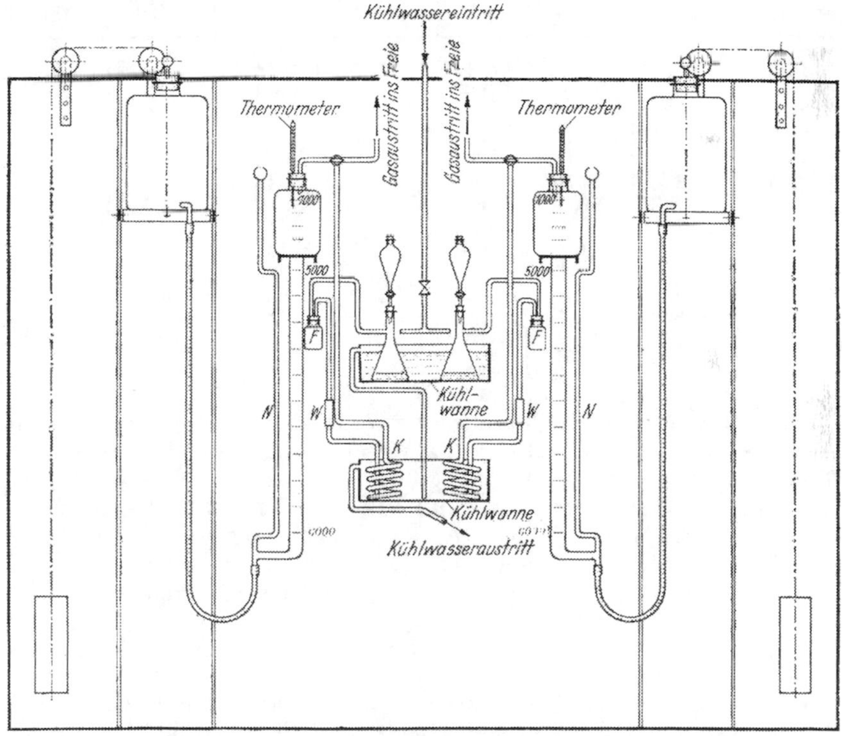

Abb. 3. Apparat zur Bestimmung des CaC_2-Gehaltes in gemahlenem Carbid. *N* Niveaurohr, *F* leere Flasche, *W* Wattefilter, *K* Kühlschlange.

in kleinen Anteilen in die Zersetzungslösung eingeworfen werden. Das entwickelte Gas wird gewaschen, in einer als Gasbehälter dienenden Flasche von etwa 25 l aufgefangen und gemessen; Dauer einer Analyse etwa 2 Stunden.

Der von E. v. Drahten (III, 716) angegebene Apparat zur Bestimmung von gemahlenem Carbid wurde im Laufe der Jahre weiterentwickelt und wird heute in der Form nach Abb. 3 benutzt[1].

Die Ablesegenauigkeit ist durch das neben dem Meßgefäß angebrachte Niveaurohr wesentlich verbessert, das entwickelte Acetylen wird nach Durchgang durch ein Wattefilter mittels Schlangenkühler gekühlt. Die Genauigkeit der Analyse wurde erhöht durch Berücksichtigung der

[1] Mitteilung der Bayerischen Stickstoff-Werke A.G., Piesteritz.

Löslichkeit von Acetylen in den zur Entwicklung desselben benutzten 400 cm³ gesättigter Kochsalzlösung (R. Wendlandt).

Die experimentell ermittelten Zahlen für die Löslichkeit zeigt die Tabelle:

Tabelle 1. Löslichkeit von C_2H_2 in 400 cm³ gesättigter NaCl-Lösung.

°C	cm³ C_2H_2	°C	cm³ C_2H_2	°C	cm³ C_2H_2	°C	cm³ C_2H_2
10,0	101	17,0	71	24,0	54	31,0	46
5	99	5	69	5	53	5	45
11,0	96	18,0	68	25,0	52	32,0	45
5	93	5	66	5	51	5	45
12,0	91	19,0	64	26,0	50	33,0	45
5	88	5	63	5	49	5	44
13,0	86	20,0	62	27,0	49	34,0	44
5	83	5	61	5	48	5	44
14,0	82	21,0	60	28,0	48	35,0	44
5	79	5	58	5	47	5	44
15,0	78	22,0	57	29,0	47	36,0	44
5	76	5	56	5	47		
16,0	74	23,0	55	30,0	46		
5	73	5	54	5	46		

Die absorbierten Kubikzentimeter Acetylen sind dem gemessenen Volumen vor der Reduktion auf Normalverhältnisse hinzuzuzählen. Die Wasserdampfspannung über der gesättigten Kochsalzlösung ist dem Chemiker-Taschenbuch, 58. Aufl., Bd. 1, S. 22, 1937 zu entnehmen.

J. Gelhaar beschreibt einen Apparat, bei dem 5 g gemahlenes Carbid mit Kochsalzlösung, die mit Acetylen gesättigt ist, zersetzt werden. Das Acetylen wird über gesättigter Kochsalzlösung aufgefangen und gemessen. Ferner gibt er einen Apparat an, bei dem 1—1,5 g Carbid mit gesättigter Kochsalzlösung zersetzt werden, wobei das Acetylen über Quecksilber aufgefangen und gemessen wird.

Auf volumetrischem Wege wird auch das bei der Fabrikation von Kalkstickstoff in diesem noch verbleibende Calciumcarbid (Restcarbid) bestimmt. Hierfür eignet sich sehr gut ein Apparat nach Abb. 4 [1].

Zersetzt man 13,65 g Kalkstickstoff, so ist: $\frac{\text{abgelesene cm}^3 \cdot 2}{100} = \%$ Restcarbid im Kalkstickstoff.

Eine vorherige Reduktion des abgelesenen Volumens erübrigt sich bei dieser technischen Schnellmethode im allgemeinen.

J. Gelhaar bestimmt das Restcarbid durch Zersetzen mit Kochsalzlösung in einem Apparat, der dem zur Carbidanalyse in gemahlenem Carbid (s. oben) entspricht, aber kleiner in den Abmessungen gehalten ist.

F. Trost bestimmt das Restcarbid maßanalytisch, indem er 1—2 g Kalkstickstoff $^3/_4$ Stunden mit Wasser kocht und das entwickelte Acetylen mit Ilosvayschem Cu-Reagens (III, 722) als Cu_2C_2 fällt. Das Cu_2C_2 löst er nach dem Auswaschen in Salpetersäure, kocht den Überschuß an Salpetersäure fort, oxydiert mit Bromwasser, kocht das überschüssige Brom

[1] Mitteilung der Bayerischen Stickstoffwerke A.G., Piesteritz.

weg und neutralisiert nach dem Erkalten mit Ammoniak. Nach Zugabe von Essigsäure und Jodkalium titriert er mit $^1/_{20}$ n-Thiosulfatlösung.

A. Alexandrow bestimmt geringe Mengen Calciumcarbid in Schlacken (technische Analyse), indem er diese mit Kochsalz mischt und mit 10%iger Bleinitratlösung zersetzt. Das entwickelte Acetylen wird unter Erhitzen durch Wasserstoff verdrängt, in ammoniakalischer Kupferoxydulsalzlösung aufgefangen und das Kupfer im Acetylenkupfer nach einer der bekannten Methoden bestimmt.

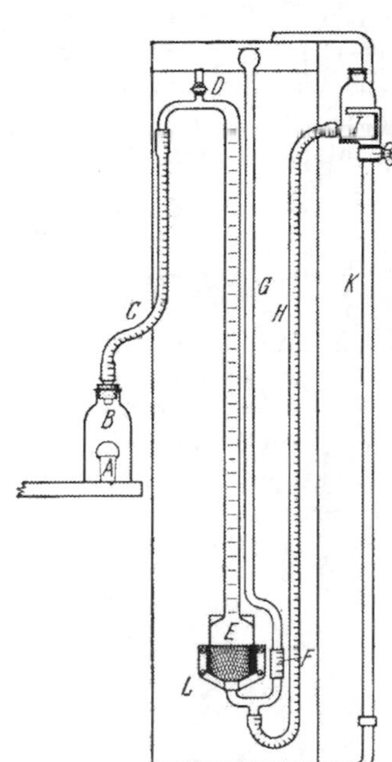

Abb. 4. Apparatur zur technischen Schnellbestimmung des Restcarbides im Kalkstickstoff. *A* Eimer, *B* Entwickler, *C* Schlauch, *D* Druckausgleichhahn, *E* Meßbürette, *F* Verbindungsschlauch, *G* Niveaurohr, *H* Schlauch, *I* Niveauflasche, *K* Führungsschiene, *L* Schutzkorb.

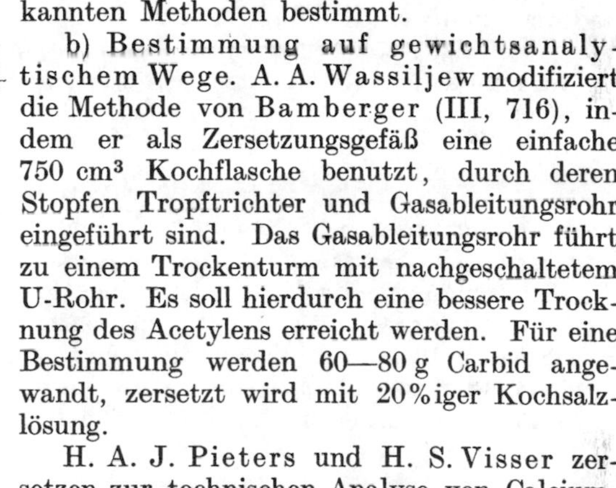

b) Bestimmung auf gewichtsanalytischem Wege. A. A. Wassiljew modifiziert die Methode von Bamberger (III, 716), indem er als Zersetzungsgefäß eine einfache 750 cm³ Kochflasche benutzt, durch deren Stopfen Tropftrichter und Gasableitungsrohr eingeführt sind. Das Gasableitungsrohr führt zu einem Trockenturm mit nachgeschaltetem U-Rohr. Es soll hierdurch eine bessere Trocknung des Acetylens erreicht werden. Für eine Bestimmung werden 60—80 g Carbid angewandt, zersetzt wird mit 20%iger Kochsalzlösung.

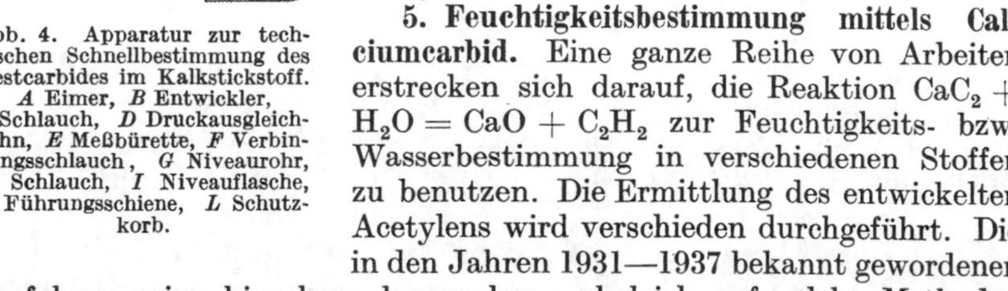

H. A. J. Pieters und H. S. Visser zersetzen zur technischen Analyse von Calciumcarbid dasselbe in einem ähnlichen Apparat mit 10%iger Salzsäure, verdrängen das entwickelte Acetylen durch getrocknete Luft und bestimmen aus der Gewichtsdifferenz das Acetylen und damit das Calciumcarbid.

5. Feuchtigkeitsbestimmung mittels Calciumcarbid. Eine ganze Reihe von Arbeiten erstrecken sich darauf, die Reaktion $CaC_2 + H_2O = CaO + C_2H_2$ zur Feuchtigkeits- bzw. Wasserbestimmung in verschiedenen Stoffen zu benutzen. Die Ermittlung des entwickelten Acetylens wird verschieden durchgeführt. Die in den Jahren 1931—1937 bekannt gewordenen Verfahren seien hier kurz besprochen, obgleich auf solche Methoden im Hauptwerk an dieser Stelle nicht eingegangen ist.

L. M. Jolson beschreibt einen einfachen Apparat zur schnellen Bestimmung der Feuchtigkeit, bei dem das entwickelte Acetylen volumetrisch gemessen wird. Aus einer beigefügten Tabelle kann der Feuchtigkeitsgehalt des zu untersuchenden Gutes direkt abgelesen werden.

F. Schütz und W. Klauditz fangen das entwickelte Acetylen in Aceton auf und fällen es mit einer Kupfersalzlösung als Cu_2C_2. Dieses reduziert Ferrisulfat, welches nach Willstätter und Maschmann mit Kaliumpermanganat titrimetrisch bestimmt wird (s. a. III, 722).

P. S. Sheleskow bestimmt das entwickelte Acetylen und damit das Wasser entweder durch Feststellung des Gewichtes der Mischung von CaC_2 und Untersuchungsgut vor und nach dem Abgasen desselben oder durch Messung der Druckzunahme des Acetylens in einem geeigneten Apparat. Die Methode eignet sich zur Wasserbestimmung in Bodenproben, Lehm, Fruchtkonserven usw.

W. I. Dsiwulski und L. J. Turbin geben Methode und Tabellen zur Wasserbestimmung an, wobei ein Calciumcarbid benutzt wird, dessen Titer vorher mittels genau gewogener Wassermengen festgestellt ist.

P. M. Orshechowski und K. B. Chait besprechen die Fehler, die dadurch entstehen, daß CaC_2 selbst eine gewisse Menge hygroskopisches Wasser enthält, welches ebenfalls Acetylen entwickelt. Das trockene Carbid muß daher speziell untersucht werden, um entsprechende Korrekturen anbringen zu können.

C. Gesamtanalyse (III, 716).

Hier sind wesentliche Neuerungen nicht bekannt geworden. J. Gelhaar gibt eine Bestimmung des Wasserstoffs im Carbid an, wofür die Bestimmungsmethode wie bei einer gewöhnlichen Verbrennungsanalyse benutzt wird. Er mischt das Carbid mit der 10fachen Menge Bleichromat, dem 10% Kaliumdichromat zugesetzt sind, und erhitzt in einem Platinschiffchen, hinter dem sich etwas Platinschrot befindet. Verbrannt wird unter ständigem Durchleiten von Sauerstoff.

D. Carbidschlamm (III, 718).

Neuerungen sind hier nicht bekannt geworden.

E. Normen des Deutschen Acetylenvereins über den Carbidhandel (III, 719).

(Gültig vom 4. 9. 1927 an.)

Die Normen sind noch gültig[1]. Es wurde nur 1935 der zulässige Phosphorwasserstoffgehalt geändert, er beträgt jetzt 0,06 Vol.-% (früher 0,04 Vol.-%) mit einer zulässigen Analysenlatitüde von 0,01 Vol.-%. Als Analysenmethode gilt ausschließlich die Methode nach Fraenkel (1).

F. Internationale Normen für Calciumcarbid.

In der Nr. 34 (Ausgabe Juli/Dezember 1937) des Bulletin Officiel de la Commission Permanente Internationale de l'Acétylène, de la Soudure Autogène et des industries qui s'y rattachent (CPI) sind die „Normes Internationales du Carbure de Calcium et Annexes" im französischen Originaltext veröffentlicht. Der Deutsche Acetylenverein veröffentlicht die deutsche Übersetzung dieser Normen nebst Anhang (Probenahme und Analyse) und Anlagen I—IV mit einer Einführung von E. Sauerbrei.

Die Normen sind besonders für die in der C.P.I. vertretenen Länder von Bedeutung, die keine eigenen nationalen Normen haben, können

[1] Neuentwurf, der als DIN-Norm herausgegeben werden soll, ist beim Deutschen Acetylenverein als Fachnormenausschuß in Bearbeitung.

aber auch dort als maßgebende Liefergrundlage vereinbart werden, wo nationale Normen bestehen.

Diese Normen bringen Vorschriften über Verpackung, Korngröße, Preis, Gasausbeute, Reinheit des Gases, Reklamationsfrist und Vorschriften über Probenahme und Analyse. Letztere sind in einem Anhang zu den internationalen Normen sehr eingehend behandelt. In den Anlagen I—IV werden dann behandelt: Apparat des Office Central zur Bestimmung der Korngröße und des Staubgehaltes des Carbids; ferner zur Bestimmung der Gasausbeute von Calciumcarbid der Apparat des Deutschen Acetylenvereins, der Apparat des Schweizerischen Acetylenvereins und der Apparat des Office Central de l'Acétylène et de la Soudure Autogène (OCA).

Es sei folgendes hervorgehoben[1]:

Die Normen unterscheiden zwischen unsortiertem und sortiertem Carbid, während es bei den deutschen Normen nur sortiertes Carbid gibt. Als Staub gilt Carbid unter 2 mm Korngröße. Die Gasausbeute wird bezogen auf 15° C 760 mm Hg feucht, die Analysentoleranz beträgt 3%. Der Gehalt des Rohacetylens an Phosphorwasserstoff darf 0,06 Vol.-% nicht übersteigen, die zulässige Analysenlatitüde beträgt 0,01 Vol.-%. Die Analyse ist nach der Methode von Fraenkel (2) oder einer auf gleicher Grundlage beruhenden durchzuführen. In dem letzten Punkt liegt eine Abweichung gegenüber den deutschen Normen, die nur die Methode von Fraenkel zulassen.

Der Anhang zu den internationalen Normen gibt zunächst sehr eingehende Anweisungen für die Probenahme und ihre Durchführung, wobei auf die Größe der Trommeln, aus denen die Probe zu entnehmen ist, besonders eingegangen wird. Für die Ermittlung der Korngrößen und über die Grenzen für Über- und Unterkorn sind genaue Angaben gemacht. Carbid einer bestimmten Körnung darf nicht mehr als 5% Überkorn und nicht mehr als 15% Unterkorn enthalten. Ferrosilicium darf nicht mehr als 1% vorhanden sein. Für die Bestimmung der Gasausbeute sind die oben bereits genannten drei Apparate zugelassen, die in den Anlagen II, III und IV beschrieben sind.

Für die Bestimmung der im Acetylen enthaltenen Phosphorverbindungen als Phosphorwasserstoff sind folgende drei Methoden zugelassen:

1. Oxydation des Phosphors zu Phosphorsäure vermittels Natriumhypochloritlösung;

2. Oxydation des Phosphors zu Phosphorsäure vermittels Jod-Jodkaliumlösung;

3. Bestimmung vermittels Quecksilberchlorids.

Die Bestimmung nach der ersten Methode kann gravimetrisch als Magnesiumpyrophosphat nach Fraenkel (2) und Schlaepfer erfolgen oder aber titrimetrisch, d. h. durch Lösung des ausgefällten Ammoniumphosphormolybdats in überschüssiger Natronlauge und Titration des Überschusses mit Säure.

[1] Da die Veröffentlichung erst während der Drucklegung dieses Bandes erfolgte, können nur die wichtigsten Tatsachen kurz behandelt werden.

Die Kommission behält sich vor, auch jede andere Methode anzuerkennen, sofern ihre Zuverlässigkeit erwiesen ist. Im Falle von Reklamationen muß die Schiedsanalyse unter Anwendung der Oxydationsmethode vermittels Natriumhypochloritlösung und nachfolgender gravimetrischer Bestimmung des Phosphors als Magnesiumpyrophosphat nach Fraenkel erfolgen.

Es folgen dann die alle Einzelheiten der Ausführung berücksichtigenden genauen Beschreibungen der obengenannten drei Untersuchungsmethoden. Es kann hier nur auf die deutsche Übersetzung der Originalabhandlung verwiesen werden.

Auf den deutschen Apparat zur Bestimmung der Gasausbeute ist bereits auf S. 113 eingegangen.

Der Apparat des Schweizer Acetylenvereins gestattet auch feinkörniges Carbid zu untersuchen. 500—1000 g werden in 2—3 Papiertüten verteilt, im Entwickler, dessen Wasser acetylengesättigt sein muß, untergebracht und nacheinander in das Entwicklerwasser versenkt. Das Gas wird in einer Glocke aufgefangen und gemessen.

Bei dem Apparat des Office Central werden 100 g Carbid vergast, die auf eine Körnung von 10/15 oder 15/20 mm vorzerkleinert sein müssen.

In bezug auf Einzelheiten in der Ausführung und Arbeitsweise der Apparate muß wiederum auf die deutsche Übersetzung der Originalabhandlung verwiesen werden.

III. Acetylengas (III, 722).

Hansen bespricht die Unfallgefahren bei der Verwendung von Acetylen in gewerblichen Betrieben und die Bekämpfung derselben.

1. Acetylengehalt (III, 722). W. Scheruhn beschreibt einen Apparat, mit dem etwa 99%iges C_2H_2 im Acetylenluftgemisch auf 0,1% genau einwandfrei bestimmt werden kann. Das Acetylen wird mit rauchender Schwefelsäure absorbiert, das Restvolumen wird nicht in der Bürette, sondern in einer abgeänderten Hempelpipette in dem Rohr zwischen den beiden Kugeln abgelesen.

D. F. Novotný (1) absorbiert hochprozentiges C_2H_2 mittels konzentrierter Ilosvayscher Lösung (III, 722), filtriert das gefällte Cu_2C_2, wäscht es mit ammoniakalischem, hydroxylaminchloridhaltigem Wasser (2—3% Ammoniak, 0,5% Hydroxylaminchlorid) aus und löst es in 20%iger Salzsäure. Das Filtrat wird eingedampft und im Rückstand das Kupfer bestimmt. Novotný weist darauf hin, daß die Werte zu hoch ausfallen, weil Cu_2C_2 Kupfersulfat absorbiert. Bestimmt man im Filtrat das SO_4'' und zieht die entsprechende Menge Cu ab, so bekommt man richtige Werte. Verwendet man zur Herstellung der Lösung Kuprichlorid, so werden die Fehler durch Absorption geringer.

D. F. Novotný (2) beschreibt eine Abänderung der Methode von Chavaleston, wobei die Absorption des Acetylens durch Silbernitrat bei gedämpftem Licht und in einer von HCl- und H_2S-freien Wasserstoffatmosphäre erfolgt. Dadurch wird eine Zersetzung des labilen

Komplexes $C_2Ag_2AgNO_3$ vermieden. Die Titration der entstehenden Salpetersäure wird mit Mikrobüretten ausgeführt. Die Ergebnisse fallen etwas zu hoch aus.

Das Acetylen kann nach Novotný (2) ferner bestimmt werden, indem man zur Absorption eingestellte Silbernitratlösung verwendet, das entstandene Acetylensilber durch Porzellanfiltertiegel abfiltriert, mit Wasser auswäscht und im Filtrat das überschüssige Silber maßanalytisch nach Volhard oder gewichtsanalytisch als AgCl bestimmt.

M. Gerschenowitsch, G. Daletzki und N. Kotelko verbrennen ein Gemisch von Acetylen und anderen brennbaren Gasen bei 165° über einem Katalysator aus platiniertem Chromnickeldraht. Bei dieser Temperatur verbrennt nach Angabe der Autoren über diesem Katalysator nur Acetylen.

A. Krauß bestimmt in Schweißgasen das Acetylen mittels geeigneter Bürette durch Absorption in Wasser, die erhaltenen Werte müssen mit entsprechenden im Original angegebenen Faktoren multipliziert werden, um die Löslichkeit von Luft in Wasser zu berücksichtigen. Der Apparat hat für seine Zwecke (Beachtung der Explosionsgrenzen) eine hinreichende Genauigkeit.

H. Kahle kondensiert Acetylen in geeignetem Rohr durch Einfrieren mittels flüssiger Luft. Die Bestimmung erfolgt nach der Verdampfung durch Messung des Volumens oder chemisch durch Absorption.

Es sei in diesem Zusammenhang an schwere Unfälle erinnert, die bei solchen Arbeiten mit flüssiger Luft, die ja in Wirklichkeit hochprozentiger flüssiger Sauerstoff ist, aufgetreten sind. Man nimmt daher zweckmäßig flüssigen Stickstoff, wobei man sich aber vor Augen halten muß, daß flüssiger Stickstoff aus der Luft begierig Sauerstoff aufnimmt. Es muß daher auch hierbei mit der nötigen Vorsicht gearbeitet werden.

H. S. Davis, G. S. Crandall und W. E. Higbee jr. beschreiben eine Methode zur Bestimmung von Acetylen in Gasen, bei der das Gas in der Hempelbürette 2mal mit Pyrogallollösung gewaschen und in eine Flasche mit ausgekochter KBr-$KBrO_3$-Lösung übergeführt wird. Unter Schütteln wird dann kubikzentimeterweise 10%ige Schwefelsäure zugegeben (200% Überschuß). Nach etwa 1stündigem Schütteln werden 3—5 cm^3 gesättigte Jodkaliumlösung zugefügt. Nach dem Verdünnen wird mit Thiosulfat titriert.

E. Sauerbrei und W. Scheruhn (3) führen eine Schnellbestimmung von C_2H_2 im Entwicklerwasser von Acetylenentwicklern aus, indem sie aus dem Wasser oder der Kalkmilch das Acetylen durch Kochen austreiben und über Kochsalzlösung oder Quecksilber auffangen. Das Acetylen wird gasanalytisch mit rauchender Schwefelsäure oder alkalischer Cyankaliumlösung bestimmt.

J. R. Branham weist auf die Fehler bei der Gasanalyse hin, die dadurch entstehen, daß Gummi und Hahnfett Acetylen absorbieren. Er schlägt Korrektur durch Blindversuch vor, wodurch die Genauigkeit zwar verbessert, der Übelstand aber nicht restlos beseitigt wird.

Francis E. Blacet, George D. MacDonald und Philip A. Leighton beschreiben eine mikroanalytische Methode, wobei etwa 25—100 mm^3 Acetylen mittels eines Gemisches von festem CuCl und

KOH absorbiert und mit Hilfe einer Spezialmikrobürette bestimmt werden.

J. A. Andrejew und M. B. Neumann (Neiman) teilen ebenfalls eine gasmikroanalytische Bestimmung von Acetylen mit. Die Genauigkeit beträgt bei Anwendung von 0,3—0,4 cm³ Gas 0,2—0,4%.

E. Pietsch und A. Kotowski geben auf Grund eingehender Versuche an, daß unter geeigneten Bedingungen mit dem Reagens von Ilosvay Acetylen noch in einer Konzentration von $2—4 \cdot 10^{-4}$ Vol.-% nachgewiesen werden kann.

W. Riese beschreibt eine Methode zur quantitativen Bestimmung ganz geringer Acetylenmengen, wobei ebenfalls das Reagens von Ilosvay benutzt wird, welches aber in Abweichung von den bekannten Rezepten genau nach folgender Vorschrift zu bereiten ist:

2 g kristallisiertes reines Kupfernitrat — gelegentlich wurde auch die äquivalente Menge reines Kupfersulfat genommen — werden in einem 100 cm³ fassenden Meßkolben in 10 cm³ kaltem, destilliertem Wasser gelöst. Zu der Lösung gibt man 8 g festes Hydroxylaminchlorhydrat und schüttelt, bis auch dieses gelöst ist. Dann versetzt man das ganze mit 10,5 cm³ wäßrigem Ammoniak von der Konzentration 20 g Ammoniak in 100 cm³ Lösung (bei etwas schwächerem Ammoniakwasser nimmt man entsprechend mehr Kubikzentimeter), wobei lebhafte exotherme Reaktion unter Gasentwicklung und Farbaufhellung von dunkelblau bis schwachblau eintritt. Man setzt dann weiter 6 cm³ frischbereitete 2%ige Gelatinelösung zu, schüttelt um und füllt mit destilliertem Wasser auf 100 cm³ auf. Die Lösung ist dann absolut farblos und nach völligem Aufhören der Gasentwicklung wasserklar. Luftsauerstoff muß bei der Herstellung des Reagens möglichst ausgeschlossen werden.

Im einzelnen geschieht die Durchführung der Bestimmung so, daß man durch einen mit 10 cm³ Ilosvay-Lösung beschickten, reagensglasförmigen Blasenzähler so viele Kubikzentimeter des zu prüfenden Gases leitet, daß der Farbton einer in einem zweiten, gleichgebauten Blasenzähler befindlichen Vergleichslösung, die durch Versetzen von Ilosvay-Lösung mit einer bekannten Acetylenmenge hergestellt ist, gerade erreicht wird. Die Methode soll sich für Acetylengehalte bis zu etwa 2% eignen, für höhere Gehalte wird sie ungenau.

E. Vernazza benutzt Cuprothiosulfat und Alkalicuprothiosulfat als empfindlichen Nachweis auf C_2H_2.

H. Görlacher beschreibt einen Apparat zum Nachweis von Acetylen und anderen Giftstoffen in der Luft, der darauf beruht, daß die in der Luft anwesenden Giftstoffe die Reaktionsfähigkeit von gelbem Phosphor (Aufleuchten desselben) verändern.

Die Bestimmung des Acetylengehaltes im flüssigen Sauerstoff geschieht dadurch, daß man 5 l flüssiges O_2 bis auf etwa 250 cm³ im offenen Gefäß verdampfen läßt, diese dann in einen Glaskolben überführt und weiter verdampft. Dies Gas führt man durch ammoniakalische Silbernitratlösung, wobei verschiedene Ausführungsformen im Gebrauch sind. Aus der Menge des Acetylensilbers wird auf den Acetylengehalt geschlossen, oder das Acetylensilber wird mit Schwefelsäure zersetzt und das entwickelte Acetylen mit Ilosvayschem Reagens colorimetrisch bestimmt. Vgl. hierzu L. M. Jolsson, I. I. Strishewski und A. B. Bergelsson; W. S. Tschernjak und I. I. Strishewski; S. N. Kasarnowski.

2. **Verunreinigungen** (III, 723). Nach den Bestimmungen des Deutschen Acetylenvereins (s. S. 119) soll ein Calciumcarbid nur dann als lieferbar gelten, wenn der Gehalt an Phosphorwasserstoff im Rohacetylen höchstens 0,06 Vol.-% beträgt. Dies entspricht auch den internationalen Carbidnormen.

Über die Bestimmung von Phosphorwasserstoff teilen A. Fraenkel (1), W. Rimarski und E. Streb, E. Sauerbrei und W. Scheruhn (4) umfangreiche Versuche und entsprechende Analysenmethoden mit. Sie besprechen ausführlich das Oxydationsverfahren mit Hypochlorit und mit Jod-Jodkalium, das Verbrennungsverfahren und das colorimetrische Verfahren (Quecksilberchlorid-Chlorkaliumlösung) nach Granjon. Als Ergebnis der gesamten Untersuchungen wird dem Verfahren von Fraenkel der Vorzug gegeben unter der Voraussetzung, daß die OH-Ionenkonzentration dem Vorgehen Fraenkels entsprechend zurückgedrängt wird durch Zusatz von Natriumbicarbonat.

Für die Bestimmung des Phosphorwasserstoffs beschreiben S. Arutjenjan und R. Mnatzakanjan einen neuen Apparat, der die Bestimmungsmethode, die auf der Oxydation der Beimengungen des Acetylens durch Hypochlorit beruht, verbessern soll.

Mit der Untersuchung des Luftgehaltes im hochprozentigen Acetylen beschäftigen sich mehrere größere Veröffentlichungen der letzten Zeit. M. Konschak bestimmt die Verunreinigungen, die in der Hauptsache aus Luft bestehen, indem er ein Röhrchen von bestimmter Form mit dem zu untersuchenden Gas füllt und in eine Mischung von 80 Vol.-% Aceton und 20 Vol.-% Wasser taucht, die das Acetylen absorbiert. C. Aßmann bestätigt die Methode, hält sie aber noch für zu umständlich für kleinere Acetylenwerke, wo kein chemisch geschultes Personal vorhanden ist.

P. Schuftan beschreibt im Anschluß an die beiden vorhergehenden Veröffentlichungen einen einfachen Apparat, bei dem reines Aceton zur Absorption verwendet wird. Die Dauer der Analyse wird mit etwa 3 Minuten angegeben. Die Fehlermöglichkeiten und die unvermeidbaren Ungenauigkeiten werden eingehend besprochen.

Literatur.

(Soweit ausländische Literaturstellen zitiert sind, ist das Referat im Chemischen Zentralblatt mitgenannt.)

Alexandrow, A.: Chem. Journ., Ser. B. Journ. angew. Chem. [(russ.): Chimitscheski Shurnal, Sser. B. Shurnal prikladnoi Chimii] **5**, 843—848 (1932); Chem. Zentralblatt **1933 I**, 3601. — Andrejew, J. A. u. M. B. Neumann (Neiman): Chem. Journ., Ser. B. Journ. angew. Chem. [(russ.): Chimitscheski Shurnal, Sser. B. Shurnal prikladnoi Chimii] **8**, 1100—1106 (1935); Chem. Zentralblatt **1936 I**, 4848. — Arutjenjan, S. u. R. Mnatzakanjan: Synthet. Kautschuk [(russ.): Ssintetitscheski Kautschuk] **5**, Nr. 11/12 (1936); Chem. Zentralblatt **1937 I**, 4272. — Aßmann, C.: Acetylen Wiss. Ind. **35**, 184—186 (1932).

Blacet, Francis E., George D. MacDonald and Philip A. Leighton: Ind. and Engin. Chem., Anal. Ed. **5**, 272—274 (1933); Chem. Zentralblatt **1934 I**, 3371. — Branham, J. R.: Bur. Stand. Journ. Res. **12**, 353—362 (1934); Chem. Zentralblatt **1934 II**, 808.

Davis, H. S., G. S. Crandall and W. E. Higbee jr.: Ind. and Engin. Chem., Anal. Ed. **3**, 108—110; Chem. Zentralblatt **1933 II**, 3732. — Dsiwulski, W. I. u. L. I. Turbin: Synthet. Kautschuk [(russ.): Ssintetitscheski Kautschuk] **5**, Nr. 10 (1936); Chem. Zentralblatt **1937 I**, 2414.

Fraenkel: (1) Autogene Metallbearbeitg. **24**, 192—195 (1931). — (2) Autogene Metallbearbeitg. **31**, 193 (1938). — Froidevaux, J.: Journ. Four electr. Ind. electrochim. **43**, 50, 51 (1934); Chem. Zentralblatt **1934 I**, 2796.

Gelhaar, J.: Teknisk Tidskr. **63**, Nr. 23, Kemi, 41, 42 (1933); Chem. Zentralblatt **1934 I**, 2966. — Gerschenowitsch, N., G. Daletzki u. N. Kotelko: Betriebs-Lab. [(russ.): Sawodskaja Laboratorija] **5**, 1260—1263 (1936); Chem. Zentralblatt **1937 II**, 2560. — Görlacher, H.: Gesundheitsingenieur **57**, 144—146 (1934).

Hansen: Zbl. f. Gewerbehyg. u. Unfallverhütg. **23** (N. F. 13), 210—215 (1936).

Jolson, L. M.: Ztschr. f. anal. Ch. **108**, 321—325 (1937). — Jolsson, L. M., J. J. Strishewski u. A. B. Bergelsson: Betriebs-Lab. [(russ.): Sawodskaja Laboratorija] **5**, 952, 953, 1520 (1936); Chem. Zentralblatt **1937 I**, 1738; **1937 II**, 3630.

Kahle, H.: Chem. Fabrik **7**, 364—366 (1934). — Kasarnowski, S. N.: Autogene Ind. [(russ.): Awtogennoje Djelo] **7**, Nr. 10, 16, 17 (1936); Chem. Zentralblatt **1937 II**, 1415. — Konschak, M.: Acetylen Wiss. Ind. **35**, 118—122 (1932). — Krauß, A.: Acetylen Wiss. Ind. **35**, 73—75 (1932).

Moll, H.: Chemisch Weekblad **30**, 108 (1933); Chem. Zentralblatt **1933 I**, 3601.

Novotný, D. F.: (1) Coll. Trav. chim. Tchécoslovaquie **6**, 514—527 (1934); Chem. Zentralblatt **1935 II**, 2985. — (2) Coll. Trav. chim. Tchécoslovaquie **7**, 84—89 (1935); Chem. Zentralblatt **1935 II**, 2986.

Orshechowski, P. M. u. K. B. Chait: Chem. Journ., Ser. B. Journ. angew. Chem. [(russ.): Chimitscheski Shurnal, Sser. B. Shurnal prikladnoi Chimii] **9**, 1141 bis 1143 (1936); Chem. Zentralblatt **1937 I**, 1483.

Pieters, H. A. J. en H. S. Visser: Chemisch Weekblad **29**, 188 (1932); Chem. Zentralblatt **1932 II**, 3444. — Pietsch, E. u. A. Kotowski: Ztschr. f. angew. Ch. **44**, 309—312, 388 (1931).

Riese, W.: Ztschr. f. angew. Ch. **44**, 701—703 (1931). — Rimarski, W. u. E. Streb: Autogene Metallbearbeitg. **24**, 195—199 (1931).

Sauerbrei: Autogene Metallbearbeitg. **31**, 189—199 (1938). — Sauerbrei u. Scheruhn: (1) Autogene Metallbearbeitg. **30**, 102—105 (1937). — (2) Autogene Metallbearbeitg. **28**, 229—233 (1935). — (3) Autogene Metallbearbeitg. **27**, 341—343 (1934). — (4) Autogene Metallbearbeitg. **24**, 199—203 (1931). — Scheruhn, W.: Autogene Metallbearbeitg. **26**, 296—299 (1933). — Schütz, F. u. W. Klauditz: Ztschr. f. angew. Ch. **44**, 42—44 (1931). — Schuftan, P.: Autogene Metallbearbeitg. **26**, 88—90 (1933). — Sheleskow, P. S.: Chemisat. 10 c alist. Agricult. [(russ.): Chimisazija ssozialistitschestzogo Semledelija] **5**, Nr. 10, 101—114 (1936); Chem. Zentralblatt **1937 I**, 2414.

Trost, F.: Ann. Chim. appl. **22**, 63—80 (1932); Chem. Zentralblatt **1932 I**, 3092. — Tschernjak, W. S. u. J. J. Strishewski: Autogene Ind. [(russ.): Awtogennoje Djelo] **7**, Nr. 2, 16, 17 (1936); Chem. Zentralblatt **1937 I**, 3996.

Vernazza, E.: Industria chim. **6**, 866—869 (1931); Chem. Zentralblatt **1931 II**, 3234. — Vondrácek, R.: Chem.-Ztg. **55**, 344 (1931).

Wassiljew, A. A.: Ztschr. f. anal. Ch. **84**, 217—220 (1931).

Verflüssigte und komprimierte Gase.

Von

Dr.-Ing. **A. Orlicek**, Höllriegelskreuth bei München.

I. Allgemeines (II/1, 825).

Ziel der technischen Untersuchung verdichteter Gase ist im allgemeinen die Feststellung der Verwendbarkeit für einen bestimmten technischen Zweck. Häufig ist es zulässig auf eine vollständige Ermittlung der Zusammensetzung zu verzichten und sich auf die Bestimmung der technisch wichtigen Gasbestandteile zu beschränken. Art und Menge der vielleicht nur in Spuren vorhandenen Verunreinigungen bestimmen oft die technische Brauchbarkeit eines Gases. In diesen Fällen genügt es die Analyse auf die Bestimmung der Verunreinigungen zu beschränken, ja es kann sogar ausreichend sein festzustellen, daß die schädlichen Verunreinigungen eine gewisse Konzentration nicht überschreiten.

Die volumetrische Gasanalyse ist für derartige Bestimmungen wenig geeignet, macht es doch schon Schwierigkeiten mit ihr Konzentrationen unter $^1/_{10}$% genau zu ermitteln. Daher ist die gegebene Arbeitsmethode zur Bestimmung von Verunreinigungen vielmehr die, jeden interessierenden Bestandteil für sich durch eine genügend empfindliche Einzelbestimmung zu erfassen.

Physikalische Meßmethoden werden in der technischen Gasanalyse zur raschen oder selbsttätigen Bestimmung oft herangezogen, aber auch aus einer sehr genauen physikalischen Messung läßt sich die Menge von Stoffen, deren Konzentration klein ist, nur annähernd berechnen. Die noch erfaßbare untere Grenzmenge hängt bei gegebenem Meßverfahren davon ab, wie stark die physikalischen Konstanten der untersuchten Stoffe voneinander verschieden sind. In günstigen Fällen, z. B. bei der Analyse eines Stickstoff-Wasserstoffgemisches mit dem Haber-Löweschen Interferometer kann man bis zu $^1/_{100}$% Stickstoff im Wasserstoff oder umgekehrt feststellen. Im allgemeinen muß aber schon bei Konzentrationen von $^1/_{10}$% mit dem Versagen direkter Meßmethoden gerechnet werden. In vielen Fällen, in denen die chemische oder physikalische Analyse Schwierigkeiten bereitet, gelingt es durch Anwendung von Trennungsverfahren, wie fraktionierte Kondensation, Destillation oder Adsorption eine Verbesserung der Analyse zu erreichen, auch wenn es dabei nicht gelingt, den zu bestimmenden Stoff quantitativ und rein abzuscheiden. Man begnügt sich dann damit, eine Fraktion zu gewinnen, die den gesuchten Stoff so angereichert enthält, daß er mit den verfügbaren analytischen Verfahren leicht bestimmt werden kann. Besonders wichtig sind diese physikalischen Trennungs- und Anreicherungsmethoden bei der Untersuchung von Gemischen aus Stoffen, die sich chemisch nur wenig unterscheiden, und bei der Analyse sehr komplexer Gemische. Fast regelmäßig werden diese Trennungsverfahren angewendet bei der Analyse von Kohlenwasserstoffgemischen und bei der Untersuchung von Gemischen, die Edelgase enthalten. Deshalb sind diese Arbeitsverfahren auch in den bezüglichen Abschnitten beschrieben[1], obwohl sie von durchaus allgemeiner Benutzbarkeit sind.

Die wichtigsten physikalischen Daten für die in Frage kommenden Gase sind in nachstehender Tabelle 1 zusammengestellt.

II. Behördliche Vorschriften (II/1, 826)[2].

Seit dem Erscheinen des Hauptwerkes wurden die durch die Entwicklung in den letzten Jahren vielfach überholten Bestimmungen in wesentlichen Punkten abgeändert und dem Stand der Technik angepaßt.

Der Verkehr mit verflüssigten und komprimierten Gasen ist in Deutschland durch die Polizeiverordnung über die ortsbeweglichen geschlossenen Behälter für verdichtete, verflüssigte und unter Druck gelöste Gase und durch die vom Druckgasausschuß aufgestellten „Technischen Grundsätze“ geregelt.

Behälter und Zubehörteile sind zum Teil genormt, siehe DIN 447, 4664—4671. DVGM 3200, 3221, DIN KR 3380.

Die für den Bahnversand maßgebenden Bestimmungen sind im deutschen Eisenbahngütertarif Anlage C „Vorschriften über die nur bedingt zur Beförderung zugelassenen Gegenstände“ niedergelegt.

Neben den schon früher handelsüblichen Gasen bezeichnet die letzte Ausgabe des Tarifs auch folgende Stoffe als für den Bahnversand zulässig: Edelgase, Stickstofftetroxyd, Chlorwasserstoff, Schwefelwasserstoff, Borfluorid, Äthylenoxyd, Vinylchlorid, Methylbromid, Methyläther, Methylamin, Äthylamin, Butadien und Dichlordifluormethan. Darüber hinaus werden auch andere Gase von der Bahn befördert, sofern es sich um Sendung von Versuchsgasen handelt und sie den polizeilichen Vorschriften entsprechen.

Die Druckgasverordnung findet keine Anwendung auf Behälter unter 220 cm³ Rauminhalt. Geringe Mengen unter Druck verflüssigter Gase dürfen auch in gasdicht verschließbaren oder zugeschmolzenen Glasröhren durch die Bahn befördert werden.

Als Werkstoff für die Behälter dient vor allem Flußstahl. Es können aber auch Behälter und Armaturen aus Kupfer für schweflige Säure, Methyl- und Äthylchlorid, Methylbromid sowie Methyläther Verwendung finden. Ist der Versuchsdruck[3] kleiner als 50 Atm., so sind neben nahtlosen Flaschen auch geschweißte zulässig, die aber nicht für die Aufbewahrung von Acetylen dienen dürfen. Bezüglich der Herstellung von geschweißten und hartgelöteten Flaschen enthalten die technischen Grundsätze eine Reihe von Sonderbestimmungen. Ihre Hauptanwendung haben die geschweißten Behälter für die Aufbewahrung von Gasol gefunden.

---

[1] Allgemeine Vorschriften und Literatur über die Gastrennung durch physikalische Methoden vgl. G. Lunge, H. R. Ambler sowie A. Klemenc.

[2] Siehe Ztschr. f. kompr. u. verfl. Gase **32**, 106 (1936).

[3] Mit Versuchsdruck wird in der Polizeiverordnung der Druck bezeichnet, mit dem die Behälter bei der Druckprobe geprüft werden.

Ta-

	Mol.-Gew.	Spezifisches Gewicht, Flüssigkeit			Dampfdruck ata		
		0° C	15° C	30° C	0° C	15° C	30° C
Helium	4,003	0,1222 (Kp.)		—	—	—	—
Neon	20,183	1,204 ,,		—	—	—	—
Argon	39,944	1,4 ,,		—	—	—	—
Krypton	83,70	2,155 (—146°)		—	—	—	—
Xenon	131,30	~3 (Kp.)		—	—	—	—
Wasserstoff	2,016	0,0708 (Kp.)		—	—	—	—
Stickstoff	28,016	0,802 ,,		—	—	—	—
Sauerstoff	32,000	1,146 ,,		—	—	—	—
Chlor	70,91	1,4685	1,4273	1,3799	3,78	5,94	9,04
Stickoxydul	44,016	0,9105	0,800	0,6905	37,3	51,4	70,5
Stickstofftetroxyd	92,016	1,4468 (20°)		1,4246	—	0,76	1,48
Kohlenoxyd	28,00	0,7986 (Kp.)		—	—	—	—
Kohlendioxyd	44,00	0,914	0,814	0,598	39,2	56,5	—
Schwefeldioxyd	64,06	1,4350	1,3964	1,3565	1,51	2,78	4,60
Ammoniak	17,031	0,6341	0,6138	0,5918	4,19	7,12	11,44
Chlorwasserstoff	36,465	—	0,924	0,772	26,4	—	53,9
Schwefelwasserstoff	34,08	0,96 (—60°)		—	10,8	16,5	23,7
Phosgen	63,46	—	1,392	1,357	—	1,4	2,25
Methan	16,03	—	0,466 (—160°)	—	—	—	—
Äthan	30,05	—	0,373	—	23,4	32,3	45,3
Äthylen	28,03	—	0,310 (6°)	—	40,2	—	—
Acetylen	26,02	—	0,420 (10°)	—	26,3	38,1	54,0
Propan	44,06	0,532	0,509	0,485	4,8	7,3	10,4
Propylen	42,05	0,546	0,523	0,497	6,0	9,0	12,6
n-Butan	58,08	0,601	0,580	0,557	—	1,80	3,25
iso-Butan	58,08	0,582	0,566	—	1,5	2,5	3,8
Butylen-1	56,06	0,619	0,599	0,577	—	—	—
Butylen-2	56,06	0,631	0,614	—	—	—	—
iso-Butylen	56,06	—	0,601	—	1,4	2,2	3,5
Butadien	54,05	0,6456	0,6274	—	1,17	—	—
Methylchlorid	50,48	—	0,917 (17°)	—	2,49	4,12	6,50
Methylbromid	94,94	1,731	—	—	3,045	5,592 (20°)	7,337
Dichlordifluormethan	120,9	1,393	1,379	1,293	3,15	—	7,58
Äthylchlorid	64,49	0,921	—	—	—	1,14	—
Methylamin	31,05	0,695 (—6,9°)	—	0,647	1,38	2,48	4,31
Äthylamin	45,06	0,7059	0,6885	0,6693	—	—	1,70

Für die Wirtschaftlichkeit der Verwendung von Flaschengas ist es wichtig, daß das Gewicht des Behälters im Verhältnis zum Gewicht des Flascheninhaltes den durch Sicherheitsgründe bedingten Mindestwert erreicht. Besonders wichtig ist die Verminderung des toten Gewichtes bei hochkomprimiertem Treibgas zum Betrieb von Kraftfahrzeugen. Den Bestrebungen zur Herabsetzung des Flaschengewichtes wurde durch die seit 1935 geltende neue Fassung der technischen

belle 1.

Kp. °C	Smp. °C	T_k °C	P_k ata	Dichte bezogen	Norm. cm³ Gew.	1 Liter Flüssigkeit = m³ Gas	Oberer Heizwert kcal/kg	Unterer Heizwert kcal/kg
269,0	—	—267,9	2,335	0,1381	0,1785	0,746	—	—
—246,1	—248,8	—228,5	28,13	0,6961	0,8999	1,458	—	—
—185,7	—189,4	—122,4	49,60	1,3799	1,7839	0,856	—	—
—153,2	—157,2	— 63,7	56,0	2,868	3,739	0,628	—	—
—108,0	—111,5	+ 16,6	60,1	4,49	5,896	0,560	—	—
—252,78	—259,2	—239,9	13,2	0,06952	0,08987	0,865	33910	28570
—195,81	—210,0	—147,1	34,6	0,9673	1,2505	0,700	—	—
—182,96	—218,8	—118,8	51,35	1,1053	1,42895	0,874	—	—
— 33,9	—103	+146	97,0	2,49	3,22	0,981	—	—
— 89,5	— 90,8	+ 36,5	74,1	1,5300	1,9780	0,679	—	—
+ 21,1	— 9,3	+158,2	103,0	3,1812	4,1126	—	—	—
—191,58	—205,98	—140,2	35,66	0,9669	1,2500	0,696	2420	2420
— 78,5	— 56,6	+ 31,0	75,3	1,5291	1,9768	0,652	—	—
— 10	— 75,5	+157,5	80,22	2,2635	2,9263	0,558	—	—
— 33,5	— 78,0	+132,4	115,2	0,5967	0,7714	0,972	—	—
— 85,0	—114,2	+ 51,4	83,0	1,2679	1,6391	0,793	—	—
— 60,7	— 85,6	+100,4	91,8	1,1906	1,5392	0,698	—	—
+ 8,2	—118	+182,0	56,0	3,505	4,531	0,536	—	—
—161,4	—182,6	— 82,5	47,3	0,5545	0,7168	0,715	13280	11930
— 88,71	—183,65	+ 35,0	50,4	1,0492	1,3564	0,444	12410	11330
—103,9	—170	+ 9,7	52,6	0,9484	1,2605	0,357	12130	11360
— 83,6	— 81	+ 37	68	0,9057	1,1709	0,486	12030	11621
— 42,2	—187,7	+ 95,6	45,6	1,520	2,019	0,323	12040	11070
— 47,0	—185,2	+ 92,3	46,5	1,479	1,923	—	11770	11000
+ 0,5	—135	+152,0	38,7	2,091	2,703	0,252	11840	10920
— 10,2	—145	+133,7	38,2	2,064	2,668	0,250	11820	10890
— 6,1	—130	+142	—	1,977	2,558	0,272	11630	10860
+ 1	—128	+155	—	1,977	2,558	0,274	—	—
— 6,6	—147	+143,5	—	1,977	2,558	—	—	—
10,3	—	—	—	—	—	—	—	—
— 24	—104	+142,8	66	1,7438	0,2543	—	—	—
+ 3,2	— 93	+194,0	—	—	—	—	—	—
— 29,8	—	+111,5	39,56	—	3,87	—	—	—
+ 12,5	—138,7	+182,9	54	2,2280	2,8804	—	—	—
— 6,6	— 92,5	+155,0	72	1,0737	1,388	—	—	—
+ 16,6	— 81,0	+183,2	55,5	1,558	2,0141	—	—	—

Grundsätze entsprochen und darüber hinaus die Herstellung von sog. Leichtstahlflaschen[1] ermöglicht, die in Deutschland aus niedrig legiertem, vergüteten Stahl hergestellt werden (W. Jamm und K. Walter).

Mit besonderer Genehmigung des Druckgasausschusses werden ferner kaltgezogene Flaschen aus hochlegierten Stählen erzeugt und vertrieben,

[1] Siehe Ztschr. f. kompr. u. verfl. Gase **30**, 73, 85, 86 (1934).

die eine Gewichtsersparnis bis zu 50% erlauben[1]. Für Leichtstahlflaschen ist aber eine häufigere Wiederholung der Druckprobe vorgeschrieben.

Die Kennzeichnung der Behälter hat zu enthalten: Name oder Firma des Eigentümers (Abkürzung im Einverständnis mit dem Druckgasausschuß möglich), Behälternummer, Bezeichnung des Gases, Leergewicht, Prüfdruck, Stempel des Sachverständigen und Tag der Prüfung sowie Herstellerzeichen. Auf Flaschen für verflüssigte Gase ist das zulässige Füllgewicht, auf solchen für verdichtete Gase der zulässige Überdruck anzugeben. Die Anordnung des Kennzeichens ist nach DIN 4671 auszuführen. Wird der Behälter zur Kennzeichnung seines Inhaltes mit einem Farbanstrich versehen, so ist als Kennfarbe zu wählen:

Für Acetylen . . . . gelb
Alle anderen brennbaren Gase . . . . rot
Sauerstoff . . . . blau
Stickstoff . . . . grün
Alle nicht brennbaren Gase . . . . grau

Es genügt, die Behälter mit einem Farbring zu bezeichnen, ein allfälliger Grundanstrich ist in grauer Farbe auszuführen.

Tabelle 2. Komprimierte Gase.

Gase	Fülldruck in atü bei 15° C	Versuchsdruck in atü
Edelgase, Stickstoff, Sauerstoff und deren Mischungen, Wasserstoff, Methan, Kohlenoxyd, Leuchtgas, Wassergas, Borfluorid	200	300
Fettgas	125	188
Acetylen, gasförmig	1,5	—
Acetylen, gelöst	15	60
Alle anderen Gase	1,0	—

Tabelle 3. Verflüssigte Gase.

Gase	Erforderlicher Gefäßraum für 1 kg Füllung in Liter	Versuchsdruck atü	Wiederholung der Druckprüfung verlangt in Jahren	Gase	Erforderlicher Gefäßraum für 1 kg Füllung in Liter	Versuchsdruck atü	Wiederholung der Druckprüfung verlangt in Jahren
Kohlensäure . .	1,34	190	5	Propylen . . .	2,25	35	5
Stickoxydul . .	1,34	180	5	Butadien . . .	1,85	10	5
Chlorwasserstoff	1,50	100	2	Methylchlorid .	1,25	16	5
Schwefelwasserstoff	1,45	45	2	Methylbromid .	0,7	10	5
Ammoniak . .	1,86	30	5	Äthylchlorid . .	1,25	10	5
Chlor	0,8	22	2	Dichlordifluormethan . . .	0,89	13	5
Stickstofftetroxyd . .	0,8	22	2	Phosgen	0,8	15	2
Schweflige Säure	0,8	12	2	Vinylchlorid . .	1,26	11	5
Äthan	3,30	95	5	Äthylenoxyd . .	1,30	10	5
Propan	2,35	25	5	Methyläther . .	1,65	16	5
Butan	2,05	12	5	Methylamin . .	1,70	14	5
Äthylen	3,50	225	5	Äthylamin . . .	1,70	10	5

[1] Siehe Ztschr. f. kompr. u. verfl. Gase 32, 106 (1936).

In der Zusammenstellung (Tabelle 2) sind die jetzt in Deutschland geltenden Höchstfüllungen für Gasflaschen und die Versuchsdrucke aufgeführt, mit denen die Behälter geprüft werden.

Die Druckprobe muß nach Ablauf von 5 Jahren wiederholt werden. Für Leichtstahlflaschen bestehen Sonderbestimmungen (Tabelle 3).

Tabelle 4. Technische Gasmischungen.

Gase	Erforderlicher Gefäßraum für 1 kg Füllung Liter	Versuchsdruck atü	Wiederholung der Druckprüfung verlangt in Jahren
Ölgas, das bei 40° C den Druck der Kohlensäure nicht übersteigt, z. B. Blaugas	2,50	190	5
Verflüssigtes Ölgas, das bei 40° C einen Druck von max. 25 atü hat	2,50	40	5
Verflüssigte Gemische von Kohlenwasserstoffen, die bei 50° C einen Druck von max. 30 atü haben (Ruhrgasol)	2,50	45	5
Verflüssigte Gemische von Kohlenwasserstoffen, die bei 50° C einen Druck von max. 16,5 atü haben	2,35	24	5
Verflüssigte Gemische von Kohlenwasserstoffen, die bei 50° C einen Druck von max. 6,5 atü haben	2,08	10	5

Für verschiedene Gase darf derselbe Behälter nur benützt werden, wenn der Druckgasausschuß seine Zustimmung zur Bezeichnung der Behälter zur wahlweisen Verwendung für mehrere Gase gegeben hat.

Ausrüstungsteile an Behältern für Acetylen, sofern sie mit dem Gas in Berührung kommen, sind nicht aus Kupfer oder Legierungen, die mehr als 70% Kupfer enthalten, herzustellen, weil sonst die Gefahr der Bildung von explosivem Kupferacetylid besteht.

Die Ventilanschlußgewinde für Sauerstoff, Schwefeldioxyd, Stickoxydul, Chlor, Phosgen, Chlorwasserstoff und Preßluft wurden durch die zweite Ausgabe der Norm 477 abgeändert. Umstehende Tabelle 5 gibt die zur Zeit geltenden Maße der Ventilanschlüsse.

Ist es beim Umfüllen oder Probenehmen erforderlich, so können die Behälter und deren Armaturen bis auf 40° C erwärmt werden, doch darf das nicht durch eine offene Flamme geschehen, und es sind Vorkehrungen zu treffen, daß die Höchsttemperatur nicht überschritten wird.

Zur Aufbewahrung und zum Transport von unter Atmosphärendruck verflüssigten Gasen wie flüssige Luft, dienen in der Technik Vakuumgefäße aus Metall, die in Größen bis etwa 100 l erzeugt werden, während noch größere Gefäße[1] mit festen Isolierstoffen umkleidet

[1] Derartige Gefäße in Größen bis mehrere Kubikmeter dienen vor allem zum speichern und transportieren von Sauerstoff, der in neuer Zeit vielfach in flüssiger Form transportiert wird, um die hohen Frachtkosten, die beim Transport des Sauerstoffs in Stahlflaschen entstehen, zu ersparen.

9*

Tabelle 5.

Gas	Gangrichtung	Gewindeart	Gewindedurchmesser	Kerndurchmesser	Gangzahl pro Zoll
Brennbare Gase, Wasserstoff, Ölgas, Blaugas, Kohlenoxyd, Chlorkohlenwasserstoff	links	Withworth DIN 259	21,800	19,476	14
Nicht brennbare Gase, Edelgase, Kohlendioxyd, Ammoniak	rechts	Withworth DIN 259	21,800	19,476	14
Stickstoff	rechts	Withworth DIN 259	24,320	21,996	14
Sauerstoff	rechts	R $^3/_4$	26,442	24,119	14
Schweflige Säure	rechts	R $^5/_8$	22,912	20,588	14
Stickoxydul	rechts	R $^3/_8$	16,663	14,951	19
Chlor, Phosgen, Borfluorid, Chlorwasserstoff	rechts	1″ DIN 11	25,401	21,335	8
Acetylen	Bügelanschluß				
Preßluft	rechts	R $^5/_8$	22,912	20,588	14
	(Muttergewinde am Flaschenventil)				

werden. Um das Vakuum trotz der unvermeidlichen Gasabgabe der Metallwand zu erhalten, ist in den Zwischenraum Aktivkohle eingebracht. Wird bei Gefäßen, die zum Transport von Sauerstoff dienen, die Innenwand undicht, so kommt der Sauerstoff mit der Kohle in Berührung und bildet damit ein explosives Gemisch. Zu einer Explosion ist es in seltenen Fällen gekommen, und zwar dann, wenn starke Verunreinigungen der Kohle zur Selbstentzündung geführt haben (vgl. Laschin). Bei sachgemäßer Herstellung des Gerätes sind Explosionen so gut wie ausgeschlossen und die Aufbewahrung von flüssiger Luft oder flüssigem Sauerstoff in Vakuummantelgefäßen aus Metall ist als ungefährlich zu bezeichnen. Doppelwandige, evakuierte Gefäße aus Porzellan wurden auch vorgeschlagen und besitzen in großen Dimensionen gewisse Vorteile gegenüber solchen aus Glas, doch haben sie nur geringe Verbreitung gefunden.

III. Probenahme (II/1, 829).

Der wichtigste Fehler beim Ziehen von Proben ist auf Inhomogenität des Gasinhaltes zurückzuführen. Die örtlichen Unterschiede in der Zusammensetzung können durch die Anwesenheit mehrerer Phasen bedingt sein, sie treten aber auch innerhalb einer Phase auf. Sogar in Behältern, die nur Gas enthalten, kann der Inhalt inhomogen sein, und zwar dann, wenn die einzelnen Bestandteile nacheinander gesondert hineinkomprimiert werden. Die Mischung der Gase kann je nach Umständen viele Stunden in Anspruch nehmen (s. auch Allen S. Smith).

Von verflüssigten Gasen ist eine der Durchschnittszusammensetzung entsprechende Probe aus der Flüssigkeit selbst zu ziehen[1], weil flüchtigere Stoffe in der mengenmäßig zurücktretenden Gasphase stark angereichert sind. Man kann von dieser Erscheinung übrigens Gebrauch machen, wenn auf solche Verunreinigungen qualitativ zu prüfen ist.

Scheidet sich aus dem verflüssigten Gas eine zweite flüssige oder feste Phase aus (z. B. Wasser aus Schwefeldioxyd oder Gasol, oder Eis bzw. festes Gashydrat aus Kohlenwasserstoffen), so kann naturgemäß eine richtige Durchschnittsprobe nicht erhalten werden.

Manchmal ist es in solchen Fällen doch noch möglich, genügend richtige Proben zu erhalten, so z. B. von flüssigem Sauerstoff aus dem Verdampfer eines Lufttrennungsapparates. Die in der Flüssigkeit allfällig vorhandenen Kohlenwasserstoffe sind bei der Temperatur des flüssigen Sauerstoffs fest, die Flüssigkeit wird aber durch das Sieden so stark durchgemischt, daß ein Absetzen der Kohlenwasserstoffe kaum eintritt.

Fehler können ferner dadurch entstehen, daß sich die Probe bei der Entnahme entmischt. Zieht man Probe aus der flüssigen Phase von Gemischen, so besteht die Gefahr, daß die Flüssigkeit bei der Entspannung nur unvollständig verdampft und daß dann ein Teil des Schwerflüchtigen in den Leitungen zurückbleibt. Um das zu verhindern, hat die Probenahme möglichst rasch zu erfolgen, und Leitungen für die Flüssigkeit sind im Querschnitt klein zu halten, damit sie genügend durchgespült werden. Wird eine größere Menge eines verflüssigten Gases entspannt, so kühlt sich das Ventil stark ab und muß, damit die Flüssigkeit mit Sicherheit vollständig verdampft, angewärmt werden.

Die Probe kann sich auch in ihrer Zusammensetzung verändern, wenn man das Gas durch längere Gummischläuche entnimmt, da einzelne Gase durch Gummi hindurchdiffundieren bzw. darin löslich sind[2]. Ganz falsch ist es flüssige Kohlenwasserstoffe durch Gummileitungen zu entnehmen. Man nimmt Glas- oder Metalleitungen und beschränkt die Verwendung von Gummi auf nichtvermeidbare Verbindungsstücke.

Um eine Verunreinigung durch Luft zu vermeiden, dürfen, wenn das Gefäß oder die Apparatur, in die eine Probe gefüllt werden soll, unter Vakuum steht, nur Ventile verwendet werden, die auch von der Stopfbüchsseite vollkommen vakuumdicht sind. Noch besser verwendet man Ventile, bei denen die Stopfbüchse durch einen Metallfederkörper[3] ersetzt ist oder auch solche, bei denen der Abschluß gegen die Druckseite und nach außen durch eine Gummiplatte bewirkt wird.

Zum Abmessen größerer Gasvolumen dient am einfachsten eine Gasuhr. (Sehr geeignet sind dazu sog. Versuchsgasmesser, die, um genaues Ablesen zu ermöglichen, mit einem großen Zifferblatt versehen sind und auch eine Einrichtung zum Bestimmen der Durchflußgeschwindigkeit besitzen.)

---

[1] Zu beachten wäre dabei noch, daß gelegentlich Gasflaschen mit einem Steigrohr versehen sind, so daß man, wenn der Behälter zum Probeziehen gekippt wird, aus der Gasphase entnimmt.

[2] Vgl. Schuftan: Gasanalyse, S. 8.

[3] Vgl. A. Klemenc: Behandlung und Reindarstellung von Gasen, S. 15.

Man schaltet die Gasuhr immer hinter die Analysenapparate um zu verhindern, daß das Sperrwasser Gasbestandteile herauslöst. Ist die Anordnung der Gasuhr hinter den Analysengeräten nicht möglich, dann muß die Gasmenge mit den weniger bequemen Strömungsmessern ermittelt werden, die auf Messung des Druckabfalls beim Durchgang des Gases durch eine Drosselstelle beruhen.

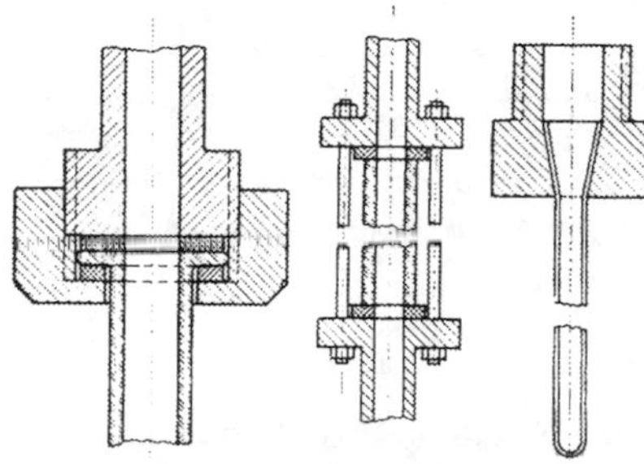

Abb. 1. Druckfeste Glasmetallverbindungen.

Die Messung des Volumens kleiner Mengen flüssiger Gase geschieht am einfachsten in Glasgefäßen. Kugelige und zylindrische Gefäße mit gewölbtem Boden bis etwa 50 mm Durchmesser sind bis etwa 10 atü zu verwenden. Für höhere Drucke bis ungefähr 80 atü nimmt man Rohre von etwa 10 mm i. L. und 3 mm Wandstärke aus geeignetem Hartglas, wie z. B. Durobax oder Felsenglas von Schott & Genossen. Die Bearbeitung von höchstbeanspruchten Glasröhren erfordert genaue Sachkenntnis und erfolgt am besten in der Hütte. Ventile und Anschlüsse bestehen aus Metall und werden so gestaltet, daß das Glasrohr unter Zwischenlage von geeigneten Dichtungen an den Metallstutzen angepreßt (s. Abb. 1) wird, oder man bildet sie als Lötverbindungen aus[1].

Für höhere Drucke ist es vielfach günstiger sich mit einem Schauglas zu begnügen, wie sie in ähnlicher Form für Wasserstandanzeiger an Hochdruckdampfkesseln benutzt werden. Eine derartige Armatur für Drucke bis 100 atü beschreibt A. Neubauer[2].

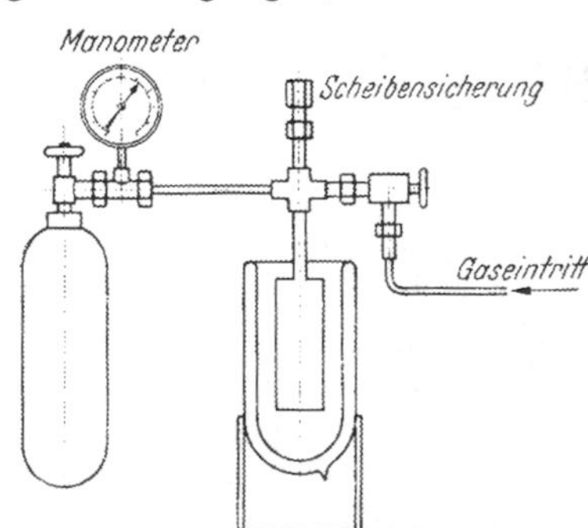

Abb. 2. Anordnung zum Abfüllen von Gasproben in Stahlflaschen.

Die Aufbewahrung und der Transport größerer Mengen eines Gases zur Analyse geschieht am vorteilhaftesten in verdichtetem Zustande in einer Stahlflasche. Da gewöhnlich für derartige Zwecke ein geeigneter Kompressor nicht zur Verfügung steht oder wegen der Gefahr der Verunreinigungen durch Öl oder durch darin gelöste Gase nicht verwendet werden kann, erfolgt die Füllung am besten durch Kondensation und darauffolgendes Verdampfen unter Druck.

Ein druckfestes Gefäß, z. B. aus Kupfer (Abb. 2), wird in einem Kältebad so tief abgekühlt, daß das Gas unter dem verfügbaren Druck verflüssigt wird. Hat sich genügend Flüssigkeit gesammelt, so wird die

[1] Siehe E. v. Angerer: Technische Kunstgriffe bei physikalischen Untersuchungen, S. 47. Braunschweig 1936.

[2] Neubauer, A.: Chem. Fabrik 11, 143 (1938).

Gaszufuhr unterbrochen und der Inhalt durch langsames Erwärmen des Kondensationsgefäßes unter gleichzeitiger Beobachtung des Druckes in die Stahlflasche verdampft. Die Menge des einkondensierten Gases ist so zu bemessen, daß kein unzulässiger Enddruck auftreten kann. Am einfachsten geschieht das durch Anpassung des Volumens des Kondensationsgefäßes an die Größe der zu füllenden Stahlflaschen. Die Kondensationsgefäße werden vorteilhaft auch mit Sicherheitsscheiben oder ähnlichen Vorrichtungen versehen, um zu verhindern, daß durch Bedienungsfehler oder andere Störungen Drucke auftreten, denen die Festigkeit der Geräte nicht gewachsen ist.

IV. Analyse der einzelnen Gasarten.

1. Schwefeldioxyd (II/1, 832). Flüssiges Schwefeldioxyd, das Wasser enthält, wirkt im Gegensatz zum trockenen auf Eisen stark korrodierend, das Handelsprodukt ist daher in erster Linie auf Feuchtigkeit zu prüfen.

Zum Betrieb von Kältemaschinen dienendes Schwefeldioxyd soll nach A. K. Scribner weniger als 200 p. M.[1] Feuchtigkeit enthalten, praktisch rückstandfrei verdampfen und wasserhell sein. Amerikanische Hersteller (Compr. Gas Manufacturer Ass.) gewährleisten einen Wassergehalt unter 50 p. M. (s. F. Eustis).

Soll die Anwesenheit von Feuchtigkeit nur grob qualitativ bestimmt werden, so bringt man blanke Eisenblechschnitzel in die zu untersuchende Säure. Bei Gegenwart größerer Wassermengen läuft das Blech nach kurzer Zeit graugrün an.

Wird die Feuchtigkeit aus dem Rückstand beim Verdampfen bestimmt, so erhält man besonders bei kleinen Wassergehalten viel zu niedrige Werte. Es können bis 90% des Wassers und mehr mit dem Dampf entweichen.

Zur genauen Wasserbestimmung werden nach Scribner (s. Literatur) 100 cm³ flüssiges Schwefeldioxyd in einem Rückstandbestimmungsröhrchen nach Lange und Hertz verdampft und das entweichende Gas durch ein gewogenes und mit Schwefeldioxyd gespültes Phosphorpentoxydrohr geleitet. Andere Wasserabsorptionsmittel haben sich als ungeeignet erwiesen.

Vor der Probenahme muß das Behälterventil ausgeblasen und dann getrocknet werden. Scribner verwendet dazu die Flamme einer Lötlampe, eine Arbeitsweise die nicht empfohlen werden kann und die auch nach deutschen Sicherheitsvorschriften unzulässig ist. Zweckmäßig trocknet man unter sorgfältiger Vermeidung des Überhitzens mit einem Strom warmer Luft. An das Behälterventil wird dann ein Rohr geschraubt und daran mit einem Gummistopfen der noch ein Ausblase-

[1] Hier und im folgenden sind kleine Konzentrationen nicht in Prozenten, sondern in Teilen pro Million, abgekürzt p. M., angegeben. Die Bezeichnung ist in Anlehnung an die im amerikanischen Fachschrifttum übliche in parts per Million (p. p. M.) gewählt [vgl. dazu Schuftan: Technische Gasanalyse. Leipzig 1931 und Ztschr. f. angew. Ch. **42**, 757 (1929)].

röhrchen trägt, das ebenfalls sorgfältig getrocknete Rückstandsbestimmungsrohr angesetzt. Die Maßnahmen zum Ausschließen der Feuchtigkeit müssen peinlich genau durchgeführt werden. Wenn die Proben bei feuchtem Wetter im Freien gezogen werden müssen, gelingt es selbst bei Einhaltung der Vorschrift schwer ein richtiges Muster zu erhalten.

Bei kleineren Feuchtigkeitsgehalten erhält man, wenn zur Bestimmung 100 cm³ (146 g) verwendet werden, nur Gewichtszunahmen in der Größenordnung von hundertstel Grammen. Unter dieser Bedingung fallen Gewichtsänderungen des Gasinhaltes des Absorptionsrohres, wie sie durch Schwankungen des Luftdruckes und der Temperatur während der Bestimmung entstehen können, sehr ins Gewicht. Diese Einflüsse müssen gegebenenfalls durch Korrekturen ausgeglichen werden.

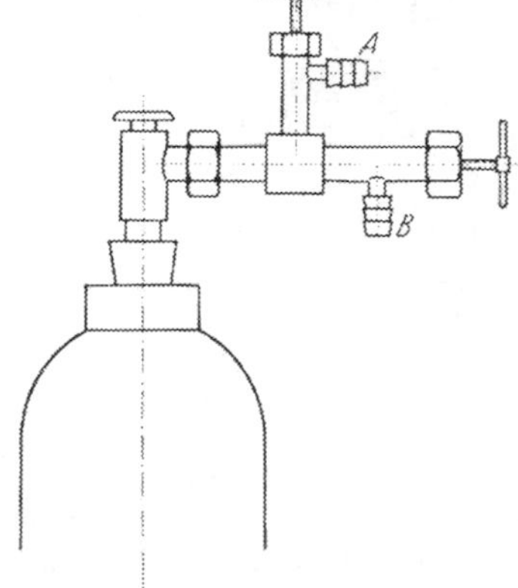

Abb. 3. Analysenventil zur Probenahme von Schwefeldioxyd für die Feuchtigkeitsbestimmung nach Eustis.

Die offizielle Methode der Compressed Gas Manufacturer Ass. (vgl. Eustis, s. Literatur) zur Feuchtigkeitsbestimmung ist der im vorigen beschriebenen ähnlich. Die Genauigkeit beträgt günstigstenfalls 2 p. M. absolut. Zur Probenahme dient ein für diesen Zweck entwickeltes Ventil (s. Abb. 3), bei dessen Verwendung das Behälterventil nicht getrocknet werden muß. Alle Analysengeräte werden bei 120° C getrocknet und noch heiß zur Analyse verwendet. Nachdem das Entnahmeventil mit der Flasche verbunden ist, bläst man durch A Gas ab und entnimmt die Probe dann durch *B*. Zur Analyse werden 100 oder 500 cm³ in einem Glasgefäß (Saugflasche oder Rückstandsbestimmungsrohr) verdampft, an das Gefäß wird ein etwa 1,8 m langes Kupferrohr (Innendurchmesser 5 mm) angeschlossen, das als Vorwärmer dient. Dann folgen zwei Absorptionsrohre mit Glashähnen und schließlich eine Waschflasche mit konzentrierter Schwefelsäure, die verhindert, daß Feuchtigkeit in die Apparate gelangt, und zum Beobachten der Strömungsgeschwindigkeit dient. Zur Füllung der Absorptionsgefäße verwendet man ein Gemisch von Glasperlen oder Goochasbest mit Phosphorpentoxyd. Die Verdampfung der Probe soll, wenn sie mit 100 cm³ ausgeführt wird etwa 45 Minuten, bei 500 cm³ $1^1/_2$ Stunden dauern. Im übrigen führt man die Analyse nach Scribner durch.

Schnellmethoden zur Bestimmung der Feuchtigkeit. Die beschriebenen Analysenverfahren haben den Nachteil, viel Zeit zu beanspruchen. Eine Bestimmung, die wesentlich rascher zum Ziel führt, ohne allerdings die Empfindlichkeit der beschriebenen zu erreichen, stammt von K. Fischer (1). Eine genaue Arbeitsvorschrift ist im Abschnitt: „Verdichtete Treib- und Heizgase" S. 155 angegeben. Der Wassergehalt in Schwefeldioxyd und auch in anderen flüssigen Gasen kann ferner bestimmt werden, indem man das zu untersuchende Gas in einer kleinen Stahlflasche mit Calciumhydrid schüttelt und den gebildeten Wasserstoff volumetrisch mißt (vgl. H. Broche und W. Scheer). Die Stahlflasche muß vor dem Versuch mit SO_2 oder Kohlendioxyd gespült werden, um die Luft zu verdrängen, auch hat man sie sorgfältigst zu trocknen. Die Reaktion zwischen Hydrid und Wasser ist nach 10 bis 15 Minuten beendet. Der Wasserstoff wird in einer Gasbürette aufgefangen.

Eine sehr einfache Methode zur Wasserbestimmung beschreiben auch P. Woog, R. Sigwalt und J. de Saint Mars. Sie beruht auf der Tatsache, daß bei tiefen Temperaturen Wasser eine Trübung des flüssigen Schwefeldioxyd bewirkt. In einem Probeglas 250 mm lang mit 25 mm Durchmesser, das zunächst mit Eis und Kochsalz gekühlt wird, füllt man 50 cm³ Flüssigkeit unter Ausschluß von Luftfeuchtigkeit ein. Dann wird mit einem Gummipfropfen mit Thermometer verschlossen und in einem Kältebad von Aceton und Kohlensäureschnee gekühlt. In der Tabelle sind die Trübungspunkte für eine Reihe von Wassergehalten angegeben. Sind weniger als 700 p. M. Wasser anwesend, dann bleibt das Schwefeldioxyd bis zum Schmelzpunkt klar.

Trübungspunkt in °C . . .	—71	—67	—58,2	—55,2	—45	—40,8
% Wasser	0,095	0,11	0,146	0,175	0,23	0,28
Trübungspunkt in °C . . .	—35,6	—32,7	—28,6	—25,6	—21,7	—18
% Wasser	0,32	0,35	0,40	0,43	0,49	0,59

Der Wassergehalt kann auch durch Messung der elektrischen Leitfähigkeit ermittelt werden. Die Analyse ist sehr rasch durchführbar und es gelingt auch, den Forderungen hinsichtlich der Genauigkeit leicht zu genügen, weil schon sehr geringe Wassermengen eine erhebliche Steigerung des Leitvermögens bewirken (vgl. W. A. Plesskow).

Der Verdampfungsrückstand (Schmieröl und feste Verunreinigungen) wird nach dem Abdunsten einer entsprechenden Menge SO_2 und Vertreiben der Feuchtigkeit auf dem Wasserbad gewichtsmäßig bestimmt. Man kann den Rückstand auch mikroskopisch durch Vergleich mit einem Standard (s. Eustis) bestimmen.

Zur Bestimmung der Schwefelsäure läßt Eustis eine 100-cm³-Probe in einem Erlenmeyerkolben verdampfen, dann wird solange abwechselnd evakuiert und wieder mit Luft gefüllt, bis das Schwefeldioxyd nicht mehr mit dem Geruch nachzuweisen ist und bis auch 1 Tropfen 0,01 n-Jodlösung in die Flasche gebracht nicht mehr entfärbt wird. Dann gibt man 25 cm³ Wasser und Methylrot zu und titriert mit 0,01 n-Natronlauge auf den Farbton des mit dem Indicator angefärbten reinen Wassers.

Nach einem im Laboratorium der Gesellschaft für Lindes Eismaschinen ausgearbeiteten Verfahren wird die in Schwefeldioxyd vorhandene Schwefelsäure als Bariumsulfat bestimmt. Es hat sich gezeigt, daß beim Verdampfen von Schwefeldioxyd ein Teil des Trioxyds in Nebelform mitgerissen wird, und dieser um so größer ist, je weniger Wasser das Schwefeldioxyd enthält. Die einmal gebildeten SO_3-Nebel lassen sich aus dem Gas nur sehr schwer abscheiden. Leicht gelingt die Erfassung der Schwefelsäure, wenn die Flüssigkeit bei Gegenwart von Bariumchloridlösung bei einer über 0° C liegenden Temperatur, also unter Druck verdampft wird. In ein starkwandiges Reagensglas, das mit 10 cm³ einer 0,1 n-Bariumchloridlösung beschickt ist, wird ein zweites kleines Röhrchen gegeben, das die abgemessene Menge (10—20 cm³) flüssiges SO_2 enthält. Das Glas wird dann mit einem Stopfen, der Hahn und Thermometer trägt, verschlossen und in einen Schutzmantel eingesetzt. Nun schüttelt man die beiden Flüssigkeiten gut durch und läßt einen langsamen Strom Schwefeldioxyd durch den Hahn entweichen, der so reguliert wird, daß die Bariumchloridlösung nicht einfriert. Der erhaltene Bariumsulfatniederschlag wird gewichtsanalytisch bestimmt.

Fremdgase bestimmt Eustis nach Absorption der schwefligen Säure in 30%iger Kalilauge in einer 100-cm³-Buntebürette, deren oberes Ende in 0,2 cm³ geteilt ist. Die Probe wird aus der flüssigen Phase entnommen und zunächst die Zuleitungen gespült, um die Luft zu verdrängen. Dabei entweicht das Gas durch den Dreiweghahn am oberen Ende der Bürette. Die Bürette selbst wird einmal gespült, dann werden genau 100 cm³ über Quecksilber abgemessen, 15—20 cm³ Lauge eingesaugt und das Restgasvolumen abgelesen. Über die Bestimmung des Restgases vgl. auch die im Abschnitt Kohlensäure angegebene Methode.

2. Ammoniak (II/1, 834). Flüssiges Ammoniak wird gegenwärtig wohl nur im Anschluß an Syntheseanlagen hergestellt und dementsprechend enthält das jetzt handelsübliche Gas viel weniger Verunreinigungen wie das früher in Kokereien und Gasanstalten gewonnene. Ammoniak aus Stahlflaschen ist gewöhnlich mehr als 99,9%ig. Als Fremdgase kommen im wesentlichen nur Stickstoff und Wasserstoff vor, die wegen ihrer geringen Löslichkeit in der flüssigen Phase im Gasraum angereichert sind. Bei einer normal, d. h. mit 1 kg auf 1,86 l Rauminhalt, neu gefüllten Flasche, enthält die Gasphase mehr als die Hälfte des anwesenden Stickstoffs und Wasserstoffs.

Amerikanische Handelsbedingungen (R. J. Quinn) fordern bezüglich der Reinheit folgendes: In den ersten aus einer Flasche entnommenen 100 g Ammoniak dürfen höchstens 40 cm³ Fremdgas enthalten sein, der Verdampfungsrückstand soll weniger als 0,04 Gew.-% betragen, aromatische Ammine, berechnet als Pyridin, unter 0,001%, organische Säuren, berechnet als Essigsäure nicht mehr als 0,005%, Schwefelwasserstoff, Acetonitril, Naphthalin und andere organische Verbindungen dürfen höchstens in Mengen vorhanden sein, „die durch empfindlichste analytische Methoden eben noch nachzuweisen sind".

Die Proben zur Bestimmung des Wassergehaltes und des Verdampfungsrückstandes müssen unter Abschluß von der Atmosphäre gezogen werden, weil sonst Feuchtigkeit aufgenommen wird (vgl. R. J. Quinn). Aus dem gleichen Grund darf auch nicht, wie das bei der Methode von Lange und Hertz geschieht, das Ammoniak in einem offenen Gefäß verdampft werden. Der durch Wasseraufnahme verursachte Fehler fällt besonders stark ins Gewicht, wenn die Menge der Verunreinigungen klein ist. Um diese Fehler zu vermeiden, bedienen sich Iljin, Liwschitz und Tichwinskaja der folgenden Arbeitsweise:

100 g Ammoniak werden in einem mit Gasableitungsrohr versehenen Glaskolben verdampft und das entweichende Gas zur Absorption des Wassers über festes Natriumhydroxyd geleitet. Calciumchlorid darf bekanntlich nicht verwendet werden. Die Wassermenge ermittelt man aus der Gewichtszunahme und aus dem Volumen des zurückgebliebenen Wassers, das noch auf andere, nicht flüchtige Verunreinigungen zu prüfen ist. Die experimentelle Durchführung erfolgt ähnlich wie bei der Feuchtigkeitsbestimmung in Schwefeldioxyd nach F. Eustis.

3. Chlor (II/1, 836). An Verunreinigungen kann das elektrolytisch gewonnene Chlor neben den im Hauptwerk aufgezählten noch chlorierte Kohlenwasserstoffe, wie beispielsweise Hexachlorbenzol, enthalten (s. Burion und Courtries). Es scheint, daß diese Verunreinigung aus dem Teer stammt, der bei der Herstellung der Anodenkohlen als Bindemittel dient. Ein Wassergehalt des Chlors gibt zu Korrosionen Anlaß, die Untersuchung darauf kann so wie beim Schwefeldioxyd erfolgen.

4. Phosgen (II/1, 837). Phosgen kommt verflüssigt in Stahlflaschen in den Handel, gelegentlich auch als eine 20%ige Lösung in Toluol. An Verunreinigungen enthält das technische Produkt Chlor, Eisenchlorid, Chlorwasserstoff, Stickstoff und Kohlenmomoxyd[1]. Chlor ist in flüssigem Phosgen ziemlich löslich.

Ein gewichtsanalytisches Verfahren zur Gehaltbestimmung des Phosgens, bei dem es als Diphenylharnstoff bestimmt wird, geben Kling und Schmutz an. Das zu untersuchende Gas wird mit einer Geschwindigkeit von 1—5 l in der Stunde durch eine kaltgesättigte Lösung von Anilin in Wasser hindurch gesaugt oder es werden 0,2 bis 0,3 g in einem Glasröhrchen eingewogen und in eine Flasche gebracht, in der sich 150 cm³ 2,6%ige Anilinlösung befinden. Dann schließt man die Flasche luftdicht und schüttelt, um das Glas zu zerbrechen. Es bildet sich ein Niederschlag von Diphenylharnstoff, der nach 2 Stunden durch einen Gooch- oder Sintertiegel filtriert, mit 50—60 cm³ kalten Wassers gewaschen bei 110° C getrocknet und dann gewogen wird. Das Gewicht mal 0,467 entspricht der gefundenen Phosgenmenge. Die Fällung ist nur dann quantitativ, wenn ein Überschuß an Anilin vorhanden ist.

Eine Methode zur Phosgenbestimmung, die sich auch zum quantitativen Nachweis des Phosgens in verdünnter Form, wie etwa in den Abgasen der Fabrikation, eignet, gründet sich auf der Reaktion

$$COCl_2 + 2\,NaJ = CO + 2\,NaCl + J_2\,.$$

Für die Durchführung dieser Analyse, die im Schrifttum auch häufig als „Acetonmethode“ bezeichnet ist, wurde von der Physikalisch-Technischen Reichsanstalt, Berlin[2] folgende Arbeitsvorschrift ausgearbeitet:

500 cm³ des Gases (bei größerer Konzentration entsprechend weniger) werden in einer Gaspipette mit 25 cm³ einer 2%igen Lösung von Natriumjodid in wasserfreiem Aceton geschüttelt und dann mit Thiosulfatlösung titriert, ohne Stärke als Indicator anzuwenden. Die Reaktion

---

[1] Siehe Ullmann.

[2] Jahresbericht der Physikalisch-Technischen Reichsanstalt, Bd. 5, S. 11. 1926. Siehe auch M. Sartori.

verläuft nur bei Abwesenheit von Wasser quantitativ. Das Aceton wird daher bevor es zur Bereitung der Jodidlösung verwendet wird mit Calciumchlorid getrocknet und über Permanganat destilliert. Saure Gase (Salzsäure und Chlor) stören und müssen vor der Bestimmung entfernt werden. Die vielfach auftretenden Abweichungen macht Maryan P. Matuszak zum Gegenstand ausführlicher Untersuchungen. Nach deren Ergebnis reagiert das Phosgen nicht nur nach der obenstehenden Gleichung, sondern es gehen auch eine Reihe Nebenreaktionen vor sich. Feuchtigkeit, die stets wenn auch nur in sehr geringer Menge vorhanden ist, spaltet das Phosgen hydrolytisch unter Bildung von Salzsäure, die ihrerseits die Jodierung von Aceton durch das nach der Hauptreaktion gebildete Jod katalysiert. Der Fehler ist also nicht so sehr durch den geringen Phosgenverlust infolge der Hydrolyse, sondern durch die von der gebildeten Salzsäure ausgelöste Jodierung bedingt. Die Reaktion zwischen Jod und Aceton kann zwar durch überschüssiges Jodid gehemmt werden, gänzlich lassen sich aber die angeführten Fehler auf diese Weise nicht vermeiden. Die Verfasser schlagen daher die folgende Arbeitsweise vor:

Das von den sauren Gasen befreite Phosgen wird in einer gesättigten Lösung von Kaliumjodid in Aceton absorbiert (Kaliumjodid ist im Gegensatz zu Natriumjodid nicht hygroskopisch und eignet sich daher besser). Dann wird um mittels der hydrolytisch gebildeten Säure Jod zu bilden, Kaliumjodat hinzugegeben und schließlich ein bekannter Überschuß an Thiosulfat zugesetzt. Mit dem überschüssigen Thiosulfat reagiert sowohl das freie Jod, als auch das im Jodaceton gebundene. Die verbrauchte Menge Thiosulfat entspricht wie man sieht dem Phosgen, wobei es belanglos ist, ob das Phosgen direkt Jod freigesetzt hat oder ob die Reaktion über Salzsäure oder Jodaceton als Zwischenprodukt gegangen ist. Das unverbrauchte Thiosulfat wird nach dem Verdünnen mit Wasser unter Zusatz von Stärke als Indicator mit Jodlösung zurücktitriert.

Zur Bestimmung des Chlors in Phosgen bedienen sich C. D. Nenitzescu und K. Pana der folgenden Arbeitsweise:

Das Gas wird zur Abscheidung des Chlors durch ein waagerecht angeordnetes, gewogenes Absorptionsrohr geleitet, das mit grob zerkleinertem Antimonmetall gefüllt ist, und gelangt dann in ein ebenfalls ausgewogenes Absorptionsgefäß, in dem sich 20 cm³ einer 10%igen alkoholischen Kalilauge befinden und das zur Absorption des Phosgens dient. Nachdem ein bekanntes Gasvolumen durchgeleitet wurde, füllt man die Absorptionsgefäße wieder mit Luft und ermittelt den Chlor und Phosgengehalt aus der Gewichtszunahme der Absorptionsgefäße. Um zu verhindern, daß das Restgas Alkoholdämpfe mitführt, ist an dieses Gefäß ein Silikagelrohr angesetzt.

5. Kohlendioxyd (II/1, 837). Kohlendioxyd kann in den Stahlflaschen sowohl gasförmig als auch in flüssiger Form vorliegen. In Abhängigkeit von Druck, Temperatur und Füllungsgrad des Behälters wird entweder nur eine Phase vorhanden sein oder es werden beide nebeneinander bestehen. Bei Temperaturen über 15—20° C muß damit gerechnet werden, daß frisch gefüllte Flaschen keinen Gasraum besitzen[1]. Die Probenahme hierauf Rücksicht zu nehmen. Oberhalb der kritischen Temperaturen von 31,3° C enthalten die Behälter nur Gas, es ist also dann nicht mehr möglich, das Kohlendioxyd in der Reinheit zu entnehmen, wie bei niedrigerer Temperatur durch Entnahme aus der Flüssigkeit.

Die gasförmigen Verunreinigungen (vor allem Luft) haben ein wesentlich kleineres Molgewicht wie CO_2, so daß eine Dichtebestimmung einen guten Aufschluß über den Reinheitsgrad geben kann.

Zur raschen Bestimmung des Luftgehaltes durch Absorption des Kohlendioxyds in Lauge kann man sich mit Vorteil des von F. Pollitzer[2] angegebenen Gerätes bedienen. Das Gefäß (s. Abb. 4) wird mit Kalilauge gefüllt und mit dem Gaszuleitungsrohr gewogen. Dann wird Kohlensäure eingeleitet bis sich ein genügendes Volumen Restgas im geteilten Rohr angesammelt hat. Die Kohlensäuremenge wird aus der Gewichtszunahme ermittelt. Das Gerät ist auch zur Bestimmung des Luftgehaltes in Ammoniak, schwefeliger Säure und anderen Gasen geeignet. Zur Bestimmung geringer Luftmengen ist der obere Teil des Meßrohres verjüngt.

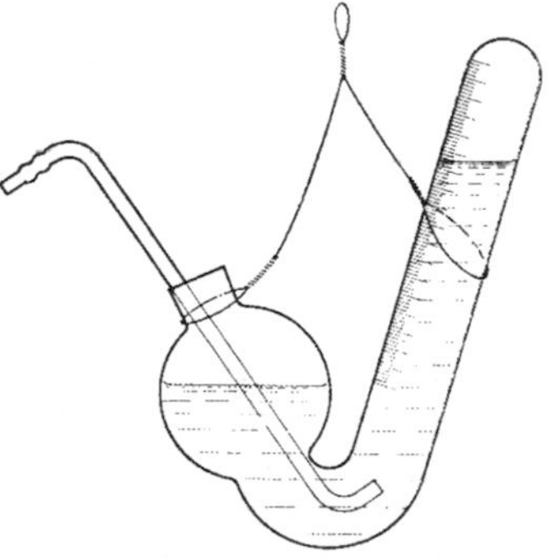

Abb. 4. Analysenrohr zur Luftbestimmung in Kohlendioxyd nach F. Pollitzer.

Neuerdings wird Kohlendioxyd in der Medizin als Zusatz zu dem für die Wiederbelebung oder bei der Narkose benutzten Sauerstoff verwendet. Es kommt auch schon die gebrauchsfertige Mischung in Stahlflaschen komprimiert in den Handel. Außer den Anforderungen, wie sie an Kohlendioxyd für Genußzwecke gestellt werden (II/1, 840), ist für diese Verwendung noch die Abwesenheit von Kohlenoxyd notwendig. J. E. Schmidt und J. C. Kranz (1, 2) bestimmen das Kohlenoxyd in der medizinischen Kohlensäure bis zu einer Verdünnung von $1:10^5$ nach einem modifizierten, von Martinek und Marti angegebenen Verfahren, das auf einer Oxydation des Kohlenoxyds mit Jodpentoxyd beruht (s. I, 659). Die Reaktion geht nach der Gleichung vor sich: $5\,CO + J_2O_5 = 5\,CO_2 + J_2$. Das gebildete Jod wird mit Thiosulfat titriert. Dieser Weg kann gewählt werden, weil bei den kleinen Konzentrationen des Kohlenoxyds die geringe Jodmenge nicht aus dem Gas abgeschieden wird. Zu beachten ist, daß bei Anwesenheit von Wasser, sei es im Jodpentoxyd oder im untersuchten Gas Jod in Freiheit gesetzt wird. Ebenso stört Schwefeldioxyd und Schwefelwasserstoff, gegebenenfalls müssen diese Gase entfernt werden.

Zum qualitativen Nachweis von Kohlenoxyd können ammoniakalische Silberlösung und Palladiumchlorürlösung dienen, die letztgenannte auch in Form eines Reagenspapiers. Ackermann führt den

[1] Wenn eine Flasche wie vorgeschrieben mit 0,746 kg pro Liter Behälterinhalt gefüllt ist, so verschwindet der Gasraum bei 21,2° C. Bei 10%iger Überfüllung beträgt diese Temperatur nur mehr 14,4° C.

[2] Vgl. Schuftan: Gasanalyse, S. 38.

Test so aus, daß etwa 1 l Gas pro Stunde durch ein Peligot-Rohr gesaugt wird, das 5 Tausendstel normale Palladiumchlorürlösung enthält. Kohlenoxydkonzentrationen von 300 p. M. können so noch gut nachgewiesen werden. Leichter wie in der Lösung entdeckt man geringe Palladiumausscheidungen auf einem weißen Filterpapier. Um den Nachweis empfindlicher zu gestalten, filtriert man daher die Probelösung ab und stellt das ausgeschiedene Palladium auf dem Filter fest.

6. Stickoxydul (II/1, 840). Im Handelsprodukt sind als Verunreinigungen im wesentlichen nur Stickstoff, Sauerstoff, Kohlendioxyd und Wasser zu erwarten. Gelegentlich wurden auch nitrose Gase, Ammoniak, Halogenwasserstoff, Schwefeldioxyd, Kohlenoxyd, Blausäure, Schwefelwasserstoff und Phosphorwasserstoff nachgewiesen[1]. Die Anwesenheit der letztgenannten Stoffe ist selbst in Spuren unzulässig, weil das Stickoxydul des Handels fast ausschließlich zum Gebrauch in der Medizin bestimmt ist.

Das aus einer frischen Flasche entnommene Gas kann nach C. G. van Arkel und F. Beck bis zu 19% Stickstoff enthalten, doch fällt der Prozentsatz bei längerer Entnahme, auch wenn der Anfangswert so ungewöhnlich hoch ist, auf etwa 2%.

Wenn flüssige Luft zur Verfügung steht, trennt man die unkondensierbaren Gase (praktisch kommt nur Stickstoff und Sauerstoff in Frage) am besten durch Abkühlung vom Stickoxydul und bestimmt den Sauerstoffgehalt in bekannter Weise, während der Rest als Stickstoff betrachtet wird. Das Kohlendioxyd, von dem mehrere Zehntel Prozente vorhanden sein können, wird aus einer getrennten Probe mit Barytwasser bestimmt.

Das Stickoxydul kann neben Stickstoff durch Verbrennung (Reduktion) oder durch Absorption quantitativ bestimmt werden. Verbrannt wird unter Wasserstoffzusatz nach Bunsen im Eudiometer oder in der Drehschmidt-Capillare bei etwa 500° C (s. G. van Arkel, ferner Menzel und Kretzschmar). Überschreitet man diese Temperatur wesentlich, so können Fehler durch Bildung von Ammoniak entstehen. Dies wird vermieden, wenn man zur Reduktion Kohlenoxyd an Stelle von Wasserstoff nimmt (vgl. G. Lunge und H. Ambler, ferner L. Pollak). Die vorhandene Stickoxydulmenge ergibt sich bei dieser Methode aus dem nach der Gleichung $N_2O + CO = CO_2 + N_2$ gebildetem Kohlendioxyd.

Für die volumetrische Bestimmung des Stickoxyduls kommen als Absorptionsmittel Wasser und Äthylalkohol in Betracht. Bei Zimmertemperatur löst Wasser etwa $^2/_3$, Alkohol das 3fache seines Volumens.

A. N. C. Bennett beschreibt eine Schnellmethode zur Bestimmung der Fremdgase, die auf der verschiedenen Lösungsgeschwindigkeit des Stickoxyduls und der Verunreinigungen beruht. Man bringt ein bekanntes Volumen des Gases in innigen Kontakt mit luftfreiem Wasser, mißt etwa alle 30 Sekunden das Gasvolumen und trägt die erhaltenen Werte gegen die Zeit auf. Wenn das ganze Stickoxydul gelöst ist, was einige Minuten in Anspruch nimmt, geht die Lösungsgeschwindigkeit stark zurück. In der Volumen-Zeit-Kurve tritt dann

[1] Vgl. dazu K. Drews.

ein ausgeprägter Knickpunkt auf. Das bis zu diesem Punkt absorbierte Volumen entspricht nicht genau dem Stickoxydul, sondern ist um die in dieser Zeit gelösten Verunreinigungen zu groß, deren Menge bestimmt wird, indem man den geraden Teil der hinter dem Knickpunkt liegenden Kurve auf Null extrapoliert.

Eine andere Arbeitsvorschrift geben A. L. Chaney und F. Lombard. Als Absorptionsflüssigkeit dient Wasser, das bei der Arbeitstemperatur mit Luft gesättigt ist. Proben von 10 cm³ werden in einer Pipette (Abb. 5) über Quecksilber gemessen und dann das Niveaugefäß soweit gesenkt, daß kein Quecksilber in der Pipette verbleibt, worauf man durch den Hahn H_2 Wasser in die Pipette ein- und durch H_3 wieder austreten läßt. Sobald sich die im unteren erweiterten Teil der Pipette befindliche Gasblase nicht mehr verkleinert, ist die Adsorption beendet, der Hahn H_3 wird umgestellt und das Restgasvolumen gemessen, nachdem das in der Verengung der Pipette befindliche Wasser durch den oberen Überlauf entfernt ist.

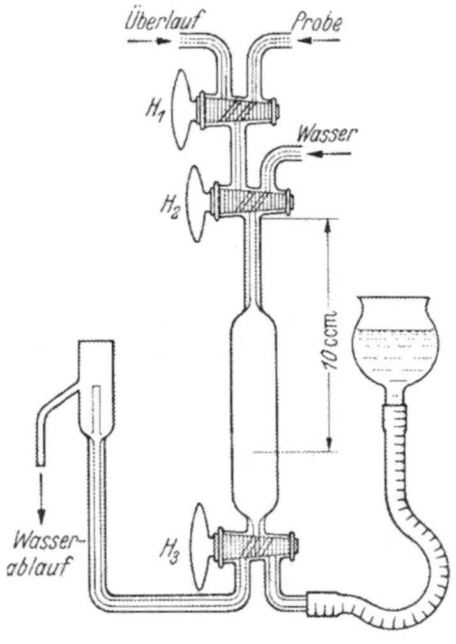

Abb. 5. Gerät zur Luftbestimmung im Stickoxydul nach A. L. Chaney und F. Lombard.

Ist das Wasser nicht bei der Arbeitstemperatur mit dem Restgas gesättigt, so entstehen naturgemäß Fehler. Häufig enthält das Restgas nur vernachlässigbare Mengen Sauerstoff, es ist dann besser, das Adsorptionswasser nicht mit Luft, sondern mit Stickstoff zu sättigen.

Ein weiterer Fehler entsteht dadurch, daß zu Beginn der Analyse, wenn der Stickstoffpartialdruck in der Probe noch sehr klein ist, das bei einer Atmosphäre mit Luft gesättigte Wasser Stickstoff abgibt. Dementsprechend wird etwas zuviel Fremdgas gefunden. Chaney und Lombard eliminieren diesen Fehler durch eine Korrektur, die in einem Blindversuch mit reinen Stickoxydul ermittelt wird (s. J. C. Krantz, W. F. Reindollar und C. J. Carr sowie A. L. Chaney).

Sauerstoff kann neben dem Stickoxydul volumetrisch nicht bestimmt werden, weil in den üblichen Sauerstoffadsorptionsmitteln auch das Stickoxydul löslich ist. Zur unmittelbaren Bestimmung können aber colorimetrische Methoden herangezogen werden. So kann aus der Braunfärbung der alkalischen Pyrogallollösung auf die vorhandene Menge Sauerstoff geschlossen werden (s. Schmalfuß und H. Werner) und auch die Färbung, die eine ammoniakalische Cuprosalzlösung bei der Sauerstoffaufnahme annimmt, kann colorimetrisch ausgewertet werden (s. M. Mugdan und J. Sixt).

Von schädlichen Verunreinigungen können bei fehlerhafter Herstellung vor allem höhere Stickoxyde auftreten. Wird eine größere Menge des Gases nach Zusatz von Sauerstoff mit Natronlauge gewaschen, so gelingt es leicht, das aus dem Stickoxyd gebildete Nitrit qualitativ in bekannter Weise etwa mit Grießschem Reagens festzustellen. Durch colorimetrischen Vergleich mit der von bekannten Nitritmengen hervorgerufenen Färbung, kann dieser Nachweis leicht zu einer quantitativen Bestimmung ausgestaltet werden [s. P. Schuftan (1), Tramm und Grimme, ferner Guyer und Weber].

Vereinzelt sind Explosionen von Flaschen mit flüssigem Stickoxydul eingetreten, ohne daß die Ursachen restlos geklärt wurden. Man hat unter anderem vermutet, daß eine Selbstzersetzung des N_2O mechanisch durch Eisen- oder Rostpartikel beim Durchstreichen durch das Ventil ausgelöst werden kann. Es wird deshalb empfohlen, die Behälter nur aufrechtstehend zu entleeren. Besonders sei darauf verwiesen, daß Manometer und alle Armaturen, die mit dem Gas unter Druck in Berührung kommen, ölrein zu halten sind.

7. **Wasserstoff** (II/1, 841). Für die Analyse des technischen Wasserstoffs können wegen seiner von anderen Gasen stark abweichenden Eigenschaften mit Vorteil physikalische Methoden dienen, die sich auch leicht zu fortlaufend registrierenden Überwachungsverfahren ausgestalten lassen. Die Bestimmung der Dichte, des Brechungsexponenten oder der Schallgeschwindigkeit sind die häufigsten Meßprinzipien der handelsüblichen Analysenapparate.

An Verunreinigungen enthält das Handelsprodukt, wenn es aus Koksofengas gewonnen wurde, Luft, Kohlenoxyd, Kohlenwasserstoffe, gelegentlich Schwefelwasserstoff und Stickoxyd. Zur Erleichterung und Abkürzung der Analysen kann man mit Vorteil die Verunreinigungen durch Kondensation oder Adsorption abscheiden oder anreichern, was gerade im Falle des Wasserstoffs besonders leicht gelingt.

Die Bestimmung des Kohlenoxyds im Wasserstoff kann durch Hydrierung über einen Nickelkontakt erfolgen, wenn die Konzentration größer als einige $^1/_{100}$% ist. Ist weniger Kohlenoxyd vorhanden, so findet besser der Nachweis durch Oxydation mit Jodpentoxyd Anwendung (S. 141). Dieses Verfahren wird auch zur fortlaufenden Anzeige des Kohlenoxyds benützt (s. O. Pfundt).

Über die quantitative Ermittlung von Schwefelverbindungen siehe O. Roelen und W. Feißt.

8. **Kohlenoxyd.** An Verunreinigungen sind zu gewärtigen: Wasserstoff, Methan, Kohlendioxyd, Stickstoff, Sauerstoff und Carbonyle (s. F. D. Rossini). Ein analytisches Verfahren zur Untersuchung des technischen Kohlenoxyds beschreiben H. R. Ambler und T. Carlton Sutton. Zur Prüfung auf Wasserstoff, Methan und Stickstoff wird das Kohlenoxyd in ammoniakalischer Cuprochloridlösung absorbiert und das anfallende Restgas in bekannter Weise durch fraktionierte Verbrennung über Platin analysiert. Um zu verhindern, daß sich wesentliche Mengen der Fremdgase im Absorptionsmittel lösen, wird durch mehrmalige Behandlung mit geringen Mengen der Cuprochloridlösung bei niedrigem Druck absorbiert. Eine Anordnung, in der die Absorption in der geschilderten Weise durchgeführt werden kann, und die es gestattet, noch weniger wie 1 cm³ Restgase zu analysieren, beschreibt H. R. Ambler.

Um die Carbonyle zu bestimmen, werden etwa 10 l Gas durch ein Glasrohr geleitet, das auf 3—400° C erhitzt ist, der gebildete Eisenspiegel wird gelöst und das Metall bestimmt. Als normale Zusammensetzung von Flaschenkohlenoxyd gibt Ambler an: Wasserstoff 0,15%, Methan 0,015%, Stickstoff 0,4%, Kohlendioxyd 0,01%, Eisencarbonyl 0,0004%[1]. Die Menge des Eisencarbonyls nimmt beim längeren Aufbewahren in der Stahlflasche zu; bei einem Versuch von Ambler betrug die Zunahme etwa 10 p. M. im Jahr.

9. Sauerstoff (II/1, 844). Das handelsübliche Gas wird fast ausschließlich in Luftverflüssigungsanlagen hergestellt und enthält durchschnittlich 1% Verunreinigungen, die im wesentlichen aus Stickstoff und Argon im Verhältnis 1:3 bestehen[2]. Für Sonderzwecke wird Sauerstoff mit einer gewährleisteten Reinheit von über 99,85% hergestellt.

Soll eine größere Menge der enthaltenen inerten Gase gesammelt werden um sie näher zu untersuchen, so bindet man den Sauerstoff durch Überleiten über erhitztes Kupfer, das durch Reduktion von Kupferoxyd mit reinem Wasserstoff hergestellt wird. Verwendet man dagegen Absorptionsflüssigkeiten, so besteht immer die Gefahr, daß diese Gase abgeben oder lösen. Für die Analyse des Restgases genügt im allgemeinen eine Dichtebestimmung. Man kommt mit geringen Gasmengen aus, wenn man die Dichte, z. B. nach der Ausströmungsmethode nach Bunsen und Schilling, vor allem in der von H. Kahle (1) gegebenen Form oder mittels der Stockschen Gaswaage ermittelt.

Für die Bestimmung des Wasserstoffs im Elektrolytsauerstoff kommt nur die Ermittlung aus der Dichte oder die Verbrennung mit anschließender Wasserbestimmung in Betracht. Geeignet hierfür ist die im Abschnitt Edelgase, S. 148 beschriebene Arbeitsweise.

Für den Transport von Sauerstoff wurden besonders zur Verwendung in Gasschutzgeräten Flaschen aus Leichtmetall vorgeschlagen, doch ist man neuerdings davon abgekommen[3], weil der Sauerstoff zusammen mit kaum auszuschließenden Spuren Feuchtigkeit das Material stark angreift, vor allem aber deshalb, weil in jüngster Zeit „Leichtstahlflaschen"[4] erzeugt werden.

Bei Anwesenheit von Acetylen in Lufttrennungsapparaten können ohne erkennbare äußere Ursachen schwere Explosionen auftreten. Infolge der Anreicherung, der das Acetylen im Apparat unterliegt, genügen schon die Spuren, die in Industriegegenden in der Luft vorkommen können, um eine Gefahrenquelle zu bilden.

Wenn die Anwesenheit von Acetylen in der Ansaugeluft zu gewärtigen ist, muß der flüssige Sauerstoff regelmäßig darauf untersucht werden. Zur Prüfung werden mehrere Liter Sauerstoff verdampft und das gebildete Gas durch 2%ige ammoniakalische Silbernitratlösungen geleitet, wobei ein Niederschlag von Silberacetylid ausfällt.

---

[1] Die Konzentration des Carbonyls ist sehr häufig um ein Vielfaches größer.

[2] Nach N. J. P. Keffler können auch Spuren von Kohlenwasserstoffen in Flaschensauerstoff vorkommen, die, wenn der Sauerstoff für calorimetrische Untersuchungen dient, Fehler verursachen.

[3] N. Christmann.

[4] Siehe unter behördliche Vorschriften, S. 127.

Da der Acetylendampfdruck bei der Temperatur des flüssigen Sauerstoffs vernachlässigbar klein ist, kann man das anfänglich verdampfende Gas entweichen lassen und leitet es erst gegen Ende durch die Silberlösung. Sind Bestimmungen öfters auszuführen, so empfiehlt es sich, den nebenstehend abgebildeten Apparat zu verwenden, der in den Anlagen der Gesellschaft für Lindes Eismaschinen in Gebrauch ist. Das trichterförmige Kupfergefäß, das etwa 2—3 l faßt, wird mit flüssigem Sauerstoff gefüllt, wobei die Quetschhähne bei *C* und *E* geschlossen zu halten sind. Ist der Sauerstoff soweit verdampft, daß nur mehr der untere, zylindrische Teil erfüllt ist, so öffnet man den Quetschhahn bei *E* und setzt bei *D* einen dichtschließenden Stopfen ein. Das Gas entweicht nun durch die mit Silberlösung beschickte Waschflasche *B* und sobald der Sauerstoff vollständig verdampft ist, spült man die Reste des noch in *F* enthaltenen Acetylens durch einen Gasstrom, der bei *C* eingeleitet wird, in das Absorptionsgefäß. Quantitativ kann man das Acetylen ermitteln durch Vergleich des Niederschlags mit solchen, die durch Zusatz von gesättigtem Acetylenwasser zur Silberlösung erhalten wurden (bei Zimmertemperatur löst sich im Wasser etwa das gleiche Volumen Acetylen).

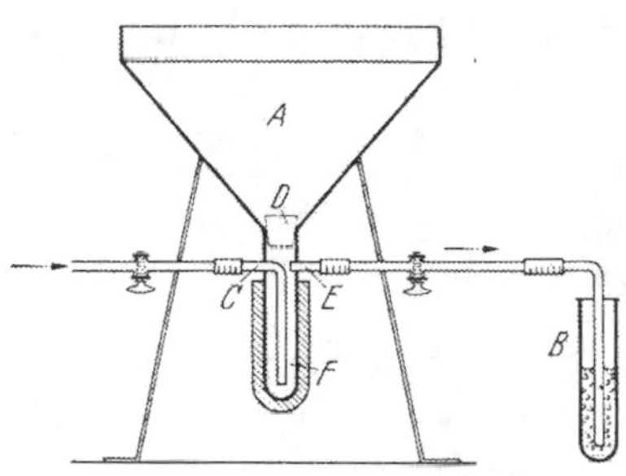

Abb. 6. Gerät zur Bestimmung von Acetylen im flüssigen Sauerstoff.

Maßanalytisch kann das Acetylen auf folgende Art bestimmt werden[1]. Man leitet das zu untersuchende Gas durch eine 0,5 normale Silbernitratlösung, filtriert den Niederschlag ab und titriert in einem aliquoten Teil der Lösung das Silber mit Ammonrhodanid und Eisenalaun in bekannter Weise zurück. Der Niederschlag hat die Zusammensetzung: $Ag_2C_2 \cdot AgNO_3$; 1 cm^3 0,1 normales Silbernitrat entspricht daher 0,747 Normalkubikzentimeter Acetylen.

Die Reaktion mit Silber ist nicht spezifisch. Auch andere ungesättigte Kohlenwasserstoffe, z. B. Ölzersetzungsprodukte, geben weiße bis dunkelgelbbraune Niederschläge. Besteht der Verdacht, daß solche anwesend sind, so kann das Acetylen nach P. Schuftan[2] (2) auf folgende Weise identifiziert werden: Man dekantiert den Niederschlag, zersetzt ihn unter sehr vorsichtigem Erwärmen mit verdünnter Schwefelsäure und spült das entbundene Gas durch einen Stickstoffstrom neuerdings in Silber- oder Ilosvay-Lösung. Der jetzt gebildete Niederschlag wird mehrmals ausgewaschen und vorsichtig getrocknet. Ist Acetylen anwesend, so muß er beim schwachen Erwärmen auf einem Asbestdrahtnetz heftig verpuffen.

Soll die Ansaugeluft auf Acetylen untersucht werden, so genügt die Empfindlichkeit der Reaktion mit Silber nicht. Man bestimmt dann das Acetylen colorimetrisch mit der von Ilosvay angegebenen Cupro-

---

[1] Unveröffentlichte Privatmitteilung von Dr. F. Rottmayr (Labor. d. Ges. f. Lindes Eismaschinen).

[2] Schuftan, P. (2): S. 44.

lösung. 1 g Kupfernitrat wird in wenig Wasser gelöst, mit 4 cm³ konzentriertem Ammoniak und 5 g Hydroxylaminchlorhydrat versetzt, unter Luftabschluß geschüttelt und auf 50 cm³ verdünnt. Das fertige Reagens darf keine Cuprijonen enthalten, was man daran erkennt, daß es farblos ist. Beim Durchleiten größerer Mengen sauerstoffhaltiger Gase oxydiert sich die Lösung. Daher kann die zu untersuchende Luft nicht direkt hindurchgesaugt werden. Man scheidet das Acetylen aus der Luft durch Überleiten über tiefgekühltes Silikagel aus und spült es dann durch einen Stickstoffstrom unter gleichzeitigem Erhitzen des Gels in die Ilosvay-Lösung. Durch diese Arbeitsweise erreicht man auch eine Anreicherung des Acetylens. Versetzt man das Reagens mit frisch bereiteter Gelatinelösung, so bleibt der Niederschlag, kleine C_2H_2-Mengen vorausgesetzt, in der Lösung suspendiert und kann colorimetrisch bestimmt werden.

10. Stickstoff (II/1, 844). In technischem Stickstoff genügt es meist nur den Sauerstoffgehalt zu ermitteln. Wenn die Bestimmung auf volumetrischem Wege zu ungenau ist, so kann sie nach einer der Methoden erfolgen, die im Abschnitt „Edelgase“, S. 148 und Stickoxydul, S. 143 angegeben sind. Außer Sauerstoff können im Stickstoff noch Edelgase enthalten sein, deren Konzentration aber für alle technischen Verwendungen belanglos sein dürfte.

Eine Methode, um Stickstoff- und Stickstoff-Argongemische, die zum Füllen von Glühlampen dienen, auf Sauerstoff und Wasserdampf zu untersuchen, stammt von J. A. Elzin. Das Verfahren beruht darauf, daß Stickstoff, der einer Hochfrequenzladung ausgesetzt wird, nach dem Aufhören der Entladung eine langsam abklingende Leuchterscheinung zeigt. Dieser Effekt tritt nur dann auf, wenn der Stickstoff Verunreinigungen wie Wasser und Sauerstoff enthält. Fehlen diese Stoffe, die nur in äußerst geringer Menge anwesend sein müssen, so bleibt das Nachleuchten aus. Die Methode gestattet schon Mengen von wenigen p. M. nachzuweisen, während die obere Grenze der Nachweisbarkeit bei Konzentration von etwa 400 p. M. liegen dürfte.

11. Edelgase. Alle Edelgase sind in der Luft enthalten aus der sie auch gewonnen werden. Helium kommt außerdem im Erdgas vor.

Verwendet werden die Edelgase, außer zu wissenschaftlichen Zwecken vor allem in der Elektrotechnik. Argon meist in Mischungen mit Stickstoff und in neuer Zeit Krypton, dienen als Füllgas für Glühlampen und kommen gewöhnlich komprimiert in Stahlflaschen in den Handel. Die übrigen Edelgase finden in reiner Form und in Mischungen untereinander Anwendung zum Füllen von Leuchtröhren, Gleichrichtern, Glimmlampen, Photozellen u. a.[1].

An Verunreinigungen treten in technischen Edelgasen auf: Spuren von Kohlendioxyd, Wasserstoff, Wasser, Kohlenwasserstoffe, Sauerstoff und Stickstoff[2].

[1] Über Reinheitsforderungen für diese Zwecke und diesbezügliche Literaturangaben vgl. Espe u. Knoll.

[2] Bei der Aufarbeitung roher Edelgase wird manchmal der Sauerstoff durch Schwefel gebunden. Bei fehlerhafter Arbeitsweise kann das Reingas noch Spuren Schwefeldioxyd enthalten. Organische Schwefelverbindungen treten auf, wenn das Gas vor dem Prozeß nicht von Kohlenwasserstoffen befreit wurde.

In der Auswahl der Methoden zur Bestimmung der Verunreinigungen (Nichtedelgasen) besteht wegen der chemischen Indifferenz der Edelgase große Freiheit. Ihr Nachweis bietet auch in kleinen Konzentrationen kaum Schwierigkeiten und erfolgt durch die in der Gasanalyse üblichen Methoden. Bei der Prüfung von Edelgasen auf ihre Eignung zur Verwendung in der Elektrotechnik benützt man außerdem verschiedene physikalische Verfahren mehr qualitativer Art.

Für die Bestimmung der Edelgase nebeneinander kommen naturgemäß nur physikalische Verfahren in Frage. Sofern die Zusammensetzung des Gemisches nicht aus Dichte, Lichtbrechung oder dgl. berechnet werden kann, trennt man mit Hilfe von Adsorptionsmitteln.

Bei technischen Untersuchungen kommt es oft weniger darauf an, die Konzentration der Verunreinigungen genau zahlenmäßig zu bestimmen als festzustellen, daß bestimmte Verunreinigungen nicht oder richtiger gesagt, in nicht unzulässiger Menge anwesend sind.

Um Spuren Wasser, Kohlendioxyd oder Sauerstoff festzustellen, wird z. B. das Gas über einem blanken, durch Stromdurchgang auf dunkle Rotglut erhitzten Wolframdraht geleitet. Aus der Art und Stärke der Anlauffarben und der Versuchszeit läßt sich dann die Menge der Verunreinigungen abschätzen. Sauerstoffkonzentrationen von der Größenordnung 10 p. M. können auf diese Art noch festgestellt werden (s. Heyne). Kleine Mengen Sauerstoff lassen sich auch angenähert durch nephelometrische Messung der beim Überleiten des Gases über Phosphor entstehenden Phosphorpentoxydnebel bestimmen. Der Meßbereich dieser Methode reicht von 2000 bis unter 100 p. M.

Auch die Messung des Spitzenentladungsstromes, der Glimmentladungsspannung und spektrographische Methoden können zum Nachweis gewisser Verunreinigungen herangezogen werden. Einen Überblick über diese Untersuchungsmethoden und eine erschöpfende Zusammenstellung der Literatur gibt Heyne (s. oben).

Die quantitative Bestimmung der Verunreinigungen. Das Kohlendioxyd kann in bekannter Weise mit Barytwasser bestimmt werden, ebenso die Kohlenwasserstoffe nach erfolgter Verbrennung über Kupferoxyd. Da nur mit Spuren zu rechnen ist muß ein ziemlich großes Gasvolumen zur Analyse verwendet werden. Zur gleichzeitigen Bestimmung der Kohlenwasserstoffe und des Kohlendioxyds verwendet man folgende Anordnung: Das Gas wird aus der Stahlflasche durch einen Spiralwäscher mit Barytlauge, dann durch ein mit Kupferoxyd gefülltes, in einem elektrischen Ofen auf 6—700° C erhitztes Quarzrohr und schließlich durch einen zweiten Spiralwäscher geleitet. Das ausgefällte Carbonat wird mit Säure titriert. Zur Messung der angewandten Gasmenge schaltet man eine Gasuhr hinter die zweite Waschflasche ein.

Die Bestimmung der Feuchtigkeit kann gravimetrisch mit Phosphorpentoxyd erfolgen. Doch erfordert diese Methode, wenn es sich um kleine Wassermengen handelt, den Aufwand größerer Gasvolumen und damit auch viel Zeit. Einfacher ist es nach H. Kahle[1] (2),

[1] Der beschriebene Apparat ist auch zur Bestimmung anderer leicht kondensierbarer Dämpfe und Gase sehr geeignet.

das Gas durch eine mit flüssiger Luft gekühlte schlangenförmig gebogene Capillare, die mit Erweiterungen von 15 mm Durchmesser versehen ist (s. Abb. 7), zu leiten. Hat sich genug Wasser abgeschieden, so wird das Kältebad entfernt, das Ausfriergefäß aufgetaut und in ein Wasserbad von Zimmertemperatur gebracht. Wenn es dessen Temperatur angenommen hat, sorgt man für Druckausgleich mit der Atmosphäre und schließt das Rohr an eine Wassermantelbürette an. Bringt man das Ausfriergefäß jetzt in siedendes Wasser, so verdampft die ausgeschiedene Feuchtigkeit und schiebt ein entsprechendes Volumen Luft vor sich her in die Gasbürette. Vom gemessenen Volumen ist die Luftmenge abzuziehen, die infolge der Ausdehnung der Luft im Ausfriergefäß beim Erwärmen von der Wasserbadtemperatur auf Siedehitze in die Bürette gedrängt wurde. Man ermittelt dieses Volumen in einem Blindversuch. 1 mg Wasser entspricht 2 cm³ verdrängter Luft. Wie man sieht, gelingt es nach dieser Methode leicht, auch Spuren von Wasser unter Anwendung nicht zu großer Gasvolumen zu ermitteln.

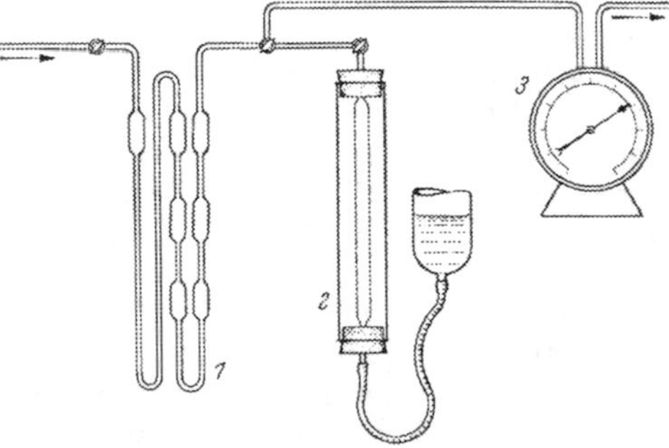

Abb. 7. Feuchtigkeitsbestimmung nach H. Kahle.

Soll Wasserstoff und Sauerstoff bestimmt werden, so verbrennt man das trockene Gas über Kupferoxyd (wenn Sauerstoff bestimmt werden soll, über Platin nach Wasserstoffzusatz) und ermittelt das Verbrennungswasser wie oben.

Die Bestimmung größerer Stickstoffmengen erfolgt vorteilhaft durch Messung physikalischer Größen, es sei denn, daß es gleichzeitig erwünscht ist, zwei Edelgase auf diese Weise nebeneinander zu bestimmen.

Außer der Messung der Lichtbrechung oder der Dichte kann auch die Ermittlung der Dampfspannung angewendet werden. Eine Methode zur Analyse von Argon-Stickstoffgemischen, die darauf beruht und die auch für andere binäre Gemische geeignet ist, beschreibt H. Filippo. Die Anordnung besteht aus zwei Dampfdruckthermometern, von denen eines mit reinem Argon, das andere mit dem zu analysierenden Gas gefüllt ist. Bringt man die Kondensationskugel der Thermometer in flüssigen Sauerstoff, so stellen sich die Quecksilbermenisken dem Dampfdruck entsprechend verschieden hoch ein. Die Differenz der Dampfdrucke ist sowohl von der Zusammensetzung wie auch von der Temperatur abhängig. Um die Auswertung der Analysen zu vereinfachen, stellen daher die Verfasser eine empirische Skala für die Dampfdruckdifferenzen von Argon-Stickstoffmischungen bei der Temperatur des flüssigen Sauerstoffs auf. Ein besonderer Vorteil dieser Methode ist darin zu sehen, daß die Gegenwart von Wasser und Kohlendioxyd nicht störend wirkt.

Weitere Methoden zur Stickstoffbestimmung bestehen darin den Stickstoff chemisch zu binden und die Menge aus dem eintretenden

Druckabfall (bzw. der Volumsverminderung) oder durch analytische Erfassung der Reaktionsprodukte zu ermitteln. Die chemische Bindung kann unter Verwendung von geeigneten Metallen[1] als Absorptionsmitteln oder durch Verbrennung mit Hilfe von elektrischen Entladungen erfolgen.

Die Bestimmung des Stickstoffs aus dem Druckabfall bei der Absorption erfolgt in einem geschlossenen Apparat, der aus einem Rohr besteht, in dem man das Absorptionsmetall erhitzt, während ein Manometer gewöhnlich nach McLeod die Druckabnahme anzeigt. F. Paneth, H. Gehlen und K. Peters verwenden als Stickstoffabsorptionsmittel Calciumspäne, die in einem Hartglasrohr auf dunkle Rotglut erhitzt werden. Außer Stickstoff kann das Calcium auch Kohlenwasserstoffe, Sauerstoff, Wasser und Kohlendioxyd aufnehmen. Bei der Untersuchung von Erdgasen auf ihren Heliumgehalt gelingt es so, alle Nichtedelgase zu binden.

Bei tieferen Temperaturen als Calcium reagiert Lithium mit Stickstoff, weshalb J. A. M. van Liempt und W. van Wijk dieses Metall verwenden. Ein Nachteil ist allerdings, daß Lithium und seine Dämpfe alle Glassorten rasch zerstören. Das Metall wird daher von einem Chromeisenrohr aufgenommen, das mit der Apparatur verschmolzen ist[2].

Kleine Stickstoffmengen lassen sich aus der Druckabnahme naturgemäß nur sehr ungenau ermitteln. Blumstein, der Stickstoff mit Magnesium absorbiert, zersetzt daher das gebildete Nitrid mit verdünnter Säure und bestimmt das entwickelte Ammoniak. Zu beachten ist bei dieser Arbeitsweise, daß die käuflichen Erdalkalimetalle oft Spuren von Nitrid enthalten. Das Metall müßte daher sorgfältig entgast, oder noch besser im Hochvakuum destilliert werden. Für Lithium, das mit Stickstoff schon bei Zimmertemperatur reagieren kann, gilt das im besonderen.

Bei der Stickstoffbestimmung durch Verbrennung mit Hilfe elektrischer Entladungen ist zu beachten, daß der Stickstoff im elektrischen Funken oder Bogen keineswegs quantitativ oxydiert wird. Es muß daher das Gas, um eine vollständige Bindung des Stickstoffs zu erreichen, durch längere Zeit der Entladung ausgesetzt werden, wobei das gebildete Stickoxyd fortlaufend zu entfernen ist. Führt man die Bestimmung in einem mit etwas Lauge beschickten Eudiometer aus, so wird die notwendige Zirkulation der Gase nur durch die Diffusion bewirkt und die Bestimmung nimmt ziemlich lange Zeit in Anspruch. Treadwell und Th. Zürrer lassen daher das Gas mit Hilfe einer Pumpe zwischen der Verbrennungskammer und dem mit Lauge gefüllten Absorptionsgefäß zirkulieren. Die Ermittlung des vorhandenen Stickstoffs kann sehr bequem durch colorimetrische Bestimmung der Stickoxyde mit Grießschem Nitritreagens erfolgen. Bei dieser Arbeitsweise sind allerdings

[1] Vorgeschlagen sind: Calcium, Magnesium und Lithium.

[2] Es ist wegen der thermischen Beanspruchung nicht günstig, an dieser Stelle Schliffe zu verwenden. Auch die Supremaxröhren, die zur Aufnahme des Calcium dienen, werden am besten, unter Verwendung geeigneter Zwischengläser, angeschmolzen.

Fehler dadurch bedingt, daß ein mit den Versuchsbedingungen wechselnder Teil des Stickstoffs als Nitrat vorliegt. Zur Vermeidung dieses Fehlers bestimmen daher Treadwell und Zürrer den in der Lauge gelösten Stickstoff aus einer Messung der elektrischen Leitfähigkeit. Da die Wanderungsgeschwindigkeiten von Nitrit- und Nitration fast gleich sind, kann aus der Vergrößerung des Widerstandes der Lauge die gebundene Stickstoffmenge angegeben werden, ohne daß das Verhältnis Nitrit zu Nitrat bekannt zu sein braucht. Enthält das zu untersuchende Gas keinen Sauerstoff, so muß reinster Sauerstoff zugesetzt werden, der am einfachsten elektrolytisch hergestellt wird (s. A. Klemenc, ferner W. Espe und M. Knoll). Auch durch Zersetzung von Wasserstoffperoxyd gelingt es, ganz reinen Sauerstoff zu erhalten (s. H. Kahle und Krutzsch).

Die Trennung von Edelgasgemischen erfolgt wie schon erwähnt ausschließlich mit Hilfe von Adsorptivstoffen, andere physikalische Fraktionierungsmethoden wie Kondensation oder Destillation finden kaum Anwendung. Die Trennung der Gase kann sowohl bei der Adsorption als auch bei der Desorption vorgenommen werden. Die letztgenannte Methode besitzt den Vorzug, daß sich das Desorptionsgleichgewicht im allgemeinen rascher einstellt.

K. Peters und K. Weil beschreiben ein analytisches Verfahren zur quantitativen Trennung von Edelgasen, das auf folgender Erscheinung beruht. Bringt man bei genügend tiefer Temperatur ein Gasgemisch in Berührung mit einer hinreichenden Menge Aktivkohle, so verschwindet der Gasdruck auf Bruchteile eines Millimeters. Erhöht man nun die Temperatur der Kohle, so wird zunächst nur das Gas mit der größeren Flüchtigkeit einen merklichen Dampfdruck bekommen und kann, zweckmäßig mit einer Hochvakuumpumpe quantitativ abgepumpt werden. Bei geeigneter Wahl der Kohlenmenge und genügend tiefer Temperatur tritt eine Desorption der übrigen Gase dabei noch nicht ein, und es bedarf einer neuerlichen Steigerung der Temperatur, um das nächstflüchtigere Gas abpumpen zu können. Experimentell wird von Peters und Weil so vorgegangen, daß man in einem Vorversuch sowohl die nötige Menge Absorptionsmittel als auch die Temperaturbereiche bestimmt, in denen eine quantitative Trennung möglich ist. K. Peters (3) beschreibt ein etwas vereinfachtes analoges Verfahren und ein Gerät, mit dem man Edelgasbestimmungen unter Anwendung sehr kleiner Gasmengen ausführen kann.

Ein anderes Verfahren zur Desorptionsanalyse von Edelgasen[1] beruht auf der mehrfach beobachteten Erscheinung, daß leichtflüchtige Stoffe auf der Aktivkohle von schwererflüchtigen verdrängt werden (s. E. Berl und K. Andreß, ferner Magnus). Ein mit Aktivkohle gefülltes Gefäß (Abb. 8) wird unter Kühlung mit flüssiger Luft mit dem Gasgemisch beladen, dann wird durch Absenken des Kältebades zunächst nur der obere Teil der Aktivkohle erwärmt. Das Desorbat streicht nun durch die unten noch gekühlten Kohleschichten und tauscht

[1] Diese Analysenmethode ist zum Teil identisch mit dem im DRP. 588885 der Gesellschaft für Lindes Eismaschinen (Erfinder Dr. H. Kahle) beschriebenen Verfahren zur Zerlegung von Gasgemischen.

dort seine schweren Bestandteile gegen leichte aus. Durch entsprechend langsames und stetiges Senken des Kältebades gelingt es so, die Trennung durch einen der Rektifikation in einer Säule ähnlichen Effekt schärfer zu gestalten. Das Desorbat wird fortlaufend abgepumpt, das Gas durch Druckmessung in Räumen mit bekannten Volumen der Menge nach bestimmt und durch Spektralanalyse oder andere physikalische Methoden identifiziert.

12. Verdichtete Treib- und Heizgase. Zu den Brennstoffen dieser Klasse zählen sowohl die komprimierten wie auch die unter Druck verflüssigten Gase. Zur ersten Gruppe gehören vor allem Methan und Stadtgas, die auf hohen Druck komprimiert als Treibstoff für Kraftfahrzeuge Verwendung finden. Das Methan wird bei der Zerlegung des Koksofengases gewonnen, zum Teil handelt es sich auch um solches, das in städtischen Kläranlagen anfällt. Methan aus Koksofengas (sog. Motorenmethan) enthält 80% Methan, 12—14% Äthan und Äthylen, der Rest ist Kohlendioxyd, Wasserstoff, Stickstoff und Sauerstoff (s. J. Bronn). Auf die Untersuchung dieser Gase braucht nicht näher eingegangen zu werden, denn sie bietet gegenüber der Analyse von Koksofengas nichts Neues.

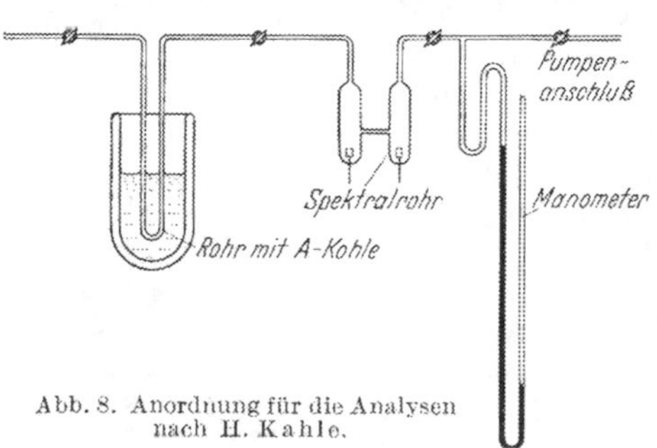

Abb. 8. Anordnung für die Analysen nach H. Kahle.

Flüssiggase sind Mischungen, in denen die Kohlenwasserstoffe mit 3 oder 4 Kohlenstoffatomen vorherrschen. Von den leichteren Kohlenwasserstoffen darf das Flüssiggas nur soviel enthalten, daß der Dampfdruck nicht die durch die Forderung nach wirtschaftlicher Speicherung gezogene Grenze überschreitet. Da man vom Treibgas fordert, daß es bei 20° C restlos verdampft, ist auch die Gegenwart von mehr als einigen Prozenten Pentan unzulässig.

In den Handel kommen sie unter Namen wie Gasol, Treibgas usw., dann „Propan" und „Butan", diese bestehen zu etwa 95% aus Kohlenwasserstoffen mit 3 bzw. 4 Kohlenstoffatomen. Hochprozentiges Butan kann als Treibstoff für Kraftfahrzeuge nicht verwendet werden, weil sein Dampfdruck bei tiefen Temperaturen zu klein ist. (Der Dampfdruck von Treibstoffen soll bei —15° C größer als 0,5 atü sein, damit auch bei tiefen Außentemperaturen das Gas unter eigenem Druck aus der Vorratsflasche entnommen werden kann.)

Die Menge der Olefine in den Flüssiggasen ist sehr von der Herkunft abhängig. Aus Hochdruckhydrieranlagen oder aus Erdgas gewonnenes Gasol enthält praktisch nur gesättigte Kohlenwasserstoffe. Das Gasol aus Fischer-Anlagen hat mittleren Olefingehalt, während das aus Krackanlagen oder Koksofengas bis zu 70% Olefine enthält (siehe K. Grimme). Für das Verhalten des Treibgases im Motor ist der Olefingehalt ziemlich belanglos, da die niedrigen Paraffine an sich sehr klopffest sind.

Die technische Untersuchung von flüssigen Treib- und Heizgasen beschränkt sich in der Regel darauf, die für die Verwendung wichtigen physikalischen und chemischen Eigenschaften durch Testmethoden zu ermitteln[1]. Man schlägt diesen Weg ein, weil die erschöpfende Analyse komplexer Kohlenwasserstoffmischungen sehr zeitraubend ist, aber auch deshalb, weil die brenntechnische Beurteilung eines Gasols auch ohne genaue Kenntnis der Zusammensetzung möglich ist[2].

Eine der wichtigsten technischen Eigenschaften von Flüssiggas ist der Dampfdruck[3]. Er kann aus der Zusammensetzung nach der Mischungsregel berechnet oder auch unmittelbar gemessen werden. Ein einfaches Verfahren zur Bestimmung der annähernden Zusammensetzung beschreibt R. Rosen und A. E. Robertson. Die Methode besteht in einer gewöhnlichen Destillation analog einer Engler-Destillation. Die Probe wird in einem Gefäß, das mit einem Thermoelement versehen ist, bei 760 mm Quecksilber verdampft und die Temperatur gegen die überdestillierte Menge aufgetragen. Aus der Temperatur, bei der bestimmte Bruchteile der Probe verdampft sind, kann mit Hilfe der Diagramme, die von den Verfassern experimentell ermittelt wurden, die Zusammensetzung der Probe angegeben werden. Auf ähnliche Weise (durch Bestimmung der Temperatur bei der 95% verdampft sind) wird auch nach der offiziellen Testmethode der Natural Gasoline Assoc. of America der Pentangehalt bestimmt. Nach deutschen Vorschriften soll der Gehalt von Treibgas an höheren Kohlenwasserstoffen so klein sein, daß bei 20° C kein Verdampfungsrückstand hinterbleibt (vgl. K. Grimme).

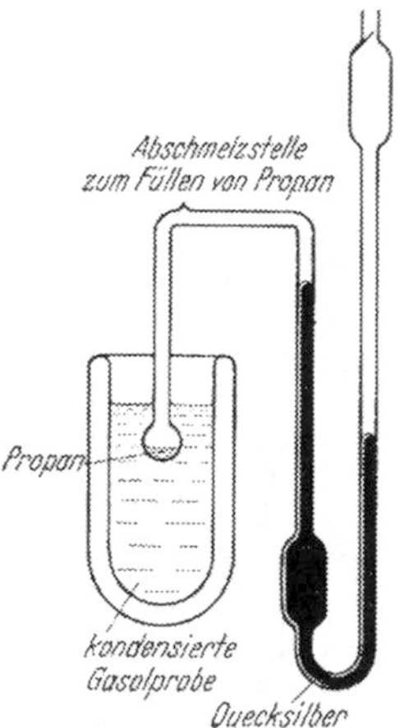

Abb. 9. Gerät zur Bestimmung des normalen Siedepunktes von Kohlenwasserstoffgemischen.

Ein Anhaltspunkt für die Zusammensetzung kann auch aus einer Bestimmung des Siedepunktes gewonnen werden. Würde man den Siedepunkt beim jeweiligen Atmosphärendruck messen, so müßte zur Auswertung die gefundene Temperatur auf 760 mm Barometerstand umgerechnet werden. Um das zu vermeiden, nimmt man zur Temperaturmessung ein mit Propan gefülltes Dampfdruckthermometer, dessen zweiter Schenkel gegen die Atmosphäre offen ist (Abb. 9). Die abgelesene Quecksilbersäule entspricht der Dampfdruckdifferenz zwischen Probe und Propan beim jeweiligen Atmosphärendruck. Da man aber

[1] Durch Übereinkunft der Hersteller (Natural Gasoline Assoc. of America) wurden in Amerika die technischen Eigenschaften der Flüssiggase und die Methoden zu ihrer Kontrolle genormt. Siehe „Handbook of Propane and Butane Gases, p. 45. 2nd Ed. Los Angeles 1935; ferner T. W. Legatski.

[2] Anders sind die Verhältnisse, wenn das Gasol als Ausgangsmaterial für Synthesen dienen soll. In diesem Fall ist die genaue Analyse unerläßlich und sie muß sogar Aufschluß über die Konzentration der einzelnen isomeren Kohlenwasserstoffe geben.

[3] Der Dampfdruck bei 50 bzw. 40° C ist maßgebend für den Versuchsdruck, mit dem Behälter geprüft werden. Siehe behördliche Vorschriften S. 127.

die Dampfdruckkurven des Propans und der Probe im Bereich der Schwankungen des Barometerstandes als Paralell ansehen kann, ist diese Quecksilbersäule auch gleich der Dampfdruckdifferenz zwischen Probe und Propan beim Siedepunkt der Probe unter 760 mm Druck und damit ein Maß für diese Temperatur.

Das Siedeverhalten der Probe ist natürlich nicht nur vom Verhältnis der C_3-Kohlenwasserstoffe zu den C_4 abhängig, sondern auch von der Anwesenheit von Olefinen und Isobutan. Die Konzentration dieser Stoffe schwankt aber im allgemeinen bei Gasproben der gleichen Herkunft nur wenig und man kann daher unter Benützung einer empirischen Skala das Verhältnis der Propan zu den Butankohlenwasserstoffen einigermaßen genau bestimmen.

Zur annähernden Ermittlung des Butangehaltes von Propan kann auch der sog. Quecksilbertest herangezogen werden. In ein Reagensglas von 250 mm Länge und 27 mm Durchmesser, das mit einer am Boden beginnenden Teilung von 0—100 cm³ versehen ist, bringt man 0,5 cm³ Quecksilber, kühlt es in einer Eis-Kochsalzmischung ab und füllt mit 100 cm³ der verflüssigten Probe. Nun läßt man unter fortwährendem Schütteln des Glases verdampfen, wobei das feste Quecksilber einen metallischen Klang gibt, der im Augenblick des Schmelzes verschwindet. Das in diesem Zeitpunkt noch vorhandene Restvolumen wird gemessen und der Butangehalt einer Tabelle entnommen. Die unten angegebenen Zahlen gelten für ein olefinfreies Gemisch von Propan und Butan. Sind Olefine anwesend, so gilt das bei der vorigen Methode Gesagte.

cm³ Rückstand .	1	2	3	4	5	6	7	8	9
Prozent Butan im Propan . .	0,5	0,75	1,22	1,5	1,8	2,0	2,2	2,4	2,6

Zur Bestimmung des Dampfdruckes füllt man eine Probe in eine kleine Stahlflasche, die mit einem Manometer versehen ist und die in einem Wasserbad auf die gewünschte Temperatur erwärmt wird. Soll bei —15° C gemessen werden, so kann ein Alkoholbad verwendet werden, das mit Eis-Kochsalz zu kühlen ist. Vor dem Versuch ist die Druckmeßflasche zu evakuieren. Um das Abfüllen der Probe zu erleichtern, kann man den Vorratsbehälter erwärmen oder die Meßflasche abkühlen. Die Probe ist selbstverständlich aus der flüssigen Phase zu ziehen. Wenn in die Meßflasche zu viel Gasol gefüllt wird, so kann beim Erwärmen die Gasphase verschwinden und unter Umständen durch den hohen Flüssigkeitsdruck die Flasche zerstört werden. Man kontrolliert daher, um eine Überfüllung zu vermeiden, das Gewicht der Probe oder bläst nach der Probenahme einen Teil des flüssigen Gasols aus der Meßflasche ab.

In Amerika wurden Geräte und Methoden zur Messung des Dampfdruckes von Flüssiggasen genormt[1].

Zur genauen und raschen Bestimmung des Wassergehaltes kann man unter geeigneten Abänderungen[2] eine im Prinzip von K. Fischer (2)

[1] Siehe Handbook of Propane and Butane Gases, p. 48 und Bureau of Explosives Pamphlet, Nr. 9, Suppl. 5.

[2] Unveröffentlichte, private Mitteilung von Herrn Dr. F. Rottmayr (aus dem Laboratorium der Gesellschaft für Lindes Eismaschinen, Höllriegelskreuth bei München).

angegebene Methode benützen. Das Analysenverfahren beruht darauf, daß sich SO_2 mit Jod nur bei Gegenwart von Wasser umsetzt. Die Reaktion $2 H_2O + SO_2 + J_2 = H_2SO_4 + 2 HJ$ verläuft an sich nicht vollständig, sondern führt zu einem ziemlich weit links liegenden Gleichgewicht. Bindet man aber die freiwerdende Schwefelsäure z. B. durch Zusatz von Pyridin, so wird praktisch quantitativ HJ gebildet. Aus dem maßanalytisch bestimmten Jodverbrauch kann dann direkt auf die vorhandene Wassermenge geschlossen werden. Der Endpunkt der Titration wird an der Braunfärbung des freien Jods erkannt. Stärke als Indicator zu verwenden ist unmöglich, weil die Bildung blauer Jodstärke an die Gegenwart von Wasser gebunden ist. Als Maßflüssigkeit verwendet man eine Lösung von 790 g Pyridin, 192 g Schwefeldioxyd und 254 g Jod, gelöst in 5 l Methanol. Pyridin und Methanol werden durch Erhitzen über Calciumoxyd und Abdestillieren vom Wasser befreit. Unnötige Berührung der wasserfreien Flüssigkeiten mit der Atmosphäre beim Mischen und Aufbewahren ist zu vermeiden. 1 cm^3 der angegebenen Lösung entspricht 7,2 mg Wasser. Sind die Ausgangsmaterialien nicht vollkommen trocken, so wird Jod verbraucht und die Lösung ist schwächer. Um den Titer zu stellen, titriert man 10 cm^3 möglichst wasserfreies Methanol und dann 10 cm^3 des gleichen Methylalkohols, dem aber vorher auf 500 cm^3 5 g Wasser zugesetzt wurden. Die Differenz des Verbrauches beider Titrationen gibt an, wieviel Kubikzentimeter der Lösung 100 mg Wasser entsprechen. Die Bestimmung wird folgendermaßen durchgeführt:

Ein gemessenes Volumen der Jodlösung wird in einem druckfesten Glasgefäß mit einer bekannten Menge des zu untersuchenden Gasols geschüttelt. Dann läßt man das Gasol verdampfen und ermittelt die angewandte Menge, wenn das nicht schon durch Messung des Flüssigkeitsvolumens geschehen ist, aus dem Volumen des verdampften Gases. Das nicht verbrauchte Jod wird mit dem auch zum Titerstellen verwendeten Methanol zurücktitriert und der Wassergehalt daraus berechnet.

Die Anwesenheit von Schwefelverbindungen im Gasol kann zu Korrosionen Anlaß geben. Besonders bedenklich sind Schwefelwasserstoff oder Mercaptan, andere organische Schwefelverbindungen sind ungefährlicher. Die Bestimmung des Schwefels im Flüssiggas erfolgt nach dem Verdampfen ebenso wie in anderen Brenngasen[1].

Eine direkte Methode zur Bestimmung der korrosiven Eigenschaften von Flüssiggas gibt M. M. Holm. Man leitet einen raschen Strom des verdampften Gases bei 120° C über Glasperlen, die mit einem dünnen Kupferspiegel überzogen sind. Schon bei Gegenwart sehr kleiner Schwefelmengen werden die Perlen nach einigen Minuten dunkel. Bei Gegenwart von nicht flüchtigen und gasollöslichen Verunreinigungen, wie Ventilschmiermittel u. ä., werden die Perlen mit einem gelegentlich auch dunkelgefärbten Ölfilm überzogen, der nicht mit der Verfärbung verwechselt werden darf, die der Schwefel hervorruft. Quantitativ kann der Schwefel nach dem Auflösen des Kupferspiegels bestimmt werden. F. M. Clothier bringt eine polierte Kupferplatte in eine dazu

[1] Siehe I, 750; ferner C. W. Wilson.

gebaute Bombe, die zur Hälfte mit Gasol gefüllt wird. Das Metall wird 3 Stunden der Einwirkung ausgesetzt und der Angriff visuell oder durch Gewichtsabnahme festgestellt.

Zur Bestimmung der Dichte des flüssigen Gases wird am besten eine Probe in einem kalibrierten, druckfesten Glasgefäß abgemessen und die Gasmenge nach dem Verdampfen durch Messung des Volumens bestimmt. Beim Versuch muß nicht nur die Temperatur, sondern auch der Druck gemessen werden, weil die flüssigen Gasol-Kohlenwasserstoffe sehr stark komprimierbar sind.

Die Messung des Heizwertes von Flüssiggas erfolgt nach den Methoden wie sie auch sonst für Heizgase verwendet werden (s. I, 732).

13. Analyse von Kohlenwasserstoffgemischen[1]. Die Analyse von komplexen Kohlenwasserstoffmischungen gelingt nur durch Anwendung physikalischer Fraktionierungsmethoden. Trennungsmethoden, die auf verschiedener Flüchtigkeit beruhen, sind bei tiefer Temperatur (und dementsprechend kleinen Drucken) wirksamer als bei höherer Temperatur, weil die Differenz der Dampfdrucke zweier Kohlenwasserstoffe mit fallender Temperatur im Verhältnis zum Gesamtdruck größer wird.

Die experimentelle Entwicklung dieser Trennungsmethoden ist vor allem den Arbeiten von A. Stock zu verdanken. Von einer Reihe anderer Autoren wurde die Stocksche Arbeitsweise abgeändert und vereinfacht, um sie für die Anwendung in Industrielaboratorien geeignet zu machen. Im allgemeinen verzichtet man auf eine quantitative Trennung und beschränkt sich darauf, Fraktionen zu erhalten, die durch Verbrennung, Gasdichtebestimmung oder andere Methoden analysiert werden.

Eine Trennung kann schon durch einfache fraktionierte Verdampfung und Kondensation erzielt werden. H. Tropsch und E. Dittrich[2] beschreiben eine derartige Methode, bei der das Gas in einem U-Rohr durch Abkühlen mit flüssiger Luft kondensiert und dann bei einem Druck von wenigen Millimetern Quecksilber mit einer Töpler-Pumpe[3] durch eine Reihe von Ausfriergefäßen abgesaugt wird. Wählt man die Temperatur der Ausfriergefäße entsprechend[4], so kondensiert sich in jedem Gefäß eine Fraktion, die Kohlenwasserstoffe gleicher Kohlenstoffzahl stark angereichert enthält. Wasserstoff, Kohlenoxyd, Stickstoff, Sauerstoff und ein großer Teil des Methans streichen durch die Kondensationsgefäße ohne verflüssigt zu werden. Man sammelt sie hinter der Töpler-Pumpe und analysiert in üblicher Weise.

---

[1] Ausführliche Darstellung der physikalischen Fraktionierungsmethoden siehe A. Klemenc, ferner K. Peters und W. Lohmar.

[2] Siehe auch M. Shepherd und F. Porter, ferner E. Berl und W. Forst.

[3] Ersetzt man die Töpler-Pumpe durch ein Pumpenaggregat, wie es K. Peters (1) beschreibt, so kann man bei noch wesentlich kleineren Drucken arbeiten.

[4] Als Thermostaten dienen Kupfer- oder Aluminiumblöcke, die sich in einem Dewarschen Gefäß befinden und mit flüssiger Luft gekühlt werden (vgl. dazu K. Peters) (2). Flüssigkeitsbäder (Pentan oder dgl.) zu verwenden, empfiehlt sich nicht. Bei der schlechten Wärmeleitfähigkeit und großen Viscosität der Badflüssigkeit können leicht erhebliche Temperaturdifferenzen auftreten. Da zu Kühlzwecken meist flüssige Luft oder flüssiger Sauerstoff dienen, ist die Verwendung brennbarer Kälteträger auch keineswegs ungefährlich.

Die Zusammensetzung dieser Fraktionen ermitteln H. Tropsch und W. J. Mattox aus einer Messung der Dichte oder der Lichtbrechung. Sind Olefine vorhanden, so bestimmt man sie volumetrisch durch Absorption in Schwefelsäure, die mit Silbersulfat aktiviert ist und berechnet aus einer Messung der Dichte vor und nach der Absorption die Zusammensetzung.

Eine quantitative Trennung der Kohlenwasserstoffe durch einmalige Kondensation oder Verdampfung ist wegen der nur um weniges voneinander abweichenden Dampfdrucke nicht möglich, um so mehr die gegenseitige Löslichkeit der flüssigen Kohlenwasserstoffe die Trennung weiter erschwert. Es bestünde zwar theoretisch die Möglichkeit durch mehrmalige Wiederholung der Operation die Kohlenwasserstoffe quantitativ zu trennen, doch verbietet sich dies wegen des damit verbundenen Arbeitsaufwandes und der sich multiplizierenden Fehler. Der Effekt einer wiederholten Verdampfung und Kondensation bei der Destillation läßt sich durch Rektifikation unter Verwendung einer Fraktionierkolonne erzielen.

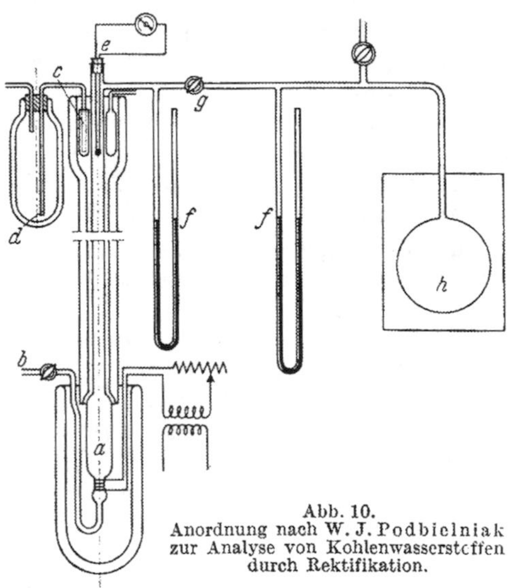

Abb. 10. Anordnung nach W. J. Podbielniak zur Analyse von Kohlenwasserstoffen durch Rektifikation.

Bei der Ausführung von Rektifikationsanalysen treten allerdings Schwierigkeiten auf, weil man meist nur kleine Substanzmengen aufwenden kann. Es ist daher notwendig Laboratoriums-Rektifikationsapparate mit einer möglichst guten Wärmeisolation zu versehen und so zu gestalten, daß Schwankungen in der Destillationsgeschwindigkeit und Rücklaufmenge in möglichst weiten Grenzen zulässig sind.

Zur Analyse durch Rektifikation wurden eine Reihe von Apparaten und Arbeitsmethoden von W. J. Podbielniak[1] (1) entwickelt, die insbesondere in der amerikanischen Erdölindustrie weit verbreitet sind (Abb. 10). Die Destillationsblase *a*, die eine fein regulierbare elektrische Heizung besitzt und in die durch *b* die Gasprobe einkondensiert wird, setzt sich nach oben in eine Destillationskolonne fort, die aus einem Glasrohr von etwa 6—10 mm Durchmesser und etwa 700 mm Länge besteht. Im Innern der Kolonne befindet sich eine Drahtspirale, die dazu bestimmt ist, den Weg der Flüssigkeit zu verlängern, um eine bessere Wirksamkeit der Säule zu erreichen. Die Kolonne ist außen mit einem Vakuummantel umgeben, der versilbert sein kann[2]. Gelegentlich

[1] Siehe ferner Handbook of Propane and Butane gases. Western Gas Los Angeles 1935.

[2] Eine derartige Destillationsanordnung beschreibt auch H. S. Davis.

wird auch die Kolonne mit dem Vakuummantel zu einem Stück vereinigt, doch treten dann durch die thermische Beanspruchung des Glases Schwierigkeiten auf[1].

Am Kopfe der Säule erweitert sich der Innendurchmesser des Isoliermantels, um einem metallenen Kühlgefäß *c* Raum zu geben, in das nach Bedarf flüssige Luft aus einem Vorratsgefäß *d* eingespritzt wird.

Zur Beobachtung der Temperatur im Kondensator dient das Thermoelement *e*, während der Druck in der Säule und im Gefäß *h*, das zum Auffangen des Destillates dient, durch die Quecksilbermanometer *f* beobachtet wird. Die aus der Säule abziehenden Gase gelangen durch den Hahn *g*, der zur Regelung der Destillationsgeschwindigkeit vorgesehen ist, in den zu Beginn der Analyse evakuierten Auffangbehälter *h*. Die Analyse liefert nur dann ein befriedigendes Ergebnis, wenn Heizung, Kühlung und Destillationsgeschwindigkeit während der ganzen Operation in richtigem Verhältnis zueinander stehen und wenn der Druck in der Säule keinen wesentlichen Schwankungen unterworfen ist. Da im Verlauf einer Analyse die erforderliche Heiz- und Kühlleistung keineswegs konstant bleibt und auch die Destillationsgeschwindigkeit im Interesse einer raschen Arbeitsweise während des Übergehens reiner Fraktionen gesteigert werden soll, erfordert der richtige Betrieb der Rektifikationssäule ziemlich großes Geschick.

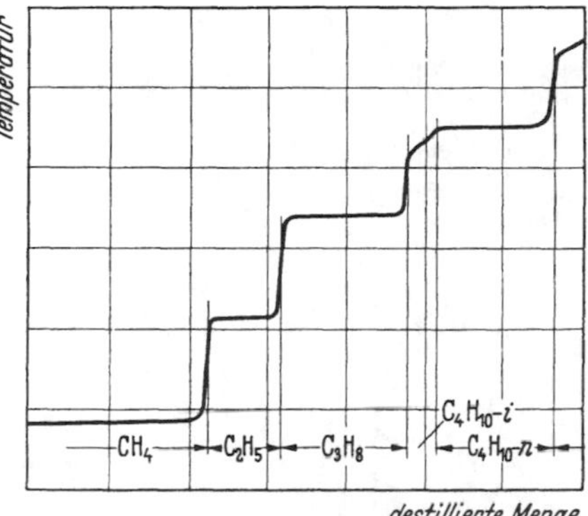

Abb. 11. Auswertungsdiagramm einer Kohlenwasserstoffanalyse nach W. J. Podbielniak.

Zur Beseitigung dieser Schwierigkeiten wurden von W. J. Podbielniak[2] (2) Vorrichtungen entwickelt, die alle wichtigen Größen selbsttätig regeln und auch das Analysenergebnis aufzeichnen. Die Auswertung der Analysen geschieht nach Podbielniak auf folgende Weise: Das jeweils übergehende Gas ist durch die Temperatur am Kopf der Säule (bei konstant gehaltenem Druck) identifiziert, während die übergegangene Menge aus der Messung des Druckes im Aufnahmebehälter gegeben ist. Trägt man die bei der Analyse beobachteten Drucke gegen die Kondensatortemperatur auf oder läßt man die Werte, wie das zum Teil bei den Apparaten nach Podbielniak geschieht, von einem Schreiber aufzeichnen, so erhält man Diagramme der Art, wie nebenstehend abgebildet (Abb. 11). Aus der Temperatur-Mengenkurve läßt sich ohne weiteres die Zusammensetzung des Gases in Volumprozenten ablesen.

[1] Um die Spannungen auszugleichen, die sich durch die thermische Verkürzung des kalten inneren Teiles der Säule ergeben, kann man einen Teil des Innenrohres als Spirale ausbilden. Auch durch geeignete Werkstoffauswahl können die auftretenden Spannungen in zulässigen Grenzen gehalten werden. Siehe diesbezüglich Podbielniak.

[2] Vgl. ferner H. S. Booth und A. R. Bozarth.

Diese Auswertung hat den Vorteil, daß aus der Form der Kurve auch die Menge eines Gasbestandteils ermittelt werden kann, der infolge seines Siedeverhaltens durch die Arbeit der Säule gar nicht quantitativ abgetrennt werden kann. Es gelingt z. B. nach dieser Methode der Auswertung auch kleine Mengen Isobutan neben Propan und Normalbutan zu bestimmen.

Eine andere Anordnung und Arbeitsweise beschreibt W. Wustrow. Die Säule ist ähnlich der von Davis gebaut, doch wird die Destillation zur Verbesserung der Trennung bei Drucken von etwa 30 mm Quecksilber vorgenommen und das Gas mit einer selbsttätigen Töpler-Pumpe[1] abgesaugt. Bei der Analyse werden die einzelnen Fraktionen bei konstant gehaltenen Kondensatortemperaturen abgepumpt. Die Kondensatortemperaturen werden für jede Fraktion entsprechend dem beabsichtigten Destillationsdruck gewählt. Es gelingt nach dieser Methode, ein Kohlenwasserstoffgemisch so zu zerlegen, daß die erhaltenen Fraktionen nur Kohlenwasserstoffe gleicher Kohlenwasserstoffzahl enthalten. Man kann aber auch Isobutan von Butan und Äthylen von Äthan trennen. Im allgemeinen bestimmt man aber die Ungesättigten durch die bekannten Methoden wie Hydrierung, Absorption mit Schwefelsäure oder Bromwasser.

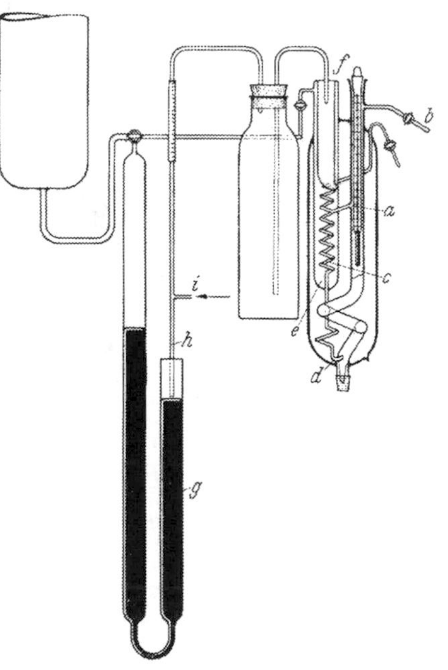

Abb. 12. Rückflußkondensator einer Anordnung für die Analyse von Kohlenwasserstoffgemischen durch Rektifikation.

Damit der Rückflußkondensator möglichst gleichmäßig und fein regelbar arbeitet, kühlt man besser nicht direkt mit flüssiger Luft, sondern indirekt unter Verwendung eines geeigneten Kälteüberträgers. W. E. McGillivray (s. auch Klemenc: Die Behandlung und Reindarstellung von Gasen, S. 64) ordnet zwischen dem Kältemittel, wie flüssige Luft, feste Kohlensäure und Aceton oder dgl. und dem Kondensatorrohr einen Raum an, in dem sich Wasserstoff befindet, dessen Druck mit Hilfe einer Diffusionspumpe beliebig verändert werden kann, wodurch infolge der mit dem Druck wechselnden Wärmeleitfähigkeit die Kühlung geregelt wird.

Um konstante Kondensatortemperaturen einzuhalten, benutzt man mit Vorteil Siedebäder von geeigneten Flüssigkeiten (meist Kohlenwasserstoffe). Dazu kann ein besonderer Rückflußkondensator[2] (Abb. 12)

[1] A. Stock.

[2] Das Gerät wurde im Laboratorium der Gesellschaft für Lindes Eismaschinen A.G., Höllriegelskreuth, entwickelt.

dienen. Der am Kopfe der Säule entweichende Dampfstrom spaltet sich bei *a* in zwei Äste, von denen einer bei *b* den Kondensator verläßt, während der Rest in der Spirale *c* verflüssigt wird und durch den Siphon *d* als Rückfluß wieder in die Säule gelangt. Die Kühlflüssigkeit, die sich im Raum *e* befindet, wird durch die Kondensationswärme, die der Rückfluß abgibt, zum Teil verdampft und verflüssigt sich wieder an den Wandungen des Gefäßes *f*, das mit flüssigem Stickstoff gekühlt wird. In der Abbildung ist noch eine einfache Anordnung dargestellt, die selbsttätig den Siededruck der Kühlflüssigkeit und damit ihre Temperatur konstant hält. Bei steigendem Dampfdruck verschließt die Quecksilbersäule des Manometers *g* das Rohr *h* so daß die eingeblasene Luft nicht mehr entweichen kann und aus dem Vorratsgefäß flüssige Luft nach *f* drückt, wodurch Temperatur und Dampfdruck wieder sinken. Durch Heben und Senken des Rohres *k* kann man den Siededruck beliebig einstellen und so mit einem Kühlmittel ein weites Temperaturgebiet bestreichen.

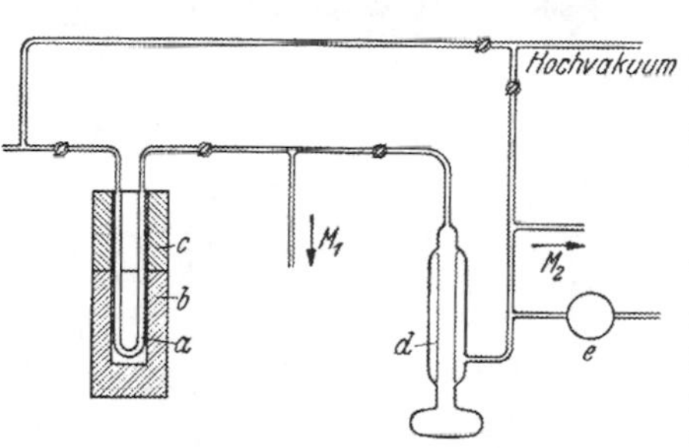

Abb. 13. Anordnung nach A. Eucken und H. Knick für die Analyse von Gasgemischen durch fraktionierte Desorption.

Für die Analyse von Kohlenwasserstoffgemischen wird auch im ausgedehnten Maß die Trennung mit Hilfe von Adsorptivstoffen herangezogen. Dabei kann man sich die unter anderem von E. Berl und K. Andress[1] beschriebene Erscheinung zunutze machen, daß Gase geringerer Flüchtigkeit solche mit größerer verdrängen. Eine darauf beruhende Arbeitsweise, bei der die adsorbierten Kohlenwasserstoffe schrittweise durch Kohlendioxyd verdrängt werden, beschreibt P. Schuftan (2).

A. Eucken und H. Knick geben eine Verdrängungsmethode an, die ohne Benützung eines Hilfsgases vor sich geht, nur sehr geringer Gasmengen bedarf (wenige Kubikzentimeter) und auch leicht zu einer selbsttätigen Arbeitsweise ausgebaut werden kann. Die Analyse wird in der in Abb. 13 dargestellten Apparatur ausgeführt: Das Gas wird an etwa 0,1 g Aktivkohle, die sich im U-Rohr *a* befinden, bei —103° C (Siedebad von Äthylen) adsorbiert und dann die Kohle durch Senken des Kühlbades *b*, mit dem der Elektroofen *c* fest verbunden ist, von oben erwärmt. Das desorbierte Gas wird fortlaufend durch die Quecksilber-Dampfstrahlpumpe *d* in den Kolben *e* gesaugt, der zu Beginn der Analyse gleich der übrigen Apparatur evakuiert ist. Das Analysenverfahren beruht darauf, daß während der Desorption der Druck vor und hinter der Pumpe durch die Manometer M_1 und M_2 verfolgt wird. Zur Druckmessung können McLeodsche Manometer dienen; besser mißt man aber den Desorptionsdruck mit einem Hitzdrahtmanometer, weil damit der Druck auch selbsttätig aufgezeichnet werden kann. Während aus den von M_2 angezeigten Drucken die desorbierte Menge hervorgeht,

[1] Siehe auch A. Magnus, ferner E. Berl und Schmidt.

ist der von M_1 angezeigte Druck ein Maß für die Desorptionsgeschwindigkeit, die zur Identifizierung der jeweils übergehenden Gasbestandteile herangezogen wird. Es hat sich nämlich gezeigt, daß die Desorption nicht mit steter Geschwindigkeit vorsichgeht, sondern daß im Augenblick des Durchbruchs eines neuen Kohlenwasserstoffes die Geschwindigkeit ein Vielfaches der beträgt, mit der die letzten Reste des vorhergehenden entbunden wurden. Der Beginn der Desorption eines neuen Kohlenwasserstoffes zeigt sich also durch einen plötzlichen Anstieg des Desorptionsdruckes, der meist noch dadurch besonders auffallend wird, daß der Druck vorher absinkt, so daß ein Minimum durchlaufen wird.

Eine Analysenmethode, die sich in ihren Grundzügen an die von K. Peters und K. Weil angegebenen Arbeitsmethoden zur Trennung von Edelgasen durch Desorption anschließt, beschreiben K. Peters und W. Lohmar (s. auch K. Peters und A. Warnecke). Um den experimentellen Aufwand zu verringern, wird aber nicht wie bei der Edelgastrennung bei den vorher experimentell bestimmten günstigsten Temperaturen desorbiert, die eine quantitative Trennung gewährleisten, sondern die Desorption erfolgt immer bei einer Reihe gleicher Temperaturen, die so gewählt sind, daß sie sich durch leicht zugängliche Temperaturbäder realisieren lassen. Man erhält dann allerdings keine reinen Kohlenwasserstoffe als Fraktionen. Die Versuche von Peters haben aber gezeigt, daß stets nur Gemische von Kohlenwasserstoffen desorbiert werden, deren Kohlenwasserstoffzahlen sich um 1 unterscheiden (Abb. 14). Man kondensiert zuerst die Gasprobe in das mit flüssiger Luft gekühlte Gefäß *b* (s. Abbildung) und pumpt die nicht kondensierbaren Gase bei *f* mit einer Töpler-Pumpe ab, der eine Quecksilberdiffusionspumpe zum bequemeren Erreichen eines hohen Vakuums vorgeschaltet ist. Dann bringt man das Ausfriergefäß in ein Bad von fester Kohlensäure in Aceton, kühlt das Aktivkohlengefäß *c* mit flüssiger Luft und adsorbiert die flüchtigen Kohlenwasserstoffe. Nun trennt man das Aktivkohlengefäß wieder durch den Hahn *d* von der Apparatur und destilliert die im Ausfriergefäß allfällig noch vorhandenen höheren, bei Raumtemperatur flüssigen Kohlenwasserstoffe und die Feuchtigkeit in das kalibrierte Meßröhrchen *e*. Jetzt wird das Adsorptionsgefäß *c* der Reihe nach in Bäder von —80°, —21°, 0°, +20°, +40° und +100° C gebracht und die jeweils entbundenen Fraktionen durch *f* mit dem erwähnten Pumpenaggregat abgesaugt.

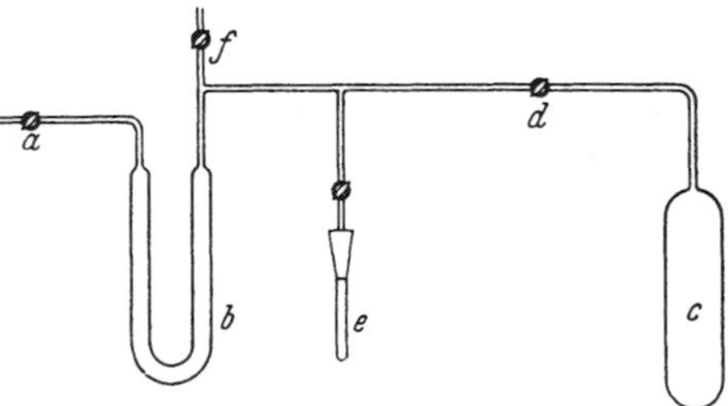

Abb. 14. Anordnung nach K. Peters und A. Warnecke für die Analyse von Gasgemischen durch fraktionierte Desorption.

Zur Analyse der Desorbate genügt, wenn keine ungesättigten Kohlenwasserstoffe vorhanden sind, eine Dichtebestimmung mit der Gaswaage nach Stock (oder Messung der Lichtbrechung mit dem Interferometer). Die Analyse durch Verbrennung nach den Methoden der technischen

Gasanalyse ist weniger genau. Für den Fall, daß auch Olefine vorhanden sind, geben Peters und Lohmar zwei Wege für die Analyse an. Die exaktere Methode besteht darin, einen Teil der Gasprobe vor der Desorption zu hydrieren, aus dem anderen Teil aber die Olefine mit Schwefelsäure zu entfernen und dann beide Proben der Desorptionsanalyse zu unterziehen. Um zu verhindern, daß von der Schwefelsäure in wesentlichen Mengen höhere Paraffine gelöst werden, unterbricht man die Einwirkung, wenn das aus dem Wasserstoffverbrauch bei der Hydrierung bestimmte Volumen der Olefine absorbiert ist. Zur Hydrierung mischen Peters und Lohmar eine gemessene Gasprobe mit einem bekannten Volumen Elektrolytwasserstoff und leitet das Gemisch bis zur Volumkonstanz über einen Nickelkontakt, der auf 110 bis 140° C erwärmt ist (s. auch A. Wallace, McMillan, A. Howard, Cole, A. v. Ritchie, K. I. Skarblom).

Die andere Möglichkeit ist die, die Gasprobe ohne Rücksicht auf die Anwesenheit der Olefine einer Desorptionsanalyse zu unterziehen. Die erhaltenen Fraktionen bestehen dann aus maximal vier Kohlenwasserstoffen, von denen zwei Paraffine und zwei Olefine sind. (Beispielsweise Äthan, Propan, Äthylen und Propylen.) Die Analyse dieser Gemische erfolgt im Orsat. Man entfernt aus einem Teil der Fraktion die Olefine mit Schwefelsäure und berechnet dann die Zusammensetzung der Probe aus den bei der Verbrennung beider Anteile erhaltenen Werten. Auch die bei den Kondensationsmethoden angegebenen Verfahren zur Analyse der Fraktionen können hier herangezogen werden.

Literatur.

Ackermann: Chem.-Ztg. **57**, 154 (1933). — Ambler, H. R. and T. Carlton Sutton.: Analyst **59**, 809 (1934). — Angerer, E. v.: Technische Kunstgriffe bei physikalischen Untersuchungen. Braunschweig 1936.

Beck, F.: Pharm. Weekblad **69**, 469 (1932). — Bennett, A. N. C.: Journ. Physical Chem. **34**, 1137 (1930). — Berl, E. u. K. Andreß: Ztschr. f. angew. Ch. **34**, 369, 377 (1921). — Berl, E. u. W. Forst: Ztschr. f. anal. Ch. **98**, 305 (1934). — Berl, E. u. Schmidt: Ztschr. f. angew. Ch. **36**, 247 (1923). — Blumstein: Ztschr. f. anal. Ch. **79**, 324 (1930). — Booth, H. S. and A. R. Bozarth: Ind. and Engin. Chem. **29**, 470 (1937). — Bozarth, A. R.: Siehe H. S. Booth. — Broche, H. u. W. Scheer: Brennstoffchem. **13**, 281 (1932). — Bronn, J.: Brennstoffchem. **12**, 27 (1937). — Bureau of Explosives Pamphlet, Suppl. 5, No. 9. — Burion et Courtries: C. r. l'Acad. des sciences **172**, 1365 (1921).

Chaney, A. L.: Current Res. Anesthesia Analgesia **12**, 42 (Jan. 1933). — Chaney, A. L. and F. Lombard: Ind. and Engin. Chem., Anal. Ed. **4**, 185 (1932). — Christmann, N.: Wärme **59**, 549 (1936). — Clothier, F. M.: Nat. Petrol. News **25**, 34, 42 (1933).

Davis, H. S.: Ind. and Engin. Chem., Anal. Ed. **1**, 61 (1929). — Drews, K.: Verdichtete und verflüssigte Gase. Halle 1928.

Elzin, J. A.: Ztschr. f. Physik **82**, 620 (1933). — Espe u. Knoll: Werkstoffkunde der Hochvakuumtechnik. Berlin 1936. — Eucken, A. u. H. Knick: Brennstoffchem. **17**, 241 (1936). — Eustis, F.: Ind. and Engin. Chem., Anal. Ed. **5**, 77 (1933).

Filippo, H.: Chemisch Weekblad **26**, 567 (1929). — Fischer, K.: (1) Ztschr. f. angew. Ch. **48**, 394 (1935). — (2) Ztschr. f. angew. Ch. **48**, 934 (1935).

Grimme, K.: Ztschr. f. angew. Ch. **51**, 265 (1938). — Guyer u. Weber: Brennstoffchem. **14**, 405 (1933).

Handbook of Propane and Butane Gases. — Heyne: Ztschr. f. angew. Ch. **38**, 1099 (1925). — Holm, M. M.: Ind. and Engin. Chem., Anal. Ed. **8**, 299 (1936).

Jamm, W. u. K. Walter: Ztschr. Ver. Dtsch. Ing. **79**, 779 (1935). — Jljin, Liwschitz u. Tichwinskaja: Orig. russ. Ref. Chem. Zentralblatt **35 II**, 2095. — Jlosvay: Ber. Dtsch. Chem. Ges. **32**, 2598 (1899).

Kahle, H.: (1) Ztschr. angew. Ch. **41**, 875 (1928). — (2) Chem. Fabrik **7**, 364 (1934). — Kahle, H. u. Krutzsch: Chem. Fabrik **7**, 452 (1934). — Keffler, N. J. P.: Journ. Amer. Chem. Soc. **56**, 1259 (1934). — Klemenc, A.: Die Behandlung und Reindarstellung der Gase. Leipzig 1938. — Kling et Schmutz: C. r. d. l'Acad. d. sciences **168**, 774 (1919). — Krantz, J. C., W. F. Reindollar and C. J. Carr: Journ. Amer. Pharmac. Assoc. **22**, 218 (März 1933).

Laschin: Der flüssige Sauerstoff. Halle 1929. — Legatski, T. W.: Natural Gasoline Assoc. of Amer. Proceedings, 1932. — Liempt, J. A. M. van u. W. van Wijk: Rec. trav. chim. Pays-Bas **56**, 310 (1937). — Lunge, G. u. H. R. Ambler: Technical Gas Analysis. London 1934.

Magnus, A.: Ztschr. f. physik. Chem. A **242**, 401 (1929). — Martinek and Marti: Amer. Journ. publ. Health **19**, 293. — Matuszak, Maryan P.: Ind. and Engin. Chem., Anal. Ed. **6**, 457 (1934). — McGillivray, W. E.: Journ. Chem. Soc. London **1932**, 941. — Menzel u. Kretzschmar: Ztschr. f. angew. Ch. **42**, 148 (1929). — Mugdan, H. u. J. Sixt: Angew. Chem. **46**, 90 (1933). — Muhlert, F. u. K. Drews: Technische Gase, ihre Herstellung und Verwendung. Leipzig 1928.

Nenitzescu, C. D. şi K. Pana: Bull. Soc. Chim. Romania **15**, 45 (1933). — Neubauer, A.: Chem. Fabrik **11**, 143 (1938).

Paneth, F., H. Gehlen u. K. Peters: Ztschr. f. anorg. u. allg. Ch. **175**, 383 (1928). — Peters, K.: (1) Ztschr. f. angew. Ch. **41**, 510 (1928). — (2) Chem. Fabrik **7**, 47 (1934). — (3) Chem. Fabrik **10**, 371 (1937). — Peters, K. u. W. Lohmar: VDI-Beiheft Nr. 25, auszugsweise veröffentlicht in Ztschr. f. angew. Ch. **50**, 40 (1937). — Peters, K. u. F. Paneth: Siehe Paneth. — Peters, K. u. A. Warnecke: Glückauf **69**, 1181—1210 (1933). — Peters, K. u. K. Weil: Ztschr. f. physik. Ch. A **148**, 1 (1930); ferner Ztschr. f. angew. Ch. **43**, 608 (1930). — Pfundt, O.: Chem. Fabrik **6**, 69. — Physikalisch-technische Reichsanstalt, Jahresbericht Bd. 5, S. 11. 1926. — Plesskow, W. A.: Orig. russ. Ref. in Chem.-Ztg. **37 I**, 4268. — Podbielniak, W. J.: (1) Ind. and Engin. Chem., Anal. Ed. **3**, 177 (1931). — (2) Ind. and Engin. Chem., Anal. Ed. **5**, 119, 135, 172 (1933). — Pollak, L.: Arch. f. Hyg. **1922**, 1.

Quinn, R. J.: Ind. and Engin. Chem. **24**, 610 (1932).

Roelen, O. u. W. Feißt: Brennstoffchem. **15**, 187 (1934). — Rosen, R. and A. E. Robertson: Ind. and Engin. Chem., Anal. Ed. **3**, 284 (1931). — Rossini, F. D.: Bur. Stand. Journ. Res. **6**, 37 (1931).

Saint Mars, J. de: Siehe P. Woog. — Sartori, M.: Chemie der Kampfstoffe. Braunschweig 1935. — Schmalfuß u. H. Werner: Ber. Dtsch. Chem. Ges. **58**, 71 (1925). — Schmidt, J. E. and J. C. Kranz: (1) Quart. Journ. Pharmac. Pharmacol. **6**, 625. – (2) Journ. Amer. Pharmac. Assoc. **22** (1222). – Schuftan, P.: (1) Brennstoffchem. **13**, 104 (1932). — (2) Technische Gasanalyse. Leipzig 1931. — Scribner, A. K.: Ind. and Engin. Chem., Anal. Ed. **3**, 255 (1931). — Shepherd, M. and F. Porter: Ind. and Engin. Chem. **15**, 1143 (1923). — Skarblom, K. J.: Teknisk Tidskr. **62**, 57 (1932). — Smith, Allen S.: Ind. and Engin. Chem. **26**, 1167 (1934). — Stock, A.: Ztschr. f. Elektrochem. **23**, 35.

Tramm u. K. Grimme: Brennstoffchem. **14**, 25 (1933). — Treadwell u. Th. Zürrer: Helv. chim. Acta **16**, 1180 (1933). — Tropsch, H. u. E. Dittrich: Brennstoffchem. **6**, 169 (1925). — Tropsch, H. and W. J. Mattox: Ind. and Engin. Chem., Anal. Ed. **6**, 235—241 (1934).

Ullmann: Enzyklopädie der technischen Chemie, 2. Aufl., Bd. 3, S. 356. Berlin 1929.

Wallace, A., McMillan, A. Howard, Cole and A. van Ritchie: Ind. and Engin. Chem., Anal. Ed. A **8**, 103 (1935). — Wilson, C. W.: Ind. and Engin. Chem., Anal. Ed. **5**, 20 (1933). — Woog, P., R. Sigwalt, J. de Saint Mars: Bull. Soc. Chim. de France **4**, 53, 1522 (1933). — Wustrow, W.: Ztschr. f. anal. Ch. **108**, 305 (1937).

Die Luft[1].

Von

Professor Dr. **W. Liesegang**,

Abteilungsdirektor an der Preußischen Landesanstalt für Wasser-, Boden- und Lufthygiene in Berlin-Dahlem.

A. Einleitung.

Bei allen Verfahren, die zum Nachweis von Fremdstoffen in der Luft dienen, handelt es sich um einen Spurennachweis. Die dem Gasanalytiker geläufigen Verfahren zur Untersuchung und Auswertung der gefundenen Ergebnisse lassen sich im allgemeinen nur dann zur Anwendung bringen, wenn es sich um einen ruhenden Luftkörper handelt, wie er mit gewissen Einschränkungen im allseitig geschlossenen Raum zu erwarten ist. Ganz andere Voraussetzungen sind gegeben, wenn die Luft in der freien Atmosphäre untersucht werden soll. Die Bedingungen, unter denen die Luftuntersuchung im Raume und im Freien durchgeführt werden muß, sind so grundverschieden, daß sich auch die Untersuchungsverfahren mit Naturnotwendigkeit nach ganz verschiedenen Richtungen entwickeln mußten. Man hat bisher davon abgesehen, in den Handbüchern, welche die Kenntnis der chemischen Untersuchungsmethoden vermitteln sollen, diesen Unterschied herauszustellen, und das mag darin seinen Grund haben, daß für die Freiluftuntersuchung bisher eine brauchbare und richtungsweisende Arbeitsgrundlage gefehlt hat.

Erst die letzten Jahrzehnte haben auf diesem Gebiete Wandel geschaffen, weil in allen Ländern die starke Entwicklung der Städte und die Zunahme der industriellen Betätigung eine erhöhte Verunreinigung der freien atmosphärischen Luft mit sich brachte, und weil der Nachbarschutz gegen Abgas- und Staubeinwirkungen durchgreifendere Maßnahmen der hierfür verantwortlichen Stellen erforderte. Wenn auch die Entwicklung gegenwärtig noch stark im Fluß ist, so dürfte es dennoch an der Zeit sein, einmal den Versuch zu machen, zwei Arbeitsgebiete gegeneinander abzugrenzen, die sich infolge ihrer Wesensverschiedenheit nur sehr schwer gemeinsam abhandeln lassen.

Die Verfahren der physikalischen und chemischen Untersuchung der Raumluft, wie sie namentlich für gewerbehygienische Ermittlungen benutzt werden, und die im Hauptwerk (II/1, 397—454) bereits gründlich behandelt worden sind, werden im vorliegenden Ergänzungsband nur soweit Berücksichtigung finden, als seit dem Erscheinen des Hauptwerkes Veränderungen eingetreten sind.

Die Verfahren zur Untersuchung in freier Luft werden gesondert behandelt werden in der Annahme, daß damit allen Fachgenossen, die

[1] Man findet auch in den Abschnitten „Gasanalyse" und „Gasfabrikation" weitere Bestimmungsmethoden bei den einzelnen Stoffen beschrieben.

sich mit Fragen des Anwohnerschutzes zu befassen haben und denen allgemein-hygienische Fachzeitschriften weniger leicht zugänglich sind, ein nicht unwesentlicher Dienst geleistet wird.

B. Untersuchung der Raumluft[1] (II/1, 397).

1. Allgemeines. Die Untersuchung der Luft in geschlossenen oder halboffenen Räumen kann aus betriebstechnischen oder aus gewerbehygienischen Gründen erforderlich werden. Neben physikalischen Messungen zur Ermittlung des Luftzustandes bzw. des Raumklimas (Temperatur, Druck, Feuchtigkeit, Abkühlungsgröße) kommen dabei chemische Untersuchungen in Betracht, da die in normaler Luft vorhandenen Gasbestandteile in ihren Mengenverhältnissen weitgehende Veränderungen erfahren können. Häufiger noch wird sich die Notwendigkeit ergeben, in normaler Luft nicht vorhandene Fremdstoffe, Gase, Dämpfe und Staube nach Art und Menge zu ermitteln. Um die Ergebnisse solcher chemischer Raumluftuntersuchungen richtig auswerten zu können, ist es notwendig, die physikalischen Bedingungen, unter denen die Menge eines Fremdstoffes festgestellt wurde, soweit festzulegen, wie es bei der Gasanalyse allgemein üblich ist, und das Ergebnis auf Normalbedingungen (0° C und 760 mm Druck) zu reduzieren. Vielfach wird auch die gleichzeitige Feststellung des Feuchtigkeitsgehaltes der Luft zur Klärung eines Sachverhaltes beitragen können, da gewisse Verunreinigungen zu dem in der Luft vorhandenen Wasserdampf in Wechselwirkung treten.

2. Physikalische Messungen. Die immer höheren Anforderungen, die in gewerbehygienischer und wohnungshygienischer Hinsicht an die Verbesserung der Raumluft gestellt werden, daneben aber auch die Erkenntnis, daß eine bestimmte Luftbeschaffenheit für einzelne Fabrikationsverfahren von ausschlaggebender Bedeutung ist, hat zur Anlage vieler Klimaanlagen geführt. Für die Prüfung der Leistung dieser Anlagen und für ihre Überwachung sind meteorologische Meßinstrumente übernormmen worden, und zwar vorwiegend solche, die eine fortlaufende Registrierung erlauben, wie die Thermo-, Hygro- und Barographen.

a) Feuchtigkeitsmessung (II/1, 406). Bei Anwendung der Haarhygrometer und -hygrographen zur Bestimmung der Luftfeuchtigkeit ist zu beachten, daß sie etwa $^1/_2$ Stunde benötigen, um sich richtig einzustellen. Diese Geräte zeigen außerdem leicht Ermüdungserscheinungen durch Brüchigwerden der eingespannten Haare und müssen ständig nachgeeicht werden. Als bestes Eichgerät hat das Aspirationspsychrometer von Aßmann zu gelten (II, 407), in dem ein in das Gerät eingebauter, durch ein Uhrwerk getriebener Ventilator einen Luftstrom mit gleichbleibender Geschwindigkeit von etwa 2 m/Sek. an den beiden Thermometerkugeln vorbeisaugt.

b) Abkühlungsgröße. Zur Ermittlung der entwärmenden Wirkung der Luft (Abkühlungsgröße), welche durch Temperatur, Bewegung, Strahlung und Feuchtigkeit gemeinsam bedingt wird, bedient man sich vorzugsweise des Katathermometers von Hill. Hierbei

[1] Siehe auch Erg.-Bd. I, S. 135, Gasanalyse.

handelt es sich um ein Alkoholstabthermometer mit einem Flüssigkeitsbehälter von etwa 4 cm Länge und 1,8 cm äußerem Durchmesser. Auf dem Thermometerstiel sind nur die beiden Temperaturen 35 und 38° C festgelegt, deren Mittelwert von 36,5° C ungefähr der menschlichen Körpertemperatur entspricht. Das Thermometer wird an der Beobachtungsstelle im Wasserbade auf über 38° erwärmt, abgetrocknet und aufgehängt. Mit Hilfe der Stoppuhr wird die Zeit bestimmt, welche der Alkoholfaden benötigt, um von 38° auf 35° zu fallen.

Die Abkühlungsgröße selbst wird durch Division des für das betreffende Gerät festgestellten Eichwertes durch die gestoppte Zeit gefunden. Sie kann dazu dienen, mit Hilfe bestimmter Formeln die Stärke der Luftbewegung und ebenso die Behaglichkeitsziffer festzustellen (vgl. F. Bradtke und W. Liese).

3. Chemische Untersuchungen. a) Schwefeldioxyd (II/1, 415, s. a. S. 170). Für die Bestimmung des Gehaltes der Luft an Schwefeldioxyd mit Jodlösung sind viele Ausführungsformen bekannt geworden. K. Zepf und F. Vetter stellten fest, daß sich Schwefeldioxyd restlos absorbieren läßt und daß sich Jodverluste vermeiden lassen, wenn man der vorgelegten Jodlösung von vornherein bestimmte Mengen Kaliumjodid und Stärkelösung zufügt. Sie fanden ferner, daß zwischen Jodkonzentration und Intensität der Blaufärbung Gleichläufigkeit besteht, wenn Jod, Jodkalium und Stärke in annähernd gleichen Mengenverhältnissen in der Lösung vorhanden sind. Diese Erkenntnisse gaben Veranlassung, ein Gerät herzustellen, welches sich als sehr geeignet zur Bestimmung der schwefligen Säure in der Raumluft und unter gewissen Voraussetzungen auch in der freien Luft erwiesen hat.

Zwei hintereinander geschaltete Zehnkugelrohre, die in einem tragbaren Kasten untergebracht sind, werden mit je 25 cm³ einer Lösung beschickt, die aus 1 Teil frisch bereiteter $^1/_{10000}$ n-Jodlösung (mit 3 g/l jodfreiem Kaliumjodid) und aus 1—3 Teilen Stärkelösung (mit 4 g/l löslicher Stärke) besteht. 1—10 l Luft werden mittels Flaschenaspirator mit einer Geschwindigkeit von 2—5 l/Min. durch die Kugelrohre hindurchgesaugt. Der Jodverbrauch und damit das absorbierte Schwefeldioxyd in der ersten Vorlage wird durch colorimetrischen Vergleich mit der ursprünglichen Lösung oder der Lösung aus der zweiten Vorlage in einem geeigneten Tauchcolorimeter (z. B. von Du Bosq) festgestellt. Zu beachten ist, daß im ersten Zehnkugelrohr nicht mehr als $^1/_3$ des vorgelegten Jodes verbraucht werden darf, weil sich sonst die Mengenverhältnisse der Bestandteile der vorgelegten Lösung so stark verschieben, daß Blaufärbung und Jodkonzentration nicht mehr proportional bleiben.

Weitere Angaben über die Verfahren zur Ermittlung des absoluten und relativen Schwefeldioxydgehaltes der Luft finden sich im Abschnitt über die Luftuntersuchung im Freien.

b) Schwefelkohlenstoff (II/1, 418). Neben der Xanthogenatreaktion eignet sich nach Hegel zum Nachweis des Schwefelkohlenstoffes das Triäthylphosphin in ätherischer Lösung, die man zweckmäßig auf eine Temperatur von —10° abkühlt. Schon Spuren von Schwefelkohlenstoff geben eine intensive Rotfärbung, welche auf die Bildung der Additionsverbindung $CS_2 \cdot P(C_2H_5)_3$ zurückzuführen ist. Die Bestimmung läßt sich auch quantitativ benutzen, da sich das kristalline Reaktionsprodukt leicht abfiltrieren, mit Äther auswaschen und wägen läßt.

c) Chlor und Brom (II/1, 425). Ein neues Verfahren ist von H. Eichler angegeben worden. Eine rote fluorescierende Lösung von 0,1 g Resorufin und 1,5 g Soda in 100 cm³ Wasser nimmt Chlor und Brom unter Bildung von Tetrachlor- bzw. Tetrabromresorufin auf. Die Farbe schlägt hierbei von rot in blau (irisblau) um. Das Verfahren ist auch für die quantitative Bestimmung ausgearbeitet.

d) Jod (II/1, 425). H. Cauer hat in zahlreichen Fällen den Jodgehalt der Luft festgestellt und dabei die von Th. v. Fellenberg angegebene Methode unter Anwendung einer besonderen Entnahmeapparatur benutzt. Er leitete ein abgemessenes Luftvolumen durch jodfreie Kaliumcarbonatlösung und bestimmte das Jod durch Ausschütteln mit Chloroform und nachfolgenden Vergleich mit Standardlösungen.

e) Kohlenoxyd (II/1, 427, s. a. S. 169)[1]. Der Jodpentoxydmethode zur quantitativen Kohlenoxydbestimmung (II/1, 431) haben P. Schläpfer und E. Hofmann eine zweckentsprechende Ausführungsform gegeben. Das von ihnen vorgeschlagene Gerät besteht im wesentlichen aus folgenden Teilen, die in einem tragbaren Kasten untergebracht sind:

1. Bürette zum Abmessen der Luftprobe, 10, 50 und 200 cm³.
2. Reaktionsrohr mit Jodpentoxyd in elektrisch heizbarem Mantel.
3. Spülgasreinigungsapparatur mit 5 Vorlagen, enthaltend: Chlorcalcium, Kupferspäne, Kaliumhydrat, Bimsstein getränkt mit Jodpentoxyd in 10%igem Oleum, Natronkalk mit Chlorcalcium.
4. Trocknungssystem für die Gasprobe bestehend aus: Chlorcalcium, Bimsstein mit konzentrierter Schwefelsäure, Natronkalk und nochmals Chlorcalcium.
5. Absorptionsgefäß für Kohlendioxyd.
6. Absorptionsgefäß für Jod.

Vor Ausführung der Untersuchung muß alles freie Jod aus dem Reaktionsrohr herausgespült werden. Als Spülgas kann jede, auch CO-haltige Luft verwendet werden, da das vorgeschaltete Spülgasreinigungssystem (3) neben anderen schädlichen Verunreinigungen, auch das Kohlenoxyd beseitigt. Die Vorlage 6 wird mit 7—8 cm³ Chloroform beschickt zur Aufnahme des durch CO aus dem J_2O_5 in Freiheit gesetzten Jodes. Will man neben dem Kohlenoxyd auch den Kohlendioxydgehalt der Probe ermitteln, so füllt man in die Vorlage 5 etwa 30 cm³ Barytwasser. Die zu untersuchende Luftprobe (10, 50 oder 200 cm³ mit möglichst nicht höherem CO-Gehalt als 0,4%) wird in die Bürette eingesaugt und in langsamem Strome, etwa 30 cm³/Min. durch das Trocknungssystem (4) und das Reaktionsrohr (2) in die Vorlagen (5 und 6) gedrückt. Um noch im Reaktionsrohr verbliebenes Jod in die Vorlage zu befördern wird wie beim Vorbereiten der Untersuchung mit Luft nachgespült, die vorher im Reinigungssystem (3) von Verunreinigungen befreit worden ist. Bei der Feststellung geringer CO-Gehalte genügt 1maliges Spülen mit 200 cm³ Luft, ist die Jodabscheidung stärker, so muß die Spülung 3—4mal wiederholt werden.

[1] Eine Zusammenfassung der CO-Bestimmungsmethoden wurde von F. Spausta veröffentlicht (s. Literatur).

Das in der Probe vorhandene Kohlenoxyd bestimmt man durch Titration des in der Vorlage aufgefangenen Jodes mit einer $^1/_{1000}$ n-Thiosulfatlösung bis zum Verschwinden der Färbung. Nach A. Heller (1) ist Jodzinkstärkelösung besser als Vorlage geeignet als Chloroform. Den Prozentgehalt der Luftprobe an Kohlenoxyd berechnet man nach der Formel

$$\frac{5{,}6 \cdot \text{cm}^3 \text{ Thiosulfat}}{\text{verwendete Luftmenge} \cdot f} = \% \, \text{CO},$$

worin f der Umrechnungsfaktor zur Ermittlung des Normalvolumens ist. Der Kohlensäuregehalt kann durch Titerabnahme der vorgelegten Barytlauge ermittelt werden.

Andere Ausführungsformen der Jodpentoxydmethode sind von O. Fischinger, von Tausz und Jungmann und von Borinski und Murschhauser angegeben worden. Die beiden letztgenannten leiten die zu untersuchende Luft durch ein Rohr, das mit Schwefelsäure und Jodpentoxyd getränkten weißen Bimsstein enthält. Entsprechend dem CO-Gehalt der Luft wird der Bimsstein grün bis braunschwarz verfärbt („Hoolamite"-Detektor).

Die Deutsche Gasglühlicht-Auer-Gesellschaft hat dasselbe Verfahren benutzt, um ihren „Degea-CO-Anzeiger" zu gestalten, mit dessen Hilfe auch der Ungeübte CO-Konzentrationen in den Bereichen 0,06—0,1%; 0,1—0,3% und über 0,3% bestimmen kann (Hetzel).

Leitet man kohlenoxydhaltige Luft über ein Gemisch von Mangansuperoxyd mit gewissen anderen Metalloxyden (vorzugsweise CuO), wie man es zur Füllung von Kohlenoxydgasmasken benutzt[1], so wird dabei das Kohlenoxyd zu Kohlensäure oxydiert. Bei der Oxydation wird Wärme frei, die gemessen werden kann.

$$2\,CO + O_2 = 2\,CO_2 + 67960 \text{ cal.}$$

Die Drägerwerke in Lübeck haben ein Gerät angegeben, das die frei werdende Wärme zu messen und damit den CO-Gehalt einer Probe zu bestimmen gestattet. In dem Gerät wird die Luft durch einen Ventilator angesaugt, von Feuchtigkeit und schädlichen Bestandteilen (Cl_2, H_2S) befreit, durch eine Heizschlange auf 100° C erwärmt und in das in ein Wasserbad eingebaute Reaktionsgefäß geleitet, das mit Oxydationsmasse gefüllt ist. Die frei werdende Wärme wird mit einem in die Reaktionsmasse eintauchenden Thermometer gemessen, das $^1/_5$°-Teilung hat.

Zeigt das Thermometer beim Durchleiten CO-freier Luft 100°, so steigt es bei einem CO-Gehalt von 1% auf 150°. Der genaue Faktor wird bei jedem Gerät durch Eichung ermittelt. Da man am Thermometer noch 0,1° ablesen kann, ergibt sich eine Meßgenauigkeit von 0,002%. Nach einer Anheizperiode von 10 Minuten ist das Gerät betriebsbereit und kann auch von jedem Nichtfachmann bedient werden. Die Messungen können ununterbrochen erfolgen und die Meßergebnisse können durch Thermoelement und Galvanometer übertragen werden.

f) Schwefelwasserstoff (II/1, 417, s. a. S. 174). Das jodometrische Verfahren wird in der ursprünglichen Form kaum noch verwendet, weil

[1] Die während des Krieges in USA. hergestellte Masse wurde „Hopcalit" genannt.

auch andere durch Jod oxydierbare Fremdstoffe miterfaßt und deshalb zu hohe Werte gefunden werden. Quitmann empfiehlt, um diesen Fehler auszuschalten, den Schwefelwasserstoff mit Cadmiumacetatlösung zu absorbieren, die in 100 cm^3 2 g Cadmiumacetat und 2—3 cm^3 Eisessig enthält. Nach Zugabe einer überschüssigen Jodmenge von bekanntem Titer wird mit Thiosulfat zurücktitriert.

Einfacher und oft ausreichend genau ist das colorimetrische Verfahren von J. Bell und W. K. Hall. Sie leiten die zu untersuchende Luft, und zwar 100 l in 1 Stunde durch 100 cm^3 einer Lösung, die 0,05 g Nitroprussidnatrium, 0,37 g Natriumcarbonat und 0,19 g Natriumbicarbonat enthält. Die Lösung färbt sich bei 0,05‰ H_2S rosa, bei 0,1‰ H_2S lila und bei 0,5‰ H_2S dunkelviolett. Zu beachten ist, daß beim Durchleiten von reiner Luft die Färbung wieder verschwindet.

J. B. Littlefield, W. P. Yant und L. B. Berger benutzen die Färbung, welche mit Silbercyanid oder essigsaurem Blei getränkte Granalien (Bimsstein, Silicagel, gebrannte weiße Tonerde) durch Schwefelwasserstoff erfahren, zur Ausarbeitung einer quantitativen colorimetrischen Bestimmung für Schwefelwasserstoffgehalte zwischen 0,0025 und 0,25 Vol.-%. Auch auf das Verfahren von R. Kraus, bei dem mit Bleiacetat getränkte Papierstreifen verwendet werden, sei hingewiesen.

g) Ammoniak (II/1, 419). Der Ammoniakgehalt der Luft läßt sich nach Korenman mit Reagenspapieren feststellen, die mit diazotierten Aminen (Anilin, Sulfanilsäure, Benzidin, Phenylhydrazin, α- und β-Naphthylamin) getränkt sind und ausgeprägte Färbungen annehmen.

h) Arsenwasserstoff (II/1, 424). Zur Bestimmung des Arsenwasserstoffes verdient der biologische Nachweis Erwähnung, wie er von Pleschtizer und Preobrajensky beschrieben worden ist.

C. Untersuchung der Luft im Freien.

1. Allgemeines. Muß der Grad der Luftverunreinigung im Freien bestimmt werden, so ist zu berücksichtigen, daß die meteorologischen Bedingungen, unter denen eine Probe entnommen wird, von ausschlaggebender Bedeutung sind. Gleichgültig, ob es sich bei den nachzuweisenden Fremdstoffen um Gase, Dämpfe oder Stäube handelt, immer wird die im Luftraum sich einstellende Konzentration in erster Linie von der Geschwindigkeit abhängig sein, mit der sich der Wind in horizontaler Richtung bewegt. Neben der Geschwindigkeit der horizontalen Luftströmung wirkt auf die Konzentrationsbildung aber auch die Geschwindigkeit, mit welcher der Massenaustausch in der Luft in vertikaler Richtung stattfindet. Da fernerhin die natürliche Bewegung der Luftmassen — zumindest in den in Betracht kommenden bodennahen Schichten — nicht gleichförmig sondern pulsierend ist, und da mit steigender Geschwindigkeit der laminaren Bewegung eine Zunahme der ungeordneten Luftströmung verbunden ist (Turbulenz), so gestaltet sich die Luftuntersuchung schon dann außerordentlich schwierig, wenn es sich um die Bestimmung von solchen Stoffen handelt, welche infolge ihrer geringen Löslichkeit in Wasser (z. B. Kohlenoxyd) mit der Luftfeuchtigkeit nicht in Wechselwirkung treten. Abgesehen von den Staubteilchen vermögen aber gerade diejenigen Gase, welche als Luftverunreinigungen hauptsächlich in Betracht gezogen werden müssen, wie das Schwefeldioxyd, der Chlorwasserstoff und der Schwefelwasserstoff unter geeigneten Bedingungen Kondensationskerne für den Wasserdampf zu bilden und sich leicht und reichlich in den gebildeten Wassertröpfchen zu lösen. Daraus ergibt sich zwangsläufig, daß diese Stoffe sich um so stärker in der Luft anreichern können, je länger der Zeitraum ist, in dem ein Abgasstrom in feuchte Luft eingeleitet wird.

Ist der Einfluß der meteorologischen Gegebenheiten schon dann zu berücksichtigen, wenn man verhältnismäßig weitgehend diffuse Luftverunreinigungen, z. B. in Stadtgebieten zu untersuchen hat, so nimmt die Schwierigkeit noch erheblich zu, wenn es sich darum handelt, das an irgendeiner Stelle gefundene Ergebnis einer Luftuntersuchung zu einer bestimmten Abgasquelle in Beziehung zu bringen[1]. Bei derartigen Untersuchungen muß berücksichtigt werden, daß der Wind oft sehr plötzliche Richtungsänderungen erfährt und daß die Probenahmestelle selbst dann, wenn die Entnahme der Probe nur kurze Zeit in Anspruch nimmt, gewöhnlich nur einen Bruchteil der Zeit von der Abgasfahne getroffen wird. Niedrigen oder gar negativen Ergebnissen von wenigen Einzeluntersuchungen dürfte infolgedessen nur sehr geringe Beweiskraft beizumessen sein.

Unter den im freien Luftraum obwaltenden Verhältnissen sind deshalb die für Gas- und Raumluftuntersuchungen gebräuchlichen Verfahren, bei denen die Volumeinheit des Trägergases als Bezugsgröße für die Fremdstoffmenge benutzt wird, nur dann verwertbar, wenn die Untersuchungen fortlaufend unter gleichzeitiger Beobachtung der meteorologischen Bedingungen durchgeführt werden und längere Versuchsreihen mit möglichst zahlreichen Einzelergebnissen für die Auswertung zur Verfügung stehen.

In richtiger Erkenntnis dieses Sachverhaltes haben sich eine Reihe von Standardmethoden in der Praxis der Freiluftuntersuchung eingebürgert und sind im Laufe der Zeit so weit vervollkommnet worden, daß sie neben den gebräuchlichen gasanalytischen Verfahren allgemein angewendet werden.

2. Schwefeldioxyd. Man kann das Verfahren von Zepf und Vetter (vgl. S. 166) benutzen, sofern es sich um Bestimmungen mit kurzfristiger Probenahme handelt.

a) Verfahren von B. A. Ellis. Für Daueruntersuchungen, bei denen die Probenahme über 24 Stunden ausgedehnt werden soll, ist die unmittelbare Bestimmung mit Jodlösung nicht geeignet. Bei länger dauernder Probenahme empfiehlt sich die Titration des Säuregehaltes der Luft und die Umrechnung des Ergebnisses auf schweflige Säure. Ellis stellte fest, daß der Säuregehalt der Stadtluft ausschließlich auf das Vorhandensein von schwefliger Säure zurückzuführen ist.

[1] Daß hierbei keine, wenn auch nur auf Unkenntnis der Zusammenhänge beruhende Fehler unterlaufen, ist um so wichtiger, da derartige Untersuchungen gewöhnlich dann gemacht werden müssen, wenn es sich um die Beschaffung von Unterlagen für das richterliche Urteil in Anwohnerschutzprozessen handelt.

Zur Ausführung der Untersuchung wird eine Waschflasche von 25 cm Höhe und 4 cm lichter Weite bis zu einer Höhe von 15 cm mit destilliertem Wasser gefüllt; dazu werden 0,5—1,0 g Perhydrol gegeben, die Lösung zur Hälfte in eine verschließbare Flasche gegossen und zum späteren Vergleich aufbewahrt. Zur Probenahme wird vor die Waschflasche ein Trichter gelegt, der mit seinem konischen Teil nach abwärts gerichtet ist, um zu vermeiden, daß Regentropfen in die Waschflüssigkeit gelangen. Hinter die Waschflasche wird eine Sicherheitsflasche und eine Gasuhr geschaltet und an eine beliebige Luftpumpe angeschlossen.

Bei einer Dauer der Probenahme von 24 Stunden sollen mindestens 1,5 m^3, aber nicht mehr als höchstens 3 m^3 Luft durchgesaugt werden. Ist bei sehr trockenem und warmem Wetter mit einem Verlust an Absorptionslösung zu rechnen, so ist es von Vorteil, das Flüssigkeitsvolumen von vornherein größer zu wählen. Nach Schluß der Probenahme werden der Absorptionslösung und der Vergleichslösung je 3—4 Tropfen BDH-Indicator 4,5 zugefügt. Die Vergleichslösung muß dann grau gefärbt sein und bei Zugabe von $^1/_{200}$ n-NaOH oder H_2SO_4 in blau bzw. rot umschlagen. Wenn sich das richtige Grau nicht erreichen läßt, so wird besser auf rötlichgrau als auf blaugrau eingestellt. Der Inhalt der Waschflasche wird genau abgemessen und mit $^1/_{250}$ n-NaOH oder Na_2CO_3 bis zur Farbgleichheit mit dem gleichen Volumen der aufgehobenen Vergleichslösung titriert. Der Alkaliverbrauch, welcher der Säuremenge entspricht, wird auf schweflige Säure umgerechnet.

b) Bleisuperoxydverfahren von B. H. Wilsdon. Auf einem möglichst frei im Gelände stehenden Pfahl von etwa 1,5 m Höhe wird ein Porzellanzylinder aufrecht stehend befestigt, der einen Durchmesser von 2,5 cm hat. Um den Zylinder wird Baumwollgewebe gewunden und soweit mit Bleisuperoxydpaste bestrichen (= 12,8 cm), daß die bestrichene Fläche 100 cm^2 groß ist. Das so hergestellte Auffanggerät bleibt gegen Niederschläge durch ein Blechdach geschützt der zu untersuchenden Luft 1 Monat lang ausgesetzt.

Zur Aufarbeitung wird das Gewebe von dem Zylinder gelöst und in ein Becherglas gebracht, das in 60 cm^3 Wasser 5 g wasserfreies Natriumcarbonat gelöst enthält. Man läßt das Ganze unter öfterem Umrühren 3 Stunden stehen, kocht dann $^1/_2$ Stunde, wobei mit Wasser immer bis zum ursprünglichen Volumen aufgefüllt wird, filtriert, wäscht sauber aus, säuert das Filtrat mit Salzsäure an und bestimmt die Schwefelsäure als Bariumsulfat.

Das Verfahren ist einfach und gibt brauchbare Vergleichswerte für den Grad der Luftverunreinigung durch schweflige Säure. In englischen Städten wurden im Jahre 1937 nach diesem Verfahren berechnet auf 24 Stunden und auf 100 m^2 Absorptionsfläche in guter Luft Werte bis herunter auf 0,08 mg SO_3 gefunden, in London und den Industriestädten stiegen die Werte bis auf 6—8 mg SO_3.

c) Glockenverfahren. Ebenfalls relative Schwefelwerte liefert das von W. Liesegang (1, 2) angegebene Verfahren, das als Hilfsmittel bei der Bearbeitung von Immissionsschäden dient.

Das Untersuchungsgerät selbst besteht aus einer Porzellanglocke mit einem zylindrischen Teil, dessen äußerer Durchmesser 7,5 cm und dessen Höhe 14 cm beträgt. Unten ist der Zylinder auswärts und nach oben umgebogen, so daß eine rundum laufende Wanne entsteht, die etwa 50 cm³ Flüssigkeit aufzunehmen vermag. Oben ist der Zylinder in eine offene Spitze soweit ausgezogen, daß die Gesamthöhe der Glocke 20 cm erreicht[1]. Zum Gebrauch wird über den zylindrischen Teil der Glocke eine sonst für Extraktionszwecke gebräuchliche Filtrierpapierhülse (75 × 160 mm) geschoben, deren Boden abgeschnitten ist, so daß ein beiderseits offener, 140 mm langer Zylinder entsteht[2]. Die Papierhülse muß am Boden der Wanne aufsitzen und wird mit 50 cm³ einer Lösung bestehend aus Wasser, Glycerin und Kaliumcarbonat im Verhältnis 1:1:1 getränkt. Unten wird die Glocke mit einem Korkstopfen verschlossen, durch den ein 1 m langer Eisenstab so hindurchgesteckt wird, daß er mit seinem verjüngten Ende in den oberen engen Rohransatz der Glocke hineinreicht. Von oben wird über den Rohransatz ein rundes Aluminiumdach zum Schutze gegen Niederschläge gelegt und mit einem Gummistopfen befestigt.

Die so vorbereiteten Geräte werden an geeigneten Stellen (s. unten) der zu untersuchenden Luft 100 Stunden lang ausgesetzt, indem der eiserne Stab etwa 25 cm³ tief in die Erde gesteckt wird. Die Auswahl der Probeentnahmestellen hängt zum Teil von der Fragestellung und den örtlichen Verhältnissen ab, zum Teil sind aber nach den bisherigen Erfahrungen auch allgemeine Gesichtspunkte zu beachten, nämlich:

1. Die Glocken sind so aufzustellen, daß die Luft von allen Seiten ungehinderten Zutritt hat.

2. Dürfen nicht die Abgase von unmittelbar benachbarten Haushaltsfeuerungen oder von anderen, auch kleineren Quellen für schwefelhaltige Abgase auf die Entnahmeglocken einwirken können. Deshalb dürfen die Glocken gewöhnlich nicht auf Dächern angebracht werden, zumindest nicht in der Heizperiode.

3. Ist dafür zu sorgen, daß die Glocken nicht von Unbefugten beschädigt werden können. In dicht besiedelten Gebieten empfiehlt sich die Aufstellung in umfriedeten Gartengrundstücken.

4. Hat die Aufstellung nach einem vorher ausgearbeiteten Plan in möglichst kurzer Zeit zu erfolgen. Lange zeitliche Zwischenräume zwischen der Aufstellung der einzelnen Glocken würden Fehler zur Folge haben, wenn der Wind während der Aufstellung seine Richtung wechselt. Das Einziehen der Glocken erfolgt in derselben Reihenfolge und in denselben Zeitabständen wie die Aufstellung.

5. Sollte sich bei Eintreten von Niederschlägen oder infolge hoher Luftfeuchtigkeit die Glockenwanne über die Hälfte mit Flüssigkeit füllen, so ist die Flüssigkeit abzugießen und in eine für jede einzelne Probe vorbereitete Pulverflasche von 200 cm³ Inhalt zu sammeln. Bei

[1] Den Vorschriften entsprechende Glocken liefert die Firma Franz Bergmann und Paul Altmann in Berlin NW 7.

[2] Verwendet werden Extraktionshülsen Nr. 603 der Firma Schleicher & Schüll in Düren (Rhld.), die auf Wunsch mit Angabe des darin enthaltenen wasserlöslichen Schwefels geliefert werden.

anhaltender trockener Witterung sind die Hülsen unter Umständen durch Nachgießen von destilliertem Wasser dauernd feucht zu halten.

Nach 100stündigem Stehen werden von den Glocken die Papierhülsen abgezogen und in die mit Glasstopfen versehenen Pulverflaschen gebracht, die gegebenenfalls schon von der betreffenden Probe abgegossene Flüssigkeit enthalten. Die Glocke wird dann mit destilliertem Wasser abgespült und das Waschwasser gleichfalls mit dem Flascheninhalt vereinigt. Zur Aufarbeitung wird der Flascheninhalt durch eine Nutsche in eine etwa 1 l fassende Saugflasche abgesaugt, der Rückstand aus der Nutsche 2mal herausgenommen, mit Wasser aufgeschwemmt und wieder abgenutscht. Die vereinigten Filtrate werden mit verdünnter Salzsäure bis zur schwach sauren Reaktion (Kongopapier) versetzt und im Becherglas auf einer Heizplatte auf 100 cm^3 eingedampft. Nach dem Eindampfen wird nochmals filtriert. Im Filtrat wird nach dem Ansäuern mit 5 cm^3 Salzsäure in der üblichen Weise die Schwefelsäure als Bariumsulfat gefällt. Als Untersuchungsergebnis wird der Schwefelgehalt (S) in Milligramm angegeben.

d) Soll die Einflußzone und der Wirkungsgrad einer SO_2-erzeugenden Abgasquelle untersucht werden, so ist in Abständen von 500 m, unter Umständen auch 1000 m und mehr rund um die Abgasquelle herum, und zwar nach 8 Richtungen (N, NO, O, SO, S, SW, W, NW) mindestens je eine Glocke im Gelände aufzustellen, soweit die Geländeverhältnisse es einigermaßen gestatten. Gleichzeitig wird die Windverteilung im Untersuchungsgelände mit einem geeigneten selbstschreibenden Anemometer ermittelt und der prozentuale Anteil der Zeit errechnet, den jede Glocke während der 100stündigen Untersuchungszeit den Abgaseinwirkungen ausgesetzt gewesen ist. Aus dem Verhältnis von Schwefelwert und prozentualem Windwert einerseits und der Lage der Entnahmestelle zur Abgasquelle andererseits läßt sich die Stärke der Einwirkung einer Abgasquelle auf ihre Umgebung gewöhnlich ohne Schwierigkeit erkennen. In besonders gelagerten Fällen kann man sich naturgemäß auch mit der Aufstellung einzelner Glocken begnügen.

Als Richtzahlen für die Bedeutung der Höhe der gefundenen Schwefelwerte können folgende Angaben dienen, es wurden ermittelt:

in nicht verunreinigter Landluft	bis	5 mg S
in Städten mit offener Bauweise ohne Industrie . .	„	10 „
in dicht besiedelten Großstädten	„	20 „
in der Umgebung einzelner Industriewerke	„	300 „

Bei Schwefelwerten bis zu 30 mg S dürfte nach den vorliegenden Erfahrungen das Auftreten von Anwohnerschädigungen, insbesondere von Schädigungen des Pflanzenwuchses nicht zu erwarten sein, wenn man von akuten Schädigungen durch Betriebsunfälle absieht. An Stellen jedoch, an denen der Schwefelwert 50 mg überschritten wird, muß mit dem Auftreten von Schädigungen an der Vegetation gerechnet werden und bei 100 mg sind solche mit Sicherheit zu erwarten. Zu berücksichtigen ist dabei, daß die Höhe der Schwefelwerte von den zufälligen Witterungsverhältnissen beeinflußt werden kann. Herrscht während der Untersuchung anhaltender Nebel und ist die Luftbewegung gleichzeitig gering, so können um mehrere Einheiten höhere Schwefelwerte gefunden werden, als bei klarem Wetter.

3. Salzsäure und Chlor. Ebenso wie der Schwefelgehalt läßt sich auch der Gehalt der Luft an Chlorion bestimmen, meistens werden sogar beide Elemente nebeneinander in einer Probe bestimmt. Das Verfahren ist von A. Heller (2) beschrieben worden. Die Entnahme und die Aufarbeitung der Probe geschieht in gleicher Weise wie bei der Schwefelbestimmung, nur wird die für die Sulfatfällung vorbereitete, von den zusammengeballten Filtrierpapierresten befreite Lösung nach innigem Durchmischen in zwei gleiche Teile geteilt. In dem einen Teile wird, wie oben beschrieben, der Schwefel, in dem anderen das Chlorion bestimmt. Die erhaltenen Werte müssen dann verdoppelt werden.

Zur Bestimmung des Chlorions wird auf 100 cm³ eingeengt — hierbei sich etwa noch abscheidende Celluloseflocken bleiben unberücksichtigt — 2 Tropfen Phenolphthaleinlösung (1:1000) zugefügt und mit verdünnter Salpetersäure bis zur Neutralisation versetzt, wobei starkes Aufschäumen vermieden werden muß. Die in der Lösung enthaltene freie Kohlensäure wird durch Einleiten von reiner Luft ausgetrieben. Wird hierbei die Lösung wieder alkalisch, so ist erneut mit Salpetersäure zu neutralisieren. Die nunmehr gegen Methylorange (2 Tropfen 1:1000) schwach sauer reagierende und von Kohlensäure befreite Lösung wird mit 5 Tropfen Bromthymolblau (1:1000) versetzt und mit einer Lösung von $^1/_{50}$ n-NaOH auf einen grünlichgelben Farbton eingestellt, der einen p_H-Wert von 7,0—7,8 entspricht. Zu der so vorbereiteten Lösung wird 1 cm³ neutrale 10%ige Kaliumchromatlösung gegeben und dann mit Silbernitratlösung (1 cm³ = 2 mg Cl) bis zum Auftreten der braunroten Silberchromatfarbe titriert.

Bei jeder Versuchsreihe ist zu prüfen, wie weit die Absorptionshülsen und die zur Bereitung der Absorptionslösung verwendeten Reagenzien chlorfrei sind. Ein etwa ermittelter Chlorgehalt ist bei der Berechnung des Endergebnisses abzuziehen. Die nach diesem Verfahren gefundenen Chlorwerte bewegen sich in Städten zwischen 3 und 10 mg, unter dem Winde von Industriewerken wurden bis zu 30 mg Chlor gefunden, während in reiner Landluft die Chlorwerte negativ ausfallen. Für die Aufstellung der Glocken im Untersuchungsgelände und für die Auswertung der Ergebnisse gelten, auch wenn man auf die gleichzeitige Schwefelbestimmung keinen Wert legt, die gleichen Gesichtspunkte, wie sie bei der Bestimmung des Gesamtschwefels angegeben sind.

4. Schwefelwasserstoff. Für die Bestimmung des Schwefelwasserstoffs nach dem Glockenverfahren hält Liesegang (3) eine Dauer der Probenahme von 24 Stunden für ausreichend. Da bei dieser kurzen Zeit der Probenahme weniger mit einem Wechsel der Windrichtung gerechnet werden muß, genügt es gewöhnlich, die Glocken in der Richtung aufzustellen, die aller Voraussicht nach in den nächsten 24 Stunden von der schwefelwasserstoffhaltigen Abgasfahne bestrichen wird. An Stelle der Hülsen wird um die Glocke ein Streifen weißes Filtrierpapier von 100 × 140 mm Größe gelegt und mit zwei dünnen Gummibändchen befestigt. Das Papier muß auf dem Boden der Wanne aufsitzen, damit die in die Wanne eingebrachten 50 cm³ 10%iger Bleiacetatlösung schnell die gesamte Auffangfläche durchfeuchten können. Sollte nach dem Verlauf von 12 Stunden das Papier nahezu trocken sein, so ist erneut Acetatlösung zuzufügen. Nach 24 Stunden werden die Reagenspapiere eingezogen und getrocknet.

Je nach dem Grade der Luftverunreinigung durch Schwefelwasserstoff werden sie eine mehr oder weniger ausgeprägte Braunfärbung aufweisen. Um die Stärke dieser Färbung zahlenmäßig ausdrücken zu können, werden die trockenen Papierstreifen mit einem fortlaufend bezifferten Farbmaßstab verglichen, der aus 8 Farbwerten besteht und von braunstichigem Weiß (1) über helles Braungelb (3) und sattes Sepiabraun (6) bis zu dunklem Schwarzbraun (8) reicht.

5. Staub (II, 447). Das Freiluftkonimeter von Zeiß-Jena (s. a. Löwe, Erg.-Bd. I, 378, ferner H. Lehmann, F. Löwe und K. A. Tränkle) hat zumindest für hygienische Untersuchungen eine zunehmende Bedeutung erlangt. Eine mit Elektromotor betriebene Saugpumpe, die z. B. an die Lichtmaschine eines Kraftwagens angeschlossen werden kann, saugt die Luft durch eine Düse von 0,5 mm Durchmesser gegen eine mit Gummiglycerin bestrichene Glasscheibe, auf welcher die Zahl der aus einem bestimmten Luftvolumen herausgefangenen Staubteilchen in üblicher Weise mit Mikroskop unter Zuhilfenahme eines Okular-Netzmikrometers ausgezählt werden kann. Da sehr kleine Staubteilchen in hygienischer Hinsicht von besonderer Bedeutung sind, ist durch Vorschalten eines Glassinterfilters (z. B. Schottfilter G 3) vor die Düse eine Möglichkeit geschaffen, Staubteilchen von mehr als 30 μ Durchmesser aus der Probe zu entfernen und so nur die unter dieser Größenordnung liegenden Teilchen zahlenmäßig zu erfassen. Die Staubverteilung in Großstadtgebieten, die für die städtebauliche Planung von Bedeutung sein kann, ist mit diesem Gerät von A. Löbner (1, 2) eingehend untersucht worden, der auch ein neuartiges Verfahren zum Auszählen der Teilchen beschrieben hat.

Das Staubmeßverfahren von Ahrens (II, 447) ist in abgeänderter Form unter Anwendung von Rundkolben, die mit Vaseline bestrichen und der Luft ausgesetzt werden, von Gillet und Leclerc angewendet worden. Hier wird auch versucht, die an bestimmten Stellen in der Umgebung einer Staubquelle gefundenen Meßergebnisse unter Berücksichtigung der Windverteilung zu dieser Staubquelle in Beziehung zu bringen.

W. Liesegang (4, 5) und A. Heller (3) sehen ebenfalls davon ab, bei der Bearbeitung von Staubfragen den in der Luft schwebenden Staub zu bestimmen. Sie stellen die Zahl der Staubteilchen fest, die sich freiwillig auf der Bodenoberfläche absetzt. Um zu ermitteln in welchem Grade und in welchem Umfange eine Staubquelle die Umgebung beeinflußt, legen sie möglichst in der Achse der Abgasfahne 1 Stunde lang gleichzeitig in verschiedenen Entfernungen von der Staubquelle Objektträger aus, welche mit Glyceringelatine bestrichen sind. Die an den verschiedenen Geländepunkten auf je 1 cm² niedergeschlagenen Staubteilchen werden unter dem Mikroskop bei 50facher Vergrößerung ausgezählt. Dabei wird sowohl die Gesamtzahl der Teilchen ermittelt, als auch die Zahl der Teilchen, die einen größeren Durchmesser als 50 μ

haben. Die erhaltenen Staubzahlen werden in ein Koordinatennetz eingetragen, auf dessen Abszisse die entsprechenden Entfernungen der Probenahmestellen von der Staubquelle abgetragen sind. Im Rahmen jeder Versuchsreihe werden gleichzeitig in angemessenem Abstande über dem Winde der Staubquelle die Staubzahlen festgestellt, welche ohne Zutun des untersuchten Betriebes für die betreffende Örtlichkeit als „Null- oder Regelwerte“ zu gelten haben.

Um die Bedeutung einer Staubquelle für die Umwelt mit ausreichender Zuverlässigkeit beurteilen zu können, genügen durchschnittlich 12 Untersuchungsreihen mit etwa 6 Einzelproben, deren Entnahme gewöhnlich auf 4 Untersuchungstage verteilt wird. Es werden also insgesamt rund 70—80 Einzelproben entnommen, die im Koordinatennetz je eine Kurvenschar für die Gesamtzahl der Staubteilchen und für die über 50 μ großen Teilchen ergeben.

Um die bei dieser „Vielzahluntersuchung“ auftretenden zufälligen Abweichungen auszugleichen wird in jeder der beiden Kurvenscharen etwa für Entfernungen von Kilometer zu Kilometer unter dem Winde des Betriebes der Mittelwert errechnet und ebenso der Mittelwert der über dem Winde des Betriebes gefundenen Regelwerte. Auf diese Weise erhält man zwei für den untersuchten staubauswerfenden Betrieb kennzeichnende Kurven des Staubfalles, und zwar eine für die Gesamtzahl der Teilchen und eine für die über 50 großen Teilchen nebst den dazugehörigen Regelwerten. In den Punkten, in denen die Staubfallkurven die Höhenlinien der Regelwerte berühren oder diese schneiden, können die Entfernungen abgelesen werden, bei denen die von einem Betriebe ausgehende Luftverunreinigung durch Staub abgeklungen ist.

Während das beschriebene Verfahren für solche Fälle ausgearbeitet wurde, in denen kurzfristig ein Urteil über die Bedeutung einer Staubbelästigung abzugeben ist, werden für langfristige Untersuchungen große Auffanggeräte verwendet, in denen Regenwasser monatsweise gesammelt und auf den Gehalt an gelösten und ungelösten Stoffen untersucht und die Menge der auf der Flächeneinheit im Monat niedergeschlagenen Fremdstoffe — insbesondere der Feststoffe — gravimetrisch bestimmt wird. In England werden etwa 100 derartige Auffangstationen ständig überwacht und die Ergebnisse der Ermittlungen seit dem Jahre 1914 in Jahresberichten veröffentlicht (The investigation of atmospheric pollution herausgegeben vom Department of Scientific and Industrial Research, London).

In Deutschland führt die Landesanstalt für Wasser-, Boden- und Lufthygiene Ermittlungen derselben Art durch. Sie unterhält sechs Auffangstationen für Niederschläge, und zwar in Hürth bei Köln, Essen, Dortmund, Berlin-Mitte, Berlin-Dahlem und Müncheberg (Mark). Die an diesen Stellen gefundenen Meßergebnisse werden alljährlich veröffentlicht [Kl. Mitt. preuß. Landesanst. f. Wasser-, Boden- u. Lufthygiene **9**, 306 (1933); **10**, 350 (1934); **11**, 248 (1935); **12**, 314 (1936); **13**, 348 (1937)] und dienen als Maßstab für die Beurteilung der Stärke des Staubfalles an solchen Stellen, an denen bei entstehenden Klagen über Staubbelästigungen gleichartige Untersuchungen vorgenommen werden müssen.

Bei dem Gerät handelt es sich um einen runden, in einem Eisengestell aufgehängten Steinguttrichter mit etwa 12 cm hohem senkrechtem Rand und einer wirksamen Auffangfläche von 730 cm^2, dessen Stiel mit einer 10 l fassenden braunen (um im Sommer das Algenwachstum zu verhindern) Glasflasche verbunden ist. Der jeweils in einem Monat sich ansammelnde Flascheninhalt wird quantitativ auf seinen Gehalt an ungelösten und gelösten Stoffen und deren Glühverlust untersucht. Außerdem wird im Ungelösten der Teergehalt und im Gelösten der Gehalt an Sulfaten, Chloriden und Ammoniak bestimmt. Als Endergebnis wird die Menge der auf 100 m^2 Erdoberfläche im Monat niedergeschlagenen Stoffe in Gramm mitgeteilt. Um zu zeigen, mit welchen Mengen man größenordnungsmäßig rechnen kann, wird nachstehend die Gesamtsumme der an den oben genannten Meßstellen im Monatsmittel der Jahre 1933—1936 aufgefangenen Mengen der festen und im Niederschlagswasser gelösten Stoffe wiedergegeben:

Hürth bei Köln	9566 g/100 m^2	Berlin-Mitte	873 g/100 m^2
Essen	1321 g/100 m^2	Berlin-Dahlem	484 g/100 m^2
Dortmund	1152 g/100 m^2	Müncheberg (Mark) . .	297 g/100 m^2

Literatur.

Bell, J. and W. K. Hall: A reversible indicator for the detection of small quantities of hydrogen sulphide in the atmosphere. Journ. Soc. Chem. Ind. **55**, 89–92 (1936). Ref. Gas- u. Wasserfach **80**, 241 (1937). — Borinski, H. u. P. Murschhauser: Ein einfaches und genaues Schnellverfahren zur Bestimmung von Kohlenoxyd. Chem. Fabrik **5**, 41, 42 (1932). — Bradtke, F. u. W. Liese: Hilfsbuch für raum- und außenklimatische Messungen. Berlin: Julius Springer 1937.

Cauer, H.: Bestimmung des Jodes der Luft. Ztschr. f. anal. Ch. **104**, 161—169 (1936).

Drägerwerk-Lübeck: Der Dräger-CO-Messer. Chem. Fabrik **16**, 189 (1931).

Eichler, H.: Der Nachweis von Chlor und Brom in der Luft, Gasgemischen und Lösungen durch die Bildung von Irisblau. Ztschr. f. anal. Ch. **99**, 272—275 (1934). — Ellis, B. A.: Report on the determination of sulphur gases in air. The investigation of atmospheric pollution. Bericht Nr. 17, S. 38—49. London 1931.

Fischinger, O.: Zur Frage der Bestimmung kleiner Kohlenoxydmengen in der Luft mittels der Jodpentoxydmethode. Abhandlungen aus dem Gesamtgebiet der Hygiene. Heft 19, S. 61—76. Von R. Graßberger. Berlin-Wien 1935.

Gillet, A. et E. Leclerc: Sur une methode simple de dosage des poussières ou de impuretés gazeuses dans l'air ou dans un gaz en mouvement. Rev. univ. Mines **12**, H. 4 (1936), Sonderdruck.

Hegel, K.: Über eine Methode zur Bestimmung von gasförmigem Schwefelkohlenstoff und Schwefelwasserstoff. Angew. Chem. **39**, 431, 432 (1926). — Heller, A.: (1) Bestimmung geringer Mengen von Kohlenoxyd in der Luft mittels Jodpentoxyd nach dem Verfahren von P. Schläpfer und E. Hofmann. Mitt. preuß. Landesanst. f. Wasser-, Boden- u. Lufthyg. **8**, 189—201 (1932). — (2) Bestimmung von Salzsäure in der Luft. Gesundheitsingenieur **55**, 161, 162 (1932). — (3) Über die Bestimmung des Staubniederschlags in der Umgebung von staubauswerfenden Industriewerken. Gesundheitsingenieur **60**, 213—216 (1937). — Hetzel, K. W.: Praktische Prüfung und Erprobung eines neuen Kohlenoxydanzeigers (Degea-CO-Anzeiger). Gasmaske **5**, 39—44 (1933).

Korenman, J. M.: Über den Ammoniaknachweis in der Luft. Ztschr. f. anal. Ch. **90**, 115—118 (1932). — Kraus, R.: Über ein neues Gasspürgerät I. Anzeige von Schwefelwasserstoff. Ztschr. f. anal. Ch. **112**, 1—6 (1938).

Lehmann, H., F. Löwe u. K. A. Tränkle: Das Zeißsche Freiluftkonimeter. Arch. f. Hyg. **112**, 141—156 (1934). — Liesegang, W.: (1) Über die Verteilung schwefelhaltiger Abgase in freier Luft. Gesundheitsingenieur **54**, 705–709 (1931). —

(2) Über den Nachweis von Verunreinigungen durch Industrieabgase in der freien atmosphärischen Luft. Kl. Mitt. preuß. Landesanst. f. Wass. usw. Hyg. 8, 174–181 (1932). — (3) Schwefelwasserstoff und Phenol in der Luft. Gesundheitsingenieur **61**, 320—322 (1938). — (4) Der Anwohnerschutz beim Betriebe von Großkesselfeuerungen. Mitt. Ver. Großkesselbes. **59**, 255—259 (1936). — (5) Welches Maß von Flugascheauswurf ist bei Kraftwerken als ortsüblich zu bezeichnen? Wärmewirtschaft **10**, 77—83 (1937). — Littlefield, J. B., W. P. Yant u. L. B. Berger: Quantitative Bestimmung kleiner Mengen Schwefelwasserstoff. Ref. Zbl. Gew.-Hyg. **22**, (N.F. 12), 189 (1935). — Löbner, A.: (1) Horizontale und vertikale Staubverteilung in einer Großstadt. Veröffentlichung des Geophysikalischen Institut der Universität Leipzig 1935, Bd. 7, Heft 2. — (2) Methodik und Ergebnisse von Staubmessungen im Freien mit dem Zeißschen Freiluftkonimeter. Gesundheitsingenieur **60**, 97—102 (1937).

Pleschtizer, A. u. A. A. Preobrajensky: Biologische Bestimmung minimaler Konzentrationen von Arsenwasserstoff in der ausgeatmeten Luft. Arch. f. Gewerbepath. u. Gewerbehyg. **6**, 80—86 (1935).

Quitmann, E.: Über die Bestimmung von Schwefelwasserstoffspuren in der Luft. Ztschr. f. anal. Ch. **109**, 241—246 (1937).

Schläpfer, P. u. E. Hofmann: Kritische Untersuchungen über die Bestimmung des Kohlenoxydes. Monats-Bull. Schweiz. Ver. Gas- u. Wasserfachm. **7**, 293—303 u. 349—372 (1927). — Spausta, F.: Nachweis und Bestimmung geringer Kohlenoxydgehalte in der Luft. Chem. Apparatur **25**, 137, 155, 177 (1938).

Tausz, J. u. K. Jungmann: Die Bestimmung von Kohlenoxyd mittels Jodpentoxyd. Gas- u. Wasserfach **70**, 1049—1051 (1927).

Wilsdon, B. H.: The "lead peroxide-methode" of measuring atmospheric sulphur pollution. The investigation of atmospheric pollution. Bericht Nr. 18, S. 14. London 1932; Bericht Nr. 20, Anhang I, S. 44—51. London 1934.

Zepf, K. u. F. Vetter: Eine einfache Schnellmethode zur Bestimmung der schwefligen Säure in der Luft. Mikrochemie (Emich-Festschrift) **1930**, 280—288.

Physikalisch-chemische Untersuchung für die Kesselspeisewasserpflege.

Von

Dr. **A. Splittgerber**-Berlin.

Vorbemerkungen. Die Bezifferung der Abschnitte des Hauptwerkes ist in diesen Ergänzungen beibehalten worden. Die im Hauptwerk II/1, 143 und auf zahlreichen späteren Seiten erwähnten „Vorschläge für Deutsche Einheitsverfahren für Wasseruntersuchungen" sind unterdessen durch die neue Sammlung „Einheitsverfahren der physikalischen und chemischen Wasseruntersuchung, herausgegeben von der Fachgruppe für Wasserchemie (einschließlich Abfall- und Korrosionsfragen) des Vereins Deutscher Chemiker e. V." (Verlag Chemie, Berlin 1936) ersetzt worden. Sie werden jeweils abgekürzt mit „Neue Einheitsverf." und der Blattnummer bezeichnet werden, soweit darin wesentliche Änderungen gegenüber dem früheren Stande der Untersuchungsverfahren enthalten sind.

Normung in der Speisewasseraufbereitung und -untersuchung. Der „Arbeitsausschuß — Wasserenthärtung — im Fachnormenausschuß

Chemie (Obmann Splittgerber)" hat die folgenden Normblätter DK 543,32 (Nov. 1936) herausgegeben:

DIN 8101: Wasserenthärtungsmittel G und H, Prüfverfahren,

DIN 8102: Wasser zur Prüfung von Wasserenthärtungsmitteln G und H DIN 8101,

DIN 8103: Maßeinheit und Grundbegriffe für Härte und Alkalität,

DIN 8104: Bestimmung von Härte (Boutron und Boudet) und Alkalität,

DIN 8105: Bestimmung der freien Kohlensäure (CO_2),

DIN 8106: Chemikalienlösungen zur Bestimmung von Härte, Alkalität und freier Kohlensäure

und das Normblatt DK 542,3:543,3 (Juli 1937),

DIN DENOG 1000: Sondergeräte zur Wasserprüfung, Meßrohr H, Meßrohr Alk, Pipettflasche.

I. Probeentnahme (II/1, 143—148).

Vgl. dazu „Neue Einheitsverfahren", Bl. A 1.

A. Allgemeine Leitsätze (II/1, 143).

Das Maß- und Gewichtsgesetz sieht in seinem § 9 die Ausdehnung der Eichpflicht auf alle Geräte vor, die zur Gehaltsermittlung bei wissenschaftlichen und technischen Untersuchungen benötigt werden. Ausgenommen von dieser Eichpflicht sind jedoch Dichteschreiber, Rauchgasschreiber und Dampfdruckmesser[1].

B. Behandlung der bei der Probenahme zur Verwendung kommenden Gefäße und Flaschen (II/1, 143—144).

Nach den Erfahrungen der Preußischen Flußwasseruntersuchungsämter haben sich Aluminiumflaschen für Entnahme, Versand und Aufbewahrung von Wasserproben sehr gut bewährt, da sie auch bei wenig schonender Behandlung Einbeulungen ohne Bruch vertragen[2].

C. Regeln für die Probeentnahme.

1. Entnahme von heißem Wasser (II/1, 146). Die Berechnung der verdampfenden Heißwassermengen nach der Formel

$$x = \frac{ts - 100}{639 - ts}$$

kann vereinfacht werden, wie die Kesselbaufabrik L. & C. Steinmüller in Gummersbach (in der Druckschrift: Betriebsvorschriften) zeigte, wenn man

$$y = \frac{1}{1 + x} = \frac{639 - ts}{639 - 100}$$

setzt (ts = Siedetemperatur bei dem vorhandenen Kesseldruck in ata).

[1] Siehe U. Ehrhardt: Die Auswirkungen des Maß- und Gewichtsgesetzes vom 13. 12. 35 auf die Praxis des analytischen Chemikers. Chem. Fabrik 11, 162—164 (1938).

[2] In den Größen von 0,030 l an zu erhalten bei den Deutschen Waffen- und Munitionsfabriken A. G., Werk Karlsruhe/Baden.

Man erhält

$$y = \frac{639 - ts}{539}.$$

Mit Rücksicht auf den immer mehr sich verbreitenden Hochdruckkesselbetrieb folgt eine Ergänzung der Tabelle 1 aus II/1, 147 in Tabelle 1[1].

Tabelle 1.

ata	ts	ata	ts	ata	ts	ata	ts
35	241,4	64	278,5	98	308,0	150	340,5
36	243,1	66	280,6	100	309,5	155	343,2
37	244,6	68	282,6	102	310,9	160	345,7
38	246,2	70	284,5	104	312,4	165	348,3
39	247,7	72	268,4	106	313,9	170	350,7
40	249,2	74	288,3	108	315,2	175	353,1
42	252,1	76	290,1	110	316,5	180	355,4
44	254,9	78	291,9	112	317,9	185	357,7
46	257,6	80	293,7	114	319,2	190	359,9
48	260,2	82	295,4	116	320,5	195	362,2
50	262,7	84	297;0	118	321,8	200	364,2
52	265,2	86	298,7	120	323,1	205	366,2
54	267,6	88	300,3	125	326,2	210	368,2
56	269,9	90	301,9	130	329,3	215	370,2
58	272,1	92	303,5	135	332,2	220	372,1
60	274,3	94	305,1	140	335,0	225	374,0
62	276,5	96	306,5	145	337,8		

Im übrigen läßt sich der Zusammenhang zwischen Kesseldruck und Siedetemperatur auch errechnen aus der Gleichung $p = \left[\frac{t}{100}\right]^4$ ata[2], worin t = Siedetemperatur in °C und p = Druck in ata ist und ablesen aus Abb. 1.

2. Entnahme von Gasen und Salzen aus dem Kesseldampf (II/1, 147). Nach den „Regeln für Abnahmeversuche an Dampfkesseln“[3] kann folgendermaßen vorgegangen werden: „Für die Bestimmung des Salzgehaltes des Satt- und Heißdampfes sind in den entsprechenden Leitungen Probeentnahmerohre anzubringen. Die lichte Weite der Probeentnahmerohre soll mindestens 10 mm betragen. Die Mündung soll dem Dampfstrom entgegengerichtet sein und möglichst wenig Wirbelung herbeiführen. An das Probeentnahmerohr soll eine zum sofortigen Kondensieren der Probe bestimmte Rohrschlange, die möglichst aus Kupfer besteht, angeschlossen sein. Die Rohrschlange soll sich in einem Wasserbehälter befinden. Vor der Probeentnahme ist die Rohrschlange kräftig durchzublasen.

Die Probeentnahme für den Salzgehalt des Kesselwassers soll unter Rücksichtnahme auf den Wasserumlauf erfolgen. Die Probe kann am Wasserstandsglas oder an einem besonderen Stutzen entnommen werden.

[1] Nach Speyerer u. Sauer: Vollständige Zahlentafel und Diagramm für das spezifische Volumen des Wasserdampfes bei Drücken zwischen 1 und 270 ata. Berlin: VDI-Verlag 1930.

[2] Arch. f. Wärmewirtschaft u. Dampfkesselwes. **14**, H. 10, 266 (1933).

[3] DIN 1942, VDI-Verlag und Beuth-Verlag, Berlin 1934 (als Entwurf gedruckt, nicht für die Öffentlichkeit bestimmt), S. 9, Ziff. 156 u. 157.

Sie soll durch eine Kühlschlange sofort abgekühlt werden, um Nachverdampfung zu vermeiden. Vor der Probenahme soll zuerst die mehrfache Menge abgelassen werden.“

Empfehlenswert ist weiterhin die Beachtung nachstehender Punkte:

α) Vor dem Entnahmeröhrchen selbst muß eine mindestens 1 m lange gerade Rohrstrecke vorhanden sein; die Nähe von Krümmungen oder Verengungen (Meßflanschen) ist zu vermeiden, da sie ein Ausschleudern von Flüssigkeitsteilchen verursachen könnten.

β) Das möglichst aus Kupfer zu wählende Probeentnahmeröhrchen muß an der dem Dampf zugekehrten Seite von innen angeschärft sein, damit eine Dampfentmischung vermieden wird. Die dem Dampfstrom mit dem vollen Rohrquerschnitt der Strömung entgegengerichtete

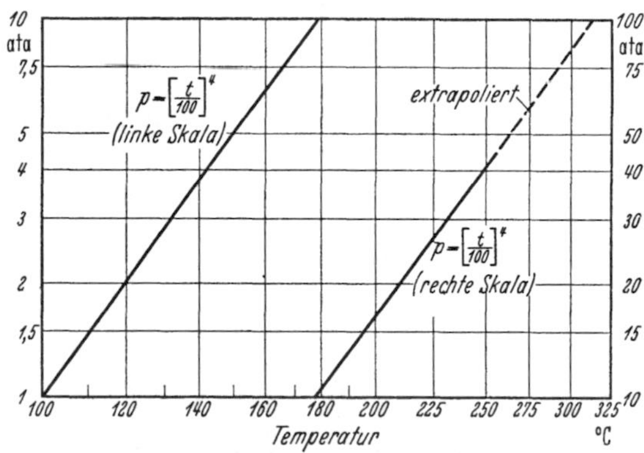

Abb. 1. Zusammenhang zwischen Siedetemperatur [t als °C] des Wassers und Sättigungsdruck [p als ata]. [Nach Arch. f. Wärmewirtschaft u. Dampfkesselwes. **14**, H. 10, 266 (1933).]

gerade Länge des Röhrchens darf nicht weniger als $^1/_2$ m lang sein. Nach dem Austritt aus der Dampfleitung muß das Probeentnahmeröhrchen abwärts gerichtet sein, damit der Dampf bzw. das Kondensat dauernd mitgenommen werden kann.

Falls eine waagerechte Anordnung der Entnahmestrecke sich gar nicht vermeiden läßt, legt man das Probeentnahmeröhrchen etwas unterhalb der Rohrmittelachse, weil man annimmt, daß die Verteilung des Wassers im Dampfstrom nicht gleichmäßig ist.

γ) Die Dampfgeschwindigkeit im Probeentnahmeröhrchen muß mit der im Hauptrohr übereinstimmen. Die Menge der zu entnehmenden Probe ergibt sich aus der Kühlflächengröße bzw. der Kühlleistung des anzuschließenden Kühlers, in welchem das Dampfkondensat niedergeschlagen werden soll.

Rechnet man z. B. mit einem Kühler von 0,1 m² Kühlschlangenoberfläche, die im Wasser mit einer mittleren Temperatur von 40° eintaucht, so können in einem solchen Kühler bei 100° mittlerem Temperaturunterschied etwa 3 l/Min. Kondensat niedergeschlagen und auf 60° abgekühlt werden. Diese Menge beträgt etwa $^1/_{15}$ der in einem Rohr von 76/83 mm Durchmesser strömenden Dampfmenge, d. h. der Querschnitt des Überführungsrohres muß zu dem des Probeentnahmerohres im Verhältnis 1:15 stehen.

Damit ergeben sich folgende Durchmesser für die Probeentnahmerohre:

bei einer Entnahme von l/Min.	3	2	1
Durchmesser des Entnahmerohres	19	15,6	11

δ) Die Dampfkondensate müssen in Gefäßen aus Kunststoffen, z. B. Mipolam, gesammelt werden, damit nicht etwa Alkali aus dem Glase aufgenommen wird und den Salzgehalt des Dampfes fälscht (vgl. a. S. 202).

Nach P. B. Place ist bei Kesseln ohne Auswaschung des Dampfes die Annahme berechtigt, daß die Konzentration der Salze in der Dampffeuchtigkeit die gleiche ist, wie im Kesselwasser, während es bei Dampf aus Waschtrommeln offen ist, sofern die Dampffeuchtigkeit aus Kesselwasser oder Speisewasser stammt (vgl. a. S. 200).

Der Verunreinigungsgrad des Dampfes muß an Dampfkondensatproben geprüft werden, wobei bei Werten unter 0,5 mg/l auch mit Fehlern von 100% zu rechnen ist (s. später in den Abschnitten „Leitfähigkeit und Abdampfrückstand").

Die nur im Sattdampf mögliche calorimetrische Bestimmung der Dampffeuchtigkeit ist mit festen Versuchsfehlern behaftet, so daß bei 1% Dampffeuchtigkeit eine weit höhere Ungenauigkeit als bei 0,1% zu erwarten ist, wobei der Fehler bis zu 50% betragen kann.

II. Darstellungsschema der ausführlichen Wasseruntersuchung (II/1, 148—149).

Die in den „Neuen Einheitsverfahren ...", Bl. A 2 für die Trink- und Brauchwasseruntersuchung vorgeschlagene Angabe der meisten Untersuchungswerte in ganzen Milligramm/Liter, bei Mengen unter 1 mg/l die Angabe einer Dezimalstelle, bei solchen unter 0,1 mg/l die Angabe von zwei Dezimalstellen, wird für die Kesselspeisewasseruntersuchung als zweckmäßig übernommen. Die Berechnung der Einzelergebnisse auf Ionen oder auf Millival bzw. Millimol haben sich bisher in den Fachkreisen vorläufig nicht eingebürgert. Es bleibt daher bei der bisherigen Angabe der Metalloxyde und Säurereste.

III. Begriff der Härte (II/1, 149).

Tabelle 2. Härtebezeichnungen und deren Umrechnungswerte[1].

Bezeichnung	Millival/l mval/l	Deutsche Härtegrade °d	Französische Härtegrade °f	Englische Härtegrade °e
Bestimmung	erforderliche cm³ von $^1/_{10}$ Normalsalzsäure für 100 cm³ Wasser	1 Gewichtsteil CaO in 100000 Gewichtsteilen Wasser	1 Gewichtsteil $CaCO_3$ in 100000 Gewichtsteilen Wasser	1 grain $CaCO_3$ je gallon
1 mval/l	1	2,8	5,0	3,5
1° d	0,357	1,0	1,79	1,25
1° f	0,2	0,56	1,0	0,7
1° e	0,286	0,8	1,43	1,0

1 mval/l = 1 mg/l: Äquivalenzgewicht des Stoffes.

[1] Nach Ztschr. der Dampfkesselunters.- u. Versicherungsges. a. G. Wien **1938**, H. 2, 13.

Tabelle 3. Ergänzende Umrechnung der Härte in äquivalente Werte für Salze, die im Kesselbetrieb benötigt werden.

1° Carbonathärte

= 39,7 oder rund 40 mg/l Aluminiumsulfat des Handels ($Al_2(SO_4)_3 \cdot 18\ H_2O$)
= 19,3 oder rund 20 mg/l Eisenchlorid wasserfrei ($FeCl_3$) (98%ige Handelsware der I. G. Farbenindustrie A.G.)
= 32,2 oder rund $\frac{100}{3}$ mg/l Eisenchlorid kristallisiert ($FeCl_3 \cdot 6\ H_2O$).

1° Nichtcarbonathärte

= 24,3 oder rund 25 mg/l Calciumsulfat ($CaSO_4$),
= 30,7 oder rund 30 mg/l Gips ($CaSO_4 \cdot 2\ H_2O$),
= 25,4 oder rund 25 mg/l Natriumsulfat (Na_2SO_4),
= 20,85 oder rund 20 mg/l Natriumchlorid (NaCl),
= 19,8 oder rund 20 mg/l Calciumchlorid ($CaCl_2$),
= 17,5 mg/l Schwefelsäure (H_2SO_4) 100%ig,
= 13,0 mg/l Salzsäure (HCl) 100%ig.

IV. Die chemischen Gleichungen der bei den Enthärtungsverfahren auftretenden Umsetzungen.

A. Permutitenthärtung (II/1, 152).

Die säurebeständigen, mit Säure regenerierbaren neuen Basenaustauscher, wie z. B. die Kohlepermutite (S- und Z-Permutite) der Permutit-A.G., Berlin, und ein Teil der Kunstharz-Basenaustauscher der I. G. Farbenindustrie A.G. (die sog. Phenol- und Gerbstoff-Harzbasenaustauscher) ersetzen die Kationen einschließlich Natrium durch Wasserstoff nach den Gleichungen (P = Permutitrest):

$$H_2P + Ca(HCO_3)_2 = CaP + 2\ H_2CO_3 \quad (4a)$$
$$H_2P + Mg(HCO_3)_2 = MgP + 2\ H_2CO_3 \quad (4b)$$
$$H_2P + CaSO_4 = CaP + H_2SO_4 \quad (5a)$$
$$H_2P + MgSO_4 = MgP + H_2SO_4 \quad (5b)$$
$$H_2P + CaCl_2 = CaP + 2\ HCl \quad (6a)$$
$$H_2P + MgCl_2 = MgP + 2\ HCl \quad (6b)$$
$$H_2P + 2\ NaHCO_3 = Na_2P + 2\ H_2CO_3 \quad (7a)$$
$$H_2P + 2\ NaCl = Na_2P + 2\ HCl \quad (7b)$$

Wird gemäß diesen Umsetzungen das abfließende Säurewasser mit soviel NaOH versetzt, wie zur Bindung der Säure ohne Berücksichtigung der Kohlensäure nötig ist, so entstehen die Natriumsalze der Nichtcarbonate neben der unverändert sich haltenden Kohlensäure; letztere kann dann ausgetrieben werden, wodurch die ganze ursprüngliche Carbonathärte verschwindet, ohne daß ein lösliches Salz an ihre Stelle tritt.

Man kann aber von vornherein für die Wiederbelebung der Basenaustauschmasse das Verhältnis von Säure zu Kochsalz so bemessen, daß die Carbonathärte in Kohlensäure, die Nichtcarbonathärte in Natriumsulfat bzw. Natriumchlorid umgewandelt wird.

Ganz andere Eigenschaften haben die Anilinharze; sie geben OH-Ionen ab und beseitigen auf diese Weise aus dem zunächst im „sauren

Filter" von den Kationen befreiten Wasser nun auch noch die Säurereste nach der Gleichung:

$$(OH)_2P + H_2SO_4 = 2\,H_2O + PSO_4 \qquad (8a)$$
$$(OH)_2P + 2\,HCl = 2\,H_2O + PCl_2 \qquad (8b)$$

Zur Wiederbelebung dient eine alkalische, OH-ionenhaltige Flüssigkeit.

B. Phosphatenthärtung.

a) Phosphatenthärtung ohne Rückführung. α) *Vorenthärtung mit Hilfe von Kalk, Soda oder Ätznatron oder Permutit.*
β) *Nachbehandlung mit Phosphat bei Temperaturen über 90°.*
Erreichbare Resthärte etwa 0,2° bei 90° C bis etwa 0,05° bei 140° C.

$$10\,CaCO_3 + 6\,Na_3PO_4 + 2\,NaOH = [(Ca_3(PO_4)_2)_3 \cdot Ca(OH)_2] + 10\,Na_2CO_3 \quad (1a)$$
$$3\,MgCO_3 + 2\,Na_3PO_4 = Mg_3(PO_4)_2 + 3\,Na_2CO_3 \quad (1b)$$
$$10\,CaSO_4 + 6\,Na_3PO_4 + 2\,NaOH = [(Ca_3(PO_4)_2)_3 \cdot Ca(OH)_2] + 10\,Na_2SO_4 \quad (2a)$$
$$3\,MgSO_4 + 2\,Na_3PO_4 = Mg_3(PO_4)_2 + 3\,Na_2SO_4 \quad (2b)$$

Das wasserunlösliche Calciumphosphat $(Ca_3(PO_4)_2)_3 \cdot Ca(OH)_2$ ist das Calciumhydroxylapatit (Thiel-Strohecker-Patsch; Haendeler).

b) Phosphatenthärtung mit Kesselwasserrückführung. Dieses Wasserenthärtungsverfahren (Chemische Fabrik Budenheim) arbeitet im allgemeinen in drei Stufen, von denen die 1. Stufe jedoch fehlen kann:

1. Im Rieselvorwärmer (Kaskadenvorwärmer) durch rein thermische Wirkung Ausscheidung eines Teils der Carbonathärte.

2. Im Hauptenthärtungsraum durch Ausnutzung des alkalischen rückgeführten Kesselwassers Ausscheidung der Hauptmengen an Härtebildnern.

3. Im Nachenthärtungsraum durch Umsetzung der noch verbliebenen Resthärte mit zugesetztem Phosphat Herabsetzung der Resthärte auf das geringst mögliche Maß [A. Splittgerber (1)].

Das Alkali für die 2. Stufe stammt nicht nur aus der hydrolytischen Spaltung des in der 3. Stufe im Überschuß zugesetzten Phosphats, sondern in der Hauptsache aus seiner Umsetzung mit dem thermisch noch nicht zersetzten Bicarbonat. Gleichzeitig mit der Ausscheidung der Erdalkaliphosphate entsteht aber auch Natriumbicarbonat, das dann im Kessel in Soda bzw. weiter in Ätznatron und freie Kohlensäure umgewandelt wird.

Die Wirkung von Phosphat ist grundsätzlich gleich derjenigen der Soda beim Sodarückführungsverfahren, z. B.

$$\alpha) \quad 3\,Ca(HCO_3)_2 + 2\,Na_3PO_4 = \mathit{Ca_3(PO_4)_2} + 6\,NaHCO_3,$$
$$\beta) \quad 3\,Ca(HCO_3)_2 + 3\,Na_2CO_3 = 3\,\mathit{CaCO_3} + 6\,NaHCO_3,$$

wobei jedoch zu beachten ist, daß nach vollständiger Umsetzung bei Gleichung α) in Gegenwart von überschüssiger Natronlauge sich anstatt des $Ca_3(PO_4)_2$ der Calciumhydroxyl-Apatit (s. oben) bildet.

V. Berechnung der Enthärtungszusätze (II/1, 153).

Nach den Angaben von Suran sind 15 mg/l $CaCO_3$ = 0,84° d in neutralem Wasser löslich; eine weitere Herabsetzung der Resthärte ist auch bei Anwärmung auf 80—100° erst möglich durch Anwendung eines

Überschusses an Soda oder Ätznatron, niemals an Kalk (II/1, 162, Z. 10 von unten). Diese Überschüsse als 100%ige Chemikalien gibt Suran in Tabelle 4 an:

Tabelle 4.

Erreichbare Resthärte °d	A. Für Kalk-Sodaenthärtung. Sodaüberschuß mg/l zur Beseitigung von Kalkhärte	B. Für Ätznatronenthärtung. NaOH-Überschuß mg/l zur Beseitigung der 8° übersteigenden Magnesiahärte	H. Für Phosphat-Nachenthärtung erforderlich	
			mg/l Na_3PO_4 krist.	mg/l Na_3PO_4 wasserfrei
0,1	132	102	231	115
0,2	63	70	74	37
0,3	39	56	31	16
0,4	26	46	12	6
0,5	17	39	0	0
0,6	11	34		
0,7	6	29		
0,84	0	25		
0,9	—	22		
1,0	—	18		
1,1	—	15		
1,2	—	13		
1,3	—	10		
1,4	—	8		
1,5	—	5		
1,6	—	3		
1,73	—	0		

VI. Chemische und physikalische Untersuchungsmethoden.

A. Ermittlung der Gesamthärte mittels Schnellmethoden.

Verfahren nach Boutron und Boudet (II/1, 167). Das Verfahren ist genormt durch DIN 8104 (S. 179) und „Neue Einheitsverfahren ...“, Bl. H 6.

e) Verfahren zur Ermittlung der Härte in härtearmen Wässern (II/1, 174). Bei der Bestimmung der Härte von salzarmen Wässern (Kondensat und Destillat) muß man vor dem Zusatz der Seifenlösung in der zu untersuchenden Wasserprobe eine kleine Messerspitze chemisch reinen Kochsalzes (0,2 g) auflösen.

Die schon im Hauptwerk (S. 175) empfohlene Alkalisierung auf schwache Phenolphthaleinrotfärbung, d. h. auf einen p_H-Wert von etwa 8,9—9,0 (s. später S. 207) ist insbesondere dort wichtig, wo vielleicht noch Aluminiumsalzreste, herrührend von einer Aluminiumflockung des Wassers, im Wasser gelöst zurückgeblieben sind.

In schwach alkalischem Wasser ($p_H = \sim 9$) verursacht gelöstes Aluminium bei der Härtebestimmung keine Fehler, während bei unmittelbarer Härtebestimmung mit Hilfe von Seifenlösungen, selbst bei Kochsalzzusatz, jedoch ohne Erzeugung der Phenolphthaleinrotfärbung, z. B. gefunden wurden [Ammer (1)]:

Al_2O_3	0,16	0,32	0,64	1,28	2,56	5,0 mg/l
Entsprechend Aluminiumsulfat des Handels mit 15% Al_2O_3	2,4	4,8	9,6	19,2	38,5	75,0 mg/l
Bei einem p_H-Wert von	4,80	4,70	4,65	4,50	4,30	4,25

Im Blindversuch (ohne Aluminiumzusatz) betrug die gefundene Härte unter den gleichen Voraussetzungen 0° d.

α) *Prüfung mit der üblichen Seifenlösung* nach Boutron und Boudet (s. „Neue Einheitsverfahren“ ... Bl. H 6)

β) *Prüfung mit verdünnter*[1] *Seifenlösung* nach Boutron und Boudet (II/1, 175) unter Verwendung von 400 cm³ Wasser.

Für die Messung eignen sich besonders die von Ammer vorgeschlagenen Meßrohre (Hydrotimeter) und Meßvorrichtungen mit Einteilung der Ableseleiter in 0,02° d (Hersteller: W. Feddeler, Firma für Laboratoriumsbedarf in Essen).

γ) *Bei Verwendung der verdünnten Clarkschen Seifenlösung* (II/1, 175). Gegenüber der im Hauptwerk angegebenen Berechnungsart ist die nachstehende Rechnungsweise erfahrungsgemäß genauer:

Bei einem Seifenverbrauch von weniger als 50 cm³ entspricht jeder Kubikzentimeter Seifenlösung 0,003° deutscher Härte, bei einem Seifenverbrauch von mehr als 50 cm³ ist der über 50 cm³ hinausgehende Seifenverbrauch mit je 0,01° je cm³ in Rechnung zu stellen.

Beispiel: Seifenverbrauch 11 cm³.
Härte (° d) = 0,003·11 = 0,03°.
Seifenverbrauch 72 cm³ = 50 + 22 cm³:
Härte (° d) = 0,003·50 + 0,01·22 = 0,37°.

Als Berechnungshilfe diene nebenstehende Tabelle 5.

Tabelle 5.

500 cm³ Wasser brauchen cm³ verdünnte Seifenlösung	° d
3	0,01
7	0,02
10	0,03
13	0,04
17	0,05
20	0,06
23	0,07
27	0,08
30	0,09
33	0,10
37	0,11
40	0,12
43	0,13
47	0,14
50	0,15
51	0,16
52	0,17
55	0,20
60	0,25
70	0,35
80	0,45
90	0,55
100	0,65

Im allgemeinen liegen die nach dem neuen Verfahren ermittelten Werte um 0,02° höher als die gewichtsanalytisch festgestellten Härtegrade, und zwar sowohl im gewöhnlichen salzhaltigen Kesselspeisewasser als auch im Destillat und Kondensat, sobald in der letzterwähnten Gruppe von Wässern durch Zugabe von 400 mg/l Kochsalz der Eigenseifenverbrauch des salzfreien Wassers ausgeschaltet wird.

---

[1] An Stelle des teuren Äthylalkohols kann auch Isopropylalkohol (Propanol) oder auch Methanol verwendet werden; der mit Toluol denaturierte Äthylalkohol eignet sich wegen des Geruches nicht recht zur Verwendung; der mit Benzol denaturierte ist unbrauchbar; bei Anwendung des mit Pyridin denaturierten Alkohols (Brennspiritus) leidet man unter dem Nachteil, daß bei Ausführung der Analyse das charakteristische Knistergeräusch, dessen Verschwinden normalerweise die Beendigung der Reaktion anzeigt, auch nach Erreichung oder gar Überschreitung des Endpunktes nicht vollständig verschwindet. Man sollte daher Methanol oder Propanol als Lösungsmittel verwenden, wobei die beiden praktisch 100%igen Lösungsmittel auf rund 55—60 Vol.-% mit Wasser zu verdünnen und mit Natronlauge zu neutralisieren sind (schwache Rotfärbung der Lösung nach Zusatz von Phenolphthalein).

B. Trennung der Gesamthärte in Kalk- und Magnesiahärte.

Ermittlung des Kalkgehalts bzw. der Kalkhärte: [Maßanalytisch (II/1, 177).] Erforderliche Lösungen: Ammoniumoxalat (6 g/l = rund $^1/_{10}$ n anstatt 40 g/l), 20 cm³ dieser Ammoniumoxalatlösung reichen aus für rund 560 mg/l CaO.

C. Bestimmung der Alkalität (II/1, 182—184).

(Vgl. „Neue Einheitsverfahren“, Bl. H 7/8.)

a) Bei Wässern mit starker Eigenfarbe wird an Stelle von Methylorange in vielen Fällen mit Vorteil ein von Höppner angegebener Mischindicator angewendet, der aus vier Teilen einer 0,2%igen alkoholischen Lösung von Bromkresolgrün und einem Teil einer 0,2%igen alkoholischen Lösung von Dimethylgelb besteht. Der Farbumschlag geht von Blau über Grün nach Gelb. Frauen erkennen den Umschlag besser als Männer, da die meisten Männer im Gebiet „Blaugrün“ farbenblind sind. Die Arbeitsweise mit dem neuen Indicator ist von besonderem Vorteil, wenn bei mangelhaftem oder künstlichem Licht gearbeitet werden muß.

Enthält ein alkalisch reagierendes Kesselwasser außer Ätznatron, Soda, Natriumphosphat oder Natriumsilicat auch noch Natriumsulfit als Überschuß von der chemischen Entgasung her gelöst, so muß man auch noch für das Sulfit einen entsprechenden Abzug vom m-Wert machen, nämlich

für jedes in 100 cm³ enthaltene Milligramm an SO_2 0,156 cm³ $^1/_{10}$ n-Säure,
für jedes in 100 cm³ enthaltene Milligramm an Na_2SO_3 0,08 cm³ $^1/_{10}$ n-Säure.

b) Bestimmung der Alkalität in Gegenwart von Phosphat. Da wohl die meisten Speisewässer heute mit Phosphat aufbereitet, aber noch verhältnismäßig wenige mit Natriumsulfit versetzt werden, sei noch ein Verfahren zur Ermittlung der Alkalität, ohne Bestimmung des Phosphatgehaltes, wenn Natriumsulfit abwesend ist, angegeben. Dabei ist es sogar möglich, den Phosphatgehalt selbst auf alkalimetrischem Wege zu bestimmen.

Die Natronlauge errechnet sich auch in Gegenwart von Trinatriumphosphat aus der Gleichung $(2\,p - m) \cdot 40$ = mg/l NaOH.

Für die Soda dagegen kann die übliche Gleichung in Gegenwart von Phosphat nicht angewendet werden. Die Soda kann man jedoch durch Zuhilfenahme der S- und L-Werte in folgender Weise ermitteln [R. Müller (1)].

Man bestimmt den p- und m-Wert in üblicher Weise, dann werden noch einige Kubikzentimeter $^1/_{10}$ n-Salzsäure zugefügt (wegen der bequemeren Rechnung auf ganze Kubikzentimeter abrunden). Der Gesamtsäureverbrauch wird als S-Wert bezeichnet. Sodann wird die Probe zum Verjagen der freigemachten Kohlensäure ordentlich mit Luft durchgeblasen. Nach dem Verjagen der Kohlensäure wird mit $^1/_{10}$ n-Natronlauge solange zurücktitriert, bis eine schwache Phenolphthalein-Rosafärbung auftritt. Dieser Verbrauch an Natronlauge wird als L-Wert bezeichnet.

Nun läßt sich die Soda nach folgender Gleichung berechnen: $(S - L) \cdot 2 \cdot 53 = \text{mg/l } Na_2CO_3$.

Außerdem kann der Gehalt an Phosphat nach folgender Gleichung berechnet werden: $[m - (S - L)] \cdot 71 = \text{mg/l } P_2O_5$.

Sollte bei der vorstehenden Rechnung für $NaOH$ ein Wert „Null" sich ergeben, so kann im Wasser nur $NaHCO_3$ neben Na_2CO_3 (und gegebenenfalls neben Na_3PO_4) vorhanden sein. In diesem Falle gilt auch die vorstehend angegebene Sodaformel nicht, vielmehr ist folgendermaßen zu rechnen

$$NaHCO_3\,(\text{mg/l}) = [S - (L - b) - 2\,p] \cdot 84 = [S + b - (2\,p + L] \cdot 84$$
$$Na_2CO_3\,(\text{mg/l}) = 2\,p \cdot 53 = 106\,p,\quad b = \text{Blindwert} = 0{,}20).$$

In Gegenwart von Natriumsulfit muß der entsprechende auf m_1-Wert umgerechnete Sulfitgehalt vom m-Wert in Abzug gebracht werden, bevor die obenstehenden Gleichungen angewendet werden können.

c) Ermittlung der Alkalität in trüben Wässern. In trüben Kesselwässern (Öltrübungen) werden nach persönlicher Mitteilung von F. Feith[1] die Untersuchungsergebnisse bei Ermittlung der p- und m-Werte durch Anziehen von Kohlensäure aus der Luft während der Filterung der Wasserproben merklich verschoben; er empfiehlt daher in einer besonderen Glasfilternutsche mit vorgeschalteter Glasfilter-Gaswaschflasche (Fa. Schott & Gen., Jena), die mit 30—40%iger Kalilauge zwecks Herausnahme der Kohlensäure aus der Luft gefüllt ist, zu filtrieren.

Arbeitsweise. Etwa 200 cm³ Kesselwasser werden durch die Glasfilternutsche bei Luftzutritt an der Wasserstrahlpumpe abfiltriert; die ersten 100 cm³ des Filtrats werden fortgegossen; das darauf noch anfallende Filtrat kann zur Bestimmung des Phosphatgehaltes verwendet werden. Dann wird die Gaswaschflasche vorgeschaltet, worauf etwa 10 Minuten lang von Kohlensäure befreite Luft durch die Nutsche gesaugt wird. Sodann werden in gleicher Weise etwa 100 cm³ Kesselwasser mäßig rasch abfiltriert und zur mengenmäßigen Bestimmung der p- und m-Werte verwendet. Falls das Filtrat etwas gelblich gefärbt ist (wodurch der Methylorangeumschlag schlecht erkennbar ist) werden kleinere Mengen Wasser benutzt und mit ausgekochtem destilliertem Wasser (beim Abkühlen an die Glasfiltergaswaschflasche anschließen!) auf 100 cm³ verdünnt. Auch kann man den Indicator Methylorange durch Kongorot ersetzen.

Zwecks Reinigung des Filtergeräts wird die Glasfilterplatte mit Wasser rückgespült. Der dabei nicht beseitigte Schlammrest kann mittels Gummiwischer entfernt werden.

D. Ermittlung der Natronzahl.

1. Natronzahl (II/1, 184). Die theoretische Begründung der Natronzahl (N.Z.) ist unterdessen durch W. J. Müller-Wien für diese von ihm als „Splittgerber-Zahl" bezeichnete Rechnungsart einwandfrei erbracht worden.

---

[1] Laboratorium der Eintracht-Braunkohlenwerke in Welzow in der Niederlausitz.

Sind auch noch alkalisch reagierende Silicate, Phosphate oder Sulfite neben Ätznatron und Soda mit im Kesselwasser enthalten, so gilt für die Ermittlung der Natronzahl die Formel

$$\text{Natronzahl (N.Z.)} = \text{NaOH} + \frac{\text{Na}_2\text{CO}_3}{4,5} + \frac{\text{Na}_2\text{SO}_3}{4,5} + \frac{\text{Na}_3\text{PO}_4 \cdot 12\,\text{H}_2\text{O}}{1,5}.$$

2. Alkalitätszahl. Da es wünschenswert ist, zumal bei Höchstdruckkesseln mit geringerer Alkalität, zu wissen, welcher Alkalitätsschutz im Kesselwasser vorhanden ist, wird die „Alkalitätszahl" nach E. Seyb (1) folgendermaßen errechnet: Alkalitätszahl $= p \cdot 40$.

Diese leicht zu ermittelnde Größe soll in Abhängigkeit vom Kesseldruck etwa folgende Werte haben: bis zu 20 atü 400 ± 50%, bis zu 45 atü 200 ± 50%, über 45 atü 50 ± 50%.

Diese Alkalitätszahl stellt also nur den durch die Farblösung Phenolphthalein angezeigten Teilbetrag der gesamten Alkalität dar und muß infolgedessen niedriger liegen als die bisher gebräuchliche Natronzahl.

Wenn man z. B. gegenüber einer früher üblichen N.Z. 400 und darüber bei Ätzkalk- oder Ätznatron-Sodaenthärtung nach Einführung der Phosphatenthärtung die dann mögliche Herabsetzung der Natronzahl auf 100—400 vorgenommen hat[1], so darf man natürlich nach Einführung der Alkalitätszahl nur diese bei Phosphatzusatz geltende niedrige Zahlengrenze für die Natronzahl zugrunde legen und wird dann die Alkalitätszahl gegenüber der Natronzahl um etwa 75 erniedrigen müssen. Die für die Alkalitätszahl als Regel angesehenen Grenzwerte 200—300 müssen daher etwa durch die der unveränderten Betriebsweise entsprechenden Werte 50—150 ersetzt werden.

E. Bestimmung von Calciumbicarbonat (Carbonathärte) neben Natriumbicarbonat (II/1, 186).

Die quantitative Bestimmung nach M. Mohnhaupt ist nur brauchbar bei Abwesenheit von Nichtcarbonathärte, da letztere sonst mit der entstehenden Soda sich chemisch umsetzen würde.

F. Bestimmung der freien Kohlensäure (II/1, 188).

Vgl. „Neue Einheitsverfahren", Bl. G 1.

G. Bestimmung der angreifenden Kohlensäure (II/1, 189).

Vgl. „Neue Einheitsverfahren", Bl. G 1.

H. Bestimmung des Gesamteisens (II/1, 191).

Vgl. „Neue Einheitsverfahren", Bl. E 1.

J. Bestimmung des Aluminiums (II/1, 193).

Vgl. „Neue Einheitsverfahren", Bl. E 9.

Anstatt Aluminiumsulfat verwendet man neuerdings auch vielfach Aluminiumchlorid. Gemäß der Formel

$$2\,\text{AlCl}_3 + 3\,\text{Ca(HCO}_3)_2 = 2\,\text{Al(OH)}_3 + 3\,\text{CaCl}_2 + 6\,\text{CO}_2$$

---

[1] Buch „Kesselbetrieb", 2. Aufl., S. 109. 1931. Randziffer (R.Z.) 296, S. 112, R.Z. 305, S. 130, R.Z. 367.

entsprechen 10 mg/l $AlCl_3$

4,95 mg/l gebundenes CO_2,	9,00 mg/l NaOH,
9,90 mg/l Bicarbonat CO_2,	11,92 mg/l Na_2CO_3.
18,90 mg/l $NaHCO_3$,	15,85 mg/l $AlCl_3$ = 1° Härte,
0,63° Härte,	10 mg/l gebundener } CO_2 = 20,2 mg/l
7,98 mg/l Chloridrest Cl,	20 mg/l Bicarbonat } $AlCl_3$.

Das auch käufliche $AlCl_3 \cdot 6\,H_2O$ enthält 55,23% $AlCl_3$ und 44,77% H_2O.

Wenn auch im allgemeinen bei der Überwachung eines Wasseraufbereitungsbetriebes, aus dem mit Hilfe von Aluminiumsalzen die im Wasser gelösten organischen Stoffe ausgeflockt werden, die Erreichung des Endzieles durch p_H-Messung nachgeprüft zu werden pflegt, so wird doch auch ab und zu noch eine Prüfung des ausgeflockten Wassers auf praktische Freiheit von Aluminium gefordert. Dabei ergeben sich folgende Fragen:

α) Ist es überhaupt möglich, daß bei einer Flockung die Umsetzung so vollständig vor sich geht, daß Aluminiumsalz im gefilterten Wasser überhaupt nicht mehr vorhanden ist?

β) Wenn dieses nicht der Fall ist, wie hoch ist der unmittelbare Aluminiumsalzgehalt im gefilterten Wasser, vorausgesetzt natürlich, daß ohne Überschuß zugeteilt worden ist?

γ) Ist bei der Abgabe einer Gewährleistung auf begrenzten Aluminiumsalzüberschuß der Gehalt an Aluminium des Wassers, der von Hause aus vorhanden ist, zu berücksichtigen oder nicht?

δ) Welche praktische Bedeutung hat gelöstes Aluminium in einem vorgeflockten Wasser?

Zu α) Bei richtiger Zumessung brauchen Aluminiumsalzionen im gefilterten Wasser nicht vorhanden zu sein.

Dagegen gilt eine solche Feststellung nicht für den Nachweis von Aluminium in Form von Aluminiumhydrat, da letzteres in Wasser von gewöhnlicher Temperatur etwa zu 1,5 mg/l $Al(OH)_3$ entsprechend 0,5 mg/l Al gelöst vorhanden sein kann.

Zu β) Unter diesen Umständen bedeutet der etwaige Nachweis des Vorhandenseins von Aluminium nicht von vornherein die Anwendung eines unnötigen Überschusses an Aluminiumsalz, sondern dieser Nachweis wird bei Anwendung eines sehr empfindlichen Prüfverfahrens auf Al in jedem Falle gelingen, da z. B. die beiden Verfahren nach Atak unter Verwendung von Alizarin (II/1, 195) und von Kolthoff unter Anwendung von Oxyanthrachinon sogar noch 0,1 mg/l Al entsprechend 0,3 mg/l Al $(OH)_3$ erkennen lassen.

Daher werden erst Ergebnisse oberhalb 0,5 mg/l Al auf Anwendung eines Überschusses schließen lassen.

Für die Prüfung eines Wassers auf Aluminiumzusatz eignet sich daher nur ein weniger empfindliches Verfahren, also z. B. das Prüfungsverfahren mit Hämatoxylin (Blauholzabkochung) oder Campecheholztinktur (vgl. H. Ginsberg und G. Gad und K. Naumann).

Endlich kann Aluminium auch dann noch in größeren Mengen in Lösung sein, wenn ursprünglich kein Überschuß an Aluminiumsalz, sondern ein Überschuß an Alkali angewendet worden war, da in Wässern mit einem p_H-Wert über 7,5 das $Al(OH)_3$ als Natriumaluminat sich wieder zu lösen beginnt.

Zu γ) Der natürliche Gehalt eines Wassers an gelösten Aluminiumverbindungen bewegt sich im allgemeinen zwischen Bruchteilen eines Milligramms bis zu wenigen Milligramm/Liter. Durch richtige Einstellung des p_H-Wertes werden Aluminiummengen oberhalb der unter α) angegebenen Grenzen infolge Umsetzung zu $Al(OH)_3$ mit ausgeflockt.

Zu δ) Für die Wasseraufbereitung hat ein geringer Überschuß an gelöstem Aluminium keine Bedeutung.

Einen Sonderfall bilden die Färbereien und dabei insbesondere die von Kunstspinnfasern; $Al(OH)_3$ bildet einerseits mit vielen Farbstoffen unlösliche, unter Umständen unerwünschte Farblacke, andererseits verursacht es das Grießligwerden von Nitrolackfarben (R. Bürstenbinder); insbesondere gilt dies für das in sehr schwach alkalischen Lösungen kolloidal gelöste $Al(OH)_3$ (W. V. Bhagwat und N. R. Dhar). Kunstspinnfaserfabriken werden daher besonderen Wert auf einwandfreie Zumessung der Flockungschemikalien legen; die in jedem Falle in Lösung bleibende Restmenge von 1,5 mg/l $Al(OH)_3$ hat auch hier noch keine ungünstige Wirkung.

K. Bestimmung des Ammoniaks (II/1, 197).

Vgl. „Neue Einheitsverfahren", Bl. E 5.

L. Bestimmung des Chloridgehaltes (II/1, 199).

Vgl. „Neue Einheitsverfahren", Bl. D 1.

M. Bestimmung des Sulfatgehaltes (II/1, 200).

Vgl. „Neue Einheitsverfahren", Bl. D 5.

Quantitative Schnellanalyse. a) Jodometrisches Verfahren mittels Kaliumchromat (II/1, 201). Ist nur für verhältnismäßig hohe Sulfatgehalte brauchbar.

b) Sulfatbestimmung in sulfatarmen Wässern. Man verfügt heute über fünf Sulfatschnellbestimmungsverfahren.

In Fällen, wo es sich um die Bestimmung von Sulfat in phosphatfreiem oder phosphatarmem Kesselwasser handelt, kommt man am leichtesten durch Tüpfelung nach R. Müller (II/1, 202b) zum Ziel; wo die Beschaffung des Tüpfelindicators Schwierigkeiten verursachen sollte, wird die Bestimmung nach Raschig-Kolthoff empfohlen.

Eine Beschreibung der Untersuchungsvorschriften, soweit sie noch nicht im Hauptwerk vorhanden sind, folgt nachstehend.

c) Titrimetrische SO_3-Bestimmung nach Seyb (2) in phosphatfreien Wässern. Die Wasserprobe (bei einem Gehalt von etwa 200 mg/l SO_3 : 100 cm³, bei etwa 2000 mg/l : 50 cm³ und bei etwa 12000 mg/l : 10 cm³) pipettiert man in einen 200-cm³-Meßkolben, säuert schwach mit Salzsäure an, versetzt mit etwa 10 cm³ H_2O_2 und kocht 10 Minuten. Die Oxydation kann bei Abwesenheit von SO_2 im Kesselwasser unterbleiben. Nach dem Kochen läßt man die Lösung erkalten, neutralisiert (1 Tropfen Methylorange), fügt 10 cm³ $^1/_{10}$ n-HCl hinzu, fällt das Sulfat mit 50 cm³ $^1/_{10}$ n-$BaCl_2$-Lösung in kalter Lösung, schüttelt kräftig und läßt den Niederschlag 30 Minuten stehen. Dann nimmt man die vorher zugesetzten 10 cm³ $^1/_{10}$ n-HCl mit der gleichen Menge NaOH zurück. Die neutrale Lösung wird mit 50 cm³ $^1/_{10}$ n-Sodalösung versetzt, gut geschüttelt (damit der Niederschlag sich zusammenballt) und mit Wasser aufgefüllt. Nach dem Absetzen des größten Teiles des Niederschlages filtriert man ohne auszuwaschen, pipettiert vom Filtrat 100 cm³ und titriert den Überschuß der Soda mit $^1/_{10}$ n-HCl zurück. Verbrauchte Kubikzentimeter $^1/_{10}$ n-HCl · 0,004 = Milligramm SO_3.

d) Verfahren nach Raschig-Kolthoff mit Benzidinsulfat. 100 ccm Kesselwasser, das nicht mehr als etwa 1000 mg/l SO_3 enthält, werden mit $^1/_1$ n-HCl unter Zusatz von Methylorange schwach angesäuert. Hierauf gibt man 50 cm³ Benzidinchlorhydratlösung [6,7 g Benzidin in 20 cm³ Salzsäure (6-n) lösen und auf 1 l auffüllen] unter Umrühren zu und läßt den Niederschlag von Benzidinsulfat etwa 15 Minuten absetzen. Darauf wird das Benzidinsulfat mit Hilfe einer Wasserstrahlpumpe (zweckmäßig auf einem Schnellfiltereinsatz oder Porzellanlochtrichter nach Tramm) abgesaugt. Der Kolben wird mit möglichst wenig Wasser ausgespült, der Niederschlag 5mal mit je annähernd 3 cm³ Wasser ausgewaschen, wobei jedesmal vollständig abgesaugt wird, und zum Schluß durch scharfes Ansaugen getrocknet. Filter und Niederschlag werden in den Fällungskolben übergeführt, das Benzidinsulfat unter Zerschütteln des Filters in warmem Wasser (50—75°) gelöst, etwa 10 cm³ neutralisierten Alkohols zugesetzt und mit $^1/_{10}$ n-NaOH in der Wärme bis zur bleibenden Rotfärbung gegen Phenolphthalein titriert. Zeitdauer der Untersuchung: 30—40 Minuten. Verbrauchte Kubikzentimeter $^1/_{10}$ n-NaOH · 40 = Milligramm/Liter SO_3.

e) Verfahren nach A. Mutschin und R. Pollack. *1. Kesselwasser.* 50 cm³ Kesselwasser werden unter Zusatz von 3 Tropfen Methylrot mit 0,5 n-Salzsäure neutralisiert und dann noch mit 2—3 Tropfen 0,1 n-Natronlauge versetzt. Hierauf werden der Lösung noch 20 cm³ Aceton (oder Methyl- oder Äthylalkohol), 10 cm³ einer 20%igen Ammonchloridlösung sowie 5 cm³ n-Essigsäure hinzugefügt. Bei der darauf folgenden Titration des Sulfats mittels 0,2 n-Bariumchloridlösung durch Auftüpfelung auf nasses Indicatorpapier, hergestellt durch Tränken von Filterpapier (Marke Schleicher & Schüll Nr. 598) mit gesättigter Natriumrhodizonatlösung, wird der Verbrauch (Anzahl Kubikzentimeter) an Bariumchloridlösung bis zur Hervorrufung der ersten Rotfärbung auf dem Indicatorpapier gemessen.

Bei einer ersten Grobtitration wird die Bariumchloridlösung in Mengen von je 0,5 cm³ zugefügt, jedesmal kräftig durchgeschüttelt und 1 Tropfen auf das Indicatorpapier aufgetüpfelt.

Bei der zweiten Feintitration wird die bei der Grobtitration verbrauchte, jedoch um 0,5 cm³ verminderte Menge an Bariumchloridlösung in einem Guß der zu titrierenden sulfathaltigen Lösung zugefügt, 1 Minute lang kräftig durchgeschüttelt und durch tropfenweisen Zusatz von Bariumchloridlösung unter jedesmaligem Schütteln und Tüpfeln die Lösung bis zum Auftreten einer Rotfärbung titriert. Der so gefundene, in der Regel etwas geringere Verbrauch an Bariumchloridlösung ist als endgültiger Wert für die Berechnung des Sulfatgehaltes zugrunde zu legen, falls eine Berücksichtigung des sog. Blindwertes nicht notwendig erscheint. Bei zahlreichen Untersuchungen von Kesselwässern hat sich gezeigt, daß insbesondere bei niederen Sulfatgehalten (unter 1000 mg/l SO_4'') die Berücksichtigung eines Blindwertes mit einem angenommenen Verbrauch von 0,20 cm³ einer 0,2 n-Bariumchloridlösung notwendig ist, wenn die durch Titration gefundenen Sulfatwerte mit den durch Gewichtsanalyse ermittelten Sulfatwerten gut übereinstimmen sollen.

Berechnung. Wird der bei der Feintitration von 50 cm³ Kesselwasser festgestellte Verbrauch (Kubikzentimeter) an 0,2 n-Bariumchloridlösung mit a bezeichnet und ein Blindwert von 0,20 cm³ angenommen, so errechnet sich der mit s bzw. s' bezeichnete Sulfatgehalt (mg/l SO_4'' bzw. SO_3) wie folgt: s mg/l $SO_4'' = (a - 0{,}2) \cdot 192$ bzw. s' mg/l $SO_3 = (a - 0{,}2) \cdot 160$, da 1 cm³ der 0,2 n-Bariumchloridlösung 9,6 mg/l SO_4'' bzw. 8,0 mg SO_3 entspricht [R. Müller (2)].

2. *Natürliche und aufbereitete Wässer mit niederen Sulfatgehalten. Halbmikroverfahren.* Auch hier muß die Titration mit Rhodizonat doppelt ausgeführt werden.

100 cm³ Wasser werden in einem 300-cm³-Erlenmeyerkolben mit 1 cm³ eines Gemisches von gleichen Teilen 2 n-Ätznatron und Soda versetzt, zum Sieden erhitzt und etwa 5 Minuten lang gekocht, der Kolbeninhalt (etwa 70—80 cm³) wird dann in einen 100-cm³-Meßkolben übergespült und nach Abkühlen auf 20° C aufgefüllt. Sodann wird durch ein trockenes Filter abfiltriert (aber nicht nachgewaschen), vom Filtrat 20 cm³ in einem 200 cm³-Erlenmeyerkolben abgemessen und unter Zusatz von 1 Tropfen Methylrot mit 0,5 n-Salzsäure genau neutralisiert, mit 1 cm³ einer 20%igen Ammoniumchloridlösung sowie mit 4 cm³ Aceton und 1 cm³ Essigsäure versetzt und der Sulfatgehalt mittels 0,1 n-Bariumchloridlösung und Natriumrhodizonat als Tüpfelindicator mit einer Mikrobürette (eingeteilt in 0,01 cm³) titriert.

Die so gefundenen Sulfatwerte stimmen sehr gut mit den durch Gewichtsanalyse festgestellten Werten überein.

Berechnung. Da im vorliegenden Falle nur 20 cm³ Wasser angewendet werden und ein Blindwert nicht in Rechnung zu ziehen ist, berechnet sich der Sulfatgehalt (mg/l SO_4'' bzw. SO_3) wie folgt:

$$s \text{ mg/l } SO_4'' = a \cdot 240 \text{ bzw. } s \text{ mg/l } SO_3 = a \cdot 200,$$

da 1 cm³ 0,1 n-Bariumchloridlösung 4,8 mg SO_4'' bzw. 4,0 mg SO_3 entspricht.

f) Calorimetrische Sulfatbestimmung. Nach Untersuchungen von Blumrich ist die in der Technik gut bewährte calorimetrische Titration von Sulfat bei der Untersuchung von Kesselwässern und noch weniger von Speisewässern als zu unempfindlich nicht anwendbar.

N. Bestimmung der Kieselsäure und der Silicate (II/1, 205).

Vgl. „Neue Einheitsverfahren“, Bl. F 1.

Die große Bedeutung der Kieselsäure im Hochdruckkessel- und Hochdruckturbinenbetrieb erfordert eine erweiterte Behandlung ihrer Bestimmungsmethoden.

1. Allgemeines (II/1, 205). Schon vor etwa 10 Jahren hatte es einmal den Anschein, als ob mit steigenden Kesselleistungen und Kesseldrücken die Kieselsäure zur Hauptschwierigkeit im ganzen Speisewasserbetrieb werden könnte, da die bei den chemischen Enthärtungsverfahren im Wasser zurückbleibende Resthärte unter den im Kessel herrschenden Druck- und Temperaturverhältnissen mit der im Wasser noch gelösten Kieselsäure Abscheidungen von Kalksilicaten bildet. Die Praxis hat aber gezeigt, daß bei möglichst weitgehender Ausscheidung der Härte und bei Verwendung von Phosphat als Zusatzchemikal die befürchteten Schwierigkeiten nicht eintreten.

Anders ist es mit der Verkieselung der Turbinenschaufeln im Temperaturgebiet zwischen etwa 270—300° bei Kesselbetriebsdrucken etwa oberhalb von 50 atü[1].

2. Vorkommen im Wasser. In den meisten Wässern scheint die Kieselsäure in kolloidaler Form als Metakieselsäure (H_2SiO_3) (W. Windisch) und in ionisierter Form als Kalk- bzw. Magnesia- bzw. Natronsilicat (P. Eitner) nebeneinander vorzukommen.

Die Beobachtungen von O. W. Rees zeigen, daß man nur den colorimetrisch ohne sog. Verseifung (s. unter **3.**) gefundenen SiO_2-Anteil als SiO_3'' ansehen darf. Nur unter dieser Voraussetzung ist die Summe der Anionen stets gleich oder höher als diejenige der Kationen. Man muß also die colorimetrisch nach L. W. Winkler ermittelte Kieselsäuremenge als SiO_3'' ansehen (vgl. a. II/1, 206).

Im allgemeinen bewegen sich die Gehalte an Kieselsäure im natürlichen Wasser zwischen 5—15 mg/l SiO_2, vereinzelt auch erheblich höher (Fr. Sierp), namentlich bei sonst salzarmen, weichen natürlichen Wässern, die aus den Vorgebirgen aus Kiesen oder aus Sanden des Diluviums entspringen (H. Haupt und W. Steffens).

3. Chemische Ermittlung der Kieselsäure. Bei der Prüfung durch Eindampfen des Wassers mit Salzsäure (s. unten) wird die Summe beider Kieselsäurearten bestimmt; bei der colorimetrischen Untersuchung (s. später S. 195) unter Verwendung von Ammoniummolybdat nach Winkler und von Vergleichslösungen aus Kaliumchromat oder Pikrinsäure wird ohne vorheriges Kochen mit Alkalibicarbonat (Verseifung) nur die ionisierte SiO_3'' gemessen; erst nach solcher Verseifung wird auch die nunmehr aus der kolloidalen in ionisierte SiO_3'' umgewandelte SiO_2 durch colorimetrische Untersuchung mit erfaßt (II/1, 206).

a) Quantitative Feinanalyse (II/1, 205). Platinschalen eignen sich nach H. Haupt und W. Steffens bei Gegenwart von Nitraten und Chloriden mit Rücksicht auf die Bildung von Königswasser nicht; man hat mit Platinverlusten bis zu 50 mg bei einer einzigen Untersuchung zu rechnen.

Keinesfalls darf beim Arbeiten mit Quarz- oder Porzellanschalen vor dem Ansäuern das etwa alkalische Wasser eingedampft werden, da in diesem Falle leicht SiO_2 aus den Schalen in Lösung geht.

Das entstandene NaCl neigt beim Verjagen der letzten Wasserreste sehr zum Verspritzen, bei Vorhandensein großer Salzmengen ist es

[1] Jahrbuch „Vom Wasser“ XII, S. 366—380. 1937.

daher stets auf dem Wasserbade und nicht auf offener Flamme vorzunehmen. Erst nach völligem Trocknen kann man noch 1 Stunde lang im Trockenschrank bei 130° C rösten. Nach dem Abkühlen wird nochmals mit einigen Tropfen HCl befeuchtet und nochmals geröstet. Nach 3maliger Wiederholung gießt man einige Kubikzentimeter Salzsäure in die Schale, läßt sie einige Stunden stehen, verdünnt mit Wasser, erhitzt bis zum Sieden und filtriert durch ein kleines aschefreies Papierfilter. Nach wiederholtem Nachspülen der Schale mit kochendem destillierten Wasser wird das Filter solange mit heißem Wasser nachgewaschen, bis 10 Tropfen des letzten Filtrats nach Zusatz von einigen Tropfen Silbernitratlösung (vgl. S. 191) höchstens eine kaum erkennbare, schleierartige Trübung geben. Das Filter mit Inhalt wird in einem ausgeglühten und gewogenen Tiegel so verbrannt, daß nur weiße Kieselsäure übrig bleibt.

Das vorstehend beschriebene Prüfverfahren ist umständlich und zeitraubend, so daß es nicht an Versuchen gefehlt hat, zeitsparende Arbeitsverfahren zu finden.

Die Verfahren mit Membranfiltern und Ultrafiltern (s. H. Hart und Kumichel[1]) und die Titration als K_2SiF_6 nach Travers sind noch nicht genügend geprüft.

b) Colorimetrische Kieselsäurebestimmung (II/1, 206). Dieses ursprünglich von L. W. Winkler ausgearbeitete und später verschiedentlich verbesserte Verfahren gibt leider bei Veränderung der Versuchsbedingungen nicht übereinstimmende Werte. Die Farbstärke ist von der Säurekonzentration der zur Bildung der Heteropolysäure nötigen Mineralsäuren und vom kolloiden Zustand der Kieselsäure abhängig. Außerdem sind die Absorptionsspektren der Kieselsäuremolybdate und der als Vergleich dienenden Lösungen von Pikrinsäure oder Kaliumchromat verschieden.

Auch stört die Gegenwart größerer Mengen an gelösten Phosphaten.

α) *Bei Abwesenheit von gelösten Phosphaten. α I. Gesamte Kieselsäure* (R. Schruf und G. Ammer). Erforderliche besondere Chemikalien und Geräte:

Vergleichslösung, entweder 5,3 g getrocknetes Kaliumchromat oder 6 g Pikrinsäure, aufgelöst in 1 l destilliertem Wasser, Salzsäure ($d = 1{,}06$).

Bürette oder Stehpipette mit Feineinteilung, oder anstatt dessen Tropfflasche (1 Tropfen = 0,05 cm³) für die Vergleichslösung.

Zwei Colorimeterrohre (Glaszylinder aus farblosem Glas mit flachem Boden, eingeschliffenem Tropfstopfen und Marken bei 25, 50, 100, 103 und 113 cm³.

Trübes Wasser ist nach Zusatz von etwas Aluminiumsulfat (0,1 g/l) gegebenenfalls durch ein doppeltes Papierfilter (Faltenfilter) zu filtrieren. Gefärbte Wasserproben lassen sich häufig durch Behandlung (Umschütteln) mit ein bis zwei Messerspitzen voll Entfärbungskohle und Filtrieren durch doppeltes Faltenfilter entfärben. Es empfiehlt sich, das Kohlepräparat auf Phosphat zu prüfen.

[1] Aussprachebeitrag zu Haupt, vgl. Literaturverzeichnis.

Zur Entfärbung von etwa 200 cm^3 einer Wasserprobe können bis zu 2 g des als Carbo animalis sicc. p. a. bezeichneten Präparats von Merck unbedenklich angewendet werden.

Von dem so vorbereiteten Wasser werden 100 cm^3 in einer Platinschale, gegebenenfalls unter entsprechendem Nachfüllen mit etwa 0,3 g pulverisiertem Natriumbicarbonat 1 Stunde lang zwecks „Verseifung" erhitzt und nachher zur Neutralisierung mit $^1/_{10}$ n-Schwefelsäure versetzt, wobei Phenolphthalein noch nicht rot werden darf. Nach dem Erkalten wird der Schaleninhalt in ein Colorimeterrohr übergespült und mit destilliertem Wasser auf 100 cm^3 aufgefüllt.

Ergibt sich ein Gehalt über 20 mg/l SiO_2, so wiederholt man die Prüfung mit geringeren Wassermengen.

Zu dem Inhalt des Colorimeterrohres gibt man etwa 1 g gepulvertes Ammoniummolybdat und schüttelt nach Aufsetzen des Glasstopfens bis zur völligen Lösung des Molybdats. Darauf fügt man Salzsäure bis zur Marke 103 zu, verschließt wieder, schüttelt um und stellt 5 Minuten beiseite. In das zweite Colorimeterrohr gibt man 103 cm^3 klares entfärbtes, aber nicht verseiftes Untersuchungswasser und fügt diesem soviel der Vergleichslösung unter jedesmaligem Umschütteln zu, bis die beiden Wasserproben beim Vergleich durch Aufsicht auf den Flüssigkeitsspiegel (Stopfen entfernen, weißes Papier unterlegen) gleiche Gelbfärbung zeigen.

In den meisten Fällen stimmt die durch Pikrinsäure erzeugte Färbung mit der Farbe der Heteropolykieselsäure besser überein als die durch Chromat erzeugte.

Die verbrauchten Kubikzentimeter der Vergleichslösung ergeben nach Vervielfachen mit 10 (bei ursprünglicher Anwendung von 100 cm^3 Untersuchungswasser) die Milligramm/Liter SiO_2, mit 13 die Milligramm/Liter H_2SiO_3.

Kolloidale Kieselsäure wird infolge der Verseifung mit Natriumbicarbonat mitgefaßt. Bei alkalisch heiß aufbereitetem Wasser oder bei Kesselwasser ist die Verseifung nicht mehr nötig, wohl aber die Neutralisation.

α II. Ionisierte Kieselsäure. Man arbeitet wie bei *α I.*, unterläßt jedoch die „Verseifung". Alkalisches Wasser ist zu neutralisieren.

α III. Kolloidale Kieselsäure. Differenzbetrag der nach *α I.* und *α II.* ermittelten Mengen.

β) Bei Anwesenheit von gelösten Phosphaten. Nach Winkler erhält man befriedigende Ergebnisse, wenn man für je 1 mg/l P_2O_5 von der für 100 cm^3 Wasser verbrauchten Vergleichslösung 0,05 cm^3 abzieht.

Genauer und empfehlenswerter ist aber das durch G. Ammer (2) abgeänderte Urbachsche Verfahren der stufenphotometrischen Bestimmung, gegründet auf das verschiedene Verhalten der Silicate und Phosphate gegenüber Ammoniummolybdat in Gegenwart von Oxalsäure, welche die weniger beständige Phosphatkomplexverbindung zerstört.

Bei gleicher Arbeitsweise wie unter α setzt man zu der auf 103 cm^3 mit Salzsäure aufgefüllten Untersuchungslösung nach 5 Minuten langem Stehenlassen zunächst 10 cm^3 Oxalsäurelösung (10%ig), schüttelt wieder um und läßt nochmals 3 Minuten vor dem Farbenvergleich stehen.

Das für die Aufnahme der Vergleichslösung bestimmte Colorimeterrohr wird mit destilliertem Wasser bis auf 113 cm^3 aufgefüllt.

Beispiel. Bei Zusatz von 1,2 cm^3 Vergleichslösung und Anwendung einer Wasserprobe von 100 cm^3 ergibt sich bei Farbengleichheit ein Kieselsäuregehalt von 12 mg/l.

Hat man zuviel Vergleichslösung zugesetzt, so daß eine zu tiefe Färbung eingetreten ist, so kann man durch Ablassen der Vergleichslösung auf gleiche Gelbfärbung einstellen. Wurde z. B. die Flüssigkeit auf 96 cm^3 abgelassen, dann ergibt sich ein Kieselsäurewert von

$$\frac{96 \cdot 12}{100 + 13{,}0 + 1{,}2} = 10{,}1 \text{ mg/l}.$$

Ein zweckentsprechendes Kieselsäurecolorimeter wird z. B. von der Fa. W. Feddeler, Essen geliefert.

γ) *Bestimmung der Kieselsäure und der Silicate* (nach Schwartz). Erforderliche Lösungen:

1. Pikrinsäurelösung, hergestellt durch Lösen von 600 mg Pikrinsäure zu 1 l wäßriger Lösung. Die Lösung entspricht in ihrer Farbstärke gerade der von 1000 mg/l SiO_2.

2. Boratlösung, bestehend aus 6 Raumteilen einer Lösung von 12,4 g Borsäure und 100 cm^3 $^1/_1$ n-Natronlauge auf 1 l und 4 Raumteilen $^1/_{10}$ n-Natronlauge.

3. n-Calciumchloridlösung.

Man setzt zu 110 cm^3 des zu untersuchenden und nötigenfalls zuerst mit Tierkohle geschüttelten und filtrierten Wassers 50 cm^3 Boratlösung und 2 cm^3 Calciumchloridlösung, filtriert nach 1 Stunde 50 cm^3 in ein Colorimeterrohr, setzt etwa 1 g Ammoniummolybdat und 1 cm^3 Salzsäure ($d = 1{,}05$) zu und läßt 3 Minuten unter wiederholtem Schütteln stehen. In das zweite Colorimeterrohr gibt man 51 cm^3 des gefilterten Untersuchungswassers und tropfenweise Pikrinsäure zu, bis beide Lösungen Farbgleichheit aufweisen.

Bei Anwesenheit von Sulfit wird das Wasser vor der Untersuchung mit einigen Tropfen Perhydrol in einer Platinschale gekocht, bis der Überschuß an Perhydrol zerstört ist.

Durch Vervielfältigen der verbrauchten Kubikzentimeter Pikrinsäure mit 29,4 ergibt sich der Kieselsäuregehalt des zu untersuchenden Wassers in Milligramm/Liter.

Die gelbgrüne Färbung des Silicomolybdatkomplexes erreicht größte Intensität bei einer Säurekonzentration entsprechend p_H 1,1 und einer Molybdatkonzentration von 4 g/l Ammonmolybdat, welche bei raschem Zusatz der Reagenzien $^1/_2$ Stunde bestehen bleibt. Ohne Einstellung des p_H-Wertes findet man bei mäßig alkalischem Kesselwasser zuviel, bei stark alkalischem Kesselwasser zu wenig Kieselsäure. Die vorherige Fällung der Phosphate mit Calciumchlorid führt zu einer Abnahme des p_H-Wertes um 2,2—2,5 Einheiten. Im Bereich von $p_H = 9{,}5$ bis 10,5, der sich am leichtesten durch Zusatz einer Ätznatron-Boratpufferlösung von p_H 10 einstellen läßt, ist die Fällung der Phosphate ohne Verlust an Kieselsäure vollständig.

In Gegenwart von Aluminium als Aluminat ergeben sich zu niedrige Werte infolge der Ausfällung von Kieselsäure nach dem Zusatz von Calciumchlorid; auch die Gegenwart von Eisen bewirkt eine Abschwächung der Färbung, vermutlich infolge der Adsorption von Kieselsäure durch das Eisenhydroxyd.

Die Vergleichslösungen aus Pikrinsäure und Chromat entsprechen nach ihren optischen Eigenschaften nicht hinreichend der Silicomolybdatlösung (vgl. a. S. 195); insbesondere wird die Lichtdurchlässigkeit der Chromatlösungen bei p_H-Werten unter acht durch Aufnahme von Kohlensäure aus der Luft oder von Alkali aus dem Glas erheblich beeinflußt. Dagegen ist für Chromatlösungen, die mit 1%iger Boraxlösung gepuffert sind, das Beersche Gesetz im Bereich von 10—50 mg/l SiO_2 fast bis zu 100% erfüllt.

O. Bestimmung der Salpetersäure und der Nitrate (II/1, 206).

Vgl. „Neue Einheitsverfahren", Bl. D 9.

P. Bestimmung der salpetrigen Säure und der Nitrite (II/1, 208).

Vgl. „Neue Einheitsverfahren", Bl. D 10.

Q. Colorimetrische Bestimmung der Phosphorsäure und der Phosphate (II/1, 208).

Vgl. „Neue Einheitsverfahren", Bl. D 11.

1. Colorimetrische Bestimmung. Nachzutragen wäre: 1. Man hüte sich vor der Verwendung des sog. „Stanniols", das heutzutage in Abweichung von seinem Namen nicht mehr aus Zinn, sondern aus Aluminium besteht.

2. Die 10 cm^3 des zu untersuchenden Wassers sind zunächst zu filtern und dann mit starker Säure oder Lauge vorsichtig zu neutralisieren (Phenolphthalein darf nicht rot sein).

3. Vor der Beurteilung des Farbtons sind die Zinnstreifen herauszunehmen.

4. Bei Gehalten über 5 mg/l P_2O_5 ist die Farbstärke schon so, daß weitere Farbvertiefungen nicht mehr erkannt werden können, so daß z. B. bei 200 mg/l P_2O_5 der Farbton kaum dunkler ist als bei 5 mg/l. Man muß daher in jedem Falle das zu untersuchende Wasser so weit verdünnen, daß der zum Ablesen ausgewählte Farbton heller ist als das vorletzte oder höchstens letzte Glied der Colorimeterskala.

5. Bei Gegenwart gelöster organischer Stoffe, insbesondere bei gelbgefärbten Wässern, tritt ein Fehler auf, der beseitigt werden kann, z. B. durch Oxydation mittels Wasserstoffperoxyd oder durch Entfärbung mit phosphatfreier Aktivkohle (nicht Tierkohle), endlich durch Ausführung der Phosphatuntersuchung in derjenigen Wasserprobe, die vorher zur Ermittlung der Oxydierbarkeit (des Permanganatverbrauchs) (vgl. Abschnitt S, S. 202) benutzt worden war. Die geringe, durch Permanganat erzeugte Rosafärbung wird durch Zugabe 1 Tropfens $^1/_{100}$ n-Oxalsäure beseitigt. Sodann wird nach Zugabe von 2 Tropfen

Phenolphthaleinlösung mit starker Natronlauge tropfenweise bis zum Umschlag neutralisiert und das so behandelte Wasser in einem Meßkolben auf ein geeignetes Volumen aufgefüllt.

6. Eine etwa eingetretene grünstichige Färbung des Reagensglasinhaltes muß auf übermäßigen Zusatz von Sulfatmolybdänlösung[1] zurückgeführt werden.

7. Jede Abweichung von den vorgeschriebenen Maßen, Tropfenzahlen und dgl. hat Fehlergebnisse zur Folge [G. Ammer (3)].

8. Die für die Phosphatbestimmung notwendige farblose Sulfatmolybdänlösung (H. Richter) kann nach längerem Stehen blau werden. Diese Blaufärbung beruht auf einer Reduktion, verursacht durch organische Substanzen, Staub oder dgl. Die Lösung kann durch Oxydation wieder entfärbt werden, indem man z. B. einige Tropfen $^{1}/_{100}$ n-Permanganatlösung hinzufügt.

9. Das auf Veranlassung der Vereinigung der Großkesselbesitzer durch die Farbnorm-G.m.b.H. in Großbothen hergestellte Phosphatcolorimeter (H. Richter) und das von Ammer konstruierte und durch die Fa. W. Feddeler in Essen in den Handel gebrachte Phosphatcolorimeter haben das beschriebene Verfahren nach Splittgerber-Mohr zur Grundlage genommen.

Für etwas rohere Bestimmung erscheint auch das sehr billige, allerdings nicht ganz lichtechte Phosphatcolorimeter „Albert“ durchaus brauchbar (Kroemer).

2. Schnellverfahren mittels einer Molybdän-Phosphatfällung. Zur Durchführung dieses Verfahrens[2] bedient man sich zweckmäßig der durch die Chemische Fabrik Budenheim zu beziehenden Molybdänlösung[3] und arbeitet gemäß der Budenheimer „Vorschrift ‚B IV‘ der Ausführungsvorschriften für die Überwachung der Enthärtung“ folgendermaßen:

In ein Reagensglas gibt man 1,0 cm³ des zu untersuchenden und klar filtrierten Wassers. In einem zweiten Reagensglas erwärmt man etwa 10 cm³ der Molybdänlösung auf etwa 70°. Dann gibt man die 10 cm³ heiße Molybdänlösung zu dem 1 cm³ Kesselwasser.

Erscheint sofort eine Trübung, so ist unnötig viel Trinatriumphosphat im Kesselwasser vorhanden. Bleibt die Lösung zunächst klar und erscheint eine gelbe Trübung (Niederschlag) erst nach einigem Stehen (1—3 Minuten), so ist der Phosphatgehalt des Kesselwassers richtig und liegt zwischen 10—50 mg/l P_2O_5[4]. Erscheint auch bei längerem Stehen kein gelber Niederschlag, so ist im Kesselwasser kein Phosphat gelöst vorhanden.

---

[1] Die ältere Bezeichnung Sulfomolybdänlösung ist unrichtig.

[2] Wärme **53**, H. 47, 882 (1930). — Chem.-Ztg. **55**, H. 56, 539 (1931). — Jahrbuch „Vom Wasser“ V, S. 113. 1931.

[3] D.R.P. Kl. 12 n/10 Nr. 587709 vom 29. 11. 31 ab und Nr. 631096 vom 1. 7. 33 ab; Jahrbuch „Vom Wasser“ XII, S. 349. 1937.

[4] Bei 30 mg/l P_2O_5: $^{1}/_{2}$ Minute nach Zusammengießen der Lösungen Gelbfärbung noch ohne Trübung (also bedeutungslos!); $1^{3}/_{4}$ Minuten nach Zusammengießen der Lösungen gelber Trübungsschleier; $2^{1}/_{2}$ Minuten nach Zusammengießen der Lösungen sehr deutliche Trübung.

Bei höheren Phosphatgehalten[1], z. B. 80 mg/l P_2O_5, tritt sofort nach dem Zusammengießen der Lösungen starke gelbe Trübung auf.

Man erkennt die Trübung am besten, wenn man von oben in das Reagensglas gegen weißes Papier hineinsieht.

Die Filterung des Wassers vor der Durchführung der Bestimmung ist unerläßlich. Läßt sich das Kesselwasser nicht ganz klar filtrieren, so versetzt man es mit einer Messerspitze chemisch reinen Kochsalzes und kocht dann kurze Zeit auf.

R. Gesamtgehalt an gelösten Stoffen (II/1, 211).

1. Quantitative Schnellanalyse. a) Bestimmung der elektrolytischen Leitfähigkeit. Vgl. „Neue Einheitsverfahren", Bl. C 7 (bis Ende 1938 noch nicht erschienen).

Für Betriebsanalysen salzarmer Wässer, insbesondere von Dampfkondensaten, kommt für die Ermittlung des Gesamtsalzgehaltes nur die elektrolytische Leitfähigkeit in Frage (vgl. P. B. Place). Hierbei wird in Anlehnung an die „Regeln für Abnahmeversuche an Dampfkesseln[2]" eine Mischung des gleichzeitig entnommenen Kesselwassers von bekanntem Abdampfrückstand mit destilliertem Wasser als Vergleichslösung hergestellt und deren Leitfähigkeit bei verschiedenen Mischungsverhältnissen ermittelt. Aus der elektrischen Leitfähigkeit der Dampfkondensatprobe kann aus der so gewonnenen Vergleichskurve der Salzgehalt des Dampfkondensats bzw. Dampfes bestimmt werden.

Ungenauigkeiten entstehen bei der Auswertung der Leitfähigkeitszahlen zur Angabe in Milligramm/Liter und bei der Ausschaltung der durch wassergelöste Gase in den Kondensatproben verursachten Abweichungen. Gelöste Kohlensäure kann die gesamte Leitfähigkeit eines Kondensats zu 90% für sich beanspruchen, z. B. würde bei 8,5 mg/l CO_2 der aus der Leitfähigkeit $\lambda = 5{,}6 \cdot 10^{-6}$ berechnete Salzgehalt 3,1 mg/l ausmachen, nach doppelter Destillation (da ja CO_2 mit den ersten Anteilen übergeht) nur noch $0{,}38 \cdot 10^{-6} = 0{,}2$ mg/l Gesamtsalzgehalt.

Bei der Prüfung von Dampf auf mitgerissene Salze darf bei Kesseln ohne Dampfauswaschung damit gerechnet werden, daß die Konzentration der Salze in der Dampffeuchtigkeit die gleiche ist wie im Kesselwasser, während dies bei Dampf aus Waschtrommeln nicht sicher ist, sofern die Dampffeuchtigkeit aus Kessel- oder Speisewasser stammt (vgl. S. 182).

Nach eigenen Versuchen mit künstlichen und natürlichen Kesselwässern und ihren Verdünnungen gelten folgende Regeln:

1. Zwischen der spezifischen Leitfähigkeit k und den im Wasser gelösten mineralischen Bestandteilen besteht die Beziehung: Gesamtsalzgehalt (Milligramm/Liter) $= k \cdot C$. Die vom Zustand des Wassers abhängige Verhältniszahl C wird bisher im Schrifttum für natürliche Wässer mit 600000—700000 angegeben, stimmt aber für die im Kesselbetrieb vorkommenden Wässer nicht.

---

[1] Jahrbuch „Vom Wasser" XII, S. 349. 1938.

[2] Vgl. Fußnote 3, S. 180.

2. Der für sauerstoffreiche und salzreiche Wässer gültige Wert für C sinkt mit sinkendem Sauerstoff- und Salzgehalt bis auf den Wert 400000, dessen Anwendung bei der Berechnung des Abdampfrückstandes schwach salziger, auch alkalischer Wässer die wahrscheinlichsten Ergebnisse bringt. Der absolute Fehler fällt um so weniger ins Gewicht, je niedriger der Salzgehalt ist.

3. Die Höhe der Natronzahl scheint, sofern ihr Anteil am Gesamtsalzgehalt 25% nicht wesentlich übersteigt, entgegen den bisherigen Erwartungen keinen merklichen Fehler zu verursachen.

4. Die im Wasser gelösten organischen Stoffe üben auf die Leitfähigkeit keinen Einfluß aus; der aus der Leitfähigkeit errechnete Abdampfrückstand berücksichtigt daher die organischen Wasserbestandteile nicht.

Zur laufenden Leitfähigkeitsmessung sind selbstschreibende Anzeigegeräte verwendbar (F. Lieneweg und O. Dobenecker).

2. Quantitative Feinanalyse (II/1, 212). Vgl. „Neue Einheitsverfahren ...", Bl. H 1. Für Roh-, Speise- und Kesselwässer kann die Bestimmung des Abdampfrückstandes nach dem Einheitsverfahren erfolgen, jedoch wird als Trockentemperatur 180° vorgeschrieben, da bei 105° der Fehler durch Einschließen von Kristallwasser noch zu groß sein kann. Der Glühverlust bzw. Glührückstand kann nach Einheitsverfahren, Bl. H 1 bestimmt werden.

Für die Bestimmung des Abdampfrückstandes in Kondensaten bzw. Destillaten ist nach B. P. Place die Bestimmung genau bis zu 2 mg/l herab; bei darunter liegenden Salzgehalten sind die Fehlerquellen unverhältnismäßig hoch.

Zur Durchführung einer genauen Bestimmung müssen mindestens 5 l Wasser eingedampft werden. Da dieses Eindampfen in Platingefäßen[1] sich über längere Zeit erstreckt, muß zum Schutze gegen Staub ein umgekehrter großer Trichter über die Verdampfschale gestülpt werden. Durch Zuführen filtrierter Luft auf die Oberfläche des einzudampfenden Wassers wird das Eindampfen wesentlich beschleunigt.

Die beim Eindampfen auf einer Gasflamme erhaltenen Werte liegen durchweg etwas höher als die durch Eindampfen auf dem Wasserbade erhaltenen, wenn man anstatt der Platinschalen Porzellanschälchen verwendet. Der Unterschied wird erklärt durch geringe Abnahme des Gewichts der Porzellanschalen bei langem Umspülen mit Wasser bzw. Dampf.

Um zu vermeiden, daß beim Glühen des Abdampfrückstandes zur Verbrennung vorhandener organischer Stoffe ein Teil des übrigen Abdampfrückstandes mit verdampft, wird im Muffelofen bei 600° 10 Minuten lang geglüht.

Aus Vorratsflaschen aus Glas werden in der Zeit bis zur Beendigung des Eindampfens (bis zu 1 Woche) Stoffe herausgelöst, oder es treten Umsetzungen ein, die Ungenauigkeiten bedingen können. Von der häufig empfohlenen Paraffinierung wird abgeraten, da merkliche Mengen

---

[1] Anstatt Platinschalen haben sich auch Schälchen aus V2A-Stahl (12—14 cm Durchmesser, 2,5 mm Dicke, 1,90 RM bei Gebr. Buddeberg, Mannheim) sehr bewährt.

Paraffin in Lösung gehen. Dagegen haben sich Gefäße aus Kunststoffen, z. B. aus Mipolam, gut bewährt (vgl. a. S. 182).

3. Angenäherte Bestimmung durch Ermittlung der Dichte (II/1, 213). Die übliche Bezugstemperatur ist 20°. Wo die Möglichkeit zur Einstellung dieser Temperatur fehlt, muß die Temperatur mitgemessen und eine entsprechende Umrechnung vorgenommen werden, da schon verhältnismäßig geringe Temperaturunterschiede das Messungsergebnis beeinflussen. Zur Umrechnung eignen sich kurvenmäßige Darstellungen. Es sind auch Spindeln im Handel, bei welchen die Temperaturkorrektur leicht abgelesen werden kann (Fa. Feddeler, Essen).

Die in II/1, 213 angegebene Umrechnungszahl 10000 zur Umwandlung der als Grad Bé ausgedrückten Dichte in Milligramm/Liter Gesamtsalzgehalt ist zu hoch und wird besser durch die Zahlen 6500—7000 ersetzt.

4. Berechnung der zwecks Entsalzung abzublasenden Kesselwassermenge. (In der 8. Aufl. nicht enthalten.) Die zwecks Kesselwasserentsalzung abzublasende Wassermenge ergibt sich [A. Splittgerber (2)] aus der in den Kessel eingespeisten Menge gelöster Salze und der für den gegebenen Kessel erträglichen oder festgelegten Grenzkonzentration. Bedeutet a den Salzgehalt des Kesselspeisewassers und A den Salzgehalt des Kesselwassers, beides in Milligramm/Liter, dann ergibt sich unter Berücksichtigung der Mehrmenge an einzuspeisendem Wasser entsprechend der abgeblasenen Wassermenge die stetig abzuführende Wassermenge zu

$$x = 100 \cdot a : (A - a).$$

5. Berechnung der rückgeführten Kesselwassermenge. (In der 8. Aufl. nicht enthalten.) Wenn das im Enthärter vorhandene Wassergemisch aus x Teilen zurückgeführten Kesselwassers und $(100 - x)$ Teilen aufzubereitenden Rohwassers besteht, und wenn dabei Kondensat in dieser Mischung noch nicht vorhanden ist, so läßt sich die bei der Kesselwasserrückführung (s. S. 184) in den Reiniger zurückgebrachte Menge Kesselwasser aus dem Chloridgehalt nach folgender Formel berechnen:

$$X = 100 \cdot \text{mg/l Cl} \cdot \frac{(\text{Speisewasser minus Rohwasser})}{(\text{Kesselwasser minus Rohwasser})}.$$

S. Bestimmung der Oxydierbarkeit (II/1, 214).

Vgl. „Neue Einheitsverfahren“, Bl. H 4.

T. Bestimmung der Schwebestoffe (II/1, 214).

Vgl. „Neue Einheitsverfahren“, Bl. H 2.

U. Bestimmung der Trübung (II/1, 215).

Vgl. „Neue Einheitsverfahren“, Bl. C 2.

V. Bestimmung des Sauerstoffes (II/1, 217).

Vgl. „Neue Einheitsverfahren“, Bl. G 2.

Eine Unsicherheit bei dem Winklerschen Verfahren beruht darauf, daß eine Mindestkonzentration von Sauerstoff, je nach Art des Wassers bis 0,024 mg/l, zugegen sein muß, damit überhaupt die Prüfung durchgeführt werden kann. Findet man also keinen Sauerstoff, so kann trotzdem bis zu 0,024 mg/l vorhanden sein.

Eine weitere Ungenauigkeitsquelle bildet der Zutritt von Luftsauerstoff bei der Probeentnahme. Man vermeidet ihn weitgehend, wenn man während des Einführens der Reagenzien das zu prüfende Wasser über den Flaschenhals hinweg laufen läßt.

Anstatt die Flaschen in üblicher Weise durchzuspülen, kann man aber auch vor Versuchsbeginn die leeren Flaschen mit sorgfältig gereinigtem (zwei Waschflaschen mit konzentrierter Schwefelsäure bzw. gesättigter Kupfersulfatlösung) Kohlensäuregas füllen und die schwere Kohlensäure dann durch Einleiten des zu untersuchenden Wassers bis auf den Flaschenboden verdrängen.

Enthält eine auf Sauerstoff zu prüfende Lösung Sulfite in irgendeiner Form, wie das hauptsächlich bei Sulfitentgasung der Fall ist, so treten bei Ausführung der gewöhnlichen Sauerstoffbestimmung nach Winkler zwei Fehler auf:

Einerseits wird in saurer Lösung das freigewordene Jod ganz oder teilweise zur Oxydation der Sulfite verbraucht und infolgedessen ein zu geringer Sauerstoffgehalt vorgetäuscht. Andererseits aber vermögen Sulfite auch die bereits gebildete manganige Säure allmählich wieder zu reduzieren; der anfangs braune Niederschlag würde dann wieder mehr oder weniger entfärbt, wodurch gleichfalls zu wenig Sauerstoff gefunden wird.

Im Kesselbetrieb haben sich die nachstehenden Untersuchungsverfahren besonders bewährt.

a) Abgeändertes Winkler-Verfahren. Erforderliche Reagenzien:

1. Manganochloridlösung, $MnCl_2 \cdot 4\,H_2O$, 40 g in 100 cm³ fertiger Lösung, eisenfrei.
2. Natronlauge, 33 g NaOH in 100 cm³ Lösung.
3. Kaliumbicarbonat, gepulvert.
4. Kaliumjodid, kristallisiert.
5. Phosphorsäure, 25 g H_3PO_4 in 100 cm³ Lösung.
6. Natriumazidlösung, 5 g NaN_3 in 100 cm³ Lösung.
7. Jodzinkstärkelösung des Handels.
8. $^1/_{100}$ n-Natriumthiosulfatlösung.

α) *Bei Anwesenheit von Sulfit.* Das zu untersuchende Wasser wird von der Speiseleitung durch ein starres Verbindungsrohr in einen kupfernen, ortsfesten Kühler, dessen Einzelteile starr miteinander verbunden sind, geleitet, auf Zimmertemperatur gebracht und in eine 250—300 cm³ fassende, mit Glasstöpsel versehene Flasche von genau bekanntem Inhalt einfließen und 10—15 Minuten überlaufen gelassen. Nach Zugabe von 3 cm³ Manganochloridlösung und 3 cm³ Natronlauge (bei geringen O_2-Gehalten würde auch je 1 cm³ genügen), wobei die Reihenfolge streng beachtet werden muß[1], setzt man den Stöpsel sofort so auf, daß keine Luftblase in die Flasche eindringt.

[1] Die Löslichkeit des Sauerstoffes im Wasser wird bei Gegenwart von Natronlauge erheblich herabgesetzt. Für die Löslichkeit des reinen Sauerstoffes bei

Nach kräftigem Umschütteln läßt man die Flasche etwa 10 Minuten unter Wasser stehen, nimmt den Stöpsel rasch ab, gibt etwa 5 g festes Kaliumbicarbonat hinzu, verschließt wieder und schüttelt bis zur Lösung des Salzes. Der jetzt gegen Sauerstoff unempfindliche Niederschlag wird von der sulfithaltigen Lösung getrennt (was am besten in einem Filtertiegel an der Saugpumpe geschieht, wobei jedoch der Niederschlag nicht völlig trocken gesaugt werden darf) und mit 10 cm³ Phosphorsäure, in denen man etwa 1 g Kaliumjodid und 0,5 cm³ Natriumazidlösung gelöst hat, in Lösung gebracht.

Von der Anwendung von Salzsäure wird abgeraten, da Salzsäure häufig nicht ganz chlorfrei ist. Manchmal ist das Kaliumjodid durch Jodat verunreinigt; ein solches Jodid gibt sich durch Gelb- bis Braunfärbung in der Phosphorsäure zu erkennen. In solchen Fällen muß ein Blindversuch mit der jodhaltigen Phosphorsäure in Rechnung gestellt werden.

Die weiter zu prüfende Lösung wird dann mit 100 cm³ destillierten Wassers verdünnt und unter Anwendung von mindestens 10 cm³ Stärkelösung mit $^1/_{100}$ n-Natriumthiosulfatlösung titriert.

β) Bei Abwesenheit von Sulfit. Enthält das Speisewasser kein Sulfit oder sonstige reduzierende Stoffe, so unterbleibt der Zusatz von Kaliumbicarbonat und die Trennung des Manganihydroxyds von der Lösung. Man läßt nach Zugabe von Mangan- und Natronlaugelösung 10 Minuten stehen und gibt dann sofort mit einer Pipette 10 cm³ Phosphorsäure, in denen man etwa 1 g Kaliumjodid und 0,5 cm³ Natriumazidlösung gelöst hat, in die Flasche. Nach gutem Umschütteln und 10 Minuten langem Stehen wird die Lösung in einen Erlenmeyerkolben gebracht und unter Anwendung von mindestens 10 cm³ Stärkelösung mit $^1/_{100}$ n-Thiosulfat titriert.

Bei der Berechnung auf 1 l ist der Inhalt der benutzten Flasche und die Menge der zugesetzten Reagenzien zu berücksichtigen.

b) Verfahren nach Alsterberg. Erforderliche Reagenzien:

1, 2, 4, 5, 7, 8 wie auf S. 203, dazu

9. Bromlösung, 20 g NaBr, 3 g $KBrO_3$ und 25 cm³ Salzsäure ($d =$ 1,125) werden auf 100 cm³ aufgefüllt. Die Lösung ist vor Licht zu schützen und muß häufiger erneuert werden.

10. Salicylatlösung, 10 g Salicylsäure werden in 10—20 cm³ Wasser aufgeschwemmt, mit 20 cm³ NaOH (15 g NaOH in 100 g Lösung) gelöst und auf 100 cm³ aufgefüllt.

---

verschiedenem Gehalt an Ätznatron in 1 l Wasser, bezogen auf 20° C und gewöhnlichen Luftdruck, gilt nämlich

NaOH-Gehalt . . .	0	0,5	1,0	2,0 g/l
O_2-Gehalt	44	25	19	13 mg/l

Würde man daher zunächst die Natronlauge hinzufügen, so würde dadurch die Sauerstofflöslichkeit derartig herabgesetzt, daß bei hohen Sauerstoffgehalten erhebliche Fehler durch Austreiben von Sauerstoff möglich werden. Gibt man dagegen zunächst die Manganlösung, durch die sich die Löslichkeit des Sauerstoffes nicht ändert, hinein, so wird beim nachträglichen Zusatz von Natronlauge der größte Teil sofort durch Umsetzung in Kochsalz übergeführt.

In die in vorgeschriebener Weise (S. 203) mit dem Wasser gefüllte Flasche gibt man 2 cm³ Bromlösung, setzt den Stöpsel so auf, daß keine Luftblase eindringen kann, schüttelt um und läßt $^1/_4$ Stunde, und zwar unter Wasser (um das Eindringen von Luft zu vermeiden) stehen. Darauf fügt man 2 cm³ Salicylatlösung zu, verschließt, ohne daß Luft eindringt, schüttelt und läßt wiederum $^1/_4$ Stunde unter Wasser stehen. Nach Zugabe von 3 cm³ Manganlösung und 3 cm³ Natronlauge (bei geringem Sauerstoffgehalt genügt auch 1 cm³) setzt man den Stöpsel wieder so auf, daß keine Luftblase in die Flasche eindringt. Nach kräftigem Schütteln läßt man die Flasche etwa 10 Minuten stehen, nimmt den Stöpsel rasch ab und gibt mit einer Pipette 10 cm³ Phosphorsäure, in denen man etwa 1 g Kaliumjodid gelöst hat, in die Flasche. Nach gutem Umschütteln und nochmaligem 10 Minuten langem Stehenlassen wird die Lösung in einen Erlenmeyerkolben gebracht und unter Anwendung von mindestens 10 cm³ Stärkelösung mit $^1/_{100}$ n-Natriumthiosulfatlösung titriert.

c) Haltbarmachung von Wasserproben, die auf Sauerstoff geprüft werden sollen. Der im Wasser gelöste Sauerstoff läßt sich[1] in Wasserproben auch noch mehrere Tage nach Entnahme der Probe bestimmen, wenn dem Wasser sofort nach der Entnahme festes Ätznatron in Form von Natriumhydrat „in rotulis Merck" zugefügt wird, und zwar mindestens 0,25 g für je 100 cm³. Andererseits soll der Zusatz 0,5 g für je 100 cm³ Wasser nicht übersteigen, da sonst Sauerstoffverluste auftreten (s. Anm. 1, S. 203).

d) Messung von gelöstem Sauerstoff im Wasser durch Selbstschreiber. Bei Einbau des schreibenden Sauerstoffmeßgerätes der Chlorator-Gesellschaft m. b. H.[2] findet man gegenüber der chemischen Ermittlung im allgemeinen einen um 0,02 mg/l höheren Wert aus der Zeigerstellung des Selbstschreibers. Diese Abweichung entspricht genau dem Umstand, daß bis zu 0,024 mg/l Restsauerstoff sich wegen des Eigenverbrauches jeden Wassers an Jod der rein chemischen Untersuchung entziehen können (s. S. 203) [A. Petersen, A. Splittgerber (3 u. 4)].

e) Zusammenhang zwischen Siedetemperatur und Druck bei Unterdruck-(Vakuum-)Entgasungsanlagen. Bei Unterdruckentgasungsanlagen wird man von vornherein nur dann eine genügend weitgehende Entgasung voraussetzen dürfen, wenn bei dem jeweiligen Unterdruck die Wassertemperatur höher oder bei einer gegebenen Wassertemperatur der Unterdruck niedriger bzw. das Vakuum höher ist als in der nachfolgenden Tabelle[3] angegeben wird:

---

[1] Jahresbericht des Staatlichen Flußwasseruntersuchungsamtes in Magdeburg über die Tätigkeit im Geschäftsjahr 1927/28, S. 26.

[2] D.R.P. 663080, Kl. 421 3/05, vom 12. 2. 33 an; vgl. Chem. Fabrik **11**, H. 37/38, 443 (1938).

[3] Ausgearbeitet nach: 1. C. Zietemann: Die Dampfturbinen, Teil III, S. 135. Berlin u. Leipzig: W. de Gruyter & Co. 1924. (Sammlung Göschen Nr. 716). 2. Hütte, Taschenbuch für den praktischen Chemiker, 2. Aufl., S. 579. Berlin: W. Ernst & Sohn 1927.

Tabelle 6. Zusammenhang zwischen Siedetemperatur und Druck bei Unterdruck- (Vakuum-) Entgasung.

°C	Druck		% Vakuum	°C	Druck		% Vakuum
	mm Hg	ata kg/cm²			mm Hg	ata kg/cm²	
0	4,6	0,0060	99,40	52	102,1	0,134	86,6
2	5,3	0,0070	99,30	54	112,5	0,148	85,2
4	6,1	0,0080	99,20	56	123,8	0,163	83,7
6	7,0	0,0092	99,08	58	136,1	0,179	82,1
8	8,0	0,0105	98,95	60	149,4	0,197	80,3
10	9,2	0,0121	98,79	62	163,8	0,216	78,4
12	10,5	0,0138	98,62	64	179,3	0,236	76,4
14	12,0	0,0158	98,42	66	196,1	0,258	74,2
16	13,6	0,0186	98,14	68	214,2	0,282	71,8
18	15,5	0,0211	97,89	70	233,7	0,307	69,3
20	17,5	0,0238	97,62	72	254,6	0,335	66,5
22	19,8	0,0270	97,30	74	277,2	0,365	63,5
24	22,4	0,0305	96,95	76	301,4	0,397	60,3
26	25,2	0,0343	96,57	78	327,3	0,431	56,9
28	28,3	0,0386	96,14	80	355,1	0,467	53,3
30	31,8	0,0432	95,68	82	384,9	0,506	49,4
32	35,7	0,0486	95,14	84	416,8	0,548	45,2
34	39,9	0,0543	94,57	86	450,9	0,593	40,7
36	44,6	0,0606	93,94	88	487,1	0,641	35,9
38	49,7	0,0676	93,24	90	525,8	0,692	30,8
40	55,3	0,0752	92,48	92	567,0	0,746	25,4
42	61,5	0,0836	91,64	94	610,9	0,804	19,6
44	68,3	0,0930	90,70	96	657,6	0,865	13,5
46	75,7	0,103	89,70	98	707,3	0,931	6,9
48	83,7	0,114	88,60	100	760,0	1,000	0
50	92,5	0,126	87,40				

W. Bestimmung von Sulfitüberschuß im Speise- und Kesselwasser.

Vgl. „Neue Einheitsverfahren“, Bl. D 6.

Erforderliche Reagenzien:

1. $^1/_{10}$ n- bzw. $^1/_{100}$ n-Jodlösung.
2. $^1/_{10}$ n- bzw. $^1/_{100}$ n-Thiosulfatlösung.
3. Phosphorsäure, 25 g H_3PO_4 in 100 cm³ Lösung.
4. Jodjodkaliumlösung (5 g Jod werden mit 7,5 g Jodkalium in wenigen Kubikzentimeter Wasser gelöst und auf 1 l aufgefüllt).
5. Jodzinkstärkelösung des Handels.

In die Flasche mit der vorschriftsmäßig genommenen Probe gibt man je nach dem zu erwartenden Sulfitgehalt mit Hilfe einer bis auf den Boden der Flasche eingetauchten Pipette 10—30 cm³ $^1/_{100}$ n-Jodlösung, bei noch höheren Gehalten, wie sie im Kesselwasser vorliegen, eine entsprechende Menge $^1/_{10}$ n-Jodlösung und danach 3 cm³ Phosphorsäure zu, verschließt die Flasche, ohne daß Luftblasen eintreten, und schüttelt um. Dann gießt man die Lösung in einen Erlenmeyerkolben und titriert den Jodüberschuß mit $^1/_{100}$ n- oder $^1/_{10}$ n-Thiosulfatlösung zurück.

$$\frac{x\ \text{cm}^3\ \text{verbrauchte}\ ^1/_{10}\ \text{n-Jodlösung}^1 \cdot 3{,}203 \cdot 1000}{\text{Inhalt der Flasche in cm}^3 - (x\ \text{cm}^3\ ^1/_{10}\ \text{n-Jodlösung} + 3\ \text{cm}^3\ \text{Phosphorsäure})} = \text{mg/l SO}_2.$$

Bei Anwendung von $^1/_{100}$ n-Lösungen lautet der Faktor im Zähler 0,3203.

X. Bestimmung der Wasserstoffionenkonzentration (II/1, 220).

Vgl. „Neue Einheitsverfahren", Bl. C 5.

Die Messung des p_H-Wertes im Kesselbetrieb hat sich bisher noch nicht recht eingeführt, da die sichere Ermittlung eines die Grenze von 12 erreichenden p_H-Wertes mit einfachen Mitteln zur Zeit noch nicht möglich ist[2]. Nach mündlicher Mitteilung von Professor Dr. Haupt, Bautzen, wird in den Kraftwerken der Gouldstreet-Station Consolidated Gas and Light and Power Co. in Baltimore und im Hellgate-Kraftwerk der Edison Electric Light and Power Co. in New York für die Kesselhäuser die Einhaltung eines p_H-Wertes von 10,5—11,0 entsprechend 10—31 mg/l NaOH in dem auf 20° C abgekühlten Kesselwasser vorgeschrieben. Im Hellgate-Kraftwerk setzt man bei Vergleichsmessungen den p_H-Wert 11,0 in Beziehung zu einem Phenolphthaleinwert von 5—15 cm³ $^1/_{30}$ n-Lösung für je 1 l Kesselwasser; das sind 7—20 mg/l NaOH.

Y. Seltener vorkommende Kesselwasserbestandteile.

Vgl. „Neue Einheitsverfahren", Bl. H 18/19.

1. Bestimmung von Zucker (II/1, 226).

2. Ölgehalt im Kondenswasser (II/1, 228; IV, 844). Bei der Feststellung des Ölgehaltes mit Hilfe des Fällungsverfahrens muß auf gutes Ausäthern des Filters vor der Filterung geachtet werden, da sonst durch das Herauslösen von Leim u. dgl. im Soxhlet-Apparat ein zu hoher Ölgehalt gefunden werden kann.

Die Ölbestimmung beruht bei allen bisher üblichen Verfahren auf der Extraktion des Öles mit Äther, sei es, daß man das Wasser direkt ausäthert oder das Öl zuvor in einem Niederschlag anreichert und dann extrahiert. In beiden Fällen muß der Äther anschließend zum Verdunsten gebracht werden.

Die Bildung von Ätherperoxyden, die beim Eindampfen Explosionen verursachen können, wird durch Sonnenlicht begünstigt. Die Aufbewahrung des Äthers geschieht daher zweckmäßig in Aluminiumflaschen, welche an einem kühlen Ort stehen, oder Glasflaschen, in die man etwas Kupferpulver einbringt. Kupfer darf in die Aluminiumflaschen, wegen meist eintretender Korrosion, nicht getan werden.

---

[1] „x cm³ verbrauchte $^1/_{10}$ n-Jodlösung" ergeben sich aus der Anzahl der ursprünglich zugesetzten Kubikzentimeter $^1/_{10}$ n-Jodlösung abzüglich der für die Rücktitration benötigten Kubikzentimeter $^1/_{10}$ n-Thiosulfatlösung.

[2] Über die Brauchbarkeit des neuen sog. Generalindicators für den Meßbereich 1—13, der von O. Schmidt [Chem.-Ztg. **60**, 946 (1936)] beschrieben wird, fehlen noch zuverlässige Unterlagen.

3. Wertbestimmung der Chemikalien (II, 229). a) Untersuchung des Ätznatrons (Natronlauge) auf Reingehalt. Die handelsübliche Lauge enthält entweder 33 oder 50 oder 90% Ätznatron (NaOH) neben 1—3% Soda.

Man füllt 10 g der Lauge mit Kondensat zu 1 l auf (gegebenenfalls zunächst 100 g Lauge auf 1 l und von dieser Lösung wieder 100 cm³ auf 1 l) und titriert von dieser Verdünnung 100 cm³ mit $^1/_1$ n-Salzsäure in der üblichen Weise zur Bestimmung von NaOH und Na_2CO_3.

Z. Kesselsteinuntersuchung (II/1, 232).

1. Untersuchung von phosphathaltigem Stein und Schlamm. Eine Erschwerung der Untersuchung hat die Einführung der Phosphatnachbehandlung von Speise- und Kesselwasser gebracht.

a) Bestimmung der gebundenen Kieselsäure, Phosphorsäure und Schwefelsäure, des Eisenoxyds, der Tonerde, des Kalks und der Magnesia [nach R. Müller (3)]. α) *Aufschluß.* 1 g der feingepulverten und ausgeglühten Substanz wird mit Soda in bekannter Weise aufgeschlossen, in Wasser und Salzsäure gelöst, auf dem Wasserbad abgedampft, mit Salpetersäure abgeraucht (2—3mal), mit Wasser und Salpetersäure aufgenommen, filtriert. Rückstand SiO_2. Es wird mit Salpetersäure abgeraucht, da für die darauffolgende P_2O_5-Bestimmung möglichst keine Chlorionen vorhanden sein sollen.

β) *P_2O_5-Bestimmung.* Filtrat der SiO_2 auf ein bestimmtes Volumen auffüllen. Für die P_2O_5-Bestimmung wird ein abgemessener Teil der Lösung mit Molybdatlösung versetzt, 3 Stunden im Wasserbad auf 60—70° erwärmt, durch ein Filter abdekantiert, wobei der gelbe Niederschlag möglichst im Fällungsgefäß bleiben soll und mit Ammoniumnitratwaschlösung ausgewaschen. Der im Fällungsgefäß gebliebene Niederschlag wird in 10%igem Ammoniak gelöst und die Lösung durch das Filter in ein Becherglas filtriert, ausgewaschen, das Filtrat mit Salzsäure neutralisiert und das P_2O_5 mit Magnesiummischung und Ammoniak in bekannter Weise ausgefällt, filtriert und geglüht; Rückstand $Mg_2P_2O_7$.

γ) *Bestimmung von Fe_2O_3, Al_2O_3, CaO, MgO und SO_3.* Nebeneinander werden zwei gleich große Teile der Lösung mit einer Eisenlösung von bekanntem Gehalt versetzt und vom Eisen, Aluminium und der Phosphorsäure (P_2O_5) mittels einer Natriumacetatfällung befreit (Biltz).

Ein Filter wird verascht und gewogen, Rückstand ist

$$FePO_4 + AlPO_4 + Fe_2O_3.$$

Der Inhalt des zweiten Filters wird zur maßanalytischen Bestimmung des Eisens nach Zimmermann-Reinhardt genommen (Titration des Eisens in saurer Lösung mit $KMnO_4$ nach vorhergegangener Reduktion mit Stannochlorid unter Zusatz von Mangansulfat und Phosphorsäure). Nach dem Abrechnen der zugesetzten Menge Eisen erhält man die vorhanden gewesene Menge Eisen bzw. Eisenoxyd.

Zieht man von dem Gesamtgewicht $FePO_4 + AlPO_4 + Fe_2O_3$ die Phosphorsäure und das Gesamteisen ab, so ergibt sich die im Schlamm bzw. Ansatz vorhandene Menge Aluminium bzw. Tonerde.

In dem einen Filtrat der Natriumacetatfällung wird das Calcium als Calciumoxalat gefällt, abfiltriert, geglüht und als CaO zurückgewogen. In diesem Filtrat wird dann das Magnesium als Magnesiumammoniumphosphat gefällt und als $Mg_2P_2O_7$ zurückgewogen.

In dem zweiten Filtrat der Natriumacetatfällung wird das Sulfat als $BaSO_4$ gefällt und gewogen.

b) Bestimmung der Alkalien (Verfahren von L. Smith, Biltz, zit. S. 372). 0,5—0,7 g Substanz in einer Reibschale mit Ammoniumchlorid verreiben und 5—6 g Calciumcarbonat einmengen. Gemisch in Platintiegel füllen, mit 1 g Calciumcarbonat das Mischgefäß nachspülen und zuerst vorsichtig anwärmen. Wenn Geruch nach Ammoniak verschwunden, mit voller Bunsenbrennerhitze erwärmen. Dann etwa 40—50 Minuten lang Tiegelinhalt in Wasser lösen, filtrieren, gut mit heißem Wasser auswaschen. Der wäßrige Auszug wird mit Ammoniumcarbonatlösung erwärmt, das abgeschiedene Calciumcarbonat abfiltriert und ausgewaschen. Filtrat in einer Schale eindampfen und die Hauptmenge der Ammoniumsalze verjagen. Rückstand in wenigen Kubikzentimetern Wasser lösen und in dieser Lösung den Rest des Calciums durch Ammoniumoxalat und Ammoniak fällen. Das Filtrat im Platintiegel eindampfen und den Rückstand sehr vorsichtig glühen. Auswaage: Alkalimetallchloride.

2. Schneller Nachweis von Kieselsäure in Kesselstein und Kesselschlamm[1]. Erforderliche Reagenzien:

1. Salpetersaure Ammoniummolybdatlösung. 15 g chemisch reines Ammoniummolybdat $[(NH_4)_6Mo_7O_{24} \cdot 4\,H_2O]$ werden in 100 Teilen destilliertem Wasser gelöst und diese Lösung in 100 cm³ Salpetersäure ($d = 1{,}4$) eingegossen.

2. Benzidinlösung. 5 g chemisch reines Benzidinchlorhydrat werden in 100 Teilen Wasser unter Zusatz einiger Kubikzentimeter Essigsäure und unter Erwärmen gelöst und klar filtriert.

3. Gesättigte Natriumacetatlösung. Beide Lösungen werden vorteilhaft in braunen Flaschen aufbewahrt.

α) *Nachweis in Kesselstein.* Wenige Milligramm der gepulverten Probe werden in der Öse eines Platindrahtes (auch ein Magnesiumstäbchen oder ein Platintiegeldeckel können verwendet werden) mit Soda oder einem Gemenge gleicher Teile Natrium- und Kaliumcarbonat (kieselsäurefrei) aufgeschmolzen. Die erkaltete Schmelze wird in einem Proberöhrchen in möglichst wenig verdünnter Salpetersäure gelöst.

Einige Kubikzentimeter der SiO_2-haltigen Lösung werden mit einem Überschuß von Ammonmolybdatlösung versetzt und erwärmt; nach dem Erkalten werden einige Kristalle Oxalsäure, 1 cm³ Benzidinlösung und 1 cm³ gesättigte Natriumacetatlösung zugesetzt. Bei Anwesenheit von Kieselsäure entsteht eine Blaufärbung bzw. ein blauer Niederschlag spätestens innerhalb 5 Minuten.

[1] Zwanglose Mitt. d. dtsch. u. österr. Verb. f. Materialprüfungen d. Technik, April **1930**, Nr. 18, 247, 248. Literatur: H. Leitmeier und F. Feigl; F. Feigl und P. Krumholz.

3. Gewichtsanalytische Bestimmung (vgl. O. Niezoldi). Erforderliche Reagenzien:

1. Bromwasser, 2. Salzsäure (38%ig, $d = 1{,}19$),
3. Salzsäure (25%ig, $d = 1{,}125$), 4. Salpetersäure ($d = 1{,}4$),
5. Flußsäure, 6. Schwefelsäure (konzentriert, 98%ig).

a) Säurelösliche Kesselsteine. 0,5—2,5 g (je nach der zu erwartenden Kieselsäuremenge) der fein geriebenen und durch Sieb DIN 1171, Gewebe Nr. 70 hindurchgegebenen Probe werden in einem 400-ccm-Becherglas mit etwas Bromwasser zur Oxydation des Sulfidschwefels aufgeschlämmt und mit 30—40 cm³ Salzsäure ($d = 1{,}19$) gelöst und nach Zusatz einiger Kubikzentimeter Salpetersäure ($d = 1{,}4$) in Quarzschalen oder Porzellanschalen eingedampft. Platinschalen eignen sich nach H. Haupt bei Gegenwart von Nitraten nicht. Der säureunlöslich bleibende Rückstand wird nach β untersucht.

Der Trockenrückstand wird zur völligen Abscheidung der SiO_2 1 Stunde lang im Trockenschrank bei 130° geröstet. Nach dem Erkalten wird mit 10 cm³ Salzsäure ($d = 1{,}19$) aufgenommen, mit 50³ cm Wasser verdünnt, aufgekocht und die wasser- und säureunlöslich gewordene SiO_2 durch ein Weißbandfilter mit Filterschleim abfiltriert, das Filtrat und Waschwasser zur restlosen Abscheidung der etwa noch gelöst gebliebenen Kieselsäure nochmals eingedampft. Da nämlich Kieselsäure, besonders bei Gegenwart von Alkalisalzen, in Salzsäure und Wasser etwas löslich ist, muß bei SiO_2-Gehalten über 10% auch das Waschwasser, in allen Fällen aber das Filtrat ohne Waschwasser nochmals eingedampft und wieder in gleicher Weise behandelt werden.

Die Filter werden zunächst mit salzsäurehaltigem (30 cm³ HCl [$d = 1{,}19$] auf 1 l) und dann mit reinem Wasser gewaschen, im Platintiegel bis zur Verbrennung des Filters schwach und dann stark geglüht und gewogen. Bei verhältnismäßig großen Mengen Kieselsäure muß man zur Vertreibung der letzten Wasserreste mindestens 15 Minuten auf wenigstens 1000° glühen.

Wassergehalt in Gew.-%	6,6	5,1	3,8	2,57	2,20	1,0	0,7	0,4	0
Erhitzungstemp. °C . .	200	300	400	500	600	700	800	900	1000°

Dann wird die Kieselsäure mit Flußsäure und Schwefelsäure verjagt, der Tiegel geglüht und wieder gewogen. Der Gewichtsunterschied entspricht der Kieselsäuremenge.

Zur Beschleunigung des Abrauchens bringt man nach Zusatz von Schwefelsäure und Flußsäure ein geeignetes, großes „quantitatives“ Filter so in den Tiegel, daß es mit der Flüssigkeit in Berührung kommen muß. Wenn bei geringer SiO_2-Menge nur wenig Säure benötigt wird, so wird sie vom Filter vollkommen aufgesaugt; man kann dann mit dem Tiegel sofort auf den Brenner gehen. Bei größerer Säurezugabe muß man allerdings zuerst eindampfen, jedoch vergrößert dabei das Filter die Oberfläche und beschleunigt den Verdampfungsvorgang.

b) Säureunlösliche Kesselsteine (Silicatsteine). 0,5—2,5 g der feinstgepulverten (s. α) Probe oder der säureunlöslich gebliebene Rückstandvon α wird in einem Platintiegel mit der 10fachen Menge Kalium-Natriumcarbonat, dessen SiO_2-Gehalt bekannt sein und in Rechnung gestellt werden muß, innig gemischt und auf die Mischung noch etwa 2 g des Gemisches gegeben. Dann wird der Tiegel mit Inhalt zuerst bei schwacher Rotglut über den Bunsenbrenner und nachher, wenn die stürmische Reaktion vorüber ist, bei heller Rotglut $^1/_4$ Stunde lang über dem Gebläse geschmolzen. Wenn die Schmelze klar und ruhig fließt, wird der heiße Tiegel bis zur Höhe des Schmelzflusses in eine etwa 1 l fassende und mit $^1/_4$ l kalten destillierten Wassers gefüllte Porzellanschale (Kasserole) gestellt. Der Schmelzkuchen läßt sich dann meist durch leichtes Drücken der Tiegelwandung fast vollständig entfernen. Sollte dies nicht der Fall sein, erhitzt man den Tiegel nochmals bis zum Schmelzen des Kuchenrandes und kühlt wieder auf die gleiche Weise ab. Der Tiegel mit der gelockerten Schmelze wird in einer Porzellanschale mit heißem destillierten Wasser übergossen und die Schmelze zum größten Teil in Lösung gebracht. Dann wird bei aufgelegtem Uhrglas mittels Pipette konzentrierte Salzsäure ($d = 1{,}19$) im Überschuß hinzugegeben. Mit dem Salzsäurezusatz darf man nicht zu lange warten, da stark alkalische wäßrige Lösungen die Glasur der Schale angreifen können, wodurch SiO_2-Anreicherungen möglich würden. Der Schaleninhalt trocken gedampft und 1 Stunde lang bei mindestens 130° geröstet.

Die Weiterbehandlung geschieht nach α.

Z. Beurteilung von Korrosionsprodukten.

1. Allgemeines. Für die Beurteilung von Korrosionsprodukten, Ablagerungen auf Rohren und dgl. wird die mengenmäßige Bestimmung der einzelnen Oxyde des Eisens nebeneinander immer wichtiger. Bei ausgesprochener Dampfspaltung (Dampfzersetzung) z. B. wird das Eisen hauptsächlich unter Bildung von Fe_3O_4 angegriffen, während bei reiner Sauerstoffkorrosion in der Hauptsache Fe_2O_3 auf dem Wege über das wasserhaltige Eisenhydroxyd ($Fe(OH)_3$) entsteht.

Diese Dampfspaltung beginnt in merklichem Grade, abgesehen von gewissen Sonderfällen[1] schon bei etwa 320° und setzt sich beschleunigt fort bei Temperaturen bis 570°; zunächst bildet sich in diesem Temperaturgebiet als unbeständiges Zwischenprodukt FeO.

Oberhalb 570° verläuft die Dampfspaltung auch über die FeO-Stufe zu Fe_3O_4, beide Oxyde sind dann nebeneinander beständig.

Gefügeuntersuchungen haben erkennen lassen, daß je nach der Temperatur eine lückenlose Reihe von Mischkristallen von FeO mit Fe_3O_4 dabei sich bilden kann (E. Vogel und E. Martin).

Eine Unterscheidung der einzelnen Eisenoxyde[2] ermöglicht daher eine Beurteilung der Schäden auf chemischer Grundlage.

[1] I. K. Rummel [Iron Age **124**, 1525 (1929)], wiedergegeben nach Stumper [Arch. f. Wärmewirtsch. u. Dampfkesselwes. **12**, 41—43 (1931)], erhöht Sauerstoffgehalt den Angriff von Eisen durch Wasserdampf sehr stark. Der Angriff des Eisens durch sauerstofffreien Wasserdampf ist bis zu 425° Dampftemperatur und 510° Temperatur des Überhitzerrohres zu vernachlässigen. Sonderstähle halten höhere Temperaturen aus. Während die Alkalität des Kesselwassers praktisch keinen Einfluß auf den Angriff des Eisens durch reinen Wasserdampf auszuüben scheint, bremst sie die Wirkung des Sauerstoffes.

[2] Gmelins Handbuch der anorganischen Chemie, Bd. „Eisen“, System Nr. 59, 8. Aufl., Teil A und B.

2. Die Bestimmung von Ferri-, Ferro- und metallischem Eisen in einer Probe. Einwandfreie Ergebnisse lassen sich mit der von W. Wesly (Ludwigshafen) abgeänderten Ingebergschen Arbeitsweise erzielen. Sulfidhaltige Proben können nicht nach diesem Verfahren bestimmt werden, da das bei der Bestimmung des metallischen und zweiwertigen Eisens entwickelte Chlor auch zur Oxydation des Sulfids verbraucht werden würde.

a) Benötigte Reagenzien. 1. Lösung von Kalium-Kupferchlorid. 560 g kristallisiertes Kupferchlorid und 245 g Kaliumchlorid werden in 1 l destillierten Wassers gelöst.

2. Lösung von Kalium-Kupferchlorid und Citronensäure. 30 g kristallisierte Citronensäure werden in 1 l Kalium-Kupferchloridlösung gelöst.

3. Lösung von Kalium-Kupferchlorid und Eisenchlorid. 100 g wasserhaltigen Eisenchlorids werden in 1 l Kalium-Kupferchloridlösung gelöst.

4. Citronensäurelösung. 20 g Citronensäure werden in 1 l destillierten Wassers gelöst.

5. Zinnchlorürlösung (Stannochloridlösung) (s. II/2, 1303, 1306). Die Zinnchlorürlösung bewahrt man in einer Ableerflasche auf, die luftdicht mit einer Bürette und einem Kohlendioxydkippapparat in Verbindung steht, so daß auf der Zinnchlorürlösung stets eine Kohlendioxydatmosphäre lagert. Die Einstellung des Zinnchlorürs geschieht, wie es in allen Lehrbüchern der analytischen Chemie beschrieben ist.

6. $^1/_{10}$ n-Permanganatlösung.

7. Mangansulfat-Phosphorsäurelösung (s. II/2, 1303).

8. Quecksilberchloridlösung (1:20).

9. $^1/_{10}$ n-Jodlösung.

10. Stärkelösung.

11. Kaliumjodidlösung. 60 g KJ in 1 l destillierten Wassers.

12. $^1/_{10}$ n-Natriumthiosulfatlösung.

13. Mangansuperoxyd. Eine größere Menge Mangansuperoxyd wird in einer Porzellankugelmühle mehrere Stunden gemahlen und in einem Gefäß mit eingeschliffenem Glasstopfen aufbewahrt. Von Zeit zu Zeit wird eine Wertbestimmung des Mangansuperoxyds ausgeführt.

b) Bestimmung. α) *Gesamteisen.* 0,5 g wird in Salzsäure gelöst, die Lösung in üblicher Weise nach Reinhardt mit Zinnchlorür reduziert und mit Kaliumpermanganat titriert.

β) *Ferrieisen.* 0,5 g gibt man in einen trockenen, mit Kohlendioxyd gefüllten Erlenmeyerkolben, der durch einen eingeschliffenen Glasstopfen verschlossen wird. Darauf stellt man den Kolben in ein mit Eis gefülltes Kühlbad, fügt nach etwa 10 Minuten unter Hin- und Herschwenken des Kolbens 35 cm³ der Lösung 2 (s. oben) zu der eingewogenen Probe und schließt den Kolben. Man achtet darauf, daß die Temperatur der Lösung nicht über 16° steigt und schüttelt den Kolben öfter. Bei Eisenpulver ist die Lösung des Eisens nach längstens 1 Stunde beendet; Proben, die eine gröbere Verteilung haben, läßt man etwas länger mit der Kupferlösung in Berührung. Nach 3 Stunden wird aber in jedem Falle die Umsetzung vollendet sein. Man filtriert darauf den Kolbeninhalt durch ein Hartfilter, wäscht den Rückstand mit einer kalten Citronensäurelösung und heißem Wasser, bis im Filtrat kein Kupfer mehr nachweisbar ist. Den Rückstand spritzt man vom Filter mit heißem Wasser in einen Erlenmeyerkolben von 500 cm^3 Inhalt. Die letzten Reste Substanz entfernt man vom Filter durch kräftiges Reiben mit der Gummifahne. Nunmehr gibt man 50 cm^3 Salzsäure 1:1 in den Erlenmeyerkolben und versieht diesen mit einem Gummistopfen und einem durch dessen Bohrung führenden Glasrohr, das zweimal rechtwinklig umgebogen ist und in eine gesättigte Natriumbicarbonatlösung taucht. Man erhitzt bis zur völligen Lösung der Substanz, nimmt den Kolben mit dem Glasrohr vom Feuer, entfernt Gummistopfen und Glasrohr und titriert sofort mit Zinnchlorürlösung bis zur Entfärbung. Man bedeckt den Kolben mit einem kleinen Uhrglas, stellt ihn zum Abkühlen in ein Kühlbad und titriert den Überschuß an Zinnchlorür mit $^1/_{10}$ n-Jodlösung und Stärke als Indicator zurück.

γ) *Ferro- und metallisches Eisen.* Man füllt einen trockenen, 100 cm^3 fassenden, birnenförmigen Kolben eines Bunsen-Fresenius-Apparates mit Kohlendioxyd und gibt 0,2 g Substanz hinein. Darauf fügt man 15 cm^3 der Lösung 3 hinzu, verschließt den Kolben mit einem Gummistopfen, schüttelt häufig um und läßt 1 Stunde (unter Umständen länger, bis 3 Stunden, vgl. oben) stehen. Darauf gibt man aus einem kleinen Glasröhrchen 0,6 g Mangansuperoxyd, bei stark oxydhaltigen Proben entsprechend weniger, etwa 0,4 g, in den Kolben, 50 cm^3 Salzsäure 1:1 hinzu und verbindet den Kolben mit dem Absorptionsapparat, der mit Kaliumjodidlösung gefüllt ist und mit Wasser gekühlt wird. Man erhitzt den Kolben ganz allmählich unter Hin- und Herbewegen der Bunsenflamme etwa 10 Minuten lang, wobei der Kolben mehrfach geschüttelt wird. Nach beendeter Destillation entfernt man den Kolben rasch aus dem Absorptionsgefäß und titriert das ausgeschiedene Jod mit $^1/_{10}$ n-Natriumthiosulfat.

c) *Berechnungsbeispiel.*

1. Gesamteisen:

Angewandt	0,5 g Substanz
Verbraucht	76,02 cm^3 $^1/_{10}$ n-$KMnO_4$
Faktor	0,005584

$$\frac{\text{Verbrauchte Kubikzentimeter } KMnO_4 \cdot \text{Faktor} \cdot 100}{\text{Einwaage}} = \text{\% Gesamt-Fe}$$

$$\frac{76{,}02 \cdot 0{,}005\,584 \cdot 100}{0{,}5} = 84{,}90\,\%\ \text{Gesamt-Fe}$$

2. Ferrieisen:

Angewandt	0,5 g Substanz
1 cm^3 $SnCl_2$ entspricht	0,046689 g Fe
1 cm^3 $^1/_{10}$ n-J entspricht	0,12 cm^3 $SnCl_2$
Verbraucht	3,40 cm^3 $SnCl_2$
Zurücktitriert 1,57 cm^3 $^1/_{10}$ n-J, entspricht	0,188 cm^3 $SnCl_2$
Unterschied	3,212 cm^3 $SnCl_2$
Faktor	0,046689

$$\frac{\text{Verbrauchte Kubikzentimeter } SnCl_2 \cdot \text{Faktor} \cdot 100}{\text{Einwaage}} = \text{\% Fe als } Fe_2O_3$$

$$\frac{3{,}312 \cdot 0{,}046\,689 \cdot 100}{0{,}5} = 29{,}99\,\%\ \text{Fe als } Fe_2O_3$$

3. Ferro- und metallisches Eisen:

Angewandt	0,2 g Substanz
Angewandt	0,4 g MnO_2 (89,44%ig)
1 g MnO_2 (100%ig) entspricht	230,07 cm^3 $^1/_{10}$ n-$Na_2S_2O_3$
1 g MnO_2 (89,44%ig) entspricht	205,77 cm^3 $^1/_{10}$ n-$Na_2S_2O_3$
0,4 g MnO_2 (89,44%ig) entspricht	82,31 cm^3 $^1/_{10}$ n-$Na_2S_2O_3$
Zurücktitriert	27,76 cm^3 $^1/_{10}$ n-$Na_2S_2O_3$
Unterschied	54,55 cm^3 $^1/_{10}$ n-$Na_2S_2O_3$
Faktor	0,005584

$$\frac{\text{Verbrauchte Kubikzentimeter } Na_2S_2O_3 \cdot \text{Faktor} \cdot 100}{\text{Einwaage}} = 3 \text{ Fe met.} + 1 \text{ Fe als FeO}$$

$$\frac{54{,}55 \cdot 0{,}005584 \cdot 100}{0{,}2} = 152{,}30\%$$

Gesamt-Fe	84,90%
Fe als Fe_2O_3	29,99%
1 Fe met. + 1 Fe als FeO	54,91%
3 Fe met. + 1 Fe als FeO	152,30%
2 Fe met.	97,39%
Fe met.	48,70%
Fe als FeO	6,21%

Ergebnis:

Gesamt-Fe	84,90%
Fe met.	48,70%
Fe als FeO	6,21%
Fe als Fe_2O_3	29,99%

d) *Verwertung der Untersuchungsergebnisse.* Bei Dampfspaltung, die äußerlich schon am vielfach kristallisch schwarz und metallisch glänzenden Bruch der zu untersuchenden Substanz zu erkennen ist, errechnet man aus den analytisch ermittelten Werten für FeO und Fe_2O_3 das Fe_3O_4 unter Verwendung folgender Vervielfältigungsfaktoren:

Gesucht	Gefunden	Faktor	log.
FeO	Fe_2O_3	0,4499	65312
Fe_2O_3	FeO	2,2227	34688

und erhält durch Addition molekülmäßig gleicher Teile (Mole) FeO + Fe_2O_3 das Fe_3O_4; der jeweils restliche Teil des einen oder anderen Oxydes bleibt als solcher übrig; überschüssiges Fe_2O_3 ist als regelrechtes Sauerstoffoxydationsprodukt anzusehen.

Beispiele. a) Gefunden: FeO 15,50%, Fe_2O_3 84,00%;

berechnet: auf 1 Mol FeO braucht man 1 Mol Fe_2O_3, oder auf 15,50 Gewichtsteile FeO noch 15,50 × 2,2227 = 34,45 Gewichtsteile Fe_2O_3, folglich 15,50 + 34,35 = 49,95 Gewichtsteile Fe_3O_4, so daß noch 84,00—34,45 = 49,55 Gewichtsteile Fe_2O_3 (Sauerstoffkorrosionsprodukt) übrig bleiben würden.

b) Gefunden: FeO 15,50, Fe_2O_3 34,45%;

berechnet: (wie oben) 49,95 Gewichtsteile Fe_3O_4; kein Rest von FeO oder Fe_2O_3; daher ist Dampfspaltung bei höchstens 570° C vor sich gegangen.

c) Gefunden: FeO 25,50%, Fe_2O_3 34,45%;

berechnet: (wie oben) 49,95 Gewichtsteile Fe_3O_4; Überschuß von 10,00 Gewichtsteilen FeO; das Vorhandensein von überschüssigem FeO in der Zunderschicht deutet darauf hin, daß die Temperatur von 570° überschritten gewesen ist.

Literatur.

Ammer, G.: (1) Bestimmung der Härte in härtearmen Wässern. Jahrbuch „Vom Wasser“, Bd. 8, Teil 2, S. 138—152. Berlin 1934. — (2) Ein einfaches Verfahren zur Schnellbestimmung der Kieselsäure im Kesselspeisewasser bei Anwesenheit von Phosphat. Jahrbuch „Vom Wasser“, Bd. 8, Teil 2, S. 134—137. Berlin 1934. (3) Phosphatbestimmung im Kesselhaus. Wärme **55**, H. 19, 307—311 (1932).

Bhagwat, W. V. u. N. R. Dhar: Basizität und Konstitution einiger anorganischer Säuren. Journ. Ind. Chem. Soc. **6**, 781 (1929); Ref. Chem. Zentralblatt **1930 I**, 1261. — Biltz, H. u. W.: Ausführung quantitativer Analysen. Leipzig: S. Hirzel 1930. — Blumrich, K.: Einige calorimetrische Methoden. Angew. Chem. **48**, H. 29, 463 (1935). — Bürstenbinder, R.: Das Grieseligwerden von fertigen Nitrofarblacken. Farbe u. Lack **1930**, 150; Ref. Chem. Zentralblatt **1930 I**, 3489.

Eitner, P.: Die charakteristischen Eigenschaften deutscher Rohwässer für die Kesselspeisung. Buch „Speisewasserpflege“, herausg. von der Vereinigung der Großkesselbesitzer e. V., Berlin-Charlottenburg 1926, 7—12 (vergriffen!).

Gad, G. u. K. Naumann: Die colorimetrische Bestimmung des Aluminiums im Wasser. Gas- u. Wasserfach **80**, H. 4, 58 (1937); Ref. Wasser u. Abwasser **35**, H. 3, 72 (1937). — Ginsberg, H.: Anwendung colorimetrischer Methoden bei der Analyse von Rohstoffen und Zwischenprodukten für die Aluminiumgewinnung. Angew. Chem. **51**, H. 26, 392 (1938).

Haendeler, A.: Über die Umsetzung von Trinatriumphosphat mit Härtebildnern in wäßriger Lösung. Jahrbuch „Vom Wasser“, Bd. 8, Teil 2, S. 67—76. Berlin 1934. — Hart, H.: Zement **1927**, H. 13. — Haupt, H. u. W. Steffens: Über die Bestimmung der Kieselsäure im Wasser. Chem.-Ztg. **54**, H. 103, 996 (1930). Höppner, K.: Ein neuer Mischindicator. Dtsch. Zuckerind. **61**, H. 16, 361 (1936).

Ingeberg: Ind. and Engin. Chem. **1925**, H. 17, 1261.

Kolthoff, I. M.: Die Maßanalyse, 2. Aufl., S. 175. Berlin: Julius Springer 1930. Kroemer, F.: Ein neues Gerät zur Phosphatbestimmung im Speise- und Kesselwasser. Wärme **56**, H. 51/52, 833 (1933).

Lieneweg, F. u. O. Dobenecker: Konzentrationsbestimmungen von Flüssigkeiten durch Leitfähigkeitsmeßgeräte. Siemens-Zeitschrift **17**, H. 4, 172 (1937).

Müller, R.: (1) Die Bestimmung der Alkalität sowie der Natronzahl in Kesselwässern. Jahrbuch „Vom Wasser“, Bd. 8, Teil 2, S. 178, 179. Berlin 1934. — (2) Nachprüfung des Sulfatbestimmungsverfahrens von Mutschin und Pollak durch Titration mit Bariumchloridlösung unter Verwendung von Natriumrhodizonat als Indicator. Jahrbuch „Vom Wasser“, Bd. 12, S. 290—306. Berlin 1937. — (3) Zur Frage der Untersuchung von phosphathaltigem Kesselschlamm und phosphathaltigen Kesselsteinansätzen. Jahrbuch „Vom Wasser“, Bd. 8, Teil 2, S. 180, 181. Berlin 1934. — Müller, W. I.: Die Grundlage der Theorie der Metallkorrosion. Korrosion **5**, 6—9 (1936).

Niezoldi, O.: Ausgewählte chemische Untersuchungsmethoden für die Stahl- und Eisenindustrie, S. 8, 9, 49, 94, 101, 103, 106. Berlin: Julius Springer 1936.

Petersen, A.: Schreibender elektrochemischer Sauerstoffmesser. Arch. f. Wärmewirtschaft u. Dampfkesselwes. **18**, H. 6, 165 (1937). — Place, P. B.: Prüfung des Dampfkondensats auf Güte und Reinheit. Combustion **9** (Märzheft 1938); Ref. Wärme **61**, 533 (1938).

Rees, O. W.: Gegenwart von Silikaten in natürlichen Wässern. Ind. and Engin. Chem., Anal. Ed. **1929 I**, 200, 201, Urbana (Illinois) Staatl. Wasserkontrollstelle; Ref. Chem. Zentralblatt **1930 I**, 3590. — Richter, H.: Colorimeter zur Phosphatbestimmung. a) Maschinenschaden **9**, H. 9, 144 (1932); **9**, H. 10, 153 (1932); b) Wärme **55**, H. 37, 633 (1932); c) Chem.-Ztg. **56**, H. 100, 992 (1932); d) Arch. f. Wärmewirtschaft u. Dampfkesselwes. **13**, H. 10, 270 (1932); e) Ztschr. Bayer. Rev.-Verein **36**, H. 18, 212 (1932); f) Wasser u. Abwasser **30**, H. 8, 237 (1932).

Schruf, R. u. G. Ammer: Die Betriebswasserversorgung der Gute-Hoffnungs-Hütte, Abt. Düsseldorf, unter besonderer Berücksichtigung des Kesselspeisewassers. Mitt. Forsch.-Anst. Gute-Hoffnungs-Hütte-Konzerns **5**, H. 8, 185—205 (1930). — Schwartz: Colorimetrische Bestimmung der Kieselsäure im Kesselwasser. Ind. and Engin. Chem., Anal. Ed. **6**, 364 (1934); Ref. Wärme **58**, H. 11, 182 (1935). — Seyb, E.: (1) Die Alkalitätszahl im Kesselbetrieb, Einführung und Begründung eines neuen Begriffes. Arch. f. Wärmewirtschaft u. Dampfkesselwes. **18**, H. 8,

209 (1937). — (2) Die Sulfattitration mit Bariumchlorid und Natriumrhodizonat als Tüpfelindicator. Jahrbuch „Vom Wasser", Bd. 12, S. 307—310. Berlin 1937. — Sierp, Fr.: Wasser und Abwasser. Sonderdruck aus Liesegang: Kolloidchem. Technologie, 2. Aufl., S. 749. Dresden: Theodor Steinkopff. — Splittgerber, A.: (1) Kesselspeisewasserpflege. Leipzig: Akadem. Verlagsgesellschaft 1936. — (2) Erfolge und Betriebskosten der Speisewasseraufbereitung. Bericht für die II. Weltkraftkonferenz 1930 in Berlin, Gesamtbericht II. Weltkraftkonferenz, VII, S. 38—53. Berlin: VDI-Verlag 1930. — (3) Selbstschreibende Apparate zur Kesselwasserüberwachung. Jahrbuch „Vom Wasser", Bd. 8, Teil 2, S. 183. Berlin 1934. — (4) Prüfung einer selbstschreibenden Sauerstoffmeßanlage. Jahrbuch „Vom Wasser", Bd. 12, S. 173. Berlin 1937. — Suran, L.: Die Berechnung der Chemikalienzusätze bei Wasserenthärtung nach dem Kalk-Soda-Verfahren mit Trinatriumphosphat-Nachbehandlung. Eine chemisch-physikalische Betrachtung. Jahrbuch „Vom Wasser", Bd. 10, S. 265—289. Berlin 1935.

Thiel, A., R. Strohecker u. H. Patsch: Taschenbuch für die Lebensmittelchemie, Hilfstabellen für die Arbeiten des Chemikers, S. 43, Tafel 11. Berlin: W. de Gruyter & Co. 1938. — Travers: C. r. d. l'Acad. des sciences **173**, 714 (1921).

Vogel, E. u. E. Martin: Das System Eisenoxydul-Eisenoxyduloxyd. Arch. f. Eisenhüttenwes. **6**, 109—111 (1932/1933); Ref. Stahl u. Eisen **52**, H. 37, 908 (1932).

Windisch, W.: In welcher chemischen Form befindet sich die Kieselsäure im Wasser? Wschr. f. Brauerei **42**, 59 (1925); Ref. Chem. Zentralblatt **1925 II**, 333. — Winkler, L. W.: Ausgewählte Untersuchungsverfahren für das chemische Laboratorium. N. F., Teil II, S. 117. Stuttgart: Ferdinand Enke 1936.

Untersuchung von Trink- und Brauchwasser.

Von

Dr. phil. habil. **R. Strohecker**, Stadtchemiker in Frankfurt a. M.

I. Probeentnahme (II/1, 238).

Bei Probeentnahmen von Wasser hat es sich häufig als Mißstand herausgestellt, daß Probeflaschen, die mit dem ursprünglich etwa 10° warmen Brunnen- oder Leitungswasser bis zum Glasstöpsel oder sonstigen festen Verschluß gefüllt worden waren, auf dem anschließenden Transport infolge Erwärmung geplatzt sind, zum mindesten aber durch Lockerung des Stöpsels Wasser austreten ließen. Um dies zu vermeiden, hat K. Schilling einen Schwimmkörper empfohlen, den man sofort nach der Probeentnahme in die Flasche legt. Der Schwimmkörper besteht aus einem Stück Gummischlauch, dessen Enden man mit passenden Gummistopfen verschlossen hat, so daß in dem Schlauch ein Luftquantum eingeschlossen ist. Bei einer Erwärmung des Wassers wird der Schwimmkörper zusammengedrückt, wodurch der Bruch der Flasche vermieden wird (s. a. E. Merkel).

II. Angabe der Untersuchungsergebnisse.

Nachdem auf verschiedenen Gebieten der Wasseranalyse Einheitsverfahren[1] von der Fachgruppe für Wasserchemie im Verein

[1] Einheitsverfahren der physikalischen und chemischen Wasseruntersuchung. Berlin: Verlag Chemie 1936.

Deutscher Chemiker ausgearbeitet worden sind, ist es angebracht, diese in diesem Ergänzungsband zu berücksichtigen. Die Untersuchungsergebnisse werden in Milligramm/Liter entsprechend einem Teil in 1000000 Teilen angegeben. Diese Angaben entsprechen auch der englischen Bezeichnung p.p.m. (part per million). Meistens genügt die Angabe von ganzen Milligramm; bei Mengen unter 1,0 mg empfiehlt sich die Angabe einer Dezimalstelle, bei Mengen unter 0,1 mg diejenige von zwei Dezimalstellen. Die früher übliche Angabe als Metalloxyde (CaO, MgO) oder saure Anhydride (SO_3) wird zweckmäßig durch die Angabe in Ionen (Anionen und Kationen) ersetzt. Für qualitative Befunde wird nur der Ausdruck „nicht nachweisbar" verwendet, wenn ein bestimmter Bestandteil nach dem angegebenen Verfahren nicht nachweisbar ist. Man gebraucht den Ausdruck „Spuren" nur für eine Menge, die nicht quantitativ erfaßbar ist. „Vorhanden" ist eine Bezeichnung für eine quantitativ bestimmbare Menge.

III. Die physikalische Untersuchung des Wassers.

1. Geruch (II/1, 240). Der Geruchsbefund erfolgt zweckmäßig nach dem in den „Einheitsverfahren der Wasseruntersuchung" (s. S. 216) angegebenen Schema:

1. Nach der Stärke der Wahrnehmung: ohne Besonderheit, schwach, stark.

2. Nach der Art der Wahrnehmung:

a) nach chemischen Stoffen, z. B. Phenol und ähnlichen Teerstoffen, Chlor, Chlorphenol, Schwefelwasserstoff und anderen flüchtigen Schwefelverbindungen, schwefliger Säure, Ammoniak, Aminen u. a., Fettsäuren, Seifen, Mineralölen;

b) allgemeiner Art, z. B. aromatisch, erdig, torfig, fischig, dumpfig-modrig, widerlich, faulig, urinös, kohlartig, fäkalartig, jauchig.

2. Geschmack (II/1, 240). Der Geschmack wird gewöhnlich bei einer Wassertemperatur von 8—12° festgestellt. Bei 30° tritt der Geschmack deutlicher hervor. Die Angabe des Geschmacks erfolgt nach folgendem Schema:

1. Nach der Stärke der Wahrnehmung: ohne Besonderheit, schwach, stark.

2. Nach der Art der Wahrnehmung:

Außer den den Geschmack beeinflussenden Geruchsempfindungen kommen als besondere Geschmacksempfindungen in Betracht: fade, salzig, säuerlich, laugig, bitterlich, süßlich.

3. Farbe, Klarheit und Durchsichtigkeit (II/1, 241). Als Färbung des Wassers ist diejenige Farbe anzusprechen, die man in einer Schichtdicke von 10 cm bei einem Durchmesser einer 1—1$^1/_2$-l-Flasche beobachtet, gemessen gegen einen weißen Hintergrund.

Zur Prüfung der Klarheit wählt man folgende Kennzeichnung: klar, fast klar, schwach opalescierend, stark opalescierend, schwach bzw. stark getrübt und undurchsichtig.

4. Elektrolytische Leitfähigkeit (II/1, 242). In den letzten Jahren ist die elektrolytische Leitfähigkeit zu einer kontinuierlichen Kontrolle des Salzgehaltes von Wasser, in Sonderheit von Kesselspeisewasser herangezogen worden. E. Rother und G. Jander haben die Leitfähigkeitsmessung mit Hilfe visueller Feststellungen durchgeführt. Sie haben hierfür einen besonderen Apparat konstruiert. Eine Übersicht über die zu Leitfähigkeitsmessungen benutzten verschiedenen Apparate bringt eine Arbeit von J. Grant.

IV. Chemische Untersuchung.

1. und 2. Reaktion und Wasserstoffionenkonzentration (II/1, 244). In neuerer Zeit hat die Wasserstoffionenkonzentration eines Wassers für die Beurteilung seiner „Angriffslust"[1] an Bedeutung gewonnen. Als einfache Prüfung, die auch an Ort und Stelle leicht ausgeführt werden kann, ist die Feststellung der Reaktion mit Hilfe des Merkschen Universalindicators zu empfehlen, der nach eigener Erfahrung die Feststellung mit einer Genauigkeit von 0,1—0,2 Stufe ermöglicht; vorausgesetzt, daß infolge nicht zu großer Salzkonzentration der Salzfehler nicht zu stark in Erscheinung tritt. Zur Prüfung taucht man den Indicatorstreifen 15 Sekunden in das zu untersuchende Wasser und vergleicht danach die sich ergebende Farbe mit der mitgelieferten Farbenskala. Ähnlich geeignete Indicatorpapiere (z. B. das Lyphanpapier für die p_H-Stufen 1—13) die auf der Verwendung von Indicatorgemischen beruhen, sind vielfach im Handel anzutreffen.

Als exakte Methode ist die Messung mit der Chinhydronelektrode zu empfehlen. Auch die Glaselektrode dürfte sich hierfür eignen, sofern eine Form gewählt wird, die ein Arbeiten im geschlossenen Raum gestattet. Sie ist unempfindlich gegen Elektrodengifte wie Chlor, Hypochlorite, Nitrite, Sulfite und hohen Kohlensäuregehalt [vgl. hierzu A. Karsten (1)].

Ein einfaches Zeigergerät, das auch für Untersuchungen an Ort und Stelle verwendbar ist, empfiehlt W. Hildner. Es besitzt eine Genauigkeit bis zu 0,05 p_H-Stufe.

Stark getrübte Wässer können im Foliencolorimeter nach Wulf mit einer Genauigkeit von 0,2—0,3 gemessen werden. Über weitere Apparate vgl. A. Karsten (2).

3. Ammoniak (II/1, 248). So einfach der Ammoniaknachweis in Wasser auch aussieht, so zahlreich sind seine Fehlerquellen, A. Reuß (1) berichtet hierüber eingehend. So wird die Reaktion durch Gummistopfen, die von dem Reagens angegriffen worden sind, gestört, da hierdurch auch positive Reaktionen vorgetäuscht werden. Das gleiche gilt von einem mäßigen Eisengehalt, aus dem sich infolge der Bildung von kolloidem Eisenoxyd eine gelbliche Färbung bilden kann. Auch der viel geübte Seignettesalzzusatz ist nicht ohne Bedenken; er kann unter Umständen positive Reaktionen verhindern.

Nach H. F. Kuisel (1) wird freies und gebundenes Ammoniak im Vakuum durch ein Puffergemisch (5,4 Teile Boraxlösung + 4,6 Teile 0,1 n-HCl) von Borat und Salzsäure ($p_H = 7{,}6$) bei 70° ausgetrieben und dann titrimetrisch bestimmt (vgl. a. H. E. Wirth und Rex J. Robinson).

[1] Vom Wasser **12**, 128, 135 (1937).

4. Salpetrige Säure (II/1, 250). Zum Nachweis der salpetrigen Säure empfiehlt A. Reuß (2) die Grießsche Reaktion in folgender Form: 5 cm³ Sulfanilsäurelösung (1 g Sulfanilsäure + 5 cm³ 15%ige Salzsäure aufgefüllt zu 300 cm³) versetzt man mit 6 Tropfen Nitritlösung (4,0 g Natriumnitrit zu 100 cm³). Man gibt hierauf 100 cm³ des zu prüfenden Wassers, 5 cm³ Seignettesalzlösung (20,0 g kristallisiertes Kalium-Natrium-Tartrat zu 100 cm³) und die diazotierte Sulfanilsäurelösung in einen Standzylinder und mischt. Hierauf gibt man noch 6 Tropfen 10%ige Kalilauge zu und beobachtet nunmehr gegen einen Lichtschirm. Ist die Mischung nach dem Umschütteln bereits gefärbt, so ist die Reaktion positiv. Beginnt die Färbung erst später, so liegt eine schwach positive Reaktion vor. — J. C. Gil führt die Grieß-Reaktion in folgender Weise durch: Zu 10—15 cm³ Wasser gibt man eine kleine Menge eines Gemisches aus 3 Teilen Sulfanilsäure und einem Teil Naphthylamin. In Gegenwart von noch 0,01 mg/l N_2O_3 entsteht nach 2—3 Minuten eine deutliche Rotfärbung. Die genannte Mischung ist in Plätzchenform als „Nitritreagens Grieß-Casares" im Handel. — Einen einfachen und schnellen Nitritnachweis hat G. Carpentier ausgearbeitet: 5 cm³ Wasser werden mit 10—12 Tropfen einer 3%igen Benzidinlösung und 3—5 Tropfen Eisessig versetzt. Bei Anwesenheit von nur Spuren Nitrit tritt Gelbfärbung auf. W. M. Rubel hat zur Bestimmung der Nitrite Acridinfarbstoffe herangezogen, und zwar das Rivanol, ein salzsaures 2-Äth.-oxy-6-9-Diaminoacridinium von folgender Formel:

$$C_2H_5O \cdot C_6H_3\!\left\langle\begin{array}{c} \overset{NH_2}{\overset{\cdot}{C}} \\ | \\ N \end{array}\right\rangle\! C_6H_3NH_2 \cdot HCl \cdot 3\,H_2O\,.$$

Zur Bestimmung füllt man steigende Mengen, 0,1—10 cm³, einer Standardnitritlösung (hergestellt durch Verdünnen einer Lösung von 1,815 g Natriumnitrit in 1 l auf das Hundertfache) und ergänzt auf 10 cm³ Volumen. In ein weiteres Reagensglas gibt man 10 cm³ des zu untersuchenden Wassers. Zu allen Röhrchen gibt man 0,5 cm³ Rivanollösung (1:1000) sowie 0,5 cm³ Salzsäure (Dichte 1,06). Man colorimetriert dann die erhaltene Färbung, die sich im Licht einige Stunden hält. Die Grenze der Empfindlichkeit der Reaktion liegt bei 0,001 mg N_2O_3 in 10 cm³.

5. Schwefelwasserstoff (II/1, 253). Da Schwefelwasserstoff in Wässern sehr schnell der Oxydation unterliegt, wird er zweckmäßig schon an Ort und Stelle bestimmt oder aber an Ort und Stelle als nicht so schnell oxydierbare Verbindung niederschlagen.

A. Hemmeler schlägt folgendes Verfahren vor: In eine Probeflasche mit eingeschliffenen Stöpsel (100—400 cm³) gibt man einige Kubikzentimeter einer 10—20%igen Cadmiumsalzlösung, füllt mit dem zu untersuchenden Wasser auf und verschließt sofort. Der entstehende aus Cadmiumsulfid und Cadmiumcarbonat bestehende Niederschlag wird abfiltriert, das Filter in die Flasche zurückgegeben und mit einem Überschuß von 0,02—0,1 Jodlösung versetzt. Nach $^1/_4$stündigem Schütteln der verschlossenen Flasche wird mit gleichkonzentrierter Natriumthiosulfatlösung zurücktitriert. Will man das Volumen des Wassers nicht durch Zusatz einer Lösung vergrößern, so kann man auch kristallisiertes Cadmiumsulfat verwenden. M. Kapp fällt gleichfalls an Ort und Stelle den Schwefelwasserstoff als Cadmiumsulfid und destilliert dann den wieder in Freiheit gesetzten Schwefelwasserstoff in eine Jodvorlage, deren Jodüberschuß zurücktitriert wird. L. N. Lapin und W. O. Hein bestimmen den Schwefelwasserstoff im Wasser mittels Phosphorwolframsäure: 100 cm^3 Wasser werden mit 5 cm^3 Reagens (25 g wolframsaures Natrium, 20 g Phosphorsäure von der Dichte 1,71 und 75 g Weinsäure in 500 cm^3 Wasser gelöst und sofort mit 3,5 cm^3 4 n-NaOH versetzt). Die bei Anwesenheit von Schwefelwasserstoff auftretende Blaufärbung wird 3 Minuten später gegen Schwefelwasserstoffstandardlösungen verglichen.

6. Abdampfrückstand, Glührückstand, Glühverlust (II/1, 255). Als Standardmethode empfehlen J. Gangl und A. Waschkau folgendes Mikroverfahren: 5 cm^3 des zu untersuchenden Wassers werden in einer Platinschale von 5,5 cm^3 Inhalt auf einem geeigneten Messingblock, der durch eine Heizglocke beheizt wird, eingedampft und der Rückstand bei 180° getrocknet. Man wägt mit einer Genauigkeit von $\pm 5\gamma$ aus. C. S. Howard weist darauf hin, daß in den meisten natürlichen Wässern die Summe der einzelnen Bestandteile mit dem nach 1stündigem Trocknen bei 180° erhaltenem Abdampfrückstand übereinstimmt. Dagegen liefern carbonatreiche Wässer mit hohem Magnesiumgehalt einen geringeren, sulfatreiche Wässer dagegen einen höheren Abdampfrückstand, was durch ungenügende Trocknung bedingt ist. Chloridreiche Wässer, deren Chlorgehalt größer ist als die den Alkalien entsprechende Menge verlieren beim Erhitzen 50—100 mg Chlorid pro Liter. Nitrathaltige Wässer verlieren bis 30 mg. — V. P. Sokoloff zeigt, daß man erst, wenn man das Kristallwasser, das beim Trockenprozeß zurückbleibt, in die Summe der Einzelbestandteile einrechnet, Werte erhält, die mit dem Abdampfrückstand vergleichbar sind. Nach dem Trocknen bei 110° liegen die verschiedenen Anionen und Kationen in folgender Form vor: $CaCO_3$; $3\,MgCO_3 \cdot Mg(OH)_2 \cdot 3\,H_2O$; $CaSO_4 \cdot {}^1/_2\,H_2O$; NaCl; KCl; Na_2SO_4; K_2SO_4; $MgSO_4 \cdot H_2O$; $MgCl_2 \cdot 6\,H_2O$; $Na_2CO_3 \cdot H_2O$ (bei 105° Trocknung); $K_2CO_3 \cdot 2\,H_2O$*; $CaCl_2 \cdot 2\,H_2O$; $NaNO_3$; KNO_3; $Ca(NO_3)_2 \cdot 4\,H_2O$; $Mg(NO_3)_2 \cdot 6\,H_2O$.

7. Oxydierbarkeit (II/1, 256). Es ist A. Kaess, der eindringlich auf Fehlerquellen der Oxydierbarkeitsbestimmung hinweist. Er empfiehlt ein 30 minutenlanges Erhitzen im siedenden Wasserbad. H. Stamm hat ein Verfahren ausgearbeitet, das bei gewöhnlicher Temperatur mit einer Oxydationszeit von wenigen Minuten arbeitet und unabhängig ist von der Einwirkungsdauer, von der Menge der Flüssigkeit, von der Konzentration der Lösungen und von einem beliebigen Nitrit- und Chloridgehalt. Benötigt werden bei dem Stammschen Verfahren folgende Reagenzien:

1a. 0,1 m-n-Permanganatlösung (15,803 g $KMnO_4$ im Liter).

1b. 0,01 m-n-Permanganatlösung.

2. Natriumhydroxyd (reinst, e Natrio) oder in 20%iger Lösung.

3. Bariumchlorid (reinst) oder in wäßriger Lösung (30 g $BaCl_2 \cdot 2\,H_2O$ in 100 cm^3).

4. Nickelnitratlösung (1 g $Ni(NO_3)_2 \cdot 6\,H_2O$ in 100 cm^3).

* Dem kristallisierten Salz kommt die Formel $K_2CO_3 \cdot 1{,}5\,H_2O$ zu.

5a. 0,1 n-Natriumformiatlösung (3,400 g HCOONa im Liter). Diese Lösung wird auf Lösung 1a eingestellt. Hierzu löst man 5 g Bariumchlorid und 3—3,5 g Natriumhydroxyd nacheinander in 100 cm³ destilliertem Wasser und pipettiert zur erkalteten Lösung 20 cm³ Lösung 1a. Dann titriert man mit der Natriumformiatlösung auf farblos, wobei das MnO_4''-Ion als dunkelgrünes Bariummanganat ausfällt. Die Formiatlösung muß gegen Ende langsam (2—3 Tropfen pro Sekunde) zugefügt werden; außerdem ist ständig gut umzuschütteln. Sobald etwa $^9/_{10}$ des ursprünglich vorhandenen MnO_4''-Ions reduziert sind, wird die Farbe sichtlich heller. Man setzt dann 15—20 Tropfen Nickelnitratlösung zu, um die Reaktion zu beschleunigen, und titriert zu Ende. Sollte nach dem Nickelzusatz die Entfärbung durch 2 cm³ Formiat nicht erreicht sein, so setzt man nochmals 5—10 Tropfen Nickelnitratlösung zu.

5b. 0,01 n-Formiatlösung, sie wird in ähnlicher Weise wie 5a gegen 0,01 n-Permanganat eingestellt. Der Titer von 5a und 5b ist täglich zu kontrollieren.

Zur eigentlichen Bestimmung werden 100 cm³ des zu prüfenden Wassers mit 5 g Bariumchlorid und 3—3,5 g Natriumhydroxyd versetzt. Örtliche Überhitzung ist zu vermeiden. Man pipettiert dann 20 cm³ 0,1 n-Permanganat zu. 10 Minuten läßt man unter gelegentlichem Umschwenken einwirken. Darauf titriert man den Permanganatüberschuß wie bei 5a zurück. Der Permanganatverbrauch soll 7—8 cm³ nicht übersteigen. Wird weniger als 2 cm³ Permanganatlösung verbraucht, so verwendet man 0,01 m-n-Permanganatlösung und 0,01 n-Formiatlösung.

Zur Bestimmung der Oxydierbarkeit in chloridreichem Wasser geht B. A. Skopinzew so vor, daß er zu der alkalischen Lösung des zu untersuchenden Wassers eine bestimmte Menge 0,01 n-Permanganatlösung zusetzt, kocht und nach dem Erkalten Jodkalium und Schwefelsäure hinzufügt. Das in Freiheit gesetzte Jod wird mit Thiosulfat titriert. Die Verfahren von Kubel-Tiemann und Schulze-Frommsdorf sind in diesem Falle nicht anwendbar.

Nach den amerikanischen Einheitsmethoden[1] für die Untersuchung von Wasser und Abwasser wird bei der Bestimmung der Oxydierbarkeit 30 Minuten auf dem Wasserbade digeriert. — Weitere Literatur: E. Sauer u. G. Rack: Ztschr. f. anal. Ch. **114**, 182 (1938) (Bestimmung der organischen Stoffe).

8. **Chlorzahl** (II/1, 259). Eine Methode, die die Fehler der Froboese-Methode, die vor allem auf dem starken Nachblauen beruhen, vermeidet, beschreibt H. Jvekovic: 100 cm³ Wasser werden in einem 200-cm³-Erlenmeyer mit 20 cm³ 0,02 n-Natriumhypochloritlösung versetzt und 30 Minuten im siedenden Wasserbad erwärmt. Danach kühlt man 5 Minuten unter fließendem Wasser. Dann setzt man 10 cm³ 0,05 n-Natriumarsenitlösung[2] unter Umrühren sowie 1 Tropfen Methylorangelösung und

[1] Vgl. Wasser u. Abwasser **31**, 357 (1933).

[2] Zur Bereitung der Arsenitlösung werden 3 g As_2O_3 in einer Porzellanschale mit möglichst wenig heißer Natronlauge gelöst. Die in einem 1-l-Kolben übergespülte Lösung wird nach Zusatz von 1 Tropfen Phenolphthalein bis zur Entfärbung mit verdünnter Schwefelsäure versetzt. Danach gibt man 10 g $NaHCO_3$ gelöst in 500 cm³ H_2O zu, füllt mit destilliertem Wasser zur Marke auf und bestimmt den Titer gegen Jodlösung.

soviel 10%ige Salzsäure aus einer Bürette tropfenweise zu, bis die Mischung rot bleibt. Ausgeschiedenes Carbonat muß durch die Salzsäure gelöst sein. Nunmehr gibt man eine Messerspitze Natriumbicarbonat zu und schüttelt bis zur Auflösung. Nach Zusatz von 1 cm^3 Stärkelösung titriert man den Arsenitüberschuß mit 0,02 n-Jodlösung zurück. Zweckmäßig titriert man gegen eine Vergleichslösung aus doppelt destilliertem Wasser, Stärke und 1 cm^3 0,02 n-Jodlösung. Auf dem gleichen Wege wird ein Blindversuch durchgeführt. — Der Fehler des Nachblauens bei der Froboese-Methode beruht auf der Bildung von Nitriten aus Ammoniak, Harnstoff oder anderen oxydablen Stickstoffverbindungen bei der Einwirkung der Hypochloritlösung oder aber auf der Gegenwart von Nitriten im zu prüfenden Wasser. — Über die Bedeutung des Ammoniaks für das Chlorbindungsvermögen des Wassers vgl. M. L. Koschkin und E. M. Spector.

9. Salpetersäure (II/1, 260). O. Mayer (1) bestimmt die Salpetersäure bzw. die Nitrate nach dem Indigoverfahren. Benötigt werden

α) Quecksilberchloridlösung (5 g $HgCl_2$ + 5 g NaCl in 100 cm^3 H_2O).

β) Reine Schwefelsäure (erhalten durch Zusatz einer Spur Kaliumpermanganat; sie ist verwendbar, sobald die grüne Farbe infolge Belichtung etwas violett geworden ist).

γ) Indigolösung, hierzu werden 0,32 g Indigo mit 100 cm^3 konzentrierter Schwefelsäure in einer Porzellanschale $^1/_2$ Stunde unter Umrühren erwärmt. Nach dem Abkühlen gießt man die Lösung in einen $^3/_4$ l Wasser enthaltenden Kolben und spült mit Wasser die Schale nach. Nach dem Stehen über Nacht filtriert man durch ein ausgewaschenes Faltenfilter in einen mit Glasstöpsel versehenen Zylinder und füllt zum Liter auf. Die Lösung wird dann so eingestellt, daß 1 cm^3 0,1 mg N_2O_5 entspricht.

δ) Ferner benötigt man eine Salpeterlösung, von der 1 cm^3 0,1 mg N_2O_5 entspricht. (0,1873 KNO_3 werden unter Zusatz von 2 cm^3 obiger Quecksilberchloridlösung zum Liter gelöst.)

Arbeitsweise. 5 cm^3 des zu prüfenden Wassers werden mit 1 Tropfen von Lösung α) versetzt, mit 6 cm^3 Schwefelsäure zunächst unterschichtet und dann vermischt. Unter Umschütteln läßt man schnell tropfenweise mindestens 5 Minuten Indigolösung zutropfen, bis eine Blau- oder Grünfärbung bestehen bleibt. Mehr als 3 cm^3 sollen nicht verbraucht werden, anderenfalls ist das Wasser zu verdünnen.

K. Scheringer (1) führt die Nitratbestimmung mit Hilfe von Natriumsalicylat durch. Eine etwa 0,1 mg NO_3 enthaltende Wassermenge wird danach mit 1 cm^3 einer 0,1%igen Natriumsalicylatlösung versetzt und auf dem Wasserbade zur Trockne gedampft. Dann fügt man 1 cm^3 konzentrierte Schwefelsäure zu, läßt 10 Minuten stehen, spült mit Wasser in Colorimetergläser und vergleicht nach Zusatz von 10 cm^3 Natronlauge mit einer Standardnitratlösung. Große Mengen Chloride stören, man korrigiert in diesem Falle mit dem Faktor $100 \cdot (100-10a)$, indem a die vorhandene Chloridmenge als Milligramm Cl bedeutet.

Das in Frankreich gebräuchliche argentinische Nitratbestimmungsverfahren von A. Grandval und H. Lajoux, das auf der Verwendung von Phenolsulfosäure beruht, wurde von W. Lühr nachgeprüft und verbessert, da die Gegenwart von Halogenen insonderheit von Chloriden und diejenige von Carbonaten sowie von organischen Stoffen störend wirkte. Nachstehend die Arbeitsvorschrift, die die genannten Fehler ausschaltet. Chloride werden durch einen geringen Überschuß an festem Silbersulfat[1] unschädlich gemacht, eine Färbung wird durch Aluminiumhydroxyd beseitigt, die Nitrite werden durch Wasserstoffperoxyd in Nitrate übergeführt und die dadurch bedingte höhere Nitratmenge in Rechnung gestellt. Nunmehr werden 10 cm³ des zu untersuchenden Wassers nach Zugabe von 0,1 cm³ 15%iger Natronlauge (= 2 Tropfen) in einem 100-cm³-Kolben zur Trockne verdampft. Man setzt hierauf 2 cm³ Sulfophenolreagens (25 g reines, weißes Phenol werden in einer braunen Flasche in 150 g konzentrierter Schwefelsäure gelöst und nach Zusatz von 75 cm³ rauchender Schwefelsäure mit 15% SO_3 2 Stunden auf dem Wasserbad erhitzt[2]) zu, so daß alle Teile des Trockenrückstands benetzt werden, und bedeckt mit einem Uhrglas. Nach 5—10 Minuten spült man das Uhrglas mit 5 cm³ destilliertem Wasser ab, schüttelt das Flüssigkeitsgemisch gut um und gibt nach dem Erkalten 10 cm³ Ammoniak zu. Man füllt in einem Meßzylinder auf und vergleicht im Colorimeterzylinder mit der Vergleichslösung, die man in derselben Weise behandelt.

Für den Nachweis von kleinen Nitratmengen, d. h. Mengen unter 10 mg/l N_2O_5, ist nach O. Mayer (2) das Diphenylaminverfahren empfehlenswert. Es werden 0,5 g Diphenylamin in 70 cm³ Eisessig gelöst und diese Lösung mit 30 cm³ destilliertem Wasser sowie 1 cm³ reiner Salzsäure (1,19) versetzt. Es kommen drei Ausführungsweisen in Frage:

α) In einem flachen Porzellanschälchen (5 cm³ Durchmesser) werden 2—3 cm³ reine Schwefelsäure mit 1 Tropfen Reagens und tropfenweise mit 0,5—1 cm³ des zu untersuchenden Wassers versetzt. Noch bei Gegenwart von 2—3 mg/l N_2O_5 tritt sofortige Bläuung auf. 1 mg/l N_2O_5 zeigt erst nach einigen Minuten eine Bläuung.

β) Zu 1 cm³ Wasser setzt man 1 Tropfen Reagens zu und läßt 2 cm³ Schwefelsäure zufließen. Bei 1 mg/l N_2O_5 tritt nach 5 Minuten deutliche Blaufärbung auf, bei 5 mg/l erscheint die Färbung sofort.

γ) In einem Reagensglas (40 cm³) werden 2,5 cm³ Wasser mit 1 Tropfen Reagens versetzt, dann mit 5 cm³ Schwefelsäure unterschichtet und nunmehr gemischt. Bei 1 mg/l N_2O_5 erscheint sofort eine Bläuung. Noch 0,1 mg/l N_2O_5 sind an der allmählich eintretenden Färbung zu erkennen.

Bezüglich des Nollschen Brucinverfahrens empfiehlt W. Lühr die vorherige Beseitigung von Eisen- und Manganverbindungen durch Schütteln des Wassers (100 cm³) mit 15%iger Natronlauge (1 cm³). Nach dem Absetzen kann in dem Wasser die Nitratbestimmung durchgeführt werden.

G. Bini bedient sich zur Identifizierung und Bestimmung der Nitrate der Hydrochinonsulfonsäure. 10 cm³ des Wassers werden in einem

[1] 1 mg Cl = 4,4 mg Ag_2SO_4.

[2] Nach argentinischer Vorschrift werden 12 g reines Phenol und 144 g Schwefelsäure (Dichte 1,89) 2 Stunden auf dem Wasserbad erwärmt.

50 cm³ Meßzylinder mit 0,5 cm³ Reagens (s. unten) und vorsichtig mit 20 cm³ einer konzentrierten Schwefelsäure versetzt. Nach 5 Minuten wird die Färbung beobachtet bzw. mit in gleicher Weise behandelten Standardlösungen verglichen. Das Reagens wird wie folgt hergestellt: 5 g Hydrochinon werden 10 Minuten mit 7,5 g konzentrierter Schwefelsäure erwärmt. Man hält bis zur beginnenden Kristallisation auf 90—100° und kühlt dann ab. Nach 2—3 Stunden löst man das aus Sulfonsäure, Hydrochinon und Schwefelsäure bestehende Gemisch in 500 cm³ doppelt destilliertem Wasser. — Chloride, Chromate und Wasserstoffperoxyd stören in größeren Mengen. Ferrosalze liefern mit Hydrochinonsulfosäure eine blauviolette Färbung, die jedoch auf Zusatz von Schwefelsäure verschwindet.

Für die Zwecke der Wasseranalyse kommen als Nitratbestimmung in erster Linie die colorimetrischen Verfahren, insonderheit das Brucinverfahren von Noll in Frage. Das gravimetrische Nitronverfahren ist zwar recht exakt, es wird jedoch durch Chlorionen gestört. Das gleichfalls früher schon beschriebene, maßanalytische Verfahren nach Ulsch bzw. seine Abänderung nach F. Dienert und F. Villemain ist nur bei höheren Nitratgehalten (etwa 30 mg/l) mit Erfolg anzuwenden. Vgl. weiter A. W. Trofimow; K. Scheringer (1); G. Gad.

10. Chlorion (II/1, 266). Ergänzend ist eine von den „Einheitsmethoden" empfohlene titrimetrische Chloridbestimmung zu erwähnen. Sie unterscheidet sich von der früher mitgeteilten Bestimmung dadurch, daß an Stelle von 0,1 n-Silbernitratlösung 0,02 n-Lösung verwendet wird. 100 cm³ Wasser (s. unten) werden auf weißer Unterlage in einem 200-cm³-Erlenmeyer nach Zusatz von 1 cm³ 10%iger Kaliumchromatlösung und 0,02 n-$AgNO_3$-Lösung unter Mischen bis zum Farbumschlag von Gelb nach Gelbbraun titriert. Bei einem Verbrauch von über 50 cm³ 0,02 n-Lösung ist zu verdünnen. Da Säuren, Alkalien, Eisensalze, Sulfite, Sulfide, Schwefelwasserstoff und größere Mengen organischer Stoffe störend wirken, ist eine Vorprüfung bzw. Vorbereitung des Wassers notwendig. Saure und alkalische Wässer werden gegen Lackmus neutralisiert. Stark eisenhaltige Wässer werden durch Schütteln mit 1 g chloridfreiem Zinkoxyd und anschließender Filtration enteisent. Sulfide und Sulfite zerstört man durch Zusatz von 0,01 n-Kaliumpermanganatlösung bis zur Rotfärbung, die durch 1 Tropfen Wasserstoffperoxydlösung beseitigt wird. Freier Schwefelwasserstoff wird durch Kochen entfernt. Organische Stoffe (über 100 mg/l) beseitigt man durch Schütteln mit frischgefälltem chloridfreiem Aluminiumhydroxyd. Falls dies nicht ausreicht, kocht man 10 Minuten mit einem Permanganatüberschuß, den man wiederum mit Alkohol entfernt. Im Filtrat titriert man die Chloride (s. oben). Vgl. weiter H. B. Riffenburg; K. Kroke.

11. Fluor. Zur Bestimmung kleiner Fluormengen verfährt man nach Guy Barr und A. L. Thorogood folgendermaßen: 50 cm³ Wasser werden in einem Meßzylinder mit 2,5 cm³ konzentrierter Salzsäure und danach soviel Zirkonoxychloridlösung (s. unten) versetzt, daß eine 10 Minuten beständige Orangefärbung entsteht. Bei Gegenwart von 1 mg F genügen 2 cm³, bei 5 mg F 4 cm³ des Reagenzes. Man vergleicht die entstandene Färbung mit derjenigen in gleicher Weise bereiteten

Standardlösungen. Zur Herstellung des Reagenzes werden 3 cm³ einer Lösung von 3,53 g Zirkonoxychlorid, $ZrOCl_2 \cdot 8\,H_2O$ in 100 cm³ Wasser sowie 1 cm³ 1%iger Natriumalizarinmonosulfonatlösung auf 200 cm³ verdünnt. Da bei dieser Methode die Sulfate stören, schaltet I. M. Sanchis (1) die Störung dadurch aus, daß er zu Probe und Vergleichslösung je 2,0 cm³ 3 n-Salzsäure und 2,0 cm³ 3 n-Schwefelsäure zusetzt. Auch in Anwesenheit kleiner Mengen Aluminium, Phosphorsäure und Bor ist die Methode anwendbar. Bei größeren Mengen Fluor wird zweckmäßig das Fluor mittels Überchlorsäure als Kieselfluorwasserstoffsäure überdestilliert und mittels Thornitrat in Gegenwart von Zirkonnitrat und Alizarinrot als Indicator titriert (s. unten). — C. S. Boruff und G. B. Abbott empfehlen für die Titration mittels Thornitrat folgenden Gang:

Reagenzien: α) Zirkonnitrat (1 g $Zr(NO_3)_4 \cdot 5\,H_2O$ in 250 cm³ Wasser).

β) Alizarinrot (1 g alizarinsulfosaures Natrium gelöst in 100 cm³ Alkohol, anschließend filtriert und nochmals mit 150 cm³ Alkohol versetzt); man mischt Lösung 1 und 2 im Verhältnis 3:2. Die Farbe des Mischindicators soll violett sein.

γ) 0,01—0,02 n-Thoriumnitratlösung.

δ) 0,02 n-Standardfluoridlösung (0,5188 g Lithiumfluorid im Liter).

ε) 0,2 n-Salzsäure.

ζ) 0,2 n-Natronlauge.

Die Thoriumnitratlösung wird in der Weise eingestellt, daß man eine gemessene Fluoridmenge in einem Erlenmeyerkolben auf 20 cm³ verdünnt und mit der gleichen Menge Alkohol versetzt. Nach Hinzufügen von 0,15 cm³ Zirkon-Alizarinmischung gibt man bis zum Verschwinden der Farbe verdünnte Salzsäure zu. Ein Salzsäureüberschuß ist zu vermeiden. Hierauf titriert man mit der Thoriumnitratlösung über einer weißen Unterlage, bis die Farbe wiederum erscheint. Weiterhin ist ein Blindversuch durchzuführen, indem man die Fluoridmenge ermittelt, die notwendig ist, um eine mit 0,15 cm³ Indicatormischung versetzte wäßrig-alkoholische Lösung zu entfärben. Die Stärke der Thoriumnitratlösung ergibt sich dann aus folgender Gleichung:

$$1\ \text{cm}^3\ \text{Thoriumnitratlösung} = \frac{\text{cm}^3\ 0{,}02\ \text{n-Fluoridlösung}}{\text{cm}^3\ \text{Thoriumnitratlösung}} \cdot 0{,}38 = \text{mg} \cdot$$

Fluorion.

Zur eigentlichen Bestimmung wird die gegen Lackmus oder Phenolphthalein neutralisierte Wasserprobe in einem 250-cm³- oder 500-cm³-Destillationskolben auf 50 cm³ eingedampft. Nach Zusatz von Siedesteinchen und 20 cm³ konzentrierter Schwefelsäure und soviel destilliertem Wasser, daß die Lösung bei 110° siedet, verschließt man den Kolben mit einem doppelt durchbohrten Gummistopfen, durch dessen eine Öffnung ein Thermometer und durch dessen zweite Öffnung eine Capillare gesteckt ist. Hierauf verbindet man mit einem Kühler und destilliert, bis das Thermometer 130—140° anzeigt. Aus einem Tropftrichter läßt man dann in die Capillare Wasser zutropfen derart, daß die Temperatur von 130—140° erhalten bleibt. Man destilliert 100 bis 150 cm³ Destillat über. Hierauf dampft man das alkalisch gemachte

Destillat auf 20 cm³ ein. Zu der nunmehr neutralisierten Lösung setzt man 6 Tropfen Indicatormischung und soviel verdünnte Säure zu, bis die Indicatorfarbe verschwindet. Die nun schwach saure Lösung versetzt man mit dem gleichen Volumen neutralen Alkohols. In Gegenwart von Fluoriden verschwindet jetzt die Indicatorfarbe. Nunmehr titriert man mit der Thoriumnitratlösung bis zum Wiedererscheinen der Farbe. Fehlt Fluor, dann verschwindet bei dem Salzsäurezusatz die Farbe des Indicators nicht. In der anfänglich eingedampften Wassermenge sollen mindestens 0,2 mg Fluor enthalten sein. — Die Fluorbestimmungen in Trinkwasser haben neuerdings insofern Bedeutung erlangt, als fluorhaltige Trinkwässer die Ursache für fleckigen Zahnschmelz (mottled enamel) sein sollen. Nach H. N. Smith (1) trat bei Wässern mit über 1,0 mg Fluor durchweg fleckiger Zahnschmelz auf (s. S. 246). Vgl. ferner H. H. Willard und O. B. Winter; Margarete Foster (Bestimmungsmethode, die auf der Bildung eines Eisenfluorkomplexsalzes von der Formel Na_3FeF_6 beruht); I. M. Sanchis (1, 2) (Ausschåltung der bei der Zirkon-Alizarinmethode störenden Sulfate durch Zusatz von je 2 cm³ 3 n-HCl und 2,0 cm³ 3 n-H_2SO_4 zu Probe und Vergleichslösung); Th. G. Thompson und H. I. Taylor; E. Poda (chemisch-mikroskopische Bestimmung des Fluors als Na_2SiF_6); A. Herculano de Carvalho; D. Dahle (Titanmethode).

12. Jod. Zur schnellen Bestimmung von Jod in Mineralwasser empfehlen H. Jvekowic und L. Damčvic eine Methode, die auch auf Trinkwasser Anwendung finden dürfte. Ein bestimmtes Volumen Wasser wird nach Zusatz von 2—3 g Natriumcarbonat auf 200—300 cm³ eingedampft. Die ausgefällten Carbonate werden abfiltriert und mit heißem Wasser gewaschen. Man säuert dann in einem mit Glasstöpsel versehenen Erlenmeyer die ablaufende Flüssigkeit mit verdünnter Salzsäure an, setzt 0,2—0,3 g in wenig Wasser gelöstes Kaliumnitrat zu und macht nach 1—2 Minuten bicarbonat-alkalisch. Ist die Kohlensäureentwicklung beendet, so gibt man 25 cm³ 0,02 n-Natriumarsenitlösung zu und titriert mit 0,02 n-Jodlösung in üblicher Weise zurück. Die Differenz zwischen dem Jodverbrauch des Wassers in der Blindprobe in Kubikzentimeter multipliziert mit dem Faktor 2,54 und geteilt durch die angewendete Titerzahl ergibt die vorhandene Jodmenge in Milligramm im Liter. Hervorgehoben sei, daß Kochsalz und organische Substanz nicht stören. Vgl. a. F. Sancher (Jodbestimmung in Trink- und Mineralwasser).

13. Schwefelsäure (II/1, 267). Für die Bestimmung des Sulfations werden von den „Einheitsverfahren“ zwei einfache und eine Feinbestimmung vorgeschlagen. Da Eisensalze und organische Stoffe in größeren Mengen störend wirken, ist für ihre Beseitigung Sorge zu tragen. Eisen in Mengen über 1,0 mg/l wird durch Ammoniak ausgefällt und der so erhaltene Niederschlag abfiltriert. Organische Stoffe (über 30 mg/l) werden durch Schütteln mit frisch gefälltem, sulfatfreiem Aluminiumhydroxyd entfernt. Sollten hierdurch nicht alle organischen Stoffe beseitigt werden, so kocht man eine bestimmte Menge 10 Minuten mit einem Permanganatüberschuß, entfärbt durch Zugabe von Alkohol und bestimmt im Filtrat die Sulfate. Folgende Reagenzien sind erforderlich:

1. Salzsaure Bariumchromatlösung (5 g Bariumchromat gelöst in 50 cm³ 25%iger HCl aufgefüllt zum Liter. Die Lösung ist nach längerem Stehen und anschließender Filtration gebrauchsfertig);
2. 25%iges Ammoniak;
3. 25%ige Salzsäure;
4. Kaliumjodid kristallisiert;
5. Stärkelösung;
6. 5%ige Natriumazidlösung;
7. 0,01 n-Natriumthiosulfatlösung;
8. 0,1 n-Bariumnitratlösung;
9. 0,1%ige Methylorangelösung;
10. 0,1 n-HCl;
11. 0,1 n-NaOH;
12. alkoholische Phenolphthaleinlösung (0,375 g/l);
13. 0,1 n-Kaliumpalmitatlösung;
14. Salzsäure 10%ig;
15. 10%ige Bariumchloridlösung.

Die Feinbestimmung ist im Hauptwerk besprochen. Es werden daher hier nur die beiden auf titrimetrischer Bestimmung beruhenden einfachen Verfahren mitgeteilt.

a) Bariumchromatmethode. 100 cm³ des nötigenfalls von störenden Stoffen befreiten Wassers werden in einem 200-cm³-Meßkolben mit 20 cm³ Bariumchromatlösung und bei Gegenwart von Nitriten mit 0,5 cm³ Natriumazidlösung versetzt. Nach $^1/_2$ Stunde, während der man öfters umschwenkt, gibt man tropfenweise Ammoniak zu, bis die gelblich-rote Farbe in grünlichgelb umschlägt. Dann füllt man auf, filtriert nach 5 Minuten, verwirft die ersten 20—30 cm³ des Filtrates und gibt 100 cm³ der völlig klaren Flüssigkeit in einen Erlenmeyer. Nach Zusatz von 0,5 g Kaliumjodid und 10 cm³ Salzsäure läßt man 10 Minuten stehen und titriert dann mit 0,01 n-Thiosulfatlösung unter Zusatz von 1,0 cm³ Stärkelösung. Werden mehr als 40 cm³ Thiosulfatlösung verbraucht, so ist zu verdünnen. 1 cm³ 0,01 n-Thiosulfatlösung für 100 cm³ Filtrat entspricht 6,4 mg/l SO_4. Von dem Ergebnis sind 5,1 mg/l SO_4 abzuziehen.

b) Palmitatmethode. Eisensalze und organische Stoffe stören hier nicht. 100 cm³ Wasser werden gegen Methylorange (0,1 cm³) mit Salzsäure (0,1 n) bis zur Rotfärbung titriert und nach der zu erwartenden Menge an Sulfationen mit 5—10 cm³ Bariumnitratlösung versetzt. 5 cm³ Bariumnitratlösung entsprechen 240 mg/l SO_4. Dann dampft man auf 50 cm³ ein, kühlt ab und neutralisiert mit 0,1 n-NaOH gegen 1 cm³ Phenolphthaleinlösung. Anschließend titriert man mit Kaliumpalmitatlösung bis zur bleibenden Rotfärbung. Für die Bindung des Sulfations ergibt sich ein Verbrauch an Kaliumpalmitatlösung von $(a + x - s)$ cm³. Hierin bedeutet a die Kubikzentimeter Palmitatlösung, die bei der Härtebestimmung (s. S. 233) verbraucht wurden, x die Anzahl der zugesetzten Kubikzentimeter Bariumnitratlösung, s die bei der obigen Untersuchung verbrauchten Kubikzentimeter 0,1 n-Kaliumpalmitatlösung. — 1 cm³ verbrauchter 0,1 n-Kaliumpalmitatlösung entspricht 48 mg/l SO_4.

c) Rhodizonmethode. In etwa 8—10 Minuten ist nach E. Seyb die Sulfattitration mit Bariumchlorid und Natriumrhodizonat als Tüpfelindicator durchgeführt. 100 cm^3 Wasser oder eine auf dieses Volumen eingeengte Menge werden mit 5 cm^3 n-Essigsäure und 20 cm^3 Aceton versetzt. Eine Probe wird bis auf 0,5 cm^3 genau mit Bariumchloridlösung vortitriert. Bei der eigentlichen Bestimmung setzt man die gesamte Bariumchloridmenge vermindert um 0,5 cm^3 auf einmal zu, während die letzten 0,5 cm^3 tropfenweise zugeführt werden. Nach jeder Zugabe eines Tropfens wird 1 Tropfen der Lösung auf ein vorher mit einer frisch bereiteten Natriumrhodizonatlösung getränktes Filtrierpapier gegeben. Sobald der zurückbleibende Fleck nicht mehr weißlich sondern rötlich wird, ist die Bestimmung beendet. Alkalische Wässer sind vor der Untersuchung mit Salzsäure gegen Methylorange zu neutralisieren. Sulfit muß durch Wasserstoffperoxyd oxydiert werden. Zur Einstellung der Bariumchloridlösung verwendet man Sulfatlösungen bekannter Konzentration. Phosphat und organische Substanz üben keinen störenden Einfluß aus. Der Umschlag des Indicators beruht darauf, daß Rhodizonsäure mit Barium einen in Salzsäure unlöslichen, flockigen carminroten Niederschlag bildet (vgl. auch B. Paschke). Weitere Literatur über titrimetrische Sulfatbestimmungen: H. Schmitz; H. Reichelt; P. Hamer. Über gravimetrische Sulfatbestimmungen vgl. D. G. Jones und Ch. E. Wood.

14. Phosphorsäure (II/1, 268). Zum qualitativen Nachweis versetzt man nach den „Einheitsmethoden" das Wasser mit einer Messerspitze Kochsalz, einigen Tropfen Sulfat-Molybdänsäure[1] (1 Teil konzentrierte H_2SO_4 + 1 Teil 10%ige Ammoniummolybdatlösung) und etwas Zinnfolie. In Gegenwart von Phosphationen tritt Blaufärbung auf. Zur quantitativen Bestimmung versetzt man 10 cm^3 Wasser mit 0,3 g Natriumchlorid und 0,1 cm^3 Sulfat-Molybdänsäure (100 cm^3 10%ige Ammoniummolybdatlösung + 300 cm^3 Vol.-%ige Schwefelsäure) sowie einem Streifen Zinnfolie (0,01—0,02 mm Dicke, 50 mm Länge, 2 mm Breite). Nach 10 Minuten langem Stehen entfernt man den Zinnstreifen und füllt mit 3%iger Natriumchloridlösung auf 100 cm^3 auf. In gleicher Weise stellt man sich aus einer Phosphatlösung (3,77 g Na_2HPO_4 + 12 H_2O werden in 1000 cm^3 3%iger Natriumchloridlösung gelöst; 1 cm^3 = 1 mg PO_4) Vergleichslösungen her und colorimetriert. Bei Gehalten über 5,0 mg/l PO_4 ist der Versuch mit kleineren Ausgangsmengen zu wiederholen.

Über eine nephelometrische Methode mit Hilfe von Strychnin-Molybdänreagens vgl. G. Buogo. Die stufenphotometrische Bestimmung der Phosphorsäure behandelt eine Arbeit von C. Urbach (vgl. a. D. M. Taylor).

15. Kieselsäure (II/1, 269). Neben den gewichtsanalytischen Methoden spielen neuerdings stufenphotometrische Verfahren eine wichtige Rolle.

[1] Vgl. auch R. I. Robinson u. H. E. Wirth: Ind. and Engin. Chem., Anal. Ed. 7, 147 (1935). — W. R. G. Atkins: Ztschr. f. anal. Ch. **101**, 151 (1935). — E. Truog u. A. H. Meyer: Ind. and Engin. Chem., Anal. Ed. 1, 136 (1929). — Jul. Grant: Water and Water Engin. Chem. **36**, 470 (1934). — I. E. Farber Grey and E. Youngburg: Ind. Engin. Chem., anal. ed. **4**, 107 (1932).

Die für die Phosphorsäure ausgearbeiteten Verfahren lassen sich mit notwendigen Abänderungen auf die Kieselsäure übertragen. Auch die Kieselsäure bildet mit Ammonmolybdat einen gelben Komplex, der durch Reduktion einer Blaufärbung weicht. Da der Phosphorsäuremolybdänsäurekomplex weniger beständig ist als der Silicomolybdänsäurekomplex, hat C. Urbach die Bestimmung beider Säuren in einem Arbeitsgang durchgeführt. Durch $3^1/_2$ Minuten langes Erwärmen im Wasserbad von 70° verschwindet die Blaufärbung des Phosphorsäurekomplexes.

R. Strohecker, R. Vaubel und K. Breitwieser geben für die stufenphotometrische Bestimmung der Kieselsäure in Wasser und Mineralwasser folgende Arbeitsvorschriften, die sich nur des gelben Molybdänsäurekomplexes bedient:

50 cm³ des zu untersuchenden Wassers werden mit 0,2 cm³ 50 Vol.-%iger Schwefelsäure und 2 cm³ 10%iger Ammoniummolybdatlösung versetzt. Hierbei tritt bei Gegenwart von Kieselsäure die gelbe Farbe des Silicomolybdänsäurekomplexes auf. Nach 10 Minuten wird die Lichtdurchlässigkeit im Stufenphotometer mit Filter S 43 gemessen. Der Gehalt an Kieselsäure in dem Ausgangswasser (x mg/l) berechnet sich dann nach der Gleichung

$$x = \frac{K \cdot \text{Endvolumen}}{K_1 \cdot 52{,}5}.$$

K = Extinktionskoeffizient für die Schichtdicke 1 cm. Hat man die Lichtdurchlässigkeit D z. B. zu 60% abgelesen, dann ist $k = 2 - \log 60 = 2 - 1{,}77815 = 0{,}22185$, sollte nicht Schichtdicke 1 cm verwendet worden sein, so müßte der Wert noch durch die verwendete Schichtdicke in Zentimeter dividiert werden. Das Endvolumen ist gleich 52,2 und damit der Teilquotient $\frac{\text{Endvolumen}}{52{,}2} = 1$, wenn die oben angegebenen Mengen (50 + 2 + 0,2) verwendet werden. K_1 ist gleich dem sog. spezifischen Extinktionskoeffizienten. Der Wert ist entsprechend dem vorliegenden SiO_2-Gehalt dem nebenstehenden Schema (Tabelle 1) zu entnehmen.

Tabelle 1.

mg SiO_2/l	Wert für K_1	mg SiO_2/l	Wert für K_1
30,6—35,0	0,00855	15,2 —19,2	0,00999
25,4—29,0	0,00920	10,2 —13,5	0,01107
20,4—24,8	0,00970	2,20— 9,04	0,01203

Die zur Messung verwendeten Lösungen müssen völlig klar sein, da anderenfalls große Ablesefehler entstehen können. Ferner muß das Wasser eisen- und phosphatfrei sein. Sind diese beiden Stoffe vorhanden, so werden sie nach Liebknecht, Gerb und Bauer in folgender Weise entfernt: 50 cm³ Wasser werden in einem Jenaer Kolben mit 3 cm³ sekundärer Natriumphosphatlösung (18,6 g $Na_2HPO_4 \cdot 12\,H_2O$ in 200 cm³ H_2O), 3 cm³ Calciumchloridlösung (20 g $CaCl_2 \cdot 6\,H_2O$ in 100 cm³ H_2O) und 1 g Calciumcarbonat 10 Minuten auf dem siedenden Wasserbad erhitzt. Hierbei wird Eisen als Eisenphosphat und Phosphat als tertiäres Calciumphosphat quantitativ ausgefällt. Man filtriert dann durch ein gehärtetes Filter, wäscht nach und filtriert nochmals. — Nach den Beleganalysen stimmen die stufenphotometrischen Bestimmungen der Kieselsäure in Brunnen-, Leitungswässern sowie Mineralwässern gut mit den gravimetrisch ermittelten Werten überein. Vgl. ferner A. R. Tourky und D. K. Baugham; Fr. Hundeshagen und F. W. Sieber; W. Steffens; M. C. Schwartz; Th. G. Thompson und H. G. Houlton.

16. Borsäure. Zur Bestimmung von Borsäure in Wasser werden nach Fred I. Toote 100—500 cm³ Wasser in einem weithalsigen Erlenmeyer (250—500 cm³) nach Zusatz von 1 Tropfen einer 1%igen Methylrotlösung mit Salzsäure angesäuert, 5 Minuten unter 2—3maligem Umrühren aufgekocht und auf Zimmertemperatur gekühlt. Auf je 100 cm³ Flüssigkeit setzt man jetzt 5 Tropfen einer 0,4%igen Phenolrotlösung zu und verschließt den Kolben. Man bringt dann mit kohlensäurefreier n-Natronlauge auf einen p_H-Wert von 7,6, zweckmäßig bringt man erst auf Stufe 8,0—8,4 und stellt dann mittels Salzsäure auf Stufe 7,6. Nach 15—20 Sekunden langem Schütteln soll noch Stufe 7,6 vorhanden sein. Gegen Ende der Neutralisierung arbeitet man mit 0,015 n-Lauge. Man fügt nunmehr 3 g Mannit für je 100 cm³ Flüssigkeit zu und titriert sofort mit eingestellter Natronlauge auf Stufe 7,6 zurück. Die Stufe 7,6 soll nach 15—20 Minuten langem Schütteln bestehen bleiben. Die nach Zusatz von Mannit verbrauchten Kubikzentimeter 0,015—0,020 n-Natronlauge werden nach Abzug eines Blindversuchs auf Bor bzw. Borsäure berechnet. 1 cm³ der obigen Lauge entspricht 0,160 mg Bor.

Vgl. ferner C. Sumulcanu und M. Botezatu (Mikrotitration der Borsäure in Mineralwässern); A. Stettbacher (Borsäurebestimmung mittels Chromotrop 2 B, p-Nitrobenzolazo-1-8-Dioxynaphthalin-3,6-Disulfosäure).

17. Calcium (II/1, 270). Weitere Literatur: A. Duroudier: Ann. des Falcifications **27**, 273 (1934). — G. Ammer u. H. Schmitz: Vom Wasser 8 **II**, 161 (1934) (Farbreaktion auf Calcium, Strontium, Barium, auf einer Gerbsäurereaktion beruhend). — A. J. Amiantow: Chem. Journ., Ser. B., Journ. angew. Chem. (russ.) **7**, 632 (1934) (volumetrische Calcium- und Magnesiumbestimmung). — Vgl. auch Chem. Zentralblatt **107 I**, 2987 (1936).

18. Magnesium (II/1, 272). Nach den „Einheitsverfahren" wird das Magnesiumion qualitativ mit Titangelb nachgewiesen. 10 cm³ Wasser werden hierzu mit 0,2 cm³ einer 0,1%igen wäßrigen Titangelblösung (Methylbenzothiazol) und 1 Tropfen 10%iger Natronlauge versetzt. Bei Anwesenheit von Magnesium tritt eine von der Menge abhängige rote bis rotbraune Farbe auf. 0,5 mg/l Mg sind auf diesem Wege noch erfaßbar.

C. Fr. Miller hat zur quantitativen Bestimmung des Magnesiums das 8-Oxychinolin herangezogen. Man dampft hierzu 2 l des zu untersuchenden Wassers in einer Platinschale zur Trockne, löst den Rückstand in 5%iger Salzsäure und filtriert. Möglicherweise vorhandene Schwermetalle werden durch Schwefelwasserstoff entfernt. Bei Anwesenheit von Zink und Calcium wird Magnesium als Ammonium-Magnesiumphosphat gefällt, andernfalls macht man nur ammoniakalisch.

Man löst den Magnesiumniederschlag in verdünnter Salzsäure, macht gerade ammoniakalisch und dann essigsauer. Diese Lösung setzt man dann zu überschüssiger 8-Oxychinolinlösung. Man erwärmt die schwach ammoniakalische Lösung 15 Minuten auf dem Wasserbad, filtriert dann durch einen Goochtiegel ab und wäscht den Überschuß an 8-Oxychinolin aus. Nach dem Ansäuern des Filtrates mit Salzsäure titriert man mit Bromat-Bromidlösung bis zur Bläuung von Jodstärkepapier. 1 g 8-Oxychinolin fällt 0,0835 g Magnesium. Die Genauigkeit beträgt 0,10—10 mg/l. In $^1/_2$ Stunde ist die Untersuchung beendet.

Vgl. ferner D. C. Vucetich: Über volumetrische Bestimmung von Calcium und Magnesium: A. J. Amiantow; R. Duroudier (Schnellbestimmung von Calcium und Magnesium).

19. Alkalien (II/1, 273). Colorimetrische Mikronatriumbestimmung: C. Sumulcanu und M. Botezatu (2) benutzen eine Zink-Uranyllösung. Das Reagens wird wie folgt bereitet: Lösung *a)* 20 g Uranylacetat + 3,8 cm³ Eisessig gelöst zu 100 cm³; Lösung *b)* 60 g Zinkacetat + 1,9 cm³ Eisessig auf dem Wasserbad zu 100 cm³ gelöst. Lösung *a* und *b* werden warm gemischt. Man setzt dann 300 cm³ 96%igen Alkohol zu und filtriert nach einigen Tagen in eine braune Flasche. Arbeitsvorschrift: In ein 15 cm³ fassendes Zentrifugenrohr gibt man 1 cm³ Wasser (mehr als 0,5 mg Natrium sollen darin nicht enthalten sein). Dann setzt man 10 cm³ Zink-Uranylreagens zu, schüttelt 2 Minuten lang und läßt die Mischung $^1/_2$ Stunde stehen. Hierauf wird zentrifugiert, dekantiert und der Bodensatz 3mal mit je 3 cm³ 96%igem Alkohol, der mit Tripleacetat $[(VO_2)_3MgNa(C_2H_3O_2)_9\ nH_2O]$ gesättigt ist, gewaschen. Man löst den Niederschlag dann in wenig Wasser und bringt die Lösung in ein bei 20 cm³ eine Marke tragendes Reagensrohr. Hierauf setzt man 1 cm³ frisch bereitete 10%ige Brenzcatechinlösung, sowie 0,25 cm³ n-NaOH zu und füllt auf die Marke auf. In dem Colorimeter von Autenrieth vergleicht man dann mit einer Standardlösung, die wie folgt bereitet wird: 0,10 g Bismarckbraun werden in 400 cm³ Wasser gelöst und die Lösung filtriert. Weiterhin werden 2 cm³ Sepiatusche auf 50 cm³ verdünnt. 6 cm³ der Bismarckbraunlösung, 14 cm³ Tuschelösung und 20 cm³ destilliertes Wasser werden zur Herstellung der endgültigen Lösung gemischt. — 81,5° der Autenrieth-Skala entsprechen 0,1 mg, 69,0° = 0,2 mg, 56,0° = 0,3 mg, 43,0° = 0,4 mg Na. Der mögliche Fehler beträgt im Mittel 1,4%. Bezüglich der störenden Stoffe ist zu bemerken, daß Kalium zunächst durch Ammoniumchlorat zu beseitigen ist. Das gleiche gilt für Lithium, das man mittels Fluorammonium entfernt. Phosphorsäure, die gleichfalls stört, wird im Analysengang als Uranylphosphat gefällt.

Gegenüber der gravimetrischen Alkalibestimmungen in Trinkwässern bedeuten die titrimetrischen Verfahren eine gewisse Erleichterung. Da das von I. Tillmans und E. Neu angegebene Verfahren nach J. F. Reith und A. Loojen unbefriedigende Werte liefert, haben die zuletzt genannten Verfasser zwei neue Arbeitsvorschriften für die titrimetrische Alkalibestimmung ausgearbeitet.

Arbeitsvorschrift I (für mehr als 5 mg Na): Mindestens 250 cm³ Wasser, die 10—50 mg Alkalien enthalten sollen, werden mit 10 cm³

4 n-Schwefelsäure zur Trockne eingedampft. Der Schwefelsäureüberschuß wird dann abgeraucht. Sobald keine Schwefeltrioxyddämpfe mehr entweichen, erhitzt man noch weitere 10 Minuten mit einem hochbrennenden Argandbrenner. Der oft kohlehaltige Rückstand wird mit 200 cm³ destilliertem Wasser in einem 300-cm³-Erlenmeyer quantitativ übergespült. Die Flüssigkeit wird erhitzt; bei beginnendem Sieden gibt man aus einer Pipette tropfenweise 5 cm³ Barytlauge [170 g $Ba(OH)_2$ in 2 l heißem Wasser lösen] zu und hält noch 1 Minute im Sieden. Nach dem Absetzen prüft man, ob alle Schwefelsäure ausgefällt ist. Ist das nicht der Fall, so läßt man nochmals in der Siedehitze 2 cm³ Barytlauge zutropfen. Entsteht keine Schwefelsäuretrübung mehr, so gibt man noch 5 cm³ Barytlauge zu und hält 1 Minute im Sieden. Nach dem Abkühlen wird wie folgt filtriert: Auf einem Absaugeapparat nach Wik stellt man einen Jenaer Glasfiltertrichter 11 G 4. Nachdem man Wasser durchgesaugt hat, bringt man einen 500-cm³-Erlenmeyer in den Apparat und filtriert nunmehr unter Dekantieren ab. Nach 2maligem Auswaschen mit je 20 cm³ destilliertem Wasser wird das Filtrat mit 2 Tropfen Phenolphthaleinlösung versetzt. Darauf leitet man bis zur Entfärbung mit Wasser gewaschene Kohlensäure ein. Hierauf wird zum Sieden erhitzt, bis die rote Farbe wieder erscheint (10—25 Minuten) und dann noch weitere 30 Minuten: Das Volumen soll 150—210 cm³ betragen. Nach dem Abkühlen filtriert man wie oben durch den Trichter 11 G 4 und wäscht 2mal mit kohlensäurearmen Wasser (je 20 cm³) nach. Die vollkommen klaren Filtrate werden mit kohlensäurearmem Wasser auf etwa 240 cm³ aufgefüllt und 1 cm³ Mischindicator (4 Teile 1‰ige alkoholische Bromkresolgrünlösung, 1 Teil 1‰ige alkoholische Dimethylgelblösung + 10 Teile Alkohol) versetzt und mit 0,05 n-Salzsäure bis zum p_H-Wert = 4,5 titriert. Als Vergleichsstandardlösung verwendet man 0,35 cm³ einer 1%igen Kaliumbichromatlösung + 8,0 cm³ 2,5%ige Kupfersulfatlösung auf 250 cm³ Wasser.

Tabelle 2. Korrekturwerte der Vorschrift 1.

Alkali, gefunden nicht korrigiert Millival	Korrektur A Millival	Natrium, gefunden nicht korrigiert mg	Korrektur B mg
0,20—0,30	0,04	4,6— 6,3	0,9
0,31—0,52	0,03	6,4— 8,3	0,8
0,53—0,87	0,02	8,4—10,3	0,7
0,88—1,36	0,01	10,4—12,8	0,6
>1,37	0	12,9—16,1	0,5
		16,2—19,9	0,4
		20,0—24,7	0,3
		24,8—29,7	0,2
		29,8—35,9	0,1
		>36,0	0

Die Anzahl Milliäquivalente Alkalien (K+Na) im Ursprungswasser ist gleich Kubikzentimeter Säureverbrauch × Normalität der Säure, vermindert um die Korrektur A (s. Tabelle 2). Die Anzahl Milligramm Alkalien, als Natrium berechnet, im Ausgangswasser ist gleich Kubikzentimeter Säureverbrauch × Normalität der Säure × 23, vermindert um die Korrektur B (s. Tabelle 2).

Arbeitsvorschrift II (für 0,5—5 mg Na). Man verfährt zunächst nach Vorschrift I bis zum Einleiten von Kohlensäure. Alsdann hält man die

Flüssigkeit in gelindem Sieden, bis die rote Phenolphthaleinfarbe soeben wieder auftritt (10—25 Minuten). Zu der von Bariumcarbonat getrübten Lösung gibt man genau 10,00 cm³ Natriumcarbonatlösung (0,1 n), kocht 5 Minuten und filtriert nach dem Erkalten wie in Vorschrift I. Mit denselben Reagenzien wird eine Blindprobe ausgeführt, indem man 10 cm³ 4 n-Schwefelsäure abmißt und weiter wie unter II. behandelt.

Die Anzahl Millival Alkalien (K + Na) im Ausgangswasser = (Kubikzentimeter Säureverbrauch des zu prüfenden Wassers — Kubikzentimeter Säureverbrauch der Blindprobe) × Normalität der Säure × 1,008. 1,008 ist ein durch die p_H-Titration bedingter Faktor [vgl. ferner R. Duroudier (2)].

20. Härte (II/1, 276). Ergänzend sei die Seifenmethode mitgeteilt, wie sie die „Einheitsverfahren" vorschreiben. Arbeitsweise: 40 cm³ Wasser werden in einer 60—80 cm³ fassenden Schüttelflasche (mit Ringmarken bei 10, 20 und 40 cm³) unter kräftigem Schütteln mit empirischer Seifenlösung nach Boutron-Boudet titriert, bis ein mehrere Minuten bestehender Schaum gebildet ist. Der mittels Bürette abgelesene Verbrauch an Seifenlösung gibt die Gesamthärte in deutschen Graden an. Ergibt sich ein Verbrauch an Seifenlösung von 2° und weniger, so wiederholt man den Versuch mit 40 cm³ Wasser, die man vorher mit 0,1 n-NaOH unter Zusatz von 3 Tropfen alkoholischer Phenolphthaleinlösung (0,375 g/l) bis zur bleibenden schwachen Rosafärbung versetzt hat. Ergibt sich ein 10—12° Härte entsprechender bzw. über 20° liegender Seifenverbrauch, so ist der Versuch mit 20 bzw. 10 cm³ Wasser zu wiederholen derart, daß die Probe jeweils auf 40 cm³ mit destilliertem Wasser verdünnt wird. Ergibt sich ein unter 1° liegender Seifenverbrauch, so verwendet man größere Wassermengen: 400 cm³ Wasser werden in einem mit eingeschliffenem Stöpsel versehenen 500-cm³-Schüttelzylinder mit 0,5 cm³ Phenolphthaleinlösung und tropfenweise mit 0,1 n-NaOH bis zur schwachen Rosafärbung versetzt. Dann titriert man mit Seifenlösung, bis der beim Schütteln entstehende Schaum 3 Minuten bestehen bleibt. In diesem Fall entspricht 1° abgelesener deutscher Härte unter Berücksichtigung der angewandten Wassermenge 0,1° d. H. Die Genauigkeit der Seifenmethode beträgt bei 40 cm³ Ausgangswasser bei Wässern unter 2° d. H. etwa 0,2°, bei Wässern bis zu 12° d. H. etwa 0,5—1,0°, bei Wässern über 12° d. H. etwa 1,0°.

Vgl. ferner W. Nümann; G. Ammer; F. C. Saville; K. Scheringer (2); E. Leclerc; H. F. Kuisel (2); J. A. Nikiforow.

21. Untersuchung von Stoffen, die bei der Wasserreinigung zugesetzt werden (II/1, 279). *a) Aluminium.* Die vielfach den Wässern als Fällungsmittel zugesetzte Tonerde wird als Aluminium bestimmt. Nach G. Gad und K. Naumann bestimmt man das Aluminium colorimetrisch in folgender Weise: Zu 500 cm³ Wasser gibt man unter Umschwenken nacheinander 1 cm³ 10%ige Gummiarabicum-Lösung, 2 Tropfen 10%ige Cyankaliumlösung, 1 cm³ 0,1%ige Hämatoxolinlösung in 1%iger Essigsäure sowie 1 cm³ kalt gesättigte Ammoniumcarbonatlösung. Nach 15 Minuten langem Stehen wird mit 1 cm³ 30%iger Essigsäure angesäuert. Die entstandene Färbung wird mit derjenigen in gleicher Weise behandelter Standardlösungen (0,05 mg,

0,1 mg, 0,2 mg, 0,5 mg Al im Liter) verglichen. — Weiterhin wird von den Verfassern eine auf der Alizarinfärbung beruhende Methode empfohlen: Man löst 0,1—0,2 g festes Natriumthiosulfat in 50 cm^3 des zu untersuchenden Wassers und setzt nacheinander 1 cm^3 Alizarinreagens (0,1 g alizarinsulfosaures Natrium + 100 cm^3 Wasser + 100 cm^3 3%ige Essigsäure), 1 cm^3 20%ige Kaliumbicarbonatlösung und 10 Minuten später 1 cm^3 30%ige Essigsäure zu. Hierauf wird colorimetriert. Der Thiosulfatzusatz hat den Zweck, die Eisenstörung zu beseitigen, was bis 5 mg Fe_2O_3 im Liter gelingt.

Vgl. ferner E. Naumann (1); M. A. Schpak und Schubajew.

b) Chlor. Zur quantitativen Bestimmung von freiem Chlor eignet sich folgende, allerdings nicht spezifische Methode: 1 l des zu untersuchenden Wassers wird in einem großen Kolben mit Schwefelsäure angesäuert und mit 10 cm^3 Jodzinkstärke sowie 40 cm^3 Chloroform oder Benzol versetzt. Man schüttelt kräftig. Bei Anwesenheit von freiem Chlor (Ozon und Wasserstoffperoxyd reagieren auch) färbt sich die Chloroform- bzw. Benzolschicht mehr oder weniger rosa bis violett (bei großen Mengen). Man titriert nun solange mit 0,01 n-Natriumthiosulfatlösung, bis nach dem Schütteln das Chloroform bzw. Benzol glänzend weiß ist. Der Endpunkt ist gut feststellbar, besonders dann, wenn man sich die Chloroform- bzw. Benzolschicht durch Umdrehen des Kolbens im Kolbenhals abscheiden läßt.

L. M. Winkler bedient sich zum Nachweis und zur Bestimmung des freien Chlors im gechlorten Trinkwasser des Methylrotes: Man gibt zu 100 cm^3 des zu prüfenden Wassers 100 cm^3 destilliertes Wasser, 1 Tropfen Methylrotlösung und 1 cm^3 verdünnte Salzsäure. Bei Gegenwart von freiem Chlor wird die Methylrotlösung entfärbt. Auf diesem Wege sind noch 0,05 mg Cl nachweisbar. Mangano-Manganit und Calcium-Manganit stören die Reaktion. 1 cm^3 Methylrotlösung entspricht 0,05 mg Cl. Zur maßanalytischen Bestimmung setzt man zu 100 cm^3 Wasser 1 cm^3 verdünnte Salzsäure und titriert solange mit Methylrotlösung, bis eine blasse Methylrotfärbung bestehen bleibt. — Nach L. W. Haase (1) eignet sich zum Nachweis und zur Bestimmung von freiem Chlor im Wasser Dimethyl-p-phenylendiamin in phosphorsaurer Lösung.

Zum Nachweis und zur schnellen Bestimmung von sehr kleinen Mengen Chlor im Wasser gibt L. Leroux zu 50 cm^3 des zu prüfenden Wassers einen Kristall Bromkalium. Man löst ihn durch Umschütteln auf und gibt alsdann 1 cm^3 Fuchsinschwefelsäure (10 cm^3 wäßrige Fuchsinlösung 1:1000 + 100 cm^3 Schwefelsäure 1:20) sowie 1 cm^3 Essigsäure zu. In Gegenwart von Chlor tritt eine rosaviolette Färbung auf, die nach $^1/_2$ Stunde stabil wird. Zur Bestimmung colorimetriert man gegen eine 0,002 n-Kaliumpermanganatlösung, deren Färbung mit der Fuchsinlösung übereinstimmt.

Vgl. ferner über Chlor bzw. Chloramin: H. W. Adams und A. M. Busewell (o-Tolidinprobe); L. Friderich (Feststellung des Überschusses an Oxydationsmitteln bei der Trinkwassersterilisierung durch Messung der elektromotorischen Kraft); R. D. Scott (1) (Ausschalten falscher Chlorproben); R. Hulbut; D. Tarvin, H. R. Todd und A. M. Busewell; C. A. Holmquist (Einfluß von Mangan und Nitriten); P. D. Namec (Bestimmung von Chloramin in Wasser).

22. Die „Angriffslust“ eines Wassers (Kalkaggressivität) (II/1, 289). Die Angriffslust eines Wassers wurde bisher nur aus dem mehr oder weniger großen Vorkommen von aggressiver Kohlensäure nach I. Tillmans abgeleitet. Während im großen und ganzen die Titration der gebundenen Kohlensäure als praktisch und theoretisch einwandfrei anzusehen ist, sind bei Nachprüfungen der Wasserstoffionenkonzentration von Bicarbonatlösungen Bedenken in der Richtung aufgetreten, daß der Endpunkt bei der Titration der freien Kohlensäure nicht immer richtig gewählt ist. Die Nachprüfungen haben ergeben, daß die Annahme von I. Tillmans, der Äquivalenzpunkt von Calcium- bzw. Natriumbicarbonatlösungen liege stets bei Stufe 8,3, nicht richtig ist. R. Strohecker, K. Schilling und E. Budenbender konnten zeigen, daß einmal der Farbumschlag bei der Titration der freien Kohlensäure stets bei Stufe 7,8 liegt, daß andererseits konzentrierte Bicarbonatlösungen etwa diese Stufe aufweisen im Gegensatz zu verdünnten Lösungen, wie sie bei vielen Trinkwässern vorliegen. Hier wurden p_H-Stufen ermittelt, die bis auf 6,9 herabsinken. Das bedeutet, daß wir bei der Titration der freien Kohlensäure im Falle der weicheren Wässer auf Stufe 7,8 statt auf Stufe 6,9 titrieren, was in zu hohen Werten für die ermittelte freie Kohlensäure zum Ausdruck kommt. Diese Feststellung erklärt, warum weiche Wässer mit, absolut genommen, kleinen Mengen von aggressiver Kohlensäure nie ganz auf 0 mg entsäuert werden können. Stets findet man auch nach dem Entsäuern noch kleine Mengen aggressiver Kohlensäure. Um deshalb unabhängig von der Bestimmung der freien Kohlensäure die Angriffslust zu ermitteln, hat R. Strohecker versucht, diese aus dem Gehalt an gebundener Kohlensäure und der Wasserstoffstufe, einer exakt zu erfassenden Größe, zu bestimmen. Es gelang R. Strohecker aus den Gleichgewichtsverhältnissen wäßriger Kohlensäurelösungen eine Gleichung abzuleiten, die eine Beziehung zwischen dem Gehalt an gebundener Kohlensäure und der Wasserstoffstufe darstellt, die das Wasser im Gleichgewicht — also im nicht aggressiven Zustand aufweist. Die Gleichung lautet:

$$p_H = 11{,}39 - 2 \log \text{geb. Kohlensäure (mg/l)}$$

p_H = Wasserstoffstufe im Gleichgewicht.

Diese Gleichung setzt voraus, daß in dem vorliegenden Wasser der Gehalt an gebundener Kohlensäure und Kalk annähernd gleich ist. Ist dies nicht der Fall, so gilt die Gleichung

$$p_H = 11{,}49 - \log \text{CaO} - \log \text{geb. Kohlensäure.}$$

Hat man die tatsächliche Wasserstoffstufe des Wassers experimentell ermittelt, so gibt die Größe der Differenz zwischen tatsächlicher Wasserstoffstufe und der für das Gleichgewicht berechneten Stufe einen Hinweis auf die mehr oder weniger große Angriffslust. Liegt die Differenz über etwa 0,2 Stufe, so liegt Angriffslust zunächst für kohlensauren Kalk vor, das Wasser ist nicht in der Lage, eine Schutzschicht auszubilden. Etwa gleichzeitig erschien eine Arbeit von W. F. Langelier, die zu einem ähnlichen Ergebnis kommt. W. F. Langelier hat eine Gleichung für den p_H-Wert eines Wassers abgeleitet, das sich mit festem kohlensaurem Kalk im Gleichgewicht befindet. Die Gleichung, die für ein p_H-Bereich von 7,0—9,5 anwendbar ist, lautet:

$$p_H = \left(p'_{K_2} - p'_{K_S}\right) + p_{Ca} + p_{alk},$$

in der p_H = die Wasserstoffstufe im Gleichgewicht, p_{Ca} = der negative Logarithmus der molaren und Gleichgewichtskonzentration des Calciums, p_{alk} = negativer Logarithmus der molaren und Gleichgewichtskonzentration der titrierbaren Basen; p'_{K_2} = negativer Logarithmus der zweiten Konstanten der Kohlensäure. p'_{K_S} = negativer Logarithmus des Löslichkeitsproduktes von Calciumcarbonat. Die Differenz $p'_{K_2} - p'_{K_S}$ ist von der Temperatur und von der Konzentration abhängig, sie kann für die bestimmte Temperatur und für die betreffende Konzentration (Ionenstärke) aus nebenstehender Tabelle ermittelt werden.

Tabelle 3.

Konzentration (Ionenstärke)	Gesamtsalzgehalt mg/l	25°			$(p'_{K_2} - p'_{K_S})$							
		p'_{K_2}	p'_{K_S}	p'_{K_2} bis p'_{K_S}	0°	10°	20°	50°	60°	70°	80°	90°
0,0000	0	10,26	8,32	1,94	2,20	2,09	1,99	1,73	1,65	1,58	1,51	1,44
0,0005	20	10,26	8,23	2,03	2,29	2,18	2,08	1,82	1,74	1,67	1,60	1,53
0,001	40	10,26	8,19	2,07	2,33	2,22	2,12	1,86	1,78	1,71	1,64	1,57
0,002	80	10,25	8,14	2,11	2,37	2,26	2,16	1,90	1,82	1,75	1,68	1,61
0,003	120	10,25	8,10	2,15	2,41	2,30	2,20	1,94	1,86	1,79	1,72	1,65
0,004	160	10,24	8,07	2,17	2,43	2,32	2,22	1,96	1,88	1,81	1,74	1,67
0,005	200	10,24	8,04	2,20	2,46	2,35	2,25	1,99	1,91	1,84	1,77	1,70
0,006	240	10,24	8,01	2,23	2,49	2,38	2,28	2,03	1,94	1,87	1,80	1,73
0,007	280	10,23	7,98	2,25	2,51	2,40	2,30	2,05	1,96	1,89	1,82	1,75
0,008	320	10,23	7,96	2,27	2,50	2,42	2,32	2,07	1,98	1,91	1,84	1,77
0,009	360	10,22	7,94	2,28	2,54	2,43	2,33	2,08	1,97	1,92	1,85	1,78
0,010	400	10,22	7,92	2,30	2,56	2,45	2,35	2,10	2,01	1,94	1,87	1,80
0,011	440	10,22	7,90	2,32	2,58	2,47	2,37	2,12	2,03	1,96	1,89	1,82
0,012	480	10,21	7,88	2,33	2,54	2,49	2,34	2,13	2,04	1,97	1,90	1,83
0,013	520	10,21	7,86	2,35	2,61	2,50	2,40	2,15	2,06	1,99	1,92	1,85
0,014	560	10,20	7,85	2,36	2,62	2,51	2,41	2,16	2,07	2,00	1,93	1,86
0,015	600	10,20	7,83	2,37	2,63	2,52	2,42	2,17	2,08	2,01	1,94	1,87
0,016	640	10,20	7,81	2,39	2,65	2,54	2,44	2,19	2,10	2,03	1 96	1,89
0 017	680	10,19	7,80	2,40	2,66	2,55	2,45	2,20	2,11	2,04	1,97	1,90
0 018	720	10,19	7,78	2,41	2,67	2,56	2,46	2,21	2,12	2,05	1,98	1,91
0,019	760	10,18	7,77	2,41	2,67	2,57	2,47	2,21	2,12	2,05	1,98	1,91
0,020	800	10,18	7,76	2,42	2,68	2,58	2,48	2,22	2,13	2,06	1,99	1,92

Ist der Wert für p_H gleich Null, so befindet sich das Wasser bei der betreffenden Temperatur im Gleichgewicht. Ein positiver Wert deutet an, daß das Wasser Neigung zu Schutzschicht besitzt, ein negativer

Wert zeigt die Auflösung von kohlensaurem Kalk an. Die Umrechnung von Milligramm/Liter in p_{Ca} bzw. p_{alk} ergibt sich aus Abb. 1.

Vgl. ferner Y. Kauko (Bestimmung der freien Kohlensäure in humushaltigen Wässern).

23. Sauerstoff (II/1, 298). Auf den Einfluß der Ferrisalze auf die Winkler-Methode machen O. M. Urbain und J. N. Miller aufmerksam. Fehlerhaft wird die Sauerstoffbestimmung bei Wässern mit mehr als 50 mg Eisen im Liter. Bei geringeren Eisengehalten werden befriedigende Werte erhalten, wenn das Zeitintervall zwischen Zusatz der Schwefelsäure und Titration nicht zu groß ist. — Auch B. A. Skopinzew und J. S. Owtschinnikowa machen auf den Einfluß reduzierender und auch oxydierender Stoffe aufmerksam. Wässer mit einer

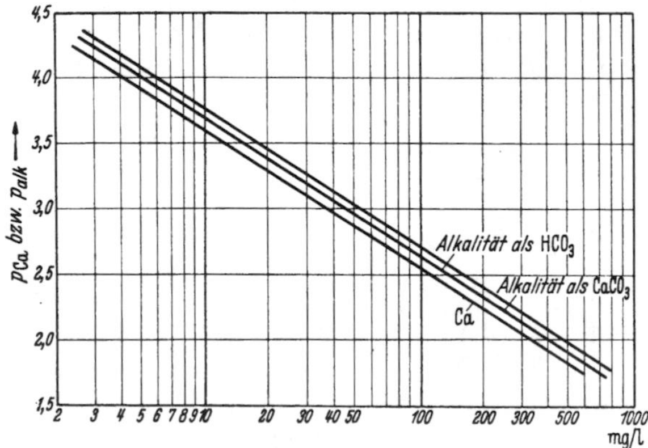

Abb. 1. Zur Umrechnung von mg/l in p_{Ca} bzw. p_{alk}. [Nach Journ. Amer. Water Works Assoc. 28, Nr. 10 (1936).]

20—30 mg im Liter Sauerstoff entsprechenden Oxydierbarkeit können bei Abwesenheit von anorganischen Reduktionsmitteln nach der Winkler-Methode behandelt werden, wenn eben das oben angeführte Zeitintervall nicht zu groß ist (höchstens 6 Minuten). Nitrithaltige Wässer lassen sich bis zu einem Nitritgehalt von 0,3 mg im Liter nach der genannten Methode untersuchen. Bei höheren Gehalten kann man sie auch verwenden, wenn man sofort nach Auflösung des Niederschlages durch Zugabe von Kaliumacetat auf $p_H = 4,0$ puffert. Bei höheren Eisengehalten empfiehlt sich die Verwendung von 85%iger Phosphorsäure. Aktives Chlor stört bis 0,3 mg im Liter nicht. Bei höheren Werten ist der Chlorgehalt gesondert zu bestimmen. — Eine kritische Besprechung der Methoden zur Bestimmung des gelösten Sauerstoffes teilt W. Ohle mit. Empfohlen wird von ihm in erster Linie für stark verunreinigte Wässer das Chlordifferenzverfahren. Arbeitsvorschrift: Zwei 100-cm^3-Flaschen werden mit dem zu untersuchenden Wasser gefüllt und mit 0,5 cm^3 Chlorkalklösung sowie 0,5 cm^3 50%iger Schwefelsäure versetzt. Nach 10—30 Minuten (der Verschmutzung entsprechend) setzt man 2 cm^3 Rhodanidlösung zu, nach weiteren 10 Minuten setzt man zu der einen Probe 0,5 cm^3 Manganosulfatlösung und 0,5 cm^3 Kaliumjodidlösung + Natronlauge. Man läßt absetzen, gibt dann noch 3 cm^3 Phosphorsäure zu. In die zweite Flasche gibt man zwei Kristalle Kaliumjodid und gleichfalls 3 cm^3 Phosphorsäure. Hierauf werden beide Proben mit Thiosulfat titriert. Die Differenz der für beide Flaschen verbrauchten Kubikzentimeter Thiosulfat (s. unten) entspricht dem tatsächlichen Sauerstoffgehalt des Wassers. Nachstehend die Zusammensetzung der notwendigen Reagenzien:

1. Chlorkalklösung: 1 g Chlorkalk (30—35%ig) wird mit 100 cm^3 Natriumsulfatlösung (25 g $Na_2SO_4 \cdot 10\,H_2O$ + 100 cm^3 H_2O) verrieben.
2. Rhodanidlösung: 1 g Kaliumrhodanid + (50 g $Na_2SO_4 \cdot 10\,H_2O$ gelöst in 200 cm^3 H_2O).
3. Manganosulfatlösung: 100 g $MnSO_4 \cdot 4\,H_2O$ + 200 cm^3 H_2O.
4. Kaliumjodidhaltige Natronlauge: 100 g Natronlauge + 200 g H_2O + 60 g KJ (NO_2-frei).
5. Phosphorsäure 85%ig.
6. Natriumthiosulfatlösung: 1,5519 g $Na_2S_2O_3 \cdot 5\,H_2O$ in H_2O gelöst + 1 cm^3 20%ige NaOH + 10 ccm Isobutylalkohol; die Mischung aufgefüllt zum Liter.
7. Stärkelösung: 0,1 g lösliche Stärke + 100 cm^3 heißes H_2O + 0,5 g Benzoesäure oder 1 cm^3 Formalin (40%ig).
8. Kaliumjodid, kristallisiert.

Eine Mikromethode, die den Sauerstoff in 1 cm^3 Wasser bestimmt, beschreibt L. van Dam. Man benötigt hierzu eine Spritzpipette, die aus einer Glasröhre besteht, an die eine 5 cm lange, aus dickwandigem Glas bestehende Capillare angeschmolzen ist. Eingepreßt in die Glasröhre ist ein Glaskolben, dessen Kopf mit einer Feder an einer Schraube befestigt ist. Der tote Raum zwischen Glasröhre und Kolben beträgt höchstens 0,01 cm^3. Zum Gleiten wird eine Spur Wasser benötigt. Außer zur Abmessung des Wassers wird die Spritzpipette auch für die Manganchlorürlösung, die Kaliumhydroxyd-Kaliumjodidlösung und nach deren Mischung für die Abmessung der Schwefelsäure verwendet. Nach dem Mischen spritzt man die gesamte Mischung in ein kleines Gefäß und titriert die in Freiheit gesetzte Jodmenge.

Die „Einheitsverfahren" schreiben folgende Ausführung vor: Eine 300 cm^3 fassende, mit Glasstopfen versehene, auf Inhalt genau geeichte Flasche wird mit dem zu untersuchenden Wasser bis zum Überlaufen gefüllt. Sofort nach Entnahme sind 3 cm^3 Manganchlorürlösung (40%ig) und 3 cm^3 Natronlauge (33%ig) zuzusetzen. Dann wird mit dem Glasstöpsel unter Vermeidung einer Luftblase geschlossen und tüchtig umgeschüttelt. Nach 10 Minuten setzt man 5 g Kaliumbicarbonat zu, verschließt in derselben Weise und mischt. Der entstehende, aus Mangano- bzw. Manganicarbonat bestehende sandige Niederschlag ist gegen Sauerstoff unempfindlich. Zur eigentlichen Titration wird der Niederschlag in der Flasche mit 1,0 g Kaliumjodid (kristallisiert), zur Zerstörung möglicherweise vorhandener Nitrite mit 0,5 cm^3 Natriumazidlösung (5%ig) und 5 cm^3 Salzsäure (25%ig, eisenfrei) [in Gegenwart größerer Mengen Ferrieisen verwendet man an Stelle von Salzsäure 5 cm^3 Phosphorsäure (85%ig)] versetzt. Nach 10 Minuten langem Stehen bei verschlossener Flasche titriert man das in Freiheit gesetzte Jod mit 0,01 n-

Thiosulfatlösung nach Zusatz von 1 cm^3 Stärkelösung. Die Berechnung der vorhandenen Sauerstoffmenge ergibt sich aus nachstehender Gleichung

$$\frac{x \text{ cm}^3 \text{ verbrauchte 0,01 n-Thiosulfatlösung} \cdot 0{,}08 \cdot 1000}{\text{Inhalt der Flasche} - 6 \text{ cm}^3} = \text{mg/l } O_2.$$

Vgl. ferner H. Pilwat; R. Kroke; A. Splittgerber (selbstschreibende Sauerstoffmeßanlage); M. L. Isaacs (colorimetrisches auf der Oxydierbarkeit von Diamidophenol beruhendes Verfahren zur Bestimmung des Sauerstoffes); P. Sander; O. M. Urbain und I. Miller (Einfluß der Ferrisalze und Eliminierung des Eisenfehlers); D. A. Skopinzew und J. S. Owtschinnikowa (Einfluß reduzierender und oxydierender Substanzen auf die Winkler-Methode); G. Gad (einfache colorimetrische Methode zur Bestimmung des in Wasser gelösten Sauerstoffes).

24. Eisen (II/1, 302). Als Eisenbestimmung hat sich besonders für kleine Mengen das schon von I. Tillmans (II/1, 304) angegebene colorimetrische Methode bewährt. — Auch L. W. Winkler (2) empfiehlt die Rhodanidprobe. Während L. W. Winkler Kaliumchlorat als Oxydationsmittel vorschlägt, zieht J. Prescher Wasserstoffperoxyd, das auch I. Tillmans verwendet, vor. K. Scheringer (3) empfiehlt als Oxydationsmittel Permanganat oder Persulfat. Eine colorimetrische Eisenbestimmung mittels Sulfosalicylsäure wird von L. N. Lapin und W. E. Kill vorgeschlagen. Die Methode beruht darauf, daß dreiwertiges Eisen in saurer Lösung mit Sulfosalicylsäure eine rosarote Färbung liefert, die bei Stufe 7,9 mit Ammoniak in gelb umschlägt. Da zweiwertiges Eisen in saurer Lösung mit Sulfosalicylsäure keine Färbung, in alkalischer Lösung eine Gelbfärbung gibt, so kann man durch Colorimetrieren in saurer und alkalischer Lösung zwei- und dreiwertiges Eisen nebeneinander bestimmen. Störend wirkt zweiwertiges Mangan bei hohem Gehalt in alkalischer Lösung. $Na^{\cdot}$, $K^{\cdot}$, $NH_4^{\cdot}$, $S^{\cdot\cdot}$, $Ca^{\cdot\cdot}$, $Mg^{\cdot\cdot}$, $Zn^{\cdot\cdot}$, $Al^{\cdot\cdot\cdot}$, Cl', Br', J', NO_3', SO_4'', PO_4''' stören nicht.

Vgl. ferner O. Mayer (3); Th. G. Thompson, R. W. Brenner und I. M. Janneson; R. D. Scott (3) (Wirkung des Eisens bei der Bestimmung des Restchlors).

25. Mangan (II/1, 306). Man verfährt nach L. W. Winkler (3) in folgender Weise: Zweimal 100 cm^3 Wasser werden in zwei Bechergläsern mit je 1 Tropfen Methylrotlösung (0,1 g Methylrot + 60 cm^3 n-NaOH aufgefüllt zum Liter) versetzt. In das erste Glas gibt man 1—2 cm^3 10%iger Natronlauge, nach einigen Minuten zu beiden Gläsern je 10 cm^3 10%ige Salzsäure. Bei Gegenwart von Mangan wird die Flüssigkeit in dem ersten Glas sofort oder innerhalb 1—2 Minuten entfärbt. Auf diesem Wege sind noch 0,2 mg/l Mn nachweisbar.

Die „Einheitsverfahren" schreiben folgenden Weg vor: 100 cm^3 Wasser werden zur Ausschaltung der Chloridwirkung nach Zusatz von 1 ccm verdünnter Salpetersäure (25%ige) mit der dem Chloridgehalt entsprechenden 0,02 n-Silbernitratlösung und einem weiteren Kubikzentimeter Überschuß versetzt und zum Sieden erhitzt. Hierauf fügt man 10 cm^3 10%ige Ammoniumpersulfatlösung zu und läßt 10 Minuten kochen. Bei Anwesenheit von Manganionen färbt sich die Lösung rötlich bis violett. Nach schnellem Abkühlen füllt man in ein Hehnerzylinder (100 cm³) und füllt mit destilliertem Wasser auf 100 cm³ auf. In einen zweiten Hehnerzylinder gibt man 100 cm³ unter Zusatz von 10 cm³ Salpetersäure (25%ig) je Liter abgekochtes und wieder abgekühltes, destilliertes Wasser. Aus einer Bürette fügt man dann bis zur Farbengleichheit 0,01 n-Kaliumpermanganatlösung zu. Bei 100 cm³ Ausgangswasser entspricht 1 cm³ 0,01 n-Lösung 1,1 mg/l Mn.

Vgl. ferner L. W. Winkler (3); G. Denigès; Thomas G. Thompson und Thomas L. Wilson; H. W. Adams und A. M. Buswell (als Oxydationsmittel wird Natrium-meta-Perjodat empfohlen); V. Mühlenbach (Manganbestimmung in chlorid- und kieselsäurereichen Wässern).

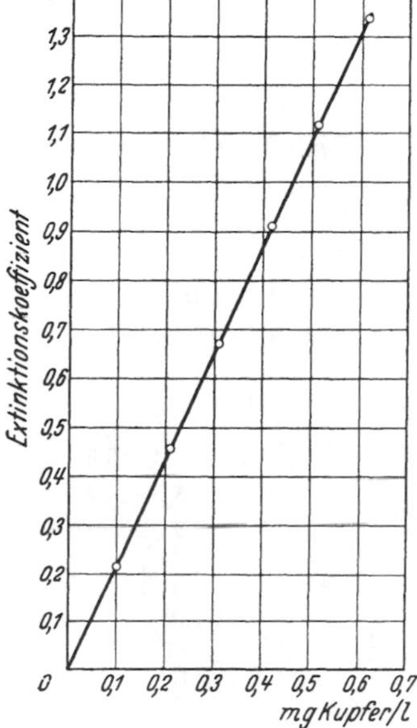

Abb. 2. Kupferkurve.

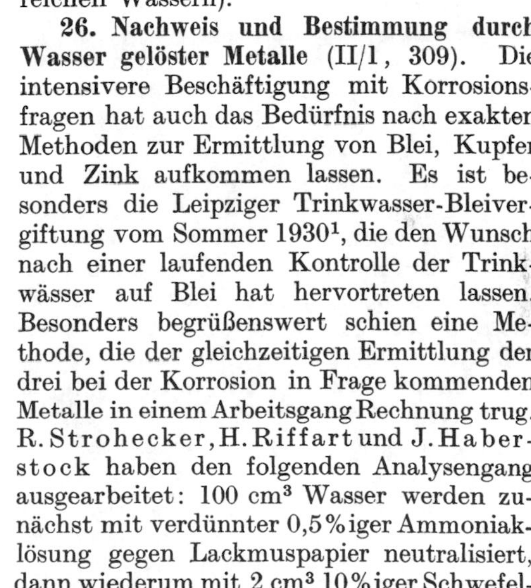

26. Nachweis und Bestimmung durch Wasser gelöster Metalle (II/1, 309). Die intensivere Beschäftigung mit Korrosionsfragen hat auch das Bedürfnis nach exakten Methoden zur Ermittlung von Blei, Kupfer und Zink aufkommen lassen. Es ist besonders die Leipziger Trinkwasser-Bleivergiftung vom Sommer 1930[1], die den Wunsch nach einer laufenden Kontrolle der Trinkwässer auf Blei hat hervortreten lassen. Besonders begrüßenswert schien eine Methode, die der gleichzeitigen Ermittlung der drei bei der Korrosion in Frage kommenden Metalle in einem Arbeitsgang Rechnung trug. R. Strohecker, H. Riffart und J. Haberstock haben den folgenden Analysengang ausgearbeitet: 100 cm³ Wasser werden zunächst mit verdünnter 0,5%iger Ammoniaklösung gegen Lackmuspapier neutralisiert, dann wiederum mit 2 cm³ 10%iger Schwefelsäure angesäuert und mit Dithizonlösung (6 mg Dithizon in 100 cm³ Tetrachlorkohlenstoff) so lange ausgeschüttelt, bis alles Kupfer in die Dithizonschicht übergegangen ist, was an der Farbe des neu zugesetzten Reagenzes (es muß rein grün bleiben) zu erkennen ist. Die gesammelten bei Anwesenheit von Kupfer rotviolett gefärbten Tetrachlorkohlenstoffauszüge reinigt man von dem Überschuß an Dithizon, indem man sie mindestens 2mal mit 10 cm³ 0,5%iger Ammoniaklösung ausschüttelt. Die Waschflüssigkeit darf kaum noch gelblich erscheinen. Man füllt die so behandelten Kupferdithizonauszüge auf 30 cm³ auf, säuert mit 5 cm³ verdünnter Schwefelsäure an, schüttelt gut durch und bringt nach dem Filtrieren die abgetrennte, gefärbte Lösung bei Filter S 53 im Stufenphotometer zur Messung. Aus der abgelesenen Lichtdurchlässigkeit berechnet man den Extinktionskoeffizienten. Mit Hilfe der obenstehenden Eichkurve ergibt sich der Kupfergehalt in Milligramm/Liter. — Die bei der Kupferbestimmung zurückbleibende, vom

[1] Ztsch. f. Hyg. **118**, 143 (1936).

Kupfer befreite wäßrige Lösung (s. oben) wird filtriert, nach Zugabe von 0,5 g reiner Citronensäure mit 0,5%igem Ammoniak neutralisiert und alsdann mit 1 cm³ 10%iger Natronlauge sowie 1,5 cm³ 5%iger Kaliumcyanidlösung versetzt. Nunmehr wird mehrmals mit je 5 cm³ Dithizonlösung so lange ausgeschüttelt, bis der sich abscheidende Tetrachlorkohlenstoff weißlich bzw. grünlich gefärbt ist. Nach der dritten Ausschüttelung muß der Zusatz von 5%iger Kaliumcyanidlösung um 0,5 cm³ erhöht werden. Die abgeschiedene bleihaltige Tetrachlorkohlenstofflösung wird mit je 10 cm³ 0,5%iger Ammoniaklösung gewaschen, bis die wäßrige Waschlösung nicht mehr gelb gefärbt ist. Man füllt dann die Tetrachlorkohlenstofflösung auf 30 cm³ auf, säuert mit 12,5%-iger Salzsäure an, schüttelt durch und bringt die grüngefärbte filtrierte Lösung bei Filter S 61 zur Messung. Aus der Lichtdurchlässigkeit berechnet man den Extinktionskoeffizienten, mit dessen Hilfe man aus obenstehender Kurve den Bleigehalt in Milligramm/Liter ermittelt. — Die nunmehr auch von Blei befreite, wäßrige Lösung, die das Zink als Cyanidzinkkomplex enthält, wird mit verdünnter Salzsäure angesäuert und auf etwa $^1/_{10}$ ihres Volumens eingedampft. Hierbei wird die Blausäure vollständig beseitigt. In der wieder auf 100 cm³ aufgefüllten Lösung wird das Zink bestimmt. Man neutralisiert hierzu mit 0,5%iger Ammoniaklösung gegen Lackmuspapier, säuert wieder mit 2 cm³ 2%iger Salzsäure an und versetzt mit 5%iger Natriumacetatlösung, bis Kongopapier nicht mehr blau, sondern deutlich rot anzeigt. Man schüttelt jetzt mehrmals mit je 5 cm³ Dithizonlösung aus so lange, bis keine Verfärbung der grünen Reagenslösung auftritt. Die rotviolett gefärbten Tetrachlorkohlenstoffauszüge, die alles Zink als Dithizonkomplex enthalten, werden auf 60 cm³ aufgefüllt. Den Überschuß an Dithizon entfernt man durch wiederholtes Schütteln mit Ammoniaklösung (1:1000). Die abgetrennte gefärbte Lösung wird im Stufenphotometer gemessen unter Verwendung des blauen Filters S 47. Aus dem Extinktionskoeffizienten ergibt sich mit Hilfe obenstehender Abb. 4 der Zinkgehalt in Milligramm/Liter.

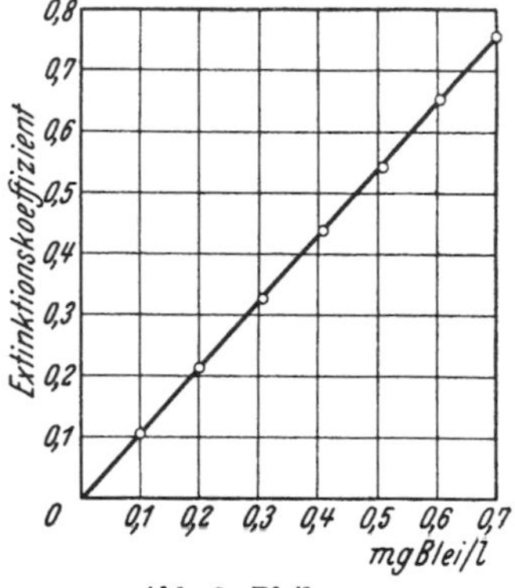

Abb. 3. Bleikurve.

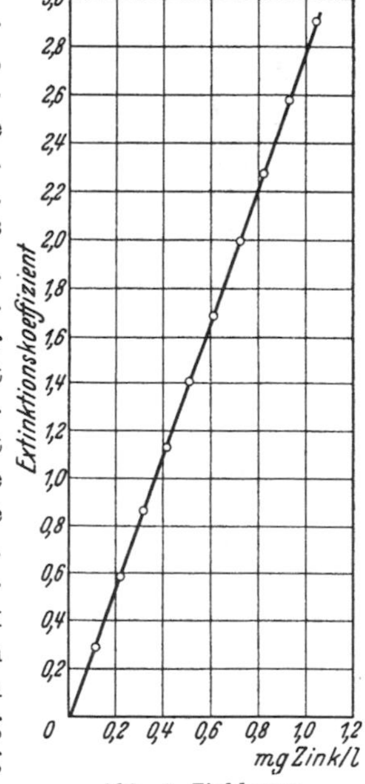

Abb. 4. Zinkkurve.

Eine etwas abgeänderte Methode teilen J. Schwaibold, B. Bleyer und G. Nagel mit: 100 cm³ des annähernd neutralen Wassers werden mit 5 cm³ 10%iger Schwefelsäure und solange mit kleinen Mengen Dithizonlösung (6 mg in 100 cm³) ausgeschüttelt, bis die grüne Färbung der Lösung unverändert bleibt. Die vereinigten Auszüge werden auf 30 cm³ aufgefüllt, mit 10 cm³ Wasser und anschließend mit je 10 cm³ einer dünnen Ammoniaklösung (1:1000) gewaschen, bis die Ammoniakflüssigkeit nicht mehr gefärbt wird. Nach dem Schütteln mit 1%iger Schwefelsäure wird die Lösung im Stufenphotometer bei Filter S 53 (Cuvette 1 cm) gemessen. Mit Hilfe des ermittelten Extinktionskoeffizienten ergibt sich aus nebenstehender Kurve der Kupfergehalt in der angewandten Wassermenge. — Zur Bleibestimmung wird die nach Abtrennung des Kupfers verbliebene Flüssigkeit mit 3 cm³ 20%iger Seignettesalzlösung (die Lösung muß erst nach Zusatz einiger Tropfen verdünnten Ammoniaks mit Dithizonlösung gereinigt werden, da Tartarnatronatus pro analysi in 30 cm³ der 20%igen Lösung 1,5 γ Zn enthielt) und 9—10 cm³ 5%iger Ammoniaklösung (Umschlag von Thymolblaupapier nach Blau) versetzt. Man schüttelt dann solange mit Dithizonlösung (12 mg in 100 cm³ CCl_4) aus, bis diese farblos oder schwach grün bleibt. Die vereinigten Tetrachlorkohlenstoffauszüge werden auf 60 cm³ aufgefüllt. Ein aliquoter Teil dieser Lösung wird so oft mit je 10 cm³ einer 1%igen Kaliumcyanidlösung gewaschen, bis diese farblos bleibt. Man behandelt dann mit Salzsäure und mißt die grüne Lösung bei Filter S 61 und Schichtdicke 1 cm im Stufenphotometer. Die nebenstehende Abb. 5 dient zur Ermittlung des Bleigehaltes. Da die Kurve von Blei für 30 cm³ Tetrachlorkohlenstofflösung ausgearbeitet ist, muß man bei Verwendung von z. B. 30 cm³ des Auszuges den Extinktionskoeffizienten mit 2 multiplizieren. — Ein weiterer Teil der oben erwähnten 60 cm³ Tetrachlorkohlenstoffauszug wird zur Entfernung des Bleies mit je 10 cm³ Natriumsulfidlösung (40 cm³ 1%ige Na_2S-Lösung aufgefüllt zum Liter) bis zur Farblosigkeit der Waschflüssigkeit gewaschen. Die verbleibende Lösung des Zink-Dithizonkomplexes wird bei Filter S 53 im Stufenphotometer bei Schichtdicke 1 cm gemessen und der Zinkgehalt gleichfalls nach der Kurve ermittelt.

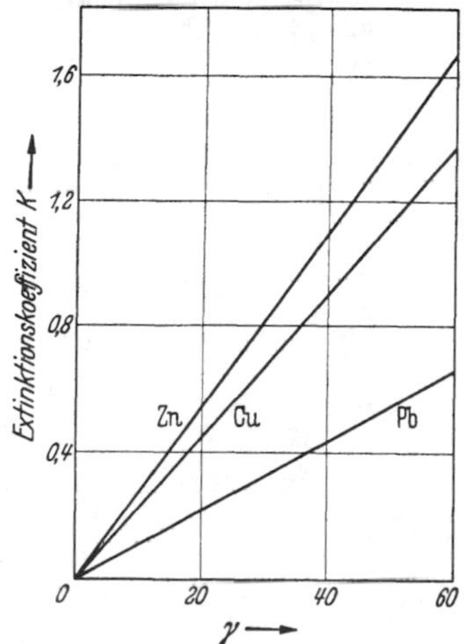

Abb. 5. Auswertungskurven für Kupfer, Blei und Zink. Berechnungsformel $K : K_1 = \gamma : \gamma$. [Nach J. Schwaibold, B. Bleyer und G. Nagel: Biochem. Ztschr. 297, 325 (1938).]

Vgl. ferner J. Golse (Cu); S. L. Tompsett (Pb); W. R. G. Atkins (Zn); B. Willberg (Pb); J. W. Hawley und W. Wilson (Pb).

27. Phenol. Sehr unangenehme Störungen der Trinkwasserversorgung können durch kleinste Phenolbeimengungen hervorgerufen werden. Wird das Wasser von Seen oder Flüssen, in die phenolhaltige Abwässer eingeleitet werden, als Trinkwasser verwendet, so machen sich kleinste Phenolmengen besonders infolge der notwendigen Chlorung geschmacklich störend bemerkbar. Nach Bach riefen noch 0,008 mg

Phenol im Liter Geschmacksbelästigungen hervor. Der Bestimmung kleiner Phenolmengen kommt deshalb besondere Bedeutung zu. Zur Bestimmung von Phenolspuren ist die von G. N. Houghton und R. G. Felly vorgeschlagene colorimetrische Methode brauchbar. Benötigt werden folgende Reagenzien:

1. Diaminreagens. 0,1 g p-Nitrosomethylanilin gelöst in 100 cm³ heißen Wassers, nach dem Abkühlen wird filtriert. Während diese Lösung 1 Woche haltbar ist, muß das notwendige Diaminreagens unmittelbar vor dem Versuch bereitet werden. Man setzt hierzu zu obiger Lösung einen großen Überschuß Zinkstaub und schüttelt bis zur Entfärbung. Ein Zusatz von 10 Tropfen 10%iger Kupfersulfatlösung für je 10 cm³ Reagens beschleunigt die Reduktion. Nach dem Filtrieren ist das Reagens fertig.
2. 5%ige wäßrige Natriumbicarbonatlösung.
3. Natriumhypochloritlösung mit 0,05% aktiven Chlor.
4. Standardphenollösung: 1 cm³ = 0,01 mg Phenol.

Arbeitsvorschrift I (für Mengen über 0,15 mg/l). Zu 100 cm³ Wasser setzt man 2 cm³ Bicarbonatlösung und danach 2 cm³ Diaminreagens. Man läßt hierauf die Hypochloritlösung aus einer Bürette unter Umschütteln zulaufen. Zunächst entsteht eine Rosafärbung, die bei weiterem Hypochloritzusatz verschwindet und bei über 0,10 mg Phenol im Liter in eine Blaufärbung übergeht (Indophenolbildung). Wenn der anfängliche rote Ton verschwunden ist, setzt man kein Hypochlorit mehr zu. Man vergleicht dann nach 2—3 Minuten die entstandene Blaufärbung mit derjenigen von in gleicher Weise bereiteten Standardphenollösungen. Großer Hypochloritüberschuß ist zu vermeiden.

Arbeitsvorschrift II (für Mengen unter 0,15 mg/l). 200 cm³ Wasser werden im Scheidetrichter mit 4 cm³ Bicarbonatlösung und dann mit 4 cm³ Diaminreagens versetzt. Man setzt dann die durch den Vorversuch ermittelte Hypochloritmenge zu und schüttelt das gebildete Indophenol 2mal mit 10 cm³ und 1mal mit 5 cm³ Tetrachlorkohlenstoff aus. Die Auszüge trocknet man mit Natriumsulfat. Dann schüttelt man die Lösung nochmals mit 5 cm³ Tetrachlorkohlenstoff aus und verwendet diese Menge gleichzeitig zum Auswaschen der abgetrennten Natriumsulfatlösung. Die trocknen Auszüge werden auf ein bestimmtes Volumen mit Tetrachlorkohlenstoff aufgefüllt und die Lösung dann mit in gleicher Weise bereiteten Standardlösungen verglichen.

F. Meineck und M. Horn haben die Phenolbestimmung in Wasser und Abwasser kritisch beleuchtet. Schwierigkeiten ergeben sich dadurch, daß der Umrechnungsfaktor des Titrationsergebnisses auf Milligramm Phenol im Liter nicht sicher festliegt. Die Verfasser schlagen deshalb vor, auf die Angabe in Milligramm Phenol zu verzichten und an Stelle der Milligrammangabe die „Flüssigkeitszahl", d. h. die Zahl die den bromometrisch oder colorimetrisch ermittelten Gehalt eines Liters Wasser an wasserdampfflüchtigen Stoffen angibt, und den „Gesamtphenolwert" einzuführen.

Vgl. ferner A. Engelhardt (Bemerkungen zur Arbeit von Meinecke und Horn); M. M. Gibbons; F. Folpmers (Bestimmung von

Phenolspuren); E. A. Meanes und E. L. Necoman (Bestimmung von Phenolen); S. Kilpert und R. Gille (Bestimmung von Phenolspuren); H. A. J. Pieters (jodometrische Bestimmung des Phenols in Abwasser).

28. Arsen. Da Arsen in verschiedenen Grund- und Leitungswässern angetroffen wird (H. Stoof und L. W. Haase), soll nachstehend eine Bestimmungsmethode angegeben werden.

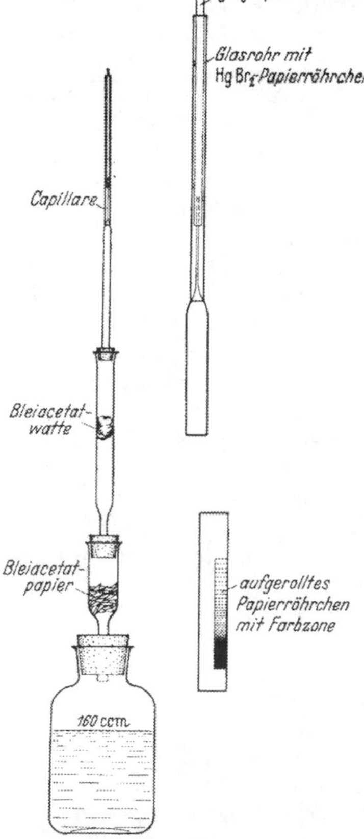

Abb. 6. Apparat zur Arsenbestimmung. [Nach Ztschr. f. Unters. Lebensmittel 65 (1933).]

Zur schnellen Bestimmung des Arsens im Wasser verwendet man nach H. Schröder und W. Lühr das folgende auf der Gutzeitprobe beruhende colorimetrische Verfahren: Der zu verwendende Apparat ist nebenstehend abgebildet. Als Entwicklungsgefäß dient ein 200 cm^3-Pulverglas, das 160 cm^3 verdünnte Schwefelsäure (1:4) und 20 g arsenfreies Zink in Granalien oder Stangen enthält. Das kurze Rohr enthält Bleiacetatpapier, das Allihnrohr einen mit 1%iger Bleiacetatlösung getränkten und dann wieder getrockneten Wattebausch. Das dem Allihnrohr aufgesetzte dünne Glasrohr läuft capillar aus, es mündet in ein Filterpapierröhrchen, das aus einem 15 cm langen und 2 cm breiten mit Quecksilberbromid durchtränkten, an der Luft getrockneten Filtrierpapierstreifen besteht. Dieses Filtrierpapierröhrchen wird in ein 15 cm langes, 5 cm breites (lichte Weite) Glasrohr eingeschoben und vor Beginn der Wasserstoffentwicklung über die Capillare gestülpt derart, daß diese 1 cm hineinragt. Ist die Arsenwasserstoffentwicklung beendet, was nach etwa 2 Stunden der Fall ist, so nimmt man das Papierröhrchen heraus. Es zeigt nach dem Aufrollen auf der einen Hälfte des Streifens entsprechend der vorhandenen Arsenmenge eine in der Breite gleichmäßige, in der Länge und Farbintensität abgestufte Farbzone, die bei 2 γ As_2O_3 etwa 0,5 cm, bei 160 γ etwa 12 cm beträgt. Zweckmäßig stellt man sich zum Vergleich eine Farbenskala mit bekannten Arsengehalten her. Die Versuchsbedingungen sind konstant zu halten, alsdann erübrigt sich eine jedesmalige Neuanfertigung der Vergleichsskala.

Vgl. ferner J. Gangl und J. V. Sánchez; W. Diemair und J. Waibel.

V. Beurteilung der Befunde (II/1, 317).

Ergänzend ist folgendes hinzuzufügen:

1. Wasserstoffionenkonzentration und „Angriffslust“. Während I. Tillmans auf dem Standpunkt stand, daß für den Angriff auf Kalk (Marmor) und Eisen lediglich die aggressive Kohlensäure ausschlaggebend sei und daß man der Wasserstoffionenkonzentration keine entsprechende Rolle zusprechen könne, lassen die Arbeiten von W. F. Langelier sowie R. Strohecker, K. Schilling und E. Budenbender erkennen, daß zwischen beiden Werten nicht nur eine innige Berührung besteht, sondern daß man auch aus dem p_H-Wert allein Aufschlüsse über eine „Angriffslust“ erhalten kann. Während es sich eigentlich bei den Arbeiten von I. Tillmans über die aggressive Kohlensäure und bei den Arbeiten von R. Strohecker über die Angriffslust lediglich um einen Angriff auf Marmor (kohlensaurer Kalk) handelt, so hat doch die Praxis gelehrt, daß ein kalkangriffslustiges Wasser bei Anwesenheit genügender Sauerstoffmengen auch eisenaggressiv wirkt. Streng genommen gilt die Bezeichnung „Angriffslust“ nur für die Kalkaggressivität. Bei Anwesenheit genügender Mengen Sauerstoff sind Wässer mit einem p_H-Wert unter 7 bestimmt als eisenaggressiv anzusprechen. Auf die Bedeutung der Befunde von W. F. Langelier und R. Strohecker ist schon S. 235—237 aufmerksam gemacht. Hervorgehoben sei nochmals, daß nach R. Strohecker einem Wasser aggressive Eigenschaften dann zukommen, wenn der tatsächliche p_H-Wert niedriger liegt als der Wert, der sich aus der Gleichung $p_H = 11{,}39 - 2 \log$ geb. Kohlensäure für das betreffende Wasser errechnet. Nach Langelier liegt Angriffslust vor, wenn der p_H-Index, d. h. die Differenz zwischen dem bestimmten p_H-Wert und dem nach der Gleichung errechneten p_H-Wert negativ wird. Ist der Wert gleich Null, so steht das Wasser im Gleichgewicht, ist der Index positiv, so liegt Übersättigung mit kohlensaurem Kalk vor.

2. Oxydierbarkeit und Chlorzahl. Die Einführung einer Standardmethode für die Bestimmung der oxydablen Substanz befürwortet A. Kaess, da die Methode von Kubel-Tiemann stark abhängig ist von der Art des Erhitzens und der Erhitzungsdauer. Er schlägt ein 30 Minuten langes Erhitzen des Reaktionsgemisches im siedenden Wasserbad vor, da die Streuungen im Wasserbad geringer sind als beim Erhitzen über offener Flamme. Während die Permanganatzahlen beim Kochen über offener Flamme mit den Chlorzahlen parallel gehen, bleiben diese beim Erhitzen im Wasserbad hinter den Permanganatzahlen zurück. A. Kaess hat auch die Frage untersucht, wie weit das Verhältnis von Permanganatzahl zu Chlorzahl einen Hinweis auf eine fäkale Verschmutzung darstellt. Ausgesprochenes Abwasser zeigt das Verhältnis 4:1. Trinkwässer zeigten unregelmäßige Befunde. Nur eine frische erhebliche Verschmutzung bedingt eine Steigerung der Chlorzahl gegenüber der Permanganatzahl. Von H. Ivekovic (2) wird darauf hingewiesen, daß streng genommen nur die Chlorzahl nach Froboese in der Ausführung von A. Kaess nicht aber das Chlorbindungsvermögen eines Wassers nach W. Bruns und Olszewsky mit dem Permanganatverbrauch verglichen werden kann, da bei dem letzteren mit kleinen Chlorkonzentrationen gearbeitet wird. Nach H. Ivekowic deutet ein über 1 liegendes Verhältnis $\frac{\text{Chlorzahl}}{\text{Permanganatzahl}}$ auf die Anwesenheit von Eiweißprodukten pflanzlicher und tierischer Herkunft. Ist das Verhältnis kleiner als 1, so spricht das nicht ohne weiteres für die Abwesenheit von Eiweißabbauprodukten.

3. Fluor. Die Vermutung über einen Zusammenhang zwischen Zahnschmelzerkrankungen (Zahnschmelzfleckigkeit) und Fluorgehalt wurde schon 1901 ausgesprochen. H. V. Smith (2) kommt auf Grund seiner Beobachtungen und Untersuchungen zu dem Schluß, daß 0,8—0,9 mg im Liter Fluor im Wasser besonders in dem gefährdeten Kindesalter zu Zahnschmelzerkrankungen führen können. Auch die französischen Forscher R. Charomat und S. Roche halten es nicht für ausgeschlossen, daß dem Fluor eine therapeutische Wirkung zukommt. Der höchste Fluorgehalt wurde nach ihren Feststellungen in schwefelhaltigen Wässern mit 4—6 mg im Liter Fluor ermittelt. Andere Quellen zeigten 0,5—2 mg, gewöhnliche Trinkwässer wiesen nur etwa $^1/_{10}$ mg auf. Nach W. H. MacIntire und J. W. Jammond werden 6 mg Fluor durch Behandlung mit einer Suspension von 4 Teilen aktivem Tricalciumphosphat oder sauren Phosphaten, Superphosphaten in Verbindung mit Kalk auf 100 Teile Wasser fast völlig beseitigt.

Vgl. ferner S. P. Kramer; N. I. Ainswoorth; H. Adler, G. Klein, F. K. Lindsay; Th. v. Fellenberg (Zusammenhang zwischen Fluorgehalt des Trinkwassers und Kropf; zugleich Mitteilung über eine etwas abgeänderte Thorium-Nitrattitration).

4. Kieselsäure. Nach Mitteilung des Chemischen Untersuchungsamtes Gießen (Dir. Wrede) ist der Kieselsäuregehalt der Wässer für die „Angriffslust" eines Wassers nicht ohne Bedeutung. Wässer, die nach den üblichen Methoden als aggressiv anzusprechen waren, zeigten bei gleichzeitiger Anwesenheit größerer Kieselsäuremengen deutliche Schutzwirkung bzw. keine Rostung. Ob tatsächlich der Kieselsäure eine derartige Schutzwirkung in Trinkwässern zukommt, müßte durch Versuche erhärtet werden.

5. Härte. E. Leclerc fand, daß die bis zu mehreren Graden betragende Fehler der Clark-Methode ohne erkennbare Gesetzmäßigkeit von der Art und dem Mengenverhältnis der vorhandenen Calcium- und Magnesiumsalze abhängt. Es erscheint zweckmäßig, die Seifenlösung in kleinen Anteilen zuzusetzen, und zwar unter häufigem Umschütteln. Man kontrolliert den Endpunkt am besten bei verschiedenen Verdünnungen durch Zugabe eines kleinen und dann eines größeren Überschusses. — T. Wohlfeil und W. Gilges bewerten die Clarkschen Zahlen nicht nur als Härtegrade, sondern auch als Schaumfähigkeitsgrade zur Beurteilung des Seifenverbrauchs. — Bezüglich der Blacher-Methode wird von F. C. Saville darauf aufmerksam gemacht, daß zwar die Gesamthärte nach Blacher gute Werte liefert, daß jedoch bei der Ermittlung der Magnesiahärte nach Ausfällung des Kalkes durch Natriumoxalat zu niedrige Werte erhalten werden. Als Störungsmoment der Kaliumpalmitatmethode von C. Blacher sieht J. A. Nikiforow den Glycerinzusatz an. Dieser Autor beschreibt deshalb ein Verfahren, um die Seifenlösung ohne Glycerin, und zwar aus Baumwollsamenölfettsäuren zu gewinnen.

6. Aluminium. Aluminium gelangt meist in Form der als Fällungsmittel verwendeten schwefelsauren Tonerde in die Wässer. Bei einer Anlage in Athen schwankt der Aluminiumsulfatzusatz zwischen 2,5 mg im Liter im Herbst, und 17,3 mg im Liter im Februar. Der gleichzeitige Ammoniakzusatz schwankte zwischen 0,135 und 0,155 mg im Liter. Nach L. W. Haase (2) können weiche Oberflächenwässer durch Behandlung mit Aluminiumsulfat, Soda und Kalkwasser in der Härte erhöht werden. Um auf diesem Wege die Calciumcarbonathärte um 1° zu erhöhen, ist ein Zusatz von 25 mg im Liter wasserfreiem Aluminiumsulfat notwendig.

7. Chlor. Nach W. Plücker und H. Gautoch wird die beste Wirkung beim Chloren durch freies Chlor erzielt. Chloramin wirkt am schlechtesten, Hypochlorit steht zwischen Chlor und Chloramin. Zur Erreichung einer genügenden Reinigungswirkung innerhalb 1 Stunde sind 0,5 mg/l Chlor anzuwenden. In Gegenwart von Silber und Kupfer wird die Chlorwirkung erheblich verstärkt. Neben 0,01 mg/l Silber genügten 0,05 mg/l Chlor, um sämtliche verwendeten Bakterienstämme abzutöten. Gleichfalls gute Ergebnisse wurden mit 0,02 mg/l Kupfer erzielt.

8. Blei. Die Ansichten über die Höhe der schädlichen Bleimengen geht weit auseinander. Aus der im Juli 1930 in Leipzig ausgebrochenen Bleiepidemie leitet Kruse ab, daß akute Bleierkrankungen in großem Umfange nur durch lang andauernden Genuß von Wasser entstehen, das 8—10 mg/l Blei enthält. Jedoch können 3—4 mg/l Bleigehalt schon Erkrankungen bedingen, wenn sehr lange Einwirkung möglich ist. Mengen von 2 mg/l Blei sind nach Kruse auch bei lang andauerndem Genusse unschädlich, Spitta gibt dagegen als Grenze für die täglich unbedenklich zuführbaren Bleimengen nur 0,1 mg/l an. Der Preußische Landesgesundheitsrat sieht dann ein Wasser vom hygienischen Standpunkt aus als unbedenklich an, wenn es nach 24stündigem Stehen in der Leitung nicht über 0,3 mg Blei im Liter aufnimmt. Eine dauernde Zufuhr von Wasser mit über 0,1 mg/l ist aber nach Ansicht des preußischen Landesgesundheitsrates für den Organismus nicht ohne Bedenken. Auch K. Höll ist der Meinung, daß Bleimengen von über 0,3 mg/l zu Störungen Anlaß geben können, die die typischen Symptome der chronischen Bleivergiftung erkennen lassen.

9. Kupfer. Ohlmüller-Spitta sieht als Grenze für den Kupfergehalt der Wässer 2 mg/l an. Der Verein für Wasserversorgungsbelange in Holland stellt folgende Grenzen auf: Ein Wasser, das 16 Stunden in der Leitung gestanden hat, darf nicht mehr als 3 mg/l Kupfer, ein Wasser, das aus irgendeiner Zapfstelle entnommen ist, nach einmaliger Erneuerung des Inhaltes bei normaler Zapfschnelligkeit nicht mehr als 2 mg/l aufweisen. Nach den Schlußfolgerungen des Vereins für Kupferrohre ist der Gebrauch von unverzinnten Kupferrohren nicht erlaubt, wenn der aus freier und Bicarbonatkohlensäure berechnete p_H-Wert 6,9 und darunter beträgt.

10. Zink. Was die Schädlichkeit des Zinks angeht, so werden nach E. Naumann (2) erst 8 mg als gesundheitsschädlich angesehen. Nach amerikanischen Vorschriften soll der Zinkgehalt des Leitungswassers 5 mg/l nicht übersteigen. Vgl. ferner L. W. Haase und O. Ulsamer.

11. Phenol. Wenn Phenol und seine Homologen schon an sich unangenehme Geschmacksschädigungen bedingen, so werden diese Schädigungen unerträglich, wenn eine Chlorung hinzukommt, die bei derartigen Wässern — es handelt sich hier meist um Oberflächenwässer — durchweg notwendig ist. Die dabei entstehenden Chlorphenole rufen den typischen Arznei-, Karbol- und Apothekengeschmack oder wie er sonst noch bezeichnet wird, hervor. Nach Bach genügen bei Chlorung der Wässer schon 0,008 mg/l, um Geschmacksschädigung hervorzurufen, während ohne Chlorung nach Leitch erst 0,1 mg/l Geschmacksschädigung bedingen. Dieser Verfasser gibt als untere Grenze der Geschmacksschädigung bei Chlorung 0,0014 mg/l an.

12. Arsen. Das Interesse für die Arsenbestimmung im Trinkwasser wurde durch das Auftreten der sog. „Haffkrankheit" geweckt, die durch arsenhaltiges Wasser bedingt war. Arsen kommt in den Abwässern verschiedener Industrien vor, aus denen es unter Umständen in Trinkwässer gelangen kann. Aber auch in natürlichen Wässern, vor allem in Mineralwässern ist Arsen anzutreffen. F. H. Hoffmann fand im Leipziger Leitungswasser 0,1 mg/l Arsen, in Mineralwässern können wesentlich höhere Werte vorkommen. Nach Beninde sind schon schwere Vergiftungen durch Genuß arsenhaltiger Wässer in Deutschland beobachtet worden.

VI. Bakteriologische Untersuchung (II/1, 344).

Die bakteriologische Untersuchung eines Trinkwassers hat sich in erster Linie auf die Feststellung des Keimgehaltes und des Colititers, d. h. diejenige Menge (1 cm³, 10 cm³, 100 cm³ usw.) Wasser, in der noch Colibacillen nachweisbar sind, zu erstrecken. Die Prüfungen auf Colibacillen besitzen, wie im Hauptwerk erwähnt, großen Wert für den Nachweis von Abwässer-Fäkalverschmutzungen durch Oberflächenwässer. H. Huß hat die Milchprobe als Coliindicator in der bakteriologischen Wasseranalyse in folgender Form herangezogen: 1 cm³ des zu untersuchenden Wassers wird mit 10 cm³ steriler Magermilch gemischt und bei 37° bzw. 45° bebrütet. Enthält das Wasser mindestens 1 Bacterium coli, so wird die Milch bei beiden Temperaturen innerhalb 24 bis 48 Stunden mit saurer Reaktion unter Gasbildung koaguliert. Koaguliert die Milch bei 45° ohne Gasbildung oder liegt eine saure Reaktion ohne Gerinnung vor, so deutet dies darauf hin, daß das Wasser in hygienischer Hinsicht von reiner Beschaffenheit ist. Das gleiche gilt, wenn die Milch zuerst mit alkalischer Reaktion koaguliert und nachher peptonisiert wird. Reines Wasser erzeugt weder bei 37° noch bei 45° Veränderungen in der Milch. Zweckmäßig wird der Nährboden mit Azolitmin (0,4 g/l) versetzt, damit man nach der Bebrütung die Reaktion der mit Wasser versetzten Milch direkt erkennen kann. — M. Bornand bedient sich zum Nachweis von Trinkwasserverunreinigungen des Rochaix-

Verfahrens, das einen Neutralrotnährboden zur Grundlage hat. Hygienisch einwandfreie Wässer bewirken bei 24—48stündigen Bebrütungen im Brutschrank keinen Farbumschlag, wobei die ausgestrichene Wassermenge keine Rolle spielt. Verunreinigte Wässer lassen dagegen den Indicator umschlagen. Der Farbumschlag ist nicht nur bedingt durch Colibacillen allein, auch andere Gruppen, die jedoch auch auf eine Verunreinigung durch menschliche oder tierische Abfallstoffe hindeuten, wie Paratyphusbacillen, Bakterien der Enteritisgruppe, Bacillus proteus, Friedländer-Bacillus, Bacillus pyocyaneum, Bacillen, die die Ammoniakzersetzung des Harns bedingen, u. a., können an dem Umschlag beteiligt sein. — H. B. Schulhoff und H. Henkelekian erfassen die Colikeime auf folgendem Wege: 50 cm^3 des zu untersuchenden Wassers werden mit 1 cm^3 einer sterilen, wäßrigen Kaolin- oder Infusorienerdeaufschwemmung versetzt. Dann zentrifugiert man 20 Minuten bei 2500 Umdrehungen je Minute. Man dekantiert hierauf bis auf 5 cm^3 und beimpft mit dem Rückstand Eosin-Methylenblau-Kristallviolett-Agarplatten, die man 18—36 Stunden bei 37° bebrütet. Colikeime werden bis zu 70% von Kaolin niedergeschlagen. Den Nachweis von Bacterium coli mit Hilfe der Indolprobe nimmt E. Gottsacker wie folgt vor: Zu 5 cm^3 des bebrüteten Substrates, einer auf tryptischem Wege aus Fibrin gewonnenen Trypsinbouillon, gibt man 0,5 cm^3 2%ige Nitroprussidnatriumlösung und danach 5 cm^3 20%ige Natronlauge, sowie nach gutem Umschütteln Eisessig bis zur sauren Reaktion (meist 0,5 cm^3). In Gegenwart sehr hoher Indolgehalte (1:10000) färbt sich die Nährflüssigkeit mit Alkali tiefrot, bei mittleren Gehalten braun bis dunkelrot, bei geringerer Indolkonzentration (1:500000) citronengelb. Mit jeder Indolprobe ist eine Geruchsprobe zu verbinden. Der charakteristische Geruch des Indols ist bis zu einer Grenze nachweisbar, die zwischen 1:500000 und 1:1000000 liegt. — H. Mohler benutzt für die Prüfung auf zuckervergärende Organismen aus der Gruppe der Colibakterien Traubenzucker-Neutral-Agar und Milchzuckerbouillon bei 37°, sowie Mannitbouillon nach Bulir bei etwa 45°. B. Babudieri behandelt ein neues Verfahren zum Nachweis von Bacterium coli in Trinkwässern. Danach wird zunächst mittels Lactose-Peptonlösung angereichert, sodann wird diese Flüssigkeit auf einen Agarnährboden mit Lactose und taurocholsaurem Natrium ausgestrichen und bei + 44° bebrütet. Verdächtige Kolonien impft man auf Glucosegelatine über.

Vgl. ferner J. R. Manzanete (Vorschlag für ein Normverfahren zur bakteriologischen Wasseruntersuchung); E. L. Caldwell und L. W. Parr (über die Probeentnahme bakteriologisch zu untersuchender Proben); Schmidt-Lang (bakteriologische Quellenuntersuchung); R. L. France (Bac. coli in ländlichen Wasserversorgungen); C. E. Skinner und J. W. Brown (über Behinderung des Coliwachstums bei 46°); P. Koschucharoff (neues Verfahren zur Bestimmung des Colititer; Anlegen der Wasserkulturen an Ort und Stelle); H. Kliewe und K. Lang.

Literatur.

Adams, H. W. and A. M. Busewell: Journ. Amer. Water Works Assoc. **25**, 1118 (1933). — Adler, H. G. Klein and F. K. Lindsay: Ind. and Engin. Chem. **30**, 361 (1938). — Ainsworth, N. J.: Analyst **59**, 380 (1934). — Ammer, G. u. H. Schmitz: Wasser **8**, II, 138 (1934). — Atkins, W. R. G.: Analyst **60**, 400 (1935).

Babudieri, B.: Wasser u. Abwasser **33**, 281 (1935). — Bach: Gas- u. Wasserfach **72**, 375 (1929). — Barr, G. and A. L. Thorogood: Analyst **59**, 378 (1934). — Beninde: Kl. Mitt. d. Ver. f. Wasser-, Boden- u. Lufthyg. **4**, 313 (1928). — Bini, G.: Atti R. Acad. Lincei (Roma) Rend. **11**, 593 (1930); Chem. Zentralblatt **101 II**, 1111 (1930). — Bornand, M.: Mitt. Lebensmittelunters. **23**, 148 (1932). — Boruff, C. S. and G. B. Abbott: Ind. and Engin. Chem., Anal. Ed. **5**, 236 (1933). — Buogo, G.: Industria chim. **9**, 1481 (1934).

Caldwell, E. L. u. L. W. Parr: Wasser u. Abwasser **31**, 377 (1936). — Carpentier, G.: Union pharmaceut. **72**, 122 (1932); Chem. Zentralblatt **103 II**, 3761 (1932). — Charomat, R. et S. Roche: C. r. d. l'Acad. des sciences **199**, 1325 (1934).

Dahle, D.: Journ. Assoc. Off. agricult Chem. **20**, 505 (1937). — Dam, L. van: Journ. of exper. Biol. **12**, 80 (1935). — Denigès, G.: Bull. Soc. pharm. Bordeaux **74**, 185 (1936); C. r. d. l'Acad. des sciences **194**, 91 (1932). — Diemair, W. u. J. Waibel: Ztschr. f. Unters. Lebensmittel **72**, 223 (1936). — Dienert, F. et F. Villemain: C. r. d. l'Acad. des sciences **198**, 1611 (1934). — Duroudier, A.: Ann. des Falsifications **29**, 283 (1936).

Engelhardt, A.: Angew. Chem. **47**, 763 (1934).

Fellenberg, Th. v.: Mitt. Lebensmittelunters. **29**, 276 (1938). — Folpmers, F.: Chemisch Weekblad **32**, 330 (1934). — Foster, M.: Ind. and Engin. Chem., Anal. Ed. **5**, 234 (1933); s. a. Journ. Amer. Chem. Soc. **54**, 4464 (1932). — France, R. L.: Wasser u. Abwasser **32**, 62 (1934). — Friedrich, L.: Franz. Patent Nr. 755916 (1933).

Gad, G.: Gas- u. Wasserfach **81**, 59 (1938). — Gad, G. u. K. Naumann: Gas- u. Wasserfach **80**, 58 (1937). — Gangl, J. u. J. V. Sanchez: Ztschr. f. anal. Ch. **18**, 92 (1934). — Gangl, J. u. A. Waschkau: Mikrochemie **22**, 78 (1937); s. a. Wasser u. Abwasser **35**, 199 (1937). — Gibbons, M. M.: Ind. and Engin. Chem. **24**, 947 (1932). — Gil, J. C.: Chem.-Ztg. **60**, 896 (1936). — Golse, J.: Bull. Trav. Soc. Pharm. Bordeaux **71**, 30 (1933). — Gottsacker, E.: Zentralblatt f. Bakter. I **129**, 517 (1933); s. a. Wasser u. Abwasser **31**, 378 (1933). — Grandval, A. et H. Lajoux: C. r. l'Acad. des sciences **101**, 62 (1885). — Grant, J.: Water and Watereng. **37**, 579 (1935).

Haase, L. W.: (1) Kl. Mitt. d. Ver. f. Wasser-, Boden- u. Lufthyg. **12**, 241 (1936). (2) Gesundheitsingenieur **59**, 41 (1936). — Haase, L. W. u. O. Ulsamer: Kl. Mitt. d. Ver. f. Wasser-, Boden- u. Lufthyg. **9**, 47 (1933). — Hamer, P.: Journ. Soc. Chem. Ind. Trans. **54**, 250 (1935). — Hawley, J. W. and W. Wilson: Analyst **62**, 166 (1937). — Hemmeler, A.: Wasser u. Abwasser **33**, 241 (1935). — Herculano de Carvalho, A.: Rev. Chim. qua. appl. **11**, 99 (1936). — Hildner, W.: Chem. Fabrik **7**, 429 (1934). — Hilpert, S. u. R. Gille: Angew. Chem. **46**, 326 (1933). — Hoffmann, F. H.: Kl. Mitt. d. Ver. f. Wasser-, Boden- u. Lufthyg. **3**, 191 (1927). — Höll, K.: Arch. f. Hyg. **113**, 283 (1935). — Holmquist, C. A.: Journ. Amer. Water Works Assoc. **26**, 1663 (1934). — Houghton, G. N. and R. G. Pelly: Analyst **62**, 114 (1937). — Howard, C. S.: Ind. and Engin. Chem., Anal. Ed. **5**, 4 (1933). — Hulbut, R.: Journ. Amer. Water Works Assoc. **26**, 1638 (1934). — Hundeshagen, Fr. u. F. W. Sieber: Angew. Chem. **44**, 683 (1931). — Huß, H.: Zentralblatt f. Bakter. **1937**, 302; Wasser u. Abwasser **35**, 319 (1937).

Isaacs, M. L.: Sewage Works Journ. **7**, 435 (1935). — Ivekovic, H.: (1) Ztschr. f. anal. Ch. **106**, 176 (1936). — (2) Arch. Za Hemiju i. Farmaciju **8**, 185 (1935). — Ivekovic, H. u. L. Damčvic: Arch. Za Hemiju i. Farmaciju **10**, 51 (1936).

Jones, D. G. and Ch. E. Wood: Journ. Inster. Petrol. Techn. **18**, 817 (1932); Chem. Zentralblatt **104 I**, 352 (1933).

Kaeß, A.: Arch. f. Hyg. u. Bakteriologie **107**, 42 (1931). — Kapp, M.: C. r. d. l'Acad. des sciences **195**, 608 (1932). — Karsten, A.: (1) Dtsch. Wasserwirtschaft

31, 53 (1936). — (2) Gesundheitsingenieur **57**, 16 (1934). — Kauko, J.: Ann. Acad. Scient. Fennicar A **39**, 3 (1934). — Kliewe, H. u. K. Lang: Arch. f. Hyg. **105**, 124 (1931). — Koschkin, M. L. u. F. M. Spector: Ztschr. f. ges. Hyg. **116**, 688 (1935). — Koschucharoff, P.: Wasser u. Abwasser **35**, 319 (1937). — Kramer, S. P.: Sciences (New York) **80**, 593 (1934); vgl. Wasser u. Abwasser **33**, 244 (1935). Kroke, K.: Wasser **12**, 168 (1937). — Kruse: Ztschr. f. ges. Hyg. **118**, 143 (1936). — Kuisel, H. F.: (1) Helv. chim. Acta **18**, 178 (1935); vgl. Wasser u. Abwasser **33**, 363 (1935). — (2) Helv. chim. Acta **18**, 896 (1935).

Lapin, L. N. u. W. O. Hein: Ztschr. f. ges. Hyg. **114**, 605 (1933). — Lapin, L. N. u. V. E. Kitt: Ztschr. f. ges. Hyg. **112**, 719 (1931). — Langelier, W. F.: Journ. Amer. Water Works Assoc. **28**, 1500 (1936); vgl. Wasser **12**, 135 (1937). — Leclerc, F.: Ind. Chim. Belge **3**, 439, 481 (1933); Chem. Zentralblatt **104 I**, 474 (1933). — Leitch: vgl. Gas- u. Wasserfach **72**, 375 (1929). — Leroux, L.: C. r. d. l'Acad. des sciences **199**, 1225 (1934). — Liebknecht, Gerb u. Bauer: Angew. Chem. **44**, 860 (1931). — Lühr, W.: Ztschr. f. Unters. Lebensmittel **66**, 544 (1933).

Macintire, W. H. and J. W. Hammond: Ind. and Engin. Chem. **30**, 160 (1938). — Manzanete, J. R.: Wasser u. Abwasser **31**, 97 (1933). — Mayer, O.: (1) Ztschr. f. Unters. Lebensmittel **66**, 193 (1933). — (2) Ztschr. f. Unters. Lebensmittel **68**, 51 (1934). — (3) Ztschr. f. Unter. Lebensmittel **60**, 195 (1930). — Meanes, E. A. and E. L. Necoman: Ind. and Eng. Chem., Anal. Ed. **6**, 375 (1934). — Meineck, F. u. M. Horn: Angew. Chem. **47**, 625 (1934). — Merkel, E.: Chem.-Ztg. **54**, 214 (1930). — Miller, C. Fr.: Chemist-Analyst **21**, 7 (1932); vgl. Chem. Zentralblatt **103 II**, 3433 (1932). — Mohler, H.: Monatsbull. Schweiz. Ver. Gas- u. Wasserfachm. **9** (1936). — Mühlenbach, V.: Zeitschr. f. Unters. Lebensmittel **76**, 254 (1938).

Namec, P. D.: Ind. and Engin. Chem. **7**, 333 (1935). — Naumann, E.: (1) Chem.-Ztg. **57**, 315 (1933). — (2) Gas- u. Wasserfach **76**, 146 (1933). — Nikiforow, J. A.: Chem. Journ., Ser. B. Journ. angew. Chem. (russ.) **7**, 1298 (1936); Chem. Zentralblatt **107 II**, 1406 (1936). — Nümann, W.: Naturwissenschaften **24**, 693 (1936).

Ohle, W.: Angew. Chem. **49**, 778 (1936).

Paschke, B.: Ztschr. f. Unters. Lebensmittel **62**, 378 (1931). — Pieters, H. A. J.: Chemisch Weekblad **32**, 508 (1935). — Pilwat, H.: Angew. Chem. **48**, 338 (1935). — Plücker, W. u. H. Gautoch: Ztschr. f. Unters. Lebensmittel **66**, 62 (1933). — Poda, E.: Ann. Chim. analyt. appl. **25**, 225 (1935). — Prescher, J.: Pharm. Zentralblatt Deutschland **74**, 237 (1933).

Reichelt, H.: Chem.-Ztg. **58**, 871 (1934). — Reith, J. F. u. A. Looijen: Ztschr. f. analyt. Ch. **113**, 252 (1938). — Reuß, A.: (1) Ztschr. f. Unters. Lebensmittel **73**, 50 (1937). — (2) Ztschr. f. Unters. Lebensmittel **73**, 47 (1937). — Riffenburg, H. B.: Ind. and Engin. Chem., Anal. Ed. **7**, 14 (1935). — Rother, E. u. G. Jander: Angew. Chem. **43**, 952 (1930). — Rubel, W. M.: Ztschr. f. Unters. Lebensmittel **60**, 588 (1930).

Sancher, F.: Arch. f. Hyg. **115**, 346 (1936). — Sanchis, J. M.: (a) Journ. Amer. Water Works Assoc. **28**, 1456 (1936); Chem. Zentralblatt **108 I**, 2424 (1937). — (2) Ind. and Engin. Chem. **6**, 134 (1934). — Sander, P.: Kl. Mitt. d. Ver. f. Wasser-, Boden- u. Lufthyg. **11**, Nr. 8 (1935). — Sauer, E. u. G. Rack: Ztschr. f. anal. Ch. **114**, 182 (1938). — Saville, F. C.: Journ. Soc. Chem. Ind. Trans. **55**, 346 (1936). — Scheringer, K.: (1) Pharm. Weekblad **67**, 1362 (1930). — (2) Chemisch Weekblad **29**, 606 (1932). — (3) Pharm. Weekblad **68**, 735 (1931). — Schilling, K.: Gas- u. Wasserfach **79**, 229 (1936). — Schmidt-Lang: Gesundheitsingenieur **56**, 486 (1933). — Schmitz, H.: Wasser **7**, 185 (1933). — Schpak, M. A. u. W. Schubajew: Chem. Zentralblatt **107 I**, 4955 (1936). — Schröder, H. u. W. Lühr: Ztschr. f. Unters. Lebensmittel **65**, 168 (1933). — Schulhoff, H. B. and H. Henkelekian: Journ. Amer. Water Works Assoc. **28**, 1963 (1936). — Schwartz, M. C.: Ind. and Engin. Chem., Anal. Ed. **6**, 364 (1934). — Schwaibold, J., B. Bleyer u. G. Nagel: Biochem. Ztschr. **297**, 324 (1938). — Scott, R. D.: (1) Journ. Amer. Water Works Assoc. **26**, 634 (1934). — (2) Journ. Amer. Water Works Assoc. **26**, 1234 (1934). — Seyb, E.: Wasser **12**, 307 (1938); s. a. Ztschr. f. anal. Ch. **106**, 385 (1936); **107**, 18 (1937). — Sieber, F. W. siehe Fr. Hundeshagen. — Skinner, C. E. u. J. W. Brown: Wasser u. Abwasser **32**, 220 (1934). — Skopinzew, B. A.:

Chem. Journ., Ser. B. Journ. angew. Chem. (russ.) **7**, 1294 (1934); Chem. Zentralblatt **106 II**, 1416 (1935). — Skopinzew, B. A. u. J. S. Owtschinnkowa: Chem. Journ., Ser. B. Journ. angew. Chem. (russ.) **6**, 1173 (1933); s. a. Chem. Zentralblatt **105 II**, 1824 (1934). — Smith, H. V.: (1) Ind. and Engin. Chem., Anal. Ed. **7**, 23 (1935). — (2) Amer. Journ. of Publ. Health **25**, 434 (1935). — Sokoloff, W. P.: Ind. and Engin. Chem., Anal. Ed. **5**, 336 (1933). — Spitta, O.: Wasser u. Abwasser **31**, 347 (1933). — Splittgerber, A.: Wasser **12**, 174 (1937). — Stamm, H.: Angew. Chem. **48**, 150 (1935). — Steffens, W.: Chem.-Ztg. **54**, 996 (1930). — Stettbacher, A.: Mitt. Lebensmittelunters. **29**, 210 (1938). — Stoof, H. u. L. W. Haase: Wasser **12**, 111 (1937). — Strohecker, R.: Wasser **12**, 128 (1937); Ztschr. f. anal. Ch. **107**, 321 (1936). — Strohecker, R., H. Riffart u. J. Habersack: Ztschr. f. Unters. Lebensmittel **74**, 155 (1937); **75**, 43 (1938). — Strohecker, R., K. Schilling u. E. Budenbender: Ztschr. f. Unters. Lebensmittel **72**, 299 (1936). — Strohecker, R., R. Vaubel u. K. Breitwieser: Ztschr. f. anal. Ch. **103**, 1 (1935). — Sumulcanu, C. u. M. Botezatu: (1) Mikrochemie **21**, 75 (1936). — (2) Mikrochemie **21**, 68 (1936).

Tarwin, D., H. R. Todd and A. M. Busewell: Journ. Amer. Water Works Assoc. **26** (1934). — Taylor, D. M.: Journ. Amer. Water Works Assoc. **29**, 1983 (1937). — Thompson, Th. G., R. W. Brenner and J. M. Janneson: Ind. and Engin. Chem., Anal. Ed. **4**, 288 (1932). — Thompson, Th. G. and H. G. Houlton: Ind. and Engin. Chem., Anal. Ed. **5**, 389 (1933). — Thompson, Th. G. and H. Taylor: Ind. and Engin. Chem., Anal. Ed. **5**, 87 (1933). — Thompson, Th. G. and G. L. Wilson: Journ. Amer. Chem. Soc. **57**, 223 (1935). — Tillmans, I. u. E. Neu: Ztschr. f. Unters. Lebensmittel **62**, 593 (1931); vgl. a. Mikrochemie **8**, 63 (1930). — Tompsett, B. L.: Analyst **61**, 591 (1936). — Toote, F. I.: Ind. and Engin. Chem., Anal. Ed. **4**, 39 (1932). — Tourky, A. R. and D. K. Baugham: Nature (Lond.) **138**, 587 (1936). — Trofimow, A. W.: Journ. angew. Chem. (russ.) **9**, 756 (1936).

Urbach, C.: Mikrochemie **13**, 31, 201 (1933); **14**, 189 (1934). — Urbain, O. M. and J. N. Miller: Journ. amer. Water Works Assoc. **22**, Nr. 9 (1930).

Vucetich, D. C.: Ztschr. f. anal. Ch. **106**, 290 (1936).

Waibel, J. siehe W. Diemair. — Willard, H. H. and O. B. Winter: Ind. and Engin. Chem., Anal. Ed. **5**, 7 (1933). — Willberg, B.: Ztschr. f. Unters. Lebensmittel **69**, 85 (1935). — Winkler, L. M.: (1) Pharm. Zentralhalle Deutschland **74**, 194 (1933). — (2) Pharm. Zentralhalle Deutschland **74**, 129 (1933). — (3) Pharm. Zentralblatt Deutschland **74**, 148 (1933). — Wirth, H. E. and R. J. Robinson: Ind. and Engin. Chem., Anal. Ed. **7**, 147 (1935). — Wohlfeil, I. u. W. Gilges: Arch. f. Hyg. **110**, 125 (1933); Chem. Zentralblatt **104 II**, 920 (1933).

Abwässer.

Von

Dr. phil. **Paul Sander,**

wissenschaftlichem Mitglied der Pr. Landesanstalt für Wasser-, Boden- und Lufthygiene, Berlin-Dahlem.

Einleitung (II/1, 350).

In der Einleitung zum Abschnitt „Abwasser" im Hauptwerk sind die Abwässer in zwei Gruppen eingeteilt, in solche mit vorwiegend mineralischen Bestandteilen und in solche mit vorwiegend stickstoffhaltigen organischen Stoffen. Die erste Gruppe ist dann noch weitergehender unterteilt. Bei der Bearbeitung von Abwasserfragen in der „Landesanstalt" hat es sich auf Grund 30jähriger Erfahrungen als praktischer herausgestellt, die Abwassererzeuger selbst in Gruppen einzuteilen, und zwar nach Art und Beschaffenheit der von ihnen abgelassenen Abwässer. Diese Gesichtspunkte geben auch einen geeigneten Rahmen für die Untersuchung der Abwässer, weil innerhalb der einzelnen Gruppen eine gewisse Verwandtschaft besteht. Die Abgrenzung der drei in dieser Weise sich ergebenden Gruppen wird durch das Verhalten der Abwässer bei ihrer Aufbewahrung bestimmt, und zwar danach, ob die Abwässer keinerlei augenfällige Zersetzung erleiden, ob sie faulen oder ob sie vorerst in Gärung übergehen, der sich die Fäulnis anschließt.

1. Die erste Gruppe umfaßt praktisch die Abwässer mit vorwiegend mineralischen Bestandteilen, die weder faulen noch gären. Dazu gehören die Abwässer von Steinkohlen- und Braunkohlengewinnung und -weiterverarbeitung, also die Abwässer aus Gruben und Zechen, Kühlversatz- und Haldenablaufwässer, die von Brikettfabriken, aus Gasfabriken und vom Kokslöschen, die Abwässer der Schwelereien und Hydrierwerke, die Teerdestillationsabwässer und die der Ammoniakfabriken; weiterhin gehören zu dieser Gruppe die Abwässer der Kaliindustrie, die Abwässer aus der Glasveredlung (Kristallschleifereien und Ätzereien), die bei der Metallgewinnung und Veredlung anfallenden Flotationsabwässer, Schlackengranulationsabwässer, Abwässer der Hochofengasreinigung, Walzwerks- und Beizerei-, Emaillier-, Drahtzieherei-, Blechherstellungsabwässer, die aus Verzinkereien und Galvanisierungsanstalten, Abwässer aus Soda- und Arsenikwerken, von der Pulver- und Sprengstoffbereitung, bei der Gewinnung von Farbstoffen und schließlich auch noch die Abwässer der chemischen Reinigungs- und Waschanstalten, der Wollwäschereien, der Tuchfabriken, der Bleichereien, der Trocknereien und Appreturanstalten usw.

2. Zur Gruppe der fäulnisfähigen Abwässer gehören in erster Linie die städtischen Abwässer und dann die ihnen eng verwandten, also die Abläufe von Schlachthöfen, Abdeckereien, Kadaververwertungsanstalten, Fischmehlfabriken und dgl., Talgschmelzen, Fellverarbeitungsanstalten, Gerbereien, Lederfabriken, Darmzubereitungsanstalten, Leim- und Seifenfabriken.

3. Über die Gärung zur Fäulnis gelangen die Abwässer von Zuckerfabriken, von Kartoffelflocken- und Stärkefabriken, von Molkereien, Käsereien, Speisefettfabriken, Brauereien, Mälzereien, Brennereien und Hefefabriken, von Flachs- und Hanfrösten, von Holzzucker- und Futterhefefabriken, von Zellstoffabriken, Kunstseide- und Zellwollefabriken, Papier- und Pappenfabriken, einschließlich der Weiß- und Braunholzschleifereien und andere.

Bei dieser Aufzählung müßte genau genommen die eine oder andere Abwasserart auch noch in eine der anderen Abteilungen aufgenommen oder zumindesten dort noch erwähnt werden.

Von einer so strengen Unterscheidung ist Abstand genommen worden; aus praktischen Gesichtspunkten heraus müssen nämlich gewisse Abwässer mit anderen anders gearteten zusammen behandelt werden, weil sie nun einmal in der Praxis so vorkommen. Als Beispiel mögen die Abwässer von Kunstseide- und Zellwollefabriken herangezogen werden, die genau genommen, unter die Gruppe gär- und fäulnisunfähigen Abwässer gehören; sie wurden hier in der Gruppe der gär- und fäulnisfähigen Abwässer im Anhang an Zellstoffabriken genannt, da modernere Werke dieser Art den Rohstoff Holz oder Stroh über Zellstoff zu Zellwolle verarbeiten.

I. Probenahme (II/1, 352).

Die Chemie des Wassers und Abwassers ist seit langem ein durchaus selbständiges und nicht nebenbei zu bearbeitendes Teilgebiet der Chemie geworden und wird als solches in den letzten Jahren auch anerkannt. Zur Beurteilung von Abwasserfragen stehen private und auch beamtete Chemiker zur Verfügung. Sie können in Abwasserfragen aber nur beraten bzw. die richtigen Schlußfolgerungen aus den Untersuchungsergebnissen ziehen, wenn erstens die Probe vom Begutachter selbst entnommen und unter seiner Anleitung untersucht wird und zweitens der Gutachter den Betrieb, aus dem die Abwässer stammen, mit sämtlichen Fabrikationseinzelheiten und seiner gesamten Wasserwirtschaft grundlegend studiert hat. Aus der rein schematischen Untersuchung von Abwasserproben und den dabei gewonnenen Werten können heute keine abschließenden Folgerungen mehr gezogen werden, auch dann nicht, wenn jede Abwasserprobe auf alle praktisch in Betracht kommenden Stoffe in wochenlanger Arbeit untersucht wird. Ein Urteil darüber, welche Stoffe in den Abwässern enthalten sein können und welche Stoffe sich im Vorfluter nach der einen oder anderen Richtung hin besonders auswirken können und auswirken werden, muß in allen Fällen aus der Technologie des Unternehmens hervorgehen. Der Bearbeiter erhält durch die Untersuchung der Abwasserproben seine durch Erhebungen im Werk selbst gebildete Ansicht bestätigt und außerdem die Unterlagen, um zahlenmäßige Vergleiche ziehen zu können.

Aus dem eben Ausgeführten ergibt sich, daß die noch vielfach gebräuchlichen Schemata zur Untersuchung der oder wenigstens gewisser Abwässer überflüssig, wenn nicht sogar unzweckmäßig sind. Es muß angestrebt werden, daß der Begutachter aus der Kenntnis des Betriebes heraus auf diejenigen Stoffe und Bestandteile untersuchen läßt, die entweder normale oder gerade charakteristische oder auch zufällige Bestandteile der Abwässer des in Rede stehenden Betriebes sind. Daß gewisse Bestimmungen wie Chloridgehalt, Kaliumpermanganatverbrauch, Reaktion und dgl. in jeder Probe ausgeführt werden sollen, bedarf keiner Begründung. Eine Untersuchung dieser Art ist derzeit um so mehr notwendig, als in den letzten Jahren durch die gesteigerte Erzeugung und der gleichzeitigen Auswirkung tief einschneidender Maßnahmen hinsichtlich der Verwendung bisher nicht gebräuchlicher Rohstoffe und Behelfsmittel die Abwässer sich in sehr vielen Betrieben wesentlich anders zusammensetzen, als es früher der Fall war und andererseits auch stärkere Schwankungen der Beschaffenheit innerhalb kurzer Zeiten aufweisen können. Es kann daher vorkommen und ist vielfach vorgekommen, daß die Vorfluterschädigungen durch andere als für den Betrieb charakteristische Bestandteile bedingt sind und daß die Schädigung mit der Verwendung anderer Rohstoffe, ohne daß an der Abwasserreinigung und -beseitigung etwas geändert wurde, verschwinden.

Viel größeres Gewicht als auf die genaueste Untersuchung der Proben muß in allen Einzelheiten auf die Entnahme der Proben gelegt werden. Es hat sich besonders dann, wenn Gutachten gegen Gutachten stand und Zweifel an der einwandfreien Ermittlung der vorgelegten Untersuchungszahlen nicht gerechtfertigt waren, ergeben, daß die Unterschiede allein durch die Probenahme bedingt waren. Die Wahl der Probenahmestelle kann ausschlaggebend für den endgültigen Befund sein und daher ist ihre richtige Wahl bei der eingehenden Prüfung des Betriebes vornehmste und wichtigste Aufgabe des Gutachters.

Im Interesse einer zuverlässigen Überwachung ist den meisten Gewerbeunternehmen die Ableitung ihrer Abwässer an nur einer Stelle zur Pflicht gemacht. Hier fällt bei den meisten Betrieben durchaus nicht immer Abwasser in gleicher Menge und Beschaffenheit an, hauptsächlich dann nicht, wenn der Betrieb mehrere Abteilungen besitzt, die nicht im „Fließbetrieb" miteinander arbeiten. Einzelproben, sog. Stichproben, geben schon an dieser Stelle fast nie die richtige Zusammensetzung; sie sind deshalb nur ausnahmsweise zulässig und sollten fast immer zugunsten von Durchschnittsproben vernachlässigt werden. Sofern der Betrieb nicht ungewöhnlich verschiedenartig arbeitet, reicht eine Schicht zur Entnahme einwandfreier Durchschnittsproben meist aus. Als empfehlenswert hat es sich herausgestellt, die ganze Schicht über in ein geeignetes sauberes Gefäß $^1/_4$stündlich eine bestimmte Abwassermenge — etwa 1 l — unter Feststellung von Luft- und Wassertemperatur zu geben. Die gesamte entnommene Abwassermenge wird kräftig umgerührt und aus dem aufgewirbelten Abwasser werden mehrere kleine Mengen entnommen — um den Gehalt an ungelösten Bestandteilen richtig zu erfassen — und restlos in die Entnahmeflasche eingefüllt. Bei Kenntnis sämtlicher Betriebsvorgänge wird leicht entschieden werden können, ob im Einzelfalle aus besonderen Gründen (Rücksicht auf Zersetzlichkeit) von diesem Schema abgewichen werden muß und welche Bestimmungen sofort nach oder sogar noch während der Probenahme durchgeführt werden müssen. Es ist selbstverständlich, daß man die Probenahme nicht unbeaufsichtigt durchführen lassen kann; denn die genaue Beobachtung kann Fingerzeige und Anhaltspunkte für die Reinigung der Abwässer geben. Vielfach hat die sorgfältige Entnahme von Abwasserproben aus einem größeren Sammler oder dgl. unter gleichzeitiger Feststellung der Abwassermengen dazu geführt — und die einzige Möglichkeit geboten —, die Anlage zur Reinigung der Abwässer richtig zu bemessen und Stöße in der Abwasserzusammensetzung auszugleichen. Man denke z. B. an eine Stadt mit starker Industrie, bei der verschiedenartige Abwässer stoßweise und täglich zu den gleichen Zeiten anfallen und damit dem Abwasser ein ganz bestimmtes Gepräge verleihen. In solchem Falle empfiehlt es sich etwa jede $^1/_4$ Stunde eine Probenahmeflasche mit Abwasser zu füllen. Unter Berücksichtigung des Anfalles läßt sich daraus eine einwandfreie Durchschnittsprobe zusammenstellen und außerdem ergibt die Untersuchung der Einzelproben die Anhaltspunkte für die vorkommenden Schwankungen während der Entnahmezeit.

Das gleiche gilt häufig in noch verstärktem Maße für die Entnahme von Vorfluterproben. Auch hier führen Stichproben nur dann zum Ziel, wenn die Verhältnisse tatsächlich „gleichbleibend" sind, d. h. Wassermenge und -beschaffenheit des Vorfluters und des Abwassers sich praktisch nicht ändern. Für alle übrigen Fälle hat es sich als zweckmäßig erwiesen, wenn auch nicht über 6—8 Stunden, so doch wenigstens über 1—2 Stunden hindurch ausgedehnte Durchschnittsproben zu entnehmen. Die Entnahme kann fast automatisch gestaltet werden. Dazu sind zwei größere Probenahmeflaschen erforderlich, die durch Gummischläuche miteinander verbunden und so aufgestellt werden, daß durch das allmähliche Ausfließen der einen, mit Vorfluterwasser gefüllten Flasche in der anderen in der gewünschten Zeit die Durchschnittsprobe hineingesaugt wird.

Einzelproben für die chemische Untersuchung sind durchaus da von Wert, wo es sich um bekannte Verhältnisse und wiederholte Kontrollen handelt und neben der chemischen Untersuchung auch die biologische Prüfung des Wasserlaufs durchgeführt wird, so daß die Ergebnisse sich gegenseitig ergänzen und bestätigen.

Zur einwandfreien Feststellung der Beeinflussung eines Wasserlaufes durch Abwässer genügt es nicht nur eine Probe bald unterhalb der Einleitungsstelle zu nehmen, sondern es muß der Vorfluter im unbeeinflußten — also auch nicht gestauten — Wasser oberhalb der Fabrik und, je nach dem Ausfall der örtlichen Erhebungen und Prüfungen, auch an mehreren Stellen unterhalb des Unternehmens geprüft werden. Dabei sei darauf aufmerksam gemacht, daß in Abhängigkeit von der Abwasserbeschaffenheit und besonders von der Charakteristik des Vorfluters hin und wieder erst nach mehreren Kilometern eine tatsächliche Mischung von Abwasser und Flußwasser erfolgt. In solchen Fällen wird die einwandfreie Probenahme sehr schwierig, weil z. B. bei den deutschen Flüssen kilometerlange Laufstrecken ohne Aufnahme von Nebengewässern oder von anderen Abwässern selten sind.

II. Untersuchung (II/1, 357).

Dem Gutachter muß es überlassen bleiben, zu beurteilen, welche Vorprüfungen und welche Bestimmungen während der Entnahme und nach der Entnahme durchzuführen sind. Man wird an Ort und Stelle all das festlegen, was auf dem Transport eine Veränderung erleiden kann. Sofort sind festzustellen: das Aussehen des Wassers, die Schaum- und Blasenbildung, der Geruch, die Temperatur, die Reaktion und die Stickstoffverbindungen. Andere Stoffe sind in einen Zustand überzuführen, der die einwandfreie spätere quantitative Bestimmung möglich macht. Dazu gehören Sauerstoff, Schwefelwasserstoff, schweflige Säure, Chlor, Kohlensäure usw. Hingewiesen werden soll hier auf den Wert der Wasserstoffionenkonzentration, die bei den meisten Abwässern sofort bestimmt werden muß, besonders dann, wenn es sich um leicht zersetzungsfähige Abwässer etwa aus Stärkefabriken, dem Gärungsgewerbe, von Molkereien usw. handelt.

1. Wasserstoffionenkonzentration (I, 270; II/1, 220; s. a. S. 235). Das einfachste Behelfsmittel zur annähernden Bestimmung der p_H-Zahl an Ort und Stelle sind die Universalindicatoren, sei es als Flüssigkeit oder in Form von Papieren mit Vergleichsmöglichkeit für die Farbeinstellung.

Weitergehenden Ansprüchen genügen im allgemeinen die colorimetrischen Bestimmungseinrichtungen, z. B. die Komparatoren der Firma Hellige, die unter normalen Bedingungen eine Genauigkeit von 0,2 p_H zu erreichen gestatten. Genaue Ergebnisse erzielt man auch bei gefärbten und trüben Abwässern nur mit den elektrischen Meßeinrichtungen, die unter Verwendung einer Glaselektrode und einer entsprechenden Bezugselektrode (im allgemeinen einer Kalomelelektrode) die Bestimmung schnell durchzuführen gestatten und vielfach als handliches tragbares Gerät durchgebildet sind. Unter den vielen, grundsätzlich ziemlich gleichwertigen Apparaten hat der Verfasser mit dem sehr bequemen Pehavi der Firma Hartmann & Braun gute Erfahrungen gemacht.

Die elektrischen Einrichtungen gestatten auch die Untersuchungen von Schlamm und anderen breiigen Substanzen, für deren Untersuchungen sonst am besten die Wulffschen Foliencolorimeter verwendet werden.

2. Elektrische Leitfähigkeit (II/1, 361, s. a. I, 404; II/1, 211, 242). Die elektrische Leitfähigkeit sollte überall dort, wo es sich darum handelt, den Einfluß stärker konzentrierter Abwässer in Vorflutern erstmalig genauer festzustellen, mehr als bisher verwendet werden. Von größter Bedeutung ist ihre Ermittlung schon seit langem bei der Überwachung von Flüssen, denen salzhaltige Abwässer (Kaliindustrie) laufend zugeführt werden. Hierzu bedient man sich Einrichtungen, die selbsttätig den „Salzgehalt" messen und aufzeichnen. Die Bestimmung der Leitfähigkeit erfordert nicht immer die Entnahme von Wasserproben; sie läßt sich auch mit einer Tauchelektrode und somit sehr schnell durchführen. Mit ihrer Hilfe kann man von einem Fahrzeug aus die Verteilung von Abwässern erkennen und den geeigneten Ort für die Probenahme festlegen.

Die elektrische Leitfähigkeit wird unter Verwendung der Wheatstoneschen Brückenschaltung bestimmt, früher im allgemeinen nach der von Kohlrausch angegebenen Wechselstrom-Telephonmethode, heute überwiegend schon unter Verwendung eines Zeigerinstrumentes. Abhängig ist die Bestimmung auch von der Temperatur.

Die Umrechnung auf den Salzgehalt stützt sich darauf, daß erfahrungsgemäß die Leitfähigkeit neutraler Lösungen, die im Liter den hundertsten Teil des Molekulargewichtes der üblichen Salze in Gramm gelöst enthalten, etwa gleich ist. Der Umrechnungsfaktor beträgt rund 0,75 für die bei 18° bestimmte Leitfähigkeit multipliziert mit 10^6; er kann aber bei versalzenen Wässern und Abwässern größer oder auch kleiner sein. Mit der Bestimmung der Leitfähigkeit sind unter unbekannten Bedingungen also nur annähernde Angaben über den Elektrolytgehalt möglich. Genauere Feststellungen über Schwankungen in der Zusammensetzung sind z. B. jedoch in Wasserwerken möglich, wenn diese mit einem praktisch gleichbleibenden und daher auch mit einem stets die gleiche Leitfähigkeit aufweisenden Rohwasser (Grundwasser) arbeiten.

3. Faulprobe. Die Bestimmung der Fäulnisfähigkeit ist wohl die wichtigste Bestimmung zur Beurteilung der Wirkungsweise einer künstlichen oder natürlichen Abwasserreinigungsanlage. Sie allein — und nicht etwa die absoluten Zahlen an Kaliumpermanganatverbrauch, organischem Stickstoff und dgl. — gibt endgültig ein Urteil darüber ab, ob bei fäulnisfähigen Abwässern der notwendige Reinheitsgrad erreicht worden ist.

Die Feststellung der Fäulnisfähigkeit beruht darauf, daß organische Schwefelverbindungen, in erster Linie Eiweißstoffe, bei ihrer Zersetzung unter Einwirkung von Bakterien Schwefelwasserstoff freimachen. Dieser kann nach den üblichen Verfahren erkannt werden. Die Schwefelwasserstoffentwicklung tritt bei an sich fäulnisfähigen Abwässern jedoch nicht auf, wenn das Abwasser entweder zu stark alkalisch oder zu stark sauer ist, wenn die Probe durch Erhitzen oder Zusatz von Desinfektionsmitteln „steril“ ist oder wenn sie Bestandteile enthält, die entweder Schwefelwasserstoff binden oder sein Entstehen verhindern. Bestandteile der letzten Art werden sich in normalen Abwässern selten finden. „Sterilität“ läßt sich, wenn sie nicht durch Zusatz von Desinfektionsmitteln hervorgerufen ist, oder wenn deren Einfluß beseitigt ist, durch Animpfen mit fäulnisfähigem Wasser beheben. Stark sauer oder alkalisch reagierende Abwässer müssen zuvor neutralisiert werden.

Ob die Fäulnisfähigkeit aus anderen als den genannten Gründen ausbleibt oder ausbleiben kann oder später einsetzen wird, ist aus der Art des Abwassers erklärlich oder gibt sich durch andere Untersuchungsmethoden, z. B. bei der Ermittlung des biochemischen Sauerstoffbedarfes zu erkennen. Abwässer, die an sich nicht fäulnisfähig, jedoch mit Schwefelwasserstoff beladen sind, z. B. die Abflüsse von Zellwolle- und Kunstseidefabriken, täuschen Fäulnis nur solange vor, als sie nicht belüftet worden sind. Darauf ist bei Abwässern, die schon bei der Entnahme „faulen“, zu achten.

Um bei der Fäulnisprobe nicht durch Zersetzungen der ungelöst im Abwasser vorhandenen Stoffe getäuscht zu werden, empfiehlt es sich, das Abwasser vor dem Ansetzen zu filtrieren. Die eigentliche Prüfung wird in der Landesanstalt wie folgt durchgeführt:

Das der Prüfung zu unterwerfende — notfalls filtrierte, neutralisierte und angeimpfte — Abwasser wird in eine 200 cm³ fassende farblose Medizinflasche eingefüllt; der Hals der Flasche bleibt frei. Die Flasche wird mit einem Korkstopfen verschlossen, an dem ein Streifen Bleiacetatpapier so befestigt ist, daß er mit einem Ende in den Flaschenhals hineinragt, ohne diesen oder das Abwasser zu berühren. Die Flasche wird im Brutschrank bei 22° C 10 Tage lang gehalten. Täglich werden die Bleiacetatstreifen gewechselt. Die Fäulnis hält an, so lange noch eine Verfärbung des Streifens eintritt; bleibt sie 10 Tage lang aus, so darf das Abwasser als zuverlässig fäulnisunfähig bezeichnet werden. Vor Abgabe dieses Urteils ist die äußere Beschaffenheit der Probe und die Reaktion zu prüfen und zu entscheiden, ob nicht aus einem der weiter oben genannten Gründe eine Fäulnis vorübergehend unmöglich gemacht wurde.

4. Schwefelwasserstoff und Sulfide (II/1, 372). Neben den im Hauptwerk mitgeteilten Untersuchungsverfahren sei die Beschreibung der in der „Landesanstalt“ bewährten Methode nachgetragen.

Für die Bestimmung ist eine gesonderte Probenahmeflasche erforderlich. Diese Flasche wird mit dem zu untersuchenden Abwasser und einigen Kubikzentimetern einer 5%igen Essigsäure, die im Liter 100 g Cadmiumacetat enthält, versetzt. Sind Schwefelwasserstoff oder Sulfide vorhanden, so bildet sich augenblicklich eine gelbe Färbung, die sich später in Form eines gelben Niederschlages zu Boden setzt.

Im Laboratorium wird entweder nur der abfiltrierte Niederschlag oder aber das gesamte Abwasser einschließlich Niederschlag in einen Destillationskolben gegeben. Der Kolben wird mit einem Kippschen Apparat verbunden und die Luft durch Kohlensäure verdrängt. Durch einen Tropftrichter gibt man allmählich eine ausreichende Menge Salzsäure auf den aufgeschlämmten Niederschlag und treibt den Schwefelwasserstoff durch einen Kühler in die Vorlage. Vorgelegt werden im allgemeinen 10 cm³ der vorbeschriebenen Cadmiumacetatlösung, der 10 cm³ Eisessig zugesetzt sind. Das Cadmiumsulfid scheidet sich wiederum in Form gelber Flocken aus, die abfiltriert, mit $^1/_{100}$ n-Jodlösung im Überschuß und verdünnter Salzsäure versetzt werden. Man läßt 15 bis 20 Minuten stehen und titriert unter Zugabe von Stärkelösung das überschüssige Jod mit $^1/_{100}$ n-Thiosulfatlösung zurück. 1 cm³ verbrauchte Jodlösung entspricht 0,17 mg Schwefelwasserstoff oder 0,16 mg Schwefel.

Bei weniger genauen Bestimmungen genügt es, sofern die Abwasserprobe bald zur Untersuchung gelangt, die entnommene Abwasserprobe an Ort und Stelle anstatt mit Cadmiumacetat mit Natronlauge zu fixieren. Bei sonst einwandfreien Abwässern kann man auch den in der Entnahmeflasche erzeugten Niederschlag unmittelbar zur Bestimmung verwenden. Sind größere Mengen ungelöster Stoffe vorhanden, oder handelt es sich um ein Jod bindendes Abwasser, so können dadurch allerdings leicht Fehler auftreten.

5. Sauerstoff (II/1, 378). Die Sauerstoffbestimmung wird auch heute noch nach dem Verfahren von L. W. Winkler durchgeführt. Hier sei nachgetragen, daß bei der Außenarbeit sich an Stelle der früher üblichen Manganchlorür- und Kalium- bzw. Natriumhydroxydlösungen die Zugabe von Chemikalien in fester Form eingebürgert hat. Die Landesanstalt benutzt Manganchlorürtabletten der Firma E. Merck, Darmstadt, von 1,5 g Gewicht und geeichte 300 cm³ Entnahmeflaschen mit eingeschliffenem Glasstopfen. Zur Fällung des Manganhydroxydes bei Anwendung einer Tablette genügen sechs der bekannten Merckschen Natronlaugeplätzchen (NaOH in rotulis). Die weitere Durchführung der Bestimmung wird, wie üblich, erledigt. An Stelle anderer Zusätze zur Zerstörung von Nitriten hat sich die Zugabe von einigen Tropfen 5%iger Natriumazidlösung bewährt.

6. Sauerstoffdefizit und Sauerstoffzehrung. In der wärmeren Jahreszeit und in stärker verkrauteten Wasserläufen mit praktisch stehendem Wasser und in Teichen findet sich bisweilen besonders bei hellem Sonnenschein eine sehr starke Sauerstoffübersättigung. Häufiger findet man jedoch einen Sauerstoffehlbetrag. Dieser gibt ein Maß für die Belastung des Vorfluters mit Abwässern. Das „Defizit" kann unter Benutzung der Tabelle 1 ermittelt werden.

Tabelle 1. Löslichkeit des Luftsauerstoffs in 1 l Wasser bei Temperaturen von 0° bis + 25° C.

Temperatur C	Sauerstoff mg	Temperatur C	Sauerstoff mg	Temperatur C	Sauerstoff mg
0	14,56	9	11,52	18	9,45
1	14,16	10	11,25	19	9,26
2	13,78	11	10,99	20	9,09
3	13,42	12	10,75	21	8,90
4	13,06	13	10,50	22	8,73
5	12,73	14	10,28	23	8,58
6	12,41	15	10,06	24	8,42
7	12,11	16	9,85	25	8,26
8	11,81	17	9,65	—	—

Unter „Sauerstoffzehrung" versteht man diejenige Sauerstoffmenge, die durch natürliche Abbauvorgänge im Wasser bei der Aufbewahrung in 48 Stunden verbraucht wird. Sie ist also die Differenz zwischen der im gleichen Vorfluterwasser zur Zeit der Entnahme und 48 Stunden später durchgeführten Sauerstoffbestimmung. Sie bildet ein Maß für die im geprüften Wasser noch vorhandenen zersetzungsfähigen organischen Stoffe. Gifte stören den biologischen Abbau; man findet in solchem Falle eine geringere Sauerstoffzehrung, obwohl ein an sich zersetzliches Abwasser vorliegen kann.

Zur Bestimmung der Sauerstoffzehrung verfährt man so, daß man mit einem geeigneten Gerät zugleich zwei Probenahmeflaschen füllt, die eine sofort verschließt und der anderen die erforderlichen Chemikalien zusetzt. Die nicht versetzte Probe wird nach vereinbarter Zeit — im allgemeinen nach 48 Stunden — ebenfalls mit Manganchlorür und Natronlauge versetzt. In beiden Proben wird die Bestimmung in bekannter Weise durchgeführt.

Sofern aus äußeren Gründen die Einhaltung der vorgeschriebenen Zersetzungsdauer nicht möglich ist, kann man nach einem Vorschlage von Pleißner mit Hilfe einer „Normalsauerstoffzehrung" den Sauerstoffgehalt auf 48 Stunden an Hand der nachstehenden Tabelle 2 berechnen.

Tabelle 2.

Wirkliche Zehrungsdauer in Stunden	Umgerechnete Zehrungsdauer	Wirkliche Zehrungsdauer in Stunden	Umgerechnete Zehrungsdauer
24 1. Tag	31,5	75	61,0
27	33,9	78	62,0
30	36,2	81	63,0
33	38,3	84	63,9
36	40,3	87	64,8
39	42,3	90	65,7
42	44,3	93	66,5
45	46,2	96 4. Tag	67,3
48 2. Tag	48,0	99	68,1
51	49,7	102	68,8
54	51,3	105	69,6
57	52,8	108	70,4
60	54,3	111	71,2
63	55,8	114	72,0
66	57,2	117	72,8
69	58,6	120 5. Tag	73,5
72 3. Tag	59,9		

Beispiel. Eine Zehrungsprobe sei 75 Stunden nach der Entnahme versetzt worden; die Zehrung betrage 6,1 mg/l. Die umgerechnete Zehrungsdauer für 75 Stunden ist nach der Tabelle 2 61,0, die Normalzehrung danach $\frac{6,1}{61,0} = 0,1$ mg/l und die in 48 Stunden stattgehabte Zehrung $48 \times 0,1 = 4,8$ mg/l.

7. Der biochemische Sauerstoffbedarf. Unter dem biochemischen Sauerstoffbedarf eines Wassers versteht man diejenige Sauerstoffmenge, die bei dem Abbau der organischen Bestandteile eines Wassers oder Abwassers unter aeroben Bedingungen durch biologische Vorgänge verbraucht wird. Die Bestimmung des biochemischen Sauerstoffbedarfes erlaubt nicht allein ein Urteil über die Menge, sondern auch über die Eigenart der vorhandenen Schmutzstoffe; der biochemische Sauerstoffbedarfswert gestattet daher zu berechnen und vorherzusagen, wie die Abwässer sich im Vorfluter verhalten werden.

Die Ermittlung des biochemischen Sauerstoffbedarfes ist an sich schon vor mehreren Jahrzehnten durchgeführt worden. Neuere Untersuchungen z. B. von Theriault beweisen, daß die vollständige Befriedigung des Sauerstoffbedarfes 20 Tage in Anspruch nimmt. Dabei ist ein Überschuß von Sauerstoff Voraussetzung, ebenso wie die Aufbewahrung der Proben unter Lichtabschluß und Normaltemperatur von 20° C. Der Sauerstoffbedarf ist bei den verschiedenen Abwässern entsprechend ihrem Gehalt an verschiedenen Bestandteilen verschieden und verläuft auch verschieden schnell; die Abwässer zeigen aber trotzdem untereinander bei dieser Bestimmung nicht so erhebliche Unterschiede, daß man ins Gewicht fallende Fehler begeht, wenn man die Bestimmung nicht erst nach 20 Tagen, sondern den praktischen Bedürfnissen entgegenkommend, bereits nach 5 Tagen abschließt. In der Praxis hat sich die Bestimmung des biochemischen Sauerstoffbedarfes in 5 Tagen allgemein eingebürgert. Man bezeichnet sie nach einem Vorschlag von Bach mit B.S.B_5, vergleicht die erhaltenen Werte miteinander und verzichtet bewußt auf eine Umrechnung auf den Verbrauch in 20 Tagen. Man ist sich dabei bewußt, daß in 5 Tagen nur rund $^3/_4$ des theoretischen Sauerstoffbedarfes erfaßt werden und berücksichtigt dabei, daß die restliche Zeit vom 6. bis zum 20. Tage für die praktische Behandlung der Abwässer, von Sonderfällen abgesehen, bedeutungslos ist.

Die Bestimmung des biochemischen Sauerstoffbedarfes kann nach verschiedenen Methoden vorgenommen werden. Am gebräuchlichsten und in der „Landesanstalt" fast ausschließlich verwandt wird das Verdünnungs- oder Sauerstoffüberschußverfahren, das den natürlichen Verhältnissen am meisten entspricht. Bei dieser Bestimmungsart verdünnt man das zu untersuchende Wasser mit so viel sauerstoffreichem „Normalwasser", daß die Mischung nach 4 Tagen noch einen Restsauerstoffgehalt von mehr als 4 mg/l aufweist. Zur Herstellung der Verdünnung verwendet man ein praktisch sauberes Wasser mit möglichst geringem biochemischen Sauerstoffbedarf. Wenn irgend angängig sollte sauberes Oberflächenwasser für diesen Zweck benutzt werden, nachdem es längere Zeit im Laboratorium gut belüftet worden ist. Man hält davon zweckmäßig einen größeren Vorrat verteilt auf mehrere Flaschen von 30—50 l Fassungsvermögen bereit und benutzt die einzelnen Vorratsflaschen, wenn ihr Wasser bei einem Sauerstoffgehalt von 8—10 mg/l nicht mehr als 0,2—0,4 mg/l Zehrung in 8 Tagen aufweist.

Es finden sich in der Literatur mehrere Vorschläge für die Bereitung eines genormten Wassers mit dem erforderlichen Gehalt an Calcium-, Magnesium- und Natriumionen. In Deutschland wird empfohlen, wie schon oben erwähnt, Oberflächenwässer zu filtrieren und für den genannten Zweck vorzubehandeln und von der Verwendung von künstlichen Normalwässern oder auch Leitungswässern mäßiger Härte Abstand zu nehmen. Um Fehler mit Sicherheit zu vermeiden, empfiehlt es sich vor der Belüftung das Wasser mit einer geringen Menge Abwasser anzuimpfen, mehrere Tage hindurch zu belüften und dann über Watte in einen sauberen Vorratsbehälter zu filtrieren. Dieses Vorratsgefäß sollte zweckmäßig mit doppelt durchbohrten Stopfen und Wattefilter verschlossen und vor Licht geschützt aufbewahrt werden. Da der Gehalt an Sauerstoff in Abhängigkeit von der Temperatur und dem Luftdruck Schwankungen unterworfen ist, man aus praktischen Gründen aber mit einem etwa konstanten Wasser arbeiten muß, empfiehlt es sich die Vorratsbehälter in einem Raum mit geringen Temperaturunterschieden unterzubringen und ihn, wie schon einmal erwähnt, erst nach 8—14tägigem Stehenlassen in Benutzung zu nehmen.

Neben dem biochemischen Sauerstoffbedarf, also dem nach der Definition durch biologische Vorgänge verbrauchten Sauerstoff, können Abwässer noch einen „chemischen Sauerstoffverbrauch" besitzen. Dieser ist aber nach 1 Stunde im Verdünnungswasser sicher beendet. Ob seine Bestimmung erforderlich ist oder nicht, wird der Begutachter bei genauer Kenntnis der Technologie des Betriebes immer beurteilen können; in Zweifelsfällen empfiehlt es sich, die Bestimmung vorzu nehmen.

Neben der Verdünnungsmethode ist besonders beim Ruhrverband das von Dr. Sierp ausgearbeitete Verfahren mit gasförmigem Sauerstoff in Benutzung. Hierbei läßt man auf das unverdünnte Abwasser eine bestimmte Menge gasförmigen Sauerstoffs einwirken und ermittelt nach 5 Tagen den Sauerstoffverbrauch. Diese Methode hat vor der Verdünnungsmethode insofern Vorzüge, als 1. der Sauerstoff praktisch in sehr erheblichem Überschuß zur Verfügung steht und 2. jeder Zeit nachgefüllt werden kann. Ein Ansetzen verschiedener Verdünnungsreihen, wie es auch bei guter Kenntnis der Eigenschaften der einzelnen Abwässer bei der Verdünnungsmethode durchaus nicht immer vermieden werden kann, ist also bei dem Sierpschen Verfahren nicht erforderlich.

Wenig in die Praxis eingedrungen ist die Nitratmethode von Lederer. Bei ihr wird das unverdünnte Abwasser mit einer ausreichenden Menge von Nitrat versetzt und der Nitratgehalt des Wassers bestimmt. Nach 5 Tagen bei 22° C im Dunkeln aufbewahrt, wird der Nitratgehalt wieder bestimmt und aus der Differenz, umgerechnet auf einen Sauerstoffverbrauch, der biochemische Sauerstoffbedarf in 5 Tagen errechnet.

Die Bestimmung des biochemischen Sauerstoffbedarfes nach der Verdünnungsmethode wird in folgender Weise durchgeführt: Bei völlig unbekannten Abwässern wird der Kaliumpermanganatverbrauch bestimmt, aus dem man mit einer gewissen Annäherung auf den voraussichtlichen biochemischen Sauerstoffbedarf schließen kann. Im allgemeinen beträgt der biochemische Sauerstoffbedarf bei unbehandeltem oder doch nur mechanisch vorgereinigtem häuslichen Abwasser das 5fache, bei biologisch gereinigtem Abwasser bis zum 3fachen und bei Flußwasser das 1- und 2fache des durch die Oxydierbarkeit angezeigten Sauerstoffverbrauchs. Bei gewerblichen Abwässern kann das Verhältnis unter Umständen aber auch bis 1:20 betragen.

Auf Grund der Vorermittlungen oder der Erfahrungen wird das zu untersuchende Abwasser mit dem Verdünnungswasser in einem solchen Verhältnis gemischt, daß der Sauerstoffgehalt der Mischung ungefähr das doppelte der zu erwartenden Zehrung ausmacht. Die Abwassermenge wird dazu vorsichtig in einem Scheidetrichter von genau 1000 cm^3 Fassungsvermögen gebracht, der bereits etwa zur Hälfte mit dem Verdünnungswasser angefüllt ist. Ohne Schütteln bzw. Aufrühren wird dann aus dem Vorratsgefäß der Scheidetrichter völlig gefüllt. Dabei trägt man dafür Sorge, daß schon beim Füllen eine möglichst gute Mischung erreicht wird. Diese wird nach dem Aufsetzen des Verschlusses durch kurzes kräftiges Drehen vervollständigt. Aus diesem Scheidetrichter, der zweckmäßig ein langes enges Abflußrohr von 4—5 mm lichter Weite besitzt, werden drei Sauerstoffflaschen schnell und vorsichtig gefüllt.

Statt des beschriebenen Scheidetrichters kann man die Mischung auch in einem normalen 1000-cm^3-Meßkolben herstellen. Um Sauerstoffverluste oder Anreicherungen auszuschalten, muß das Mischwasser aus dem Meßkolben in die Sauerstoffflasche gehebert werden.

Für die Berechnung sind folgende Bestimmungen erforderlich:

Sauerstoffflasche A ist sofort zu versetzen.

Sauerstoffflasche B wird nach 1 Stunde mit Manganchlorür und Natronlauge versetzt.

Sauerstoffflasche C wird nach 5tägiger Aufbewahrung im Dunkeln bei 22° C mit den erforderlichen Chemikalien versetzt.

Sauerstoffflasche D ist erforderlich, wenn die Zehrung des Verdünnungswassers in 5 Tagen bestimmt werden muß. In der „Landesanstalt" wird sie lediglich zur Kontrolle des Verdünnungswassers täglich einmal angesetzt, ohne Rücksicht auf die Zahl der sonst durchzuführenden Sauerstoffbedarfsbestimmungen. Da die Eigenzehrung bei richtig zubereiteten Verdünnungswasser sehr gering ist, kann sie in den meisten Fällen unberücksichtigt bleiben.

In Anlehnung an die Bachschen Vorschläge wird die Berechnung nach folgender Formel durchgeführt:

1. $$S = \left(a - \frac{Sv \cdot M}{1000}\right) \cdot \frac{1000}{m},$$

2. $$Js = (a - b) \cdot \frac{1000}{m},$$

3. $$B.S.B_5 = \left\{b - \left[c + \frac{M \cdot (Sv - d)}{1000}\right]\right\} \cdot \frac{1000}{m};$$

dabei bedeuten:

m = Kubikzentimeter Abwasser (Wasser) in 1 l Mischung.
M = Kubikzentimeter Verdünnungswasser in 1 l Mischung.
a = Sauerstoffgehalt der Mischung in Milligramm/Liter bei Beginn des Versuchs.
b = Sauerstoffgehalt der Mischung in Milligramm/Liter nach 1 Stunde.
c = Sauerstoffgehalt der Mischung in Milligramm/Liter nach 5 Tagen.
d = Sauerstoffgehalt des Verdünnungswassers nach 5 Tagen in Milligramm/Liter.
S = gelöster Sauerstoff im Abwasser (Wasser) in Milligramm/Liter.
Sv = gelöster Sauerstoff im Verdünnungswasser in Milligramm/Liter.
Js = chemischer Sauerstoffbedarf des Abwassers in Milligramm/Liter.
$B.S.B_5$ = biochemischer Sauerstoffbedarf des Abwassers (Wassers) in 5 Tagen in Milligramm/Liter.

Literatur.

Bach, H.: Die Grundlagen und Verfahren der neuzeitigen Abwässerreinigung. Le Blanc: Ergebnisse der angewandten physikalischen Chemie, Bd. 4, S. 183—360.

Bach, H.: Kann Abwässerklärschlamm aerob abgebaut werden? Gesundheitsingenieur **47**, Nr. 37, 407, 408 (1924).

Kohlrausch, F. u. L. Holborn: Das Leitvermögen der Elektrolyte, insbesondere der wäßrigen Lösungen, 2. verm. Aufl. Leipzig u. Berlin: B. G. Teubner 1916.

Lederer, Arthur: A new method for determining the relative stability of a sewage effluent or polluted river water. Journ. of infect. Diseases **14**, 482—497 (1914).

Pleißner, M.: Handlicher, tragbarer Apparat zur Messung des elektrischen Leitvermögens von Wässern, Abwässern und Salzlösungen an Ort und Stelle. Wasser u. Abwasser **2**, 249—260 (1910).

Sierp, F.: Trink- und Brauchwasser. Le Blanc: Ergebnisse der angewandten physikalischen Chemie, Bd. 4, S. 1—93. Leipzig: Akad. Verlagsgesellschaft 1936.

Theriault, Emery J.: The oxygen demand of polluted waters. Treasury Dep. United States Public Health Service — Public Health Service Nr. 173, July 1927.

Winkler, L. W.: Ausgewählte Untersuchungsverfahren für das chemische Laboratorium. N. F., Teil 2: Die chemische Analyse. Herausg. Wilhelm Böttger. Stuttgart: Ferdinand Enke 1936.

Boden (III, 641).

Von

Professor Dr. **F. Scheffer**, Jena.

Der Boden ist nicht nur Standort der Pflanzen, sondern zugleich Träger und Vermittler fast aller Wachstumsfaktoren, die die Pflanzen zum optimalen Wachstum benötigen. Zu den bodenkundlichen Wachstumsfaktoren gehören die physikalischen, chemischen und biologischen Eigenschaften des Bodens. Die Kenntnis aller Eigenschaften zusammen genommen ist zur Beurteilung der Fruchtbarkeit des Bodens und damit seiner Leistungsfähigkeit, Pflanzenerträge zu erzeugen, dringend notwendig. Eine Untersuchung des Bodens wird daher immer unvollständig und weniger wertvoll bleiben, sobald sie sich nur auf die Ermittlung einiger weniger, wie z. B. der chemischen Bodeneigenschaften beschränkt. Die Methoden, welche in der Bodenkunde in letzter Zeit mehr und mehr angewandt werden, unterscheiden sich zum Teil sehr stark von den früher angewandten Verfahren. Ausgehend von der Erkenntnis, daß der Boden ein lebender Körper oder ein dynamisches System darstellt, in welchem nicht nur Massen vorhanden, sondern Kräfte wirksam sind, ist es heute in erster Linie Aufgabe der Bodenanalyse geworden, diese in jedem Boden wirkenden Kräfte mit Hilfe „bodenphysiologischer" Verfahren zu erfassen. Die bisher durchgeführten Untersuchungsverfahren sind dadurch durchaus nicht wertlos geworden, sondern sie erhalten durch die neueren Untersuchungsverfahren eine allerdings sehr notwendige Ergänzung. Es ist nicht möglich, alle vorgeschlagenen Methoden im folgenden anzuführen. Vielmehr sollen einige wichtige zur Beurteilung eines Bodens und seines Fruchtbarkeitszustandes notwendige und erprobte Verfahren herausgestellt und auf die übrigen Methoden durch Angabe der Literatur verwiesen werden.

Die allgemeinen Angaben über Probeentnahme (III, 643) gelten auch heute noch, doch bedürfen sie in vieler Hinsicht einer Ergänzung, je nachdem, für welchen Zweck die Untersuchung des Bodens gedacht ist. Ich verweise auf die genauen Vorschriften und Richtlinien des Verbandes Landwirtschaftlicher Versuchsstationen zur Entnahme von Bodenproben: „Methoden für die Untersuchung des Bodens", Teil I u. II. Berlin: Verlag Chemie 1932 u. 1934.

Der Mineralboden.

A. Die mechanische Bodenanalyse (III, 644).

Die Untersuchung des Bodens auf Korngrößenzusammensetzung ist nach wie vor sehr wichtig. Als Grundlage der Korngrößeneinteilung dient auch weiterhin die Zweierskala nach Atterberg:

$>$ 2 mm Durchmesser = Steine, Kies, Grand.
2—0,2 mm Durchmesser = Grobsand.

0,2—0,02 mm Durchmesser = Feinsand.
0,02—0,002 mm Durchmesser = Schluff.
< 0,002 mm Durchmesser = Rohton oder Kolloidton.

Die mechanische Bodenanalyse wird entweder nach dem Verfahren von Atterberg oder nach neueren Vorschlägen nach Köttgen und Diehl durchgeführt. Letzteres Verfahren bedeutet gegenüber dem Atterberg-Verfahren eine wesentliche Arbeit- und Zeitersparnis. Um die Struktur des Naturbodens zu bestimmen, geht man von einem Boden aus, der durch keinerlei zusätzliche Salze usw. in seiner augenblicklichen Beschaffenheit irgendwie beeinflußt ist.

Der Boden (Feinerde unter 2 mm Durchmesser), 20—25 g Trockensubstanz, wird mit 500 cm^3 kohlensäurefreiem destilliertem Wasser gut durchgeschüttelt und dann mindestens 12 Stunden stehen gelassen und danach in den Schlämmzylinder gegeben. Die Untersuchung wird anschließend genau nach den Vorschriften Atterbergs bzw. Köttgens durchgeführt. Nach Koettgen wird nach gründlichem Umschütteln des besonders hierfür konstruierten Schlämmzylinders die Suspension der Sedimentation überlassen und nach genau $10^1/_2$ Minuten wird vorsichtig und langsam Ablauf 1 bei Marke 0 eingeführt und bei genau 11 Minuten 10 cm^3 der Suspension entnommen (Vol. I). Nach 4 Stunden 15 Minuten wird Ablauf 2 bei Marke 150 mm eingeführt und weitere 10 cm^3 Suspension entnommen (Vol. II). Nach der zweiten Abzapfung wird der gesamte Inhalt des Sedimentierzylinders durch ein 0,2-mm-Sieb unter Nachwaschen mit destilliertem Wasser abgesiebt, der Siebrückstand getrocknet und gewogen. Die Berechnung für die einzelnen Fraktionen ergibt sich bei einer Einwaage von 25 g Bodentrockensubstanz wie folgt:

1. 4 × Siebrückstand = % Grobsand.
2. 400 × Rückstand Voll. II = % Ton.
3. 400 × Rückstand Vol. I = % Ton + Schluff,
   % (Ton + Schluff) — % Ton = % Schluff.
4. 100 — (% Ton + % Schluff + % Grobsand) = % Feinsand.

Der auf diese Weise ermittelte augenblickliche Zustand des Bodens ist wesentlich von der Kationenbelegung des Bodenkomplexes sowie von der Wirkung der vorhandenen leichtlöslichen Salze abhängig. Die ermittelten Fraktionsanteile bedeuten daher noch keine Korngrößenzusammensetzung des Bodens, sondern eine unter den gegebenen Verhältnissen vorhandene Korngrößenverteilung und damit Struktur des Bodens.

Die tatsächlich vorhandene Korngrößenzusammensetzung wird erst dann erhalten, wenn der Boden von dem Einfluß der koagulierenden Ionen befreit und durch passend gewählte Maßnahmen völlig peptisiert wird. Letzteres wird durch Zusatz stark peptisierender Ionen wie vor allem des Li erreicht. Ein einfacher Analysengang für aride Böden ist von Vageler-Alten angegeben:

25 g Bodentrockensubstanz werden mit 500 cm^3 0,2%iger Lithiumcarbonatlösung in einen 1 l fassenden Stohmannkolben gründlich durchgeschüttelt und unter gelegentlichem Umschütteln wenigstens 12 Stunden

stehen gelassen. Dann wird die Masse anschließend 6 Stunden im Rotationsapparat geschüttelt mit destilliertem kohlensäurefreien Wasser, in den Koettgenschen Schlämmzylinder überführt und bis zur 200-mm-Marke, also bis zu einer Gesamtflüssigkeitsmenge von 1 l aufgefüllt. Nach gründlichem Umschütteln wird die Suspension der Sedimentation überlassen. Die weitere Untersuchung erfolgt ähnlich wie oben angegeben. Bei der Berechnung der einzelnen Fraktionen ist jedoch der Gehalt an Li_2CO_3 in Abzug zu bringen, so daß es jetzt heißen muß:

1. 4 × Siebrückstand = % Grobsand.
2. 400 × (Rückstand Vol. II — 0,010) = % Ton I.
3. 400 × (Rückstand Vol. I — 0,010) = % Ton + % Schluff,
   % (Ton + Schluff) — % Ton = % Schluff.
4. 100 — (Ton + Schluff + Grobsand) = % Feinsand.

Aus dem Verhältnis der auf beide Weise ermittelten Tonanteile wird der Strukturfaktor des Bodens errechnet, wobei die Tonfraktion des Bodens ohne vorherige Behandlung mit Ton II, und die des Bodens nach Behandlung mit Li_2CO_3 mit Ton I bezeichnet sind:

$$\frac{100 \cdot \text{Ton II}}{\text{Ton I}} = \text{Strukturfaktor}.$$

Der Verband Deutscher Landwirtschaftlicher Versuchsstationen hat für die Ausführung der Analyse folgende für alle Böden geltende Vorschrift vorgeschrieben:

„Je nach der Schwere des Bodens läßt man 100—200 g Trockensubstanz unter 2 mm Korngröße über Nacht in destilliertem Wasser weichen, verreibt dann die Substanz mit der Hand oder einem weichen Gummipistill und spült durch ein 0,2-mm-Sieb. Der auf dem Sieb verbleibende Rückstand wird getrocknet und gewogen.

Das Spülwasser mit den Fraktionen unter 0,2 mm wird auf dem Wasserbad eingedampft. 10 g des Rückstandes werden mit H_2O sorgfältig verrieben und in der Waschapparatur[1] mit etwa 500 Milliäquivalent Calciumacetat unter Luftrührung 1—2 Stunden gewaschen. Dadurch erfolgt eine weitgehende Absättigung des Komplexes durch Basenaustausch mit Calcium.

Nach dem Absetzen der Bodensuspension wird die klare Flüssigkeit vorsichtig abgehebert und weiter solange mit destilliertem, CO_2-freiem Wasser gewaschen, bis der Boden vollkommen SO_4-frei ist.

Falls die Auswaschung zu weit fortgesetzt worden ist, daß infolge zu großer Verdünnung Hydrolyse einsetzt und damit eine teilweise Dispergierung des Bodens erreicht wird, bietet das Abhebern der Flüssigkeit, die für die Behandlung mit $Li_2(COO)_2$ und das Einfüllen in die Schlämmzylinder notwendig ist, gewisse Schwierigkeiten. Sie sind dadurch leicht zu überwinden, daß zu der Suspension etwa 100 ccm gesättigtes $Ca(OH)_2$-Wasser zugesetzt werden, wodurch eine sofortige Koagulation der Suspension herbeigeführt und ein nachfolgendes Abhebern ermöglicht wird. Dieser Zusatz von $Ca(OH)_2$ ist unbedenklich

[1] Es empfiehlt sich, mit dem Volumen der Waschzylinder nicht unter $1^1/_2$ l zu gehen, da das Auswaschen der Böden sonst zu lange dauert.

und kann vernachlässigt werden, wenn nach der Zugabe noch einmal mit destilliertem H_2O gewaschen wird. Soll er aber bei der Berechnung der Fraktion trotzdem berücksichtigt werden, z. B. bei wissenschaftlichen Untersuchungen, so wird nach der letzten Waschung das $Ca(OH)_2$ in 100—200 cm³ des klaren Waschwassers mit HCl titriert und der nach dem Abhebern im Bodenschlamm verbleibende Rest an Waschwasser gemessen.

Der von allen koagulierenden Salzen, außer Ca, befreite Bodenrückstand wird nun mit 500 cm³ 0,2%iger Lithiumoxalatlösung versetzt. Die Suspension wird mit Luft nochmals 3—4 Stunden gut durchgerührt, mit CO_2-freiem, destilliertem H_2O in den Köttgenschen oder einen sonst geeigneten Schlämmzylinder gespült und bis zur 200-mm-Marke, also bis zu einer Gesamtflüssigkeitsmenge von 1000 cm³, aufgefüllt. Dann schüttelt man kräftig durch und läßt sedimentieren.

Bei dem Köttgenschen Schlämmzylinder wird nach genau $10^1/_2$ Minuten vorsichtig und langsam Ablauf 1 bei Marke 0 eingeführt und nach genau 11 Minuten werden 10 cm³ der Suspension entnommen (Vol. I). Nach 4 Stunden 15 Minuten wird ebenso Ablauf 2 bei Marke 150 mm eingeführt und 2 × 10 cm³ abgezapft. Die nach 11 Minuten (Vol. I) und die ersten nach 4 Stunden 15 Minuten entnommenen 10 cm³ (Vol. II) werden getrocknet und gewogen. Die zweiten nach 4 Stunden 15 Minuten abpipettierten 10 cm³ werden in ein Zentrifugierglas gebracht, einige Tropfen konzentrierte K_2SO_4-Lösung hinzugefügt und zentrifugiert. Die Zugabe der K_2SO_4-Lösung hat den Zweck, ein Koagulieren der Bodensuspension herbeizuführen, um ein schnelles vollständiges Absetzen beim Zentrifugieren zu erreichen. Die klare Flüssigkeit wird vom Rückstand in ein Becherglas abgegossen, letzterer nochmals mit H_2O verrührt, zentrifugiert und die Flüssigkeit zur ersten hinzugefügt. In den vereinigten Lösungen wird das $Li_2(COO)_2$ mit $KMnO_4$ titriert.

Die so bestimmten Ca- und Li-Oxalatmengen, sowie $^1/_{100}$ des in LiOH umgerechneten $Ca(OH)_2$, welches aus dem im Bodenschlamm verbleibenden Rest an Waschwasser stammt, werden von der Trockensubstanz des Vol. II abgezogen.

Bei nicht austauschsauren Böden und solchen, die nur geringen Salzgehalt aufweisen, kann bei Durchführung von Serienanalysen von der Vorbehandlung mit Calciumacetat und Calciumhydroxyd abgesehen werden. Hier genügt es, den Boden, wie oben ausgeführt, mit Lithiumoxalat zu peptisieren.“

Die Berechnung erfolgt in ähnlicher Weise wie oben angeführt. Die Einzelheiten der Berechnung sind in den „Methoden für die Untersuchung des Bodens“ Berlin 1934 a. a. O. nachzulesen, wo sich auch weitere Angaben über die mechanische Bodenanalyse für kulturtechnische Zwecke nach Zunker befinden.

Neben der Bestimmung des Wasserhaltungsvermögens (vgl. Wasserkapazität nach Mitscherlich III, 649) verdient die Bestimmung der Benetzungswärme besondere Beachtung. Janert beschreibt sein Verfahren wie folgt:

„Von dem gut gemischten Boden werden die Proben für die calorimetrischen Messungen entnommen. Man verwendet etwa 5—30 g je nach der Schwere des Bodens, und zwar um so weniger, je schwerer der Boden ist, damit die Temperaturerhöhung im Calorimeter nicht zu groß wird und jedenfalls unter 1° C bleibt. Die Proben werden zunächst nicht abgewogen, sondern nach ungefährer Schätzung in ein Wägeglas mit eingeschliffenem Deckel gefüllt und eine Nacht hindurch in einem gewöhnlichen Trockenschrank bei 110° getrocknet. Es ist wichtig, daß der Trockenschrank zuverlässig diese Temperatur hält, was mit einem guten Thermoregulator leicht zu erreichen ist. Am folgenden Morgen werden die Gläser mit den getrockneten Bodenproben in einem mit frischem Calciumchlorid beschickten Exsiccator möglichst schnell (im Ventilatorluftstrom) abgekühlt, gewogen und sofort nach der Wägung mit erhitztem Paraffin, das mit einem Pinsel aufzutragen ist, abgedichtet. Damit sich die Gläser später leicht wieder öffnen lassen, muß das Paraffin in kaltem Zustand etwas plastisch sein. Um dies zu erreichen, wird es vorher mit etwa 30% Paraffinöl zusammengeschmolzen. Die getrockneten und verschlossenen Proben können beliebig lange frei aufbewahrt werden und sind jederzeit fertig für die Untersuchung, was bei Serienanalysen sehr vorteilhaft ist.

Zur Untersuchung selbst wird zunächst das Calorimeter aus einer 100 cm³ fassenden Normalbürette mit destilliertem Wasser beschickt, und zwar wird soviel Wasser eingefüllt, daß das Calorimeter unter Berücksichtigung des Volumens der angewandten Bodenmenge stets gleichmäßig mit 100 cm³ (Wasser + Boden) gefüllt ist.

Ist das Calorimeter in dieser Weise vorbereitet, so wird das mit Boden gefüllte gut verschlossene Gläschen in das Calorimeter eingesetzt, wo es in dem Wasser schwimmend oder auf dem Rührlöffel stehend etwa 1 Stunde zum Temperaturausgleich zwischen Wasser und Boden verbleibt. Der Temperaturausgleich ist beendet, wenn das Thermometer auch nach vorsichtigem Rühren (durch Auf- und Abbewegung des Rührers) keine Temperaturänderung mehr anzeigt. Danach wird die Anfangstemperatur (t_1) auf $^1/_{1000}{}^\circ$ genau abgelesen (vor jeder Ablesung klopft man leicht gegen das Thermometer, um Ablesefehler durch Hängenbleiben des Quecksilberfadens zu vermeiden), das Gläschen herausgehoben, der Deckel abgenommen (alles ohne unnötige Zeitverluste!), der Boden in das Calorimeter entleert, und zwar restlos mit Hilfe eines breiten Pinsels, das Calorimeter verschlossen und dann gerührt. Man rührt so gleichmäßig wie irgend möglich, dabei stark genug, daß der Boden nicht auf dem Rührer liegen bleibt, sondern ständig gut mit dem Wasser gemischt wird, wozu flotte Rührbewegungen von 1—1,5 cm Hubhöhe ausreichen. Nach Ablauf jeder $^1/_2$ Minute wird mit größter Sorgfalt die Temperatur abgelesen und notiert. Man benutzt dabei zweckmäßig eine Stoppuhr, die im Moment des Rührbeginns in Gang gesetzt wird. Ist der Temperaturanstieg nach einigen Minuten gleichmäßig geworden, dann ist der Versuch beendet.

Zur Ermittlung der Endtemperatur (t_2) werden die Temperaturablesungen in regelmäßigen Abständen als Ordinaten auf Millimeterpapier aufgetragen und durch eine Gerade verbunden. In dem Schnittpunkt dieser Geraden mit der Nullordinate, welche den Rührbeginn bezeichnet, findet man dann die gesuchte Endtemperatur (t_2).

Aus der beobachteten Temperaturerhöhung $t_2 - t_1$ wird die Benetzungswärme nach der folgenden Formel berechnet:

$$\text{Benetzungswärme} = \frac{(0{,}2\,B + K + W)\,(t_2 - t_1)}{B}\ \text{cal/g}.$$

Hierin bedeuten:

$0{,}2$ = spezifische Wärme des Mineralbodens,
B = Bodengewicht in Gramm,
K = Wasserwert des Calorimeters,
$t_2 - t_1$ = Temperaturerhöhung in Grad Celsius.

Es ist unbedenklich, die spezifische Wärme des Mineralbodens stets mit 0,2 in die Formel einzusetzen. Da sie nur etwa zwischen 0,19 und 0,21 schwankt, kann der durch diese Vereinfachung verursachte Fehler bei der Anwendung von beispielsweise 20 g Boden im ungünstigsten Falle höchstens 0,18% der gemessenen Größe betragen. Wird weniger Boden angewandt, so ist der Fehler noch kleiner.

Zu arbeiten ist in einem thermostatischen Raum. Aus der Benetzungswärme pro Gramm Trockensubstanz berechnet sich

1. $2 \cdot W_w$ = Hygroskopizität nach Mitscherlich,

2. $30 - 10{,}96\sqrt[3]{W_w}$ = zweckmäßige Drainentfernung bei 1,25 m Draintiefe."

4. Auf die Vorschläge zur Bestimmung des Raumgewichtes, des spezifischen Gewichtes (E. Mitscherlich; F. Zunker), des Porenvolumens (F. Zunker), des Luftgehaltes (F. Zunker), der minimalen Wasserkapazität (P. Vageler und F. Alten) und auf die Bestimmung der Steighöhe (P. Vageler und F. Alten) sei nur verwiesen.

B. Die Bestimmung des Humus im Boden (III, 663).

Die organische Substanz des Bodens oder eines Düngemittels kann grundsätzlich aus unzersetzten, in Zersetzung begriffenen oder zersetzten oder auch aus durch Mikrobentätigkeit neu entstandenen organischen Gruppen bestehen. Die Bestimmung dieser gesamten Stoffe erfolgte bisher meist in der Weise, daß entweder der Gesamt-C ermittelt und dieser unter der Annahme, daß die organische Substanz des Bodens zu 58% aus C besteht, auf organische Substanz umgerechnet wurde, oder man begnügte sich mit der Ermittlung des Glühverlustes. Die auf diese Weise in ihrer Gesamtheit ermittelte organische Substanz in chemisch, biologisch und physiologisch unterscheidbare Stoffgruppen zu teilen, war in den letzten Jahren die Aufgabe vieler Untersuchungen. Die Erkenntnis, daß die organische Substanz des Bodens aus zwei chemisch und biologisch gut voneinander trennbaren Hauptgruppen, dem Reservehumus und dem Nährhumus, besteht, war für die Humusforschung sehr wertvoll (Scheffer). Denn nunmehr konnten Methoden ausgearbeitet werden, die diese Hauptgruppen des näheren auf ihre Eigenschaften untersuchen konnten. Die bisher geübte Einteilung in echte Humus- und unechte Humusstoffe darf jedoch nicht so verstanden werden, als ob letztere wertlose Stoffe darstellen und nur den ersteren ein besonderer Wert zukäme. Beide Gruppen, Reservehumus und Nährhumus, haben im Boden gleichwertige Funktionen zu erfüllen und vermögen anscheinend diese Aufgabe um so besser zu erfüllen, je günstiger das Verhältnis beider Stoffgruppen zueinander ist.

1. Die Bestimmung des Gesamthumus erfolgt in der bisher üblichen Weise durch Bestimmung des Gesamt-C (E. Haselhoff) und durch Multiplikation dieses Wertes mit 1,724. Eine sehr brauchbare Methode ist die im folgenden erwähnte Verbrennungsmethode mit Chromschwefelsäure.

2. Der Zersetzungsgrad. Der Zersetzungsgrad (Z.G.) gibt den prozentischen Gehalt der organischen Substanz an eigentlichen, in Acetylbromid unlöslichen Humusstoffen an und dient damit als Maßstab für den Gehalt der organischen Substanz an bakteriell schwer angreifbarem Reservehumus. Seine Berechnung ergibt sich aus der Gleichung $C_h/C_t \cdot 100 =$ Z.G., wobei C_h den im Acetylbromid unlöslichen Humuskohlenstoff und C_t den Gesamt-C bedeuten.

Zur Bestimmung des Z.G. nach Springer (1) sind zwei C-Bestimmungen erforderlich. Einmal die Bestimmung von C_t (= Gesamt-C in Prozent der organischen Substanz) und von C_h (= C in Prozent des humifizierten Anteils der organischen Substanz, d. h. im acetylbromidunlöslichen Rest).

Die Durchführung der C-Bestimmungen erfolgt nach dem Chromschwefelsäureverfahren. Als Einwaage werden etwa 0,3—0,5 g organische Substanz genommen (bei Böden entsprechende Mengen). Zur Oxydation dient ein Gemisch von 5,5 g Kaliumbichromat, 50 cm^3 konzentrierte Schwefelsäure und 10 cm^3 Wasser. Sehr schnell stellt man die Chromschwefelsäurelösung folgendermaßen her: 88 g Kaliumbichromat werden mit 160 cm^3 Wasser verrührt und dazu unter Umrühren 800 cm^3 konzentrierte Schwefelsäure gegeben. Die Verbrennungsapparatur und der Gang der Verbrennung sind von Springer in der Ztschr. Pflanzenern., Düngung u. Bodenkunde A **11**, 318 (1928) und im „Methodenbuch" von Lemmermann, 2. Teil beschrieben. Der eventuell vorhandene Carbonat-C ist vom Gesamt-C in Abzug zu bringen.

Zur Bestimmung von C_h verfährt man folgendermaßen: 1—5 g Boden (bei Substanzen vorwiegend organischer Natur 0,5—1 g), der durch ein 0,25-mm-Sieb getrieben wird (der humusarme Rückstand quarzreicher Böden braucht nicht so weit zerrieben zu werden), werden in einem 100-cm^3-Schliffkölbchen mit 40—50 cm^3 Acetylbromid „gereinigt" (Kahlbaum) versetzt, hierauf ein etwa $^1/_2$ m hohes Steigrohr aufgesetzt, das 10 cm über dem Glasschliff eine zu einer Kugel erweiterte Windung besitzt und unter öfterem Umschütteln 2—3 Tage (bei aschearmen Proben sind 3 Tage erforderlich) auf 40—50° C erwärmt. Bei Tonböden empfiehlt sich eine kurze Trocknung bei etwa 80° C, um eine zu heftige Reaktion und zu starke Erhitzung zu vermeiden. Danach wird durch einen mit einer sehr dünnen Asbestschicht präparierten Goochtiegel filtriert und mehrmals mit Acetylbromid nachgewaschen, bis das Filtrat nur mehr schwach gelb gefärbt ist. Nach Entleerung der Saugflasche wird fest abgesaugt und der Rückstand $^1/_2$ Stunde bei 80—90° C getrocknet. Bei aschearmen Substanzen empfiehlt es sich, den Rückstand vor dem Trocknen mit einem kleinen Pistill vorsichtig zu zerdrücken. Nunmehr wird der Rückstand mit 5%iger Kaliumbisulfatlösung ausgewaschen, bis das Filtrat mit Silbernitrat nur mehr Opalescenz (und mit Ammoniak kaum mehr Gelbfärbung) ergibt, wozu 100—150 cm³ Lösung erforderlich sind. In Böden mit hochdispersen Humusstoffen (Podsolhumus) wird statt Bisulfat Äther als Waschflüssigkeit verwendet (etwa 200 cm³). Hierbei werden jedoch auch gewisse Übergangsstufen erfaßt. Der Rückstand wird hierauf mittels langhalsigen Trichters in den Verbrennungskolben übergeführt und verbrannt.

Kohlensaurer Kalk wirkt bei der obigen Reaktion störend, wenn er in der Einwaage mehr als 100 mg beträgt, und muß in diesem Falle entfernt werden. Hierzu wird zur Substanz mittels $^1/_{10}$-cm³-Pipette die ungefähr berechnete Menge 5—10%ige HCl (das Gesamtvolumen soll nicht über 20 cm³ betragen) gegeben, hierauf bis zur annähernd vollständigen Zersetzung der Carbonate erwärmt, mit wenig Wasser in einen Goochtiegel gespült, ohne Cl-frei zu waschen, fest abgesaugt, der Rückstand bei höchstens 100° C getrocknet, schließlich samt Asbest zerrieben und dann in das Zersetzungskölbchen gebracht.

3. Die Extraktionsverfahren. Zur weiteren Kennzeichnung der echten Humusstoffe sind eine Reihe der verschiedensten Extraktionsverfahren ausgearbeitet, die das Entwicklungsstadium der unter den verschieden möglichen Entstehungsbedingungen sich bildenden Humusstoffe verfolgen lassen. Farbtiefe der Lösungen sowie Farbton charakterisieren die einzelnen Entwicklungsstufen recht gut.

Da es nachgewiesen ist, daß die Farbtiefe des Extraktes nicht allein vom Humustyp abhängig ist, sondern der Ionenbelag des Humuskomplexes eine ebenso große Rolle spielt, ist, bevor die Extraktion mittels NaOH, Na_2CO_3 oder NaF bzw. Na-Oxalat erfolgt, eine Vorbehandlung mit verdünnter HCl unerläßlich. Nach den Springerschen Erfahrungen hat sich folgende Arbeitsweise am besten bewährt:

„Um die Salzsäurebehandlung nicht in jeder Einwaage gesondert durchführen zu müssen und um ein völlig gleichmäßiges Versuchsmaterial zu erzielen, wurde jeweils eine größere Menge Boden (bzw. die zur Untersuchung vorliegende organische Substanz) etwa 50 g Feinerde, mit je 500 cm³ 5%iger HCl $^1/_2$ Stunde bei etwa 70 digeriert, wiederholt dekantiert und schließlich auf der Nutsche bis zum Verschwinden der Chlorreaktion ausgewaschen. Nach dem Trocknen bei 50° wurden die Rückstände bis auf 0,25 mm Korngröße zerrieben und zwecks Einstellung eines konstanten Feuchtigkeitsgehaltes längere Zeit an der Luft liegen gelassen.“ Nach dieser Vorbehandlung kann die Lösungswirkung der NaOH, Na_2CO_3, Na-Oxalat, NaF usw. einheitlich bei allen zu untersuchenden Humussubstanzen einsetzen.

4. Die Bestimmung der Farbtiefe [Humifizierungszahl (H.Z.) und Farbzahl (F.Z.)] **nach Springer** (2).

Die Einwaage soll höchstens 0,2 g organischer Substanz entsprechen (Korngröße: $<$0,25 mm). Man spült den mit HCl behandelten Bodenrückstand mit 100 cm³ 0,5%igem NaOH in den Kolben zurück, kocht 1 Stunde bei aufgesetztem Trichter unter öfterem Umschütteln, läßt abkühlen und füllt den Extrakt samt Bodenkörper auf 250 cm³ auf. Nach unseren Versuchen kann man entweder sofort einen aliquoten Teil zentrifugieren und anschließend colorimetrieren oder über Nacht absitzen lassen und dann colorimetrieren. Bei Humusstoffen leicht zersetzlicher Natur (Lignohuminsäuren) ist sofortiges Zentrifugieren und Messen vorzuziehen.

Die H.Z., die den prozentischen Gehalt der organischen Substanz an alkalilöslichen, färbenden Stoffen (Huminsäuren nebst Vor- und Übergangsstufen) darstellt, wird mit Hilfe eines Standardpräparates, und zwar von Huminsäure Merck von bestimmtem Farbwert ermittelt.

Die Berechnung der Humifizierungszahl ergibt sich dann nach der Gleichung

$$\text{H.Z.} = \frac{\text{Huminsäure colorimetrisch}}{\text{organische Substanz}} \cdot 100 .$$

Unter Verwendung des Stufenphotometers von Zeiß genügt es im allgemeinen entweder die Lichtdurchlässigkeit oder die Extinktionskoeffizienten anzugeben, wobei die Einwaage und das Lösungsvolumen zu berücksichtigen sind.

Die Farbzahl (F.Z.), die als Maßstab für die Farbtiefe der eigentlichen Humusstoffe dient, wird ebenfalls ausgedrückt in Prozenten von Huminsäure Merck

$$\text{F.Z.} = \frac{\%\ \text{colorimetrische Huminsäure}}{\%\ \text{gravimetrische Huminsäure}} \cdot 100 .$$

5. Die Bestimmung des Farbtons (Farbtypus). Die eigentlichen Humusstoffe lassen sich nach dem Farbton der Extrakte, der rot bis rotbraun oder braungrau bis schwarzgrau usw. erscheinen kann, in verschiedene Farbtypen zerlegen. Springer hat bereits eine Methode ausgearbeitet zur Trennung der eigentlichen Humusstoffe in Braunhuminsäuren (Humusstoffe des Kasseler Brauntypus), in Grauhuminsäuren, Humusstoffe der Schwarzerdetypus, die im Alkali nach Säurebehandlung löslich sind, in silikalisch gebundener Grauhuminsäure und Humuskohle.

Da aber die Untersuchungen über dieses so überaus wichtige Gebiet noch nicht abgeschlossen sind, möge nur auf die neuere Literatur verwiesen sein [vgl. Verzeichnis am Schluß des Beitrages: W. Fröhmel, W. T. George, A. Hock (1, 2, 3, 4), R. Juza und R. Langheim, L. Pozdena (1, 2), H. Scheele, W. Schulze und H. Spandau, F. Scheffer, K. Simon, U. Springer (1, 2, 3, 4), S. A. Waksman, H. Zoeberlein].

6. Fernerhin sei die **Bestimmung der Sauerstoff- oder Permanganatzahl** (S.Z.) erwähnt, die analog der H.Z. den prozentischen Gehalt der organischen Substanz an alkalilöslichen, oxydierbaren Stoffen ebenfalls auf der Basis von Huminsäure Merck angibt.

Die oxydimetrische Methode mit $KMnO_4$, die im alkalischen und sauren Medium durchgeführt werden kann, vermag uns nicht direkt den C-Gehalt des Filtrates anzugeben, denn es liegen keine klaren, stöchiometrischen Verhältnisse zugrunde, wonach etwa aus dem O_2-Verbrauch auf CO_2-Bildung geschlossen werden könnte. Vielmehr entstehen bei der Oxydation alle möglichen Zwischenprodukte. Es bleibt also auch hier nur der Weg über ein Standardpräparat. Nach den Erfahrungen Springers erfolgt die Oxydation zweckmäßigerweise in alkalischer Lösung, und zwar bei annähernd gleicher Laugekonzentration, am besten von etwa 0,5% NaOH. Im übrigen gilt die in der Ztschr. f. Pflanzenern., Düngung u. Bodenkunde A **11**, 338 (1928) gegebene Vorschrift.

Beispiel: 10 cm³ Extrakt eines Stallmistes (0,5 g nach HCl-Behandlung mit 100 cm³ 0,5% NaOH extrahiert, auf 250 cm³ aufgefüllt) wurden im Becherglas mit 10 cm³ 5% NaOH, 20 cm³ $^1/_{10}$ n-$KMnO_4$ und 60 cm³ heißem Wasser versetzt, mit Uhrglas bedeckt und genau 15 Minuten im Sieden erhalten.

Der aus der oxydimetrischen Methode erkennbare Verbrauch an Sauerstoff durch die verschiedenen Humuskörper läßt einen Schluß zu auf den mehr oder minder fortgeschrittenen Grad der Humifizierung.

Durch den Vergleich des Sauerstoffverbrauches des Standardpräparates (acid. hum. Merck) und den des betreffenden Extraktes läßt sich dann die Sauerstoffzahl errechnen:

$$\text{S.Z.} = \frac{\text{Huminsäure oxydimetrisch}}{\text{organische Substanz}} \cdot 100\,.$$

7. Der Stabilitätsfaktor. Zur weiteren Charakterisierung der Humuskörper der Bodenarten und Bodentypen dient die Bestimmung des Stabilitätsfaktors. Der Stabilitätsfaktor sagt weniger über die Humusform als über die Bindung des Humus an die verschiedenen Ionen wie H, Na, K, Mg und Ca aus. Die Bestimmung dieser Bindungsform ist für bodenkundliche Untersuchungen sehr wertvoll, da diese einfache Bestimmungsweise einen sehr wichtigen Hinweis auf den zu untersuchenden Bodentyp gibt. Als Lösungsmittel schlägt Hock (2) Natriumoxalat und Natronlauge vor und bildet aus den colorimetrisch ermittelten Werten, den Extinktionskoeffizienten, den Quotienten $\frac{k_1\ \text{Oxalat}}{k_2\ \text{NaOH}}$ den Stabilitätsfaktor.

Die Bestimmung des Stabilitätsfaktors erfolgt nach den Vorschriften von Hock wie folgt:

Die Natronlauge ist 0,5%ig, die Natriumoxalatlösung ist 1%ig. Die Einwirkung erfolgt bei Zimmertemperatur oder noch besser bei 60° C.

Da die Bindungsfestigkeit der Ionen festgestellt werden soll, ist der nicht mit HCl behandelte Boden zu verwenden. Man schüttelt eine bestimmte Bodenmenge, die etwa 0,2 g organische Substanz enthält mit den beiden Lösungsmitteln (100 cm³) mit der Schüttelmaschine gut durch und läßt die Aufschlämmung in einem auf 60° erhitzten Wasserbad mehrere Stunden stehen. Das Verhältnis von Flüssigkeit: Boden soll nicht kleiner als 10: 1 sein. Nach weiterem 24stündigen Stehen wird colorimetriert. Für die Schwarzerde findet man Stabilitätszahlen, die sehr hoch, zumeist > 10, für die Podsolböden dagegen Zahlen, die kleiner als 1 sind.

Nach unseren Untersuchungen sollte man besser das Verhältnis der beiden Auszüge: NaOH + Oxalatauszug zu NaOH-Auszug bilden, weil man im ersten Auszug der beiden Reagenzien die meisten der überhaupt löslichen Humuskörper, im zweiten Auszug in der Hauptsache nur die an Basen und vor allem die an Ca gebundenen Humuskörper erhält. Der Stabilitätsfaktor ist in diesem Falle stets größer als 1.

8. Bestimmung der Humuskohle. Unter Humuskohle (nicht zu verwechseln mit der nach Fuchs bestimmten Humuskohle) versteht man nach Sven Odén den C-Anteil des Bodens, der weder zu den humifizierten Stoffen, noch zu den im Acetylbromid löslichen noch nicht humifizierten Stoffen gehört, sondern einen Teil der in Acetylbromid unlöslichen Stoffe bildet.

Zur Ermittlung der Humuskohle ist daher die organische Substanz sowohl mit NaOH als auch mit Acetylbromid zu behandeln. Durch NaOH werden die Huminsäuren in Lösung gebracht und durch Acetylbromid alle nicht humifizierten Stoffe, so daß als Restprodukt jener Körper übrigbleibt, den wir Humuskohle nennen.

Eine höchstens 0,5 g organischer Substanz entsprechende Einwaage wird nach Vorbehandlung mit HCl mit 250 cm³ 0,5% NaOH 1 Stunde kochend extrahiert, zentrifugiert, hierauf an der Zentrifuge mit Wasser ausgewaschen, bis die überstehende Flüssigkeit farblos ist, sodann der Rückstand mit 1% HCl in den Goochtiegel gespült, annähernd chlorfrei gewaschen, getrocknet (100°), fein zerrieben und in üblicher Weise mit Acetylbromid behandelt.

9. Trennung der organischen Substanz in einzelnen Stoffgruppen. Weit besseren Einblick in den Aufbau der organischen Substanz des Bodens bekommt man durch Zerlegung derselben in mehrere Stoffgruppen, wie dies in der Futteranalyse und später in dem von Waksman vorgeschlagenen Analysengang geschieht. Die genaue Beschreibung der Methode befindet sich in der Ztschr. f. Pflanzenern., Düngung u. Bodenkunde A **19**, 4 (1931).

Wir halten folgende vereinfachte Gesamtuntersuchung für sehr wertvoll.

a) Ermittlung des kaltwasserlöslichen Anteils. Zur Feststellung der kaltwasserlöslichen Stoffgruppe wird in 1-l-Kolben eine 10 g organische Substanz enthaltende Menge mit 500 cm³ destilliertem Wasser von 20° C 1 Stunde lang ausgeschüttelt. (Der Gehalt an organischer Substanz kann bei Stoffen vorwiegend organischer Natur nach der Glühverlustmethode ermittelt werden; bei Böden ist er auf Grund der Umrechnung C · 1,724 festzustellen). Durch Eindampfen eines aliquoten Teiles des Filtrates (als Filter ist das Barytfilter Nr. 602 zu verwenden) und durch Bestimmung des Glühverlustes läßt sich der von der Gesamtmenge in Lösung gegangene Anteil der organischen Substanz errechnen.

b) Ermittlung des in 80%iger H_2SO_4 unlöslichen Rückstandes. Um den Teil der organischen Substanz analytisch annähernd zu bestimmen, der im Boden den abbauenden Kräften starken Widerstand entgegensetzt (Reservehumus), kann eine Behandlung der Substanz mit 80%iger Schwefelsäure erfolgen und der unlösliche Rückstand ermittelt werden. Dabei muß analog den obigen Angaben auch hier wiederum so vorgegangen werden, daß bei Stoffen vorwiegend organischer Natur im Rückstand der Glühverlust festgestellt wird, bei Böden hingegen, der Rückstand der nassen Verbrennung unterworfen wird und damit der C-Gehalt des unlöslichen Körpers bestimmt wird. Unlösliche organische Substanz ist dann C · 1,724.

Zur Durchführung der Bestimmungsmethode: Man wägt 1 g organische Substanz in ein 100-cm³-Becherglas, gibt dazu 10 cm³ 80%iger Schwefelsäure und läßt unter öfterem Umrühren 2 Stunden einwirken. Hierauf spült man mit 150 cm³ Wasser den Inhalt in einen Erlenmeyerkolben, verschließt mit einem Kugeltrichter und bringt ihn 5 Stunden in einen Dampftopf. (Die Hydrolyse kann auch am Rückflußkühler durchgeführt werden.) Nach 5 Stunden wird in ein vorher gewogenes Filter (besser Glasfiltertiegel) abfiltriert, mit heißem Wasser mehrere Male ausgewaschen, der Rückstand bei 105° 2 Stunden getrocknet, verascht und der Glühverlust errechnet.

In dem Quotienten:

$$\frac{\text{organische Substanz im Rückstand}}{\text{gesamte organische Substanz}} \cdot 100$$

erhalten wir eine Größe, die annähernd mit dem Z.G. übereinstimmen müßte. Es ist dies besonders dann der Fall, wenn Lignin weitgehend in Humus umgewandelt ist.

Bei Böden ist zweckmäßig, in einen Goochtiegel mit Asbest abzufiltrieren, den Inhalt nach der Trocknung in den Verbrennungskolben zu überführen und den C-Gehalt festzustellen.

Obige Methode gibt dann besonders stark abweichende Werte, wenn es sich um Substanzen handelt, die viel äther- und alkohollösliche Stoffe (Bitumen usw.) enthalten, wie z. B. Kasseler Braun. Diese Substanzen kitten in der Schwefelsäure stark zusammen, so daß die Lösungswirkung natürlich beeinträchtigt wird. Außerdem quellen diese Substanzen während der 5stündigen Behandlung im Dampftopf sehr stark, und geben dieses Wasser bei der 2stündigen Trocknung bei 105° nicht alles wieder ab, so daß dadurch auch zu hohe Werte resultieren.

c) Neben der Bestimmung der C-Komponenten ist es erforderlich, den N-Gehalt der einzelnen Auszüge sowie den N im H_2SO_4 unlöslichen Rückstand zu ermitteln.

Außerdem ist die organische Substanz durch die Bestimmung des C/N-Verhältnisses zu charakterisieren.

C. Die Bestimmung der Sorptionskapazität.

Von besonderer Bedeutung zur Charakterisierung von Humussubstanzen ist die Ermittlung der Sorptionskapazität, da es sich gezeigt hat, daß die Sorptionskapazität der einzelnen in den einzelnen Böden vorkommenden Humusformen eine verschieden hohe ist. Die Schwierigkeit einer solchen Bestimmung besteht darin, daß nicht der organische Teil des Bodens, sondern auch der anorganische Teil, welch letzterer mengenmäßig weit überlegen ist, sorbierend wirkt. Die für den Boden anzuwendenden Methoden gehen daher in der Weise vor, daß einmal die Gesamtsorptionskapazität und nach Oxydation des organischen Teils mit H_2O_2 die Sorptionskapazität in der Restsubstanz ermittelt werden. Ich verweise auf die Literatur (H. Zöberlein; W. F. George).

Die Bestimmung der Sorptionskapazität in Böden wird weiter unten beschrieben.

D. Die Bestimmung der katalytischen Kraft des Bodens.

Der Boden hat die Eigenschaft, aus Wasserstoffperoxyd Sauerstoff in Freiheit zu setzen. Die katalytische Kraft eines Bodens ist um so größer, je reicher dieser an Eisen- und Manganverbindungen, sowie an Tonkolloiden und an Humus ist. Die Bestimmung der katalytischen Kraft eines Bodens erfolgt in der Weise, daß man 5 g lufttrockenen Boden mit 30 cm^3 3%igem Wasserstoffperoxyd übergießt und die entwickelte Sauerstoffmenge volumetrisch ermittelt.

E. Die Bestimmung der Bodensorption.

Die Sorptions- und Basenaustauschvorgänge haben für den Fruchtbarkeitszustand der Böden erhöhte Bedeutung. Ihre genaue Ermittlung gewährt uns einen tiefen Einblick in die physikalischen, chemischen wie auch biologischen Prozesse des Bodens und damit dringen wir in die inneren physiologischen Verhältnisse des dynamischen Systems Boden ein.

1. Die Bestimmung der Werte *T*, *H*, *S* und *V*. Unter *T* versteht man die Gesamtsorptionskapazität, d. h. die Basenmenge in Milliäquivalent je 100 g Boden, die ein Boden im Höchstfalle festlegen kann.

Der *H*-Wert bzw. der *S*-Wert geben an, wieviel *H* bzw. Basen ausgedrückt in Milliäquivalent der Boden zur Zeit sorbiert enthält. Es besteht daher die Gleichung:

$$T = H + S.$$

Der Wert *V* drückt das prozentuale Verhältnis von *S* zu *T* aus.

Zur Bestimmung des *T*-Wertes werden im wesentlichen zwei verschiedene Untersuchungsverfahren angewandt. Am einfachsten sind die Auslaugungsverfahren, bei denen man mit Hilfe eines Neutralsalzes oder einer Lauge die im Boden sorbierten Basen nach und nach verdrängt und dann die sorbierte Basenmenge ermittelt. Als Verdrängungsmittel werden angewandt Ammonacetat, $Ca(OH)_2$, $Ba(OH)_2$ oder Ba-Acetat usw. Die Höhe des *T*-Wertes ist dabei stark abhängig von den einwirkenden Ionen und von der Reaktion des angewandten Verdrängungsmittels. Die Anwendung von $^1/_{20}$ n-$Ba(OH)_2$-Lösung, die man auf einen Boden bis zur völligen Verdrängung sämtlicher anderer Basen einwirken läßt, hat nicht nur den Vorteil, brauchbare Werte zu ermitteln, sondern zugleich leicht ausgeführt zu werden. Der Arbeitsgang ist kurz folgender: Der Boden wird zunächst mit $^1/_{20}$ n-HCl bis zur negativen Ca-Reaktion und dann mit H_2O ausgewaschen, hierauf erfolgt die Auslaugung mit $Ba(OH)_2$ oder vielleicht besser mit einer Lösung bestehend aus n-$BaCl_2$ + $^1/_{20}$ n-NaOH. Die Auslaugung wird in einem von der Luftkohlensäure abgeschlossenen Gefäße durchgeführt. Nachdem eine bestimmte Menge der Austauschlösung abgemessen in einem Meßgefäß durch den Boden gelaufen ist, wird nachgewaschen und im Filtrat titrimetrisch die Menge der OH-Ionen ermittelt, die durch die H-Ionen am Komplex neutralisiert worden sind. Da der Boden durch die HCl-Behandlung zu einem reinen H-Boden gemacht worden ist, gibt die Menge der neutralisierten OH-Ionen zugleich den Wert für die Sorptionskapazität des Bodens an.

Zur Bestimmung des H-Wertes an natürlichem Boden wird der Boden ohne vorherige HCl-Behandlung der Auslaugung mit n-$BaCl_2$ + $^1/_{20}$ n-NaOH sofort unterworfen und aus dem Verbrauch der OH-Ionen titrimetrisch der Anteil der H-Ionen am Komplex ermittelt. Wegen Einzelheiten vgl. Nagel. Der S-Wert ergibt sich somit aus der Differenz von $T-H$. Oder aber man bestimmt den S-Wert nach der von Haselhoff (III, 652) angegebenen Methode Hissink, die noch den Vorteil hat, daß nicht allein die Summe der Basen, sondern die einzelnen Basen Ca, Mg, Na, K ermittelt werden können.

Auf einer völlig anderen Basis steht die Methode Vageler-Alten, die unter Verwendung der von ihnen für die Sorptionsvorgänge aufgestellten Gesetzmäßigkeit zwischen einwirkenden und austauschenden Ionen, wonach die Sorption nach einer einfachen Hyperbelgleichung verläuft, die Werte T, S und H aus einzelnen Kurvenpunkten dieser Gleichung rechnerisch ermittelt.

Die Hyperbelgleichung $y = \frac{x \cdot S}{x + qS}$ enthält

x = Anfangsmenge des einwirkenden Ions,

y = angelagerte Menge des einwirkenden Ions bzw. ausgetauschten Ions,

S = Grenzwert für Anlagerung bzw. Austausch,

q = Sorptionsmodul.

Da die Gleichung zwei Konstanten enthält, genügt für praktische Zwecke zur ausreichenden Festlegung des ganzen Umtauschverlaufes die analytische Feststellung von x und y an zwei Punkten der Kurve.

Die Durchführung der Bestimmung von S geschieht nach Vageler-Alten wie folgt: Je 50 g Bodentrockensubstanz werden mit 250 bzw. 500 cm³ $^1/_5$ n-NH_4Cl-Lösung, die genau gegen Formaldehyd eingestellt ist, 2 Stunden lang geschüttelt und dann filtriert.

Vom Filtrat dienen je 25 cm³ zur Bestimmung von S. Die Lösung wird zunächst gegen Bromthymolblau (nach Clarke) genau neutralisiert. Dann fügt man 10 cm³ mit Natronlauge genau gegen Bromthymolblau neutralisiertes konzentriertes Formaldehyd hinzu und titriert mit $^1/_{10}$ n-NaOH mit Phenolphthalein als Indicator. Daraus berechnet sich:

Berechnung:

$$y_1 = 2\,(50\text{-cm}^3\ \text{NaOH}), \qquad y_2 = 4\,(50\text{-cm}^3\ \text{NaOH})$$

bzw. die reziproken Werte b_1 und b_2, woraus der Grenzwert S und Sorptionsmodul q_s ermittelt wird.

2. Die Bestimmung von Na, K und Mg. In 150 bzw. 300 cm³ des Filtrates wird der vorhandene Kalk, wie bei der Bearbeitung der wäßrigen Lösung beschrieben, gefällt und zusammen mit den Sesquioxyden entfernt. Zusatz von NH_4Cl ist natürlich hier überflüssig.

Eine Kalkbestimmung in dieser Lösung ist wertlos, da die darin auftretenden Kalkmengen ein unkontrollierbares Gemisch löslichen und verdrängten Kalkes vorstellen, besonders bei Anwesenheit von Gips im Boden. Es wird also, wie oben angegeben, nur das Filtrat des Calcium-Oxalat-Sesquioxydniederschlages verarbeitet und darin wie oben, unter Zugrundelegung derselben Berechnungsgleichungen, Na, K und Mg bestimmt.

Für diese Basen stellen die so ermittelten Milliäquivalentzahlen nur Rohwerte dar, die um die wasserlöslichen Milliäquivalente zu vermindern sind, um zu den Werten y_1 und y_2 zu kommen, die der Berechnung der Grenzwerte Na, K und Mg und ihrer zugehörigen q-Werte zugrunde zu legen sind.

Für Ca/2 in sorptiver Bindung gilt dann:

$$y_1 = y_1 \mathrm{S} - (y_1 \mathrm{Na} + y_1 \mathrm{K} + y_1 \mathrm{Mg}), \quad y_2 = y_2 \mathrm{S} - (y_2 \mathrm{Na} + y_2 \mathrm{K} + y_2 \mathrm{Mg}),$$

woraus sich Ca/2 und q_{Ca} berechnen.

3. Die Bestimmung der wasserlöslichen Salze des Bodens. 50 g Bodentrockensubstanz werden mit 250 cm³ kohlensäurefreiem Wasser 2 Stunden geschüttelt. Von der Aufschlämmung werden durch Porzellansaugfilter 150 cm³ abfiltriert, entsprechend einer Bodenmenge von 30 g Trockensubstanz, und diese Lösung wird mit $^1/_{10}$ n-HCl zur Neutralität gegen Bromthymolblau (nach Clarke) titriert.

Berechnung:

1 cm³ $^1/_{10}$ n-HCl = 0,33 Milliäquivalentbase abdissoziiert oder als Carbonat per 100 g Trockensubstanz.

4. Die Bestimmung von *H*. Je 50 g Bodentrockensubstanz werden mit 125 bzw. 250 cm³ Normalcalciumacetatlösung 2 Stunden geschüttelt. Von der abfiltrierten Lösung werden 25 bzw. 50 cm³, entsprechend 10 g Bodentrockensubstanz, mit $^1/_{10}$ n-NaOH titriert.

Berechnung:

$$y_1 = \mathrm{cm}^3\ ^1/_{10}\ \text{n-NaOH} + \text{Wasserlösliche Base als Carbonat},$$
$$y_2 = \mathrm{cm}^3\ ^1/_{10}\ \text{n-NaOH} + \text{Wasserlösliche Base als Carbonat},$$

woraus sich H und q_H ergeben.

Kappen schlägt vor, die Berechnung des H-Wertes bzw. des T-Wertes mit Hilfe der Bestimmung der hydrolytischen Acidität vorzunehmen. Da nach ihm ein Boden als praktisch gesättigt zu gelten hat, wenn er die Reaktion 8,5 p_{H} aufweist, errechnet er die zur Neutralisation der im Bodenkomplex vorhandenen H durch Multiplikation des Wertes $H y_1$ mit 6,5, ausgedrückt in Milliäquivalent

$$H = T - S = H y_1 \cdot 6{,}5,$$

woraus sich nun T errechnen läßt:

Berechnung: a) $T = H + S$, b) $V = 100\, S/T$.

Der V-Wert ist ein ausgezeichnetes Charakteristikum für den Versauerungsgrad eines Bodens.

F. Die Bestimmung der Bodenreaktion (III, 665).

Sie wird heute hauptsächlich elektrometrisch durchgeführt, weil eine solche Bestimmungsweise die sichersten Werte liefert und auch die für diesen Zweck notwendigen Apparate verhältnismäßig niedrig im Preise stehen. Hinzu kommt noch, daß die colorimetrischen Methoden nur zur Bestimmung der Bodenreaktion im klaren Auszug mit Wasser oder Salzlösung, der selbst keine Eigenfärbung besitzen darf, anwendbar sind. Anderseits haben die colorimetrischen Methoden den Vorzug der Einfachheit und größerer Billigkeit. Als Ergänzung der im Hauptwerk angeführten colorimetrischen Methoden sei nur die Methode von Kühn angeführt:

In einem Reagensgläschen füllt man 1 cm³ hohe Schicht von $BaSO_4$ pro Röntgen nach Merck, darauf eine 3 cm³ hohe Schicht des zu untersuchenden Bodens, hierauf eine etwa 10 cm³ hohe Schicht CO_2-freien destillierten Wassers oder n-KCl-Lösung. Nach Zusatz einiger Tropfen eines geeigneten Indicators wird $^1/_2$ Minute gut durchgeschüttelt. Nach dem Absetzen wird der p_H-Wert der Lösung mit Hilfe geeigneter Farbskalen bestimmt. Als Indicatoren eignen sich z. B. Methylorange (3,0—4,5 p_H), Methylrot (p_H 4,8—6,4) und Bromthymolblau (p_H 6,0—7,6).

Die elektrometrischen Verfahren verwenden als Elektrode entweder die Wasserstoffelektrode, die Chinhydronelektrode oder die Glaselektrode. Am gebräuchlichsten ist bei weitem die Chinhydronelektrode, die in kürzester Zeit und außerordentlich einfach gegenüber der Wasserstoffelektrode eine Reaktionsmessung ermöglicht. Die Messung der Bodenreaktion erfolgt heute allgemein nur in der Bodensuspension. Dabei ist darauf zu achten, daß die Reaktion kurz nach energischem Umschütteln gemessen wird, da andernfalls bewirkt durch den Suspensionseffekt andere Werte gefunden werden, die nicht für das System Bodenlösung, sondern nur für das Filtrat selbst Gültigkeit besitzen.

Die Bestimmung der Bodenreaktion wird in einer Bodenaufschlämmung mit Wasser oder einer n-KCl-Lösung vorgenommen:

20 g Boden werden mit 50 cm³ Lösung (H_2O oder n-KCl-Lösung) 24 Stunden stehen gelassen und während dieser Zeit mehrfach umgeschüttelt oder man schüttelt im Rotierapparat $^1/_2$—1 Stunde gut durch. Die Suspension wird mit etwa 250 mg Chinhydron versetzt und nach weiteren 30—60 Sekunden elektrometrisch gemessen. Der nach 1 Minute gefundene Wert ist als der richtige anzusehen. Die mit Wasser ermittelten p_H-Werte liegen höher als die KCl-Werte. Der Unterschied kann bis 0,5—1,0 p_H betragen, da durch die Einwirkung der KCl-Lösung die im Bodenkomplex sorbierten *H* ausgetauscht und mitbestimmt werden.

Zur praktischen Beurteilung des Reaktionszustandes eines Bodens kann man folgende Anhaltspunkte verwenden:

Es bedeuten:

Gemessen im Wasserauszug	Reaktion	Kalkbedarf	Gemessen im KCl-Auszug
p_H > als 7,4	alkalisch	—	> 7,4
6,7—7,4	neutral	gering	6,5—7,4
6,0—6,7	schwach sauer	mittel	5,3—6,4
5,2—5,9	sauer	groß	4,6—5,2
4,5—5,1	stark sauer	sehr groß	4,1—4,5
< 4,5	sehr stark sauer	sehr groß	< 4,1

G. Die Bestimmung des Pufferungsvermögens des Bodens nach Jensen.

Zur Charakterisierung eines Bodens ist die Bestimmung des Pufferungsvermögens eines Bodens unerläßlich. Unter Pufferungsvermögen versteht man den Widerstand, den ein Boden der Veränderung seines

Reaktionszustandes beim Zusatz von Säuren oder Laugen entgegensetzen kann. Zur Bestimmung dieser Eigenschaft sind verschiedene Verfahren vorgeschlagen:

Arrhenius, O.: Kalkfrage und Bodenreaktion. Leipzig 1926. — Tacke, B. u. Th. Arndt: Ztschr. f. Pflanzenern., Düngung u. Bodenkunde A **15**, 44 (1930). — Behrens, W. U.: (2) Fortschritte d. Landw. **3**, 299—301 (1928). — Maiwald, K.: Kolloidchem. Beihefte **27**, 251 (1928). — Kappen, H.: (1) Die Bodenazidität. Berlin: Julius Springer 1929. — Kappen, H.: (2) Blancks Handbuch der Bodenlehre, S. 359. Berlin: Julius Springer 1931.

Nach H. Kappen liefert die folgende Methode nach T. Jensen [Internat. Mitteil. f. Bodenkunde **14**, 112 (1924)], vgl. Kappen a. a. O. S. 359, recht brauchbare Ergebnisse:

„In eine Reihe von Schüttelkolben werden je 10 g Boden eingewogen und darin mit steigenden Mengen 0,1 n-Salzsäure einerseits und 0,1 n-Calciumhydroxydlösung andererseits versetzt, die mit kohlesäurefreiem Wasser auf 100 cm³ verdünnt werden. Die Salzsäure und die Calciumhydroxydlösung werden zweckmäßig vorher in 100-cm³-Kölbchen vorbereitet, indem man in diese aus einer Bürette die gewünschte Anzahl von Kubikzentimetern davon einfließen läßt und darauf mit Wasser bis zur Marke verdünnt. Diese Lösungen gießt man dann auf den in die Kölbchen eingewogenen Boden. Unter gelegentlichem Umschütteln läßt man die Schüttelkolben 24 Stunden lang stehen und bestimmt dann die Reaktionszahlen in den Suspensionen, jedoch nicht wie bei Arrhenius in den Filtraten. Bei der Bestimmung des Pufferungsvermögens gegen Basen muß man nun noch etwas anders verfahren, entweder läßt man hier mit Calciumhydroxydlösung die beschickten Kölbchen 2 oder 3 Tage lang unverschlossen an der Luft stehen, damit sich zwischen den Suspensionen und dem Kohlensäuregehalt der Luft das Gleichgewicht einstellen kann, oder man beschleunigt die Einstellung dieses Gleichgewichtes dadurch, daß man durch Durchleiten von Luft oder von Kohlensäure die Umwandlung des überschüssig zugesetzten Calciumhydroxyds in Calciumcarbonat und die Einstellung des Gleichgewichtes mit der Luft herbeiführt. Die bei der Säure- und Laugeeinwirkung erhaltenen p_H-Werte werden dann in ein Koordinatensystem eingetragen, die p_H-Werte auf der Ordinate und die zugesetzten Kubikzentimeter Säure und Lauge auf der Abszisse. Man erhält so die Neutralisationskurve des Bodens, ausgedrückt in Reaktionszahlen. Um mit Hilfe dieser Kurven zu einem möglichst klaren Bilde von der Pufferwirkung des Bodens zu gelangen, verfährt Jensen nun so, daß er die Neutralisationskurven mit einer als Grundkurve bezeichneten zweiten Kurve in dasselbe Diagramm stellt. Diese Grundkurve wird so erhalten, daß man einen vollkommen pufferfreien, von neutralisierend wirkenden Bestandteilen restlos befreiten Seesand mit denselben Säure- und Basenmengen wie den Boden behandelt und die dabei erhaltenen Reaktionszahlen in das Diagramm einträgt. Diese Grundkurven müssen sich natürlich sehr weitgehend den Kurven nähern, die man auch ohne den Seesand in den Lösungen der Säure und der Base erhalten würde. Da nun natürliche Böden niemals gänzlich frei von neutralisierend wirkenden

Bestandteilen sind, wie der mit Säure extrahierte Seesand, so muß der Säurezweig der Bodenkurve immer über dem Säurezweig der Grundkurve, der Basenzweig dagegen stets unter dem Basenzweig der Grundkurve liegen, so daß je nach dem Pufferungsvermögen des Bodens eine mehr oder weniger große Fläche von den beiden Kurven umschlossen wird. Die Größe dieser Flächen dient Jensen (1, 2) als Maß für das Pufferungsvermögen.

Außer der Pufferfläche liefern die Kurven nach Jensen aber auch noch eine andere zur Charakterisierung brauchbare Größe, nämlich die Pufferzahlen. Darunter sind nach Jensen die Längen der Linien zu verstehen, die man erhält, wenn man durch den Schnittpunkt der Bodenkurve auf der Ordinate nach Zusatz von 10 cm³ Säure die Parallele zur Abszisse zieht. Diese Parallele schneidet die Grundkurve an einer bestimmten Stelle, und ihre Länge bis zu diesem Schnittpunkte, die man durch Projektion der Linien auf die Abszisse leicht ablesen kann, stellt das zweite Maß des Pufferungsvermögens dar."

H. Die Ermittlung des Kalkbedarfs.

Die Bodenreaktion ist ohne Zweifel ein wichtiges Kennzeichen des Bodens für die Entwicklung der Pflanzen und Mikroorganismen, da ihr Wachstum in hohem Maße von der Bodenreaktion abhängig ist. Sie allein genügt aber zur Ermittlung der zur Neutralisation erforderlichen Basenmengen nicht, da der anorganische und organische Bodenkomplex als schwache Säure mit chemisch unbekannten Eigenschaften wirksam ist. Wenn gelegentlich dennoch die p_H-Zahl zur Ermittlung des Kalkbedarfs herangezogen wird, so bedeuten solche Angaben Schätzungen, die nur bei genauer Kenntnis des zu untersuchenden Bodens und seiner Eigenschaften als praktisch genügend genau gelten können. Eine sichere Grundlage zur Berechnung des Kalkbedarfs eines Bodens geben die p_H-Zahlen jedoch nicht. Dazu sind die folgenden Methoden erforderlich:

1. Die Bestimmung der Austauschacidität nach Daikuhara. Das Verfahren ist bereits im Hauptwerk III, 667 angegeben:

100 g Boden werden mit 250 cm³ n-KCl-Lösung 1 Stunde geschüttelt. Vom Filtrat werden 125 cm³ mit Phenolphthalein und $^1/_{10}$ n-NaOH titriert (y_1). Die Austauschsäure je 100 g Boden ausgedrückt in Kubikzentimeter $^1/_{10}$ n-NaOH je 100 g Boden berechnet sich nach Daikuhara aus diesem ersten Titrationswert y_1 (in 125 cm³) multipliziert mit dem Faktor 3,5. Daraus läßt sich die Kalkmenge berechnen, die zur Neutralisation der Austauschsäure, der für die Pflanzen sehr gefährlichen Bodensäure, nötig ist.

Die so ermittelte Kalkmenge deckt erst den äußersten Bedarf des Bodens an Kalk, und bewirkt im Boden eine Reaktion, die wesentliche Pflanzenschäden nicht mehr aufkommen läßt, nämlich eine Reaktionszahl von ungefähr p_H 6 (Kappen). Alle gegen Bodenversauerung weniger empfindlichen Pflanzen gedeihen bei dieser Reaktion recht gut. Stärker empfindliche Pflanzen benötigen eine stärkere Kalkgabe, die sich mit der Methode der Bestimmung der hydrolytischen Acidität und einiger weiterer Verfahren ermitteln läßt.

2. Die Bestimmung der hydrolytischen Acidität nach H. Kappen. 100 g lufttrockner Boden werden mit 250 cm³ n-Calciumacetatlösung übergossen und 1 Stunde im Rotierapparat geschüttelt. Vom Filtrat werden 125 cm³ mit 0,1 n-Natronlauge unter Verwendung von Phenolphthalein als Indicator titriert. Dieser Titrationswert Hy_1 wird mit 3 multipliziert und liefert die Basenmenge, die man dem Boden zusetzen muß, um seinen p_H-Wert auf annähernd 7 zu bringen. Durch Änderung des Faktors 3 nach oben oder unten ist es darüber hinaus möglich, die Kalkmengen zu berechnen, die eine beliebige p_H-Zahl bewirken. Denn im allgemeinen ist es ratsam, die leichteren sauren Böden auf eine p_H-Zahl von 6 und die schweren Böden auf einen p_H-Wert von 7—7,5 zu bringen.

Die je 100 g ermittelte Menge an NaOH läßt sich nun in CaO bzw. $CaCO_3$ leicht umrechnen, desgleichen kann die auf diese Weise ermittelte Kalkmenge auf den ha Ackerland bezogen werden, in der Annahme, daß 1 ha Ackerland bei einer Tiefe von 20 cm und einem scheinbaren spezifischen Gewicht von 1,5 das Gewicht von 3000000 kg hat. Die Berechnung lautet somit für den Kalkbedarf in dz CaO bzw. dz $CaCO_3$ je ha ausgedrückt bei Berücksichtigung des Kalkfaktors 3:

a) Bedarf an $CaO = Hy_1 \cdot 2{,}52$ dz/ha,

b) Bedarf an $CaCO_3 = Hy_1 \cdot 4{,}50$ dz/ha.

Von den übrigen Verfahren zur Bestimmung des Kalkbedarfs der Böden ist bereits früher die Methode Gehring-Wehrmann beschrieben worden. Sehr wertvoll und zu empfehlen sind noch folgende beide Verfahren:

3. Die elektrometrische Neutralisation nach Jensen. Eine Reihe von Erlenmeyerkölbchen werden mit 10 g Boden beschickt, mit steigenden Mengen Kalkwasser (0,1 n) versetzt und dann mit CO_2-freiem, destilliertem Wasser auf 100 cm³ aufgefüllt. Im allgemeinen fügt man auf je 10 g Boden folgende Mengen an Kalkwasser zu: 0, 2, 4, 6, 8 und 10 cm³. Bei sauren Böden reicht diese Menge aus, bei sehr stark sauren Böden ist die Kalkwassermenge eventuell noch zu steigern. Unter öfterem Umschütteln läßt man die Kölbchen 3 Tage stehen und bestimmt dann in der Aufschwemmung die Reaktionszahl elektrometrisch. Die Ergebnisse werden in ein Koordinatensystem eingetragen. Man erhält dadurch die Neutralisationskurve eines Bodens und kann daraus jede für die Einstellung einer bestimmten Reaktion erforderlichen Menge an Calciumhydroxyd ablesen und entsprechend, genau wie oben angeführt, die je ha nötige Kalkmenge berechnen. Für die weniger empfindlichen Pflanzen genügt eine p_H-Zahl von 5,5—6,0, während die stärker empfindlichen Pflanzen eine p_H-Zahl von 7—7,5 verlangen.

Berechnung: 1 cm³ $^1/_{10}$ n-$Ca(OH)_2$ je 10 g Boden entspricht einer Menge von 8,4 dz CaO bzw. 15 dz $CaCO_3$ je ha.

4. Die Methode der elektrometrischen Titration nach Goy. Bei der elektrometrischen Titration wird eine einzige Bodenprobe mit steigendem Mengen Laugen unter ständigem Rühren versetzt, und in verhältnismäßig kurzer Zeit innerhalb von 30 Minuten das Ergebnis ermittelt.

In einem mit einer Rührelektrode versehenen Gefäß werden 20 g Boden mit 20 cm³ n-KCl-Lösung und einer Messerspitze Chinhydron gerührt und dann die p_H-Zahl ermittelt. Hierauf wird unter ständigem Weiterrühren mit $^1/_{10}$ n-Lauge titriert. Nach Zusatz von 1 cm^3 NaOH wird 1 Minute gerührt und dann anschließend die p_H-Zahl ermittelt. Es wird nun solange titriert, bis die Reaktion des Bodens entweder einen Wert von 5,5 p_H oder den Wert von 7,7 p_H erreicht. Die Berechnung der Kalkmenge erfolgt wie oben, wobei die Natronlauge (die ohne Zweifel als Nachteil in diesem Verfahren zu gelten hat) in CaO umzurechnen ist (vgl. S. Goy, P. Müller u. O. Roos).

Auf folgende Methoden zur Bestimmung des Kalkbedarfes sei noch hingewiesen:

a) Methode Tacke-Arndt und J. König. Diese Methode ist von E. Haselhoff bereits im Hauptwerk (III, 668) beschrieben und findet insbesondere Anwendung zur Bestimmung der schädlichen Acidität in Humusböden; sie kann aber auch für Mineralböden verwandt werden. Der Kalkbedarf der Moorböden ergibt sich aus der ermittelten Acidität, jedoch mit der Einschränkung, daß bei Ackerbau auf Moorböden usw. etwa 25—30%, bei Wiesenbau nur etwa 50—60% der aus der Acidität zu berechnenden Kalkmenge gedüngt werden darf.

b) Methode Hutchinson-MacLennan.

J. Die Bestimmung der leicht verfügbaren Bodennährstoffe.

Zur Beurteilung des Fruchtbarkeitszustandes eines Bodens ist nicht allein die Kenntnis der gesamten Pflanzennährstoffe (Bauchanalyse) oder der in starken Säuren löslichen Nährstoffmenge nötig, sondern von weit größerer Bedeutung sind die Nährstoffe, die den Pflanzen leicht zugänglich oder in eine leicht zugängliche Form gebracht werden können. Die im folgenden erwähnten Methoden suchen die leichtlöslichen Nährstoffe P_2O_5 und K_2O des Bodens zu ermitteln, mit dem Ziel, aus den vorhandenen Mengen auf den Düngerbedarf an diesen Nährstoffen zur Erzielung einer Vollernte zu schließen. Dabei unterscheiden wir zwischen chemischen und physiologischen Verfahren (mit höheren Pflanzen und niederen Pflanzen, Pilzen und Bakterien, durchgeführt). Auf die rein physiologischen Verfahren mit höheren Pflanzen, vor allem nach Mitscherlich, welche in das pflanzenphysiologische Gebiet fallen, sei hier nur verwiesen.

Sehr wichtige brauchbare chemische Verfahren sind bereits im Hauptwerk (III, 602) mitgeteilt worden: Es sind dies die Citronensäuremethode nach Dyer, die Citronensäuremethode nach König-Hasenbäumer, die Citronensäuremethode nach Lemmermann-Fresenius. König verwendet außerdem eine 10%ige Kaliumsulfatlösung zur Bestimmung des leichtlöslichen Stickstoffs des Bodens. Die Methoden nach Dyer und Lemmermann-Fresenius bestimmen allein die leichtlösliche Phosphorsäure, während nach dem Vorschlag König-Hasenbäumer außer Phosphorsäure auch das citronensäurelösliche Kali ermittelt werden kann.

Zur Auswertung der nach dem Verfahren König-Hasenbäumer erzielten Ergebnisse wird nach folgendem Schema verfahren:

Düngebedürfnis	Wenn in 100 g Boden enthalten	
	citronensäurelösliche Phosphorsäure mg	citronensäurelösliches Kali mg
stark — sehr stark	0—15	0— 8
mäßig — mittel	15—20	8—12
unsicher	20—25	12—16
wahrscheinlich nicht vorhanden	> 25	> 16

v. 'Sigmond bestimmt die leichtlösliche Phosphorsäure in verdünnter HNO_3. Dabei verwendet er soviel HNO_3, daß die Endacidität der Bodenlösung ungefähr p_H 2 ist.

Neben der Citronensäure sind eine Reihe anderer organischer Lösungsmittel vorgeschlagen, so z. B. Oxalsäure, Weinsäure, Essigsäure und Milchsäure bzw. die Salze dieser Säuren. Die Methode H. Egnér verwendet zum Ausschütteln eines Bodens eine saure 0,02 n-Ca-Lactatlösung, die eine p_H-Zahl von 3,5 p_H besitzt: 5 g Boden werden mit 250 cm³ Lösung 2 Stunden bei 20° geschüttelt und im Filtrat die Phosphorsäure ermittelt. Ein Boden mit mehr als 200 kg milchsäurelöslicher Phosphorsäure je ha oder 6,6 mg P_2O_5/100 g Boden gilt als reich an P_2O_5.

Der große Vorteil der Essigsäure- und Milchsäuremethode liegt darin, daß die beiden Säuren nur geringe Neigung zur Komplexbildung besitzen. Die Methode Egnér verwendet außerdem eine mit Ca-Salzen gepufferte Lösung in ähnlicher Weise wie vor ihm B. Dirks und F. Scheffer (1, 2) vorgeschlagen haben.

B. Dirks und F. Scheffer verwenden ein Lösungsmittel, das der natürlichen Bodenlösung möglichst ähnlich ist, und zwar eine Kohlensäurelösung, die noch Calciumbicarbonat enthält. Die Reaktion dieser Lösung soll ungefähr zwischen p_H 6,6 und p_H 7,0 liegen. Die Bicarbonatlösung wird für neutrale und alkalische Böden, für saure Böden jedoch CO_2-freies destilliertes Wasser verwandt. Die Methode ist zur Bestimmung der leichtlöslichen Phosphorsäure und des leichtlöslichen Kalis ausgearbeitet worden. Ich beschränke mich auf die Angabe des Verfahrens zur Bestimmung der Phosphorsäure:

30 g lufttrockner Boden werden in einem 100 cm³ fassenden Kolben mit 75 cm³ des betreffenden Lösungsmittels versetzt. Das Lösungsmittel besteht entweder aus Wasser oder aus Kohlensäure-Bicarbonatlösung. Im letzteren Falle werden zweckmäßig zu 30 g Boden zunächst 1 g $CaCO_3$ praec. puriss. und hierauf 75 cm³ Kohlensäurelösung hinzugefügt. Das mit CO_2 gesättigte Wasser soll einen Kohlensäuregehalt aufweisen, der in 100 ccm 80 cm³ $^1/_{10}$ n-NaOH äquivalent sein soll (Methode Winkler).

Die Flaschen werden 1 Stunde im Schüttelapparat geschüttelt und sofort wird im Filtrat die Phosphorsäure colorimetrisch bestimmt. Zu diesem Zweck werden 30 cm³ des Filtrats mit 0,5 cm³ Molybdänlösung und 0,5 cm³ einer frisch zubereiteten 1% $SnCl_2$-Lösung versetzt. Zur

Herstellung der Molybdänlösung mischt man gleiche Volumina konzentrierte Schwefelsäure und 10%ige Ammoniummolybdatlösung. Die Farbstärke der blauen Phosphormolybdänlösung wird nach 5 Minuten langem Stehen mit einer Vergleichslösung gemessen. Die Vergleichslösungen stellt man durch Verdünnen einer Stammlösung her, die im Liter 0,2724 K_2HPO_4 nach Sörensen = 0,142 mg P_2O_5 enthalten. Es enthalten:

Testlösung	1	2	3	4	5	6	7	8	9	10
mg P_2O_5/l	0,142	0,284	0,426	0,568	0,710	0,852	0,994	1,136	1,278	1,420

Enthält die zu untersuchende Lösung mehr Phosphorsäure als Testlösung 10 entspricht, so muß die Lösung verdünnt werden. Die Auswertung erfolgt in der Weise, daß alle Böden, die die Testzahl größer als 8 besitzen, als reich an Phosphorsäure und nicht düngebedürftig bezeichnet werden [B. Dirks und F. Scheffer (1, 2); L. Gisiger; E. Knickmann].

Eingehende Untersuchungen über die Löslichkeit der Bodenphosphorsäure in Wasser sind von v. Wrangell (vgl. a. L. Meyer) durchgeführt worden und haben gleichfalls zu einem Verfahren zur Bestimmung der P_2O_5 geführt.

Vageler-Alten bestimmen das im Boden wasserlösliche Kali wie oben beschrieben, außerdem das im Komplex durch Austausch mit NH_4Cl verdrängbare Kali. Die genaue Ausführung der etwas sehr umständlichen Methode und die Verrechnungsweise ist zu finden: in Ztschr. f. Pflanzenern., Düngung u. Bodenkunde A 23, 208 (1932).

Die Verwendung der verschiedensten chemischen Lösungsmittel wie Mineralsäuren, organische Säuren, Wasser, Kohlensäure, Neutralsalze hat zur Ausarbeitung zahlreicher Methoden geführt. Eine sehr gute kritische Übersicht über sämtliche Methoden, die von verschiedenster Seite zur Bestimmung der P_2O_5 und des Kalis vorgeschlagen worden sind, bringt das sehr interessante Buch von W. U. Behrens: Die Methoden zur Bestimmung des Kali- und Phosphorsäurebedarfs landwirtschaftlich genutzter Böden. Berlin: Verlag Chemie 1935, auf das ich hier besonders verweise.

Weiterhin werden zur Zeit Schnellmethoden für Kali geprüft, und zwar 1. die flammenphotometrische Bestimmung nach Goy, welche mit dem Stufenphotometer nach Zeiß die Intensität der Flammenfärbung ermittelt, und 2. die Methode Schuhknecht (s. a. W. Lehmann), welche die Flammenfärbung mit einer lichtelektrischen Zelle mißt und anscheinend für die Bestimmung des Kalis nach Neubauer brauchbarere Werte ermittelt.

K. Die Elektro-Ultrafiltration nach Köttgen.

Der elektrische Gleichstrom hat in der Agrikulturchemie zur Bestimmung der leichtlöslichen Nährstoffe verschiedentlich Anwendung gefunden. Neuerdings hat insbesondere Köttgen die bereits von König, Hasenbäumer, Kuppa angewandte Elektro-Ultrafiltration zu einem Verfahren ausgebaut, das die Bestimmung der Gesamtbasen und Säuren wie auch der einzelnen Basen wie Kalk, Kali, Ammoniak und Säuren wie Phosphorsäure, Salpetersäure usw. ermöglicht. Das Verfahren wird zur Zeit eingehend geprüft.

L. Chemisch-biologische Methoden.

Die Keimpflanzenmethode nach Neubauer-Schneider ist heute eine der wichtigsten Untersuchungsverfahren, das im In- und Auslande Eingang in die bodenkundlichen Laboratorien gefunden hat. Die Ausführung der Methode ist nach Neubauer wie folgt:

Als Vegetationsgefäße dienen saubere kreiszylindrische Glasnäpfe mit flachem Boden von 11—11,5 cm Durchmesser. Eine 100 g Trockensubstanz entsprechende Probe des zu untersuchenden Bodens wird mit 50 g Sand (0,5—0,9 mm) gemischt und darüber 250 g feinerer Sand geschichtet, der soviel Wasser erhalten hat, daß die gesamte Wassermenge 80 cm^3 beträgt. Jede Bestimmung wird doppelt angesetzt. Als Saatgut dient Original Petkuser Winterroggen, der von der Staatlichen Landwirtschaftlichen Versuchsstation Dresden zu beziehen und über gebranntem Kalk aufzubewahren ist. Die Körner werden mit Chlorphenolquecksilber gebeizt.

0,5 g Chlorphenolquecksilber werden mit soviel Natronlauge, wie 0,15 g NaOH entspricht, verrieben, das ganze wird in einen 500-cm^3-Kolben gespült und mit Wasser aufgefüllt. Je 100 Körner aus einem Vorrat, der von allen leichten und beschädigten Körnern befreit ist und zur Erreichung eines normalen Wassergehalts einige Tage an der Zimmerluft gelegen hat, werden gewogen und mit 5 cm^3 Beizflüssigkeit übergossen 1 Stunde 30 Minuten stehen gelassen. Dann wird die Flüssigkeit abgegossen und später mit zum Anfeuchten des Sandes benutzt. Die Körner läßt man 1—2 Tage an der Luft trocknen.

Die gebeizten Körner werden mit dem Keimling nach unten leicht in den Sand gedrückt. Die Temperatur des Vegetationsraumes soll zwischen 18° und 22° liegen. Das verdunstete und transpirierte Wasser wird täglich ergänzt. Stark humose Böden erhalten mehr Wasser als 80 cm^3.

17 Tage, neuerdings 14 Tage, nach der Saat werden die Sprossen unterhalb der Samenhülsen abgeschnitten. Den Wurzelfilz bringt man auf ein geräumiges Sieb mit 1 mm Lochweite und befreit ihn durch einen darauffließenden Wasserstrahl von der anhaftenden Erde. Das Veraschen der feuchten Substanz, die Wurzeln zu unterst, erfolgt in einer Platinschale oder Porzellanschale von 100 cm^3 Inhalt bei 600°. Zweckmäßig setzt man etwas Calciumacetatlösung entsprechend 0,03 g $CaCO_3$ zu. Die Rohasche wird in Salzsäure gelöst und nach Abscheidung der Kieselsäure Kali und Phosphorsäure bestimmt. Zur Bestimmung der Phosphorsäure verwendet man im allgemeinen die Methode Lorenz (s. M. Popp). Neuerdings ist das colorimetrische Verfahren nach Zindzadze in Vorschlag gebracht und vom Forschungsdienst in der Abänderung nach Herrmann-Sindlinger auf seine Brauchbarkeit geprüft worden. Das Kali wird entweder nach der Perchloratmethode oder nach dem flammenphotometrischen Verfahren von Schuhknecht-Waibel bestimmt (s. a. L. Schmitt, W. Lehmann, F. Kertscher).

Außerdem werden mit demselben Körnermaterial blinde Bestimmungen ausgeführt, bei denen an Stelle des Bodens Quarzsand verwendet wird. Die Ergebnisse der blinden Bestimmungen werden von dem mit Boden erzielten Resultat abgezogen.

Beispiel:

Bodenuntersuchung . . .	62,4 mg K_2O	38,8 mg P_2O_5
Blinde Bestimmung . . .	18,2 mg K_2O	22,4 mg P_2O_5
Also im Boden	44,2 mg K_2O	16,4 mg P_2O_5

Zur Auswertung der nach Neubauer-Schneider ermittelten Ergebnisse hat Neubauer Grenzzahlen vorgeschlagen, die teils auf Grund theoretischer Betrachtungen, teils empirisch festgelegt worden sind. Die verschiedenen Untersuchungen anderer Autoren zeigen übereinstimmend, daß eine allgemeine Gültigkeit der Grenzzahlen für die verschiedenen Böden und Klimalagen nicht möglich ist.

So ist auch erklärlich, daß die von Neubauer für den Staat Sachsen mit den von Roemer und Mitarbeiter für die Provinz Sachsen auf völlig anderen Bodenarten und -typen ermittelten Grenzwerte nicht übereinstimmen. Für lehmige und tonige Böden ist im allgemeinen eine höhere Grenzzahl anzugeben als für leichte sandige Böden. Neubauer gibt bei hohen Ernten folgende Grenzzahlen für P_2O_5 und K_2O für die einzelnen Früchte an:

	Phosphorsäure	Kali		Phosphorsäure	Kali
Gerste	6 mg	24 mg	Zuckerrüben . . .	6 mg	25 mg
Hafer	6 mg	21 mg	Futterrüben . . .	7 mg	39 mg
Weizen	5 mg	20 mg	Raps	9 mg	18 mg
Roggen	5 mg	17 mg	Luzerne	9 mg	35 mg
Rotklee	5 mg	25 mg	Wiesen	5 mg	25 mg
Kartoffeln	6 mg	37 mg			

Weitere Angaben zur Berechnung der Düngermengen für Phosphorsäure und Kali vgl. H. Neubauer in Honcamps Handbuch der Pflanzenernährung- und Düngerlehre, S. 893. Berlin: Julius Springer 1931.

M. Mikrobiologisch-chemische Verfahren zur Bestimmung der leichtlöslichen Nährstoffe des Bodens.

In den folgenden Verfahren bestimmt man die leichtlöslichen Nährstoffe des Bodens, indem man sie durch chemische Lösungsmittel aus dem Boden löst und sie nicht chemisch, sondern durch geeignete biologische Indicatoren (Pilze, Bakterien) bestimmen läßt, da das Wachstum der Mikroorganismen gleichfalls von der Gegenwart der lebensnotwendigen Nährstoffe bedingt ist.

Das Bacterium Azotobacter chroococcum ist ein guter Indicator für saure und phosphorsäurearme Böden. Christensen (2, 3) hat diese Eigenschaft als erster ausgenutzt und ein Verfahren zur Bestimmung des Kalkbedürfnisses ausgearbeitet.

Niklas (1, 2, 3) und Mitarbeiter haben später eine weitere mikrobiologische Methode angegeben und dabei den Schimmelpilz Aspergillus niger verwandt. Dieser Pilz hat gegenüber Azotobacter den Vorteil, daß er auf Kali und Phosphorsäure reagiert:

In 75 cm³ Erlenmeyerkölbchen werden 7,5 g Boden für Phosphorsäurebestimmung und 2,5 g Boden für Kalibestimmung gewogen und dazu 30 cm³ einer Nährlösung gegeben, die die für den Pilz notwendigen Nährstoffe (10% Rohrzucker, 1% Citronensäure, 0,6% Ammonsulfat, 0,1% Pepton, 0,03% Magnesiumsulfat, 0,00015% Cu als Kupfersulfat, 0,0001% Zn als Zinksulfat und 0,0001% Fe als Eisensulfat) enthalten. Der zur Bestimmung der Phosphorsäure nötigen Nährlösung wird außerdem noch 0,02% K_2O als Kaliumsulfat, der zur Prüfung auf Kali vorgesehenen Lösung 0,075% P_2O_5 als primäres Ammonphosphat zugesetzt. Die Oberfläche der Flüssigkeit wird mit einer hauchdünnen Schicht des Impfpulvers bedeckt und nach einer Brutdauer von 3 Tagen bei einer Temperatur von 35° C wird das gebildete Mycel geerntet. Das Mycel wird getrocknet und gewogen und aus der Höhe der Gewichte auf den Bedarf an Phosphorsäure und Kali geschlossen.

N. Der Mikrodüngungsversuch nach Sekera.

Der Mikrodüngungsversuch (1, 2) ist nach dem Schema P-PK-K aufgebaut. Drei Schalen, die je 5 cm³ Boden enthalten, werden mit Kali, Phosphorsäure oder beiden Nährstoffen gedüngt. Außerdem enthalten die drei Nährlösungen Stickstoff, Saccharose und Tannin als C-Quellen. Die Aussaat des Aspergillus erfolgt durch Bestreuung der Bodensuspension mit einem gebrauchsfertigen Impfpulver. Nach einem Aufenthalt von 2—3 Tagen in einem Thermostat bei 35° C werden die Myceldecken geerntet, getrocknet und gewogen. Das relative Gewicht der Mycelernten ergibt den Maßstab für die Düngewirkung des Kalis und der Phosphorsäure. Die Auswertung erfolgt nach dem folgenden Notensystem:

Relative Ernte des P-Mangelmycels %	Note der Düngewirkung	Phosphorsäurewirkung	
		Rüben, Mais, Luzerne, Erbse, Wicke, Bohne	Kartoffel, Getreide, Rotklee, Lupine
> 60	0	In den nächsten 3—4 Jahren keine	
50—60	1	schwach	keine
40—50	2	mäßig	schwach
30—40	3	stark	mäßig
< 30	4	sehr stark	stark

Die Nährlösung hat folgende Zusammensetzung: Tannin 5% bzw. 2%, Saccharose 2% bzw. 10%, Ammonsulfat 0,1% bzw. 0,5%, Magnesiumsulfat 0,03%, Kupfersulfat 0,0006%, Zinksulfat 0,0004%.

O. Die mikrobiologische Untersuchung des Bodens.

Im folgenden sollen nur kurz einige wichtige mikrobiologische Methoden behandelt werden, die gewisse Anhaltspunkte über die Fruchtbarkeit eines Bodens geben. Die Bestimmung der Bakterienzahl hat für die biologische Bewertung eines Bodens nur geringe Bedeutung, da unmittelbare Beziehungen zwischen Bakterienzahl und Bodenfruchtbarkeit nicht bestehen. Weit wertvoller sind die Untersuchungen über die wirksamen physiologischen Bakteriengruppen sowie die Feststellung ihrer Leistungsfähigkeit bei der Umformung der für die Pflanzen wichtigen Nährstoffe. Auf die Bestimmung der Bakterienzahl nach dem Plattenverfahren usw. sei daher nur verwiesen.

1. Die Bestimmung der CO_2-Produktion. Die Bestimmung der CO_2-Produktion wird am besten in einem Brutraum bei konstanter Temperatur von 27—28° C durchgeführt. Nach Stoklasa kann man als Indicator der Atmungsintensität die Mengen an CO_2 annehmen, die in 24 Stunden bei 20% Wassergehalt (oder noch besser 50% der Wasserkapazität) pro 1 kg Boden ausgeatmet werden. Die ausgeatmete CO_2 wird mit $Ba(OH)_2$ in geeigneten Absorptionsapparaten aufgefangen und mit Oxalsäure und Phenolphthalein titriert.

2. Die Bestimmung des N-Bindungsvermögens des Bodens nach Bondorff und Christensen (1). 100 g lufttrockner Boden werden in einem Erlenmeyerkolben mit destilliertem Wasser (ungefähr 50—60% der Wasserkapazität) gut durchfeuchtet, dann mit 2 g Mannit versetzt und längere Zeit (etwa 3—4 Wochen) bei 25° C gebrütet. Nach je 5 Tagen werden etwa 5 g Boden nach guter Durchmischung dem Kolben entnommen und mit 200 cm^3 Wasser geschüttelt und extrahiert. In diesem Extrakt wird der noch vorhandene Mannit auf übliche Weise mit Permanganat bestimmt. Gleichzeitig dient eine weitere kleine Bodenprobe zur Bestimmung des Wassergehaltes. Aus dem Permanganatverbrauch wird indirekt auf die N-bindende Kraft des Bodens geschlossen. Zur Kontrolle dieser Untersuchung kann außerdem die gesammelte N-Menge in einer Probe nach den bekannten Methoden zur Bestimmung des Gesamt-N (Jodlbauer oder Förster, vgl. Haselhoff: III, 670), bestimmt werden.

Da das N-Bindungsvermögen (hauptsächlich durch Azotobacter bewirkt) von der Gegenwart genügender Mengen Kali und Phosphorsäure und vom Kalkzustand des Bodens abhängig ist, so ist die Bestimmung auch unter Zusatz dieser Nährstoffe vorzunehmen.

3. Die Bestimmung des Nitrifikationsvermögens. a) 100 g Boden werden bei einem Wassergehalt von 50—60% der W.K. ohne jeglichen Zusatz in einem Brutschrank (28°) 30 Tage gestellt, um die Nitrifikationsmöglichkeit des Boden-N zu prüfen.

b) 100 g Boden werden wie unter a) bei einem Wassergehalt von 50—60% der W.K. mit 30 mg N als $(NH_4)_2SO_4$ versetzt und ebenfalls nach 30 Tagen auf den Nitratgehalt geprüft.

c) 100 g Boden werden wie unter b) behandelt, mit dem Unterschied, daß von Anfang an die zur Neutralisation der entstehenden Säuren nötige $CaCO_3$-Menge = 216 mg $CaCO_3$ zugesetzt werden. Nach 30 Tagen wird der gebildete Nitrat-N nach folgender Methode ermittelt: Methoden für die Untersuchung der Böden, S. 54.

10 g Boden werden mit 100 cm^3 1%iger KCl-Lösung 1 Stunde geschüttelt. Vom Filtrat werden 25 cm^3 in das Destillationskölbchen der Mikrokjeldahlapparatur überführt und unter Zusatz von 1 g fein gemahlener Arndtscher Legierung 1 cm^3 20%iger $MgCl_2$-Lösung und

von etwa 0,5 g MgO 5 Minuten im strömenden Wasserdampf destilliert. Das Ammoniak wird in $^1/_{10}$ n-HCl aufgefangen und dann mit $^1/_{10}$ n-NaOH zurücktitriert. Nach Abzug des Ammoniak-N, der in einer besonderen Bodenprobe bestimmt wird, ergibt sich der Nitrat-N (vgl. H. Engel).

4. Die Bestimmung des Ammonisationsvermögens (Fäulniskraft) des Bodens. 100 g Boden werden mit 1 g Pepton versetzt und bei 50—60% der Wasserkapazität 7—14 Tage in einen Brutschrank bei 15—20° gestellt. Nach dieser Zeit wird das im Boden gebildete Ammoniak in üblicher Weise unter Verwendung von MgO bestimmt.

Die Bestimmung des Denitrifikationsvermögens des Bodens hat im allgemeinen keine große Bedeutung.

5. Die Bestimmung der cellulosezersetzenden Kraft eines Bodens. Im Erlenmeyerkolben werden 100 g Boden mit 1 g Cellulose (gemahlenes Filterpapier) versetzt und bei 50—60% der Wasserkapazität 28 Tage bei 20° C gehalten. Außerdem wird eine 2. Reihe von Erlenmeyerkolben in ähnlicher Weise nach Zugabe von 100 mg $NaNO_3$ beschickt.

Die Bestimmung der Cellulosezersetzung kann nach zwei Methoden ausgeführt werden: 1. Ermittlung der bei der Zersetzung der Cellulose frei werdenden Kohlensäure nach dem oben angegebenen Verfahren; 2. nach der Methode Charpentier, die die Cellulose direkt bestimmt. Die Cellulose wird mit Schweitzers Reagens aus dem Boden herausgelöst und anschließend wieder gefällt. Im einzelnen wird die Bestimmung nach Charpentier wie folgt durchgeführt:

20 g lufttrockener Boden werden in einen 250-cm³-Erlenmeyerkolben mit 100 cm³ Schweitzers Reagens versetzt und mit einem Gummistopfen gut verschlossen, 1 Stunde lang in einer Schüttelmaschine geschüttelt. Die Aufschwemmung wird filtriert; vom Filtrat werden 50 cm³ des klaren Filtrats mit 200 cm³ 80%igem Alkohol gefällt. Der Niederschlag wird durch einen Goochtiegel filtriert und mit 1%igem HCl, dann mit warmen destilliertem Wasser und mit 2%iger Kalilauge nacheinander ausgewaschen. Es wird mit der 2%igen Kalilauge solange ausgewaschen, bis die Huminsäuren, die durch die braune Farbe erkenntlich sind, restlos verschwunden sind. Nachdem nochmals mit warmen Wasser und mit verdünnter HCl ausgewaschen ist, wird der Niederschlag schließlich noch mit Alkohol und Äther durchgewaschen. Der so erhaltene Niederschlag wird bei 105° getrocknet, gewogen, verbrannt und wieder gewogen. Die Differenz zwischen den beiden Gewichten gibt die Menge der Cellulose je 10 g Boden an.

P. Moorböden (III, 668).

Die Untersuchung erfolgt nach den gleichen Methoden, die für die Mineralböden Gültigkeit besitzen. Das gilt vor allem für die organischen Anteile dieser Böden. Zur Bestimmung des Kalkbedarfs haben Tacke und Arnd ein Verfahren ausgearbeitet, das auf S. 284 bereits erwähnt wurde[1].

Zur Bestimmung des Nährstoffgehaltes haben Brüne (2) und Mitarbeiter die Keimpflanzenmethode auch auf Moorböden anwenden können.

[1] Kürzlich haben Brüne und Arnd (1) ein neues Verfahren zur Bestimmung der Kalkbedürftigkeit von Moorböden vorgeschlagen.

Literatur.

Arrhenius, O.: Kalkfrage und Bodenreaktion. Leipzig 1926.

Behrens, W. U.: (1) Zur graphischen Darstellung des Pufferungsvermögens von Böden. Fortschritte d. Landwirtsch. 3, 299—301 (1928). — (2) Die Methoden zur Bestimmung des Kali- und Phosphorsäurebedarfs landwirtschaftlicher genutzter Böden. Berlin: Verlag Chemie 1935. — Brüne, Fr. u. Th. Arnd: (1) Ein neues Verfahren zur Bestimmung der Kalkbedürftigkeit von Moorböden. Bodenkde. u. Pflanzenern. 9/10, 51—64 (1938). — (2) Die Umgestaltung der Keimpflanzenmethode zum Zwecke der Untersuchung von Moorböden. Ztschr. f. Pflanzenern., Düngung u. Bodenkde. A 26, 271—283 (1932).

Christensen, Harald R.: (1) Zentralblatt f. Bakt. II 27, 449 (1910). — (2) Zentralblatt f. Bakt. II 17, 109, 161, 378 (1907). — (3) Wiss. Arch. f. Landwirtsch., A. Pflanzenbau 4, 1 (1930).

Dirks, B. u. F. Scheffer: (1) Der Kohlensäure-Bicarbonatauszug und der Wasserauszug als Grundlage zur Ermittlung der Phosphorsäurebedürftigkeit der Böden. Landw. Jahrb. 71, 73—99 (1930). — (2) Vergleichende Untersuchungen über das Nährstoffverhältnis der Kulturböden. Landw. Jahrb. 67, 779—821 (1928).

Egnér, H.: Metod att bestämma lättlöslig fosforsyra i åckerjord. Medd. N. 425. Från Centralanstalten Stockholm 1932. — Engel, H.: Über die Zersetzung und Wirkung von Strohdünger im Boden. Ztschr. f. Pflanzenern., Düngung u. Bodenkde. A 20, 43—73 (1931).

Fröhmel, W.: Über Absorptionsspektren von Huminsäuren in Lösung. Bodenkde. u. Pflanzenern. 6, 93—119 (1937).

George, W. T.: a) The base exchange property of organic matter in soils. Techn. Bull. No. 30 Univ. Arizona. b) Organic compounds. Techn. Bull. No. 31 Univ. Arizona. — Gisiger, L.: Die Bestimmung des Kalibedürfnisses der Böden unter spezieller Berücksichtigung der Methode Dirks. Landw. Vers.-Stat. 123, 209—225 (1935). — Goy, S.: Über die flammenphotometrische Schnellmethode zur Bestimmung von Kali und die Bodenuntersuchungen. Bodenkde. u. Pflanzenarn. 3, 308—313 (1937). — Goy, S., P. Müller u. O. Roos: Über das Wesen der Bodenacidität von Mineralböden. Ztschr. f. Pflanzenern., Düngung und Bodenkde. A 13, 66—118 (1929).

Hasenbäumer: Die chemische Bodenanalyse in Honkamps Handbuch der Pflanzenernährung und Düngung, Bd. 1, S. 771—806. Berlin: Julius Springer 1931. Herrmann, R. u. Fr. Sindlinger: Zur colorimetrischen Bestimmung der Phosphorsäure beim Keimpflanzenverfahren. Bodenkde. u. Pflanzenern. 4, 1—8 (1937). — Hissink: Der Sättigungszustand des Bodens. A. Mineralböden. Ztschr. f. Pflanzenern., Düngung u. Bodenkde. 4, 137—158 (1925). — Hock, A.: (1) Farbtiefe und Farbtonwerte als charakteristische Kennzeichen für Humusform und Humustyp. in Böden nach neuen Verfahren. Bodenkde. u. Pflanzenern. 2, 304—315 (1937). — (2) Humusuntersuchungen an typischen Schwarzerde-Bodenbildungen. Ernährung d. Pflanze 33, 337—342, 367—371 (1937). — (3) Weitere Untersuchungen zur Humuscharakterisierung im Boden. Bodenkde. u. Pflanzern. 5, 1—24 (1937). — (4) Bodenkde. u. Pflanzenern. 7, 279—302 (1938). — Hutchinson-MacLennan: Verh. 2. Komm. internat. Bodenkde. Ges. 1927, 200.

Janert, H.: Untersuchungen über die Benetzungswärme des Bodens. Ztschr. f. Pflanzenarn., Düngung u. Bodenkde. 19, 281 (1931). — Jensen-Christensen, S. T.: (1) Über die Bestimmung der Pufferwirkung des Bodens. Internat. Mitteil. f. Bodenkde. 14, 112—130 (1924). — (2) Verh. 2. Komm. internat. Bodenkde. Ges. Budapest A 1919. — Juza, R. u. R. Langheim: Colorimetrie mit kolloiden Lösungen. Angew. Chem 50, 255 (1937).

Kappen, H.: (1) die Bodenacidität. Berlin: Julius Springer 1929. — (2) Die Bodenacidität in ihrer Bedeutung für den Bodenfruchtbarkeitszustand sowie die Methoden ihrer Erkennung und der Bestimmung des Kalkbedarfs saurer Böden. In Blanck: Lehrbuch der Bodenlehre, Bd. 8, S. 317—420. 1931. — Kertscher, F.: Versuche mit der vereinfachten Siemensapparatur zur photometrischen Bestimmung von Kali und Phosphorsäure. Bodenkde. u. Pflanzenern. 9—10, 758—765 (1938). — Knickmann, E.: Ein Beitrag zur Ermittlung des Düngebedürfnisses aus wurzellöslicher, zitronensäurelöslicher und wasserlöslicher Phosphorsäure. Ztschr. f. Pflanzenern., Düngung u. Bodenkde. A 23, 84—95 (1933). — König, I.: Die Ermittlung des Düngerbedarfes des Bodens, S. 18. Berlin: Paul Parey 1922. —Köttgen, P.: Die Bestimmung der leichtlöslichen Nährstoffe durch elektrischen Gleichstrom, ein Hilfsmittel zur Ermittlung der Fruchtbarkeitsveranlagung unserer Kulturböden. Ztschr. f. Pflanzenern., Düngung u. Bodenkde. A **29**, 273—290 (1933). — Köttgen, P. u. R. Diehl: Über die Anwendung der Dialyse und Elektro-Ultra-Filtration zur Bestimmung des Nährstoffbedürfnisses des Bodens. Ztschr. f. Pflanzenern., Düngung u. Bodenkde. A **14**, 65—105 (1929).

Lehmann, W.: Flammenphotometrische Kaliumbestimmung nach Schuhknecht im Vergleich zur gewichtsanalytischen Bestimmung in Pflanzenaschen, Futter- und Düngemitteln. Bodenkde. u. Pflanzenern. **9/10**, 766—778 (1938).

Maiwald, K.: Untersuchungen zur Bestimmung und Deutung des Puffervermögens carbonatarmer Böden. Kolloidchem. Beihefte **27**, 251—346 (1928). — Meyer, Ludwig: Vergleichende Untersuchungen zur Beurteilung des Phosphorsäurezustandes der Böden nach v. Wrangell. Landw. Jahrb. **73**, 119—138 (1931). — Mitscherlich, A.: Bodenkunde, 4. Aufl., S. 18. Berlin: Paul Parey 1928.

Nagel, W.: Kühn-Arch. **39**, 277 (1935). — Neubauer, H.: Die Keimpflanzenmethode Neubauer und Schneider. In Honkamps Handbuch der Pflanzenernährung und Düngung, Bd. 1, S. 882—902. Berlin: Julius Springer 1931. — Neubauer, H. u. W. Schneider: Die Nährstoffaufnahme der Keimpflanzen und ihre Anwendung auf die Bestimmung des Nährstoffgehaltes der Böden. Ztschr. f. Pflanzenern., Düngung u. Bodenkde. A **2**, 329—362 (1923). — Niklas, H., H. Poschenrieder u. J. Trischler: (1) Eine neue mikrobiologische Methode zur Feststellung der Düngebedürftigkeit der Böden. Ztschr. f. Pflanzenern., Düngung u. Bodenkde. A **18**, 129—157 (1930). — (2) Ernährung d. Pflanze **26** (1930). — (3) Arch. f. Landwirtsch., A. Pflanzenbau **5**, 451 (1930/31).

Pozdena, L.: (1) Untersuchungen über den Aufbau der organischen Komponenten von Humusböden unter besonderer Berücksichtigung colorimetrischer Methoden. Bodenkde. u. Pflanzenern. **2**, 55—73 (1937). — (2) Über colorimetrische Humusuntersuchung und Humusbestimmung. Bodenkde. u. Pflanzenern. **3**, 315—334 (1937).

Roemer, Th., B. Dirks u. M. Noack: Dreijährige Ergebnisse von Neubauer-Analysen im Vergleich zu Feldversuchen. Ztschr. f. Pflanzenern., Düngung u. Bodenkde. B **6**, 529—562 (1927).

Scheele, H., W. Schulze u. H. Spandau: Über Humussäuren. Kolloid-Ztschr. **72**, 301—312 (1935); **73**, 84—90 (1935). — Scheffer, F.: Über den chemischen Aufbau des Humuskörpers. Forschungsdienst **1**, 422—427 (1936). — Schmitt, L.: Die colorimetrische Bestimmung der Phosphorsäure beim Keimpflanzenverfahren nach Neubauer. Forschungsdienst **3**, 596 (1937). — Schmitt, L. u. W. Breitwieser: Die Anwendbarkeit verschiedener Apparaturen zur flammenphotometrischen Bestimmung des Kaliums in Pflanzenaschen nach Neubauer. Bodenkde. und Pflanzenern. **9/10**, 750—757 (1938). — Schuhknecht, W.: Spektralanalytische Bestimmung von Kalium. Angew. Chem. **50**, 299—301 (1937). — Sekera, F.: (1) Phosphorsäure **5**, 665 (1935). — (2) Internat. Ges. f. Bodenkde. Königsberg **1936**, 125. — Sigmond, v.: Verh. 2. Komm. internat. Bodenkde. Ges. Budapest A **1929**, 146. — Simon, K.: Färbungen und Oxydationswerte von Humusextrakten in gegenseitiger Beziehung. Ztschr. f. Pflanzenern., Düngung u. Bodenkde. A **39**, 1—14 (1935). — Souci, S. W.: Die Chemie des Moores. Stuttgart: Ferdinand Enke 1938. — Springer, U.: (1) Die Bestimmung der organischen, insbesondere der humufizierten Substanz in Böden. Ztschr. f. Pflanzenern., Düngung u. Bodenkde. A **11**, 313—359 (1928). — (2) Farbtiefe und Farbcharakter von Humusextrakten in ihrer Abhängigkeit von der Alkalikonzentration. Ztschr. f. Pflanzenern., Düngung u. Bodenkde. A **34**, 114 (1934). — (3) Neuere Methoden zur Untersuchung der organischen Substanz im Boden und ihre Anwendung auf Bodentypen und Humusformen. Ztschr. f. Pflanzenern., Düngung u. Bodenkde. A **22**, 135—152 (1931). — (4) Zur Kenntnis einiger bekannter Handelshumusdüngemittel, ein Beitrag zu ihrer Beurteilung und Bewertung. Bodenkde. u. Pflanzenern. **3**, 139—188 (1937). — (5) Der heutige Stand der Humusuntersuchungsmethodik mit besonderer Berücksichtigung der Trennungsbestimmung und Charakterisierung der Humussäuretypen und ihre Anwendung auf charakteristische Humusformen. Bodenkde. u. Pflanzenern. **6**, 312—372 (1938).

Tacke, B. u. Th. Arnd: Die schädliche Bodenacidität und ihre Bestimmung. Ztschr. f. Pflanzenern., Düngung u. Bodenkde. **12**, 362—391 (1928). — Tacke, B. u. Th. Arnd, W. Siemers u. W. Hoffmann: Zur Bestimmung des Puffervermögens von Böden. Ztschr. f. Pflanzenern., Düngung u. Bodenkde. **15**, 44—51 (1930).

Vageler, P. u. F. Alten: Böden des Nil und Gash. Ein Beitrag zur Kenntnis arider Irrigationsböden. Ztschr. f. Pflanzenern., Düngung u. Bodenkde. A **22**, 21—51 (1931).

Waksman, S. A.: Chemische und mikrobiologische Vorgänge bei der Zersetzung pflanzlicher Rückstände im Boden. Ztschr. f. Pflanzenern., Düngung u. Bodenkde. **19**, 1—31 (1931). — Wrangell, M. v.: Die Bestimmung der pflanzenzugänglichen Nährstoffe des Bodens. Landw. Jahrb. **71**, 149—169 (1930).

Zoeberlein, H.: Das Sorptions- und Pufferungsvermögen organischer Düngemittel. Bodenkde. u. Pflanzenern. **9/10**, 211—248 (1938). — Zunker, F.: Das Verhalten des Bodens zum Wasser. In Blancks Handbuch der Bodenlehre, Bd. 6, S. 66—202. 1930.

Futtermittel (III, 682).

Von

Professor Dr. **W. Wöhlbier**, Stuttgart-Hohenheim.

Einleitung.

Die Untersuchungsmethoden für Futtermittel sind größtenteils Konventionsmethoden, welche nach eingehender Prüfung durch den Verband Deutscher landwirtschaftlicher Untersuchungsanstalten als sog. Verbandsmethoden vorgeschlagen werden und teilweise im Futtermittelgesetz vorgeschrieben sind. Darüber hinaus gibt es eine Reihe von Methoden, welche sich für die Kontrolltätigkeit als brauchbar erwiesen haben. Auf letztere ist im nachfolgenden Ergänzungsbericht besonderer Wert gelegt worden, während im früher erschienenen Hauptwerk vorwiegend die Verbandsmethoden beschrieben worden sind. Die Abschnittsbezeichnung entspricht der des Hauptberichtes, so daß leicht festzustellen ist, zu welcher Gruppe von Untersuchungsmethoden die betreffende Methode zu rechnen ist. Bei der Aufstellung und Ausarbeitung der Methoden ist auf die analytischen Berichte des ausländischen Schrifttums Rücksicht genommen worden. Von einer Berichterstattung über die besonders im Ausland benutzten Methoden zur Bestimmung von Spurenelementen wurde Abstand genommen, da sich bisher noch nicht eindeutig zu bevorzugende Methoden herausgebildet haben.

I. Quantitative chemische Untersuchung.

1. Gesamtstickstoff (Rohprotein) (III, 685). An Stelle des als Katalysator wirkenden Quecksilbers kann auch Kupfersulfat benutzt werden. Die Analysenvorschrift ändert sich hierdurch im übrigen nicht.

An Stelle von Kupfer kann nach F. M. Wieninger auch Selen als Katalysator benutzt werden. Es wird ein Reaktionsgemisch hergestellt aus 500,0 g Natriumsulfat wasserfrei, 8,0 g Kupfersulfat wasserfrei und 8,0 g Selen met. Fertiges Gemisch liefert die Firma C. Merck (Darmstadt) und zwar in Pulver- oder Tablettenform. Für eine Bestimmung (Aufschluß von 2 g Substanz) verwendet man 6 g Selenreaktionsgemisch.

2. Rohfaser (III, 689). Bei der Bestimmung der Rohfaser ist die Verwendung von Asbest empfohlen worden. Die so abgeänderte Vorschrift lautet folgendermaßen [vgl. Landw. Vers.-Stat. **115**, 37 (1933)].

„1. Man kocht 3 g der lufttrockenen Probe, die so fein gemahlen ist, daß sie durch ein 1-mm-Sieb geht, im 800-cm^3-Becherglase mit Marke bei 200 cm^3 $^1/_2$ Stunde mit 200 cm^3 1,25%iger Schwefelsäure. Das Becherglas ist mit Uhrglas zu bedecken und das verdampfte Wasser zu ersetzen. Sind in der Substanz Knochen oder Carbonate in erheblichen Mengen vorhanden, so ist zu prüfen, ob die Säure zum Lösen ausreicht. Im anderen Falle ist die Säuremenge zu erhöhen [vgl. Landw. Vers.-Stat. **104**, 313 (1926)]. Das Filtrieren wird bei einer Reihe von Futtermitteln sehr erleichtert, wenn man zu Beginn des Kochens 1,000 g Asbest zufügt und zur Verhütung des Stoßens die von Hager empfohlene große Siebplatte (Bezugsquelle: Gerhardt in Bonn) einlegt. (Die Siebplatte ist den Glasperlen vorzuziehen; ob die neuerdings bekannt gewordenen nicht stoßenden Bechergläser besser wirken, ist noch zu prüfen.)

2. Nach dem Kochen gibt man die Flüssigkeit unter Umschwenken auf die Filtriervorrichtung (s. weiter unten) und wäscht mit heißem Wasser gut nach. Es ist dabei zu beachten, daß anfangs immer nur so viel Flüssigkeit aufgegeben wie abgesaugt wird, damit der Asbest nicht gelockert wird.

3. Den Asbestkuchen mit Rückstand gibt man quantitativ in das 800-cm^3-Becherglas zurück und kocht $^1/_2$ Stunde mit 200 cm^3 1,25%iger Kalilauge. Ein Bedecken des Becherglases ist jetzt nicht nötig, doch ist das verdampfte Wasser wieder zu ersetzen. Die das Stoßen verhindernde Siebplatte ist einzulegen.

4. Man benutzt dieselbe Filtriervorrichtung mit neuer Asbestschicht, filtriert, wäscht mit heißem Wasser sorgfältig aus und läßt etwa 200 cm^3 Aceton langsam durch die Asbestrohfaserschicht laufen. Man bringt die Masse verlustlos in eine flache Platinschale, trocknet $^1/_2$ Stunde bei 105°, wägt nach dem Erkalten in einem guten Exsiccator rasch, glüht $^1/_4$ Stunde vor dem Gebläse bzw. Teclu-Brenner (der Kuchen ist einmal umzudrehen) und wägt nochmals. (Der getrocknete und der geglühte Asbest nimmt schnell an Gewicht zu.)

Zur Bereitung der Filtriervorrichtung setzt man einen Glastrichter von etwa 12 cm oberem Durchmesser in einem Kautschukstopfen auf eine geräumige Saugflasche. In den Trichter legt man ein Drahtnetz mit Blechrand (Bezugsquelle: Wagner & Munz, München, Karlstraße 43), das genügend widerstandsfähig ist, um die früher angegebene Silberplatte mit Platindrahtnetz zu ersetzen. Auf dieses Netz bringt man 2 g aufgeschlämmten Asbest, läßt ansaugen und zum Dichtwerden reichlich heißes Wasser durchlaufen. Die alkalische Flüssigkeit wird ebenfalls auf einem 2-g-Asbestkuchen gesammelt.

Wegen der vorhin erwähnten Gewichtsunbeständigkeit des Asbests ist eine ‚blinde' Bestimmung mit der insgesamt verwendeten Asbestmenge durchzuführen und der Gewichtsverlust von der Rohfaser in Abzug zu bringen."

II. Spezielle Untersuchungsverfahren.

A. Handelsfuttermittel (III, 696—700).

1. Lebertranemulsion bzw. Lebertran. Der Verband landwirtschaftlicher Untersuchungsanstalten hat folgende Verfahren für Untersuchung von Lebertranemulsion vorgeschlagen: Die Proben sind dunkel und kühl aufzubewahren.

a) Fettbestimmung. In einer Porzellanschale von 8 cm Durchmesser werden etwa 15 g der sorgfältig durchgemischten Emulsion schnell genau eingewogen und mit 40 g wasserfrei geglühtem Natriumsulfat gleichmäßig mit einem Glasstab verrührt. Die nun trockene, feinkrümelige Masse wird nach 1stündigem Stehen in eine Soxhlethülse gebracht. (Sind die vorhandenen Soxhlethülsen zu klein, so kann man sich aus fettfreiem Filterpapier größere selbst herstellen.) Die letzten Reste werden durch 2maliges Auswischen der Schale mit Wattebäuschen, die mit Petroläther angefeuchtet sind, mit der Watte in die Hülse übergeführt. Dann wird im Soxhletschen Gerät 6 Stunden lang mit Petroläther (Kältep. 30—50°) ausgezogen. Der samt Siedesteinchen gewogene Stehkolben von 250 cm³ Inhalt wird, z. B. auf einem engmaschigen Drahtnetz mit der Sparflamme des Bunsenbrenners so erhitzt, daß sich das Natriumsulfat auch nicht teilweise verflüssigt und der Petroläther in 1 Stunde 20mal abläuft. (Bezweifelt man in einem Sonderfall, daß alles Fett ausgezogen ist, so empfiehlt es sich, das ausgezogene Gut zu zerreiben und nochmals auszuziehen.) Der Petroläther wird in einem Wasserbad von 60° soweit wie möglich abgetrieben. Der Rest wird durch Stickstoff oder Leuchtgas wie folgt vertrieben: Man versieht den Kolben mit einem doppelt durchbohrten Gummistopfen. Durch die eine Bohrung geht das Zuleitungsrohr, durch die andere das Ableitungsrohr. Das Zuleitungsrohr endet in einer Spitze von 0,1 cm Weite, die in 1,5 cm Abstand schräg gegen die Oberfläche des Öls gerichtet ist. Der Gasstrom soll das Öl kräftig durchrühren. 3 l Gas in der Minute, einmal probeweise über Wasser gemessen, entfernen den Rest des Petroläthers in 15 Minuten, 1,5 l Gas in der Minute in 30 Minuten bis auf einen Rest von 10—13 mg, der nicht ins Gewicht fällt. [Ist das Leuchtgas unrein, so kann man es in manchen Fällen (Bonn) ausreichend reinigen, indem man es durch eine Waschflasche leitet, die mit Schwefelsäure-Bimsstein gefüllt ist.] Das Abgas wird z. B. durch ein Loch im Fensterrahmen ins Freie geleitet oder abgebrannt. Der Kolben wird nach $^1/_2$ Stunde gewogen. Gewichtszunahme = Fett.

b) Freie Säure. In einem Erlenmeyerkolben von 150 cm³ Inhalt werden 4—5 g des (bei der Fettbestimmung erhaltenen) Trans genau eingewogen. Die Einwaage wird in 30 cm³ eines frisch neutralisierten Gemisches von Alkohol-Äther (1:1), das 0,01% Phenolphthalein enthält, durch Umschwenken gelöst und unter ständigem leichten Umschwenken mit $^1/_{10}$ n-Kalilauge bis zum Farbumschlag titriert.

$$\frac{2{,}822 \cdot \text{verbrauchte cm}^3\ {}^1/_{10}\,\text{n}}{\text{Einwaage}} = \%\ \text{freie Säure (ber. als Ölsäure).}$$

c) Jodzahl nach Hanuš (Bromatverfahren) (vgl. König, II, 628). In einem 300-cm³-Jodzahlkolben mit eingeschliffenem Stopfen werden 0,13—0,16 g des (bei der Fettbestimmung erhaltenen) Trans genau eingewogen. Die Einwaage wird in 10 cm³ Chloroform gelöst, mit 25,0 cm³ Jodmonobromidlösung [10 g käufliches Jodmonobromid (Schering-Kahlbaum) in 500 g 96—100%iger Essigsäure] versetzt und im verschlossenen Kolben genau 1 Stunde stehen gelassen.

In gleicher Weise wird ein Blindversuch angesetzt.

Nach Zusatz von 15 cm³ 10%iger farbloser Kaliumjodidlösung und 50 cm³ Wasser wird der Halogenüberschuß mit $^1/_{10}$ n-Natriumthiosulfatlösung zunächst bis zur Gelbfärbung und nach Zusatz von Stärkelösung (aus löslicher Stärke „Schering-Kahlbaum") (bräunlichschwarze bis blaue Färbung) bis zur Farblosigkeit zurücktitriert. Die zurücktitrierte Menge muß mindestens $^3/_5$ der Blindprobe betragen.

$$\frac{1{,}269 \cdot \text{verbrauchte cm}^3\ ^1/_{10}\ \text{n-Jod}}{\text{Einwaage}} = \text{Jodzahl.}$$

d) Identitätsnachweis. 0,06 ccm des (bei der Fettbestimmung erhaltenen) Trans werden in 2 cm³ Chloroform gelöst. Die Lösung wird zu einer Mischung von 0,06 cm³ konzentrierter Schwefelsäure und 2 cm³ Chloroform gegeben (nicht umgekehrt!) und gut umgeschüttelt. Das Gemisch färbt sich zunächst schön blau, nach etwa 10 Sekunden veilchenblau, das etwa 1 Minute bestehen bleibt, schließlich braun. Die Violettfärbung ist bei älteren Tranen unzuverlässig. Die Färbung tritt nicht ein, wenn die Trane nicht aus Lebern hergestellt sind (vgl. DAB VI).

e) Bestimmung des Unverseifbaren (vgl. König, II, 658). Etwa 10 g Fett werden mit 25 cm³ alkoholischer Kalilauge (100 g Kalihydrat in 70 cm³ Wasser gelöst und mit Alkohol auf 1 l aufgefüllt) und mit 25 cm³ Alkohol in einem Erlenmeyerkölbchen mit aufgesetztem Kühler auf dem Wasserbade verseift, mit 50 cm³ Wasser versetzt und bis zur klaren Lösung der Seife erwärmt. Nach dem Erkalten der Seifenlösung führt man diese in einen Scheidetrichter über, wäscht das Kölbchen mit etwa 10—20 cm³ 50%igem Alkohol, darauf mit 50 cm³ unter 80° siedendem Petroläther nach und führt beide Flüssigkeiten ebenfalls in den Scheidetrichter über, dessen Inhalt man darauf einige Zeit kräftig schüttelt.

Nachdem sich die beiden Flüssigkeitsschichten vollständig getrennt haben, läßt man die Seifenlösung in das Verseifungskölbchen zurückfließen, wäscht die Petrolätherlösung 2—3mal mit je 10—15 cm³ 50%igem Alkohol aus und gibt die Waschwässer zu der alkoholischen Seifenlösung, die man darauf noch 2mal in derselben Weise mit Petroläther auszieht. Die Petrolätherlösungen werden alsdann nacheinander durch ein kleines trockenes Filter in ein tariertes Erlenmeyerkölbchen filtriert, und das Filter noch mit einigen Kubikzentimetern Petroläther nachgewaschen. Nach dem Abdestillieren des Petroläthers und dem Trocknen des Rückstandes im Wassertrockenschrank bringt man das Unverseifbare zur Wägung.

Für die Untersuchung von Lebertran kommen die Bestimmung freier Fettsäuren, Jodzahl, Gehalt an Unverseifbarem und der Identitätsnachweis in Frage.

2. Sand in spelzenhaltigen Futtermitteln. Das Verfahren ist von Lepper veröffentlicht:

„Man verascht 5 g Substanz über kleingestelltem Pilzbrenner. Zu der Asche in einer Platin- oder Porzellanschale gibt man 20 cm^3 Natronlauge (15%ig), stellt die Schale, mit einem Uhrglase bedeckt, $^1/_2$ Stunde auf ein kochendes Wasserbad, spült mit Wasser in ein Becherglas, verdünnt auf etwa 400 cm^3, rührt um, fügt 100 cm^3 Salzsäure (gleiche Teile Wasser und Salzsäure von spez. Gew. 1,19 zu, rührt wieder um (bei Anwesenheit von Knochen oder Gräten läßt man $^1/_4$ Stunde unter Umrühren stehen) und filtriert. Der veraschte Rückstand = „Sand".

Für das Filtrieren hat sich folgende Vorrichtung bewährt. In den Trichter, der auf eine Saugflasche gesetzt ist, legt man eine Nickelplatte von 3,5 cm Durchmesser (Bezugsquelle: L. Hormuth, Inh. W. Vetter, Heidelberg, Hauptstraße 15), läßt die Wasserstrahlpumpe an, legt eine Filtertablette aus reinem Filtrierstoff (Bezugsquelle: Macherey, Nagel & Co. in Düren, Rheinland) auf die Platte, drückt auf die Mitte der Tablette und läßt sie gleichzeitig durch Aufgießen von Wasser ansaugen. Der dabei sich bildende Wulst der Tablette an der Wand des Trichters wird dann noch mit einem Glasstabe gleichmäßig an die Filterplatte gedrückt. Die Tablette besitzt einen Durchmesser von 4,5 cm und ist praktisch aschefrei. Filtrieren und Auswaschen können bei dieser Vorrichtung in 1 Minute beendet sein. Etwa am Trichter haftende Sandteilchen können mit angefeuchtetem Filtrierpapier abgewischt werden."

3. Ammoniak in Fischmehlen. Eine befriedigende Methode ist bisher noch nicht endgültig geschaffen worden. Die zur Zeit gebräuchlichste Methode beschreibt F. Mach:

„Man gibt in einen starkwandigen Kolben 3—5 g Substanz, verbindet ihn mit einer Waschflasche, die titrierte Schwefelsäure enthält, stellt ihn in ein Wasserbad und gibt in den Kolben 10 cm^3 einer 10%igen Natriumcarbonatlösung. An die Waschflasche ist eine gut wirkende Wasserstrahlpumpe mit Manometer anzuschließen. Man beginnt mit dem Erwärmen des Wasserbades und evakuiert gleichzeitig. Der Kolbeninhalt soll eine nicht über 50° liegende Temperatur zeigen. Der Druck soll 5—10 mm Quecksilberhöhe betragen. Der Ammoniakstickstoff ist gewöhnlich nach $^1/_2$—$^3/_4$ Stunden vollständig übergegangen."

4. Die quantitative Bestimmung der üblichen Verunreinigung von Leinkuchen und Leinkuchenmehlen mit den in Leinschlagsaaten vorkommenden Fremdbestandteilen nach der holländischen Zählmethode.

„Von dem durch das 1-mm-Sieb gebrachten und sorgfältig durchgemischten Muster wird eine Probe von etwa 2 g in einer Porzellanschale mit 50 cm^3 10%iger Salpetersäure übergossen. Die Flüssigkeit wird rasch zum Sieden erhitzt und unter dauerndem Umrühren bei kleiner Flamme $^1/_2$ Minute im Kochen erhalten. Der Rückstand wird durch ein Nesseltuch, daß je Zentimeter rund 43 Fäden hat, koliert. Die Maschenweite der feuchten Gaze soll ungefähr 100 μ betragen. Der Rückstand wird darauf in der Schale mit 50 cm^3 einer 2,5%igen Natronlauge ebenfalls $^1/_2$ Minute unter denselben Bedingungen gekocht, auf die Gaze gebracht und sorgfältig ausgewaschen. Er dient, mit Glycerin angerührt, zur mikroskopischen Untersuchung.

Von dem gut durchgemischten Brei werden kleine Pröbchen auf einem Objektträger von 76 × 26 mm gleichmäßig ausgebreitet. Klümpchen sind zu zerteilen. Das Glas wird dann mit einem Deckglas von ungefähr 70 × 20 mm bedeckt. Die Entstehung von Luftblasen ist hierbei zu vermeiden. In dem so erhaltenen Präparat werden mit Hilfe eines verschiebbaren Objekttisches einige Reihen (mindestens 3) durchgezählt und die vorhandenen Teilstücke der verschiedenen Samenschalen zahlenmäßig bestimmt. Man berücksichtigt bei den verschiedenen Samenresten nur diejenige Samenschicht, die für den einzelnen Samen besonders charakteristisch ist. Zuerst bestimmt man in der Regel die Zahl der Schalenreste des Leinsamens (Rundzelle oder Faserschicht), darauf die Samenreste der übrigen Arten und zuletzt die unter dem Sammelnamen „Stroh" zusammengefaßten Teilchen. Für jede Bestimmung zählt man ungefähr 300 Schalenstücke. Falls die Ergebnisse der beiden Zählungen nicht genügend übereinstimmen, ist die mikroskopische Auszählung einer neu hergestellten Probe erforderlich.

Die Berechnung wird auf die Reinheit der zur Herstellung des Kuchens benutzten Leinschlagsaat bezogen. Es ist dann die Reinheit $= \frac{100 \cdot T}{T + S}$, wobei T die Summe der gezählten Schalenstücke des Leinsamens und S die Summe der anteiligen Stücke der verschiedenen Verunreinigungen, multipliziert mit ihren spezifischen Reduktionsfaktoren, bedeuten (vgl. Landw. Vers.-Stat. **118**, 177 (1934)].

B. Wirtschaftseigene Futtermittel (III, 701—704).

1. Vorbereitung der Proben (III, 701). Bei wasserhaltigen wirtschaftseigenen Futtermitteln, wie Rüben und Kartoffeln, ist die Erzeugung eines Breies und nachfolgender Trocknung oft deswegen nicht zu empfehlen, weil das getrocknete Material braun und schwarz wird. Um ein gutes Analysenmaterial zu bekommen, dem äußerlich keine Zersetzungserscheinungen anzumerken sind, verfährt man folgendermaßen:

Die Kartoffeln, Rüben usw. werden in dünne Scheiben zerschnitten. Diese Scheiben hängt man auf Drähten oder dgl. im Trockenschrank auf, und zwar so, daß die Luft zwischen den einzelnen Scheiben durchstreichen kann. Die Gewichtsbestimmung vor und nach dem Trocknen ergibt den Wasserverlust. Die getrockneten Scheiben werden gestoßen und können auf gewöhnlichen Mühlen bis zur gewünschten Feinheit gemahlen werden.

2. Vorbereitung von Gärfutter. Die zur Untersuchung benutzte Gärfutterprobe stellt meistens ein sehr ungleichmäßiges Material dar. Wegen der feuchten Beschaffenheit läßt sich Gärfutter nicht ohne weiteres in einem Fleischwolf zerkleinern, da hierbei leicht Saft austritt. Es hat sich deshalb eine Vorzerkleinerung durch einen Kutter (Fleischermaschine) und nachfolgendes Mahlen durch einen Fleischwolf bewährt. Die Proben werden dann derartig zerkleinert, daß ohne weiteres eine gute Durchschnittsprobe, z. B. für die Bestimmung des verdaulichen Proteins, zur Analyse gelangen kann.

Gärfutterproben, welche zur Untersuchungsstelle einen längeren Weg zurückzulegen haben, müssen durch Konservierungsmittel, z. B. Formalin, vor weiterer Zersetzung geschützt werden.

3. Säuren im Sauerfutter (III, 701). Die von Wiegner angegebene Methode hat mehrere Mängel. Aus diesem Grunde sind verschiedene Abänderungsvorschläge gemacht worden, und zwar teilweise um diese Fehler zu verringern, teilweise aber auch um das Analysenverfahren zu vereinfachen. Da Abschließendes über die Gärfutteruntersuchungen heute nicht gesagt werden kann, mögen die einzelnen Verfahren hier nur erwähnt werden unter Anführung der Literaturstellen:

Flieg, O.: Tierernähr. 9, 128 (1937). — Lepper, W.: Landw. Vers.-Stat. **128**, 127 (1937). — Stollenwerk, W.: Landw. Jahrb. **76**, 809 (1932). — Gneist, K.: Landw. Vers.-Stat. **128**, 257 (1937).

4. Solaningehalt in Kartoffeln. Das zur Zeit gebräuchlichste Verfahren stammt von Bömer und Mattis:

„Etwa 200 g gereinigte Kartoffeln [um eine Durchschnittsprobe der Kartoffeln zu erhalten, schneidet man mehrere (etwa 6—8 Stück) Kartoffeln in der Richtung von der Krone zum Nabel in vier gleiche Teile und nimmt einen Teil von jeder Kartoffel zur Untersuchung] werden auf einer Kartoffelreibe zerrieben und die Reibe mit etwa 250 cm^3 Wasser abgespült. Nachdem die Mischung einige Zeit unter öfterem Umrühren bei Zimmertemperatur gestanden hat, wird sie in einen Leinenbeutel gegeben und mittels einer kleinen, stark wirkenden Saftpresse abgepreßt. Der Preßrückstand wird noch 3mal mit 250 cm^3 Wasser, dem etwa 5 Tropfen Essigsäure zugesetzt werden, je $^1/_2$ Stunde bei Zimmertemperatur digeriert und jedesmal in der Saftpresse stark abgepreßt.

Die vereinigten Preßflüssigkeiten werden mit Ammoniak (bei den ersten Bestimmungen wurde die Flüssigkeit mit Barythydratlösung alkalisch gemacht, deren Verwendung keinerlei Vorteile bietet, sondern insofern sogar unerwünscht ist, weil bei der ersten Fällung des Solanins mit Ammoniak leicht etwas Bariumcarbonat mit ausgeschieden wird. Normale, solaninarme Kartoffeln ergaben nach dem Verfahren 2,0 bis 7,5 mg, bitterschmeckende, solaninreiche dagegen 25,3—58,8 mg Solanin in 100 g Kartoffeln. Bitterschmeckende Kartoffeln können durch Ausziehen und Abkochen mit Wasser entbittert werden) schwach alkalisch gemacht und in einer gut glasierten Porzellanschale unter Zusatz von etwa 10 g Kieselgur zur Trockne verdampft. Dabei wird von Zeit zu Zeit der oberhalb der Flüssigkeit sich bildende braune Ansatz mit der Flüssigkeit und etwas warmen Wasser abgespült und am Schlusse dafür Sorge getragen, daß der Rückstand möglichst gleichmäßig mit der Kieselgur vermischt wird. Der vollkommen eingetrocknete Rückstand wird mit einem Mörserpistill zu einem feinen Pulver zerrieben und dieses im Soxhletschen Extraktionsapparat mit lebhaft siedendem 95%igen Alkohol 5 Stunden lang und nach nochmaliger Verreibung des Pulvers abermals 5 Stunden ausgezogen. Darauf wird der Alkohol abdestilliert, der Rückstand in mit einigen Tropfen Essigsäure angesäuertem Wasser gelöst, die Lösung mit Ammoniak schwach alkalisch gemacht, kurze Zeit im Wasserbade bis zur flockigen Abscheidung des Solanins erwärmt und das Solanin abfiltriert. Das mit 2,5%igem warmen Ammoniak ausgewaschene, meist noch schwach bräunlich gefärbte Solanin wird abermals in Alkohol gelöst, die Lösung filtriert, der Alkohol abdestilliert, der Destillationsrückstand mit schwach essigsaurem Wasser in der Wärme gelöst, das Solanin in gleicher Weise wiederum mit Ammoniak abgeschieden, der nunmehr farblose Niederschlag auf einem gewogenen Filter gesammelt, getrocknet und gewogen." (Nachsatz bei der Korrektur: Vgl. Vereinfachung bei W. Lepper, Vorratspflege und Lebensmittelforschung **1**, 599, 1938.)

Literatur.

Bömer, A. u. Mattis: J. Königs Untersuchung landwirtschaftlicher und landwirtschaftlich-gewerblicher wichtiger Stoffe, Bd. 2, 5. Aufl., S. 401.

König, J.: Untersuchung landwirtschaftlicher und landwirtschaftlich-gewerblicher wichtiger Stoffe, Bd. 2, S. 658.

Lepper, W.: Landw. Vers.-Stat. **110**, 308 (1930).

Mach, F.: Landw. Vers.-Stat. **115**, 175 (1933).

Wieninger, F. M.: Wschr. f. Brauerei **53**, 251 (1936).

Die Fabrikation der Schwefelsäure

(II/1, 593—669).

Von

Dr.-Ing. **Fr. Specht**, Leverkusen (Rhld).

A. Die Untersuchung der Gase (II/1, 593—599).

1. Eintrittsgase. Die Untersuchung der Eintrittsgase (Röstgase von den Öfen) erstreckt sich auf die Bestimmung des Schwefeldioxyds und Schwefeltrioxyds, die im vorangehenden Abschnitt schon behandelt wurde.

2. Kammergase. Es sei auf die Methode von I. Kangun zur Bestimmung von Schwefeldioxyd in Gegenwart von Stickoxyden in den Kammer- und Turmgasen hingewiesen, die auch schon im vorigen Abschnitt erwähnt wurde.

3. Austrittsgase aus dem Gay-Lussac-Turm. Die Bestimmung der Gesamtstickoxyde durch Oxydation zu Salpetersäure mit $KMnO_4$-Lösung und Umsetzung der Salpetersäure mit Ferrosulfat wird von J. W. Juschmanow nochmals untersucht. Juschmanow gebraucht zur Absorption der Gase zwei Gefäße mit porösen Schottschen Glasplatten, davon ist das erste mit genau 50 cm³ konzentrierter Schwefelsäure, das zweite mit genau 40 cm³ 0,3 n-$KMnO_4$-Lösung und 10 cm³ H_2SO_4 (1:4) beschickt. Im ersten Gefäß wird NO_2 bzw. N_2O_3 zurückgehalten, im zweiten NO. Ist NO_2 im Überschuß, so entsteht im ersten Absorptionsgefäß Nitrosylschwefelsäure und Salpetersäure. Zur Bestimmung der Salpetersäure werden 10 cm³ der vorgelegten Säure in etwa 7—8 cm³ 0,3 n-$KMnO_4$-Lösung allmählich hineinpipettiert, wobei die Pipette in die Flüssigkeit taucht. Es muß ein $KMnO_4$-Überschuß bleiben, der mit $FeSO_4$-Lösung genau zurücktitriert wird. Man fügt dann 100 cm³ konzentrierte Schwefelsäure hinzu, kühlt auf 10—15° ab und titriert mit Ferrosulfatlösung den Gehalt an HNO_3 (Indicator Brucin). Das im zweiten Gefäß absorbierte NO wird bestimmt, indem 10 cm³ der vorgelegten $KMnO_4$-Lösung mit Ferrosulfatlösung zunächst genau entfärbt werden. Dann werden 100 cm³ konzentrierte H_2SO_4 hinzugefügt, abgekühlt, und die aus NO und $KMnO_4$ ebenfalls entstandene HNO_3 wird wie oben angegeben mit $FeSO_4$-Lösung titriert. Die Permanganatlösung als Absorptionslösung ist eine nicht titrierte Lösung von 10 g $KMnO_4$ im Liter. Die $FeSO_4$-Lösung wird durch Auflösen von 29 g $FeSO_4 \cdot 7\,H_2O$ in 500 cm³ Wasser unter Zusatz von 500 cm³ H_2SO_4 (1:1) hergestellt und mit $^1/_{10}$ n-$KMnO_4$ eingestellt. Zur Analyse werden etwa 10 l Gas verwendet. Die Titration mit Ferrosulfat verläuft dann am günstigsten, wenn die konzentrierte Schwefelsäure am Schluß der Titration wenigstens $^3/_4$ des Volumens ausmacht, und je kälter die Lösung ist. Die Gegenwart von SO_2 im Gas ist auf das Ergebnis der NO- und NO_2-Bestimmung ohne Einfluß. Der Fehler soll bei 10 l angewandtem Gas nur 0,01% betragen.

M. N. Merliss und Mitarbeiter will für die Bestimmung von Stickoxyden in den Abgasen der Turmschwefelsäureanlage die bekannte Reaktion mit α-Naphthylamin-Sulfanilsäure verwenden und die entstandene Farbe colorimetrieren. Über eine weitere Methode zur Bestimmung der Stickoxyde vgl. J. Adadurow und Mitarbeiter.

B. Die Bestimmung der Gay-Lussac-Säure (Nitrose) (II/1, 600—610).

Die Bestimmung der salpetrigen Säure. Die Permanganatmethode von Lunge haben S. D. Besskow und Mitarbeiter modifiziert. Hiernach bringt man 1,5—3,5 g Nitrose in überschüssige, mit Schwefelsäure angesäuerte $^1/_{10}$ n-$KMnO_4$-Lösung, die sich im Erlenmeyerkolben mit eingeschliffenem Stopfen befindet. Auf 0,1 g Nitrose bei einer Konzentration von 2% ist 1 cm³ $^1/_{10}$ n-$KMnO_4$-Lösung, bei einer Konzentration von 4% sind 1,5—2 cm³ $^1/_{10}$ n-$KMnO_4$-Lösung zu nehmen. Nach Umschütteln läßt man das Permanganat einige Minuten einwirken, fügt eingestelltes Mohrsches Salz im Überschuß hinzu und titriert mit Permanganat zurück.

Die Bestimmung des Gesamtgehaltes an Stickstoffsäuren geschieht mit dem Nitrometer. H. A. Pieters und M. J. Mannens finden, daß der Grenzwert für die Stickstoffbestimmung mit dem Nitrometer bei 0,5 mg N/cm³ Säure liegt.

C. Die Untersuchung von Nitriten (II/1, 610—612).

1. Kritische Zusammenfassung bekannter Methoden. R. D. Cool und J. H. Yoe (1, 2) haben unter Verwendung reinster Reagenzien, von Standardlösungen, Leitfähigkeitswasser usw. 31 volumetrische Methoden für die Bestimmung von Nitrit kritisch nachgeprüft und fanden, daß 10 der Verfahren brauchbar schienen. Von diesen gehören 8 zu den Permanganatmethoden.

Die Permanganatmethode von Lunge ergibt nach kritischen Untersuchungen von K. M. Pandalai und G. G. Gopalarao einen Fehler von 0,6%, und die Nitritbestimmung mit überschüssigem $KMnO_4$, Wegnehmen des Permanganatüberschusses mit Oxalsäure im Überschuß, der wiederum mit Permanganat ermittelt wird, einen solchen von 0,8%.

Die Verfasser selbst beschreiben eine jodometrische Bestimmung kleiner Nitritmengen, die schnell und genau auszuführen ist: hiernach gibt man z. B. 20 cm^3 Nitritlösung in eine Flasche, fügt 4 g Natriumbicarbonat, dann 5 cm^3 einer 10%igen Jodkaliumlösung und Stärke hinzu. Man leitet dann 10 Minuten einen starken Kohlensäurestrom durch die Lösung, um den Sauerstoff zu vertreiben, säuert mit 10 cm^3 einer 5 n-sauerstofffreien Schwefelsäure an und titriert mit $^1/_{500}$ n-Natriumthiosulfatlösung. Die Methode soll einen Fehler von 0,25% ergeben, wenn geringe Nitritmengen vorhanden sind. Angegeben wird z. B. die Bestimmung von 0,028 mg Nitritstickstoff, die noch möglich sein soll.

Nach den Untersuchungen von C. A. Abeledo und I. M. Kolthoff (1, 2) verläuft die Reaktion zwischen Nitrit und Jodid vollständig nur im sauren Gebiet bei einem $p_H < 4$. Bei einem $p_H > 6$ findet praktisch keine Reaktion mehr statt. Die Verfasser belegen die Brauchbarkeit ihrer jodometrischen Nitritbestimmung, die auch in Gegenwart von Äthyl- und Amylalkohol erfolgen kann, durch Analysen; vgl. auch die jodometrische Methode von A. Winograd (1, 2).

2. Die Esterifizierungsmethode hat J. J. Schaferstein zu einer Mikromethode ausgearbeitet und das entstehende Methylnitrit durch das Reagens von Bernoulli in Waschflaschen absorbiert und den entstandenen Azofarbstoff colorimetriert. Die Lösungen nach Bernoulli sind 0,2 g α-Naphthylamin-Hydrochlorid, 1 g Sulfanilsäure und 10 g Weinsäure in Lösung von je 50 ccm Wasser, die für den jeweiligen Gebrauch vermischt und mit Wasser auf 500 cm^3 aufgefüllt werden.

3. Andere Methoden (s. auch II/1, 562, 566). Cerisulfatlösung ist in den letzten Jahren mit Vorteil an Stelle von Permanganat in der Maßanalyse verwandt worden [Willard und Young (1, 2)]. Auch H. Bennet und H. F. Harwood (1, 2) empfehlen die volumetrische Nitritbestimmung mit Cerisulfat, wobei ihre Arbeitsweise der Nitritbestimmung der mit Permanganat analog ist. Sie stellen die Cerisulfatlösung gegen schwefelsaures Ferroammonsulfat ein mit Erioglaucin als innerem Indicator und brauchen für die Bestimmung größerer Nitritmengen eine $^1/_{10}$ n-Cerisulfatlösung, bei kleineren Mengen eine 0,02 n-Lösung. Nitrit wird zu einem Überschuß der eingestellten Cerisulfatlösung gegeben, die mit wenig 4 n-Schwefelsäure angesäuert ist, wobei die Pipette unter die Oberfläche der Flüssigkeit gehalten wird. Man kann jetzt entweder zum Sieden erhitzen, etwa 1 Minute lang, und dann abkühlen, oder auch bei gewöhnlicher Temperatur 5 Minuten lang stehenlassen. In jedem Fall wird das überschüssige Cerisulfat mit Eisenammonsulfat zurücktitriert. Nach angeführten Zahlen werden mit der Permanganatmethode und mit der Cerisulfatmethode übereinstimmende Werte erhalten.

Die Bestimmung der salpetrigen Säure durch Oxydation mit Bromsäure beschreibt E. v. Migray; über die volumetrische Bestimmung von Nitrit durch Zersetzung der Nitrite mit Ammonchlorid, vgl. Je. J. Gawasch und Mitarbeiter. Erwähnt sei noch die potentiometrische Bestimmung mit $KMnO_4$ und Wasserstoffperoxyd, vgl. E. Jimeno und J. Jbarz.

Die Untersuchung der Schwefelsäure.

A. Allgemeines (II/1, 613—622).

Die Zusammenstellungen im Hauptband über das spezifische Gewicht von Schwefelsäure, über den Einfluß der Verunreinigungen auf das spezifische Gewicht, die Tabellen usw. sind vollständig.

Will man feststellen, welche Mengen Schwefelsäure und Oleum gemischt werden müssen, um eine Säure oder Oleum von bestimmter Konzentration herzustellen, so kann man sich bequem der nomographischen Tabelle bedienen, die I. S. Baker (1, 2) aufgestellt hat.

B. Qualitative Prüfung (II/1, 622—629).

Über den Nachweis von HCl, HF, NH_4-Salze und nicht flüchtige Verunreinigungen ist Neues nicht zu berichten. Über den Nachweis des As siehe Abschnitt C, über den des Eisens den Abschnitt D.

Als Norm für die Reinheitsprüfung können die von Merck angegebenen Prüfmethoden gelten, die beim Kauf von Säure oft als maßgebend festgelegt werden.

Schweflige Säure. J. Bougault und E. Cattelein (1, 2) verwenden zum SO_2-Nachweis Jodkaliumstärkepapier, das mit einer Spur Joddampf angebläut wurde.

Stickstoffsäuren. Eine kritische Arbeit über die Anwendung von Diphenylamin oder Diphenylbenzidin veröffentlicht K. Pfeilsticker, der die Methode von Riehm (1, 2) seinen Beobachtungen zugrunde legt. Pfeilsticker untersucht den Einfluß der Schwefelsäurekonzentration des Reagenzes, den Einfluß von Chloridzusatz zur Reagenslösung, Temperatureinfluß und Zeit der Reagenszugabe, und empfiehlt das Anstellen einer Vorprobe und die Verwendung von Reagenslösungen, die hinsichtlich des Schwefelsäuregehaltes verschieden sind. Die Bestimmung erfolgt so, daß in Reagensgläsern (16/80 mm) 0,5 cm^3 der zu untersuchenden Lösung mit 5 cm^3 Reagens versetzt werden. Die Zugabe darf höchstens 20 Minuten dauern. Man schüttelt um und vergleicht nach 1—3 Stunden die Farbe im Mikrocolorimeter mit den Farben von Standardlösungen, die zusammen mit der Bestimmung angesetzt werden.

Über die Herstellung von Diphenylamin vgl. H. M. State (1, 2) und eine experimentelle Untersuchung über die Empfindlichkeit des Diphenylamins beschreibt R. Krauer jr.; vgl. auch G. I. Barannikow über seine Beobachtungen bei Anwendung der Diphenylaminreaktion.

I. M. Kolthoff und G. E. Noponen (1, 2) finden, daß Diphenylaminsulfosäure eine viel beständigere blauviolette Farbreaktion mit Nitraten gibt als Diphenylamin. Alle Oxydationsmittel stören die

Bestimmung, insbesondere darf salpetrige Säure nicht mit Hilfe von Harnstoff entfernt werden, vielmehr durch Einengen der Lösung vor dem Ansäuern unter Zusatz von Ammonchlorid. E. Schröer verwendet zum Nachweis von Nitraten die „Ringprobe" und untersucht die Bedingungen für das Zustandekommen des „braunen Ringes" und Ph. Osswald bestimmt kleine Mengen Salpetersäure mit der Ferrosulfatreaktion quantitativ. Die Bestimmung gelingt am besten in 65—70%iger Schwefelsäure, und zwar fügt man zu 50 cm³ der zu untersuchenden Säure, die sich im Glaszylinder mit flachem Boden befindet, 2 cm³ einer Ferrosulfat-Bisulfitlösung. Man mischt durch, erhitzt 2 Minuten im Wasserbad, kühlt auf Raumtemperatur ab und vergleicht mit Testproben von bekanntem HNO_3-Gehalt. Herstellung der Reagenslösung: 25 cm³ technische Bisulfitlösung von 38° Bé werden mit einer 10%igen Lösung von $FeSO_4 \cdot 7\,H_2O$ auf 250 cm³ aufgefüllt.

M. Eitel schlägt als Reagens für NO_3' 0,1%ige Lösungen von Benzidin-(chlorhydrat) und von 2,7-Diaminofluoren-(chlorhydrat) in konzentrierter Schwefelsäure vor. Zum Nachweis von geringen Mengen Nitraten in fester Form, z. B. Verunreinigungen von Nitraten in Nitriten, eignen sich die Lösungen von Hydrochinon, Phenanthrenchinon und besonders Diphenylenglykokoll in konzentrierter Schwefelsäure. Setzt man zu einer 0,02%igen oder 0,1%igen Lösung von Diphenylenglykokoll etwas feste Substanz, so tritt Grünfärbung ein.

R. Cernatescu und E. Gheller haben m-Diaminophenol zum qualitativen Nachweis von Nitration angewandt und geben jetzt eine colorimetrische Bestimmungsmethode der Salpetersäure und Nitrate mit diesem Reagens (0,5 g Diaminophenolchlorhydrat, gelöst in 100 cm³ konzentrierte H_2SO_4) an. Hierbei stören Nitrit, Ferro- und Ferrisalze und Halogenwasserstoffsäuren. Über die Größe der Fehler und die Arbeitsvorschrift vgl. die Originalarbeit.

Kleine Mengen Salpetersäure können auch mit Phenoldisulfonsäure nachgewiesen und colorimetrisch bestimmt werden nach E. Remy und H. Enzenauer.

Schrifttum: O. Mayer; W. Lühr; F. Alten und H. Weiland.

J. V. Dubsky und Mitarbeiter verwenden zum Makro- und Mikronachweis von salpetriger Säure neben Salpetersäure das Chrysean, das mit Nitritlösungen einen dunkel rotbraunen Niederschlag, bei geringen Nitritmengen aber zunächst nur eine rot gefärbte Lösung gibt, aus der nach einigem Stehen der Niederschlag abgeschieden wird. Größere Nitratmengen, mehr als 2 n, geben nur eine gelbrot bis rote Färbung, die sich nicht ändert. Ist die Nitratkonzentration geringer als 2 n, so tritt die Eigenreaktion von NO_3' überhaupt nicht auf. Da salpetrige Säure durch überschüssiges Chrysean quantitativ abgeschieden wird, und der entstandene Niederschlag sich filtrieren läßt, kann auf diese Weise salpetrige Säure von Salpetersäure getrennt werden. Die zu untersuchende Lösung wird mit gesättigter alkoholischer Chryseanlösung in geringem Überschuß versetzt, alsdann mit Salzsäure angesäuert, erwärmt und schließlich wird der Niederschlag filtriert. — Der Nachweis geringer Nitritmengen gelingt mit Chrysean auch gut als Tüpfelreaktion.

Mangan. Die Prüfung auf Mangan kann bei der Beurteilung von Akkumulatorensäure gefordert werden. Man kocht 50 cm^3 der Füllsäure $s = 1{,}18$ (stärkere Säure wird auf $s = 1{,}18$ gestellt) 10 Minuten lang mit 0,5 g manganfreiem Bleisuperoxyd und 10 cm^3 reiner Salpetersäure $s = 1{,}14$. Dann darf nach dem Absitzenlassen des Bleisuperoxyds keine Rosafärbung eintreten.

Selen. Hierauf wird nach bekannten Reaktionen geprüft, nämlich mit Ferrosulfat oder Codeinphosphat, wobei übrigens Merck die Prüfung mit 0,01 g Codeinphosphat in 10 cm^3 Schwefelsäure ansetzt.

C. Nachweis und Bestimmung des Arsens (II/1, 629—640).

In einem Sammelreferat hat K. Heller übersichtlich die spektroskopische, die qualitativen und quantitativen Bestimmungsmethoden des Arsens, übrigens auch von Antimon, Zinn und Wismut, zusammengefaßt.

1. Nachweis nach Marsh-Liebig. G. Lockemann (4) beschreibt den verbesserten Nachweis für Arsen. Der neue Marsh-Liebig-Apparat sei kurz skizziert (s. Abb. 1).

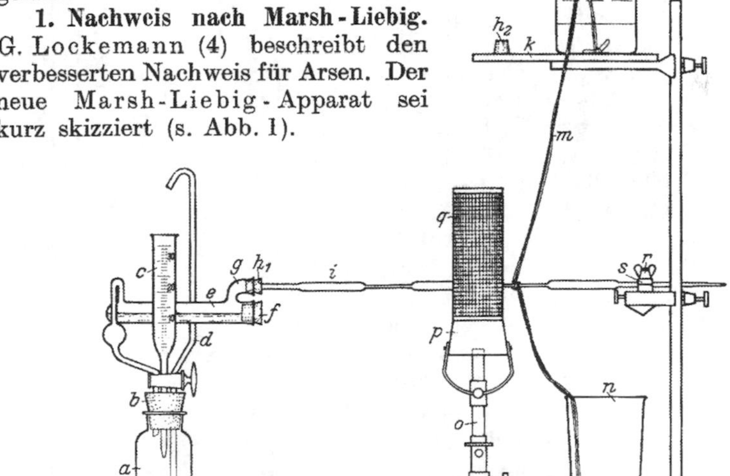

Abb. 1. Apparat nach Marsh-Liebig, verbessert von G. Lockemann.

Das Entwicklungsgefäß *a* ist eine gewöhnliche, weithalsige Glasflasche mit dreifach durchbohrtem Gummistopfen. Sie ist einem Gefäß mit eingeschliffenem Glaseinsatz vorzuziehen, bei welchem Fett gebraucht werden muß. Das Hahnküken darf nur ganz schwach rechts und links der Durchbohrung gefettet werden. Das obere Ende des Steigrohres ist schräg nach unten umgebogen, wobei die Öffnung des umgebogenen oberen Endes sich senkrecht über dem Meßhahntrichter befinden soll. Das Trockenrohr *e* enthält kristallisiertes $CaCl_2 \cdot 6\,H_2O$, das neutral reagiert und auf AsH_3 keine zersetzende Wirkung hat. Über das Füllen des Trockenröhrchens siehe die Abhandlung, ebenso über die Glühröhrchen *i*, die sog. „Arsendoppelröhrchen“, die von beiden

Seiten aus zweimal, im ganzen also viermal, benützt werden können. Die Röhrchen sind aus „Supremaxglas". Als Kühlvorrichtung wird statt der Porzellanschale jetzt ein Becherglas *l*, auf einem Holzbrett *k* stehend, benutzt. Die Kühlfäden *m* sind zwei Baumwollfäden, man nimmt destilliertes Wasser, kein Leitungswasser. Über die Ausführung des Arsennachweises, die Regelung der Flammen und die Prüfung auf Luftfreiheit siehe die Originalarbeit. Arsendoppelröhrchen und Gerätschaften werden von Fa. Otto Preßler, Leipzig C 1, Glockenstr. 11 und Fa. Dr. H. Rohrbeck Nachf., Berlin NW 7, Albrechtstr. 15 geliefert.

Lockemann behandelt die Verwendung von arsenfreien Chemikalien und Gerätschaften, die Zerstörung der organischen Stoffe und die Fällung kleinster Arsenmengen aus großen Flüssigkeitsmengen durch Adsorption an Eisenhydroxyd.

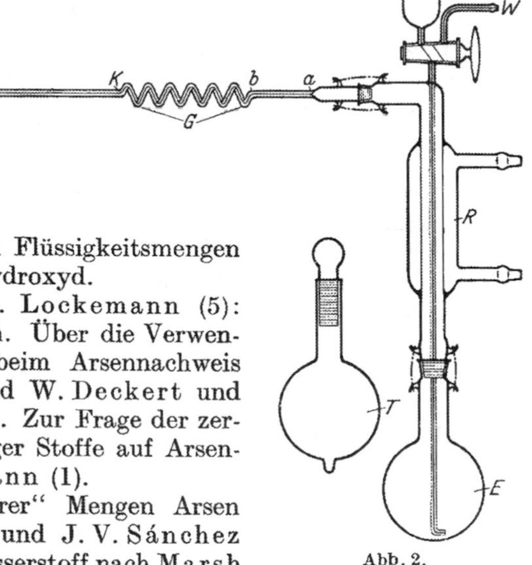

Abb. 2. Apparat nach J. Gangl und J. V. Sánchez.

Weiteres Schrifttum: G. Lockemann (5): Über neue Arsenglühröhrchen. Über die Verwendung des Kjeldahlkolbens beim Arsennachweis siehe G. Lockemann (2) und W. Deckert und nochmals G. Lockemann (3). Zur Frage der zersetzenden Wirkung feinfaseriger Stoffe auf Arsenwasserstoff vgl. G. Lockemann (1).

Zur Bestimmung „größerer" Mengen Arsen (3—700 γ) haben J. Gangl und J. V. Sánchez für die Reduktion zu Arsenwasserstoff nach Marsh eine Apparatur konstruiert, in der die Reduktion praktisch quantitativ verlaufen soll.

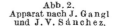

Die quantitative Reduktion ist nur zu erreichen, wenn genügend naszierender Wasserstoff entwickelt wird, was wiederum bedingt ist durch das Verhältnis zwischen Zinkoberfläche und Flüssigkeitsvolumen. Die Verfasser schlagen daher die Verwendung von Zinkpulver vor, ferner wird der im Entwicklungskolben gelöst gebliebene Arsenwasserstoff durch Aufkochen bei gleichzeitigem Durchleiten von Wasserstoff quantitativ ausgetrieben. Eine geeignete Form für das Zersetzungsrohr wird angegeben (s. Abb. 2). *E* ist der Entwicklungskolben, *R* der Rückflußkühler. Durch den Hahntrichter *H* erfolgt das Einfüllen der Probe, durch *W* wird Wasserstoff geleitet. *U* ist das Glührohr, ein dickwandiges Quarzrohr von 1 mm innerer Weite; *a—b* ist ein capillares Stück des Quarzrohres von 0,2 mm innerem Durchmesser. *G* ist der Glühraum und enthält den Teil des Rohres, der geglüht werden soll, als Spirale ausgebildet, und endlich ist *K* die Kühlstelle.

Die Arsenbestimmung wird wie folgt ausgeführt: 2 g chemisch reines Zink in Pulverform werden in den Entwicklungskolben gebracht, und die Luft wird aus der Apparatur durch Wasserstoff vollständig entfernt. Hierauf wird das Rohr zum Glühen gebracht, und der Glühraum *G* wird beiderseits von den übrigen Rohrteilen durch Asbestplatten isoliert. Bei *K* wird das Quarzrohr durch Auflegen eines nassen Wattebausches gekühlt. Man läßt zunächst 1 cm³ Schwefelsäure (1:5) in den Entwicklungskolben fließen, wobei der Wasserstoffraum abgestellt ist, dann die zu bestimmende arsenhaltige Lösung (schwefelsauer) und spült den Hahntrichter mehrmals mit Schwefelsäure (1:5) nach, im ganzen mit etwa 10 cm³. Der Kolbeninhalt wird mit kleiner Flamme langsam angewärmt und schließlich zum Sieden erhitzt, wobei der Wasserstoffstrom durch Zuleiten von Wasserstoff reguliert wird. Die Dauer des Kochens beträgt etwa 15 Minuten, und der ganze Versuch ist nach einer Stunde beendet. Man läßt nunmehr das Rohr im Wasserstoffstrom erkalten.

Der Arsenspiegel wird für die eigentliche Bestimmung in 0,5 cm³ Jodmonochloridlösung gelöst und das ausgeschiedene Jod wird in salzsaurer Lösung (1:1) in Gegenwart von 0,7 cm³ 10%iger KCN-Lösung und 2 Tropfen Tetrachlorkohlenstoff mit 0,001 m-Kaliumjodatlösung titriert. Das Auflösen des Spiegels erfolgt im Titrationskölbchen *T* (s. Abb. 2), der etwa 15 cm³ faßt, und der Endpunkt der Titration ist am Verschwinden der Jodreaktion zu erkennen. 1 cm³ 0,001 m-Jodatlösung = 59,9 γ As. Der Umschlag ist außerordentlich scharf, zur Titration selbst werden Mikrobüretten verwandt, und die Genauigkeit wird mit $\pm$0,5% angegeben.

Der Gasstrom wird weder getrocknet noch gereinigt, doch konnte Gangl in einer Versuchsreihe bei Verwendung von geschmolzenem und gekörntem Chlorcalcium Arsenwasserstoffverluste nicht feststellen, wie Lockemann schon angibt.

Weiteres Schrifttum: J. Gangl und J. Gangl und H. Dietrich, die über die direkte quantitative Bestimmung kleiner Arsenmengen bei Gegenwart von Quecksilber berichten. Sie schalten den störenden Einfluß von Quecksilber auf die Bildung von naszierendem Wasserstoff aus, wenn sie genügend Zink anwenden und den Entwicklungskolben erhitzen, also die Wasserstoffentwicklung steigern. Über die bei den Versuchen zugesetzten Quecksilbermengen berichten die Tabellen. Die vollständige Apparatur nach Gangl ist in der Abhandlung abgebildet.

Nach L. Rosenthaler eignet sich zur Unterscheidung von Arsen- und Antimonspiegeln Pantosept (Natriumdichlorsulfamidbenzoat); eine 10%ige Lösung löst Arsenspiegel augenblicklich vollständig, Antimonspiegel dagegen erst nach Stunden.

M. P. Bolotow verwendet an Stelle von Zink amalgamiertes Aluminium.

N. A. Tananaeff und W. D. Ponomarjeff weisen Arsen in Gegenwart von Antimon qualitativ nach, wenn sie zur Probelösung zunächst Salzsäure und dann einige Stückchen Zinnfolie setzen. Der Nachweis erfolgt z. B. mit Quecksilberchloridpapier.

Will man für den Nachweis kleiner Arsenmengen die elektrolytische Reduktion verwenden, so geschieht das in einem Apparat nach M. T. Koslowsky und J. A. Penner, der die Trennung der an Kathode und Anode gebildeten Produkte ermöglicht. Als Elektrolyt wird eine 12%ige

Schwefelsäure angewandt. Der entstehende Sauerstoff geht in die Atmosphäre, der Wasserstoff und Arsenwasserstoff gehen durch das Gasleitungsrohr in den Absorptionsapparat nach Mai und Hurt und werden in Silbernitratlösung aufgefangen. Nach Angaben sollen noch 0,9 γ As_2O_3 an einer deutlichen Silberabscheidung erkannt werden können. In der Originalarbeit ist der von den Verfassern konstruierte Apparat beschrieben und abgebildet. Die Arbeit enthält ferner eine Nachprüfung der Angaben von Mai und Hurt und Ausführungen über die Verwendung der Quecksilberkathode. Übrigens wird das elektrolytische Verfahren von Mai und Hurt auch von G. A. Quincke und M. Schnetka angewandt.

Scheermesser verwendet zur Arsenwasserstoffentwicklung ein U-Rohr, das Anode und Kathode aus Blei (arsenfrei) enthält und als Elektrolyt eine 10%ige Phosphorsäure. Das zu prüfende Material gelangt durch einen Tropftrichter in den Kathodenschenkel, und der entweichende Arsenwasserstoff wird im Röhrchen nach Scheermesser durch hochgespannten Wechselstrom zerlegt, was dadurch erreicht wird, daß in das Innere des Röhrchens ein äußerst dünner Gold- oder Platinfaden geführt wird, während außen auf der Röhre ein verschiebbarer Metallring angebracht ist. Die Abscheidung des Arsenspiegels erfolgt an der Stelle, wo sich gerade der Ring befindet, vgl. die Abbildung in der Arbeit.

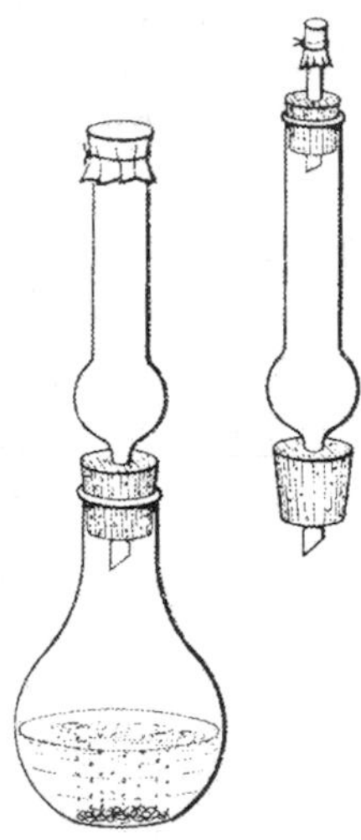

Abb. 3. Entwicklungskolben für Arsenwasserstoff.

2. Nachweis nach Gutzeit. Eine chronologisch geordnete Zusammenstellung des Schrifttums über den Arsennachweis nach Gutzeit geben G. Lockemann und B. Fr. v. Bülow.

W. Mühlsteph hat den häufigen Wechsel der Versuchsausführung des Gutzeitschen Nachweises in einer Tabelle anschaulich dargestellt. Man kann sagen, daß im allgemeinen die Versuchsanordnung selbst seltener geändert wurde, dagegen eine Unzahl Ausführungsformen des Nachweises. Mühlsteph geht auf die Begründung und Klärung der Fehlerquellen ein und hat die einzelnen Punkte, die für den Ausfall der Probe maßgebend sind, klar herausgestellt. Über die Füllung der Apparatur, die Frage nach der Verwendung von trockenem oder feuchtem Reagenspapier, über den Einfluß des Katalysators, der Säuremenge und -konzentration berichtet die Arbeit, die außerdem noch eine Literaturübersicht enthält.

Aus der Fülle des Stoffes soll die Veröffentlichung von G. Lockemann und B. Fr. v. Bülow angeführt werden, in der beide das alte Gutzeitsche Verfahren modifiziert haben und es zum Nachweis kleiner Arsenmengen vorschlagen. Danach verwendet man als Reagenslösung eine 66%ige Silbernitratlösung, der Entwicklungskolben ist ein 100-cm^3-Kolben, der ein sog. Allihnsches Rohr trägt (s. Abb. 3).

Zur Bestimmung kleinster Arsenmengen (2—0,1 γ As) verwendet man entsprechend kleinere Reaktionskolben, die obere Öffnung des

Allihnschen Rohres trägt dann einen durchbohrten Stopfen mit einer 40 mm langen Glasröhre von 5 mm lichter Weite, die durch Filterpapier abgeschlossen ist. Die erforderlichen Chemikalien und Gerätschaften sind in der Arbeit angeführt. Die zu untersuchende Lösung wird mit Schwefelsäure angesäuert, so daß die Acidität der Lösung 4—5 n ist.

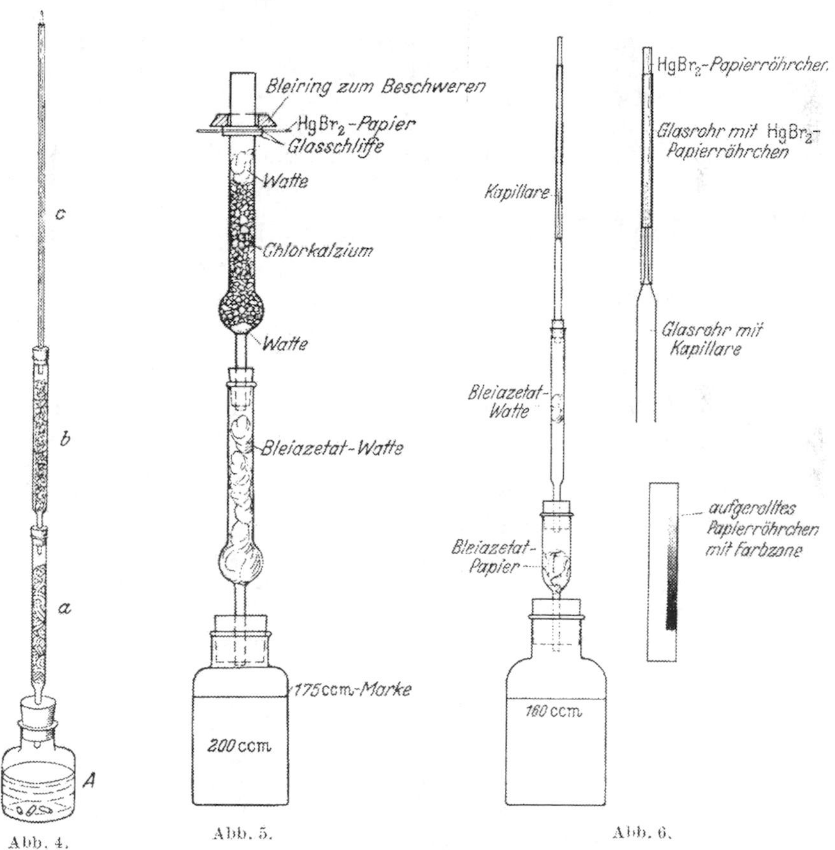

Abb. 4. Apparatur nach Beck und Merres.
Abb. 5. Apparatur der Koholyt-Werke.
Abb. 6. Apparatur nach Schröder und Lühr.

Das Filterpapier wird mit 6—8 Tropfen Silbernitratlösung getränkt. Die nähere Ausführung der Probe möge man aus der Veröffentlichung ersehen. Man erreicht mit der normalen Apparatur Schätzungen zwischen 1 und 20 γ, mit dem Aufsatz zwischen 0,1 und 2 γ, also die Empfindlichkeit des Marsh-Liebig Nachweises.

Bei der Apparatur nach K. Beck und E. Merres gehen der entwickelte Wasserstoff und Arsenwasserstoff zunächst durch einen Aufsatz, gefüllt mit Bleiacetatpapier, dann durch einen Aufsatz, der Watte, mit Bleiacetatlösung durchfeuchtet, enthält und zuletzt durch ein

Glasrohr von 15 cm Länge und 3 mm Weite, in welchem sich ein Papierstreifen befindet, der mit alkoholischer 5%iger Quecksilberbromidlösung getränkt ist. Die Koholyt-Werke (Splittgerber und Nolte) arbeiten mit Papierscheiben, die auf der abgeschliffenen Öffnung eines Chlorcalciumrohres aufliegen. Die Färbung auf dem Papier wird mit einer Farbskala verglichen, die unter Verwendung bekannter Arsenmengen hergestellt wird (vgl. die Abb. 4—6).

H. Schröder und W. Lühr schlagen eine Änderung vor, indem sie Papierröllchen, mit Quecksilberbromidlösung getränkt, derart verwenden, daß die Farbzone auf einer Seite des Papiers in 7 mm Breite entsteht. Arsen muß in dem zu untersuchenden Material in dreiwertiger Form vorliegen. Zur Entwicklung werden 160 cm^3 Schwefelsäure (1:4) und 20 g arsenfreies Zink verwendet. Filtrierpapier wird mit 5%iger Bleiacetatlösung und die Watte mit 1%iger Lösung getränkt. Das zum Nachweis verwandte Papier ist engporiges Filtrierpapier aus reiner Cellulose, extra hart (Schleicher und Schüll, Nr. 602). Es ist selbstverständlich, daß bei der Herstellung der Vergleichsskala auch die Versuchsbedingungen der eigentlichen Untersuchung innegehalten werden müssen. Das Anbringen des Quecksilberbromidpapierröllchens ist aus der Zeichnung ersichtlich.

Über eine Änderung der Gutzeitschen Anordnung und eine Änderung der Apparatur von Beck und Merres, die Vorteile bringen soll, siehe J. und D. Gnessin; vgl. aber die Bemerkungen von R. Steinrück.

L. P. Mayrand verwendet zur Gutzeitschen Arsenprobe Aluminiumpulver und Stannochlorid.

Weitere Ausführungsformen. W. Davis und J. Maltby und C. Busquets; aus neuester Zeit sind die Angaben von K. Uhl und von H. E. Crossley (1, 2), der den Apparat nach Hillebrand und Lundell modifiziert. Aus der der Arbeit beigefügten Abbildung sind Einzelheiten zu ersehen.

3. Bettendorfs Reaktion. Eine Steigerung der Empfindlichkeit von Bettendorfs Arsennachweis erreichen W. B. King und F. E. Brown (1, 2), indem sie die Reduktion von Arsen in Gegenwart geringster Mengen Quecksilberchlorid vornehmen. Fügt man soviel Quecksilberchlorid zu der zu untersuchenden Lösung, daß die Lösung 0,00001 m an $HgCl_2$ ist, versetzt dann mit fast gesättigter Stannochloridlösung, so erscheint in salzsaurer Lösung die Färbung des reduzierten Arsens sofort. Versuche ergaben, daß eine Quecksilberchloridlösung in der oben erwähnten Konzentration selbst keine Trübung mit Stannosalz gibt, also die Arsenfärbung nicht beeinflußt, wohl aber beschleunigt.

D. Quantitative Bestimmung der Schwefelsäure und ihrer Verunreinigungen (II/1, 640—652).

1. Schwefelsäure. Die Bestimmung der freien Schwefelsäure und von Oleum geschieht vorteilhaft mit dem Elektrotitrimeter, insbesondere bei der Überwachung einer Schwefelsäureanlage an den Punkten, wo eine kontinuierliche Messung der Säure vonnöten ist, z. B. zur Kontrolle der Konzentration der Absorbersäure und der Trocknersäure, zur

Bestimmung von Oleumsorten und schließlich zur schnellen Gehaltsermittlung an den Abgabestationen.

Die Daten über die Beziehung zwischen der Stärke von konzentrierter Schwefelsäure und der Temperaturerhöhung, die bei der Reaktion mit Oleum eintritt, benützt D. S. Davis (1, 2) zur Aufstellung einer Nomogrammtafel, aus welcher die Stärke von Schwefelsäure abgelesen werden kann, wenn die Höchsttemperatur bestimmt wird, die beim Vermischen einer bestimmten Menge Schwefelsäure von gegebener Temperatur mit einer bekannten Menge Oleum von bekannter Temperatur auftritt (s. auch S. 315).

2. Schweflige Säure und salpetrige Säure. Über die Bestimmung dieser ist Neues nicht zu berichten.

3. Salpetersäure. Die quantitative colorimetrische Bestimmung der Salpetersäure geschieht mit Brucin.

4. Die Bestimmung von Blei und Quecksilber. a) Blei. Die Bestimmung, übrigens auch die Prüfung nach Merck, geschieht durch Abscheidung des Bleis als Bleisulfat. Über die Löslichkeit von Bleisulfat in Wasser und in wäßrigen Lösungen der Schwefelsäure vgl. die Arbeiten von H. D. Crockford und D. J. Brawley und H. D. Crockford und J. A. Addlestone, auch A. M. Wassiljew. Es ist zu empfehlen, Bleisulfat, um es zu reinigen, in Säure oder Ammonacetat zu lösen, mit Schwefelwasserstoff PbS zu fällen, mit Alkalisulfidlösung vom eventuell vorhandenem Arsensulfid zu trennen und Bleisulfid jetzt wieder in Sulfat überzuführen. — Die Bestimmung von kleinsten Bleimengen geschieht spektralanalytisch.

b) Quecksilber kann man bestimmen, wenn die Probe, z. B. 100 cm^3 Schwefelsäure, mit Ammoniak zunächst neutralisiert und dann mit etwa 5 cm^3 konzentrierter Salzsäure wieder angesäuert wird. Zu der schwach sauren Lösung fügt man 30 mg Kupfersulfat, fällt Kupfer- und eventuell vorhandenes Quecksilbersulfid, filtriert und behandelt Filter mit Inhalt nach Stock. Das Quecksilberkügelchen wird ausgemessen.

5. Eisen. a) Titrimetrisch nach Reduktion, wenn die Eisenmengen nicht zu gering sind. Statt Zink kann man zur Reduktion ebenso Kupfer anwenden, nach J. Brinn (1, 2) auch Cadmium in salz- oder schwefelsaurer Lösung, was übrigens auch bei der Permanganatmikrotitration von Eisen empfohlen wird. Mengen von 0,1—10 mg Fe in 50 cm^3 n-HCl werden nach C. van Nieuwenburg und H. Blumendahl mit Cerisulfatlösung (0,002—0,15 n; n-H_2SO_4 sauer) und mit α,α-Dipyridyl als Indicator bequem titriert: Umschlag rosa in farblos. Der Indicator wird hergestellt, indem 0,25 g α,α-Dipyridyl in 50 cm^3 Wasser gelöst und 50 cm^3 konzentriertes Ammoniak hinzugefügt wird (Rosafärbung). 5 Tropfen der Indicatorlösung genügen bei 50 cm^3 Lösung. Vor der Titration wird Eisen im Silberreduktor reduziert.

Über den Gebrauch von Zinkdrahtspiralen als Jones-Reduktor für Ferrieisen vgl. G. F. Smith und J. Rich (1, 2).

b) Colorimetrisch bei kleinen und kleinsten Eisenmengen. Die Genauigkeit der colorimetrischen Eisenbestimmung wird durch zwei Faktoren beeinflußt, einmal durch die Unbeständigkeit der Eisenrhodanidfarbe an sich (s. II/1, 647) und weiter durch die Anwesenheit bestimmter

Mengen von störenden Stoffen, eine Störung, die zur Entfärbung führen kann. Hiernach dunkelt die Farbe des ätherischen Auszuges allmählich nach, und die Proben sollen „am besten erst nach einigen Stunden Stehens“ verglichen werden. Nach K. Steinhäuser und H. Ginsburg ist die Farbe des Eisenrhodanidkomplexes konstant und bleibt tagelang erhalten, wenn man Eisenrhodanid mit SO_2-haltigem Äther (kalt gesättigt) ausschüttelt. Die Verfasser gebrauchen zur Bestimmung z. B. 50 cm³ einer schwefelsäurehaltigen Eisensalzlösung, enthaltend 0,01—0,25 mg Fe_2O_3, die mit 5 cm³ konzentrierter Salzsäure versetzt werden, dann weiter mit 10 cm³ 50%iger KCNS-Lösung und 25 cm³ Alkohol. Es wird zunächst mit 15 cm³ und dann noch dreimal mit je 10 cm³ Äther ausgeschüttelt. Dem Äther setzt man jedesmal 10% des mit SO_2 gesättigten Äthers zu. Die vereinigten Auszüge werden mit Äther auf 50 cm³ aufgefüllt, und von dieser Lösung wird zum Colorimetrieren genommen. Die Verwendung des Pulfrich-Photometers ergibt große Genauigkeit.

A. v. Hedenström und E. Kunau geben an, welche Salze und Säuren die Eisenrhodanidbildung im Ätherauszug stören bzw. verhindern können. Über die Bestimmung des Eisens mit Rhodanid mit dem lichtelektrischen Colorimeter nach B. Lange vgl. M. Bendig und H. Hirschmüller.

Ausländisches Schrifttum: H. A. Daniel und H. Harper; L. Szegö und B. Cassoni; L. de Brouckère und A. E. Gillet.

6. Salzsäure. Es genügt meistens die Prüfung nach Merck, wonach 2 cm³ Schwefelsäure mit 30 cm³ Wasser verdünnt und mit einigen Tropfen Silbernitrat versetzt werden.

7. Arsen. a) Titrimetrisch. Da sich die Arsensulfide zur Auswaage nicht besonders gut eignen, wird Arsen vorteilhafter mit Natriumhypophosphit gefällt und dann titriert. 10 cm³ der zu untersuchenden Säure werden im 300-cm³-Erlenmeyerkolben mit 40 cm³ Wasser verdünnt, dann mit 50 cm³ Salzsäure 1,19 und 3—5 g Natriumhypophosphit versetzt und auf dem Wasserbad solange stehengelassen, bis sich Arsen ausgeschieden und zusammengeballt hat. Man kocht eben auf; filtriert dann ab und wäscht mit heißem Wasser gut aus. Filter mit Niederschlag zerschüttelt man im Fällungskolben mit etwas Wasser zu einem feinen Brei und fügt unter kräftigem Durchschütteln solange $^1/_{10}$ n-Jodlösung hinzu, bis alles Arsen gelöst ist und die Papiermasse weiß erscheint. Sodann gibt man Bicarbonat im Überschuß hinzu und titriert mit $^1/_{10}$ n-Jodlösung zu Ende (Stärke als Indicator; 1 cm³ $^1/_{10}$ n-Jod = 0,0015 g As).

Statt Arsen jodometrisch zu bestimmen, kann man nach J. P. Pluchon (1, 2) das mit Bougaults Reagens (s. II/1, 651) gefällte Arsen auch in Salpetersäure lösen und als Magnesiumpyroarseniat zur Wägung bringen.

Ist die Schwefelsäure einigermaßen rein, so gibt man z. B. 10 cm³ Säure in 500 cm³ Wasser, fügt Stärkelösung hinzu und titriert mit $^1/_{10}$ n-Jodlösung zunächst bis zur Blaufärbung (schweflige Säure). Dann wird die Hauptmenge der Säure mit starker Natronlauge und der Rest mit überschüssigem Natriumbicarbonat neutralisiert und die arsenige Säure mit $^1/_{10}$ n-Jodlösung titriert. 1 cm³ $^1/_{10}$ n-Jodlösung = 0,00375 g As.

Über eine Modifizierung der Methode von Koelsch für die Arsenbestimmung in Schwefelsäure vgl. A. Wassiljew und B. Zywina.

Mit der jodometrischen Arsenbestimmung kann man recht kleine Mengen Arsen erfassen, wenn nach W. Geilmann und O. Meyer-Hoissen Arsen in Arsenwasserstoff übergeführt wird, und letzterer in Sublimatlösung aufgefangen wird. Will man nach dieser Methode Arsen in Schwefelsäure bestimmen, so ist es zweckmäßig, die Schwefelsäure auf etwa 12% zu verdünnen und dann den mit Zink und Schwefelsäure entwickelten Arsenwasserstoff nach Geilmann in 10—15 cm^3 5%ige Quecksilberchloridlösung zu leiten in der Versuchsanordnung nach C. R. Smith (s. diese in der Veröffentlichung). Nach Beendigung der Entwicklung wird der Inhalt der Vorlage 5 Minuten lang gekocht, wobei die zunächst gebildete gelbe Komplexverbindung in Quecksilberchlorür und arsenige Säure zerfällt. Der Vorgang läßt sich formulieren nach $2\,AsH_3 + 12\,HgCl_2 + 3\,H_2O = 12\,HgCl + As_2O_3 + 12\,HCl$. Man kann jetzt einmal das entstandene HgCl wägen und auch im Filtrat vom HgCl das entstandene As_2O_3 mit 0,01 n-Jodlösung bestimmen. 1 cm^3 0,01 n-J = 0,495 mg As_2O_3.

Beide Bestimmungen sind für Arsenmengen von 10—0,05 mg verwendbar bei einer Genauigkeit von 3—6%. Bei der jodometrischen Bestimmung ist ein Blindversuch anzusetzen, bei dem die Versuchsbedingungen genau innezuhalten sind.

b) Durch Destillation. Die Arsenbestimmung durch Destillation ist schon eingehend im Abschnitt „Schwefelkies" des Kapitels „Die Fabrikation der schwefligen Säure" besprochen worden. Wird Arsen in der Vorlage nach Györy mit $^1/_{10}$ n-$KBrO_3$-Lösung bestimmt, so empfiehlt E. Schulek als Indicator α-Naphthoflavon an Stelle von Methylorange anzuwenden. In saurer Lösung bis 5% HCl gibt α-Naphthoflavon mit freiem Brom ein Bromsubstitutionsprodukt von intensiv rostbrauner Farbe, wobei die ursprünglich grünlich opalescierende Farbe der Lösung verschwindet. Im Äquivalenzpunkt wird das Bromsubstitutionsprodukt ausgeflockt. Die Reaktion ist umkehrbar: die braune Farbe verschwindet beim Zusatz eines Tropfens $^1/_{10}$ n-As_2O_3-Lösung. Man verwendet 2 Tropfen einer 0,5%igen Lösung von Naphthoflavon in 96%igem Alkohol.

Über den spektralanalytischen Nachweis von Arsen, auch von Antimon und Tellur, siehe E. Riedl.

8. Selen. Vgl. hierüber die Ausführungen II/1, 651—652 und den Abschnitt „Schwefelkies" des Kapitels „Die Fabrikation der schwefligen Säure".

9. Fluorwasserstoffsäure. Nach H. Spielhaczek werden in einen 30—50 cm^3 fassenden Platintiegel 5—10 cm^3 der zu untersuchenden Säure pipettiert, die man durch vorsichtige Zugabe von fluorfreier Schwefelsäure oder besser von Oleum auf die Konzentration von 85—90% H_2SO_4 bringt. Der Platintiegel wird mit einer Glasplatte sogleich bedeckt, auf ein Asbestdrahtnetz gestellt und vorsichtig mit kleiner Flamme 25 Minuten lang erhitzt. Hierbei soll die 2—3 cm hohe Flamme etwa 5 cm vom Drahtnetz entfernt sein. Dann wird der Tiegel 5 Minuten lang mit voller Flamme erhitzt, und 5 Minuten später wird das Deckglas entfernt. Die Ätzung des Glases wird mit Deckgläsern verglichen, die bei gleicher Vorbehandlung mit fluorhaltiger Schwefelsäure (NaF-Zusatz) angeätzt waren; zweckmäßig stellt man eine Vergleichsskala her, die Ätzungen von 10, 5, 1, 0,5 und 0,1 mg F anzeigt. Die Grenze des Nachweises liegt bei 0,01 mg F. — Oleum bringt man zur Prüfung in 30—50%ige Schwefelsäure, setzt eine Messerspitze voll chemisch reinem Schwefel hinzu und verfährt wie oben. Das Erhitzen steigert man bis zum Fortgehen von SO_3-Dämpfen. Man könnte auch so verfahren, daß Fluor als SiF_4 verflüchtigt und im Destillat colorimetrisch, z. B. nach der Titanperoxydmethode, ermittelt wird (vgl. hierüber die Angaben unter Fluorbestimmungen in Zinkblende).

E. Rauchende Schwefelsäure, Chlorsulfonsäure, Misch- und Abfallsäuren (II/1, 652—676).

D. Harris (1, 2) titriert Oleum zur Gehaltsermittlung mit Wasser und benützt zur Endpunktsbestimmung die bekannte Tatsache, daß das Rauchen des Oleum an der Luft aufhört, wenn freies SO_3 nicht mehr vorhanden ist. Er empfiehlt, zur Erkennung des Endpunktes Luft auf die Oberfläche zu blasen.

Die thermometrische Titration zur Bestimmung von SO_3 in Oleum verwendet T. Somiya (1, 2), der in seiner Arbeit eine Zeichnung der Gebrauchsapparatur veröffentlicht (s. auch S. 312).

Literatur.

Abeledo, C. A. u. I. M. Kolthoff: (1) Journ. Amer. Chem. Soc. **53**, 2893 bis 2897 (1931). — (2) Chem. Zentralblatt **1931 II**, 1883. — Adadurow, J. u. Mitarb.: Chem. Zentralblatt **1936 II**, 4240. — Alten, F. u. H. Weiland: Ztschr. f. Pflanzenern. A **32**, 337—348 (1933).

Baker, I. S.: (1) Chem. Metallurg. Engineering **43**, 332 (1936). — (2) Chem. Zentralblatt **1937 I**, 3372. — Barannikow, G. I.: Chem. Zentralblatt **1937 II**, 3922. — Beck, K. u. E. Merres: Arbb. Kais. Gesundh.-Amt **50**, 38 (1917). — Bendig, M. u. H. Hirschmüller: Ztschr. f. anal. Ch. **92**, 1—7 (1933). — Bennet, H. u. H. F. Harwood: (1) Analyst **60**, 677—680 (1935). — (2) Chem. Zentralblatt **1936 I**, 1059. — Bernoulli: Helv. chim. Acta **9**, 836 (1926). — Besskow, S. D. u. Mitarb.: Chem. Zentralblatt **1935 II**, 1922. — Bolotow, M. P.: Chem. Zentralblatt **1935 II**, 1221. — Bougault, J. u. E. Cattelein: (1) Ann. des Falsifications **25**, 138—140 (1932). — (2) Chem. Zentralblatt **1932 II**, 254. — Brinn, J.: (1) Chemist-Analyst **20**, 4 (1931). — (2) Chem. Zentralblatt **1931 II**, 2187. — Brouckère, L. de u. A. E. Gillet: Chem. Zentralblatt **1933 II**, 1899, 1900. — Busquets, C.: Chem. Zentralblatt **1936 II**, 1978.

Cernatescu, R. u. E. Gheller: Ztschr. f. anal. Ch. **101**, 402—406 (1935). — Cool, R. D. u. J. H. Yoe: (1) Ind. and. Engin. Chem., Anal. Ed. **5**, 112—114 (1933). — (2) Chem. Zentralblatt **1933 I**, 3892. — Crockford, H. D. u. J. A. Addlestone: Chem. Zentralblatt **1936 II**, 3280. — Crockford, H. D. u. D. J. Brawley: Chem. Zentralblatt **1935 I**, 2336. — Crossley, H. E.: (1) Journ. Soc. Chem. Ind., Chem. and Ind. **55**, Trans., 272—276 (1936). — (2) Chem. Zentralblatt **1937 I**, 389.

Daniel, H. A. u. H. Harper: Chem. Zentralblatt **1935 I**, 2414. — Davis, D. S.: (1) Chemist-Analyst **23**, Nr. 4, 15 (1934). — (2) Chem. Zentralblatt **1935 I**, 2409. — Davis, W. u. J. Maltby: Chem. Zentralblatt **1936 I**, 4334. — Deckert, W.: Ztschr. f. anal. Ch. **101**, 338, 339 (1935). — Dubsky, J. V. u. Mitarb.: Mikrochemie **15** (N. F. **9**), 99—106 (1934).

Eitel, M.: Ztschr. f. anal. Ch. **98**, 227—234 (1934).

Gangl, J. Österr. Chem.-Ztg., N. F. **18**, 64—69 (1935). — Gangl, J. u. H. Dietrich: Mikrochemie **19** (N. F. **13**), 253—261 (1936). — Gangl, J. u. J. V. Sánchez:

Ztschr. f. anal. Ch. **98**, 81—96 (1934). — Gawasch, Je. J. u. Mitarb.: Chem. Zentralblatt **1937 II**, 2216. — Geilmann, W. u. O. Meyer-Hoissen: Glastechn. Ber. **13**, 420—424 (1935). — Gnessin, J. u. D.: Pharm. Zentralhalle Deutschland **75**, 719—722 (1934). — Győry: Ztschr. f. anal. Ch. **32**, 415 (1893).

Harris, D.: (1) Chemist-Analyst **20**, Nr. 6 (1931). — (2) Chem. Zentralblatt **1932 I**, 2354. — Hedenström, A. v. u. E. Kunau: Ztschr. f. anal. Ch. **91**, 17—25 (1933). — Heller, K.: Mikrochemie **14** (N. F. 8), 369—406 (1934).

Jimeno, E. u. J. Ibarz: Chem. Zentralblatt **1932 I**, 2355. — Juschmanow, J. W.: Chem. Zentralblatt **1937 II**, 2562, 2563.

Kangun, I.: Chem. Zentralblatt **1936 I**, 2980. — King, W. B. u. F. E. Brown: (1) Ind. and Engin. Chem., Anal. Ed. **5**, 168—171 (1933). — (2) Chem. Zentralblatt **1933 II**, 580. — Kolthoff, I. M. u. G. E. Noponen: (1) Journ. Amer. Chem. Soc. **55**, 1448—1453 (1933). — (2) Chem. Zentralblatt **1933 I**, 3745. — Koslowsky, M. T. u. J. A. Penner: Mikrochemie **19** (N. F. **13**), 89—97 (1936). — Krauer jr., R.: Chem. Zentralblatt **1933 II**, 2297.

Lockemann, G.: (1) Ztschr. f. anal. Ch. **99**, 178—180 (1934). — (2) Ztschr. f. anal. Ch. **100**, 20—29 (1935). — (3) Ztschr. f. anal. Ch. **101**, 340, 341 (1935). — (4) Ztschr. f. angew. Ch. **48**, 199—203 (1935). — (5) Ztschr. f. angew. Ch. **49**, 252 (1936). — Lockemann, G. u. B. Fr. v. Bülow: Ztschr. f. anal. Ch. **94**, 322—330 (1933). — Lühr, W.: Ztschr. f. Unters. Lebensmittel **66**, 544—556 (1933).

Mai u. Hurt: Ztschr. f. Unters. Nahrgs.- u. Genußmittel **9**, 193 (1905). — Mayer, O.: Ztschr. f. Unters. Lebensmittel **66**, 193—200 (1933). — Mayrand, L. P.: Chem. Zentralblatt **1932 II**, 95. — Merck: Prüfung der chemischen Reagenzien auf Reinheit, 4. Aufl., S. 304—310. 1931. — Merliss, M. N. u. Mitarb.: Chem. Zentralblatt **1937 I**, 4998. — Migray, E. v.: Chem.-Ztg. **47**, 48 (1933). — Mühlsteph, W.: Ztschr. f. anal. Ch. **104**, 333—344 (1936).

Nieuwenburg, C. van u. H. Blumendahl: Mikrochemie **18** (N. F. **12**), 39 (1935).

Osswald, Ph.: Ztschr. f. angew. Ch. **49**, 153, 154 (1936).

Pandalai, K. M. u. G. G. Gopalarao: Journ. f. prakt. Ch., N. F. **140**, 240—246 (1934). — Pfeilsticker, K.: Ztschr. f. anal. Ch. **89**, 1—8 (1932). — Pieters, H. A. u. M. J. Mannens: Ztschr. f. anal. Ch. **82**, 218—224 (1930). — Pluchon, J. P.: (1) Bull. Trav. Soc. Pharmac. Bordeaux **70** (2), 140—144 (1932). — (2) Chem. Zentralblatt **1933 I**, 1816.

Quincke, G. A. u. M. Schnetka: Ztschr. f. Unters. Lebensmittel **66**, 581—585 (1933).

Remy, E. u. H. Enzenauer: Arch. der Pharm. **274**, 435—439 (1936). — Riedl, E.: Ztschr. f. anorg. u. allg. Ch. **209**, 356—363 (1932). — Riehm: (1) Ztschr. f. Pflanzenern. A **7**, 22 (1926). — (2) Ztschr. f. anal. Ch. **81**, 353, 439 (1930). — Rosenthaler, L.: Pharm. Zentralhalle Deutschland **74**, 288—290 (1933).

Schaferstein, J. J.: Chem. Zentralblatt **1935 I**, 275. — Scheermesser: Pharm. Ztg. **77**, 112 (1932). — Schröder, H. u. W. Lühr: Ztschr. f. Unters. Lebensmittel **65**, 168 —176 (1933). — Schröer, E.: Ztschr. f. anorg. u. allg. Ch. **202**, 382—384 (1931). — Schulek, E.: Ztschr. f. anal. Ch. **102**, 111—113 (1935). — Smith, G. F. u. J. Rich: (1) Journ. Chem. Educat. **7**, 2948—2952 (1930). — (2) Chem. Zentralblatt **1931 I**, 1135. — Somiya, T.: (1) Journ. Soc. Chem. Ind., Chem. and Ind. **51**, Trans. 1, 35—40 (1932). — (2) Chem. Zentralblatt **1933 I**, 89. — Spielhaczek, H.: Ztschr. f. anal. Ch. **100**, 184—187 (1935). — Splittgerber u. Nolte: Untersuchung des Wassers. Abderhaldens Handbuch der biologischen Arbeitsmethoden, Abt. IV, Teil 15, S. 495. 1931. — State, H. M.: (1) Ind. and Engin. Chem., Anal. Ed. **8**, 259 (1936). — (2) Chem. Zentralblatt **1937 I**, 2414. — Steinhäuser, K. u. H. Ginsburg: Ztschr. f. anal. Ch. **104**, 385—390 (1936). — Steinrück, R.: Pharm. Zentralhalle Deutschland **76**, 5, 6 (1935). — Stock: Ztschr. f. angew. Ch. **44**, 200—206 (1931). — Szegö, L. u. B. Cassoni: Chem. Zentralblatt **1933 II**, 2297.

Tananaeff, N. A. u. W. D. Ponomarjeff: Ztschr. f. anal. Ch. **101**, 183—185 (1935).

Uhl, K.: Ztschr. f. angew. Ch. **50**, 164, 165 (1937).

Wassiljew, A. M.: Chem. Zentralblatt **1936 I**, 2781. — Wassiljew, A. u. B. Zywina: Chem. Zentralblatt **1936 I**, 1463. — Willard u. Young: (1) Journ. Amer. Chem. Soc. **50**, 1332, 1368, 1372, 1379 (1928). — (2) Journ. Amer. Chem. Soc. **51**, 139 (1929). — Winograd, A.: (1) Chemist-Analyst **20** (15. Mai 1931). — (2) Chem. Zentralblatt **1931 II**, 2640.

Die Fabrikation der schwefligen Säure

(II/1, 455—543).

Von

Dr.-Ing. Fr. Specht, Leverkusen (Rhld).

I. Rohmaterialien.

A. Schwefel (Rohschwefel) (II/1, 455—465).

1. Physikalische Prüfung. Für die Untersuchung und die Beurteilung der Feinheit von gemahlenem Schwefel werden neben der klassischen Methode mit dem Sulfurimeter von Chancel jetzt auch mikroskopische Untersuchungen herangezogen, vgl. Ch. H. Butcher (1, 2). L. R. Stretter und W. H. Rankin halten die Untersuchung unter dem Mikroskop zur Bestimmung der Feinheit für einwandfrei und geben an, daß bei Bestäubungen und Spritzungen Schwefel von weniger als 27 μ Feinheitsgrad sehr gut hält. Über die physikalischen und chemischen Eigenschaften des Schwefels vgl. auch W. A. Cunningham (1, 2).

In Analogie zur verschiedenen Löslichkeit in Schwefelkohlenstoff ist gefällter Schwefel langsamer, aber vollständig löslich in Methyläther und Petroläther, Kältepunkt unter 40°, sublimierter Schwefel auch in Methyläther und Petroläther nur teilweise löslich, nach D. Henville (1, 2) etwa zu 83%.

2. Chemische Prüfung. Bituminöse Stoffe. Die Bestimmung des Bitumens nach Fresenius und Beck hält S. Vinti für ungenau infolge Verflüchtigung oder Umwandlung des Bitumens beim Erhitzen von Schwefel auf 200—220° und wegen der Umwandlung von $CaCO_3$ in CaO und von Gips in Anhydrit bei nachfolgendem Glühen. Vinti empfiehlt daher die Extraktionsmethode mit Schwefelkohlenstoff.

Arsen. P. A. Rowaan (1, 2) bestimmt den Arsengehalt durch Titration mit $^1/_{100}$ n-$KBrO_3$-Lösung. Man schließt im Kjeldahlkolben mit konzentrierter Schwefelsäure und Salpetersäure auf, Dauer des Aufschlusses etwa 2 Stunden. Nach Abkühlen und Verdünnen mit Wasser werden festes Bromkalium und 2 Tropfen Indigotin (0,1 g in 100 cm^3 konzentrierter Schwefelsäure) zugefügt, geschüttelt und langsam mit $^1/_{100}$ n-$KBrO_3$ titriert, bis die blaue Farbe der Lösung über Hellgrün in Farblos umschlägt. Dreiwertiges Eisen wird vor der Titration mit $Na_4P_2O_7$ entfärbt. Von dem Gebrauch an $KBrO_3$ werden 0,1 cm^3 abgezogen. 1 cm^3 $^1/_{100}$ n-$KBrO_3$ = 0,0375% As. Genauigkeit der Methode 0,01%.

Zur quantitativen Bestimmung von Spuren Arsen verwendet man Quecksilberbromidpapier. Die schwefelsaure, arsenhaltige Lösung bringt man zusammen mit Zink und einigen Körnchen Kupfersulfat in eine 100-cm^3-Flasche, über die Ausführung vgl. auch Lunge-Berl II/1,

636—639, 8. Aufl. und den Abschnitt C 2 des Kapitels über die Fabrikation der Schwefelsäure in diesem Band.

Selen. Kleine Mengen Selen werden bei gleichzeitiger Trennung von Tellur nach H. Lindhe colorimetrisch mit Codeinphosphat ermittelt, wobei Schwefel zunächst mit Salpetersäure und dann mit Schwefelsäure behandelt wird. Eisen stört den Nachweis erst in Mengen über 1%.

G. G. Marvin und W. C. Schumb (1, 2) bestimmen in salpetersaurer Lösung das durch Verbrennen des Schwefels im Sauerstoffstrom erhaltene Selendioxyd jodometrisch, womit sie 0,1—0,001% Se erfassen wollen. Andere Autoren [Ztschr. f. anal. Ch. **102**, 353 (1935)] schlagen vor, Schwefel und Selen mit Natriumsulfitlösung aufzulösen, wenn beide in elementarer Form vorliegen. Selen wird dann mit Formaldehyd als rotes Selen abgeschieden. Die Oxydation des Schwefels mit konzentrierter Salpetersäure (94°), nachfolgende Reduktion mit Jodkalium zu metallischem Selen in Gegenwart eines Schutzkolloids und Colorimetrieren des Selens empfehlen W. C. Hughes und H. N. Wilson (1, 2). Für einen Gehalt von 0,01—0,02% Se genügt eine Einwaage von 2 g. Sonst werden 5 g eingewogen. Die salpetersaure Lösung wird bis zum beginnenden Abrauchen der Schwefelsäure erhitzt und wichtig ist, daß die Reduktion mit Jodkalium bei 55—60° C erfolgt.

Direkte Bestimmung des Schwefels. Einen bewährten Apparat zur Oxydation des Schwefels mit Brom und Salpetersäure beschreibt Norman L. Knight (1, 2).

B. Gasschwefel (II/1, 465—467).

Für die Bestimmung des elementaren Schwefels in gebrauchter Gasreinigungsmasse wird von verschiedenen Autoren die Extraktionsmethode empfohlen. A. Rinck und E. Kaempf lösen den Rohschwefel mit Schwefelkohlenstoff, füllen auf ein bestimmtes Volumen auf und entfernen im aliquoten Teil den Schwefelkohlenstoff restlos auf dem Wasserbad. Es folgt das Lösen des Schwefels in Reichert-Meißl-Lauge (75 g KOH in 100 cm³). Man füllt wieder auf und oxydiert im aliquoten Teil den Schwefel mit Bromwasser. Dann folgt die Fällung als Bariumsulfat. Weitere Extraktionsmethoden siehe F. Perna und J. Steinkamp.

H. Boot und A. Ward (1, 2) extrahieren die Massen mit Natriumsulfitlösung. Man titriert dann nach Zusatz von Formaldehyd und Essigsäure das gebildete Thiosulfat. H. Brückner hat diese Methode nachgeprüft und ihre Brauchbarkeit bestätigt. Wichtig ist, daß mit der Schwefelbestimmung zugleich die Bestimmung des Teergehaltes der Masse verbunden werden kann. Brückner erhitzt 2 g Gasreinigungsmasse mit 100 cm³ 20%iger Natriumsulfitlösung 1 Stunde lang am Rückflußkühler zum Sieden. Nach dem Erkalten und Filtrieren wird nach Auffüllen (500 cm³) im aliquoten Teil (25 cm³) unter Zugabe von 10 cm³ 40%igem Formaldehyd und von 20 cm³ 2 n-Essigsäure das gebildete Thiosulfat titriert. Einzelheiten und Analysen sind im Original zu finden.

C. Schwefelkies.

1. Schwefel (II/1, 468—489). Die Fällung mit Bariumchlorid. Die Schwefelsäurebestimmung als Bariumsulfat ist in der Literatur ausgedehnt behandelt worden und auf die Bariumsulfatmethode als Kompensationsmethode ist schon genügend hingewiesen [s. auch H. und W. Biltz (1)]. In der letzten Zeit hat Z. Karaoglanov in drei umfangreichen Arbeiten die „Ursachen der Verunreinigungen von Niederschlägen" zusammenfassend behandelt. Auf diese Arbeiten sei besonders hingewiesen. Eine Abkürzung der Behandlung des gefällten Bariumsulfats durch Auswaschen mit Alkohol und Äther (Porzellanfiltertiegel) bei Vermeiden des Glühens schlägt J. Dick vor. Später [Ztschr. f. anal. Ch. **89**, 262—268 (1932)] wurde die Methode Dick angewandt und ihre Brauchbarkeit bezüglich der Arbeitsbedingungen bestätigt [vgl. auch Ztschr. f. anal. Ch. **81**, 95 (1930); **83**, 105 (1931)]. Zum Filtrieren von Bariumsulfat empfehlen V. Njegovan und V. Marjanvic (1—3) Goochtiegel und Blaubandfilter, Berliner D-Filtertiegel sind zur exakten Sulfatbestimmung ungeeignet infolge Adsorption von Bariumchlorid, welches auch durch Waschen mit Wasser nicht zu entfernen ist, wie Blindversuche ergaben. Über eine Schnellbestimmung von Sulfationen mittels einer gekoppelten Ausfällung berichtet I. E. Orlow, der zu einer Sulfatlösung einige Milligramme Aluminiumchlorid setzt und zuerst Sulfat mit Bariumchlorid in saurer Lösung heiß fällt und dann die heiße Lösung mit 10%igem Ammoniak versetzt (Methylorange). Orlow erreicht dadurch eine wechselseitige Koagulation der entgegengesetzt geladenen kolloidalen Bariumsulfat- und Aluminiumhydroxydteilchen: der Niederschlag kann schon nach einigen Minuten filtriert werden. Der kombinierte Niederschlag läßt sich leicht auswaschen. Man verascht im Platintiegel und zieht von der Auswaage das zugesetzte Al_2O_3 ab. 10 mg Al_2O_3 genügen, um Bariumsulfat aus 200—300 cm^3 zu koagulieren. Nach Beleganalysen wurden 0,04—0,16 g SO_4'' und 6,6 mg Al_2O_3 wie beschrieben gefällt. Das Fällungsvolumen beträgt 125—140 ccm.

Über die Mitfällung des Eisensulfats mit Bariumsulfat und über die Mittel zu ihrer Verhütung vgl. A. Giacalone und F. Russo. Es wird, wenigstens bei $FeCl_3$-Konzentrationen bis zu 1%, der Zusatz einer 1,5%igen Lösung von Rhodanammon in geringem Überschuß und das Erhitzen der dunkelroten Lösung bis zur Entfärbung empfohlen.

Nasser Aufschluß. Lunges klassische Methode für die Schwefelbestimmung im Schwefelkies haben I. Kangun und E. Dondim zu einer Schnellmethode modifiziert. Sie behandeln 0,5 g Einwaage mit 10 cm^3 Königswasser etwa $^1/_2$ Stunde lang in der Wärme und zersetzen den Pyrit dann während 3—5 Minuten bei stärkerem Erwärmen eventuell unter Zugabe von $KClO_3$. Das Eindampfen nach Lunge wird vermieden, der Aufschluß soll quantitativ sein. Nach Zersetzen werden 30 cm^3 Wasser und 5 cm^3 Alkohol hinzugefügt, 2—3 Minuten gekocht und im 500-cm^3-Kolben mit Wasser verdünnt. Dann folgt das Fällen des Eisens mit Ammoniak und das Auffüllen auf 500 cm^3. Die Lösung wird durch ein trockenes Faltenfilter filtriert, und in 100 cm^3 wird Sulfat mit Bariumchlorid bestimmt. G. Ortner schließt Pyrit mit Brom und konzentrierter Salpetersäure auf bei einer Einwaage von nur 0,2 g (Lunge 0,5 g). Um schnell aufzuschließen, wird die Einwaage in einen 100-cm³-Schliffkolben (Abb. 1) gebracht, an dem ein rechtwinklig gebogenes Capillarrohr angeschmolzen ist, das in ein mit Brom und Salpetersäure gefülltes Reagensglas taucht. Erwärmt man den Kolben durch Eintauchen in heißes Wasser, das sich in einem Becherglas befindet und läßt abkühlen, so steigt das Aufschlußmittel in den Kolben. Durch beliebiges Wiederholen der Erwärmung kann man die Menge des Lösungsmittels bemessen. Nach Angaben soll der Aufschluß in einigen Minuten beendet sein, und die Bildung von freiem Schwefel soll unbedingt vermieden werden (Vorteil gegenüber Lunges Aufschlußmethode). Nach dem Lösen werden Kolbeninhalt und Vorlage vereinigt und in üblicher Weise weiter verarbeitet.

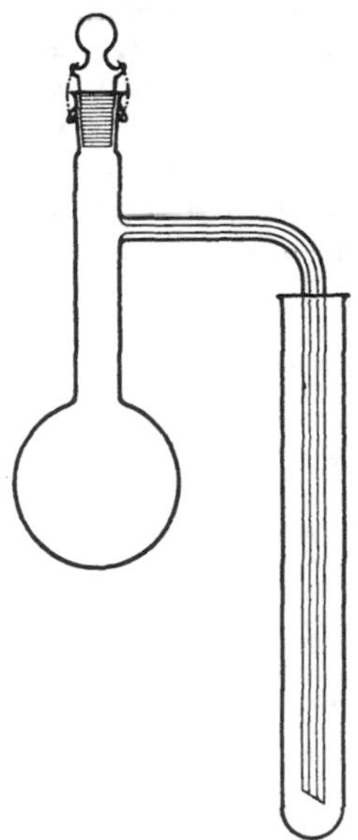

Abb. 1. Aufschlußkolben nach G. Ortner.

Eine Schwefelbestimmung im Pyrit, die auf der Titration der entstandenen Ammoniumsalze (Sulfat und Chlorid) in Gegenwart von Formalin beruht [Kolthoff (1)], beschreiben I. A. Lewin und G. W. Rabowski. 0,7—0,8 g Pyrit wird mit Salpeter-Salzsäuregemisch aufgeschlossen, Eisen wird mit Ammoniak gefällt, und das Filtrat wird auf 200 cm³ aufgefüllt. 25 cm³ vom Filtrat werden mit 7 cm³ 40%igem, gegen Phenolphthalein neutralisierten Formaldehyd versetzt, und die gebildete Säure wird mit $^1/_4$ n-Lauge titriert. In weiteren 25 cm³ Filtrat wird Ammonchlorid mit $^1/_{10}$ n-Silbernitrat titriert. St. Ostrowski schließt Pyrite im Chlorstrom auf. Die Substanz befindet sich im Schiffchen und das knieförmig gebogene Rohr, in welchem sich das Schiffchen befindet, mündet mit seinem vertikalen Teil in Natronlauge. Pyrite, die verhältnismäßig widerstandsfähig sind, werden solange behandelt, bis Eisen quantitativ destilliert ist. Für 0,5 g Pyrit sind nach Angabe zum Aufschluß etwa 2 Stunden erforderlich. E. Erdheim bestätigt die Zuverlässigkeit der Ostrowskischen Methode. Über den Chlorstromaufschluß (Analyse von W. Geilmann) und über ein Gerät für den Aufschluß mit Chlor siehe H. und W. Biltz (2).

Trockene Aufschlußverfahren. H. und W. Biltz beschreiben in ihrem Lehrbuch (s. oben) die Ausführung der Schwefelbestimmung nach dem Schmelzverfahren und erwähnen, daß für die Fällung des Schwefels als Bariumsulfat die benötigte Bariumchloridlösung wegen der großen Mengen Natriumsalz nicht tropfenweise hinzugefügt werden darf. Die Literatur über den Pyritaufschluß auf trockenem Wege ist durch einige Arbeiten ergänzt worden. D. P. Liebenberg und S. Leith (1, 2) schließen 0,5 g Kies im Nickeltiegel mit 5 g Natriumperoxyd auf. Die Probe wird innig gemischt und mit Peroxyd überschichtet. Man schmilzt ein und hält 1 Minute auf dunkler Rotglut. Nach dem

Erkalten wird der Tiegelinhalt zuerst mit Wasser und dann mit Salzsäure behandelt, bis alles Eisen gelöst ist. Man fügt noch 10 cm³ Salzsäure im Überschuß hinzu und füllt auf etwa 400 cm³ auf. Mit 10 cm³ 10%iger Jodkaliumlösung wird Eisen reduziert und Jod abdestilliert. In dieser so vorbereiteten Lösung kann Sulfat jetzt mit Bariumchlorid gefällt und in bekannter Weise verarbeitet werden. Über die Bedingungen für die quantitative Reduktion des Eisens vgl. Kolthoff (2). Die Schmelze des Pyrits mit Ätznatron und die nachfolgende titrimetrische Bestimmung des Schwefels beschreibt W. P. Semljanitzyn (2, 3). Man vermischt 0,3 g Pyrit mit 2 g gepulvertem Ätznatron und überschichtet mit weiteren 3 g Schmelzmittel. Das Gemisch wird vorsichtig eingeschmolzen, und nach Erkalten wird die Schmelze im Achatmörser verrieben. Man löst in Wasser und füllt auf 500 cm³ auf. Hiervon werden 100 cm³ in einem 250-cm³-Meßkolben mit gemessener Menge $^1/_{10}$ n-$AgNO_3$-Lösung im Überschuß versetzt, dann wird mit Schwefelsäure (1:5) angesäuert und aufgefüllt. Nach Filtrieren des Sulfidniederschlages wird in 50 cm³ Filtrat der Überschuß an zugesetztem $^1/_{10}$ n-$AgNO_3$ zurücktitriert. Die erhaltenen Werte liegen niedriger als die nach der gewichtsanalytischen Methode gefundenen Zahlen. In Anlehnung an die Methode von Böckmann schließt A. W. Winogradow (2) den Kies mit Soda und Chlorat auf und verkürzt die Analyse durch die von ihm selbst (1) ausgearbeitete maßanalytische Bestimmung der Sulfate (Titration des $BaCl_2$-Überschusses durch K_2CrO_4 in Gegenwart von Rosolsäure).

In jüngster Zeit haben russische Autoren Schmelzmittel angewandt, die jedoch schon früher benützt wurden, z. B. das Gemisch 4 Teile Zinkoxyd und 1 Teil wasserfreie Soda.

Die Schwefelbestimmung in Sulfiden, Pyriten, Zinkblende hat J. Hommé in Anlehnung an Bruncks Untersuchungen über die Bestimmung des Schwefels in Kohle vorgenommen. Hiernach wird 1 g Pyrit mit 2 g Kobalt und 3 g Soda im Porzellanschiffchen vermischt, und das Gemisch wird mit einer Sodaschicht bedeckt. Man schließt den so vorbereiteten Kies im elektrischen Ofen (Höchsttemperatur 1000°) im Sauerstoffstrom auf, was bei Pyrit in 25 Minuten erreicht sein soll. Die aufgeschlossene Substanz läßt man an der Luft erkalten, zerdrückt unter Zusatz von heißem Wasser, filtriert und wäscht mit Sodalösung nach. Das im Filtrat befindliche Sulfat wird in bekannter Weise gefällt und bestimmt.

Das Röstverfahren. Nach diesem in der Technik bis jetzt wenig eingeführten Verfahren erhitzt man den Pyrit im Sauerstoffstrom und fängt die Röstgase in geeigneten Absorptionsmitteln auf. H. und W. Biltz haben schon 1930 in der ersten Auflage ihres Lehrbuches das Röstverfahren veröffentlicht und weisen darauf hin, daß „technisch und analytisch dieses Verfahren der Schwefelbestimmung grundsätzlich als das bei weitem beste erscheint. Technisch deshalb, weil es der Nutzbarmachung des sulfidischen Schwefels im großen nachgebildet ist und somit am ehesten eine zutreffende Bewertung erlaubt; analytisch deshalb, weil die Schwefelsäure in einer von Fremdstoffen freien Lösung zur Bestimmung gelangt". Als Absorptionsmittel werden wasserstoffperoxydhaltiges, etwa 3%iges Ammoniak oder wasserstoffperoxydhaltige Natronlauge bekannter Stärke angewandt. Im ersten Falle erfolgt die Bestimmung von Sulfat gravimetrisch, im zweiten wird Schwefelsäure durch Zurücktitrieren der überschüssigen Lauge oder maßanalytisch mit Benzidin nach Raschig ermittelt. Das Erhitzen der Probe erfolgt im Quarzglasrohr zunächst schwach und dann stärker im elektrischen Röhrenofen bis schließlich auf 1000° (Abb. 2).

Über die Bewertung der Schwefelbefunde, das ist der durch Rösten ermittelte Schwefel und der Restschwefel im Rückstand vgl. die Ausführungen der Verfasser in ihrem Lehrbuch.

Später ist das Röstverfahren aufgegriffen worden, doch bringen die Veröffentlichungen nur das, was Jahre vorher schon von H. und W. Biltz mitgeteilt wurde.

Reduktionsmethoden. Eine Reduktionsmethode zur Bestimmung von Schwefel in Pyriten beschreibt C. Hawes (1, 2) in Anlehnung

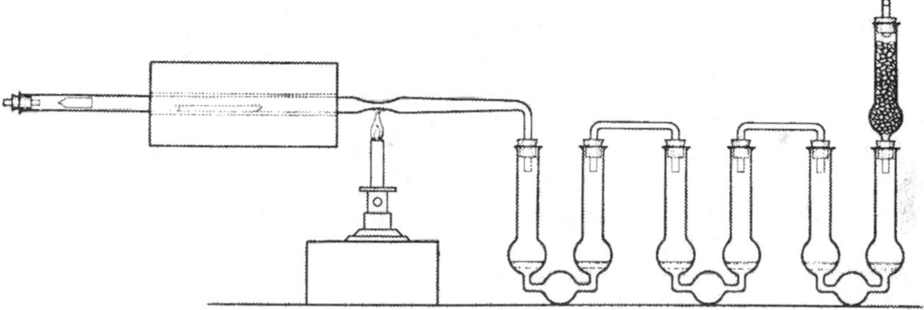

Abb. 2. Schwefelbestimmung durch Rösten nach H. und W. Biltz.

an viele frühere Veröffentlichungen. Hawes vermischt 0,5 g Substanz mit 2,5 g Eisenpulver und erhitzt im bedeckten Tiegel zur hellen Rotglut. Der Tiegelinhalt wird im Erlenmeyerkolben durch Salzsäure zersetzt und der entwickelte Schwefelwasserstoff in 40 cm³ 10%iger Lauge aufgefangen. Nach starkem Verdünnen der Lauge und schwächstem Ansäuern, wobei kein Schwefelwasserstoff entweichen soll, wird Schwefelwasserstoff jodometrisch bestimmt. Diese Methode wird rasch durchzuführen sein und sich für die schnelle Ausführung von Parallelbestimmungen eignen. Über eine weitere Methode vgl. J. Mocquart (1, 2). Eine ammoniakalische Lösung von Zinkchlorid oder Zinksulfat zur Absorption des entwickelten Schwefelwasserstoffs empfiehlt R. Frenkel.

Die maßanalytische Bestimmung der Schwefelsäure. In diesem Abschnitt sollen die in den letzten Jahren erschienenen Arbeiten über die maßanalytische Bestimmung der gebundenen Schwefelsäure kurz zusammengefaßt werden.

Einen Sulfatschnellbestimmer beschreibt K. Hofer. Der Apparat bestimmt den Sulfatgehalt, z. B. des Kesselwassers, nach dem Verfahren der Trübungsmessung (II/1, 481). Die Originalarbeit gibt die Ergebnisse der Eichung und der Kontrollmessungen an und weist darauf hin, daß der Bestimmer sich auch für die Ermittlung des Schwefels in Brennstoffen eignet.

Die Titration mit Ätzbaryt. Die Frage, ob es möglich ist, gebundene und freie Schwefelsäure direkt mit Barytlösung zu titrieren, hat I. M. Kolthoff und E. B. Sandell (1, 2) beschäftigt. Bei der Titration von Sulfat (Kaliumsulfat) mit $Ba(OH)_2$ wird vom Niederschlag eine beträchtliche Menge Base adsorbiert; diese kann durch Kochen der Lösung mit einem kleinen Überschuß von Schwefelsäure entfernt werden. Bei Rücktitration bei gewöhnlicher Temperatur ist dann der Fehler klein (0—0,2%). Wird Sulfatlösung zur Barytlauge gegeben, so ist der Fehler durch Einschluß etwa 1%. Bei der Titration von Schwefelsäure mit Barytlösung werden die besten Resultate erhalten, wenn die Säure bei gewöhnlicher Temperatur mit Ätzbaryt titriert wird (Phenolphthalein, Phenolrot, Methylrot). Nach der ersten Farbänderung wird die Lösung zum Sieden erhitzt und Ätzbaryt zugegeben, bis die Farbe 15—30 Sekunden bestehen bleibt. Das Sieden wird 5 Minuten fortgesetzt, die Titration wird nach Abkühlen auf Zimmertemperatur beendet. Fehler 0,1—0,2%. Bei der Titration von heißer Schwefelsäure wird der Fehler größer (bis 0,6%). Über die Fehlerquellen, Adsorption und Einschluß, z. B. von Schwefelsäure oder Ätzbaryt, vgl. die Originalarbeit. Kolthoff erwähnt, daß frisch gefälltes Bariumsulfat die Schwefelsäure adsorbiert, und daß die adsorbierte Menge 3% beträgt. Die Titration von Ätzbaryt mit Schwefelsäure ist weder in kalter noch in heißer Lösung möglich, da vom Niederschlag zuviel Ätzbaryt adsorbiert wird (Fehler etwa 2%). Bei den Untersuchungen erfolgte die Einstellung der Barytlauge mit Kaliumbiphthalat.

Die Titration mit Barium- und Bleisalz. Die direkte Titration der Sulfatlösungen mit Bariumchlorid bis zur Beendigung der Niederschlagsbildung hat L. Fridberg vorgeschlagen. Diese Methode ist indessen ungenau. Nach A. Chalmers und G. Rigby (1, 2) wird Sulfat z. B. in organischen Substanzen nach Aufschluß in der Parr-Bombe bestimmt, indem die neutrale Lösung der Schmelze mit Alkohol und mit $^1/_{10}$ n-Bariumchloridlösung überschüssig versetzt wird und der Überschuß des Bariumchlorids mit $^1/_{10}$ n-Sodalösung zurücktitriert wird (Phenolphthalein). Ein Blindversuch ist erforderlich.

Weiteres Schrifttum: J. Fialkow und M. Schtschigol und L. Sümegi.

Nach der Methode von Köszegi (Hansen-Schmidt) wird überschüssiges Barium durch überschüssiges Kaliumbichromat in saurer Lösung gefällt, der Niederschlag filtriert und der Überschuß an Bichromat im Filtrat jodometrisch bestimmt. Ph. Photiadis findet, daß diese Methode um 0,5—0,8% höhere Werte gibt, da in der deutlich essigsauren Lösung Bariumchromat etwas löslich ist. Um eine quantitative Bestimmung zu erreichen, ist es nötig, unter Bedingungen zu arbeiten, bei denen das Bariumchromat völlig unlöslich wird. Dies berücksichtigt der Verfasser und gibt eine Arbeitsvorschrift (s. Original). Für die Bestimmung kleiner Mengen Sulfat, z. B. in Wasser, wird nach einer Sondervorschrift gearbeitet. Die Arbeit enthält auch eine Literaturübersicht (s. S. 177).

J. R. Andrews (1, 2) bestimmt in einer Lösung, die keine oxydierenden und reduzierenden Bestandteile enthalten darf, 2—200 mg

SO_4'' auf folgende Weise: Man fügt zur Lösung 10 cm³ 30%ige Natriumacetatlösung und für je 15 mg SO_4 10 cm³ Bariumchromatlösung (5 g Bariumchromat + 26 cm³ HCl + 975 cm³ Wasser) und 3 Tropfen konzentriertes Ammoniak und kocht 5 Minuten lang. Nach Abkühlung wird filtriert, und das Filtrat wird nach Zugabe von Schwefelsäure mit überschüssigem Ferroammonsulfat versetzt, das wiederum mit Kaliumpermanganat zurückgenommen wird. Bariumchromat darf keine löslichen Bariumsalze oder Chromate enthalten. Die Originalarbeit gibt eine Prüfung auf Reinheit an.

Andere Bearbeiter schlagen vor, den Bariumchloridüberschuß unter Verwendung eines Indicators direkt mit Chromatlösung zurückzutitrieren. Eine solche ist eine $^1/_{10}$ n-Ammoniumkaliumchromatlösung (7,365 g $K_2Cr_2O_7$ werden in 100 g Wasser gelöst und mit Ammoniak bis zum Farbumschlag in Gelb versetzt und auf 1 l verdünnt), die M. Dominikiewicz vorschlägt. Bei der direkten Titration von Bariumsalzen, auch bei der Bestimmung des Bariumchloridüberschusses nach der Sulfatfällung, titriert A. W. Winogradow und Mitarbeiter (2) mit Kaliumchromat in neutraler Lösung und erhält einen scharfen Umschlagspunkt bei Anwendung von Rosolsäure als Indicator, während Methylrot und Bromthymolblau versagen. Geringe Mengen Eisen können vor der Bestimmung mit Calciumcarbonat entfernt werden, größere Mengen stören, ebenso Ammonsalze, Carbonate, Phosphate, Oxalate. W. A. Nasarenko findet, daß die Genauigkeit der eben genannten Methode etwa 1% beträgt, sie wird aber größer, wenn man auf je 10 cm³ Titerflüssigkeit 5 cm³ Alkohol zusetzt, da dann der Umschlag schärfer wird. Saure und alkalische Lösungen lassen sich nach vorheriger Neutralisation mit $^1/_{10}$ n-Lauge oder Säure (Phenolphthalein oder Rosolsäure) ebenfalls mit Kaliumchromat titrieren.

Statt mit Bariumchlorid versetzt N. A. Tananajew eine Sulfatlösung mit überschüssiger, gegen Soda eingestellter Bleinitratlösung, füllt auf ein bestimmtes Volumen auf und filtriert. Im aliquoten Teil des Filtrats wird das überschüssige Bleinitrat mit Soda und Phenolphthalein zurücktitriert, und zwar wie bei der Einstellung der Bleinitratlösung selbst, d. h. man versetzt mit 0,5 cm³ Indicator, erhitzt zum Sieden und titriert unter Schütteln auf Rosa. Jetzt wird vom Niederschlag abgegossen, mit Wasser verdünnt, aufgekocht und nach erneuter Zugabe von 0,5 cm³ Indicator auf Rosa zu Ende titriert. Die Fehlergrenze soll gegen die gravimetrische Methode bis 0,2% betragen. Z. Mindalew titriert Sulfate mit Bleinitratlösung und Jodkalium als Indicator. Einen störenden Einfluß von $Ca^{\cdot\cdot}$ und Cl' kann man durch Zusatz von Fluornatrium und Silbernitrat beheben.

Die Adsorptionsindicatoren. Einige Arbeiten berichten über die Verwendung von Adsorptionsindicatoren zur Sulfattitration. Nach A. W. Wellings (1, 2) werden neutrale Lösungen von Magnesium- und Mangansulfat nach Zusatz von 5 Tropfen 1%iger alkoholischer Fluoresceinlösung mit 0,1 mol. Barytlösung direkt titriert. Der erste Tropfen überschüssiger Barytlauge färbt die Lösung rosa bis dunkelorange durch Adsorption des Farbstoffs an kolloidale Teile von Magnesium- oder Manganhydroxyd. Der Farbumschlag tritt dann ein, wenn die Fällung der Hydroxyde der Metalle im alkalischen Gebiet erfolgt, wie weitere Untersuchungen zeigten bei einem p_H über 8,5 (Journ. Indian Chem. Soc. **12**, 164—167 (1935). — Chem. Zentralblatt **1936 II**, 1391). Das ist bei Magnesium- und Mangansulfat der Fall (10,5 und 8,5—8,8), wenn diese mit Barytlauge titriert werden. Die Originalarbeit berichtet über eine Erklärung für das Zustandekommen der Adsorption. Bei dem Verfahren von Wellings stören Acetate nicht. Dadurch ist nach M. B. Rane und K. R. Apte (1, 2) die titrimetrische Bestimmung von Chloriden und Sulfaten in Gemischen mit Hilfe eines Adsorptionsindicators möglich. Man titriert zunächst Chlorid mit Silberacetat und Fluorescein als Indicator (Farbumschlag Weiß zu Ziegelrot) und darauf Sulfat nach Wellings mit Ätzbaryt (Gelb zu Orangerosa). Vor der Sulfattitration werden 5 cm^3 einer 5%igen Magnesium-Acetatlösung hinzugefügt. Essigsäure und Salzsäure müssen vor der Titration genau mit Ammoniak neutralisiert werden. Über einige weitere Beispiele von Fluorescenz-Adsorptionsindicatoren in der Acidimetrie vgl. H. Fleck, R. Holness und A. Ward (1, 2). Eine 0,5%ige wäßrige Lösung von Eosin Y als Adsorptionsindicator wird von J. Ricci (1, 2) bei der Titration von Alkalisulfat mit Bleinitratlösung empfohlen, ebenso Fluoresceinnatrium in 0,2%iger, wäßriger Lösung von S. N. Roy.

Tüpfelmethoden. Nach anderen Bearbeitern erfolgt die Erfassung des Endpunktes bei der Bestimmung der Sulfat- und Bariumionen durch Tüpfeln. So erkennt W. N. Skworzow den Endpunkt mit einer Lösung von Ammoniumdichromat und Natriumacetat auf dem Uhrglas. Eine Endpunktsbestimmung durch Tüpfeln haben V. R. Damerell und H. H. Strater (1, 2) angegeben. A. Mutschin und R. Pollak (1, 2) haben bei der direkten Titration von Sulfat mit Bariumchlorid Natriumrhodizonat als Tüpfelindicator angewandt. Generell führen sie bei unbekannten Sulfatmengen zwei Titrationen mit Bariumchloridlösung aus, die erste orientierende, die zweite zur genauen Feststellung des Endpunktes. Die Originalarbeiten enthalten zahlreiche Tabellen und Literatur, worauf hingewiesen sei.

Allgemeines. Die Beobachtung von H. Strebinger und L. v. Zombory, daß Sulfat- und Bariumion mit rhodizonsaurem Natrium als Indicator (II/1, 485) maßanalytisch bestimmt werden können, hat in den letzten Jahren Nacharbeitung und Kritik der Methode gezeitigt [vgl. die Literaturübersicht in der Ztschr. f. anal. Ch. **105**, 347 (1936)]. R. B. Roschal bestimmt Sulfat mit einem Zusatz von Ammonchlorid und Glycerin (Indicator Natriumrhodizonat). J. C. Giblin (1, 2) schlägt vor, den Endpunkt durch Tüpfeln der über dem Niederschlag stehenden Flüssigkeit mit einem auf Filterpapier gebrachten Tropfen Indicatorlösung festzustellen. Bei Gegenwart geringster Mengen Barium tritt Rosafärbung ein. H. Strebinger und L. v. Zombory haben zu den Erörterungen über ihre Methoden Stellung genommen und bei Durchführung von Versuchsreihen mit $^1/_2$ n-Bariumchlorid- und $^1/_5$ n-Kaliumsulfatlösung die Brauchbarkeit ihrer Methoden nachgeprüft und bestätigt. Sie empfehlen, als Indicator 10 Tropfen einer frisch hergestellten Lösung von 15 mg Natriumrhodizonat in 5 cm^3 Wasser anzuwenden. Die Titration des Sulfats in saurer Lösung haben die Verfasser geändert:

Vor dem Fällen des zu bestimmenden Sulfats mit überschüssigem Bariumchlorid wird 0,3 cm^3 10%ige Salzsäure zur Untersuchungslösung gegeben. Man läßt nach Umschütteln einige Minuten stehen und setzt dann erst 10 Tropfen Indicatorlösung hinzu. Das überschüssige Bariumchlorid wird darauf mit 0,2 n-K_2SO_4-Lösung bis zum Verschwinden der roten Farbe zurücktitriert. Ein Ammonchloridzusatz erwies sich als günstig. In neutralen Lösungen gilt die Vorschrift der Originalveröffentlichung. Für Mikrobestimmungen ist das Verfahren nicht anzuwenden. Die von A. Mutschin und R. Pollak (3) veröffentlichte Analysenmethode für Sulfate lehnt sich an die Methode der beiden eben Genannten an. Sie lautet: Die neutral gestellte Sulfatlösung (Volumen etwa 500 cm^3) wird mit soviel Ammoniumchlorid versetzt, daß der Gehalt etwa 2% beträgt. Man fügt Aceton hinzu, der Acetongehalt soll etwa 35% sein. Nach Zusatz von je 2—3 cm^3 0,2 n-Bariumchloridlösung wird gut umgeschüttelt und 1 Tropfen Indicatorlösung hinzugefügt. Mit dem Zusatz der Bariumchloridlösung hört man auf, wenn der einfallende Tropfen Natriumrhodizonatlösung sich rot färbt, womit bereits ein Bariumchloridüberschuß angezeigt wird. Man stellt durch Zugabe von 1—1,5 ccm Indicatorlösung und eventuell durch Zugabe neuer Bariumchloridlösung auf den blauroten Farbton in der Lösung ein. Darauf wird mit 0,2 n-$(NH_4)_2SO_4$ zurücktitriert. Die Originalarbeit enthält die Bestimmung von SO_4'' neben $Na^{\cdot}$, $K^{\cdot}$, $Mg^{\cdot\cdot}$, $Ca^{\cdot\cdot}$, $Zn^{\cdot\cdot}$, $Cd^{\cdot\cdot}$.

W. Schroeder (1—3) verwendet die Rotfärbung des Bariumsalzes von Tetrahydroxychinon zur Festlegung des Endpunktes bei der Sulfatbestimmung. Die mit Bariumchlorid zu titrierende Sulfatlösung soll bezüglich des Salzsäuregehaltes höchstens 0,03 n sein. Vorteilhaft setzt man zur Sulfatlösung Alkohol. Die Originalarbeit enthält eine vollständige Literaturübersicht. Nach R. Sheen und H. Kahler (1, 2) eignet sich statt Äthylalkohol auch Isopropylalkohol, und zur Verschärfung des Endpunktes wird ein Kochsalzzusatz empfohlen.

2. Arsen (II/1, 489—498). Die erste Mitteilung über die Reduktion von Arsenverbindungen in stark sauren Lösungen mit unterphosphoriger Säure zu Arsen haben R. Engel und I. Bernard (1, 2) gemacht. Beide erwähnen schon die Möglichkeit, daß nach dieser Methode Arsen in Gegenwart der Metalle der dritten, vierten und fünften Gruppe bestimmt werden kann. L. Brandt (1, 2) untersuchte die Brauchbarkeit der Methode zur Trennung des Arsens von den meisten anderen Metallen und verwendet Calcium-, Natriumhypophosphit und unterphosphorige Säure. Weitere Arbeitsweisen für die Arsenbestimmung, auch für arsenhaltige Pyrite, gibt B. S. Evans (1—4), und in Anlehnung an Evans haben S. Fainberg und L. Ginzburg ausführliche Vorschriften für die Bestimmung geringer Arsenmengen in Metallen und Erzen durch Fällung mit Natriumhypophosphit ausgearbeitet. Diese schnelle Bestimmungsmethode beweist ihre Brauchbarkeit, verbunden mit bequemer Ausführung und größter Genauigkeit, immer wieder.

Bei der Arsenbestimmung im Schwefelkies werden 10 g Kies im Erlenmeyerkolben mit 60 cm^3 HNO_3 1,4 zersetzt, worauf auf dem Sandband bis zum Auftreten der Schwefelsäuredämpfe eingedampft wird.

Nach Erkalten nimmt man mit Wasser auf, filtriert ab und dampft das Filtrat auf etwa 50 cm³ ein. Jetzt setzt man 50 cm³ konzentrierte Salzsäure und 5 g Natriumhypophosphit zu und läßt die Lösung 2 bis 3 Stunden auf dem Wasserbad heiß stehen, wobei sich Arsen zusammenballt. Nach dem Verdünnen mit Wasser wird Arsen filtriert. Jetzt zerschüttelt man das Filter mit dem Arsen in einem Erlenmeyerkolben mit Wasser und gibt, immer unter Schütteln, zunächst soviel $^1/_{10}$ n-Jodlösung hinzu, bis die Lösung gelb gefärbt erscheint; dann wird festes Natriumbicarbonat (etwa 5 g) und Stärkelösung zugegeben und mit $^1/_{10}$ n-Jodlösung titriert bis zur schwachen Blaufärbung. 1 cm³ $^1/_{10}$ n-Jod = 0,0015 g As.

Im Filtrat von Arsen können ohne weiteres z. B. Kupfer, Zink usw. bestimmt werden.

Für die Arsenbestimmung im Silberarseniat benutzen A. Pomerantz und McNabb (1, 2) die von McNabb beschriebene Methode der Silberbestimmung durch Titration mit Kaliumjodid (Stärke und Ceriammonsulfat als Indicator). Man fällt Arsen als Silberarseniat und wäscht wegen der Löslichkeit des Niederschlages in kaltem Wasser mit einer gesättigten Silberarseniatlösung aus. Der Niederschlag wird dann vom Filter mit etwa 30 cm³ warmer 2 n-Salpetersäure gelöst, und das Filter wird mit heißem Wasser nachgewaschen. Die salpetersaure Lösung wird im Fällungskolben selbst aufgefangen, auf 1 n bis 2 n-Salpetersäuregehalt gebracht, mit Stärkelösung und 3 Tropfen Ceriammonsulfatlösung versetzt und mit $^1/_{10}$ n-KJ-Lösung titriert (blaugrüner Farbton). Die Verfasser schreiben, daß die Methode ausgezeichnete Werte gibt (Beleganalysen), aber nicht angewandt werden kann in Gegenwart von Phosphorsäure, Vanadin, Molybdän, Wolfram und sechswertigem Chrom. Über die Fällung von Silberarseniat aus Alkaliarseniatlösungen vgl. Hillebrand und Lundell.

Die Destillationsmethode. Die Bestimmung und die Trennung des Arsens durch Destillation haben H. und W. Biltz in ihrem Lehrbuch besprochen (S. 332—346). Hier findet sich die Literatur, eine kritische Betrachtung über Fehlerquellen, Anwendungsbereich usw.

Die Destillation zur Bestimmung von Arsen, gleichzeitig mit Selen, haben W. O. Robinson und Mitarbeiter (1, 2) aufgegriffen und beschreiben die Bestimmung von kleinen und kleinsten Mengen Arsen und Selen in Pyriten, Schiefer, tierischen und pflanzlichen Stoffen. Pyrite werden mit Salpetersäure aufgeschlossen, mit Schwefelsäure abgeraucht, mit einigen Tropfen 30%igem Wasserstoffperoxyd oxydiert und nach Zerstören des letzteren mit 75 cm³ Bromwasserstoffsäure (40—48%) und etwas Brom destilliert. Der Apparat ist der übliche und in der Originalarbeit skizziert. Das Destillat wird mit SO_2 behandelt, Selen wird mit Hydroxylaminchlorhydrat gefällt und gewogen. Bei kleineren Mengen wird es colorimetriert nach Cousen. Im Filtrat des Selenniederschlages befindet sich Arsen, für dessen Bestimmung bei kleinen Mengen die Verfasser die Methode von Denigès (1, 2) empfehlen. Über einen Arsendestillationsapparat ohne Schliffstopfen vgl. B. S. Evans (5, 6) und J. A. Scherrer (1, 2).

A. W. Winogradow und Mitarbeiter (1) schmilzt zur Arsenbestimmung in Pyriten 2 g Pyrit mit 15—20 g Soda und laugt die Schmelze mit Wasser aus. Man füllt auf 200 cm³ auf, filtriert und neutralisiert vom Filtrat 50 cm³ zunächst mit reiner, arsenfreier Schwefelsäure. Dann wird mit etwa 30 cm³ 2 n-Schwefelsäure angesäuert, metallisches Zink hinzugefügt und im Apparat nach Mai und Hurt Arsenwasserstoff entwickelt, der durch vorgelegte $^1/_{100}$ n-Silbernitratlösung, die sich im Kugelrohr befindet, geleitet wird.

$$AsH_3 + 6\,AgNO_3 + 3\,H_2O = As(OH)_3 + 6\,Ag + 6\,HNO_3\,.$$

Der Inhalt des Kugelrohres wird filtriert, mit wenig Wasser nachgewaschen, und das Filtrat wird mit $^1/_{100}$ n-Rhodanlösung zurücktitriert.

$$1\,cm^3\ ^1/_{100}\ n\text{-}AgNO_3 = 0{,}125\ mg\ As\,.$$

3. Selen (II/1, 505—508). Einen Beitrag und eine kritische Besprechung zur analytischen Bestimmung des Selens als Metall liefert K. Brückner. Brückner löst 20 g Kies in konzentrierter Salpetersäure und raucht mit 60 cm³ konzentrierter Schwefelsäure bis zum Auftreten der SO_3-Dämpfe ab. Nach Verdünnen werden 20 cm³ konzentrierte Salzsäure hinzugefügt und filtriert. In das auf 60° erwärmte Filtrat wird zunächst SO_2 eingeleitet, dann Hydrazinhydratlösung zugefügt, und der Niederschlag wird filtriert. Der Verfasser empfiehlt, die erste Fällung aufzulösen und Selen nochmals mit 2 cm³ Hydrazinhydratlösung zu fällen. Die Originalarbeit gibt Einzelheiten an.

Die schon früh von Grabe und Petrén angegebene Methode für die Bestimmung von Selen haben A. A. Borkowski und Mitarbeiter angewandt und bestätigen ihre Brauchbarkeit.

S. T. Wolkow gibt eine Methode für die Trennung und Bestimmung von Selen und Tellur in sulfidischen Erzen an. Schwierigkeiten können durch Gegenwart von Gold und Kupfer auftreten; diese sind indessen zu überwinden (Brückner). Wolkow schließt das Erz mit Salpetersäure auf, es folgt Verdünnen, Filtrieren und Eindampfen mit Schwefelsäure; nach Aufnehmen mit konzentrierter Salzsäure werden Selen und Tellur zusammen mit Zinnchlorür gefällt. Es wird filtriert, und der Filterinhalt wird in Salzsäure nach Zusatz einiger Tropfen Salpetersäure gelöst. Die Trennung beider gelingt in einer 40—50% HCl enthaltenden Lösung durch kurzes Kochen mit Hydrazinsulfat, wobei praktisch nur Selen gefällt werden soll, während Tellur im Filtrat mit Zinnchlorür aus einer 20—25% HCl enthaltenden Lösung gefällt wird.

Über eine weitere Bestimmungsmethode für Selen in Schlämmen und Kiesen vgl. A. W. Winogradow und L. D. Finkelstein.

Über die Bestimmung von Arsen und Selen nebeneinander vgl. W. O. Robinson und Mitarbeiter (1, 2) im vorigen Abschnitt, und über einen mikrochemischen Nachweis von Selen und Tellur nebeneinander siehe N. S. Poluektoff.

Colorimetrisch werden Selen und Tellur nach W. K. Semel bestimmt. Das Auflösen von Selen in Schwefelnatriumlösungen und die Titration solcher Lösungen mit Cyankalium beschreiben E. Benesch und Mitarbeiter, eine Methode die von B. Ormont kritisch besprochen und deren Anwendbarkeit für die Analyse von Bleikammerschlamm in Frage gestellt wird. Für Selenfällungen wird übrigens die Anwendung von SO_2-Lösungen in Aceton empfohlen, (s. V. Hovorka).

4. Kupfer, Blei und Kohlenstoff (II/1, 498—503, 508). Wird Arsen nach der Hypophosphitmethode gefällt, so kann im Filtrat der Arsenfällung ohne weiteres Kupfer bestimmt werden, wenn man nach dem Verdünnen mit Schwefelwasserstoff sättigt. Der CuS-Niederschlag wird abfiltriert und im Porzellantiegel verascht und geglüht. Man bringt das geglühte Kupferoxyd mit 5—10 cm^3 HNO_3 1,4 im Porzellantiegel selbst in Lösung, spült die salpetersaure Lösung in ein 100-cm^3-Kölbchen, macht die Lösung ammoniakalisch und filtriert einen etwa ausfallenden Niederschlag ab. Das Filtrat wird in einem 300-cm^3-Becherglas gesammelt und zur Kupferelektrolyse vorbereitet, indem es zunächst mit Ammoniak neutralisiert und dann mit 5 cm^3 HNO_3 1,2 versetzt wird. Die Elektrolyse des Kupfers erfolgt jetzt entweder bei 1 Ampere 1 Stunde lang unter Rühren oder bei 0,25 Ampere über Nacht.

Blei befindet sich im unlöslichen Rückstand des Schwefelkiesaufschlusses als Sulfat. Zur Bleibestimmung filtriert man nach Erwärmen mit starker Ammonacetatlösung ab, macht das Filtrat ammoniakalisch und fällt mit Schwefelwasserstoff Bleisulfid, das man in bekannter Weise in Bleisulfat überführt, welches gewogen wird.

Die Verwendung von Kupferron, von O. Baudisch zuerst empfohlen, bei der Analyse von kupferhaltigen Pyriten beschreibt N. I. Matwejew. Nach Matwejew werden 5 g Erz wie bekannt mit Säure behandelt, der Rückstand mit Pottasche geschmolzen, Kieselsäure abfiltriert usw. Vom aufgefüllten Filtrat wird ein aliquoter Teil (von 500 cm^3 z. B. 50 cm^3) mit Kupferronlösung in der Kälte und schwach sauer gefällt, wobei die Anwesenheit von Mineralsäure für die Fällung des Eisens mit Kupferron nicht schadet, für die Fällung des Kupfers erst dann, wenn ein größerer Überschuß vorhanden ist. Zu empfehlen ist die Fällung in essigsaurer Lösung. Beim Rühren mit dem Glasstab setzen sich beide Niederschläge bald ab, die filtriert und mit Ammoniak behandelt werden. Hierdurch geht das Kupfersalz in Lösung, aus welcher Kupfer nochmals, jetzt nach Ansäuern mit Essigsäure, mit Kupferron gefällt wird. Eisen, auf dem Filter bleibend, wird verascht. Vgl. H. Biltz und O. Hödtke.

Zur Schnellbestimmung des Kupfers empfiehlt I. Ubaldini, es mit Ephraims Reagens zu fällen. Ansatz des Reagens: 1 g Salicylaldoxim in 5 cm^3 95%igem Alkohol auflösen, auffüllen mit 80° heißem Wasser auf 100 cm^3. Über die Fällung des Kupfers als Acetylenkupfer und seine Bestimmung mit Cyanidlösung siehe L. Jolson.

L. M. Jolson und E. M. Tall berichten über eine Schnellmethode zur Bestimmung von Blei, die auf sulfidische Erze Anwendung finden kann. Hiernach erfolgt die Bestimmung des Bleis titrimetrisch mit einer Ammonmolybdatlösung und Tanninlösung als Indicator.

Die Bestimmung des Kohlenstoffs in kohlehaltigen Pyriten erfolgt durch die Elementaranalyse und durch die Verbrennung mit Chromschwefelsäure. Über die chemische Zusammensetzung und die Methode zur Analyse des Kohlenkieses berichten einige russische Veröffentlichungen, u. a. von L. M. Jolsson und W. P. Semljanitzyn (1).

5. Quecksilber. Für die Mikrobestimmung von Quecksilber werden 2—3 g Kies im Porzellanschiffchen eingewogen, das in ein Verbrennungsrohr gebracht wird. Man röstet den Pyrit im Sauerstoffstrom (Verbrennungsofen langsam anheizen, Dauer etwa 3 Stunden) und benützt als Vorlage Wasser im Zehnkugelrohr und zum Ausfrieren des Quecksilbers ein Doppel-U-Rohr (flüssiger Sauerstoff, U-Rohr auswechseln). Nach beendeter Röstung wird das Wasser der Vorlage in einen 750-cm^3-Erlenmeyerkolben geschüttet, Verbrennungsrohr und Zehnkugelrohr werden mit konzentrierter HNO_3 sorgfältig ausgespült, und die Salpetersäure wird in den Kolben gebracht. Der Inhalt des U-Rohres wird nach Stock behandelt: Man gibt 3—4 cm^3 Wasser in das U-Rohr, leitet Chlor ein und spült das so in Chlorid übergeführte Quecksilber ebenfalls in den Erlenmeyerkolben (Gesamtvolumen jetzt etwa 250—300 cm^3). In die gesammelten Vorlagen werden 30 mg Kupfersulfat gegeben, man macht schwach ammoniakalisch und wieder schwach salzsauer (3—4 cm^3 konzentrierte HCl im Überschuß) und leitet Schwefelwasserstoff ein. Die weitere Verarbeitung ist die von Stock und Mitarbeitern angegebene, so daß hier nur auf die einschlägige Literatur hingewiesen werden braucht (A. Stock und H. Lux).

Über die Bestimmung von Gold und Silber im Pyrit vgl. II/2, 1007 usw.

D. Zinkblende (II/1, 509—517).

1. Schwefel. Eine „Ausführliche Analyse von Zinkblende oder Zinkerz" beschreiben H. und W. Biltz in ihrem Lehrbuch S. 301—306 und 345. Zum Zersetzen und zur Bestimmung der Kationen wird eine Einwaage von 2—5 g mit konzentrierter Salzsäure und Salpetersäure behandelt, die Schwefelbestimmung wird nach Fresenius mit Natriumperoxyd oder nach der Röstmethode in einer Sonderprobe ausgeführt.

Fr. W. Scott (1, 2) empfiehlt zur Schwefelbestimmung den nassen Aufschluß, wobei die mit Wasser angefeuchtete Probe mit 25 cm^3 HNO_3 1,42, die mit $KClO_3$ gesättigt ist, zur Trockne gebracht wird. Nach zweimaligem Abrauchen mit Salzsäure wird mit Ammoniak gefällt und die Fällung wiederholt. In den vereinigten Filtraten erfolgt die Sulfatbestimmung. Über die oxydierende Zersetzung zur Schwefelbestimmung berichtet W. R. West (1, 2). Vom Verfasser wird für säurelösliches Material Brom-Essigsäure oder $KClO_3$ und Salpetersäure vorgeschlagen, säureunlösliches Material wird zuvor durch Schmelzen mit Soda aufgeschlossen.

Zuverlässige Werte ergibt nach J. L. Buchan (1, 2) Zersetzen der Zinkblende mit Salzsäure, Auffangen des entwickelten Schwefelwasserstoffs in Cadmiumchloridlösung und die jodometrische Bestimmung des Sulfids. Die Zersetzung von Erz unter Schwefelwasserstoffentwicklung und -bestimmung erreicht man nach N. F. Schwedow auch durch Behandlung einer Erzprobe mit einem Wasserstoff-Salzsäuregasstrom bei etwa 1000°.

Die Methode von Ebaugh und Sprague gibt nach G. Galfajan befriedigende Resultate, was bei einer vergleichenden Untersuchung verschiedener Methoden für die Schwefelbestimmung von J. J. Lurje bestätigt wird (vgl. hierzu aber die Ausführungen II/1, 476—477 und 521).

2. Cadmium. Organische Reagenzien sind auch für die Bestimmung und Trennung kleiner Mengen Cadmium von großen Mengen Zink vorgeschlagen worden. Nach R. Berg und O. Wurm liefern α- und β-Naphthochinolin in stark mineralsaurer Lösung in Gegenwart von Halogenion mit einigen Metallen schwer lösliche Niederschläge: Die metall-halogenwasserstoffsauren Salze des α- und β-Naphthochinolin, und Cadmium kann als cadmium-jodwasserstoffsaures Naphthochinolin von der Zusammensetzung $(C_{13}H_9N)_2 \cdot H_2[CdJ_4]$ abgeschieden werden, ein weißer kristalliner Niederschlag, der in verdünnter Schwefel- und Salpetersäure schwer, in Salzsäure dagegen leicht löslich ist und ohne Zersetzung auf 130° erhitzt werden kann. Berg und Wurm fällen 6—26 mg Cadmium in 50 cm³ 2 n-Schwefelsäure und 50 cm³ einer 10%igen Tartratlösung mit einer 2,5%igen β-Naphthochinolinlösung, die durch Lösen von Naphthochinolin in $^1/_2$ n-Schwefelsäure hergestellt wird. Nach Zusatz von einigen Tropfen einer verdünnten Lösung schwefliger Säure wird Cadmium durch Zusatz einer genügenden Menge $^1/_5$ n-KJ-Lösung gefällt. Gesamtvolumen etwa 150 cm³. Der Niederschlag wird mit frisch bereitetem Waschwasser gewaschen, trocken gesaugt, durch Zusatz von 20 ccm 2 n-NaOH oder NH_4OH zersetzt, weiter nach Ansäuern mit Schwefelsäure oder Salzsäure auf eine etwa 5%ige Säurekonzentration gebracht und nach der Cyanidmethode von R. Lang mit $^1/_{10}$ n-Kaliumjodatlösung titriert. 1 cm³ $^1/_{10}$ n-Kaliumjodatlösung = 0,9366 mg Cd. Diese Methode eignet sich zur Bestimmung geringer Mengen Cadmium in Gegenwart großer Mengen Zink. Nähere Einzelheiten im Original.

A. Pass und A. M. Ward (1, 2) haben Bergs Methode nachgeprüft. In ihrer eingehenden, mit zahlreichen Tabellen versehenen Abhandlung behandeln sie zunächst die Trennung des Cadmiums vom Zink, wenn noch Kupfer, Blei und Wismut, Arsen, Antimon, Zinn vorhanden sind. Die Trennung gelingt durch Entfernen der genannten Elemente mit Eisen in schwefelsaurer Lösung durch Erwärmen bis eben zum Sieden (Behandlung etwa 1 Stunde). Im Filtrat der Abscheidung kann das Cadmium mit β-Naphthochinolin nach Vorschrift gefällt werden. Die Trennung nach der Eisenmethode haben die Verfasser dann für die Bestimmung von Cadmium in Zinkblende angewandt. Diese wird zunächst durch Säure gelöst, dann folgen Abrauchen mit Schwefelsäure, Abfiltrieren von Kieselsäure und Blei, das Einleiten von Schwefelwasserstoff. Hier fallen die Elemente der zweiten Gruppe, unter Umständen auch Zink aus. Es wird filtriert, und die Sulfide werden in heißer Salzsäure oder auch Bromsalzsäure gelöst. Die Lösung wird fast zur Trockne gebracht, mit 50 cm³ 2 n-Schwefelsäure aufgenommen, und jetzt folgt die oben beschriebene Trennung. Im Filtrat wird Cadmium mit β-Naphthochinolin gefällt. Die Verfasser finden z. B. bei einer Einwaage von 10 g Zinkblende 0,0143 g und 0,0148 g Cd, das ist 0,14% Cd und weisen auf die erhebliche Zeitersparnis bei Anwendung der Naphthochinolinmethode hin. — Auch Phenyltrimethylammoniumjodid gibt einen Cadmiumkomplex, der sich zur quantitativen Bestimmung von Cadmium eignet.

Über eine Fällung von Cadmium mit einer etwa 1% Thioharnstoff enthaltenden Lösung von Reineke-Salz (Anion: $[Cr(CNS)_4(NH_3)_2]'$) berichten C. Mahr und H. Ohle (2) und geben an, daß ohne weiteres 1 mg Cadmium neben 1 g Zink durch einmalige Fällung bestimmt werden kann. Weiter wird durch innere Elektrolyse 0,03—0,1% Cd neben großen Mengen Zink (2 g und 10 g Einwaage Zink) bestimmt [C. Mahr und H. Ohle (1)]. Über die quantitative spektrographische Bestimmung von Cadmium- und Bleiverunreinigungen siehe H. M. Sullivan (1, 2).

Wenn Cadmium als Sulfid gefällt werden soll, so ist hierfür die günstigste Schwefelsäurekonzentration 3—5 Vol.-% freie, konzentrierte Schwefelsäure (vgl. Biltz, Lehrbuch, und W. Meigen und O. Scharschmidt). Nach Abscheiden von Blei und nach Entfernen des Kupfers durch Elektrolyse unter vorangehendem Zusatz von Salpetersäure zum Filtrat des Bleisulfates bereitet man die Cadmiumfällung vor, indem man den Elektrolyten durch Eindampfen von Salpetersäure befreit und auf die oben genannte Schwefelsäurekonzentration einstellt. Die Fällung mit Schwefelwasserstoff wird doppelt ausgeführt, und schließlich wird Cadmiumsulfid in 10%iger Schwefelsäure gelöst, die Lösung in einer kleinen Platinschale zur Trockne gebracht und das Cadmiumsulfat gewogen. Literatur: A. Craig (1, 2).

3. Kobalt und Nickel. Diese ermittelt man nach G. Scacciati durch Behandeln der ammoniakalischen Lösung, die große Mengen Zink neben sehr wenig Kobalt und Nickel enthält, mit Dithiocarbamat $(C_2H_5)_2N:CS_2Na$ und Ausschütteln mit Chloroform. Nach Abtreiben des letzteren werden die Kobalt-Nickelkomplexsalze zunächst mit Salpetersäure und weiter mit Brom zersetzt (Eindampfen), etwa ausgeschiedener Schwefel wird filtriert, und im Filtrat werden Kobalt und Nickel nach C. Mayr und F. Feigl bestimmt.

Über den mikrochemischen Nachweis geringer Mengen Gallium in Zinkblende siehe Mikrochemie **19** (N. F. 13), 248—252 (1936).

4. Fluor. Einen Apparat zur Bestimmung von Spuren von Fluor nach der Ätzmethode beschreibt R. E. Essery (1, 2). Es ist ein Bleigefäß von 3—4 cm³ Inhalt, nach oben sich verjüngend, das mit einem Deckglas abgedeckt wird, welches mit Paraffin überzogen ist und eine freie Stelle besitzt. Man schließt das Gefäß dadurch dicht mit der Platte ab, daß man den Bleirand des Gefäßes eben schwach erwärmt und jetzt die Paraffinschicht der Platte fest auf den Bleirand drückt. Die zu untersuchende Substanz wird vorher mit wenigen Tropfen konzentrierter Schwefelsäure vermischt, die man nach Zusammenstellen des Apparates bei 37° einwirken läßt. Nach Entfernen des Wachs mit Äther wird die Ätzung im reflektierten Licht beobachtet. 2 mg NaF, die zu 100 g Substanz gesetzt waren, konnten nach Angaben des Verfassers noch deutlich als Ätzung erkannt werden. Hierbei läßt man bei 37° über Nacht einwirken. Vgl. auch E. R. Caley und J. M. Ferrer (1, 2).

F. Feigl und P. Krumholz (1, 2) weisen in einer fluorhaltigen Zinkblende (0,52% F und 53,73% Zn) nach Abrösten in einigen Milligrammen Substanz Fluor einwandfrei mit der Molybdat-Benzidinreaktion nach.

Bei einer kritischen Betrachtung der colorimetrischen Bestimmungsmöglichkeiten des Fluors gibt J. M. Korenman unter Verwendung von Titansulfatlösung für die Fluorbestimmung folgende Arbeitsweise an: Zu der fluorhaltigen Lösung gibt man 5 cm^3 $Ti(SO_4)_2$-Lösung (0,15 mg TiO_2/cm^3) und 3 cm^3 3%iges Wasserstoffperoxyd und verdünnt auf 25 cm^3. Gleichzeitig werden 5 cm^3 Titansulfatlösung ebenso behandelt. Die erhaltenen Färbungen werden in weiten Reagensgläsern verglichen. Der Fluorgehalt wird dadurch erhalten, daß die stärker gefärbte Standardlösung mit Wasser bis zur Farbgleichheit verdünnt und aus dem Wasserverbrauch der Fluorgehalt berechnet wird; vgl. auch H. J. Wichmann und Dan Dahle (1, 2). Die Feststellung, daß bei der Titanperoxydmethode Aluminiumsalze die Bleichwirkung von Fluor auf die Farbe hemmen, hat Dan Dahle (1, 2) zur Ausarbeitung eines Verfahrens zur Fluorbestimmung benutzt.

Nach Penfield Fluor zu destillieren und in der Vorlage, in diesem Fall $^1/_2$ n-NaOH, Fluor zu colorimetrieren, schlägt E. Peyrot vor, wobei er eine Vergleichslösung von 0,2 mg TiO_2 pro Kubikzentimeter verwendet und Mengen von 2—3 mg Fluor mit einer Blindprobe von bekanntem Fluorgehalt vergleicht. Nähere Angaben finden sich unter der bezeichneten Literatur, und ein zweiter Vorschlag von L. Szegö und B. Cassoni, Penfields Methode mit der colorimetrischen Bestimmung mit Titansalz und Wasserstoffperoxyd zu verbinden, ist im Chem. Zentralblatt **1934 I**, 2625 angegeben.

Einige Bearbeiter schlagen apparative Änderungen bei der Durchführung der klassischen Fluordestillationsmethode nach Penfield vor: J. Casares benützt eine Modifikation des Apparates von Scheibler, erhitzt auf 160° (Glycerinbad) im Jenaer Kolben und will die quantitative Bildung von SiF_4 in wenigen Minuten erreichen; siehe auch W. D. Armstrongs (1, 2) Beschreibung eines einfachen Apparates zur quantitativen Verflüchtigung des SiF_4 und S. N. Rosanow.

Über die gewichtsanalytische Bestimmung des Fluors als Calciumfluorid vgl. E. Carrière und Rouanet, E. Carrière und Janssens, M. Karasinski und die Arbeiten von P. Mougnaud (1, 2).

II. Betriebskontrolle.

A. Abbrände (II/1, 517—526).

1. Schwefel. Die unten angeführten Bestimmungen einzelner Bestandteile der Abbrände sollen die Angaben des Hauptbandes ergänzen.

So kann für die Bestimmung des Schwefels 0,5 g Einwaage in 25 cm^3 verdünnter Salzsäure unter Zusatz von Kaliumchlorat (Messerspitze) gelöst werden. Man läßt zunächst 2 Stunden lang kalt stehen, erwärmt mit bedecktem Kolben auf dem Wasserbad, erhitzt stärker und bringt endlich zur Trockne. Es folgt das Unlöslichmachen der Kieselsäure mit zweimal je 5 cm^3 Salzsäure 1,124, das Filtrieren, Reduzieren des Eisens mit Hydroxylamin und das Fällen mit 10 cm^3 10%iger Bariumchloridlösung.

Die Bestimmung des Schwefels nach dem Röstverfahren schlägt A. F. Evans vor und benutzt als Vorlage eingestelltes Alkali, aus derem Verbrauch der Schwefelgehalt berechnet wird.

2. Kupfer. Für die Kupferbestimmung verwendet man 10 g Einwaage, die mit 50 cm³ konzentrierter Salzsäure und etwas Kaliumchlorat am besten über Nacht bei 60° gelöst werden. Nach Verdünnen mit Wasser wird filtriert. Jetzt folgt die Reduktion des Eisens durch Erwärmen mit 15 cm³ 40%iger Natriumhypophosphitlösung, bis die Lösung weiß geworden ist. Nach dem Abkühlen leitet man in die Lösung Schwefelwasserstoff und fällt Kupfersulfid aus. Die Verarbeitung des Sulfids zur Bestimmung des Kupfers ist bei der Analyse der Nebenbestandteile des Schwefelkieses (S. 329) mitgeteilt.

Eine Methode für „Die Bestimmung von Blei, Kupfer und Zink in Erzen und gerösteten Schwefelkiesen" einheitlich festzulegen, hat der Chemiker-Ausschuß des Vereins Deutscher Eisenhüttenleute unternommen (Bericht Nr. 90) und H. Voigt veröffentlicht das Analysenverfahren im Arch. f. Eisenhüttenwesen **6**, 433—436 (1933). Bei der Abfassung der Analysenvorschrift war zu berücksichtigen, daß ein Teil des Bleis als Bleisilicat vorliegt. Daher muß der Rückstand vom HCl-Aufschluß des Erzes durch Abrauchen mit HF zerlegt werden, und nach dieser Behandlung muß eventuell vorhandenes Bariumsulfat mit Kaliumnatriumcarbonat geschmolzen werden. Die Arbeitsvorschrift beschreibt ausdrücklich die Fehler bei der Trennung von Bleisulfat und Bariumsulfat mit Ammonacetat und bringt reichliches Zahlenmaterial. Somit sei auf die Originalarbeit hingewiesen. Die vom Arbeitsausschuß festgelegte Methode lautet:

„Von dem Probegut werden 5 g in 40 cm³ Salzsäure 1,19 gelöst, die Lösung darauf mit 10 cm³ einer 10%igen Eisenchlorürlösung versetzt und eingedampft. Man nimmt den Rückstand mit Salzsäure auf, verdünnt mit Wasser und filtriert. Filter mit Rückstand werden im Platintiegel verascht und mit Flußsäure abgeraucht; der verbleibende Rückstand wird in wenig heißer Salzsäure gelöst und die Lösung zum ersten Filtrat gegeben. Ein beim Lösen mit Salzsäure verbleibender Rückstand von Bariumsulfat muß vorher abfiltriert werden. Der Rückstand wird dann verascht und mit Natriumkaliumcarbonat aufgeschlossen: Man läßt die Schmelze in Wasser zerfallen, filtriert die Carbonate ab, löst in verdünnter Salzsäure vom Filter und gibt die Lösung zum Hauptfiltrat.

Man erhitzt nun die salzsaure Lösung, deren Menge ungefähr 300 cm³ betragen soll, zum Sieden und reduziert das Eisenchlorid mit einer 10%igen Natriumhypophosphitlösung, indem man in kurzen Zwischenräumen mehrere Kubikzentimeter in die siedende Lösung fließen läßt, bis die hellgrüne Farbe des Eisenchlorürs erscheint. Durch entsprechende Hitze erreicht man eher das Ziel als durch übermäßige Zugabe von Natriumhypophosphit. Nach dem Erkalten neutralisiert man tropfenweise mit Ammoniak, bis die Lösung schwach danach riecht, und löst den entstandenen Niederschlag in möglichst wenig heißer 3%iger Oxalsäurelösung. Wichtig ist, daß die Zugabe von Ammoniak in der Kälte geschieht, da sonst ein grobkörniger Niederschlag entsteht, der durch Oxalsäure schwer in Lösung zu bringen ist. Statt des Natriumhypophosphits kann man zur Reduktion der Eisenlösung auch schweflige Säure benutzen. Vor der Neutralisation, die hierbei mit Ammoniak und Ameisensäure vorgenommen wird, ist der Überschuß der schwefligen Säure zu verkochen. Man verdünnt die Lösung auf 800 cm³ und leitet Schwefelwasserstoff ein. Der entstandene Niederschlag, der insbesondere die drei Metalle Blei, Kupfer und Zink enthält, wird filtriert, vorsichtig verascht und in möglichst wenig verdünnter Salpetersäure gelöst. Die so erhaltene Lösung wird mit 20 cm³ Schwefelsäure (1:1) bis zum Abrauchen der Schwefelsäure eingedampft und nach dem Erkalten mit 100 cm³ Wasser und 25 cm³ Alkohol verdünnt. Man läßt den Niederschlag in der Kälte einige Stunden stehen und sich absetzen, bringt ihn auf ein Blaubandfilter und wäscht mit schwefelsäure- und alkoholhaltigem Wasser aus (5 cm³ H_2SO_4, 100 cm³ H_2O und 100 cm³ Alkohol). Filter und Niederschlag werden in ein Becherglas gegeben, und das Bleisulfat wird in 50 cm³ schwach ammoniakalischer 10%iger Ammoniumacetatlösung in der Wärme gelöst. Die Weiterbehandlung der Lösung kann nach zwei Verfahren vor sich gehen.

1. Die Lösung wird durch ein dichtes Filter in 15 cm³ einer 5%igen Kaliumbichromatlösung, die mit 5 cm³ Essigsäure angesäuert ist, filtriert und zum Sieden erhitzt. Das Bleichromat fällt sofort aus. Man läßt 1 Stunde warm stehen, filtriert dann durch ein gewogenes Filter oder durch einen Jenaer Glasfiltertiegel (1 G 4) und wäscht mit essigsäurehaltigem Wasser aus. Der Tiegel oder das Filter wird bei 105° bis zur Gewichtskonstanz getrocknet. Der Umrechnungsfaktor für Blei ist 64,11. Zu bemerken ist hierzu, daß die Arbeit im Tiegel bequemer ist; da aber nicht alle Tiegel brauchbar sind, so ist man öfters gezwungen, Filter zu benutzen.

2. Die Lösung wird filtriert und das Filter mehrmals mit 10%iger Ammoniumacetatlösung und heißem Wasser ausgewaschen. Das Filtrat wird mit 20 cm³ Schwefelsäure (1:1) versetzt und bis zum Auftreten von Schwefelsäuredämpfen eingeengt. Die Abscheidung des Bleisulfates geschieht in der gleichen Weise wie oben angegeben. Der Niederschlag wird dann auf einem gewogenen Filtriertiegel (Porzellantiegel der Staatl. Porzellanmanufaktur, Berlin) abfiltriert und mit schwefelsäure- und alkoholhaltigem Wasser ausgewaschen. Man trocknet das Bleisulfat zunächst im Trockenschrank bei 105° und erhitzt dann in einer Muffel auf 400°. Der Umrechnungsfaktor für Blei ist 68,32.

In dem Filtrat vom Bleisulfatniederschlag verdampft man den Alkohol, leitet Schwefelwasserstoff ein, löst den Niederschlag nach Abfiltrieren in 50 cm³ HNO_3 [1 Teil Salpetersäure (1,4) und 10 Teile Wasser] und elektrolysiert bei 60°, 0,3 Ampere und 2,5 Volt. Kupfer und ein Teil des vorhandenen Wismuts werden an der Kathode abgeschieden. Der Niederschlag wird in Salpetersäure gelöst, das Wismut durch Ammoniak abgeschieden und das Kupfer nochmals gefällt.

Aus der schwefelsauren Lösung wird der Schwefelwasserstoff durch Kochen verjagt und die noch geringen Mengen Eisen durch Ammoniak gefällt. Im Filtrat wird das Zink als Schwefelzink gefällt und durch

Glühen als Zinkoxyd bestimmt. Der Umrechnungsfaktor für Zink ist 80,43.

Es gibt drei Verfahren für die Zinkfällung als Sulfid, die gleiche Werte ergeben:

1. Fällen mit Schwefelammonium,
2. Fällen aus essigsaurer Lösung mit Schwefelwasserstoff,
3. Fällen mit Schwefelammonium, Ansäuern mit Essigsäure und nochmaliges Durchleiten von Schwefelwasserstoff.

Die zuerst genannte Arbeit erfordert einen sehr geringen Zeitaufwand, aber große Übung in der Behandlung des Schwefelzinks. Bei der dritten ist der Niederschlag am leichtesten zu behandeln.

Die Trennung des Kupfers ohne Anwendung der Elektrolyse erfolgt auf folgendem Wege: In dem Filtrat von Bleisulfat verdampft man den Alkohol bis zum Abrauchen der Schwefelsäure, verdünnt mit Wasser und leitet Schwefelwasserstoff ein. Den entstehenden Niederschlag filtriert man ab und wäscht mit schwefelwasserstoffhaltigem Wasser aus. Darauf spritzt man den Niederschlag in ein Becherglas, gibt auf das Filter noch einige Kubikzentimeter gesättigte Natriumsulfidlösung, in das Becherglas etwa 20 cm^3 Natriumsulfidlösung, kocht auf und filtriert durch das gleiche Filter. Nach dem Auswaschen mit verdünnter Natriumsulfidlösung und danach mit schwach salzsaurem Schwefelwasserstoff löst man den Niederschlag in Salpetersäure und dampft mit etwas Schwefelsäure bis zum Abrauchen ein. Man nimmt mit Wasser auf, macht schwach ammoniakalisch, setzt noch etwas Ammoncarbonat hinzu und kocht bis der Ammoniakgeruch fast verschwunden ist. Man filtriert das basische Wismutcarbonat nach Absitzenlassen, wäscht mit heißem Wasser aus und macht das Filtrat salzsauer. Im Filtrat fällt man das Kupfer mit Schwefelwasserstoff, filtriert das Kupfersulfid ab, wäscht mit salzsaurem, schwefelwasserstoffhaltigem Wasser aus, glüht schwach und wägt als Kupferoxyd. Der Umrechnungsfaktor für Kupfer ist 79,89.“

3. Eisen. Für die Bestimmung des Eisens mit Kaliumdichromat wurden neue Indicatoren vorgeschlagen: von L. Szebellédy eine 1%ige Lösung von p-Phenetidin, von P. F. Thompson (1, 2) eine ammoniakalische Lösung von Dimethylglyoxim, von M. E. Weeks (1, 2) das Di-o-Anisidin, von S. Miyagi eine Lösung von 1 g Brucin in 100 cm^3 konzentrierter H_2SO_4; siehe auch P. F. Thompson und E. C. Alabaster (1, 2) und H. E. Crossley (1, 2).

Über Blei und Cadmium als Reduktionsmittel für $Fe^{\cdots}$ siehe H. W. Jones (1, 2) und J. Brinn (1, 2).

B. Röstgase und Abgase von Schwefelsäurefabriken (II/1, 526—538).

1. Schwefeldioxyd. Die klassische Methode von Reich benutzt $^1/_{10}$ n-Jodlösung zur Absorption des Schwefeldioxyds. Bei der Ausführung von laufenden Analysen empfiehlt es sich, an Stelle von Jod eine $^1/_{10}$ n-Chloraminlösung, die mit Jodkalium versetzt ist, zu verwenden. Über Chloramin vgl. G. Schiemann und P. Novák.

Einen Apparat zur Bestimmung des SO_2-Gehaltes der Kammergase nach Reich beschreibt A. Grounds (1, 2). J. Kangun bestimmt Schwefeldioxyd in Gegenwart von Stickoxyden in den Kammer- und Turmgasen, indem das Gasgemisch zunächst mit $^1/_{10}$ n-Lauge absorbiert wird. Man setzt dann zum Vermeiden der Umsetzung von Lauge mit Jod eine schwache Säure hinzu (Borsäure) und zur Vermeidung der Oxydation des Sulfits ein Gemisch von Alkohol und Benzol mit wenig 2 n-Ammoniaklösung. Die Lösung selbst wird dann mit Jod titriert. Über die hemmende Wirkung einiger chemischer Verbindungen auf die Oxydation der schwefligen Säure vgl. J. S. Mitchell, G. A. Pitman und P. F. Nichols (1, 2). Aus der Veröffentlichung ist zu ersehen, daß z. B. Sucrose, Mannit und Glycerin bei wäßrigen Lösungen von schwefliger Säure die beim Stehen eintretende Oxydation auf beinahe $^2/_3$ reduziert. Bei der Destillation von SO_2-Lösungen in eine Jodlösung nach P. F. Nichols und H. M. Reed (1, 2) wurde die SO_2-Ausbeute in Gegenwart von Mannit, Dextrose, Weinsäure und Sucrose um einen erheblichen Betrag gesteigert. Glycerin war weniger gut, und Alkohol setzte die Ausbeute herab (s. a. S. 341).

Physikalische Meßgrößen zur Gasanalyse heranzuziehen, hat sich in der chemischen Industrie mehr und mehr eingebürgert. Die Analyse von Gasen nach der Wärmeleitfähigkeitsmeßmethode behandelt Fr. Lieneweg und beschreibt eingehend die Meßmethodik, die Empfindlichkeit der Messung und die Anwendung für die CO_2- und SO_2-Analyse. Nach Angaben soll mit Hilfe der Wärmeleitfähigkeitsmessung eine Genauigkeit im Betriebe von $\pm$ 0,2% SO_2 ohne weiteres erreicht werden. Die Originalarbeit enthält eine ausgedehnte Literaturzusammenstellung.

Einen automatischen Registrierapparat zur Bestimmung von schwefliger Säure durch Auswaschen des SO_2 mit verdünnter Wasserstoffperoxydlösung (0,05%ig, $p_H = 4{,}5$) und Bestimmung der Veränderung des p_H-Wertes auf p_H 3,0 beschreiben J. J. Fox und L. G. Groves (1, 2). M. D. Thomas (1, 2) benützt einen selbstregistrierenden Apparat für die Bestimmung von schwefliger Säure, bei dem die Zunahme der Leitfähigkeit einer vorgelegten, schwach sauren Wasserstoffperoxydlösung durch SO_2-Absorption kontinuierlich aufgenommen wird. Für die Bestimmung von Spuren SO_2 in Luft gebraucht man eine 0,003%ige Lösung von Wasserstoffperoxyd mit 0,0005% Schwefelsäure, für höhere SO_2-Konzentrationen mehr Wasserstoffperoxyd. SO_2-Bestimmungen sind in Rauchgasen mit etwa 6% SO_2 und erheblichem Gehalt an Kohlensäure, die nicht stört, ausgeführt worden. Der Verfasser gibt eine Abbildung der Apparatur und Tabellen. Vgl. auch M. D. Thomas und J. N. Abersold (1, 2).

Die Messung der Leitfähigkeitsänderung einer HJO_3-Lösung durch absorbiertes SO_2 benutzt P. C. Capron (1, 2) zur kontinuierlichen und automatischen Bestimmung geringer Mengen SO_2 in Luft.

2. Schwefeldioxyd neben Schwefeltrioxyd. Im Hauptband II/1, 537 wurde auf die Frankschen Methode zur Bestimmung von SO_2 und SO_3 hingewiesen, die E. Schmidt (1) angewandt und empfohlen hat. Später haben R. Schepp und K. Schiel einen Nachteil in der Frankschen Arbeitsweise darin erblickt, daß nur mit geringen Gasmengen gearbeitet werden kann (entnommene Gasmenge 250 cm^3) und geben selbst eine Methode an: Zurückhalten der SO_3-Nebel durch feuchten Asbest und Absorption der schwefligen Säure in Jodlösung, wie schon Reich beschrieben hat. Daselbst auch Versuche über das Zurückhalten der SO_3-Nebel als Beleg. Aber E. Schmidt (2) weist in seiner Erwiderung darauf hin, daß die Franksche Methode trotz der geringen, zur Analyse verwandten Menge Röstgas genaue Resultate ergibt. Ebenso ist es für ihn ein Vorteil gegenüber der Methode von Schepp und Schiel, daß SO_2 in einer Vorlage bestimmt wird, und er empfiehlt bei der Schwefelsäuretitration nach Schepp und Schiel statt Phenolphthalein das Kongorot anzuwenden.

E. W. Blank (1, 2) bestimmt freien Schwefel, SO_2 und SO_3 in Verbrennungsgasen, indem Schwefel und SO_3 im gewöhnlichen Goochtiegel zurückgehalten werden und dann SO_2 in Natronlauge. SO_3 wird aus dem Tiegel mit Wasser ausgewaschen und im Filtrat mit NaOH titriert, der freie Schwefel wird nach Trocknen des Tiegels bei 100° durch Verbrennung ermittelt. Zur SO_2-Bestimmung wird die überschüssige Natronlauge mit Schwefelsäure zurücktitriert. R. Kraus gibt ein „Verfahren und Vorrichtung zur analytischen Bestimmung von Schwefelsäurenebeln“ an. Der Gasstrom, der SO_2 und SO_3 enthält, wird mit Wasserdampf von 100° gesättigt und dann durch einen Kühler geleitet. Die Nebel sollen sich in den beiden Erlenmeyerkolben, die die Kühler tragen, niedergeschlagen, und SO_3 kann in der Vorlage als $BaSO_4$ bestimmt werden. Schweflige Säure, die nicht niedergeschlagen wird, wird nach den Kühlern in Natronlauge absorbiert und bestimmt. Die Veröffentlichung enthält Zeichnung und Zahlen; Einzelheiten sind aus dem Original zu ersehen. Wie eigene Beobachtungen zeigten, tritt aber bei dieser Arbeitsweise eine Oxydation des SO_2 ein. Man verwende daher statt Wasser siedende verdünnte Salzsäure und für die SO_2-Absorption $^1/_{10}$ n-Jodlösung.

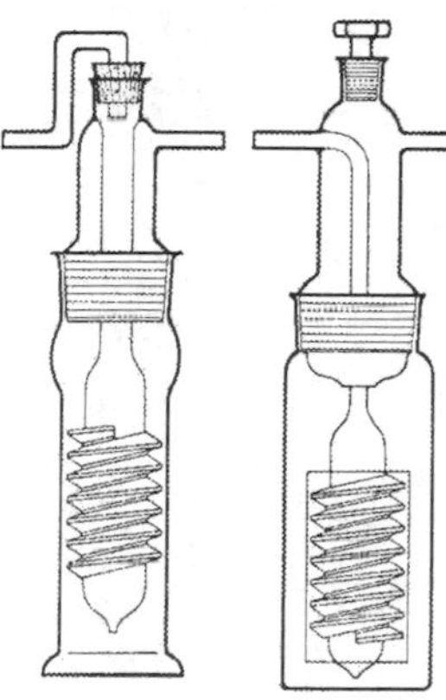

Abb. 3. Schraubenwaschflaschen.

3. Nebel und Flugstaub. Versuche über die Absorption von Schwefeltrioxyd in Waschflaschen hat Fr. Friedrichs angestellt, indem SO_3-Luftgemische trocken oder als feuchte Nebel in verschieden konstruierten Waschflaschen mit Wasser als Absorptionsflüssigkeit absorbiert wurden.

Hierbei ergab sich, daß die beiden Waschprinzipien, große Oberfläche und langer Weg, bei einer Schraubenwaschflasche mit Glasgrieß als Füllung verwirklicht werden, so daß hier bei einer Gasgeschwindigkeit von 400 cm^3/Min. noch quantitativ SO_3 als Nebel oder Gas absorbiert wird. Der Widerstand ist gering, die Flaschen können also in Reihen hintereinander geschaltet werden, ein gröberes Korn des Glasgrieß ist nicht zweckmäßig. Über die Absorption chemischer Nebel durch Gaswaschflaschen vgl. auch die Arbeiten von H. Remy und Mitarbeitern. Die Verfasser haben feuchte Salmiak- und Schwefeltrioxydnebel durch

Gaswaschflaschen verschiedener Konstruktion geleitet, das Absorptionsvermögen der einzelnen Waschflaschen berechnet und bei Zimmertemperatur, einem Elektrolytgehalt des Nebels von 5—12 mg/l und einer Strömungsgeschwindigkeit von etwa 0,2 l/Min. folgende Waschflaschen geprüft: Gaswaschflaschen mit gefritteten Glasfiltern, Waschflaschen nach Drechsel, Volhard und die Absorptionsschlange nach Winkler. Es ergab sich, daß die Flaschen mit gefritteten Glasfiltern am besten wirksam sind: sie absorbieren 98,9% SO_3-Nebel und 99,3% NH_4Cl-Nebel; siehe auch die Angaben über die Absorption mit einer 1%igen Gelatinelösung und mit 96%igem Alkohol. Weiteres bei H. Remy und C. Behre. Über eine Gaswaschflasche siehe Ploum.

Ole Lamm beschreibt einen Absorptionsapparat nach dem Zerstäubungsprinzip für die Absorption kleiner Mengen Gas in sehr wenig Reagenslösung. Das Gas wird als Strahl gegen ringförmig angeordnete Düsen gerichtet, die sich an einem Zuleitungsrohr befinden, das in die Absorptionsflüssigkeit taucht. Die durch das Gas angesogene Flüssigkeit prallt fein verteilt gegen die Wand, rinnt in den Ansatz zurück und zirkuliert so dauernd (vgl. Abb. 4). Der Apparat eignet sich zur Absorption von Schwefelsäurenebeln.

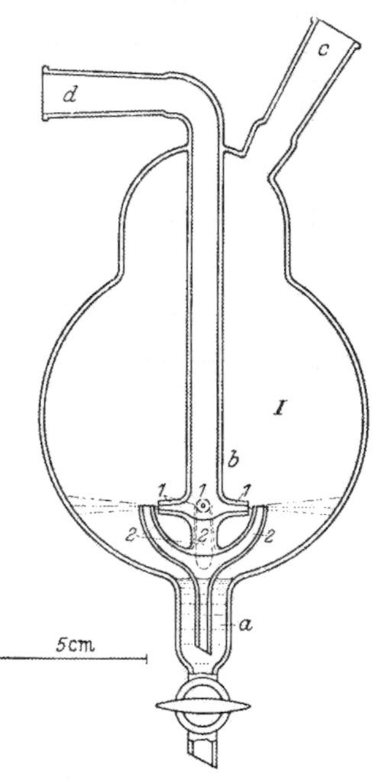

Abb. 4. Absorptionsapparat nach Ole Lamm.

P. Baumgarten und A. H. Krummacher untersuchen die chemische Zusammensetzung der „Schwefeltrioxydnebel" und benutzen hierzu die Reaktion des Schwefeltrioxyds mit wäßrigem Pyridin, die beide unter Bildung von N-Pyridinium-sulfonsäure $C_6H_5N \cdot SO_2 \cdot O$ reagieren, die wiederum durch ihr Alkaliaufspaltungsprodukt an der gelbbraunen Farbe zu erkennen ist (Enolat des Glutaconaldehyds). Diese Reaktion läßt Schwefeltrioxyd neben Schwefelsäure eindeutig und sicher erkennen und dient zur Feststellung der chemischen Zusammensetzung der aus Schwefeltrioxyd in Berührung mit Wasser entstehenden Nebel. Als Reagens dient wäßrige mit Alkalihydroxyd versetzte Pyridinlösung, deren Gelbfärbung die Gegenwart von SO_3 anzeigt. Sollten sich kleinste Mengen SO_3 nicht mehr durch sichtbare Gelbfärbung kundtun, so kann man weiter zur Reaktionsflüssigkeit einige Tropfen Anilin setzen und mit konzentrierter Salzsäure ansäuern. Durch das entstehende intensiv rot gefärbte Dianil-Chlorhydrat lassen sich auch dann noch kleinste Mengen von N-Pyridinium-sulfonsäure, d. h. Schwefelsäuretrioxyd, nachweisen. Die Versuche ergaben: die Nebel, die sich beim Durchleiten von trockener Luft durch 70%iges Oleum bilden, bestehen aus SO_3 (Gelbfärbung); ebensolche Nebel, durch Wasser oder 33%ige Kalilauge, dann in das Reagens geleitet, färben die Pyridinlösung nicht mehr, geben auch keine Dianilreaktion, sind also nach Durchleiten durch Wasser oder Lauge Schwefelsäurenebel. Nach Durchleiten von SO_3 durch 70%ige Schwefelsäure enthalten die Nebel zum Teil noch SO_3.

Fragen nach der „Sorption von Gasen, Dämpfen und Nebeln" und nach der Beseitigung von Schwebestoffen aus strömenden Gasen beantwortet H. Remy (1); ebenso untersucht H. Remy (2), ob die im Laboratorium oft benützte Kombination Filter mit einem Trockenmittel, z. B. Watte mit konzentrierter Schwefelsäure, bei der Beseitigung von Nebeln von der Durchströmungsrichtung abhängig ist. Für feuchte Schwefeltrioxydnebel konnte eine Abhängigkeit von der Durchströmungsrichtung nicht festgestellt werden, Watte hält feuchte und trockene Schwefeltrioxydnebel nicht in merklich verschiedenem Maße zurück.

Staub in Industriegasen (Allgemeines). Die Staubgehaltsmessung in Industriegasen hat eine ganze Literatur gezeitigt, auf die im Zusammenhang mit dem vorangehenden Abschnitt hingewiesen werden soll. So gibt K. Guthmann eine Zusammenfassung der einzelnen Meßmethoden mit zahlreichen Literaturhinweisen, ebenso P. Rosin und E. Rammler und die zahlreichen Arbeiten H. W. Gonell (1—4) mit umfangreicher Literatur über Meßmethodik, über Korngröße und Kornzusammensetzung von Stauben, Ermittlung der Zusammensetzung usw. Über ein Verfahren und eine Apparatur zur Bestimmung von Nebeln, Rauch und Stauben vgl. A. Czernotzky. H. L. Green benützt einen elektrisch erhitzten Heizdraht und E. C. Barnes schlägt Staub elektrostatisch nieder. M. Berek, K. Männchen und W. Schäfer (Mitteilung aus dem physikalischen Laboratorium der optischen Werke E. Leitz, Wetzlar) berichten über eine tyndallometrische Messung des Staubgehaltes der Luft und über ein neues Staubmeßgerät. Gemessen wird die Lichtstreuung durch die in der Luft schwebenden Staubteilchen, zum Vergleich wird der gravimetrisch ermittelte Staubgehalt herangezogen. Die Arbeit enthält Beschreibung über Einrichtung und Gebrauch des Gerätes.

Der Flugstaub der Röstgase kann Selen enthalten. Die Bestimmung erfolgt nach Methoden, die schon früher mitgeteilt wurden. Soll auch auf Thallium geprüft werden, so verwendet man das von R. Berg und E. S. Fahrenkamp zur quantitativen Bestimmung von Thallium vorgeschlagene sog. „Thionalid" (Thioglykolsäure-β-Aminonaphthalid). In der umfangreichen Arbeit geben die Verfasser eine Arbeitsweise zur Bestimmung und Trennung des Thalliums von Kupfer, Silber, Quecksilber, Gold, Cadmium, Zink, Eisen u. a. m. Auf die Arbeitsvorschrift sei hier hingewiesen, ebenso auf die angeführte Literatur und auf Flugstaubanalysen der Kiesröstöfen der Oranienburger Schwefelsäurefabrik. Für Mikroanalysen eignet sich Thionalid ebenfalls.

C. Endprodukte (II/1, 539—542).

Schweflige Säure und Sulfite. Neue Nomogramme für die Löslichkeit von Schwefeldioxyd in Wasser und ihre Anwendung beschreibt D. S. Davis (1, 2), ebenso veröffentlicht Davis (3, 4) eine graphische Darstellung, die es gestattet, die Löslichkeit von SO_2 in 1000 g Wasser bei

Temperaturen von 25—50° und einem Partialdruck des SO_2 von 0,7 bis 10,0 mm Hg bequem und mit genügender Genauigkeit abzulesen.

Auf die Oxydation durch Luft als wesentlichsten Fehler bei der Sulfittitration haben schon O. Ruff und W. Jeroch hingewiesen und verwenden bei der Titration Mannit als Stabilisator (s. a. S. 337). J. Lukas schlägt 5—10 cm³ Alkohol, 2—4% Erythrit, Glykol oder Rhamnit als Antikatalysatoren gegen die Luftoxydation vor, auch Isobutylalkohol kann man vorteilhaft verwenden.

Die Abhängigkeit der Bestimmung der schwefligen Säure mit $KMnO_4$ von der Schwefelsäurekonzentration untersuchen E. Carrière und R. Liauté (1, 2). Sie weisen darauf hin, daß, wenn man schweflige Säure in $^1/_{10}$ n-$KMnO_4$-Lösung fließen läßt, zur Oxydation und damit zur Titration der schwefligen Säure wenigstens eine Acidität von 5,5 n-H_2SO_4 vorliegen muß. Die Bestimmung von Natriumsulfit mit $KMnO_4$ kann in neutraler oder alkalischer Lösung durchgeführt werden, das Sulfit wird vollständig in Sulfat übergeführt und trennt sich vom MnO_2, das sich nach $2\,KMnO_4 + 3\,Na_2SO_3 + H_2O = 3\,Na_2SO_4 + 2\,KOH + 2\,MnO_2$ bildet. Die Verfasser schlagen vor, das MnO_2 zu zentrifugieren, um die $KMnO_4$-Farbe besser beobachten zu können.

Eine acidimetrische Methode zur Bestimmung von Sulfiten, auch vom Formaldehyd, beschreibt M. Malaprade (1, 2). Die zu untersuchende Probe wird zunächst neutralisiert (Thymolphthalein), man fügt dann einen Überschuß vom Formaldehyd hinzu (vorher neutral stellen) und titriert die frei gemachte NaOH mit 0,2 n-Säure (Umschlag in farblos). Dann werden einige Tropfen Phenolphthalein hinzugefügt, und es wird bis zur Entfärbung des Phenolphthaleins titriert, wozu gewöhnlich 1 Tropfen 0,2 n-Säure ausreicht. Die Neutralisation einer sauren Untersuchungsprobe muß unter Luftabschluß geschehen, dagegen hat die Luft auf die Titration nach Zugabe des Formaldehyds keinen Einfluß. Zur Titration des freien Alkali wird eine 0,2 n-Essigsäure angewandt, die mit Natriumacetat versetzt war.

Über eine potentiometrische Methode zur Bestimmung der Sulfite berichten G. Spacu und C. Dragulescu.

Die Methoden zur Bestimmung von Sulfit und Thiosulfat werden von A. Kurtenacker und R. Wollak ergänzt. Die Verfasser haben festgestellt, daß beim Fällen von Sulfid mit einer Aufschlämmung von Zinkcarbonat eine Adsorption von Sulfit und Thiosulfit durch das Zinksulfid nicht stattfindet, und daß durch Glycerinzusatz die Luftoxydation des Sulfits so stark herabgesetzt wird, daß man ZnS filtrieren kann, ohne eine Oxydation des Sulfits befürchten zu müssen. Man kann also im Filtrat Sulfit und Thiosulfat zusammen bestimmen. Zu einem weiteren aliquoten Teil des Filtrats setzt man im Überschuß Formalin, säuert mit Essigsäure an und titriert mit Jod jetzt Thiosulfat allein. Zur Bestimmung des Sulfidgehaltes läßt man eine bekannte Menge der Untersuchungslösung in vorgelegte Jodlösung fließen und titriert mit Thiosulfat zurück. Da man hierdurch die Summe der drei Komponenten erhält und Sulfit und Thiosulfat vorher bestimmt worden sind, kann man den Sulfidgehalt aus den beiden letzteren und dem Gesamtjodverbrauch berechnen.

Einzelheiten, z. B. die Aufschlämmung von Zinkcarbonat usw., sind aus dem Original zu ersehen.

Laugen für die Fabrikation von Sulfitcellulose (II/1, 542). Die volumetrische Untersuchungsmethode für die Laugen ist für Kontrolluntersuchungen ausreichend. Für eine Vollanalyse ist die gravimetrische Bestimmungsmethode (offizielle Methode) nötig [Paper Trade Journ. **93**, 26, 29, 30 (1931)], die in folgender Weise vorgenommen wird:

Die Angaben werden in g/100 cm³ Bisulfitlösung gemacht, und die Analyse umfaßt zunächst die Bestimmung von Kieselsäure, Eisen und Aluminium, Kalk und Magnesium. In 25 cm³ Originallauge wird Kieselsäure mit Salzsäure in bekannter Weise abgeschieden. Im Filtrat werden nach Verdünnen auf 300 cm³ und nach Zugabe von Ammonchlorid Eisen und Aluminium zusammen gefällt und gewogen. Dann folgt die Fällung des Kalks mit Ammonoxalat und Wägung als CaO. Zweckmäßig ist eine Umfällung des Kalks. Die vereinigten Filtrate der Kalkfällung werden schwach angesäuert und dann mit 25 cm³ 10%iger Natrium-ammonium-phosphatlösung versetzt. Jetzt werden tropfenweise unter Rühren 25 cm³ konzentrierte Ammoniaklösung hinzugefügt. Die Verarbeitung des Magnesiumniederschlages ist die bekannte. Ein zweiter Weg zur Bestimmung von Calcium und Magnesium besteht darin, daß man 25 cm³ Originallösung mit Schwefelsäure in einer Platinschale eindampft und die Sulfate wägt. Die gewogenen Sulfate werden in Salzsäure gelöst, und in dieser Lösung wird Kalk für sich bestimmt. Man rechnet als $CaSO_4$ und erhält aus der Differenz $MgSO_4$.

Die *SO_3-Bestimmung* erfolgt in 10 cm³ Originallösung nach Eindampfen zur Trockne, Aufnehmen mit Wasser und Salzsäure usw. in bekannter Ausführung.

Gesamt-SO_2 wird jodometrisch bestimmt.

Berechnung. Das SO_3 wird in $CaSO_4$ umgerechnet und das übrigbleibende CaO in $Ca(HSO_3)_2$. MgO wird als $Mg(HSO_3)_2$ berechnet. Das SO_2, welches übrig bleibt, nachdem CaO und MgO als Bisulfite berechnet sind, wird als freies SO_2 angegeben.

$SO_3 \cdot 1{,}700 = CaSO_4$ $\qquad Ca(HSO_3)_2 \cdot 0{,}6336 = SO_2$

$CaO \cdot 3{,}606 = Ca(HSO_3)_2$ $\qquad Mg(HSO_3)_2 \cdot 0{,}6872 = SO_2.$

$MgO \cdot 4{,}625 = Mg(HSO_3)_2$

Literatur.

Andrews, J. R.: (1) Ind. and Engin. Chem., Anal. Ed. **3**, 361, 362 (1932). — (2) Chem. Zentralblatt **1932 I**, 105, 106. — Armstrong, W. D.: (1) Ind. and Engin. Chem., Anal. Ed. **5**, 315—317 (1933). — (2) Chem. Zentralblatt **1933 II**, 3318. Barnes, E. C.: Chem. Zentralblatt **1936 II**, 509. — Baudisch, O.: Chem.-Ztg. **33**, 1298 (1909). — Baumgarten, P. u. A. H. Krummacher: Ber. Dtsch. Chem. Ges. **67**, 1257—1260 (1934). — Benesch, E. u. Mitarb.: Ztschr. f. anal. Ch. **82**, 323 (1930). — Berek, M., K. Männchen u. W. Schäfer: Ztschr. f. Instrumentenkunde **56**, 49—56 (1936). — Berg, R. u. E. S. Fahrenkamp: Ztschr. f. anal. Ch. **109**, 305—315 (1937). — Berg, R. u. O. Wurm: Ber. Dtsch. Chem. Ges. **60**, 1664—1671. — Biltz, H. u. W.: (1) Ausführung quantitativer Analysen, S. 289—291. 1937. — (2) Ausführung quantitativer Analysen, S. 326f. 1937. — Biltz, H. u. O. Hödtke: Ztschr. f. anorg. u. allg. Ch. **66**, 426 (1910). — Blank, E. W.: (1) Chemist-Analyst **22**, 4 (1933). — (2) Chem. Zentralblatt **1934 I**, 897. — Boot, H. u. A. Ward: (1) Journ. Soc. Chem. Ind. **54**, Trans., 116 (1935). —

(2) Chem. Zentralblatt **1935 II**, 787. — Borkowski, A. A. u. Mitarb.: Chem. Zentralblatt **1936 I**, 1270. — Brandt, L.: (1) Chem.-Ztg. **1913**, 1445, 1471, 1496. — (2) Chem.-Ztg. **1914**, 461, 474. — Brinn, J.: (1) Chemist-Analyst **20**, Nr. 4, 7 (1931). — (2) Chem. Zentralblatt **1931 II**, 2187. — Brückner, H.: Brennstoffchem. **17**, 21—23 (1936). — Brückner, K.: Ztschr. f. anal. Ch. **94**, 305—322 (1933). Brunck: Ztschr. f. angew. Ch. **18**, 1560 (1905). — Buchan, J. L.: (1) Analyst **58**, 682—684 (1933). — (2) Chem. Zentralblatt **1934 I**, 1357. — Butcher, Ch. H.: (1) Ind. Chemist chem. Manufact. **10**, 131—133, 150 (1934). — (2) Chem. Zentralblatt **1934 II**, 1653.

Caley, E. R. u. J. M. Ferrer: (1) Mikrochim. Acta **1**, 160—163 (1937). — (2) Chem. Zentralblatt **1937 II**, 3203. — Capron, P. C.: (1) Bull. Soc. Chim. Belgique **41**, 588—596 (1932). — (2) Chem. Zentralblatt **1933 II**, 1556. — Carrière, E.: u. Janssens: Chem. Zentralblatt **1930 II**, 1102. — Carrière, E. u. R. Liauté: (1) C. r. d. l'Acad. des sciences **196**, 933, 934 (1933). — (2) Chem. Zentralblatt **1933 I**, 3980. — Carrière, E. u. Rouanet: Chem. Zentralblatt **1930 I**, 1978. — Casares, J. Chem. Zentralblatt **1930 I**, 559. — Chalmers, A. u. G. Rigby: (1) Ind. and Engin. Chem., Anal. Ed. **4**, 162—164 (1932). — (2) Chem. Zentralblatt **1933 I**, 2585. — Cousen: Journ. Soc. Glass Technol. **7**, 303 (1923). — Craig, A.: (1) Chemist-Analyst **21** (1932). — (2) Chem. Zentralblatt **1932 II**, 576. — Crossley, H. E.: (1) Analyst **61**, 164—169 (1936). — (2) Chem. Zentralblatt **1936 II**, 4030. — Cunningham, W. A.: (1) Journ. Chem. Educat. **12**, 120—124 (1935). — (2) Chem. Zentralblatt **1935 II**, 1232. — Czernotzky, A.: Chem. Fabrik **10**, 218—220 (1937).

Dahle, Dan: (1) Journ. Assoc. Off. agricult. Chemists **20**, 505—516 (1937). — (2) Chem. Zentralblatt **1937 II**, 3203. — Damerell, V. R. u. H. H. Strater: (1) Ind. and Engin. Chem., Anal. Ed. **6**, 619—621 (1934). — (2) Chem. Zentralblatt **1934 I**, 2794. — Davis, D. S.: (1) Chem. Metallurg. Engineering **42**, 492—493 (1935). — (2) Chem. Zentralblatt **1936 I**, 3178. — (3) Chem. Metallurg. Engineering **43**, 433 (1936). — (4) Chem. Zentralblatt **1936 II**, 4101. — Denigès: (1) C. r. d. l'Acad. des sciences **171**, 802—804 (1920). — (2) Chem. Zentralblatt **1921 II**, 339. — Dick, J.: Ztschr. f. anal. Ch. **77**, 352 (1929). — Dominikiewicz, M.: Chem. Zentralblatt **1930 II**, 591.

Engel, R. u. J. Bernard: (1) C. r. d. l'Acad. des sciences **122**, 390 (1896). — (2) Ztschr. f. anal. Ch. **36**, 42 (1897). — Erdheim, E.: Chem. Zentralblatt **1933 I**, 643. — Essery, R. E.: (1) Analyst **56**, 28, 29 (1931). — (2) Chem. Zentralblatt **1931 I**, 1793. — Evans, A. F.: Chem. Zentralblatt **1934 II**, 3282. — Evans, B. S.: (1) Analyst **54**, 523—535 (1929). — (2) Chem. Zentralblatt **1929 II**, 2350. — (3) Analyst **57**, 492—494 (1932). — (4) Chem. Zentralblatt **1932 II**, 2339. — (5) Analyst **58**, 470, 471 (1933). — (6) Chem. Zentralblatt **1933 II**, 2165.

Fainberg, S. u. L. Ginzburg: Chem. Zentralblatt **1934 I**, 2318. — Feigl, F. u. P. Krumholz: (1) Ber. Dtsch. Chem. Ges. **62**, 1138 (1929). — (2) Ztschr. f. Krystallogr., Abt. B, N. F. **40**, 1 (1930). — Fialkow, J. u. M. Schtschigol: Chem. Zentralblatt **1933 I**, 2283. — Fleck, H., R. Holness u. A. Ward: (1) Analyst **60**, 32 (1935). — (2) Chem. Zentralblatt **1935 I**, 2218. — Fox, J. J. u. L. G. Groves: (1) Journ. Soc. Chem. Ind. **51**, Trans., 7—10 (1932). — (2) Chem. Zentralblatt **1932 I**, 1742. — Frenkel, R.: Chem. Zentralblatt **1937 I**, 1203. — Fridberg, L.: Chem. Zentralblatt **1937 II**, 2561. — Friedrichs, Fr.: Chem. Fabrik **4**, 203, 204 (1931).

Galfajan, G.: Chem. Zentralblatt **1934 II**, 2106, 2107. — Giacalone, A. u. F. Russo: Chem. Zentralblatt **1937 I**, 2640. — Giblin, J. C.: (1) Analyst **58**, 752, 753 (1933). — (2) Chem. Zentralblatt **1934 I**, 1221. — Gonell, H. W.: (1) Arch. f. techn. Mess. **3**, T 15, T 16 (1934). — (2) Arch. f. techn. Mess. **4**, T 24, T 25, T 37 (1935). — (3) Arch. f. techn. Mess. **5**, T 14 (1935). — (4) Arch. f. techn. Mess., Lief. 68, T 23 (1937). — Grabe u. Petrén: Ztschr. f. anal. Ch. **50**, 513 (1911). — Green, H. L.: Chem. Zentralblatt **1935 I**, 1274. — Grounds, A.: (1) Ind. Chemist chem. Manufact. 8, 189, 190 (1932). — (2) Chem. Zentralblatt **1932 II**, 253. — Guthmann, K.: Arch. f. techn. Mess. **4**, T 72, T 73 (1935).

Hansen-Schmidt: Arch. f. Hyg. **112**, 63—69 (1934). — Hawes, C.: (1) Chemist-Analyst **21**, 11—15 (1932). — (2) Chem. Zentralblatt **1933 I**, 91. — Henville, D.: (1) Analyst **55**, 385 (1930). — (2) Chem. Zentralblatt **1930 II**, 1846. — Hillebrand u. Lundell: Applied Inorganic Analysis, p. 216. New York 1929. — Hofer, K.: Wärme **54**, 803 (1931). — Hommé, J.: Chem. Zentralblatt **1934 II**,

3012. — Hovorka, V.: Chem. Zentralblatt **1935 II**, 2250. — Hughes, W. C. u. H. N. Wilson: (1) Journ. Soc. Chem. Ind. **55**, Trans., 359, 360 (1936). — (2) Chem. Zentralblatt **1937 I**, 4997.

Jolson, L.: Ztschr. f. anal. Ch. **106**, 157—167 (1936). — Jolson, L. M. u. E. M. Tall: Ztschr. f. anal. Ch. **108**, 96—105 (1937). — Jolsson, L. M.: Chem. Zentralblatt **1936 I**, 819. — Jones, H. W.: (1) Chemist-Analyst **18**, Nr. 6, 11 (1929). — (2) Chem. Zentralblatt **1930 I**, 3082.

Kangun, I. u. E. Dondim: Chem. Zentralblatt **1936 I**, 3722. — Kangun, J.: Chem. Zentralblatt **1936 I**, 2980. — Karaoglanow, Z.: Ztschr. f. anal. Ch. **106**, 129—146, 262—272, 399—407 (1936). — Karasinski, M.: Chem. Zentralblatt **1931 II**, 2186. — Knight, Norman L.: (1) Chemist-Analyst **19**, Nr. 4 (1930). — (2) Chem. Zentralblatt **1930 II**, 1881, 1882. — Köszegi: Chem. Zentralblatt **1931 I**, 318. — Kolthoff: (1) Maßanalyse, Bd. II, S. 167, 168. 1931. — (2) Maßanalyse, Bd. II, S. 454. 1931. — Kolthoff, I. M. u. E. B. Sandell: (1) Ind. and Engin. Chem., Anal. Ed. **3**, 115—117 (1931). — (2) Chem. Zentralblatt **1931 I**, 2235, 2236. — Korenman, J. M.: Ztschr. f. anorg. u. allg. Ch. **216**, 33—40 (1933). — Kraus, R.: Ztschr. f. angew. Ch. **48**, 227, 228 (1935). — Kurtenacker, A. u. R. Wollak: Ztschr. f. anorg. u. allg. Ch. **161**, 201—209 (1927).

Lamm, Ole: Kolloid-Ztschr. **70**, 273—275 (1935). — Lang, R.: Ztschr. f. anorg. u. allg. Ch. **122**, 332 (1922). — Lewin, I. A. u. G. W. Rabowski: Chem. Zentralblatt **1931 II**, 879. — Liebenberg, D. P. u. S. Leith: (1) Journ. South African Chem. Inst. **14**, 47—51 (1931). — (2) Chem. Zentralblatt **1932 I**, 105. — Lieneweg, Fr.: Ztschr. f. angew. Ch. **45**, 531—535, 546—548 (1932). — Lindhe, H.: Chem. Zentralblatt **1936 II**, 824. — Lukas, J.: Chem. Zentralblatt **1932 I**, 1806. — Lurje, J. J.: Chem. Zentralblatt **1936 I**, 386—388.

Mahr, C. u. H. Ohle: (1) Ztschr. f. anal. Ch. **107**, 34—41 (1936). — (2) Ztschr. f. anal. Ch. **109**, 1—5 (1937). — Mai u. Hurt: Ztschr. f. Unters. Nahrgs.- u. Genußmittel **9**, 193 (1905). — Malaprade, M.: (1) C. r. d. l'Acad. des sciences **198**, 1037, 1038 (1934). — (2) Chem. Zentralblatt **1934 II**, 643, 644. — Marvin, G. G. u. W. C. Schumb: (1) Ind. and Engin. Chem., Anal. Ed. **7**, 423—425 (1935). — (2) Chem. Zentralblatt **1936 II**, 1030. — Matwejew, N. I.: Chem. Zentralblatt **1930 I**, 3813. — Mayr, C. u. F. Feigl: Ztschr. f. anal. Ch. **90**, 15—19 (1932). — McNabb: Ind. and Engin. Chem., Anal. Ed. **8**, 167 (1936). — Meigen, W. u. O. Scharschmidt: Ztschr. f. anal. Ch. **64**, 212 (1924). — Mindalew, Z.: Ztschr. f. anal. Ch. **75**, 392—395 (1928). — Mitchell, J. S., G. A. Pitman u. P. F. Nichols: (1) Ind. and Engin. Chem., Anal. Ed. **5**, 415, 416 (1933). — (2) Chem. Zentralblatt **1934 II**, 3696. — Miyagi, S.: Chem. Zentralblatt **1933 II**, 3320. — Mocquart, J.: (1) Documentat. Sci. **5**, 168—173 (1936). — (2) Chem. Zentralblatt **1937 I**, 388. — Mougnaud, P.: (1) Chem. Zentralblatt **1931 II**, 3019, 3020. — (2) Chem. Zentralblatt **1932 II**, 899, 900, 2082. — Mutschin, A. u. R. Pollak: (1) Ztschr. f. anal. Ch. **106**, 385—399 (1936). — (2) Ztschr. f. anal. Ch. **107**, 18—26 (1936). — (3) Ztschr. f. anal. Ch. **108**, 8—18, 309—316 (1937).

Nasarenko, W. A.: Chem. Zentralblatt **1936 I**, 2782. — Nichols, P. F. u. H. M. Reed: (1) Ind. and Engin. Chem., Anal. Ed. **5**, 398, 399 (1933). — (2) Chem. Zentralblatt **1934 I**, 1357. — Njegovan, V. u. V. Marjanvic: (1) Ztschr. f. anal. Ch. **73**, 271—279 (1928). — (2) Ztschr. f. anal. Ch. **93**, 353—358 (1933). — (3) Chem. Zentralblatt **1934 I**, 2317.

Orlow, I. E.: Ztschr. f. anal. Ch. **98**, 326—329 (1934). — Ormont, B.: Ztschr. f. anal. Ch. **83**, 338 (1931). — Ortner, G.: Ztschr. f. anal. Ch. **106**, 28—30 (1936). — Ostrowski, St.: Chem. Zentralblatt **1932 II**, 256, 257.

Pass, A. u. A. M. Ward: (1) Analyst **58**, 667—672 (1933). — (2) Chem. Zentralblatt **1934 I**, 1678. — Perna, F.: Chem. Zentralblatt **1936 I**, 3435. — Peyrot, E.: Chem. Zentralblatt **1934 II**, 475. — Photiadis, Ph.: Ztschr. f. anal. Ch. **91**, 173—180 (1933). — Ploum: Chem.-Ztg. **61**, 674 (1937). — Poluektoff, N. S.: Mikrochemie **15** (N. F. **9**), 32—34 (1934). — Pomerantz, A. u. McNabb: (1) Ind. and Engin. Chem., Anal. Ed. **8**, 466 (1936). — (2) Chem. Zentralblatt **1937 I**, 3836.

Rane, M. B. u. K. R. Apte: (1) Journ. Indian Chem. Soc. **12**, 204—207 (1935). — (2) Chem. Zentralblatt **1936 II**, 1391. — Raschig: H. u. W. Biltz Lehrbuch, 2. Aufl., S. 298. 1937. — Remy, H.: (1) Ztschr. f. angew. Ch. **46**, 101—104, 610—613 (1933). — (2) Kolloid-Ztschr. **67**, 167—171 (1934). — Remy,

H. u. C. Behre: Kolloid-Ztschr. **71**, 129—145 (1935). — Remy, H. u. Mitarb.: Kolloid-Ztschr. **68**, 22—29 (1934). — Ricci, J.: (1) Ind. and Engin. Chem. **8**, 1930—1932 (1936). — (2) Chem. Zentralblatt **1936 I**, 4946. — Rinck, A. u. E. Kaempf: Gas- u. Wasserfach **72**, 1269, 1270 (1929). — Robinson, W. O. u. Mitarb.: (1) Ind. and Engin. Chem., Anal. Ed. **6**, 274 (1934). — (2) Chem. Zentralblatt **1934 II**, 2557. — Rosanow, S. N.: Ztschr. f. anal. Ch. **102**, 328—336 (1935). — Roschal, R. B.: Chem. Zentralblatt **1934 II**, 1497. — Rosin, P. u. E. Rammler: Braunkohle **34**, 505—513 (1935). — Rowaan, P. A.: (1) Chemisch Weekblad **31**, 546, 547 (1934). — (2) Chem. Zentralblatt **1935 I**, 443. — Roy, S. N.: (1) Journ. Indian Chem. Soc. **12**, 584, 585 (1935). — (2) Chem. Zentralblatt **1936 I**, 1666. — Ruff, O. u. W. Jeroch: Ber. Dtsch. Chem. Ges. **38**, 409 (1905).

Scacciati, G.: Chem. Zentralblatt **1936 I**, 1665. — Schepp, R. u. K. Schiel: Papierfabr. **29**, 761, 762 (1931). — Scherrer, J. A.: (1) Journ. Res. nat. Bur. Standards **16**, 253—259 (1936). — (2) Chem. Zentralblatt **1937 I**, 1488. — Schiemann, G. u. P. Novák: Ztschr. f. angew. Ch. **40**, 1032 (1927). — Schmidt, E.: (1) Papierfabr. **23**, 229 (1925). — (2) Papierfabr. **30**, 133 (1932). — Schroeder, W.: (1) Ind. and Engin. Chem., Anal. Ed., **5**, 403—406 (1933). — (2) Chem. Zentralblatt **1934 I**, 1357. — (3) Ztschr. f. anal. Ch. **98**, 284 (1934). — Schwedow, N. F.: Chem. Zentralblatt **1936 I**, 2780. — Scott, Fr. W.: (1) Chemist-Analyst **20** (8. März 1931). — (2) Chem. Zentralblatt **1931 I**, 2904. — Semel, W. K.: Chem. Zentralblatt **1937 II**, 1052. — Semljanitzyn, W. P.: (1) Chem. Zentralblatt **1930 I**, 1252, 1253. — (2) Chem. Zentralblatt **1934 I**, 1081. — (3) Chem. Zentralblatt **1937 II**, 2402. — Sheen, R. u. H. Kahler: (1) Ind. and Engin. Chem., Anal. Ed. **8**, 127—130 (1936). — (2) Chem. Zentralblatt **1936 I**, 4946. — Skworzow, W. N.: Chem. Zentralblatt **1936 II**, 2949. — Spacu, G. u. C. Dragulescu: Ztschr. f. anal. Ch. **101**, 113—116 (1935). — Steinkamp, J.: Chem. Zentralblatt **1931 I**, 1707. — Stock, A. u. H. Lux: Ztschr. f. angew. Ch. **44**, 200—206 (1931). — Strebinger, H. u. L. v. Zombory: Ztschr. f. anal. Ch. **105**, 346—350 (1936). — Stretter, L. R. u. W. H. Rankin: Chem. Zentralblatt **1930 II**, 2177. — Sümegi, L.: Chem. Zentralblatt **1934 I**, 3088. — Sullivan, H. M.: (1) Ind. and Engin Chem., Anal. Ed. **8**, 382, 383 (1936). — (2) Chem. Zentralblatt **1937 I**, 1206. — Szebellédy, L.: Chem. Zentralblatt **1930 II**, 274, 275, 1887, 1888.

Tananajew, N. A.: Chem. Zentralblatt **1931 II**, 3364. — Thomas, M. D.: (1) Ind. and Engin. Chem., Anal. Ed. **4**, 253—256 (1932). — (2) Chem. Zentralblatt **1932 II**, 1942. — Thomas, M. D. u. J. N. Abersold: (1) Ind. and Engin. Chem., Anal. Ed. **1**, 14 (1929). — (2) Chem. Zentralblatt **1929 I**, 2448. — Thompson, P. F.: (1) Soc. Chem. Ind. **31**, 536—544 (1931). — (2) Chem. Zentralblatt **1932 I**, 2068. — Thompson, P. F. u. E. C. Alabaster: (1) Soc. Chem. Ind. **33**, 810, 811 (1933). — (2) Chem. Zentralblatt **1935 II**, 2707.

Ubaldini, I.: Chem. Zentralblatt **1937 I**, 3680.

Vinti, S.: Chem. Zentralblatt **1934 I**, 3496, 3497.

Weeks, M. E.: (1) Ind. and Engin. Chem., Anal. Ed. **4**, 127, 128 (1932). — (2) Chem. Zentralblatt **1932 II**, 2211, 2212. — Wellings, A. W.: (1) Trans. Faraday Soc. **28**, 561—564 (1932). — (2) Chem. Zentralblatt **1933 I**, 1818. — West, W. R.: (1) Chemist-Analyst **21** (4. Juni 1932). — (2) Chem. Zentralblatt **1932 II**, 1807. — Wichmann, H. J. u. Dan Dahle: (1) Journ. Assoc. Off. agricult. Chemists **16**, 612—619 (1933). — (2) Chem. Zentralblatt **1934 I**, 2008. — Winogradow, A. W.: (1) Chem. Zentralblatt **1935 I**, 2221. — (2) Chem. Zentralblatt **1935 II**, 2094. — Winogradow, A. W. u. L. D. Finkelstein: Chem. Zentralblatt **1935 II**, 406. — Winogradow, A. W. u. Mitarb.: (1) Chem. Zentralblatt **1933 II**, 1557. — (2) Chem. Zentralblatt **1935 I**, 2221. — Wolkow, S. T.: Chem. Zentralblatt **1937 II**, 1051.

Sulfat- und Salzsäurefabrikation

(II/1, 686—708).

Von

Dr.-Ing. **Fr. Specht**, Leverkusen (Rhld.).

Die quantitativen Untersuchungen und Prüfungen für Steinsalz und Sulfat sind weiterhin die maßgebenden geblieben. Die nachfolgenden Angaben können daher die bestehenden nur ergänzen.

I. Kochsalz (Steinsalz)

(II/1, 686—692).

Der Gehalt an Alkalibromid und -jodid kann quantitativ nach den folgenden Verfahren bestimmt werden:

1. Bromid. Der Bromgehalt läßt sich sehr genau jodometrisch nach der von van der Meulen ausgearbeiteten Methode bestimmen (s. Abschnitt Kalisalze).

2. Jodid. Die qualitative Prüfung auf Jodid geschieht durch Freimachen des Jods und Ausschütteln mit Chloroform. Will man diese Methode für die quantitative colorimetrische Bestimmung verwenden, so muß man berücksichtigen, daß Salzlösungen ein beträchtliches Lösungsvermögen für Jod besitzen, so daß größere oder kleinere Mengen Jod in der wäßrigen Schicht bleiben und sich somit der colorimetrischen Bestimmung entziehen. K. L. Maljaroff und W. B. Matskiewitsch (1) haben den Einfluß von Salzlösungen auf den Verteilungskoeffizienten geprüft und nachgewiesen, daß Mengen über 15 g NaCl/l die Löslichkeit des Jods in Salzlösungen derart vergrößern, daß bei den colorimetrischen Bestimmungen zu niedrige Werte gefunden werden. So werden in 5%iger NaCl-Lösung nur 90% des Jods colorimetrisch ermittelt und in 20%iger NaCl-Lösung sogar nur die Hälfte. Die Verfasser geben empirisch ermittelte Formeln an, womit der wirkliche Jodgehalt aus dem colorimetrisch bestimmten berechnet werden kann.

Bei der eigentlichen colorimetrischen Bestimmung ist zu beachten, daß das Volumen der Chloroformschicht 25% des Volumens der wäßrigen Lösung beträgt. Dann geschieht die Bestimmung wie folgt: Man versetzt die zu prüfende Lösung zunächst mit Chloroform, darauf mit 4 Tropfen Salzsäure (1:1), dann mit 1 Tropfen konzentrierter Natriumnitritlösung, endlich wird das Proberöhrchen 3 Minuten hindurch geschüttelt, 1 Stunde lang im Dunkeln stehengelassen und dann colorimetriert. Der Ansatz von Vergleichslösungen erfolgt mit Salzlösungen von bekanntem Kaliumjodidgehalt.

Um den wirklichen Jodgehalt zu berechnen, verwendet man folgende Formel:

$$X = \frac{100\,a}{104{,}05 - 0{,}270\,b}\,.$$

Hierin ist: X der gesuchte Jodgehalt in Milligramm/Liter, a der gefundene Jodgehalt in Milligramm/Liter, b Konzentration des Kochsalzes in der Probelösung in Gramm/Liter.

Diese Formel gilt nur für die Bestimmung des Jodgehaltes in Lösungen, die nicht mehr als 200 g Salz und nicht mehr als 40 mg Jod im Liter enthalten.

Schließlich sei noch erwähnt, daß für $CaCl_2$- und $MgCl_2$-Lösungen dieselben Betrachtungen und Angaben über die Ausführung der Jodbestimmung gelten. Die Umrechnungsformeln sind dabei

$$\text{für } CaCl_2\text{-Lösungen: } X = \frac{100\,a}{104{,}65 - 0{,}373\,b},$$

$$\text{für } MgCl_2\text{-Lösungen: } X = \frac{100\,a}{105{,}26 - 0{,}526\,b}.$$

Eine zusammenfassende Arbeit über den Nachweis und die Bestimmung des Jods z. B. in Speisesalzen, auch in solchen, die Beimischungen wie Bicarbonate und Verunreinigungen wie Carbonate enthalten, gibt G. Prange. Hiernach kann man mit der Chloroformmethode 0,025 mg KJ in 10 g Salz gerade noch nachweisen, doch weist auch Prange darauf hin, daß Jod nicht quantitativ in die Chloroformschicht geht. Die quantitative Bestimmung des Jods geschieht in Anlehnung an L. W. Winkler (1, 2). Hiernach wird die vorher neutral gestellte Lösung des Salzes mit 1—2 cm³ n-Salzsäure wieder angesäuert. Dann wird 1 cm³ frisch bereitetes Chlor- oder Bromwasser hinzugefügt, und der Überschuß des Oxydationsmittels wird durch 10 Minuten langes, starkes Kochen entfernt. Nach dem Abkühlen wird die jetzt jodathaltige Lösung mit 1,5 cm³ Phosphorsäure $s = 1{,}7$ angesäuert, mit Kaliumjodid versetzt und mit 0,004 n-Thiosulfatlösung titriert.

3. Sulfat, Calcium und Magnesium. Die Bestimmung dieser Stoffe in Steinsalz von großer Reinheit beschreiben A. C. Shuman und N. E. Berry (1, 2), wobei die Verfasser bei ihrer Methode die Abwesenheit von säureunlöslichen Stoffen und von dreiwertigen Metallen voraussetzen. Für die Sulfatbestimmung werden 50 g Salz in 250 cm³ Wasser gelöst, und die Lösung wird mit 1 cm³ Salzsäure angesäuert. Es wird fast zum Sieden erhitzt und unter Umrühren 10 cm³ 10%ige Bariumchloridlösung hinzugefügt. Man läßt heiß 1 Stunde lang stehen und filtriert dann bei 50° durch ein Papierfilter ab. Calcium wird in einer neuen Einwaage von 50 g mit 25 cm³ einer 4%igen Ammonoxalatlösung heiß gefällt. Nach 3 Stunden wird filtriert und zunächst mit einer 0,2%igen Ammonoxalatlösung, dann mit Waschwasser ausgewaschen, das ist Wasser, das mit Calciumoxalat gesättigt ist. Die Calciumbestimmung erfolgt durch Titration mit einer 0,05 n-$KMnO_4$-Lösung. Im Filtrat der Kalkfällung wird Magnesium bei 60—70° mit 8-Oxychinolinlösung in Gegenwart von 16 cm³ Ammoniaklösung $s = 0{,}90$ gefällt (Fällungsmittel: 25 g Oxychinolin, gelöst in 60 cm³ Eisessig und auf 1 l verdünnt). Die Fällung wird nach dem Auswaschen mit Ammoniak in 10%iger Salzsäure gelöst, 0,2 n-KBr-$KBrO_3$-Lösung hinzugefügt, dann 10 cm³ 25%ige KJ-Lösung, und darauf wird mit 0,2 n-$Na_2S_2O_3$-Lösung zurücktitriert. Es ist unbedingt notwendig, alle Einzelheiten der Bestimmungen innezuhalten. Dann beträgt die Genauigkeit der Analyse für Calcium ± 0,0048% und für Sulfat und Magnesium ± 0,0036%. Wenn für die Bestimmungen solche Genauigkeiten angegeben werden, ist es selbstverständlich, daß die konstanten Fehler der Bestimmungen, hervorgerufen z. B. durch die Löslichkeit der Niederschläge in der Kochsalzlösung, auch durch Adsorption des Fällungsmittels, ausgeglichen werden müssen. Hierbei ergibt sich (vgl. die Korrekturkurven in der Arbeit), daß

1. für Sulfat bis zu einem Gehalt von 0,12% SO_4 als $CaSO_4$ eine Korrektur nicht nötig ist. Oberhalb 0,12% muß bis 0,004 abgezogen werden;

2. bis 0,12% Ca zum Befund bis 0,006 zugezählt werden muß (Löslichkeit des Calciumoxalates), während oberhalb 0,12% Ca bis 0,004 vom Befund abgezogen werden soll (Adsorption des Fällungsmittels);

3. bei der Mg-Bestimmung als Mg-8-oxychinolin infolge der Adsorption des Fällungsmittels stets vom Prozentgehalt Mg, als $MgCl_2$ berechnet, ein Abzug gemacht werden muß, und zwar bis zu 0,008.

Bei der Fällung des Calciums als Calciumoxalat ist die Löslichkeit des gefällten Calciumoxalats in Kochsalzlösung zu berücksichtigen. K. L. Maljaroff und A. I. Gluschakoff haben diese Löslichkeit bestimmt und geben an, daß in 5%iger NaCl-Lösung 30,48 mg Calciumoxalat im Liter löslich sind und in einer 10%igen Lösung 36,39 mg im Liter. Hat man also kleine Mengen Kalk in Anwesenheit von Kochsalz zu bestimmen, so muß stets in genügend verdünnten Lösungen gearbeitet werden. Auch darf wegen der Löslichkeit von Calciumoxalat in Ammonchloridlösungen das gefällte Calciumoxalat nicht mit solchen Lösungen ausgewaschen werden, höchstens mit ammonoxalathaltigem Wasser oder nach H. Bassett (1, 2) mit Wasser, das mit Calciumoxalat gesättigt ist. Oxalat, das mit solchem Waschwasser ausgewaschen wird, kann ohne weiteres als Carbonat, Oxyd oder Sulfat zur Wägung gebracht werden, oder auch mit Permanganatlösung titriert werden, wobei Basset die titrimetrische Bestimmung für die genaueste hält.

Gefälltes Ammonium-magnesium-phosphat ist in Kochsalzlösungen ebenfalls löslich, worauf K. L. Maljaroff und W. B. Matskiewitsch (2) in einer späteren Arbeit aufmerksam machen, siehe hierüber den Abschnitt „Sulfat“.

II. Schwefelsäure.

Die Prüfung der Schwefelsäure ist im Abschnitt „Fabrikation der Schwefelsäure“ zu finden.

III. Sulfat (II/1, 692—697).

Eingehender sollen hier nur die Bestimmungen von Calcium und Magnesium ergänzt werden.

Da bei der Analyse von technischem Sulfat stets Verunreinigungen an Kalk und Magnesia bestimmt werden, und die Bestimmung beider die analytische Trennung von Calcium und Magnesium bedingt, soll auf die bei der Trennung zu beachtenden Regeln hingewiesen werden.

1. Kalk. Man löst 10 g Sulfat in Wasser. Die Fällung des Calciums als Calciumoxalat geschieht nicht in der Siedehitze, sondern bei einer Temperatur von etwa 80°, und zwar in einer hinreichend verdünnten Lösung, worauf schon im Abschnitt „Kochsalz" hingewiesen wurde. Ferner muß genügend Ammonsalz zugegen sein (etwa 3 g auf 200 cm^3 Lösung), und zur Fällung selbst muß ein großer Überschuß an Ammoniumoxalatlösung verwendet werden, der tropfenweise und unter öfterem Umrühren hinzugefügt wird, wobei das Umrühren auch dann noch geschehen soll, wenn die Fällung beendet ist. Das Filtrieren des Niederschlages geschieht frühestens nach 5 Stunden, am besten erst nach dem Stehen über Nacht. Wird eine große Genauigkeit verlangt, so gilt allgemein, daß der Calciumoxalatniederschlag in Säure gelöst und nochmals zu fällen ist. In den vereinigten Filtraten wird dann Magnesium bestimmt.

Bei kleinen Mengen Calcium eignet sich als Wägungsform das Oxyd, das zur Kontrolle durch Abrauchen mit Schwefelsäure in Sulfat übergeführt werden kann.

Nach O. Brunck kommt die Bestimmung des Calciums als wasserhaltiges Oxalat $CaC_2O_4 \cdot H_2O$ den üblichen Bestimmungsformen an Genauigkeit gleich, übertrifft diese sogar noch an Schnelligkeit und Bequemlichkeit der Ausführung. Der Niederschlag wird in einem Filtertiegel A 2 gesammelt, man wäscht zunächst mit wenig heißem Wasser aus, dann je dreimal mit Alkohol und Äther nach, worauf der Niederschlag 1 Stunde lang bei 110° im Trockenschrank getrocknet wird. I. Haslam (1, 2) findet indessen, daß die Bruncksche Methode immer etwas zu hohe Werte ergibt.

2. Magnesia. Die Bestimmung des Magnesiums geschieht im Filtrat der Calciumoxalatfällung in Gegenwart von Ammonsalzen und Ammoniak mit Dinatrium- oder Diammoniumphosphat in bekannter Weise. Da viel Alkalisalz vorhanden ist, empfiehlt es sich, die Fällung zu wiederholen. Zur Überführung des Ammonium-magnesium-phosphats in Pyrophosphat verwendet man, wenn ein Filtertiegel benützt wurde, den elektrischen Ofen; wird durch ein Papierfilter filtriert, so verascht man das Filter für sich und glüht, bringt dann die Hauptmenge des Niederschlages in den Tiegel und erhitzt zunächst gelinde. Erst wenn der Geruch nach Ammoniak völlig verschwunden ist, wird stärker und zuletzt mit dem Gebläse erhitzt.

K. L. Maljaroff und W. B. Matskiewitsch (2) haben die Löslichkeit des Ammonium-magnesium-phosphats in NaCl- und Na_2SO_4-Lösungen bestimmt. Nach ihren Feststellungen wirken Chloride weniger lösend als die Sulfate derselben Kationen und die Ammonsalze stärker als die gleichnamigen Natriumsalze. Von allen Salzen wirkt Ammonoxalat am stärksten lösend, so daß es ratsam ist, bei genauen Bestimmungen vor dem Fällen des Magnesiums alle Oxalate zu zerstören. Bei einer 10%igen NaCl-Lösung lösen sich 0,1625 g Ammonium-magnesium-phosphat pro Liter, als wasserfreies $MgNH_4PO_4$ ausgedrückt. Die entsprechende Zahl für eine 10%ige Na_2SO_4-Lösung ist 0,2482 g/l. Aus einer Tabelle und einer graphischen Darstellung erkennt man, daß die Löslichkeit des Ammonium-magnesium-phosphats in Salzlösungen mit der Konzentration dieser Lösungen wächst.

Will man die Magnesiumbestimmung schnell ausführen, so kann man den im Goochtiegel gesammelten Ammonium-magnesium-phosphat-Niederschlag zunächst zur Entfernung des anhaftenden Ammoniaks mit Alkohol waschen. Dann wird der Niederschlag in überschüssiger $^1/_{10}$ n-Salzsäure gelöst und mit $^1/_{10}$ n-Lauge zurücktitriert unter Verwendung von Methylrot als Indicator.

Die gewichtsanalytische Bestimmung des Magnesiums als Ammonium-magnesium-phosphat-Hexahydrat, als Schnellverfahren ausgearbeitet, hat L. W. Winkler (3) vorgeschlagen. Die quantitative Abscheidung des Niederschlages wird erreicht, wenn zunächst unter Zusatz von 0,5 g Ammonchlorid, 1 cm³ 20%igem Ammoniak und 2 cm³ 10%iger Dinatriumphosphatlösung heiß gefällt und dann nach Abkühlen der Lösung 5 Minuten lang kräftig geschüttelt wird. Man wäscht mit etwa 10 cm³ 1%igem Ammoniak aus und dann mit 96%igem Alkohol. Jetzt wird der Niederschlag 10 Minuten lang getrocknet. Die Auswaagen betragen etwa 9—40 mg $MgNH_4PO_4 \cdot 6\,H_2O$. Für die Bestimmung des Magnesiums als Ammonium-magnesium-arseniat-Hexahydrat gibt Winkler ebenfalls eine Vorschrift (s. unten).

J. P. Mehlig (1, 2) filtriert Ammonium-magnesium-Phosphat durch einen Goochtiegel, wäscht den Niederschlag zunächst mit 1,5 mol. Ammoniaklösung und dann mehrere Male mit Alkohol und Äther aus, trocknet über Chlorcalcium im Exsiccator und wägt schließlich als Hexahydrat. Diese Methode ist nach Beleganalysen brauchbar.

Die Bestimmung des Magnesiums als $MgNH_4AsO_4 \cdot 6\,H_2O$ erfolgt nach J. Dick und A. Rudner bei größeren Mengen Magnesium (0,1—0,3 g $MgNH_4AsO_4 \cdot 6\,H_2O$), indem die konzentrierte Magnesiumsalzlösung in Anwesenheit von 3—5 g Ammonchlorid in der Kälte mit einem Überschuß an Natrium- oder Ammoniumarseniat gefällt wird. Man fügt tropfenweise konzentrierte Salzsäure hinzu, bis sich der Niederschlag ganz gelöst hat, und darauf tropfenweise in der Kälte unter Umrühren 2,5%iges Ammoniak bis zur bleibenden Rötung (Phenolphthalein). Schließlich wird noch $^1/_3$ des Gesamtvolumens an konzentriertem Ammoniak hinzugefügt. Nach 1—$1^1/_2$stündigem Stehen kann schon filtriert werden (Porzellanfiltertiegel). Jetzt wird mit 2,5%igem Ammoniak ausgewaschen, dann mit Alkohol und Äther. Nach dem Absaugen (5—10 Minuten) kann direkt gewogen werden. Winkler (s. oben) fällt ebenfalls kalt, schüttelt den Niederschlag und filtriert bei kleineren Mg-Mengen (10—50 mg $MgNH_4AsO_4 \cdot 6\,H_2O$) schon nach $^1/_2$ Stunde.

Zur schnellen Bestimmung kann man nach L. Daubner $MgNH_4AsO_4$ fällen, den Niederschlag mit Alkohol auswaschen, und ihn dann mit heißer Salzsäure vom Filter lösen. Die salzsaure Lösung wird mit einer konzentrierten Lösung von schwefliger Säure 1 Stunde lang stehengelassen. Man vertreibt die schweflige Säure durch Erhitzen unter Einleiten von CO_2, kühlt ab, versetzt mit $NaHCO_3$ im Überschuß und titriert Arsen mit $^1/_{10}$ n-Jodlösung. 1 cm³ $^1/_{10}$ n-Jodlösung = 0,00121 g Mg.

Die Fällung des Magnesiums als Magnesium-8-Oxychinolin (vgl. R. Berg) und die Bestimmung durch bromometrisches Titrieren kann selbstverständlich angewandt werden, wenn man zuvor Calcium als Oxalat gefällt hat. Das Filtrat der Calciumfällung, das meist schon genügend Ammonsalz enthält, wird mit 15 cm^3 konzentrierter Ammoniaklösung versetzt und auf 60—70° erwärmt. Man erhitzt die Lösung weiter und fügt tropfenweise eine 4%ige alkoholische Lösung von 8-Oxychinolin hinzu, wobei ein Überschuß des Fällungsmittel vermieden wird. Nach einigem Stehen wird filtriert und mit heißem, schwach ammoniakalischem Wasser ausgewaschen, worauf der Niederschlag mit warmer verdünnter Salzsäure im Fällungsgefäß gelöst wird. Zu dieser Lösung setzt man 1—2 g festes Kaliumbromid und dann $^1/_5$ n-$KBrO_3$-Lösung, bis freies Brom deutlich zu erkennen ist. Nach Zugabe von etwas Kaliumjodid wird mit Thiosulfatlösung zurücktitriert, die auf $^1/_5$ n-$KBrO_3$-Lösung eingestellt ist. 1 cm^3 $^1/_5$ n-$KBrO_3$-Lösung = 0,6080 mg Mg.

Nach G. Glomaud lassen sich auch kleine Mengen Magnesium mit der Oxychinolinmethode bequem bestimmen; vgl. auch D. C. Vucetich.

3. Natriumsulfat. Die Bestimmung des wirklich vorhandenen Na_2SO_4 im Sulfat geschieht nach dem Entfernen von Eisen, Kalk usw. durch Eindampfen und Abrauchen mit Schwefelsäure. Man kann Na_2SO_4 dann ohne Bedenken glühen, bis es geschmolzen ist; vgl. hierüber auch H. Remy und R. Siegmund.

Die Bestimmung der gebundenen Schwefelsäure ist im Kapitel „Fabrikation der schwefligen Säure“ in einem besonderem Abschnitt ausführlich behandelt worden.

IV. Salzsäure (II/1, 697—708).

a) Chemisch reine Salzsäure. Die Prüfung auf Reinheit geschieht nach Merck.

b) Rohe Salzsäure. Ihre Untersuchung umfaßt die Bestimmung der Gesamtsäure, der freien Schwefelsäure, des Arsens und Eisens; vgl. hierüber den Hauptband II/1, 700—708. Hier sollen die Bestimmungen der Schwefelsäure und des Arsens ergänzt werden.

1. Schwefelsäure. Zur Bestimmung von freier Schwefelsäure werden 100 cm^3 Säure in einer Porzellanschale auf dem Wasserbad zur Trockne eingedampft; man nimmt mit etwas Wasser auf und wiederholt das Eindampfen. Den Eindampfungsrückstand nimmt man jetzt wieder mit Wasser auf und titriert in der Schale die freie Schwefelsäure direkt mit n-Natronlauge und Methylorange als Indicator.

W. K. Goritzki titriert nach Wegrauchen der Salzsäure auf dem Wasserbad mit $^1/_{10}$ n-Barytlösung; siehe hier auch die Bestimmung von Eisen und Aluminium in Salzsäure.

Für eine Schnellbestimmung der Gesamtsulfate in technischer Salzsäure schlägt K. D. Schschterbatschew die titrimetrische Bestimmungsmethode von H. Roth vor und verwendet zur Ermittlung des Endpunktes als Tüpfelindicator p-Aminodimethylanilin (2 g schwefelsaures Salz des Indicators werden in 20—25 cm^3 10%iger Essigsäure gelöst). Zur Bestimmung werden 50 cm^3 technische Salzsäure auf 250 cm^3 aufgefüllt. 50 cm^3 der aufgefüllten Lösung werden mit 20%igem Ammoniak genau neutralisiert (das Ammoniak muß CO_2-frei sein). Jetzt wird mit 50 cm^3 $^1/_{10}$ n-$BaCl_2$-Lösung bei Zimmertemperatur versetzt und Sulfat gefällt. Man gibt 0,5 cm^3 20%iges Ammoniak hinzu und titriert, ohne zu filtrieren, das überschüssige $BaCl_2$ direkt mit $K_2Cr_2O_7$-Lösung (7,3555 g $K_2Cr_2O_7$ pro Liter). Das Tüpfeln geschieht, indem 1 Tropfen der abgesetzten, klaren Lösung auf Filtrierpapier gebracht und an den Rand des Tropfens die Indicatorlösung gesetzt wird. Ein Überschuß an $K_2Cr_2O_7$ wird durch die auftretende Rotfärbung angezeigt.

2. Arsen. Die qualitative Prüfung der Säure auf Arsen geschieht mit Zinnchlorür.

Zur quantitativen Bestimmung verdünnt man 50 cm^3 Säure mit ebensoviel Wasser, fügt einige Gramm festes Natriumhypophosphit hinzu und läßt die Lösung 2—3 Stunden auf dem heißen Wasserbad stehen. Das Arsen ballt sich zusammen und wird nach dem Verdünnen mit Wasser filtriert. Man wäscht das Filter mit Wasser aus, zerschüttelt es mit dem Niederschlag im Fällungsgefäß mit etwas Wasser und versetzt nach und nach mit soviel $^1/_{10}$ n-Jodlösung, bis alles Arsen gelöst ist, und die Lösung gelb erscheint; dann wird festes Natriumbicarbonat und Stärkelösung hinzugefügt und mit $^1/_{10}$ n-Jodlösung bis zur Blaufärbung zu Ende titriert. 1 cm^3 $^1/_{10}$ n-J = 0,0015 g As.

Über diese Bestimmung vgl. L. Brandt (1, 2) und B. S. Evans (1—4).

Literatur.

Bassett, H.: (1) Journ. Chem. Soc. London **1934**, 1270—1275. — (2) Chem. Zentralblatt **1935 I**, 1675. — Berg, R.: Ztschr. f. anal. Ch. **71**, 23 (1927). — Brandt, L.: (1) Chem.-Ztg. **1913**, 1445, 1471, 1496. — (2) Chem.-Ztg. **1914**, 461, 474. — Brunck, O.: Ztschr. f. anal. Ch. **94**, 81 (1933).

Daubner, L.: Ztschr. f. angew. Ch. **48**, 551 (1935). — Dick, J. u. A. Rudner: Ztschr. f. anal. Ch. **96**, 245—248 (1934).

Evans, B. S.: (1) Analyst **54**, 523—535 (1929). — (2) Chem. Zentralblatt **1929 II**, 2350. — (3) Analyst **57**, 492—494 (1932). — (4) Chem. Zentralblatt **1932 II**, 2339.

Gloumaud, G.: Chem. Zentralblatt **1934 I**, 1844. — Goritzki, W. K.: Chem. Zentralblatt **1937 I**, 3187.

Haslam, J.: (1) Analyst **60**, 668—672 (1935). — (2) Chem. Zentralblatt **1936 I**, 1060.

Maljaroff, K. L. u. A. I. Gluschakoff: Ztschr. f. anal. Ch. **93**, 265—268 (1933). — Maljaroff, K. L. u. W. B. Matskiewitsch: (1) Mikrochemie **13** (N. F. **7**), 85—90 (1933). — (2) Ztschr. f. anal. Ch. **98**, 31—33 (1934). — Mehlig, J. P.: (1) Journ. Chem. Educat. **12**, 288—290 (1935). — (2) Chem. Zentralblatt **1936 I**, 389. — Merck: Prüfung der chemischen Reagenzien auf Reinheit, 4. Aufl., S. 300—303. 1931.

Prange, G.: Ztschr. f. Unters. Lebensmittel **66**, 556—564 (1933).

Remy, H. u. R. Siegmund: Ztschr. f. anal. Ch. **93**, 321—331 (1933). — Roth, H.: Ztschr. f. angew. Ch. **39**, 1599—1601 (1926).

Schschterbatschew, K. D.: Chem. Zentralblatt **1936 I**, 1270. — Shuman, A. C. u. N. E. Berry: (1) Ind. and. Engin. Chem., Anal. Ed. **9**, 77—79 (1937). — (2) Chem. Zentralblatt **1937 II**, 2039.

Vucetich, D. C.: Chem. Zentralblatt **1935 II**, 560.

Winkler, L. W.: (1) Chem.-Ztg. **33**, 1316 (1909). — (2) Pharm. Zentralhalle Deutschland **64**, 512 (1923). — (3) Ztschr. f. anal. Ch. **96**, 241—245 (1934).

Fabrikation der Salpetersäure.

Von
Dr.-Ing. J. D'Ans, Berlin.

1. Nitratbestimmung (II/1, 547[1]). Im folgenden wird nur auf einige wichtigere Arbeiten aus dem reichen Schrifttum hingewiesen.

Über die Methode der Reduktion durch Eisenoxydulsalze (II/1, 548) liegt eine eingehende Untersuchung von I. M. Kolthoff, E. B. Sandell und B. Moskowitz vor, eine weitere von P. Grigorjeff und E. Nastaskina.

Eine vergleichende Untersuchung über die Zuverlässigkeit und Genauigkeit der Bestimmungsmethoden von Ulsch, Devarda und Schloesing-Grandeau, die von R. Meurice und P. Martens ausgeführt worden ist, hat ergeben, daß die Reduktion mit der Devarda-Legierung am zuverlässigsten verläuft und die besten Ergebnisse liefert. Zu dieser Methode machen J. Davidson und A. Krasnitz einige kleine Abänderungsvorschläge.

a) Nach Arnd (II/1, 553). Eine Nachprüfung dieser Bestimmungsmethode ist von Th. Arnd und H. Segeberg erfolgt. Die früher mitgeteilten günstigen Ergebnisse werden bestätigt. Für die Herstellung des Kupfer-Zinkstaubes wird eine neue Vorschrift gegeben: Eine Lösung von 2,5 g $CuCl_2 \cdot 2\,H_2O$ in 200 cm³ Wasser wird unter starkem Schütteln mit 100 g Zinkstaub versetzt, dann sofort durch eine Porzellannutsche abfiltriert, das Metallpulver wird erst mit wenig Wasser, dann 2—3mal mit Aceton ausgewaschen. Das Produkt muß durch flaches Ausbreiten rasch getrocknet werden. Bei dem früher zum Auswaschen vorgeschriebenen Alkohol trat leicht eine Erwärmung des feuchten Metallpulvers ein, die dessen Reduktionswert stark beeinträchtigte. Das lästige Schäumen läßt sich nach W. Classen durch einen Zusatz von 0,5% $MgSO_4$ oder eines anderen Sulfates zu der Magnesiumchloridlösung weitgehend unterdrücken.

b) Nach Devarda (II/1, 554). Von M. B. Donald wird angegeben, daß man die günstigsten Ergebnisse erzielt, wenn man auf 1 g Nitrat 3 g der Legierung und nur 1 g Soda in 250 cm³ Wasser anwendet.

c) Die Methode von Lunge (II/1, 555) und die von Schlösing (II/1, 558) sind von K. Lesničenko eingehend auf verschiedene Fehlerquellen untersucht worden. Geprüft wurden insbesondere die Löslichkeit und die NO-Verluste durch die Schwefelsäure, die Hg_2SO_4-haltig ist oder wenn sie auch $FeSO_4$ enthält, die Löslichkeit des NO in der vorgelegten Natronlauge des Eudiometers und die Ablesungsfehler durch ihre Dampftension. Beide Methoden geben bei sorgfältiger Ausführung gleiche Ergebnisse.

2. Kalkstickstoff[2] (II/1, 572). Seit einigen Jahren bringt die Kalkstickstoffindustrie einen granulierten Kalkstickstoff in den Handel, der 8—10% seines Gesamtstickstoffs in Form von Nitrat enthält. Die Bestimmung des Gesamtstickstoffs in dem „Perlkalkstickstoff" erfolgt nach W. Gittel wie folgt:

[1] Siehe auch Düngemittel, Erg.-Bd. II, 379, Schwefelsäure, Erg.-Bd. II, 302, 312.

[2] Mitgeteilt vom Ammoniak-Laboratorium Oppau der J. G. Farbenindustrie A. G.

1 g Perlkalkstickstoff übergießt man in einem Jenaer Kolben von 750 cm^3 Inhalt mit 50 cm^3 einer Zinnlösung, welche 60 g kristallisiertes Zinnchlorür und 200 cm^3 Salzsäure (D 1,19) im Liter enthält, und läßt $^1/_2$ Stunde stehen, damit das körnige Material von der Zinnlösung vollkommen durchtränkt wird. Hierauf schließt man nach Zugabe eines Kupferspanes oder etwas Kupferpulver und 25 cm^3 Schwefelsäure (D 1,84) 1 Stunde auf. Der Kupferzusatz ist erforderlich, da sonst die Resultate zu niedrig ausfallen. Wie bei dem gewöhnlichen Kjeldahl-Aufschluß ist auf eine gute Heizquelle der größte Wert zu legen, damit ein vollkommener Aufschluß gewährleistet wird. Um Verspritzen zu vermeiden, wird der Kolben schräg gestellt oder mit einer Glasbirne bedeckt. Nach Beendigung des Aufschlusses kühlt man ab, verdünnt und destilliert aus demselben Kolben mit 80 cm^3 50%iger Natronlauge in die Vorlage von 0,5 n- oder 0,25 n-Schwefelsäure, deren Rest gegen Kongorot (etwa 3 g pro Liter Wasser) zurücktitriert wird. Die Zinnlösung ist verschlossen aufzubewahren, damit sie ihre volle Reduktionswirkung behält.

3. Kontaktgasgemisch aus festen Brennstoffen[1] (II/1, 575). Zur Kontrolle des Kontaktgasgemisches ($N_2 + 3 H_2$) sowie des fertigen Ammoniaks eignen sich besonders gut die auf physikalischer Grundlage und fortlaufend arbeitenden Gasanalysengeräte, wie sie ausführlich z. B. im Chemie-Ingenieur, Bd. II, 4 und kürzer zusammenfassend in Ztschr. f. techn. Physik **18**, 349—362 (1937) beschrieben sind. An derartigen käuflichen Geräten seien erwähnt, z. B. das Ranarex-Gerät der AEG., Berlin oder die Gasdichtewaage von Pollux, Ludwigshafen oder die Geräte von Siemens u. Halske, Berlin; alle diese werden mit Gasen bekannter Art geeicht (vgl. auch I, 712—714).

4. Stickoxyde (II/1, 581). Für die getrennte Bestimmung von NO und NO_2 in den Gasen der Absorptionstürme wird von A. M. Dubowitzki und N. J. Kojutschkow so vorgegangen, daß man aus einem kleinen Teilstrom der Gase mittels eines auf 110 mm Hg evakuierten Kolbens durch eine an eine Capillare angeschlossene kleine Waschflasche, mit H_2SO_4 beschickt, eine Gasprobe einsaugt. Nach Zusatz von H_2O_2 wird die Restgasmenge und das gebildete HNO_3 titriert. Die in der Waschflasche gebildete Nitrose wird ebenfalls bestimmt. Bei heißen und konzentrierteren Gasen muß die kleine Waschflasche in die heiße Rohrleitung eingebaut werden, um eine Verschiebung des Oxydationsgrades durch die Abkühlung zu vermeiden.

Literatur.

Arnd, Th. u. H. Segeberg: Ztschr. f. angew. Ch. **49**, 166 (1936).

Classen, W.: Chem.-Ztg. **59**, 857 (1935).

Davidson, J. u. A. Krasnitz: Ind. and Engin. Chem. (Anal. Ed.) **6**, 315 (1934). — Donald, M. B.: Analyst **61**, 249 (1936) nach Chem. Zentralblatt **1936 II**, 343. — Dubowitzki, A. M. u. N. J. Krjutschkow: Betriebs-Lab. (russ.) **4**, 300 (1935) nach Chem. Zentralblatt **1936 I**, 3546.

Gittel, W.: Ztschr. f. anal. Ch. **93**, 331 (1933). — Grigorjeff, P. u. E. Nastaskina: Ztschr. f. anal. Ch. **93**, 105 (1933).

Kolthoff, J. M., E. B. Sandell u. B. Moskowitz: Journ. Amer. Chem. Soc. **55**, 1454 (1933) nach Chem. Zentralblatt **1933 I**, 3746.

Lesničenko, K.: Chem. Obzor **10**, 140, 165, 192 (1935) nach Chem. Zentralblatt **1936 I**, 2150.

Meurice, R. u. P. Martens: Ann. Chim. analyt. appl. [3] **17**, 92 (1935) nach Chem. Zentralblatt **1935 II**, 2408.

[1] Vgl. Fußnote 2 auf S. 353.

Fabrikation der Soda.

Von

Dr.-Ing. **J. D'Ans**, Berlin.

Aus dem Schrifttum ist zu diesem Abschnitt nur sehr wenig nachzutragen.

Schwefelnatrium (II/1, 732). Für Produkte, die NaSH enthalten, gibt E. Benesch den folgenden Analysengang an. Neben NaSH kann NaOH nicht zugegen sein, so daß dessen Bestimmung nicht in Frage kommt. Na_2SO_4 wird wie früher angegeben bestimmt. Die NaCl-Titration mit Silbernitrat und Chromat verläuft besser, wenn man beim Neutralisieren zur S.-Abscheidung die Lösung eben sauer macht.

In einer Probe wird Na_2S und NaSH mit einer Cadmiumnitratlösung gefällt, auf 200 cm³ aufgefüllt und 100 cm³ des Filtrates mit $^1/_{10}$ n-Jod titriert, so erhält man Thiosulfat + Sulfit (b cm³). Eine zweite gleich große Probe wird in einem 500-cm³-Kolben mit 300 cm³ Wasser verdünnt, mit Cadmiumnitratlösung geschüttelt, $BaCl_2$-Lösung sogleich zugegeben und aufgefüllt. In 250 cm³ des Filtrates wird jodometrisch Thiosulfat titriert (c cm³).

Weiter wird eine Probe erst mit Phenolphthalein (x cm³), dann mit Methylorange als Indicator (y cm³) mit $^1/_5$ n-Schwefelsäure titriert. Ist der gesamte Jodverbrauch einer Probe a cm³, so ergeben sich sich die Einzelwerte wie folgt: wenn m, n, o, p, q je die Anzahl an $^1/_{10000}$ Mole bedeuten

$$m\,Na_2S + n\,NaHS + o\,Na_2SO_3 + p\,Na_2S_2O_3 + q\,Na_2CO_3.$$

Jodtitrationen:
$$a = 2m + 2n + 2o + 2p$$
$$b = 2o + 2p$$
$$c = 2p$$

Säuretitrationen:
$$2x = m + o + q$$
$$2(x + y) = 2m + n + 2o + 2p + 2q,$$

da o und p bekannt sind, ergibt sich $a - 2o - 2p = \alpha = 2m + 2n$; $2x - o = \beta = m + q$; $2(x + y) - 2o - 2p = \gamma = 2m + n + 2q$;

$$(\gamma - \beta) = m + n + q$$
$$^1/_2\,\alpha = m + n$$
$$\overline{q = (\gamma - \beta) - {}^1/_2\,\alpha}$$

Ätzalkalien (II/1, 769). Der Gehalt an Sesquioxyden in Ätzalkalien ist für deren Anwendung zur Herstellung von Viscose von Bedeutung. Zu deren schnellen Bestimmung schlagen W. J. Ssokolow u. J. W. Bartaschewitsch vor die Sesquioxyde (Al_2O_3, Fe_2O_3, Mn_3O_4) zusammen mit dem mitausgefallenen SiO_2 zu filtrieren und zu glühen und dann das SiO_2 als Fluorid zu verflüchtigen. Dieses Verfahren erfordert einen geringeren Zeitaufwand, als das übliche Verfahren, nach dem erst die Kieselsäure abgeschieden wird.

Literatur.

Benesch, E.: Chem.-Ztg. **57**, 562 (1933).

Ssokolow, W. J. u. J. W. Bartaschewitsch: Betriebs-Lab. (russ.) **5**, 500 (1936) nach Chem. Zentralblatt **1936 II**, 3706.

Die Industrie des Chlors

(II/1, 783—824).

Von

Dr.-Ing. **Fr. Specht**, Leverkusen (Rhld.).

I. Ausgangsmaterialien.

A. Braunstein (II/1, 784—788).

Bei der Bunsenschen Methode muß, um die auftretenden Fehler möglichst niedrig zu halten, der Zersetzungskolben klein gewählt und höchstkonzentrierte Salzsäure angewandt werden. Das erreichen H. und W. Biltz mit ihrer Versuchsanordnung (s. Abb. 1). Der Verschlußstopfen einer $^3/_4$ l fassenden Flasche trägt ein Aufsatzrohr, gefüllt mit Glaswolle und -splitter und einen Fraktionierkolben von 30 cm³ Inhalt. Das Destillationsrohr des Kolbens ist oberhalb des Winkels etwa 5 cm lang und in seinem senkrechten Teil 2,5 mm weit. Das Luftzuführungsrohr, das durch den Verschlußstopfen des Fraktionierkolbens geht, hat am unteren Ende einen inneren Durchmesser von 1—1,5 mm, und ist oben durch Gummischlauch und Quetschhahn abgeschlossen. Die angegebenen Maße sollen genau beachtet werden.

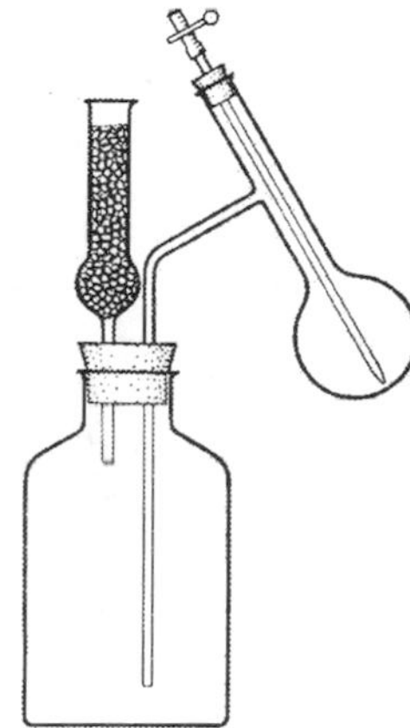

Abb. 1. Versuchsanordnung nach H. u. W. Biltz.

Bei der Ausführung der Bestimmung wird die Vorlage mit 2,5 g Kaliumjodid in 250—300 cm³ Wasser beschickt, und auf die Glaswolle des Aufsatzrohres setzt man einige Körnchen Jodkalium und ein paar Tropfen Wasser. Die Einwaage ist etwa 0,2 g Braunstein, und für die Zersetzung werden 25 cm³ rauchende Salzsäure verwandt, die zum Sieden erhitzt und so lange im Sieden gehalten werden, bis die Hälfte der Salzsäure verdampft ist, worauf der Quetschhahn geöffnet, und der Brenner entfernt wird. Die Jodkaliumlösung des Aufsatzrohres wird mit Wasser in die Flasche gespült, ebenso wird der senkrechte Teil des Destillationsrohres abgespritzt, darauf der Verschlußstopfen entfernt, und das ausgeschiedene Jod wird in der Flasche selbst mit $^1/_{10}$ n-Thiosulfatlösung titriert, wobei dauernd kräftig umgeschwenkt und verdünnt werden muß, damit eine Zersetzung von Thiosulfat durch den reichlich vorhandenen Chlorwasserstoff vermieden wird.

M. Le Blanc und E. Eberius kommen bei der Ermittlung des aktiven Sauerstoffs bei Bleioxyden zu der nebenstehenden Apparatur, die für Braunsteinbestimmungen ebenfalls angewandt werden kann. *A* ist ein Fraktionierkolben von 50 cm³ Inhalt, dessen oberes Ende mit einem bis auf den Boden reichenden Glasrohr *a* verschmolzen ist. Über das schräg nach unten gebogene Glasrohr *b* wird ein Fünfkugelrohr *C* geschoben, so daß das Ende des Glasrohres *b* bis zum Abschluß der letzten Kugel reicht. Das Kugelrohr als Vorlage wird mit 60 cm³ Wasser beschickt, welches Jodkalium gelöst enthält. Ist die Einwaage mittels Trichter in den Kolben gebracht, so wird der Scheidetrichter *B* aufgesetzt. *c* ist ein Schliff, der nicht gefettet wird, und durch das Ansatzrohr *d* wird Kohlensäure durch Kolben und Vorlage geleitet. Die zur Zersetzung benötigte Salzsäure wird durch *B* in Kolben *A* gebracht. Nach Beendigung der Destillation spült man den Inhalt der Vorlage in ein Becherglas und titriert das ausgeschiedene Jod mit $^1/_{10}$ n-Thiosulfat, doch muß man bei dieser Arbeitsweise stets mit Jodverlusten durch Verdampfung rechnen.

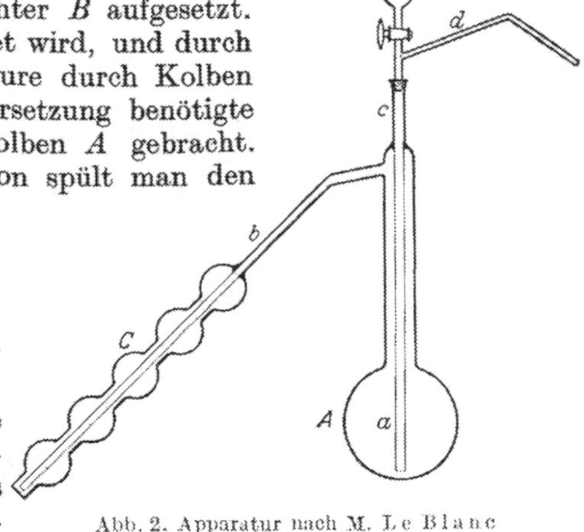

Abb. 2. Apparatur nach M. Le Blanc und E. Eberius.

El. Stathis beschreibt eine Apparatur, in der die Bestimmung des freigemachten Jods im Absorptionsgefäß selbst ausgeführt werden kann.

K. Braddock-Roggers und K. A. Krieger (1, 2) verwenden einen Apparat, bei dem im Vorlagekolben *B* unter CO_2-Atmosphäre das freigemachte Jod titriert wird. Die Schliffe der Apparatur werden mit Wasser abgedichtet. Der Zersetzungskolben *A* faßt 65—75 cm³, die Vorlage *B* 500 cm³ und der Verschluß *T* 25 cm³. Die Einleitungsrohre *C* und *K* reichen 2 bzw. 3 mm über den Boden von *A* und *B*. Vorlage *B* steht zweckmäßig in einem mit kaltem Wasser gefüllten Becherglas. Man füllt *B* und *T* mit einer Lösung von Kaliumjodid in Wasser. Sind Probe und Säure in den Zersetzungskolben gebracht, so wird im Kohlensäurestrom destilliert, der bei *C* angeschlossen ist, und zwar wird so lange im lebhaften Sieden gehalten, bis der Kolbeninhalt etwa zur Hälfte verdampft ist. Dann wird der Schliff bei *D* gelöst und dadurch, daß jetzt bei *F* der Kohlensäurestrom angeschlossen wird, können zunächst die Kaliumjodidlösung und dann Waschwasser aus dem Verschluß *T* in die Vorlage *B* gebracht werden, ohne daß Lösung und Waschwasser mit Luft in Berührung kommen. Die so gesammelten Lösungen werden dann in CO_2-Atmosphäre titriert. Einleitungsrohr *K* und Verschluß *T* sind aus einem Stück und werden vom Hauptschliff *E* der Vorlage gehalten.

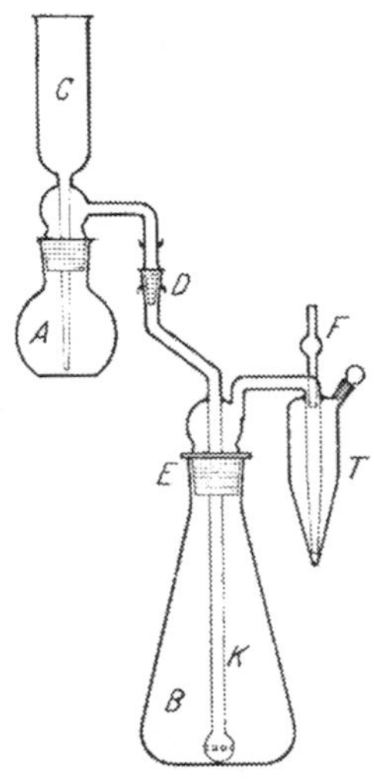

Abb. 3. Apparatur nach Braddock-Roggers und Krieger.

Von den Methoden zur Braunsteinbestimmung ist die Ferrosulfatmethode die in der Praxis am meisten gebrauchte. Doch kann diese

Methode dann nicht angewandt werden, wenn der Braunstein, aus organischen Umsätzen herrührend, färbende organische Substanzen enthält. Dann ist die Erkennung des Endpunktes bei der Titration schwierig, wenn nicht unmöglich. Hierauf weisen schon H. und W. Biltz in ihrem Lehrbuch, S. 212, hin. Die Bestimmung der Lösung nach Aufschluß des MnO_2 mit Ferrosulfat-Schwefelsäure erfolgt dann elektrometrisch. Über eine mögliche Fehlerquelle bei der Bestimmung des wahren MnO_2-Gehaltes, die durch einen etwaigen Gehalt des Braunsteins an Eisenoxyduloxyd bedingt wird, vgl. H. Ditz.

B. Kalkstein (II/1, 788—790).

Bei der Bestimmung von Calcium im Kalkstein ist auf die Anwesenheit von Magnesium Rücksicht zu nehmen. Da wenig Magnesium neben viel Calcium vorliegt, gilt allgemein bei der Trennung, daß die Filtrate der Ammoniakfällungen auf etwa 80° erwärmt und langsam und unter ständigem Rühren mit einer Lösung von 4 g Ammonoxalat in 100 cm^3 Wasser versetzt werden. Die ammonoxalathaltige Lösung muß ebenfalls 80° warm sein, jedoch vermeide man höhere Temperaturen. Am nächsten Tage, frühestens nach 4—5 Stunden, wird Calciumoxalat filtriert und mit ammonoxalathaltigem Wasser ausgewaschen.

Die große Menge Ammoniumsalze, die bei der Calciumfällung sich ergibt, wird zweckmäßig vor der Magnesiumbestimmung weggeraucht. Hierfür wird das Filtrat vom Calcium mit Salzsäure angesäuert und in einer Porzellanschale oder auch Kasserolle vorsichtig eingedampft und schließlich abgeraucht. Ist der größte Teil der Ammoniumsalze entfernt, so wird der Rückstand mit wenig konzentrierter Salzsäure und heißem Wasser gelöst und dann filtriert. Im Filtrat erfolgt die Fällung des Magnesiums in der bekannten Weise.

Es ist auch möglich, die Calciumbestimmung nach O. Brunck auszuführen. Die Fällung wird in einem Filtertiegel A 2 gesammelt, man wäscht mit wenig heißem Wasser aus, dann je dreimal mit Alkohol und Äther, worauf der Niederschlag 1 Stunde lang bei 110° im Trockenschrank getrocknet wird. Die Auswaage ist $CaC_2O_4 \cdot H_2O$. Diese Bestimmungsform empfiehlt H. Ritter, und für die Magnesiumbestimmung schlägt er die Fällung des Magnesiums mit Oxychinolinlösung vor. Hiernach wird das Filtrat des Calciumoxalatniederschlages mit 3%iger Oxychinolinlösung, 3 g Natriumtartrat und mit 10%iger Natronlauge bis zur stark alkalischen Reaktion versetzt und auf etwa 60° erhitzt. Nach dem Erkalten wird der Magnesium-Oxychinolinniederschlag im Filtertiegel gesammelt und dann ausgewaschen, zunächst mit kaltem, schwach alkalischem Wasser (tartrathaltig), dann mit reinem Wasser. Es folgt jetzt das Trocknen des Niederschlages bei 105°. 1 g Mg-Oxychinolat = 0,2419 g $MgCO_3$. Über die Fällung des Magnesiums mit 8-Oxychinolin vgl. auch die Ausführungen im Kapitel „Sulfat- und Salzsäurefabrikation“.

Nach S. N. Rosanow und A. G. Filippowa eignen sich zur Calciumbestimmung in Gegenwart von Fe, Al, Ti, Mg, Mn, P_2O_5 die Methode von H. D. Chapman und die Methode von M. Passon, wenn man wie folgt arbeitet:

Der zu untersuchende Kalkstein wird durch verdünnte Salzsäure (1:3) zersetzt, dann wird mit Wasser verdünnt und in einen 250-cm³-Meßkolben filtriert. Nach dem Auswaschen des Filters wird aufgefüllt.

Methode Chapman: Man gibt zu 50 cm³ der aufgefüllten Lösung 1 g chemisch reines Ammoniumchlorid, 1 g Oxalsäure, 10 cm³ 10%ige Essigsäure und 10 Tropfen einer 0,04%igen Lösung von Bromkresolgrün, verdünnt mit Wasser auf 300 cm³, erhitzt zum Sieden und gibt tropfenweise 10%iges Ammoniak zu bis zum Umschlag in Grün (p_H 3,9—4,2). Jetzt wird die Lösung 5 Minuten lang gekocht und dann 3—4 Stunden stehengelassen.

Methode Passon. Die zu untersuchende Lösung wird im 400-cm³-Becherglas mit Wasser auf 200 cm³ verdünnt, und dann mit 1 g chemisch reinem Ammoniumchlorid und 0,5 g reiner Citronensäure versetzt. Man neutralisiert jetzt mit Ammoniak (Phenolphthalein), säuert schwach mit Essigsäure an und fällt Calcium mit 20 cm³ gesättigter Ammoniumoxalatlösung. Jetzt wird die Lösung 5 Minuten lang gekocht und 2 Stunden stehengelassen.

Bei der Methode Passon kann im Filtrat ohne weiteres die Magnesiumfällung mit Natriumphosphat vorgenommen werden, bei Anwendung der Methode Chapman setzt man, ehe ammoniakalisch gemacht wird, 0,5 g Citronensäure hinzu, um die Phosphate von Eisen und Aluminium in Lösung zu halten.

N. A. Tananajew und W. M. Tarajan schlagen eine Schnellbestimmung von Magnesium im Kalkstein vor. Hiernach wird der Kalkstein in Salzsäure gelöst. In der Lösung werden mit Ammoniak und Ammoniumoxalat zunächst die Sesquioxyde und Calcium zusammen gefällt und filtriert. Das Filtrat wird dann mit Formalinlösung versetzt und 20 Minuten lang erhitzt. Jetzt wird mit 3 n-Lauge neutralisiert (Phenolphthalein), und je nach dem Magnesiumgehalt werden noch 5—10 cm³ Lauge hinzugefügt. Nach dem Erwärmen wird filtriert und mit heißem Wasser bis zum Verschwinden der alkalischen Reaktion ausgewaschen. Darauf folgen Veraschen und Glühen des Niederschlages im elektrischen Ofen und das Wägen als MgO.

Will man im Kalkstein die Kieselsäure rasch bestimmen, so behandelt man nach N. A. Tananaeff und M. K. Buitschkoff eine Einwaage von 1—5 g mit konzentrierter Salpetersäure, filtriert nach dem Verdünnen mit wenig Wasser den Rückstand und wäscht das Filter mit salpetersäurehaltigem Wasser aus. Man verascht im Platintiegel und schließt den Rückstand mit der achtfachen Menge Soda-Pottaschegemisch auf. Dann wird die Schmelze allmählich in konzentrierter Salpetersäure im Tiegel selbst gelöst, man fügt Wasser und 5—10 cm³ heiße Gelatinelösung (0,1 g Gelatine in 100 cm³ heißem Wasser) hinzu, wobei darauf zu achten ist, daß die Salpetersäure wenigstens um das fünffache verdünnt wird. Die Lösung wird jetzt einige Minuten auf dem Wasserbad erwärmt und dann filtriert, dann wird verascht, geglüht und gewogen. Nach Beleganalysen ergibt diese Schnellmethode brauchbare Werte.

C. Kalk (II/1, 790—792).

Eine kritische Besprechung über die bisher bekannten maßanalytischen Verfahren zur Bestimmung des CaO im gebrannten und gelöschten Kalk haben F. Masch und R. Herrmann veröffentlicht. Sie kommen zu dem Ergebnis, daß allen vorgeschlagenen Verfahren, z. B. dem Ausschütteln mit Wasser, der „Jodmethode" nach Ballar u. a. m. Mängel anhaften. Auch die von den Verfassern vorgeschlagene maßanalytische Bestimmung, bei der die Oxyde mit einem Gemisch von Oxalsäure-Saccharose und Glycerin gelöst werden sollen, führte nicht zu brauchbaren Ergebnissen.

J. Tananajew verwendet zur Bestimmung des CaO die Saccharatmethode: 0,5—1 g Kalk wird in einem 250-cm^3-Meßkolben, auf dessen Boden sich Glasperlen befinden, mit 30—40 cm^3 CO_2-freiem Wasser versetzt. Man verschließt den Kolben mit einem Gummistopfen und schüttelt einige Minuten. Darauf werden 5 g Zucker hinzugefügt, wieder 10—15 Minuten geschüttelt und dann wird mit $^1/_2$ n-Salzsäure und Phenolphthalein als Indicator bis zur Entfärbung titriert. Die Titration erfolgt durch eine in den Gummistopfen eingelassene Capillare. Durch die zweite Öffnung geht ein mit Natronkalk gefülltes Röhrchen. Die Genauigkeit der Bestimmung soll 0,2—0,3% betragen; vgl. auch die Angaben des Referates über die Verwendung von Quecksilberchlorid für die CaO-Bestimmung.

Nach J. Zawadski und Mitarbeiter wird freier Kalk (CaO) durch 3—5stündiges Erhitzen mit 25 cm^3 chemisch reinem Phenol und absolutem Alkohol (1:1) bestimmt. Der benützte Kolben ist mit Kühler und Natronkalkrohr versehen. Nach dem Erhitzen wird durch ein Schottsches Filter filtriert, mit absolutem Alkohol ausgewaschen, der Alkohol vom Filtrat abdestilliert und dann wird mit eingestellter Salzsäure titriert. Die Einwaage beträgt 0,1—0,5 g.

Eine Änderung der Glycerinmethode zur Bestimmung von freiem Kalk schlägt G. E. Bessey (1, 2) vor. Hiernach gibt man die Einwaage, die höchstens 0,05 g CaO enthalten darf, zu 20 cm^3 Glycerin (wenigstens 99,2%ig), die sich im verschlossenen Erlenmeyerkolben befinden. Den Kolben stellt man einen Tag lang bei 60—80° auf die Heizplatte und schüttelt öfters. Nach dieser Zeit hat sich der Kalk aufgelöst. Es werden 20—30 cm^3 Alkohol hinzugefügt und dann wird mit $^1/_{10}$ n-Benzoesäurelösung und Phenolphthalein als Indicator zurücktitriert. Die $^1/_{10}$ n-Benzoesäurelösung wird in wasserfreiem Äthyl- oder Methylalkohol gelöst und gegen reinen, geglühten Kalk, erhalten durch Erhitzen von Carbonat auf 1000°, wie bei der eigentlichen Bestimmung eingestellt. Die Einwaage beträgt hierbei 0,02—0,05 g CaO. Zweckmäßig wird die $^1/_{10}$ n-Benzoesäurelösung gegen Luft und Feuchtigkeit geschützt aufbewahrt, und die Titration erfolgt aus einer Bürette mit Quetschhahn.

II. Betriebskontrolle.

A. Chlorgas (II/1, 793—798).

a) Die Bestimmung von Chlorgas führt Treadwell mit neutraler Arsenitlösung aus. Es ist zweckmäßig, die Absorption mit einer alkalischen Arsenitlösung vorzunehmen, wodurch dann gleichzeitig mit dem Chlor auch Kohlensäure vollständig absorbiert wird. Der Kohlensäuregehalt ergibt sich, wenn man vom angewandten Volumen (100 cm³) das Volumen des Chlorgases und das des Restgases abzieht. Die Kaliumarsenitlösung wird bereitet durch Lösen von 4,948 g As_2O_3 und 40 g KOH und durch Auffüllen zum Liter.

Zur Analyse werden 100 cm³ Kaliumarsenitlösung angewandt, und die nach der Reaktion mit Chlorgas noch vorhandene Arsenitmenge wird in bicarbonatalkalischer Lösung mit $^1/_{10}$ n-Jodlösung bestimmt. Hierfür seien t cm³ verbraucht. Man stellt ferner unter denselben Titrationsbedingungen den Jodverbrauch für 100 cm³ Arsenitlösung fest $= T$ cm³.

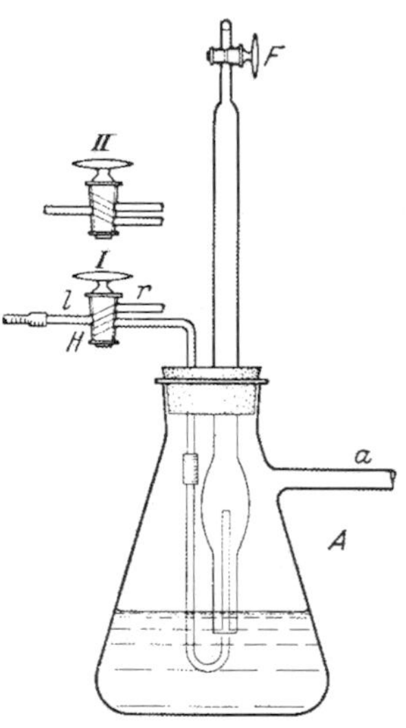

Abb. 4. Restgasbestimmung im Cl-Gas.

Dann gibt $(T - t)\cdot 1{,}1024$ die Anzahl Kubikzentimeter Chlorgas bei 0° und 760 mm $= V'_0$ an, die auf Versuchstemperatur und Barometerstand umzurechnen sind $= V'$ (vgl. Treadwell und Christie).

Ist das Volumen des angewandten Gases V und das Volumen des Gasrestes nach Behandlung mit alkalischer Arsenitlösung R, so folgt als Volumen für das $CO_2 = V - (R + V')$ und in Prozenten ausgedrückt:

$$100\,\frac{V - (R + V')}{V} = \%\,CO_2\,.$$

b) Die Bestimmung des Restgases. Um eine größere Restgasprobe zu erhalten, kann man den abgebildeten Apparat (der I. G. Farbenindustrie) verwenden. A ist ein dickwandiger $1^1/_2$-l-Kolben, der mit etwa 500 cm³ starker Kalilauge beschickt wird. Durch den Stopfen geht das Absorptionsrohr mit dem Hahn F, das zunächst ganz mit Lauge gefüllt wird. Dann wird F geschlossen. Man bringt den doppelt durchbohrten Hahn H in Stellung II, läßt Kalilauge bis zum Hahn H in das Einleitungsrohr steigen und bringt Hahn H dann in Stellung I. Jetzt verbindet man das linke Ansatzrohr l mit der Gasentnahmestelle und saugt bei r mehrere Liter Gas durch, damit jegliche Luft aus dem Einleitungsrohr entfernt wird. Dann wird Hahn H wieder in Stellung II gebracht und bei a gesaugt. Chlor und Kohlensäure werden vollständig absorbiert, und der Gasrest sammelt sich im oberen Teil des Absorptionsrohres. Das Gas läßt man solange einströmen, bis man 50—70 cm³ Gasrest erhält; dann wird H geschlossen, das Ansaugen bei a unterbrochen, und das Restgas wird in eine Gasbürette gedrückt und in bekannter

Weise analysiert. Die Menge des absorbierten Chlors ermittelt man durch Wägen der Absorptionsapparatur.

B. Chlorkalkfabrikation (II/1, 799—800).

S. W. Ogur verwendet zur Bestimmung des bei der Herstellung von Chlorkalk im Abgas entweichenden Chlors eine konduktometrische Methode, wonach das Abgas durch eine mit porösem Glasfrittenboden versehene Gaswaschflasche geleitet wird, in der sich Ammoniaklösung befindet. Ist genügend Gas durch die Flasche gegangen, so wird der Inhalt der Flasche in einen Meßkolben gebracht und mit der zum Versuch verwendeten Ammoniaklösung aufgefüllt. Dann wird nach Kohlrausch der elektrische Widerstand der Lösung gemessen. In einem zweiten Meßkolben wird zu der ursprünglichen Ammoniaklösung so viel $^1/_2$ n-HCl gegeben, bis der elektrische Widerstand gleich dem zuerst bei der Gasprobe ermittelten ist. Aus der zugefügten Menge Salzsäure kann dann die im ersten Meßkolben gebundene Menge Chlorgas und damit der Chlorgehalt des Abgases selbst ermittelt werden.

III. Endprodukte.

A. Chlorkalk (II/1, 802—812).

Nur für die Bestimmung der Nebenbestandteile des Chlorkalks sind die folgenden Methoden nachzutragen.

1. Chlorat. Zur Bestimmung von Chlorat wird in 50 cm³ der trüben Chlorkalklösung (7,092 g Chlorkalk im Liter) zunächst mit $^1/_{10}$ n-alkalischer Arsenitlösung das wirksame Chlor bestimmt. Zur austitrierten Lösung fügt man eine gemessene Menge schwefelsaurer Ferrosulfatlösung im Überschuß zu, verschließt den Kolben mit einem Bunsenventil und kocht 10 Minuten lang. Nach Erkalten wird der Überschuß des Ferrosulfats mit $^1/_{10}$ n-$KMnO_4$-Lösung zurücktitriert. Der Titer der Ferrosulfatlösung wird gegen $^1/_{10}$ n-$KMnO_4$-Lösung eingestellt.

1 ccm $^1/_{10}$ n-$KMnO_4$ = 0,0001 · $^1/_6$ Cl = 0,000591 g Cl (Chlorat-Cl).

2. Kohlensäure und Alkalität. Die Bestimmung der Kohlensäure geschieht nach A. Wassiljew und E. Stutzer (1). 1—2 g Chlorkalk werden in einem Zersetzungskolben mit 10—20 g fein verriebenem Ferrosulfat vermischt. Das Gemisch wird noch mit einer Schicht Eisensulfat bedeckt. Die Apparatur ist wie folgt zusammengesetzt: ein weithalsiger Zersetzungskolben von höchstens 150 cm³ Inhalt mit Tropftrichter und Kühler ist mit einem Schlangenrohr, das Kaliumjodidlösung enthält, verbunden; dann folgt ein zweites Schlangenrohr mit konzentrierter Schwefelsäure, dann zwei U-Röhrchen, mit Calciumchlorid beschickt, und schließlich drei U-Röhrchen, die zu $^2/_3$ mit Natronkalk und zu $^1/_3$ mit Calciumchlorid gefüllt sind. Ist der Kolben mit dem Chlorkalk-Ferrosulfatgemisch an die Apparatur angeschlossen, so läßt man zunächst $^1/_2$ Stunde lang CO_2-freie Luft durch die Apparatur gehen. Hierbei fehlen die zwei Natronkalkröhrchen, die zur Bestimmung dienen; sie werden nach dem Durchleiten der Luft wieder angeschlossen. Man gibt jetzt in den Kolben 30—40 cm^3 einer 30%igen Lösung von Ferrosulfat und dann 20—25 cm^3 Salzsäure. Jetzt wird Luft durchgesaugt und zunächst schwach erhitzt, dann weiter zum Sieden, d. h. die CO_2-Bestimmung erfolgt unter Beachtung der üblichen Regeln.

Nach dieser Methode kann sowohl im Chlorkalk wie auch in Hypochloriten Kohlensäure bestimmt werden.

Erwähnt sei noch, daß zur Ermittlung der Alkalität in Hypochloriten Wassiljew und Stutzer die Methode von J. Philibert vorschlagen, wonach 0,2 g Hypochlorit in 30—35 cm^3 ausgekochtes und abgekühltes Wasser eingetragen wird. Man setzt dann 1 g Kaliumjodid und 50 cm^3 $^1/_{10}$ n-Schwefelsäure hinzu und titriert das ausgeschiedene Jod mit $^1/_{10}$ n-Thiosulfatlösung. Danach wird der Säureüberschuß mit $^1/_{10}$ n-Lauge zurücktitriert unter Verwendung von Methylorange als Indicator. Die Prozente Gesamtalkalität, ausgedrückt als CaO, erhält man nach folgender Formel:

$$\% \, CaO = \frac{[50 - (a + b)] \cdot 0{,}2804}{E}.$$

Hierin sind:

$a = cm^3 \, ^1/_{10}$ n-$Na_2S_2O_3$-Lösung E = g Einwaage

$b = cm^3 \, ^1/_{10}$ n-NaOH $0{,}2804 = \frac{56{,}08}{2} \cdot \frac{100}{10\,000}$.

3. Unlösliches. Zur Bestimmung des Unlöslichen haben A. Wassiljew und E. Stutzer (2) vorgeschlagen, den Chlorkalk in einem mit Glasstopfen verschlossenen, birnenförmigen Gefäß, das in einem schmalen, in $^1/_{10}$ cm^3 eingeteilten Rohr endet, zu bestimmen. Der Inhalt des Gefäßes beträgt etwa 100 cm^3, das schmale Rohr faßt 10 cm^3 und trägt in seinem oberen Teil ein Abflußrohr mit Hahn. Zur Bestimmung werden 0,5 g Einwaage mit 100 cm^3 Wasser geschüttelt und dann über Nacht stehengelassen. Man kann so das Volumen des Rückstandes ermitteln. Um seine Menge zu bestimmen, läßt man die Flüssigkeit aus dem seitlichen Ansatzrohr ab, wobei durch einen Schottschen Glasfiltertiegel filtriert wird. Es folgt das mehrmalige Ausspülen des Gefäßes mit je 5 cm^3 Wasser und dann das Wägen des Unlöslichen nach dem Trocknen bei 100°.

Die Ausführung der Vollanalyse eines Chlorkalks beschrieben A. Wassiljew und E. Stutzer (3).

B. Bleichlaugen (II/1, 812—819).

Die Untersuchungsmethoden von Bleichlaugen sind durch die folgenden Angaben zu ergänzen.

1. Die Bestimmung des wirksamen Chlors. Nach V. A. Willson (1, 2) oxydiert eine verdünnte essigsaure Lösung eines Hypochlorits Natriumthiosulfat quantitativ zu Sulfat, wobei für 1 Mol. Natriumthiosulfat 8 Äquivalente Chlor gebraucht werden:

$$Na_2S_2O_3 + 8\,Cl + 5\,H_2O = H_2SO_4 + Na_2SO_4 + 8\,HCl.$$

Zur Bestimmung wird die Hypochloritlösung im Erlenmeyerkolben mit Wasser verdünnt. Dann wird 10%ige Essigsäure bis zur sauren Reaktion

(Lackmus) hinzugefügt und mit $^1/_{10}$ n-Thiosulfatlösung titriert, bis die Blaufärbung mit Jodkaliumstärkepapier verschwunden ist. Zur Erlangung eines genauen Endpunktes wird zweckmäßig eine zweite Titration ausgeführt. Chlorat stört diese Bestimmung nicht.

Die Bestimmung des Hypochloritchlors durch Titration mit arseniger Säure kann auch so erfolgen, daß z. B. Bleichlaugen mit einem Überschuß von $^1/_{10}$ n-As_2O_3-Lösung (hergestellt durch Auflösen in der gerade notwendigen Menge Lauge und aufgefüllt unter Zusatz von 20 g $NaHCO_3$) versetzt werden. Zweckmäßig läßt man einige Zeit stehen, fügt dann festes Bicarbonat zur Lösung, erwärmt auf etwa 50°, kühlt ab und titriert den Überschuß der arsenigen Säure mit $^1/_{10}$ n-Jodlösung zurück [M. Lemarchands und D. Saunier (1, 2)]. Nach F. K. Rewwa und Mitarbeiter kann die im Überschuß zugefügte arsenige Säure auch in saurer Lösung mit Bromatlösung zurücktitriert werden.

Zur Bestimmung des wirksamen Chlors in Bleichlaugen mit dem Chlorometer verwendet man jetzt nach einer Mitteilung der Chemischen Fabrik Pyrgos G. m. b. H. Radebeul-Dresden durch J. Hausner (2) statt Natriumthiosulfatlösung eine Lösung von Brechweinstein mit einem Zusatz von Indigocarmin. Eine solche Meßlösung ist mehrere Jahre haltbar. Zur Herstellung der Lösung werden in einem 1-l-Kolben in etwa 600 cm³ Wasser 4,675 g Brechweinstein und 0,14 g Indigocarmin aufgelöst. Dann fügt man 200 cm³ chemisch reine Salzsäure (1,19) hinzu und füllt mit Wasser auf. Diese Meßlösung ist empirisch auf die Teilung des Chlorometers eingestellt und kann von der Pyrgos G. m. b. H. bezogen werden.

Über analytische Kontrollapparate, wie das „Chlorometer", den „Aktivinzylinder" (vgl. II/1, 811 und 820) berichten R. Feibelmann und J. Hausner (1).

Will man Aktivin und Hypochlorit in derselben Lösung bestimmen, so geschieht das nach J. H. van der Meulen (2), indem zuerst durch Behandeln mit Kaliumjodid und Salzsäure Aktivin und Hypochlorit zusammen bestimmt werden. In einer zweiten Probe wird dann in alkalischer Lösung Hypochlorit mit Wasserstoffperoxyd zerstört, zur Zersetzung des Wasserstoffperoxyds Osmiumtetroxydlösung hinzugefügt, und jetzt wird wie oben Aktivin allein jodometrisch ermittelt.

2. Die Bestimmung von Chlorat. Nach B. Troberg ist es möglich, daß man Hypochlorit und Chlorat in einer Lösung potentiometrisch bestimmt, und zwar durch Titration mit Kupferchlorür. So werden z. B. 20 cm³ einer elektrolysierten KCl-Lösung mit 20 cm³ Wasser verdünnt und nach Zugabe von 1 g Soda mit einer ungefähr $^1/_{10}$ n-Kupferchlorürlösung bei 18° titriert (Hypochloritbestimmung). Dann wird nach Zugabe von 10 cm³ Schwefelsäure (1:1) und von 1 mg TlCl bei 80° weiter titriert (Chlorat). Der Zusatz von Thalliumchlorür beschleunigt die Potentialeinstellung.

Man kann aber auch zunächst bei 18° wie oben beschrieben titrieren, dann 5 cm³ Kupferchlorürlösung und 5 cm³ konzentrierte Salzsäure hinzufügen und bei 80° den Überschuß an Kupferchlorür mit $^1/_{10}$ n-$K_2Cr_2O_7$-Lösung zurücknehmen. Die Herstellung der Kupferchlorürlösung geschieht wie folgt: 7,5 g Cu_2Cl_2 werden in 750 cm³ KCl-Lösung, die 280 g KCl/l enthält, unter Zugabe von 4 cm³ 2 n-Salzsäure gelöst. Die Aufbewahrung der Lösung und die Titration geschehen unter Wasserstoff.

J. Foucry (1, 3) bestimmt in einer Lösung Chlorid, Hypochlorit und Chlorat nebeneinander, und zwar wird die zu untersuchende Lösung auf 200 cm³ verdünnt, 10 cm³ Schwefelsäure (1:5) hinzugefügt und Chlorid mit $HgSO_4$-Lösung und Nitroprussidnatrium als Indicator (1 cm³ einer 1:10 verdünnten Lösung) titriert (n cm³). Dann wird As_2O_3-Lösung im Überschuß zugesetzt und mit der $HgSO_4$-Lösung weitertitriert (m cm³). Schließlich gibt man 1 cm³ gesättigte Natriumnitritlösung hinzu, kocht 1 Minute lang, läßt vollständig erkalten und titriert wieder mit der $HgSO_4$-Lösung auf bleibende Trübung (p cm³). Dann ist

$$n\ \mathrm{cm}^3 \cdot 0{,}00624 = \text{Chlorid-Cl},$$
$$m\ \mathrm{cm}^3 \cdot 0{,}00624 = \text{Hypochlorit-Cl},$$
$$p\ \mathrm{cm}^3 \cdot 0{,}00624 = \text{Chlorat-Cl}.$$

Über die Titration von Chloriden mit Mercurisulfatlösung vgl. J. Foucry (2). Die arsenige Säure wird hergestellt durch Auflösen von 5 g As_2O_3 in 200 cm³ Wasser und 10 g Natronlauge. Dann werden 300 cm³ Schwefelsäure (1:5) hinzugefügt.

3. Die Bestimmung von freiem Alkali und Soda. Nach Kerny (1, 2) versetzt man 5 cm³ gegen Phenolphthalein neutralisiertes Wasserstoffperoxyd mit der um das 10fache verdünnten Probelösung. Man schüttelt bis zum Aufhören des Schäumens, verdünnt dann mit 50—60 cm³ ausgekochtem destilliertem Wasser, gibt 3 Tropfen Phenolphthalein hinzu und titriert mit $^1/_{10}$ n-Schwefelsäure, von der jedesmal 2—3 Tropfen unter dauerndem Schütteln der Flüssigkeit zugegeben werden, bis zur Entfärbung. Dann werden 4 Tropfen Helianthin zugefügt und mit $^1/_{10}$ n-Säure bis zum Umschlag von Gelb in Rot weitertitriert.

C. Chlorate (II/1, 821—823).

1. Gewichtsanalytische Bestimmung. P. G. Popow verwendet zur Reduktion flüssige Zinkamalgame in schwefelsaurer Lösung.

2. Maßanalytische Bestimmung. Jodometrisch nach G. Ferrey (1, 2) durch Reduktion mit Jodwasserstoffsäure in Gegenwart von Ferrosulfat, auch in Gegenwart eines großen Überschusses von Salzsäure. Hier kann leicht ein Teil des Jodwasserstoffs durch den Luftsauerstoff zu Jod oxydiert werden, so daß am besten so gearbeitet wird, daß man zur Chloratlösung zuerst einige Kubikzentimeter konzentrierte Salzsäure setzt, dann zur Entfernung der Luft nach und nach einige Zehntelgramme Natriumbicarbonat. Darauf fügt man festes KJ hinzu und jetzt konzentrierte Salzsäure, läßt 5 Minuten lang stehen und titriert dann mit Thiosulfatlösung.

Vorteilhafter verfährt man nach E. Rupp, indem man zu 10 cm³ Chloratlösung, die sich in einer 1-l-Glasstopfenflasche befinden, 1 g festes Kaliumbromid gibt, dieses auflöst und dann 30 cm³ konzentrierte Salzsäure zusetzt. Man verschließt die Flasche, läßt 5 Minuten lang ruhig stehen, und gibt dann 150—200 cm³ 1%ige Kaliumjodidlösung zur Flüssigkeit. Nach kräftigem Durchschütteln wird mit $^1/_{10}$ n-Thiosulfatlösung zurücktitriert.

Übersteigt das angewandte Volumen der Chloratlösung 10 cm³, so ist auch die Salzsäuremenge entsprechend zu vergrößern. 1 cm³ $^1/_{10}$ n-$Na_2S_2O_3$-Lösung = 1,392 mg ClO_3.

Eine maßanalytische Chloratbestimmung durch induzierte Reduktion bei Gegenwart von Osmiumtetroxyd als Katalysator beschreibt K. Gleu. Hiernach wird die mit 100—150 cm³ n-Schwefelsäure angesäuerte Chloratlösung mit überschüssiger $^1/_{10}$ n-As_2O_3-Lösung versetzt. Nachdem die Luft durch Zugabe von 2—3 g Bicarbonat verdrängt worden ist, werden 3 Tropfen 0,01 m-OsO_4-Lösung und 3 Tropfen 0,01 m-„Ferroinlösung" als Indicator („Ferroin" = Abkürzung für den Ferro-o-Phenantrolinkomplex) hinzugefügt, und dann wird die arsenige Säure tropfenweise mit $^1/_{10}$ n-$Ce(SO_4)_2$-Lösung bis zum Umschlag von Rot in Farblos zurücktitriert. Diese Bestimmung liefert um etwa 0,2% zu hohe Werte. Sie ist indessen neben beliebigen Mengen Perchlorat und geringen Mengen Chlorid auszuführen. Bei größeren Chloridmengen setzt man vor der Austreibung der Luft so viel m-$Hg(ClO_4)_2$-Lösung hinzu, daß alles Chlor als Mercurichlorid gebunden wird.

J. H. van der Meulen (1) versetzt in einem 300-cm³-Erlenmeyerkolben z. B. 50 cm³ $^1/_{10}$ n-As_2O_3-Lösung mit 10 cm³ n-Bromwasserstoffsäure, darauf mit der zu untersuchenden Chloratlösung, dann mit 3 Tropfen einer 50%igen Osmiumtetroxydlösung und erwärmt auf dem Wasserbad auf 80—90°. Man kühlt ab und bestimmt die überschüssige arsenige Säure bromometrisch.

Will man sich über die jodometrische Bestimmung von Chlorat in Gegenwart von Jodid, Jodat und Bromat orientieren, ferner über bromometrische Chloratbestimmungen, auch über die Bestimmung mit Ferrosalz als Reduktor und Osmiumtetroxyd als Katalysator, so sei auf die Arbeiten von van der Meulen (s. oben) hingewiesen.

Über eine Untersuchung der Rolle des Osmiumtetroxyd bei der Aktivierung der Chlorate vgl. H. Vogels.

D. Perchlorate (II/1, 823—824).

1. Durch Zersetzen mit konzentrierter Schwefelsäure und einem Oxydationsmittel. Nach L. Birkenbach und J. Goubeau werden Perchlorate ($KClO_4$, $NaClO_4$, NH_4ClO_4) durch Erhitzen mit konzentrierter Schwefelsäure und einem Oxydationsmittel quantitativ in Chlor übergeführt. Zur Ausführung der Analysen verwendet man einen Rundkolben von 200 cm³ Inhalt mit kurzem Hals und aufgeschmolzenem Normalschliff, der es ermöglicht, einen mit Gaszuleitungsrohr und -ableitungsrohr versehenen Waschflaschenkopf aufzusetzen. Das Ableitungsrohr wird tief in eine Peligot-Vorlage geführt, und alle Schliffe werden mit konzentrierter Schwefelsäure abgedichtet.

Das zu untersuchende Material — am besten verwendet man es in fester Form — wird im Rundkolben mit dem Oxydationsmittel in der 10fachen Menge des Perchlorats und mit 60—80 cm³ konzentrierter Schwefelsäure versetzt. Die Vorlage wird mit alkalischer Sulfitlösung (einem Gemisch gleicher Teile 10%iger Natriumsulfitlösung und 10%iger Natronlauge) oder mit alkalischer Arsenitlösung beschickt und durch Eiswasser gekühlt. Man setzt die Apparatur zusammen und läßt einen Stickstoffstrom durchgehen, der gegen Ende verstärkt wird. Der Rundkolben wird im Ölbad innerhalb $^1/_2$ Stunde auf 200° erwärmt, und bei dieser Temperatur hält man dann noch $1^1/_2$ Stunden. Dann ist die Überführung des Chlors in allen Fällen mit Sicherheit zu Ende geführt. In der Vorlage wird nach Ansäuern mit Schwefelsäure das Chlorid entweder potentiometrisch oder nach den üblichen Methoden bestimmt, auf die die Anwesenheit von Sulfit bzw. Arsenit ohne Einfluß ist. Als Oxydationsmittel werden Kaliumbichromat, Kaliumnitrat und Ammoniumpersulfat verwendet, die Perchlorateinwaage beträgt 0,01—0,6 g.

Nach dieser Methode können auch Chlorid, Chlorat und Perchlorat nebeneinander bestimmt werden, wenn zunächst Chlorid mit Silbernitrat potentiometrisch titriert, dann Chlorat zu Chlorid reduziert und als solches bestimmt wird und schließlich in der eingedampften Lösung Perchlorat ermittelt wird.

Ferner eignet sich das Verfahren auch zur Bestimmung von Perchlorat im Chilesalpeter.

2. Mit Titantrichlorid. Nach A. Rosenberg kann man die Bestimmung des Perchlorats mit Titantrichlorid zur Erfassung von 1—5 mg $KClO_4$ verwenden. Hierbei ist es wichtig, daß die zu analysierende Lösung mit soviel konzentrierter Schwefelsäure versetzt wird, daß die Lösung nach Zusatz von Titantrichlorid 50% Schwefelsäure enthält.

3. Mit Methylenblau. Nach A. Bolliger wird die wäßrige Lösung des Perchlorats mit einem gemessenen Überschuß von Methylenblauchlorid (gewöhnlich Methylenblau genannt) versetzt. Methylenblauperchlorat wird filtriert, und der Überschuß des Methylenblaus mit einer Pikrinsäurelösung zurücktitriert. Methylenblauperchlorat und -pikrat können mit Chloroform ausgeschüttelt werden, während Methylenblau und Pikrinsäure in Chloroform unlöslich sind. Hierdurch wird eine scharfe Bestimmung des Endpunktes ermöglicht.

Man verwendet bei Mengen von 1—100 mg Perchlorat eine 0,02 n-Methylenblaulösung, die im Überschuß zur wäßrigen Perchloratlösung gesetzt wird. Da Methylenblauperchlorat in 100 cm³ Wasser von 18° zu 7,66 mg löslich ist, muß stets mit wenig Wasser gearbeitet werden. Das gefällte Methylenblauperchlorat wird zentrifugiert oder abgesaugt und dann wird mit wenig kaltem Wasser gewaschen. Zu der überschüssigen Methylenblaulösung wird 0,3 cm³ einer 20%igen sauren Natriumphosphatlösung gegeben, darauf wird die gesamte Lösung im Schütteltrichter mit Chloroform viermal ausgeschüttelt, um das noch in Lösung gebliebene Methylenblauperchlorat zu entfernen und jetzt wird mit 0,02 n-Pikrinsäurelösung zurücktitriert. Das gebildete Methylenblaupikrat löst sich leicht in Chloroform mit grüner Farbe, und die wäßrige Methylenblaulösung wird durch den Zusatz von Pikrinsäure heller. Der Endpunkt des Zurücktitrierens ist erreicht, wenn die wäßrige Schicht farblos ist. Während der Titration muß das Chloroform öfters erneuert werden.

Angewandt wird eine 0,01 n-Stammlösung von Methylenblau, hergestellt durch Auflösen von 3,74 g in 1 l Wasser, deren Titer durch Titration mit Silbernitrat ermittelt wird, wobei zuvor der Farbstoff mit Perchloratlösung gefällt und Methylenblauperchlorat filtriert wird. — Die zum Zurücktitrieren gebrauchten Pikrinsäurelösungen werden gegen Methylenblaulösung eingestellt, und zwar so, wie es bei der Bestimmung des Überschusses von Methylenblau beschrieben wurde.

Bei Chloratmengen unter 1 mg arbeitet man mit 0,001 n-Methylenblaulösung und 0,001 n-Pikrinsäurelösung. Der Verfasser wendet die „Methylenblaumethode" für Mengen von 0,025—100 mg an.

Die Bestimmung von Chlorat und Perchlorat bei Gegenwart großer Nitratmengen, z. B. im Chilesalpeter, geschieht nach E. S. Tomula, indem man in 10 g Salpeter Chlorat reduziert, und das gesamte Nitrat durch Eindampfen mit Salzsäure in Chlorid übergeführt wird. Man fällt dieses mit konzentrierter Salzsäure weitgehend aus, filtriert und dampft das Filtrat, das neben wenig Chloriden das unzersetzte Perchlorat enthält, zur Trockne ein. Der Eindampfrückstand beträgt bei Chilesalpeter gewöhnlich nur 0,5 g.

Dieser Eindampfrückstand wird in wenig Wasser gelöst, auf 100 cm^3 aufgefüllt, im aliquoten Teil hiervon Chlor nach Volhard bestimmt, und dann wird im Hauptteil alles Chlor mit der berechneten Menge Ag_2SO_4 ausgefällt und filtriert. Das letzte Filtrat enthält alles Perchlorat, das nach Tomula in schwefelsaurer Lösung durch Reduktion mit 6 g Zink und 5 g Eisenpulver unter Zusatz von etwas Cadmiumsulfatlösung und von 15 cm^3 Ti^{IV}-Salzlösung in Chlorid übergeführt und nach Volhard bestimmt wird.

Ein Chloratgehalt wird in bekannter Weise in einer anderen Einwaage durch Reduktion mit Zink und Schwefelsäure und Titration des Chlorids ermittelt.

Die genauen Einzelheiten sind im Original nachzusehen.

Literatur.

Bessey, G. E.: (1) Journ. Soc. Chem. Ind. **49**, 360—362 (1930). — (2) Chem. Zentralblatt **1930 II**, **2939**. — Biltz, H. u. W.: Lehrbuch, 2. Aufl., S. 212, 213. 1937. — Birkenbach, L. u. J. Goubeau: Ztschr. f. anorg. u. allg. Ch. **203**, 9—17 (1931). — Bolliger, A.: Ztschr. f. anal. Ch. **94**, 403—408 (1933). — Braddock-Roggers, K. and K. A. Krieger: (1) Ind. and Engin. Chem., Anal. Ed. **5**, 342—344 (1933). — (2) Chem. Zentralblatt **1933 II**, **3319**. — Brunck, O.: Ztschr. f. anal. Ch. **94**, 81 (1933).

Chapman, H. D.: Chem. Zentralblatt **1929 I**, 1982.

Ditz, H.: Ztschr. f. anorg. u. allg. Ch. **219**, 113—118 (1934).

Feibelmann, R.: Chem. Fabrik **4**, 405—407, 414—416 (1931). — Ferrey, G.: (1) Quart. Journ. Pharmac. Pharmakol. **5**, 405—408, 409—413 (1932). — (2) Chem. Zentralblatt **1933 I**, **3472**. — Foucry, J.: (1) Bull. Sci. pharmacol. **39** (**34**), 675, 676 (1932). — (2) Chem. Zentralblatt **1932 II**, 1663. — (3) Chem. Zentralblatt **1933 I**, 2982.

Gleu, K.: Ztschr. f. anal. Ch. **95**, 385—392 (1933).

Hausner, J.: (1) Ztschr. f. d. ges. Textilind. **34**, 398, 399 (1931). — (2) Chem.-Ztg. **57**, 634 (1933).

Kerny: (1) Journ. Pharmac. Chim. (8) **13**, 570—573 (1931). — (2) Chem. Zentralblatt **1931 II**, 1322.

LeBlanc, M. u. E. Eberius: Ztschr. f. anal. Ch. **89**, 81—88 (1932). — Lemarchands, M. et D. Saunier: (1) Bull. Soc. Chim. de France (4) **53**, 1414—1418 (1933). — (2) Chem. Zentralblatt **1934 II**, 2421.

Masch, F. u. R. Herrmann: Ztschr. f. anal. Ch. **84**, 1—14 (1931). — Meulen, J. H. van der: (1) Ztschr. f. anal. Ch. **93**, 368—370 (1933). — (2) Chem. Zentralblatt **1934 II**, 3652.

Ogur, S. W.: Chem. Zentralblatt **1936 I**, 2149.

Passon, M.: Ztschr. f. angew. Ch. **11**, 776 (1898). — Philibert, J.: Chem. Zentralblatt **1919 II**, 642. — Popow, P. G.: Chem. Zentralblatt **1936 I**, 4947.

Rewwa, F. K. u. Mitarb.: Chem. Zentralblatt **1934 II**, 1339. — Ritter, H.: Sprechsaal **64**, 683, 684 (1931). — Rosanow, S. N. u. A. G. Filippowa: Ztschr. f. anal. Ch. **90**, 340—350 (1932). — Rosenberg, A.: Ztschr. f. anal. Ch. **90**, 103—109 (1932). — Rupp, E.: Ztschr. f. anal. Ch. **56**, 580—587 (1917).

Stathis, El.: Ztschr. f. anal. Ch. **86**, 303, 304 (1931).

Tananaeff, N. A. u. M. K. Buitschkoff: Ztschr. f. anal. Ch. **103**, 349—353 (1935). — Tananajew, J.: Chem. Zentralblatt **1933 I**, 3472, 3473. — Tananajew, N. A. u. W. M. Tarajan: Chem. Zentralblatt **1935 II**, 3802. — Tomula, E. S.: Ztschr. f. anal. Ch. **103**, 427—430 (1935). — Treadwell: Ztschr. f. angew. Ch. **18**, 1930 (1905). — Treadwell u. Christie: Ztschr. f. anorg. u. allg. Ch. **47**, 446 (1905). — Troberg, B.: Ztschr. f. anal. Ch. **91**, 161—165 (1932).

Vogels, H.: Chem. Zentralblatt **1936 II**, 1392.

Wassiljew, A. u. E. Stutzer: (1) Ztschr. f. anal. Ch. 88, 119—125 (1932). — (2) Ztschr. f. anal. Ch. 88, 183—186 (1932). — (3) Chem. Zentralblatt **1933 I**, 2584. — Willson, V. A.: (1) Ind. and Engin. Chem., Anal. Ed. **7**, 44, 45 (1935). — (2) Chem. Zentralblatt **1935 I**, 3167.

Zawadski, J. u. Mitarb.: Chem. Zentralblatt **1931 I**, 2788.

Kalisalze.

Von

Dr.-Ing. **B. Wandrowsky**,

Kali-Forschungs-Anstalt, Berlin.

Zu den Methoden der Kalibestimmung in Düngesalzen im Hauptwerk (II/1, 846ff.) ist eine weitere hinzugekommen, die sich an die Methode von Crotogino (II/1, 851—852) anschließt. Sie ist von D'Ans angegeben worden und an verschiedenen Stellen der Kaliindustrie bereits in Gebrauch.

Methode von D'Ans. Die Methode bedient sich des Natriumperchlorats als Fällungsmittel. Die Löslichkeit des Kaliumperchlorats in konzentrierten Natriumperchloratlösungen wird als notwendiges Übel in Kauf genommen, jedoch wird der gelöste Anteil unter genauer Innehaltung aller Fällungsbedingungen bestimmt und als sog. Addend dem ausgewogenen Kaliumperchlorat hinzugerechnet. Dadurch wird die Genauigkeit der Perchlorsäuremethode wieder erreicht. Besondere Vorteile gegenüber der im Hauptwerk beschriebenen Perchlorsäuremethode sind darin zu sehen, daß Sulfationen nicht stören und also nicht ausgefällt werden müssen, mithin Kaliverluste auf diesem Wege nicht eintreten können, und daß das Abrauchen mit Überchlorsäure wegfällt, wodurch die Analysendauer weiter abgekürzt wird.

Die etwa 30%ige Natriumperchloratlösung wird in folgender Weise hergestellt. In 606 g Wasser werden etwa 16 g Kaliumperchlorat bei 50° gelöst. In die warme Lösung werden 344,6 g $NaClO_4 \cdot H_2O$ eingetragen. Die Lösung wird auf genau 20° abgekühlt und mindestens 2 Stunden stehengelassen. Man filtriert bei 20° vom ausgeschiedenen Kaliumperchlorat ab und gibt 50 cm³ Wasser zu. Die Lösung darf beim Aufbewahren nicht längere Zeit unter 18° sich abkühlen, da sich sonst $KClO_4$ abscheidet und der für diese Lösung festgestellte Addend ungültig wird.

Zur Ausführung der Analyse löst man 20 g Kalisalz wie üblich mit 25 cm³ etwa 25%iger Salzsäure und füllt auf 250 cm³ auf. In einem auf 20° ± 0,1° eingestellten Wasserbade (Thermostaten) werden in einem 250 cm³ fassenden schlanken Becherglase genau 50 cm³ Natriumperchloratlösung mit einem einfachen Rührer, z. B. einem schräg abgebogenen Glasstabe, mit 300—400 Umdrehungen in der Minute gerührt. Von der Analysenlösung, von der nach der Filtration ein genügender Anteil auf 20° gehalten worden war, werden 10 cm³ aus der Pipette in das Becherglas einlaufen gelassen. Danach wird noch 10 Minuten weitergerührt. Der Niederschlag ist sehr gleichmäßig und gut kristallisiert. Er wird unmittelbar nach dem Herausnehmen aus dem Bade, damit eine schädliche Erwärmung oder Abkühlung vermieden wird, möglichst schnell durch einen Filtertiegel filtriert, scharf abgesaugt und mit 20—30 cm³ 1% Überchlorsäure enthaltendem Alkohol ausgewaschen. Man wäscht mit wenig säurefreiem Alkohol nach, trocknet und wägt.

Zur Auswaage wird der Addend hinzugezählt. Der Addend wird für jede neu hergestellte Natriumperchloratlösung neu bestimmt. Man behandelt 20 g reines, sorgfältig getrocknetes Kaliumchlorid oder Kaliumsulfat in gleicher Weise, wie das Analysensalz. Der Gewichtsunterschied zwischen der theoretisch zu erwartenden und der tatsächlich gefundenen Menge Kaliumperchlorat ist dann der Addend. — Man kann von dem reinen Salz auch 8 g/100 cm³ oder 4 g/50 cm³ ansetzen. — Da die Löslichkeit des $KClO_4$ in Natriumperchloratlösungen von etwa 25—45% sich kaum ändert, bleibt der Addend unbeeinflußt von den eintretenden Änderungen der $NaClO_4$-Konzentration, die während der Analyse teils durch die Verdünnung von 50 auf 60 cm³, teils durch den Verbrauch des $NaClO_4$ hervorgerufen werden.

Um bei kieserit- und langbeinithaltigen Salzen die Lösezeit abzukürzen, kann man an Stelle der verdünnten Salzsäure zunächst starke Natronlauge nehmen. Man gibt zu 8 g Salz und 30 cm³ Wasser 4 g festes kalifreies Ätznatron, erhitzt vorsichtig zum Sieden und kocht etwa 2 Minuten. Nach dem Abkühlen löst man in 20 ccm 25%iger Salzsäure, erwärmt nötigenfalls, kühlt und füllt auf 100 cm³ auf.

Bei Rohsalzen mit höherem Polyhalitgehalt ist es oft nicht möglich, mit der angegebenen Salzsäuremenge und in dem angegebenen Volumen den Polyhalit in Lösung zu bringen. In diesem Falle empfiehlt sich das Verfahren nicht.

Überhaupt ist es bei stark calciumhaltigen Salzen, die außerdem noch andere Sulfate enthalten, auf jeden Fall zweckmäßig, den $KClO_4$-Niederschlag nach der Wägung in heißem Wasser zu lösen, um festzustellen, daß er weder Calciumsulfat noch andere unlösliche Rückstände enthält. Sollte ein Rückstand vorhanden gewesen sein, wird er zurückgewogen.

Von der eben beschriebenen Methode kann man ebenfalls mit Vorteil Gebrauch machen bei der

Kaliumbestimmung in Mischdüngern. Die Methode ist hierfür von der Kaliforschungsanstalt besonders eingerichtet worden. Man erhitzt 8 g des Mischdüngers mit 30 cm³ Wasser und 4 g festem kalifreiem Ätznatron vorsichtig bis zum Sieden und kocht so lange, bis kein Ammoniakgeruch mehr wahrzunehmen ist. Nach dem Abkühlen löst man mit 20 cm³ 25%iger Salzsäure, nötigenfalls unter nochmaligem Erwärmen. Man filtriert, wäscht und füllt auf 100 cm³ auf. Dann wird wie oben verfahren. Ist viel Unlösliches vorhanden und das Filtrieren und Waschen dementsprechend schwieriger, kann man die Lösung auch mitsamt dem Rückstand auf 100 cm³ auffüllen, wobei eine Korrektur für das wahre Volumen des Unlöslichen anzubringen ist.

Es sei noch darauf hingewiesen, daß in einer Reihe von Fällen die Kaliumbestimmung über das schwerlösliche Kaliumnatriumkobaltinitrit mit Vorteil angewendet wird, insbesondere bei sulfathaltigen Salzmischungen. Der Niederschlag kann gravimetrisch (Gilbert, van Leent und Leimbach), gasvolumetrisch (Jander und Faber), wie auch titrimetrisch (Kramer und Tisdall) bestimmt werden. Letztere Bestimmungsweise, wofür sich die Permanganattitration als besonders geeignet erwiesen hat (Kramer und Tisdall), ist besonders bei kleinen Mengen gebräuchlich. Für Kalisalze ist eine gasvolumetrische Methode von Jander und Faber, für Mischdünger eine gravimetrische Methode von Krügel und Retter angegeben worden. Bei den gravimetrischen Verfahren wird in der Regel der Niederschlag mit Überchlorsäure zersetzt und das Kalium als Perchlorat zur Wägung gebracht. Dadurch wird man unabhängig von dem Risiko der wechselnden Zusammensetzung des Kaliumnatriumniederschlages. Bei allen übrigen Verfahren muß besondere Sorgfalt auf die Einhaltung von Bedingungen verwendet werden, unter denen das als Kaliumnatriumkobaltinitrit abgeschiedene Salz stets die gleiche wohldefinierte Zusammensetzung erhält (Jander und Faber, s. a. Erg.-Bd. II/384).

Zu den **maßanalytischen Methoden zur Brombestimmung** in Bromiden und Chloriden (II/1, 874—875) ist von van der Meulen eine neue Methode beigesteuert worden, die das Destillieren und das Ausschütteln mit Chloroform nach den früheren Verfahren wegfallen läßt. Weitere Durcharbeitungen und Verbesserungen des Verfahrens wurden von der Kaliforschungsanstalt vorgenommen. In der dabei gewonnenen Ausführungsform wird die Methode, die besonders auch kleine Mengen mit großer Genauigkeit und Schnelligkeit zu bestimmen gestattet, vielfach in der Kaliindustrie angewandt. Wesentlich für das Gelingen der Bestimmung ist die Innehaltung einer genau begrenzten H-Ionen-Konzentration. Diese wird von van der Meulen durch Zugabe von Borsäure oder Einleiten von Kohlensäure erreicht. Nach dem Verfahren von D'Ans wird eine sichere Einstellung der erforderlichen p_H-Grenzen mit einer sauren Phosphat-Pufferlösung erreicht.

Man benötigt folgende Lösungen:

1. Kaliumjodid. 30 g Kaliumjodid werden mit destilliertem Wasser auf 100 cm³ gelöst.

2. Stärke. 0,5 g wasserlösliche Stärke werden mit wenig kaltem Wasser zu einem Brei angerührt und langsam in 100 cm³ kochendes Wasser eingegossen. Man kocht 1—2 Minuten, bis eine klare Lösung

entsteht, läßt über Nacht stehen und filtriert. Einige Körnchen Quecksilberjodid verhindern die Schimmelbildung.

3. Kaliumbromat. 0,2784 g reinstes, bei 120° sorgfältig getrocknetes Kaliumbromat werden gelöst und auf 1000 cm³ aufgefüllt.

4. 0,01-n-Thiosulfat. 2,5 g Natriumthiosulfat ($Na_2S_2O_3 \cdot 5\,H_2O$) werden mit ausgekochtem und wieder abgekühltem destilliertem Wasser zu 1000 cm³ aufgefüllt. Die Ermittelung des Faktors muß kurz vor Gebrauch vorgenommen werden und in laufendem Betriebe alle 8 Tage wiederholt werden. — Zur Einstellung werden etwa 30 cm³ der Bromatlösung (3) genau abgemessen, mit 1 cm³ Jodidlösung (1), 1 cm³ Stärkelösung (2) und 25 cm³ 2-n-Salzsäure versetzt und nach 2 Minuten mit der 0,01-n-Thiosulfatlösung titriert. Da die Bromatlösung (3) genau 0,01-normal ist, ergibt sich der Faktor ohne weiteres.

5. 0,4-n-Natriumhypochlorit. Man schlämmt 40 g frischen käuflichen Chlorkalk (etwa 35%ig) mit 400 cm³ Wasser an und löst 44 g calcinierte Soda in 200 cm³ Wasser. Unter kräftigem Umrühren läßt man die Sodalösung in die Aufschlämmung einfließen und filtriert nach halbstündigem Stehenlassen vom Calciumcarbonat ab. Man wäscht mit etwa 200 cm³ Wasser nach.

6. Phosphat. 200 g Mononatriumphosphat ($NaH_2PO_4 \cdot 2\,H_2O$) · 200 g Dinatriumphosphat ($Na_2HPO_4 \cdot 12\,H_2O$) und 200 g Natriumpyrophosphat ($Na_4P_2O_7 \cdot 10\,H_2O$) werden in 2000 cm³ Wasser gelöst und filtriert. Quecksilberjodid verhindert auch hier die Schimmelbildung.

7. Ameisensäure. Ameisensäure $s = 1{,}20$, etwa 85%ig.

Ausführung. Man nimmt nur so viel bromhaltiges Material, daß höchstens 50 cm³ der 0,01-n-Thiosulfatlösung verbraucht werden. Erfahrungsgemäß kommt man fast immer zurecht, wenn man folgende Einwaagen wählt:

Chlormagnesium	etwa	1,0 g
Urlauge, Tropflauge	„	2,5 g
Carnallit, Endlauge, Mutterlauge	„	3,0 g
Chlorkalium; 30er, 40er, 50er Düngesalz	„	4,0 g
Rohsalz (Kainit, Sylvinit, Hartsalz); 20er Düngesalz	„	5,0 g
Steinsalz	„	10,0 g

Es werden z. B. 5,0 g Rohsalz in 20 cm³ Wasser gelöst. Vom Unlöslichen wird nicht abfiltriert. Es werden 20 cm³ Phosphatlösung (6) und danach 10 cm³ Hypochloritlösung (5) zugegeben. Langsam, in rund 10 Minuten, wird auf etwa 90° angeheizt. In dieser Zeit wird das Bromion vollkommen zu Bromation aufoxydiert. Zur Zerstörung des überschüssigen Hypochlorits wird etwa 1 cm³ Ameisensäure (7) der noch heißen Lösung zugegeben. Nach dem Abkühlen werden hintereinander etwa 1 cm³ Kaliumjodid (1), 1 cm³ Stärke (2) und 25 cm³ 2-n-Salzsäure hinzugesetzt. Man läßt 2 Minuten bedeckt stehen und titriert mit der 0,01-n-Thiosulfatlösung (4). Zugleich mit den Analysen setzt man Leerversuche an, die nicht die zu analysierenden Salze oder Salzlösungen, aber sonst genau die gleichen Mengen Wasser und Reagenzien enthalten. Den erhaltenen Wert zieht man vom rohen Analysenergebnis ab. — 1 cm³ einer genau 0,01-n-Thiosulfatlösung entspricht 0,1332 mg Brom.

Da nach van der Meulen (1, 2, 3) zum Gelingen der Reaktion die Gegenwart von reichlich Chlorionen erforderlich ist, setzt man chloridfreien oder chloridarmen Salzen und Salzmischungen 10,0 g Kochsalz zu. In solchen Fällen werden auch dem Leerversuch 10,0 g Kochsalz zugesetzt. Die Leerversuche brauchen übrigens nicht jedesmal wieder gemacht zu werden. Sobald aber eine der Reagenzienlösungen neu hergestellt, oder ein anderes Kochsalz als Zusatz genommen wird oder die Thiosulfatlösung einen neuen Faktor erhalten hat, muß der Leerversuch ebenfalls neu gemacht werden.

Zur **Bestimmung der Schwefelsäure** in Kalidüngesalzen (II/1, 857) hat sich ein Verfahren der unmittelbaren Titration mit Bariumchloridlösung als brauchbar erwiesen. Man verwendet rhodizonsaures Natrium [Mutschin und Pollak (1, 2)] als Indicator, welches mit gelber Farbe in Lösung geht und mit überschüssigem Bariumion einen roten bis rotbraunen sehr schwer löslichen Niederschlag gibt. Der Endpunkt der unter entsprechenden Bedingungen durchgeführten Umsatzreaktion wird durch Tüpfeln entweder auf frisch bereitetem rhodizongetränktem Papier oder auf einer Tüpfelplatte unter Zugabe von mit Kalium- oder Natriumchlorid verriebenem und verdünntem Rhodizonatpulver festgestellt. Trotzdem arbeitet man mit der Methode schnell — etwa 12 bis 15 Minuten nach Fertigstellung der Analysenlösung kann das Ergebnis angesagt werden — und bei einiger Übung recht genau.

Literatur.

D'Ans: Angew. Chem. **47**, 583 (1934). — D'Ans u. Höfer: Angew. Chem. **47**, 73, 74 (1934).

Gilbert: Ztschr. f. anal. Ch. **38**, 184 (1899).

Jander u. Faber: (1) Ztschr. anorg. u. allg. Ch. **173**, 225, 231 (1928). — (2) Ztschr. anorg. u. allg. Ch. **181**, 189 (1929).

Kramer and Tisdall: (1) Journ. Biol. Ch. **41**, 263 (1920). — (2) Journ. Biol. Ch. **46**, 339 (1921). — (3) Journ. Biol. Ch. **48**, 223 (1921). — Krügel u. Retter: Ztschr. f. anal. Ch. **96**, 314 (1934).

Leent, van: Ztschr. f. anal. Ch. **40**, 569 (1901). — Leimbach: Kali **18**, 18 (1924).

Meulen, van der: (1) Chemisch. Weekblad **28**, 82—86, 238, 239 (1931). — (2) Chem. Zentralblatt **1931 I**, 2089 (Ref.). — (3) Chimie et Industrie **26**, 546. — Mutschin u. Pollak: (1) Ztschr. f. anal. Ch. **106**, 385 (1936). — (2) Ztschr. f. anal. Ch. **107**, 18 (1936).

Phosphorsäure und phosphorsaure Salze.

(III, 580).

Von

Dr.-Ing. **J. D'Ans**, Berlin.

Die wichtigsten Fortschritte zur Bestimmung des Phosphationes finden sich in dem Abschnitt über „Handelsdüngemittel“ (Erg.-Bd. II/380) zusammengestellt. Es bleibt hier nur hinzuweisen auf die wichtigsten neueren Arbeiten zur Bestimmung der Orthophosphorsäure und der anderen Phosphorsäuren.

1. Bestimmungsmethoden (III, 592). Eine alkalimetrische Titration wird von H. Simmich in Gegenwart von Silbernitrat und mit *Bromthymolblau als Indicator* durchgeführt.

Mit Bleiacetatlösung lassen sich Phosphate in schwach salpetersaurer Lösung titrieren, als Indicator wird (eine alkoholische Lösung von) Dibromfluorescein verwendet, das bei beendeter Umsetzung durch Adsorption an den Niederschlag diesen rosa färbt.

Als $BiPO_4$ kann das PO_4''' nach W. Rathje quantitativ mittelst einer Wismutylperchloratlösung gefällt werden. Das Ende der Reaktion wird nach Zusatz von J' durch die Bildung des roten, wenig löslichen BiOJ angezeigt. Chlor, Brom, Jod müssen vorher mit Überchlorsäure abgeraucht werden, SO_4'' wird mit $Ba(ClO_4)_2$ ausgefällt. Jod ausscheidende Stoffe dürfen auch nicht zugegen sein. Die Titration erfolgt in schwach überchlorsaurer (bis 0,4 cm^3 $HClO_4$ 20%ig auf 10 cm^3 Lösung) kochend heißer Lösung.

Von J. Harms und G. Jander ist die Bestimmung als $BiPO_4$ als konduktometrische Methode ausgearbeitet worden.

Für die Bestimmung der Phosphorsäure bei Anwesenheit von Arsensäure gibt J. Courtois (1) neue Anweisungen.

2. Potentiometrische Methoden (III, 582). Für die laufende Überwachung der Fabrikation von Dicalciumphosphat und der Ammoniumphosphate ist nach W. J. Wengerowa, J. B. Brutzkuss und E. W. Palmer die potentiometrische Titration mit Antimonelektroden wohl geeignet.

C. Mayr und G. Burger titrieren die Orthophosphorsäure mit Mercuronitratlösung, die Rücktitration erfolgt mit Oxalat. Pyrophosphorsäure konnte so nicht bestimmt werden. Bei der potentiometrischen Titration mit Silbernitrat nach M. H. Bredford, F. R. Lamb und W. E. Spicer muß während der Titration die Lösung durch allmählichen Zusatz von Alkali stets eben alkalisch gehalten werden.

Uranylacetat ergibt nach J. Athanasiu und A. J. Velculescu einen Potentialsprung beim Verhältnis 1 PO_4''' zu 1 Mol Uranylacetat, der bei Gegenwart von Hydrochinon oder Pyrogallol scharf genug ist, um eine titrimetrische Bestimmung zu gestatten.

3. Colorimetrische Methoden (III, 583). Zur Ergänzung der Angaben im Hauptwerk sei auf die Arbeit von S. R. Zinzadze und auf die von K. Boratyński (1, 2) hingewiesen.

4. Bestimmung der Pyro- und Metaphosphorsäure neben der Orthophosphorsäure (III, 591). Nach A. Travers und Chu fällt in Gegenwart eines Überschusses von Chlorammonium Zinksulfat bei $p_H = 3{,}7$—$4{,}7$ nur $Zn_2P_2O_7$ quantitativ aus, worauf bis $p_H = 7$ neutralisiert das NH_4ZnPO_4 ausgefällt wird.

Über die Bestimmung von Orthophosphorsäure neben Pyrophosphorsäure nach der Methode von Copaux siehe die Arbeit von J. Courtois (2).

5. Bestimmung der Unterphosphorsäure, der phosphorigen und unterphosphorigen Säure (III, 590, 760). Die jodometrische Methode von E. Rupp und A. Finck wurde von L. Wolf und W. Jung (1) verbessert. Sie versetzen die mit 10 cm^3 verdünnter Schwefelsäure angesäuerte Probe mit überschüssiger Jodlösung, lassen 10 Stunden lang stehen, machen dann bicarbonatalkalisch und titrieren das überschüssige Jod mit arseniger Säure zurück.

$$x\,H_3PO_2 + y\,H_3PO_3 + 2\,x\,J + x\,H_2O \rightarrow x\,H_3PO_3 + y\,H_3PO_3 + 2\,x\,HJ$$

$$(x + y)\,H_3PO_3 + 2\,(x + y)\,J + (x + y)\,H_2O \rightarrow (x + y)\,H_3PO_4 + 2\,(x + y)\;HJ.$$

Bei der Oxydation mit Jod in saurer Lösung wird schon etwas phosphorige Säure mitoxydiert, darum ist nur die Summe $(4\,x + 2\,y)$ richtig.

In einer zweiten Probe wird direkt die phosphorige Säure mit Jod in bicarbonatalkalischer Lösung titriert (Rücktitration mit As_2O_3). Unterphosphorige Säure wird unter diesen Bedingungen nicht oxydiert. Man erhält so die phosphorige Säure allein $(2\,y)$ und kann damit den Gehalt an unterphosphoriger Säure aus der Differenz $(4\,x)$ berechnen. Untersposphorsäure stört nicht. Ganz ähnlich ist auch die Arbeitsvorschrift von D. Raquet und P. Pinte. Sie nehmen als Puffer eine Natriumboratlösung und titrieren das Jod in essigsaurer Lösung mit Thiosulfat zurück.

Die Geschwindigkeit der Oxydation der unterphosphorigen Säure mit Jod in Lösungen mit verschiedenen Konzentrationen an freier Schwefelsäure ist von J. Kamecki untersucht worden. Auf Grund dieser Untersuchung kommt er zu einer jodometrischen Schnellbestimmung der unterphosphorigen auch neben phosphoriger Säure, da diese in 0,1—0,2 n-Schwefelsäure nur sehr langsam oxydiert wird.

Mit Permanganat in alkalischer Lösung lassen sich phosphorige und unterphosphorige Säure nach einer Vorschrift von H. Stamm bestimmen. Zum Abbruch der Reduktion bei der Manganatstufe wird Bariumsalz zugesetzt, das das schwerlösliche $BaMnO_4$ ausfällt. Über die oxydimetrische Bestimmung mit Permanganat und einer weiteren Methode durch Reduktion von $HgCl_2$ zu HgCl liegen Vorschriften von A. Schwicker vor.

Die Unterphosphorsäure bestimmen L. Wolf und W. Jung neben Phosphaten und Phosphiten in mit Phosphorsäure oder Ameisensäure bis zu $p_H = 1$ angesäuerter Lösung durch Zusatz eines großen Überschusses an $AgNO_3$-Lösung als Ag_2PO_3. Der Überschuß an $AgNO_3$ wird zurücktitriert.

Zur Bestimmung der unterphosphorigen und phosphorigen Säure neben Unterphosphorsäure und Phosphorsäuren werden erstere beiden wie oben beschrieben jodometrisch titriert. In einer dritten Probe werden die drei letzteren in Natriumacetat enthaltender Lösung mit Bariumnitrat als Bariumsalze gefällt, der Niederschlag in Phosphorsäure gelöst und die Unterphosphorsäure, wie beschrieben, als Ag_2PO_3 bestimmt. Eine vierte Probe wird vollständig zu H_3PO_4 oxydiert und dann alle Phosphorsäuren zusammen als Magnesiumammoniumphosphat gefällt und bestimmt.

Mit Silbernitrat läßt sich Unterphosphorsäure nach W. Grundmann und R. Hellmich potentiometrisch auch in Gegenwart von Phosphorsäure und phosphoriger Säure in Natriumacetat enthaltender schwach alkalischer Lösung titrieren. Als Indicator wird Bromthymolblau angewandt.

Literatur.

Atanasiu, A. J. u. A. J. Velculescu: Ztschr. f. anal. Ch. **102**, 344 (1935).

Boratyński, K.: (1) Chem. Zentralblatt **1935 II**, 1922. — (2) Ztschr. f. anal. Ch. **102**, 421 (1935). — Bredford, M. H., F. R. Lamb and W. E. Spicer: Journ. Amer. Chem. Soc. **52**, 583 (1930).

Courtois, J.: (1) Journ. Pharmac. Chim [8] **23**, 404 (1936); nach Chem. Zentralblatt **1936 II**, 2574. — (2) Journ. Pharmac. Chim. [8] **23**, 232 (1936); nach Chem. Zentralblatt **1936 I**, 4768.

Grundmann, W. u. R. Hellmich: Journ. f. prakt. Ch. **143**, 100 (1935).

Harms, J. u. G. Jander: Angew. Chem. **49**, 106 (1936).

Kamecki, J.: Roczniki Chem. **16**, 199 (1932); nach Chem. Zentralblatt **1936 II**, 2689.

Mayr, C. u. G. Burger: Monatshefte f. Chemie **56**, 113 (1930).

Raquet, D. et P. Pinte: Journ. Pharmac. Chim. [8] **18**, 5, 89 (1933); nach Chem. Zentralblatt **1933 II**, 1898, 2426. Siehe auch T. A. Krjukowa: Chem. Zentralblatt **1938 II**, 3957. — Rathje, W.: Angew. Chem. **51**, 256 (1938).

Schwicker, A.: Ztschr. f. anal. Ch. **110**, 161 (1937). — Simmich, H.: Angew. Chem. **48**, 566 (1935). — Stamm, H.: Angew. Chem. **47**, 791 (1934).

Travers, A. u. Chu: Helv. chim. Acta **16**, 913 (1933).

Wellings, A. W.: Analyst **60**, 316 (1935); siehe Chem. Zentralblatt **1935 II**, 2706. — Wengerowa, W. J., J. B. Brutzkuss u. E. W. Palmer: Betriebs-Lab. (russ.) **3**, 1105 (1934); nach Chem. Zentralblatt **1935 II**, 2992. — Wolf, L. u. W. Jung: (1) Ztschr. f. anorg. u. allg. Ch. **201**, 337 (1931). — (2) Ztschr. f. anorg. u. allg. Ch. **201**, 347, 353 (1931).

Zinzadze, S. R.: Ztschr. f. Pflanzenern. A **16**, 129 (1930).

Die Handelsdüngemittel.

Von

Dozent Dr. **L. Schmitt**, Darmstadt.

In den letzten Jahren ist man dem Beispiel des Altmeisters der Agrikulturchemie Paul Wagner folgend, immer mehr dazu übergegangen, nicht mehr von „künstlichen Düngemitteln" zu sprechen, sondern — im Gegensatz zu den wirtschaftseigenen Düngemitteln — von Handelsdüngemitteln. Mit dieser Bezeichnung wird auch den tatsächlichen Verhältnissen eher Rechnung getragen.

I. Probenahme.

1. Allgemeine Vorschriften (III, 596). Die im Hauptwerk angeführten allgemeinen Probenahmevorschriften sind für Stickstoffdüngemittel nach dem zwischen dem Reichsnährstand und dem Stickstoffsyndikat geschlossenen Abkommen nicht mehr gültig. Mit Wirkung vom 1. Juli 1937 werden die Nachuntersuchungen dieser Düngemittel nach folgenden Bestimmungen durchgeführt:

a) Es werden 10% der in vollen Wagenladungen mit mindestens 15 Tonnen Verladegewicht gelieferten Stickstoffdüngemittel auf ihren Nährstoffgehalt durch die dem Verband Deutscher Landwirtschaftlicher Untersuchungsanstalten[1] angeschlossenen Versuchsstationen nachgeprüft. Dies geschieht an Hand einer der aus diesen Sendungen vor Abgang vom Werk gezogenen Proben.

b) Die Auswahl der zur Untersuchung gelangenden Wagenladungen geschieht durch einen Vertrauensmann des Reichsnährstandes auf Grund der nach Werken und Produkten getrennten Verladeaufzeichnungen in Abständen von 8—14 Tagen.

c) Die Werke werden von dem Stickstoffsyndikat veranlaßt, von jeder durch den Vertrauensmann zur Nachuntersuchung ausgewählten Sendung eine der bei der Verladung entnommenen Durchschnittsproben an die Untersuchungsstation zu senden. Mit der Nachuntersuchung wird im allgemeinen diejenige Versuchsstation beauftragt, in deren Dienstbereich der Empfänger der Ware wohnt.

d) Die Nachuntersuchung hat auf Grund der vom V.D.L.U. ausgegebenen Vorschriften unter Verwendung von Standardmustern chemisch reiner Ammoniak- und Stickstoffsalze, sowie chemisch reinen Harnstoffs zu geschehen. Nach der Analyse sind die Proben wieder luftdicht zu verschließen (eingeschliffener Glasstopfen, Siegellack oder Paraffin). Die Nachuntersuchung hat sich auf diejenigen Nährstoffe zu erstrecken, welche auf Grund der jeweils geltenden Verkaufs- und Lieferungsbedingungen des Stickstoffsyndikats der Schiedsuntersuchung unterliegen. Zu schiedsrichterlichen Entscheidungen über etwa von der betreffenden Versuchsstation gefundene Mindergehalte ist eine Oberprüfstelle geschaffen, die aus dem jeweiligen Vorsitzenden der Fachgruppe „Düngemitteluntersuchungen" im V.D.L.U. und einem von dem Stickstoffsyndikat zu bestimmenden Herrn eines seiner Werke besteht.

Findet eine der Versuchsstationen Mindergehalte, so hat sie den Rest der von ihr untersuchten Probe sorgfältig und luftdicht verschlossen und mit Petschaft versiegelt an die Oberprüfstelle zu Händen des jeweiligen Fachgruppenvorsitzenden der Oberprüfstelle einzusenden. Das Stickstoffsyndikat veranlaßt das Lieferwerk, daß es seinerseits der Oberprüfstelle, zu Händen des Syndikatsvertreters, den Rest seiner Analysierprobe zuleitet. Jedes Mitglied der Oberprüfstelle untersucht die ihm zugeleitete Probe und tauscht das Ergebnis der Untersuchung mit dem anderen Mitglied aus. Stimmen die Ergebnisse innerhalb der Fehlergrenze mit dem berechneten Gehalt überein, so ist das Verfahren erledigt. Im Falle der Nichtübereinstimmung mit dem berechneten Gehalt erfolgt eine gemeinsame Untersuchung einer weiteren Werksprobe durch die beiden Mitglieder der Oberprüfstelle. Die Befundzahlen aus dieser Untersuchung sind endgültig und werden gemeinsam anerkannt. Ergibt die Analyse der Oberprüfstelle vergütungspflichtigen Mindergehalt, so werden dem Besteller der Ware die ermittelten Gehaltszahlen von dem Verbandsmitglied der Oberprüfstelle bekanntgegeben. Die Gutschrift für den Mindergehalt erhält sodann der Besteller durch das Stickstoffsyndikat. Dieses Verfahren schließt somit die „Empfängerprobe" für Mindergehaltsansprüche aus.

[1] Nachfolgend mit V.D.L.U. bezeichnet.

Ein zwischen dem Reichsnährstand und der Dünge-Kalk-Hauptgemeinschaft, Berlin am 28. Juli 1938 abgeschlossenes Düngekalkabkommen regelt in ähnlicher Weise die Probenahme und Nachuntersuchung der Kalkdüngemittel. In diesem Abkommen wird hierüber folgendes gesagt:

2. Die Probenahme wird von dem zur Probenahme aufgeforderten Empfänger des Kalkes nach den vom V.D.L.U. festgelegten Probenahmevorschriften vorgenommen. Von jeder Wagenladung sind zwei Proben zu entnehmen. Die eine Probe wird von dem Empfänger unter gleichzeitiger Angabe seines Namens, der Kalkart, der Gehaltsgarantie, des Lieferwerkes und der Wagennummer der zuständigen Landwirtschaftlichen Untersuchungsanstalt innerhalb von 10 Tagen zugestellt. Die Proben sind im Anlieferungszustand, also ohne vorhergehende Trocknung, zu untersuchen.

Die zweite Probe wird von dem Empfänger 3 Monate aufbewahrt und auf Anforderung des Einsprucherhebenden einer zweiten, an der ersten Untersuchung nicht beteiligten Untersuchungsanstalt zur Untersuchung gesandt. Das Ergebnis dieser Untersuchung ist maßgebend.

Die Probenahme bei gemahlenen Kalkdüngern geschieht bei loser Verladung in der Weise, daß an mindestens 25 Stellen der Wagenladung nach Entfernung der obersten Kalkschicht von 20 cm mittels eines üblichen Probestechers Einzelproben entnommen und diese zu einer Durchschnittsprobe vereinigt werden. Bei Versand in Säcken sind aus mindestens 10% der Säcke mit dem Probestecher Einzelproben aus der Mitte der Säcke zu entnehmen und zu einer Durchschnittsprobe zu vereinigen. Die Durchschnittsproben sind sodann in vollständig trockene Probegläser (von mindestens 250 g Inhalt) zu füllen und zu versiegeln.

Die Probenahme hat unmittelbar nach dem Eintreffen des Wagens an dem Empfangsort im Beisein eines unparteiischen Zeugen zu erfolgen. Nachträgliche Probenahmen auf dem Hof oder gar auf dem Acker sind nicht statthaft. Über die einwandfreie Entnahme der Proben muß der Untersuchungsanstalt mit der zu untersuchenden Kalkprobe eine Probenahmebescheinigung eingereicht werden, die von dem Probenehmer und dem unparteiischen Zeugen unterschrieben sein muß. Falls die Ware während des Versandes oder zur Zeit der Probenahme durch das Wetter (Regen) offensichtlich beeinflußt wurde, so ist dies im Probenahmezeugnis zu vermerken.

An Stelle der Empfängerprobe steht es dem Reichsnährstand bzw. der von ihm beauftragten Landwirtschaftlichen Untersuchungsanstalt im Rahmen des Abkommens frei, im Einvernehmen mit den Liefergemeinschaften Werkproben mit einzelnen Kalkwerken zu vereinbaren.

3. Kontrolle. Sämtliche Kalklieferungen der Liefergemeinschaften unterliegen einer ständigen Kontrolle durch die Landesbauernschaften bzw. durch die von ihr beauftragten Untersuchungsanstalten. Die Bestimmung des Umfanges und die Art der Laboratoriumsuntersuchungen bleibt den vom Reichsnährstand mit der Durchführung der Kontrolle beauftragten Landwirtschaftlichen Untersuchungsanstalten überlassen. Es soll jedoch auf je 150 t kohlensauren Kalk, 75 t

Brannt- und Löschkalk und 100 t Mischkalk, die von einer Liefergemeinschaft zum Versand gelangen, eine Untersuchung vorgenommen werden.

Das Düngekalkabkommen schließt also ebenfalls die sog. „Empfängerprobe" aus. Es gewährleistet eine umfassendere Kontrolle der Düngekalklieferungen und bietet somit dem Käufer bessere Gewähr für hochwertige Ware.

4. Mechanische Vorbereitung der Proben (III, 598). Da die Einzelsalze, aus denen die Kalidüngemittel bestehen, häufig von verschiedener Korngröße und Beschaffenheit sind, sollen die Kalisalzproben eine so feine Mahlung besitzen, daß 90% durch ein Sieb mit 0,5 mm Maschenweite gehen.

II. Untersuchungsvorschriften.

1. Organischer Stickstoff bei Abwesenheit von Salpeter (III, 601). Die Erfahrung hat gezeigt, daß eiserne Destillationskolben nach einiger Zeit zu Fehlerquellen bei der Stickstoffbestimmung führen können. Man benutzt daher heute fast ausschließlich Destillationskolben aus Jenaer Glas. Auch wird die Destillation nunmehr meistens mit Kühlung der Säurevorlage durchgeführt.

2. Organischer Stickstoff bei Anwesenheit von Salpeter (III, 602). Der übliche Kjeldahl-Aufschluß versagt bei dem salpeterhaltigen Perl-Kalkstickstoff. Es wird der Salpeterstickstoff nicht miterfaßt, und weitere Verluste durch Übergang in elementaren Stickstoff entstehen durch Wechselwirkung intermediär auftretenden Nitrits mit dem Cyanamid. Auch durch Zusatz von Phenol, Salicylsäure und analoger Substanzen erhält man nur bedingt zuverlässige Werte.

Folgende Methode liefert dagegen richtige Werte:

In einem Jenaer Aufschlußkolben digeriert man 1 g Substanz mit 50 cm³ Zinnchlorürlösung und 1 g Kupferspänen etwa 30 Minuten lang. Nach langsamer Zugabe von 25 cm³ konzentrierter Schwefelsäure ($s = 1{,}84$) wird bis zur vollständigen Entfernung der Salzsäure auf kleiner Flamme sehr vorsichtig erhitzt. Dabei darf kein Anbacken der Substanz erfolgen. Schließlich wird noch 1 Stunde lang bei voller Heizkraft aufgeschlossen und wie oben geschildert weiter verfahren.

Anmerkung. Zur Herstellung der Zinnchlorürlösung werden 60 g Zinnchlorür (kristallisiert) und 200 cm³ konzentrierte Salzsäure ($s = 1{,}19$) zum Liter gelöst. Die Lösung muß vollkommen klar sein und ist zur Erhaltung ihrer Reduktionskraft verschlossen aufzubewahren.

Soll im Perl-Kalkstickstoff der Salpeter-Stickstoff neben Cyanamid-Stickstoff bestimmt werden, dann führt folgende Methode nach Busch mit Nitron zum Ziel:

Im 250-cm³-Meßkolben werden 2,5 g Substanz mit Wasser einige Male durchgeschüttelt, aufgefüllt und filtriert. Von dem Filtrat werden 50 cm³ mit 15 Tropfen Schwefelsäure (1:3) und 50 cm³ Wasser zum Sieden erhitzt und mit 10—12 cm³ Nitronacetat versetzt. Nach 2stündigem Stehen unter Eiskühlung filtriert man durch einen Goochtiegel, spült mit dem Filtrat die Reste des Niederschlags auf das Filter und wäscht mit 10—12 cm³ Eiswasser nach. Der Niederschlag wird bei 110° bis zur Gewichtskonstanz getrocknet (g Niederschlag · 0,03734 = g Nitrat-N).

Anmerkung. Zur Herstellung von Nitronacetat werden 10 g Nitron, pro analysi Merck, in 100 cm³ 5%iger Essigsäure gelöst.

3. Ammoniakstickstoff (III, 603). In vielen Industrielaboratorien wird heute zur Bestimmung des Ammoniakstickstoffs die Formaldehydmethode benutzt. Diese Methode beruht darauf, daß das aus einer wäßrigen neutralen Lösung eines Ammoniumsalzes durch Alkali freigemachte Ammoniak an Formaldehyd, der im Überschuß ist, gebunden wird. Da das nach untenstehender Gleichung gebildete Hexamethylentetramin nicht auf Phenolphthalein einwirkt, wird die Lösung erst dann gerötet, wenn dem Ammoniak äquivalente Mengen Alkali zugegeben werden:

$$2\,(NH_4)_2SO_4 + 6\,HCHO = N_4(CH_2)_6 + 2\,H_2SO_4 + 6\,H_2O$$
$$H_2SO_4 + 2\,NaOH = Na_2SO_4 + 2\,H_2O.$$

Es werden 10 g Ammoniaksalz im 1-l-Maßkolben in Wasser gelöst und zur Marke aufgefüllt. Von der Lösung, die gegebenenfalls zu neutralisieren ist, werden 25—50 cm³ mit 5—10 cm³ Formaldehydlösung versetzt und mit $^1/_4$ n-Natronlauge unter Verwendung von Phenolphthalein titriert.

Anmerkung. Die Acidität des verwendeten Formalins und der Ammonsalzlösung ist zu ermitteln. Kaliammonsalpeter und Ammonsulfatsalpeter reagieren vielfach schwach alkalisch. Die Alkalität muß in Rechnung gestellt werden. Man titriert am besten 25 cm³ der Lösung mit $^1/_2$ n-Schwefelsäure und Methylorange als Indicator.

Bei Ammoniak-Superphosphat sind wegen der Schwierigkeit der Erkennung des Neutralpunktes der Lösung die Ergebnisse nicht so sicher wie bei Abwesenheit von Phosphorsäure.

4. Nitratstickstoff. a) Methode Arnd (III, 604). Außer der Arndschen Kupfer-Magnesiumlegierung kann man nach Arnd und Segeberg auch verkupferten Zinkstaub nehmen. Die Genannten geben für dessen Herstellung folgende Vorschrift an:

2,5 g Kupferchlorid ($CuCl_2 \cdot 2\,H_2O$) werden in 200 cm³ Wasser gelöst und unter starkem Umschütteln mit 100 g Zinkstaub versetzt. Dann wird sofort durch eine Porzellannutsche abfiltriert, zunächst mit wenig Wasser und daraufhin 2—3mal mit Aceton ausgewaschen. Nach dem Absaugen wird der Kupfer-Zinkstaub zum Trocknen flach ausgebreitet. Es ist sehr wichtig, daß der Zinkstaub unter kräftigem Umschütteln in die Kupferlösung gegeben wird, damit eine gleichmäßige Verkupferung erfolgen kann. Geschieht dies nicht, dann ist das Präparat unbrauchbar.

Bei der Benutzung von Kupfer-Zinkstaub ist bei der Destillation genau so zu verfahren wie bei der mit Arndscher Legierung. Nur muß in das Destillationsgemisch 1 g MgO gegeben werden. Wegen der bei der Herstellung des Kupfer-Zinkstaubes möglichen Erhitzung sind stets Kontrollbestimmungen mit reinen Salzen erforderlich.

5. Phosphorsäurebestimmung (III, 606). Die Bestimmung der citronensäurelöslichen Phosphorsäure kommt seit einigen Jahren nicht mehr allein für Thomasmehle in Frage. Es hat sich nämlich auf Grund ausgedehnter Vegetationsversuche ergeben, daß die Phosphorsäure des Kalkammonphosphats (Kamp-Dünger) und des Röchling-Phosphats von den Pflanzen in einem Ausmaß aufgenommen wird, wie sie etwa der Löslichkeit in 2%iger Citronensäure entspricht. Das Kalkammonphosphat der Chemischen Fabrik Kalk, Köln entsteht durch Ammonisierung von Superphosphat, wobei die wasserlösliche Phosphorsäure sich in die citronensäurelösliche Form umwandelt. Das Röchling-Phosphat wird durch Schmelzen von Mineralphosphat mit Sodaschlacke hergestellt, die als Abfallschlacke bei der Verhüttung eisenarmer Erze anfällt. Als Endprodukt ergibt sich ein Dünger, der in der Farbe heller ist als Thomasmehl und einen hohen Feinheitsgrad, gute Streufähigkeit und Lagerfähigkeit aufweist. Etwa 98% der Gesamtphosphorsäure sind citronensäurelöslich.

6. Auflösung der Substanz für die Phosphorsäurebestimmung (III, 606).

a) Wasserlösliche Phosphorsäure. Für die Bestimmung der wasserlöslichen Phosphorsäure im Nitrophoska I. G. und Stickstoffkalkphosphat gilt folgende Vorschrift:

10 g der analysenfein zerriebenen Probe werden in einen 500-cm³-Stohmann-Meßkolben gebracht und mit 400 cm³ Wasser übergossen. Der Kolben wird 30 Minuten lang im Rotierapparat bei 30—40 Umdrehungen in der Minute geschüttelt. Alsdann wird zur Marke aufgefüllt, gut durchmischt und filtriert. 250 cm³ dieser Lösung werden in einen 500-cm³-Meßkolben gebracht und der Kolben abermals zur Marke aufgefüllt. Von dieser Lösung entnimmt man mittels Pipette 10 cm³ (= 0,10 g Einwaage) und fügt 40 cm³ schwefelsäurehaltige Salpetersäure (s. S. 610, b) hinzu. Die 50 cm³ betragende Flüssigkeit wird sodann nach der Methode von v. Lorenz weiterbehandelt (Industrievorschrift).

b) Ammoncitratlösliche Phosphorsäure (III, 607). *Herstellung der Lösung von Nitrophoska, Stickstoffkalkphosphat und Dicalciumphosphat.* 1,0 g Substanz werden mit 100 cm³ Petermannscher Citratlösung in einer Reibschale zerrieben und in einen 250-cm³-Kolben gespült. Für das Zerreiben und Überspülen dürfen nicht mehr als 100 cm³ Citratlösung verwendet werden. Nun wird 3 Stunden lang im Rotierapparat geschüttelt und alsdann noch 1 Stunde im Wasserbad bei 40° C digeriert. Nach dem Erkalten füllt man zur Marke auf und filtriert. Sodann werden 25 cm³ dieser Lösung (= 0,1 g Einwaage) mit 25 cm³ schwefelsäurehaltiger Salpetersäure gemischt und die Phosphorsäure nach von v. Lorenz ausgefällt (Industrievorschrift).

c) Citronensäurelösliche Phosphorsäure (III, 607).

α) *Herstellung des citronensauren Auszugs von Kalkammonphosphat (Kampdünger).* Die eingehende Probe wird zunächst durch ein Sieb mit 2 mm Lochweite gebracht. Eine Durchschnittsprobe davon wird sodann so fein verrieben, daß sie durch das Thomasmehlfeinmehlsieb geht. Von dieser feinen Probe werden 5,0 g mit 500 cm³ 2%iger Citronensäurelösung — wie Thomasmehl — $^1/_2$ Stunde im Rotierapparat geschüttelt. Danach wird filtriert und vom Filtrat ein aliquoter Teil nach der Methode von v. Lorenz weiterbehandelt (Verbandsmethode).

Anmerkung. Wegen der Verreibung der Analysenprobe durch das Thomasmehlfeinmehlsieb sei bemerkt, daß hierin keine Bevorzugung des Kalkammonphosphats vor anderen Düngemitteln liegen soll. Das Thomasmehl selbst geht ja zu mehr als 90% durch das Feinmehlsieb. Vom Kalkammonphosphat sind mehr als 40% wasserlöslich, und wenn man die Proben, nachdem sie das 2-mm-Sieb passiert haben, ohne sie weiter zu zerkleinern, länger als $^1/_2$ Stunde mit Citronensäure schüttelt, so erhält man ständig steigende Werte, während der Maximalwert erreicht wird bei Verwendung einer vorher durch das Feinmehlsieb gebrachten Probe.

β) Herstellung des citronensauren Auszugs von Röchling-Phosphat. In eine trockene Stohmannsche Halbliterflasche werden zunächst einige Kubikzentimeter 2%ige Citronensäurelösung eingegossen und anschließend die abgewogene Probe von 5,0 g Röchling-Phosphat zugesetzt. Durch Umschwenken muß dafür gesorgt werden, daß keine Klumpenbildung eintritt. Sodann wird bis zur 500-cm³-Marke aufgefüllt und genau $^1/_2$ Stunde auf der Rotationsmaschine, die in der Minute 30—40 Umdrehungen macht, ausgeschüttelt. Anschließend wird sofort durch ein trockenes Faltenfilter in ein trockenes Glas filtriert. Von der erhaltenen Lösung werden 10 cm³ (= 0,1 g Substanz) nach der Methode von v. Lorenz weiter untersucht (vorläufige Verbandsmethode).

d) Gesamtphosphorsäure (III, 608). Die Gesamtphosphorsäure im Röchling-Phosphat wird nach folgender vorläufigen Verbandsmethode ermittelt:

Man feuchtet in einem 500-cm³-Kolben 5 g Substanz mit etwa 25 cm³ Wasser an, übergießt mit 65 cm³ Salpetersäure ($s = 1{,}40$) und 35 cm³ Schwefelsäure ($s = 1{,}84$) und läßt unter wiederholtem Umschwenken 3 Stunden lang auf dem siedenden Wasserbade stehen. Sodann kocht man 15 Minuten, kühlt ab, füllt mit Wasser zur Marke auf und filtriert. Alsdann werden 15 cm³ Filtrat (= 0,15 g Substanz) mit 35 cm³ Salpetersäure ($s = 1{,}20$) versetzt und die Phosphorsäure ohne Zusatz von salpetersäurehaltiger Schwefelsäure nach von v. Lorenz gefällt.

In Anwesenheit von größeren Mengen organischer Substanz wie z. B. in den Handelshumusdüngern ist das Veraschen unter Calciumcarbonatzusatz sehr vorteilhaft. Hierfür wird von W. Lepper folgende Arbeitsweise empfohlen:

5 g Substanz werden mit etwa 2 g Calciumcarbonat, reinst, gefällt, gemischt und verascht; geringe Mengen Kohle stören nicht. Man spült die Asche bei phosphorsäurereichem Material (0,5% P_2O_5 und mehr) mit wenig Wasser in eine 500-cm³-Flasche, spült die Aschenschale mit Salpetersäure aus, löst die Asche ohne Erhitzen durch Umschwenken mit Salpetersäure (etwa 20—25 cm³), füllt mit Wasser zur Marke auf und fällt nach Zusatz von 35 cm³ schwefelsäurehaltiger Salpetersäure in 15 cm³ Filtrat (= 0,15 g Substanz) die Phosphorsäure nach von v. Lorenz. Bei phosphorsäurearmem Material (unter 0,5% P_2O_5) wird die Asche in gleicher Weise in ein 250-cm³-Kölbchen gespült. Man löst dieselbe in Salpetersäure und füllt mit schwefelsäurehaltiger Salpetersäure auf. In 50 cm³ Filtrat (= 1 g Substanz) wird sodann die Phosphor-

säure ohne weiteren Zusatz von schwefelsäurehaltiger Salpetersäure nach von v. Lorenz gefällt.

Die Aufarbeitung der Molybdänrückstände. Die Molybdänrückstände sind zur Aufarbeitung zu sammeln, und zwar die aus den Tiegeln herausgepinselten Niederschläge und die Filtrate mit den Waschflüssigkeiten.

Nach Neubauer und Wolferts werden von diesen letzteren 3 l in einer Schale auf etwa 50° erwärmt und zur Abstumpfung der freien Säure mit 600 cm³ Ammoniakflüssigkeit vom spezifischen Gewicht 0,91 versetzt. Die Flüssigkeit muß zwar schwach, aber noch sehr deutlich sauer sein. Zu der durch die Reaktionswärme nun auf 80° erhitzten Lösung setzt man 250 cm³ einer kalt gesättigten Natriumphosphatlösung und rührt gründlich durch. Auf diese Weise wird fast alles Molybdän gefällt. Nachdem man sich überzeugt hat, daß durch weitere Zugabe von Natriumphosphat oder Ammoniak die Ausscheidung nicht vermehrt werden kann, wird der Niederschlag abgesaugt, etwas mit Wasser ausgewaschen und getrocknet. Mit ihm werden auch die aus den Tiegeln stammenden Niederschläge vereinigt.

4 kg des trockenen gelben Pulvers werden in einem wenigstens 12 l fassenden weithalsigen Standgefäß mit Wasser bis auf etwa 6 l angeschlämmt und durch Zugabe von 4 l Ammoniakflüssigkeit vom spezifischen Gewicht 0,91 gelöst. Man fällt nun die Phosphorsäure durch Zugabe einer Lösung von 500 g kristallisiertem Magnesiumnitrat, rührt gut durch und läßt mehrere Stunden stehen. Das Volumen muß wenigstens 11 l betragen, da sonst bei der Abkühlung Ammonmolybdat auskristallisiert.

Man überzeugt sich, daß alle Phosphorsäure gefällt ist, dekantiert, saugt den Niederschlag ab, wäscht ihn mit etwa 2%iger Ammoniakflüssigkeit aus und dampft das Filtrat in Porzellanschalen ein. Dabei scheidet sich rohes Ammonmolybdat als kristallinisches Pulver ab. Es wird mit einem Schaumlöffel in dem Maße, in dem es sich bildet, herausgeschöpft. Man muß genügend Ammoniak zusetzen, um die auf dieser Stufe der Aufarbeitung leicht eintretende Ausscheidung der die Gewinnung eines reinen Salzes erschwerenden Molybdänsäure zu verhüten. Man setzt dieses langsame Abdampfen und Ausschöpfen fort, bis nur noch ein Rest von $^1/_2$—$^3/_4$ l bleibt, in dem das überschüssige Magnesiumnitrat so angereichert ist, daß es beim Erkalten neben einem großen Teil des Ammonmolybdats auskristallisiert. Man bringt das Magnesiumsalz mit wenig Wasser wieder in Lösung und filtriert von dem Molybdatkristallbrei ab. Diesen setzt man dem ausgeschöpften rohen Ammonmolybdat zu, und die magnesiumreiche Lösung gibt man zur künftigen Aufarbeitung zu den sauren Filtraten der inzwischen wieder ausgeführten Phosphorsäurebestimmungen.

Im weiteren Verlauf der Aufarbeitung ergeben sich mehrmals Ausscheidungen von Molybdänsäure, unreinem Ammonmolybdat und Flüssigkeitsreste. Alle diese Rückstände werden aufbewahrt, um bei der nächsten Aufarbeitung der ebengenannten zur Gewinnung des rohen Molybdats dienenden Lösung zugesetzt zu werden, die festen Ausscheidungen immer nach Auflösung in heißem verdünnten Ammoniak. In diesem Sinne ist es zu verstehen, wenn später von der „Entfernung“ dieser Rückstände gesprochen wird. Man hat bei dieser Verwertung aller Rückstände keine Anreicherung an fremden Stoffen zu befürchten, da sie sämtlich im Filtrat des gelben Niederschlages entfernt worden sind.

Das ausgesonderte rohe Ammonmolybdat, das getrocknet etwa 94% des Gewichtes des gelben Niederschlages haben würde, wird gut abgesaugt, mit etwas Wasser verrieben und wieder abgesaugt. Es ist dann nahezu magnesiumfrei.

Dieses Rohsalz wird nun 2mal umkristallisiert, das erstemal sofort im noch feuchten Zustande. Dabei kann man das erstemal ein wenig Ammoniak zusetzen, wenn die Flüssigkeit Neigung zur Abscheidung größerer Mengen von Molybdänsäure haben sollte. Beim zweiten Umkristallisieren darf kein Ammoniak zugesetzt werden. Man verfährt wie folgt: Ein 2 l fassender Porzellantopf wird mit kochendem Wasser halb gefüllt. In das fast auf dem Siedepunkt erhaltene Wasser wird das rohe Molybdat allmählich bis zur Sättigung eingetragen. Der Topf wird dabei etwa $^3/_4$ voll. Die sich oft ausscheidende mäßige Menge Molybdänsäure läßt man etwas absitzen. Man filtriert dann in eine flache Porzellanschale und läßt erkalten. Man erhält dabei eine Kristallkruste. Die Mutterlauge wird eingeengt, die während des Erhitzens auftretenden Ausscheidungen werden entfernt, und die Flüssigkeit wieder heiß filtriert. Die beim Erkalten gewonnene Kristallkruste wird der ersten Kristallisation hinzugefügt. Dieses Einengen, Filtrieren und Kristallisierenlassen wird mehrmals wiederholt, bis die Ausbeute zu klein wird. Der schließlich verbleibende Rest der Flüssigkeit wird entfernt. Die gesammelten Kristallkrusten werden mehrere Tage in flacher Schicht an der freien Luft liegengelassen, damit sich beim Trocknen das noch anhaftende überschüssige Ammoniak verflüchtigt. Dann werden die Kristallkrusten gepulvert, damit sie sich leicht lösen und noch ein zweites Mal ohne Zugabe von Ammoniak umkristallisiert. Die Flüssigkeit ist jetzt nicht mehr ammoniakalisch, sondern zeigt schwach saure Reaktion, die zur Gewinnung des für die Herstellung des Molybdänreagens allein geeigneten sauren Ammoniummolybdats notwendig ist. Die Mutterlaugen können jetzt immer wieder bis auf einen kleinen Rest eingeengt werden, geben aber brauchbare Kristallisationen. Molybdänsäure scheidet sich nicht mehr aus.

Die harten Kristallkrusten entfernt man aus den Kristallisierschalen und läßt sie auf nicht faserndem Fließpapier an einem vor Staub geschützten Ort trocknen. Sie sind zur Herstellung des Molybdänreagens geeignet.

7. Die Kaliumbestimmung in verschiedenen Düngemitteln (III/614, s. Erg.-Bd. II/369). a) In Kalidüngesalzen. Zur Auflösung der zu prüfenden Kalisalze werden 10 g der durch das 0,5-mm-Rundlochsieb gebrachten Probe in einen 500-cm³-Kochkolben mit 3—400 cm³ Wasser unter Zusatz von etwas verdünnter Salzsäure gekocht, was etwa 15 Minuten in Anspruch nimmt. In der kochenden Lösung erfolgt die Ausfällung der Sulfate durch langsame Zugabe von heißer Bariumchloridlösung (25%ig). Die Menge dieser Lösung richtet sich nach dem Gehalt der verschiedenen Kalisalze an Sulfaten. Es sind bei Kalirohsalzen 30—40 cm³, bei 40er Kalidüngesalz 10—20 cm³ und bei schwefelsaurer Kalimagnesia (Patentkali) größere Mengen erforderlich. Liegen sulfatreiche Salze vor, dann muß das Aufkochen gründlich geschehen, weil der Niederschlag von Bariumsulfat leicht Kalisalz einschließt. Deshalb darf auch die Wassermenge im Kolben nicht zu gering sein.

Nach dem Absitzen des Niederschlages prüft man durch einige Tropfen Bariumchlorid, ob alle Sulfate ausgefällt sind. Auch ist es zweckmäßig, sodann durch Zusatz 1 Tropfens verdünnter Schwefelsäure festzustellen, ob ein Überschuß von Bariumchlorid in der Lösung vorhanden ist. Jedoch soll dieser Überschuß nur gering sein. Sind noch nicht alle Sulfate gefällt, dann ist weiterhin Bariumchlorid zuzusetzen, und die Flüssigkeit nochmals aufzukochen. Ist die Fällung restlos ausgeführt, wird abgekühlt, aufgefüllt, sehr gut durchgeschüttelt und filtriert. Ein aliquoter Teil des Filtrates wird sodann zur weiteren Bestimmung des Kalis angewendet.

Anmerkung. Die Verbandsmethode sieht eigentlich nur ein Kochen mit Wasser vor. Jedoch dient ein geringer Zusatz von Salzsäure dazu, das sonst leicht erfolgende Überkochen zu verhüten. Auch fällt das Bariumsulfat in schwach salzsaurer Lösung grobkörnig aus.

Auf schwerlösliche Teilchen von Anhydrid braucht keine Rücksicht genommen zu werden.

Der Zusatz von Chlorbarium muß so langsam erfolgen, daß die Lösung nicht aus dem Kochen kommt. Man benutzt mit Vorteil zylindrische Glastrichter mit feiner Ausflußöffnung. In diese Trichter kann die erforderliche Bariumchloridlösung auf einmal gegeben werden.

Bei Kalimagnesia oder schwefelsaurem Kali löst man besser 10 g Salz, füllt auf 100 cm³ auf, filtriert, fällt in 50 cm³ die Sulfate mit rund

10 cm³ Bariumchloridlösung, füllt auf 200 cm³ auf und nimmt zur Kalibestimmung 10 cm³ des Filtrats (= 0,5 g Substanz).

b) In Nitrophoska. 5 g der durch das 1-mm-Sieb gebrachten Substanz werden mit 350 cm³ Wasser in einem 500er Kolben 15 Minuten lang gekocht. Die Schwefelsäure wird unter fortwährendem Kochen mit einer 10%igen Bariumchloridlösung ausgefällt. Nach dem Abkühlen und Auffüllen werden 50 cm³ des Filtrats (= 0,5 g Substanz) mit 5 cm³ Salpetersäure ($s = 1{,}4$) in einer Kalischale eingedampft. Die Ammoniumsalze werden durch Abrauchen verjagt und die Kalibestimmung wird nach Zusatz von verdünnter Salzsäure und 15 cm³ 20%iger Überchlorsäure wie üblich zu Ende geführt. Es ist darauf besonders zu achten, daß nicht zu stark eingedampft wird, da sonst die Ergebnisse zu hoch ausfallen (vorläufige Verbandsmethode).

c) Im Kalisuperphosphat und Kaliammoniaksuperphosphat. 20 g Substanz werden 2mal mit etwa 150 cm³ Wasser ausgekocht. Die Lösung wird sodann in 1-l-Kolben übergespült und aufgefüllt. 200 cm³ Filtrat werden in einen 400-cm³-Kolben in der Siedehitze mit Bariumchlorid gefällt. Man fügt sodann Barytwasser bis zur alkalischen Reaktion (Phenolphthalein) hinzu, kühlt ab, füllt auf 400 cm³ auf, schüttelt und fällt 200 cm³ des Filtrats kochend mit Ammoncarbonat. Nach Auffüllen auf 400 cm³ wird filtriert und 200 cm³ (= 1 g Substanz) werden sodann in einer Platinschale eingedampft, bei 130—150° C getrocknet und bis zur völligen Verflüchtigung der Ammonsalze schwach geglüht. Man nimmt mit heißem Wasser auf, filtriert und wäscht aus.

Wenn größere Mengen von Phosphorsäure und Schwefelsäure in den Mischdüngern vorhanden sind, dann besteht die Gefahr, daß der Barytniederschlag Kali einschließt. Um bei der Bestimmung des Kalis hierdurch bedingte Differenzen zu umgehen, hat die Deutsche Superphosphatindustrie ihre Verkaufsbedingungen dahin erweitert, daß bei der 2. und 3. Untersuchung von Am-Sup-Ka-Proben zur endgültigen Gehaltsermittlung die Bestimmung des Kalis entweder nach der Platin-Chloridmethode von Finkener-Neubauer (III, 615) oder nach der Kobaltnitritmethode zu erfolgen hat. Die Kobaltnitritmethode ist folgendermaßen auszuführen:

10 g Mischdünger werden im 500-cm³-Kolben mit 300 cm³ Wasser unter Zusatz von 10 cm³ Salzsäure (konzentriert) 15 Minuten lang gekocht. Nach dem Erkalten wird zur Marke aufgefüllt und filtriert. Vom Filtrat werden 50 cm³ (= 1 g Substanz) im Becherglas mit Kobaltreagens im Überschuß (25 cm³) versetzt. Man rührt 30 Minuten lang aus und filtriert sofort.

Das Filtrieren des gelben Kaliumammoniumnatrium-Kobaltnitrits geschieht durch den Jenaer Glasfiltertiegel mit Ansatzrohr 3 G 4 p. Zuerst wird die über dem Niederschlag stehende Flüssigkeit, die noch tief rot gefärbt sein muß, durch den Tiegel abgegossen. Sodann wird der Niederschlag durch 5maliges Dekantieren mit 10%iger Essigsäure ausgewaschen. Die in dem Tiegel befindliche geringe Menge des Niederschlags wird nach nochmals 2maliger Auswaschung mit Essigsäure mit kalter Salzsäure in das Becherglas zurückgespritzt. Der Tiegel wird sodann auf einen kleinen Saugkolben aufgesetzt. Die noch vorhandenen geringen Niederschlagsreste löst man durch mehrmaliges Aufgießen von etwa 90° C heißer Salzsäure. Ein Nachspülen mit Wasser darf nicht erfolgen, da die Konzentration der Salzsäure bestehen bleiben soll. Die Flüssigkeit im Saugkolben gießt man in das den Niederschlag enthaltende Becherglas. Man spült den Kolben mit kalter Salzsäure nach, zuletzt wird die Innenwand des Becherglases von oben nach unten mit der Salzsäure abgespritzt. Die Gesamtmenge der Salzsäure kann 70 bis 100 cm³ betragen.

Das Auflösen und Zersetzen des Niederschlages geschieht durch Einstellen des mit einem Uhrglas bedeckten Becherglases in ein mit kleiner Flamme auf 45—50° konstant zu haltendes Wasserbad. Man beläßt im Wasserbad unter gelegentlichem Umschwenken bis vollständige Auflösung erfolgt. Je nach der Niederschlagsmenge sind dazu 1—3 Stunden erforderlich. Man läßt alsdann die Flüssigkeit etwa 15 Minuten schwach sieden und spült sie danach in eine Kalischale über. Nach Zusatz von Überschlorsäure wird eingedampft und wie üblich weiter verfahren.

Notwendige Reagenzien. 1. Kobaltreagens. Zu seiner Herstellung fügt man zu einer Lösung von 220 g Natriumnitrit in 500 cm³ Wasser allmählich eine Lösung von 132 g Kobaltnitrat in 200 cm³ Wasser und 200 cm³ Eisessig. Zur Entfernung des Stickstoffperoxyds saugt man sodann 1 Stunde Luft durch die Flüssigkeit. Man läßt mindestens 1 Tag lang stehen, füllt auf 1 l auf und filtriert von etwa ausgefallenen kleinen Mengen Kaliumnatrium-Kobaltnitrit ab. Das Reagens ist in einem kühlen dunklen Raum aufzubewahren. Es ist zweckmäßig, hiervon nur einen Vorrat für 1—2 Wochen herzustellen.

2. 10%ige Essigsäure. Es werden 10 cm³ Eisessig hierzu mit Wasser auf 100 cm³ verdünnt.

3. Salzsäure (s = 1,07). 35 cm³ konzentrierte Salzsäure (D 1,19) werden mit Wasser auf 100 cm³ verdünnt.

d) In organischen Kalidüngern. 10 g Substanz werden in einer Platinschale verascht, der Rückstand mit 50 cm³ konzentrierter Salzsäure und einigen Tropfen Salpetersäure im 500-cm³-Kolben 30 Minuten gekocht. Nach Erkalten wird verdünnt, nach dem Ausfällen mit Bariumchlorid aufgefüllt und filtriert. 50 cm³ Filtrat werden mit Ammoniak neutralisiert und mit Ammoncarbonat versetzt. Man läßt aufkochen, filtriert, wäscht aus, bringt die Lösung in die Platinschale, dampft ab und verjagt die Ammonsalze durch schwaches Glühen. Sodann nimmt man mit heißem Wasser auf, filtriert und wäscht aus.

III. Besondere Vorschriften.

1. Superphosphat. a) Freie Phosphorsäure (III, 628). Nach B. Meppen und K. C. Scheel werden bei der bisher üblichen Anwendung von Alkohol infolge Bildung erheblicher Mengen von Dicalciumphosphat viel zu hohe Werte gefunden. Ein Aceton-Äthergemisch (1:1) weist diese Mängel nicht auf. Es wurde deshalb folgende Methode ausgearbeitet:

2 g Superphosphat werden auf ein mit Aceton-Äther gewaschenes, bei 60° getrocknetes und gewogenes Papierfilter (11 cm) gebracht und 3mal durch Aufspritzen von Aceton-Äthergemisch ausgewaschen. Der

Rückstand wird mit Aceton-Äther in eine Reibschale gespritzt und kräftig verrieben. Hierbei treten keine merklichen Umsetzungen der freien Phosphorsäure ein, da der Hauptanteil der freien Säure bereits ausgewaschen ist. Der Rückstand wird dann auf das gleiche Filter zurückgebracht und noch 3mal mit Aceton-Äther ausgewaschen. Das Filtrat soll insgesamt 100—120 cm³ betragen. Das Filter mit dem Rückstand wird 30 Minuten bei 60° getrocknet und gewogen. Der Gewichtsverlust bedeutet: freie Phosphorsäure plus freies Wasser.

Das Filtrat wird mit 10 cm³ verdünnter Schwefelsäure (etwa 2 n) versetzt und die Hauptmenge des organischen Extraktionsmittels abdestilliert. Der Destillationsrückstand wird quantitativ in ein Becherglas gespült, mit 10 cm³ Citratlösung und 10 cm³ verdünntem Ammoniak versetzt. Nach Zusatz von 10 cm³ Magnesiamixtur wird das sich bildende Magnesium-Ammoniumphosphat ausgerührt und die Phosphorsäure weiter in der üblichen Weise bestimmt.

Der auf diese Weise gefundene Prozentsatz freies P_2O_5 wird auf H_3PO_4 umgerechnet; nach Subtraktion von dem anfänglich ermittelten Gewichtsverlust des Superphosphats ergibt sich der Gehalt an freiem Wasser.

Anmerkung. 1. Der so ermittelte Wert ist im allgemeinen um einige zehntel Prozent zu hoch, weil durch die Behandlung mit dem organischen Lösemittel noch geringe Mengen organischer Substanzen und Fluorverbindungen aus dem Superphosphat herausgelöst werden. Diese Stoffe können natürlich auch gesondert bestimmt und in Anrechnung gebracht werden.

2. Für diese Bestimmung werden Papierfilter verwendet, weil das Abfiltrieren durch einen Glasfiltertiegel wegen der außerordentlichen Feinheit des im Superphosphat enthaltenen Calciumsulfats große Schwierigkeiten bereitet. Da die Papierfilter jedoch bei verschieden langer Trockendauer keine Konstanz zeigen, ist es notwendig, stets dieselbe Trockenzeit — 30 Minuten — anzuwenden. Das Trocknen der Papierfilter mit und ohne Niederschlag geschieht zweckmäßig in flachen Wägegläschen.

b) Borsäure im Bor-Superphosphat und in Superphosphatmischdüngern. Borax bzw. Borsäure werden heute noch nach drei verschiedenen Methoden bestimmt.

1. 10 g der Probe werden im 500-cm³-Kolben mit 100 cm³ Wasser aufgekocht. Man fügt dann Eisenchlorid, Ammoniak und Ammoncarbonat zu, um Phosphorsäure, Kalk, Eisenoxyd und Tonerde zu fällen. Für die in 10 g der Düngerprobe enthaltene Menge wasserlöslicher P_2O_5 gibt man die dreifache Menge $FeCl_3$ in Form einer 10%igen Lösung (d. h. 50—60 cm³) hinzu, sodann fällt man mit Ammoniak im Überschuß und gibt 10 g Ammoncarbonat, gelöst in 100 cm³ Wasser, und 100 cm³ Ammoniak (0,91) hinzu. Man läßt 15 Minuten lang schwach sieden, kühlt ab und füllt zur Marke auf. Vom Filtrat werden 50 cm³ (= 1 g Substanz) in einer Schale auf dem Wasserbad zunächst, um Verspritzen durch die entweichende Kohlensäure zu vermeiden, unter Bedeckung mit einem Uhrglas, eingedampft. Man setzt dann Natronlauge zu und dampft zur Trockne, gibt nochmals Wasser zu und dampft

wieder zur Trockne, um das Ammoniak vollständig zu entfernen. Der Rückstand wird mit heißem Wasser aufgenommen, die eine geringe Trübung zeigende Lösung wird durch ein kleines Filter in einen Erlenmeyer filtriert, das Filter mit Wasser nachgewaschen. Zu dieser Lösung setzt man 1 Tropfen Methylorange und Salzsäure in geringem Überschuß. Man kocht kurze Zeit, um Kohlensäure zu vertreiben, läßt abkühlen und setzt verdünnte Natronlauge zu, bis die rote Farbe des Methylorange in gelb umschlägt. Die Lösung enthält jetzt die Borsäure in freier Form, die mit $^1/_{10}$ n-Natronlauge unter Zusatz von Glycerin und Phenolphthalein zu titrieren ist. Vom Glycerin setzt man zunächst 10 cm^3 hinzu und läßt Lauge zufließen, bis Rosafärbung auftritt. Man setzt weiter 5 cm^3 Glycerin zu und beobachtet, ob die Rosafärbung wieder verschwindet. Ist das der Fall, so wird weiter Lauge zugetröpfelt, bis die Rosafarbe erscheint und nach nochmaligem Zusatz von Glycerin bestehen bleibt. Anstatt Glycerin kann man auch zunächst 1 g Mannit verwenden und mit dem Titrieren fortfahren, bis weitere Zusätze von je 0,5 g Mannit keine Entfärbung mehr bewirken.

$$H_3BO_3 + NaOH = NaBO_2 + 2\,H_2O\,.$$

1 cm^3 $^1/_{10}$ n-NaOH = 0,003482 g B_2O_3 entsprechend 0,009536 g Borax bzw. 0,35% B_2O_3 entspricht 0,95% Borax in der Substanz.

2. Vom Filtrat der Ausschüttelung mit Wasser, 20 g je Liter, werden 250 cm^3 in einem 500-cm^3-Kolben abgemessen und auf etwa 60° erwärmt. Man gibt tropfenweise unter lebhaftem Umschwenken wäßrige 10%ige Eisenchloridlösung, sodann tropfenweise $2^1/_2$%ige Ammoniakflüssigkeit bis zum Eintritt schwach alkalischer Reaktion zu. Für Bor-Super 17 + 5 sind etwa 35 cm^3 Eisenchloridlösung und 30 cm^3 Ammoniak erforderlich, für Bor-Am-Sup-Ka 6 + 8 + 12 + $2^1/_2$ entsprechend 17 ccm und 15 cm^3. Nach 1stündigem Stehenlassen wird zur Marke aufgefüllt und filtriert. Das Filtrat ist frei von Phosphorsäure; es enthält geringe Mengen Kalk, die aber die spätere Titration nicht beeinflussen. Aus 100 ccm des Filtrats (= 1 g Substanz) wird nach Zusatz von etwa 1 g Ätznatron das Ammoniak durch Kochen in einem Kolben oder durch Abdampfen in einer Schale restlos entfernt. Der mit Wasser aufgenommene Rückstand enthält etwas kohlensauren Kalk, den man durch ein kleines Filter abfiltriert und auswäscht. Das Filtrat wird in einem Titrierkolben aufgefangen. Man fügt Methylorange und Salzsäure in geringem Überschuß hinzu und kocht einige Minuten lang, um die Kohlensäure zu vertreiben. Um Spuren sich hierbei verflüchtigender Borsäure aufzufangen, kann das Kochen am Rückflußkühler geschehen. Man titriert dann wie unter 1. angegeben.

3. Nach der Beobachtung Kolthoffs ist Borsäure neben Phosphorsäure nach einem Zusatz von Natriumcitrat titrierbar. In Gegenwart von Natriumcitrat verliert die Borsäure die Eigenschaft als Säure und bleibt gegen Lauge und Phenolphthalein neutral, während sich die vorhandene Phosphorsäure mit Lauge bis zur Bildung des Salzes Na_2HPO_4 (Eintritt der roten Farbe) absättigen läßt. Fügt man sodann Mannit hinzu, so wird die Borsäure wieder reaktionsfähig und kann mit Titrierlauge bestimmt werden. Das Natriumcitrat schaltet gleichzeitig die

störende Wirkung des Calciums aus, dessen Gegenwart bekanntlich die Titration der Phosphorsäure beeinträchtigt.

Die Methode wird folgendermaßen ausgeführt:

α) Bei Borsuperphosphat 17 + 5. Vom Filtrat der Ausschüttelung mit Wasser, 20 g je Liter, werden 50 cm^3 (= 1 g Substanz) im Titrierkolben nach Zusatz von Methylorange mit verdünnter Natronlauge bis zum Eintritt des gelben Farbtons abgesättigt. Die Phosphorsäure ist jetzt als Monocalciumphosphat und Mononatriumphosphat zugegen, die Borsäure als freie Säure. Man fügt 10 cm^3 einer 40%igen Natriumcitratlösung und Phenolphthalein und tropfenweise verdünnte Natronlauge zu, bis die rote Farbe auftritt. Nach Zugabe von 1 g Mannit wird $^1/_{10}$ n-NaOH zugetröpfelt, bis die rote Farbe wieder erscheint und auch nach 3 Minuten und nochmaligem Zusatz von Mannit bestehen bleibt.

β) Bei Bor-Am-Sup-Ka 6 + 8 + 12 + $2^1/_2$. Vom Filtrat der Ausschüttelung mit Wasser, 20 g je Liter, werden 200 cm^3 = 4 g Substanz im 250-cm^3-Kolben nach Zusatz von 3 g Ätznatron und ein wenig Graphitpulver so lange gekocht, bis das Ammoniak restlos ausgetrieben ist. Nach dem Abkühlen wird zur Marke aufgefüllt. 100 cm^3 des Filtrates (= 1,6 g Substanz) werden nach Zugabe von Methylorange im Titrierkolben mit Salzsäure schwach angesäuert. Man kocht einige Minuten lang, um Kohlensäure auszutreiben. Zur abgekühlten Flüssigkeit setzt man tropfenweise verdünnte Natronlauge hinzu und verfährt weiter wie bei α).

Anmerkung. Herstellung der 40%igen Natriumcitratlösung. 326 g kristallisierte Citronensäure werden im Literkolben in etwa 500 cm^3 Wasser gelöst, hierzu gibt man eine Lösung von 186 g Ätznatron in etwa 200 cm^3 Wasser. Nach dem Abkühlen setzt man Phenolphthalein und kleine Mengen verdünnter Natronlauge zu bis genau der neutrale Punkt erreicht ist. Man füllt zuletzt mit Wasser auf 1 l auf.

2. Ammoniumsulfat (schwefelsaures Ammoniak). a) Freie Säure (III, 634). Nach den Vorschriften der Ammoniak-Verkaufs-Vereinigung, Bochum wird der Gehalt an freier Säure im schwefelsauren Ammoniak nach folgender Methode bestimmt:

Es werden 25 g Salz 2 Stunden bei 75° getrocknet und in einem Meßkolben von 500 cm^3 gelöst. Von dem Filtrat werden 200 cm^3 zur Säurebestimmung unter Benutzung von mit Methylenblau angefärbtem Methylrot mit $^1/_{10}$ n-Natronlauge titriert. Dies geschieht in einem 500 cm^3 fassenden Erlenmeyerkolben, wobei die Lösung mit 0,45 cm^3 des angeführten Indicators (aus einer 0,5 cm^3 fassenden Capillarpipette) versetzt wird. Die Titration erfolgt bis zur Vergleichsfarbe, die 0,45 cm^3 des angefärbten Indicators in 200 cm^3 Pufferlösung hervorrufen. Die Vergleichslösung ist ebenfalls in einen 500 cm^3 fassenden Erlenmeyerkolben einzufüllen.

$$1\ cm^3\ ^1/_{10}\ \text{n-NaOH} = 4{,}9\ \text{mg}\ H_2SO_4.$$

Herstellung der Reagenzien. 1. Methylrotindicator. a) Methylrotlösung: p-Dimethylamino-azobenzol-o-carbonsäure im Überschuß in 0,02 n-Natronlauge in der Kälte bis zur Sättigung gelöst und filtriert.

b) Methylenblau: 1 g in 1 l destilliertem Wasser gelöst.

Es werden a) und b) im Verhältnis 1:4 gemischt. Der Umschlag des Indicators erfolgt von Violett über Schmutziggrün nach Hellgrün. Die Farbe des Indicators in der Pufferlösung ist schmutziggrün. Der Umschlag ist sehr scharf und leicht erkennbar.

2. Pufferlösung. Sie wird durch Auflösen von 17,7 g Citronensäure, kristallisiert, unverwittert in 100 cm³ 0,2 n-Natronlauge bereitet. Indicator und Pufferlösung sind im Dunkeln aufzubewahren.

3. Kalkammon, Kalkammonsalpeter, Leunasalpeter usw. (III, 635). Kalkammon trägt heute die offizielle Bezeichnung „Kalkammoniak". Da auch Kalkammoniak in den Handel kommt, welches Salpeterstickstoff enthält, ist stets darauf zu prüfen. Bei Anwesenheit von Salpeter ist die Bestimmung nach Arnd oder Ulsch durchzuführen.

4. Kalisalze. a) Magnesiumchlorid (III, 638). Es werden 10 g des durch das 0,5-mm-Sieb gebrachten Materials in einem 200-cm³-Kolben mit 100 cm³ absolutem Alkohol 10 Minuten tüchtig geschüttelt. Die Flüssigkeit wird in einen 500-cm³-Kolben filtriert, der Rückstand auf einem glatten Filter mit absolutem Alkohol gut ausgewaschen, das Filtrat mit 30 cm³ 2 n-Natronlauge versetzt und mit Wasser zu 500 cm³ aufgefüllt. Nach dem Absitzen des Magnesiumhydroxyds wird schnell filtriert. 50 cm³ des Filtrats werden sofort mit $^1/_{10}$ n-HCl titriert. Indicator: Methylorange (Industrievorschrift).

b) Natrium. 12,5 g Salz werden in einem 250 cm³ fassenden Kolben in 20 cm³ Kaliumcarbonatlösung, die nur 3,6 g K_2CO_3 im Liter enthält, durch kurzes Aufkochen gelöst. Der heißen Lösung wird unter Umschwenken 96%iger Alkohol zugesetzt, der Kolben nach dem Abkühlen mit Alkohol bis zur Marke aufgefüllt und etwa 1 Minute tüchtig geschüttelt. Vom Filtrat werden 100 cm³ (= 5 g Salz) nach Zusatz einiger Tropfen Salzsäure (konzentriert), um etwa noch vorhandenes Kaliumcarbonat in Kaliumchlorid überzuführen, in einer tarierten Platinschale zur Trockne eingedampft. Der Rückstand wird schwach geglüht und nach dem Erkalten im Exsiccator gewogen. In diesem Gemisch wird das Kaliumchlorid nach der Überchlorsäuremethode bestimmt und aus der Differenz die Menge Natriumchlorid berechnet.

5. Kalkdüngemittel. a) Lösliche Kieselsäure (III, 640). Den beim Lösen erhaltenen Filterrückstand, der Salzsäureunlösliches und lösliche Kieselsäure enthält, verascht man vorsichtig im Platintiegel, wägt und erhält so Sand, Ton und lösliche Kieselsäure.

Das Gewogene spült man in ein Becherglas über, verreibt, gibt 12,5 g Soda und 2—3 Tropfen Natronlauge (30%ig) zu, füllt auf 50 cm³ Lösung auf, kocht 20 Minuten bei bedecktem Becherglas unter Ergänzung des verdampfenden Wassers, filtriert, wäscht gut aus und verascht. Der Rückstand enthält Sand und Ton. Die Differenz beider Bestimmungen wird als lösliche Kieselsäure angesehen.

b) Feinheitsgrad (III, 640). Nach dem Düngekalkabkommen sind die nachstehend aufgeführten Mahlfeinheitsgarantien einzuhalten:

α) *Kohlensaurer Kalk* (weicherdiger, gewöhnlicher Mergel). 60% müssen durch DIN-Sieb Nr. 8 (0,75 mm Öffnung, 64 Maschen/cm²), der Rückstand durch DIN-Sieb Nr. 3 E (2 mm Öffnung, 9 Maschen/cm²) fallen.

β) *Kohlensaurer Kalk* (weicherdiger Kalkmergel). 80% müssen durch DIN-Sieb Nr. 8 (0,75 mm Öffnung, 64 Maschen/cm²) fallen. Der Rückstand muß durch DIN-Sieb Nr. 3 E (2 mm Öffnung, 9 Maschen/cm²) hindurchgehen.

γ) *Kohlensaurer Kalk* (Feinmergel). 80% Durchgang durch DIN-Sieb Nr. 20 (0,3 mm Öffnung, 400 Maschen/cm²). Der Rückstand muß durch DIN-Sieb Nr. 6 (1 mm Öffnung, 36 Maschen/cm²) hindurchgehen.

δ) *Gemahlener Branntkalk.* 90% Durchgang durch DIN-Sieb Nr. 3 E (2 mm Öffnung, 9 Maschen/cm²).

ε) *Löschkalk.* Wie bei δ.

ζ) *Mischkalk.* Wie bei γ.

IV. Handels-Humusdüngemittel.

(Huminal A und B, Nettolin, Erntedank, Biohum usw.)

In den letzten Jahren kommen Humusdüngemittel in den Handel, die nicht nur Stickstoff, Phosphorsäure und Kali enthalten, sondern auch humusliefernde Stoffe. Sie haben meistens Torf, Klärschlamm, Braunkohle oder ähnliche organische Stoffe zur Grundlage, die mit mineralischen Nährstoffen versetzt und kompostiert werden. Im Vordergrund der Untersuchung eines Humusdüngemittels steht die organische Substanz.

1. Bestimmung des organischen Kohlenstoffs. a) Gesamtkohlenstoff (C_t). Die Durchführung der C-Bestimmung erfolgt nach U. Springer zweckmäßig nach dem Chromschwefelsäureverfahren (nasses Verbrennungsverfahren).

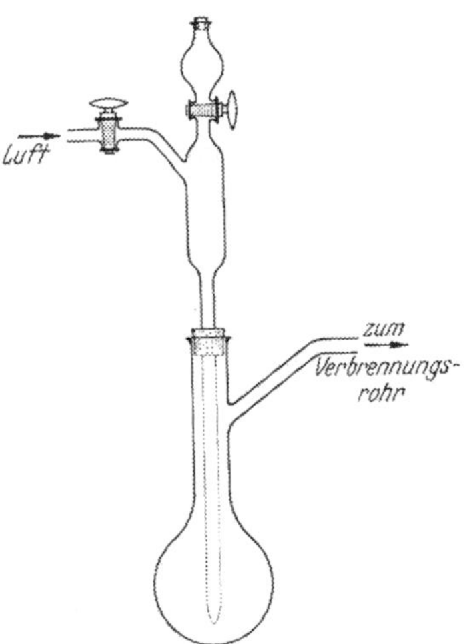

Abb. 1. Verbrennungskolben zur Bestimmung von Gesamtkohlenstoff nach U. Springer.

Reagenzien. Chromschwefelsäurelösung. 88 g Kaliumbichromat werden mit 160 cm³ Wasser verrührt und dazu unter Umrühren 80 cm³ konzentrierte Schwefelsäure gegeben.

Apparatur. Diese besteht aus Gasometer, Waschflasche (Lauge), Verbrennungskolben mit Tropftrichter (s. Abb. 1), der mit einem seitlichen Hahn für die Luftzufuhr versehen ist, etwa 25 cm langem Verbrennungsofen mit Verbrennungsrohr, das zu je 10 cm mit gekörntem Kupferoxyd und Bleichromat gefüllt ist, Chlorcalciumrohr zur Absorption von Wasserdampf und Kaliapparat mit Schutzrohr.

Ausführung der Verbrennung. Nachdem die einzelnen Teile der Apparatur miteinander verbunden sind, bringt man zunächst das Verbrennungsrohr auf dunkle Rotglut, wobei die Bleichromatschicht nur mäßig erhitzt wird. Hierauf füllt man in den Verbrennungskolben mittels eines langhalsigen Trichters 0,3—0,5 g organische Substanz, spült mit etwas Kaliumbichromatpulver nach und verschließt den Kolben mit dem Tropftrichter. Man verbindet jetzt das Chlorcalciumrohr mit dem gewogenen Kaliapparat, läßt durch den Tropftrichter nach Schließung des seitlichen Hahns 40—50 cm³ Chromschwefelsäure zufließen und schließt nun auch den Tropftrichterhahn.

Läßt die einsetzende Kohlensäureentwicklung nach, so erwärmt man mit kleiner Flamme und steigert die Temperatur langsam unter gelegentlichem vorsichtigem Schütteln der Flüssigkeit, bis sich der Kolbenhals mit Wasser beschlägt (höchstens bis zur beginnenden Entwicklung von Schwefelsäuredämpfen). Die eigentliche Verbrennung ist in 30 bis 45 Minuten beendet. Leitet man hierauf noch 1 Stunde kohlensäurefreie Luft durch die Apparatur, dann ist man sicher, daß sämtliche Kohlensäure in den Kaliapparat übergeführt worden ist. Auf diese Weise erhält man nach Springer C_t (= Gesamt-C in Prozent der organischen Substanz).

Anmerkung. Enthält die zu prüfende Substanz Carbonate, so gibt man zu der im Kolben befindlichen Einwaage die annähernd berechnete Schwefelsäuremenge (1 Vol. Schwefelsäure, 2 Vol. Wasser), erwärmt und leitet solange kohlensäurefreie Luft durch, bis die Kohlensäure aus dem Kolben verdrängt ist (Prüfung mit Kalkwasser). Hierauf verfährt man wie oben. Natürlich kann die Carbonatkohlensäure auch in einer eigenen Probe bestimmt und von der Gesamtkohlensäure abgezogen werden.

b) Huminsäurekohlenstoff (C_h). Der Kohlenstoff im humifizierten Anteil der organischen Substanz (C_h), d. h. im acetylbromidunlöslichen Teil wird nach der Vorschrift von U. Springer bestimmt.

Reagenzien. Acetylbromid, gereinigt von Kahlbaum. Kaliumbisulfatlösung, 5%ig.

Apparatur. Reaktionskölbchen von 100—150 cm³ Inhalt, mit Glasschliff und Rückflußkühler bzw. eingeschliffenem Glasrohr von etwa 50 cm Länge, das nahe über dem Schliff eine unten zu einer Kugel erweiterte Windung besitzt.

Zur Ausführung der Bestimmung werden 0,5 g fein gemahlene (0,25 mm) lufttrockene Substanz in das Reaktionskölbchen eingewogen, dazu 50 cm³ Acetylbromid gegeben und 70 Stunden bei 40—50° unter dem Abzug einwirken lassen. Danach wird in einem Porzellan-Goochtiegel mit Asbest (Schicht möglichst dünn) abfiltriert, mit Acetylbromid mehreremal nachgewaschen und der Rückstand bei 90° $^1/_2$ Stunde getrocknet. Wegen der Gefahr der Krustenbildung empfiehlt es sich, bei organischen Substanzen die Trocknung des Rückstandes nur bei 50—70° vorzunehmen und denselben beim Auswaschen mit einem kleinen Glaspistill etwas zu zerdrücken. Hierauf wäscht man den Rückstand am besten mit 5%iger Kaliumbisulfatlösung aus (100—150 cm³, bis Bromreaktion fast verschwunden), trocknet ihn etwa 1 Stunde bei 105°, bringt ihn dann in den Verbrennungskolben und führt die nasse Verbrennung nach a) durch.

Der Zersetzungsgrad (Z.G.) läßt sich dann folgendermaßen berechnen:

$$\text{Z.G.} = \frac{C_h \cdot 100}{C_t}.$$

Für schwerfiltrierbare Substanzen ist folgendes Verfahren zur Bestimmung von Z.G. vorteilhafter:

Die Filtration der mit Acetylbromid behandelten Einwaage von 0,5—1 g kann wie oben oder auch im Glasfiltertiegel 1 a G 3 vorgenommen werden (vorsichtig Saugen, damit völlig klares Filtrat erzielt wird). Der Rückstand wird gründlich abgesaugt und hierauf mit Pistill im Tiegel fein zerrieben, um eine Verhärtung beim nachfolgenden Trocknen (50—70°) zu vermeiden. Hierauf wird mit 100—150 cm³ heißem Wasser ausgewaschen, bis das Filtrat fast bromfrei ist. Nunmehr wird bei 105° getrocknet, gewogen, vorsichtigt verascht und wieder gewogen.

Der erhaltene Differenzwert (Glühverlust) = Humus. Die gesamte organische Substanz ist gleichfalls durch Glühverlust ermittelt. Dann ist Z.G. in diesem Falle $Z.G. = \frac{\text{Humus} \cdot 100}{\text{organische Substanz}}$ oder man berechnet C_h durch Division mit 1,724 und berechnet Z.G. wie oben.

Anmerkung. Die Beseitigung von Carbonaten muß vor Einwirkung des Acetylbromids erfolgen, da die Lösungswirkung desselben durch die Anwesenheit größerer Mengen beeinträchtigt wird. Nach den Erfahrungen Springers wirkt kohlensaurer Kalk schädlich, wenn in der Einwaage mehr als 100 mg enthalten sind. Der Kalk braucht daher nicht restlos entfernt zu werden. Bei Anwendung von Salzsäure ist die Säuremenge (10%ige HCl) knapp zu bemessen; ein übertriebenes Auswaschen im Tiegel, das zu Unstimmigkeiten in den Werten führen kann, vermutlich wegen der damit verbundenen Hydrolyse, ist zu vermeiden. Die mit HCl behandelte Probe wird einfach in den Goochtiegel gespült und hierauf fest abgesaugt. Nach dem Trocknen bei 100° ist der Rückstand samt Asbest zu zerreiben, bevor er mit Acetylbromid angesetzt wird.

c) Humuskohle. Um die Humuskohle zu ermitteln, ist die organische Substanz sowohl mit Natronlauge als auch mit Acetylbromid zu behandeln. Durch Natronlauge werden die Huminsäuren in Lösung gebracht und durch Acetylbromid alle nicht humifizierten Stoffe, so daß als Restprodukt jener Körper übrigbleibt, der im Boden mehr oder minder inaktiv ist (Humuskohle nach Sven Odén).

Eine höchstens 0,5 g organischer Substanz entsprechende Einwaage wird nach Vorbehandlung mit Salzsäure mit 250 cm³ 0,5%iger Natronlauge 1 Stunde kochend extrahiert, zentrifugiert, hierauf an der Zentrifuge mit Wasser ausgewaschen, bis die überstehende Flüssigkeit farblos ist, sodann der Rückstand mit Salzsäure (1%ig) in den Goochtiegel gespült, annähernd chlorfrei gewaschen, bei 100° getrocknet, fein zerrieben und in üblicher Weise mit Acetylbromid behandelt.

2. Trennung der organischen Substanz in einzelne Stoffgruppen. Weit besseren Einblick in den Aufbau der organischen Substanz bekommt man durch Zerlegung derselben in mehrere Stoffgruppen, wie dies in dem von Waksmann vorgeschlagenen Analysengang geschieht. Scheffer (1) gibt hierfür folgende vereinfachte Gesamtuntersuchung an.

a) Ermittlung des kaltwasserlöslichen Anteils. Zur Feststellung der kaltwasserlöslichen Stoffgruppe wird in einem Literkolben 10 g organische Substanz mit 500 cm³ destilliertem Wasser von 20° 1 Stunde lang ausgeschüttelt. (Der Gehalt an organischer Substanz kann bei Stoffen vorwiegend organischer Natur nach der Glühverlustmethode ermittelt werden.) Durch Eindampfen eines aliquoten Teiles des Filtrates (als Filter ist das Barytfilter Nr. 602 zu verwenden) und durch Bestimmung des Glühverlustes läßt sich der von der Gesamtmenge in Lösung gegangene Anteil der organischen Substanz errechnen.

b) Ermittlung des in 80%iger Schwefelsäure unlöslichen Rückstandes. Um den Teil der organischen Substanz analytisch annähernd zu bestimmen, der im Boden den abbauenden Kräften starken Widerstand entgegensetzt (Reservehumus), kann eine Behandlung der Substanz mit 80%iger Schwefelsäure erfolgen und der unlösliche Rückstand ermittelt werden. Dabei muß analog den obigen Angaben auch hier wiederum so vorgegangen werden, daß bei Stoffen vorwiegend organischer Natur im Rückstand der Glühverlust festgestellt und damit der C-Gehalt des unlöslichen Körpers bestimmt wird. Unlösliche organische Substanz ist dann $C \cdot 1{,}724$.

Zur Durchführung der Bestimmungsmethode wägt man 1 g organischer Substanz in ein 100-cm³-Becherglas, gibt dazu 10 cm³ 80%iger Schwefelsäure und läßt unter öfterem Umrühren 2 Stunden einwirken. Hierauf spült man mit 150 cm³ Wasser den Inhalt in einen Erlenmeyerkolben, verschließt mit einem Kugeltrichter und bringt ihn in einen Dampftopf (die Hydrolyse kann auch am Rückflußkühler durchgeführt werden). Nach 5 Stunden wird in ein vorher gewogenes Filter oder besser in einen Glasfiltertiegel abfiltriert, mit heißem Wasser mehrere Male ausgewaschen, der Rückstand bei 105° 2 Stunden getrocknet, verascht und der Glühverlust errechnet.

In dem Quotienten: $\frac{\text{organische Substanz im Rückstand} \cdot 100}{\text{gesamte organische Substanz}}$ erhalten wir eine Größe, die annähernd mit dem Z.G. übereinstimmen müßte. Es ist dies besonders dann der Fall, wenn Lignin weitgehend in Humus umgewandelt ist.

Anmerkung. Obige Methode gibt dann besonders stark abweichende Werte, wenn es sich um Substanzen handelt, die viel äther- und alkohollösliche Stoffe (Bitumen usw.) enthalten, wie z. B. Kasseler Braun. Diese Substanzen kitten in der Schwefelsäure stark zusammen, so daß die Lösungswirkung natürlich beeinträchtigt wird. Außerdem quellen diese Stoffe während der Behandlung im Dampftopf sehr stark und geben dieses Wasser bei der 2stündigen Trocknung bei 105° nicht alles wieder ab, so daß dadurch auch zu hohe Werte resultieren.

c) Neben der Bestimmung der C-Komponenten ist der N-Gehalt der einzelnen Auszüge, sowie der N-Gehalt im schwefelsäureunlöslichen Rückstand zu ermitteln. Außerdem ist die organische Substanz durch die Bestimmung des C/N-Verhältnisses zu charakterisieren.

3. Die Bestimmung der mineralischen Nährstoffe. a) Stickstoff. Die Bestimmung des Gesamtstickstoffs erfolgt nach Kjeldahl. Es ist jedoch hierbei zu beachten, daß diese Gruppe der Düngemittel den Stickstoff teilweise in Form von Cyanamid, Amid, Salpeter und Ammoniak erhalten kann.

Den Ammoniakstickstoff kann man in der Ursubstanz durch Destillation mit MgO ermitteln; doch bietet diese Bestimmung bei

Anwesenheit von Cyanamid und Amid große Schwierigkeiten. Die colorimetrischen Methoden führen hier eher zum Ziel.

Der Gehalt an Salpeterstickstoff wird in der wäßrigen Lösung nach Arnd oder Ulsch ermittelt.

b) Phosphorsäure. Die Bestimmung der Gesamtphosphorsäure wird in einem aliquoten Teil des Kjeldahl-Aufschlusses oder durch Veraschen der Substanz mit $CaCO_3$ vorgenommen. Zur Ermittlung der wasserlöslichen Phosphorsäure dient der wäßrige Auszug.

c) Kali. Die Kalibestimmung wird nach der auf S. 386 mitgeteilten Vorschrift durchgeführt.

d) Kalk. Der Gehalt an Gesamtkalk wird in der Asche der Substanz festgestellt.

Ebenso wichtig wie die Ermittlung des Gesamtnährstoffgehaltes eines organischen Düngemittels ist die Bestimmung des Gehaltes an physiologisch wirksamen Nährstoffen in diesem Düngemittel. Die Untersuchungen werden mittels des Gefäßversuches durchgeführt. F. Scheffer (2) hat dafür folgenden Versuchsplan ausgearbeitet:

a) Prüfung der Stickstoffwirkung.

Grunddüngung: 1,5 g K_2O als K_2SO_4
1,5 g P_2O_5 als sekundäres Ca-Phosphat
1,0 g $CaCO_3$.

1. 6 kg Sand + $^1/_2$ kg Boden + organischen Dünger + 0,0 g N.
2. 6 kg Sand + $^1/_2$ kg Boden + organischen Dünger + 1,5 g N

b) Prüfung der Phosphorsäurewirkung.

Grunddüngung: 1,5 g N als NH_4NO_3
1,5 g K_2O als K_2SO_4
1,0 g $CaCO_3$.

1. 6 kg Sand + $^1/_2$ kg Boden + organischen Dünger + 0,0 g P_2O_5.
2. 6 kg Sand + $^1/_2$ kg Boden + organischen Dünger + 1,5 g P_2O_5.

c) Prüfung der Kaliwirkung.

Grunddüngung: 1,5 g N als NH_4NO_3
1,5 g P_2O_5 als sekundäres Ca-Phosphat
1,0 g $CaCO_3$.

1. 6 kg Sand + $^1/_2$ kg Boden + organischen Dünger + 0,0 g K_2O.
2. 6 kg Sand + $^1/_2$ kg Boden + organischen Dünger + 1,5 g K_2O.

Daneben ist es erforderlich, drei gleiche Versuchsreihen ohne organische Düngung durchzuführen. Vorteilhafterweise schaltet man in die Stickstoffreihe wenigstens noch eine N-Gabe in Höhe von 0,3 oder 0,5 g N ein, um den Wirkungsfaktor ausrechnen zu können.

Die Höhe der Gabe an organischem Dünger wird derart gewählt, daß in dem Dünger 0,3 g N bzw. in der 2. Versuchsreihe 0,3 g P_2O_5 bzw. in der 3. Versuchsreihe 0,3 g K_2O enthalten sind. Wird die Gabe zu hoch gewählt, ist eine Berechnung in vielen Fällen nicht möglich (Fehlergrenze).

Die Berechnung der physiologisch wirksamen Nährstoffmengen erfolgt nach dem Ertragsgesetz von E. A. Mitscherlich. Zunächst wird die im Boden ohne organische Düngung vorhandene Menge an physiologischen Nährstoffen bestimmt:

$$b = \frac{\lg A - \lg (A - y)}{c}.$$

Dieselbe Berechnung wird für die mit organischem Dünger versehenen Gefäße durchgeführt.

In der Gleichung bedeutet: b = die physiologisch wirksame Nährstoffmenge im Boden, A ist der Höchstertrag, y ist der Ertrag ohne N bzw. P_2O_5 bzw. K_2O-Düngung. c ist der Wirkungsfaktor.

Der Höchstertrag (A) entspricht bei der P_2O_5- und K_2O-Reihe dem mit 1,5 g Nährstoff gefundenen Wert. A muß bei der Stickstoffreihe berechnet werden.

$$A = \frac{Ky - y_0}{K - 1}.$$

Hierin bedeuten: A der Höchstertrag, y = Ertrag des Volldüngungsgefäßes (1,5 g N), y_0 = Ertrag des ohne anorganischen Nährstoff gedüngten Gefäßes, K = Antilogarithmus des Produktes cx, wobei x die Höhe des anorganischen Stickstoffs und c den Wirkungsfaktor des Stickstoffs wiedergeben.

Während der Wirkungsfaktor des Stickstoffs in verschiedenen Jahren und unter verschiedenen Klimaten ziemlich konstant ist und etwa 0,4 (0,397) je Gefäß beträgt, schwanken die Wirkungsfaktoren für Phosphorsäure und Kali in weiteren Grenzen. Um diese Werte für das einzelne Jahr festzulegen, ist es nötig, je eine Versuchsreihe mit steigenden Gaben an Phosphorsäure und Kali anzulegen.

a) Phosphorsäurereihe.

6 kg Sand + $^1/_2$ kg Boden (möglichst P_2O_5-arm).
Grunddüngung: 1,5 g N als NH_4NO_3
1,5 g K_2O als K_2SO_4
1,0 g $CaCO_3$.
Differenzdüngung: 0,0...0,1...0,2...0,3...0,5...1,0...
1,5...g P_2O_5 (sekundäres Ca-Phosphat).

b) Kalireihe.

6 kg Sand + $^1/_2$ kg Boden (möglichst Kali-arm).
Grunddüngung: 1,5 g N als NH_4NO_3
1,5 g P_2O_5 (sekundäres Ca-Phosphat)
1,0 g $CaCO_3$.
Differenzdüngung: 0,0...0,1...0,2...0,3...0,5...1,0...1,5...
g K_2O als K_2SO_4.

Aus den erzielten Erträgen ist dann der Wirkungsfaktor c nach der von E. A. Mitscherlich angegebenen Formel bzw. nach dem Vorschlag von W. U. Behrens graphisch zu ermitteln. Aus den Erträgen ohne Zusatz an organischen Düngemitteln errechnen wir die im Boden vorhandenen physiologisch wirksamen Nährstoffmengen (b_0N, P_2O_5, K_2O). Aus den Erträgen mit organischer Düngung errechnen wir b_1 für N, P_2O_5, K_2O.

Die Differenz b_1—b_0 ergibt die Menge an physiologisch wirksamem Nährstoff (N, P_2O_5, K_2O) in der betreffenden Gabe des organischen Düngemittels.

4. Bestimmung einiger für die Beurteilung der Handelshumusdünger wichtiger Eigenschaften. a) Pufferungsvermögen. Es ist mitunter wichtig, auch über die Pufferungsfähigkeit organischer Substanzen, insbesondere der organischen Düngemittel, Aufschluß zu erhalten. Folgende Methode vermag hierüber auszusagen:

Man wägt in mehrere Stohmann-Kolben je 1 g organische Substanz ein, gibt dazu $^{1}/_{10}$ n-Salzsäure und Wasser in wechselndem Verhältnis (z. B. 10, 20, 30, 40 und 50 cm^3 $^{1}/_{10}$ n-Salzsäure und entsprechend 40, 30, 20 und 10 cm^3 Wässer). Nach einer Schütteldauer von 2 Stunden bestimmt man in der Suspension mittels der Chinhydronelektrode den jeweiligen p_H-Wert. Aus den sich ergebenden Kurven bzw. aus den Pufferflächen nach Jensen läßt sich ein Einblick in das Pufferungsvermögen der zu prüfenden Substanz gewinnen. Auch die Methode der elektrometrischen Titration nach Goy-Roos unter Verwendung der Apparatur der Firma Bergmann und Altmann, Berlin gibt leicht vergleichbare Werte.

b) Sorptionskapazität. Von besonderer Bedeutung zur Charakterisierung von Humussubstanzen ist die Ermittlung der Sorptionskapazität. Die bisher üblichen Methoden zur Bestimmung der Sorptionskapazität von Böden können nicht ohne weiteres auf Humussubstanzen angewandt werden. Es wurde deshalb folgende Arbeitsweise von Scheffer zur Erfassung der Größe der Sorption, insbesondere von Torf und von organischen Düngemitteln angegeben.

Zu 1 g organischer Substanz werden steigende Mengen von etwa $^{1}/_{25}$ n-$Ba(OH)_2$ und etwa $^{1}/_{25}$ n-Ba-Acetat gegeben (60, 80, 100, 120, 150, 200 cm^3). In Stohmann-Kolben werden die Substanzen auf der Schüttelmaschine 2 Stunden geschüttelt. Hierauf wird durch ein Faltenfilter abfiltriert und in einem aliquoten Teil des Filtrates gravimetrisch der unabsorbierte Anteil von Ba festgestellt. Nach Umrechnung auf 100 g organische Substanz können aus den zugegebenen Mengen Ba (x) und aus den absorbierten Mengen (y) Angaben in Milligrammvalenz die Absorptionskurven aufgestellt werden. Aus den 6 (n) Punkten der Kurve kann dann mit Hilfe der Vagelerschen Gleichung $y = \frac{x \cdot S}{x \cdot q S}$ oder $b = K + q \cdot a$ und unter Anwendung der Methode der kleinsten Quadrate nach Gauß der S-Wert errechnet werden.

c) Hygroskopizität und Wasserkapazität. Einen besonders günstigen, ausgleichenden Einfluß hat die organische Substanz auf den Wasserhaushalt des Bodens. Es ist bekannt, daß leichter Boden durch den Gehalt an organischer Substanz ,,bindiger" wird und schwerer Boden durchlässiger. Nun verhalten sich aber alle organischen Stoffe, die wir dem Boden einverleiben, in dieser Hinsicht nicht gleich. Sie unterscheiden sich in ihrer Hygroskopizität und Wasserkapazität. In der Ermittlung dieser beiden Werte haben wir damit ein Mittel, die organischen Substanzen zu charakterisieren.

α) *Die Bestimmung der Hygroskopizität nach Mitscherlich.* 1,5—5 g Humussubstanz werden in Glasschälchen mit eingeschliffenem Deckel eingewogen, über 10%ig. H_2SO_4 ($s = 1{,}068$) in einen Vakuumexsiccator gestellt und evakuiert. Der Exsiccator wird nun 3 Tage lang bei konstanter Temperatur stehen gelassen. Hierauf wird die Schwefelsäure erneuert und abermals 2 Tage stehen lassen. Die Wägung des Schälchens ergibt das Gewicht der eingewogenen Substanz + hygroskopisch gebundenes Wasser. Um den größten Teil dieses Wassers zu entfernen, stellt man die Substanz 1 Tag über konzentrierte Schwefelsäure, ebenfalls im Vakuumexsiccator. Danach wird die Substanz in einem kleinen Vakuumexsiccator über Phosphorpentoxyd $3^1/_2$ Stunden im Dampftopf erhitzt. Die letzte Wägung ergibt die absolut trockene Substanz. Aus der Formel:

$$H = 100 \cdot \frac{m - n}{n - t}$$

läßt sich die Hygroskopizität errechnen.

(t = Gewicht des Schälchens;
m = Gewicht des Schälchens + Gewicht der Substanz + hygroskopisches Wasser;
n = Gewicht des Schälchens + absolut trockene Substanz).

β) *Bestimmung der Wasserkapazität.* Steigende Mengen organischer Substanz (etwa 1%, 3% und 6%) werden mit Neubauer-Quarzsand vermischt. Sodann bestimmt man die Wasserkapazität auf folgende Weise:

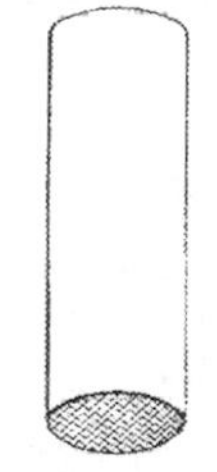
Abb. 2. Zylinder zur Bestimmung der Wasserkapazität.

Zur Bestimmung benutzt man einen Zylinder aus Zinkblech von etwa 16 cm Höhe und 4 cm Durchmesser (s. Abb. 2). Der Zylinder ist unten mit einem Drahtnetzsieb oder einem Stück feiner Leinwand abgeschlossen.

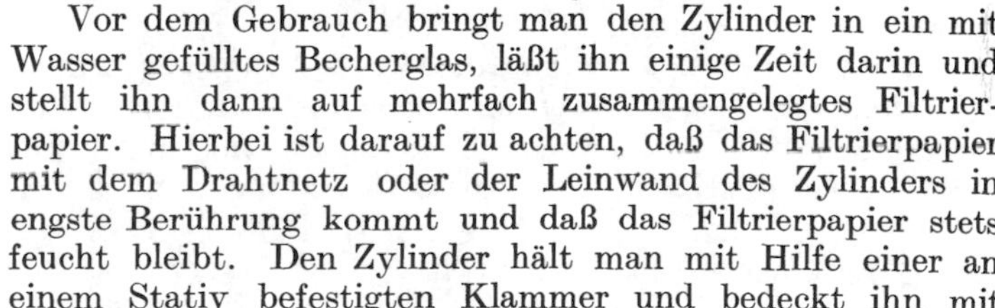

Vor dem Gebrauch bringt man den Zylinder in ein mit Wasser gefülltes Becherglas, läßt ihn einige Zeit darin und stellt ihn dann auf mehrfach zusammengelegtes Filtrierpapier. Hierbei ist darauf zu achten, daß das Filtrierpapier mit dem Drahtnetz oder der Leinwand des Zylinders in engste Berührung kommt und daß das Filtrierpapier stets feucht bleibt. Den Zylinder hält man mit Hilfe einer an einem Stativ befestigten Klammer und bedeckt ihn mit einem Glasschälchen. Nach etwa 10 Minuten trocknet man den Zylinder außen ab, stellt ihn in ein trockenes Becherglas und wägt beides zusammen auf der technischen Präzisionswaage. Man erhält auf diese Weise die Tara (t g).

Nun beschickt man den Zylinder mit der Quarzsandmischung (lufttrocken), indem man immer nur kleine Mengen einfüllt und jedesmal durch gelindes Aufklopfen auf eine weiche Unterlage für gleichmäßige Füllung sorgt. Den obersten Zentimeter läßt man wegen etwaiger Quellung der Mischung frei. Nun wägt man den Zylinder wieder zusammen mit dem Becherglas und erhält so das Gewicht von Tara + Boden und durch Abzug der Tara das Gewicht des Bodens (a g).

Alsdann setzt man den mit der Quarzsandmischung gefüllten Zylinder in ein Gefäß, welches so weit mit Wasser gefüllt ist, daß der obere Rand des Zylinders etwas oberhalb des Wasserspiegels steht. Nun läßt man die Mischung von unten her sich mit Wasser vollsaugen. Ist diese bis zur Oberfläche durchfeuchtet, so nimmt man den Zylinder aus dem Gefäß heraus, trocknet ihn außen ab, stellt ihn auf das mit Wasser gesättigte Filtrierpapier und bedeckt ihn oben mit einem Glasschälchen. Nach ungefähr 2 Stunden stellt man das Gewicht (Tara + Mischung + Wasser = c g) fest. Hierauf bringt man den Zylinder wieder in das mit Wasser gefüllte Gefäß zurück und wägt nach einiger Zeit nochmals. Das setzt man so lange fort, bis zwei aufeinanderfolgende Wägungen nahezu gleiches Gewicht ergeben.

Die Bestimmung ist mehrfach auszuführen und der Durchschnittswert anzugeben.

In einer besonderen Probe wird der Wassergehalt der angewandten lufttrockenen Quarzsand-Humusdüngemischung bestimmt.

Berechnung. Angewandt a g lufttrockene Mischung $= b$ g trockene Mischung.

Die Tara sei $= t$ g, das Endgewicht $= c$ g.

Folglich enthalten die angewandten b g trockene Mischung bei ihrer Sättigung $c - b - t = W$ g Wasser.

Somit ist die Wasserkapazität in Prozent $= \frac{W \cdot 100}{b}$. Vergleicht man die gefundenen Werte mit dem Nullversuch (Wasserkapazität von reinem Sand), so kann man die unterschiedliche Wirkung der einzelnen organischen Humussubstanzen feststellen:

d) Feststellung des Umsetzungsgrades des in Humusdüngemitteln enthaltenen Kohlenstoffs im Boden zu Kohlensäure. Von den Herstellern mancher Handelshumusdünger wird behauptet, daß ihre Produkte im Verlaufe ihrer Herstellung eine so weitgehende Humifizierung durchgemacht haben, daß die organische Substanz im Boden später nicht langen Abbauprozessen unterliegen muß. Bei Richtigkeit einer solchen Behauptung müssen die in dem betreffenden Dünger enthaltenen kohlenstoffhaltigen Substanzen von den Kleinlebewesen des Bodens leicht abgebaut und in Kohlensäure umgewandelt werden können.

Zur Feststellung des C-Umsetzungsgrades im Boden werden 3mal 1000 g schwach humoser, nicht bakterienarmer Boden mit je 2—4 g Kohlenstoff in Form des zu prüfenden Düngemittels vermischt. Die Mischungen werden sodann in besondere Glasgefäße („Enten") gefüllt (s. Abb. 3).

Drei dieser Gefäße werden nur mit Boden — ohne Düngemittel — beschickt. Weitere Gefäße können unter Umständen zum Vergleich mit dem gleichen Boden mit schon geprüften und bekannten Humusdüngern gefüllt werden. Sodann wird über den Boden in den Glasgefäßen mit Hilfe einer Wasserstrahlpumpe täglich 1 Stunde lang kohlensäurefreie Luft in einem ganz langsamen Strom hindurchgesaugt. Der Luftstrom, der in einem Trockenturm mit festem Ätznatron und zwei dahinter geschalteten Waschflaschen mit Barytlauge von seinem Kohlensäuregehalt befreit wird, nimmt auf seinem Weg durch die Glasenten die über dem Boden befindliche Kohlensäure mit und führt sie in zwei vorgeschaltete Waschflaschen, die mit eingestellter Barytlauge beschickt sind. Zur Ermittlung der umgesetzten Kohlenstoffmengen wird in bestimmten Zeiträumen die unverbrauchte Barytlauge unter Verwendung von Phenolphthalein als Indicator zurücktitriert.

e) Feststellung des Umsetzungsgrades des in Humusdüngemitteln enthaltenen organischen Stickstoffs im Boden in Ammoniak- und Salpeterstickstoff. Zur Feststellung der Umbildung des in dem zu prüfenden Handelshumusdünger enthaltenen organischen Stickstoffs in Ammoniak- und Salpeterstickstoff werden 3mal je 500 g eines tätigen, nicht sauren Bodens mit 200 mg Stickstoff des betreffenden Düngers innig vermischt. Die Mischungen werden sodann in innen und außen glasierte Tonschalen gefüllt. Diese werden vorher mit Basaltkleinschlag auf gleiches Gewicht eingestellt. Drei weitere Gefäße erhalten den gleichen Boden aber ohne Düngung, während zum Vergleich außerdem noch Gefäße mit Boden + 200 mg N in Form von Harnstoff anzusetzen sind. Es ist zweckmäßig, außer Harnstoff noch einen weiteren Stickstoffdünger, z. B. schwefelsaures Ammoniak in der Versuchsreihe aufzunehmen, weil hierdurch ein besserer Einblick in die Vorgänge der Stickstoffumsetzungen möglich ist.

Abb. 3. Apparatur (nach L. Schmitt) zur Bestimmung der Zersetzung von Kohlenstoffverbindungen und der Kohlensäurebildung im Boden.

Jedes Versuchsgefäß erhält am Tag des Einleitens der Versuche 75 g destilliertes Wasser. Um Klumpenbildung bei manchen Böden auszuschalten, ist es vorteilhaft, die Bodendurchmischung erst am Tage nach der ersten Wassergabe vorzunehmen. Das verdunstete Wasser ist jeweils gewichtsmäßig zu ersetzen.

Die Gefäße werden — ohne Vegetation — in einem hellen Raum, vor der direkten Einwirkung der Sonnenstrahlen geschützt, aufgestellt. Die Zimmertemperatur darf nicht unter 18—20° sinken.

Die ersten Stickstoffbestimmungen werden nach dem Ansetzen der Versuche vorgenommen, die weiteren sodann nach 7, 14, 21 und 28 Tagen. Bestimmt wird jeweils der Gehalt an Gesamt-, Ammoniak- und Salpeterstickstoff. Der Gesamtstickstoff ist nach Kjeldahl zu ermitteln. Für die Bestimmung der anderen beiden Stickstofformen werden 125 g gut durchmischten Bodens in einem Erlenmeyerkolben mit 750 cm^3 2%iger Chlorkaliumlösung übergossen und das Ganze des öfteren gut durchgeschüttelt. Nach 2 Stunden wird filtriert und 200 cm^3 des Filtrates in einen, schon mit 300 cm^3 Wasser gefüllten, Destillationskolben gebracht. Nach Zugabe von 5 cm^3 konzentrierter Natronlauge wird der

Ammoniakstickstoff abdestilliert, der Rest des Kolbeninhalts nach dem Erkalten zur Reduktion des Salpeterstickstoffs mit Eisen und Schwefelsäure versetzt, kurz zum Sieden gebracht und sodann nach Zusatz von 200 cm³ Wasser erneut destilliert.

Anmerkung. Sollten am 28. Tag noch bemerkenswerte Mengen von Ammoniak- oder Salpeterstickstoff gefunden werden, dann sind die Beobachtungen fortzusetzen, bis keine Zunahme von Salpeterstickstoff mehr erfolgt.

Literatur.

Arnd, Th. u. Segeberg: Ztschr. f. angew. Ch. **49**, 166 (1936).
Behrens, W. U.: Methoden zur Bestimmung des Kali- und Phosphorsäurebedarfs landw. gen. Böden. Berlin 1935.
Goy, S. u. O. Roos: Ztschr. Pflanzenern. A **14**, 348 (1929).
Kolthoff, J. M.: Rec. trav. chim. Pays-Bas **42**, 192 (1923).
Lepper, W.: Landw. Vers.-Stat. **111**, 159 (1930).
Meppen, B. u. K. C. Scheel: Z. f. angew. Ch. **50**, 811 (1937) — Mitscherlich, E. A.: Bodenkunde, 4. Aufl., S. 135. 1923.
Neubauer, H. u. Wolferts: Ztschr. f. anal. Ch. **58**, 445 (1919).
Odén, S.: Die Huminsäuren, Kolloidchem. Beihefte, Bd. 11, S. 75. 1919.
Scheffer, F.: (1) Anweisungen für die Prüfungskommission von Handelshumusdüngemitteln (unveröffentlicht). — (2) Fortschritte der landwirtschaftlichchemischen Forschung, 11. Sonderheft „Der Forschungsdienst". Berlin 1938. — Schmitt, L.: Dtsch. landw. Presse **42**, 61 (1934). — Springer, U.: Ztschr. Pflanzenern. **3** [48], 139 (1937).
Vageler, P.: Der Kationen- und Wasserhaushalt des Mineralbodens. Berlin 1932, S. 53.
Waksmann, S. A.: Soil Science **22**, 221 (1926).

Bariumverbindungen.

(III, 553—579.)

Von

Dr.-Ing. **Fr. Specht**, Leverkusen (Rhld.).

Zur Untersuchung der Rohstoffe sind neue Vorschläge in größerer Zahl zu erwähnen, für die der Zwischenprodukte und Handelsprodukte liegen keine bemerkenswerte Mitteilungen vor.

A. Qualitative Analyse des Schwerspats (III, 553—559).

1. Prüfung auf Ba, Sr, Ca. Einige Arbeiten aus den letzten Jahren behandeln Nachweis und Trennung der Erdalkalien, die nach der Schmelze des Schwerspats mit Soda als Carbonate vorliegen und nach einer der unten angeführten Methode getrennt werden können.

P. E. Williams und H. T. Briscoe (1, 2) schlagen vor, die auf 10 cm³ eingeengte Lösung mit 15 cm³ Aceton und 15 cm³ 9 n-$(NH_4)_2CO_3$-Lösung zu versetzen. Man filtriert ab und wäscht den Niederschlag mit Ammoniumcarbonatlösung aus. Den Rückstand im Filter löst man in verdünnter Essigsäure, dampft zur Trockne ein und nimmt mit 2 cm^3 6 n-Essigsäure, 10 cm^3 Wasser und 3 cm^3 3 n-Ammoniumacetatlösung auf. In dieser Lösung wird $Ba^{\cdot\cdot}$ mit K_2CrO_4-Lösung gefällt und filtriert. Zum Filtrat gibt man konzentrierte Ammoniaklösung bis zur Gelbfärbung und 25 cm^3 Aceton in kleinen Anteilen und unter Rühren, wodurch $SrCrO_4$ gefällt wird, was filtriert wird. Das Filtrat wird mit Wasser verdünnt und mit Ammoniumoxalatlösung versetzt: es fällt Calciumoxalat. Nach dem Abfiltrieren des Oxalatniederschlages wird im letzten Filtrat jetzt Magnesium unter Zusatz von konzentriertem Ammoniak mit Dinatriumphosphat nachgewiesen.

Es sei auf das verschiedene Verhalten der Erdalkaliverbindungen gegen organische Lösungsmittel hingewiesen. So ist Calciumnitrat in Aceton leicht löslich, während Barium- und Strontiumnitrat nach Zahlenangaben praktisch unlöslich sind, eine Tatsache, die zur qualitativen Trennung gebraucht werden kann, wenn man wie folgt arbeitet: Man fällt die Erdalkalien mit Ammoniumcarbonatlösung in Gegenwart von Ammoniak und Ammoniumchlorid, wodurch die Trennung von Magnesium erreicht wird. Die Carbonate werden in verdünnter Salpetersäure gelöst und zur Trockne gebracht, der trockene Rückstand wird dann mit Aceton behandelt und filtriert. Im Filtrat befindet sich $Ca^{\cdot\cdot}$, das wie üblich nachgewiesen wird. Im Filterrückstand werden in bekannter Weise nach dem Lösen in Wasser $Ba^{\cdot\cdot}$ in essigsaurer Lösung als Chromat und $Sr^{\cdot\cdot}$ wie oben angegeben in ammoniakalischer Lösung unter Zusatz von Aceton ebenfalls als Chromat nachgewiesen.

Die folgenden Trennungsverfahren lehnen sich an schon früher bekannte an. So versetzt J. Kunz (1, 2) die Lösung der Erdalkalichloride mit n-$(NH_4)_2CrO_4$-Lösung, filtriert Bariumchromat ab und fällt im Filtrat $Sr^{\cdot\cdot}$ mit einigen Tropfen n-$(NH_4)_2SO_4$-Lösung. Das von Strontium befreite Filtrat wird mit einigen Tropfen konzentrierter Ammoniaklösung versetzt, dann weiter mit 2 n-Ammoniumchloridlösung und schließlich auf $Ca^{\cdot\cdot}$ durch Zugabe eines Tropfens $^1/_2$ n-Ammoniumoxalatlösung geprüft. Kunz vermeidet einen Reagensüberschuß und gibt daher die Fällungsmittel in kleinen Anteilen und in Zwischenräumen zur Untersuchungslösung.

Nach A. J. Scheinkmann und A. B. Politzschuck löst man die Carbonate bei leichtem Erwärmen mit 3—5 cm^3 Ammoniumacetatlösung und benützt diese Lösung zum Einzelnachweis, und zwar versetzt man für den $Ca^{\cdot\cdot}$-Nachweis einen Teil mit 3—5 Tropfen Ammoniak und Ammoniumchlorid, erhitzt zum Sieden und fügt 10 Tropfen gesättigte $K_4Fe(CN)_6$-Lösung hinzu: $Ca^{\cdot\cdot}$ gibt den bekannten, in Essigsäure unlöslichen Niederschlag, wobei $Ba^{\cdot\cdot}$ und $Sr^{\cdot\cdot}$ nicht stören.

Für den Bariumnachweis gibt man zu einem zweiten Teil der Ammoniumacetatlösung 10—15 Tropfen einer Natriumsulfatlösung, wobei nur $Ba^{\cdot\cdot}$ gefällt wird. Im Filtrat kann man schließlich durch Kochen $Sr^{\cdot\cdot}$ nachweisen.

Die verschiedenen Löslichkeiten der Chloride und Nitrate der Erdalkalien in Essigsäure benützt N. A. Tananaeff zur Trennung. Es sind nämlich Bariumnitrat, Bariumchlorid und Strontiumnitrat in Essigsäure unlöslich, dagegen Calciumchlorid und Calciumnitrat leicht löslich. Man kann also, von den Nitraten ausgehend, diese mit Eisessig behandeln, wodurch Calciumnitrat gelöst wird und im Filtrat nachgewiesen werden kann. Den in Eisessig unlöslichen Rückstand von Barium- und Strontiumnitrat löst man in wenig Wasser und weist $Ba^{..}$ als Chromat und $Sr^{..}$ als Carbonat nach.

Will man $Ca^{..}$ in gesättigten Lösungen von Barium- oder Strontiumsalzen nachweisen, so bringt man nach Tananaeff einen Tropfen der Lösung mit 10 Tropfen $K_4Fe(CN)_6$-Lösung zur Trockne und erwärmt den Rückstand mit wenig Wasser unter Rühren. Ist $Ca^{..}$ vorhanden, so tritt eine Opalescenz auf.

2. Mikrochemischer Nachweis von Barium. Literatur: W. Geilmann.

Einen mikrochemischen Nachweis zur Unterscheidung des $Ba^{..}$ von $Sr^{..}$ und $Ca^{..}$ schlägt L. Rosenthaler vor, wonach man in einer nicht zu verdünnten Lösung eines Bariumsalzes mit einer 5%igen Lösung von 6-Chlor-5-nitrotoluolsulfosaurem Natrium zuerst Körnchen, dann strauchartig verzweigte, zum Teil gebogene Nadeln erhält. Calcium- und Strontiumsalze reagieren selbst in 10%iger Lösung nicht, stören erst, wenn sie in noch größerer Menge anwesend sind.

Übrigens geben Bariumsalze, auch Calcium- und Strontiumsalze, in äußerst geringer Konzentration eine bläuliche, blaugrüne oder grüne Färbung und Fällung, wenn man sie mit 1 cm^3 Tanninlösung (1:1000) und 2 Tropfen $^1/_{10}$ n-Lauge versetzt.

Zum mikrochemischen Nachweis eignet sich das Bariumpikrat. Die Kristalle haben im Mikroskop die Form eines an den Seiten gedehnten Rhombus und Vierecks (A. F. Orlenko und N. G. Fessenko).

J. und H. Brintzinger beschreiben eine mikrochemische Trennung der Erdalkalien, wenn sie als Sulfate vorliegen. Mit verdünnter heißer Salzsäure wird Gips entfernt. Nach Reduktion von $BaSO_4$ und $SrSO_4$ zu Sulfiden in der Reduktionsflamme und nach Auflösen in einigen Tropfen konzentrierter Salzsäure erfolgt die mikrochemische Identifizierung des $Ba^{..}$ als $BaSiF_6$ und die des $Sr^{..}$ als $Sr(JO_3)_2$, was schon von W. Geilmann (III, 558) vorgeschlagen wurde.

B. Gewichtsanalytische Bestimmungen (III, 559—563).

Als Sulfat. Die Literatur über die Methodik der Fällung, über die Fällung in Gegenwart von verschiedenen Ionen, über die Untersuchung des $BaSO_4$-Niederschlages u. a. m. ist nach wie vor umfangreich. Einige kurze Hinweise mögen das bestätigen.

J. Dick schlägt vor, den $BaSO_4$-Niederschlag mit Alkohol und Äther auszuwaschen und dann trocken zu saugen, eine Schnellmethode, deren Brauchbarkeit A. A. Wassiljew und Mitarbeiter bestätigen. G. G. Longinescu und Mitarbeiter wollen die gewichtsanalytische $Ba^{..}$-Bestimmung verkürzen, indem sie direkt im Jenaer Glasfiltertiegel 1 G 4 fällen.

Zum Studium der Vorgänge, die beim Fällen von $Ba^{..}$- oder $SO_4^{..}$-Ionen als $BaSO_4$ stattfinden, sei auf die Arbeiten von Z. Karaoglanov und Mitarbeiter (1, 2) hingewiesen. Die letzte Arbeit befaßt sich unter anderem mit der Fällung von Ba·· mit K_2SO_4 oder H_2SO_4 in Gegenwart von $KMnO_4$.

Man vergleiche auch die Ausführungen im Abschnitt „Schwefelkies“ (S. 319).

Als Oxalat soll die Bestimmung des Bariums nach C. Diaz-Villamil möglich sein, wenn die neutrale Ba··-haltige Lösung in der Siedehitze mit Ammoniumoxalatlösung gefällt, der Niederschlag durch einen Goochtiegel filtriert und dann im trockenen Luftstrom im Ofen 1 Stunde bei 250° getrocknet wird. Die Auswaage ist wasserfreies Bariumoxalat.

Nach J. Haslam (1, 2) wird die salzsaure Lösung des Bariumsalzes mit 20 cm^3 gesättigter Ammoniumoxalatlösung versetzt, dann mit Wasser verdünnt, zum Sieden erhitzt, und jetzt wird konzentrierte Ammoniaklösung bis zum Umschlag des Methylorange hinzugefügt. Der Bariumoxalatniederschlag wird nach dem Stehen über Nacht im Glasfiltertiegel 1 G 3 abfiltriert, nacheinander mit absolutem Alkohol und Äther ausgewaschen und dann bei 100° getrocknet. Man hat jetzt $BaC_2O_4 \cdot {}^1/_2\,H_2O$ vorliegen, das man nach Haslam wie Calciumoxalat mit Permanganat titriert, wobei an Stelle der Schwefelsäure Überchlorsäure angewandt wird.

Schließlich hat man noch versucht, das im Überschuß zugesetzte Ammoniumoxalat nach Filtrieren des Bariumoxalatniederschlages mit Permanganatlösung zurückzutitrieren; vgl. hierüber N. A. Tananajew und Mitarbeiter.

C. Maßanalytische Bestimmung (III, 563—565).

Hierzu vgl. auch die Ausführungen des Abschnitts „Die maßanalytische Bestimmung der Schwefelsäure“ (S. 322—326).

Tüpfelmethoden. Nach J. G. Giblin (1, 2) läßt sich Barium mit Schwefelsäure volumetrisch bestimmen, wenn man den Endpunkt der Titration durch Tüpfeln der über dem Niederschlag stehenden Flüssigkeit mit einem auf Filterpapier gebrachten Tropfen Natriumrhodizonatlösung festlegt. Ein Verschwinden der Rosafärbung (Bariumrhodizonat) zeigt den Endpunkt an. Vgl. auch die Arbeiten von H. Strebinger und L. v. Zombory und von A. Mutschin und R. Pollak, die bei Sulfatbestimmungen zum Zurücktitrieren der im Überschuß hinzugefügten Bariumchloridlösung eine Natriumrhodizonatlösung als Indicator verwenden.

W. N. Skworzow versetzt die zu untersuchende, salzsaure Bariumsalzlösung in der Wärme mit überschüssiger Schwefelsäure und titriert den Schwefelsäureüberschuß mit ${}^1/_2$ n-$BaCl_2$-Lösung zurück, wobei der Endpunkt durch Tüpfeln mit einem Gemisch von Ammoniumbichromat und Natriumacetat ermittelt wird, und zwar gibt 1 Tropfen der das überschüssige Bariumchlorid enthaltenden Lösung auf einem Uhrglas mit dem Gemisch eine Trübung.

Jodometrisch. Auf die Methode von Kolthoff (III, 564) greift A. Romeo zurück, der zunächst das im Überschuß zu einer Bariumsalzlösung hinzugesetzte ${}^1/_{10}$ n-$K_2Cr_2O_7$ jodometrisch ermittelt und dann noch das gefällte und filtrierte $BaCrO_4$ mit dem Filter im Becherglas in verdünnter Salzsäure löst und diese Lösung ebenfalls nach Zusatz von Kaliumjodid mit $^1/_{10}$ n-Thiosulfatlösung titriert. Die Fällung des Bariumchromats geschieht unter Zugabe von 2 g kristallisiertem Natriumacetat und 10—12 Tropfen Essigsäure.

Mit Kaliumchromat. A. W. Winogradow und Mitarbeiter titrieren Bariumsalzlösungen mit K_2CrO_4-Lösungen in Gegenwart von Rosolsäure als Indicator und erhalten dann einen scharfen Umschlagspunkt, der nach A. W. Nasarenko noch verbessert wird, wenn man auf je 10 cm³ Titerflüssigkeit 5 cm³ Alkohol zusetzt. Von E. A. Kocsis wird Bromthymolblau als Indicator vorgeschlagen.

D. Bariumbestimmung bei Anwesenheit von Calcium (III, 565—569).

1. Sulfatmethode. In einer umfangreichen Arbeit haben Z. Karaoglanov und B. Sagortschev bei verschiedenen Bedingungen eine große Anzahl Bariumbestimmungen durch Fällung mit Schwefelsäure in Gegenwart von Calciumsalz durchgeführt, unter anderem rasche und langsame Fällungen, sie haben den Einfluß der Salzsäure und der Temperatur untersucht. Die Beobachtungen der Autoren ergaben zur Trennung des Bariums vom Calcium die folgende Arbeitsvorschrift:

„Die Lösung, welche nicht mehr als 1 g $BaCl_2$ enthalten darf, wird mit 2—5 cm³ n-Salzsäure angesäuert, mit Wasser auf 200 cm³ verdünnt und bei gewöhnlicher Temperatur langsam (in etwa 10 Minuten), unter beständigem Umrühren, mit verdünnter Schwefelsäure (etwa 0,2 n) gefällt. Der Niederschlag wird über Nacht stehengelassen, durch ein dichtes Filter filtriert und zunächst mit heißer, 1%iger Schwefelsäure und schließlich mit heißem Wasser ausgewaschen. Nach dem Trocknen wird der Niederschlag von dem Filter getrennt, das Filter durch sehr allmähliches Erhitzen verbrannt und der Niederschlag ebenfalls sehr allmählich geglüht und gewogen. Das Filtrat wird entsprechend eingedampft, mit NH_3 neutralisiert, mit $(NH_4)_2C_2O_4$ gefällt und der Niederschlag nach dem bekannten Verfahren als CaO gewogen.“

2. Nitratmethode. Nach A. H. Willard und E. W. Goodspeed (1, 2) kann man $Ba^{··}$ von $Ca^{··}$ trennen, wenn man $Ba^{··}$ als Nitrat in stark salpetersaurer Lösung fällt.

Die zu untersuchenden, getrockneten Barium- und Kalksalze werden in 5 cm³ Wasser gelöst. Hierin fällt man Bariumnitrat zunächst teilweise durch langsames Zusetzen von 3 cm³ 70%iger Salpetersäure unter Rühren, dann vollständig als dichten, kristallinen, gut filtrierbaren Niederschlag durch weitere Zugabe von 11 cm³ 100%iger Salpetersäure und erhält somit eine Endkonzentration von 76% HNO_3. Nach $^1/_2$stündigem Stehen wird 10mal mit 76%iger Salpetersäure ausgewaschen und 2 Stunden bei 130—140° getrocknet. Barium kann auf diese Weise von dem größten Teil der Elemente der zweiten, dritten und vierten Gruppe getrennt werden, auch vom Magnesium. Übrigens kann auch unter diesen Arbeitsbedingungen Strontium vom Calcium getrennt werden, doch ist hier eine Salpetersäurekonzentration von 80% erforderlich.

Literatur.

Brintzinger, J. u. H.: Ztschr. f. anal. Ch. **94**, 166—170 (1933).

Diaz-Villamil, C.: Chem. Zentralblatt **1936 II**, 1978, 1979. — Dick, J.: Ztschr. f. anal. Ch. **77**, 352 (1929).

Geilmann, W.: Bilder zur qualitativen Mikroanalyse anorganischer Stoffe, 1934. — Giblin, J. G.: (1) Analyst **58**, 752, 753 (1933). — (2) Chem. Zentralblatt **1934 I**, 1221.

Haslam, J.: (1) Analyst **60**, 668—672 (1935). — (2) Chem. Zentralblatt **1936 I**, 1060.

Karaoglanov, Z. u. Mitarb.: (1) Ztschr. f. anorg. u. allg. Ch. **221**, 369—381 (1935). — (2) Ztschr. f. anorg. u. allg. Ch. **222**, 249—256 (1935). — Karaoglanov, Z. u. B. Sagortschev: Ztschr. f. anal. Ch. **98**, 12—22 (1934). — Kocsis, E. A.: Chem. Zentralblatt **1937 I**, 1202. — Kunz, J.: (1) Helv. chim. Acta **16**, 3—6 (1933). — (2) Chem. Zentralblatt **1933 I**, 1975.

Longinescu, G. G. u. Mitarb.: Chem. Zentralblatt **1937 I**, 4996, 4997.

Mutschin, A. u. R. Pollak: Ztschr. f. anal. Ch. **108**, 8—18, 309—316 (1937).

Nasarenko, A. W.: Chem. Zentralblatt **1936 I**, 2782.

Orlenko, A. F. u. N. G. Fessenko: Ztschr. f. anal. Ch. **107**, 411—417 (1936).

Romeo, A.: Chem. Zentralblatt **1933 I**, 3221. — Rosenthaler, L.: Mikrochemie **14** (N. F. 8), 368 (1934).

Scheinkmann, A. J. u. A. B. Politzschuck: Ztschr. f. anal. Ch. **94**, 192, 193 (1933). — Skworzow, W. N.: Chem. Zentralblatt **1936 II**, 2949. — Strebinger, H. u. L. v. Zombory: Ztschr. f. anal. Ch. **105**, 346—350 (1936).

Tananaeff, N. A.: Ztschr. f. anal. Ch. **100**, 391-394 (1935). — Tananajew, N. A. u. Mitarb.: Chem. Zentralblatt **1934 II**, 2558.

Wassiljew, A. A. u. Mitarb.: Ztschr. f. anal. Ch. **89**, 262—268 (1932). — Willard, A. H. and E. W. Goodspeed: (1) Ind. and Engin. Chem., Anal. Ed. **8**, 414—418 (1936). — (2) Chem. Zentralblatt **1937 I**, 3838, 3839. — Williams, P. E. and H. T. Briscoe: (1) Chem. News **145**, 177—184 (1932). — (2) Chem. Zentralblatt **1932 II**, 2995. — Winogradow, A. W. u. Mitarb.: Chem. Zentralblatt **1935 I**, 2221.

Tonerdepräparate[1].

Von

Dr.-Ing. habil. **A. Dietzel**,

Abteilungsleiter am Kaiser Wilhelm-Institut für Silikatforschung,
Dozent für Glas- und Emailtechnik an der Technischen Hochschule, Berlin.

A. Kaoline und Tone (s. unter Keramik, S. 468).

B. Bauxit.

1. Verfahren der Aluminium-Industrie A. G. Neuhausen (III, 1)[2]. Wegen der Schwierigkeiten beim sauren Aufschluß von siebenbürgischem und griechischem Bauxit wird jetzt nur noch mit NaOH im Nickeltiegel (nicht Al-Tiegel) aufgeschlossen. Die geglühte und gewogene Kieselsäure wird mit HF und H_2SO_4 wie üblich abgeraucht, und aus dem Gewichtsverlust der genaue Gehalt an SiO_2 ermittelt. War die rohe Kieselsäure rötlich, so ist sie mit $NaKCO_3$ aufzuschließen und nochmals zu fällen.

Kalk wird mit Ammonoxalat im HCl-Auszug einer 2-g-Probe, nach Abtrennung von Al, Ti, Si mit NH_3 gefällt.

---

[1] Siehe auch Abschnitt „Aluminium".

[2] Nach freundlicher Mitteilung der genannten Firma.

2. Verfahren der Firma Gebr. Giulini G. m. b. H., Ludwigshafen[1] (III, 4).

Glühverlust. Man glüht zuletzt bei 1050° 2—3 Stunden lang.

Eisen. 100 cm^3 des Filtrats werden zunächst mit Ammoniak gefällt, der Niederschlag ausgewaschen, in HCl gelöst und hierin erst das Eisen bestimmt.

Calcium. Das gefällte Oxalat wird in HCl (1:1) gelöst und nochmals gefällt.

C. Kryolith (III, 14).

Bestimmung von Quarz im Mineralkryolith nach einem Kurzverfahren der Øresunds Chemiske Fabriker, Kopenhagen[1]. Man löst 1 kg $AlCl_3 \cdot 6\,H_2O$ zu 1 l auf und setzt 150 cm^3 konzentrierte HCl zu. Von dieser Lösung verdünnt man 200 cm^3 mit 100 cm^3 Wasser, kocht, gibt die Einwaage von 5 g Mineralkryolith zu und hält 20 Minuten unter Umrühren im Sieden. Dadurch geht der Kryolith in Lösung. Man filtriert durch ein 11 cm-Weißbandfilter (Schleicher & Schüll), wäscht chlorfrei, verascht und wägt. In der Regel genügt diese Bestimmung. Bei Anwesenheit nennenswerter Mengen von Sulfiden oder Eisenverbindungen schließt man diesen Rückstand mit Kaliumpyrosulfat auf, löst die Schmelze in salzsaurem Wasser, filtriert ab und wägt den Rückstand, der nur praktisch reiner Quarz ist. Nur in besonderen Fällen wird der Rückstand der $AlCl_3$-Behandlung mit Soda aufgeschlossen, und nach üblichen Verfahren die Kieselsäure bestimmt.

D. Tonerdehydrat (III, 37).

Verfahren der Aluminium-Industrie A. G. Neuhausen.

Feuchtigkeit. 15 g Einwaage. Trocknen bei 100—105° C bis zur Gewichtskonstante.

Glühverlust. 2 g des getrockneten Hydrats werden im Pt-Tiegel sehr vorsichtig auf 1200—1300° erhitzt und bis zur Gewichtskonstanz geglüht.

Kieselsäure. 10 g trockenes Hydrat werden in großer Pt- oder Porzellanschale in 80 cm^3 H_2SO_4 (D = 1,6) und Rühren und Erwärmen gelöst. Erhitzen bis zum Rauchen der H_2SO_4, abkühlen, mit Wasser verdünnen und abfiltrieren. Rückstand (SiO_2) glühen, wägen. Kontrolle durch Abrauchen mit HF.

Im Filtrat wird Eisen colorimetrisch mit KCNS bestimmt.

Alkali. Die Glühprobe wird in ein Becherglas (I. hydrolytische Klasse) gegeben, mit 100—150 cm^3 Wasser 15 Minuten gekocht und abgekühlt. Das Alkali wird mit $^1/_{20}$ n-H_2SO_4 und Rosolsäure als Indicator titriert. Nach der Entfärbung des Indicators wird wieder gekocht und titriert usf., bis beim Aufkochen keine Rosafärbung mehr auftritt. 1 cm^3 $^1/_{20}$ n-H_2SO_4 = 1,55 mg Na_2O.

Gutes Tonerdehydrat (nach dem Bayer-Verfahren) enthält nach Mitteilung der Aluminium-Industrie A. G.

0,005— 0,02 %	SiO_2
0,005— 0,03 %	Fe_2O_3
34,3 —34,7 %	Glühverlust
0,15 — 0,25 %	Na_2O
65,0 —65,4 %	Al_2O_3

[1] Nach freundlicher Mitteilung der genannten Firma.

E. Kalzinierte Tonerde.

Die Aluminium-Industrie A. G. Neuhausen bestimmt die Kieselsäure in einem Aufschluß von 5 g Substanz mit 70 g gepulverten Natriumpyrosulfat (Pt-Schale). Die gelöste Schmelze wird nach Zugabe von 65 cm³ H_2SO_4 (D = 1,6) bis zum Rauchen eingedampft, der Schaleninhalt mit Wasser verdünnt und von der Kieselsäure abfiltriert.

Das Alkali wird wie oben (D) bestimmt.

Gute metallurgische Tonerde soll enthalten:

0,03— 0,06% SiO_2
0,03— 0,06% Fe_2O_3
etwa 0,5 % Glühverlust
0,20— 0,50 Na_2O
etwa 99,0 % Al_2O_3

Die anorganischen Farbstoffe.

Von

Dr. phil. **Georg Wittmann**, I. G. Farbenindustrie A.G., Leverkusen.

I. Physikalisch-technische Prüfungen von Farbstoffen.

1. Kornfeinheit (V, 1006). Pipettenmethode nach Andreasen. Die Feinheitsanalyse läßt sich in einfacher Weise mit dem Pipettenzylinder nach A. H. M. Andreasen durchführen. Sie stellt eine Sedimentations-Gleichgewichtsanalyse dar (vgl. D. Horlück). Ein Meßzylinder mit Pipettenrohr und doppelt durchbohrtem Glasstopfen gestattet unter Anwendung des Stokes-Gesetzes die Analyse (s. I, 1056).

Die Methode liefert gut reproduzierbare Werte.

2. Stampfvolumen und -gewicht (V, 1011). Für das Schüttgewicht eines Pigmentes erhält man im allgemeinen schwankende Zahlen je nach Arbeitsweise. E. Becker hat daher einen mechanischen Antrieb des Meßzylinders angegeben, der für die Bestimmung des Schüttgewichtes erforderlich ist. Entsprechend der Mechanisierung des Vorgangs wird gleichzeitig für Schüttgewicht Stampfgewicht bzw. Stampfvolumen vorgeschlagen (s. a. E. Stock).

II. Untersuchung der einzelnen Farbstoffe.

A. Weiße Farbstoffe.

1. Bleiweiß und Sulfatbleiweiß (V, 1011). Normen. Nach der Anordnung für die Herstellung und Verwendung von Bleifarben vom 12. August 1936 vom Reichswirtschaftsministerium dürfen in Deutschland Bleiweiß und Sulfatbleiweiß neben Bleimennige nur mit einem Verschnitt von mindestens 20% an bleifreien Zusätzen geliefert werden. Dem entsprechend bringt der Verein Deutscher Bleifarbenfabrikanten Bleiweiß Z in den Handel, das aus reinem Bleiweiß mit einem Zusatz von 30% Zinkweiß besteht.

2. Lithopone. a) Eigenschaften (V, 1042). Für die Berechnung des spezifischen Gewichts von Lithopone ist für das spezifische Gewicht von Zinksulfid 4,06 und für Bariumsulfat 4,5 zugrunde zu legen. Das Zinksulfid liegt in Lithopone als Wurtzit vor.

Der Weißgehalt nach Ostwald beträgt in den guten Sorten 98—99%.

b) Chemische Untersuchung. I. Gesamtzink (V, 1045). Die unter e, α, 1 angegebene Methode wird in die R.A.L. Nr. 844 J aufgenommen.

II. Zinkoxyd (V, 1046). α) Nach R.A.L. Nr. 844 J[1]: 10 g Lithopone werden mit 4 g Ammonchlorid und 100 cm³ 10%igem Ammoniak unter öfterem Schütteln 1 Stunde kalt stehen gelassen, dann auf 500 cm³ aufgefüllt. 250 cm³ des Filtrats versetzt man wie bei a) mit Weinsäure, Eisenchlorid und Ammoniak und titriert wie bei a) mit einer Ferrocyankaliumlösung von bekanntem Titer. Der Wasserwert muß hierbei in Abzug gebracht werden. Er wird ermittelt durch Titration einer Lösung von 2 g Ammonchlorid und 50 cm³ Ammoniak in 250 cm³. Die erforderlichen Reagenzien sind die gleichen wie unter a).

β) *Polarographische Methode* (nach S. Knoke, s. a. Erg.-Bd. I, 103). Etwa 0,5 g Lithopone werden in einem 25-cm³-Meßzylinder mit Glasstopfen genau eingewogen. Dazu werden 20 cm³ einer vorrätig gehaltenen „Grundlösung", bestehend aus 10% Ammoniumchlorid, 2,5% Ammoniak und 0,4% Tylose S 100 (Kalle & Co., Wiesbaden-Biebrich) hinzugefügt. Darauf wird von Zeit zu Zeit kräftig geschüttelt. Die Bestimmung darf erst 15 Minuten nach dem Durchschütteln erfolgen. Die Bestimmung wird durchgeführt, indem der Inhalt des Meßzylinders ohne weiteres, also mit der aufgeschwemmten Lithopone, auf das Anodenquecksilber in ein 50-cm³-Becherglas gegossen und dann die Tropfelektrode eingeführt wird. Die Tropfelektrode wird vorher in destilliertem Wasser zum Tropfen gebracht, Spannungsbereich 1,0—1,5 Volt. Die einzustellende Empfindlichkeit richtet sich nach dem jeweiligen Zinkoxydgehalt der zu untersuchenden Lithoponeproben. Bei einem Zinkoxydgehalt unter 1% ist die Empfindlichkeit $^1/_{20}$—$^1/_{100}$ des absoluten Wertes. Die Eichung erfolgt mit einer Zinkchloridlösung bekannten Gehaltes, indem man z. B. 1 cm³ einer $^1/_{10}$ n-Zinkchloridlösung mit der oben genannten Grundlösung auf 20 cm³ auffüllt und mit dem Polarographen aufnimmt. Der Vergleich der Wellenhöhe der Eichlösung mit denen der Lithoponeaufnahmen, bei denen das gelöste Zink in der gleichen Flüssigkeitsmenge (20 cm³) vorliegt, ergibt den gesuchten Zinkoxydgehalt, wobei noch die benützte Galvanometerempfindlichkeit zu berücksichtigen ist. Die Eichung bleibt solange gültig, als an der Apparateaufstellung, der Tropfelektrode usw. nichts geändert wird. Die polarographische Methode ist besonders für Reihenuntersuchungen geeignet.

γ) *Prüfung der Lichtechtheit (R.A.L.). γ 1. Vorbemerkung.* Zur Zeit läßt sich keine einwandfreie Kurzprüfung angeben, die auch bei trübem

[1] Nach den Lieferbedingungen und Prüfverfahren für Lithopone. Herausgegeben vom Reichsausschuß für Lieferbedingungen Nr. 844 J. Wiedergabe erfolgt mit Genehmigung des Reichsausschusses für Lieferbedingungen (R.A.L.) Berlin W 9, Linkstr. 18. Verbindlich ist die jeweils neueste Ausgabe des R.A.L.-Blattes, das durch den Beuth-Vertrieb G. m. b. H., Berlin SW 68, Dresdener Str. 97 zu beziehen ist.

Wetter eine Kontrolle der Lichtechtheit von Lithopone mit einer künstlichen Lichtquelle zuverlässig ermöglicht. Arbeiten in dieser Richtung sind im Gange. Nicht lichtecht ist jedenfalls Lithopone, welche die folgende Prüfung im Quecksilberlicht unter Kontrolle der Lichtintensität nicht erfüllt.

γ *2. Herrichtung der Teststreifen.* Ein Streifen Filtrierpapier $10 \times 2{,}5$ cm (Schleicher und Schüll, Schwarzband) wird 20 Sekunden in eine Lösung von Methylviolett B (5 mg in 100 cm^3 Wasser) getaucht, abgestreift und auf einen trockenen Bogen des gleichen Filtrierpapieres gelegt, um den Überschuß der Farbstofflösung zu entfernen (Teststreifen I). Alsdann wird im Trockenschrank bei 60° C 20 Minuten getrocknet. Da die Farbstofflösung schnell verarmt, dürfen mit je 100 cm^3 der Lösungen nicht mehr als 8 Streifen $10 \times 2{,}5$ cm gefärbt werden. Die Teststreifen werden zu jedem Versuch frisch hergestellt. Ein zweiter Streifen Filtrierpapier wird mit einer Methylviolettlösung von der halben Konzentration der oben angegebenen Lösung (Teststreifen II) in der gleichen Weise angefärbt.

γ *3. Prüfung der Trockenfarbe.* Einige Tropfen gebleichtes Leinöl mit der Säurezahl 5—7 werden auf eine Glasplatte gegeben und soviel Lithopone hineingerieben, daß eine gut streichbare Masse entsteht, die gleichmäßig verstrichen wird. Der Anstrich wird in ein Gefäß gebracht und mit Wasser bedeckt, bis die Wasseroberfläche etwa 2—3 mm über dem Anstrich steht. Das Gefäß mit dem unter Wasser befindlichen Anstrich wird bestrahlt. Vor der Belichtung muß die Quarzlampe etwa 10 Minuten ununterbrochen gebrannt haben. Die Teststreifen und die zu prüfenden Proben müssen im gleichen Abstand von 30 cm von der Lampe belichtet werden. Etwa $^1/_3$ der Fläche wird vor der Einwirkung des Lichtes durch Abblenden mit einem Blechstreifen geschützt. Die Belichtung wird zunächst solange durchgeführt, bis die Farbe des Teststreifens I auf die des nichtbelichteten Teststreifens II ausgebleicht ist (Testzeit). Nunmehr wird außer dem schon vorher bedeckten Teil noch ein weiteres Drittel des Anstrichs vor der Einwirkung des Lichts geschützt und der unbedeckte Teil doppelt solange belichtet wie vorher. Die Gesamtbelichtungsdauer beträgt also das 3fache der Testzeit. Da innerhalb der kurzen Belichtungsdauer die Intensität der Lampe sich praktisch nicht ändert, ist es nicht erforderlich, wieder einen Farbtest anzuwenden. Nach erfolgter Belichtung wird die Endverfärbung der unbedeckten Lithopone mit der Grauleiter nach Ostwald bestimmt. Die Lithopone darf bei dieser scharfen Prüfung nicht über Stufe b der Ostwaldschen Grauleiter bzw. 70% Weiße vergrauen.

Neben der Ostwaldschen Grauleiter werden auch Grauleitern benützt, die den optischen Weißgehalt in Prozentzahlen angeben. Es entspricht:

Ostwald	a	b	c	d
% Weiße . . .	89,1	70,8	56,2	44,7

γ *4. Prüfung der Ölpaste.* Die Ölpaste wird nach der gleichen Vorschrift im Originalzustand, d. h. ohne nochmalige Zugabe von Leinöl geprüft.

δ) *Untersuchung der Ölpaste (R.A.L.).* 100 g Paste sind mit etwa 200 cm³ Benzin oder Benzol in einem Becherglas zu verdünnen und durch ein Prüfsiebgewebe Nr. 80 DIN 1171 (6400 Maschen/cm²) zu gießen. Zweckmäßig sind Siebe mit einem Durchmesser von 15 oder 20 cm zu verwenden. Darauf sind 50 cm³ Terpentinöl oder Benzin in das Becherglas zu gießen, gut umzurühren, und wieder auf das Sieb zu gießen, in dem man möglichst den Rest der Farbe dabei ausspült. Mittels einer mit Terpentinöl oder mit Benzin gefüllten Spritzflasche ist der Rest aus dem Becherglas auszuwaschen und das Sieb mit Benzin solange auszuspritzen, bis keine verfärbten Teilchen mehr hindurchlaufen. Um sich davon zu überzeugen, daß nichts mehr durch das Sieb hindurchgeht, ist zum Schluß durch das Sieb in eine reine Schale zu spritzen. Das Sieb ist vorher und nachher lufttrocken zu wägen; der Gewichtsunterschied gibt den Rückstand an.

Anmerkung. Am zweckmäßigsten ist Leichtbenzin anzuwenden, da dann der Rückstand bereits nach etwa 1 Stunde als lufttrocken angesehen werden kann. Bei Verwendung eines anderen Lösungsmittels ist zweckmäßig das letzte Mal mit Äthyläther zu spritzen, wobei der Siebrückstand auch nach 1 Stunde als lufttrocken betrachtet werden kann. Für die Bestimmung des Ölgehaltes der Paste und für die Trennung des Pigments vom Öl sind besondere Richtlinien des Deutschen Verbandes für Materialprüfungen der Technik (D.V.M.) als Entwurf veröffentlicht. (Zwangl. Mitt. d. D.V.M., Nov. **1927,** H. 10, und Wolff, Schlick, Wagner: Taschenbuch für die Farben- und Lackindustrie, S. 300. Stuttgart 1930.) Außerdem sei hier auf das Einheitsverfahren für die einfache Prüfung von Farben und Lacken R.A.L.-Blatt Nr. 840 A 2 hingewiesen.

c) Normen (V, 1050). In Deutschland sind vom Reichsausschuß für Lieferbedingungen (R.A.L.) Lieferbedingungen und Prüfverfahren für Lithopone, Trockenfarbe und Ölpaste zu Anstrichzwecken unter Nr. 844 J aufgestellt und im Mai 1935 herausgegeben worden. Diese sind hier auszugsweise mit Genehmigung des R.A.L. wiedergegeben. Es gibt hiernach folgende Sorten: Lithopone-Gelbsiegel mit 15% ZnS, Rotsiegel mit 30% ZnS, Lilasiegel mit 35% ZnS, Grünsiegel mit 40% ZnS, Bronzesiegel mit 50% ZnS und Silbersiegel mit 60% ZnS. Die aufgeführten Sorten werden auch in reinem, gebleichtem Leinöl angerieben mit der Bezeichnung „in Öl“ geliefert.

In der angegebenen Reihenfolge dürfen diese Sorten höchstens einen Gehalt von 0,5, 1,0, 1,2, 1,3, 1,7 bzw. 2,0% Zinkoxyd haben. Sie müssen außerdem die vorgeschriebene Lichtechtheitsprüfung erfüllen. Unter der Bezeichnung „Ö“ (leicht abreibbar in Öl) wird eine Lithopone geliefert, die sich durch besonders gute Abreibeeigenschaften auszeichnet. In dieser Ware kann ein Teil des Bariumsulfats aus natürlichem Bariumsulfat bestehen. Unter der Bezeichnung „für Spritlack“ wird in allen Sorten, mit Ausnahme von Gelbsiegel (15% ZnS), eine Spezialware geliefert, die in Spritlack und anderen sauren Bindemitteln nicht eindickt.

Die Ölpaste darf nur aus Lithopone und reinem, gebleichtem Leinöl bestehen und mindestens 10% und höchstens 20% Öl enthalten. Für das zu verwendende Leinöl sind die Lieferbedingungen für rohes, gebleichtes, raffiniertes und Lackleinöl *R.A.L.* Nr. 848 A zu berücksichtigen. Ein Zusatz von Leinöl-Standöl zur Ölpaste ist zulässig. Auf dem Prüfungssiebgewebe Nr. 80 DIN 1171 mit 6400 Maschen/cm² dürfen nicht mehr als 0,5% grobe Teilchen einer frischen Paste zurückbleiben.

3. Titanweiß. a) Chemische Untersuchungsmethoden. α) *Titandioxyd* (V, 1053). Schnellverfahren von H. B. Hope, R. F. Moran und A. O. Ploetz. Das Prinzip des Verfahrens ist folgendes: Nach Reduktion mit flüssigem Zinkamalgam wird das 3wertige Titan mit eingestellter Ferri-Ammonsulfatlösung gegen Kaliumrhodanid als Indicator titriert. Zur Analyse ist ein 250-cm³-Scheidetrichter erforderlich, der oben mit einem durchbohrten Gummistopfen verschlossen wird, in dem ein 6-mm-Glasrohr von 5 cm Länge steckt und das seinerseits mit einem Korkstopfen verschlossen wird. Das Abflußrohr des Scheidetrichters steht durch einen mit Quetschhahn versehenen Gummischlauch mit einem 25-cm³-Kölbchen in Verbindung.

Folgende Reagenzien werden gebraucht: $^1/_{10}$ n-Kaliumpermanganatlösung, 0,7 n-Ferriammonsulfatlösung, gesättigte Kaliumrhodanidlösung, flüssiges Zinkamalgam, frisch ausgekochtes, destilliertes Wasser mit einem Zusatz von 1% Schwefelsäure und Natriumbicarbonattabletten.

Zur Analyse wird eine 0,1—0,2 g Titandioxyd enthaltende Probe mit 20 cm³ konzentrierter Schwefelsäure und 15 g gepulvertem Ammonsulfat vollständig gelöst. Nachdem der 25-cm³-Kolben und der Verbindungsschlauch bis zum Glashahn mit destilliertem Wasser gefüllt sind, bringt man 15 cm³ Zinkamalgam und die aufgeschlossene Probe mit 75 cm³ destilliertem Wasser in den Scheidetrichter. Zur Verdrängung der Luft fügt man zwei Natriumbicarbonattabletten zu und setzt die offene Glasröhre auf den Trichter. Nach einiger Zeit gibt man noch zwei zerkleinerte Tabletten zu und verschließt nach Beendigung der Gasentwicklung die Glasröhre mit dem Korkstopfen. Darauf wird der Apparat 5 Minuten geschüttelt, das Zinkamalgam in das Kölbchen abgelassen und der Inhalt des Scheidetrichters titriert. Zu diesem Zweck fügt man mit einer Pipette 5 cm³ Kaliumrhodanidlösung zu, spült Gummistopfen und Glasrohr mit destilliertem Wasser ab und titriert rasch bis zum erstmaligen Erscheinen der weinroten Färbung mit Ferriammonsulfat. Durch Öffnen des Hahnes am Scheidetrichter und mehrmaliges Ausquetschen des Schlauchstückes zwischen Glashahn und Quetschhahn wird dessen Flüssigkeit in den Trichter gedrückt, wobei die rote Farbe verschwindet. Die Titration wird jetzt durch tropfenweisen Zusatz von Ferriammonsulfat beendet. Die Ferriammonsulfatlösung wird durch Auflösen von 30 g Ferriammonsulfat in 300 cm³ Wasser und 10 cm³ Schwefelsäure hergestellt. Durch tropfenweisen Zusatz von Kaliumpermanganat, bis die rosa Färbung eben noch verschwindet, wird das gesamte Eisen in die 3wertige Form gebracht. Das flüssige Zinkamalgam wird in der üblichen Weise aus 15 g Feinzink und 300 g Quecksilber bereitet und unter verdünnter Schwefelsäure aufbewahrt.

β) *Chrom.* Durch Behandlung von Titanoxyd mit konzentrierter Flußsäure erhält man eine Lösung von Titanfluorwasserstoffsäure, die sich mit Kaliumfluoridlösung fast vollständig fällen läßt. Es bildet sich dabei ein Niederschlag von K_2TiF_6, der sich rasch absetzt. Eine erste Fraktion wird durch Filtrieren abgeschieden, dann wird das Filtrat wieder konzentriert, um eine zweite Kristallisation zu erhalten, die gleichfalls abfiltriert wird. Im Filtrat bleibt neben einer kleinen Menge Kaliumfluortitanat noch ein geringer Kaliumüberschuß. Jetzt wird das überschüssige Kalium mit Kieselfluorwasserstoffsäure entfernt. Das verbleibende Filtrat enthält das gesamte Chrom neben etwas Titan und anderen Substanzen, die aber nicht stören. Durch vollständiges Eindampfen entfernt man nun die überflüssige Kieselfluorwasserstoffsäure und einen Teil des noch vorhandenen Titans durch Schmelzen mit saurem Ammonfluorid NH_4HF_2. Darauf führt man die Fluorverbindungen durch Zusatz von Schwefelsäure in Sulfate über und schmilzt den Rückstand mit einem Gemisch von Kaliumcarbonat und Kaliumchlorat, um das Chrom als Chromat zu erhalten. Die geschmolzene Masse wird mit verdünnter Schwefelsäure behandelt. Man filtriert und bestimmt Chrom im Filtrat auf colorimetrischem Wege mit Diphenylcarbazid. Zum Vergleich dient eine normale Chromatlösung. Zuweilen muß der Rückstand des letzten Filtrats nochmals einer Chloratschmelze unterworfen werden, um eine zusätzliche colorimetrische Bestimmung von Chrom vornehmen zu können (J. Ourisson; vgl. dazu R. Flatt und X. Vogt).

b) Normen (V, 1058). Das National Bureau of Standards plant hat für USA. eine Abänderung der von der Regierung festgesetzten Norm für Titan-, Zink-, Blei- und Titan-, Zinkfarben (TT-P 101) getroffen. Die diesbezüglichen Pigmente (Grad A und B) sollen mindestens 10% bzw. 15% Titandioxyd, 20—30% bzw. 30—35% Zinkoxyd, mindestens 50% bzw. 0% Bleiweiß und höchstens 10% bzw. höchstens 55% Füllstoffe (Bariumsulfat usw.) enthalten. Sulfidhaltige Pigmente dürfen darin nicht enthalten sein; der Gehalt an wasserlöslichen Stoffen darf 0,8% nicht übersteigen. Streichfertige Farben vom Grad A und B sollen mindestens 66% bzw. 58% der oben beschriebenen Pigmente enthalten. Von den flüssigen Bestandteilen sollen mindestens 85% auf Leinöl entfallen, der Rest kann aus Sikkativen und Verdünnungsmitteln bestehen (vgl. K. Heise).

4. **Schwerspat-Blanc-fixe** (V, 1071). Normen. Die englischen Liefernormen für Füllstoffe (British Standards Specifications Nr. 255, 60, 301) wurden einer neuen Bearbeitung unterzogen. Dabei ist jetzt für jeden Füllstoff die mikroskopische Prüfung auf Teilchenform und Korngröße vorgesehen. Bei Schwerspat wurde der Ölbedarf auf 8—12% (früher 9—14%), die flüchtigen Anteile auf maximal 0,5% (früher 0,75%) und die groben Anteile auf 0,25% Rückstand (früher 0%) auf dem 240-Maschensieb festgesetzt. Blanc-fixe muß jetzt mindestens 96% Bariumsulfat (früher 98%) und insgesamt mindestens 98% Bariumverbindungen enthalten. Der Rückstand auf dem 240-Maschensieb darf bis 0,1% (früher 0%) betragen und die vorhandenen Carbonate sollen im ganzen das Äquivalent von 0,1% Kohlendioxyd nicht überschreiten.

B. Gelbe Farbstoffe.

1. Die gelben Ocker. a) Chemische Untersuchung (V, 1084). *Calciumoxyd.* C. P. A. Kappelmeier gibt eine Bestimmungsmethode für Calciumoxyd in Ocker, die auch für Umbra und Siena gebraucht werden kann. 3 g Pigment werden auf einem Dampfbad mit 25 cm³ Salzsäure (D 1,19) und etwas Kaliumchlorat bis zur Trockenheit eingedampft. Der Rückstand wird mit 25 cm³ 4 n-Salzsäure aufgenommen und wieder eingedampft und diese Operation wiederholt. Darauf wird der Rückstand mit 25 cm³ Salzsäure behandelt und die Lösung auf einer Jenaer Glasfritte (3 G 4) filtriert und mit 20 cm³ heißer 4 n-Salzsäure gewaschen, die Fällung gewässert, getrocknet und die unlöslichen Bestandteile gewogen. Das Filtrat wird auf 300 cm³ verdünnt und zu Kongorot neutralisiert und mit einer gesättigten Kaliumoxalatlösung Calcium gefällt. Nach ½stündigem Erhitzen auf dem Dampfbade wird die Calciumoxalatfällung filtriert, mit einer 0,1%igen Kaliumoxalatlösung und nachher mit wenig heißem Wasser, 95%igem Alkohol und Äther gewaschen und im Ofen oder im Vakuum getrocknet und das Gewicht von $CaC_2O_4 \cdot H_2O$ ermittelt.

b) Normen (V, 1086). Die Lieferbedingungen und Prüfverfahren für Eisenocker sind im R.A.L.-Blatt Nr. 844 E angegeben (im Hauptwerk V, 1086 fälschlich mit 844 F bezeichnet).

2. Chromgelb. Chemische Untersuchung (V, 1102). *Chromsäure.* Eine genau abgewogene Menge Chromgelb (etwa 2 g) wird im Mörser mit 50 cm³ Wasser gemischt und in einen 200-cm³-Meßkolben gebracht. Der Mörser wird mit einer Mischung von 40 cm³ Wasser und 10 cm³ konzentrierter Salzsäure nachgespült. Man fügt noch 10 cm³ Salzsäure und 12 g Kaliumjodid zu, schüttelt gut durch und füllt bis zur Marke des Kolbens auf. Nach 2stündigem Stehen an einem kühlen Ort titriert man in 100 cm³ das ausgeschiedene Jod mit Thiosulfat in der üblichen Weise (S. A. Celsi). W. L. A. Warnier und A. Voet und W. Oostreen haben ein ähnliches Verfahren beschrieben, nur mit dem Unterschied, daß die Chromate vorher mit Alkalihydroxyd in Lösung gebracht werden. Diese Verfahren lassen sich auch auf Zinkgelb anwenden.

3. Zinkgelb. Chemische Untersuchungen (V, 1105) a) Chrom und Zink. 4 g Zinkgelb löst man kalt in 50 cm³ 6 n-Schwefelsäure und füllt den Meßkolben (500 cm³) bis zur Marke auf. Zur Chrombestimmung bringt man 25 cm³ der Lösung zu 200 cm³ Wasser, versetzt mit 2 g Jodkalium und säuert mit 5 cm³ konzentrierter Schwefelsäure an. Nach 5 Minuten titriert man mit Thiosulfat und Stärke als Indicator. Zur Zinkbestimmung werden 100 cm³ obiger Lösung mit Ammoniak genau neutralisiert. Dann leitet man Schwefelwasserstoff ein, filtriert und wäscht mit Wasser. Der Sulfidniederschlag wird in heißer Salzsäure gelöst. Nach Auskochen und Neutralisation titriert man in üblicher Weise mit Kaliumferrocyanid.

b) Alkalien. 1 g Zinkgelb wird in 10 cm³ Essigsäure (1:1) und 250 cm³ Wasser heiß gelöst. Zur heißen Lösung werden 20 cm³ 10%ige Bleiacetatlösung gefügt. Dann läßt man absitzen, filtriert den Niederschlag ab und wäscht gut mit heißem Wasser. Im Filtrat fällt man

Zink und überschüssiges Blei mit Schwefelwasserstoff, filtriert und wäscht den Sulfidniederschlag mit kaltem Wasser. Das Filtrat wird mit 3 cm³ konzentrierter Schwefelsäure stark eingeengt und dann in einem gewogenen Quarztiegel zur Trockne gebracht. Man setzt etwas festes Ammoncarbonat zu und erhitzt bis zur Verflüchtigung. Die letzte Operation wiederholt man einige Male und erreicht dadurch Gewichtskonstanz. Man rechnet zweckmäßig auf Prozent K_2O (A. A. Brizzolara, R. R. Denslow und S. W. Rumbel).

c) Sulfate. Man löst 1 g Zinkgelb in 15 cm³ konzentrierter Salzsäure und erhitzt zum Sieden. Durch tropfenweisen Zusatz von Alkohol wird Chromat zum Chromisalz reduziert. Dann verdünnt man mit Wasser auf 300 cm³, neutralisiert mit Soda und kocht unter Zugabe von weiteren 5 g Soda, läßt absitzen, filtriert und wäscht mit heißem Wasser. Das Filtrat wird mit Salzsäure neutral gemacht und ausgekocht. Dann wird die Lösung leicht sauer gemacht und mit 15 cm³ 20%iger Bariumchloridlösung werden die Sulfate heiß gefällt. Der Niederschlag wird filtriert, getrocknet und gewogen. Die Gewichtszunahme entspricht Bariumsulfat.

d) Gebundenes Wasser. Die Wasserbestimmung wird zweckmäßig im Verbrennungsrohr vorgenommen. Man erhitzt 3 g Pigment 4 Stunden lang im Verbrennungsrohr und berechnet aus der Gewichtszunahme des Absorptionsrohres den Gehalt an gebundenem Wasser.

4. Bleititanat. Seit einiger Zeit wird in USA. ein neues Anstrichpigment hergestellt, das als Bleititanat bezeichnet und durch Umsetzung von Bleimonoxyd und Titandioxyd bei erhöhter Temperatur gewonnen wird. Das Pigment entspricht der empirischen Formel $PbTiO_3$ bis auf geringe Verunreinigungen von Bleisulfat und Bleioxyd. Das spezifische Gewicht beträgt 7,3 und seine Farbe ist hellgelb. Das Brechungsvermögen liegt bei 2,7. Bemerkenswert ist die Eigenschaft, daß dieses Pigment U.V.-Strahlen 100%ig adsorbiert.

C. Rote Farbstoffe.

1. Eisenoxydrote (V, 1107). Normen. Die englischen Liefernormen werden in der neuen Vorschrift (Specification Nr. 272—1936) für natürliche und künstliche sowie gemischte Eisenoxyde zusammengefaßt. Bei den natürlichen Eisenoxydroten für Anstrichfarben werden zwei Sorten unterschieden; bei einer Sorte wird der zulässige Carbonatgehalt auf 1 Äquivalent von 2,5% Kohlendioxyd und bei der anderen auf 10% Kohlendioxyd beschränkt. Die künstlichen Eisenrote werden in zwei Typen eingeteilt, und zwar 1. Indisch- und Türkisch-rote und 2. andere künstliche Eisenrote, wie diejenigen aus Bauxit erzeugten, mit Ausnahme von Venitianisch-rot. Der Fe_2O_3-Gehalt von 1. muß mindestens 97%, derjenige von 2. mindestens 55% betragen. Hinsichtlich des Ölbedarfs wird Type 1 in zwei Klassen unterteilt, und zwar a) mit einem Ölbedarf von mindestens 15% und höchstens 30% und b) mit einem Ölbedarf von mindestens 30 und höchstens 40%. Der Ölbedarf von Type 2 wurde auf 20—40% festgelegt. Die aus natürlichen und künstlichen Oxyden gemischten Produkte werden ebenfalls in zwei Typen eingeteilt, von denen Type A Mischungen ohne Füllstoffzusatz und Type B solche mit Füllstoffzusatz umfaßt. Bei der Liefernorm für Venitianisch-rot (Nr. 370) wurden nur textliche, aber keine technischen Änderungen vorgenommen. Die neuen englischen Liefernormen sind zu erhalten durch das Publications Department der British Standards Institution 28, Victoriastreet, London SW 1.

2. Mennige. Chemische Untersuchung (V, 1113). a) Bleidioxyd. α) *Modifiziertes Lux-Verfahren* (V, 1114; nach R. Salmoni). Die Lux-Methode liefert zu hohe Werte, da die anwesende Salpetersäure teilweise die zugesetzte Oxalsäure oxydiert. Wendet man zur Auflösung aber Überchlorsäure $HClO_4$ an, so findet keine zusätzliche Oxydation der Oxalsäure statt. Außerdem versetzt man die Mennigeeinwaage mit der stöchiometrischen Oxalsäuremenge bzw. mit dem kleinsten möglichen Oxalsäureüberschuß, um die Bildung von schwerlöslichem Bleioxalat zu verhindern. 2,000 g bzw. 2,392 g Mennige werden abgewogen und in einem 400-cm³-Becherglas mit 50 cm³ einer titrierten Oxalsäure versetzt, die 30 bzw. 35 cm³ einer $^1/_5$ n-Kaliumpermanganatlösung zum Titrieren verbraucht. Man fügt 6 ccm konzentrierte Überchlorsäure, die salzsäure- und chlorsäurefrei ist, hinzu, rührt und erwärmt gelinde, bis alles Pb_3O_4 aufgelöst ist und titriert dann in der Wärme den kleinen Oxalsäureüberschuß mit $^1/_5$ n-Kaliumpermanganat bis zur rötlichen Färbung zurück. Die Anwendung von Überschlorsäure zur Mennige-Analyse wurde schon von Mrgudich und Clark vorgeschlagen; sie titrierten aber den Oxalsäureüberschuß potentiometrisch mit $^1/_{10}$ n-Cerisulfatlösung zurück.

β) *Gewichtsanalytische Methode* [nach E. Schürmann (1) und K. Charisius]. Mennige wird mit einer wäßrigen Lösung von Chromchlorid oder -acetat bei Gegenwart von Natriumacetat umgesetzt. Die Reaktion ist folgende:

$$3\,PbO_2 + 2\,CrCl_3 + 2\,H_2O = 2\,PbCrO_4 + PbCl_2 + 4\,HCl\,.$$

Das in der Mennige enthaltene Bleidioxyd wird unter Oxydation des Chromsalzes in Bleichromat übergeführt, das nach Filtration und Umfällen als solches direkt nach Trocknen bei 105° gewogen wird. Man kann außerdem das erhaltene Bleichromat nach Veraschen und Aufschluß mit Kalium-, Natriumcarbonat unter Zusatz von Natriumperoxyd mit Jodkalium in salzsaure Lösung umsetzen und das ausgeschiedene Jod mit $^1/_{10}$ n-Natriumthiosulfat titrieren.

γ) *Indirekte Methode* [von E. Schürmann (2) und K. Charisius]. Bleidioxyd oxydiert Ameisensäure quantitativ nach folgender Gleichung: $HCOOH + 2\,PbO \cdot PbO_2 = 3\,PbO + CO_2 + H_2O$. Metallisches Blei stört die Reaktion nicht. Erforderlich ist nur die Ermittlung des ursprünglich in der Mennige enthaltenen Kohlendioxyds. 1—3 g abgewogene Bleimennige wird in einem 300-cm³-Rundkolben mit wenig Wasser zu einem dünnen Brei verrührt. Der Rundkolben wird mit einem doppelt durchbohrten Gummistopfen verschlossen, der einen Tropftrichter und ein Gasableitungsrohr trägt, an das sich ein mit Kohlendioxyd gesättigtes Chlorcalciumrohr anschließt. Der Apparat wird vorher mit kohlendioxydfreier Luft gefüllt. Man läßt nun Ameisensäure hinzutropfen, und zwar für 1 g Mennige etwa 10 cm³ Säure (D 1,12) und adsorbiert die entstehende Kohlensäure in einem gewogenen Kaliapparat. Nach beendeter Reaktion wird unter Erwärmen und Durchleiten von Stickstoff die Kohlensäure aus der Apparatur verdrängt und der Kaliapparat gewogen. In der gleichen Weise wird der CO_2-Gehalt mit Salpetersäure bestimmt und in Abzug gebracht. Die Kohlensäure kann auch mit normaler Barytlauge und Titration mit $^1/_{10}$ n-Salzsäure bestimmt werden.

δ) *Antimontrichloridverfahren* [nach H. Blumenthal (1)]. Antimontrichlorid wird in salzsaurer Lösung von Bleidioxyd in Gegenwart von Kochsalz zu der äquivalenten Menge Antimonsäure und Antimonpentachlorid oxydiert. Wendet man eine bekannte und mehr als ausreichende Menge Antimontrichlorid an, so ergibt sich der Bleidioxydgehalt, wenn man den Überschuß an Antimontrichlorid ermittelt. 0,7 g Bleidioxyd bzw. 2 g Mennige versetzt man mit 50 cm³ Antimontrichloridlösung (15 g $SbCl_3$ + 300 cm³ HCl [1,19] mit destilliertem H_2O auf 1 l auffüllen). Der Kolbeninhalt wird langsam unter Schütteln zum Sieden erhitzt. Sobald alles in Lösung gegangen ist, titriert man die heiße Flüssigkeit mit $^1/_{10}$ n-Kaliumbromatlösung (2,783 g $KBrO_3$ auf 1 l) unter Anwendung von Methylorange als Indicator (Verfahren von St. Györy). Sobald alles Antimon oxydiert ist, zerstört das freiwerdende Brom den Indicator.

b) Metallisches Blei (V, 1116). Wendet man zur Auflösung von Mennige verdünnte Salpetersäure, Natriumnitrit oder Wasserstoffperoxyd an, so löst sich stets ein Teil des in der Mennige enthaltenen Bleies auf. Nach R. Salmoni liefert folgendes Verfahren genaue Werte. Mindestens 10 g Mennige werden im 400-cm³-Becherglas mit Wasser befeuchtet und angerührt. Darüber gießt man 100—300 cm³, je nach Einwaage, 10%ige Überchlorsäure oder gesättigte Ammonacetatlösung, rührt um und fügt tropfenweise Hydrazinhydrat zu, bis die rote Farbe der Mennige verschwindet und sich eine farblose mehr oder minder trübe Flüssigkeit bildet. Das ungelöste metallische Blei vereinigt sich zu schwammigen Teilchen, die sich leicht absetzen. Man dekantiert nach einigen Minuten, wäscht auf einem gewogenen Filter, trocknet bei 105° und wiegt. Enthält die Probe unlösliche Anteile, so ist deren Prozentgehalt in Abzug zu bringen. Für genaue Bestimmungen empfiehlt sich aber das Blei im Rückstand analytisch zu bestimmen.

c) Kupfer (V, 1118). H. Blumenthal (2) hat die Bestimmungsmethode dadurch verbessert, daß in einer beliebigen Menge Kupfer leicht bestimmt werden kann. Wird eine Lösung von kupferhaltigem Bleinitrat unter geeigneten Bedingungen mit frischem Bleisulfid digeriert, so fällt das Kupfer als Sulfid quantitativ aus und kann zusammen mit dem überschüssigen Bleisulfid abfiltrieren und analytisch bestimmt werden. Man löst 100 g Mennige oder mehr in Salpetersäure unter späterem Zusatz von Natriumnitrit und einigen Tropfen Wasserstoffperoxyd auf. Dann macht man mit 20%iger Sodalösung fast neutral und fügt darauf 5 g kristallisiertes Natriumacetat und 100 cm³ Wasser zu.

In der kalten Lösung wird jetzt mit 20 cm³ gesättigtem Schwefelwasserstoffwasser eine Bleisulfidfällung erzeugt. Nach Erhitzen zum Sieden wird filtriert und mit heißem Wasser gewaschen. Der Bleisulfidniederschlag wird nun mit Salpetersäure quantitativ in einen 200-cm³-

Erlenmeyerkolben gebracht und unter Zusatz von 5 cm^3 konzentrierter Schwefelsäure abgeraucht. Nach dem Erkalten wird mit 50 cm^3 Wasser aufgenommen, gekocht, abgekühlt und vom Bleisulfat abfiltriert und mit H_2SO_4-haltigem Wasser gewaschen. Zum Filtrat gibt man Schwefelwasserstoffwasser, erwärmt bis sich die Sulfide absetzen, bringt diese auf das Filter und wäscht nochmals mit warmen Wasser. Danach wird der letzte Niederschlag in einem 25-cm^3-Porzellantiegel verascht. Der Tiegelinhalt wird mit verdünnter Salpetersäure gelöst und mit Ammoniak übersättigt. Entsteht ein Niederschlag (Wismut- oder Zinnhydroxyd), so wird filtriert und im Filtrat die colorimetrische Kupferbestimmung durchgeführt.

Normen (V, 1119). *1.* In *Deutschland* wird entsprechend der Anordnung vom 12. 8. 36 des Reichswirtschaftsministeriums (s. S. 408) eine Bleimennige unter der Bezeichnung „Bleimennige V 75" in den Handel gebracht, die 25% Bleimennige und Eisenoxyd neben Hammerschlag enthält. Die Deutsche Reichsbahn hatte schon einige Zeit vorher eine mit 20% Bariumsulfat verschnittene Bleimennige vorgeschrieben, nachdem über mehrere Jahre ausgedehnte Bewitterungsversuche das günstige Verhalten einer derartig verschnittenen Bleimennige ergeben hatte (G. Schultz; s. dazu L. A. Jordan und L. Whitby).

2. Englische Normen. Die neue englische Liefervorschrift (Specification Nr. 217—1936) erstreckt sich auf a) gewöhnliche Bleimennige für Anstrichfarben, b) Bleimennige für Kitte und c) nicht erhärtende oder Nonsetting-Mennige. Die technischen Anforderungen an die einzelnen Sorten wurden dahin geändert, daß bei Nonsetting-Mennige die Grenze für grobe Teilchen von 1% auf 0,75% herabgesetzt wurde. Sämtliche Sorten müssen einen Bleioxydgehalt von mindestens 99,5% haben. Bei gewöhnlicher Mennige sollen mindestens 72%, bei Kittmennige 43—72% und bei Nonsetting-Mennige 93,15% Pb_3O_4 enthalten sein.

D. Grüne Farbstoffe.

Zinkgrün. Chemische Untersuchung (V, 1179). W. Boehm gibt einen Arbeitsgang an, der Zink, Blei, Chromat, Ferrocyan und nicht komplex gebundenes Eisen zu bestimmen gestattet.

1. Zink, Blei, Chromsäure und nicht komplex gebundenes *Eisen.* 2,5 g Zinkgrün werden mit 50 cm^3 25%iger Natronlauge heiß gelöst und mit heißem Wasser auf 200 cm^3 verdünnt. Man filtriert vom abgeschiedenen Eisenhydroxyd ab und wäscht mit heißem Wasser sehr gut aus und füllt das Filtrat nach dem Erkalten auf 500 cm^3 im Meßkolben auf (Lösung A).

a) Der Filterrückstand enthält das ganze, nicht komplex gebundene Eisen des Berlinerblaus und außerdem das als Verunreinigung vorhandene Eisen, kleine Mengen Zink- und Bleihydroxyd und die mechanischen Verunreinigungen. Der Rückstand wird in verdünnter Salzsäure gelöst, filtriert und die mechanischen Verunreinigungen nach dem Trocknen, Veraschen und Glühen zum Wägen gebracht. Im Filtrat wird die geringe Bleimenge mit Schwefelwasserstoff gefällt und abfiltriert.

Das Bleisulfid wird in verdünnter Salpetersäure gelöst und für später aufbewahrt. Im Filtrat des Bleisulfids wird nach dem Verkochen des Schwefelwasserstoffs das Eisen mit Ammoniak abgeschieden, nach Umfällen geglüht und gewogen. Zu den vereinigten Filtraten der Eisenoxydfällungen fügt man die erhaltene Lösung des Bleisulfids, wobei die Lösung ammoniakalisch bleiben soll. Danach wird die Lösung ameisensauer gemacht und im Meßkolben auf 500 cm³ aufgefüllt (Lösung B).

b) Das Filtrat enthält die ganze Chromsäure, Ferrocyan und den größten Teil des Zinks und Bleis.

Zur Zink- und Bleibestimmung werden 100 cm³ Lösung A, entsprechend 0,5 g Substanz ziemlich stark ameisensauer gemacht, und man fügt hierzu 100 cm³ der Lösung B, die ebenfalls 0,5 g Zinkgrün entsprechen. Nun fällt man Zink und Blei gemeinsam, filtriert den Niederschlag ab, wäscht aus und löst darauf die Sulfide mit dem Filter in Schwefelsäure und einigen Tropfen Salpetersäure auf und raucht ab. Nach dem Erkalten nimmt man mit 100 cm³ Wasser auf, kocht und filtriert nach mehrstündigem Stehen das ausgeschiedene Bleisulfat ab, trocknet und wiegt. Im Filtrat des Bleisulfats titriert man Zink am besten mit Ferrocyankalium.

Zur Chromatbestimmung neutralisiert man 100 cm³ Lösung A mit verdünnter Schwefelsäure im 1-l-Kolben und verdünnt insgesamt auf 300 cm³, setzt 16 cm³ konzentrierte Schwefelsäure zu und dann so lange Ferrocyankalium, bis ein Farbumschlag nach Grün auftritt, der anzeigt, daß das ganze Chromat zu grünem Chromisalz reduziert und die äquivalente Ferricyanion gebildet ist. Nun gibt man 2 g Kaliumjodid zu und nach Schütteln noch einen Löffel Zinksulfat und Ammonsulfat zur Fällung des Ferrocyanions und titriert das frei werdende Jod mit Thiosulfat gegen Stärke zurück.

2. Ferrocyanion. 2,5 g Zinkgrün werden wie unter 1. mit Natronlauge gelöst, verdünnt und in einem 1-l-Meßkolben filtriert. Im Filtrat fällt man Zink in Gegenwart von Bicarbonat mit Kohlensäure als Carbonat. Man kocht, füllt nach dem Abkühlen zum Liter auf und filtriert durch ein trockenes Faltenfilter. Vom Filtrat werden 400 (= 1 g Substanz) cm³ in einem 750-cm³-Kolben mit etwas Arsentrioxyd bei mäßigem Erwärmen behandelt und so das ganze Chromat zu Chromisalz reduziert. Die bicarbonat-alkalische, tiefgrüne Lösung wird jetzt in einem 2,5-l-Becher mit Schwefelsäure (1:1) angesäuert und auf 2 l verdünnt. Man fügt noch weitere 100 cm³ Schwefelsäure (1:1) und außerdem 6 Tropfen Ferroin als Indicator zu. Darauf titriert man mit einer Cerisulfatlösung, bis die schmutzigrote Lösung nach hellblau umschlägt. Die Cerisulfatlösung wird auf gleiche Art gegen Ferrocyankaliumlösung von bekanntem Gehalt eingestellt.

Literatur.

Andreasen, A. H. M. u. S. Berg: Beih. zu den Ztschr. des Verlags Chemie. Berlin 1935.

Becker, E.: Farben-Ztg. **38**, 1685 (1937). — Blumenthal, H. (1): Mitt. K. Materialprüfungs-Anst. Groß-Lichterfelde West **1933**, Nr. 22, 40. — (2) Mitt. K. Materialprüfungs-Anst. Groß-Lichterfelde West **1933**, Nr. 22, 41. — Boehm, W.:

Farben-Ztg. **1938**, 528. — Brizzolara, A. A., R. R. Denslow u. S. W. Rumbel: Ind. and Engin. Chem. (Anal. Ed.) **29**, 6, 656 (1937).
Celsi, S. A.: An. Farm. Bioquim **2**, 39 (1933).
Flatt, R. u. X. Vogt: Bull. Soc. Chim. **2**, 1985 (1935).
Györy, St.: Ztschr. f. anal. Ch. **32**, 415 (1893).
Heise, K.: Titanweiß. Dresden: Theodor Steinkopff. — Hope, H. B., R. F. Moran u. A. O. Ploetz: Ind. and Engin. Chem. (Anal. Ed.) **8**, 1, 48 (1936). — Farben-Ztg. **1937**, 618. — Horlück, A. D.: Angew. Chem. **50**, 812 (1937).
Jordan, L. A. u. L. Whitby: Bull. Research Assoc. Brit. Paint, Col. Varnish. Manuf. Nr 16.
Kappelmeier, C. P. A.: Verfkroniék, **2**, 41 (1935). — Knoke, S.: Angew. Chem. **35**, 728 (1937).
Mrgudich u. Clark: Ind. and Engin. Chem. (Anal. Ed.) **9**, 256 (1937).
Ourisson, J.: Bull. Soc. Ind. **100**, 565 (1934). — Chem. Trade Journ. **96**, 2496 (1935). — Farbe u. Lack 210 (1935).
Salmoni, R.: Annali di Chimica Applicata, Bd. 28, H. 2, S. 47. 1938. Farben-Ztg. **43**, 670, 724 (1938). — Schürmann, E. u. K. Charisius: (1) Mitt. K. Materialprüfungs-Anst. Groß-Lichterfelde West **1937**, Nr. 22, 37. — (2) Chem.-Ztg. **58**, 55 (1934). — Schultz, G.: Angew. Chem. **41**, 760 (1928). — Stock, E.: Farben-Ztg. **41**, 959 (1936).
Voet, A. u. W. Oostreen: Ind. Chim. Belge, **7**, 239 (1936).
Warnier, W. L. A.: Verfkroniék **6**, 212 (1934).

Glas-, keramische und Emailfarbkörper.

Von

Dr. **Werner Heimsoeth**, Leverkusen (Rhld.).

Die Glas-, keramischen und Emailfarbkörper sind mit wenigen Ausnahmen anorganische Verbindungen, meist Oxyde, Silicate, Aluminate, Alumosilicate der Metalle oder andere feuerfeste Metallverbindungen, sowie Metallsalze, aus denen sich die färbenden Verbindungen während des Brennens bilden. Die praktische Prüfung der Farbkörper beschränkt sich im allgemeinen auf die Verwendungsprobe, d. h. Vergleich der erzielten Färbung mit der Standardfarbe. Die in besonderen Fällen notwendigen Untersuchungsmethoden sind im folgenden aufgeführt.

A. Untersuchung des Farbkörpers.

Untersuchungen der Farbsubstanz sind von Interesse, wenn es sich darum handelt, Störungen der Fabrikation durch ungeeignete physikalische Beschaffenheit oder unerwünschte Bestandteile des Farbkörpers zu verhüten, oder die Anwesenheit giftiger Stoffe und damit eventuelle Verstöße gegen gesetzliche Bestimmungen auszuschalten.

1. Korngröße. Eine genügende Feinheit der Farbkörper ist vielfach von ausschlaggebender Bedeutung. Die einfachste Feinheitsbestimmung ist die der Schlämmsiebung mit Prüfsiebgeweben nach DIN 1171. Da die Farben meist sehr fein gemahlen sind, kommen die Siebe Nr. 60 bis 100 in Frage (3600—10000 Maschen pro Quadratzentimeter, entsprechend 0,102—0,060 mm lichte Maschenweite) (s. auch III, 63). Für vergleichende Untersuchungen insbesondere verschnittener Farbkörper mit groben Bestandteilen sind auch die in der Tonindustrie gebräuchlichen Schlämmapparate geeignet (s. III, 55). Für die Feinheitsbestimmung sehr feiner Farben, die das 10000-Maschensieb restlos passieren, muß die Sedimentationsanalyse herangezogen werden (I, 1056; III, 60 und Erg.-Bd. „Anorganische Farbstoffe").

2. Schüttvolumen und Stampfvolumen. Die Bestimmung des Schüttvolumens ist häufig ein bequemes Mittel zur Überwachung der Gleichmäßigkeit eines Rohstoffs und wird insbesondere bei den Weißtrübungsmitteln angewandt. Man schüttet das Pulver lose in einen Meßzylinder und bestimmt dessen Gewichtsdifferenz. Genauere Werte erhält man für das Stampfvolumen mit Hilfe des Stampfvolumeters nach Becker[1] bei welchem der Meßzylinder mit der Pulverfüllung einige 1000mal aufgestoßen wird.

3. Chemische Analyse. Die chemische Gesamtanalyse wird für den Farbenverbraucher nur selten von Wert sein. Ihn interessiert hauptsächlich die Abwesenheit von Stoffen, die den Herstellungsgang stören könnten oder giftig und daher Anwendungsbeschränkungen unterworfen sind. Die Methoden zur Analyse der Farbstoffe sind in den Kapiteln über Anorganische Farbstoffe (V, 1006) und Metalle (II, 2) zu finden. Im folgenden sind daher nur die möglichen Bestandteile für Glas-, keramische und Emailfärbemittel zusammengestellt.

a) Glasfärbemittel. Glasfärbungen werden durch Einschmelzen bestimmter Chemikalien in den Glassatz hervorgerufen. Vielfach beschränkt man sich auf Überziehen des Glases mit fertigen Farbgläsern (Überfanggläser). In solchen Farbgläsern sind also außer den farbgebenden Elementen noch die Glasbildner anzutreffen. Zur nachträglichen Verzierung des Glases dienen die Glasmalerfarben, die den bei Tonwaren erwähnten Aufglasurfarben ähneln, sowie die Glasemails und Farbbeizen (hierzu s. auch Kapitel Glas, III, insbesondere S. 461—470, 514—518 und 538—545).

Weiß. SnO_2, Sb_2O_3, ZrO_2, Na_3AlF_6, Na_2SiF_6, CaF_2, As_2O_3, Al_2O_3, MgO (Feldspat, Kaolin, Talk), $Ca_3(PO_4)_2$ (Knochenasche).

Grau. C, $MnO_2 + Fe_2O_3 + CuO$, NiO, U_3O_8.

Schwarz. MnO_2, Fe_3O_4, CoO_3, CuO, FeS, MnS, PbS.

Gelb. C, S, Na_2S, CdS, $x\,PbO \cdot y\,ZnO \cdot z\,Sb_2O_5 (+ Al_2O_3)$, Sb_2S_3, UO_3, $Na_2U_2O_7$, Ag-Salze, CeO_2, TiO_2, Cu_2O.

Rot. CdS + CdSe, UO_3, Se, Au, Au-Salze, CuO, FeSe, Sb_2S_3.

Violett. MnO_2, NiO, Co_2O_3, Nd_2O_3, Pr_2O_3.

Blau. Co_2O_3, CuO, Nd-Salze.

Grün. FeO, Cr_2O_3, UO_3, Pr_2O_3.

Zu den Glasfarbstoffen gehören im gewissen Sinne auch die Entfärbungsmittel, deren Wirkung auf Komplementärfärbung beruht und die zum Teil mit Oxydationsmitteln kombiniert sind. Hierin finden sich: MnO_2, NiO, Se, Na_2SeO_3, CeO_2 und seltene Erden, As_2O_3, KNO_3, $KMnO_4$.

b) Färbemittel für Tonwaren und Porzellan. Hierunter fallen Metalloxyde, Farbfritten und farbige Glasuren für Schmelzware, Unterglasurfarbkörper und wasserlösliche Metallsalze für die Unterglasurmalerei auf Steingut und Porzellan, Porzellan-Scharffeuerfarben, sowie Schmelz- oder Muffelfarben und Lüster für die Aufglasurverzierung. Bei allen Farbkörpern für Tonwaren ist mit der Anwesenheit von Glasur-

[1] Farben-Ztg. **38**, 1685 (1938). Hersteller: G. Rosenmüller, Dresden N 6.

bestandteilen zu rechnen. Die Farbglasuren und Aufglasurfarben sind fast immer stark bleihaltig. Zu den unten aufgeführten farbgebenden Bestandteilen treten häufig als Trägerstoffe Al_2O_3, SiO_2, SnO_2, ZnO und andere an sich farblose Oxyde.

Weiß. SnO_2(+PbO), ZrO_2, $ZrSiO_4$, Sb_2O_3, CeO_2, TiO_2, ZnO, CaB_4O_7, Al_2O_3, MgO, $Ca_3(PO_4)_2$.
Grau. C, Sb + Sb_2O_3, U_3O_8, Ir_2O_3, NiO, SnO, Salze von V, Pt, Ir, Rh, Pd, Ru, Os, Mo.
Schwarz. MnO_2 + Fe_2O_3 + Cr_2O_3 + Co_2O_3 + NiO + UO_3 + CuO, Ir_2O_3.
Gelb. MnO_2, CdS, 3 PbO · Sb_2O_5 + ZnO + Al_2O_3, TiO_2(+ZnO), V_2O_5 + SnO_2, Ceritoxyd, Fe_2O_3, Au, Sb_2S_5, PbO · CrO_3, ZnO · CrO_3, Salze von Pr und Mo.
Rot. CdS + CdSe, 2 PbO · CrO_3, UO_3(+ PbO + BiO), Cu_2O, Au, $AuCl_3$, MnO, Fe_2O_3, Cr_2O_3 + SnO_2(+ Al_2O_3), Nd-Salze.
Violett. MnO_2, Au, NiO, TiO_2, Cu_2O.
Braun. FeO · MnO_3, FeO · CrO_3, ZnO · CrO_3, Fe_2O_3, MnO_2.
Blau. CoO(+ P_2O_5), NiO, CuO, Cr_2O_3, TiO_2, V-Salze.
Grün. NiO + ZnO, CuO(+ PbO), CoO · Sb_2O_5, Cr_2O_3, CoO · TiO_2, Pr-Salze.

Aufglasurfarben kommen auch auftragsfertig mit Dicköl und Terpentinöl (Nelkenöl, Lavendelöl, Mohnöl u. a.) angerieben in den Handel. In den Lüsterfarben sind die färbenden Metalle vielfach in Form ihrer harzsauren Salze enthalten.

c) Emailfarbkörper. Während zur Herstellung durchsichtig gefärbter Emails (Majolikaemails) meist reine Metalloxyde eingeschmolzen werden, sind die eigentlichen Emailfarbkörper zur Erzielung deckender Färbungen den Unterglasurfarbkörpern ähnlich, enthalten jedoch im Gegensatz zu diesen keine Frittezusätze. Dagegen finden sich in ihnen häufig zum Nuancieren dienende trübende und nichttrübende farblose Stoffe wie ZnO, SiO_2, Al_2O_3, Feldspat, Kaolin (Analyse s. III, 1, 90).

Weiß. SnO_2, Sb_2O_3, $NaSbO_3$, ZrO_2, CeO_2, As_2O_3, $Ca_3(PO_4)_2$, TiO_2, Na_3AlF_6, Na_2SiF_6, NaF, CaF_2, Al_2O_3 (Kaolin, Ton), gasentwickelnde anorganische Salze [z. B. $(NH_4)_2CO_3$] und organische Verbindungen = Gastrübungsmittel.
Schwarz. Co_2O_3 + MnO_2 + Fe_2O_3 + Cr_2O_3 + CuO + NiO.
Gelb. CdS, x PbO · y ZnO · z Sb_2O_5, Fe_2O_3, TiO_2, V_2O_5(+ SnO_2).
Rot. CdS + CdSe, Fe_2O_3.
Rosa. Cr_2O_3 + SnO_2(Al_2O_3) + CaO, Au.
Braun. Fe_2O_3, ZnO · CrO_3, MnO_2, 3 PbO · Sb_2O_5.
Blau. CoO, Cr_2O_3, CuO.
Grün. Cr_2O_3, CuO(+ Sb_2O_5), NiO, CoO(+ Sb_2O_5), Mischungen von Gelb und Blau.

Emailfarbkörper sollen stets frei von löslichen Bestandteilen, insbesondere Sulfaten, sein, da solche leicht ein Erblinden der Emails verursachen. Auch lösliche Chromate (Schwarzfarbkörper) sind unerwünscht. Trübungsmittel für Geschirremails dürfen kein dreiwertiges Antimon enthalten, in manchen Ländern überhaupt kein Antimon. Weitere Elemente, deren Vorhandensein Anlaß zu Beanstandungen sein kann, sind unter B1 aufgeführt.

Die in der Emailindustrie verwendeten Schmelzfarben entsprechen denen für Tonwaren.

B. Untersuchung der Ausfärbung.

Sowohl das Aussehen des farbigen Gegenstandes, als auch die vom Farbkörper herrührende Beeinflussung seines Verhaltens gegenüber der

Beanspruchung durch den praktischen Gebrauch ist häufig Gegenstand von Laboratoriumsuntersuchungen (Glasprüfungen s. III, 474f).

1. Chemische Untersuchung. Besonders wichtig ist die Abgabe giftiger Stoffe beim Gebrauch, z. B. die Bleilässigkeit von Schmelzfarben und die Antimonabgabe von Weißemails an Speisesäuren.

Die für Deutschland geltenden gesetzlichen Bestimmungen sind im Lebensmittelgesetz vom 11. 12. 35 niedergelegt und verbieten: „Bedarfsgegenstände der in § 2 Nr. 1—4 bezeichneten Art so herzustellen oder zu verpacken, daß sie bei bestimmungsgemäßen oder vorauszusehendem Gebrauche die menschliche Gesundheit durch ihre Bestandteile oder Verunreinigungen zu schädigen geeignet sind." Bedarfsgegenstände im Sinne dieses Gesetzes sind nach § 2 „Eß-, Trink-, Kochgeschirr und andere Gegenstände, die dazu bestimmt sind, bei der Gewinnung, Verpackung, Aufbewahrung, Beförderung oder dem Genusse von Lebensmitteln verwendet zu werden und dabei mit diesen in unmittelbare Berührung zu kommen". Da im Farbengesetz von 1887 § 1 als gesundheitsschädliche Farben diejenigen bezeichnet sind, welche Antimon, Arsen, Barium, Blei, Cadmium, Chrom, Kupfer, Quecksilber, Uran, Zink, Zinn u. a. enthalten, so dürfen Geschirremails bzw. Glasuren bei bestimmungsgemäßen oder vorauszusehendem Gebrauche keine der obengenannten Elemente an die Speisen abgeben. In der Praxis beschränkt sich die Prüfung im allgemeinen auf die Abgabe von Antimon und Blei.

a) Bleilässigkeit. Die Frage der Bleiverwendung ist durch ein besonderes Gesetz vom 26. 6. 1887 geregelt, welches bestimmt: „Eß-, Trink- und Kochgeschirre sowie Flüssigkeitsmaße dürfen nicht mit Email oder Glasur versehen sein, welche bei $^1/_2$stündigem Kochen mit einem in 100 Gewichtsteilen 4 Gewichtsteile Essigsäure enthaltenden Essig an den letzteren Blei abgeben." Da bleihaltige Emails kaum noch hergestellt werden, ist die Innehaltung dieser Bestimmung hauptsächlich bei Schmelzfarben und farbigen Glasuren zu überwachen. Die Ausführung der Prüfung ist in III, 272 beschrieben.

b) Antimonlässigkeit. In Deutschland gilt nur 3wertiges Antimon als giftig, 5wertiges dagegen als ungiftig. Nach einem Gesetzentwurf des Verbandes Deutscher Emaillierwerke (Sprechsaal-Kal. 1936) wird zur Prüfung 4%ige Essigsäure oder 3%ige Weinsäure vorgeschlagen, und es sollen für je 1 l Rauminhalt nicht mehr als 6 mg Gesamtantimon und 3 mg 3wertiges Antimon nachgewiesen werden können.

Für die genaue Bestimmung so geringer Mengen 3- und 5wertigen Antimons wurde von K. Beck und W. A. Schmidt[1] im Reichsgesundheitsamt folgende Untersuchungsmethode ausgearbeitet: In das Gefäß füllt man für je 1 l Fassungsraum 200 cm³ des Lösungsmittels (3%ige Weinsäurelösung), bedeckt das Gefäß zweckmäßig mit einem Rundkolben, in dem sich Kühlwasser befindet, und hält die Lösung unter häufigem Umschwenken durch Erhitzen über freier Flamme $^1/_2$ Stunde lang im Kochen. Nach dem Abkühlen und etwaigen Ergänzen der Lösung auf ihr ursprüngliches Volumen durch Zusatz des angewandten Lösungsmittels entnimmt man zur Ermittlung des Sb^{III}- und Sb^{V}-Gehaltes einen aliquoten Teil der Lösung und verfährt wie folgt:

[1] Ztschr. f. Unters. Lebensmittel **55**, 1 (1928).

1. Ermittlung des Sb^{III}. 50 cm³ Lösung werden mit 20 cm³ Salzsäure (1,126) versetzt und nach Zusatz von 1 Tropfen Methylorangelösung (2:1000) mittels 0,001 n-Kaliumbromatlösung auf farblos titriert. Die Anzahl der verbrauchten Kubikzentimeter, vermindert um die Zahl der durch Blindversuche festgestellten Anzahl Kubikzentimeter, geben den Sb^{III}-Gehalt in 0,001 mg Äquivalenten an, der, mit 0,0609 multipliziert, die in 50 cm³ gelöste Menge Sb^{III} in Milligramm ergibt.

2. Ermittlung des Gesamtantimons. α) 50 cm³ der Lösung werden mit 20 cm³ Salzsäure (1,126) versetzt und bis nahe zum Sieden erhitzt. Nach Entfernung der Flamme werden 10 Tropfen einer 10%igen Phosphorwolframsäurelösung und so viel Tropfen einer etwa 0,1 n-Titantrichloridlösung hinzugefügt, daß die kobaltblaue Färbung der mehrfach umgeschwenkten Lösung nach 2 Minuten noch besteht. Man wartet dann noch 3 Minuten und setzt alsdann zur vollständigen Entfärbung 2 Tropfen einer 0,01%igen Kupfersulfatlösung hinzu. Nach weiteren 5 Minuten erfolgt ein Zusatz von 1 Tropfen Methylorangelösung (2:1000), worauf man die rotgefärbte Lösung mittels 0,001 n-Kaliumbromatlösung auf farblos titriert. Die verbrauchte Anzahl Kubikzentimeter Bromatlösung vermindert um die Anzahl der durch den Blindversuch festgestellten Kubikzentimeter gibt die Menge des in 50 cm³ Lösung vorhandenen Gesamtantimons in 0,001 mg Äquivalenten an, die, mit 0,0609 multipliziert, die Anzahl Milligramm Gesamtantimon ergeben. Letztere, vermindert um die unter 1. ermittelte Anzahl Milligramm Sb^{III}, ergibt die Anzahl Milligramm Sb^{V}, die in 50 cm³ der ursprünglichen Lösung vorhanden sind.

β) Die nach Feststellung des Sb^{III}-Gehaltes nach 1. erhaltene Lösung wird nahe bis zum Sieden erhitzt und wie unter 2α weiterbehandelt. Als durch den Blindversuch festgestellter Mehrverbrauch an Bromatlösung ist jedoch die durch den Blindversuch unter 2α ermittelte Anzahl Kubikzentimeter, vermindert um die durch den Blindversuch unter 1. festgestellte, in Abzug zu bringen.

c) Säurebeständigkeit. Häufig interessiert auch die Beeinflussung der Säurebeständigkeit von Geschirremails durch einen Farbkörper, insbesondere Trübungsmittel. In diesem Fall ist die Methode des Vereins Deutscher Emailfachleute anzuwenden. Hiernach werden beliebig geformte Schalen mit mindestens 80 cm² Oberfläche $^{1}/_{2}$ Stunde lang mit siedender 5%iger Milchsäure behandelt, anschließend mit Wasser ausgespült und der Belag der Oberfläche mit einem Gummiwischer entfernt. Hieran schließt sich eine $^{1}/_{4}$stündige Behandlung mit 10%iger Sodalösung bei 60° und erneutes Auswischen an. Die ganze Behandlung wird wiederholt und die Gewichtsabnahme der Schale in Gramm pro 100 cm² während der Gesamtbehandlung bestimmt.

2. Optische Untersuchung. Farbton-, Trübungs- und Glanzmessungen sind im Kapitel Optische Messungen (I, 902) beschrieben. Die Farbtonmessung ist für den Farbenverbraucher nicht sehr von Belang und dient bisher vorwiegend wissenschaftlichen Zwecken. Hier sei besonders auf die neuerdings im DIN 5033 niedergelegte internationale Farbmeßmethode verwiesen.

Weiß- und Glanzmessung. Sowohl die Messung des durch den Farbkörperzusatz (Weißtrübungsmittel) erreichten Weißgehaltes von Emails und Glasuren, als auch die Feststellung der Glanzbeeinflussung insbesondere durch die Trübungsmittel hat Bedeutung für die Praxis erlangt, seit bequeme lichtelektrische Geräte zur Messung dieser Größen zur Verfügung stehen. Eine der gebräuchlichsten Anordnungen, mit der sowohl der Weißgehalt wie der Glanz gemessen werden kann, wird daher näher beschrieben[1].

Im Gegensatz zu der in I, 915 Abschnitt „Glanzmessungen" erwähnten „Glanzzahl" interessiert hier nur der objektive, nicht auf die Helligkeit der Probe bezogene Glanz als Maßzahl für den physikalischen Zustand der Oberfläche, d. h. das regulär reflektierte Licht in Prozenten des einfallenden bzw. eines willkürlich gewählten Standards. Bei dem Gerät von Lange (Abb. 1) wirft ein Niedervoltlämpchen *1* paralleles Licht unter einem Winkel von 45° auf den Prüfling. Das im Glanzwinkel reflektierte Licht trifft eine Selenzelle *6*, deren Photostrom durch ein Mikroamperemeter angezeigt wird. Durch ein der Zelle vorgeschaltetes System von Linse *3* und Blende *5* wird verhindert, daß vom Prüfling reflektiertes diffuses Licht in die Zelle gelangt. Das gleiche Gerät gestattet die Messung des Weißgehaltes des Prüflings, d. h. der diffusen Reflexion, durch Anbringung der Photozelle senkrecht über dem Prüfling. Der Weißgehalt wird bezogen auf den internationalen Standard, die Magnesiaweißplatte. An ihrer Stelle kann mit praktisch genügender Übereinstimmung auch die Barytweißplatte von Zeiß verwendet werden.

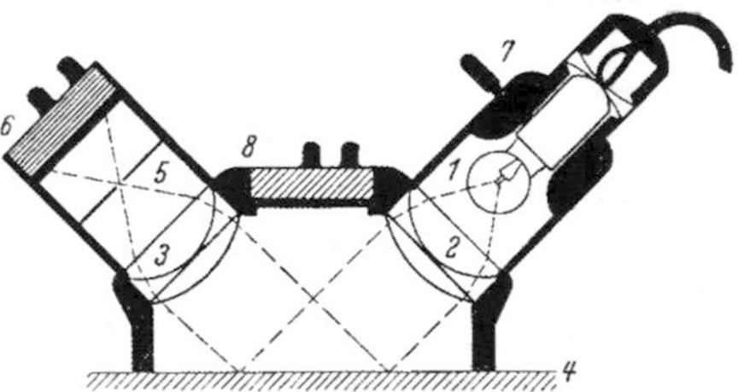

Abb. 1. Glanzmesser nach Lange.

Ein ganz ähnliches Gerät der I. G. Farbenindustrie A. G. besitzt sowohl im Glanzwinkel wie senkrecht über dem Prüfling je eine Photozelle, es fehlt jedoch das Linsensystem vor der Glanzzelle. Die Weißmessung wird genau wie bei dem Gerät von Lange mit der Zelle senkrecht über dem Prüfling ausgeführt. Bei der Glanzmessung jedoch wird diese obere Zelle der im Glanzwinkel angeordneten Zelle gegengeschaltet, wodurch das in die letztere Zelle fallende diffuse Licht kompensiert wird. Hierbei wird auch das unter genau 45° vom Prüfling ausgestrahlte diffuse Licht erfaßt, während beim Gerät von Lange dieser diffuse Anteil zusammen mit dem regulär reflektierten in die Zelle gelangt. Da die keramischen Glasuren und Emails keine optisch planen Oberflächen haben, müssen die Glanzmeßgeräte durch entsprechende Blendenregulierung auch einen Teil des Streuglanzes erfassen.

---

[1] Glanzmesser von Dr. B. Lange, Berlin-Dahlem, Garystr. 45.

Mörtelbindemittel.

Von

Professor Dr. R. Grün, Düsseldorf.

Einleitung (III, 300).

Auf dem Gebiete der Prüfung der Mörtelbindemittel haben sich seit Erscheinen des Hauptwerkes wesentliche Änderungen vollzogen. Auf dem Gebiete des Kalks, das bisher unübersichtlich war infolge der abweichenden oder einander überdeckenden Bezeichnungen, ist endlich Ordnung geschaffen durch ein neues Normenblatt DIN 1060, welches nicht nur einheitliche Bezeichnungen einführt, sondern auch Festigkeitszahlen gibt, welche, zumal bei hydraulischen Kalken, bisher fast völlig fehlten, die aber unbedingt notwendig sind, wenn man ein Bindemittel verarbeiten will, welches, wenn auch in geringem Maße, auf Festigkeit beansprucht wird. Auf dem Gebiete des Zements ist an Stelle der altbekannten Zugfestigkeitsprüfung diejenige auf Biegefestigkeit in Anlehnung an die international vorgeschlagenen Normungen eingeführt worden. DIN 1064, 1165/66. Auch auf anderen Gebieten, wie Prüfung der Wasserdurchlässigkeit, Salzwasserbeständigkeit usw., haben sich Änderungen vollzogen. Es war deshalb notwendig, wesentliche Ergänzungen anzubringen, und zwar werden die Änderungen der Normung und Prüfung in der gleichen Reihenfolge, wie im Hauptwerk, besprochen.

Luftbindemittel.

I. Fettkalk (III, 301).

Nach der neuen Begriffsbestimmung (vgl. DIN 1060, April 1939) „sind natürliche Baukalke Mörtelbindemittel, die entstehen, wenn kohlensaurer Kalk in seinen verschiedenen Abarten unterhalb der Sintergrenze gebrannt wird“. Derartig gebrannte Kalke verhalten sich beim Benetzen mit Wasser ganz verschieden und erhärten auch in ganz verschiedener Weise an der Luft oder unter Wasser. Dieses Verhalten wird bestimmt einerseits durch den Gehalt an löslichen sauren Bestandteilen, andererseits durch den Brenngrad. Man unterscheidet demgemäß folgende Kalkarten:

a) Kalke, die an der Luft erhärten,
 1. Weißkalk,
 2. Dolomitkalk (Graukalk).

b) Kalke, die unter Wasser erhärten,
 1. Wasserkalk,
 2. hydraulischer Kalk (früher „Zementkalk“ genannt),
 3. hochhydraulischer Kalk (hydraulischer Kalk höherer Festigkeit und Romankalk).

In Anlehnung an die Normen seien die Kalke wie folgt charakterisiert:

Weißkalk enthält mindestens 90% CaO, darf nicht über 5% MgO enthalten und löscht mit Wasser ab, am kräftigsten bei hohem Kalkgehalt.

Dolomitkalk (Graukalk) enthält mindestens 90% CaO + MgO und muß mehr als 5% MgO enthalten. Infolge seines höheren Magnesiagehaltes löscht er träger als Weißkalk und ist grauweiß bis grau.

Wasserkalk enthält mehr als 10% löslich saure Bestandteile, also Kieselsäure, Tonerde und Eisenoxyd, und hat eine Mindestfestigkeit von 15 kg/cm^2 nach 28 Tagen. Hat er mehr als 5% MgO, so wird er „dolomitisch" genannt. Das gebrannte Erzeugnis zerfällt träge, aber vollständig. Der Mörtel ist bei sachgemäßer Behandlung bis zu einem gewissen Grade wasserbeständig.

Hydraulischer Kalk enthält über 15% löslich saure Bestandteile, erhärtet auch unter Wasser und hat nach 28 Tagen 40 kg/cm^2 Festigkeit.

Natürlicher hydraulischer Kalk löscht nicht mehr ganz ab, sondern nur teilweise.

Künstlicher hydraulischer Kalk besteht in der Hauptsache aus hydraulischem Kalk, dem Puzzolane u. dgl., wie beispielsweise Hochofenschlacke, zugemischt sind.

Auch hochhydraulischer Kalk gehört hierher. Er unterscheidet sich vom hydraulischen Kalk nur durch höhere Druckfestigkeit von 80 kg/cm^2 nach 28 Tagen. Hierher rechnet man auch den Romankalk, der aber im Gegensatz zu den oben genannten Kalken aus sehr silicatreichen Kalksteinen gebrannt ist. Das gebrannte Erzeugnis zerfällt beim Zusatz von Wasser überhaupt nicht, muß also gemahlen werden. Zwischen den genannten Kalken gibt es noch Übergangssorten, bei welchen hauptsächlich die Festigkeit maßgebend ist.

Die im vorliegenden Abschnitt besonders interessierenden, nicht unter Wasser erhärtenden Kalke, also Baukalke, kommen in den Handel

als Stückkalk, ungelöscht und stückig, der dann auf der Baustelle abgelöscht wird,

als gemahlener Branntkalk, der demgemäß noch gelöscht werden muß,

als Kalkbrei oder Kalkteig, in der bekannten Form, und schließlich

als Löschkalk, also pulverförmig gelöscht.

Im Gegensatz zu diesen vier verschiedenen Modifikationen kommen die hydraulischen Kalke stets pulverförmig in den Handel, und zwar entweder gelöscht oder teilweise gelöscht oder ungelöscht. Pulverförmig gelöschter Kalk (Löschkalk) darf nur bis zu 10% ungelöschte Anteile enthalten.

Die Kalkart muß auf der Verpackung aufgeschrieben sein, um falsche Verarbeitung zu verhindern. Die früher oft übliche Bezeichnung „Sackkalk" ist unzulässig, da sie gar nichts besagt. Pulverförmiger Kalk muß verschieden lange Zeit eingesumpft werden, um zu verhindern, daß das verarbeitete Material nachträglich treibt. Entsprechende Vorschriften gibt das Lieferwerk (vgl. § 5 DIN 1060).

Chemische Zusammensetzung (III, 305).

Die chemische Zusammensetzung ist bei den Kalken besonders wichtig, da sie maßgebend ist für die Bestimmung der Kalkart und damit bestimmend ist für die Beurteilung der Güte des Erzeugnisses. Sie erstreckt sich auf die wirksamen Bestandteile, also auf Kalk- und Magnesiaoxyde sowie auf die löslichen sauren Anteile, da bei steigendem Gehalt die letzteren auch die Löscheigenschaften und die Festigkeitseigenschaften sowie die Wasserbeständigkeit grundlegend ändern; die Löscheigenschaften sinken, die Festigkeiten steigen. Daneben sind die unwirksamen Bestandteile, wie Feuchtigkeit, Hydratwasser und Kohlensäure sowie die nicht in die Reaktion eingreifenden unlöslichen Anteile zu bestimmen. Je höher die Anteile an solchen unwirksamen Bestandteilen sind, desto ungünstiger ist die Analyse zu beurteilen. Festgelegt sind folgende Grenzen:

Der Gehalt an unlöslichen Nebenbestandteilen, die man auch als Verunreinigungen bezeichnen kann, darf bei

Weißkalk nicht mehr als 3%, bei
Dolomitkalk nicht mehr als 5% betragen.

Tabelle 1.
Für Güte und Artbestimmung der Kalke maßgebender Bestandteile.

	Für Güte	Für Art			
		Kalke, die an der Luft erhärten		Kalke, die auch unter Wasser erhärten	
		Weißkalk	Dolomitkalk	Wasserkalk	hydraulischer und hochhydraulischer Kalk
A. Glühverlust	Glühverlust				
1. Feuchtigkeit . .	+ wirksame	—	—	—	—
2. Hydratwasser .	Bestandteile	—	—	—	—
3. Kohlensäure . .	+ Nebenbestandteile	—	—	—	—
B. Wirksame Bestandteile	und Rest				
a) Erdalkalien	Bei Weißkalk				
4. CaO	Nebenbestandteile und Rest	CaO $\geqq 90\%$	CaO + MgO $\geqq 90\%$	—	—
5. MgO	$< 3\%$	MgO $< 5\%$	MgO $> 5\%$		
b) Lösliche saure Bestandteile	Bei Dolomitkalk			Lösliche saure Bestandteile	
6. SiO_2 löslich . .	Nebenbestandteile				
7. Al_2O_3	und Rest	—	—	$> 10\%$	$> 15\%$
8. Fe_2O_3	$< 5\%$				
C. Nebenbestandteile + Rest		—	—	—	—

Ist der Gehalt an Kohlensäure übermäßig hoch, so wird er bei der Bestimmung der wirksamen Bestandteile als an Kalk gebunden berücksichtigt.

Bei der Bewertung der Analyse sind Erdalkalien, also Kalk, Magnesia und löslichen saure Bestandteile zusammen als die artbestimmenden Bestandteile auf 100 umzurechnen. Vorstehende Tabelle (vgl. DIN 1060, Tafel 1) gibt eine schnelle Übersicht:

1. Prüfung. Die Analyse erfolgt am besten, da in den Normen keine entsprechenden Vorschriften gegeben sind, sondern nur darauf hingewiesen ist, daß ein neues Verfahren ausgearbeitet wird, nach den entsprechenden Vorschriften für Zement (vgl. III, 344).

2. Raumgewicht und Kornfeinheit werden nach § 11 des Normenblattes wie folgt geprüft[1]:

a) Bestimmung des Raumgewichts. Das Raumgewicht wird nur an Kalken in Pulverform als Litergewicht des eingelaufenen und eingerüttelten Pulvers mit 1 g Genauigkeit für den Einzelversuch und mit 10 g für die Mittelwerte festgestellt.

1. Litergewicht, eingelaufen — Einlaufgewicht. Von dem Kalkpulver wird mit einer Handschaufel so viel in den Füllaufsatz des Einlaufgerätes Bauart Böhme geschüttet, daß das über dem Rande stehende Pulver in seinem natürlichen Böschungswinkel abfällt. Durch Betätigen des Verschlußhebels des Füllaufsatzes wird dann die Verschlußklappe des Füllaufsatzes geöffnet und dieser vom Meßgefäß abgehoben. Der überstehende Teil des in das Gefäß eingelaufenen Kalkpulvers wird mit einem Lineal abgestrichen und die Gewichtsmenge des Gefäßinhaltes bestimmt.

Der Versuch wird 3mal, jeweils mit frischem Kalk, ausgeführt und, falls die sich hierbei ergebenden Werte um mehr als 10 g voneinander abweichen, 2mal wiederholt; das Mittel aus den drei am wenigsten voneinander abweichenden Werten gilt als das Litergewicht des eingelaufenen Kalkpulvers — Einlaufgewicht.

2. Litergewicht, eingerüttelt — Rüttelgewicht. Das Kalkpulver wird in Teilmengen von je 150 g in das Litergefäß des Einlaufgerätes Bauart Böhme geschüttet und jede Teilmenge durch Hin- und Herstoßen des Gefäßes (etwa 2 Stöße in der Sekunde) auf einer starren Unterlage (Stahlplatte) 2 Minuten lang gerüttelt.

Die Teilmengen werden so lange eingefüllt, bis das Litergefäß annähernd gefüllt ist. Dann wird der Verlängerungsaufsatz auf das Gefäß aufgesetzt. Hierauf werden weitere Teilmengen des Kalkpulvers eingeschüttet, bis das Litergefäß über seinen Rand hinaus gefüllt ist. Der Verlängerungsaufsatz wird dann abgenommen, der überstehende Teil des Kalkpulvers mit einem Lineal abgestrichen und die Gewichtsmenge des in dem Litergefäß enthaltenen Kalkpulvers bestimmt.

Der Versuch wird 2mal ausgeführt und, falls die erhaltenen Werte um mehr als 10 g voneinander abweichen, ein drittes Mal. Das Mittel aus den zwei am wenigsten voneinander abweichenden Versuchen gilt als das Litergewicht des eingerüttelten Kalkpulvers — Rüttelgewicht.

---

[1] Die auszugsweise Wiedergabe der in diesem Kapitel behandelten Normenblätter erfolgt mit Genehmigung des Deutschen Normenausschusses. Verbindlich ist die jeweils neueste Ausgabe des Normblattes im Normformat A 4, das beim Beuth-Vertrieb GmbH., Berlin SW 68, erhältlich ist.

b) Bestimmung der Kornfeinheit. *1. Siebverfahren.* Zur Bestimmung der Kornfeinheit wird der gemahlene gebrannte oder pulverförmig gelöschte Kalk bei etwa 98° getrocknet.

Entsprechend den Gütevorschriften wird der Kalk auf einem oder mehreren Sieben abgesiebt. Die Rückstände auf den einzelnen Sieben werden in Prozenten des Siebguteinsatzes (100 g) mit 0,1% Genauigkeit angegeben.

Die Prüfung wird 2mal mit je 100 g getrocknetem Kalk ausgeführt. Weichen die Ergebnisse dieser beiden Prüfungen um mehr als 1% auf dem Sieb 0,090 DIN 1171 oder mehr als 0,3% auf den Sieben 0,20 und 0,6 DIN 1171 voneinander ab, so ist eine dritte Prüfung auszuführen. Maßgebend ist der Mittelwert aus den beiden am nächsten beieinander liegenden Ergebnissen.

Geprüft wird in der Regel durch Sieben von Hand. Hierbei sind quadratische Siebe mit Holzrahmen zu verwenden.

Der Kalk wird auf das Prüfsieb, bei Siebung durch mehrere Siebe zunächst auf das feinste Prüfsieb gebracht und gesiebt, indem das Sieb mit einer Hand gefaßt und in leicht geneigter Lage gegen die andere Hand geschlagen wird, und zwar so, daß je Sekunde etwa 2 Schläge ausgeführt werden. Nach 25 Schlägen wird das Sieb in waagerechter Lage um einen rechten Winkel gedreht und dann leicht nochmals auf eine feste Unterlage geklopft. In unter 2—4 angegebenen Abständen wird die untere Fläche des Siebes mit einer weichen Stielbürste abgebürstet, um etwa verstopfte Maschen zu öffnen. Siebgewebefeinheit, Siebdauer und Zeitpunkte des Abbürstens sind je nach dem Siebgut verschieden.

Nach Ablauf der jeweiligen Siebdauer wird der Rückstand durch Schräghalten des Siebes unter Aufklopfen auf eine feste Unterlage in einer Ecke gesammelt, in eine Schale geschüttet und gewogen. Zur Nachprüfung wird der Rückstand auf demselben Sieb weitere 2 Minuten gesiebt. Beträgt die Abnahme des Rückstandes nach dieser Zeit weniger als 0,05 g, so ist das Sieben als beendet anzusehen; andernfalls muß es um je 2 Minuten fortgesetzt werden, bis die vorgenannte Bedingung erfüllt ist.

Statt der Handsiebung kann auch ein maschinelles Siebverfahren angewendet werden, wenn es zu gleichwertigen Ergebnissen führt. In Streitfällen ist das Handverfahren maßgebend.

2. Auf der Prüfstelle gelöschter Kalk. Auf der Prüfstelle gelöschter Kalk wird auf dem Prüfsieb 0,6 DIN 1171 10 Minuten lang gesiebt; nach 3, 5 und 8 Minuten ist die untere Fläche des Siebes zu bürsten. Der dann verbliebene Rückstand wird nach b 1, Abs. 8 behandelt.

3. Pulverförmig eingelieferter Kalk für Mauermörtel. Pulverförmig eingelieferter Kalk (Kalk für Putzmörtel siehe b 4) wird zunächst auf dem Sieb 0,20 DIN 1171 abgesiebt; Siebdauer 30 Minuten, bürsten nach 10 und 20 Minuten (β 1, Abs. 5—7).

Der Rückstand dieser Siebung wird auf dem Sieb 0,6 DIN 1171 abgesiebt; Siebdauer 10 Minuten, bürsten nach 3, 5 und 8 Minuten.

Der dann verbliebene Rückstand wird nach b 1, Abs. 8 behandelt.

4. Pulverförmig eingelieferter Kalk für Putzmörtel. Pulverförmig eingelieferter Kalk für Putzmörtel wird zunächst auf dem Sieb 0,090 DIN 1171 abgesiebt; Siebdauer 30 Minuten, bürsten nach 10 und 20 Minuten (b 1, Abs. 5—7).

Der Rückstand dieser Siebung wird auf dem Sieb 0,20 DIN 1171 abgesiebt; Siebdauer 25 Minuten, bürsten nach 10 und 20 Minuten.

Der dann verbliebene Rückstand wird nach b 1, Abs. 8 behandelt.

Folgende Vorschriften für die Kornfeinheit sind gegeben:

Kornfeinheit (Prüfung s. unter 2b). Die pulverförmig oder pulverförmig gelöscht gelieferten Erzeugnisse müssen, ohne Rückstand zu hinterlassen, durch das Prüfsieb 0,6 DIN 1171 hindurchgehen und dürfen auf dem Prüfsieb 0,20 DIN 1171 nicht mehr als 10% Rückstand hinterlassen.

Kalk für Putzmörtel muß durch das Prüfsieb 0,6 DIN 1171 hindurchgehen, ohne Rückstand zu hinterlassen, und darf auf dem Prüfsieb 0,090 DIN 1171 höchstens 10%, auf dem Prüfsieb 0,20 DIN 1171 höchstens 2% Rückstand hinterlassen.

3. Ergiebigkeit. Sehr wichtig ist naturgemäß die Ergiebigkeit, zumal ja Stückkalk beim Ablöschen „gedeiht" und der Grad der Raumvermehrung ausschlaggebend ist für die Ergiebigkeit. Demgemäß schreiben die Normen vor, daß die Ergiebigkeit nur bei Kalken zu ermitteln ist, die ungelöscht, sei es in Stücken, sei es in Pulverform, geliefert werden. Für diese wird seitens der liefernden Werke bisweilen eine bestimmte Garantie gegeben. Die in Stücken gelieferten Kalke sollen auf dem Sieb 0,20 DIN 1171 nicht mehr als 5% Rückstand hinterlassen. Wichtig ist richtiges Ablöschen. Bei zweckmäßiger Arbeitsweise sind folgende Zahlen für die Ergiebigkeit maßgebend:

5 kg gebrannten Kalkes sollen liefern bei Weißkalk 11 l Kalkteig, bei Dolomitkalk 11 l Kalkpulver eingelaufen, bei Wasserkalk 7 l Kalkpulver eingelaufen.

Die Ergiebigkeitsprüfung wird wie folgt durchgeführt:

1. Ablöschen von Stückkalk zu Teig. Zur Feststellung der Ergiebigkeit beim Ablöschen zu Teig werden auf dem Boden von zwei Löschkästen, deren Gewicht vorher festgestellt ist, je 5 kg auf etwa Nußgröße zerkleinerter Stückkalk (Körnung etwa 1—4 cm) ausgebreitet und mit abgewogenem Wasser von 20° gerade abgedeckt. Als Löschwasser kann jedes Trinkwasser verwendet werden.

Nach dem Beginn des Löschens wird unter fortwährendem Rühren allmählich weiter abgewogenes Wasser zugegossen, bis anscheinend alle Teile gelöscht sind. Bei ruhigem Stehen wird, richtige Wasserzugabe vorausgesetzt, ein steifer Brei entstehen, der kein Wasser absondert.

Der zum Abdecken des Kalkes und weiterhin zum Ablöschen erforderliche Wasserzusatz wird festgestellt, Beginn und Ende des Löschens bestimmt und das Verhalten während des Löschvorganges vermerkt.

Nach vollendetem Ablöschen werden die Löschkästen 24 Stunden mit dem Deckel verschlossen, dann bleiben sie so lange im Laboratorium offen stehen, bis der Kalkteig Risse aufweist. Die Löschkästen sind nach vollendetem Ablöschen vor Erschütterungen zu schützen.

Sobald Rißbildung eintritt, wird dieser Zeitpunkt festgestellt, die Höhe des Kalkteiges an verschiedenen Stellen im Löschkasten gemessen und die mittlere Höhe errechnet. Je 1 cm Höhe der vorgeschriebenen Löschkästen entspricht 1 l Kalkteig. Außer der Raummenge wird auch das Gewicht des gewonnenen Kalkteiges bestimmt.

Zur Feststellung der Menge der nicht gelöschten Teile wird der gewonnene Kalkteig mit Wasser zu Kalkmilch verdünnt und über dem Prüfsieb 0,20 DIN 1171 abgeschlämmt; der auf dem Sieb verbleibende Rückstand wird bis zur Gewichtsbeständigkeit bei etwa 98° getrocknet und gewogen. Die Menge dieser ungelöscht gebliebenen Teile wird in Prozenten des Gewichtes des ungelöschten Kalkes angegeben.

Die nicht gelöschten Teile werden auf Nachlöschen untersucht. Dazu werden sie wiederholt mit Wasser benetzt (oder unter Wasser gebracht) und getrocknet; beobachtet wird, ob Zerfallen eintritt.

2. Ablöschen von Stückkalk zu Pulver. Zur Feststellung der Ergiebigkeit beim Ablöschen zu Pulver werden in zwei Löschkörbe je 5 kg auf etwa Nußgröße zerkleinerter Stückkalk (Körnung etwa 1—4 cm) gelegt und darin so lange in vorher gewogenem Wasser von 20° gehalten, bis das heftige Aufsteigen von Luftblasen aufhört. Dann wird der Kalk in Löschkästen, deren Gewicht vorher festgestellt ist, geschüttet.

Reichte das aufgesogene Wasser nicht aus zum vollständigen Zerfallen zu feinem Pulver, so ist der Löschversuch mit einer neuen Probe zu wiederholen. Nachdem der Kalk wiederum nach dem Eintauchen in die Löschkästen geschüttet ist und begonnen hat zu zerfallen, verteilt man über ihn mit einer Brause vorsichtig Wasser, dessen Menge ebenfalls bestimmt wird.

Der Gesamtbedarf des zum Löschen erforderlichen Wassers sowie die Dauer des Löschens werden bestimmt, das Verhalten während des Löschvorganges wird vermerkt.

Nach vollendetem Ablöschen werden die Löschkästen mit dem Deckel verschlossen und bleiben, vor Erschütterungen geschützt, 3 Tage im Laboratorium stehen.

Das Gewicht des gewonnenen Kalkpulvers wird bestimmt.

Die Litergewichte des eingelaufenen und eingerüttelten Kalkpulvers werden festgestellt (s. b, α) und die Ausbeute in Litern, bezogen auf das Einlaufgewicht, berechnet[1].

Das Kalkpulver wird auf dem Prüfsieb 0,6 DIN 1171 gesiebt (s. 2 b, 1 und 2) und gewogen; die Menge der Rückstände wird in Prozenten des Gewichtes des ungelöschten Kalkes angegeben.

Der Rückstand wird auf Nachlöschen untersucht (c 1, letzter Abs.).

3. Ablöschen von gemahlenem Branntkalk. Auf dem Boden von zwei Löschkästen, deren Gewicht vorher festgestellt ist, werden je eine Mischung von 5 kg gemahlenem Branntkalk und 10 kg Normensand ausgebreitet. Die Mischungen sind in geeigneten Mischgefäßen herzustellen.

Auf die ausgebreiteten Mischungen wird unter ständigem Umrühren so viel Wasser gegeben, daß ein flüssiger kellengerechter Mörtel entsteht.

[1] Die Kenntnis des Rüttelgewichtes ist erwünscht, weil es ein Merkmal der verschiedenen Kalksorten hinsichtlich des Brenngrades ist.

Überschuß an Wasser ist weniger schädlich als zu geringer Wasserzusatz, der nicht allen löschfähigen Kalk zum Ablöschen bringen würde.

Der erforderliche Wasserzusatz wird festgestellt. Das Verhalten während des Löschvorganges wird vermerkt.

Nach Beendigung der Mörtelbereitung werden die Löschkästen mit dem Deckel verschlossen und bleiben, vor Erschütterungen geschützt, 3 Tage im Laboratorium stehen.

Nach dieser Lagerung wird die Höhe des Mörtels im Löschkasten an verschiedenen Stellen gemessen und die mittlere Höhe errechnet. Hat der Mörtel Wasser abgestoßen, so ist dies zu vermerken, die Menge anzugeben und bei der Bestimmung der Mörtelmenge die Wassermenge unberücksichtigt zu lassen. Je 1 cm Höhe der vorgeschriebenen Löschkästen entspricht 1 l Mörtel. Außer der Raummenge wird auch die Gewichtsmenge des gewonnenen Mörtels bestimmt.

Durch Abzug des beim Löschen an Normensand zugesetzten Gewichtes — 10 kg — bzw. des ihm entsprechenden Raumes —

$$\frac{10 \text{ kg (Normensand)}}{2{,}65 \text{ kg/dm}^3 \text{ (spez. Gew. von Quarz)}} = 3{,}8 \text{ l}$$

von der Gewichts- und Raummenge des eingelöschten Mörtels erhält man das Gewicht und den Rauminhalt des gelöschten Kalkes als Kalkteig, dessen Wassergehalt anzugeben ist.

Zur Feststellung der Menge nicht löschfähiger Teile werden 5 kg gemahlener Branntkalk gemäß 2 b, 3, 1. Abs. auf dem Prüfsieb 0,20 DIN 1171 abgesiebt.

Der Siebrückstand wird gewogen, auf dem Boden eines Löschkastens ausgebreitet und im übrigen nach c, Abs. 1, 2, 4, 6 und 7 behandelt. Die Menge der ungelöscht gebliebenen Teile wird jedoch auf 5 kg bezogen und in Prozent, bezogen auf den ungelöschten Kalk, angegeben.

4. Raumbeständigkeit. Treiben tritt hauptsächlich dann auf, wenn unvollständig gelöscht wird. Die ungelöschten Stückchen (Krebse) führen dann zu den bekannten kraterförmigen Absprengungen im fertigen Putz, oft erst nach Jahren; am Grunde der entstandenen „Krater“ liegt dann das Treiben hervorrufende Stückchen. Für die Raumbeständigkeit bestehen in den Normen folgende Vorschriften:

Die Raumbeständigkeit ist bei sämtlichen Kalkarten nachzuprüfen. Nicht gelöschte und unvollständig gelöschte Kalke sind vor der Prüfung auf Raumbeständigkeit nach den vom Lieferwerk angegebenen Verarbeitungsvorschriften zu löschen oder zu behandeln.

Die Raumbeständigkeitsprüfung wird als beschleunigte Prüfung und Zeitprüfung durchgeführt. Letztere ist entscheidend, falls die beschleunigte Raumbeständigkeitsprüfung von einem Kalk nicht bestanden wird.

1. Herstellung und Lagerung der Probekörper. α) Beschleunigte Raumbeständigkeitsprüfung. 100 g Kalkpulver werden mit 15 cm³ Wasser angenäßt, in einer Porzellanreibschale von etwa 170 mm oberem Durchmesser mit dem Pistill gut durchgemischt, so daß eine klumpenfreie Masse erzielt wird.

Breiiger Kalk oder eingesumpfter Kalk ist auf Gipsplatten in etwa 25—30 mm hoher Schicht auszubreiten und so weit zu entwässern, daß er der Steife gleichkommt, die für mit Wasser angemachtes Kalkpulver vorgesehen ist. Der Wassergehalt ist zu ermitteln.

Aus der so vorbereiteten Masse werden von je 20 g Masse zylinderförmige Preßkuchen von 50 mm Durchmesser in einer Preßform unter 500 kg Belastung hergestellt. Der Druck ist 10 Sekunden zu halten.

Nach der Entlastung wird die Form von der Unterlagsplatte genommen, umgedreht und der Probekörper mit dem Preßstempel herausgedrückt.

Die entformten Probekörper lagern dann auf einem groben Siebgewebe (Nr. 2,0 DIN 1171) 3 Tage an der Luft.

β) Endgültige Raumbeständigkeitsprüfung (Zeitprüfung). Für die Prüfung werden runde Kuchen aus Kalknormenmörtel gefertigt.

Kalknormenmörtel besteht aus 1 Gewichtsteil Kalk + 3 Gewichtsteilen Zementnormensand. Für die Herstellung der 10 Kuchen sind jeweils 1200 g Mörtel von Hand innig durchmischt herzustellen.

100 g kellengerecht angemachter Kalkmörtel werden auf die Mitte von Glasplatten gebracht und diese so lange gerüttelt, bis Kuchen von etwa 9 cm Durchmesser und etwa 1 cm Dicke in der Mitte entstehen. Es sind mindestens 10 Kuchen zu fertigen. Die Proben werden im Zimmer an der Luft gelagert.

2. Prüfung. *α*) Beschleunigte Raumbeständigkeitsprüfung. Die an der Luft gelagerten Preßkörper werden auf dem Siebgewebe bei Zimmertemperatur in die Dampfdarre gebracht, deren Wasser dann zum Sieden erhitzt wird. Die Gesamtbehandlungsdauer in der Dampfdarre beträgt 2 Stunden, jedoch soll der Probekörper dem Dampf des siedenden Wassers von 100° nicht weniger als $1^1/_2$ Stunden ausgesetzt sein.

Die Probekörper sollen zweckmäßig im Kreis so um das Thermometer gelegt sein, daß an der schmalsten Stelle etwa 1 cm Zwischenraum bleibt.

Über die Probekörper wird dann ein in der Mitte durchbohrtes, nach oben gewölbtes Uhrglas so gedeckt, daß es die Probekörper nicht berührt und sie gegen das vom Deckel tropfende Schwitzwasser schützt.

Das Ergebnis der Prüfung richtet sich nach dem Aussehen der Preßkuchen:

1. Bleiben die Probekörper unverändert, eben und kantenfest, so ist die Prüfung bestanden.

2. Treten an den sonst festen Probekörpern einzelne Absprengungen durch Sprengkalkkörner auf, so ist die Prüfung bedingt bestanden.

3. Zeigt der Probekörper Treibneigung von verschiedener Stärke, angefangen von einem gewissen Quellen, meist verbunden mit Rißbildung bis zum völligen Zerfall, so ist die Prüfung nicht bestanden.

Infolge der Schärfe der beschleunigten Raumbeständigkeitsprüfung entscheidet in Zweifelsfällen bei 2. und 3. das Ergebnis der Raumbeständigkeitsprüfung nach *β*.

β) Endgültige Raumbeständigkeitsprüfung (Zeitprüfung). Zeigen die Kuchen aus Kalken, die an der Luft erhärten, nach 28tägiger Lagerung an der Luft weder Risse noch Verkrümmungen, so ist der Kalk als raumbeständig anzusehen.

Bei Kalken, die auch unter Wasser erhärten, wird, beginnend mit 1tägiger Lagerung, täglich eine Probe mit der Glasplatte in Wasser von 17—20° gelegt. Zeigt der Kuchen nach 24stündiger Wasserlagerung Zerstörungserscheinungen (Quellen, Aufweichen, Risse usw.), so ist eine neue Probe, die also jetzt einen Tag länger an der Luft gelagert hat, unter Wasser zu bringen und ebenso zu verfahren. Die Versuche sind fortzusetzen, bis die Kuchen während 24 Stunden Lagerung im Wasser unversehrt bleiben. Bei Wasserkalk und hydraulischem Kalk muß nach einer ihrer Eigenart entsprechend langen Lagerung an der Luft dieser Zustand — Wasserlagerungsfähigkeit — nach 7 Tagen, bei hochhydraulischem Kalk nach 2 Tagen, bei Romankalk nach 1 Tag erreicht sein. Zeigen die Kuchen nach weiterer 9tägiger Lagerung unter Wasser weder Risse noch Krümmungen, so ist der Kalk als raumbeständig anzusehen.

II. Gips (III, 314).

Obwohl im allgemeinen das Aussehen von Gipsstein und Anhydrit verschieden ist, gibt es dennoch in Süddeutschland Vorkommen, die beide von grauer Farbe sind und nicht ohne weiteres voneinander unterschieden werden können. Hier ist nur die Dichte oder die Analyse ausschlaggebend. Der Handelsgips kommt nicht nur als Estrichgips und Stuckgips, sondern auch als Putzgips auf den Markt. Der letztere ist über Ofenfeuer gebrannt und enthält alle Stufen vom Halbhydrat bis zum Estrichgips. Zweckmäßig ist es, an Stelle des Wortes „Ofengips“ den Namen „Putzgips“ zu wählen, da diese Ausdrucksweise auf den Verwendungszweck hinweist, wie dies auch bei Stuckgips und Estrichgips der Fall ist. Putzgips kommt unter den Namen Ofengips, Sparkalk, Awallit (nicht Avalith), Phönixit und Hebör in den Handel. Bei der Prüfung wird zweckmäßigerweise der Gips nicht mit Wasser durchfeuchtet, sondern in Wasser eingestreut (s. dagegen III, 317), und zwar in 100 g Wasser etwa 150 g Gips. Bezüglich der Mahlfeinheit (s. III, 317) ist darauf zu verweisen, daß die alten österreichischen Normen für das Altreich nicht ohne weiteres anwendbar sind. Die Mahlfeinheit ist in der Vorschrift zur einheitlichen Prüfung von Stuckgips nur für Stuckgips allein angegeben, aber auch die in dieser Vorschrift enthaltenen Zahlen werden vom Handelsstuckgips weit unterboten. Im Altreich kommt kein mittelfein oder grobgemahlener Stuckgips in den Handel. Auch die Putz- und Estrichgipse haben alle weniger als 20% Rückstand, viele sogar bleiben unter 10%. Die Einstreumenge ist bei den meisten gebräuchlichen Gipsarten geringer als die vor 10 Jahren angegebene Menge von 190 g; sie beträgt jetzt 140—160 g für Bau- und Alabastergips, während Formgips eine Einstreumenge von 250 g aufweist (III, 317).

Die Gießzeit soll nicht weniger sein als 4 Minuten (wie dies in den seinerzeitigen österreichischen Normen angegeben war), da ein Gips mit so kurzer Abbindezeit auf dem Bau nicht mehr anwendbar ist. Jetzt wird als „Raschbinder“ ein Gips bezeichnet, der eine Abbindezeit von etwa 20—25 Minuten hat; als „Langsambinder“ ein Gips, bei dem die Abbindezeit 30—40 Minuten beträgt. Dies entspricht einer Streichzeit von 10—20 Minuten, die bei normaler Ausführung notwendig ist (III, 319).

Als Richtlinie für die üblichen Mischungsverhältnisse ist folgendes zu sagen:

Stuckgips kann bis zu einem Mischungsverhältnis von 1 Teil Gips und 3 Teilen Sand verwendet werden, während für Putzgips ein Mischungsverhältnis von 1 : 1 zur Anwendung kommt. Die so entstehende Härte genügt für Putzzwecke vollkommen.

Im nachfolgenden sind die bisher gültigen Vorschriften des **Deutschen Gips-Vereins e. V.** mit dessen Genehmigung wiedergegeben:

Vorschrift zur einheitlichen Prüfung von Stuckgips.

Ausgabe Juli 1934.

Zur Prüfung von Stuckgips werden festgestellt: a) Mahlfeinheit, b) Einstreumenge, c) Gießzeit, d) Streichzeit, e) Abbindezeit, f) Zugfestigkeit.

Der Gipsbedarf beträgt zur Ausführung der Untersuchungen 4—5 kg, je nach der Einstreumenge des Gipses.

Vorbereitung des zu prüfenden Gipses.

Der zu prüfende Gips ist auf dem Normprüfsieb 2,0 DIN 1171 abzusieben, wobei die im Gips oft vorkommenden weichen Klumpen zerfallen und etwa vorhandene grobe Verunreinigungen zurückbleiben.

Man bedient sich hierzu eines Siebes in den Abmessungen von 35×60×12 cm, das gleichzeitig Sieben und gründliches Mischen der Gipsprobe ermöglicht.

a) Mahlfeinheit.

Um die Mahlfeinheit festzustellen, wiegt man 100 g Gips auf einer kleinen Hebelwaage ab. Der Gips wird durch ein trockenes Normprüfsieb 0,20 DIN 1171 von 60×35 cm Fläche gesiebt, bis auf einem untergelegten schwarzen Glanzpapierbogen kein Gipsstaub mehr zu beobachten ist. Der Siebrückstand ist zu wägen. Da der Versuch mit 100 g angestellt wird, entspricht das ermittelte Gewicht den Hundertteilen.

Feingemahlener Gips hinterläßt . . 0—10% Rückstand,
mittelfeingemahlener Gips hinterläßt 11—25% Rückstand,
grobgemahlener Gips hinterläßt . . 26—50% Rückstand.

b) Einstreumenge.

Unter der Einstreumenge des Gipses versteht man die Menge Gips, die auf 100 cm³ Wasser eingestreut, einen gießfähigen Gipsbrei ergibt.

Für diese Bestimmung verwendet man ein völlig trockenes Becherglas von 60 mm lichter Höhe und 70 mm innerem Durchmesser. Das Gewicht dieses Glases wird auf einer genauen Tafelwaage (von 4—5 kg Tragfähigkeit) ausgeglichen (am zweckmäßigsten mit Schrot); hierauf wird klares Wasser von 15—20° eingegossen und auf 100 g abgewogen. Die obere Wandung des Glases darf dabei nicht bespritzt werden, da der Gips beim Einstreuen an den Spritzern haften bleibt und dadurch Fehler entstehen. Die 100 g Wasser werden am einfachsten vorher in einem Meßglas abgemessen.

Das Becherglas wird nun auf eine Papierunterlage gestellt. Man merkt sich genau den Zeitbeginn des Einstreuens und streut den Gips lose mit der Hand so lange ein, bis der Gips nicht mehr untersinkt, d. h. bis der Wasserspiegel verschwindet und eine dünne trockene Gipsschicht 3—5 Sekunden lang sichtbar bleibt.

Die Dauer des Einstreuens (Einstreuzeit) soll $1^1/_2$—2 Minuten betragen. Während des Einstreuens dürfen weder das Glas noch der Gipsbrei berührt werden.

Die Einstreumenge ergibt sich aus der Differenz des Gesamtgewichtes (Becherglas + Wasser + eingestreuter Gips) und dem Gewicht von Becherglas + Wasser. Sie beträgt für Stuckgips 130—180 g.

Der beim Einstreuen erhaltene Gipsbrei darf zu weiteren Versuchen, d. h. zur Bestimmung der Gieß- und Streichzeit, nicht verwendet werden.

c) Gießzeit.

Unter der Gießzeit des Gipses versteht man den Zeitraum vom Beginn des Einstreuens (siehe b) bis zu dem Augenblick, in dem der Gips aufhört, gießfähig zu sein.

Um die Gießzeit zu ermitteln, wird ein neuer Gipsbrei mit der nach b ermittelten Einstreumenge hergestellt.

Man verwendet hierzu einen halben Gummiball von 12 cm Durchmesser, über den eine quadratische Zinkblechscheibe (16 × 16 cm) mit einem Kreisausschnitt von 10 cm Durchmesser gelegt wird.

In den Gummiball werden 100 cm^3 Wasser gegossen und durch den Kreisausschnitt die abgewogene Gipsmenge in etwa 30 Sekunden mit dem Löffel gleichmäßig eingestreut (etwa auf das Zinkblech gefallenes Gipsmehl wird behutsam in den Gummiball geschüttet). Man merkt sich dabei den Zeitbeginn des Einstreuens. Nach dem Entfernen des Zinkbleches wird der Gipsbrei mit dem Löffel etwa $^1/_2$ Minute lang tüchtig durchgerührt, wobei etwa entstandene Klümpchen zergehen müssen. Alsdann wird der Gipsbrei auf eine Glasplatte (15 × 15 cm) ausgegossen. Durch leichtes Bewegen dieser Glasplatte fließt er zu einem Kuchen von 5—7 mm Dicke und etwa 10—12 cm Durchmesser aus.

In Wartezeiten von $^1/_2$ Minute werden nun mit einem Taschenmesser Schnitte durch den Gipsbrei gemacht. (Das Messer muß sowohl bei dieser wie bei der darauffolgenden Bestimmung der Streichzeit nach jedem Schnitt gründlich gereinigt werden.) Hören die Ränder des Messerweges auf, von selbst ineinanderzufließen, so ist die Gießzeit beendet. Dieser Zeitpunkt wird angemerkt.

d) Streichzeit.

Unter der Streichzeit des Gipses versteht man den Zeitraum vom Beginn des Einstreuens bis zu dem Augenblick, in dem der Gips aufhört, streichfähig zu sein.

Um die Streichzeit zu ermitteln, verwendet man den bei der Feststellung der Gießzeit benutzten Gipskuchen. Sobald durch Fingereindrücke erkenntlich ist, daß der Gips sich dem Ende der Streichzeit nähert, wird in Wartezeiten von 1 Minute mit einem Taschenmesser ein 2 mm dicker Span abgeschnitten. Sobald der Span vor der ziemlich rasch durchfahrenden Messerschneide körnig und bröckelig ausfällt, ist die Streichzeit vollendet; dieser Zeitpunkt ist ebenfalls anzumerken.

e) Abbindezeit.

Unter Abbindezeit des Gipses versteht man den Zeitraum vom Beginn des Einstreuens bis zum Übergang von der eindrückbaren Masse zur harten Masse. Die Abbindezeit ist beendet, sobald sich die Gipskuchen von der Glasplatte abheben lassen ohne zu zerbrechen; das ist etwa nach 30 Minuten. Abgebundene Gipskuchen springen von der Glasplatte, wenn sie mit dem Messer am Rande angehoben werden; bei noch nicht völlig abgebundenen lösen sich nur einzelne Stücke, die von dem Gipskuchen abbrechen.

f) Zugfestigkeit.

Für die Bestimmung der Zugfestigkeit sind 12 Probekörper (Achterform mit 5 cm^2 Zerreißquerschnitt) zu gießen. Je 6 Probekörper sind unter Benutzung des in der Zementprüfung üblichen Zerreißapparates nach 1 und 7 Tagen auf ihre Zugfestigkeit zu püfen.

Als Mindestzugfestigkeit für Stuckgips wird festgesetzt: nach 1 Tag 8 kg/cm^2, nach 7 Tagen 16 kg/cm^2.

Herstellung der Zugkörper.

Der erforderliche Gipsbrei ist auf Grund der nach b ermittelten Einstreumenge herzustellen. Man erhält einen Gipsbrei für 6 Zugkörper, indem man in 400 cm^3 Wasser von 15—20° die 4fache Einstreumenge Gips einstreut und das Gemisch gut durchrührt und durchquirlt, bis alle Knötchen zergangen sind.

Diesen Gipsbrei gießt man rasch, unter ständigem Umrühren in die mit weißem Vaselin oder mit einem ölfeuchten Tuche ausgewischten Formen ein, so daß der Brei jede Form um einige Millimeter überragt.

Während des Eingießens des Gipsbreies in die Formen muß der Inhalt der Gießpfanne stets gut durchgerührt werden. Bei schnellbindendem Gips mit 2 bis

3 Minuten Gießzeit können nur 3 Zugproben zugleich hergestellt werden (unter jeweiliger Anwendung der zweifachen Einstreumenge Gips auf 200 cm^3 Wasser).

Nach Ablauf der Streichzeit wird der überragende Teil behutsam abgeschnitten, indem man das dazu bestimmte Messer flach auf die Form legt und den Überstand unter sägeartigem Bewegen des Messers entfernt. Die Oberfläche der Probekörper wird durch Überstreichen mit dem Messer ohne Anwendung von Druck geglättet.

Nach dem Abbinden des Gipses (d. h. nach ungefähr 30 Minuten) werden die Zugkörper gekennzeichnet, um sie später unterscheiden zu können, aus der Form genommen, gewogen und dann bis zum Prüfungsalter auf Dreikantleisten an der Luft in einem geschlossenen, trockenen Raum von 15—20° gelagert.

Am besten eignet sich hierfür ein Trockengestell. Man hat darauf zu achten, daß das Gestell auf keiner Seite näher als 20—30 cm an einer Wand steht, damit die Probekörper nach allen Seiten Luft haben und gleichmäßig austrocknen können. Die Körper sollen auf den Dreikantleisten in Zwischenräumen von 3—4 cm nebeneinander gelegt werden.

Um eine einheitliche Bezeichnung einzuführen, wird folgendes vorgeschlagen: Jede Gipsuntersuchung erhält eine laufende Nummer: 1, 2, 3 usw.

Da als Prüfungsalter 1 Tag und 7 Tage in Betracht kommen, bezeichnet man:

Probekörper, die nach 1 Tag fällig werden mit A,
Probekörper, die nach 7 Tagen fällig werden mit B.

Die einzelnen Probekörper einer Reihe werden noch durch eine Zahl unterschieden, so daß die nach 1 Tag fälligen 6 Probekörper mit A_1, A_2, A_3, A_4, A_5 und A_6 bezeichnet sind.

Es sei die laufende Nummer des zu untersuchenden Gipses gleich 53; dann wird sich die vollständige Bezeichnung der Proben wie folgt gestalten:

1 Tag: 53 A_1, 53 A_2, 53 A_3, 53 A_4, 53 A_5, 53 A_6;
7 Tage: 53 B_1, 53 B_2, 53 B_3, 53 B_4, 53 B_5, 53 B_6.

Bei dieser Bezeichnung kann jeder Körper sofort erkannt werden.

Durch Vorsetzen einer Bruchzahl vor die Hauptzahl kann noch der Tag der Anfertigung angegeben werden: $\frac{7}{4}$ 53 A_1 = der Körper wurde am 7. April aus Gips 53 gefertigt und soll nach 1 Tag als erster Körper geprüft werden.

Da die Durchführung der oben geschilderten Arbeitsweise längere Zeit in Anspruch nimmt, ist es heute üblich, den Gips nach dem Zeitpunkt der Erwärmung beim Abbinden zu begutachten. Martin (vgl. Merkblatt Nr. 317 der Fachgruppe Gipsindustrie, Berlin 1936) hat, um gleichmäßige Ergebnisse zu erzielen, folgendes Verfahren vorgeschlagen, welches an vielen Stellen durchgeführt wird:

Der Stuckgipsprüfer Martin besteht aus:

1. einem zylindrischen Thermosgefäß mit durchbohrtem Kork und Schraubdeckel,
2. einem Beutel aus wasserdichtem Papier zur Aufnahme der Gipsprobe,
3. einem Tauchthermometer mit Gradeinteilung von 0—70°. Das Tauchthermometer soll etwa 32 cm lang sein, so daß die Teilung gut abgelesen werden kann,
4. einem Papierröhrchen, welches vor dem Eintauchen über die Quecksilberkugel des Thermometers gesteckt wird, um es nach dem Abbinden des Gipses leicht herausziehen zu können.

Die Prüfung wird wie folgt durchgeführt:

1. Das Thermometer wird durch den durchbohrten Kork gesteckt und durch eine Papierbeilage od. dgl. so befestigt, daß die Quecksilberkugel beim Aufsetzen des Korkes auf das Thermosgefäß fast den Boden berührt; über das untere Ende des Thermometers wird eine auch nach unten geschlossene Röhre aus dünnem festem Papier gesteckt.

2. In einem besonderen Gefäß werden 100 g des zu untersuchenden Stuckgipses mit 65 cm³ Wasser von 20—25° unter losem Einstreuen zu einer sahnigen Mischung angemacht. Da die Wärmeabgabe beim Abbinden auch von der verwendeten Wassermenge abhängt, muß darauf geachtet werden, daß für alle Prüfungen, sei es mit der gleichen Stuckgipssorte oder, bei Vergleichsprüfungen, mit verschiedenen Sorten, stets die gleiche Menge Wasser zum Anmachen verwendet wird. Sämtliche Geräte müssen vollkommen rein von abgebundenem Gips sein. Reste alten Gipses wirken als Beschleuniger auf das Abbinden.

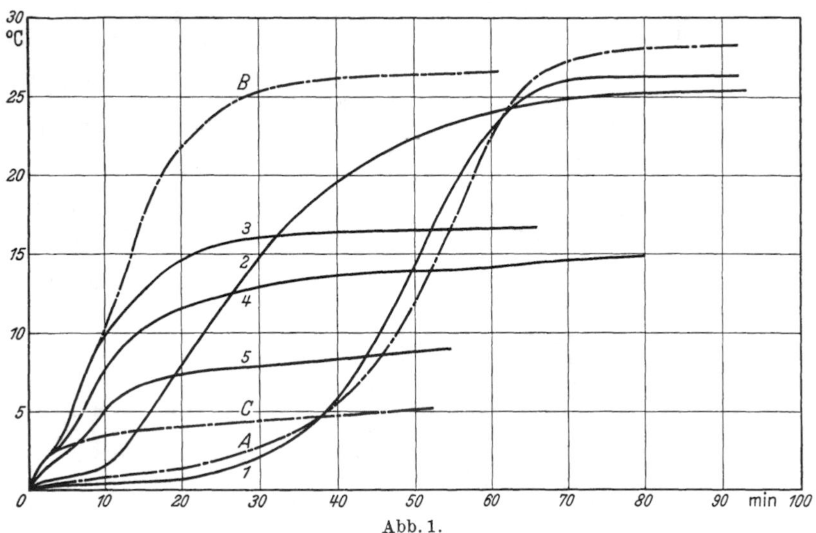

Abb. 1.

3. Der angemachte Gips wird dann vorsichtig in den Papierbeutel gegossen und dieser dann erst in das Thermosgefäß gestellt und dieser Zeitpunkt als Anfang des Versuches genau notiert.

4. Das Thermometer wird dann sogleich in die Stuckgipsprobe gestellt, das Gefäß durch leichtes Aufdrücken des Korkes geschlossen, die Kapsel übergeschraubt.

5. Am Thermometer wird das Steigen der Temperatur beobachtet und jeder Zeitpunkt notiert, an dem dieses einen vollen Grad erreicht hat. Die Ablesungen werden fortgesetzt, bis der Stand des Thermometers während 5—8 Minuten (je nach der Güte des Gipses) unverändert bleibt, also der Höchstwert der Erwärmung erreicht ist.

6. Die so erhaltenen Werte werden in einem Koordinatennetz eingetragen, wobei es sich empfiehlt, die Zeiten waagerecht und die Temperaturen senkrecht aufzutragen. Aus der Verbindung der Temperaturzeitpunkte erhält man eine ,,Erwärmungskurve", aus welcher man nach einiger Übung die Eigenschaften des verwendeten Gipses ablesen kann. Als Beispiel diene die beigegebene Abb. 1.

Kurve A. Es handelt sich um chemisch reines Halbhydrat. Nach 20 Minuten begann das Abbinden und nach 80 Minuten ist es beendet.

Kurve B. Dasselbe Halbhydrat vermischt mit 5% Rohgips. Der so erhaltene gemischte Gips ist im allgemeinen kaum verwendbar, da die Wärmeentwicklung und damit das Abbinden sofort nach dem Anmachen begann.

Kurve C. Löslicher Anhydrit bei 45° aus dem gleichen Rohstein gewonnen wie das Halbhydrat der Kurve A. Beginn des Abbindens sehr rasch nach dem Anmachen, dann jedoch nur langsam steigend.

Kurve 1. Bester ofengebrannter Formgips. Der glatte Verlauf der Kurve zeigt, daß kein Rohgips und kein über 600° gebrannter Gips in dem Formgips enthalten ist. Beginn des Abbindens erst nach 28 Minuten. Es geht langsam vor sich und die Verarbeitung des Formgipses kann sich daher über eine längere Zeit erstrecken. Nach 80 Minuten ist das Abbinden beendet; aus dem Vergleich der Kurve 1 mit der Kurve A kann man ersehen, daß der Formgips etwa 94% Halbhydrat enthielt.

Kurve 2. Drehofengips. Die Wärmesteigerung nach 2—3 Minuten zeigt an, daß der Gips etwas Anhydrit enthielt. Beginn des Abbindens nach 11 Minuten. Die Umwandlung geht schneller vor sich als bei dem Gips der Kurve 1.

Kurve 3, 4 und 5. Ofengebrannte Gipse. Das Abbinden geht zuerst rasch vonstatten, steigt nachher jedoch nur langsam an. Der letzte Anstieg fehlt, da die überbrannten Teile des Gipses bereits langsam abbinden.

Verwiesen sei auf die Arbeit von Pulfrich: „Über einige Beziehungen zwischen Gipsgestein und Gipserzeugnissen", Toni 1938, Nr. 77 und 78.

III. Magnesiabindemittel (III, 322).

Die für das Anmachen des Steinholzes notwendige Magnesiumchloridlauge wird bei Estrichmasse für Linoleum stets verdünnt verwendet, nämlich 18° Bé. Das Magnesiumchlorid kommt auch in fester Form in den Handel, entweder kristallin, geschmolzen in Blöcken oder gepulvert von der Zusammensetzung $MgCl_2 \cdot 6\,H_2O$.

1. Magnesia. a) Chemische Zusammensetzung (III, 324). Für die Magnesia ist in dem neuen Normenentwurf DIN E 273 ein Gehalt von mindestens 75% Magnesia vorgeschrieben. Meines Erachtens ist dieser Gehalt zu gering, da er dem Abnehmer keinerlei Sicherheit gibt und eigentlich gar nicht besagt, denn 75% hat auch das allerschlechteste und ganz unbrauchbare Erzeugnis. Der Glühverlust soll betragen bis zu:

9% beim Versand, 11% auf der Baustelle;

er besteht aus Kohlensäure und Wasser (diese Zahlen sind sehr hoch).

b) Mahlfeinheit (III, 327). Die Mahlfeinheit soll nach dem Entwurf wie folgt festgelegt werden:

	Rückstand	Siebdauer
Auf dem Sieb DIN 1171 —0,09	25%	25 Minuten
„ 1171 —0,12	15%	15 „
„ 1171 —0,20	3%	5 „

c) Bindezeit (III, 327). Die Bindezeit soll betragen: Anfang frühestens nach 40 Minuten, Ende spätestens nach 8 Stunden.

d) Raumbeständigkeit (III, 328). Quellen des Magnesits 0—15% gemessen nach Bauschinger, 0—10% gemessen nach Graf-Kauffmann; Schwinden des Magnesits 0,25% gemessen nach Bauschinger, 0,20% gemessen nach Graf-Kauffmann; Bezugswert das Maß nach 24 Stunden.

Messung der Raumänderung an Bauschinger-Prismen unter Herstellung mit Normensägespänen von Fichtenholz. Diese haben (0—1 mm) + (1—2 mm) je 50% gemischt, dabei soll ein 5%iger Anteil an Feinstem unter 0,2 mm sein. Abweichungen: + 10%. Messingform nach Graf-Kauffmann; 10 · 2,25 · 2,25 cm.

e) Festigkeit (III, 328). 1. Brinellhärte = Quotient aus Druckkraft und Eindruckkalotte

nach 1 Tag Luftlagerung 0,3 kg/mm²
„ 3 Tagen „ 1,0 „ } 2 Messungen an jedem Körper.
„ 7 Tagen „ 2,0 „ }

Zu 1. Die 1-Tag-Brinellhärte wird an 5 Körpern gemessen. Die 3- und 7-Tageshärte mißt man an den Zugkörpern. Die Proben werden nach 18stündiger Lagerung auf Glasplatten entformt.

2. Zugfestigkeit (III, 328). 130 g Mörtel werden mit 15 Schlägen des Normenhammerapparates in Achterformen eingeschlagen. Es werden 3 Reihen zu je 5 Probekörper hergestellt.

2. Magnesiumchloridlauge (III, 329). a) Analyse (III, 329). Es empfiehlt sich, die Laugen nur mit einer Konzentration von 18—22° Bé zu verwenden.

Eine Normung der Magnesiumchloridlauge wurde in Vorschlag gebracht.

Unterböden für Steinholz. Eine Normung ist vorgesehen und ein diesbezüglicher Entwurf von E. Käser, Stuttgart ausgearbeitet und dem Normenausschuß vorgelegt worden[1].

3. Steinholz. Über die Festigkeit des Steinholzes für Fußböden gibt das Normenblatt DIN 272[2] die folgenden Zahlenangaben:

Eigenschaften	Mindestforderungen an Steinholzmasse und Steinholzbelag nach Lagerung in Luft von 17—20° und mindestens 65% Feuchtigkeitsgehalt nach		
	3 Tagen	7 Tagen	28 Tagen
Zugfestigkeit[3] in kg/cm² . .	—	20	30
Biegefestigkeit[3] in kg/cm² . .	—	30	60
Härte[4] in kg/mm²	1	2	3
Raumbeständigkeit[2] in % . . (nur für Steinholzmasse)	—	—	Höchstmaß für: Quellen 0,15 Schwinden 0,25

[1] Mitteilungen von Dr. Wenhart, Franz-Seldte-Institut, Magdeburg v. 29. 9. 38.

[2] Wiedergegeben mit Genehmigung des Deutschen Normenausschusses. Verbindlich ist die jeweils neueste Ausgabe des Normblattes im Normformat A 4, das nur beim Beuth-Vertrieb GmbH., Berlin SW 68, erhältlich ist.

[3] Sowohl an Probekörpern aus dem Steinholzbelag als auch an besonders hergestellten Probekörpern.

[4] *Nur an Probekörpern,* die aus Steinholzmasse angefertigt werden.

Entscheidend sind die Zahlenwerte nach 28 Tagen.

Prüfverfahren. *Zugfestigkeit.* Die Prüfung erfolgt an 8-förmigen Zugkörpern durch Zerreißen mit dem Normalzerreißapparat. Die aus Steinholzmasse hergestellten Zugkörper müssen einen Zerreißquerschnitt von 5 cm², die aus Steinholzbelag hergestellten einen solchen von 2,25 cm mal der Dicke des Belages haben.

Biegefestigkeit. Die Prüfung erfolgt bei Proben aus dem Steinholzbelag an 12 cm langen und $b = 6$ cm breiten Platten in der Dicke des ausgeführten Belages.

Die Proben werden mit einer Stützweite $l_s = 10$ cm gelagert und in der Mitte durch eine Einzellast P belastet.

Die Biegefestigkeit ergibt sich aus

$$\frac{P \cdot l_s}{4 \cdot W}, \text{ worin } W = \frac{b \cdot h^2}{6} \text{ ist.}$$

Härte. Die Prüfung erfolgt an quadratischen Platten von 7 cm Seitenlänge und der Dicke der Nutzschicht. Auf die Proben wird eine Stahlkugel von dem Durchmesser $d = 10$ mm gesetzt und mit einer Last $P = 20$ kg 5 Minuten lang belastet. Der Durchmesser des Eindruckes wird gemessen und die Tiefe (t) berechnet. Die Härtezahl (H) ergibt sich aus der Gleichung

$$H = \frac{P}{d \cdot \pi \cdot t} \quad \frac{\text{kg}}{\text{mm}^2}.$$

Raumbeständigkeit (nur an Proben, die aus Steinholzmasse eigens angefertigt werden): Die erste Messung erfolgt nach 24 Stunden an Stäben von 10 cm Länge und quadratischem Querschnitt mit 2,25 cm Seitenlänge durch Messung der Längenänderung mit dem Tasterapparat Bauart Bauschinger[1] oder mit anderem geeigneten Apparat.

Da bei Steinholz die richtige Verlegung von Untergrund und der zweckmäßige Schutz vorhandener Eisen sehr wichtig ist, sei besonders auf die vom Fachverein Steinholz und von K. Karnstedt herausgegebenen „Bilder zu den anerkannten Regeln der Baukunst" verwiesen, in denen die richtigen Verarbeitungsarten angegeben sind.

Wasserbindemittel (III, 332).

Auf dem Gebiete der Wasserbindemittel sind in der letzten Zeit zahlreiche Zwischenprodukte zwischen schwach hydraulischem und hochhydraulischem Kalk in den Handel gekommen, die hauptsächlich zusammengefaßt wurden unter dem Namen „Zementkalk". Dieser Name „Zementkalk" ist in dem neuen Normenblatt über Baukalk (DIN 1060) ausgemerzt und ersetzt durch die Bezeichnung „Wasserkalk", „hydraulischer Kalk", „hochhydraulischer Kalk". Es handelt sich hier um verschiedene Erzeugnisse, also um schwach hydraulische Kalke, um stark hydraulische Kalke und um Mischprodukte zwischen solchen Kalken und Traß oder Hochofenschlacke oder Rohmehl oder Puzzolane, die in ihren Eigenschaften so weit voneinander abweichen, daß es wünschenswert erschien, eine Unterteilung vorzunehmen. Man hat den Namen „Zementkalk" beseitigt, da dieser bei den Verbrauchern den Eindruck hervorrief, daß es sich bei dem Erzeugnis um ein zementartiges Bindemittel handele. Die meisten auf den Markt kommenden,

---

[1] Die jedem Apparat beigefügte Anleitung enthält Angaben über die Art der Versuchsausführung, sowie über die Darstellung der Ergebnisse und deren etwa notwendig werdende Korrekturen.

als Zementkalk bezeichnete Bindemittel haben aber so geringe hydraulische Eigenschaften, daß sie als zementähnlich nicht betrachtet werden können (Näheres s. unter I, S. 426 und II, S. 460).

Daran schließen sich dann mit den an sich bekannten Festigkeiten die Normenzemente. Zu den Normenzementen sind neuerdings die in der Normung begriffenen Traßzemente getreten. Neben den verhältnismäßig kalkarmen Eisenportlandzementen und Hochofenzementen, die dadurch erhalten werden, daß man Portlandzementklinker eine Puzzolane (Hochofenschlacke) zumischt, hat die Portlandzementindustrie auch ihrerseits kalkarme Zemente hergestellt, die in den Traßzementen zu sehen sind. Es handelt sich hier um Erzeugnisse, die einfach Mischzemente zwischen Portlandzement und Traß sind. Natürlich muß sowohl der Portlandzement als auch der Traß den Normen entsprechen (vgl. Traßnormen DIN 1044, S. 463). Das Mischprodukt selbst wird aber gleichfalls genormt werden, da seine Eigenschaften ja bestimmt werden in erster Linie von dem Mischungsverhältnis und der Mahlfeinheit. Als Mischungsverhältnis nimmt man gewöhnlich 30% Traß und 70% Portlandzement. Es gibt aber auch Traßzemente mit 50% Traß und 50% Portlandzement. Der letztere, hoch traßhaltige Zement wird aber neuerdings nicht mehr hergestellt, da der sehr hohe Traßgehalt die Festigkeit stark drückt.

I. Die Normenzemente und der Beton.

A. Die Rohstoffe der Zementherstellung.

1. Portlandzement (III, 337). Schon Michaelis hatte vorgeschlagen, die Tonerde im Portlandzement durch Eisenoxyd zu ersetzen, um zu Erzeugnissen zu kommen, die besonders hohe Salzwasserbeständigkeit haben. Er hatte, da er bei Herstellung dieser Zemente als Eisenträger Erz verwandte, diese Zemente „Erzzemente“ genannt. Die Erzzemente hatten allerdings eine sehr hohe Salzwasserbeständigkeit, sie erhärteten aber sehr langsam und träge. Man ist neuerdings auf ähnliche Zemente zurückgekommen, die man teilweise „Ferrari-Zemente“ nennt, nach dem Anreger für ihre Herstellung, dem Italiener Ferrari. Das Verhältnis Eisenoxyd zu Aluminiumoxyd ist molekular. Die Zemente haben aber auch ganz ähnliche Eigenschaften, wenn das Verhältnis Tonerde zu Eisenoxyd kein molekulares ist. Eine Fülle von Patenten versucht, die an sich sehr naheliegende Idee der Verschiebung der hydraulischen Module, der Silicatmodule und der Tonerdemodule für die einzelnen Interessenten unter Schutz zu bringen.

2. Puzzolanzemente (III, 339). Auf dem Gebiete der Hüttenzementherstellung ist es gelungen, in der letzten Zeit Hochofenschlacke, die man früher nicht verwenden konnte, für die Herstellung der Hüttenzemente heranzuziehen, und zwar einerseits durch Verwendung besonders intensiv erhärtender Klinker, andererseits durch besonders starke Feinmahlung und schließlich durch Erhöhung des Gipsgehaltes. Zwar ist auch im Hochofenzement nach dem Vorbild der Portlandzementnormen der Gipsgehalt begrenzt. Diese Begrenzung läßt sich aber offenbar nicht mehr halten, da erfahrungsgemäß Hüttenzement sich sehr viel stärker gipsen läßt als Portlandzement, da die Hochofenschlacke nicht wie der Portlandzementklinker auf zu hohen Gipsgehalt durch Treiben anspricht.

Gipsschlackenzemente, also solche Zemente, die nur aus Hochofenschlacke durch Zumahlung von Gipsstein unter gleichzeitiger Zumischung von einigen Prozent Portlandzementklinker hergestellt werden, sind in der letzten Zeit von Belgien kommend auch in Deutschland aufgetaucht. Es wird ihnen besonders hohe Salzwasserbeständigkeit nachgerühmt, besonders dann, wenn sie sehr wenig Klinker enthalten. Sie erreichen bei genügender Feinmahlung sehr gute Festigkeiten, haben aber hauptsächlich bei geringem Klinkergehalt den Nachteil, daß sie im Beton leicht absanden und daß sie sehr kälteempfindlich sind; bei tiefen Temperaturen verarbeitet man sie also besser nicht. Ausschlaggebend für ihre Eigenschaften ist naturgemäß die Schlacke, aus der sie ja zum allergrößten Prozentsatz bestehen. Die Schlacken reagieren recht verschieden auf den Gipszusatz. Tonerdereiche Schlacke erhärtet gut, tonerdearme weniger gut. Durch höchste Feinmahlung sind hohe Festigkeiten zu erreichen. Auch auf diesem Gebiete sind zahlreiche Patente in der letzten Zeit angemeldet worden, die die an sich längst bekannten Verfahren der Vermahlung von Hochofenschlacke mit Gips (Kühl) unter Schutz zu stellen versuchen durch Heranziehung von besonders präpariertem Gips, der beispielsweise auf bestimmte Höhe erhitzt war.

Die schon vorher erwähnten Traßzemente sind zur Zeit in Normung begriffen. Nach diesen Normen ist Traßzement ein Bindemittel, welches aus 30% normengemäßem Traß und 70% Portlandzement besteht. Im einzelnen sagt die Begriffsbestimmung folgendes:

,,Traßzement ist ein hydraulisches Bindemittel, das aus normengemäßem Traß (DIN DVM 1043 und 1044) und normengemäßem Portlandzement (DIN 1064) im Fabrikbetrieb durch gemeinsames Mahlen hergestellt ist.

Traßzement wird in den folgenden 3 Mischungen hergestellt:

20 G.T. Traß und 80 G.T. Portlandzement,
30 G.T. Traß und 70 G.T. Portlandzement,
40 G.T. Traß und 60 G.T. Portlandzement.

Der Traßzement aus 30 G.T. Traß und 70 G.T. Portlandzement wird als Regeltraßzement bezeichnet.

Bei Traßzement aus Werken, die sich der dauernden Überwachung ihrer Erzeugnisse durch das zuständige Vereinslaboratorium oder durch ein Staatl. Materialprüfungsamt unterworfen haben, trägt die Verpackung ein in der Zeichenrolle des Patentamtes eingetragenes Warenzeichen:

Die Verpackung muß in deutlichster Schrift die Bezeichnung ,,Traßzement", das Bruttogewicht und die Firma des erzeugenden Werkes tragen. Auch muß das Mischungsverhältnis auf der Verpackung wie folgt ersichtlich sein: Traßzement 20/80, Traßzement 30/70, Traßzement 40/60.

Erläuterung. Der dem Portlandzement zugemahlene Traß muß DIN VDM 1043 und 1044 entsprechen, weil die bisherigen Erfahrungen nur mit Traßzement gesammelt sind, welcher normengemäßen Traß enthält. Der Portlandzement muß die Eigenschaften nach DIN 1064 aufweisen; damit ist unter anderem festgelegt, daß der Gehalt an fremden Stoffen, der nach DIN 1064 3% des Zements betragen darf, auch hier gilt. Es darf also im Traßzement außer Portlandzement mit den dazugehörigen 3% fremden Stoffen nur normengemäßer Traß vorhanden sein. Ebenso ist der Glühverlust des Traßzementes zu beurteilen, d. h. es darf der Traßzement keinen höheren Glühverlust haben, als sie aus der Norm für Traß und der Norm für Portlandzement hervorgeht.

Die Untersuchung des Traßzementes erfolgt nach den üblichen Normen; er erreicht die gleiche Festigkeit und hat ähnliche Eigenschaften wie die anderen Zemente. In verdünnterer Mischung sind seine Festigkeiten meistens etwas niedriger, also im mageren Beton, als die der Portlandzemente, besonders als diejenigen des bei seiner Herstellung verarbeiteten Portlandzementes. Er gibt aber verhältnismäßig gut verarbeitbaren Mörtel und ist deshalb besonders für Gußbeton anwendbar. Traßzemente eignen sich infolge ihres Gehaltes an einer verhältnismäßig trägen und bloß bei Wasseranwesenheit erhärtenden Puzzolane, des Trasses, für Wasserbauten und werden demgemäß für Talsperren verwendet. Man kann den Traß auch auf der Baustelle zusetzen, wobei eine Vormischung, wie sie früher üblich war, nach neueren Untersuchungen von Graf und Grün gar nicht notwendig ist. In solchen Fällen kann auch Hochofenzement oder Eisenportlandzement zu der Betonherstellung verwendet werden, zumal sich diese Erzeugnisse mit Traß zusammen gut verarbeiten lassen (vgl. Brzesky).

3. Mischzemente. Da die Festigkeiten, die von den Normenzementen erreicht werden, in weitaus den meisten Fällen im Beton gar nicht ausgenutzt werden, andererseits aber zur Herstellung der Portlandzemente verhältnismäßig große Kohlenmengen notwendig sind, hat neuerdings Generalinspektor Prof. Dr. Todt angeregt, Zemente zu erzeugen, die bei höherer Festigkeit als die hydraulischen Kalke, niedrigere Festigkeiten als die Normenzemente aufweisen. Für diese Zemente sind Begriffsbestimmung und Festigkeiten wie folgt vorgeschlagen, wobei die Festigkeitsprüfung stattfindet nach Art der üblichen Normenprüfung:

a) Begriffsbestimmung für Mischzement. Mischzemente sind im Fabrikbetrieb hergestellte Mischungen von verschiedenen hydraulischen Bindemitteln oder von hydraulischen Bindemitteln mit hydraulischen oder unhydraulischen Zusatzstoffen.

Die Zusatzstoffe dürfen keine schädlichen Bestandteile enthalten.

b) Begründung und Erläuterung. Mischzement ist bestimmt für Bauzwecke und Betonbauteile, die nicht hoch beansprucht werden und zu deren Herstellung aus diesem Grund die Verwendung der Normenzemente nicht unbedingt notwendig ist. Für Eisenbeton ist Mischzement nicht geeignet und darf deshalb für diesen nicht verwandt werden. Mischzement erhärtet erheblich langsamer als Normenzement, besonders bei tiefen Temperaturen, ein Umstand, der bei der Planung, Errichtung und Ausschalung der unter Verwendung von Mischzement errichteten Bauwerke berücksichtigt werden muß.

Die Prüfung des Mischzements soll nach den Deutschen Normen durchgeführt werden. Als Mindestwerte für die Normendruckfestigkeit sind in Aussicht genommen

nach 7 Tagen Wasserlagerung	. . . .	120 kg/cm²
„ 28 „ „	. . . .	180 „
„ 28 „ gemischter Lagerung	. . . .	240 „

Werte für die Biegezugfestigkeit konnten noch nicht festgelegt werden, da keine Erfahrungen vorliegen. Als Richtzahl ist eine Festigkeit von 20—25 kg/cm² nach 28 Tagen Wasserlagerung genannt worden.

Derartige Zemente werden hergestellt entweder aus Portlandzement, dem man Rohmehl oder Kalkstein zumahlt, um ihn gleichsam zu verdünnen und seine Festigkeit zu drücken und somit den Energiebedarf für die Brennung des gesamten Bindemittels herabzudrücken; besser noch macht man sie aus Portlandzement unter Zusatz von Puzzolanen, wie Traß, Ziegelmehl und besonders Hochofenschlacke. Bei Verwendung der letzteren, hauptsächlich solcher mit einer Zusammensetzung, die geringere hydraulische Eigenschaften ergibt, als sie die besten Schlacken haben, ist hier eine große Entwicklungsmöglichkeit zur volkswirtschaftlich nutzbringenden Verwertung von Hochofenschlacke gegeben.

B. Die Untersuchung des fertigen Bindemittels.

1. Probenahme (III, 343). Die Lagerung fertiger Zemente hat in der letzten Zeit erhöhte Bedeutung gewonnen, da man dazu übergehen will, größere Zementlager zu errichten, um auch im Winter bei schlechtem Zementabsatz eine höhere Erzeugung aufrechterhalten zu können. Es hat sich folgendes gezeigt:

a) Klinker kann beliebig lange gelagert werden, sogar im Freien. Bei Lagerung im gedeckten Raum verändert sich der Klinker, wenn er gut gebrannt ist, überhaupt nicht. Bei Lagerung im Freien werden die ersten 10—20 cm der Halden oberflächlich hydratisiert und etwas geschädigt. Bei einer gemeinsamen Vermahlung mit diesem hydratisierten Klinker spielt diese Schädigung aber keine Rolle.

b) Zement im gut gebauten Silo kann jahrelang gelagert werden, hauptsächlich, wenn es sich um große Mengen handelt. Bei Lagerung im Sack findet eine Schädigung statt, die sich ausdrückt in Verlängerung der Abbindezeit und in Herabsetzung der Festigkeit. Eine Lagerung eines guten Zementes bis zu 1 Jahr ist durchaus möglich. Es entstehen allerdings Klumpen. Die Klumpen lassen sich aber zerdrücken; nicht zerdrückbare Klumpen müssen beseitigt werden. Bei Bitumenzwischenlage in den Papiersäcken kann die Lagerung auf viel längere Zeit ausgedehnt werden. Die erhöhten Kosten spielen keine Rolle, da eine bituminierte Zwischenlage je Sack bloß ungefähr 1—2 Pfg. kostet (vgl. Grün).

2. Analysengang (III, 344). Der Analysengang für Normenzemente hat sich nicht verändert. Vergleichsversuche in verschiedenen Laboratorien, zur Verkürzung des Analysengangs ergaben, daß es möglich ist, die Kieselsäureabscheidung zu verkürzen durch Arbeiten mit Perchlorsäure.

3. Mikroskopische Untersuchungen (III, 357). Während die Untersuchungsmethoden an Dünnschliffen und an Pulverpräparaten sich nicht verändert haben, haben die Anschliffmethoden sich neuerdings mit Erfolg eingeführt. Die ersten eingehenderen Arbeiten stammen von Wetzel. Neuerdings wurde das Verfahren wieder aufgenommen von Tavasci. Nach diesem Verfahren lassen sich an Anschliffen unter auffallendem Licht die charakteristischen Klinkerbestandteile (Alit, Belit, Freier Kalk) verhältnismäßig schnell und einfach identifizieren. Schwieriger gestaltet sich die Untersuchung der in der Grundmasse vorkommenden Kalk- und Kalkeisenaluminate sowie Magnesiumverbindungen. Das Verfahren arbeitet wie folgt: Ein beliebiges Klinkerkorn wird zunächst auf einer Eisenscheibe mit Carborundum vorgeschliffen, sodann auf einer weiteren Eisenscheibe mit Schmirgel, auf einer Glasscheibe mit feinem Schmirgel nachgeschliffen. Daraufhin wird die Schliffläche auf einem Flanelltuch mit Tonerdeaufschlämmung poliert. Zum Schleifen kann sowohl Wasser als auch eine Flüssigkeit gebraucht werden, die nicht mit den Klinkerbestandteilen reagiert. Schleift man mit Wasser, so erhält man nach dem Polieren sofort ein Strukturbild, das sich aber für eine spätere Ätzung mit besonderen Flüssigkeiten nicht gut eignet, da die Hauptbestandteile schon sehr stark hervorgetreten sind. Zum Zwecke der Identifizierung der Nebenbestandteile in der Grundmasse schleift man mit Spiritus oder absolutem Alkohol und behandelt die Schliffläche später mit geeigneten Ätzmitteln. Abb. 2—4 geben einen Überblick über die hauptsächlichsten Gemengteile in verschiedenen Klinkern.

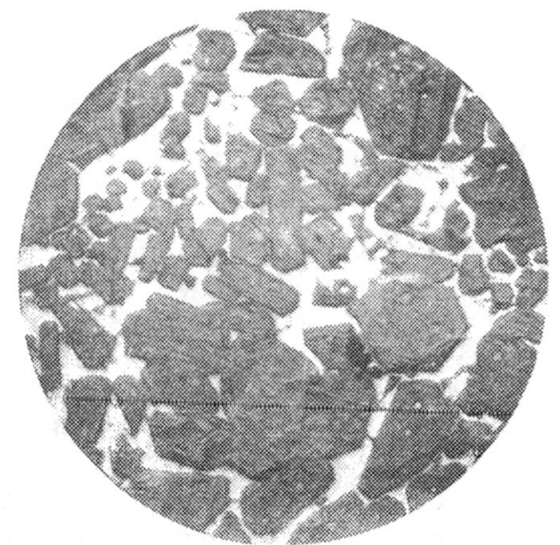

Abb. 2. Alit in gut ausgebildeten prismatischen Kristallen.

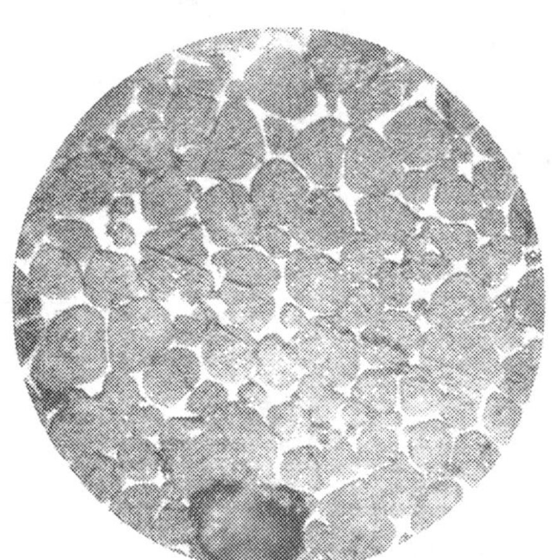

Abb. 3. Belit in runden Körnern mit herausgeätzter Lamellarstruktur.

4. Schwebeanalyse (III, 359). Die Anwendung der Schwebeanalyse geschieht verhältnismäßig selten, da sie nur in Streitfällen in Frage kommt. Besondere Änderungen sind nicht eingetreten. Als neueste

Veröffentlichung verweise ich auf die von Keil und Gille. In dieser sind die Untersuchungsmethoden für Mischbindemittel mit Beimengungen von Wasserglas, Ziegelmehl, Kohlenasche, Kohlenschlacke u. dgl. beschrieben. Sie gibt dem Untersuchenden „eine Anleitung, wie er in solchen Fällen vorgehen kann, in denen zusammengesetzte oder verunreinigte Bindemittel vorliegen und die chemische Gesamtanalyse nicht mehr als Hinweise zu geben vermag".

5. Technische Eigenschaften (III, 360). Allgemein haben sich die technischen Eigenschaften der Normenzemente in den letzten 5 Jahren weiter verbessert. (Über Mischbindemittel verschiedener Art s. S. 443.)

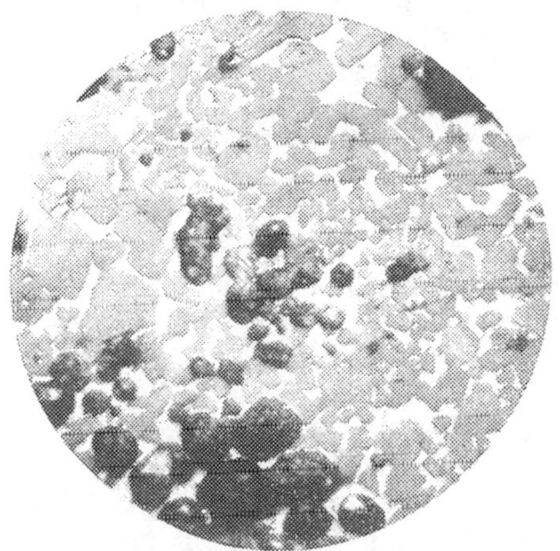

Abb. 4. Freier Kalk im Portlandzementklinker als runde, dunkle, knollenähnliche Gebilde. Photo: Forschungsinstitut der Hüttenzementindustrie, Dr. K. Obenauer.

In den Normen haben sich die Begriffsbestimmungen nicht geändert. Folgende Vorschläge sind aber gemacht:

a) Begriffsbestimmung für Portlandzement. Portlandzement wird durch Feinmahlen von Portlandzementklinker (Ofengut) erhalten, dem außer Gips und Wasser höchstens 1% andere Stoffe hinzugesetzt werden dürfen.

Portlandzementklinker besteht aus hochbasischen Verbindungen von Kalk mit Kieselsäure (Tricalciumsilicat, Bicalciumcilicat) als überwiegenden Hauptbestandteilen und hochbasischen Verbindungen von Kalk mit Tonerde, Eisenoxyd (Manganoxyd), sowie geringen Mengen Magnesia als wichtigsten Nebenbestandteilen. Er wird hergestellt durch Brennen bis mindestens zur Sinterung der feingemahlenen und innig gemischten Rohstoffe.

Der Gehalt an Magnesia (MgO) darf 5%, der an Schwefelsäureanhydrid (SO_3) 3% — alles auf den geglühten Portlandzement bezogen — nicht überschreiten.

Der Glühverlust des Portlandzementes darf zur Zeit der Lieferung ab Werk höchstens 5% betragen.

Begründung und Erläuterung. Portlandzement unterscheidet sich von den Tonerdezementen durch das Verhältnis von Kalk zu Tonerde und von Naturzementen durch die künstliche Aufbereitung der Rohstoffe.

Die Portlandzementrohmasse muß die Aufbaustoffe innig gemischt und gleichmäßig verteilt in ganz bestimmtem Verhältnis enthalten, was mit Sicherheit durch künstliche Aufbereitung erreicht wird. Die aufbereitete Rohmasse darf auf dem Sieb Nr. 70 DIN 1171 (4900 Maschen auf 1 cm², Teil III, § 11) nicht mehr als 30% Rückstand, auf das bei 105° getrocknete und dann abgeschlämmte Gut bezogen, hinterlassen.

Neben Gips und Wasser, die zur Regelung der Abbindezeit benötigt werden und deren Menge durch den zulässigen Gehalt an Schwefelsäureanhydrid (3%) und durch den zulässigen Glühverlust (5%) begrenzt werden, dürfen Zusätze zu anderen Zwecken insgesamt 1% nicht überschreiten.

Zemente, die durch Brennen von Rohstoffen gewonnen sind, die nicht entsprechend den vorstehenden Bestimmungen aufbereitet sind oder denen neben Gips und Wasser mehr als 1% fremde Stoffe zugesetzt sind, haben demnach keinen Anspruch auf die Bezeichnung Portlandzement, auch nicht auf Wortbildungen unter Verwendung dieser Bezeichnungen, es sei denn, daß diese durch amtlich anerkannte Normen festgelegt werden.

b) Begriffsbestimmung für Eisenportlandzement. Eisenportlandzement erhält man durch gemeinsames Feinmahlen von mindestens 70% Gewichtsteilen Portlandzement und höchstens 30% Gewichtsteilen granulierter Hochofenschlacke. Der Portlandzement wird nach der Begriffsbestimmung für Portlandzement hergestellt. Die als Zusatz dienenden Hochofenschlacken sind Kalktonerdesilicate, die beim Eisenhochofenbetrieb gewonnen werden. Sie dürfen auf ein Gewichtsteil der Summe von Kalk (CaO) + Magnesia (MgO) + Tonerde Al_2O_3) höchstens ein Gewichtsteil löslicher Kieselsäure (SiO_2) enthalten, d. h. sie müssen in Gewichtsteilen folgender Formel entsprechen:

$$\frac{CaO + MgO + Al_2O_3}{SiO_2} \geqq 1.$$

Begründung und Erläuterung. Hochofenschlacke dieser Art und Zusammensetzung hat hydraulische Eigenschaften. Durch inniges Vermahlen von Portlandzementklinker mit solcher Hochofenschlacke im Mengenverhältnis der Begriffsbestimmung entsteht der Eisenportlandzement, der dem Portlandzement gleichwertig ist.

Neben Gips und Wasser, die zur Regelung der Abbindezeit benötigt werden und deren Menge durch den zulässigen Gehalt an Schwefelsäureanhydrid (3%) und durch den zulässigen Glühverlust (5%) begrenzt wird, dürfen Zusätze zu anderen Zwecken insgesamt 2% nicht überschreiten.

Zemente, denen außer Gips und Wasser mehr als 2% fremde Stoffe zugesetzt sind, haben demnach keinen Anspruch auf die Bezeichnung „Eisenportlandzement", auch nicht auf Wortbildungen unter Verwendung dieser Bezeichnung, es sei denn, daß diese durch amtlich anerkannte Normen festgelegt werden.

c) Begriffsbestimmung für Hochofenzement. Hochofenzement erhält man durch gemeinsames Feinmahlen von 15—69% Gewichtsteilen Portlandzement und entsprechend 85—31% Gewichtsteilen schnell gekühlter Hochofenschlacke. Der Portlandzement wird nach der Begriffsbestimmung für Portlandzement hergestellt. Die als Zusatz dienenden Hochofenschlacken sind Kalktonerdesilicate, die beim Eisenhochofenbetrieb gewonnen werden. Sie dürfen auf ein Gewichtsteil der Summe von Kalk (CaO) + Magnesia (MgO) + Tonerde (Al_2O_3) höchstens ein Gewichtsanteil löslicher Kieselsäure (SiO_2) enthalten, d. h. sie müssen in Gewichtsteilen folgender Formel entsprechen:

$$\frac{CaO + MgO + Al_2O_3}{SiO_2} \geqq 1.$$

Begründung und Erläuterung. Hochofenschlacke dieser Art und Zusammensetzung hat hydraulische Eigenschaften. Durch inniges Vermahlen von Portlandzementklinker mit solcher Hochofenschlacke im Mengenverhältnis der Begriffsbestimmung entsteht der Hochofenzement, der dem Portlandzement gleichwertig ist.

Hochofenzement hat im allgemeinen einen Kalkgehalt (CaO) von weniger als 55%.

Neben Gips und Wasser, die zur Regelung der Abbindezeit benötigt werden und deren Menge durch den zulässigen Gehalt an Schwefelsäureanhydrid (3%) und durch den zulässigen Glühverlust (5%) begrenzt wird, dürfen Zusätze zu anderen Zwecken insgesamt 2% nicht überschreiten.

Zemente, denen außer Gips und Wasser mehr als 2% fremde Stoffe zugesetzt sind, haben demnach keinen Anspruch auf die Bezeichnung „Hochofenzement", auch nicht auf Wortbildungen unter Verwendung dieser Bezeichnungen, es sei denn, daß diese durch amtlich anerkannte Normen festgelegt werden.

C. Technische Eigenschaften.

Auch in bezug auf Feinheit der Mahlung (III, 363), Erstarrungsbeginn und Raumbeständigkeit sind keine Änderungen eingetreten. Wichtig dagegen ist (vgl. III, 364), daß die Festigkeiten der Normenzemente heraufgesetzt worden sind; gleichzeitig wurde die Zugfestigkeit durch die Biegefestigkeit ersetzt.

Die jetzt gültigen Zahlen sind folgende:

Mörtelfestigkeit nach		3 Tagen	7 Tagen kg/cm²	28 Tagen W	28 Tagen kb.
Druckfestigkeit	normal .	—	200	300	400
	hochw. .	250	—	400	500
Biegefestigkeit	normal .	—	25	50	—
	hochw. .	25	—	55	—

1. Prüfung der Biegefestigkeit (III, 374). Die Prüfung der Biegefestigkeit geschieht an Prismen, wie sie seinerzeit von Schüle, Zürich, sowohl zur Herstellung als auch zur Prüfung als internationale Norm vorgeschlagen worden sind. Die damalige Arbeit wurde zunächst von Ros gleichfalls in Zürich noch fortgesetzt und in die Schweizer Normen übernommen. Als internationale Normen haben sie sich aber nicht durchgesetzt, da die internationale Kommission infolge des Weltkrieges ihre Tätigkeit einstellte. Vor wenigen Jahren wurde von Haegermann das Verfahren wieder aufgenommen und von ihm unter Beibehaltung der von Schüle vorgeschlagenen Prüfungsmethoden ein neuer Sand vorgeschlagen, nämlich an Stelle des deutschen Normensandes eine Mischung des deutschen Normensandes 2: 1 mit einem feingemahlenen Quarzsand. Die Veränderung dieses Sandes sollte die Anwendung eines höheren Wasserzementfaktors ermöglichen, da bei Heranziehung des Feinsandes naturgemäß mit höherem Wassergehalt gearbeitet werden muß. Das Verfahren wurde dann zur Prüfung der Straßenbauzemente herangezogen und die Biegefestigkeitsprüfung ergänzt nach dem Vorschlag von Graf durch die Prüfung der Prismen auf Schwindung.

Im nachfolgenden ist zunächst die Herstellung und Prüfung der Biegefestigkeitsprismen wiedergegeben:

Herstellung und Prüfung von Prismen 4 cm × 4 cm × 16 cm aus weich angemachtem Mörtel (DIN, Entwurf 1, E 1166).

Prismen zur Ermittlung der Biegezugfestigkeit und der Druckfestigkeit.

1. Die Probekörper sind Mörtelprismen mit den Abmessungen 4 cm × 4 cm × 16 cm.

2. Der Mörtel wird aus 1 Gewichtsteil Zement, 1 Gewichtsteil Feinsand[1], 2 Gewichtsteilen Normensand[2] und in der Regel 0,6 Gewichtsteilen Wasser angemacht.

3. Herstellung der Probekörper. a) Vorbereiten der Formen (DIN 1165, Bild 1). Die Formteile werden leicht geölt und die Zwischenstege der Form an der unteren, auf der Unterlagsplatte liegenden Fläche mit einer dünnen Schicht Staufferfett versehen. Um Wasserverluste zu vermeiden, sind nach dem Zusammensetzen der Form die äußeren Fugen abzudichten, z. B. mit einer Mischung aus rund 3 Teilen Paraffin und 1 Teil Kolophonium.

Nach dem Abdichten der Form wird der Aufsatzkasten auf die Form gesetzt.

b) Mischen des Mörtels und Ermittlung des Ausbreitmaßes. Für 3 Prismen werden benötigt: 450 g Zement, 450 g Feinsand, 900 g Normensand, 270 g Wasser.

Zunächst werden der Zement und der Feinsand von Hand — am besten mit einem Löffel in einer Schüssel — so lange gemischt, bis das Gemenge nach dem Glätten mit dem Rücken des Löffels einen gleichmäßigen Farbton aufweist. Dann wird der Normensand zugesetzt und das Ganze 1 Minute lang gemischt. Schließlich wird Wasser zugegeben, und zwar bei der ersten Mischung 270 g.

Nach dem Zugießen des Wassers wird der Mörtel nochmals 1 Minute innig von Hand gemischt. Danach wird er in den Mörtelmischer nach DIN 1164 gebracht, gleichmäßig in dem zugänglichen Teil der Schale verteilt und durch 20 Umdrehungen bearbeitet. Mörtel, der an den Schaufeln und an der Walze kleben bleibt, wird während des Mischens abgestreift und dem übrigen Mörtel zugefügt. Beim Entleeren des Mischers sind die Mörtelreste mit einer Gummischeibe (Breite rund 80 mm) sorgfältig von den Schaufeln, der Walze und aus der Schale zu entfernen und mit dem übrigen Mörtel in einer Schüssel nochmals kurz durchzumischen.

---

[1] Der Feinsand wird aus einem Quarzsandlager bei Hohenbocka gewonnen und gemahlen; er wird vom Laboratorium des Vereins deutscher Portland-Zementfabrikanten in Berlin-Karlshorst mit folgender Kornzusammensetzung geliefert. Durch das Sieb mit 10000 Maschen je cm² fallen rund 20%, 4900 Maschen je cm² fallen rund 30%, 900 Maschen je cm² fallen rund 92%.

[2] Vgl. Deutsche Zementnormen, Teil III, § 10 (DIN 1164).

Sodann wird das Ausbreitmaß wie folgt festgestellt:

Der Setztrichter wird mittig auf die Glasplatte des Rütteltisches nach DIN 1165, Bild 5, gestellt, dann der Mörtel in zwei Schichten eingefüllt. Jede Mörtelschicht ist durch 10 Stampfstöße mit dem Stampfer (DIN 1165, Bild 5) zu verdichten. Während des Einfüllens und Stampfens des Mörtels wird der Setztrichter mit der linken Hand auf die Glasplatte gedrückt. Nach dem Stampfen der zweiten Mörtelschicht ist noch etwas Mörtel in den Setztrichter nachzufüllen und der überstehende Mörtel mit einem Lineal abzustreichen. Nach weiteren 10—15 Sekunden wird der Setztrichter langsam senkrecht hochgezogen. Dann wird der Mörtel mit 15 Rüttelstößen während rund 15 Sekunden ausgebreitet. Der Durchmesser des ausgebreiteten Kuchens wird nach 2 Richtungen gemessen. Beträgt das Ausbreitmaß 16—20 cm, so ist mit dem Wasserzusatz von 270 g weiter zu arbeiten. Ist das Ausbreitmaß kleiner als 16 cm oder größer als 20 cm, dann ist neuer Mörtel mit größerem bzw. kleinerem Wasserzusatz so herzustellen, daß das Ausbreitmaß 17—19 cm beträgt. Die Probekörper aus diesem Mörtel sind für die Prüfung des Zements maßgebend; die Probekörper aus Mörtel mit dem zu großen oder zu kleinen Ausbreitmaß können als Vergleichsproben geprüft werden.

Die Feststellung des Ausbreitmaßes soll spätestens 5 Minuten nach dem Mischen beendet sein. Das ermittelte Ausbreitmaß und der Wasserzementwert sind im Versuchsbericht anzugeben.

c) Verdichten des Mörtels. Der Mörtel wird unmittelbar vor dem Einbringen in die Form durch wenige Rührbewegungen nochmals gemischt. Dann werden für jeden der 3 Formteile 310 g Mörtel abgewogen, in die Form gebracht und in dieser gleichmäßig verteilt. Der Mörtel wird in jedem Formteil durch 20 Stampfstöße mit dem 0,7 kg schweren Stampfer (DIN 1165, Bild 2) verdichtet. Der Stampfer gleitet dabei abwechselnd an den beiden Seitenwänden des Aufsatzkastens.

Nach dem Verdichten der ersten Schicht werden 310 g Mörtel für die zweite Schicht eingebracht und ebenfalls durch 20 Stampfstöße verdichtet. Dann wird der Aufsatzkasten entfernt und der überstehende Mörtel durch 2—3 Bewegungen mit einem Spachtel geglättet. Die gefüllten Formen sind in Kästen mit feuchter Luft zu stellen. 2 Stunden später wird der überstehende Mörtel mit einem Messer abgestrichen und die obere Fläche der Probekörper geglättet. Dann bleiben die Formen in waagerechter Stellung in den Kästen mit feuchter Luft.

4. Lagerung der Probekörper. Die Prismen werden nach 20 Stunden entformt; sie lagern anschließend während 4 Stunden auf ebenen Glasplatten in Kästen mit feuchter Luft. Im Alter von 24 Stunden werden die Prismen unter Wasser von 17—20° C mit einer Seitenfläche auf einem Holzrost gelagert, dessen Dreikantleisten 10 cm Abstand haben. Hierbei ist die oben liegende Seitenfläche des Prismas zu bezeichnen. Die Probekörper bleiben bis zur Prüfung unter Wasser.

5. Ermittlung der Biegezugfestigkeit und der Druckfestigkeit. Unmittelbar nach der Entnahme aus dem Wasser werden die Prismen — mit der bezeichneten Seitenfläche nach oben — in die Biegeeinrichtung gebracht (vgl. DIN 1165, § 7). Die Belastung im Schrotbecher soll in 10 Sekunden um 1 kg zunehmen. Die Biegezugfestigkeit beträgt 11,7 · G kg/cm², wenn die Breite und die Höhe des Probekörpers im Bruchquerschnitt je 4,0 cm messen und G das Gewicht des Bechers mit dem Schrot bedeutet.

Die Bruchstücke der Prismen werden gemäß DIN 1165 § 8 auf Druckfestigkeit geprüft. Die Belastung ist in 1 Sekunde um 15—20 kg/cm² zu steigern.

2. Schwindung und Quellung (III, 387). Die Prüfung der Schwindung mit einer Meßuhr sollte ursprünglich eine direkte Beziehung geben auf die Schwindung des Betons, und zwar besonders in der Straßenplatte, da das ganze Verfahren ausgearbeitet wurde vor allen Dingen für die Prüfung von Zement für Betonstraßen. Es hat sich nun aber gezeigt, daß zwischen der Schwindung des Mörtels und des Betons keine Beziehungen bestehen, d. h. Zemente, die im Mörtel sehr stark schwinden, schwinden im Beton sehr wenig, andererseits können Zemente, die im Beton zu starker Schwindung Veranlassung geben, im Mörtel wenig schwinden. Dennoch sei das Verfahren geschildert, da es zweifellos Bedeutung hat für die Prüfung der Gleichmäßigkeit ein und derselben Zementmarke.

Prismen zur Ermittlung des Schwindmaßes (nur zur Vergleichsprüfung bei Straßenbauzementen).

Die Versuchsdurchführung unterscheidet sich von der unter 1 beschriebenen durch

das Vorbereiten der Formen,
die Größe und das Gewicht des Stampfers,
die Art des Verdichtens des Mörtels,
die Lagerung der Probekörper während der ersten 2 Tage,
die Ermittlung der Versuchsergebnisse.

1. Herstellung der Probekörper. a) Vorbereiten der Formen (DIN 1165, Bild 1). Zunächst werden die zur Aufnahme der Meßzapfen bestimmten Löcher der Formen mit Plastilin gefüllt und dann die Meßzapfen 8 mm tief eingedrückt (vgl. DIN 1165, Bild 1 und Bild 4). Das hierbei austretende Plastilin ist sorgfältig zu entfernen; die Meßzapfen sind senkrecht zur Stirnfläche der Form auszurichten. Außerdem ist der Abdeckstreifen nach DIN 1165 § 2 anzubringen.

b) Im übrigen wird bei der Herstellung wie unter 3 verfahren.

c) Verdichten des Mörtels. Zum Verdichten des Mörtels wird der 0,5 kg schwere Stampfer (DIN 1165, Bild 3) verwendet. Der Stampfer gleitet dabei abwechselnd an den beiden Seitenwänden des Aufsatzkastens.

2. Lagerung der Probekörper. Unmittelbar nach dem Herstellen der Probekörper werden die Formen in einen Kasten mit feuchter Luft gestellt. Die obere Fläche wird wie, unter 3c angegeben, geglättet. Im Alter von 2 Tagen werden die Probekörper entformt, die Kugeln der Meßzapfen mit Vaseline bestrichen und die Probekörper bis zum Alter von 7 Tagen unter Wasser von 17—20° C auf einem Holzrost gelagert.

Im Alter von 7 Tagen beginnt die trockne Lagerung. Dazu kommen die Probekörper in verschließbare Blechkästen nach DIN 1165, Bild 6, über Glasschalen mit gesättigter Pottaschelösung und Bodenkörper. Diese Lösung wird für jeden Versuch folgendermaßen angesetzt: In der Glasschale werden 200 g wasserfreie Pottasche gleichmäßig verteilt und mit 150 cm^3 gesättigter Pottaschelösung derart übergossen, daß die Pottasche tunlichst gleichmäßig durchfeuchtet ist. Zur Abkühlung läßt man die Lösung etwa 2 Stunden stehen, bis ihre Temperatur 17—20° C beträgt. Darauf wird die Glasschale in den Blechkasten gestellt. Auf die Glasschale wird der Rost gelegt, dessen Auflageleisten 10 cm Abstand haben. Auf diesen Rost sind die Probekörper mit der bezeichneten Seitenfläche nach oben in gleichmäßigem Abstand zu lagern. Dann sind die Deckel auf die Kästen zu schieben und am Rande mit einem mindestens 3 cm breiten, dichten Klebestreifen zu verschließen.

Die Klebestreifen am Deckelrand der Blechkästen sind von Zeit zu Zeit auf ihren Zustand nachzuprüfen; insbesondere sind die Ecken gut zu verkleben.

3. *Messen der Probekörper.* Im Alter von 7 Tagen werden die Probekörper das erste Mal gemessen. Unmittelbar vor dem Messen werden sie einzeln aus dem Wasser genommen, mit einem Tuch oberflächlich leicht getrocknet und die Meßzapfen mit einem trocknen Leder von Vaseline und etwa anhaftenden Fremdstoffen gereinigt. Hierbei ist darauf zu achten, daß die Probekörper nicht unnötig durch die Hände erwärmt werden; die Zeit vom Herausnehmen aus dem Wasser bis zum Einsetzen ins Meßgerät soll 2 Minuten nicht überschreiten. Die Temperatur im Lager- und Meßraum sowie die Temperatur des Wassers müssen 17—20° C betragen.

Die Messungen werden mit dem Gerät nach DIN 1165, Bild 8, durchgeführt. Das Meßgerät und der Vergleichsstab werden zweckmäßig dauernd im Meßraum aufbewahrt. Mindestens 3 Stunden vor dem Versuch ist das Meßgerät mit eingebautem Vergleichsstab im Meßraum aufzustellen. Vor und nach jeder Messung der Probekörper ist mit eingebautem Vergleichsstab eine Ablesung zu machen. Unmittelbar nach der Messung werden die Probekörper in Lagerkästen gebracht (vgl. B 2). Die Probekörper werden im Alter von 28 Tagen erneut gemessen[1].

3. Abnutzungswiderstand (III, 390). Für den Abnutzungswiderstand hat neuerdings Ebener eine neue Maschine konstruiert, mit welcher in folgender Weise gearbeitet wird (vgl. Abb. 5).

Abnutzungsprüfmaschine Ebener. Das Abnutzungsprüfverfahren gemäß DIN DVME 2108 erfaßt die Kräfte, die bei gleitender und reibender Beanspruchung entstehen. Vielfach werden aber die Baustoffe, insbesondere bei Fußböden von Werkstätten, Geschützhallen usw. nicht so sehr durch Reibung als vielmehr durch rollende und zerknirschende Kräfte beansprucht. Um die Widerstandsfähigkeit der verwendeten Baustoffe gegen derartige Kräfte zu ermitteln, ist ein entsprechend wirkendes Prüfverfahren erforderlich.

Das Prinzip dieses Verfahrens besteht darin, daß man auf einem Probekörper aus dem zu untersuchenden Fußbodenbelag gehärtete

[1] Empfohlen wird, die Probekörper auch im Alter von 14 Tagen zu messen.

Stahlkugeln unter einer Belastung und mit einer Geschwindigkeit, die beide der Praxis angepaßt sind, ablaufen läßt. Die Stahlkugeln beanspruchen dann den Probekörper in ähnlicher Weise, wie beispielsweise die Rollen von Transportkarren bzw. die Reifen von Radfelgen usw. den Fußbodenbelag. Sie erzeugen infolgedessen je nach der Widerstandsfähigkeit des betreffenden Fußbodens gegen derartige Beanspruchungen mehr oder minder große Zerstörungserscheinungen, so daß auf diese Weise Vergleichswerte gefunden werden für das Verhalten des betreffenden Fußbodens in der Praxis.

Abb. 5. Abnutzungsprüfer nach Ebener, Essen.

Der Durchführung dieses Verfahrens dient die Abnutzungsprüfmaschine nach Ebener. Der Probekörper von etwa 150—160 mm Kantenlänge, der möglichst in gleichem Zustand, wie er als Fußbodenbelag verlegt werden soll oder verlegt worden ist, verwandt wird, wird, wie Abb. 5 zeigt, auf einem Tisch in die Prüfmaschine eingebaut. Der Tisch *1* wird durch einen Flanschmotor angetrieben und bewegt sich exzentrisch zu einem Kugelkopf *2*, dessen Antrieb durch einen oben auf der Prüfmaschine angebrachten zweiten Motor erfolgt. Der Kugelkopf wird durch ein Hebelsystem belastet. Die Belastungsgröße ist variabel und kann innerhalb weiter Grenzen der Größe der in der Praxis vorkommenden Belastungen angepaßt werden. Infolge der exzentrischen Bewegung des Tisches beschreibt der Kugelkopf eine Kreisbahn von etwa 20 mm Breite und 80 mm mittleren Durchmesser auf dem Probekörper. Die Geschwindigkeit der Tischbewegung ist so gewählt, daß der Kugelkopf etwa 15 m je Minute auf dem Probekörper beschreibt. Es entspricht also diese Geschwindigkeit dem Weg, den z. B. ein Arbeiter bei der Fortbewegung eines eisenbereiften Karrens von Hand je Minute zurücklegt. In gleicher Weise ist der Geschwindigkeit der Radbewegung die Umlaufsgeschwindigkeit des Kugelkopfes selbst um seine eigene Achse angepaßt. Der seitlich sichtbare Hebel *4* dient dazu, den Kugelkopf vor Beginn des Versuches auf den Probekörper zu senken und nach beendetem Versuch ihn vom Prüfkörper abzuheben.

Das Maß der Abnutzung wird in ähnlicher Weise wie bei der Böhme-Schleifmaschine einerseits durch Gewichtsverlust des Probekörpers bestimmt, andererseits der Gewichtsverlust umgerechnet auf die Anzahl Kubikzentimeter, die die beanspruchte Fläche des Probekörpers durch den Versuch verloren hat. Aus Gewichtsverlust und Raumgewicht läßt sich dieser Wert errechnen.

Es hat sich in der Praxis herausgestellt, daß mitunter Fußbodenbeläge aus erstklassigem Stoff hergestellt, nicht denjenigen Abnutzungswiderstand in der Praxis aufweisen, den man von ihnen erwartet hatte. Es hat sich gezeigt, daß die Auswahl der Rohstoffe für die Fußbodenbeläge sorgsam dem Verwendungszweck angepaßt werden muß. Ein Fußbodenbelag, der eine hervorragende Lebensdauer besitzt, wenn man ihn beispielsweise für hoch beanspruchte Treppenstufen benutzt, muß durchaus nicht die gleiche Lebensdauer aufweisen, wenn man ihn als Werkstattfußbodenbelag mit schwer beladenen Karren usw. beansprucht. Es hat sich in der Praxis gezeigt, daß den Eigenschaften des Fußbodenbelages und seiner Zuschlagsstoffe — Zähigkeit, Sprödigkeit neben anderen Eigenschaften, wie Härte usw. — besondere Aufmerksamkeit zugewandt werden muß.

Das Verfahren ist im Aufbau begriffen, scheint aber zu guten Resultaten zu führen. Genormt ist es noch nicht.

4. Wasserdichtigkeit (III, 391). Mit der Prüfung der Wasserdichtigkeit auf dem Apparat von Gary-Burchartz in der jetzt üblichen Weise ist der Nachteil verbunden, daß die Menge des durchgetretenen Wassers nicht gemessen werden kann. Außerdem treten leicht Absprengungen der Mörtelscheiben auf, wenn die Schraubenmuttern angezogen werden. Es hat sich deshalb nach einem Vorschlag von Grün in unserem Institut folgende Arbeitsweise eingebürgert und als zweckmäßig erwiesen:

Der Beton wird nach außen nicht dadurch gedichtet, daß man ihn mit einer Mörtelschicht umgibt, sondern er wird in Blechringen entsprechender Höhe, beispielsweise von 10 cm und einem Durchmesser von 26 cm eingebracht. Die Abdichtung erfolgt nach einem Vorschlag von Beckmann durch einen Ausguß mit Bitumen. Bei dieser Arbeitsweise setzt der dichtende Gummiring auf den Blechring auf und nicht auf den Beton. Der Beton wird dadurch geschont, da der Blechring den Druck erträgt, eine Absprengung wird also vermieden. Das Wasser tritt von unten durch den Beton herauf und erscheint an der Oberfläche. Da, wie oben gesagt, der Zeitpunkt des Eintretens der Durchfeuchtung keinen Maßstab gibt für den Grad der Wasserdurchlässigkeit, hat es sich als zweckmäßig erwiesen, Trichter, und zwar nach einem Vorschlag von Obenauer aus Celluloid, auf den Beton aufzusetzen. Diese Trichter haben am Rande (vgl. Abb. 6) eine waagerechte Fläche, welche mit eingeschraubt wird. Nach dem ersten Wasserdurchtritt wird der Trichter dann mit Wasser gefüllt und eine Art Bürette aufgesetzt, die mit Graden versehen ist. An diesen Graden kann man dann feststellen, wieviel Kubikzentimeter Wasser je Stunde durch den Beton hindurchtritt und hat demnach ein genaues Maß für den Grad der Wasserdurchlässigkeit von Beton.

Bei Prüfung von Schutzanstrichen ist es zweckmäßig, mit undichtem Beton zu arbeiten, dessen Wasserdurchlässigkeit zunächst gemessen wird, worauf man die Körper anstreicht und nochmal die Wasserdichtigkeit mißt. Bei Prüfung von Zusatzmitteln arbeitet man gleichfalls zweckmäßigerweise mit etwas undichtem Beton, um den Grad der Abdichtung ermessen zu können.

5. Aggressive Beständigkeit. Für die Prüfung der Salzwasserbeständigkeit sind Normen noch nicht vorhanden und jedes Laboratorium prüft verhältnismäßig willkürlich nach eigenen Methoden.

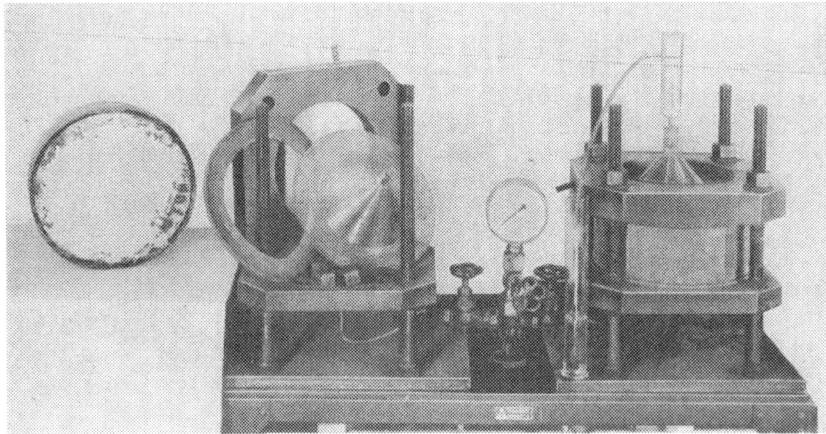

Abb. 6. Prüfung der Wasserdurchlässigkeit von Beton.

Teilweise wurden hierbei die Flüssigkeiten bewegt, in anderen Fällen werden sie erwärmt, schließlich werden die Körper ganz eingetaucht oder nur halb eingetaucht, die Konzentration der Flüssigkeit wird abgeändert usw. Eine gewisse Ordnung bringt eine umfangreiche Arbeit von Grün in dieses sehr umfangreiche Gebiet. Bei dieser Arbeit wurden zur Ermittlung des günstigsten und kürzesten Prüfverfahrens folgende verschiedene Methoden untersucht:

1. Vergleich der Wirkung bewegter und nicht bewegter Lösungen.

2. Vergleich der Wirkung von erwärmten Lösungen und solchen von Zimmertemperatur.

3. Gegenüberstellung der Wirkung konzentrierter und verdünnter Lösungen einerseits und mehr oder weniger stark aggressiver Salze andererseits.

4. Versuch einer Lösung der Frage: Ist es möglich, aus einer früh auftretenden meßbaren Treibneigung auf voraussichtlich später eintretende Zerstörung zu schließen; gibt es also eine Frühdiagnose?

5. Einwirkung der Korngröße des Sandes, also Untersuchung der Frage: Kann aus einer Schnellprüfung mit Mörtel aus Sanden, die zu

einem porösen Mörtel führen (Normensand), auf das Verhalten des Mörtels bei dichter Verarbeitung (Rheinsand) geschlossen werden?

Die Ergebnisse waren die folgenden:

Prüfverfahren. Bewegen oder Erwärmen schädlicher Lösungen bei der Schnellprüfung ist überflüssig, da es die Reaktion nicht so stark beschleunigt, daß aus dieser Komplikation des Verfahrens sich ein Vorteil erwarten läßt. Die Konzentration der Lösungen beschleunigt zwar die Reaktion, darf aber nicht zu weit getrieben werden, da sich sonst die Unterschiede verwischen, besonders dann, wenn stark schädliche Salze, wie Ammonsulfat, verwendet werden. Zweckmäßig ist z. B. bei Prüfungen auf Sulfatbeständigkeit die Heranziehung von 5%igem Magnesiumsulfat oder 1%igem Ammonsulfat.

Die frühzeitige Prüfung der Raumveränderung des Mörtels gestattet keinen Schluß auf die voraussichtlich später eintretende Zerstörung. Poröse Mörtel werden schneller zerstört als dichte, aber in gleichem Sinne, die Kurven laufen also parallel. Poröse Mischungen gestatten demnach eine Beschleunigung des Verfahrens, ohne daß man Trugschlüsse befürchten muß. Als Schnellprüfverfahren wird also empfohlen:

Nicht zu konzentrierte Lösungen ohne Erwärmen und ohne Bewegen bei Anwendung porösen Mörtels.

6. Prüfung im Bauwerk (III, 401). Die schon von Grün und Manecke vorgeschlagene Anwendung von Bohrmaschinen zum Herausbohren von Kernen aus Bauwerken und die Prüfung derartiger Kerne, die ungefähr einen Durchmesser von 12 cm haben, auf Druckfestigkeit, Wasseraufnahme und Mischungsverhältnis hat sich inzwischen durchgesetzt. Bei den Reichsautobahnen werden grundsätzlich die Decken so geprüft, daß derartige Kerne aus dem Beton herausgesägt und nach Abgleichen oder Absägen der oberen und unteren Fläche geprüft werden. Auch bei der Prüfung von Hochbauten u. dgl. bewährt sich das Verfahren. Allerdings muß damit gerechnet werden, daß auch durch diese verhältnismäßig schonende Methode der Betonprobenahme der Beton in seiner Druckfestigkeit etwas geschädigt wird, da die starke Erschütterung das Gefüge lockert und außerdem Risse entstehen können. Eine Bestimmungszahl für den Grad der Schädigung ist leider nicht vorhanden. Sicher ist nur, daß die Festigkeit im Bauwerk höher ist als diejenige der Kerne. Bei der Auswertung sind die niedrigen Kernfestigkeiten auszuschalten, da für diese eine Schädigung vorausgesetzt werden muß.

7. Korngröße (III, 402). Die Körnung der Zuschlagsstoffe hat inzwischen weiter an Bedeutung gewonnen und die Kornanalyse ist ein unentbehrlicher Bestandteil des technischen Laboratoriums geworden. Nicht bloß in den Bestimmungen des Deutschen Ausschusses für Eisenbeton (Verlag Wilh. Ernst & Sohn, Berlin) sind die notwendigen Kurven festgelegt sowohl für Sand als auch für den Kies, sondern auch in den Richtlinien für Fahrbahndecken (Herausgeber: Direktion der Reichsautobahnen) sind weitere besondere Korngrößenverhältnisse festgelegt. Im Rahmen dieser Abhandlung kann auf die hier bestehenden Vorschriften nur hingewiesen werden. Näheres siehe in den einschlägigen, oben genannten Bestimmungen und zusammengefaßt in dem Buch „Der Beton" von Prof. Dr. R. Grün, Berlin, Verlag Julius Springer, 1937, S. 120f. (8. Aufl., S. 402).

8. Abschlämmbare Bestandteile (III, 405). Die Wirkung der abschlämmbaren Bestandteile im Sand wird stets als nachteilig betrachtet. Es hat sich aber neuerdings herausgestellt, daß keineswegs alle abschlämmbaren Bestandteile nachteilig wirken. Sie setzen zwar bisweilen die Festigkeiten herab, erhöhen aber häufig die Wasserdichtigkeit. Ausschlaggebend für ihre Wirkung ist:

α) ihre Art, also ihre chemische Zusammensetzung und ihr physikalischer Formzustand, also ihre Quellbarkeit,

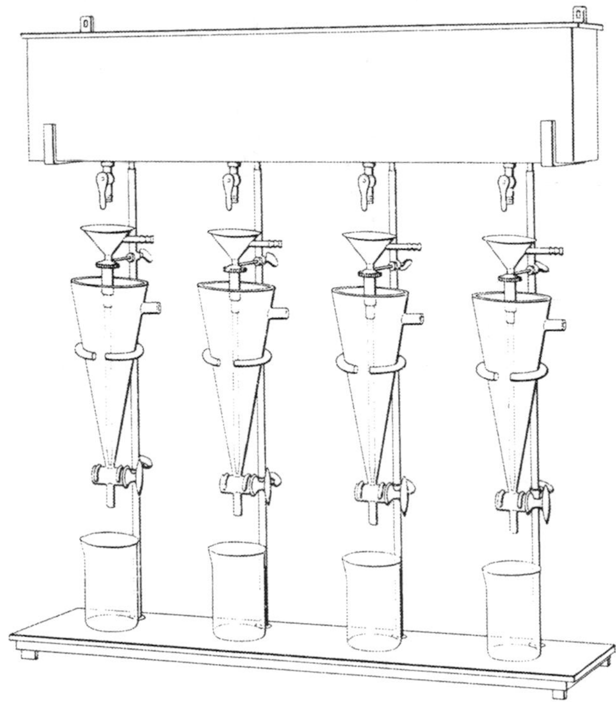

Abb. 7. Prüfung von Sand auf abschlämmbare Bestandteile nach Schulze-Harkort.

β) die Art ihrer Verteilung, ihre Haftung an der Kornoberfläche usw.,
γ) ihre Größe.

Die abschlämmbaren Bestandteile werden nach Vorschrift der AMB dadurch geprüft, daß man die Sande auf einem 900-Maschensieb absiebt. Alle Anteile, die so fein sind, daß sie das 900-Maschensieb passieren, werden hierbei entfernt. Die Verwerfung eines Standes, der über einige Prozent abschlämmbare Bestandteile in dieser Weise hat, ist ungerechtfertigt, denn bei diesem Verfahren ist alles, was ungefähr Zementfeinheit hat, ausgewaschen. Derartige Anteile können aber noch im Zuschlagsstoff vorhanden sein, ohne daß sie den Beton schädigen.

Für die Bestimmung der abschlämmbaren Bestandteile hat sich der Schlämmapparat von Schulze-Harkort bewährt (vgl. Abb. 7).

Bei dieser Apparatur wird das Abschlämmen der feinen Kornfraktionen durch einen von unten nach oben gerichteten Wasserstrom durchgeführt. Die Korngröße dieser Fraktionen richtet sich nach der Durchflußgeschwindigkeit des Wassers im Schlämmkelch. Diese Durchflußgeschwindigkeit kann geregelt werden durch Einsatz von Düsen verschiedenen Durchmessers an das in den Glaskelch hineinragende Schlämmrohr. Bei Prüfung verschiedener technischer Sande (vgl. Kögler-Scheidig) hat sich gezeigt, daß bei manchen die abschlämmbaren Bestandteile die Festigkeit sehr stark herabsetzen, bei anderen war die Herabsetzung minimal. Durch das Waschen wurde zwar die Druckfestigkeit des Betons erhöht, bisweilen aber die Wasserdurchlässigkeit vergrößert, der Beton also im großen gesehen verschlechtert. Maßgebend kann deshalb nicht die Höhe der abschlämmbaren Bestandteile sein, da sich keine endgültigen Zahlen geben lassen, sondern nur Betonversuche, die allein Rechenschaft geben über das, was von der Anwesenheit der abschlämmbaren Bestandteile zu erwarten ist. Das Waschen des Sandes sollte nur durchgeführt werden, wenn sich hier durch die Anwesenheit der abschlämmbaren Bestandteile Nachteile ergebn. Das Verfahren der Schlämmprüfung hat dennoch Bedeutung als Kontrollverfahren zur Bestimmung der Gleichmäßigkeit der Sande. Über seine Durchführung vgl. Schulze-Harkort-Verfahren (s. a. Grün-Tiemeyer).

9. Organische Beimengungen. Am gefürchtetsten sind die organischen Beimengungen. Sie sollen nach Abrams erkannt werden durch den Grad, mit welchem sie die Natronlauge färben. So soll starke Braunfärbung der Natronlauge ein besonders kritisches Zeichen sein und den Sand von vornherein unverwendbar machen. Bei geringer Verfärbung dagegen soll er brauchbar sein. Diese Methode ist aber unzuverlässig. So zeigte sich, daß Sand, welcher die Natronlauge sehr stark braun färbte, doch ausgezeichneten Beton ergab, und solcher, der kaum gelbe Tönung hervorrief, unbrauchbar. Das Verfahren der Verfärbung der Natronlauge kann also nicht herangezogen werden zur endgültigen Beurteilung, sondern lediglich als Wertungsverfahren im Rahmen sämtlicher anderen Untersuchungen. Hierzu gehört die Bestimmung der abschlämmbaren Bestandteile und die Herstellung von Beton. Diese Herstellung von Beton selbst, also die Verarbeitung des Kieses entsprechend der Praxis am besten mit dem zu verarbeitenden Zement muß allein ausschlaggebend für die Beurteilung sein; alle anderen Prüfungen sind nur Vorprüfungen. Geben die Betonfestigkeiten befriedigende Werte, so kann auch bei starker Braunfärbung der Natronlauge der Sand unbedenklich genommen werden, vorausgesetzt, daß eine gute Erhärtung der Betonprobekörper auch im Anfangsstadium beobachtet wird (vgl. Grün-Schlegel).

II. Hydraulische Kalke (III, 419).

1. Normen. Auf dem Gebiete der hydraulischen Kalke ist eine gewisse Orientierungsmöglichkeit jetzt gegeben durch die Deutschen Normen für Baukalk (DIN 1060). Da die hydraulischen Kalke gewisse Festigkeiten erreichen müssen, sind für sie Festigkeitsvorschriften gegeben, die in dem genannten Normenblatt in Tafel 2 wie folgt lauten:

Tabelle 8. Kalke, die auch unter Wasser erhärten.

Lagerung in feuchter Luft		
Kalkart	Festigkeit in kg/cm² nach 28 Tagen mindestens	
	Druck	Zug
Wasserkalk	15	3
Hydraulischer Kalk	40	5
Hochhydraulischer Kalk	80	9

Die hydraulischen Kalke, welche überwacht werden von dem Laboratorium des Vereins deutscher Kalkwerke oder durch ein staatliches Materialprüfungsamt in gleicher Weise wie Zement, tragen auf der Verpackung ein Warenzeichen mit der Aufschrift DIN 1060. Wasserkalk hat auf dem Sack 1 schwarzen Streifen, hydraulischer Kalk 2 schwarze Streifen und hochhydraulischer Kalk 3 schwarze Streifen. Für eine vollständige Normenprüfung sind anzufordern:

für Stückkalk und Branntkalk . . . . 25 kg,
für Kalkteig . . . . 20 kg,
für Löschkalk . . . . 12 kg,
für hydraulischen und hochhydraulischen Kalk . . . . 8 kg.

Die Prüfung der Festigkeit des Kalkes wird wie folgt durchgeführt:

1. Vorbehandlung des Kalkes. Gelöschter und nicht löschfähiger, in Pulverform eingelieferter Kalk ist nach § 9 Abs. 1 vorzubehandeln.

Ungelöscht und unvollständig gelöscht eingelieferter Kalk ist zu Pulver abzulöschen und dann ebenfalls nach § 9 Abs. 1 vorzubehandeln.

Besondere Anweisungen des Erzeugers für die Behandlung des Kalkes sind sinngemäß zu berücksichtigen.

2. Herstellung des Mörtels. 400 g Kalkpulver und 1200 g Normensand werden in einer Schüssel zunächst trocken von Hand mit einem leichten Löffel oder Spatel 1 Minute gemischt.

Dem trockenen Gemisch wird so viel Wasser zugesetzt, daß die entstehende Masse erdfeuchte Beschaffenheit hat. Das ist daran erkennbar, daß sie sich in der Hand ballen läßt. Der Versuch wird zweckmäßig mit 10% Wasserzusatz begonnen. Etwa 820 g dieses Mörtels werden in die Druckformen gefüllt und auf dem Normen-Hammergerät DIN 1164 unter Anwendung von 150 Schlägen eingeschlagen. Der Probekörper darf nach dem Entformen keine Schichten- oder Rißbildung aufweisen. In diesem Fall ist der Wasserzusatz zu hoch gewählt; der Versuch muß dann mit um je 0,5% niedrigerem Wasserzusatz wiederholt werden, bis der Probekörper schicht- und rißfrei bleibt und sich noch gut entformen läßt.

Die feuchte Masse wird in dem Normen-Mörtelmischer gleichmäßig verteilt und durch 40 Schalenumdrehungen weiterverarbeitet.

3. Herstellung der Versuchskörper. Die Formen müssen vor dem Gebrauch gut gereinigt und mit Formöl, einer Mischung von zwei Drittel Rüböl und ein Drittel Petroleum, leicht geölt sein; starkes Ölen oder Einfetten der Formen beeinflußt die Ergebnisse ungünstig.

Druckbeanspruchung. 820 g des vorschriftsmäßig gemischten Mörtels werden in die mit den Aufsatzkästen versehenen Normen-Würfelformen DIN 1164 gebracht und im Normen-Hammergerät DIN 1164 mit 150 Schlägen eingeschlagen. Die nach Entfernen der Aufsatzkästen überstehende Mörtelmasse der so hergestellten Körper wird mit einem Messer abgestrichen, die Oberfläche geglättet und gekennzeichnet.

Die Körper werden mit der Form an der Luft im Zimmer gelagert und nach etwa 20 Stunden entformt.

Zugbeanspruchung. 200 g des vorschriftsmäßig gemischten Mörtels werden in die mit den Aufsatzkästen versehenen Normen-Zugformen DIN 1164 eingebracht und im Normen-Hammergerät DIN 1164 mit 150 Schlägen eingeschlagen. Die nach Entfernen der Aufsatzkästen überstehende Mörtelmasse der so hergestellten Körper wird mit einem Messer abgestrichen und die Oberfläche geglättet und gekennzeichnet.

Die Zugprobekörper sind bereits etwa $^1/_2$ Stunde nach der Herstellung zu entformen.

4. Anzahl der Versuchskörper. Für die Prüfung auf Druckfestigkeit sind 5 Würfel herzustellen.

Für die Prüfung auf Zugfestigkeit sind 12 Zugprobekörper herzustellen.

5. Lagerung der Versuchskörper. Die Versuchskörper sind auf Holzrosten in einem geschlossenen Kasten zu lagern, in dem durch Feuchthalten von Filzeinlagen die feuchtigkeitsgesättigte Luft zu halten ist. Auf Dichtschließen des Deckels ist besonders zu achten.

6. Prüfung. Die Raumgewichte der einzelnen Prüfkörper zur Ermittlung der Druckfestigkeit sind vor der Prüfung festzustellen. Ferner sind die Gewichte der Prüfkörper für die Ermittlung der Zugfestigkeit in Gramm zu bestimmen.

Druckbeanspruchung. Die Prüfkörper werden auf Druckpressen, die den Bestimmungen von DIN 1604 entsprechen müssen, auf Druck beansprucht. Da die Geschwindigkeit der Kraftsteigerung von Einfluß auf das Versuchsergebnis ist, ist darauf zu achten, daß die Belastung um 100 kg/cm^2 in der Sekunde zunimmt.

Der Druck wird stets auf 2 Seitenflächen der Würfel, nicht aber auf die Bodenfläche und die bearbeitete Oberfläche ausgeübt.

Die Druckfestigkeit ist $^1/_{50}$ des Mittels der in Kilogramm / Quadratzentimeter ausgedrückten Bruchlasten aus 5 Versuchen.

Zugbeanspruchung. Die Proben werden mit dem Zugfestigkeitsprüfer DIN 1164 geprüft. Die Belastung der Zugprobe soll durchschnittlich um 500 g in der Sekunde zunehmen.

Die Zugfestigkeit ist das 10fache des auf die Waagschale aufgebrachten Gewichtes als Mittel aus 10 Versuchen in Kilogramm/Quadratzentimeter.

Offensichtliche Fehlproben sind auszuscheiden. Als solche gelten Proben, deren Wert mehr als 10% unter dem Mittel sämtlicher Werte liegt.

Die Festigkeitswerte sind in ganzen Zahlen anzugeben.

2. Chemische Untersuchung von Traß (III, 427). Für die chemische Prüfung ist das Normenblatt DIN 1044 von 1934 maßgebend, dessen Bestimmungen im nachfolgenden wiedergegeben sind:

Traß Chemische Untersuchung	DIN DVM 1044

Probe

1. Von der Gesamtmenge des zu untersuchenden Trasses wird eine Durchschnittsprobe von etwa 200 g entnommen. Die Probe wird durch ein Prüfsiebgewebe 0,20 DIN 1171 (900 Maschen auf 1 cm²) gesiebt. Ergibt sich hierbei ein Rückstand, so wird er soweit zerkleinert, daß er ebenfalls durch das Prüfsiebgewebe 0,20 durchgeht.

Chemische Untersuchung

Feuchtigkeit

2. Von der Probe werden 10 g in einem flachen Wägeglas 35×30 DENOG 41 (35 mm Durchmesser, 30 mm Höhe, mit eingeschliffenem Deckel) 3 Stunden lang im Trockenschrank bei annähernd 98° getrocknet und der Gewichtsverlust ermittelt.

Glühverlust

3. Von der Probe werden 10 g im Platintiegel auf dem Bunsenbrenner langsam erhitzt, so daß der Tiegel in 5 bis 10 Minuten zur Rotglut kommt, dann 40 Minuten lang in einem auf 1000° erhitzten Tiegelofen geglüht und der Gewichtsverlust ermittelt.

Hydratwasser

4. Das Hydratwasser wird nach DIN DVM 1043, Blatt 2, Abschnitt 13, ermittelt.

Kohlensäure

5. Ergibt eine Vorprüfung, daß in 1 g der mit Alkohol angerührten und erwärmten Probe bei Zusatz einer geringen Menge von Salzsäure Kohlensäurebläschen entwickelt werden, so wird der Gehalt an Kohlensäure im Kohlensäureapparat nach Finkener (Freimachen der Kohlensäure durch Kochen mit Salzsäure, Auffangen in Kalilauge und Wägung) quantitativ bestimmt[1].

Lösliche Kieselsäure[2])

6. Von der Probe werden 2 g in einen weithalsigen Erlenmeyerkolben 300 DENOG 12 (300 cm³ Inhalt) gebracht, 100 cm³ Salzsäure vom spezifischen Gewicht 1,104 (20,24%) zugegeben und ein gut wirkender Rückflußkühler aufgesetzt. Der Inhalt des Kolbens wird vom beginnenden Sieden an eine Stunde lang in gelindem Kochen erhalten. Nach Verdünnen mit 100 cm³ destilliertem Wasser wird durch ein gut laufendes Filter gefiltert (Filtrat A) und der auf dem Filter verbleibende Rückstand mit heißem Wasser sorgfältig ausgewaschen. Filter und Rückstand werden in einer geräumigen Platinschale mit 250 cm³ einer 2%igen Lösung von Natriumhydroxyd verrührt, bei aufgedecktem Uhrglas eine Minute lang zu lebhaftem Kochen gebracht und so die lösliche Kieselsäure vollkommen ausgezogen. Dann wird abermals gefiltert (Fitrat B) und mit Wasser gut ausgewaschen.
Die Filtrate A und B, letztgenanntes nach Übersättigung mit Salzsäure, werden jedes für sich zur Trockene eingedampft und die Rückstände 3 Stunden

[1]) Mitt. aus den Kgl. techn. Versuchsanstalten. Berlin, VII. Jahrgang 1889. 4. Heft. S. 156.

[2]) Die „lösliche" Kieselsäure ist der „reaktionsfähigen" Kieselsäure, die für das Erhärtungsvermögen in Betracht kommt, nicht gleichzusetzen. Ein zuverlässiges Verfahren zur Bestimmung der reaktionsfähigen Kieselsäure ist zur Zeit nicht bekannt.

Deutscher Verband für die Materialprüfungen der Technik

Traß, Chemische Untersuchung (Fortsetzung).

lang bei 120° erhitzt. Zur völligen Abscheidung der Kieselsäure müssen die Trockenrückstände nochmals mit verdünnter Salzsäure gut durchfeuchtet und das Abdampfen und Trocknen bei 120° wiederholt werden. Die Trockenrückstände werden darauf mit 10 cm³ Salzsäure 1:10 auf dem Wasserbade 10 Minuten lang stehengelassen, dann wird mit 50 cm³ heißem destillierten Wasser aufgenommen, die Kieselsäure abgefiltert und mit heißem Wasser, dem etwas Salzsäure zugesetzt ist, ausgewaschen. Die beiden Filter mit Kieselsäure werden zusammen in einem Platintiegel, zunächst sehr vorsichtig, auf dem Bunsenbrenner verbrannt und schließlich auf dem Gebläse stark geglüht. Der Tiegel mit Inhalt wird gewogen. Nach Zugabe von 2 bis 3 Tropfen Schwefelsäure 1:1 und einer kleinen Menge Flußsäure wird die Kieselsäure durch Abdampfen und Glühen verjagt und der Tiegel zurückgewogen. Der Gewichtsunterschied der beiden Wägungen ergibt den Kieselsäuregehalt[3].

Unlösliches

7. Der bei Filtrat B auf dem Filter verbleibende Rückstand wird in einem Tiegel verascht, in einem auf 1000° erhitzten Tiegelofen bis zur Gewichtsbeständigkeit geglüht, gewogen und als „Unlösliches" angegeben.

Summe der Sesquioxyde (abgekürzt bezeichnet R_2O_3)

8. Das Filtrat A wird nach der Kieselsäureabscheidung mit Bromwasser oxydiert; die Sesquioxyde werden durch Zugabe von soviel Ammoniak, daß die Flüssigkeit deutlich danach riecht, in der Kochhitze gefällt und etwa $^1/_2$ Stunde lang auf dem Wasserbade erwärmt. Nach Filtern durch ein Filter von etwa 125 mm Durchmesser und Auswaschen mit heißem Wasser (Filtrat C), dem auf 1 Liter einige Tropfen Ammoniak zugesetzt sind, wird der Niederschlag mit heißem Wasser in ein Becherglas gespritzt, in heißer Salzsäure 1:1 gelöst und in gleicher Weise nochmals mit Ammoniak gefällt. Nach dem Auswaschen, wie oben beschrieben (Filtrat D), wird der Niederschlag in heißer Salzsäure 1:1 gelöst und die erhaltene Lösung in einem Meßkolben 500 E DENOG 48 (500 cm³ Inhalt, auf Einguß geeicht) mit destilliertem Wasser zur Marke aufgefüllt. Dann werden 200 cm³ entnommen, darin die Sesquioxyde nochmals, wie vorher angegeben, mit Ammoniak gefällt, gefiltert, verascht und nach heftigem Glühen auf dem Gebläse oder im elektrischen Tiegelofen gewogen. Das Filtrat wird verworfen.

Eisenoxyd

9. Weitere 200 cm³ Lösung werden auf dem Wasserbade bis auf etwa 20 cm³ eingedampft, mit destilliertem Wasser auf etwa 100 cm³ gebracht, mit 2 cm³ Salzsäure 1:1 versetzt und das Eisen nach Zusatz von etwa 0,5 g Kaliumjodid mit n/10 Natriumthiosulfatlösung titriert (Stärkelösung als Indikator). Zum Schluß wird nach Erwärmen auf 40° die Titration zu Ende geführt. — Der Eisengehalt kann auch nach dem bei der Zementanalyse gebräuchlichen Verfahren durch Titration mit Titantrichloridlösung bestimmt werden (s. Analysengang für Normenzemente, Zementverlag, 1932).

Tonerde

10. Der mit Ammoniak gefällte und geglühte Niederschlag nach Abzug des Eisenoxydwertes wird als „Tonerde" bezeichnet. Er kann geringe Mengen Titansäure, Manganoxyd und Phosphorsäure enthalten.

Kalk

11. Die Filtrate C und D der beiden Sesquioxydfällungen (Abschnitt 8) werden zusammen völlig eingedampft. Danach wird mit Wasser und einigen Tropfen verdünnter Salzsäure aufgenommen und mit Ammoniak schwach alkalisch gemacht; kleine Reste von Tonerde, die ausfallen, werden abgefiltert, gewogen und der Hauptmenge der Tonerde zugerechnet. Das Filtrat wird mit Essigsäure schwach angesäuert und der Kalk in der Kochhitze mit

[3]) Der zulässige Fehler beträgt $\pm$ 2%.

Traß, Chemische Untersuchung (Fortsetzung).

Ammoniumoxalat gefällt. Dann wird die gefällte Lösung mit Ammoniak schwach alkalisch gemacht, in kaltem Wasser gekühlt und 2 Stunden lang stehengelassen. Das abgefilterte Kalziumoxalat wird mit ammoniumoxalathaltigem Wasser (10 g je Liter) gut ausgewaschen und nach vorsichtigem Trocknen und Glühen im elektrischen Tiegelofen (1000°) oder in der Gebläseflamme zur Gewichtsbeständigkeit gebracht und gewogen.

Magnesia

12. Das Filtrat des Oxalatniederschlags wird auf etwa 50 cm³ eingedampft, mit $^1/_3$ des Volumens an konzentriertem Ammoniak und mit Ammoniumphosphat versetzt, nach 18stündigem Abstehen gefiltert und als Magnesiumpyrophosphat wie üblich gewogen.

Alkalien

13. Eine besondere Einwaage von 2 g wird, wie in Abschnitt 6 angegeben, gelöst und die Kieselsäure aus der Lösung nur einmal abgeschieden. Im Kieselsäurefiltrat werden durch Zusatz von Ammoniak und Ammonoxalatlösung die Sesquioxyde und der Kalk gemeinsam abgeschieden. Der Niederschlag wird in Salzsäure gelöst und die Fällung wiederholt. Die Filtrate beider Fällungen werden auf etwa 50 cm³ eingedampft, dann etwas Ammoniak und Ammonoxalat zugefügt und der etwa entstandene Niederschlag gefiltert. Das Filtrat wird eingedampft, und die Ammoniumsalze werden durch Erhitzen unterhalb schwacher Rotglut verjagt. Der Rückstand wird mit möglichst wenig Wasser aufgenommen. Man fällt die Magnesia mit 0,4 g Bariumhydroxyd ($Ba(OH)_2$), in 10 cm³ destilliertem Wasser gelöst, in der Kälte aus, filtert und wäscht mit 5%iger Bariumhydroxydlösung auf kleinem Filter 3mal aus. Im Filtrat wird das überschüssige Bariumhydroxyd mit ammoniakalischer Ammonkarbonatlösung ausgefällt und das ausgefällte Bariumkarbonat unter mehrmaligem Aufkochen dekantiert, abgefiltert und mit destilliertem Wasser ausgewaschen. Das Filtrat wird eingedampft und die trockene Masse in einem Platintiegel unterhalb schwacher Rotglut zur Vertreibung der restlichen Ammonsalze erhitzt. Der Rückstand wird mit etwas Salzsäure befeuchtet und nach dem Verjagen der überschüssigen Salzsäure unterhalb Rotglut bis zur Gewichtsbeständigkeit erhitzt und gewogen. Durch Lösen der Salzmasse in 1 bis 2 cm³ Wasser und Zusatz eines Tropfens Ammoniak überzeugt man sich, daß keine Verunreinigungen mehr gefällt werden.

14. Wird keine Trennung der Alkalien gewünscht, so rechnet man unter der Annahme, daß die Alkalien als Kaliumoxyd vorliegen, den gefundenen Wert durch Multiplizieren mit 0,6317 auf K_2O um und gibt das Ergebnis als „Alkalien, berechnet als K_2O“ an. Die im unlöslichen Rückstand enthaltenen Alkalien bleiben unberücksichtigt.

Trennung der Alkalien

15. Zur Trennung der Alkalien werden die Chloride mit Wasser in Lösung gebracht; die erhaltene Lösung wird mit Perchlorsäure eingedampft. Zur Vertreibung der überschüssigen Perchlorsäure wird wiederholt mit Wasser bis zum Verschwinden des Salzsäuregeruches eingedampft. Der Abdampfrückstand wird mit 10 cm³ 96%igem Alkohol, der 0,2% Perchlorsäure enthält, aufgenommen und behufs Abscheidung eines kristallinischen Niederschlages kräftig gerührt. Der Niederschlag wird mit dem Perchlorsäure enthaltenden Alkohol in einen gewogenen Glasfiltertiegel übergespült und mit einigen cm³ 98%igen Alkohols nachgewaschen. Tiegel mit Inhalt wird bei etwa 130° getrocknet und gewogen.
Das Gewicht des Kaliumperchlorats ($KClO_4$) ergibt, mit 0,3399 multipliziert, das Kaliumoxyd. Die im unlöslichen Rückstand enthaltenen Alkalien bleiben unberücksichtigt.

Berechnung

16. Die erhaltenen Werte werden sämtlich auf bei 98° getrockneten Traß umgerechnet und auf eine Dezimalstelle gerundet angegeben.

3. Mörtel und Beton (III, 438). Prüfung des Mischungsverhältnisses. Da man in neuerer Zeit in sehr viel größerem Maße dazu übergegangen ist, die Baukontrolle auf der Baustelle durchzuführen[1], ist es notwendig, nicht nur ein Verfahren zu wissen, zur Feststellung des Mischungsverhältnisses eines erhärteten Betons (DIN 2170), sondern auch für die Prüfung des Mischungsverhältnisses eines Frischbetons, wie er aus der Maschine kommt. Hier gilt folgender Normenblattentwurf DIN 2171 von Januar 1939:

Januar 1939

Mischungsverhältnis und Bindemittelgehalt von nicht erhärteten Mörtel- und Betongemischen	**DIN[1])** **Entwurf 1** **DVM 2171**

Begriff

1. Das Mischungsverhältnis eines Frischmörtels oder Frischbetons ist das Verhältnis von Bindemittel zum Zuschlagsstoff in Gewichtsteilen oder Raumteilen. Dabei wird als Bindemittel auf ein Gemisch aus Zement mit einem oder mehreren Zusatzstoffen, wie Traß, Hochofenschlacke usw. verstanden. Der Zuschlagsstoff kann ebenfalls aus einem Gemisch mehrerer Zuschlagsstoffe, z. B. Sand, Kies, Gesteinssplitt, Schlacke u. dgl., bestehen. Bei Angabe des Mischungsverhältnisses ist stets hinzuzufügen, ob sich die Zahlenwerte auf Gewichts- oder Raumteile beziehen. Der Bindemittelanteil wird bei der Berechnung der Verhältniszahlen gleich 1 gesetzt.
2. Da der Wassergehalt des Frischmörtels und die durch ihn bedingte Steife des Mörtels ausschlaggebenden Einfluß auf die Art seiner Verarbeitung und die Güte des erhärteten Mörtels oder Betons ausüben, ist gleichzeitig mit der Ermittlung der Anteile an Bindemitteln und Zuschlagsstoffen der Gehalt an Anmacheflüssigkeit zu bestimmen.
3. Man hat streng auseinanderzuhalten den Wasserzusatz, der bezogen wird auf das Gewicht des Gemisches aus Bindemittel und grubenfeuchtem Zuschlagsstoff, sowie dem Wassergehalt, der bezogen wird auf das Gesamtgewicht des fertig gemischten Trockenfrischmörtels oder -frischbetons. Zur Kennzeichnung eines Mörtels dienen weiterhin der Wasserzementfaktor und die Steife.
4. Der Gehalt an Bindemittel eines Frischmörtels oder Frischbetons kann je nach dem Zweck der Untersuchung an dem eben fertig hergestellten Gemisch oder dem in den Bauteilen frisch verarbeiteten Frischmörtel oder Frischbetons bestimmt werden. Je nach dem zur Anwendung gelangten Prüfverfahren werden sich die Zahlenwerte in gewisser Beziehung voneinander unterscheiden. Für gewöhnlich kann für praktische Verhältnisse mit hinreichender Zuverlässigkeit der Zahlenwert des Bindemittelgehalts von Frischbeton und Frischmörtel als gleich angesehen werden für frisch gemischten und frisch verarbeiteten und darüber hinaus für gewisse Fälle auch für erhärteten Mörtel und Beton. Mithin kann unter diesen Voraussetzungen auch ein einheitlicher Begriff für den Bindemittelgehalt festgelegt werden.

[1]) Das Normblatt beschränkt sich auf die Festlegung von Verfahren zur Nachprüfung des Gehalts an Bindemittel von frisch hergestelltem noch nicht erhärteten Zementmörtel und Zementbeton sowie von solchem Mörtel und Beton aus zementähnlichen Bindemittel, im folgenden kurz Frischmörtel und Frischbeton bezeichnet.
Für Kalkmörtel und Kalkbeton gelten diese Bestimmungen nicht, da ihr Bindemittelgehalt bei der verschiedenartigen Verarbeitungsweise der einzelnen Kalkarten nur unter besonderen Voraussetzungen bestimmbar ist.

Mischungsverhältnis und Bindemittelgehalt (Fortsetzung).

Unter Bindemittelgehalt eines fertig verarbeiteten Frischmörtels oder Betongemisches versteht man die in 1 m^3 Mörtel oder Beton eingebrachten Mengen an Bindemittel in kg.

Bestimmbarkeit des Mischungsverhältnisses

5. Zur nachträglichen Bestimmung des Mischungsverhältnisses von nicht erhärteten Mörtel- und Betongemischen muß vor dem Beginn des Erhärtens das Bindemittel durch Schlämmen vom Zuschlagsstoff getrennt werden. Besteht das Bindemittel aus einem Gemisch aus Zement mit einem oder mehreren Zuschlagsstoffen, wie Traß, Hochofenschlacke, so kann nur der Gehalt an Gesamtbindemittel festgestellt werden. Ebenso kann der Zuschlagsstoff, der auch aus einem Gemisch mehrerer Zuschlagsstoffe, z. B. Sand, Kies, Gesteinssplitt, Schlacke u. dgl. bestehen kann, in seiner Gesamtmenge und nach seiner Kornzusammensetzung bestimmt werden. Der Gehalt an abschlämmbaren Bestandteilen des ursprünglichen Zuschlagsstoffes ist nicht bestimmbar, weil er z. T. als Bindemittel bestimmt wird. Aus diesem Grunde ist bei Mörtel- und Betongemischen, denen absichtlich ein hoher Gehalt an Feinem zugeführt wurde, eine Berichtigung des Zahlenwertes für das Mischungsverhältnis auf Grund der Untersuchung des ursprünglichen Zuschlagsstoffes erforderlich. Der Gehalt an Anmacheflüssigkeit wird durch Trocknen bestimmt.
6. Mörtel- und Betongemische, die bereits erstarrt sind, werden sinngemäß nach den Bestimmungen von DIN 2170 geprüft.

Gliederung und Umfang der Untersuchungen

7. Die Prüfung von nicht erhärteten Gemischen wird eine Nachprüfung der Rohstoffmengen sein, die nach getroffenen Vereinbarungen für die Herstellung von Mörtel und Beton jeweils zu verwenden waren. Gliederung und Umfang der Versuche werden sich nach dem Zweck der Prüfung ergeben. Zu unterscheiden sind folgende Aufgaben:
   a) Überwachung der Herstellung des Gemisches. Nachprüfen der Stoffmengen vor dem Mischen durch Überprüfen der Abmeßvorrichtung sowie der für das Festlegen der Gemischanteile erforderlichen Größen und die Berechnung der Gemischanteile selbst.
   b) Prüfung der Zusammensetzung des lockeren Gemisches. Bestimmen des Wassergehaltes, des Gehaltes an Zuschlagsstoff und Bindemittel, Festlegen des Mischungsverhältnisses in Gewichtsteilen, Bindemittel zu Zuschlagsstoff. Gegebenenfalls ist eine Aufteilung des Zuschlagsstoffes nach mehreren Kornstufen vorzunehmen.
   c) Prüfung der Zusammensetzung von verarbeitetem noch nicht erstarrtem Frischmörtel und Frischbeton.

Für erhärteten Beton gelten die Vorschriften DIN 2170 (s. Toni 1936, S. 1107).

Literatur.

Brzesky: Vom Traß und seiner Verwendung. Vortrag, gehalten in der Fachgruppe Bauwesen. Wien 1939.

Grün: (1) Die Ablagerung von Zement. Bauingenieur **1939**, 71. — (2) Einwirkung von Salzlösungen auf Zement und Beton. Vortrag, gehalten auf dem internat. Kongreß für Chemie. Rom 1938. Angew. Chem. **1938**, 879. — Grün-Manecke: Untersuchung einer Beton-Kaimauer. Tonind.-Ztg. **1932**, 309. — Grün-Schlegel: Über die Prüfung von Kies auf organische Verunreinigungen durch Anwendung von Natronlauge. Steinbruch u. Sandgrube **1939**, Nr. 11. — Grün-Tiemeyer: Prüfung von Betonzuschlagsstoffen auf unerwünschte Beimengungen. Zement **1939**, H. 12. — Grün: Der Beton. Springer 1937. — *Grün: Chemie für Bauingenieure.* Springer 1939.

Haegermann: Die Prüfung von Zement mit weich angemachtem Mörtel. Zement **1935**, 529.

Keil-Gille: Die Bestimmung von Beimengungen im Zement. Zement **1938**, 623. — Kögler-Schleidig: Baugrund und Bauwerk, S. 20. Berlin 1938.

Tavasci: Ricerche sulla costituzione del clinker de cimento Portland. G. Chim. industr. **13**, 538—552 (1934). Übersetzt in Zeiß-Nachr., F. **1936/37**, H. 1, 2 u. 3. — Die Makrographie des Portlandzementklinkers. Tonind.-Ztg. **1938**, 794.

Wetzel: Protokoll der Verhandlungen des Vereins deutscher Portlandzementfabrikanten 1911, 1912, 1913 u. 1914.

Keramik.

Von

Dr.-Ing. habil. **A. Dietzel**,

Abteilungsleiter am Kaiser Wilhelm-Institut für Silikatforschung,
Dozent für Glas- und Emailtechnik an der Technischen Hochschule Berlin.

Im Hauptwerk waren von der Keramik nur die beiden Kapitel „Tone" (III, 47) und „Tonwaren und Porzellan" (III, 113) behandelt. Man rechnet indes zur Keramik im weiteren Sinne auch tonfreie Erzeugnisse, z. B. unter den feuerfesten Stoffen Quarzite, Silica, Magnesit unter Umständen sogar Zirkonoxyd und dgl. Es sei deshalb hier von der früheren Einteilung des Hauptwerkes abgegangen.

A. Rohstoffe.

1. Rationelle Analyse. Das Ziel einer rationellen Analyse war es anfangs, die mineralische Zusammensetzung von keramischen Rohstoffen, vor allem von Tonen und Kaolinen, zu ermitteln. Man erkannte aber, daß man nicht mit einem, sondern mit einer Reihe verschiedener Tonminerale (Tonsubstanzen) mit verschiedenen Eigenschaften zu rechnen hat, ebenso mit einer Reihe von Zwischenstufen der Verwitterung von Feldspäten, Glimmer usw. Man sah aber auch, daß es nicht möglich ist, diese Einzelminerale auf chemischem Wege voneinander zu trennen. Es war also notwendig, die rationelle Analyse auf gewisse Stoffgruppen zu beschränken; die hierbei jeweils zusammengefaßten Minerale mußten in praktischer Hinsicht ungefähr dieselbe Wirkung in einem keramischen Rohstoff oder einer Masse hervorrufen und sich gegenüber den Stoffen in einer anderen Gruppe auch chemisch genügend unterscheiden. Die rationelle Analyse ergibt also nicht die wahre mineralische Zusammensetzung, sondern einige wenige für die praktische Beurteilung von keramischen Rohstoffen oder Massen, im allgemeinen ausreichende Zahlenangaben über die charakteristischen Stoffgruppen. Als solche gelten im einfachsten Falle (rationelle Analyse nach Berdel) auch heute noch „Tonsubstanz", „Feldspat" und Quarz. Mit der „Tonsubstanz" wurden bisher z. B. auch die Glimmerarten bestimmt. Dies ist, wenn man sich auf ein Dreistoffsystem beschränken will, auch richtig; weniger zweckmäßig wäre es z. B., Glimmer zum Feldspat zu rechnen. In der neueren Zeit hat man besondere Sorgfalt darauf verwandt, außer Tonsubstanz, Feldspat und Quarz auch Glimmer und organische Substanz getrennt zu bestimmen. Zweckmäßige und von der D.K.G. empfohlene Verfahren [Ber. Dtsch. Keram. Ges. **15**, 633 (1934)] sind im folgenden zusammengestellt. Bei der Angabe von rationellen Analysen ist jeweils anzugeben, welches Verfahren angewandt wurde.

a) Verfahren nach Berdel (III, 92). Schwefelsäureaufschluß der Tonsubstanz (+ Glimmer); Rückstand (Feldspat + Quarz) wird gewogen, mit Flußsäure aufgeschlossen und die Tonerde bestimmt; diese wird auf Feldspat umgerechnet. Rest ist Quarz. Fällung der Tonerde mit Oxychinolin siehe bei F. W. Meier und weiter unten „Chemische Analyse".

b) Verfahren nach Hirsch und Dawihl. Hierbei wird der Quarz unmittelbar bestimmt.

„0,5—1 g des bei 110° zur Gewichtskonstanz getrockneten analysenfeinen Materials werden in einer Platinschale mit 25 cm³ konzentrierter Phosphorsäure vorsichtig erhitzt und nach Erreichung einer Temperatur von 250° C 5 Minuten lang auf dieser Temperatur gehalten. (Es empfiehlt sich Schutz des Thermometers durch eine Platinhülle.) Feldspatreiche Massen bzw. Feldspatmineral müssen 10—15 Minuten auf dieser Temperatur gehalten werden. Man läßt dann abkühlen, verdünnt mit 300 cm³ Wasser, saugt durch ein doppeltes Filter ab, wäscht sorgfältig aus, verascht und wägt den Quarz. Absaugen empfiehlt sich, weil die Aufschlußlösungen, auch die verdünnten, sehr langsam filtrieren. Zur Kontrolle wird der ausgewogene Rückstand mit Schwefelsäure und Flußsäure abgeraucht. Beim Erhitzen der Phosphorsäure führt das verdampfende Wasser leicht zum Verspritzen. Dem kann man durch Vorerhitzen der Phosphorsäure auf etwa 200° vorbeugen. Weiterhin ist ratsam, die mit Wasser verdünnte Aufschlußlösung vor der Filtration einige Zeit stehen zu lassen, um ein Durchlaufen besonders feinen Quarzes bei der Filtration möglichst zu verhindern."

Dieses Verfahren läßt sich mit a) verbinden, indem man dort nur die Tonsubstanz bestimmt (Feldspat aus der Differenz).

c) Verfahren nach Keppeler. Nach dem Verfahren von Kallauner und Matejka (III, 99) wird zunächst 0,5 g der Probe nach 2stündiger Trocknung bei 120° 3 Stunden auf 710° ± 10° erhitzt, dann mit HCl zersetzt und nach Bestimmung der in Lösung gegangenen Tonerde (+ Eisenoxyd) durch Multiplikation mit 2,53 der Gehalt an Tonsubstanz (ohne Glimmer) errechnet. Der in Salzsäure unlösliche Rückstand wird dann nach a) mit konzentrierter Schwefelsäure abgeraucht und dadurch der Glimmer zersetzt. Der Rückstand wird von amorpher Kieselsäure durch Behandeln mit 0,5%iger HF befreit, abfiltriert und gewogen.

Zieht man die Summe des zuletzt erhaltenen Rückstandes (Quarz und Feldspat) und der in der ersten Operation nach der Glühmethode gefundenen Tonsubstanz von der angewandten Substanzmenge ab, so erhält man den Glimmer und andere akzessorische Bestandteile.

Soweit die Vorschläge der D.K.G.

Nach A. Abel und K. Utescher ist das Glühverfahren nach Kallauner und Matejka nicht immer sicher (bei Sinterung der Proben beim Glühen); dann ist das Schwefelsäureverfahren besser.

d) Organische Substanz. Um bei einer indirekten Bestimmung z. B. von Quarz oder Feldspat bei Anwesenheit nennenswerter Mengen von organischer Substanz keinen großen Fehler zu machen, ist es notwendig, gegebenenfalls auch diese zu bestimmen, am zweckmäßigsten nach dem Verfahren nach Springer durch Oxydation mit heißer Chromschwefelsäure im Zersetzungskolben nach Zersetzung der Carbonate, siehe bei Keppeler und Gotthardt. Überleiten der entstandenen Gase (CO_2, CO) über glühendes Kupferoxyd und Auffangen im Natronkalkröhrchen.

Hinter das Kupferoxyd schaltet man Bleichromat zur Absorption von etwa vorhandenem SO_2, welches zu SO_3 oxydiert und in Form von schwerflüchtigem Bleisulfat zurückgehalten wird.

Multipliziert man die gefundene Kohlensäuremenge mit dem Faktor 4,71, so erhält man die Totalmenge organischer Substanz des Tones. Man nimmt dabei auf die Verschiedenartigkeit der organischen Substanz der Tone keine Rücksicht, sondern nimmt einfach Acidum huminicum als Typ der organischen Bestandteile an, auf das man die gefundene Kohlensäuremenge umrechnet. (Über den auf die Plastizität wirksamen Anteil der organischen Substanz vgl. unter „Plastizität".)

A. Walkley empfiehlt für die Kohlenstoffbestimmung folgendes Verfahren: Zu 10 g Substanz werden in 500-cm^3-Kolben ein Überschuß (z. B. 10 cm^3) n-$K_2Cr_2O_7$-Lösung, 20 cm^3 konzentrierte H_2SO_4 gegeben, 1 Minute geschüttelt, $^1/_2$ Stunde stehen gelassen, dann mit 200 cm^3 H_2O, 10 cm^3 85%iger H_3PO_4-Lösung und 1 cm^3 0,5% Diphenylaminlösung versetzt. Der Überschuß an Bichromat wird mit n-$FeSO_4$-Lösung schnell auf blau, dann langsam auf grün zurücktitriert. Man gibt nochmals 0,5 cm^3 $K_2Cr_2O_7$ zu und titriert wieder auf grün.

e) Weitere Verfahren für die rationelle Analyse. Eine einfache und rasche Bestimmung für Quarz [Geognost. Jahreshefte, München **40**, 105 (1927); Ref. Sprechsaal **62**, 949 (1929)] soll durch einen Aufschluß mit $KHSO_4 + (NH_4)_2SO_4$ möglich sein: das Ton-Gel samt Kieselsäure geht bei Anwesenheit von Ammonsulfat in Lösung, der Quarz bleibt zurück.

Nur eine bedingte Anwendungsmöglichkeit haben die optischen Verfahren zur Quarzbestimmung. F. Löwe zählt die Körner vor und nach dem Einbetten der Pulverprobe in Tetrahydronaphthalin (Tetralin) unter dem Mikroskop aus.

Freies Al_2O_3 läßt sich nach L. A. Schmelew mit einer Lösung von Alizarinrot SX extra in mit Borsäure gesättigtem Alkohol nachweisen. Reines Al_2O_3, sofern es nicht über 1450° erhitzt war, wird rot gefärbt, unabhängig von der Farbstoffkonzentration. Man wäscht nach der Behandlung mit Alkohol aus, der heiß mit Borsäure gesättigt ist. Der Nachweis wird durch Fe_2O_3 stark gestört (0,5% machen ihn unmöglich). TiO_2 wird ebenfalls angefärbt, aber diese Färbung verschwindet bei Zugabe von H_2O_2.

2. Ermittlung der wahren mineralischen Zusammensetzung[1]. Vor allem zwei Verfahren kommen hierfür in Frage.

a) Die mikroskopische Untersuchung wurde besonders von C. W. Correns und Mitarbeitern ausgebaut (einen guten Überblick über Verfahren und Ergebnisse gibt M. Mehmel; daselbst auch Schrift-

[1] Vgl. auch Abschnitt „Aluminium".

tumshinweise). Die Teilchen werden nach bekannten mikroskopisch-optischen Verfahren identifiziert und ausgezählt. Auch Kaolinit, Halloysit und Montmorillonit, deren Lichtbrechung sich mit dem Wassergehalt ändert, lassen sich optisch einwandfrei unterscheiden, wie durch Kontrolle mit Debye-Scherrer-Aufnahmen bestätigt wurde. Ebenfalls nach optischen Methoden haben H. Lehmann und W. Neumann Kaoline und Tone untersucht, insbesondere den Gang der Lichtbrechung bei der Entwässerung. Über mikroskopische Untersuchungsverfahren siehe auch Abschnitt B 1 b.

b) Die röntgenographische Untersuchung. Röntgenographisch lassen sich die verschiedenen Tonminerale wie Kaolinit, Montmorillonit, Halloysit, glimmerartige Minerale, ferner Glimmer, Feldspäte, Quarz und die kristallinen Umwandlungsphasen erfassen, wenn ihre Menge wenigstens einige Prozente beträgt.

Die neuesten Zusammenstellungen verschiedenartiger Untersuchungsverfahren (röntgenographisch, optisch, Entwässerung usw.) siehe bei W. Noll und M. Mehmel.

Es sei darauf aufmerksam gemacht, daß schon kleine Mengen eines Begleitstoffes, z. B. Montmorillonit, in einem Ton merklich dessen keramische Eigenschaften beeinflussen können; wie gesagt, sind aber solche geringen Anteile unter Umständen nicht mehr röntgenographisch erfaßbar. Zu dieser Frage nimmt ausführlich G. Keppeler Stellung und empfiehlt als Ergänzung eine Reihe von Prüfungen, die vorläufig nur qualitative Schlüsse zulassen, z. B. die Hygroskopizität, Entwässerung, Erhitzungsverhalten, Thixotropie und Oberflächeneigenschaften. Vgl. hierüber auch W. Noll (s. oben) und die späteren Abschnitte.

3. Chemische Analyse. Bei der chemischen Analyse gibt es nur verhältnismäßig wenig grundlegende Änderungen. Im Vordergrund steht die Verwendung von Oxychinolin für die Tonerdebestimmung. F. Klasse (1) beschreibt dieses Verfahren und die Fehlerquellen in allen Einzelheiten. An seiner Arbeitsmethode ist besonders auffallend, daß er den üblichen Soda-Pottascheaufschluß nach dem Auflösen mit Wasser und Salzsäure nicht zuerst zur SiO_2-Bestimmung eindampft, sondern zur unmittelbaren Tonerdebestimmung in einen Kolben überspült. Hierdurch werden die Fehler im Tonerdewert vermieden, die durch eine ungenügende Abscheidung der Kieselsäure, also durch ein Ausfallen des Restes mit der Tonerde zusammen, meist entstehen. Die weitere Verarbeitung der Lösung ist dann wie folgt:

„1. 1 g Substanz wird mit 9 g Natrium-Kaliumcarbonat in der üblichen Weise aufgeschlossen. Der durch Abschrecken des Tiegels abgelöste Kuchen wird zusammen mit Tiegel und Deckel in einer 1000-cm³-Porzellanschale bzw. Kasserolle mit kaltem Wasser überschüttet. Man läßt das kalte Wasser etwa $^1/_2$ Stunde einwirken, wobei man mit pistillartig verbreitertem Glasstab den Kuchen zerkleinert, die Klumpen zerdrückt und so den Lösungsvorgang beschleunigt. Wenn keine harten Klümpchen mehr fühlbar sind, fügt man bei bedeckter Schale vorsichtig 30 cm³ konzentrierte Salzsäure (spez. Gew. 1,19) hinzu und erhitzt gerade bis zum Kochen. Nach Entfernung des Tiegels und Deckels kocht man bis zur Vertreibung der Kohlensäure. Man überführt dann in einen 1000-cm³-Meßkolben, kühlt in fließendem Wasser ab und füllt bis zur Marke auf.

2. 100 cm³ (= 0,1 g Substanz) werden in einem 1000-cm³-Becherglas mit 250 cm³ Wasser und 50 cm³ Ammonacetatlösung versetzt (200 g Ammonacetat

im Liter; es ist darauf zu achten, daß das Ammonacetat neutral und nicht sauer reagiert). Bei Materialien mit geringerem Tonerdegehalt (unter 20%) nimmt man 200 cm^3 (= 0,2 g Substanz), bei hochtonerdehaltigen Stoffen (über 70% Tonerde) hingegen nur 50 cm^3 (= 0,05 g Substanz). Zur Verdünnung sind dann 150—300 cm^3 Wasser zu nehmen, so daß das Gesamtvolumen vor der Fällung stets 400 cm^3 beträgt. Unter sehr kräftigem Rühren setzt man 100 cm^3 Oxychinolinlösung hinzu (mittels Meßzylinder) und rührt dann noch etwa $^1/_2$ Minute weiter kräftig durch. Nun erhitzt man im (nicht auf!) Wasserbad auf 65—70°, doch nicht höher (Kontrolle mit Thermometer). Diese Temperatur wird 10—15 Minuten lang gehalten. Man kühlt dann im fließenden Wasser ab.

3. Sodann wird abfiltriert, und zwar am zweckmäßigsten mittels des Porzellantrichterapparates PA 9 mit ebener Siebplatte (Membranfilter-Ges. m. b. H. Göttingen). Als Filter hierfür sind jedesmal zwei gehärtete Filter von Schleicher & Schüll zu nehmen. Das Becherglas wird mit wenig kaltem Wasser und unter Benutzung einer Gummifahne gereinigt. Der gesamte Niederschlag wird dann auf dem Filter 3mal mit kaltem und anschließend 7mal mit heißem Wasser von 65° C (nicht heißer) ausgewaschen. Es ist nur jedesmal soviel Wasser aufzuspritzen, daß der Niederschlag gerade bedeckt ist. Das Filtrat wird verworfen.

4. Das Filter legt man an die Wandung des gleichen, zur Fällung benutzten Becherglases und spült den Niederschlag mit heißer (etwa 90° C) Salzsäure (1:2) vom Filter in das Becherglas. In gleicher Weise ist auch der Porzellanfilterring abzuspülen. Der Niederschlag löst sich in der heißen Salzsäure in wenigen Minuten, gegebenenfalls ist durch Schwenken des Glases nachzuhelfen. Die Lösung ist darauf abzukühlen und mit 300 cm^3 kalter verdünnter Salzsäure (1:2) und 300 cm^3 Wasser zu verdünnen.

5. Unter kräftigem dauerndem Rühren mittels Gummifahne läßt man aus einer Bürette solange $^1/_5$ n-Bromat-Bromidlösung zulaufen, bis das leuchtende Grün leicht ins gelbliche umschlägt. Ist dieser Punkt erreicht, setzt man noch etwa 2 cm^3 im Überschuß hinzu.

6. Hierauf fügt man bei gutem Umrühren etwa 10 Tropfen konzentrierte Jodkaliumlösung hinzu, sodann etwa 20—30 cm^3 Stärkelösung, wobei die Flüssigkeit sich tiefblau verfärbt.

7. Sodann wird mit $^1/_5$ n-Natriumthiosulfatlösung bis zum Verschwinden der Blaufärbung zurücktitriert. Die Überbromierung (s. unter 5) sollte so bemessen sein, daß nur etwa 2—3 cm^3 zurücktitriert werden. Den erforderlichen Grad der Überbromierung erkennt ein geübtes Auge sehr bald. Die verbrauchte Anzahl an Kubikzentimeter von Bromat-Bromidlösung abzüglich der zurücktitrierten Thiosulfatlösung sind für die Berechnung der Analyse maßgebend."

Herstellung der Lösungen [Ber. Dtsch. Keram. Ges. **15**, 568, 569 (1934)]. „Zur Herstellung der Lösung wird das 8-Oxychinolin pro Analysi von Merck (Artikel Nr. 7098) benutzt. 25 g dieses Oxychinolins werden in 125 cm^3 Eisessig gelöst (10 Minuten gut umrühren), dann wird mit 1 l destilliertem Wasser verdünnt, abermals durchrührt und sofort mit 260 cm^3 verdünntem Ammoniak (hergestellt aus 1 Teil konzentriertem Ammoniak vom spezifischem Gewicht 0,910 + 5 Teilen Wasser) versetzt. Dieses verdünnte Ammoniak ist unter stetigem Rühren allmählich zuzusetzen. Der gewünschte Neutralpunkt ist erreicht, wenn eine kleine Trübung auftritt, welche zwar wieder verschwindet, sich aber in Form von kleinen Kristallen auf der Oberfläche der Flüssigkeit niederschlägt und gewissermaßen eine feine Haut bildet. Bei weiterem Zusatz von Ammoniak sieht man dann sogar feine Kristalle in der vorerst klaren Lösung herumschwimmen. Bei der oben angegebenen Menge von 260 cm^3 Ammoniak (1:5) dürfte dieser gewünschte Punkt erreicht sein; andernfalls wäre noch etwas Ammoniak hinzuzufügen. Nach dem Erkalten filtriert man durch ein Faltenfilter von den Kristallen ab und setzt der Lösung zur Vermeidung weiterer Auskristallisation noch $^1/_2$ l destilliertes Wasser hinzu. Es empfiehlt sich, von der Oxychinolinlösung sogleich 5 l in einer Standflasche zurechtzumachen."

Bei diesem Verfahren wird nun aber nicht nur die Tonerde, sondern die Summe Al + Fe + Ti mit Oxychinolin gefällt. Fe und Ti haben einen anderen Äquivalentfaktor als Al, so daß man, auch wenn man nur die Summe der drei Oxyde oder z. B. die „handelsübliche Tonerde"

($Al_2O_3 + TiO_2$) genau bestimmen will, auf jeden Fall den Eisen- und Titangehalt getrennt feststellen und entsprechend verrechnen muß.

Auf diese Schwierigkeit geht insbesondere die Diskussion zwischen F. Klasse und P. Koch ein. Die Berechnung erfolgt mit folgenden Faktoren:

1 cm³ $^1/_5$ n verbrauchte Bromatlösung entspricht theoretisch 0,8486 mg Al_2O_3; Klasse hat an reinem Al dagegen die Zahl 0,8391 mg Al_2O_3 gefunden, was immerhin bedenklich erscheint, wenngleich der Unterschied für technische Analysen nicht ins Gewicht fallen dürfte. Rechnet man also die in der Analyse verbrauchten Kubikzentimeter Bromat mit dem Faktor der reinen Tonerde um, und bringt das Ergebnis auf Prozent, so sind hiervon noch abzuziehen % $Fe_2O_3 \cdot 0{,}63$ und % $TiO_2 \cdot 0{,}21$, um den reinen Prozentgehalt an Al_2O_3 zu bekommen; oder aber man kann die „handelsübliche Tonerde" berechnen, indem man zwar auch wieder „% $Fe_2O_3 \cdot 0{,}63$" abzieht, aber % $TiO_2 \cdot 0{,}84$ zuzählt.

Das Eisenoxyd kann man in der oben genannten Lösung des Aufschlusses bestimmen, am besten mit $TiCl_3$. TiO_2 wird nach F. Klasse (2) zweckmäßig in einem besonderen Aufschluß ohne besondere Ausfällung der Kieselsäure bestimmt.

L. Stuckert schlägt zur Schnellbestimmung der Kieselsäure vor: 0,3—0,5 g Substanz werden mit Ammonchlorid und Calciumcarbonat nach L. Smith aufgeschlossen, Tiegelinhalt wird in einen Erlenmeyer überführt und mehrmals mit H_2O dekantiert. Man gibt 20—25 cm³ Überchlorsäurereagens zu (60% $HClO_4$ und 7% konzentrierte HCl), verdünnt auf 50 cm³ und dampft ein, bis weiße Nebel entstehen, kocht 20 Minuten am Rückflußkühler (mit Schliff). Man nimmt mit 10%iger HCl auf und filtriert wie üblich. Einmaliges Abscheiden genügt. Tonerde wird am besten in einem zweiten Aufschluß bestimmt nach der Oxychinolinmethode (s. oben bei F. Klasse). Auch E. A. Ledyard schlägt vor, $HClO_4$ anstatt HCl zu verwenden und dieses Verfahren normenmäßig festzulegen.

Zum Aufschluß korundhaltiger Stoffe [Ber. Dtsch. Keram. Ges. **15**, 642 (1934)] dient Soda und Borsäure (1 g Einwaage, 4 g Soda, 0,5 g Borsäure). Aufschlußdauer 6—7 Stunden im Glühofen, dann noch $^1/_4$—$^1/_2$ Stunde auf dem Gebläse. Die Borsäure wird nach dem Ansäuern des Aufschlusses mit HCl durch Methylalkoholzusatz verjagt (vgl. auch A. Thürmer und E. B. Read).

Zirkonhaltige Stoffe [Ber. Dtsch. Keram. Ges. **15**, 642 (1934) und Ber. Nr. 95 des Chemikerausschusses des Vereins deutscher Eisenhüttenleute; Arch. f. Eisenhüttenwesen **7**, H. 9 (1934)] werden mit der 4—5fachen Menge NaOH im Nickeltiegel in 1 Stunde bei Rotglut aufgeschlossen. Der Rückstand des Aufschlusses in Wasser wird mit H_2SO_4 abgeraucht, wieder mit Wasser aufgenommen, ein etwaiger Rückstand mit HF und H_2SO_4 abgeraucht. In den vereinigten Lösungen wird Zirkon entweder direkt mit Ammonphosphat bei Gegenwart von H_2O_2 (wegen TiO_2) oder mit Kupferron zusammen mit TiO_2 und Fe_2O_3 bestimmt.

Hinweise bezüglich Feldspatanalyse siehe bei E. E. Preßler. Untersuchung und Einteilung von Feldspatsorten (mit Nummern für bestimmte Zusammensetzungen) siehe bei N. S. Dep. Commerce, Bur. Stand. Com. Stand. CS 23—30 (22. Okt. 1930), Ref. Glastechn. Ber. **10**, 562 (1932). Besonders auf die chemische Zusammensetzung ist Rücksicht genommen entsprechend den Anforderungen in der Glasindustrie, Keramik und Emailindustrie.

Bestimmung von Feuchtigkeit. H. Navratiel erhitzt den Ton oder die Masse mit Xylol in einem Destillierkolben 15—20 Minuten bei 140°; das Wasser geht mit dem Xylol über und sammelt sich in der Bürette, in der der Wassergehalt dann unmittelbar abgelesen werden kann. Vgl. hierüber auch F. Eck und Tonindustrie; in der letzten Veröffentlichung wird anstatt Xylol das nicht feuergefährliche Tetrachloräthan empfohlen, das auch weniger stößt. Da es schwerer als Wasser ist, muß ein anderer Apparat benutzt werden. Die Abb. 1, 2 und 3 zeigen einige Typen.

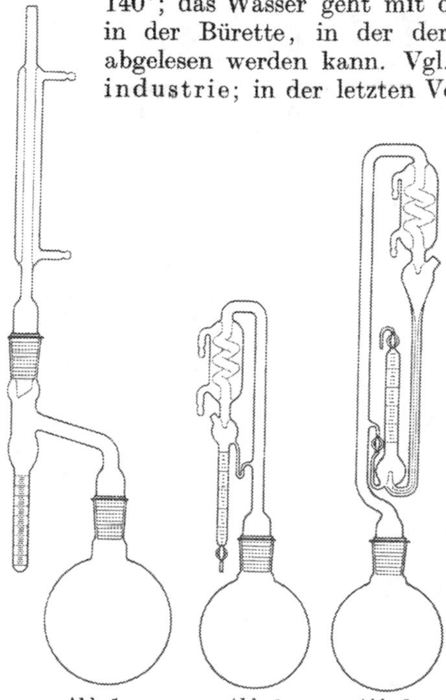

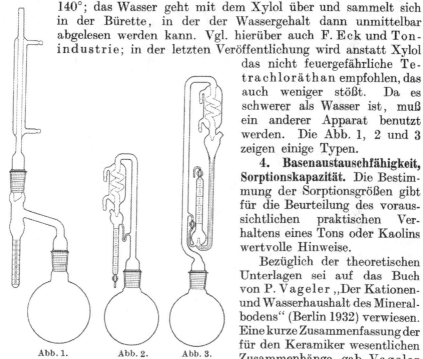

Abb. 1 und 2. Anordnung zur Wasserbestimmung nach der Destillationsmethode mit Xylol.
Abb. 3. Wasserbestimmung mit Tetrachloräthan.

4. Basenaustauschfähigkeit, Sorptionskapazität. Die Bestimmung der Sorptionsgrößen gibt für die Beurteilung des voraussichtlichen praktischen Verhaltens eines Tons oder Kaolins wertvolle Hinweise.

Bezüglich der theoretischen Unterlagen sei auf das Buch von P. Vageler „Der Kationen- und Wasserhaushalt des Mineralbodens" (Berlin 1932) verwiesen. Eine kurze Zusammenfassung der für den Keramiker wesentlichen Zusammenhänge gab Vageler in einer Veröffentlichung zusammen mit K. Endell. Hier sind auch Angaben über die Untersuchungsverfahren gemacht. Der Grundgedanke ist kurz folgender: An Ecken, Kanten oder Störstellen des Kaolinitgitters können sich an die dort befindlichen Anionen aus der Lösung Kationen anlagern und so (z. B. mit $H^{\cdot}$) eine Kolloidsäure bilden oder Kolloidsalze (z. B. Na oder $Ca^{\cdot\cdot}$ usw.). Die Kationen umgeben sich entsprechend dem Rest ihrer nicht abgesättigten Ladung und ihrer Hydratation mit einer Hülle von „Schwarmwasser". Mit dieser Hydratation hängen die Plastizität, Hygroskopizität, Trockenschwindung u. a. wichtige Eigenschaften innig zusammen. Von diesen Anlagerungsprodukten sind stark dissoziiert nur die Alkalisalze (besonders Li und Na), schwächer die Erdalkalisalze und sehr wenig die Kolloidsäure oder die Salze mit dreiwertigen Kationen (Al). Besondere Bedeutung hat also die Summe der so (sorptiv) gebundenen Basen (Na, K, Ca, Mg usw.) gemessen in Milliäquivalent

Basen je 100 g Trockensubstanz = S; ferner die totale Sorptionskapazität, gemessen in Milliäquivalent Kation (Alkali, Erdalkali, H, Al, Fe) je 100 g Trockensubstanz = T. Die Größe T ist für einen Ton in weiten Grenzen eine Konstante, unabhängig von seiner chemischen Behandlung. Es ist noch hervorzuheben, daß der reine Kaolinit im Gegensatz zu Tonen eine nur geringe Sorptionskapazität T, entsprechend auch Hygroskopizität und Plastizität hat. Untersuchungsverfahren:

a) Bestimmung der wasserlöslichen Salze. „Um die Komplexbelegungen in voller Reinheit zu erfassen, ist die Kenntnis der wasserlöslichen Salze des Systems unerläßlich. Ihre Bestimmung gestaltet sich wie folgt:

„50 g Bodentrockensubstanz werden mit 250 cm³ kohlensäurefreiem Wasser 2 Stunden geschüttelt. Bei dem Verhältnis Boden zu Wasser wie 1:5 ist die Hydrolyse der Komplexe noch so geringfügig, daß in der Hauptsache nur die löslichen Salze im engeren Sinne erfaßt werden. Es ist von äußerster, leider sehr häufig bei derartigen Untersuchungen vernachlässigter Wichtigkeit, daß das angewendete Wasser tatsächlich CO_2-frei ist."

„Von der Aufschlämmung werden durch ein geeignetes Filter oder Saugfilter 150 cm³ abfiltriert, entsprechend einer Bodenmenge von 30 g Trockensubstanz, und diese Lösung mit $^1/_{10}$ n-HCl zur Neutralität gegen Bromthymolblau nach Clarke titriert. 1 cm³ $^1/_{10}$ n-HCl entspricht 0,33 Milliäquivalent Base, die sich als hydrolytisches Spaltungsprodukt oder Carbonat im Boden vorfindet. Daß diese Titration nur bei neutraler oder alkalischer Reaktion der gewonnenen Lösung in Frage kommt, versteht sich von selbst. Saure Böden enthalten ohnehin keine freien Carbonate in der Bodenlösung."

Nach Erledigung der Carbonatbestimmung wird die Lösung, eventuell nach Zerstörung der organischen Substanzen auf nassem Wege, zur Bestimmung der einzelnen Kationen nach gebräuchlichen Verfahren weiter verwendet. Sämtliche Kationen werden in Milliäquivalent je 100 g Trockensubstanz ausgedrückt (Näheres s. Buch von Vageler, S. 318 und 319).

Die ermittelten Werte dienen als Abzugsgrößen von den bei der Bestimmung der Komplexbelegungen gefundenen Werten der einzelnen Ionen."

b) Bestimmung der Größe S. Läßt man eine bestimmte Menge x eines Fremdsalzes (NH_4Cl) auf Ton einwirken, so wird eine bestimmte Menge Kation (y) durch $NH_4^{\cdot}$ ausgetauscht. Wählt man für x zwei verschiedene Werte (50 bzw. 100 Milliäquivalent), so erhält man zwei Werte für y und kann nach der experimentell bestätigten Hyperbelgleichung $y = \frac{x \cdot S}{x + q \cdot S}$ den Wert S (Summe der Basen) und den Sorptionsmodul q berechnen. Dieser gibt ein Maß für die individuelle Bindungsfestigkeit und den Dissoziationsgrad der vorhandenen bzw. sich bildenden ($NH_4^{\cdot}$-) Kolloidelektrolyte.

„Je 50 g Bodentrockensubstanz werden mit 250 bzw. 500 cm³ einer NH_4Cl-Lösung geeigneter Konzentration (für keramische Tone im allgemeinen $^1/_{10}$ n), die gegen Formaldehyd genau eingestellt ist, 2 Stunden lang geschüttelt. Dann wird die Lösung durch ein geeignetes Filter, unter Umständen eine Filterkerze, völlig klar abfiltriert.

Von den beiden Filtraten dienen im Falle von $^1/_5$ n-NH_4Cl je 25 cm³ zur Bestimmung von S, im Falle von $^1/_{10}$ n-NH_4Cl 50 cm³. Ist die erhaltene Lösung alkalisch, so wird sie mit $^1/_{10}$ n-HCl gegen Bromthymolblau als Indicator genau neutralisiert.

Man fügt zu der neutralen Lösung 10 cm³ genau gegen Bromthymolblau neutralisiertes konzentriertes Formaldehyd hinzu und titriert mit $^1/_{10}$ n-NaOH unter

Verwendung von Phenolphthalein als Indicator. Die beiden Indicatorfarben stören sich nicht. Aus den erhaltenen Titrationswerten berechnet sich:

a) bei Verwendung von $^1/_5$ n-NH_4Cl

$$y_1 = 2\,(50 \text{ minus titrierte cm}^3\,\text{NaOH})$$
$$y_2 = 4\,(50 \text{ minus titrierte cm}^3\,\text{NaOH}),$$

b) bei Verwendung von $^1/_{10}$ n-NH_4Cl

$$y_1 = 50 \text{ minus titrierte cm}^3\,\text{NaOH}$$
$$y_2 = 2\,(50 \text{ minus titrierte cm}^3\,\text{NaOH}).$$

Gemäß der reziproken Gleichung $b = k + q \cdot a$, worin

$$a = \frac{1000}{x},\quad b = \frac{1000}{y} \quad \text{und} \quad k = \frac{1000}{S}$$

ist, ergibt sich dann:

$$k = 2\,b_2 - b_1$$

$$\text{a)}\ q_1 = \frac{b_1 - k}{10}, \qquad \text{b)}\ q_2 = \frac{b_2 - k}{10},$$

woraus sich S, d. h. die Summe der sorptiv gebundenen, durch NH_4 verdrängten Basen als äquivalent mit dem angelagerten NH_4 ergibt.

Bei Böden mit einer Reaktion unterhalb 6 p_H, deren NH_4Cl-Ausschüttelung sauer reagiert, und zwar gegen Bromthymolblau, wenn ionogen gebundenes Aluminium mitverdrängt worden ist, muß die Neutralisation des Chlorammoniumauszuges vor der Titration unterbleiben. Die Titration wird, wie oben beschrieben ist, durchgeführt und die gefundenen Kubikzentimeter Natronlauge werden ohne Korrektur in die obige Gleichung eingesetzt.

Im Rest der Chlorammoniumausschüttelung werden dann in 150 bzw. 300 cm³ die einzelnen Basen nach bekannten Methoden bestimmt, jedoch nur Na, K und Mg. Für Ca in sorptiver Bindung gilt:

$$\text{Ca} = \text{S} - (\text{Na} + \text{K} + \text{Mg})$$

(s. bei Vageler, S. 324)."

c) Bestimmung von T. „Je 50 g Bodensubstanz werden mit 125 bzw. 250 cm³ Normal-Natriumacetatlösung 1 Stunde am Rückflußkühler gekocht und kochend filtriert. Von der abfiltrierten Lösung werden 25 bzw. 50 cm³ entsprechend 10 g Bodentrockensubstanz mit $^1/_{10}$ n-NaOH titriert. Die Berechnung gestaltet sich wie folgt:

y_1 = cm³ $^1/_{10}$ n-NaOH + wasserlösliche Base als Carbonat,

y_2 = cm³ NaOH + wasserlösliche Base als Carbonat, woraus sich der Grenzwert (H + Al) nach den obigen Gleichungen ergibt." Der T-Wert ist dann gleich der Summe von S + H + Al.

J. S. Csiky verwendet Calciumacetat, was zwar einer internationalen Gepflogenheit entspricht, aber nach Vageler gewisse Nachteile hat (vgl. sein Buch, S. 323).

5. Bestimmung der Korngröße und Teilchenform (III, 60). Mit den Verfahren zur Bestimmung der Korngrößen von keramischen Rohstoffen beschäftigen sich eine größere Anzahl von Veröffentlichungen. Sie beziehen sich vor allem auf:

a) Peptisation; Herstellung einer Tonsuspension, die nur Primärteilchen enthält, am zweckmäßigsten mit 0,01 n-NH_3.

b) Sedimentationsanalyse nach Andreasen und ihre Abwandlungen (s. z. B. bei H. Vinther und M. L. Lasson bzw. K. Zimmermann). Dieses sehr gut durchgebildete Verfahren wird insbesondere für genauere Untersuchungen der Korngrößenverteilung gern angewandt (Abb. 4). In bestimmten Zeitabständen nach dem Einfüllen der Suspension werden 10 cm³ langsam hochgesaugt und seitlich in ein gewogenes Schälchen entleert, eingedampft und zurückgewogen. Ist die Zeit vom Stehenlassen der Suspension bis zur Probenahme = t Min. und der jeweilige Abstand vom Flüssigkeitsspiegel bis zur unteren

Öffnung der Pipette = Fallhöhe h in Zentimeter, so gilt für Teilchen vom spezifischen Gewicht $S = 2{,}60$:

Kantenlänge K der würfelig gedachten bzw. Radius r der kugelig gedachten Teilchen in μ

$$K = 11{,}2\sqrt{\frac{h}{t}} \text{ bei } 20^\circ \text{ C bzw. } K' = 10{,}55\sqrt{\frac{h}{t}} \text{ bei } 25^\circ \text{ C}$$

$$r = 6{,}96\sqrt{\frac{h}{t}}, \qquad r' = 6{,}56\sqrt{\frac{h}{t}}.$$

Für einen bestimmten Apparat macht man sich am besten eine Tabelle, aus der die Absaugzeiten t und die zugehörige maximale Korngröße abzulesen sind. Aus diesem Versuch erhält man ohne weiteres die sog. „Summenkurve" (% Zahlen für Korngrößen $0 - x\mu$).

c) Optische Verfahren (Trübungsmessung; Wagner, vgl. W. Eitel). Diese Verfahren der Trübungsmessung sind noch zu wenig ausgebaut, als daß sie empfohlen werden könnten. Vor allem stören zu viele Nebeneinflüsse, z. B. die Farbe der Teilchen, weshalb mit Recht vor diesen Verfahren gewarnt wird. Ein mikroskopisches Verfahren der Teilchenauszählung dürfte jedoch unter entsprechenden Vorsichtsmaßregeln (Verhinderung von Flockung) brauchbar sein, wenn es sich darum handelt, nur die mittlere Korngröße einer an sich schon feinen Fraktion festzustellen. C. R. Amberg benützt hierzu das Hämazytometer. Eine genau abgewogene Menge Substanz (0,1 g) wird in 10 cm³ Glycerin aufgeschlämmt. 1 Tropfen davon kommt in eine Zelle von 0,1 mm Tiefe und 1 mm Größe in einem Objektträger. Nach 30 Minuten langem Absitzenlassen wird unter dem Mikroskop die Zahl der Teilchen mit Netzmikrometer bestimmt nach:

$$d = \sqrt[3]{\frac{6\, w\, V_2}{\pi\, G \cdot V_1 \cdot n}}$$

(d = mittlerer Durchmesser der Teilchen,
w = Gewicht der Probe in Gramm,
V_2 = Volum in cm³ ausgezählte Suspension,
V_1 = Gesamtvolumen,
G = spezifisches Gewicht der festen Probe,
n = Teilchenzahl).

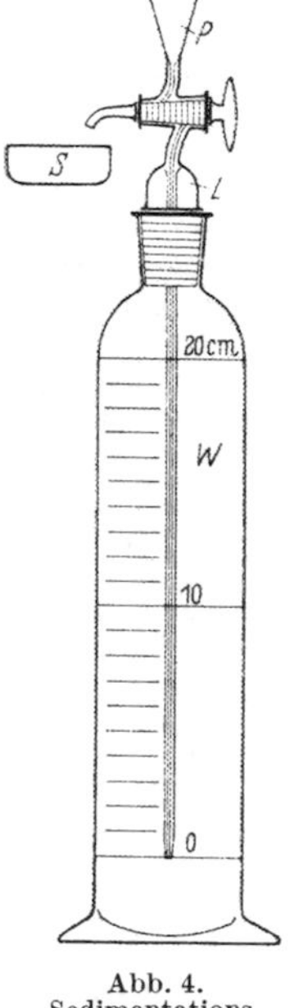

Abb. 4. Sedimentationszylinder zur Bestimmung der Korngrößenverteilung nach Andreasen.

Es sei noch besonders auf folgende Arbeiten verwiesen: Sven Odén, selbstregistrierende Anordnung (Odén-Waage). The Svedberg „Kolloidchemie" Leipzig: Akadem. Verlagsges. 1925. — H. Geßner: „Die Schlämmanalyse." Leipzig: Akadem. Verlagsges. 1931.

Die umfassendste und neueste Zusammenstellung des Schrifttums ist die Veröffentlichung H. J. Harkort in „Forschungsarbeiten aus dem Straßenwesen", Bd. 15. Berlin: Verlag Volk u. Reich 1939.

Wie z. B. Correns zeigte, sind die verschiedenen Sedimentationsverfahren etwa gleichwertig, wenn sie sinngemäß durchgeführt werden. Von besonderer Wichtigkeit ist die Vorbereitung der Tonsuspension; am zweckmäßigsten wird mit 0,01 n-Ammoniak geschüttelt.

Teilchengestalt. Die wahre Teilchengestalt kann man bei mikroskopisch erfaßbaren Größenordnungen, z. B. aus Stereomikroaufnahmen und dem Aerokartographen nach Prof. Hugershoff ermitteln (R. Lorenz). Der Schnaittenbacher Kaolin hatte demnach beispielsweise eine mittlere Dicke von 1 μ. Auf röntgenographischem Wege haben K. Endell, U. Hofmann und D. Wilm aus der Halbwertsbreite der entsprechenden Interferenzen die Dicke der Kaolinblättchen bestimmt. Die feinen Teilchen des Zettlitzer Kaolins sind etwa 0,02 μ dick. Ein Sammelreferat über die röntgenographische Teilchenbestimmung siehe bei F. Mayer.

Eine wichtige Ergänzung dürfte hier das Übermikroskop nach E. Ruska und B. von Borries darstellen. Es sei hier z. B. auf die Veröffentlichung in Ztschr. VDI **82**, 937 (1938) verwiesen, in der Tonsubstanzteilchen eines fetten Tones bei 20000facher Vergrößerung abgebildet sind. Es ist ohne weiteres möglich, die räumlichen Abmessungen direkt abzugreifen (die Abbildungen sind dort leider nicht ganz scharf).

6. Plastizität, Bindevermögen (III, 69). Ein einfaches, exaktes Maß oder Meßverfahren für die Plastizität gibt es nicht. Für die praktischen Zwecke verwendet man die bekannten Verfahren nach Rieke, Pfefferkorn, Zschocke-Rosenow usw., die auch in neueren Untersuchungen immer wieder verwendet, zum Teil etwas abgeändert wurden (s. z. B. J. C. Bowmaker). Ebenso brauchbar erscheinen die Verfahren, bei denen eine andere Eigenschaft, die gewöhnlich mit der Plastizität parallel geht, als Maß herangezogen wird. Über die Bestimmung der Trockenbruchfestigkeit nach Kohl (III, 73, 79). E. Kiefer wies darauf hin, daß der Verlauf der Trockenfestigkeit bei steigender Magerung eines Tones sehr wichtige Aufschlüsse über das praktische Verhalten gibt; zum mindesten sollte die Trockenfestigkeit bei Magerung mit 25% eines geeigneten Magerungsmittel bestimmt werden (verwandt wurde gemahlener Hohenbockaer Sand; DIN-Sieb Nr. 70 ohne Rückstand).

Von den Geräten, die die Plastizität usw. irgendwie zu beurteilen gestatten sollen, seien die folgenden genannt:

a) Masseprüfer nach Gareis-Endell und nach Casagrande-Atterberg (K. Endell, H. Fendius, U. Hofmann). Beim Masseprüfer nach Gareis-Endell wird der Prüfling einer Beanspruchung ähnlich wie auf der Drehscheibe unterworfen. Die Probe sitzt auf einer stillstehenden Platte und wird mit einer geeichten Druckfeder und Spindel gegen den darüber befindlichen Rotor gedrückt. Gemessen werden: Umlaufgeschwindigkeit des Rotors, Stauchung des Prüflings, Druckkraft, zeitliche Zunahme des Druckes bis zur Entstehung von Rissen im Prüfkörper. Die Verformungsarbeit = % Stauchung × Kraft für eine konstante Drehzahl und „Belastungszunahme". Die Verformungsarbeit ergibt bei bestimmten Wassergehalten scharfe Maxima.

Der Apparat von Casagrande gestattet die Fließgrenze nach Atterberg genauer zu bestimmen. Er besteht aus einer Schale, in die der Tonkuchen kommt und durch einen besonders geformten Furchenzieher in zwei Teile zerteilt wird. Die Schale wird durch einen mechanischen Antrieb so oft aufgestoßen bis die beiden Teile sich auf eine Strecke von ungefähr 12 mm berühren. Dies wird für drei Wassergehalte durchgeführt und daraus der Wassergehalt graphisch ermittelt, der 25 Schlägen entsprechen würde. Dieser Wassergehalt bestimmt die Fließgrenze.

b) Weichheitsprüfer nach Kabus (H. Hecht und J. Rücker). Das einfache Gerät besteht aus zwei verschieden dicken Stempeln, die über je eine Fußplatte herausragen und wahlweise auf die ebene Fläche des Prüflings aufgedrückt werden können, wobei sie mehr oder weniger tief eindringen. Die Eindringtiefe wird auf ein Meßwerk übertragen. Das Gerät soll sich praktisch gut bewährt haben, z. B. zur Einstellung von Massen auf gleiche Konsistenz. In gewissem Sinne ähnlich arbeitet der Kugeldruckprüfer nach J. W. Whitemore und W. Cohn.

c) Bei dem Apparat von F. H. Norton wird ein Tonstrang auf Torsion beansprucht und ein Diagramm aufgenommen (Kraft in Abhängigkeit vom Verdrehungswinkel), das auch praktisch bedeutsame Schlüsse zuläßt. Ältere Anordnung siehe bei C. W. Parmelee und R. D. Rudd.

Zur Bestimmung des Anmachwassers haben G. Gehlhoff, H. Kalsing, K. Litzow und M. Thomas ein Verfahren angewandt, bei dem die innere Reibung von Ton an Ton gemessen wird. Ein Tonstrang wird mit einem Stempel aus einem Mundstück gepreßt und die Kraft beim Niederdrücken und Zurückziehen des Stempels gemessen, wenn gerade $^1/_3$ des Stranges herausgepreßt ist; der Unterschied entspricht der Reibung Ton an Ton. Diese Ziffern in Abhängigkeit vom Wassergehalt geben gut reproduzierbare Kurven, auf denen eine empirisch festgestellte „Normalkraft“ für die Reibung den richtigen Anmachwassergehalt abzulesen gestattet.

Die Plastizität, die Menge des Anmachwassers u. a. hängt eng mit der Korngröße und besonders mit der Komplexbelegung, also der Menge und Art sorbierter Kationen zusammen; man könnte also auch die Menge der sorptiv gebundenen einwertigen Kationen (s. oben) als Maß der Plastizität verwenden. Die unplastischen oder wenig plastischen Kaoline haben nämlich Werte von etwa 0,5—1 Milliäquivalent einwertige Basen je 100 g Substanz, die mittel-plastischen Tone 1—2, die hochplastischen 2—3 (K. Endell und P. Vageler). Ähnlich besteht auch ein Zusammenhang zwischen linearer Trockenschwindung und der totalen Sorptionskapazität T, für den Endell und Vageler eine Näherungsgleichung % Schwindung $= \frac{18 \cdot T}{18 + T}$ angegeben haben. Auch die Bruchfestigkeit hängt mit dem T-Wert eng zusammen (T. A. Klinefelter, W. Meyer und E. J. Vachuska).

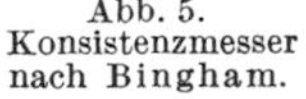

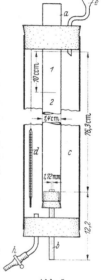

Abb. 5. Konsistenzmesser nach Bingham.

7. Konsistenz von Schlickern (III, 71). Die Konsistenz von Schlickern, die meist als Viscosität bezeichnet wird, läßt sich nach einer Reihe von Relativmethoden messen.

K. Endell, H. Fendius und U. Hofmann verwenden einen Rührer, der durch einen Motor mit meßbarem Stromverbrauch angetrieben wird; als Maß dient einfach die Milliamperezahl (Hersteller: Tonindustrie Berlin NW 21). Der Einfluß von Verflüssigungsmitteln ließ sich sehr scharf mit diesem Apparat verfolgen.

Das einfache Auslaufviscosimeter nach Kohl wurde von Neumann in Einzelheiten verbessert (größere Düsen, geringere Höhe, aber größerer Durchmesser), so daß auch dickflüssige Massen untersucht werden können.

R. Rieke und L. Tscheischwili verglichen die Viscosimeter nach Kohl und Bingham, beides Auslaufviscosimeter, und ein Rührviscosimeter. Die Anordnung nach Bingham (Abb. 5), die sich gut bewährte, besteht aus einem 90 cm langen Glasrohr von 14 mm Durchmesser mit Markierungen entsprechend je 10 cm³, das durch eine Capillare von

12,2 cm Länge und 1,72 mm Durchmesser abgeschlossen und von einem Wassermantel umgeben ist. Gemessen wurde die zeitliche Auslaufmenge in Kubikzentimeter-Sekunden in Abhängigkeit vom hydrostatischen Druck bzw. einfacher von der jeweiligen Höhe der Flüssigkeitssäule. Es ergaben sich schwach gekrümmte Kurven, die die Abszisse nicht im Nullpunkt schneiden. Zur Auswertung dienen zwei Größen:

1. Der „Anlaßdruck" (yeald value) ist die Kraft, die notwendig ist, um die Masse überhaupt erst zum Fließen zu bringen; sie ist der Abstand h von 0 bis zum Schnittpunkt mit der Abszisse. Zu ihrer Berechnung benutzt man die Näherungsformel:

$$F = \frac{R \cdot h \cdot s \cdot 981}{2 \cdot L}.$$

F hydrostatischer Druck in Dyn/cm²; R Radius, L Länge der Capillare; s spezifisches Gewicht der Suspension.

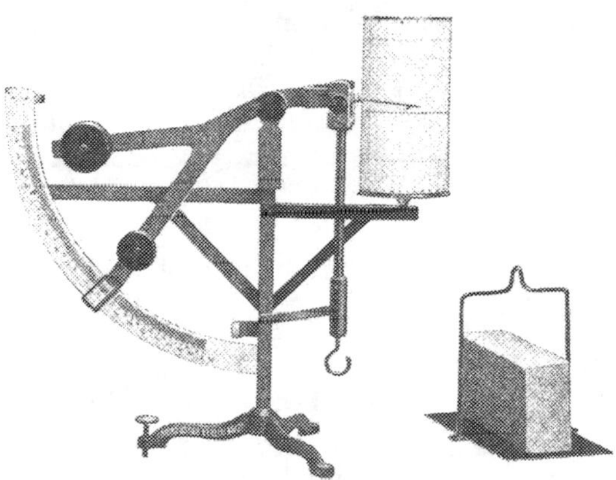

Abb. 6. Selbstregistrierender Trocknungsmesser nach Dawihl.

2. Die Beweglichkeit (mobility) wird ausgedrückt durch die Steilheit der Kurve, also durch die Tangente an die Kurve im Schnittpunkt mit der Abszisse. Ähnliche Anordnung bei G. Hammer.

Mißt man die Suspension unmittelbar nach dem Einfüllen bzw. nach einigem Stehen, so kann man — wenigstens für die Anfangswerte — ein Maß für die Thixotropie bekommen. Besser ist diese nach G. Keppeler und H. Schmidt durch Bestimmung des Luftdruckes zu messen, der notwendig ist, um die Masse in einem U-Rohr in Bewegung zu setzen und durch ein Loch bestimmter Weite zu drücken.

Siehe auch die entsprechenden Abschnitte „Glasur" (C) und „Email".

Betriebsmäßige Kontrolle der Schlicker durch das spezifische Gewicht (Aräometer). Siehe z. B. Tonind.-Ztg. **55**, 1345 (1931).

8. Trocknungsverhalten von Tonen oder Massen (III, 77). W. Dawihl beschreibt einen einfachen, selbstregistrierenden Trocknungsmesser, dessen Wirkungsweise ohne weiteres aus Abb. 6 hervorgeht. Wird der Versuch in einem bestimmten Temperatur- und Feuchtigkeitsbereich durchgeführt, so lassen sich die Kurven unmittelbar miteinander vergleichen und geben ein Bild für die Trockengeschwindigkeit.

9. Erhitzungsverhalten der Tone. Im Rahmen der genaueren Untersuchung der Tonminerale hat man auch deren Erhitzungsverhalten studiert. Man kann nun umgekehrt aus Erhitzungsversuchen unter Umständen Rückschlüsse ziehen auf die Anwesenheit gewisser Bestandteile (thermische Analyse).

	Wasserverlust beim Erhitzen.
Kaolinit (Kaoline, Tone)	bis 100° deutlich; darüber bis 400° unbedeutend; 450° starke Wasserabgabe; charakteristisch für Kaolin
Montmorillonit (Bentonite, Bleicherden)	allmählich und stetig bis etwa 400°; treppenförmige Entwässerungskurve zeigt Verunreinigungen an
Halloysit	deutlich bei 50—100°; darüber gering, aber deutlicher als bei Kaolinit. Plötzlicher Verlust bei 430°.

Beim Brennen eines plastischen Rohstoffs oder einer Masse tritt durch Entwässerung, Sinterung usw. eine Schwindung ein. W. Steger verfolgt diese Vorgänge, indem er die rohe Masse in der Ausdehnungsapparatur auf ihre Schwindung hin untersucht. Es zeigen sich bei bestimmten Temperaturen Unregelmäßigkeiten in der Schwindung—Temperatur—Kurve; praktisch besonders wichtig ist, daß man die für den Brand kritischen Gebiete starker Schwindung oder Ausdehnung (Quarzeffekt) sofort erkennen kann.

Um das Brennverhalten eines Tons kennenzulernen, schlägt W. R. Morgan die kontinuierliche Bestimmung des Gewichtsverlustes beim Anheizen und Brennen im schwachen Luftstrom vor.

B. Keramische Scherben.

1. Untersuchung des Scherbenaufbaues (III, 114). Zur Beurteilung des Scherbenaufbaues muß vor allem die Menge und Art der Poren, ferner die Zusammensetzung und die Eigenschaften des eigentlichen Gefüges untersucht werden.

a) Porigkeit, Tränkung, Gasdurchlässigkeit (III, 118). Die Bestimmung der Gesamtporosität genügt oft nicht zur Charakterisierung der Porigkeit eines Scherbens. Im einfachsten Falle unterscheidet man zwischen offenen und geschlossenen Poren (s. bei E. Tuschhoff, T. Westberg und J. Wahlberg).

Aber auch diese Unterscheidung sagt noch nicht genügend aus. Maßgebend z. B. für den Schlackenangriff ist die Ausbildung, Verbindung der Poren, mit anderen Worten das Tränkungsvermögen. Hierfür zahlenmäßige Angaben zu bekommen, ist das Ziel einer Reihe von Untersuchungsverfahren.

O. Bartsch (1) hat diese Fragen in einigen Arbeiten behandelt. Abb. 7 zeigt seine Apparatur zur Messung der Wasserdurchlässigkeit. Einzelheiten: P Versuchsplatte $100 \times 100 \times 35$ mm, außen paraffiniert; freie Fläche 64 cm². T Blechtrichter, N Niveaugefäß, B Bürette. Zunächst wird der Luftwert abgestoppt, d. h. man füllt den Trichter T nur teilweise mit Wasser, den Trichter über K jedoch ganz und stoppt die zum Entleeren der Kugel $K = 100$ cm³ nötige Zeit. Dann wird in der Bürette B das Absinken des Wasserspiegels beobachtet und an der plötzlich eintretenden Verlangsamung des Absinkens der Zeitpunkt der Berührung des Wasserspiegels im Trichter T mit der unteren Fläche der Probeplatte erkannt. In diesem Moment wird die Bürette durch Öffnen des Hahnes H bis über die Nullmarke aufgefüllt und nach

Schließen dieses Hahnes die Wassermenge abgelesen, die nach 30 Sekunden in den Körper eingedrungen ist. Es wird erneut aufgefüllt und nach 3, 6, 15, 30, 60, 120 Minuten usw. die Wassermenge gemessen, die in 60 Sekunden durch den Körper fließt, bis schließlich die Werte sich nicht mehr ändern, was bei mittlerer Durchlässigkeit nach 4 bis 6 Stunden der Fall ist. Bei sehr dichten Massen dauert das Erreichen des Endzustandes unter Umständen mehrere Tage. Man kann an Hand des Luftwertes die voraussichtliche Versuchsdauer abschätzen. Zwischen den einzelnen Messungen bleibt der Hahn H geöffnet, so daß aus dem Niveaugefäß dauernd Wasser nachfließen kann.

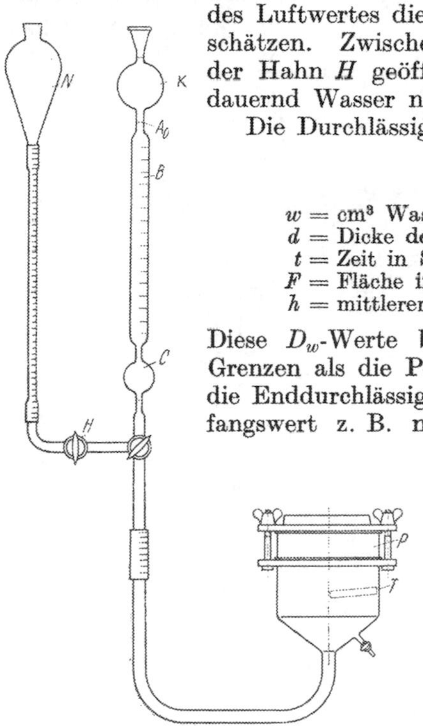

Die Durchlässigkeitszahl für Wasser ist:

$$D_w = \frac{w \cdot d}{t \cdot F \cdot h}$$

w = cm³ Wasser
d = Dicke der Probe in cm
t = Zeit in Stunden
F = Fläche in cm²
h = mittlerer Wasserdruck (Wassersäule) in m.

Diese D_w-Werte bewegen sich in sehr viel weiteren Grenzen als die Porosität. Bestimmt man nicht nur die Enddurchlässigkeit (D_E), sondern auch einen Anfangswert z. B. nach 60 Sekunden (D_A), so ergibt der Quotient $\frac{D_A}{D_E} = Tr$ ein Maß für die Capillarwirkung, also das Ansaugvermögen (Tränkung).

Bei Steinen mit schichtenförmiger Struktur sind die Werte für D_w in verschiedenen Richtungen verschieden.

Eine zweite Anordnung diente zur Bestimmung der Tränkungsgeschwindigkeit. Bestimmt wird die Zeit T_{20} in Sekunden, bis das Wasser, das von unten mit einem Überdruck von 5 mm an die Platte gelangt, 20 mm tief eingedrungen ist, ferner die aufgenommene Wassermenge V_{20} (gemessen an verdrängter Luftmenge). Der Tränkungswiderstand ist

Abb. 7. Anordnung zur Bestimmung der Wasserdurchlässigkeit. (Nach O. Bartsch.)

$$W_{Tr} = \frac{T_{20}}{V_{20}}.$$

Es besteht ein direkter Zusammenhang zwischen Wasserdurchlässigkeit und Tränkungsgeschwindigkeit.

Nach den folgenden Methoden lassen sich die mittleren bzw. größten Porendurchmesser selbst erfassen [O. Bartsch (2)]. Man füllt die Flasche C (Abb. 8) mit Wasser, schließt D und läßt durch E Wasser ausfließen. Durch den Unterdruck wird Luft durch den Prüfkörper gesaugt. Ist der Abfluß konstant, so wird dieser gemessen. Mißt man die Durchlässigkeit D in Kubikmeter Luft, die durch eine 1 cm dicke Platte je 1 m² Fläche, Stunde und 1 mm WS-Wasserunterdruck hindurchgesaugt werden, so ist der mittlere Porendurchmesser

$$d = 0{,}9522 \sqrt{\frac{D\eta}{\%\ \text{Porosität}}} \quad (\eta \text{ Reibungskoeffizient}).$$

Mit derselben Anordnung lassen sich die gröbsten Poren quantitativ erfassen, wenn man die Probe mit einer bestimmten Flüssigkeit sättigt, diese noch etwas in B (Abb. 8) überstehen läßt und nach Schließen von E einen Überdruck durch Öffnen von D (Wasserleitung) erzeugt. Es wird dann Luft aus C durch die Probe gepreßt. Der Porendurchmesser ist dann $d = 4\,\gamma/p$ (γ Oberflächenspannung, p Druck). Man kann verwenden: Wasser $\gamma = 75$ Dyn/cm, Äthyläther 16,7, Aceton 22,6 (am besten). Man steigert den Druck stufenweise und zählt die jeweils neu perlenden Poren aus. Für Aceton gilt dann:

$$d = \frac{0{,}922}{\text{mm WS}} \quad \text{bzw.} \quad \frac{0{,}0678}{\text{mm Hg}}.$$

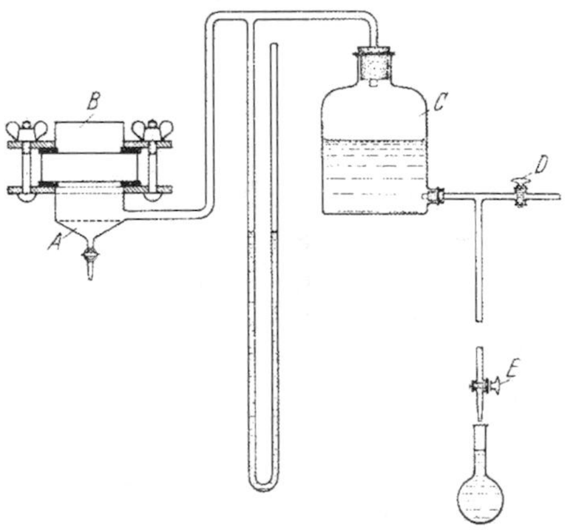

Abb. 8. Anordnung zur Messung der Grobporengröße nach dem Blasendruckverfahren. (Nach O. Bartsch.)

Eine Schnellprobe zur Beurteilung der Porosität und des Saugvermögens erwähnt A. Möser. 1 cm³ Farbstofflösung läßt man aus einer Bürette aus einer bestimmten Höhe auf die Fläche des Prüflings auslaufen und bestimmt den Durchmesser des Farbflecks und die Zeit bis zum Verschwinden der Flüssigkeit (gegebenenfalls lassen sich verschiedene Flüssigkeiten anwenden).

Untersuchungen über Gasdurchlässigkeit bei höheren Temperaturen wurden vor allem an Pyrometerrohren vorgenommen [vgl. H. Immke und W. Miehr; W. Bankloh und A. Hoffmann (Pyrometerrohre, Wasserstoff)].

A. E. J. Vickers dichtet die Probe an der Seite durch geschmolzenes Metall ab.

Von rein technischen Prüfungen, die die Auswirkungen der Porosität, Wassertränkung und dgl. beobachten, seien folgende angeführt: Zur Prüfung der Wasserdurchlässigkeit stellen L. A. Palmer und D. A. Parson Mauerkörper aus 16 Ziegeln her und prüfen (wegen des Mörtels) nach 3 Monaten. Auf die Oberfläche der Mauer wird ein Rahmen aufgekittet, so daß ein Wasserbehälter entsteht, in dem 2,5 cm hoch Wasser steht. Die durchtropfende Wassermenge wird aufgefangen. B. Butterworth beobachtet die Tränkung und entstehende Ausblühungen an Ziegeln, die zur Hälfte in Wasser stehen. Versuchsdauer 2—3 Wochen. Eine Verlängerung der Versuche hat keinen Zweck. Die Ziegel werden von Zeit zu Zeit photographiert. Das Verfahren läßt sich bei Ziegeln, die nicht sehr dicht sind, auf 3 Tage abkürzen, wenn man die Ziegel zur Hälfte in heißem Wasser (auf Wasserbad) stehen läßt.

Genormte Porositätsbestimmungen bzw. Porengehalte siehe unter E, S. 499.

b) Mineralischer Aufbau des Scherbens (III, 244). Ähnlich wie bei den Rohstoffen kann man auch hier von einer rationellen Analyse sprechen. Die quantitative chemische Quarzbestimmung (s. A 2) läßt sich in gebrannten Tonen oder Massen nicht ohne weiteres anwenden. Man ist deshalb auf andere Verfahren angewiesen, die zugleich gestatten, den Umwandlungsgrad des Quarzes, d. h. den Umfang einer Cristobalit- oder Tridymitbildung zu erfassen. Hierfür dienen vor allem die röntgenographische und die dilatometrische Methode. Daneben kann auch die Bestimmung des spezifischen Gewichts, besonders bei gebrannten Quarziten oder Silicasteinen, wertvolle Hinweise geben. Röntgenographisch[1] untersuchten z. B. G. L. Clark und H. V. Anderson die Zonenbildung an Silicasteinen, E. J. Martin, Faulkner und Feßler Porzellan. I. M. G. Henrar und I. G. de Voogd bestimmten den Cristobalitgehalt durch Auswertung des Ausdehnungssprungs der α-β-Umwandlung; das Steinpulver wurde mit 10% Bindeton zu Stäben gepreßt. Zweckmäßig trägt man den Ausdehnungskoeffizienten in Abhängigkeit von der Temperatur auf.

Weiterhin interessieren vor allem die neu gebildeten Silicate, in erster Linie der Mullit. Auch er läßt sich röntgenographisch qualitativ und quantitativ verhältnismäßig leicht erfassen. Auch chemisch gelingt dies näherungsweise. R. Rieke und W. Schade haben die Bedingungen für Porzellan eingehend durchgeprüft und wählten sie schließlich folgendermaßen: 1 g Substanz, Korngröße zwischen dem 100- und 120-Maschensieb, 30 cm³ 20%ige HF, Temperatur 18°, Dauer 18 Stunden. Nach dieser Behandlung ist praktisch nur noch Mullit unaufgeschlossen vorhanden. Der Rückstand (Mullit) wird abfiltriert, gewaschen und geglüht. Kontrolle des Rückstandes durch Analyse. W. B. Kraft und T. A. Gurwitsch verfahren etwas anders: 0,5 g Einwaage, 15 cm³ 20%ige HF, bei 18° nur 4 Stunden. Rückstand in 100 cm³ Wasser + 5 cm³ H_2SO_4 kochen, abfiltrieren. Rückstand aufschließen und SiO_2 und Al_2O_3 bestimmen. HF wird in den folgenden Versuchen so lange verdünnt, als das Verhältnis SiO_2 zu Al_2O_3 richtig bleibt (2:3 Mol).

Um ein Gefüge vollkommen zu beurteilen, wäre es notwendig, auch die übrigen eventuell vorhandenen Kristallarten und vor allem den glasigen Anteil näher zu untersuchen, was jedoch sehr schwierig ist. Hinweise über das Verhalten des glasigen Anteils siehe später unter „Mechanische Eigenschaften". Hinzu kommt als wesentlicher Faktor die Größe und Anordnung der Kristalle (besonders bei Mullit; Verfilzung, Nester). Hierüber läßt sich durch mikroskopische Untersuchungen an Dünnschliffen weitgehende Klarheit schaffen. Hinweise: E. Herlinger u. A. Ungewiß: Sprechsaal **65**, 571 (1932), Mikroskopische Untersuchungen an Porzellan. — A. Dietzel: Sprechsaal **66**, 837 (1933),

[1] Ältere Arbeiten sind bei M. Pulfrich erwähnt.

Untersuchungen von Steinchen im Glas. — M. Pulfrich: Ber. Dtsch. Keram. Ges. **14**, 302 (1933), Optik im Dienste der Keramik; **18**, 177 (1937), Untersuchungen an Magnesiumsilicaten.

2. Chemische Prüfungen (III, 246). Chemische Gesamtanalyse siehe unter A 3 (Rohstoffe); Normenbestimmungen unter E, S. 499.

Mullitbestimmung siehe B 1, S. 484.

Autoklavenprobe siehe unter C 1 (Glasur), S. 493.

3. Korrosionsprüfungen (III, 271). Hierbei handelt es sich besonders um die Feststellung des Angriffs feuerfester Steine durch Schlacke oder Glas. Entweder gestaltet man den Prüfkörper zu einem Tiegel (Ausbohren eines Steins) und füllt die Schlacke oder das Glas ein, oder aber man verwendet einen indifferenten Tiegel (Platin, Sintertonerde, Sillimanit) und taucht den Prüfkörper in Würfel- oder Stabform in die Schmelze. Meist wird dann im ersten Fall die aufgelöste Steinmenge und die Tränkung, im zweiten Fall die Dicken- oder Volumenabnahme bestimmt.

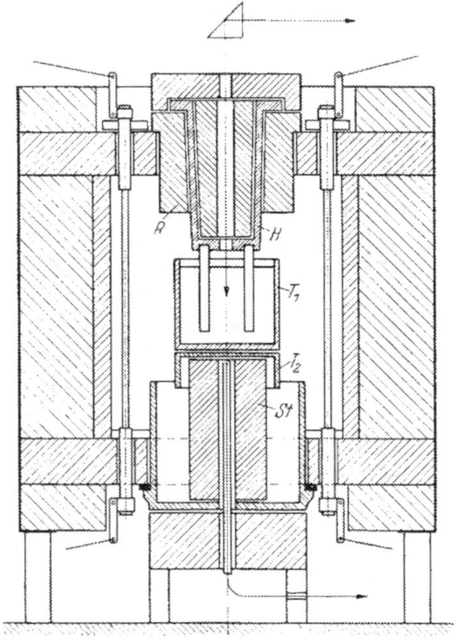

Abb. 9. Mehrstabanordnung zur Bestimmung des Schlacken- oder Glasangriffs. (Nach O. Bartsch.)

Genormtes Tiegelverfahren siehe im Abschnitt E, S. 499.

Als Stabverfahren hat sich besonders dasjenige von O. Bartsch bewährt. Die Anordnung geht aus Abb. 9 hervor. Gemessen wird die Abnahme des Stabquerschnittes.

Es sei besonders darauf aufmerksam gemacht, daß Tiegel- oder Stabverfahren für Wannensteine nicht immer ein richtiges Bild geben können, sondern nur für Häfen; z. B. zu niedrig vorgebrannte Wannensteine werden beim praktischen Betrieb nicht nachgebrannt, wohl aber beim Tiegelversuch. Deshalb ging A. Dietzel dazu über, eine regelrechte kleine Wanne aus Prüfsteinen zu bauen und daran die Stärke und Art des Angriffs zu bestimmen (s. a. G. A. Loomis).

Proben informatorischer Art sind folgende:

α) *Sodaprobe* (G. Gehlhoff und Mitarbeiter). Würfel von 1 cm³ werden durch Soda bei 1000° 10 Minuten angegriffen, und nach Auswaschen mit HCl der Gewichtsverlust bestimmt.

β) *Sulfatprobe* (s. bei G. Gehlhoff).

Diese Verfahren lassen sich noch dadurch ausbauen, daß man die Halbwertszeit des Angriffs bestimmt, ferner das Verhältnis $SiO_2:Al_2O_3$

im Stein vergleicht mit demjenigen des in Lösung gegangenen Anteils bzw. Rückstandes; es soll möglichst übereinstimmen (Delog).

γ) *Flußsäureprobe* (E. J. C. Bowmaker). Eine sehr umfassende und kritische Behandlung der wesentlichen Prüfverfahren siehe bei O. Bartsch, Genormte Korrosionsprüfung siehe DIN 1069 unter E.

4. Mechanische Prüfungen (III, 273). a) Druck- und Zugfestigkeit. Schlagbiegefestigkeit. Ähnlich wie O. Bartsch bei der Wasserdurchlässigkeit eine Abhängigkeit von der Strömungsrichtung beobachtet hat, findet F. Cäsar Unterschiede in der Druckfestigkeit je nach der Richtung, in welcher der Prüfkörper aus größeren Steinen herausgebohrt wurde. Hierdurch können Unterschiede um 100% bedingt sein, und man muß, sinngemäß auch bei anderen Eigenschaften, auf diese Struktureigentümlichkeiten Rücksicht nehmen. Welcher Wert (der höchste oder niedrigste) der „richtige" ist, läßt sich allgemein nicht beantworten; dies hängt zum großen Teil von der Art der Beanspruchung des fertigen Erzeugnisses ab.

Genormte Bestimmung der Druckfestigkeit für feuerfeste Steine nach DIN 1067.

Bei der Bestimmung der Schlagbiegefestigkeit nach üblichen Methoden sind, worauf O. Bartsch aufmerksam machte, die gefundenen Werte [etwa nach Ber. Dtsch. Keram. Ges. 8, 49 (1927)] von der Fallhöhe des Pendelhammers abhängig. Die kinetische Energie des Pendels wird im wesentlichen durch drei Faktoren verbraucht: 1. Zerbrechen der Probe, 2. Durchschwingen des Pendels über die Nullage hinaus, 3. Wegschleudern der Bruchstücke. Der Anteil 3 wurde bis jetzt nicht beachtet, man erhielt also nur eine „scheinbare" Festigkeit. Zur Bestimmung der wahren Schlagbiegefestigkeit wählt man entweder den Fallwinkel des Pendels so gering, daß das Pendel nach Durchschlagen der Probe nicht mehr merklich durchschwingt (eine Probe darf nur einmal beansprucht werden!) oder man bestimmt den Anteil 3 dadurch, daß man den Anteil 1 gleich Null macht, d. h. ein bereits gebrochenes Stück verwendet und den Anteil 2 für verschiedene Fallhöhen mißt.

Prüfung unebener Platten (E. Albrecht). Lagerung auf Stahlkugelpolster.

Zugfestigkeit (St. M. Phelps und V. Cartwright). An Stelle der Achterkörper, die große Streuungen bedingen, werden für den Zugversuch zylindrische Stäbe verwendet (16 mm Durchmesser und 50 mm lang), deren Enden mit einer leicht schmelzenden Legierung umgossen sind (20% Bi, 20% Ph, 20% Cd, 40% Sn; gießfähig bei 145°). 6 mm des Prüfkörpers bleiben frei.

b) Beanspruchung auf Torsion. Mit einem Apparat von W. Steger (Abb. 10a und b) hat K. Endell verschiedene feuerfeste Steine untersucht und die beobachteten Erscheinungen der Entspannung und der schnellen Erweichung gedeutet[1]. Die langsame Erweichung kommt in der Regel bei Massen mit glasigen Bindemitteln vor, sie stellt also die Erweichung dieser Glasphase dar, die bei Porzellan um 750—780°, säurefesten Steinen 780°, Schamottesteinen 700° liegt. Wie L. Krüger

[1] Die in dieser Arbeit angegebenen Torsionsspannungen sind durch 9 zu teilen.

bemerkte, haben die von Endell gemessenen Torsionsspannungen bei hohen Temperaturen nur angenäherte Richtigkeit, weil die eigentliche Meßstrecke nicht auf gleicher Temperatur war und die Verdrehung nicht am Stab selbst gemessen wurde. Für Messungen bei Zimmertemperatur wurde der Apparat etwas umgeändert; Ablesung mit Mikroskop (K. Endell und W. Müllensiefen). Außer der plastischen wurde

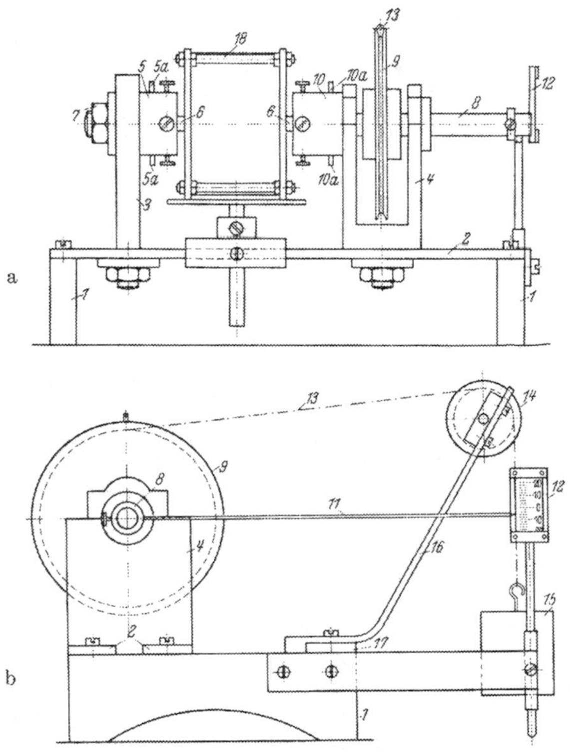

Abb. 10a und b. Torsionsapparatur. (Nach Steger-Endell.)

auch die rein elastische Verdrehung gemessen und daraus der Elastizitäts- und Gleitmodul berechnet; es ergaben sich Beziehungen zwischen E-Modul und Druckfestigkeit.

c) Elastizitätsmodul. Bestimmung an stabförmigen Proben. Durch Anschlagen mit einem Hammer entstehende Schwingungen werden mit Detektor aufgefangen, verstärkt und die Frequenz gemessen. $E = 4\,L^2\,n^2\,p$ (L Länge, n Frequenz, p Dichte). Geringe Strukturänderungen lassen sich erkennen (G. Grimm). Siehe auch A. Guilleaume unter „Schleifscheiben" (Abschnitt D).

d) Abnutzungswiderstand (III, 288). Um hierfür ein Relativmaß zu erhalten, wurden für keramische Zwecke folgende Verfahren angewandt:

Gerät von C. Zeiß (Sandstrahl) (L. H. Milligan). Tafelglas wurde als Bezugseinheit gewählt.

Aufsetzen eines Rahmens auf die zu prüfende Fläche und Einfüllen von Schleifmittel und Stahlkugeln. Messung des Glanzverlustes nach Hin- und Herrütteln. Techn. News Bull. Bur. Stand. Nr. 247, 118 (1937).

Härteprüfapparat „Sklerofix" zur Bestimmung der Härte von Schleifscheiben. Schlagwerkzeug treibt Prüfnadel in die Scheibe und durchschlägt dabei ein Prüfblech, dessen Loch ausgemessen wird (vgl. C. Geppert).

5. Thermische Prüfungen (III, 167). a) Ausdehnung. Im neueren Schrifttum sind einige Anordnungen zur Bestimmung der Ausdehnung bis zu hohen Temperaturen beschrieben. H. Reich stellt die Probe und daneben einen Vergleichskörper aus Retortenkohle auf eine gemeinsame Unterlage im Kohlegrießofen und überträgt die Ausdehnungen der beiden Körper durch Kohlestempel und zwei Schneiden auf einen wassergekühlten Querbalken, der sich bei verschiedener Ausdehnung von Kohle und Probe neigt. Die Neigung wird durch Kathetometer an zwei Marken gemessen. Kennt man die Ausdehnung der Retortenkohle, so läßt sich daraus die Ausdehnung der Probe berechnen. Meßbereich bis 1700°. Nach Erfahrungen des Verfassers eignet sich für solche Messungen auch Sintertonerde; sie hat gegenüber Kohle den Vorzug längerer Haltbarkeit.

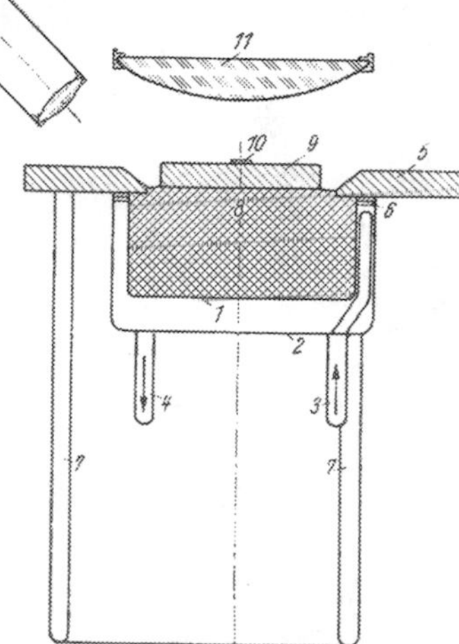

Abb. 11. Anordnung zur Bestimmung der Temperaturleitfähigkeit. (Nach Steger und Pyk und Stålhane.) *1* Nickelschale, etwa 7,5 cm Durchmesser, *2* Messingschale, *3* Dampfeintritt, *4* Dampfaustritt, *5* Asbestzementring, *6* Abdichtung, *7* Stativ, *8* Quecksilber (100°), *9* Probe 50—55 mm Durchmesser, 7—10 mm dick, *10* Kristall (Diphenylamin), *11* Beobachtungslinse, *12* Beleuchtung.

Im Gegensatz zu dieser Methode arbeitet die Anordnung von E. Lux absolut. Der Prüfkörper liegt waagerecht im Tammann-Ofen und wird mittels Kathetometers durch zwei kleine Bohrungen direkt beobachtet.

Eine ähnliche Anordnung, jedoch mit einem Ofen aus Nernstmasse, benutzen H. Ebert und C. Tingwaldt.

Auf die Fehlerquellen bei der Ausdehnungsmessung machte W. Steger (1) aufmerksam. Man muß auf gute Temperaturverteilung im Ofen achten und darf nur nach dem Wärmeausgleich messen oder aber bei genügend kleiner Anheizgeschwindigkeit (3° pro Minute).

Röntgenographisch konnte an kristallinen Stoffen W. Büssem die Ausdehnung durch Rückstrahlaufnahmen bestimmen.

b) Wärmeleitfähigkeit, Temperaturleitfähigkeit (III, 192). Zur Bestimmung der Wärmeleitfähigkeit hat man wiederholt das Platten-, Kugel- und Zylinderverfahren mit Erfolg angewandt, wenn es sich um Temperaturen bis höchstens 1100° handelt. Für höhere Temperaturen eignet sich besonders das Zylinderverfahren. H. Salmang und H. Frank und F. Holler heizten im Molybdänofen und führten in der Achse der Probe das Wassercalorimeter ein. C. Dinger, W. Schütz, A. Kind und A. Dietzel (Vortrag Hauptvers. D.K.G., München 1938) heizen mit einem Kohlestab in der Mitte und umgeben die zylindrische Probe mit dem Calorimeter (Schrifttum s. bei Salmang).

Die Unterkommission der Amer. Soc. Test. Mat. (P. Nichols) berichtet über Gemeinschaftsversuche zur Bestimmung der Wärmeleitfähigkeit, die starke Streuungen ergaben. Als Einheitsmethode wird folgender Aufbau vorgeschlagen (Plattenverfahren): (oben) Calorimeter / Wärmeflußmesser (Differential-Thermoelemente) / Probe / Wärmeflußmesser / Heizplatte / Gegenheizplatte / Isolierung / wassergekühlte Platte (unten). Die Fehlerquellen werden besprochen.

Temperaturleitfähigkeit. Für die Bestimmung der Temperaturleitfähigkeit geben S. Pyk und B. Stålhane ein sehr einfaches Verfahren an, über das W. Steger (2) berichtet (s. Abb. 11). Man bestimmt die Zeit vom Einsetzen der Probeplatte *9* bis zum Schmelzen des Kristalls *10*.

Die Temperaturleitfähigkeit a ist

$$a = \frac{\text{Dicke}^{1,7}}{\text{Schmelzzeit}} \cdot K \text{ in cm}^2/\text{Sek.}$$

K ist eine Apparatekonstante, die an bekannten Körpern bestimmt wird und bei obigen Abmessungen etwa den Wert 0,41 hat.

Entsprechender Apparat für höhere Temperaturen: statt Quecksilber — Bleizinnlegierung, Nickelschale — Eisenblock mit Thermoelement, Dampf — Heizsonne.

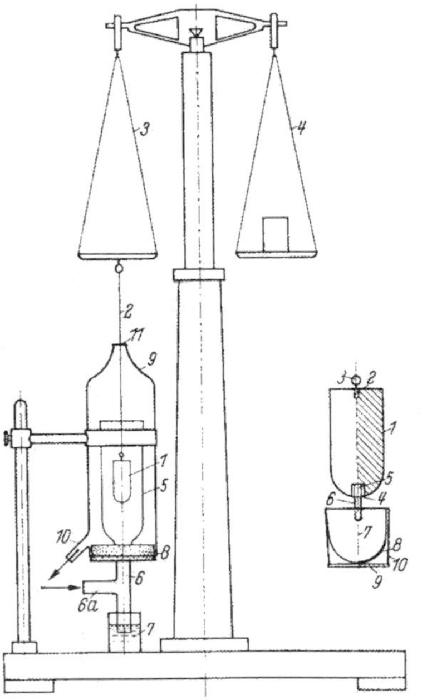

Abb. 12. Anordnung zur Bestimmung der spezifischen Wärme (Dampfcalorimeter). (Nach W. Steger.)
Links: *1* Prüfkörper 20—25 mm Durchmesser, 50—60 mm lang, *2* dünner Faden, *3* und *4* Waage, *5* Glasrohr, *6* Dampfeintritt, *7* Kondenswasser, *8* Gummi, *9* Glasrohr, *10* Dampfaustritt, Anschluß an Wasserstrahlpumpe, *11* Öffnung. Rechts: *1* Prüfkörper, *2* Kittstelle (Bleiglätte, Glycerin), *3* Öse, *4* Messingrohr, *5* eingekittetes Messingrohr mit Innengewinde, *6* Messingrohr mit Außengewinde, *7* Draht, *8* Nickelschale zum Auffangen des Kondenswassers, *9* poröses Tonscheibchen zum Aufsaugen des außen kondensierten Wassers, *10* Haltedraht.

Der Zusammenhang der Temperaturleitfähigkeit a mit der Wärmeleitfähigkeit λ ist folgender: $a = \frac{\lambda}{c \cdot RG}$ (c spezifische Wärme, RG Raumgewicht). Um die c-Werte für 20—100° zu erhalten, verwendet W. Steger (s. oben) ein Dampfcalorimeter (s. Abb. 12).

Bestimmt wird das Gewicht des an der Probe kondensierten Wassers GW. Die spezifische Wärme c ist

$$c = \frac{GW}{GP} \cdot \frac{539,1}{t - t_a} \quad \text{in} \quad \frac{\text{cal}}{g \cdot {}^\circ\text{C}}.$$

GP = Gewicht der Probe, t = Dampftemperatur, t_a = Anfangstemperatur der Probe. Die Bestimmung ist in 15—20 Minuten beendet, die Wärmeleitfähigkeit also in etwa 1 Stunde.

c) Temperaturwechselbeständigkeit. Prüfung von Kapselmassen nach E. Köhler und A. Sacharov: Mindestens 5 Prüfkörper von 3 × 3 × 12 cm werden auf Bruchfestigkeit geprüft. Weitere 5 Körper werden auf 850° erhitzt und nach 15 Minuten an Luft frei abgekühlt. Dies wird 2mal wiederholt und wieder die Bruchfestigkeit bestimmt. Die Temperaturwechselbeständigkeit wird beurteilt nach dem Quotienten: Bruchfestigkeit nach der Abschreckung zu Bruchfestigkeit vor der Abschreckung, und mit 100 multipliziert in Prozenten ausgedrückt. Abschreckung in Großversuch mit ganzen Wänden siehe bei St. M. Phelps, S. M. Swain und R. F. Ferguson.

Genormte Verfahren nach DIN 1068.

6. Optische Untersuchungen (III, 244). Einen guten Überblick über die verschiedenen optischen Untersuchungsverfahren gibt M. Pulfrich. Erwähnt ist unter anderem die Auflichtmikroskopie, Beobachtungen unter der Uviollampe (Fluorescenz), die Transparenzmessung, besonders aber die Bestimmung von Farbe und Glanz.

a) Transparenzmessung (III, 245). R. Rieke und A. Ungewiß benutzten einen Projektionsapparat, bestrahlten mit dem parallel gerichteten Lichtbündel die Probeplatte von 2,5 mm Dicke, in einer späteren Untersuchung 4 mm Dicke (vgl. a. Rieke und Mauve). Die Probe ist durch eine Metallblende (20 mm Öffnung) abgedeckt. Die Lichtintensität hinter der Probe wird mit einer Photozelle gemessen und mit derjenigen eines Testplättchens = 100 verglichen. Wenn die Farbe der Probe stört, so muß ein passendes Farbfilter vorgeschaltet werden; oder man verwendet eine Metalldampflampe (Natriumlampe; Beob. d. Verf.).

b) Glanzmessung. Die Glanzmessung kommt insbesondere für Glasuren in Frage. Sie wird deshalb in Abschnitt C behandelt.

c) Farbe. Handelt es sich darum, etwa die Farbe eines gelb, braun oder rot brennenden Tones oder eines Scherbens zu definieren, so bedient man sich am einfachsten der Farbtonleitern nach W. Ostwald (Unesma-Verlag, Berlin NW 87). Eine Farbe läßt sich so durch drei Angaben (bei Ostwald: Farbton als Zahl, Weißgehalt und Schwarzgehalt als Buchstaben) festlegen. Ein lehmgelber Ton hätte z. B. das Farbzeichen 2gc. Für die helleren Farbtöne, z. B. schon für Schamottesteine, sind diese Farbtonleitern nicht mehr anwendbar, weil die Abstufung dann zu grob wird. Man muß zur direkten Messung übergehen. Hierfür gibt es eine Reihe von Apparaten (s. z. B. W. M. Mayer und S. Rösch, Vortrag). Es seien als Beispiele erwähnt:

Pulfrich-Photometer von Carl Zeiß, Jena. Beobachtung mit dem Auge. 7 Filter über den gesamten sichtbaren Spektralbereich (s. I, 907).

Reflexionsmesser von B. Lange, Berlin-Dahlem. Messung des diffus reflektierten Lichtes mit der Photozelle. 4 Farbfilter (Erg.-Bd. I/395, s. a. diesen Band S. 425).

Der Verfasser benützt folgende Anordnung: 4 Metalldampflampen (Na, K, Cd, Hg) auf Drehscheibe können wahlweise vor eine Sammellinse gebracht werden, hinter der die zu den Lampen passenden Filter angebracht sind, so daß 9 Spektrallinien lichtstark zur Verfügung stehen; deren Licht fällt unter 45° auf die Probe. Senkrecht zur Probenfläche ist die Photozelle angebracht.

Als Vergleich dient entweder ein Barytweiß- oder MgO-Weißplättchen. Letzteres ist um etwa 2% schlechter, läßt sich aber sehr leicht durch Verbrennen eines reinen Magnesiumbandes und Anräuchern einer Opalglasplatte selbst herstellen.

Nach diesem Verfahren erhält man das spektrale Reflexionsvermögen, das man nach DIN-Blatt 5033 „Bewertung und Messung von Farben" umwerten kann, um ebenfalls wieder eine Farbe durch drei Angaben festlegen zu können.

Schrifttum betr. Farbmessung: W. Ostwald: Ztschr. f. angew. Ch. **78**, 182 (1915). — v. Göhler: Sprechsaal **63**, 385 (1930). — A. Maerz: Journ. Amer. Ceram. Soc. **18**, 361 (1935). — E. Witte: Chem. Fabrik **8**, 418 (1935).

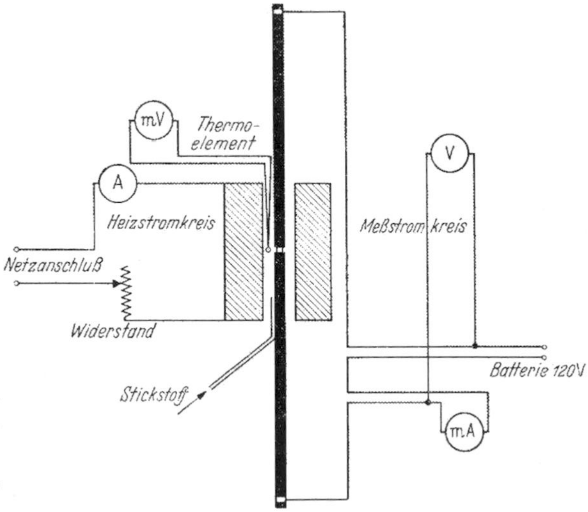

Abb. 13.
Anordnung zur Bestimmung der elektrischen Leitfähigkeit bei hohen Temperaturen. (Nach Kratzert und Kaempfe.)

d) Weißgehalt. Will man den Weißgehalt eines unbunten Scherbens beurteilen, so kann man die im Handel befindlichen Trübungs- oder Reflexionsmesser benützen, z. B. die unter c) genannten Geräte, außerdem das Densitometer von Schmidt u. Haensch, Berlin. Leukometer von E. Witte, Dresden.

Ist der Scherben gefärbt, so bekommt man bei dieser einfachen Messung ungenaue Werte. Man muß in diesem Fall entsprechend dem Normenblatt DIN 5033 „Bewertung und Messung von Farben" verfahren. Für die Weißgehaltsmessung oder Farbmessung dient als Vergleich das Baryt- oder MgO-Plättchen (s. oben).

7. Elektrische Prüfungen (III, 224) (R. Vieweg). Für keramische Massen sind vor allem folgende Prüfungen wichtig:

a) Elektrischer Widerstand bzw. Leitfähigkeit. Eine einfache Anordnung beschreibt K. Werner, die von J. Kratzert und F. Kaempfe etwas abgeändert wurde. Entsprechend der Abb. 13 ist der Prüfkörper (26 mm Durchmesser, 15 mm hoch) zwischen zwei Graphitelektroden eingespannt. Vorsicht ist geboten bei hohen Temperaturen wegen der Leitfähigkeit der Gase (worüber in der Abhandlung nichts angegeben ist). Beim Messen mit Gleichstrom traten Schwierigkeiten durch Polarisation auf. In der letztgenannten Veröffentlichung ist eine kurze Schrifttumsübersicht gegeben.

b) Durchschlagsfestigkeit. Prüfvorschriften für Isolatoren für Spannungen über 1000 Volt siehe Stemag-Nachrichten 1929, H. 3.

Bestimmung der Überschlag- und Durchschlagspannung von Isolatoren siehe W. Weicker, Hescho-Mitteilungen 1932, H. 64/65, S. 23. Isolationsprüfung an elektrischen Wärmegeräten (Kochplatten). C. Stoerk: Elektrowärme **2**, 250 (1932).

Zur Frage des Alterns und Ermüdens von Porzellanisolatoren siehe Hescho-Mitt. **1933**, H. 66/67, 51. Über Wärmedurchschlag an keramischen Massen siehe C. Schusterius: Elektrowärme **4**, H. 2 (1934).

Die Durchschlagfestigkeit von Porzellan in Abhängigkeit von der Vorbrenntemperatur untersuchten A. J. Monack und L. R. Shardlow [Journ. Amer. Ceram. Soc. **14**, 603 (1931)].

c) Dielektrizitätskonstante. Messung siehe bei E. Albers-Schönberg: Ber. Dtsch. Keram. Ges. **15**, 199 (1934). — A. Brückner: Ztschr. f. techn. Physik **16**, 11 (1935).

Systematische Untersuchungen an keramischen Massen siehe bei R. Rieke und A. Ungewiß: Ber. Dtsch. Keram. Ges. **17**, 237 (1936).

d) Dielektrischer Verlust. Verlustwinkelmessung mit Hochfrequenz siehe bei Rohde: Elektr. techn. Ztschr. **1933**, 580.

Systematische Untersuchungen siehe bei R. Rieke (vgl. c).

Untersuchungen der Temperaturabhängigkeit der dielektrischen Eigenschaften von TiO_2 und SnO_2 siehe C. Schusterius: Ztschr. f. techn. Physik **12**, 640 (1935).

8. Kombinierte Verfahren. V. Skola zeigt an Beispielen, daß einzelne Prüfmethoden, jede für sich angewandt, unter Umständen kein richtiges Bild über die praktische Brauchbarkeit eines Stoffes zulassen. Erst die kombinierten Prüfverfahren geben besseren Aufschluß, so z. B. Schlackeangriff + Abschreckprüfung. Diese Beobachtungen sind sehr beachtenswert.

C. Glasuren.

Für die Untersuchung von Glasuren kommen viele der unter A und B genannten Verfahren in Frage, so z. B. Chemische Analyse, Korngrößenverteilung, Konsistenz von Schlickern, Bestimmung der Farbe und Trübung (Weißgehalt). Ferner sei hier auch auf das Kapitel „Email" verwiesen.

Von besonderen Verfahren seien noch folgende besprochen:

1. Chemische Prüfungen. a) Bleiabgabe (III, 272). Nach A. Gronover und E. Wohnlich wird das Geschirr mit heißem Wasser ausgespült, mit heißem Wasser gefüllt in ein Wasserbad gesetzt, bis es durchwärmt ist. Man gießt das Wasser aus und füllt sofort kochende 4%ige Essigsäure ein und erhitzt $^1/_2$ Stunde im Wasserbad. Die Lösung wird dann in einen Kolben gegossen und aufgefüllt. In einem aliquoten Teil wird nach L. W. Winkler das Blei bestimmt.

W. Weyl und H. Rudow weisen das Blei mit Dithizon (nach H. Fischer) nach. Die essigsaure Lösung wird eingeengt, mit Ammoniak abgestumpft und mit 1—2 cm^3 KCN-Lösung (5%ig) zur Bindung der anderen Metalle versetzt. Diese Lösung wird dann mehrere Male mit einer Lösung von Dithizon in Tetrachlorkohlenstoff ausgeschüttelt, das Bleisalz dann mit Salpetersäure zersetzt und mit $AgNO_3$ titriert.

Eine Grießprobe in Anlehnung an die Standardgrießprobe der Deutschen Glastechnischen Gesellschaft benutzt H. Harkort. 2 g des gewaschenen Grießes werden 30 Minuten lang mit 60 cm³ 4%iger Essigsäure am Rückflußkühler gekocht. Die Lösung wird abfiltriert, der Grieß ausgewaschen, und das Blei titrimetrisch nach der Molybdatmethode bestimmt.

Zur Beurteilung der Bleilässigkeit von Glasuren und Emails, soweit sie mit Nahrungs- oder Genußmitteln in Berührung kommen, gilt heute streng genommen noch die Vorschrift aus dem Jahre 1887 (s. bei Harkort, S. 622). Es ist jedoch eine neue Vorschrift in Vorbereitung, nach der zur Zeit schon fast durchweg die Bleilässigkeit bestimmt wird. Danach wird mit einer Lösung von 3 g Weinsäure in 100 cm³ Wasser $^1/_2$ Stunde gekocht und das in Lösung gegangene Blei bestimmt. Bei Gefäßen mit weniger als $^1/_2$ l Inhalt darf höchstens 1 mg Blei insgesamt in Lösung gehen, bei Gefäßen mit mehr als $^1/_2$ l Inhalt höchstens 2 mg Blei bezogen auf den ganzen Inhalt.

b) Chemische Angreifbarkeit. Zur Beurteilung der Wetterfestigkeit von Glasuren benutzen E. Eisenlohr und H. Diehl eine Grießmethode. 4 cm³ Grieß mit Korngrößen zwischen den Sieben 20 und 12 (400 bzw. 144 Maschen pro Quadratzentimeter) entsprechend 0,3—0,49 mm Durchmesser (Oberfläche etwa 1000 cm²) werden bei 100° durch 100 cm³ 0,1%ige Essigsäure 5 Stunden lang ausgelaugt und das Gesamtgelöste bestimmt.

Nach Technical News Bull. Bur. Stand. Nr. 182, 57 (1932) dient der Glanzverlust von Porzellan- oder Steingutglasuren als Maß für die Wetterbeständigkeit. Die Proben werden unter vergleichbaren Verhältnissen der Witterung ausgesetzt.

Als Prüfmethode für die Wirkung alkalischer Reinigungsmittel auf farbig dekoriertes Porzellan schlägt K. Endell folgendes vor: $^1/_4$%ige Lösung von Reinigungsmittel (Soda, neutrale Seife, Persil, Imi usw.) wirkt 2 × 7 Stunden bei 40—50° auf die Probe ein. Weder Glanz noch Farbe dürfen leiden. Bei 80—90° werden die leichter angreifbaren Porzellanwaren verändert. Ätznatron ist stets gefährlich.

c) Autoklavenprobe. H. G. Schurecht hatte gefunden, daß ein (poröser) keramischer Scherben durch Feuchtigkeitseinwirkung zu wachsen vermag. Bei glasierten Scherben entstehen dann nachträglich Glasurrisse. Während bei Zimmertemperatur dieser Vorgang Monate oder Jahre braucht, läßt er sich im Autoklaven bei 10—15 atü in 1 bis 2 Stunden erzwingen. Insbesondere zur Prüfung von Wandplatten auf Haarrißsicherheit der Glasur wird dieses Verfahren heute allgemein angewandt. Hinweise: K. R. **40**, 215 (1932). Besprechung des Schrifttums, der Apparatur und der Prüfbedingungen. R. G. Wills: Journ. Amer. Ceram. Soc. **13**, 903 (1930). — H. Killias: Ber. Dtsch. Keram. Ges. **14**, 243 (1933). — W. Steger: Ber. Dtsch. Keram. Ges. **15**, 37 (1934).

2. Mechanische Prüfung. Abnutzwiderstand: Siehe oben S. 487—88, außerdem E. Schramm, Abnutzung durch Sandstrahl.

E. Kieffer und E. Wettig prüfen die Abnutzung, indem sie den Gewichtsverlust der Probeplatten bestimmen, der durch den Abrieb durch vier Kupferstäbe und eine Korundschmiere in 15 Minuten bei 100 U/Min. entsteht.

Stoßfestigkeit. Longchambon benutzt die Kugelfallprobe. Um die Beschaffenheit der Unterlage (Scherben) auszuschalten, wird diese mit Zement hintergossen.

3. Prüfung auf Temperaturwechsel. Die zu prüfenden Wandplatten werden in einem Blechkasten gleichförmig erwärmt und dann zur Abschreckung mit der Glasur nach unten auf Quecksilber gelegt (Abb. 14). Nach 10 Sekunden werden sie herausgenommen und mit Knochenkohle- oder Kongorot-Paraffinstäbchen eingerieben. Die Gesamtlänge der Risse für eine Fläche von 4 cm² dient als Maß der Temperaturwechselempfindlichkeit; sie ist etwa proportional der Temperaturdifferenz (R. Barta).

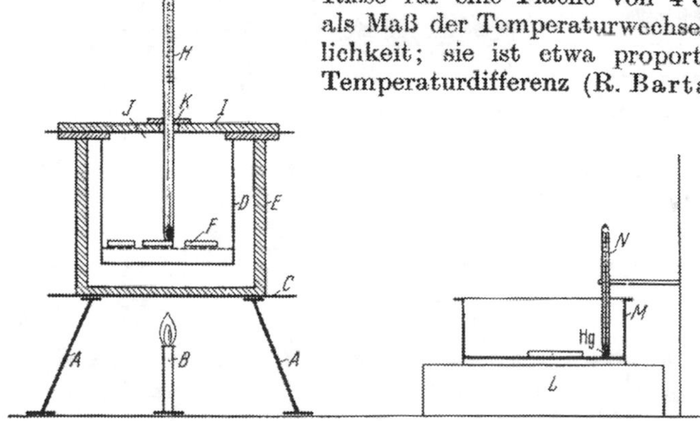

Abb. 14. Anordnung zur Bestimmung der Abschreckfestigkeit von glasierten Wandplatten. (Nach Barta.)

4. Messung der Spannung zwischen Glasur und Scherben. Eine unmittelbare Messung der Doppelbrechung der Glasur versucht K. Litzow. Das Verfahren ist aber nur beschränkt anwendbar. Sehr fruchtbringend und allgemein, sogar für Emails, anwendbar hat sich das Verfahren von W. Steger (1) erwiesen. Aus der Masse werden Probestäbe mit dünnem Mittelteil (Abb. 15a und b) hergestellt, dieses wird glasiert und der Stab in waagerechter Lage hochkant einseitig eingespannt. Beim Erhitzen bzw. Abkühlen bewegt sich das freie Ende, was mit einem Mikroskop gemessen wird. Die Ablesungen können unmittelbar in Abhängigkeit von der Temperatur aufgetragen werden. Man hat ein anschauliches Bild von der Stärke und Art der vorhandenen Spannungen.

W. Steger (2) hat dieses Verfahren zu einer Art von Absolutmethode gemacht, indem er jede Messung auf einen gedachten Standardscherben bezieht mit einem

Elastizitätsmodul $E =$	. . . .	5000 kg/mm²
und den Abmessungen:	Länge	100,000 mm
	Breite	14,815 mm
	Dicke	3,000 mm

Sowohl die Bestimmung von E an den Prüfkörpern in derselben Apparatur (durch Anhängen von Gewichten und Bestimmung der Biegung) als auch die mathematischen Gleichungen zur Umrechnung sind in der genannten Arbeit ausführlich behandelt.

5. Beurteilung der Glasurschlicker. Hier können im wesentlichen die auf S. 479—80 (Konsistenz von Schlickern) angegebenen Verfahren benutzt werden. Ferner siehe auch bei „Email" S. 528.

6. Beurteilung des Aufschmelzverhaltens. W. Steger brennt die Glasur im Temperaturgefälle des elektrischen Ofens auf, so daß also an ein und demselben Scherben die Glasur in allen Stadien des Aufbrenn-

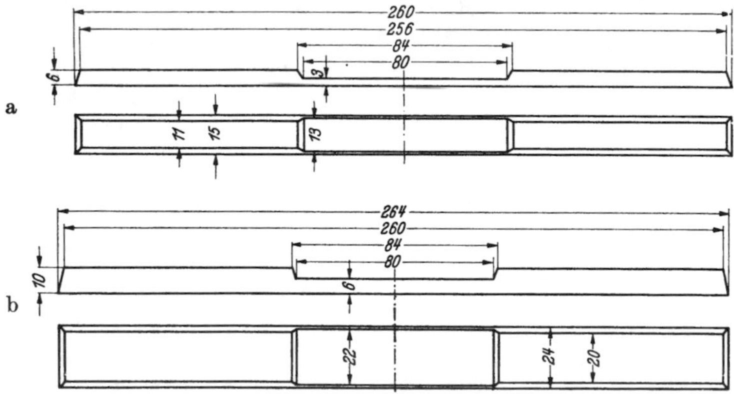

Abb. 15 a und b. Kleiner und großer Prüfkörper für den Spannungsmesser nach Steger.

prozesses beobachtet werden kann. Betrachtung unter der Lupe bei Schrägstellung (45°).

Ferner sei auf einige im Kapitel „Email" unter B 5 und D 4 angegebenen Verfahren hingewiesen.

7. Optische Untersuchung. Farbbestimmung siehe oben unter B 6c. Für den Glanz kommen die gleichen oder ähnliche (Askania-Glanzmesser, Askania-Werke, Berlin) Geräte in anderer Anordnung in Frage wie für die Farbmessung. Das Pulfrich-Photometer erhält ein Zusatzgerät; beim Reflexionsgerät nach B. Lange wird die Photozelle in die 45°-Stellung gebracht. Durch die angebrachte Blende ist das diffuse Licht praktisch ausgeschaltet. Als Vergleichsplatte verwendet man eine einseitig mattierte und geschwärzte Spiegelglasplatte, deren Glanz man = 100% setzt.

D. Prüfverfahren für bestimmte keramische Erzeugnisse.

1. Mauersteine, Dachziegel. Biegeprüfmaschine für Ziegel und Klinker siehe bei W. Dawihl.

Genormte Prüfverfahren siehe unter E, S. 499.

An Stelle der Frostprobe kann gegebenenfalls auch die folgende Natriumsulfatprobe treten (R. Allen). Die Prüfkörper werden 2 Stunden in einer 10%igen Natriumsulfatlösung gekocht, abgekühlt, im Trockenschrank 1 Stunde bei 100° getrocknet, dann 4 Stunden bei 80°. Diese Probe wird 50mal wiederholt. Das Ergebnis stimmt mit der folgenden Frostprobe überein: 12 Stunden bei —25° halten, dann in Wasser von 100° tauchen. Auch diese Beanspruchung wird 50mal wiederholt und jeweils der Zustand der Proben untersucht. Die Prüfkörper sind 21 × 5 × 5 cm groß.

2. Feuerfeste Baustoffe. Silicasteine, Quarz-Cristobalit-Tridymitbildung siehe S. 484. Genormte Prüfverfahren siehe S. 499.

Prüfverfahren für feuerfeste Ziegel enthalten die A.S.T.M.-Vorschriften [Standards on Refractory Materials, Philadelphia 1935; vgl. auch Journ. Amer. Ceram. Soc. **18** (1935) Abstr. S., 251 und Glastechn. Ber. **14**, 333 (1936)]. Es werden Normen behandelt und folgende Prüfverfahren: Bestimmung der Teilchengröße, Temperaturwechselbeständigkeit, bleibende Längenänderung, Druckfeuerbeständigkeit, Kegelschmelzpunkt, chemische Analyse. Untersuchung von Isolierstoffen. Schaffung von Normalmustern und Definition.

Ganz besonders sei auf die Normenblätter DIN 1061—1069 und 1086—1089 hingewiesen (s. S. 499).

Prüfung von Koksofenmörteln (s. bei F. Hartmann). Zur Bestimmung der Haftfestigkeit werden Dünnschliffe von Fugen und angrenzendem Stein gemacht; es sollen sich mikroskopisch dünne Reaktionsschichten zeigen, ohne Verschlackung. Weitere Hinweise geben chemische Analyse, Druckfeuerfestigkeit, Feuerfestigkeit des aus dem Mörtel abgeschlämmten Tones, Sieb- und Schlämmanalyse, Widerstandsfähigkeit gegen Verschlackung, Zugfestigkeit, insbesondere nach Erhitzen auf die Temperatur des Koksofens. Ferner siehe Blatt DIN 1089.

Sintermagnesit. Die beim Brennen entstandenen Verbindungen werden von K. Konopicky und H. Kassel durch Behandlung mit 10%iger Ammonnitratlösung und Analysieren des jeweiligen Rückstandes nachgewiesen. Optische Untersuchungen siehe M. Pulfrich.

3. Porzellan. Vergleichsprüfungen hinsichtlich mechanischer Stoßprüfung und Temperaturwechsel von Elektroporzellan siehe bei H. M. Kramer und R. A. Snyder.

Tellerprüfer (Kanten- und Bodenfestigkeit) nach R. Rieke und L. Mauve. Mechanische Abnutzung von Porzellan-Hotelgeschirr kann nach F. Gareis entweder in der Trommelmühle geprüft werden oder dadurch, daß man zwei Teller gegeneinander in einer geeigneten Vorrichtung längere Zeit reiben läßt.

4. Schleifmittel. *Allgemeine Untersuchungen* (nach A. Guilleaume). *Schüttgewicht* (eventuell eingerüttelt) läßt Rückschlüsse auf Kornform zu.

Splitterfähigkeit wird bestimmt durch Aufblasen von Schleifmittel bestimmter einheitlicher Korngröße im Zeiß-Sandstrahlgebläse auf eine Metallplatte und Bestimmung der Kornverteilung nach dem Versuch. Oder man mahlt die Schleifmittel zusammen mit Stahlkugeln in der Trommelmühle.

Benetzbarkeit des Korns kann beurteilt werden, wenn man wiederum eine Probe einheitlicher Korngröße in eine Glasröhre füllt, die einseitig durch ein Sieb verschlossen ist, und sie in Wasser stellt. Die Steighöhe gibt ein Maß für die Benetzbarkeit.

Kornverteilung durch Sieben oder Schlämmen oder mikroskopische Untersuchung.

a) Elektrokorund. Im Elektrokorund bestimmt man durch Ausglühen im Sauerstoffstrom bei 1100° und Auffangen der Gase in Jodlösung den Sulfidgehalt und im Kaliapparat den Carbidgehalt.

Kurzmethoden. Übergießen mit HCl (Sulfide). Ausdehnung ist bei reinem Korund gleichmäßig, sprunghafte Änderungen deuten auf Verunreinigungen.

Zusammenbacken beim Erhitzen auf 1200—1300° weist auf starken Gehalt an Eisenoxyd und Titanoxyd.

Durch Bestimmung der Lichtbrechung kann man die Anwesenheit von (schleiftechnisch wertloser) β-Tonerde feststellen.

b) Siliciumcarbid. *Kurzmethode.* Die Laugenlöslichkeit (mehrstündiges Kochen mit etwa 10%iger NaOH oder KOH) soll nach Guilleaume nicht größer als 0,5% sein.

Ausführliche Analyse. Die genaue Durchführung gibt in allen Einzelheiten G. A. Kall. Zur Probenahme geht man aus von einer 2 kg Vorprobe, aus der man nach sorgfältigem Durchmischen 100 g für die Analyse nimmt. Die eigentliche Analysenprobe wird in kleinen Anteilen von etwa 0,5 g im Stahlmörser zerkleinert und das Eisen anschließend mit einem starken Magneten wieder entfernt. Für genaueste Analysen verwendet Kall einen Mörser aus Berylliumkupfer. Das Pulver gibt man durch das DIN-Sieb 60. Schließlich wird das Pulver 2 Stunden bei 110° getrocknet. Der Analysengang ist folgender:

I. Bestimmung des Gesamtsiliciums einschließlich der Kieselsäure. 1 g Substanz wird in einen Rhodiumtiegel mit 3 g Soda eingewogen und mit 3 g Soda und 2 g Natriumperoxyd überdeckt und das Ganze durchgemischt. Aufschluß im elektrischen Ofen bei 1100° 15 Minuten lang halten. Nach dem Abkühlen wird die Kieselsäure wie bekannt bestimmt.

II. Bestimmung der freien Kieselsäure. 1 g Substanz wird mit Schwefelsäure-Flußsäure abgeraucht. Der Rückstand wird mit 3 g Soda und 2 g Natriumperoxyd wie oben aufgeschlossen und wiederum die Kieselsäure bestimmt. Sie stammt aus SiC und freiem Si. Die freie Kieselsäure (SiO_2 in der Ausgangssubstanz) ergibt sich als Differenz zur Gesamtkieselsäure nach I.

III. Bestimmung des Siliciums. 5—15 g Substanz werden zunächst mit Schwefelsäure-Flußsäure bis zum Entstehen kräftiger Dämpfe von SO_3 abgeraucht, mit Wasser verdünnt, mit Kalilauge alkalisch gemacht und in einem Silberkolben 50 Stunden lang in 10%iger KOH gekocht. Man filtriert den Rückstand ab, wäscht mit verdünnter Salzsäure und schließlich mit Wasser sehr gut aus. Das Filter wird verascht, geglüht und der Rückstand gewogen. Der Gewichtsverlust entspricht dem laugenlöslichen Anteil + freiem Kohlenstoff. Das Filtrat enthält die dem Si entsprechende Kieselsäure; es wird eingedampft, stark angesäuert und wie bekannt, die Kieselsäure bestimmt.

IV. Bestimmung des freien Kohlenstoffs. 10 g Substanz werden in einem Porzellanschiffchen und Quarzglasrohr bei 950—1000° 20 Minuten lang im sorgfältig gereinigten Sauerstoffstrom verbrannt und die entstandene Kohlensäure im Natronkalkrohr bestimmt. Die Kohlensäure wird auf C umgerechnet.

V. Bestimmung des Gesamtkohlenstoffs. 0,2 g Substanz werden auf eine dünne Schicht von Bleisuperoxyd in ein 8 cm langes Porzellanschiffchen eingewogen und mit Bleisuperoxyd bedeckt. Das Schiffchen steckt in einem Porzellanschutzrohr und dieses in dem Quarzglasrohr wie oben. Die Verbrennung des Kohlenstoffs geschieht bei 1050° in 20—25 Minuten im Sauerstoffstrom. Die Kohlensäure wird aufgefangen, gewogen und auf C umgerechnet.

VI. Bestimmung von Al, Fe, Ti und Erdalkalien. Der Rückstand von der Kieselsäurebestimmung nach I. nach dem Verjagen der Kieselsäure wird mit $^1/_2$ g Soda aufgeschlossen, in Salzsäure gelöst und mit dem Filtrat der Kieselsäure vereinigt. Man entfernt zunächst das Rhodium mit Schwefelwasserstoff, oxydiert mit Salpetersäure und fällt die Sesquioxyde wie bekannt. Im Filtrat wird der Kalk mit Ammonoxalat und schließlich Magnesium mit 8-Oxychinolin bestimmt. Al, Fe, Ti sind nicht auf Oxyde umzurechnen, da sie wohl als Carbide vorliegen werden.

VII. Bestimmung von Schwefel. Der Schwefel wird in einem Aufschluß wie unter I. bestimmt. Es ist darauf zu achten, daß nicht Schwefelsäure von außen, etwa durch Flammengase und dgl. in den Aufschluß oder die Lösungen geraten. Fällung als $BaSO_4$.

VIII. Die Bestimmung von Siliciumcarbid in tongebundenen Siliciumcarbidkörpern. Auf einer Stahlplatte wird das Material auf etwa Erbsgröße zerschlagen. 30—50 g werden in eine große Platinschale eingewogen und mit Flußsäure-Schwefelsäure kalt 24 Stunden lang behandelt. Die groben Teile sind dann zerfallen und das Bindemittel in Lösung gegangen. Bei eiligen Bestimmungen genügen 6—8 Stunden, wenn der Aufschluß auf dem Wasserbad vorgenommen wird. Man verdampft die Flußsäure und raucht die Schwefelsäure ab, nimmt mit Salzsäure auf und filtriert ab. Der gutausgewaschene Rückstand wird geglüht und gewogen und ergibt den Gehalt an Siliciumcarbid in dem Material.

5. Schleifscheiben (nach A. Guilleaume, s. oben). Beurteilt wird:

Äußeres Aussehen (Rissefreiheit, Porenraum zwischen den Körnern).

Festigkeit wird bestimmt durch Umlaufenlassen der Scheiben bis zur Sprengung. Für laufende Prüfung genügt eine Umlaufgeschwindigkeit, die 40% über der betrieblichen liegt.

Auswuchtung kann z. B. auf der dynamischen Auswuchtmaschine nach Hofmann kontrolliert werden.

Biegefestigkeit und *Elastizitätsmodul.*

Schleifkörper-„Härte“. Hierfür gibt es verschiedene Relativverfahren:

a) Man drückt einen belasteten Prüfstift unter Drehen in die Scheibe. Eindringtiefe und Zahl der Bewegungen gibt ein Maß.

b) Andrücken einer Stahlrolle gegen die umlaufende Scheibe. Einrolltiefe als Maß.

c) Sandstrahlgebläse.

Widerstand gegen Abschliff. Ermittlung der gesamten durch Stahl abgeschliffenen Menge im Verhältnis zum abgeschliffenen Stahl. Ferner wird das Abgeschliffene auf die Korngrößenverteilung untersucht: je mehr Feines vorhanden ist, um so besser wird die Scheibe ausgenutzt.

Klangprüfung ist hervorragend dazu geeignet, kleine Fehler (Risse) zu entdecken und die laufende Fabrikation zu überwachen. Erregung durch Anschlag, Klang im Frequenzmesser gemessen.

Raumgewicht gibt Anhaltspunkt für Verdichtung der Masse; das *spezifische Gewicht* für den Bindemittelanteil.

E. Normen und Normenvorschläge.

Ausbaumaterial für Hausbrandöfen und Herde:

DIN 1299 Güte- und Prüfvorschriften (Feuerfestigkeit, Raumbeständigkeit, Ausdehnungskoeffizient, Biegefestigkeit).

DIN 1300 Blatt 1 und 2, Ausbaumaterialien.

DIN D.V.M. 2201—2205 Prüfung von Dachschiefer.

DIN D.V.M. 2101—2105 Prüfung natürlicher Gesteine.

DIN E 456 Prüfung von Dachziegeln.

DIN 106 Kalksandsteine (Mauersteine). Begriff, Gestalt, Druckfestigkeit, Wasseraufnahmefähigkeit, Frostbeständigkeit.

DIN 105 Mauerziegel (Backsteine). Begriff, Drückfestigkeit, Gestalt, Wasseraufnahmefähigkeit, Frostbeständigkeit, Erläuterungen.

Prüfverfahren für feuerfeste Baustoffe:

DIN 1061 Allgemeines, Begriffsbestimmung, Probeentnahme, Erläuterungen.

DIN 1062 Chemische Analyse (Angabe der Oxyde, die bestimmt werden sollen).

DIN 1063 Feuerfestigkeitsbestimmung nach Segerkegeln. Mit Erläuterung.

DIN 1064 Erweichen bei hohen Temperaturen unter Belastung. Mit Erläuterungen.

DIN 1065 Spezifisches Gewicht, Raumgewicht, Porosität. Mit Erläuterung.

DIN 1066 Nachschwinden und Nachwachsen.

DIN 1067 Bestimmung der Druckfestigkeit bei Zimmertemperatur.

DIN 1068 Bestimmung des Widerstandes gegen schroffen Temperaturwechsel. A. Normalsteinverfahren, B. Zylinderverfahren.

DIN 1069 Beständigkeit gegen den Angriff fester und flüssiger Stoffe bei hoher Temperatur. A. Tiegelverfahren, B. Aufstreuverfahren. Mit Nomogramm.

Gütenormen für feuerfeste Baustoffe:

DIN 1086 Allgemeines und zulässige Abweichungen.

DIN 1087 Hochofensteine. Mit Erläuterungen (Beiblatt).

DIN 1088 Siemens-Martin-Ofensteine. Mit Erläuterungen (Beiblatt).

DIN 1089 Koksofensteine. Mit Erläuterungen (Beiblatt).

DIN 1090 Wannensteine aus Schamotte.

DIN 1179 Körnungen für Sand, Kies und zerkleinerte Stoffe.

DIN 1399 Glasierte Wandplatten. Steingut. Schamotte.

DIN 1400 Steinzeugplatten Blatt 1 und 2.

DIN 1180 Dränrohre. Mit Erläuterungen (Beiblatt).

A.S.T.M. Standards on refractory materials. Philadelphia 1935 [vgl. J. ACS. **18**, Abstr. 251 (1935)] siehe oben.

Vorschläge zur Normung feuerfester Steine für Koksöfen (W. J. Rees) beziehen sich nur auf Silicasteine hinsichtlich: 1. Maßhaltigkeit, 2. Gefüge und chemische Zusammensetzung (Silica $> 92\%$ SiO_2), 3. Feuerfestigkeit, 4. Ausdehnung. Bis 1450° darf bleibende Ausdehnung nicht $> 0{,}5\%$ sein, 5. Gesamtausdehnung 1400° $< 1{,}5\%$, 6. Druckerweichung (3,5 kg/cm²) entsprechend Güte- und Prüfvorschrift der Institution of Gas Engeneers.

Literatur.

Rohstoffe.

Rationelle Analyse.

Abel, K. u. K. Utescher: Ztschr. f. Pflanzenern. A **42**, 277 (1936).
Hirsch, H. u. W. Dawihl: Ber. Dtsch. Keram. Ges. **13**, 54 (1932).
Keppeler, G.: Ber. Dtsch. Keram. Ges. **10**, 501 (1929). — Sprechsaal **64**, 885 (1931). — Keppeler, G. u. H. Gotthardt: Sprechsaal **64**, 885 (1931).
Löwe, F.: Zeiß-Nachr. **23** (1933).
Meier, F. W.: Sprechsaal **63**, 953 (1930).
Schmelew, L. A.: USSR Scient. techn. Dpt. Supr. Council National Economy No. 263 Tr. Ceram. Res. Inst., S. 1. 1928. Ref. Chem. Zentralblatt **2**, 1424 (1930). — Springer, U.: Ztschr. Pflanzenern. A **12**, 309 (1928).
Walkley, A.: J. agric. Sci. **25**, 598 (1935). Ref. Chem. Zentralblatt **1**, 2186 1936).

Ermittlung der wahren mineralischen Zusammensetzung.

Correns, C. W.: Ztschr. Krystallogr. **94**, 337 (1936).
Keppeler, G.: Ber. Dtsch. Keram. Ges. **19**, 159 (1938).
Lehmann, H. u. W. Neumann: Ber. Dtsch. Keram. Ges. **12**, 327 (1931).
Mehmel, M.: Ber. Dtsch. Keram. Ges. **19**, 295 (1938).
Noll, W.: Ber. Dtsch. Keram. Ges. **19**, 176 (1938).

Chemische Analyse.

Eck, F.: Keram. Rdsch. **39**, 215 (1931).
Klasse, F.: (1) Ber. Dtsch. Keram. Ges. **15**, 560 (1934). — (2) Ber. Dtsch. Keram. Ges. **16**, 631 (1935). — Koch, P.: Ber. Dtsch. Keram. Ges. **16**, 118 (1935).
Ledyard, E. A.: Rock Products **39**, 55 (1936). Ref. Chem. Zentralblatt **2**, 1999 (1936).
Navratiel, H.: Ber. Dtsch. Keram. Ges. **12**, 90 (1931).
Pressler, E. E.: Journ. Amer. Ceram. Soc. **13**, 850 (1930).
Read, E. B.: Journ. Amer. Ceram. Soc. **13**, 941 (1930).
Stuckert, L.: Emailwaren-Ind. **12**, 153 (1935).
Thürmer, A.: Keramos B, **10**, 77 (1931).
Tonindustrie: Keram. Rdsch. **39**, 265 (1931).

Basenaustauschfähigkeit; Sorptionskapazität.

Csiky, J. S.: Soil Sci. **34**, 269 (1932). — Chem. Zentralblatt **1**, 111 (1933).
Vageler, P. u. K. Endell: Ber. Dtsch. Keram. Ges. **13**, 382 (1932).

Bestimmung der Korngröße und Teilchenform.

Amberg, C. R.: Journ. Amer. Cer. Soc. **19**, 207 (1936).
Eitel, W.: Ztschr. VDI **82**, 823 (1938). — Endell, K., U. Hofmann u. D. Wilm: Ber. Dtsch. Keram. Ges. **14**, 407 (1933).
Lorenz, R.: Ber. Dtsch. Keram. Ges. **13**, 356 (1932).
Mayer, F.: Kolloid-Ztschr. **57**, 353 (1931).
Odén, S.: Kolloid-Ztschr. **18**, 33 (1916).
Vinther, H. u. M. L. Lasson: Ber. Dtsch. Keram. Ges. **14**, 259 (1933).
Wagner, A.: Amer. Soc. Test. Mat. Philadelphia, **33**, 553 (1933) und Nov. 1937, S. 79.
Zimmermann, K.: Ber. Dtsch. Keram. Ges. **14**, 28 (1933).

Plastizität, Bindevermögen.

Bowmaker, J. C.: Sprechsaal **64**, 245 (1931).
Cohn, W.: Keram. Rdsch. **39**, 146 (1931).
Endell, K., H. Fendius u. U. Hofmann: Ber. Dtsch. Keram. Ges. **15**, 595 (1934) u. Sprechsaal **68**, 209 (1935). — Endell, K. u. P. Vageler: Ber. Dtsch. Keram. Ges. **13**, 377 (1932).
Gehlhoff, G., H. Kalsing, K. Litzow u. M. Thomas: Glastechn. Ber. **6**, 489 (1928).
Hecht, H.: Tonind.-Ztg. **59**, 130 (1935).

Kiefer, E.: Dtsch. Keram. Ges. **15**, 477 (1934). — Klinefelter, T. A., W. Meyer u. E. J. Vachuska: Journ. Amer. Ceram. Soc. **16**, 269 (1933).
Norton, F. H.: Journ. Amer. Ceram. Soc. **21**, 33 (1938).
Parmelee, C. W. u. R. D. Rudd: Journ. Amer. Ceram. Soc. **12**, 552 (1929).
Rücker, J.: Tonind.-Ztg. **60**, 718 (1936).
Whitemore, J. W.: Journ. Amer. Ceram. Soc. **18**, 352 (1935).

Konsistenz von Schlickern.

Endell, K., H. Fendius u. U. Hofmann: Ber. Dtsch. Keram. Ges. **15**, 609 (1934). — Keram. Rdsch. **42**, 459 (1934).
Hammer, G.: Sprechsaal **67**, 653 (1934).
Keppeler, G. u. H. Schmidt: Sprechsaal **70**, 250 (1937).
Neumann: Ber. Dtsch. Keram. Ges. **16**, 431 (1935).
Rieke, R. u. L. Tscheischwili: Ber. Dtsch. Keram. Ges. **17**, 1 (1936).

Trocknungsverhalten von Tonen oder Massen.

Dawihl, W.: Tonind.-Ztg. **57**, 577 (1933).

Erhitzungsverhalten der Tone.

Morgan, W. R.: Journ. Amer. Ceram. Soc. **13**, 561 (1930).
Steger, W.: Ber. Dtsch. Keram. Ges. **19**, 2 (1938).

Keramische Scherben.

Untersuchung des Scherbenaufbaues.

Bartsch, O.: (1) Ber. Dtsch. Keram. Ges. **12**, 619 (1931; **14**, 471 (1933). — (2) Ber. Dtsch. Keram. Ges. **14**, 519 (1933). — Bankloh, W. u. A. Hoffmann: Ber. Dtsch. Keram. Ges. **15**, 424 (1934). — Butterworth, B.: Trans. Ceram. Soc. **35**, 105 (1936). — Tonind.-Ztg. **60**, 699 (1936).
Clark, G. L. u. H. V. Anderson: Ind. and Engin. Chem. **21**, 781 (1929).
Henrar, I. M. G. u. I. G. de Voogd: Het Gas **53**, 492 (1933).
Immke, H. u. W. Miehr: Sprechsaal **64**, 85 (1931). — Ber. Dtsch. Keram. Ges. **12**, 29 (1931).
Kraft, W. B. u. T. A. Gurwitsch: Ref. Kart. d. Silikatliter. Nr. 2229 (1935).
Martin, E. J., D. W. Faulkner u. A. H. Fessler: Journ. Amer. Ceram. Soc. **14**, 844 (1931). — Möser, A.: Keram. Rdsch. **41**, 543 (1933).
Palmer, L. A. u. D. A. Parson: Amer. Soc. Test. Mat. Repr. **57** (1934). — Pulfrich, M.: Ber. Dtsch. Keram. Ges. **14**, 310 (1933).
Rieke, R. u. W. Schade: Ber. Dtsch. Keram. Ges. **11**, 427 (1930).
Tuschhoff, E., T. Westberg u. J. Wahlberg: Chem. Fabrik **8**, 67 (1935).
Vickers, A. E. J.: Journ. Soc. Glass Technol. **17**, 93 (1933).

Korrosionsprüfungen.

Bartsch, O.: (1) Ber. Dtsch. Keram. Ges. **15**, 281 (1934); **19**, 413 (1938). — (2) Glastechn. Ber. **9**, 353 (1937). — Bowmaker, J. C.: Journ. Soc. Glass Technol. **13**, 130 (1929).
Delog: Sprechsaal **66**, 61 (1933). — Dietzel, A.: Sprechsaal **64**, 828 (1931).
Gehlhoff, G., H. Kalsing, K. Litzow u. M. Thomas: Glastechn. Ber. **6**, 489 (1928/29).
Loomis, G. A.: Glass Ind. **17**, 122 (1936).

Mechanische Prüfungen.

Albrecht, E.: Keram. Rdsch. **38**, 403 (1930).
Bartsch, O.: Ber. Dtsch. Keram. Ges. **17**, 281 (1936); **18**, 465 (1937).
Cäsar, F.: Ber. Dtsch. Keram. Ges. **17**, 370 (1936).
Endell, K.: Ber. Dtsch. Keram. Ges. **13**, 97 (1932). — Endell, K. u. W. Müllensiefen: Ber. Dtsch. Keram. Ges. **14**, 16 (1933).
Geppert, C.: Schleif- und Poliermittelindustrie, S. 192. 1934. — Grimm, G.: Philos. Magazine **20**, 304 (1935).
Krüger, L.: Ber. Dtsch. Keram. Ges. **14**, 1 (1933).
Milligan, L. H.: Journ. Amer. Ceram. Soc. **19**, 187 (1936).
Phelps, St. M. u. V. Cartwright: Journ. Amer. Ceram. Soc. **13**, 845 (1930).

Thermische Prüfungen.

Büssem, W.: Ber. Dtsch. Keram. Ges. **16**, 381 (1935).
Ebert, H. u. C. Tingwaldt: Physikal. Ztschr. **37**, 471 (1936).
Köhler, E. u. A. Sacharow: Trans. Ind. Res. Inst. USSR **46**, 69 (1935). Ref. Sprechsaal **70**, 225 (1937).
Lux, E.: Ber. Dtsch. Keram. Ges. **13**, 549 (1932).
Nichols, P.: Bull. Amer. Ceram. Soc. **15**, 37 (1936).
Phelps, St. M., S. M. Swain u. R. F. Ferguson: Journ. Amer. Ceram. Soc. **14**, 389 (1931). — Pyk, S. u. B. Stålhane: Teknisk Tidskr. **62**, 285 (1932).
Reich, H.: Ber. Dtsch. Keram. Ges. **13**, 157 (1932).
Salmang, H., H. Frank u. F. Holler: Sprechsaal **68**, 225 (1935); **69**, 733 (1936). — Steger, W.: (1) Sprechsaal **64**, 351 (1931). — (2) Ber. Dtsch. Keram. Ges. **16**, 596 (1935).

Optische Untersuchungen.

Mayer, W. M.: Journ. Amer. Ceram. Soc. **13**, 98 (1930).
Pulfrich, M.: Ber. Dtsch. Keram. Ges. **14**, 302 (1933).
Rösch, S.: Ref. Glastechn. Ber. **9**, 243 (1931).
Rieke, R. u. A. Ungewiß: Ber. Dtsch. Keram. Ges. **17**, 237 (1936). — Rieke, R. u. L. Mauve: Ber. Dtsch. Keram. Ges. **17**, 557 (1936).

Elektrische Prüfungen.

Kratzert, J. u. F. Kaempfe: Ber. Dtsch. Keram. Ges. **16**, 296 (1935).
Vieweg, R.: Elektrotechnische Isolierstoffe. Berlin: Julius Springer 1937.
Werner, K.: Sprechsaal **63**, 537 (1930).

Glasuren.

Chemische Prüfungen.

Eisenlohr, E. u. H. Diehl: Sprechsaal **65**, 42 (1932).
Endell, K.: Ber. Dtsch. Keram. Ges. **12**, 548 (1931).
Gronover, A. u. E. Wohnlich: Ztschr. f. Unters. Lebensmittel **63**, 623 (1932).
Harkort, H.: Sprechsaal **67** 621 (1934).
Schurecht H. G.: Journ. Amer. Ceram. Soc. **11** 271 (1928).
Weyl, W. u. H. Rudow: Ber. Dtsch. Keram. Ges. **16**, 281 (1935). — Winkler, L. W.: Ztschr. anal. Ch. **54**, 273 (1915).

Mechanische Prüfung.

Kieffer, E. u. E. Wettig: Ber. Dtsch. Keram. Ges. **17** 387 (1936).
Longchambon, M. L.: La Céramique, S. 123. 1935.
Schramm, E.: Journ. Amer. Ceram. Soc. **12**, 356 (1929).

Prüfung auf Temperaturwechsel.

Barta, R.: Keram. Rdsch. **43**, 311 (1935).

Messung der Spannung zwischen Glasur und Scherben.

Litzow, K.: Sprechsaal **69**, 297 (1936).
Steger, W.: (1) Ber. Dtsch. Keram. Ges. **9**, 203 (1928) und **11**, 124 (1930). Gute Zusammenstellung: Keram. Rdsch. **45**, 467 (1937). (2) Ber. Dtsch. Keram. Ges. **16**, 287 (1935).

Beurteilung des Aufschmelzverhaltens.

Steger, W.: Ber. Dtsch. Keram. Ges. **17**, 177 (1936).

Prüfverfahren für bestimmte keramische Erzeugnisse.

Mauersteine und Dachziegel.

Allen, R.: Bull. Amer. Ceram. Soc. **18**, 262 (1935).
Dawihl, W.: Tonind.-Ztg. **57**, 577 (1933).

Feuerfeste Baustoffe.

Hartmann, F.: Glückauf **69**, 553 (1933).
Konopicky, K. u. H. Kassel: Ber. Dtsch. Keram. Ges. **17**, 465 (1936).
Pulfrich, M.: Ber. Dtsch. Keram. Ges. **18**, 177 (1937).

Druckfehlerberichtigungen.

S. 165, Z. 8 v. u.: statt „Aspirationspsychrometer" setze „Aspirationspsychometer".

S. 329, Z. 21 v. o.: statt „Kupferron" setze „Cupferron".

S. 549, Z. 13 v. o.: statt „bis 45—50°" setze „bei 45—50°".

S. 563, Z. 2 v. o.: statt „hineinspannen" setze „hineinpassen".

S. 566, Z. 12 v. u.: statt „versetzt" lies „zersetzt".

S. 575, Z. 26 v. u.: statt „= 1738% Cr" setze „= 0,1738% Cr".

S. 668, Z. 1 v. o.: statt „Sulfatschwefels" setze „Gesamtschwefels".

S. 668, Z. 18 v. o.: statt „Aulies" setze „Aulich".

S. 685, 1. Formel: statt „$g\,Cr \cdot 1{,}461 \cdot 2{,}5 = e\,g\,Cr_2O_3$" setze „$g\,Cr \cdot 1{,}461 \cdot 2{,}5 = c\,g\,Cr_2O_3$".

S. 701, Z. 9 v. o.: statt „Joung" setze „Young".

S. 723, Z. 18 v. u.: statt „Silber-" setze „Eisen-".

S. 768, Z. 8 v. u.: statt „uncolorimetrisch" setze „Mn colorimetrisch".

Porzellan.

Gareis, F.: Ber. Dtsch. Keram. Ges. **12**, 609 (1931).
Kramer, H. M. u. R. A. Snyder: Journ. Amer. Ceram. Soc. **14**, 617 (1931).
Rieke, R. u. L. Mauve: Ber. Dtsch. Keram. Ges. **7**, 248 (1926).

Schleifmittel.

Guilleaume, A.: Die Schleif- und Poliertechnik, **1938**, Nr 4 u. 5.
Kall, G. A.: Sprechsaal **71**, 381 (1938).

Normen und Normenvorschläge.

Rees, W. J.: Refractories Journ. **1915**, 55.

Glas.

Von

Dr.-Ing. habil. **A. Dietzel,**

Abteilungsleiter am Kaiser Wilhelm-Institut für Silikatforschung,
Dozent für Glas- und Emailtechnik an der Technischen Hochschule Berlin.

A. Die Untersuchung der Rohstoffe (III, 442).

1. Sand. Die Ergebnisse bei der Bestimmung der Begleitstoffe in einem Sand fielen häufig verschieden aus, wenn die Analysen in verschiedenen Laboratorien oder nach verschiedenen Verfahren durchgeführt wurden. Bei der Neubearbeitung des Fachausschußberichtes Nr. 7 der Deutschen Glastechnischen Gesellschaft wurden deshalb die Verfahren besonders ausführlich behandelt und auf die Fehlerquellen aufmerksam gemacht. Auf diesen und den neuen Bericht Nr. 43 „Richtlinien zur Untersuchung und Kennzeichnung von Glasschmelzsanden" (Mai 1938) und den darin geschilderten Untersuchungsverfahren, die nicht nur für Sand, sondern mehr oder weniger für alle Silicate grundlegend sind, sei besonders verwiesen.

An Stelle des Aufschlusses eines Sandes mit HF und H_2SO_4 empfehlen A. C. Shead und G. F. Smith, mit 5 g kristallisiertem Ammonfluorid einen bedeckten Pt-Tiegel unter Erhitzen aufzuschließen. Das Schmelzen und Vertreiben des überschüssigen Fluorids dauert etwa 10 Minuten. Zweckmäßig wiederholt man den Aufschluß. Zu dem Rückstand gibt man 1 Tropfen konzentrierte Schwefelsäure und glüht bis zur hellen Rotglut.

Nach A. Fioletowa kommen in Sanden Gehalte an MnO, V_2O_5, Cr_2O_3 und ZrO_2 in der Größenordnung von einigen Hundertstel Prozent vor. Bei Spezialuntersuchungen ist gegebenenfalls auch darauf zu achten.

Mit Erfolg wurden nicht nur für Glasuntersuchung, sondern auch im besonderen für Sand in letzter Zeit die spektralanalytischen Methoden angewandt, hauptsächlich zur Bestimmung von Eisenoxyd (vgl. später).

Die Anforderungen an die Qualität eines Sandes sind auch in England ähnlich wie in Deutschland (W. E. S. Turner, F. W. Adams, A. Cousen, V. Dimbleby): Fe_2O_3-Gehalt von 0,05% ist zu hoch für farbloses Glas; Korngröße soll im wesentlichen zwischen 0,50 und 0,14 mm liegen.

In dem Fachausschußbericht Nr. 43 wird darauf hingewiesen, daß auch das schmelztechnische Verhalten eines Sandes festgestellt werden muß, wozu aber noch Laboratoriumsmethoden fehlen.

2. Soda (III, 454). Mit den Untersuchungsverfahren und den Eigenschaften handelsüblicher Sodasorten für Glasschmelzzwecke befaßt sich der Fachausschußbericht Nr. 42 der Deutschen Glastechnischen Gesellschaft.

a) Chemische Untersuchung auf Na_2CO_3 (titrieren), Na_2SO_4, NaCl; Fe_2O_3 (colorimetrisch); Unlösliches; Feuchtigkeit.

b) Schüttgewicht. In ein Gefäß von 10 × 10 × 10 cm aus 1 mm Weißblech wird die Soda in kleinen Mengen gegeben unter fortwährendem Aufstoßen des Gefäßes auf einer harten Unterlage. Die letzte Einlage muß beim Rütteln überlaufen, der Rest wird mit einem Lineal durch Überstreichen über den Rand entfernt. Das Gewicht dieses 1 l Soda ist das „Schüttgewicht eingerüttelt".

c) Korngrößenverteilung. Besonders wichtig ist die Bestimmung des Gehaltes an „Feinem" (< 0,1 mm), weil diese Anteile verstauben und dadurch mancherlei Störungen hervorrufen. Der Staubanteil soll also möglichst klein sein (im allgemeinen ist er bei „schwerer Soda" im Mittel 10%). Die Hauptmenge der Soda soll eine Korngröße zwischen 0,2 und 0,5 mm haben.

3. Pottasche (III, 453). Nähere Angaben über Zusammensetzung und schmelztechnisches Verhalten macht J. Löffler.

4. Kalkstein und Dolomit (III, 457). In wesentlicher Übereinstimmung mit dem Fachausschußbericht der Deutschen Glastechnischen Gesellschaft Nr. 32 „Deutsche Kalksteine und Dolomite für die Glasherstellung" geben die Glastechnologen in England den Höchstgehalt an Fe_2O_3 für Kalkspat mit 0,04% zur Herstellung farblosen Glases an; die Mahlfeinheit soll mit der Korngröße des Sandes übereinstimmen: 90% sollen ein Sieb mit 0,5 mm Maschenweite passieren, aber auf dem 0,15 mm Sieb zurückbleiben (Turner, Adams, Cousen, Dimbleby, Literatur siehe bei „Sand").

Für die Analyse von dolomitischem Kalkstein geben A. C. Shead und P. J. Heinrichs folgendes Verfahren an: 0,5 g der Probe werden bei 900—1000° geglüht, dann in einem Erlenmeyerkolben unter CO_2-Ausschluß mit 25 cm³ H_2O gekocht. Nach dem Abkühlen werden 100 cm³ einer 30%igen CO_2-freien Rohrzuckerlösung zugegeben und gut geschüttelt, so daß sich aller Kalk zu löslichem Saccharat umsetzt. Unter CO_2-Abschluß und besonderen Vorsichtsmaßregeln wird abgesaugt und mit verdünnter Zuckerlösung ausgewaschen. Der Rückstand wird mit 0,2 n-HCl und Erwärmen in Lösung gebracht und die unverbrauchte Säure mit NaOH zurücktitriert. Der Kalk kann nicht in gleicher Weise titriert werden. Er wird aus der Differenz zu dem Gesamtverbrauch an Säure für $CaCO_3 + MgCO_3$ an einer besonderen Probe Dolomit errechnet.

5. Mennige (III, 459). E. Schürmann und K. Charisius bestimmen den Gehalt an PbO_2, indem sie die Mennige mit einer wäßrigen

Lösung von Chromchlorid oder Chromacetat zu $PbCrO_4$ umsetzen und dieses wägen oder titrieren.

Nach H. Blumenthal (1) wird $SbCl_3$ mit Mennige zu $SbCl_5$ umgesetzt und das nicht verbrauchte $SbCl_3$ mit $KBrO_3$ zurücktitriert. H. Blumenthal (2) bestimmt Kupfer in Mennige, indem er 100 g Substanz mit $KNO_2 + HNO_3$ (verdünnt) in Lösung bringt, kocht, mit Na_2CO_3 neutralisiert, mit H_2S-Wasser fällt; der Sulfidniederschlag, der alles Cu mit etwas Pb, Bi und Ag enthält, wird aufgelöst, das Blei als Sulfat entfernt und im Filtrat das Kupfer colorimetrisch ermittelt.

6. Braunstein (III, 466). Neuere Untersuchungen von V. Dimbleby (Literatur s. bei ,,Sand") beziehen sich auf den Eisenoxydgehalt des für die Glasentfärbung zu verwendenden Braunsteins. Er soll möglichst unter 0,75% liegen; der Gehalt an MnO_2 soll 85—90% betragen. Zur Färbung mit Braunstein kann, besonders bei braunen Gläsern, der Eisengehalt naturgemäß höher liegen.

Es hat sich in der Praxis gezeigt, daß für die Herstellung brauner Gläser die Wirkung eines Braunsteins keineswegs dem Gehalt an MnO_2 entspricht; von einem minderwertigeren Braunstein braucht man zur Erzielung derselben Wirkung mehr als man nach dem Gehalt an MnO_2 erwarten könnte. Ein hochwertiger Braunstein ist also sparsamer. Nach den englischen Untersuchungen ist die Korngröße besonders wichtig. Im allgemeinen wird der feine (mehlfeine) Braunstein bevorzugt, da bei zu groben Teilchen leicht schwarze Punkte im Glas entstehen, gelegentlich schon bei einer Korngröße von 0,5 mm.

7. Fluorverbindungen (III, 462). Vorläufige Vorschläge für Gütemerkmale seitens des Fachausschusses I der Deutschen Glastechnischen Gesellschaft [Glastechn. Ber. 15, 323 (1937)]:

a) HF. Die Flußsäure soll nach ihrem wirklichen Gehalt an HF gehandelt werden und nicht, wie üblich, nach Gesamtacidität, ausgedrückt als HF. Die ,,Nicht"-Flußsäure der technischen Flußsäure — Schwefelsäure und Kieselfluorwasserstoffsäure — soll 4% der Gesamtacidität nicht überschreiten.

b) Saures Fluorammonium und Fluorkalium. Für diese Salze ist ein Mindestgehalt an $NH_4F \cdot HF$ bzw. $KF \cdot HF$ zu gewährleisten, z. B. 97%.

c) Kieselfluornatrium. Das Salz soll rein weiß sein und frei von färbenden Schwermetallen, wie z. B. Fe, Cu. Die Trübkraft ist durch Schmelzversuch zu ermitteln.

d) Kryolith. Hier gilt dasselbe wie für Kieselfluornatrium. Die Löslichkeit in Wasser soll außerdem nicht größer sein als 0,07 g/100 cm^3.

Eine einfache Bestimmung des wahren Gehaltes einer Flußsäure an HF neben H_2SiF_6 und H_2SO_4 gibt W. Geffcken an. Die Säure wird unter Zusatz von Alkohol einmal mit K_2SiO_3-Lösung, ein anderes Mal mit KOH titriert. H_2SiF_6 und H_2SO_4 verbrauchen in beiden Fällen gleiche Äquivalentmengen; HF dagegen verbraucht 1 KOH bzw. $^1/_3$ Äquiv. K_2SiO_3. Die Differenz beider Titrationen, mit 1,5 multipliziert, ergibt die Menge an HF.

B. Die Bestimmung der chemischen Zusammensetzung des fertigen Glases (III, 470, 512).

1. Mikrochemischer Nachweis. Die qualitative Analyse eines Glases läßt sich durch Anwendung der mikrochemischen Arbeitsmethoden und mit Hilfe der Spektralanalyse wesentlich erleichtern. Es sei hier auf die entsprechenden Handbücher verwiesen, ferner auf einige speziell glastechnische Untersuchungen aus den letzten Jahren, auf die im folgenden kurz eingegangen sei.

a) Kupfer, Blei und Zink siehe III, 513.

b) Fluor [W. Geilmann (1)]. Das Glaspulver oder dessen NaOH-Aufschluß (im Nickeltiegel) wird, gemischt mit gereinigtem Quarzmehl, in einem kleinen Porzellantiegel mit H_2SO_4 langsam erhitzt. Der Tiegel ist mit einer Glasplatte abgedeckt, an deren Unterseite ein Wassertropfen hängt. In diesem Wassertropfen wird entweder die gebildete SiO_2 (mit Ammonmolybdat und Benzidin nach Feigl) oder H_2SiF_6 (mit festem NaCl) als Na_2SiF_6 nachgewiesen. Das $BaSiF_6$ eignet sich trotz seiner geringen Löslichkeit wegen der gleichzeitigen Bildung von $BaSO_4$, die gelegentlich eintritt, nicht so gut.

Ein halbquantitatives Verfahren ist folgendes [Geilmann (2)]: 20—50 mg feingepulvertes Glas werden mit der 3—5fachen Menge entwässerter Borsäure verrieben und in ein Glührohr mit Kugel von 10—15 mm Durchmesser überführt. In das Rohr wird ein Streifen mit n-HCl befeuchteten Zirkonalizarinpapiers hineingeschoben, und die Probe vorsichtig erhitzt, zuletzt 3—5 Minuten vor dem Gebläse. Die Stärke und Länge der im Papier entstehenden Gelbfärbung ist etwa proportional dem Fluorgehalt. F-Gehalte von 0,05% können noch erkannt werden.

c) Kobalt und Nickel. Zum Nachweis der kleinen für die Entfärbung gebräuchlichen Co- und Ni-Mengen schließt man nach W. Geilmann und O. Meyer-Hoissen (1) 1 g Glas wie üblich mit HF auf, laugt den Rückstand heiß mit Wasser und dann mit ammoniakalischem Ammonsulfat aus, engt den Extrakt auf 2—3 cm³ ein und elektrolysiert zwischen Pt-Elektroden mit 6—7 Volt und 0,2—0,3 Ampere etwa 1 Stunde. Zum Nachweis des Co genügt oft schon die Boraxperle. Man löst den Niederschlag in HNO_3, fällt eventuell Cu und Zn mit H_2S und weist Co mit Mercurirhodanid (wie oben Zn) und Ni mit Diacetyldioxim nach.

Solche kleine Nickelmengen lassen sich auch colorimetrisch quantitativ bestimmen. Die neutrale 10—100 γ Ni enthaltende Lösung wird in einem 100-cm³-Kolben mit 1 cm³ Bromwasser und 20 Tropfen gesättigter alkoholischer Diacetyldioximlösung versetzt. Nach dem Verdünnen auf 90 cm³ werden 10 Tropfen starker NaOH zugegeben und auf 100 cm aufgefüllt. Die Rotfärbung vergleicht man mit derjenigen einer bekannten Ni-Lösung im Colorimeter.

d) Gold [W. Geilmann und O. Meyer-Hoissen (2)]. 1 g Glas werden mit 5 g eines Gemisches von Bleiacetat, Kalium-Natriumcarbonat und Boraxglas (1:1:1) in einem spitzen Porzellantiegel aufgeschlossen. Das oder die Bleikörner werden nach dem Abkühlen des

Tiegels von der Schlacke getrennt und auf einem Tonschälchen abgetrieben. Das zurückbleibende Goldkörnchen wird unter dem Mikroskop ausgemessen, gegebenenfalls nach Umschmelzen in einer Boraxperle. Oder aber man löst das goldhaltige Bleikorn mit Königswasser, dampft die HNO_3 vollständig mit HCl ab. Nach dem Eindampfen wird mit H_2O aufgenommen und mit o-Tolidin versetzt. Die entstehende Gelbfärbung wird colorimetriert. Die Bestimmung ist auf einige γ Au genau.

e) Arsen [W. Geilmann und O. Meyer-Hoissen (3)]. 0,2—1 g Glas wird mit NaOH + etwas Na_2O_2 aufgeschlossen, dann das Arsen durch nascierenden Wasserstoff in AsH_3 übergeführt und dieser über ein $HgCl_2$-Papier in einem Röhrchen geleitet. Aus der Tiefe der Gelbfärbung kann man an Hand von Vergleichspapieren den Gehalt an As auf 5—10% genau schätzen. Man kann auch den AsH_3 in $HgCl_2$-Lösung einleiten und die Komplexverbindung durch Kochen in $HgCl_2$ und As_2O_3 zersetzen. Nach Abfiltrieren des Chlorürs läßt sich As_2O_3 jodometrisch bestimmen. Sie muß vorher ausgefällt und abfiltriert werden.

2. Spektralanalytische Untersuchungen. Auch für die Spektralanalyse liegen Veröffentlichungen vor, die besonders auf glastechnische Untersuchungen zugeschnitten sind, vor allem die Aufsatzreihe: ,,Die Spektralanalyse und ihre Anwendung zu Glas- und Rohstoffuntersuchungen. A. Grundlagen und Verfahren" (W. Gerlach); ,,B. Einige Beispiele für die Anwendung der Spektralanalyse in der Glastechnik" (A. Dietzel); ,,C. Verwendung des Flammenbogens für Glasanalysen" (W. Rollwagen und E. Schilz). Ferner ,,Die Durchführung halbquantitativer chemischer Spektralanalysen im Flammenbogen und Abreißbogen" (W. Rollwagen).

3. Quantitative Makroanalyse. Wenn man über die Art und ungefähre Menge der anwesenden Elemente in einem Glas Bescheid weiß, kann die quantitative Bestimmung beginnen. Im wesentlichen benötigt man folgende Aufschlüsse:

a) Aufschluß mit Soda (oder Soda-Pottasche, NaOH, Soda-Salpeter) zur Bestimmung von

- α) SiO_2, As_2O_5, Sb_2O_5, PbO, Al_2O_3, Fe_2O_3, TiO_2, ZrO_2, CaO, BaO, MgO, ZnO usw.
- β) SO_3 im Filtrat der SiO_2.
- γ) Fluor. Fällung am besten mit $LaAc_3$ (R. J. Meyer und W. Schulz). Abtrennung wie bei der Fällung mit $CaCl_2$ (s. a. unter ,,Email").
- δ) B_2O_3.

b) Aufschluß mit HF oder NH_4HF. Abrauchen mit

- α) H_2SO_4. Bestimmung von Al_2O_3, Fe_2O_3, TiO_2, ZrO_2, CaO, MgO, ZnO.
- β) HNO_3. Bestimmung von PbO, BaO, As_2O_5, Sb_2O_5, P_2O_5.
- γ) $HClO_4$. Bestimmung von SO_3; Cl' (nach Zusatz von Ag_2SO_4). Wurde auch für die SiO_2-Bestimmung empfohlen.

c) Aufschluß mit $CaCO_3$ + NH_4Cl (L. Smith). Bestimmung von Na, K.

d) Aufschluß eines dünnen Glasfilmes im Autoklaven mit Wasser (A. R. Wood).

Element	Wird gefällt mit	Bestimmt als bzw. mit
Al	*NH_3 (+ Ammonsalze)* *Oxychinolin*	*Al_2O_3* Oxychinolat mit $KBr + KBrO_3$ titr. (s. unter „Keramik").
As	*H_2S* *$HgCl_2$*	As_2O_3 colorimetrisch oder jodometrisch [Geilmann (1)]
B	*CH_3OH destilliert*	*NaOH titriert* [Malaprade und Schnoutka (1)]; (A. Cornille) *elektrometrisch* (L. V. Wilcox)
	Trennung von Al durch dessen Fällung mit SO_2	titriert mit NaOH [Malaprade und Schnoutka (2)]
	Nach dem Aufschluß neutralisieren; überschichten mit Alkoholäther; titrieren des B_2O_3 im Alkohol-Ätheranteil (F. W. Glaze und A. N. Finn)	
Ba	*H_2SO_4*	*$BaSO_4$* (A. Cornille)
Be	Oxychinolin Tannin Chinalizarin	entsprechenden Fällungen (L. Fresenius und M. Frommes)
		Spektralanalytisch (L. Fresenius und M. Frommes)
	NaOH-Aufschluß	Trennung von Fe und Mg (G. Rienäcker)
CO_2	$Ba(OH)_2$	titrieren (Mikroanordnung) (E. Dittler und H. Hueber)
Ca	*$NH_3 + NH_4Ox$*	*CaO oder mit $KMnO_4$ Oxalat titriert*
Cd	H_2S	kolloides CdS; Vergleich unter der U.V.-Lampe mit Standardpräparaten
Ce	NH_3; dazu Oxalsäure	Ce_2O_3 [Glass Ind. **15**, 212 (1934). Ref. Glastechn. Ber. **13**, 405 (1935)]
Co	$(NH_4)_2S$	$CoSO_4$ (A. Cornille)
Cr	reduziert; NH_3	Cr_2O_3 (A. Cornille)
Cu	KJ	jodometrisch [W. Geilmann u. O. Meyer-Hoissen (2)]
F	*$LaAc_3$* $CaCl_2$ Al — Salze + NaCl	*LaF_3* (Meyer und Schulz) CaF_2 (P. Monguard) Na_3AlF_6; titriert mit n-NaOH. Phosphate, Borate stören (A. Kurtenacker und W. Jurenka)
	$Ce(NO_3)_3$	Ce—F-Komplex; titriert mit n-NaOH (A. Kurtenacker und W. Jurenka)
	$H_3BO_3 + KCl$	(G. Batchelder und V. W. Meloche) BF_3; titriert mit n-Säure (A. Kurtenacker und W. Jurenka)
	SiO_2; neutrale Lösung	KF bzw. K_2SiF_6; titriert mit HCl bzw. KOH (W. Siegel)
Fe	NH_3 *NH_3*	Fe_2O_3 *titrieren mit $KMnO_4$, $Ce(NO_3)_4$, $TiCl_3$* (A. Dietzel; N. E. Densem)
	spektrographisch (P. Gilard, L. Dubrul und F. Jamar)	KCNS colorimetrisch (L. Springer; ferner s. „Sand")
	5,7-Dibrom-8-Oxychinolin	Chinolat (R. Berg und H. Küstenmacher)
H_2O	α-Naphthyloxychlorphosphin	HCl in Lauge aufgefangen und titriert (E. Dittler und H. Hueber)

Element	Wird gefällt mit	Bestimmt als bzw. mit
K	*$HClO_4$* *H_2PtCl_6* Li_2PtCl_6 Pikrinsäure K-Sulfat versetzt mit $NH_4 \cdot HCl_2$ $CoSO_4$, $NaNO_2$, Essigsäure	*$KClO_4$* *K_2PtCl_6; Pt* K_2PtCl_6 (G. F. Smith und A. C. Shead) K-Pikrat; colorimetrisch KCl (Vorbereitung für Perchloratmethode) (W. Mylius) $Na_3Co(NO_2)_6$ (P. N. Grigorjeff)
La	Oxalsäure	Titrierung der überschüssigen Oxalsäure oder im Niederschlag (I. M. Kolthoff und R. Elmquist)
Mg	*$Na_2HPO_4 + NH_3$* *$(NH_4)_2HPO_4 + NH_3$* *Oxychinolin*	*$Mg_2P_2O_7$* (I. I. Hoffmann und G. E. F. Lundell) *Oxychinolat mit $KBrO_3 + KBr$ titrieren* (J. C. Redmond und H. A. Bright) (H. Eckstein)
Mn	$(NH_4)_2S$	$MnSO_4$ (A. Cornille)
Na	*HCl eindampfen* *H_2SO_4 abrauchen* Zink-Uranylacetat	*NaCl* (Differenz zwischen Summe der Chloride und KCl) *Na_2SO_4* (im Filtrat von $KClO_4$) Na-Zn-U-acetat; titrieren mit NaOH (J. F. Dobbins und R. M. Byrd) Na-Zn-U-acetat; reduziert mit Zn-Amalgam; titriert mit $KMnO_4$ (N. H. Furman, E. R. Caley und J. C. Schoonover)
Pb	*H_2S* H_2SO_4 $KClO_3$	*$PbSO_4$* (A. Cornille) $PbSO_4$ (A. Cornille) PbO_2; jodometrisch titriert (A. Travers)
SO_3	*$BaCl_2$*	*$BaSO_4$*
Si	*HCl* Umsetzung mit KF abrauchen mit HF HCl; neben F′: Zusatz von $B(OH)_3$	*SiO_2. Gewichtsverlust beim Abrauchen mit HF* titrieren des K_2SiF_6 Gewichtsdifferenz (N. A. Tananaeff und F. J. Pertschik; G. T. Gafajan und W. M. Tarajan; vgl. aber J. Enss) SiO_2 (T. Millner und F. Kunos)
Sn	H_2S	SnO_2 (A. Cornille)
Ti	*NH_3* KJO_3	*TiO_2. $KHSO_4$-Aufschluß + H_2O_2 colorimetrisch* TiO_2 (H. T. Beans und D. R. Mossman)
U	NH_3	U_3O_8 (A. Cornille)
Zr	SeO_2	ZrO_2 (Trennung von Th, Ce, Ti, V, Fe, U) (St. G. Simpson und W. C. Schumb)

Für die Durchführung von vollständigen Gesamtanalysen muß auf die Spezialliteratur verwiesen werden. Im Vorstehenden sind für die wichtigsten, in Gläsern und Emails vorkommenden Elemente die

Fällungs- und Bestimmungsarten unter Angabe nur des neueren Schrifttums aufgezählt. Die *guten, erprobten Verfahren* sind dabei gegenüber solchen, die nur in Spezialfällen zweckmäßig sind oder nicht genügend sicher erscheinen, durch den Druck hervorgehoben.

C. Untersuchungen von Eigenschaften des fertigen Glases.

1. Chemische Haltbarkeit (III, 474). Die wichtigsten Veröffentlichungen über Prüfmethoden zur Bestimmung der chemischen Widerstandsfähigkeit von Glas sind die folgenden:

a) Wasserauslaugbarkeit. Das genormte Verfahren zur Bestimmung der Wasserauslaugbarkeit nach DIN DENOG 62 (Sept. 1935) stimmt mit dem in den Glastechn. Ber. 6, 642 (1928/29) angegebenen Grießschnellverfahren überein. Die Vorschriften lauten:

„Die Vorprüfung dient zur Feststellung, ob ein Apparateglas einer der nachstehenden Klassen genügt. Auf einer empfindlichen Handwaage werden 2 g Glasgrieß (Korngröße 0,5—0,3 mm entsprechend Prüfsiebgewebe 0,5 und 0,3 DIN 1171) abgewogen, in einem Meßkolben 50 E DENOG 48 hydrolytische Klasse 1, der vorher mehrmals mit heißem Wasser behandelt worden ist, so oft mit destilliertem Wasser (Merck, Prüfung der chemischen Reagenzien auf Reinheit) abgeschlämmt, bis die abgegossene Flüssigkeit klar erscheint. Der Meßkolben wird bis annähernd an den Halsansatz mit destilliertem Wasser gefüllt, nach Zusatz von 2 Tropfen Methylrot (0,1 g Methylrot auf 100 cm^3 Alkohol von 95 Gew.-%; Merck, Prüfung der chemischen Reagenzien auf Reinheit) als Indicator und soviel $^1/_{100}$ n-HCl, wie der höchsten Alkaliabgabe der verlangten Klasse entspricht, wird der Kolben in siedendes Wasser gehängt. Nach 1 Stunde wird der Kolben herausgenommen und durchgeschüttelt; der Inhalt muß noch deutlich rot gefärbt sein. Die Einwirkung einer so verdünnten Salzsäure ist bei Apparategla spraktisch gleich der von Wasser, so daß das vorherige Zufügen der Säure unbedenklich ist.

Hauptprüfung. Zur genauen Ermittlung der Alk aliabgabe wird zunächst wie oben verfahren, dann wird der Meßkolben bis annähernd zur Eichmarke mit destilliertem Wasser gefüllt und 1 Stunde so in siedendes Wasser gehängt, daß die Eichmarke mit eintaucht; nach dem Abkühlen in kaltem Wasser wird destilliertes Wasser bis zur Marke aufgefüllt und durchgemischt. Sodann werden 25 cm^3 mit einer Vollpipette 25 DENOG 53 herauspipettiert, die in einem weithalsigen Erlenmeyerkolben 100 DENOG 12 hydrolytische Klasse 1 mit 2 Tropfen Methylrot als Indicator versetzt und mit $^1/_{100}$ n-HCl in einer Bürette 10 mit Hahn DENOG 55 titriert werden. Als Vergleichslösung für den Umschlagspunkt dient eine mit ebenfalls 2 Tropfen Methylrot angefärbte Menge Wasser in einem Erlenmeyerkolben. Die Zahl der verbrauchten Kubikzentimeter $^1/_{100}$ n-HCl mit zwei multipliziert, ergibt den Säureverbrauch des untersuchten Glases.“

Klasseneinteilung.

Hydrolytische Klasse	Bezeichnung (nach Mylius[1])	Alkaliabgabe mg Na_2O für 2 g	Säureverbrauch[2] ccm $^1/_{100}$ n-HCl Glasgrieß
1	Wasserbeständiges Glas	bis 0,06	bis 0,2
2	Resistentes Glas	über 0,06 bis 0,12	über 0,2 bis 0,4
3	Hartes Apparateglas	über 0,12 bis 0,53	über 0,4 bis 1,7
4	Weiches Apparateglas	über 0,53 bis 1,24	über 1,7 bis 4,0

b) Medizinflaschen (III, 488). Zur Nachtragsverordnung zum Deutschen Arzneibuch, 6. Ausgabe, betreffend Die Prüfung der Gläser für Arzneimittel usw. (L. Kroeber). Die neuen Prüfungsbestimmungen sind:

α) *Arzneigläser.* Die mit destilliertem Wasser gut gereinigten Arzneigläser werden mit einer wäßrigen Lösung von Narkotinhydrochlorid (1 + 999) gefüllt, und zwar Gläser mit einem Inhalt bis 100 cm^3 bis zur Krümmung des Halsansatzes, größere Gläser bis etwa zur Hälfte. Die Narkotinhydrochloridlösung ist in einem vorher mit destilliertem Wasser ausgekochten Kolben aus Jenaer Glas auf kaltem Wege frisch herzustellen und nötigenfalls nach 24stündigem Stehen zu filtrieren. Nach Verlauf 1 Stunde darf sich in den Arzneigläsern höchstens eine kaum wahrnehmbare kristallinische Abscheidung, jedoch kein wolkiger Niederschlag oder eine flockenartige Abscheidung von freier Narkotinbase zeigen.

β) *Ampullengläser*, für Lösungen von Alkaloidsalzen. Die zur Prüfung bestimmten Ampullen werden grob gepulvert und durch Absieben mittels Siebes Nr. 5 von den feineren Anteilen befreit. 5 g des groben Pulvers werden in einen Kolben aus Jenaer Glas gegeben, der vorher mit destilliertem Wasser ausgekocht worden ist. Durch wiederholtes Abschlämmen mit destilliertem Wasser oder mit Weingeist wird sodann das Pulver von den noch anhaftenden letzten Resten Glasstaub befreit. Das so vorbereitete Glaspulver wird darauf mit 100 cm^3 Wasser, 0,4 cm^3 0,01 n-Salzsäure und 1—2 Tropfen Methylrotlösung $^1/_2$ Stunde lang im siedenden Wasserbad erhitzt. Nach dieser Zeit darf die rote Farbe der Flüssigkeit nicht vollständig verschwunden sein.

c) Tafelglas (III, 484). Die Prüfung der Auslaugbarkeit von Tafelglas nach Keppeler wurde von H. Jebsen-Marwedel und A. Becker in Zusammenarbeit mit G. Kilian, K. Lossen und A. Thürmer etwas abgewandelt und präzisiert. Zur Charakterisierung eines Glases, insbesondere zur Ausschaltung einer nicht sehr tief gehenden Oberflächenvergütung durch Kühlgase müssen wenigstens drei Auslaugungen durchgeführt werden.

[1] Für die Bezeichnung sind vorläufig die von Mylius stammenden Ausdrücke beibehalten worden.

[2] 1 cm^3 $^1/_{100}$ n-HCl entspricht 0,31 mg Na_2O.

d) Säurefestigkeit. Nach dem Fachausschußbericht Nr. 40 der Deutschen Glastechnischen Gesellschaft bestimmt man die Säurefestigkeit eines Glases entweder nach Weber-Sauer an Platten von 10—50 cm² Oberfläche oder nach Weberbauer an Glasgrieß von 0,3—0,5 mm Korn-Durchmesser.

α) *Oberflächenprobe.* Die Platten werden mit destilliertem Wasser und Alkohol gereinigt, bei 150° getrocknet und gewogen, dann in siedende 20%ige Salzsäure (D = 1,10) eingehängt und nach 3stündigem Auslaugen (Rückflußkühler) gut abgespritzt, getrocknet und zurückgewogen. Als Klasseneinteilung wird vorgeschlagen (s. nebenstehende Tabelle).

Klasse	Bezeichnung	Grenzwerte mg Gew. Verl. je 100 cm² Oberfl.
I	säurefest bis schwach säurelöslich	0—1,0
II	mäßig säurelöslich	1,1—2,0
III	stark säurelöslich	über 2,0

β) *Grießprobe.* 4 cm³ Grieß entsprechend der Standardgrießprobe (s. oben) werden in 100 cm³ 10%iger HCl von 100° 5 Stunden ausgelaugt (Einhängen des Erlenmeyers in Kochsalzbad von 104°). Darnach wird der Grieß abfiltriert, nicht ausgewaschen und vom Filtrat 75 cm³ in einer Pt-Schale eingedampft und mit Schwefelsäure abgeraucht, der Rückstand leicht geglüht und gewogen. Nach Abzug des Leerwertes rechnet man auf 100 cm³ um. Bleigläser müssen heiß filtriert werden. Borsäure muß in der Lösung titrimetrisch besonders bestimmt und zugezählt werden, während man sie im Hauptteil durch Methylalkohol ganz vertreibt.

Klasseneinteilung

Klasse	Bezeichnung	Grenzwerte (mg)
I	säurefest bis schwach säurelöslich	0— 50
II	mäßig säurelöslich	51—100
III	stark säurelöslich	über 100

Änderungen in den Versuchsbedingungen stehen bevor hinsichtlich Säurekonzentration und Versuchsdauer.

e) Laugenlöslichkeit. Nach dem Fachausschußbericht Nr. 40 verwendet man Glasplatten wie oben unter „Säurefestigkeit" beschrieben und laugt sie mit einer Mischung einer n-NaOH-Lösung (4%ig) und n-Na_2CO_3-Lösung (5,3%ig) zu gleichen Gewichtsteilen 3 Stunden bei Siedetemperatur der Lösung aus und bestimmt den Gewichtsverlust in mg/100 cm². Zweckmäßig verwendet man einen Silbertopf mit Rückflußkühler.

Klasseneinteilung

Klasse	Bezeichnung	Grenzwerte mg/100 cm²
I	schwach laugenlöslich	0—70
II	mäßig laugenlöslich	71—140
III	stark laugenlöslich	über 140

Auch hier sind noch Änderungen in den Versuchsbedingungen zu erwarten.

Bei einem Glas ohne Oberflächeneffekt läßt sich nach G. Keppeler und M. Thomas (1, 2) die zeitliche Abhängigkeit der Auslaugbarkeit mit genügender Genauigkeit darstellen durch die Parabelfunktion $x^2 = c \cdot t$ (x = gelöste Milligramm Alkali, t Zeit). c kann somit als Haltbarkeitskennziffer eines Glases angesehen werden.

Für die Grießverfahren wurden die Grundlagen zu ihrer exakten Beherrschung geschaffen, insbesondere die Frage nach der Größe der Grießoberfläche untersucht [Berger, Geffcken, von Stoesser (1, 2)]. Grundsätzliche Versuche über die Angreifbarkeit von Gläsern durch Wasser, Säuren und Laugen vgl. Berger.

Die Frage des Blindwerdens von Glas war vor einer Reihe von Jahren beim maschinengezogenen Fensterglas im Zusammenhang mit einem zweckmäßigen Lagern erörtert worden; es sei hier nur auf die Wichtigkeit hingewiesen, daß eine Kondenswasserbildung zwischen den Scheiben zu verhindern ist [Sammlung von Referaten in Glastechn. Ber. **11**, 376—378 (1933)]. Um das Erblinden von Tafelglas auf dem Lager bzw. beim Transport zu vermeiden, schlägt M. Mühlig vor, eine Papierzwischenlage zu verwenden, die mit einem Salz aus einer starken Säure und schwachen Base imprägniert ist.

Ein gegenüber der üblichen Bestimmung der Auslaugbarkeit von Gläsern abweichendes Untersuchungsverfahren von (säurelöslichen) Gläsern beschreibt E. Berger. Auf die polierte Oberfläche wird eine Küvette aufgesetzt und durch Eingießen von 0,04 n-HNO_3 die Probe angegriffen. Bei am besten seitlicher Beobachtung erkennt man bald Interferenzfarben, die zur relativen Bewertung des Glases herangezogen werden können.

Eine Übersicht über die mehr qualitativen Handelsuntersuchungsverfahren in Nordamerika gibt O. G. Burch; es handelt sich um eine Autoklavenprobe, die Bestimmung der Zeit, nach der beim Auskochen ein zugegebener Indicator umschlägt, die Bestimmung des p_H-Wertes von destilliertem Wasser nach Stehen in dem zu prüfenden Glas, das übliche Titrationsverfahren und schließlich Grießmethoden.

2. Mechanische Festigkeit (III, 490). In den letzten Jahren ist auf dem Gebiet der Bestimmung der mechanischen Festigkeit Grundsätzliches geleistet worden. A. J. Holland und W. E. S. Turner bestimmten die Biegefestigkeit von aus Tafelglas herausgeschnittenen Streifen und untersuchten den Einfluß des Polierens der Kanten, des Anritzens mit verschiedenen Diamanten usw. In einer Kritik macht A. Smekal darauf aufmerksam, daß vor allem auch die Belastungsgeschwindigkeit angegeben werden muß und deren Einfluß wieder von der Temperatur abhängt. An Stelle einer Prüfung mit steigender Belastung schlägt A. Smekal die Bestimmung der „Dauerstandfestigkeit für Zug“ vor, da hierbei die Streuungen viel geringer sind. Eine sehr wertvolle Zusammenstellung von Originalveröffentlichungen und Referaten über Festigkeitsfragen finden sich in Heft 7, Glastechn. Ber. **15** (1937).

Zur Bestimmung der elastischen Konstanten von Gläsern haben C. Schaefer, L. Bergmann und J. H. Goehlich ein neues Verfahren angegeben, das auf der Beugung des Lichtes an Ultraschallwellen beruht.

Die Ausmessung der Lichtbeugungsfiguren hochfrequent schwingender Glaswürfel erlaubt eine rasche Bestimmung sämtlicher elastischer Konstanten aus einer einzigen Aufnahme.

Zur Flaschenprüfung schlägt J. B. Murgatroyd folgende Untersuchungen vor: 1. Spannungsprüfung. 2. Schlagfestigkeit mit Schlagpendel auf eine Stelle gerade unter den Schultern bzw. auf die Mitte einer ebenen Seitenfläche. 3. Thermische Widerstandsfähigkeit durch Eingießen von heißem Wasser in die kalte Flasche, die in strömendem Wasser steht. 4. Bestimmung des Berstdruckes.

Bruchfestigkeit von Flaschen bei Innendruck siehe K. H. Borchard (1, 2). Bruchursachen von Flaschen Glashütte **64**, 115, 169 (1934); ferner Glastechn. Ber. **13**, 114 (1935); Sprechsaal **68**, 324 (1935). Die Untersuchung der Druckfestigkeit von Flaschen bei verschiedenen Temperaturen ergab, daß sie bei je 1° C Temperatursteigerung um 0,2% im Mittel (bei zwei geprüften Flaschensorten) abnimmt (Borchard).

In Glass Ind. **16**, 147 (1935) wird zur Prüfung der Dauerdruckfestigkeit folgendes Verfahren empfohlen: Man füllt die Flaschen bis auf einen Rest von 5 cm^3 mit verdünnter H_2SO_4, gibt eine berechnete Menge Natriumbicarbonat zu, verschließt die Flasche sofort und legt sie in ein Wasserbad, um die Dichtigkeit zu prüfen und gegen ein mögliches Zerbersten geschützt zu sein.

Über eine Versuchsanordnung zur Messung der Tragfähigkeit von Spiegel- und Fensterglas bei allseitiger Auflage der Probe und gleichmäßiger Belastung berichtet E. Albrecht. Eine Platte von etwa 1 cm^2 bildet den Boden eines Kastens, der mit Wasser gefüllt werden kann. Die Durchbiegung der Platte unter steigendem Wasserdruck wird genau gemessen und die Fehlerquellen diskutiert.

Die Bestimmung der Schlagfestigkeit von Glasbausteinen allein bzw. der Biegefestigkeit der Kombination Glasbaustein-Beton beschreibt B. Long besonders im Hinblick auf die vorgespannten Glasbausteine.

3. Thermische Widerstandsfähigkeit. Wie bei vielen Eigenschaften ist auch hier zu unterscheiden zwischen der Wärmefestigkeit des Glases als Werkstoff und derjenigen eines Glasgegenstandes. Im ersteren Fall liegen zahlreiche Untersuchungen vor; hingewiesen sei insbesondere auf eine neuere Arbeit von H. Schönborn, in der der Einfluß der einzelnen Versuchsbedingungen systematisch untersucht ist. Auch findet sich hier eine gute Zusammenstellung des Schrifttums. Der Fachausschuß I der Deutschen Glastechnischen Gesellschaft hat einen Bericht in Vorbereitung; nach einem vorläufigen Entwurf [Glastechn. Ber. **17**, 162 (1938)] wird die Abschreckfestigkeit eines Glases wie folgt bestimmt: „Zweimal je 10 Stäbe von 6 mm Durchmesser und 30 mm Länge werden in einem elektrischen Röhrenofen, dessen gewünschte Temperatur mindestens 20 Minuten konstant gehalten wird, erwärmt und dann in einem Wasserbad von 20° abgeschreckt. Die Temperatur des Ofens wird stufenweise um je 10° erhöht, und die etwa gesprungenen Stäbe werden ausgeschieden. Als ‚Sprungtemperatur‘ gilt der Unterschied zwischen Wasserbadtemperatur und dem arithmetischen Mittel der gefundenen Abschrecktemperaturen für die 10 bzw. 20 Stäbe; sie ist ein Maß der Abschreckfestigkeit.

Eine andere Frage ist es, wenn die Abschreckfestigkeit eines fertigen, gegebenen Glasgegenstandes bestimmt werden soll. Hierbei spielt die Dicke, Form und der Spannungszustand des Glases wesentlich mit. Man kann dann z. B. nach folgendem Verfahren arbeiten. Ein Glas wird in einen geräumigen elektrisch beheizten Ofen mit gleichmäßiger Temperaturverteilung auf eine bestimmte Temperatur aufgeheizt und hier genügend lange bis zum Temperaturausgleich gehalten (mindestens 15 Minuten). Dann wird die Tür des Ofens geöffnet und das Glas sofort mit einer kräftigen Wasserbrause im Ofen abgeduscht. Der Versuch wird bei einer 20—25° höher liegenden Temperatur wiederholt usw., bis das Glas springt. Es sind 10 Parallelversuche zu empfehlen; die mittlere Abschrecktemperatur, bei der das Glas zu Bruch geht, wird angegeben, ferner die maximalen Streuungen, die Form des Glases und die größte und kleinste Wandstärke.

Bei Flaschen wird vielfach geprüft, ob sie beim abwechselnden Füllen mit heißem bzw. kaltem Wasser springen, während sie in einem kalten bzw. heißen Wasserbad stehen.

Kleinere Hohlkörper kann man mit Paraffin füllen, auf eine bestimmte Temperatur erhitzen und in kaltes Wasser stauchen. Durch Steigerung der Paraffintemperatur lassen sich Relativwerte für die Abschreckfestigkeit gewinnen beim Vergleich von Körpern gleicher Form und Dicke.

4. Zähigkeit (III, 499) **und Oberflächenspannung.** Neben den bekannten und meist benutzten Verfahren der Rührviscosimeter für die Zähigkeiten von $\eta = 10^2$ bis etwa 10^8 Poisen und den Fadenstreckviscosimetern (10^7—10^{15} Poisen) wurden in den letzten Jahren noch andere Verfahren entwickelt. Von W. Müllensiefen und K. Endell wurde ein Kugelziehviscosimeter gebaut, das zwischen 1 und 10^5 Poisen gut arbeitet. Einige Verbesserungen wurden von A. Tielsch und K. Endell angebracht. Für noch geringere Zähigkeiten (0,1—10 Poisen) kann das Schwingviscosimeter nach G. Heidtkamp und K. Endell dienen.

Eine ausführliche Besprechung der verschiedensten Viscosimeter ist bei P. Gilard, L. Dubrul, G. Henry, Scohy und Piéret (1, 2) zu finden.

Verfahren zur Bestimmung der Oberflächenspannung siehe bei C. W. Parmelee und K. C. Lyon, C. W. Parmelee und C. G. Harman, A. E. Badger, C. W. Parmelee und A. E. Williams, C. A. Bradley, G. Keppeler.

5. Transformationspunkt. Einfachstes Verfahren: Ausdehnung (Knick in der Kurve).

Neuere Bestimmungsverfahren: elektrischer Widerstand (Kurve log W gegen $1/T$ aufgetragen); vgl. hierzu W. Hänlein und M. Thomas und E. Berger, M. Thomas und W. E. S. Turner.

6. Erweichungspunkt. Trotzdem die Erweichung der Gläser mit steigender Temperatur allmählich vor sich geht, ist es doch für Vergleichszwecke angenehm, die Temperatur für einen bestimmten (willkürlich festgesetzten) Zähigkeitsgrad als „Erweichungspunkt" heranziehen zu können. Ein Vorschlag stammt von J. T. Littleton. In einem Ofen bestimmter Ausführung wird ein Glasfaden von etwa 0,8 mm Durchmesser und 23 cm Länge aufgehängt und mit einer Geschwindigkeit von 5—10°/Min. aufgeheizt. Ermittelt wird die Temperatur, bei der sich der Faden um 1 mm/Min. verlängert. Diese Temperatur wird als „Erweichungstemperatur" vorgeschlagen. H. R. Lillie hat berechnet, daß für die normalen technischen Gläser dieser Temperatur eine Zähigkeit von $10^{7,5}$ Poisen entspricht (Zähigkeit beim Transformationspunkt 10^{13} Poisen).

7. Kühlung. Spannung. Bisher standen für die Erkennung von Doppelbrechungen, also auch Spannungen im Glas, nur Nicolsche Prismen, zumindest als Analysator, zur Verfügung. Neuerdings sind auch Filterpolarisatoren größerer Dimension im Handel [Glastechn. Ber. 15, 295 (1937)].

Der Spannungszustand von undurchsichtigem Glas in der Oberfläche kann nach H. Schulz durch die Messung der Drehung der Polarisationsebene des an der Oberfläche reflektierten Lichtes bei Beobachtung in verschiedenen Richtungen quantitativ bestimmt werden.

8. Dichte bei hohen Temperaturen. W. Hänlein hat die Dichte von Gläsern bis zu Temperaturen von 1400° gemessen. Die Schmelze befand sich in einem Pt-Tiegel, der in eine Schmelze von LiCl + KCl (für 400 bis 700°), oder NaCl + KCl (700—1100°) oder NaCl (800—1400°) tauchte. Der Auftrieb wurde bestimmt. Die Dichte der geschmolzenen Salze wurde mit einem Körper aus Quarzglas kontrolliert.

9. Spezifische Wärme bei hohen Temperaturen (III, 496) siehe bei H. E. Schwiete und H. Wagner, H. Seekamp, C. W. Parmelee und A. E. Badger, A. Thuret.

10. Wärmeleitfähigkeit (III, 496) (0—100°) siehe bei R. Renlos.

11. Optische und lichttechnische Eigenschaften (III, 500). Die neueren Arbeiten bezogen sich vor allem auf die Untersuchung der U.V. bzw. U.R.-Durchlässigkeit bzw. auf die Bestimmung des Streuvermögens von Trübgläsern. Soweit Verfahren behandelt werden, seien im folgenden einige Hinweise gegeben:

U.V.- oder U.R.-Durchlässigkeit:

U.V. siehe G. Rose.
U.R. siehe E. Zimpelmann.
U.R. siehe M. Czerny.
U.R. siehe K. Kaiser.

Für Farbgläser für Verkehrssignale wurden von der Internationalen Beleuchtungskommission [Glastechn. Ber. 14, 287 (1936)] Grenzwerte für Farbton und Sättigung festgelegt.

Die Änderung der U.V.-Durchlässigkeit durch die Bestrahlung behandeln:

Ultraviolet Glass Inform. Bureau, Glass Ind. 10, 276 (1929) und D. C. Stockbarger und L. B. Johnson, W. Düsing und A. Zinke.

„Durchlässigkeitszahlen für handelsübliche Fenstergläser" (für gerichtetes Licht bzw. diffuses Licht), siehe A. K. Taylor und C. J. W. Grieveson.

Lichtdurchlässigkeit von Glasbausteinen siehe B. Long. Wertbestimmung U.V.-durchlässiger Gläser durch Messung der Zersetzung von KNO_3-Lösung siehe bei H. Valentin.

Über Trübgläser siehe unter D 4.

12. Glasfehler (III, 503). Eine übersichtliche Zusammenstellung der Glasfehler, ihrer Ursachen und Untersuchung gibt H. Jebsen-Marwedel in dem Buch „Glastechnische Fabrikationsfehler" (Berlin: Julius Springer 1936), auf das verwiesen sei. Eine Anleitung zur genauen mikroskopischen, chemischen und physikalisch-chemischen Untersuchung von Steinchen im Glas siehe bei A. Dietzel. Um in einfach gelagerten Fällen auch da helfen zu können, wo kein Mikroskop oder chemisches Laboratorium zur Verfügung steht, wurde von der Deutschen Glastechnischen Gesellschaft der Fachausschußbericht Nr. 37 „Einfache Anleitung zur Bestimmung von Steinchen im Glas" herausgebracht. Es sei jedoch betont, daß vielfach ohne genaue Untersuchung eine Identifizierung nicht möglich ist oder zu Fehlschlüssen führt.

Analyse von Gasblasen in Glas. J. Enß sticht die Blasen unter Glycerin auf, sammelt sie unter einem Objektträger, behandelt sie mit verschiedenen Absorptionsmitteln. Die quantitative Zusammensetzung ergibt sich aus der mikroskopisch gemessenen Abnahme des Blasendurchmessers nach jeder Behandlung.

D. Untersuchungen besonderer Glasarten.

1. Sicherheitsglas.

Begriffsbestimmung von Sicherheitsglas (aus der Gründungssitzung des Ausschusses zur Normung von Prüfverfahren für Sicherheitsglas). „Sicherheitsglas ist ein Schutzglas mit einer gegenüber gewöhnlichem Glas beseitigten oder stark verminderten Splitterwirkung."

DIN DVM 2302 [Entwurf s. Glastechn. Ber. **13**, 92 (1935)], Normenblatt August 1937. *Sicherheitsglas für Augenschutzgläser.* Allgemeine optische Eigenschaft wird beurteilt; bestimmt wird: Durchschlagfestigkeit und Splittersicherheit, Bruchfestigkeit und Gasdichtigkeit; beurteilt wird in Kurzprüfungen: Verhalten bei 50° in Wasserdampf gesättigter Luft, beim Lagern bei —10°, beim Auskochen in Wasser.

DIN DVM 2301 (August 1937). *Mehrschichtensicherheitsglas für Fahrzeuge.* Optische Untersuchung, Kugelfallversuch; Durchschlagfestigkeit, Splittersicherheit. Wetterbeständigkeit. Kurzprüfungen wie oben.

DIN Entwurf DVM 2303. Einschichtensicherheitsglas für Fahrzeuge. Optische Prüfung. Biegebeanspruchung, Kugelfallversuch, ermittelt wird die Fallhöhe, bei der Bruch eintritt und die Form der Splitter.

Prüfung der Wetterbeständigkeit, insbesondere Verhalten gegen Sonnenbestrahlung als Ergänzung zu Abschnitt 15 des DIN-Blattes DVM 2302 wird in Analogie zu der Textilprüfung vorgenommen bei Messung der Bestrahlung.

Bei Mehrschichtengläsern mit Polymerisaten als Zwischenschicht war es notwendig, die Fallkörper schwerer zu machen als es die Normung vorsieht (bis zu 6 kg; H. G. Bodenbender).

Bei der Prüfung von Sicherheitsglas sollen nach M. Abraham folgende Forderungen gestellt werden: a) eine Kugel von 57 mm Durchmesser und 750 g Gewicht, die aus 2 m Höhe auf eine Verbundglasscheibe von 20 × 20 cm (allseitig aufgelegt) fällt, darf nicht durchschlagen; b) an der Aufschlagstelle dürfen einige feine Splitter aus den Glasscheiben herausspringen (keinesfalls mehr als 10 g), aber es soll sich kein Glasteilchen von der Zwischenschicht lösen; c) Verfärbungen und Blasen längs der Sprünge im Glas, die auf ungenügende Haftfestigkeit der Zwischenschicht hindeuten, sollen nicht vorkommen.

Außerdem wird das Verhalten bei natürlicher Witterung (Bildung von Sprüngen, Trübung, Verfärbung) qualitativ geprüft.

2. Prüfung von Glaswolle, Glasgespinst usw. a) Chemische Untersuchung. Die Kenntnis der chemischen Zusammensetzung kann interessieren wegen der Verspinnbarkeit eines Glases, ferner wegen des Gehalts an Alkalien, die ein Zusammenbacken von feucht gewordenem Glasgespinst infolge Auswitterung hervorrufen können. Es ist darauf zu achten, daß die Glasfasern durch Waschen mit Äther und Alkohol von dem meist anhaftenden Öl, Fett u. dgl. zu befreien sind. In diesem Auszug läßt sich auch die Art des verwendeten Schutzmittels untersuchen, wenn man den Rückstand nach dem Abdunsten des Äthers und Alkohols sammelt.

α) *Wasserangriffsprobe.* Eine mit Äther und Alkohol von Fett usw. befreite Probe (Strang) wird in destilliertem Wasser geschwenkt und anschließend im Trockenschrank bei 120—150° getrocknet. Der Zustand des Glasfaserstranges wird beurteilt, also ob er locker oder zusammengebacken, „strohig" ist usw.

β) *Auslaugbarkeit.* Von Fett befreite Fasern (etwa 0,1 g) werden kurz in kaltem Wasser gewaschen und dann in einer Porzellanschale 3 Stunden bei 100° mit 200 cm³ H_2O ausgelaugt; die Lösung wird mit $^1/_{10}$ n-HCl titriert. Vorher hat man den mittleren Durchmesser d (in Zentimeter) der Proben bestimmt und berechnet nach $O = \frac{4\,G}{s \cdot d}$ die Oberfläche des Gespinstes in Quadratzentimeter, wobei G das Gewicht in Gramm und s das spezifische Gewicht ist (im allgemeinen 2,45—2,50). Rechnet man die Alkaliabgabe als Milligramm Na_2O/100 cm² aus, so bekommt man brauchbare Vergleichszahlen für die Verwitterbarkeit. Diese sind im allgemeinen sehr viel höher als bei kompakten Glasschichten derselben Zusammensetzung.

b) Thermische Untersuchungen, Erweichungstemperatur. Sehr ausgiebig wird Glaswolle für Wärmeisolierzwecke verwendet. Die Wärmeleitfähigkeit ist also eine der wichtigsten Eigenschaften. Sie wird für eine gegebene Glaswolle bei verschiedener Stopfdichte (oder Raumgewicht) bestimmt, entweder nach Absolutmethoden oder relativ im Vergleich zu Isoliermaterialien bekannter Wärmeleitzahl. Die Wärmeleitfähigkeit liegt in der Größenordnung von 0,02—0,04 kcal/mh°C. Für feuerfeste Gewebe ist es wichtig, den Erweichungstemperaturbereich der Fasern zu kennen. Als einfaches Verfahren zur Beurteilung des Erweichungsverhaltens hat sich folgende Anordnung bewährt, die sich an die Methode von Littleton (s. oben unter „Erweichungspunkt") anlehnt. In einem senkrecht stehenden elektrischen Ofen hängt ein Einzelfaden, der mit je 1 g pro 100 μ^2 Querschnitt belastet ist. Der Ofen wird mit 10°/Min. hochgeheizt und die Temperatur ermittelt, bei der sich der Faden um 1 mm pro Minute verlängert.

Liegen nur kurze Glasfasern vor, so müssen diese an zwei Glasfäden von etwa 0,5—1 mm Durchmesser angeschmolzen werden (Fadenende heiß machen und Glasfaser ankleben).

Für Glasfasern, die bei erhöhten Temperaturen gebraucht werden, ist es wichtig, die mechanischen Eigenschaften (vor allem Zugfestigkeit) auch an einer Probe zu bestimmen, die verschieden hoch erhitzt war (bis etwa 50° unterhalb des Erweichungspunktes).

c) Mechanische Verfahren. Allgemein textiltechnische Untersuchungsverfahren siehe z. B. bei P. Heermann und A. Herzog.

α) *Zugfestigkeit und Dehnung.* Die Zugfestigkeit und Dehnung nimmt unterhalb etwa 50—100 μ Durchmesser sehr stark zu, die Zugfestigkeit von etwa 7 kg/mm² für Glasstäbe auf Werte um 500 kg/mm² bei Fäden von 3—5 μ; die Dehnung, die bei kompaktem Glas fast unmerklich ist, nimmt Werte bis 2% an. Es ist zu beachten, daß diese Eigenschaften von der Belastungsgeschwindigkeit abhängig sind, diese also stets mit angegeben werden muß.

Die genannten Größen können mit folgenden Apparaten gemessen werden.

β) *Fadenstrecker nach Polanyi* (W. Eitel und F. Oberlies). Mit einer Schraubenspindel wird der Faden gestreckt. Er ist an seinem oberen Ende an einer Feder befestigt, deren Durchbiegung durch eine Spiegelablesung verfolgt werden kann. Daraus wird die Zugfestigkeit berechnet; aus der Differenz zwischen dem Gang der Schraubenspindel und dem der Feder ergibt sich die Dehnung.

γ) *Schopper-Festigkeitsprüfer.* Der Faden wird mit einstellbarer Geschwindigkeit nach unten gezogen. Am oberen Ende ist er an einem Waagbalken befestigt, der andere Waagbalken hängt im Anfangszustand senkrecht nach unten und schlägt bei steigender Belastung des Fadens aus, erzeugt also eine Gegenlast, die durch Zusatzgewichte verschieden einstellbar ist. Beim Zerreißen des Fadens wird die Apparatur selbsttätig arretiert. Das Gerät gestattet, sowohl die Zerreißfestigkeit als auch die Dehnung zu bestimmen.

J. H. Thomas bestimmt die Zerreißfestigkeit dadurch, daß er an den Faden eine Kette anhängt, deren anderes Ende zunächst hoch an einem Stativ angebracht ist und allmählich immer mehr herabgelassen wird; die Kette belastet also kontinuierlich den Faden immer mehr bis zum Bruch.

δ) *Knotbarkeit.* Man schlingt den Glasfaden zu einem losen Knoten, den man unter dem Mikroskop mit Okularmikrometer, am besten mit Hilfe des Kreuzschlittens, zuzieht, bis der Faden reißt (W. Eitel und F. Oberlies). Der kleinste, zuletzt noch beobachtete Durchmesser D (in μ) der Schleife wird gemessen, ferner der Durchmesser d (in μ) des Fadens.

Als charakteristische Größe kann man das Verhältnis D/d betrachten, das (weitgehend unabhängig von der Glaszusammensetzung) im Bereich von $d =$ etwa 1—100 μ annähernd in folgendem Zusammenhang mit d steht: $D/d \approx 1{,}3\, d + 7$. Ergeben sich für D/d höhere Werte als sich hierbei berechnen, so ist hinsichtlich der mechanischen Prüfungen besondere Aufmerksamkeit geboten.

d) Mikroskopische Untersuchung. Unter dem Mikroskop wird an einer Vielzahl von Stellen der mittlere Durchmesser des Fadens bestimmt und die maximale Streuung. Man achtet gleichzeitig darauf, ob die Fäden Knötchen haben oder nicht, was für die Verwebbarkeit wichtig sein kann. Man erkennt außerdem, ob die Glasoberfläche glatt oder gerauht ist; hierzu ist notwendig, Fett usw. durch Waschen mit Äther oder dgl. vorher zu entfernen.

3. Unterscheidung von Flachglas wird durch Anätzen und Beobachtung der Ätzstruktur ermöglicht (F. H. Zschacke).

4. Trübgläser. Das Streuvermögen ist definiert als Verhältnis des Mittelwertes der Leuchtdichten unter 20° und 70° zur Leuchtdichte unter 5° [Glastechn. Ber. **9**, 354 (1931) und Nachtrag **14**, 287 (1936)]. Ebenda Klasseneinteilung der Trübgläser, ferner Fachausschußbericht der Deutschen Glastechnischen Gesellschaft Nr. 29. 1934.

Verfahren siehe bei G. Weigel und W. Ott (1, 2).

E. Wannensteine und Pyrometrie.

Vorläufige Gütenormen der Soc. Glass Technol., Prüfverfahren von Wannensteinen siehe Glastechn. Ber. **9**, 4 (1931); ferner W. Miehr, Fachausschußbericht Nr. 38 der Deutschen Glastechnischen Gesellschaft und DIN-Normenblatt 1090 „Gütenormen für ff. Baustoffe, Wannensteine". Anschließende Mitteilung von O. Bartsch; englische Richtlinien: J. H. Partridge. Näheres siehe unter „Keramik".

Literatur.

Die Untersuchung der Rohstoffe.

Sand.

Fioletowa, A.: Sprechsaal **68**, 355 (1935).

Shead, A. C. and G. F. Smith: Journ. Amer. Chem. Soc. **53**, 483 (1931). Ref. Glastechn. Ber. **9**, 363 (1931).

Turner, W. E. S., F. W. Adams, A. Cousen and V. Dimbleby: Journ. Soc. Glass Technol. **17**, 18 (1933). Ref. Glastechn. Ber. **13**, 97 (1935).

Pottasche.

Löffler, J.: Glastechn. Ber. **12**, 332 (1934).

Kalkstein und Dolomit.

Shead, A. C. and P. J. Heinrichs: Ind. and Engin. Chem., Anal. Ed. **2**, 388 (1930). Ref. Glastechn. Ber. **9**, 180 (1931).

Mennige.

Blumenthal, H.: (1) Mitt. dtsch. Materialprüfungs-Anst. **1933**, Sonderh. XXII, 40. — (2) Mitt. dtsch. Materialprüfungs-Anst. **1933**, Sonderh. XXII, 41.

Schürmann, E. u. K. Charisius: Mitt. dtsch. Materialprüfungs-Anst. **1933**, Sonderh. XXII, 37.

Fluorverbindungen.

Geffcken, W.: Glastechn. Ber. **16**, 148 (1938).

Die Bestimmung der chemischen Zusammensetzung des fertigen Glases.

Mikrochemischer Nachweis.

Geilmann, W.: (1) Glastechn. Ber. **9**, 274 (1931). — (2) Glastechn. Ber. **9**, 279 (1931). — Geilmann, W. u. O. Meyer-Hoissen: (1) Glastechn. Ber. **12**, 302 (1934). — (2) Glastechn. Ber. **13**, 86 (1935). — (3) Glastechn. Ber. **13**, 420 (1935).

Spektralanalytische Untersuchungen.

Dietzel, A.: Glastechn. Ber. **16**, 5 (1938).
Gerlach, W.: Glastechn. Ber. **16**, 1 (1938).
Rollwagen, W.: Glastechn. Ber. **16**, 10 (1938). — Rollwagen, W. u. E. Schilz: Glastechn. Ber. **16**, 6 (1938).

Quantitative Makroanalyse.

Batchelder, G. and V. W. Meloche: Journ. Amer. Chem. Soc. **53**, 2131 (1931). Ref. Glastechn. Ber. **10**, 291 (1932). — Beans, H. T. and D. R. Mossman: Journ. Amer. Chem. Soc. **54**, 1905 (1932). Ref. Glastechn. Ber. **11**, 141 (1933). — Berg, R. u. H. Küstenmacher: Ztschr. f. anorg. Ch. **204**, 215 (1932).

Cornille, A.: Céram. et Verre **1930/31**, Nr. 819, 429; Nr. 822; Nr. 823; Nr. 826. Ref. Glastechn. Ber. **10**, 288 (1932).

Densem, N. E.: Journ. Soc. Glass Technol. **20**, 303 (1936). Ref. Glastechn. Ber. **15**, 241 (1937). — Dietzel, A.: Glastechn. Ber. **15**, 141 (1937). — Dittler, E. u. H. Hueber: Ztschr. f. anorg. Ch. **199**, 17 (1931). — Dobbins, J. F. and R. M. Byrd: Journ. Amer. Chem. Soc. **53**, 3288 (1931). Ref. Glastechn. Ber. **10**, 290 (1932).

Eckstein, H.: Chem.-Ztg. **55**, 227 (1931). Ref. Glastechn. Ber. **9**, 246 (1931). — Enß, J.: Glastechn. Ber. **16**, 149 (1938).

Fresenius, L. u. M. Frommes: Ztschr. f. anal. Ch. **87**, 273 (1932). Ref. Glastechn. Ber. **11**, 37 (1933). — Furman, N. H., E. R. Caley and J. C. Schoonover: Journ. Amer. Chem. Soc. **54**, 1344 (1932). Ref. Glastechn. Ber. **10**, 106 (1932).

Gafajan, G. T. u. W. M. Tarajan: Ztschr. f. anal. Ch. **92**, 417 (1933). — Geilmann, W. u. O. Meyer-Hoissen: (1) Glastechn. Ber. **13**, 420 (1935). — (2) Glastechn. Ber. **15**, 105 (1937). — Gilard, P., L. Dubrul and F. Jamar: Journ. Soc. Glass Technol. **20**, 326 (1936). Ref. Glastechn. Ber. **15**, 242 (1937). — Glaze, F. W. and A. N. Finn: Glass Ind. **17**, 156 (1936). Ref. Glastechn. Ber. **13**, 441 (1935); **14**, 331 (1936). — Grigorjeff, P. N.: Sprechsaal **66**, 162 (1933).

Hoffmann, J. J. and G. E. F. Lundell: Bur. Stand. Journ. Res. **5**, 279 (1930).

Kolthoff, I. M. and R. Elmquist: Journ. Amer. Chem. Soc. **53**, 1225 (1931). Ref. Glastechn. Ber. **9**, 613 (1931). — Kurtenacker, A. u. W. Jurenka: Ztschr. f. anal. Ch. **82**, 210 (1930).

Malaprade et Schnoutka: (1) C. r. d. l'Acad. des sciences **192**, 1653 (1931). Ref. Glastechn. Ber. **10**, 229 (1932). — (2) C. r. d. l'Acad. des sciences **192**, 1653 (1931). Ref. Glastechn. Ber. **11**, 345 (1933). — Meyer, R. J. u. W. Schulz: Ztschr. f. angew. Ch. **38**, 203 (1925). — Millner, T. u. F. Kunos: Ztschr. f. anal. Ch. **90**, 161 (1932). — Monguard, P.: C. r. d. l'Acad. des sciences **192**, 1733 (1931). Ref. Glastechn. Ber. **10**, 291 (1932). — Mylius, W.: Sprechsaal **63**, 972 (1930).

Redmond, J. C. and H. A. Bright: Bur. Stand. Journ. Res. **6**, 113 (1931). — Rienäcker, G.: Ztschr. f. anal. Ch. **88**, 29 (1932). Ref. Glastechn. Ber. **11**, 141 (1933).

Siegel, W.: Ztschr. f. angew. Ch. **42**, 856 (1929). — Simpson, St. G. and W. C. Schumb: Journ. Amer. Chem. Soc. **53**, 921 (1931). Ref. Glastechn. Ber. **9**, 564 (1931). — Smith, G. F. and A. C. Shead: Journ. Amer. Chem. Soc. **53**, 947 (1931). — Springer, L.: Journ. Soc. Glass Technol. **20**, 319 (1936).

Tananaeff, N. A. u. F. J. Pertschik: Ztschr. f. anal. Ch. **88**, 348 (1932). — Travers, A.: C. r. d. l'Acad. des sciences **196**, 548 (1933). Ref. Glastechn. Ber. **12**, 181 (1934).

Wilcox, L. V.: Ind. and Engin. Chem., Anal. Ed. **4**, 38 (1932). Ref. Glastechn. Ber. **11**, 187 (1933). — Wood, A. R.: Journ. Soc. Glass Technol. **19**, 22 (1935). Ref. Glastechn. Ber. **13**, 405 (1935).

Untersuchungen von Eigenschaften des fertigen Glases.

Chemische Haltbarkeit.

Berger: Glastechn. Ber. **14**, 351 (1936). — Berger, Geffcken u. von Stoesser: (1) Glastechn. Ber. **13**, 301 (1935). — (2) Glastechn. Ber. **14**, 441 (1936). — Berger, E.: Glastechn. Ber. **12**, 189 (1934). — Burch, O. G.: Bull. Amer. Ceram. Soc. **13**, 200 (1934). Ref. Glastechn. Ber. **13**, 289 (1935).

Jebsen-Marwedel, H. u. A. Becker (in Zusammenarbeit mit G. Kilian, K. Loosen u. A. Thürmer): Glastechn. Ber. **10**, 556 (1932).

Keppeler, G. u. M. Thomas: (1) Glastechn. Ber. **11**, 205 (1933). — (2) Glastechn. Ber. **12**, 366 (1934). — Kroeber, L.: Sprechsaal **64**, 682 (1931).

Mühlig, M.: Glastechn. Ber. **12**, 45 (1934).

Mechanische Festigkeit.

Albrecht, E.: Glastechn. Ber. **11**, 58 (1933).

Borchard: Glashütte **65**, 547 (1935). — Borchard, K. H.: (1) Glastechn. Ber. **12**, 334 (1934). — (2) Glastechn. Ber. **13**, 52 (1935).

Holland, A. J. u. W. E. S. Turner: Glastechn. Ber. **15**, 270 (1937).

Long, B.: Glastechn. Ber. **13**, 8 (1935).

Murgatroyd, J. B.: Glass **8**, 272 (1931). Ref. Glastechn. Ber. **9**, 563 (1931).

Schaefer, C., L. Bergmann u. H. J. Goehlich: Glastechn. Ber. **15**, 447 (1937). — Smekal, A.: Glastechn. Ber. **15**, 282 (1937) und **16**, 146 (1938).

Thermische Widerstandsfähigkeit.

Schönborn, H.: Glastechn. Ber. **15**, 57 (1937).

Zähigkeit.

Gilard, P., L. Dubrul, G. Henry, Scohy et Piéret: (1) Bull. Soc. Chim. Belgique **45**, 131, 379 (1936). — (2) Bull. Soc. Chim. Belgique **46**, 435 (1937).

Heidtkamp, G. u. K. Endell: Glastechn. Ber. **14**, 89 (1936).

Müllensiefen, W. u. K. Endell: Glastechn. Ber. **11**, 161 (1933).

Tielsch, A. u. K. Endell: Glastechn. Ber. **12**, 84 (1934).

Oberflächenspannung.

Parmelee, C. W. u. K. C. Lyon: Journ. Soc. Glass Technol. **21**, 44 (1937).

Parmelee, C. W. u. C. G. Harman: Journ. Amer. Ceram. Soc. **20**, 234 (1937).

Badger, A. E., C. W. Parmelee u. A. E. Williams: Journ. Amer. Ceram. Soc. **20**, 325 (1937). — Bradley, C. A.: Journ. Amer. Ceram. Soc. **21**, 339 (1938).

Keppeler, G.: Journ. Soc. Glass Technol. **21**, 53 (1937).

Transformationspunkt.

Berger, E., M. Thomas u. W. E. S. Turner: Glastechn. Ber. **12**, 172 (1934).

Hänlein, W. u. M. Thomas: Glastechn. Ber. **12**, 109 (1934).

Erweichungspunkt.

Lillie, H. R.: Journ. Amer. Ceram. Soc. **12**, 516 (1929). — Littleton, J. T.: Journ. Amer. Ceram. Soc. **10**, 259 (1937).

Kühlung. Spannung.

Schulz, H.: Glastechn. Ber. **15**, 301 (1937).

Dichte bei hohen Temperaturen.

Hänlein, W.: Glastechn. Ber. **10**, 126 (1932).

Spezifische Wärme bei hohen Temperaturen.

Schwiete, H. E. u. H. Wagner: Glastechn. Ber. **10**, 26 (1932). — Seekamp: Ztschr. f. anorg. Ch. **195**, 345 (1931).

Parmelee, C. W. u. A. E. Badger: Univ. of Illinois Bull. **1935**, Nr 271.

Thuret, A.: Journ. Soc. Glass Technol. **20**, 680 (1936).

Wärmeleitfähigkeit.

Renlos, R.: Rev. d'Optique **10**, 266 (1931).

Optische und lichttechnische Eigenschaften.

Czerny, M.: Ztschr. f. Elektrochem. **36**, 615 (1930).
Düsing, W. u. A. Zinke: Gastechn. Ber. **16**, 287 (1938).
Kaiser, K.: Glastechn. Ber. **12**, 198 (1934).
Long, B.: Glastechn. Ber. **13**, 8 (1935).
Rose, G.: Sprechsaal **62**, 314 (1929).
Stockbarger, D. C. and L. B. Johnsohn: Journ. Franklin Inst. **210**, 455 (1930).
Taylor, A. K. and C. J. W. Grieveson: Dep. scient. ind. Res., Illum. Res. Techn. Pap. Nr. 2. Ref. Glastechn. Ber. **9**, 365 (1931).
Valentin, H.: Pharm. Ztg. **1930**, 982.
Zimpelmann, E.: Glastechn. Ber. **9**, 102 (1931).

Glasfehler.

Dietzel, A.: Sprechsaal **66**, 837 (1933).
Enß, J.: Sprechsaal **66**, 662 (1933).

Untersuchungen besonderer Glasarten.

Sicherheitsglas.

Abraham, M.: 286. Ber. d. Dtsch. Versuchsanst. f. Luftfahrt e. V., Berlin-Adlershof. Sprechsaal **65**, 455 (1932).
Bodenbender, H. G.: Chem.-Ztg. **59**, 1022 (1935).

Prüfung von Glaswolle, Glasgespinst usw.

Eitel, W. u. F. Oberlies: Glastechn. Ber. **15**, 228 (1937).
Heermann, P. u. A. Herzog: Mikroskopische und mechanisch-technische Textiluntersuchung. Berlin: Julius Springer 1931, 3. Aufl.
Thomas, J. H.: Glass Ind. **17**, 295 (1936).

Unterscheidung von Flachglas.

Zschacke, F. H.: Glastechn. Ber. **12**, 227 (1934).

Trübgläser.

Weigel, G. u. W. Ott: (1) Ztschr. f. Instrumentenkunde **50**, 1 (1931). — (2) Glastechn. Ber. **10**, 307 (1932).

Wannensteine und Pyrometrie.

Bartsch, O.: Glastechn. Ber. **15**, 353 (1937).
Miehr, W.: Glastechn. Ber. **9**, 14 (1931).
Partridge, J. H.: Journ. Soc. Glass Technol. **18**, 128 (1934).

Email und Emaillierung.

Von

Dr.-Ing. habil. **A. Dietzel,**

Abteilungsleiter am Kaiser Wilhelm-Institut für Silikatforschung.
Dozent für Glas- und Emailtechnik an der Technischen Hochschule Berlin.

Begriffsbestimmung. Das Wort „Email" wird unberechtigterweise für mancherlei Zwecke angewandt, was mitunter zu Verwechslungen Anlaß gibt. Sogar gewisse Lacke wurden als „Email" bezeichnet, was aber durch den Werberat der Deutschen Wirtschaft [vgl. Emaillewaren-Ind. **13**, 301 (1936)] untersagt wurde.

„Email ist (nach dem Verfasser) ein durch Schmelzen oder Fritten[1] entstandener, vorzugsweise glasig erstarrter Körper mit oxydischer Grundzusammensetzung, der in einer oder mehreren Schichten auf metallische Werkstücke aufgeschmolzen ist oder werden soll."

A. Rohstoffe (III, 547).

Die gebräuchlichsten Emailrohstoffe sind Kunstprodukte mit definierter Zusammensetzung und genügender Reinheit. Nur wenige Rohstoffe entstammen natürlichen Vorkommen und haben demnach je nach ihrer Herkunft etwas verschiedene Zusammensetzung und auch emailtechnisch ein verschiedenes Verhalten. Diese (Quarz, Feldspat, Ton, Phonolith, Kalk, Dolomit) machen aber im Email die Hauptmenge aus, so daß sie erhöhte Aufmerksamkeit verdienen.

1. Chemische Untersuchung. Für praktische Zwecke genügt bei den natürlichen Rohstoffen in der Regel die Kenntnis des Eisenoxydgehaltes und des SiO_2-, Al_2O_3- und Alkaligehaltes; die übrigen Begleitstoffe spielen eine untergeordnete Rolle. Sofern die Gesamtanalyse gewünscht wird, ist sie nach den bekannten Verfahren durchzuführen (s. bei „Glas" III, 442f. und „Keramik" III, 85; ferner die entsprechenden Kapitel des Ergänzungsbandes).

Neben diesen Rohstoffen mit wenigstens annähernd bekannter Zusammensetzung gibt es heute noch in der Emailindustrie eine große Zahl von Stoffen mit willkürlichen Handelsnamen. Dabei handelt es sich manchmal um Körper mit besonderen, durch eine bestimmte Herstellungsweise erzeugten Eigenschaften, manchmal aber auch um billige Gemische, Verschnitte und dgl. Eine eventuell fraktionierte chemische Analyse, zusammen mit mikroskopischer und Sedimentationsuntersuchung, hilft hier Klarheit schaffen.

[1] Eine Fritte ist eine nicht zu Ende geführte Schmelze; es finden sich in ihr noch Reste der nicht aufgeschlossenen Rohstoffe (besonders Quarz), Blasen und andere Inhomogenitäten. Die Fritten werden gewöhnlich in Wasser abgeschreckt.

2. Korngrößenbestimmung. Als gangbare Korngrößen nennt L. Vielhaber für

	Korngröße	Verwendung
Quarzmehl . .	Nr. 2 < 0,14 mm	Grundemail
	Nr. 3 < 0,12 mm	,,
	Nr. 4 < 0,09 mm	Deckemail
	Nr. 5 < 0,075 mm	,,
Feldspat . . .	0,12 mm	
Kalkspat . . .	0,4 mm	

B. Emailgranalien.

Die Eigenschaften der Emailgranalien sind nicht gleichzusetzen mit denjenigen des aufgebrannten Emails; denn durch den Mahlprozeß und die Zumischung von Ton, oft auch Quarz, Feldspat, Trübungsmittel, oder aber durch die Auflösung von Eisenoxyden beim Aufbrennen, und schließlich durch den Abbrand durch Verdampfung wird die Emailzusammensetzung mehr oder weniger stark beeinflußt.

1. Chemische Analyse. Eine Beschreibung eines vollständigen Analysenganges für die emailtechnisch wichtigen Elemente würde den vorliegenden Rahmen weit überschreiten; es muß auf die analytischen Lehrbücher verwiesen werden, ferner auf das Hauptwerk unter ,,Tonwaren" III, 247—263 und besonders ,,Glas" III, 513—545, außerdem die entsprechenden Kapitel im vorliegenden Ergänzungsband.

Die qualitative Voranalyse ist nach bekannten Verfahren durchzuführen. Ganz besonders sei auf die Anwendung der Spektralanalyse hingewiesen. Damit lassen sich verhältnismäßig rasch die vorhandenen Elemente (außer F, S, Se) auch in kleiner Menge nebeneinander nachweisen und bei einiger Übung auch ihre ungefähre Menge abschätzen (Schrifttum s. unter ,,Glas", Ergänzungsband). Sogar die Röntgenspektralanalyse hat der Verfasser schon mit Erfolg zum Nachweis von Schwermetallen in Grundemails herangezogen; freilich liegt die Grenze der Nachweisbarkeit hier schon bei etwa 0,1% im Gegensatz zur gewöhnlichen Spektralanalyse (0,01% und darunter).

Für den Gang der quantitativen chemischen Analyse sei hier nur folgende Ergänzung gemacht:

Bestimmung von Kieselsäure, Borsäure, Fluor nebeneinander.

a) SiO_2; F. Die Probe (1 g Einwaage) wird in bekannter Weise mit Soda aufgeschlossen, jedoch nicht unnötig hoch erhitzt. Die erkaltete Schmelze wird mit Wasser ausgezogen, etwa 2 g Ammoncarbonat zugegeben, auf 40° erwärmt, nach dem Abkühlen wieder Ammoncarbonat zugegeben und nach 12 Stunden abfiltriert. Man wäscht mit ammoncarbonathaltigem Wasser aus. Den Rückstand (vor allem Kieselsäure) bewahrt man auf. Das Filtrat dampft man fast zur Trockene ein, nimmt mit etwas Wasser auf, gibt Phenolphthalein zu und Salpetersäure (1:1) bis zum Umschlag. Dann wird gekocht und wieder Salpetersäure (2 n) zugegeben, wieder gekocht usw. bis 1,5 cm^3 2 n-Salpetersäure genügen, um den Farbumschlag hervorzurufen. Nach Zugabe von 2 cm^3

einer gesättigten ammoniakalischen Zinkcarbonatlösung wird wieder gekocht, bis das Ammoniak vertrieben ist, dann filtriert und mit 2%iger KNO_3-Lösung ausgewaschen. Diesen Rückstand, der den Rest der Kieselsäure enthält, vereinigt man mit der ersten Fällung und bestimmt darin nach Eindampfen mit HCl in bekannter Weise die Kieselsäure.

Das Filtrat wird kalt mit einem Überschuß von 1%iger Lanthanacetatlösung, der 5 cm^3 Eisessig zugemischt waren, versetzt. Im allgemeinen genügen 10—20 cm^3. Man gibt noch festes Ammonacetat zu, kocht auf, läßt dann absitzen, dekantiert durch einen gewogenen Goochtiegel, läßt den Niederschlag aber im Becherglas zurück und hier eindampfen; er wird bei 150° getrocknet, danach mit essigsaurem, ammonacetathaltigem Wasser heiß aufgenommen, gekocht, dekantiert und schließlich ganz in den Goochtiegel überführt. Man wäscht mit essigsaurem Wasser aus, bis die Ammoniumreaktion verschwindet. Der Tiegel wird bei 110° gewichtskonstant getrocknet und zurückgewogen. Der Niederschlag bei der Fällung mit Lanthanacetat ist nicht reines Lanthanfluorid, sondern enthält noch Lanthanacetat. Zur Trennung wird nach R. J. Meyer und W. Schulz der Goochtiegel nun schwach geglüht (etwa 600°), bis er rein weiß ist; dadurch wird das beigemengte Acetat in Oxyd überführt. Ist *a* die Einwaage, *b* das Gewicht des Niederschlags nach dem Glühen und *c* der Gewichtsverlust durch das Glühen, so ist

$$\%\ \text{Fluor} = \frac{5700\,(b - 1{,}0647\,c)}{195{,}9\,a}.$$

b) Die Borsäure wird in einem besonderen NaOH-Aufschluß, zweckmäßig nach der Destillationsmethode bestimmt. Nach Hillebrand stören dabei bis 0,2 g NaF nicht.

Die Destillationsmethode zur Bestimmung der Borsäure, wie sie z. B. von E. Zschimmer und E. Leonhardt angewandt wurde, empfiehlt auch W. Kerstan.

2. Chemische Widerstandsfähigkeit. Um die chemische Widerstandsfähigkeit der Granalien festzustellen, wurde in Anlehnung an die Glasprüfung von verschiedenen Seiten vorgeschlagen, Emailpulver bestimmter Korngröße auszulaugen und das Gelöste bzw. den Rückstand zu bestimmen. Es sei z. B. die Arbeitsweise von H. Eisenlohr und H. Diehl wiedergegeben: Korngröße zwischen DIN-Sieb 12 und 20 (144 bzw. 400 Maschen/cm^2). 4 cm^3 Grieß (entsprechend etwa 1000 cm^2 Oberfläche) werden mit 100 cm^3 verdünnter (1%iger) Säure gekocht und der Gewichtsverlust des Grießes bestimmt. Von den untersuchten Säuren wirkte Salzsäure am stärksten, es folgten Citronensäure und Weinsäure, dann Schwefelsäure, Salpeter- und schließlich Essigsäure.

Andere Verfahren unterscheiden sich hiervon im wesentlichen nur durch die Korngröße, die Säurekonzentration usw., die willkürlich gewählt wurden und worüber noch keine Einigkeit besteht.

Für hochsäurefeste Emails kann dieselbe Anordnung verwendet werden, jedoch nimmt man als Angriffsmittel in Anlehnung an die festgelegten Glasprüfungsvorschriften (Bestimmung der Säure- und Laugenfestigkeit, Fachausschußbericht der Deutschen Glastechnischen Gesellschaft Nr. 40, s. unter „Glas") zweckmäßig 10%ige Salzsäure (D = 1,10) 5 Stunden bei gelindem Sieden im Erlenmayer mit Rückflußkühler. Auch hier wird der Gewichtsverlust nach Abfiltrieren durch einen Glasfiltertiegel und 1stündigem Trocknen bei 150° bestimmt.

3. Ausdehnung. An den Granalien bzw. daraus hergestellten Stäben wird oft die Ausdehnung gemessen. Dies hat für Blechgrundemails praktisch gar keinen Sinn, weil sich nach A. Dietzel und K. Meures während des Brennprozesses so große Mengen Eisenoxyd lösen, daß der Ausdehnungskoeffizient (3 α 0—500°) von z. B. $280 \cdot 10^{-7}$ auf $390 \cdot 10^{-7}$ erhöht werden kann. Bei Deck- oder Puderemails jedoch gibt eine Ausdehnungsmessung sehr wohl einen brauchbaren Hinweis; die Ausdehnung wird durch die Mühlenzusätze bzw. den Brennprozeß nicht mehr grundlegend verändert.

Die Ausdehnungsmessung ist bis zur Erweichung durchzuführen. Maßgebend für die Anpassung ist der mittlere AK 0° bis Erweichungstemperatur (A. Dietzel und K. Meures, s. oben).

4. Erweichungsverhalten, Zähigkeit. Charakteristische Temperaturpunkte (genauer: schmale Temperaturbereiche) sind

α) *Transformationspunkt*, das ist der Knick in der Ausdehnungskurve etwa 30—50° unterhalb der Erweichungstemperatur.

β) *Erweichungstemperatur*, das ist die Temperatur, bei der der Prüfstab bei langsamer Erhitzung (3°/Min.) unter seinem eigenen Gewicht (oder nur geringer Überlast) zusammenzusinken beginnt.

γ) *Segerkegelfallpunkt.* Man stellt sich aus der Emailschmelze durch Eingießen in eine Eisenform Kegel nach Art der keramischen Segerkegel her, erhitzt diese einzeln oder mit keramischen Kegeln zusammen im elektrischen Ofen bei konstanter Heizgeschwindigkeit (5—7°/Min.) und beobachtet die Temperatur bei Beginn des Umbiegens und die Temperatur, bei der die Spitze den Boden berührt (s. E. Zschimmer und E. Leonhardt; F. Deurvorst; W. Dawihl). Über Zähigkeitsmessung bis zu höheren Temperaturen siehe unter „Glas" C 4. Benetzungsfähigkeit siehe später unter D 4 c.

5. Trübung. An Granalien hat man verschiedentlich die Natur der trübenden Teilchen untersucht, in der Regel röntgenographisch; so haben A. J. Andrews, G. L. Clark und H. W. Alexander in Fluoremails NaF und CaF_2 und nur diese festgestellt (vgl. auch G. Wiedemann und W. Mialki), in Zinnoxydemails SnO_2, in Antimonemails Sb_2O_5; bei Phosphat- und Zirkonemails war die Identifizierung ungewiß. Untersuchungen über Ceroxyd siehe H. Kohl (röntgenographischer Nachweis nach W. Büssem).

6. Andere Eigenschaften wie Ritzhärte, Lichtbrechung, mechanische Eigenschaften usw. werden im allgemeinen an Granalien nicht bestimmt; wohl aber das spezifische Gewicht, z. B. bei Anwendung der Grießauslaugeverfahren oder zur ungefähren Berechnung der Auftragsdicke aus dem Trockengewicht (Mühlenzusätze und Gaseinschlüsse sind zu bedenken!).

C. Emailschlicker.

1. Mahlfeinheit. Die Mahlfeinheit ist für den Ausfall der Emaillierung von großer Bedeutung. Sie muß laufend überwacht werden, wenn gleichmäßige Ware erzeugt werden soll. Praktisch eingeführt sind vor allem die Siebmethoden.

Man wendet im einfachsten Falle das Pemco-Verfahren an. Dabei mißt man mit einem Meßbecher 50 cm^3 Schlicker ab und gießt ihn durch ein 196- und 3600-Maschensieb; das erstere dient lediglich als Schutz für das feine Sieb. Der Rückstand auf dem feinen Sieb wird sorgfältig mit Wasser ausgespült, der Rückstand getrocknet und in ein Meßgläschen überführt. Die sich ergebende Anzahl Kubikzentimeter dient als Maßstab für die Mahlfeinheit.

W. Dawihl (1) und H. Hadwiger (1) haben festgestellt, daß dieses Verfahren zu roh ist; denn es können praktisch Unterschiede entstehen, trotzdem die Pemco-Probe gleiche Ergebnisse liefert. Es ist notwendig, mehr Siebe anzuwenden, um einen Überblick über die Kornverteilung zu bekommen (Siebanalyse).

2. Lösliche Salze. Während des Mahlprozesses gehen beachtliche Mengen von Emailbestandteilen in das Mühlenwasser in Lösung; zudem setzt man noch kleine Mengen Borax oder Soda zu. Diese Salze beeinflussen die Auftrageigenschaften des Schlickers sehr stark. Als Kontrolle dient die Alkalititration mit n-HCl und Methylorange. Zweckmäßig flockt man das Email und den Ton vor der Bestimmung mit 10 g neutralem NaCl auf 25 g Schlicker und Zugabe von 200 cm^3 H_2O aus. Dies ist nicht notwendig, wenn man den Neutralpunkt potentiometrisch bestimmt [W. Dawihl (2)].

3. Konsistenz. Die Konsistenz oder Viscosität des Schlickers kann nach den unter „Keramik" A 8 angegebenen Verfahren bestimmt werden. Eingeführt sind für Emails folgende Apparate:

a) Auslaufviscosimeter (nach Kohl). Bestimmt wird die Zeit, die eine bestimmte Menge Schlicker zum Auslaufen aus einer bestimmten Düse braucht.

b) Mobilometer. Besonders in Amerika verbreitet ist ein Apparat von Gardner (s. bei G. H. McIntyre und I. T. Irwin): In einem 20 cm hohen Zylinder ist eine Siebplatte als Stempel verschiebbar, die noch belastet werden kann. Der Schlicker wird eingefüllt und die Zeit gemessen, die der Stempel braucht, um z. B. 10 cm tief zu fallen. Wird diese Zeit in Abhängigkeit vom Gesamtgewicht des Stempels + Belastung aufgetragen, so erhält man gerade Linien, die ausgewertet werden, wie unter „Keramik" A 8 (Bingham) angegeben.

4. Auftragfähigkeit. Um zu beurteilen, wie sich ein Schlicker auftragen läßt, sind im wesentlichen zwei Verfahren in Gebrauch: a) Tauchzylinderprobe. Ein mit Grundemail überzogener Blechzylinder wird in den Schlicker eingetaucht und mit bestimmter Geschwindigkeit herausgezogen. Das Gewicht des anhaftenden Schlickers wird bestimmt und gibt ein Maß für die zu erwartende Auftragsstärke (L. Vielhaber, H. Karmaus). Man beobachtet gleichzeitig, wie der Auftrag aussieht, ob er gleichmäßig sitzt, ob er stark abläuft und „Wasserstraßen“ bildet oder gar abrutscht.

b) Ablaufprobe. Man gibt in eine halbkugelige Höhlung eines Bleches eine bestimmte Menge Schlicker, neigt das Blech um 45° und bestimmt die Weglänge, die der Schlicker bis zum Stocken zurücklegt. Dieses Verfahren hält H. Hadwiger (2) für genauer als das nach a) und beschreibt eine Kombination der Verfahren 3a) und 4a).

5. Stellmittel. Die Stellmittel haben den Zweck, ein rasches Absetzen der Emailteilchen im Schlicker zu verhindern. Hierher gehört vor allem der Ton zusammen mit Elektrolyten wie Soda, Borax, Ammonchlorid, Magnesiumsulfat, Magnesiumcarbonat usw. Hochsäurefeste Emails können auch mit verdünnter Salzsäure oder mit Natriumaluminat gestellt werden. Durch solche Zusätze wird gleichzeitig die Konsistenz der Masse geändert. Der Ton wird zweckmäßig nach folgenden Gesichtspunkten geprüft: a) Brennfarbe (Eisengehalt). b) Absetzprobe nach Aufschlämmen mit verschiedenen Zusätzen an Soda. c) Schwebekraftprobe, wie bei b) unter Zusatz von Emailpulver. d) Viscositätsprobe. e) Aufbrennprobe mit ungetrübtem Email; beurteilt wird die Trübkraft des Tones und die Neigung zum Aufkochen (vgl. hierüber H. G. Wolfram, H. G. McIntyre).

D. Puder und eingetrocknete Emailmasse.

Das Email entspricht in diesem Zustand dem fertigen Auftrag, der nun aufgebrannt oder aufgeschmolzen werden soll. Man prüft:

1. Korngröße des auftragfertigen Puders (Sieb- oder Schlämmanalyse).

2. Aussehen des getrockneten Naßauftrags. Qualitative Feststellung, ob einzelne, größere Kristalle der Stellmittel (Borax) zu sehen sind (diese geben lokale Schmelzerscheinungen; Durchschießen der Eisenoxyde).

3. Abriebfestigkeit des getrockneten Auftrags. Zu Vergleichszwecken verwandten A. Dietzel und K. Meures folgende Anordnung: Ein Pinsel mit Schweinsborsten war in einer senkrechten Führung so angeordnet, daß er mit einer bestimmten Belastung nach unten drückte. Unter dem Pinsel wurde die Probe mit dem getrockneten Auftrag solange in einer Führung hin und her bewegt, bis der Auftrag eben durchgescheuert war. Die Messungen gaben auch kleine Unterschiede im Auftrag (z. B. Abwandern der löslichen Salze bei ungleichmäßigem Trocknen) deutlich wieder und waren gut reproduzierbar.

4. Aufbrennverhalten. a) Schmelzbarkeit. Nach C. E. Kinzie stellt man aus der Emailmasse zylindrische Körper her und bringt sie auf einer Eisenplatte in den auf die Prüftemperatur vorgewärmten Ofen. Nach genau 3 Minuten wird die Eisenplatte durch eine Auslösevorrichtung in die senkrechte Lage gekippt, so daß die Emails nun auf der Platte nach unten fließen können. Nach einer bestimmten Zeit holt man die Proben aus dem Ofen und mißt die Ablaufstrecke.

Sehr gute Vergleichsmöglichkeiten gibt das Segerkegelverfahren (s. unter B); die schwach angefeuchtete Masse wird in die mit Seidenpapier ausgelegte Form gestrichen, der erhaltene Kegel getrocknet, auf ein Schamotteplättchen aufgekittet und im elektrischen Ofen mit bestimmter Heizgeschwindigkeit bis zum Umfallen erhitzt.

b) Brennintervall. Ein Bild über die Größe des Brennintervalls erhält man nach J. Lewerth und A. Dietzel in einem Versuch, wenn man einen mit Email überzogenen Blechstreifen bestimmter Abmessung im Temperaturgefälle eines elektrischen Ofens 5 Minuten lang einbrennt, dessen Höchsttemperatur 950° beträgt. Stellt man für ein bestimmtes Blech die Temperaturverteilung ein für allemal fest, so läßt sich die Temperaturdifferenz zwischen der oberen und unteren Grenztemperatur an ein- und demselben Stück unmittelbar ablesen.

c) Gasdurchlässigkeit. Für ein Grundemail ist es mit Rücksicht auf die Haftreaktionen wichtig zu wissen, bei welcher Temperatur es soweit erweicht, daß es zufließt und den Ofengasen den unmittelbaren Zutritt zum Eisen versperrt. Man gießt Emailschlicker etwa 1—2 mm dick auf eine passende Unterlage (Cellophan), läßt ihn trocknen und stellt Plättchen von etwa 20 mm Durchmesser her, die auf verschiedene Temperaturen je 10 Minuten lang gebrannt werden. Daran bestimmt man die Gasdurchlässigkeit nach bekannten Verfahren (s. „Keramik“ B 1 a); sie sinkt in einem engen Temperaturgebiet auf Null (J. Lewerth und A. Dietzel).

E. Metallische Unterlage, Beize.

Emailliert wird im wesentlichen Eisenblech und Gußeisen, daneben Kupfer, Tombak, Alpaka, Silber, Gold (Schmuckemail).

1. Chemische Analyse. Siehe unter den entsprechenden Metallen. Für Emaillierblech sollen die Gehalte an Nebenbestandteilen etwa in folgenden Grenzen liegen: C < 0,1%, Si < 0,1%. Mn bis 0,5%. P < 0,1%. S < 0,05%. Für Gußeisen: C 3,2—3,7%. Si 2,2—2,8%. P 0,6—1,3%. Mn 0,4—0,8%. S < 0,1%. Die Bedeutung und Wirkung der verschiedenen Begleitstoffe für die Emaillierfähigkeit erläutert A. Kräutle.

Änderung der Zusammensetzung des Gusses beim Emaillieren siehe R. B. Schaal.

2. Gefüge. Das Gefüge ist im Anlieferungszustand und nach einem dem Emaillierungsvorgang entsprechendem Ausglühen zu untersuchen, um die Menge des Perlits bzw. seinen Zerfall, die Korngröße des Ferrits, die Größe der Graphitadern oder gar anwesenden Zementit erkennen zu können. Perlit in größeren Mengen oder Zementit sind unerwünscht.

Ganz besonders ist auf oxydische Einschlüsse (Schlacken) zu achten, da diese eine nachträgliche Gasentwicklung hervorrufen oder aber die mechanischen Eigenschaften ungünstig beeinflussen können (z. B. Kupfer wird spröde; s. unter 4). Die Eisenoberfläche muß besonders geprüft werden (Sand, Schlacke, schwammige Stellen, Sulfidanreicherungen!).

3. Mechanische Eigenschaften. Diese Eigenschaften sind zunächst einmal für die Formgebung wichtig. Hierher gehören: Zug- und Druckfestigkeit, Biegefestigkeit, Tiefziehprobe nach Erichsen, Brinellhärte,

Elastizität, Dehnung. Die mechanischen Eigenschaften sind aber auch von entscheidendem Einfluß auf die Stärke der entstehenden Spannungen im Email. Dehnbare Metalle (Kupfer) können nämlich einen Ausdehnungskoeffizienten haben, der von dem des Emails weit entfernt ist; je weniger dehnbar ein Metall ist, um so näher müssen die AK beieinander liegen. Um diese Verhältnisse bei höheren Temperaturen überblicken zu können, bestimmen A. Dietzel und K. Meures die Geschwindigkeit der plastischen Deformation eines einseitig eingespannten und am freien Ende belasteten Eisenblechs bis 600° (Abb. 1).

4. Gasgehalt. Mit Rücksicht auf die Blasenbildung im Email kann auch der Gasgehalt (insbesondere H_2 vom Beizen) von Interesse sein. Bestimmung durch Ausglühen im Vakuum (F. Körber und H. Ploum).

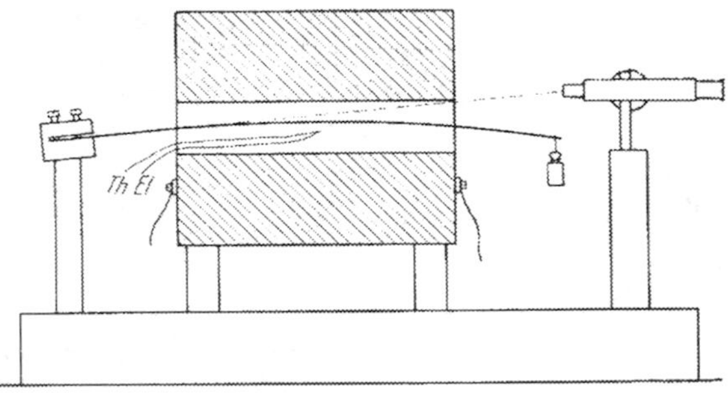

Abb. 1. Anordnung zur Bestimmung der plastischen Dehnung von Metallen bei höheren Temperaturen. (Nach Dietzel und Meures.)

5. Beize. Zur Kontrolle der Beize sind im wesentlichen zwei Bestimmungen notwendig: 1. Acidität; Titrieren mit NaOH. 2. Gehalt an Eisensalzen; Titration mit $KMnO_4$ (bei salzsaurer Beize unter Zusatz von $MnSO_4$ und Phosphorsäure). Bei Anwesenheit von 6% Eisensulfat oder Chlorid ist das Bad zu erneuern. Bestimmung siehe bei H. J. Karmaus; R. L. Foraker.

F. Emaillierung.

1. Chemische und optische Analyse. Die Analyse wird im allgemeinen nicht bei den aufgebrannten Emails durchgeführt, sondern an Granalien, weil es schwierig ist, die einzelnen dünnen Emailschichten voneinander und vom Eisen sauber zu trennen. Kommt es wirklich darauf an, die Zusammensetzung einer Emaillierung zu erfahren, so läßt man das Email abplatzen, sammelt die Splitter, zerdrückt sie erforderlichenfalls etwas, bettet sie in Cedernöl ein und sucht unter dem Mikroskop (mit einem Mikromanipulator) gleichartige Stücke aus. Zuvor ist es notwendig, an einem Emailquerschnitt den Emailaufbau zu studieren. Sucht man nur ungefähre Anhaltspunkte oder einzelne Bestandteile, so leistet die spektrographische Methode hervorragende Dienste.

Handelt es sich darum, in der Grenzschicht Email-Eisen die Konzentration der Eisenoxyde zu bestimmen oder bei Trübungsmitteln die Menge des Gelösten, so bedient man sich zweckmäßig mikroskopischer

Methoden. A. Dietzel und K. Meures bestimmten zunächst die Erhöhung der Lichtbrechung des zu untersuchenden Emails durch Zuschmelzen bestimmter Mengen von Eisenoxyd bzw. Eisenoxydul, und dann die Lichtbrechung von Emailsplittern aus der Grenzschicht (nach der Einbettungsmethode unter dem Mikroskop) und konnten so den Gehalt an Eisenoxyd ermitteln. Dasselbe Verfahren haben W. Pralow und A. Dietzel dazu verwendet, die Löslichkeit von TiO_2 im Email zu bestimmen; man stellt hier die Lichtbrechung der glasigen Teile des trüben Emails bei starker Vergrößerung fest. Analog kann man die Löslichkeit anderer Trübungsmittel mit hoher Lichtbrechung ermitteln.

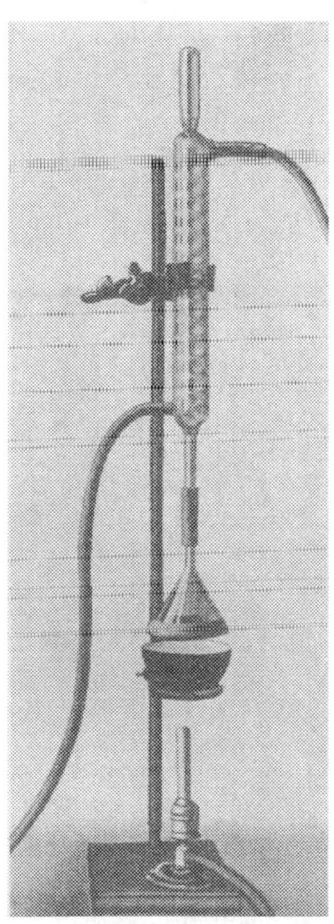

Abb. 2. Vorrichtung zur Bestimmung der Auslaugbarkeit von emaillierten Schalen. (Phot. E. Rickmann.)

Eine Ergänzung bildet die quantitative röntgenographische Analyse; hierbei bestimmt man den Anteil der nicht gelösten, kristallinen Trübstoffe nach dem Debye-Scherrer-Verfahren.

2. Chemische Widerstandsfähigkeit. Der Wissenschaftliche Fachausschuß des Vereins Deutscher Emailfachleute hat sich auf folgendes vorläufiges Verfahren zur Prüfung von Emails für Haushaltsgeschirr (Kochgeschirre) geeinigt:

Das zu prüfende Email wird auf eine eiserne halbkugelige Schale (sog. Löffelschale) mit einem Durchmesser von wenigstens 7 cm aufgetragen und eingebrannt. Die Schale wird gut ausgewaschen, 1 Stunde bei 150° getrocknet und gewogen. In die Schale wird ein Trichter aus gutem Geräteglas gesetzt, dessen Rand mit einem Gummiwulst versehen ist; so wird eine bestimmte Emailoberfläche für den Angriff freigelassen (s. Abb. 2). Man laugt der Reihe nach aus

a) mit Milchsäure D.A.B. 6, 5 Vol.-%ig, 30 Minuten, indem man über freier Flamme zum gelinden Sieden erhitzt,

b) mit Sodalösung 10%ig, 15 Minuten bei 60°,

c) mit Milchsäure wie unter a),

d) mit Sodalösung nach b).

Nach der ersten und vierten Behandlung wird die Schale mit einer Gummifahne ausgewischt, gut nachgespült, 1 Stunde bei 150° getrocknet und gewogen. Der Gewichtsverlust wird in Gramm je 100 cm^2-Oberfläche angegeben.

E. Rickmann (1) wies darauf hin, daß für die Angreifbarkeit von Haushaltsgeschirr weniger der Gewichtsverlust charakteristisch ist, als der Glanzverlust, und daß durchaus keine einfache Beziehung zwischen diesen beiden Größen besteht.

Zur Untersuchung fertiger Gegenstände verfährt man im Falle von Hohlgefäßen nach W. Dawihl (1) so, daß man die Auslaugelösung in den Prüfkörper füllt und darüber einen Porzellantrichter stülpt, aus dem man die Dämpfe dauernd absaugt, um Kondenswasserbildung auf den Rändern des Prüftopfes zu vermeiden. Außerdem ist darauf zu achten, daß das Verhältnis von Oberfläche zu Volumen ungefähr 1:1 ist.

Handelt es sich um die Prüfung ebener Stücke, so kann man nach E. E. Bryant einen Gummiring auflegen und einen Trichter dagegenpressen; in den durch die Platte und Trichter gebildeten Hohlraum füllt man die Auslaugeflüssigkeit und bestimmt nach dem Versuch den Glanzverlust.

Bestimmung der Bleilässigkeit von Emails, mit denen Nahrungs- oder Genußmittel in Berührung kommen, siehe unter „Keramik" S. 493.

Bestimmung von gelöstem Antimon. Nach einer in Vorbereitung befindlichen Vorschrift wird das emaillierte oder glasierte Gefäß $^1/_2$ Stunde mit einer Lösung von 3 g Weinsäure in 100 g Wasser ausgekocht. Bei Gefäßen mit mehr als $^1/_2$ l Inhalt dürfen sich höchstens 6 mg Sb je Liter Inhalt lösen, bei kleineren Gefäßen höchstens 3 mg insgesamt (für den ganzen Inhalt); siehe K. Beck und W. A. Schmidt. Nachweis des gelösten Antimons siehe z. B. Beythin. Hier ist der getrennte Nachweis von 3wertigem und 5wertigem Sb angegeben.

3. Poren in der Emailoberfläche. Poren (Nadelstiche) sind besonders dann gefährlich, wenn sie bis auf das Eisen durchgehen. Nachweise: I. Man hängt das emaillierte Eisen als Kathode in einen Elektrolyten, der Phenolphthalein enthält und schaltet es in einen Stromkreis mit Amperemeter bzw. Glühlampe; an den Poren wird der Elektrolyt rot [W. Dawihl (2), H. Edner]. II. Man drückt ein feuchtes, schwach saures Gelatinepapier mit $K_4Fe(CN)_6$ oder KCNS auf und läßt einige Zeit einwirken. Durchgehende Poren geben sich durch Farbflecke zu erkennen (E. Rickmann).

4. Spannungen zwischen Email und Metall. Die Stärke von Spannungen in der Emaillierung kann aus den Ausdehnungskoeffizienten nicht genau abgeleitet werden, da die plastischen Eigenschaften des Metalls, die Abkühlungsgeschwindigkeit unter anderem einen gewissen Einfluß auf den endgültigen Spannungszustand haben. Bei Grundemails kommt noch die Änderung des Ausdehnungskoeffizienten durch die gelösten Eisenoxyde hinzu. Genaue Aussagen sind nur zu machen auf Grund von Versuchen an der fertigen Emaillierung.

Methode nach W. Steger. R. Meyn hat versucht, das Stegersche Verfahren (s. „Keramik" S. 494) auf Emaillierungen zu übertragen. Für Gußeisen ist dies trotz der Bedenken von W. Lemme, H. Salmang und I. Brink in vielen Fällen möglich; für Blechemaillierungen ist es in der von Meyn angegebenen (nach Steger kopierten) Form ungeeignet, weil sich das Blech bei waagerechter Haltung durchbiegt. Außerdem darf ein aufgebranntes Email nicht wiederholt aufgeheizt werden, weil sich sonst die Spannungen im Eisen ausgleichen. Der in

Abb. 3 dargestellte Apparat hat sich jedoch bewährt. An einem 40 cm langen und 2—3 cm breiten Blechstreifen wird eine Strecke von 10 cm einseitig mit Email überzogen und senkrecht hängend in dem elektrischen Ofen eingebrannt. Nach dem Glattfließen des Emails wird der Ofen nach unten geschoben und eine Skala unter das freihängende Ende des Streifens geschoben. Während der freien Abkühlung der Probe mißt man mittels eines auf der Rückseite der emaillierten Strecke angebrachten Thermoelements die Temperaturabnahme und die zugehörigen Ausschläge auf der Skala. Man erhält Kurven ähnlich wie bei Steger angegeben.

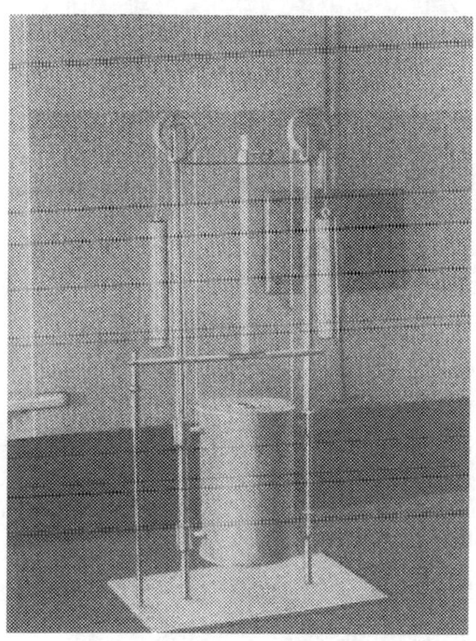

Abb. 3. Der Stegersche Spannungsmesser. Anordnung für emaillierte Bleche. (Nach A. Dietzel.)

5. Thermische Eigenschaften.

a) Abschreckfestigkeit, Kochfestigkeit. I. Man erhitzt den leeren Topf über freier Flamme, bis ein Stückchen Blei auf dem Boden eben schmilzt und gießt dann kaltes Wasser zu. Oder II. Man läßt $^1/_2$ Stunde lang aus einer Bürette alle 20 Sekunden 1 Tropfen Wasser auf das Probestück fallen, das sich in einem Ofen mit 360° Ofentemperatur befindet (C. J. Kinzie). Gute Emails geben zahlreiche, ganz feine Sprünge, aber keine Absplitterungen. Nach H. Kohl (unveröffentlicht) erhitzt man den Probetopf auf einer elektrischen Heizplatte und gießt nach Erreichen einer bestimmten Temperatur (Messung mit Oberflächenthermoelement) Wasser ein. Vergleichende Untersuchungen siehe W. Dawihl (3).

Die Schwierigkeit, die Emailtemperatur vor der Abschreckung mit Wasser auf einfache Weise genau genug zu messen, läßt sich durch Anwendung der neuen Farben der I. G. Farbenindustrie beheben, die bei bestimmten Temperaturen ihre Farbe wechseln.

b) Wärmeleitfähigkeit. W. Dawihl (4) verfuhr folgendermaßen: Grundierte und mit Deckemail überzogene Eisenblechbecher wurden innen mit Paraffinöl gefüllt und durch einen Gummistopfen abgeschlossen, der zwei Durchführungen für das Thermometer und die elektrische Heizung hatte. Der Becher war in einem Wasserthermostaten eingebaut. Die Wärmeleitfähigkeit wurde durch Energiemessung, Ablesen der Innen- und Außentemperatur mit Thermometern bestimmt. Berechnung: $Q = 0{,}24 \cdot E\,J\,t$ und $Q = (T_i - T_a)\,t\,F/d$. E in Volt, J in Ampere, T_i, T_a in °C, t = Zeit in Sekunden, F die vom Paraffinöl bedeckte Fläche und d = Dicke der Emaillierung. Das Eisen konnte vernachlässigt werden. Gemessen wurden Werte für die Wärmeleitfähigkeit bei im Mittel 40° von 0,0023—0,0029. Blasen verändern die Wärmeleitfähigkeit mehr als eine Verschiebung der Zusammensetzung.

6. Mechanische Eigenschaften. a) Schlagfestigkeit. Am meisten gebraucht sind Kugelfallapparate oder Pendelschlagapparate. Die Beanspruchung erfolgt teils von der Blechseite, teils von der Emailseite aus. Das Prüfblech ist entweder nur am Rand eingespannt (Aufschlagstelle federt) oder auf Sand bzw. Zement gebettet. Einheitlichkeit in der Durchführung besteht nicht. Bei einer Prüfung muß man sich darüber klar sein, ob man nur die Emailschicht, unabhängig von der metallischen Unterlage prüfen will, oder eine gegebene Emaillierung insgesamt. Im ersten Fall ist das Blech zu unterstützen, im zweiten Fall ist die Probe frei zu beanspruchen.

Sehr geeignet erscheint der Schlagfestigkeitsprüfer nach Schwarz (L. Stuckert). In einem Fallrohr läßt man einen Bären von bestimmtem Gewicht auf einen Stift fallen, in dessen Höhlung eine Stahlkugel liegt; diese ruht auf der Emailfläche und überträgt den Schlag. Der Apparat hat den Vorteil, daß man die Stelle, die getroffen werden soll, genau auswählen kann; außerdem ist er sehr handlich. Die Zerstörungserscheinungen lassen sich quantitativ auswerten.

b) Biegefestigkeit. In Amerika wird im wesentlichen der Apparat nach R. R. Danielson und W. C. Lindemann verwendet. Emaillierte Blechstreifen werden quer über zwei Walzen gelegt und durch eine dritte, mittlere, so durchgebogen, daß das Email auf Zug beansprucht wird.

c) Haftfestigkeit. Im allgemeinen benützt man die auf Schlagfestigkeit beanspruchten Proben auch zur Beurteilung der Haftfestigkeit. Man sieht aus der Art der Absplitterungen, ob die Verbindung des Grundemails mit dem Eisen gut ist oder nicht. C. J. Kinzie und I. B. Miller benützen einen Apparat ähnlich dem Erichsen-Tiefziehprüfer für Blech. Durch Eindrücken einer Stahlkugel wird das emaillierte Blech ausgebeult und qualitativ beurteilt, ob das Grundemail nur wenig oder stark abplatzt. Auch die Größe der abspringenden Splitter ist bei diesen Proben ein Maß für die Haftfestigkeit; je feiner die Splitter, um so besser die Verbindung.

d) Ritzhärte; Abriebfestigkeit. Die Ritzhärte wird am zweckmäßigsten mit dem Ritzhärteprüfer nach Martens gemessen.

Ein brauchbares Maß ist auch die Härte nach Vickers (W. Heimsoeth).

Für die Bestimmung der Abriebfestigkeit dienen Sandstrahlgebläse, wobei festgestellt wird, wann ein Email seinen Glanz verloren hat und wann das Email restlos entfernt ist (G. H. Spencer-Strong), oder man verwendet einen emaillierten Becher als Trommelmühle, füllt Sand, Putzmittel usw. ein und bestimmt den Gewichtsverlust nach einer bestimmten Zeit (L. Vielhaber).

e) Emaildickenmessung. Ohne die Emaillierung zu zerstören, kann man mit einem elektromagnetischen Gerät durch Aufsetzen einer stromdurchflossenen Spule auf die Prüffläche die Entfernung von Spule zu Eisen, mit anderen Worten die Emaildicke, bestimmen (M. A. Rusher; H. Holscher).

7. Elektrische Eigenschaften. Den elektrischen Widerstand von Emails zwischen 300 und 560° haben H. Salmang und F. Holler bestimmt. Ein emailliertes Blech wird nach Glattschleifen des Blechs und Versilbern des Emails zwischen versilberten Kupferelektroden eingespannt und im elektrischen Ofen erhitzt. Der Widerstand wird mit einer Meßbrückenanordnung bestimmt.

8. Optische Eigenschaften. a) Trübung. Man mißt bei Emails wie bei Glasuren das diffuse Reflexionsvermögen im Vergleich zu Baryt- oder Magnesiaweiß. Meist fällt das Licht unter 45° zur Probe ein und man beobachtet senkrecht zur Oberfläche. Apparate siehe bei „Keramik" S. 495. Das Verfahren ist nur anwendbar bei weißen oder grauen Trübungen (ohne Farbstich); anderenfalls muß man das spektrale Reflexionsvermögen bestimmen.

Zur vergleichenden Beurteilung von Trübungsmitteln ist auf folgende Faktoren zu achten, die einen entscheidenden Einfluß auf die Trübung haben: Mahlfeinheit des Emails, Tonzusatz, Auftragstärke, Brennbedingungen (Zeit, Temperatur).

b) Farbe. Siehe unter „Keramik" S. 490.

c) Glanz. Anordnung zur Messung siehe unter „Keramik" C, ferner siehe R. Hunter und H. A. Gardner. Die Glanzmessung ist nur möglich an ebenen Proben. Als Vergleich wird zweckmäßig eine einseitig mattierte und geschwärzte Spiegelglasplatte (Glanz = 100%) verwendet.

Literatur.

Rohstoffe.

Vielhaber, L.: Emailw.-Ind. **14**, 304 (1937).

Emailgranalien.

Andrews, A. J., G. L. Clark u. H. W. Alexander: Journ. Amer. Ceram. Soc. **16**, 385 (1933).

Dawihl, W.: Keram. Rdsch. **41**, 279 (1933). — Deurvorst, F.: Sprechsaal **61**, 561 (1928). — Dietzel, A. u. K. Meures: Sprechsaal **66**, 746 (1933).

Eisenlohr, H. u. H. Diehl: Keram. Rdsch. **40**, 67 (1932).

Kerstan, W.: Keram. Rdsch. **38**, 393 (1930). — Kohl, H.: Emailw.-Ind. **15**, 207 (1938).

Meyer, R. J. u. W. Schulz: Ztschr. angew. Ch. **38**, 203 (1925).

Wiedemann, G. u. W. Mialki: Ztschr. f. techn. Physik **15**, 150 (1934). — Sprechsaal **68**, 631 (1935).

Zschimmer, E. u. E. Leonhardt: Sprechsaal **61**, 763 (1928).

Emailschlicker.

Dawihl, W.: (1) Keram. Rdsch. **42**, 109 (1934). — (2) Keram. Rdsch. **42**, 207 (1934).

Hadwiger, H.: (1) Glashütte **64**, 616 (1934). — (2) Glashütte **67**, 751 (1937).

Karmaus, H.: Keram. Rdsch. **42**, 109 (1934).

McIntyre, H. G.: Enamelist **12**, 18 (1934). — McIntyre, H. G. u. I. T. Irwin: Journ. Amer. Ceram. Soc. **15**, 433 (1932). — Keram. Rdsch. **44**, 427 (1936).

Vielhaber, L.: Emailw.-Ind. **11**, 305 (1934).

Wolfram, H. G.: Emailw.-Ind. **10**, 3 (1933).

Puder und eingetrocknete Emailmasse.

Dietzel, A. u. K. Meures: Emailw.-Ind. **16**, 57 (1939).

Kinzie, C. E. Journ. Amer. Ceram. Soc. **15**, 357 (1932).

Lewerth, J. u. A. Dietzel: Unveröffentlicht (voraussichtlich Sprechsaal 1939).

Metallische Unterlage, Beize.

Dietzel, A. u. K. Meures: Sprechsaal 68, 339 (1935).

Foraker, R. L.: Better Enameling 8, 20 (1937).

Karmaus, H. J.: Emailw.-Ind. 10, 27 (1933). — Körber, F. u. H. Ploum: Ztschr. Elektrochem. 39, 252 (1933). — Kräutle, A.: Emailw.-Ind. 10, 109 (1933).

Schaal, R. B.: Journ. Amer. Ceram. Soc. 21, 24 (1938).

Emaillierung.

Beck, K. u. W. A. Schmidt: Ztschr. Lebensmitt. Chem. 55, 22 (1929). — Beythin: Laborbuch für den Lebensmittelchemiker, S. 448. Dresden: Theodor Steinkopff. — Bryant, E. E.: Journ. Amer. Ceram. Soc. 20, 317 (1937).

Dawihl, W.: (1) Chem. Fabr. 9, 15 (1936). — (2) Keram. Rdsch. 41, 295 (1933). (3) Keram. Rdsch. 42, 271 (1934). — (4) Chem. Fabr. 8, 327 (1935). — Danielson, R. R. u. W. C. Lindemann: Journ. Amer. Ceram. Soc. 8, 795 (1925). — Dietzel, A. u. K. Meures: Sprechsaal 66, 647 (1933).

Edner, H.: Glashütte 66, 333 (1936).

Heimsoeth, W.: Sprechsaal 72, 178 (1939). — Holscher, H.: Journ. Amer. Ceram. Soc. 19, 298 (1936). — Hunter, R. u. H. A. Gardner: The Amer. Enameller 7, 4 (1934).

Kinzie, C. J.: Journ. Amer. Ceram. Soc. 12, 188 (1929). — Kinzie, C. J. u. I. B. Miller: Bull. Amer. Ceram. Soc. 14, 371 (1935).

Lemme, W., H. Salmang u. I. Brink: Emailw.-Ind. 10, 245 (1933).

Meyn, R.: Keram. Rdsch. 39, 61 (1931).

Pralow, W. u. A. Dietzel: Unveröffentlicht.

Rickmann, E.: (1) Emailw.-Ind. 13, 51 (1936). — (2) Keram. Rdsch. 41, 295 (1933). — Rusher, M. A.: Bull. Amer. Ceram. Soc. 14, 365 (1935).

Salmang, H. u. F. Holler: Sprechsaal 66, 474 (1933). — Spencer-Strong, G. H.: Journ. Amer. Ceram. Soc. 19, 112 (1936). — Stuckert, L.: Emailw.-Ind. 14, 81 (1937).

Vielhaber, L.: Emailw.-Ind. 12, 129 (1935).

Aluminium.

Von

Dr. habil. **Fr. Heinrich** und Chefchemiker **Frohw. Petzold**, Dortmund.

Die Anwendungen des Aluminiums haben sich so sehr entwickelt und seine Bedeutung in Technik und Wirtschaft ist so groß geworden und verspricht noch weiter zuzunehmen, daß es richtig erschien diesmal die analytischen Untersuchungsmethoden ausführlich wiederzugeben.

Die wichtigsten Ausgangsstoffe für die Herstellung von Aluminium sind Bauxit, Kryolith und Laterit, in untergeordnetem Maße Ton, Kaolin, Leucit und Labradorit.

Die Aluminiumherstellung umfaßt die Gewinnung der Tonerde und die Reduktion derselben zu Aluminium. Letztere erfolgt durch Elektrolyse eines bei 900—950° schmelzenden Gemisches der gewonnenen Tonerde mit Kryolith oder Chiolit. Das Rohmaterial wird in Flammenöfen oder elektrisch geheizten Öfen umgeschmolzen, in die handelsüblichen Formen gegossen und als Hüttenaluminium mit 99% Al, gez. Al 99 H Din 1712, bezeichnet.

I. Verfahren der Aluminiumbestimmung.

A. Qualitative Bestimmung[1].

Zum Nachweis kleiner Mengen lösen K. Kershner und R. D. Duff den durch Fällen mit Ammoniak erhaltenen und gewaschenen Niederschlag teilweise durch Übergießen mit 5 cm^3 6 n-Ammoniak, fügen zum Filtrat 10 cm^3 n-Ammoniumchloridlösung und 1 cm^3 einer Lösung bestehend aus 0,4 g Purpurin und 0,01 g Sandarakharz in 1 l Äther. Beim Schütteln gibt sich Aluminium durch Rotfärbung des Schaumes zu erkennen. Eisen und Chrom stören nur wenig, die Erfassungsgrenze liegt bei 1 γ. Ferner berichtet E. Eegriwe über ein Verfahren zum Nachweis von Aluminium mittels Eriochromcyanins-R, bei dem noch 1 γ Al neben der je 100fachen Menge aller Elemente mit Ausnahme von Cu, $VO^{\cdot\cdot}$ und $Tl^{\cdot\cdot\cdot}$ einwandfrei nachweisbar ist. $Ti^{\cdot\cdot\cdot\cdot}$, Zr und Th geben zwar in größeren Mengen violettrote bis blauviolette Niederschläge, aber die Reaktion tritt anders in Erscheinung. Bei Gegenwart von Be geschieht der tropfenweise Zusatz der 0,2 n-Essigsäure zur alkalisierten Lösung, und man vergleicht nach dem Abkühlen die Färbung von oben durch die Lösung hindurchsehend. Von Anionen wirken hindernd bzw. störend: PO_4''', C_2O_4'', F', $C_4H_4O_6''$, SiO_3'', BF', SiF_6'', $Fe(CN)_6''''$ und CrO_4''.

B. Quantitative Verfahren.

Die drei gebräuchlichsten Bestimmungsformen sind die Ausfällung des Aluminiums als Hydroxyd und Verglühen zu Oxyd, die Ausfällung und Auswägung als Aluminiumphosphat und die Ausfällung als Oyxchinolat und Auswaage als solches oder nach anschließendem Verglühen zu Oxyd.

Die maßanalytische Bestimmung erfolgt durch Titration des Oxychinolinniederschlages, direkt oder durch Rücktitration. Die colorimetrischen Verfahren beruhen auf der Herstellung von Farblacken mit organischen Stoffen.

1. Gewichtsanalytische Verfahren. a) Ammoniakfällung. Nach W. D. Treadwell (1) wird die reine Aluminiumsalzlösung, die 0,5—1 n an NH_4Cl sein soll, auf etwa 70° erhitzt und hierauf tropfenweise mit 0,1 n-Ammoniak gefällt, bis der Geruch in der heißen Lösung eben nachweisbar ist. Nach dem Absitzen wird noch heiß filtriert und der Niederschlag mit heißem Wasser ausgewaschen, in einem gewogenen Porzellantiegel verascht, und bei 1000° bis zur Gewichtskonstanz geglüht.

R. Rinne hat die notwendige Grenzkonzentration an Ammoniumchlorid festgestellt zu mindestens 3 g NH_4Cl in 100 cm^3 Lösung. Läßt man die nötige Ammoniumsalzmenge durch Neutralisation einer salzsauren Aluminiumsalzlösung entstehen, so sollen 100 cm^3 Lösung nicht weniger als 5 cm^3 konzentrierte Salzsäure enthalten. Unter diesen Bedingungen soll ein Ammoniaküberschuß nicht schaden.

b) Aluminiumphosphatbestimmung. P. Klinger versetzt die etwa 150 cm^3 betragende klare Lösung in einem 1000 cm^3 fassenden

[1] Vgl. W. D. Treadwell: Anal. Chem. 1, 96 (1920).

Becherglase so lange mit Ammoniak (1 : 1), bis sie gegen Lackmus gerade noch schwach alkalisch reagiert. Nach Zugabe von 4 cm^3 Salzsäure (D 1,124) wartet man bei Zimmertemperatur die völlige Klärung der Lösung ab, verdünnt auf 400 cm^3 und setzt 15 cm^3 80%ige Essigsäure und zur Reduktion des Eisens 20 cm^3 oder mehr einer 30%igen Ammoniumthiosulfatlösung hinzu. Die Lösung wird zum Sieden erhitzt, nach erfolgter Reduktion mit 20 cm^3 Diammonphosphatlösung (1 : 10) versetzt und unter ständigem Umrühren 15 Minuten lang im Sieden erhalten. Dann filtriert man durch ein 11 cm Weißbandfilter ab (die aus Schwefel bestehende Trübung des Filtrates ist belanglos), und wäscht den Niederschlag 3mal mit kochendem Wasser aus. Der Niederschlag wird in das Fällungsgefäß zurückgespült und das Filter mit heißer Salzsäure (1 : 3) ausgewaschen. Zum Filtrat werden 20 cm^3 Salzsäure (D 1,19) hinzugegeben. Die salzsaure Lösung mit dem Niederschlag wird gekocht, bis sie, abgesehen von dem Schwefel, vollständig klar ist. Nach dem Abkühlen wird in gleicher Weise ein zweites Mal gefällt, nur erfolgt hierbei der Diammoniumphosphatzusatz vor dem Aufkochen unmittelbar nach dem Thiosulfatzusatz. Der Niederschlag wird mit kochendem Wasser dekantiert, nach dem Filtrieren 6mal mit kochendem Wasser ausgewaschen, getrocknet und langsam verascht. Man glüht zunächst $^1/_2$ Stunde lang bei 1100°, steigert die Temperatur für $1^1/_2$ Stunden auf etwa 1200°, wägt aus und überzeugt sich durch kurzes Nachglühen bei 1200°, daß das Gewicht konstant bleibt. Der Niederschlag kann auch nach dem Veraschen in der Muffel 1 Stunde lang bei 1100° vorgeglüht und über einem Gas-Preßluftgebläse $^1/_2$ Stunde nachgeglüht werden. Man erhält so ein gleichbleibendes Gewicht an $AlPO_4$.

Bei Gegenwart von Calcium muß nach A. G. C. Groyer und N. D. Pullen der p_H-Wert der Lösung, der unter Verwendung von Bromphenolblau bestimmt wird, bei $p_H = 4{,}0$—4,5 liegen.

c) Bestimmung als Aluminiumoxychinolat. Nach R. Berg (1) versetzt man die Aluminiumsalzlösung mit 2—5 cm^3 4-n-Essigsäure, erwärmt auf etwa 60° und gibt einen Überschuß einer 3—4%igen Oxinacetatlösung hinzu. Die Verwendung einer alkoholischen Oxinlösung ist nach F. L. Hahn (1), nach J. M. Kolthoff (1) und nach Kolthoff und Sandell, infolge einer geringen Löslichkeit des Komplexes in verdünntem Alkohol ungeeignet. Man erwärmt zum Sieden und setzt einen Überschuß von doppelt normaler Natrium- oder neutraler Ammoniumacetatlösung hinzu. Der kristallin gewordene Niederschlag wird heiß durch einen bei 130° getrockneten Glasfiltertiegel abfiltriert, zuerst mit wenig heißem und dann mit kaltem Wasser bis zur Farblosigkeit desselben gewaschen, bei 130° bis zur Gewichtskonstanz getrocknet und als grünlichgelber Aluminiumkomplex $Al(C_9H_6ON)_3$ zur Wägung gebracht. Auswaage · 0,05874 = g Al. Der Niederschlag kann auch durch ein Papierfilter filtriert und nach Abdecken mit Oxalsäure und Vortrocknen zu Aluminiumoxyd verglüht werden.

F. L. Hahn und K. Vieweg, ferner Benedetti-Pichler weisen darauf hin, daß ein Auswaschen mit Essigsäurewasser infolge der Löslichkeit des Komplexes nicht zulässig ist. Die beschriebene Ausführungsart ist zu empfehlen, wenn die vorliegende Aluminiummenge annähernd bekannt ist. Bei unbekannten Aluminiummengen werden etwa 100 cm³ der ganz schwach mineralsauren Aluminiumsalzlösung nach Zusatz von 1—3 g Natrium- oder Ammoniumacetat in der Kälte mit Oxinacetat unter lebhaftem Umrühren im Überschuß, der an der deutlich gelben Farbe erkennbar ist, versetzt. Hierauf wird die Lösung zum Sieden erhitzt und in der oben beschriebenen Weise behandelt. Bei Trennung von anderen Elementen fällt man zweckmäßig in tartrathaltiger, ammoniakalischer Lösung, wobei Weinsäure nicht zerstört zu werden braucht. Die etwa 100 cm³ betragende Aluminiumsalzlösung wird zur Verhinderung einer Ausfällung von Aluminiumhydroxyd mit einer genügenden Menge Weinsäure versetzt, nach Zusatz von 1—2 g Ammoniumchlorid mit Ammoniak neutralisiert und auf etwa 70° erwärmt. Gefällt wird tropfenweise mit einer 2—3%igen Oxinacetatlösung im geringen Überschuß. Nach weiterem Zusatz einiger Tropfen konzentrierten Ammoniaks, wobei ein zu großer Überschuß an Ammoniak zu vermeiden ist, und 5 Minuten langem Erwärmen wird nach Absitzenlassen der Niederschlag filtriert und wie oben weiterbehandelt. Bei Gehalten von weniger als 5 mg Aluminium in 50 cm³ Gesamtvolumen wird entsprechend weniger Tartrat zugefügt und erst nach dem Erkalten filtriert.

H. V. Moyer und W. J. Remington berichten über die Mitfällung anderer Körper und den Einfluß des p_H-Wertes auf die Oxinfällungen. So kann z. B. Zink und Magnesium restlos durch Oxin getrennt werden, wenn man das Zink aus essigsaurer, mit Acetat gepufferter Lösung bei p_H zwischen 4,6 und 5,5 ausfällt. Eisen und Aluminium lassen sich aus weinsaurer mit Ammoniumacetat gepufferter Lösung bei p_H zwischen 3,5 und 4,0 trennen. — Die bei höheren p_H-Werten beobachtete Mitfällung des Magnesiums beim Zink und des Aluminiums beim Eisen wird durch Adsorption auf der Oberfläche des Niederschlages erklärt.

d) Gravimetrische Mikrobestimmung. Nach A. Benedetti-Pichler versetzt man 1 cm³ der 0,1—0,5 mg Aluminiumoxyd enthaltenden Lösung mit 1 Tropfen konzentrierter Salzsäure und 0,3—0,5 cm³ des Oxinreagenzes. Hierauf wird auf dem Wasserbade mit doppelt normaler Ammoniumacetatlösung tropfenweise bis zur ersten bleibenden Trübung und nach 1 Minute Wartezeit, innerhalb welcher die Trübung kristallin zu werden pflegt, tropfenweise mit noch 0,5 cm³ der Acetatlösung versetzt. Die Angaben sind für 1 mg Aluminiumoxyd berechnet und sind anderen Gehalten entsprechend anzugleichen. Nach beendeter Fällung läßt man 10 Minuten auf dem Wasserbade stehen, führt den Niederschlag heiß in ein Filterstäbchen über und saugt möglichst trocken. Nachdem man 4—5mal mit je 0,25—0,5 cm³ heißem Wasser gewaschen hat, wird unter Durchsaugen von Luft 5 Minuten in einem Preglschen Aluminiumblock auf 140° erhitzt.

Zur Herstellung der Oxinacetatlösung werden 3—4 g Oxychinolin in möglichst wenig Eisessig gelöst, auf 100 cm³ mit heißem Wasser aufgefüllt und mit Ammoniak tropfenweise bis zur beginnenden schwachen Trübung versetzt, worauf die Lösung mit verdünnter Essigsäure wieder geklärt wird.

e) Cupferronverfahren. Nach W. Prodinger (1) wird die ungefähr 0,005 n-Schwefelsäurelösung mit dem anderthalbfachen der theoretischen Menge Cupferron unter Umrühren in der Kälte gefällt und bereits nach einigen Minuten abfiltriert. Der Niederschlag wird mit cupferronhaltigem Wasser gewaschen und noch feucht verascht. Alkalisalze werden vom Niederschlag nicht adsorbiert und beschleunigen das Absetzen desselben.

2. Maßanalytisches Verfahren. a) Zur maßanalytischen Bestimmung wird der Oxychinolinniederschlag nach R. Berg und M. Teitelbaum in einem kalten Gemisch gleicher Teile 10—15%iger Salzsäure und Alkohol gelöst. Nach Zusatz von einigen Tropfen 1%iger wäßriger Indigocarmin- oder besser einer 0,2%igen alkoholischen Methylrotlösung, wird mit eingestellter Bromat-Bromidlösung bei Zimmertemperatur bis zum Farbenumschlag von blau bzw. rot in rein gelb titriert. Hierauf werden 1—2 cm³ Bromat im Überschuß zugesetzt und unmittelbar darauf 3—5 cm³ 20%ige Kaliumjodidlösung. Der hierbei entstehende schokoladebraune Niederschlag eines Jodadditionsproduktes geht bei nachfolgender Titration mit 0,1 n-Thiosulfat wieder in Lösung. Man titriert weiter, bis die als Indicator zugesetzte Stärkelösung in farblos umschlägt. Die Umsetzung erfolgt nach der Gleichung:

$$C_9H_7ON + 2\,Br_2 = C_9H_5ON\,Br_2 + 2\,H\,Br.$$

Bei Metallbestimmungen verbraucht 1 Millimol eines 3-wertigen Metalles 120 cm³. Zweckmäßig wird man daher bei der Bestimmung größerer Metallmengen mit einer 0,2 n-Bromatlösung bzw. einer geringeren Einwaage arbeiten.

1 cm³ der 0,1 n-kaliumbromidhaltigen Kaliumbromatlösung entspricht 0,000225 g Al.

Neuerdings schlagen J. A. Atanasiu und A. J. Velculescu, die potentiometrische Bestimmung durch die direkte Titration des Oxins mit Bromat-Bromidlösung vor. Zur Ausführung sei auf H. Th. Bucherer und F. W. Meier verwiesen, ferner auf die acidimetrische Methode nach Fr. L. Hahn und E. Hartleb, bei der die freiwerdende Mineralsäure eines Metallsalzes nach Indizierung mit Methylorange usw. zurücktitriert wird.

Über die Möglichkeit einer potentiometrischen Aluminiumbestimmung siehe auch bei W. Hiltner.

b) Nach einem acidimetrischen Verfahren von Vieböck und Brecher wird die Aluminiumsalzlösung unter Anwendung von Kaliumfluorid zur Vermeidung der Ausscheidung von Aluminiumhydroxyd zunächst durch Zusatz von n-Kalilauge annähernd neutralisiert. Dann setzt man für je 2—3 Millival Aluminium 10 cm³ einer 20%igen neutralen Seignettesalzlösung zu und titriert unter Anwendung von viel Phenolphthalein bis zum Auftreten eines rosa Farbtons. Nun fügt man für je 100 cm³ verbrauchter 0,1 n-Lauge 1—1,5 cm³ einer n-Bariumchloridlösung zu. Dadurch wird Tartrat als komplexes Bariumtartrat gebunden und das Aluminiumtartrat weiter zu $Al(OH)_3$ hydrolisiert. Man kann daher nach diesem Zusatz scharf auf Rosa titrieren. Nun setzt man auf je 1 Millival Aluminium 7—8 cm³ einer 10%igen Kaliumfluoridlösung zu und titriert das entstandene Alkali mit 0,1 n-Säure, wobei man dem Nachröten etwa 2 Minuten lang Rechnung trägt. Zum Schluß fällt man das Barium mit überschüssiger Kaliumsulfatlösung aus, wonach man noch 3—4% Säure im Überschuß zusetzt. Den Überschuß titriert man nach 3—5 Minuten zurück. 1 cm³ 0,1 n-Säure = 0,899 mg Aluminium. Die Bestimmung kann in Jenaer Glasgefäßen ausgeführt werden.

J. Clarens und J. Lacroix geben ein einfacheres Verfahren an. Auf etwa 60 cm³ der Lösung soll ein Tropfen einer 0,1%igen Methylorangelösung genommen werden. Sobald die Intensität der Rotfärbung plötzlich stark abnimmt, ist die freie Säure neutralisiert. Nun setzt man einige Tropfen Methylrotlösung hinzu und titriert in der Hitze weiter, bis eine deutliche Gelbfärbung bestehen bleibt. Etwa anwesendes Magnesium ist dann bereits mit ausgefallen. In diesem Falle wird wieder mit 0,1 n-Säure bis zur beginnenden Rötung zurücktitriert, wobei nur das Magnesiumhydroxyd aufgelöst wird.

H. L. Davis titriert unter Zusatz von Thymolblau bis zur Gelbfärbung und hierauf mit Säure bis Rosa zurück. In der Hitze wird dann mit n-Lauge bis zur Blaufärbung weiter titriert. Man kann mit Lauge bis zur Auflösung des Aluminiumhydroxydes versetzen, hierauf mit Säure bis zur Gelbfärbung (A) und weiter bis zur Rotfärbung (B), wobei der Verbrauch an Lauge, vermindert um A + B, der vorhandenen freien Säure entspricht. Bei Aluminiumsulfatlösung muß auf jeden Fall vorher Kochsalz zugesetzt werden.

Ein Verfahren zur volumetrischen Bestimmung von Aluminium bei Serienanalysen nach N. J. Tscherwjakow und E. N. Deutschmann (1), beruht auf der Bildung eines Komplexsalzes von Aluminium mit Seignettesalz unter Abspaltung freier Salzsäure nach der Gleichung:

$$NaKC_4H_4O_6 + AlCl_3 + H_2O = KC_4H_3O_6 \cdot AlOH + NaCl + 2\,HCl.$$

Man bestimmt zuerst in Gegenwart von Seignettesalz die Summe der freien und der bei Bildung des Komplexsalzes gebildeten Salzsäure und dann in einer anderen Probe in Gegenwart von Natriumoxalat die freie Salzsäure.

Ein im Schrifttum angegebenes volumetrisches Bestimmungsverfahren des Aluminiums bei $p_H > 10$ unter Verwendung von Malachitgrün als Indicator wird nach W. N. Skworzwo, da es stark von der Temperatur und Konzentration und anderen Faktoren abhängig ist, für praktische Zwecke als ungeeignet erklärt.

3. Colorimetrische Verfahren. Von den colorimetrischen Bestimmungsverfahren sei das von Th. Millner und F. Kunos (1) mit Eriochromcyanin angeführt. Der Aluminium-Eriochromcyanin-R-Farblack hat bei $p_H = 5{,}4$ die konstante Zusammensetzung $Al \equiv$ (Eriochromcyanin)$_3$. Die 3 Eriochromcyanin-R-Moleküle sind mit verschiedener Festigkeit im Farblack gebunden. Der Verfasser zeigt, daß ganz allgemein die Extinktionsdifferenz E^0—E_F der mit ein und derselben überäquivalenten Farbstoffmenge bereiteten Farblacklösung (E^0) und Farbstofflösung (E_F) vom Farbstoffüberschuß grundsätzlich unabhängig ist und gemäß der Gleichung $(E_1{}^0 - E_F)/(E_2{}^0 - E_F) = c_1/c_2$ ein direktes Maß der im Farblack enthaltenden Aluminiummenge darstellt.

Zur Ausführung wird die in einem 25 cm³ fassenden Meßkolben befindliche und höchstens 15 γ Aluminium enthaltende und etwa 5 cm³ betragende salzsaure Aluminiumlösung aus der Mikrobürette mit 1,50 cm³ Reagenslösung, ferner tropfenweise mit 2 n-NaOH bis zur Erreichung einer blaßgrauen Färbung und hierauf noch mit 1 Tropfen im Überschuß versetzt. Zu der nunmehr blauvioletten Lösung gibt man unter Schütteln tropfenweise 0,2 n-Essigsäure bis zur blaßgelben Färbung zu, versetzt mit 15 cm³ Pufferlösung (14,2 g Na-Acetat + 1,74 g Essigsäure/l: $p_H = 5{,}4$) und füllt bis zur Marke auf. In derselben Weise wird eine Vergleichslösung, aber ohne Aluminium, hergestellt. Beide Lösungen läßt man 20 Stunden stehen und bestimmt im Pulfrich-Stufenphotometer von Zeiß mit einer 1-cm³-Cuvette und Farbfilter S 53 die Extinktion der Farblösung E^0 und die der Farbstofflösung E_F gegen reines Wasser. Die der Differenz E^0—E_F entsprechende Aluminiummenge entnimmt man einer Eichkurve. Die Genauigkeit beträgt ± 0,25 γ Aluminium bei Aluminiummengen von 1—15 γ Aluminium. Die im Dunkeln aufzubewahrende 0,1%ige wäßrige Eriochromcyanin-R-Lösung soll mindestens 3 Wochen lang stehen, ehe sie zur Verwendung kommt.

Nach F. Alten, H. Weiland und E. Knippenberg ist zunächst zur zweckmäßigsten Dosierung der Reagenszugabe der ungefähre Aluminiumgehalt der zu untersuchenden Lösung zu ermitteln. Die Abtrennung der Phosphorsäure geschieht mit Lithium in alkalischer Lösung.

5 cm³ der Versuchslösung und 5 cm³ reinstes Wasser werden je in einem Quarz-Reagensglas von 25 cm³ Inhalt mit 2 cm³ Phosphatlösung (4) und 1 g (= etwa 4 Plätzchen) Ätznatron (Merck in rotulis) versetzt und 1 Minute gekocht. Zu der heißen Lösung fügt man 2 cm³ Lithiumchloridlösung (5) hinzu und kocht eine weitere Minute, bis der Ammoniakgeruch verschwunden ist. Man läßt nun abkühlen, zentrifugiert und gießt das klare Zentrifugat in einen 100-cm³-Meßkolben ab, in dem sich so viel Salzsäure (etwa 10 cm³ 10%ige) befindet, daß nach Zugabe des Zentrifugates die Flüssigkeit im Kolben noch sauer ist. Der Rückstand im Quarzglas wird mit 2 cm³ Wasser aufgewirbelt und zentrifugiert; auch dieses Zentrifugat wird in den Meßkolben gegeben.

Zur Anfärbung des Aluminiums fügt man 10 cm³ Eriochromcyaninlösung (1) hinzu, versetzt tropfenweise mit 2 n-Natronlauge (2), bis die Farbe blauviolett ist, und setzt unter dauerndem Schütteln tropfenweise 0,2 n-Essigsäure (3) hinzu, bis die Farbe von Blauviolett über Gelb gerade nach Rötlichviolett umschlägt. Hierauf fügt man 10 cm³ der Pufferlösung (7) hinzu, füllt zur Marke auf und mißt nach etwa $^1/_2$ Stunde die Extinktion der Versuchslösung gegen die Blindlösung in Gelbgrün (531 mμ). Die gemessene Extinktion · 50 = ungefährer Al-Gehalt der Probe in γ. Es ergeben 10 γ Al/100 eine Extinktion von etwa 0,2 bei 531 mμ.

Zur genauen Aluminiumbestimmung gibt man nun zu den wie oben getrennten Versuchs- und Vergleichslösungen anstatt 10 cm³ Eriochromcyaninlösung bei

etwa	5— 15 γ Al	5 cm³	Reagenslösung
„	15— 20 γ Al	10 „	„
„	50—100 γ Al	15 „	„

und verfährt wie oben. An Stelle der Absolutmessung bei der Feststellung des ungefähren Aluminiumgehaltes vergleicht man nun gegen eine Aluminiumstandardlösung ungefähr gleicher Konzentration unter Benutzung eines Gelbgrünfilters. Die benötigten Reagenzien sind:

1. Eine 0,1%ige wäßrige Lösung von Eriochromcyanin-R conc. G. (Dr. G. Grübler & Co., Leipzig). Die Lösung ist täglich frisch anzusetzen, da ein einige Tage altes Reagens eine schwächere Farbe ergibt.
2. 2 n-Natronlauge. Natrium hydricum in rotulis (Merck) ist annähernd Al-frei. Die Natronlauge darf nur in paraffinierten Flaschen aufbewahrt werden.
3. 0,2 n-Essigsäure.
4. Monokaliumphosphatlösung 7 g/1000. 1 cm³ = etwa 5 mg PO_4'''.
5. LiCl-Lösung 10%ig.
6. Kalium- oder Ammoniakalaunlösung, enthaltend 10, 30, 50 und 80 γ Al in 5 cm³.
7. Pufferlösung: 400 cm³ 5 n-Ammonacetatlösung, 200 cm³ 4 n-Natriumacetatlösung, 25 cm³ 4 n-Essigsäure auf 1000 cm³ aufgefüllt.

Die Puffermischung hat bei 10facher Verdünnung den p_H-Wert 6,0.

A. P. Mussakin beschreibt ein Verfahren zur colorimetrischen Bestimmung von Aluminium mit Hilfe von Alizarin-S, wobei die neutrale oder schwach saure Lösung, die 0,01—0,15 mg Al_2O_3 in 0,1—5 cm³ enthält, nach Zusatz von 30%igem Rhodankalium und Ausschütteln mit Amylalkohol vom Eisen befreit wird. Dann fügt man 5 cm³ 0,1%ige Alizarin-S-Lösung und nachträglich Ammoniak hinzu, bis die Färbung durch einen Tropfen von gelb nach rotlila umschlägt. Nach 5 Minuten werden 40 cm³ Pufferlösung mit einem p_H-Wert = 3,6 (0,185 g — Mol. Eisessig + 0,015 g — Mol. Natriumacetat pro Liter) zugesetzt, auf 50 cm³ aufgefüllt und mit einer in gleicher Weise hergestellten Al_2O_3-Lösung bestimmten Gehaltes im Colorimeter verglichen (vgl. hierzu F. W. Atack und F. A. Stock). Die Färbung der Aluminium-Alizarinverbindung ist bei p_H = 3,6 genügend stabil.

P. S. Roller empfiehlt colorimetrische Bestimmung mit Aurintricarbonsäure stets in einer Lösung vom p_H-Wert 6,3 vorzunehmen. Die erhaltene Färbung ist dann intensiver als in alkalischer Lösung. Als Pufferlösung vom p_H-Wert 6,3 verwendet man eine 4 n-Lösung vom Ammoniumacetat, die mit etwas Salzsäure versetzt wurde. Man verwendet auf 12 cm³ Lösung 4 cm³ Pufferlösung, versetzt für je 0,01 mg Aluminium mit 1 cm³ einer 0,1%igen Lösung des Ammoniumsalzes der Aurintricarbonsäure und schüttelt durch. Die der Aluminiummenge nicht direkt proportionale Färbung erreicht nach 15 Minuten ihr Maximum und hält sich dann einige Stunden unverändert. Während die Reaktion durch Phosphat, Erdalkalien, Zink, Blei, Kobalt, Kupfer nicht gestört wird, muß Eisen vorher entfernt werden. 3-wertiges Chrom stört weniger. Wenn man auf äußerste Empfindlichkeit verzichtet, kann die durch Chrom hervorgerufene Färbung durch Ansäuern der Lösung beseitigt werden. Endlich sei noch auf die Arbeiten von H. Ginsberg über spektralphotometrische Colorimetrierungen hingewiesen.

4. Sonstige Verfahren. Über die spektralanalytischen Verfahren berichten A. Schleicher und J. Clermont und J. Clermont ausführlich. Ferner beschreibt A. R. Striganow eine Methode zur quantitativen Spektralanalyse von reinem Aluminium, bei der Kieselsäure und Eisen in Mengen von 0,05—1%, Mangan, Kupfer und Magnesium von 0,01—0,2%, Zink von 0,02—0,1% innerhalb von 10% Fehler bestimmt werden können. G. Scheibe und A. Schöntag beschreiben die Anwendung des Scheibe-Limmerschen Spektralphotometers zur quantitativen chemischen Spektralanalyse von Aluminiumlegierungen. Endlich berichtet D. M. Smith, daß das Funkenspektrum infolge eines ruhigeren und stetigeren Lichtes für reproduzierbare Ergebnisse geeigneter ist, während sich die Anwendung des Bogenspektrums mehr für die qualitative Analyse, insbesondere zum Nachweis von Spuren von Elementen wie Blei und Gallium empfiehlt. Endlich berichtet K. Steinhäuser (1) über vergleichende Untersuchungen der chemischen und der spektrographischen Analyse.

II. Trennung und Bestimmung des Aluminiums neben anderen Metallen.

a) Beryllium. Zur Trennung versetzt M. Niessner die nicht mehr als je 100 mg der gelösten Oxyde in 100—150 cm³ Volumen enthaltende schwach mineralsaure (etwa 1,5 n-) Lösung bei 50—60° mit überschüssiger Oxinacetatlösung. Hierauf läßt man langsam bis zum bleibenden Auftreten des Aluminiumniederschlages 2 n-Ammoniumacetatlösung hinzutropfen. Nun fügt man noch 20—25 cm³ Ammoniumacetatlösung bei 90° in einem Guß hinzu und filtriert nach dem Absetzen den Niederschlag ab und behandelt ihn in bekannter Weise weiter. Das Beryllium wird dann im Filtrat durch Ammoniakfällung oder besser nach dem Selenigsäureverfahren nach J. Kota bestimmt. Man kann das Beryllium auch nach dem Guanidincarbonatverfahren nach A. Jilek und J. Kota (1) abscheiden und im Filtrate hiervon das Aluminium ohne vorherige Zerstörung der Weinsäure mit Oxin nach R. Berg (2) bestimmen. Auch kann die Trennung mit einer 3%igen Lösung von Tannin in kalt gesättigter Ammoniumacetatlösung geschehen, wobei das Aluminium als unlösliche Adsorptionsverbindung ausfällt und Beryllium, sofern es als Sulfat vorliegt, in Lösung bleibt [vgl. W. Prodinger (2)].

J. Dewar und B. A. Gardiner bestätigen, daß das Brittonsche Verfahren zur quantitativen Trennung von Aluminium und Beryllium mit kleinen Abänderungen gute Ergebnisse liefert, solange Aluminium nicht in großem Überschuß vorliegt. Bei Aluminiumüberschuß kann ein Fehler vermieden werden, wenn der Überschuß vorher durch Zugabe bekannter Mengen Berylliums ausgeglichen wird.

T. Gaspary Arnal gibt ein Bestimmungsverfahren von Aluminium an durch Versetzen einer neutralen 0,02—1 mg Aluminium enthaltenden Lösung mit einer entsprechenden Menge einer Calciumferrocyanidlösung bestehend aus 20 g Calciumferrocyanid in 670 cm³ Wasser und 400 cm³ 96%igem Alkohol. Die quantitative Bestimmung kann nephelometrisch, potentiometrisch, gravimetrisch oder durch Rückbestimmung des Reagensüberschusses mit Kaliumpermanganatlösung maßanalytisch erfolgen. Eine Abtrennung eines etwa mitgefallenen Berylliumniederschlages geschieht durch anschließendes Verdünnen der bereits gefällten Lösung, wobei das Beryllium in Lösung geht.

Nach P. Adami (1) kann Beryllium von den verwandten Elementen der 3. Analysengruppe, also von $Be^{\cdot\cdot}$ von $Fe^{\cdot\cdot\cdot}$ und $Al^{\cdot\cdot\cdot}$ getrennt werden, indem man die Hydroxyde durch 2—3malige Behandlung mit Ameisensäure und Trocknen bei 100° in Formiate überführt und im Vakuum bei 180—200° sublimiert. $Be_4O\,(CHO_2)_6$ scheidet sich hierbei an den kalten Wänden des Sublimierrohres in sehr schönen Kristallen ab. Diese werden in konzentrierter HNO_3 gelöst und nach Fällung mit HN_3 und Veraschen als BeO gewogen. Der Rückstand im Schiffchen wird durch Calcinieren in Oxyde umgewandelt. Etwa anwesendes $Ti^{\cdot\cdot\cdot\cdot}$ bleibt (auch bei der Ameisensäurebehandlung) als Oxyd erhalten; bei Gegenwart von Titan wird ein erheblicher Teil des Berylliums nicht mit sublimiert; analog verhält sich SiO_2.

Zur Verhinderung des Mitfallens von Calcium bei der Bestimmung des Aluminiums infolge carbonathaltigen Ammoniaks empfehlen C. Kollo und N. Georgian der schwach sauren, Aluminium und Calcium enthaltenden Lösung eine genügende Menge Hexamethylentetramin zuzusetzen und 1 Minute lang zum Sieden zu erhitzen, wobei nur reines Aluminiumhydroxyd ausfällt. Im Filtrat kann das Calcium in bekannter Weise als Oxalat gefällt werden.

b) Kobalt. Die Trennung erfolgt durch Nitroso-β-Naphthol und Fällung des Aluminiums im Filtrat nach Zerstörung der organischen Substanz durch rauchende Salpetersäure mit Oxinacetat [vgl. W. Prodinger (3)].

c) Chrom. Die Abtrennung geschieht durch Überführung des Chroms in natronalkalischer Lösung mit Brom oder Perhydrol in Chromat und Fällung des Aluminiums aus dieser eben neutralisierten Lösung durch CO_2 als Aluminiumhydroxyd [vgl. W. D. Treadwell (2)].

d) Eisen. R. Lang und J. Reifer trennen durch Versetzen der das Eisen in 3-wertiger Form enthaltenden Lösung mit Natriumtartrat und Überführung des Eisens in ammoniakalischer Lösung in der Siedehitze durch Zusatz einer genügenden Menge Cyankalium in einen löslichen Ferrocyankaliumkomplex durch Reduktion mit Natriumsulfit bzw. Hydroxylamin. Die Aluminiumfällung erfolgt hierauf mit Oxin in bekannter Weise.

Ferner kann die Abtrennung des Aluminiums durch Überführung in alkalischer Lösung oder durch alkalischen Schmelzaufschluß in das Aluminat geschehen, wobei alles in 3-wertiger Form vorliegende Eisen als Ferrihydroxyd ausgefällt wird. Nach H. Biltz und O. Hödtke kann das Eisen mit einer 6%igen wäßrigen Lösung von Cupferron in stark salzsaurer, schwefelsaurer oder essigsaurer Lösung abgeschieden werden, während im Filtrat das Aluminium nach Zufügen von Ammoniak mit Oxinacetat gefällt werden kann. Ebenso kann das Aluminium vom Eisen und Beryllium getrennt werden durch Ausziehen der mit HCl-Gas gesättigten Chloridlösung mit Äther, wobei alles Aluminium als unlösliches $AlCl_3 \cdot 6\,H_2O$ ausfällt.

J. Haslam fällt das Eisen aus ammoniak- und tartrathaltiger Lösung als Schwefeleisen aus und im Filtrat hiervon das Aluminium mit 8-Oxychinolin.

Für die direkte Bestimmung des Aluminiums neben relativ viel Eisen wendet S. Ishimaru eine Kombination der Thiosulfat- und der Phenylhydrazinmethode an.

Die zu untersuchende Lösung wird mit verdünntem Ammoniak versetzt, bis der entstehende Niederschlag sich nicht mehr ganz löst; dann wird zur Klärung mit etwa 10 cm^3 n-Salzsäure versetzt und auf 200 bis 300 cm^3 mit Wasser verdünnt. Die Farbe der Lösung muß rein gelb bis grünlichgelb sein; ist sie rötlich oder bräunlichrot, so muß noch mehr Salzsäure zugesetzt werden, um den ungünstigen Einfluß des noch basisch vorhandenen Ferrioxyds aufzuheben. Zu der schwach sauren Lösung gibt man reichlich Thiosulfat (etwa 15 g), schwenkt zur Auflösung des Salzes um und kocht die milchig gewordene Flüssigkeit 4—5 Minuten. Jetzt wird rasch abgekühlt und bei fortgesetztem Schwenken eine ausreichende Menge alkoholischer Lösung von Phenylhydrazin zugegeben (1—2 cm^3 des Reagenses in der gleichen Menge 95%igen Alkohols gelöst). Der sich rasch absetzende Niederschlag wird so schnell wie möglich unter Saugen abfiltriert und mit kaltem ausgekochtem Wasser sorgfältig ausgewaschen. Ein Zusatz von Phenylhydrazinsulfit zum Waschwasser ist überflüssig (oder nur bei sehr großen Mengen von Eisen angebracht). Der Niederschlag wird mit dem Filter im Platintiegel verascht, bei 950° C geglüht und als Al_2O_3 gewogen.

Endlich werden nach einem Verfahren zur maßanalytischen Bestimmung des Aluminiums bei Gegenwart von Eisensalzen von W. Daubner die Metalle in Gegenwart von Essigsäure mit Ammoniumarsenat ausgefällt. Die in beiden Salzen enthaltene AsO_4-Menge wird hierauf jodometrisch bestimmt. Der Eisengehalt wird in einer besonderen Probe nach Mohr bestimmt, auf sekundäres Arsenat umgerechnet und von der Gesamtmenge der Arsenate abgerechnet. Der Rest wird auf Aluminium umgerechnet.

Eine von E. Erdheim und E. Benesch angegebene Arbeitsweise zur titrimetrischen Bestimmung von Aluminium in Gegenwart von Eisen und freier Salzsäure besteht in der Bestimmung der freien Salzsäure nach K. Küchler, der die freie Säure neben $AlCl_3$ und $FeCl_3$ nach Zusatz von Phenolphthalein mit Natronlauge titriert, nachdem er durch zugesetztes Natriumfluorid die hydrolisierbaren Metallsalze in die beständigen Fluoridkomplexe übergeführt hat (vgl. Th. J. J. Craig), in der Bestimmung des Eisens nach Zimmermann-Reinhardt und in der Bestimmung von Eisen und Aluminium mit eingestellter Natriumcarbonatlösung und Rücktitration des Carbonatüberschusses im Filtrat, wobei jedoch die Adsorption des Alkalis am Hydroxydniederschlag eine nicht zu vermeidende Fehlerquelle bedeutet.

e) Gallium. Nach W. D. Treadwell (3) kann die Trennung durch Ausäthern einer 5—6 n-salzsauren Lösung geschehen, wobei das $GaCl_3$ in den Äther geht. Nach L. Moser und A. Bruckl wird das Gallium durch Cupferron abgeschieden und in dem Filtrat das Aluminium nach

Zerstören des überschüssigen Cupferrons durch Wasserstoffperoxyd nach bekanntem Verfahren ausgefällt [vgl. W. Prodinger (4)].

R. Berg (3) empfiehlt zur Trennung des Galliums vom Aluminium die alkalische Lösung mit einem geringen Überschuß des zur Fällung der anwesenden Galliummenge (5—50 mg in etwa 100 cm³ Gesamtvolumen) erforderlichen alkoholischen Oxychinolins zu versetzen. Nach dem Erwärmen auf etwa 70° und Zusatz eines Gemisches von Thymolblau und Bromthymolblau, bis die alkoholische oxinhaltige Lösung eine blaugrüne Mischfarbe aufweist, wird so lange verdünnte Salzsäure zugetropft, bis die Farbe in rein gelb umschlägt. Die Fällung läßt man bei heftigem Rühren auf dem heißen Wasserbade $^1/_2$—1 Stunde stehen und filtriert nach etwa 2stündigem Stehenlassen, wäscht den Niederschlag mit etwa 20 cm³ warmem und dann kaltem Wasser aus und trocknet bei 120—130° (F = 0,1389). Im Filtrat hiervon kann das Aluminium in bekannter Weise mit Oxin bestimmt werden.

Nach einem anderen Verfahren wird die etwa 3—50 mg Gallium enthaltende Lösung je nach der Konzentration desselben auf 50—200 cm³ mit Wasser verdünnt, mit 0,5—1 g Weinsäure versetzt und so viel Ammoniak zugegeben, daß dessen Überschuß deutlich vorwaltet. Gefällt wird bei etwa 70° entweder mit dem alkoholischen Reagens oder bei Galliummengen, die nicht mehr als 50 mg pro 200 cm³ Gesamtvolumen betragen mit 3%iger Oxinacetatlösung. Bei 10—50 mg Galliumgehalt sind die Resultate noch bis — 0,3% genau. Bei geringen Mengen macht sich bereits die lösende Wirkung des Tartrats bemerkbar.

f) Magnesium. Nach R. Berg (4) wird die höchstens 5 mg Aluminium neben 200 mg Magnesium enthaltende Lösung auf 200 cm³ Gesamtvolumen gebracht, mit verdünnter Natronlauge der Säureüberschuß bis zur Trübung abgestumpft, hierauf mit Essigsäure geklärt und das Aluminium mit Oxinat bestimmt. Im Filtrat hiervon kann das Magnesium in ammoniakalischer Lösung mit Oxychinolin bestimmt werden. Bei Gegenwart größerer Mengen Aluminiums neben geringen Mengen Magnesium erfolgt die Magnesiumabscheidung in ätzalkalisch - tartrathaltiger Lösung.

A. Pinkus und E. Belche und W. Prodinger (3) bestimmen das Aluminium bei Gegenwart von Magnesium durch Fällen einer ungefähr 0,005 n-Schwefelsäurelösung mit dem $1^1/_2$fachen der theoretischen Menge an Cupferron unter Umrühren in der Kälte. Bereits nach einigen Minuten wird abfiltriert und mit einer 0,1 n-Salzsäure, die etwa 6 g Cupferron pro 1 l enthält, hierauf mit cupferronhaltigem Wasser bis zum Verschwinden der Chlorreaktion gewaschen und noch feucht verascht. Alkalisalze werden vom Niederschlag nicht adsorbiert und beschleunigen das Absetzen derselben.

g) Nickel und Kobalt. A. Jilek und J. Vřešťál (1) versetzen die schwach saure, in 200 cm³ höchstens je 0,1 g Aluminium, Nickel und Kobalt enthaltende Lösung bei Zimmertemperatur mit 4 cm³ einer durch Sättigen von Hydrazinhydratlösung (1:1) mit Kohlendioxyd bis zum Festwerden und Zugabe eines gleichen Volumens Hydrazinhydrat hergestellten Hydrazincarbonatlösung. Hierauf erhitzen sie 1 Stunde lang auf dem Wasserbade, filtrieren und waschen mit gegen

Methylrot neutraler Ammoniumnitratlösung aus. Dann wird der Niederschlag auf dem Filter in verdünnter Salz- oder Schwefelsäure gelöst und die Fällung nach dem annähernden Neutralisieren in der gleichen Weise wiederholt. Nunmehr wird der Niederschlag im elektrischen Ofen stark geglüht und als Al_2O_3 gewogen. In den vereinigten Filtraten werden Kobalt und Nickel als Sulfide gefällt und nach dem Auflösen in üblicher Weise getrennt.

h) Phosphor. Zur Trennung versetzen G. Balanescu und M. D. Motzok und E. Schwarz v. Bergkampf die 2—15 mg Aluminium und 20—200 mg P_2O_5 enthaltende und etwa 30 cm^3 betragende Lösung mit einigen Tropfen Phenolphthalein und neutralisieren tropfenweise mit 0,2 n-Natronlauge bis eben zur Rosafärbung. Nach Verdünnen auf 80—100 cm^3 wird bis 45—50° mit einem Überschuß einer 4—5%igen alkoholischen Oxinlösung gefällt, zum Sieden erhitzt und weitere 5 bis 10 Minuten unter öfterem Umrühren auf einem siedenden Wasserbade erwärmt. Nach dem Erkalten auf 50° wird filtriert und der Niederschlag in bekannter Weise weiter behandelt. Der Niederschlag ist phosphorfrei.

i) Titan. Die Abtrennung geschieht in einer schwefelsauren mit Natriumacetat und Essigsäure auf p_H 3,8 gepufferter Lösung durch Erhitzen, wobei mit Aluminium verunreinigte H_2TiO_3 ausfällt, die nochmals durch Schwefelsäure unter Zusatz von Oxalsäure in Lösung gebracht und in gleicher Weise umgefällt wird [vgl. W. D. Treadwell (3)]. Ferner kann die Titansäure mit Sulfosalicylsäure ausgefällt werden, während das Aluminium in Lösung bleibt. Zweckmäßig wird diese Fällung wiederholt [vgl. W. Prodinger (6)]. Auch mit Cupferron kann nach W. Prodinger (7) eine einwandfreie Trennung erzielt werden.

Nach R. Berg (5) wird die zu untersuchende Lösung mit etwa 1 g Weinsäure, der 70—80fachen Menge des so zu bindenden Aluminiums an Malonsäure und mit etwa 1 g Natriumacetatlösung versetzt. Darauf wird auf 150 cm^3 verdünnt, mit Ammoniak gegen Phenolphthalein neutralisiert und mit 1—2 cm^3 Eisessig angesäuert. Die Lösung wird auf 60° erwärmt und unter Umrühren mit einer etwa 3%igen alkoholischen Oxychinolinlösung im Überschuß versetzt. Die Fällung wird aufgekocht und etwa 10 Minuten im gelinden Sieden erhalten. Die Einhaltung dieser Zeit ist erforderlich, um die Überführung des Titanoxychinolats im makrokristallinen Zustand zu bewirken. Der Niederschlag wird heiß durch einen Glasfiltertiegel filtriert und mit wenig heißem Wasser bis zur Farblosigkeit des Waschwassers gewaschen. Im Zweifelsfalle werden 25 cm^3 des Filtrates mit 10 cm^3 konzentrierter Salzsäure und einer 0,2%igen alkoholischen Methylrotlösung versetzt. Ein Tropfen $^1/_{10}$ n-Kaliumbromat-Bromidlösung muß genügen, um die Färbung zum Verschwinden zu bringen. Hierauf wird bei 110° getrocknet und zur Wägung gebracht (F = 0,1361). Im Filtrat wird das Aluminium in ammoniakalischer Lösung in bekannter Weise bestimmt.

j) Uran. Nach G. E. F. Lundell und H. B. Knowles wird die 100 mg Aluminium neben 50 mg Uranoxyd enthaltende Lösung mit 3%iger Oxinacetatlösung in der Kälte im Überschuß versetzt, mit gesättigter Ammoniumcarbonatlösung neutralisiert und nach Zusatz von etwa 3—6 g festem Ammoniumcarbonat auf 100—150 cm³ aufgefüllt, wobei das Uran als $NH_4 [UO_2(CO_3)_3]$ in Lösung geht. Hierauf wird bis auf 90° erwärmt, bis der anfangs hellrote Niederschlag von mitgefälltem Uranoxim die reine grünlich-gelbe Farbe des Aluminiumoxinates angenommen hat. Da der Niederschlag stets wägbare Mengen Uran enthält, muß die Fällung unbedingt wiederholt werden.

k) Zink. Die Trennung kann auf elektrolytischem Wege nach W. D. Treadwell (4), in alkalischer Lösung bei Zimmertemperatur bei 0,1—0,5 Ampere und 3—4,4 Volt Badspannung erfolgen, oder nach W. Prodinger (8) durch Ausfällen des Zinks in neutraler Lösung als Zinkchinaldinat. Im Filtrate hiervon wird das Aluminium nach Zerstören der Weinsäure durch Abrauchen mit Schwefelsäure durch Ausfällen nach bekanntem Verfahren ermittelt.

F. H. Fish und J. M. Smith beschreiben eine quantitative Trennung, wobei das Aluminium als Lithiumaluminat in Gegenwart von Ammoniumacetat ausgefällt wird (vgl. Dobbins und Sanders). Das in Lösung bleibende Zink wird nach der Phosphatmethode bestimmt.

A. Jilek und J. Vřešťál (2) fällen das Aluminium mit Hydrazincarbonat und im Filtrat das Zink als Zinkammoniumphosphat. Zur fast neutralisierten Lösung der Sulfate oder Chloride werden auf je 0,1 g Metall 2 g Ammoniumsulfat oder 5 g Ammoniumchlorid zugesetzt und nach Verdünnen auf 200 cm³ mit der Hydrazincarbonatlösung gefällt. Nach 2 stündigem Stehen wird 3 Stunden auf dem Wasserbad erwärmt, abfiltriert und der Niederschlag wieder in verdünnter Salz- bzw. Schwefelsäure gelöst. Nach dem annähernden Neutralisieren wird erneut gefällt, der Aluminiumhydroxydniederschlag mit einer gegen Methylrot neutralen Ammoniumnitratlösung ausgewaschen, geglüht und ausgewogen. Im Filtrat wird das Zink als Zinkammoniumphosphat oder als Sulfid gefällt.

C. Mayr hat bezüglich der Fällungsbedingungen von Zinksulfid und Aluminiumhydroxyd bei der gravimetrischen Trennung des Zinks von Aluminium festgestellt, daß für die Fällung des Zinks als Sulfid die Einhaltung einer bestimmten p_H-Zahl erforderlich ist.

l) Zirkon. Die Trennung erfolgt nach W. D. Treadwell (5) mit Phenylarsinsäure oder mit kalter 6%iger Cupferronlösung in 10%iger schwefelsaurer Lösung.

m) Eisen und Titan. A. M. Sanko und G. A. Budenko berichten über das von Shukowskaja und Baljuk (1) beschriebene Verfahren zur Bestimmung des Aluminiums bei gleichzeitiger Anwesenheit von Eisen und Titan mittels Oxychinolin, wonach die Lösung der 3 Salze auf 100 cm³ verdünnt wird. Nach Zugabe von 3 g Ammoniumacetat und 1 g Weinsäure wird mit Ammoniak neutralisiert, mit 20 cm³ 80%iger Essigsäure und einem geringen Überschuß an 2%iger essigsaurer Oxychinolinlösung versetzt und die Lösung zum Sieden erhitzt. Nach dem Absitzenlassen des Niederschlages in der Wärme wird die Lösung durch einen Glasfiltertiegel filtriert, zuerst mit Wasser und einigen Tropfen Essigsäure und dann nur mit reinem Wasser gewaschen, bei 110° getrocknet und gewogen. Das Filtrat wird auf 150 cm³ konzentriert, 4 g Oxalsäure zugegeben, mit Ammoniak gegen Lackmus oder besser gegen Nitrazingelb neutralisiert, 3—5 Tropfen Essigsäure zugegeben, auf 60° erwärmt und das Titan mit alkoholischer Oxychinolinlösung im geringen Überschuß gefällt. Nach 10 Minuten langem Durchkochen filtriert man den Niederschlag ab, wäscht aus und trocknet bei 110°. Das Filtrat wird in einen 500 cm^3 fassenden Meßkolben übergespült und bis zur Marke aufgefüllt. 100 cm^3 hiervon werden mit Ammoniak bis zur deutlichen alkalischen Reaktion versetzt und das Aluminium mit 2%iger essigsaurer Oxychinolinlösung im geringen Überschuß gefällt. Die Lösung wird auf 60° erwärmt, der Niederschlag abfiltriert, mit Wasser gewaschen und bei 110° getrocknet und gewogen. Die isolierten Niederschläge der Oxychinolatlösung können auch maßanalytisch mit Bromid-Bromatgemisch oder potentiometrisch nach Atanasiu und Velculescu bestimmt werden.

n) Nickel, Kobalt, Kupfer, Zink. H. H. Willard und Ning Kang Tang erreichen eine quantitative Bestimmung des Aluminiums durch Fällung mit Harnstoff. Aluminium läßt sich bei einem p_H-Wert von 6,5—7,5 aus einer Lösung, die Harnstoff, NH_4Cl und $(NH_4)_2SO_4$ enthält, durch 1—2 Stunden schwaches Kochen quantitativ als basisches Sulfat ausfällen und auch von einigen anderen Kationen (Ni, Co, Zn, Cu) gut abtrennen, während die Trennung von anderen Metallen sich schwieriger gestaltet. Beim Ersatz des Sulfats durch das bernsteinsaure Salz gelingt die Fällung des Aluminiums aus der sonst gleich zusammengesetzten Lösung bei $p_H = 4,2—4,6$. Die Fällungsdauer kann ohne Nachteil für die Beschaffenheit des Niederschlags wesentlich abgekürzt werden, wenn man die heiße Lösung zunächst bis zur beginnenden Trübung mit NH_3 versetzt. Es gelingt hierbei bei einer einzigen Fällung Aluminium von Nickel, Kobalt, Calcium, Barium, Magnesium, Mangan und Cadmium zu trennen; bei Anwesenheit von Zink läßt sich dieses aus dem Oxydgemisch durch Reduktion mit H_2 verflüchtigen. Für besonders hohe Ansprüche wird für die Trennung des Aluminiums von gleichen Mengen Nickel, Kobalt oder Zink doppelte Fällung empfohlen. Bei Gegenwart von Kupfer oder Eisen ist dafür Sorge zu tragen, daß beide in der niedrigsten Wertigkeitsstufe vorliegen; als Reduktionsmittel bewährte sich Phenylhydrazin. Nicht befriedigend sind die Ergebnisse bei Anwesenheit von Phosphorsäure, die teilweise mitgefällt wird.

o) Kupfer, Magnesium, Zink, Cadmium kann mit Hilfe der Oxychinolinfällung in tartrathaltiger-natronalkalischer Lösung geschehen, wobei das Aluminiumoxinat gelöst bleibt, und in tartrathaltiger ammoniakalischer Lösung mit Oxinacetat ausgefällt wird. In essigsaurer Lösung ist eine einfache Trennung von Alkalien und Erdalkalien durchführbar [vgl. R. Berg (6)]. Die Trennung von Niob, Tantal, Vanadin, Titan und Molybdän geschieht nach G. E. Lundell durch Fällung mit Oxin bei Gegenwart von Wasserstoffperoxyd.

p) Eisen, Nickel, Kobalt, Kupfer, Chrom, Molybdän. Nach Th. Heczko (1) führt man die Schwermetalle in weinsaurer und dann ammoniakalisch gemachter Lösung durch Kaliumcyanid in Komplexe, gelöst bleibende Cyanide über, worauf das Aluminium mit o-Oxychinolin gefällt wird. Bei Gegenwart von Eisen ist nach dem Zusatz von Cyansalz eine Fällung mit Schwefelwasserstoff einzuschalten.

q) Metalle der Sulfidgruppen. Die Abtrennung geschieht durch Ausfällen derselben in saurer Lösung mit Schwefelwasserstoff (vgl. II/2, 1036), von den Elementen der Schwefelammoniumgruppe nach der Ammoniak-, Hexamin-, Nitrit- oder nach der Jodid-Jodatmethode [vgl. W. D. Treadwell (6)].

III. Spezielle Methoden.

A. Aluminiummineralien und sonstige Naturprodukte[1].

S. S. Shukowskaja und S. T. Baljuk (2) schließen Tone, Schamotten oder Bauxite zur Bestimmung des Aluminiums mit Ätznatron auf, lösen die Schmelze in heißem Wasser, filtrieren den Niederschlag ab und waschen mit einer 3%igen Kochsalzlösung, der 0,5% Ätznatron zugesetzt wird, aus. Die Lösung wird hierauf unter Verwendung von Kongopapier als Indicator mit Salzsäure angesäuert und weitere 1 bis 2 Tropfen im Überschuß davon zugegeben. Nach dem Abkühlen wird ein bestimmtes Volumen eingestellter, durch Lösen der Verbindung in Salzsäure erhaltener Oxinlösung, und einige Gramm Natriumacetat hinzugefügt. Nach kurzem Stehen wird 20—25 Minuten lang auf 65—70° erwärmt, mit Wasser verdünnt und abfiltriert. Eine Probe der Lösung wird mit Salzsäure im Überschuß angesäuert und nach Indizierung mit Indigocarmin mit Kaliumbromid-Bromatlösung titriert. Nun wird mit Jodkaliumlösung versetzt und das überschüssige Jod mit Hyposulfit zurücktitriert. Die Methode erfordert wenig Zeit, ist einfach in der Ausführung und für technische Analysen genau genug.

Eine Tonerdebestimmung in Feldspat mit Oxychinolin beschreibt F. Klasse (s. III, 1/112).

L. Stuckert und F. W. Meier haben das Oxychinolatverfahren zur Bestimmung von Aluminium, Eisen und Titan nachgeprüft und festgestellt, daß die gravimetrische Methode bei der bisherigen quantitativen Abscheidung der Kieselsäure durchaus zuverlässige Werte ergibt. Die titrimetrische Bestimmung nach dem Bromat-Bromidverfahren ergibt bei reinen als auch bei titanhaltigen Salzlösungen richtige, bei eisenhaltigen Lösungen wesentlich zu niedrige Werte. Die indirekte Methode durch Rücktitration des überschüssigen Oxychinolins wird einerseits bei nicht genügendem Überschuß des Fällungsmittels durch eine unvollständige Ausfällung der Oxychinolate, andererseits durch unkontrollierbare Verluste an Oxychinolin in ihrer praktischen Bedeutung herabgemindert bzw. unanwendbar gemacht.

Nach H. B. Knowles wird bei gleichzeitiger Anwesenheit von Aluminium, Beryllium und Magnesium, das Aluminium aus essigsaurer mit Ammoniumacetat gepufferter und mit Ammoniak bis zum p_H-Wert 6,8 neutralisierter Lösung unter Verwendung von Bromkresolpurpur als Indicator mit Oxin gefällt und der Niederschlag als solcher bei 140° ausgewogen oder nach Lösen in Salzsäure nach R. Berg (7) bromometrisch bestimmt. Kieselsäure und Fluor müssen vorher entfernt sein. Bei Gegenwart von Beryllium werden diese beiden Metalle

[1] Siehe auch III, 1/112, Tonpräparate; Erg.-Bd. II, 406.

zunächst mit Schwefelwasserstoff bzw. Ammoniak und Natronlauge isoliert. Die eben angeführte Aluminiumbestimmung liefert hierbei etwas zu hohe Werte. Fällt man dagegen Aluminium, Eisen, Titan und Zirkon aus saurer Lösung doppelt mit Oxin, dampft die vereinigten Filtrate zur Trockne und behandelt den Rückstand mit Schwefelsäure, Salpetersäure und Perchlorsäure, so erhält man Beryllium durch Ausfällen mit Ammoniak quantitativ als Berylliumhydroxyd (vgl. Fresenius und Frommes). Bei Gegenwart von Magnesium wird Aluminium ebenfalls in der angegebenen Weise gefällt, wobei aber auch die Adsorption des Reagenses etwas zu hoch ausgefallen ist. Der Niederschlag wird daher gelöst und das Aluminium 2mal mit Ammoniak umgefällt.

Schloßmacher und H. W. Tromnau führen die Aluminium-Magnesium-Bestimmung in Spinellen in der Weise durch, daß sie die nicht mehr als je 100 mg der gelösten Oxyde in 100—150 cm³ enthaltende schwach mineralsaure (bis 1,5 n-) Lösung bei 50—60° mit überschüssigem Acetatreagens versetzen. Hierauf tropft man langsam eine doppelt normale Ammoniumacetatlösung hinzu bis zum bleibenden Auftreten des Aluminiumniederschlages. Dann werden bei 90° noch 20—25 cm³ Aluminiumacetatlösung in einem Guß hinzugefügt. Nach dem Absetzen wird filtriert und wie üblich weiter verfahren. Im Filtrat erfolgt die Berylliumbestimmung entweder durch Ammoniakfällung oder zweckmäßiger nach der Selenigsäuremethode von J. Kota.

Man kann auch umgekehrt das Beryllium nach A. Jilek und J. Kota (2) zuerst nach der Guanidincarbonatmethode ausfällen, wobei zweckmäßig die schwach saure Lösung der Chloride oder Sulfate, die höchstens 0,1 g BeO und 0,1 g Al_2O_3 enthalten soll, mit 50 cm³ einer Ammoniumtartratlösung versetzt werden, die man sich durch Neutralisieren einer wäßrigen Lösung von ungefähr 42,5 g Weinsäure mit verdünntem Ammoniak und Auffüllen auf 2 l bereitet. Hierauf wird die Lösung mit so viel verdünnter Kalilauge versetzt, daß sie gegen Methylrot eben noch sauer reagiert. Unter ständigem Rühren setzt man jetzt in der Kälte 150 cm³ einer filtrierten 4%igen Guanidincarbonatlösung und 2,5 cm³ einer 40%igen annähernd neutralen Formaldehydlösung hinzu. Nach beendeter Fällung verdünnt man mit Wasser auf 250 cm³ und läßt über Nacht stehen. Der seidenartig glänzende, kristalline Niederschlag wird durch ein hartes Filter filtriert und mit einer kalten Waschflüssigkeit, bestehend aus 50 cm³ der erwähnten Ammoniumacetatlösung, 150 cm³ 4%iger Reagenslösung und 2,5 cm³ 40%iger Formaldehydlösung mit Wasser auf 250 cm³ verdünnt, gewaschen. Man wäscht bis zum Verschwinden der Chlor- bzw. Sulfatreaktion, verascht den Niederschlag feucht und glüht bis zur Gewichtskonstanz und bringt das Berylliumoxyd nach dem Erkalten zur Wägung. Im Filtrat hiervon wird dann das Aluminium ohne vorherige Zerstörung des Ammoniumtartrates mit Oxin gefällt [vgl. Berg (8)].

Bei einem volumetrischen Verfahren zur Bestimmung von Aluminium in Bauxiten und Erzen nach N. J. Tscherwjakow und E. N. Deutschmann (2) werden 0,5—1 g des Materials im Nickel- oder Silbertiegel bei 300° mit etwa der 10fachen Menge Ätznatron aufgeschlossen, die Schmelze in Wasser gelöst und vom Eisen- und Titanniederschlag abfiltriert und mit

3%iger Natronlauge ausgewaschen. Der Niederschlag wird hierauf in wenig heißer Salzsäure gelöst und nochmals mit 50%iger Natriumhydroxydlösung gefällt. Die vereinigten Filtrate werden mit Salzsäure eben angesäuert und auf 250 cm³ aufgefüllt. Zu einem aliquoten Teil wird Natriumoxalat zugegeben und die freie Säure nach Indizierung mit Phenolphthalein mit 0,1 n-Natronlauge titriert. Ein anderer Teil wird mit 5%iger Seignettesalzlösung versetzt und die aus $AlCl_3$-freiwerdende Säure und die ursprünglich vorhandene freie Säure titriert. Die Differenz der beiden Titrationen ergibt den Aluminiumgehalt. 1 cm³ $^1/_{10}$ n-Hydroxydlösung = 1,35 mg Aluminium; vgl. über die Bestimmung von Aluminium in Silicaten auch A. Brenner (1).

Nach F. Cherpillod werden zur Analyse des Kryoliths Aluminium und Natrium nach Aufschluß der feinst gemahlenen Probe mit konzentrierter Schwefelsäure wie üblich als Al_2O_3 bzw. Na_2SO_4 bestimmt. Die Fluorbestimmung wird nach dem Ittriumnitratverfahren von Frere ausgeführt.

P. Urech (1) schließt zur Bestimmung des Eisens in Aluminiumerzen und Rückständen der Tonerdefabrikation 2 g Material in der von H. und W. Biltz beschriebenen Weise mit Schwefelsäure auf und bringt das Filtrat nach der Kieselsäureabscheidung auf 500 cm³. 50 bzw. 25 cm³ des Filtrates werden in einem 500-cm³-Erlenmeyerkolben abpipettiert und mit so viel Tropfen Kaliumpermanganatlösung versetzt, daß die Rosafärbung der Kaliumpermanganatlösung eben bestehen bleibt. Hierauf fügt man 2 cm³ 50%ige Kaliumrhodanidlösung hinzu und titriert mit einer Titanchloridlösung bis zur Entfärbung. Da der Endpunkt sich langsam einstellt, darf die Titration gegen Ende nicht zu rasch erfolgen. Zur Herstellung der Titanchloridlösung werden 200 g käufliche Titanchloridlösung (10—15%ig) mit 500 cm³ Salzsäure versetzt, 15 Minuten durchgekocht und mit ausgekochtem destilliertem Wasser auf 10 l verdünnt. Zur Einstellung der Lösung werden 1,500 g bei 120° getrocknetes und im Exsiccator erkaltetes Brandtsches Eisenoxyd in einem Erlenmeyerkolben von 250 cm³ mit 40 cm³ HCl (1,19) und 20 cm³ Wasser versetzt und durch Erhitzen auf dem Wasserbade zur Lösung gebracht. Nach dem Erkalten setzt man 3 g Kaliumchlorat hinzu und erwärmt wieder auf dem Wasserbade. Nachdem die Chlorentwicklung nachgelassen hat, werden langsam 130 cm³ und nach einer weiteren $^1/_2$ Stunde nochmals 10 cm³ Salzsäure (1,19) hinzugesetzt. Nun wird der Kolben zum Sieden erhitzt, auf ein kleines Volumen eingeengt, mit 100 cm³ Wasser verdünnt, in einen Meßkolben von 500 cm³ übergespült und nach dem Erkalten bis zur Marke aufgefüllt. Zur Einstellung werden 20 cm³ dieser Lösung verwendet und wie bei dem Verfahren selbst weiter verarbeitet.

Th. Millner und F. Kunos (2) lehnen sich bei der Bestimmung von Silicium, Aluminium, Fluor und Orthophosphorsäure nebeneinander in Silicofluoriden und Kryolith stark an das Verfahren von Schenck und Ode an und versetzen zur Siliciumbestimmung in K_2SiF_6 etwa 0,4 g in der Pt-Schale mit 1,2 g H_3BO_3-Lösung, 1 cm³ H_2SO_4 und 4 cm³ HCl, dampfen ein und machen nach dem Erkalten (mit 25 cm³ Wasser verdünnt) mit NaOH eben alkalisch. Hierauf säuern sie mit 5—6 cm³ HCl an und bestimmen die SiO_2 wie üblich. Bei der Bestimmung des Siliciums in Gegenwart von Phosphaten werden 0,02 g Na_2SiF_6 in Lösung in der Platinschale mit 0,5 g H_3BO_3 und 0,2 g Na_2HPO_4 in wäßriger Lösung versetzt, darauf 2—3mal mit 3—5 cm³ HCl trocken gedampft, die SiO_2 durch Entwässern bei 130° abgeschieden und wie üblich weiter behandelt. Bei der Aluminiumbestimmung in Gegenwart von Fluor und Phosphaten ist zur Entfernung des Fluors die 10fache Menge P_2O_5 (in Form von PO_4-Lösung) als Al vorhanden ist, erforderlich. Das PO_4''' muß vor der Aluminiumfällung mit Molybdat abgeschieden werden. Zur Bestimmung von Silicium und Aluminium neben Fluor und Phosphaten wird das Fluor in Gegenwart von H_3BO_3 mit Na_2HPO_4 und HCl entfernt und die SiO_2 durch Entwässern wie oben abgeschieden. Der P_2O_5-Gehalt soll 2,5mal so groß sein wie die angewandte Kryolithmenge. Die Aluminiumbestimmung kann dann nach Entfernung der PO_4''' entweder in Gegenwart des Molybdäns oder nach dessen Abscheidung mit H_2S erfolgen. Für die Schnellbestimmung von Aluminium in Eisenerzen halten R. N. Golowaty und Ssidorow die Ausfällung durch Phenylhydrazin am besten unter der Voraussetzung, daß das Erz kein Chrom, Titan und Zink enthält.

Über weitere Verfahren zur Untersuchung von Bauxiten vgl. II, 1037 und angewandte Methoden für Schiedsanalysen, kontradiktorisches Arbeiten.

B. Mitten-, Zwischen- und Nebenprodukte (II/2, 1037).

Für die Bestimmung der Verunreinigungen der Rohstoffe und Zwischenprodukte der Aluminiumgewinnung sei auf die ausführlichen Angaben über die Verwendung colorimetrischer Verfahren von H. Ginsberg verwiesen. Zur gemeinsamen Bestimmung von 3-wertigem Aluminium und Eisenoxyd in Tonen, Aschen und Schlämmen bei Gegenwart von Kieselsäure berichtet G. S. Brysgalow über ein Verfahren zur Fällung nach Stock, ohne vorherige Fällung der Kieselsäure, und führt aus, daß das Verfahren nur bis zu einem Gehalt von 0,03% Kieselsäure und darunter anwendbar ist, da bei höheren Kieselsäuregehalten ein Teil der Kieselsäure mit den gefällten Oxyden mit ausfällt.

In Aluminatlösungen geschieht die Bestimmung der Kieselsäure und Phosphorsäure nach W. J. Tartakowski auf colorimetrischem Wege als Molybdänblau. Für die Bestimmung der Kieselsäure wird die Aluminatlösung, die in 5—30 cm³ nicht mehr als 0,1—0,4 mg SiO_2 enthalten darf, in einem Colorimeterzylinder mit 2 Tropfen Metanilgelblösung und dann tropfenweise mit Salzsäure (1:1) versetzt bis zum Farbumschlag von Gelb nach Rosa. Nach weiterem Zusatz von 0,2 cm³ Salzsäure und 3—4 Tropfen Permanganatlösung (3 g/1000) wird auf 30 cm³ verdünnt. Nach Zugabe von 5 cm³ 5%iger Ammoniummolybdatlösung läßt man 5—6 Minuten stehen, versetzt mit 15 cm³ Salzsäure (1:1) und dann tropfenweise mit Stannochloridlösung ohne großen Überschuß, bis die Blaufärbung nicht mehr zunimmt. Die Reduktionslösung bereitet man durch Auflösen von 40 g Stannochlorid in 100 cm³ heißer konzentrierter Salzsäure. Zum Gebrauch filtriert man diese konzentrierte Lösung durch ein Glasfilter und verdünnt 3 Teile auf 100 cm³ mit Wasser. Der Vergleich erfolgt mit ähnlich hergestellter Standardlösung. Bei Gegenwart von Phosphorsäure, deren Menge aber nicht mehr als 120 mg P_2O_5 im Liter der Analysenlösung betragen darf, setzt man nach dem Ammoniummolybdat 24 cm³ Salzsäure zu und vergleicht erst 1—2 Minuten nach dem Zusatz von Stannochlorid. Für die Bestimmung der Phosphorsäure in einer Menge von 0,1—0,3 mg P_2O_5 werden 25—30 cm³ der zu untersuchenden Lösung im Colorimeterzylinder tropfenweise mit Salzsäure (1:1) versetzt, bis der zuerst ausfallende Niederschlag wieder in Lösung geht; darauf gibt man noch 5 cm³ Salzsäure und 3 cm³ 5%ige Ammonmolybdatlösung zu, mischt die Lösung, versetzt sie mit Stannochloridlösung bis zur vollständigen Ausbildung der Bläuung und vergleicht gegen gleich bereitete Standardlösungen. Im Gegensatz zur Kieselsäure kann die Phosphorsäure auch bei Gegenwart von großen Mengen Kieselsäure bestimmt werden.

K. A. Wassiljew beschreibt eine Schnellmethode zur Bestimmung der Kieselsäure in Aluminatlösungen durch Fällen der mit Schwefelsäure angesäuerten Lösung mit Gelatine (1 g pro Liter) in der Siedehitze, Abfiltrieren des Niederschlages und Behandeln des Filtrates in der gleichen Weise mit Gelatine. Die Niederschläge werden vereinigt, verascht, geglüht und ausgewogen. Eine Reinigung der Kieselsäure soll hierbei nicht erforderlich sein (vgl. Budkewitsch und Tananaeff).

H. Lafuma trennt Aluminiumhydrat von Kalkaluminat durch Eindampfen der Lösung, einstündiges Glühen bei 600° und anschließender Behandlung in der Kälte, während 10 Minuten mit einem Überschuß von 0,1 n-HCl. Unter diesen Bedingungen ist das freie Aluminat unlöslich, während das an Kalk gebundene Aluminat neben dem Kalk säurelöslich sind. Mit dieser Methode wurde die Bildung von $2\,CaO \cdot Al_2O_3 \cdot aq$ bei der Hydratation von Tonerdezement bestätigt und die Überführung dieser Verbindung in das $3\,CaO \cdot Al_2O_3 \cdot 6\,H_2O$ bei 80° nach einigen Tagen in der Mutterlauge nachgewiesen.

Endlich wird von N. J. Bogolepow über 4 verschiedene Ausführungsarten der Bestimmung von Al_2O_3 und von Gesamtkali der Aluminatlösung durch Titration mit Salzsäure unter Benutzung von p-Benzolsulfosäureazobenzylamin I als Indicator berichtet:

1. Die Gesamttitration der Aluminatlösung wird mit eingestellter Salzsäurelösung in Gegenwart von Benzolsulfosäureazobenzylamin durchgeführt bis zur deutlichen Rosafärbung. Der Gesamtalkaligehalt wird durch Titration mit eingestellter Salzsäurelösung in Gegenwart von Rosolsäure als Indicator bis zum Verschwinden der Rosafärbung durchgeführt, wobei zur Entfernung von CO_2 die Lösung kurz aufgekocht werden muß.

2. Bei geringen Carbonatmengen kann die Titration des Gesamtalkalis mit Rosolsäure als Indicator in der Kälte erfolgen und darauf nach Zusatz von I das ausgefallene Aluminiumhydroxyd weiter titriert werden.

3. Zur Ausführung der Bestimmung in hydrolysierten Lösungen wird die gut durchgerührte Lösung abgemessen, mit konzentrierter Salzsäure bis zur Auflösung von Aluminiumhydroxyd versetzt, zur Vertreibung von Kohlensäure aufgekocht und mit chemisch reiner Natronlauge in

Gegenwart von Phenolphthalein das Aluminiumhydroxyd ausgefällt. Nach Zugabe von I wird der Niederschlag mit eingestellter Salzsäurelösung titriert. Der Gesamtalkaligehalt wird wie oben bestimmt.

4. Die gemessene Aluminatlösung wird bei Gegenwart von I mit eingestellter Salzsäurelösung bis zur deutlichen Rosafärbung titriert, die Lösung aufgekocht und heiß mit eingestellter Lauge gegen Phenolphthalein bis zur schwach Rosafärbung titriert, wobei nach dem Abkühlen die Vertiefung der Färbung mit eingestellter Salzsäurelösung zurückgedrückt wird. Der Laugeverbrauch entspricht dem Aluminiumgehalt. Die Differenz zwischen Säure- und Laugeverbrauch entspricht dem Gesamtalkaliverbrauch.

C. **Korund** (II/2, 1037).

Über die Unterscheidung natürlicher Korunde von den synthetischen macht A. Schröder einige Angaben. Die natürlichen Korunde haben häufig Einschlüsse von Wolfram und Kohlensäure sowie von Ilmenit, Glimmer und Eisenglanz, sowie Rutil. Weiter enthält der synthetische Korund Schlieren in Form von koaxial in der Schmelzbirne untergeordneter schlierenartiger Schichten, welche als gebogene Streifen beobachtet werden. Beim Schleifen des synthetischen Korundes treten infolge der inneren Spannung zarte Sprünge auf den Facetten auf. Natürlicher Korund kann Schwindungslamellen zeigen, die auf dem synthetischen nie beobachtet werden.

D_1. **Aluminiummetall** (II/2, 1041).

1. Aluminium (II/2, 1042). Die Bestimmung geschieht zweckmäßig nach dem auf S. 539 ausführlich beschriebenem Verfahren durch Fällen als Oxinat oder als Ammoniumphosphat.

J. J. Lurje (1) löst zur Aluminiumbestimmung im metallischen Aluminium 0,5 g Späne in 35—40 cm³ Salzsäure 1 : 4, filtriert vom Ungelösten ab und dampft die Lösung zur Trockne ein. Nach Aufnahme der Salze werden entweder in schwach salzsaurer Lösung unter Zusatz von Hydroxylamin oder in schwefelsaurer Lösung mit Quecksilberkathode und Platinanode die Verunreinigungen bei 5—7 Volt und 5—6 Ampere abgeschieden (Ag, Cu, Fe, Cr, Ni, Co, Mn, Mo). Aus der konzentrierten magnesiumhaltigen Aluminiumlösung wird dann nach Ardagh und Bongard bei Gegenwart von Chlorammonium mit 25%iger Ammoniaklösung gefällt, der Niederschlag abfiltriert, ausgewaschen, verascht, geglüht und zuletzt noch 10—15 Minuten bei 1200° nachgeglüht.

2. Kohlenstoff (II/2, 1045) und ausgewählte Methoden der Gesellschaft deutscher Metallhütten- und Bergleute.

3. Kupfer (vgl. II/2, 1046) wird auf elektroanalytischem oder jodometrischem Wege, auch auf colorimetrischem Wege mit Ferrocyankalium oder nach Fischer mit Dithizon nach vorheriger Abtrennung des Kupfers als Schwefelkupfer bestimmt. Nach A. Brenner (2) werden zur Bestimmung des Kupfers in reinem Aluminium 10 g Aluminium in 70 cm³ 30%iger Natronlauge gelöst, der Niederschlag abfiltriert und mit etwas bromhaltiger Salzsäure aufgenommen. Das mit Schwefelwasserstoff erhaltene Schwefelkupfer wird im Quarztiegel verascht, mit einem Tropfen Schwefelsäure und 3 Tropfen Salpetersäure versetzt und bis zum Entweichen von Schwefelsäuredämpfen abgeraucht. Der Rückstand wird mit Ammoniak behandelt, aufgekocht, mit Essigsäure angesäuert und nach Zugabe von Kaliumjodid und Stärke mit 0,01 n-Natriumthiosulfatlösung zurücktitriert. Auf colorimetrischem Wege kann die Bestimmung mit gelben Blutlaugensalz durchgeführt werden. Diese Methode ist genauer und empfindlicher, es lassen sich damit auch noch 0,001% Kupfer in Aluminium bestimmen. R. Gadeau fällt aus der salzsauren Lösung das Kupfer mit Schwefelwasserstoff als kolloidales Kupfersulfid aus und vergleicht die entstehende Braunfärbung mit Standardlösungen.

4. Eisen (II/2, 1044) wird nach Zimmermann-Reinhardt oder nach dem Titanchloridverfahren bestimmt. Vgl. auch K. Steinhäuser (2).

L. Szegö löst das Aluminium in Natronlauge und filtriert den zurückbleibenden Niederschlag, der Eisen, Kupfer und Titan enthält, ab, wäscht mit warmem Wasser, löst in 20 cm^3 verdünnter Salzsäure, reduziert die Lösung mit Zinn-(2)-chlorid und titriert nach Zusatz von Quecksilberchlorid nach Zimmermann-Reinhardt mit 0,05 n-Kaliumpermanganatlösung.

R. Gadeau bestimmt Eisen im Aluminium auf colorimetrischem Wege mit Rhodankalium. Nach einer amerikanischen Vorschrift wird zunächst das Kupfer in salzsaurer Lösung durch Schwefelwasserstoff abgetrennt. Hierauf wird in weinsaurer ammoniakalischer Lösung durch Schwefelwasserstoff das Schwefeleisen ausgefällt, das in Schwefelsäure gelöst schließlich mit Kaliumpermanganat maßanalytisch bestimmt wird.

5. Gallium. J. A. Scherrer gibt zwei Methoden an, einmal durch Fällung der Schwefelsäurelösung mit Kupferron und indirekte Bestimmung in einer Mischung der Oxyde von Vanadium, Titan und Zirkon oder durch Abtrennung des Galliums aus salzsaurer Lösung durch Extraktion mit Äther und schließlich Fällen mit Kupferron und Auswaage als Ga_2O_3.

6. Magnesium (vgl. II/2, 1047) wird im kupferfreien Aluminium durch Fällen mit alkoholischer Oxinlösung, der Umsetzung des Niederschlages mit Schwefelsäure in Sulfat und Titration der im Überschuß zugesetzten nicht gebundenen Schwefelsäure mit Natronlauge bestimmt (vgl. auch K. Steinhäuser).

7. Mangan (vgl. II/2, 1048) wird durch Oxydation zu Manganat durch Natriumbismutat auf colorimetrischem Wege oder nach Zusatz eines gemessenen Überschusses Oxalsäure durch Rücktitration mit Kaliumpermanganat auf maßanalytischem Wege bestimmt. Bei gleichzeitiger Anwesenheit von Chrom werden zunächst durch Oxydation in der Kälte beide Metalle zusammen bestimmt. In einer zweiten Probe wird dann die Oxydation mit Bismutat in der Hitze ausgeführt, wobei sich alles Mangan als MnO_2 abscheidet. Im Filtrat wird dann das Chrom allein nach Zusatz von Ferrosulfat mit Kaliumpermanganat titriert.

Nach K. Altmannsberger werden zur Schnellbestimmung 0,2 g der Späne in Schwefelsäure (1 : 1) gelöst, auf 300 cm^3 verdünnt und nach

Zusatz von Silbernitrat und Ammoniumpersulfat mit arseniger Säure zurücktitriert. Die arsenige Säure wird gegen einen Stahl mit bekanntem Aluminiumgehalt eingestellt.

8. Stickstoff (II/2, 1052). Nach A. L. Doyle und W. H. Hadley werden 10 g des Metalls in einem 600-cm³-Becherglas mit 60 cm³ Wasser und 10 cm³ frisch destilliertem HCl erwärmt und nach Beginn der Reaktion portionsweise mit insgesamt 160 cm³ 20,24%iger HCl versetzt. Hierauf wird weiter bis zum völligen Lösen des Al erhitzt und dann auf 100 cm³ eingeengt. In der Zwischenzeit stellt man sich eine Lösung von 40 g KOH in 100 cm³ Wasser her, kocht 10 Minuten zur restlosen Entfernung von Spuren NH_3, läßt die $AlCl_3$-Lösung langsam in 300 cm³ der KOH einfließen und destilliert in 2 kleine Gefäße über, die 4 bzw. 3 cm³ 2 n-H_2SO_4 enthalten, bis das 1. Gefäß 30—35 cm³ Destillat enthält. Durch die KOH wird langsam ein O_2-Strom geleitet, der vorher eine Waschflasche mit konzentrierter H_2SO_4 passiert hat. Die Destillate werden in einem 150-cm³-Destillationskolben mit 10 cm³ KOH versetzt, und nochmals destilliert und zwar in 0,05 n-H_2SO_4. Nach Übergang von 25 cm³ Destillat wird mit Nesslers Reagens colorimetriert. Als Vergleichslösung dient eine Lösung von 3,82 g NH_4Cl/Liter. Die Genauigkeit beträgt $\pm$ 0,0001% bei einem N-Gehalt von 0,003%.

9. Gase. Die Bestimmung führt K. Steinhäuser (3) nach dem Heißextraktionsverfahren in einem besonders konstruierten Silitstabofen mit Elektromagneten zum induktiven Rühren durch, wobei die zu untersuchende Probe im Vakuum auf 1050° erhitzt und wieder erkalten gelassen wird. Die Proben müssen zur Befreiung von Fett mit Benzol oder Alkohol-Äther abgewaschen und hierauf mit einer Gasflamme auf 350° erhitzt werden.

10. Natrium (II/2, 1045). Zur Bestimmung empfiehlt E. R. Caley bei Na-Gehalten von mehr als 0,01% das Na ohne vorheriger Abtrennung des Al oder der anderen Elemente direkt als Natriummagnesiumuranylacetat zu fällen oder bei geringen Gehalten das Anreicherungsverfahren des Natriumoxyds an der Oberfläche durch Umschmelzen der Probe unter Luftzutritt.

Beim direkten Verfahren löst man am besten die Aluminiumspäne in einem Quarztiegel in der geringstmöglichen Menge verdünnter Salzsäure, filtriert und dampft dann so weit ein, daß gerade noch kein Aluminiumchlorid ausfällt. Dann gibt man 100 cm³ des Magnesium-Uranylacetat-Reagenses zu und behandelt die Fällung in üblicher Weise weiter.

Ganz ähnlich arbeiten R. W. Bridges und M. F. Lee. Nach dem Einengen der 1 g Aluminium gelöst enthaltenden Flüssigkeit auf ein Volumen von etwa 5 cm³ wird das Natrium durch Zugabe von 100 cm³ Zink-Uranylacetatlösung unter 45 Minuten langem Rühren gefällt.

Nach dem Absitzen über Nacht filtriert man, wäscht mit Reagenslösung, dann 2mal mit Äthylalkohol, 6mal mit Aceton, trocknet 30 Minuten lang bei 1050° und wägt als Natrium-Zink-Uranylacetat (Faktor für Na = 0,01495). Auch diese Methode ist nur bei einem Natriumgehalt von mehr als 0,01% brauchbar.

Beim Anreicherungsverfahren schmilzt man 25—50 g des Metalls im Eisentiegel, der mit einem wassergekühlten Deckel versehen ist und der zu $^2/_3$ in den Deckelausschnitt eines Tiegelofens eingesenkt ist. Man hält 15 Minuten im Schmelzfluß, läßt erkalten, bringt den Aluminiumblock in ein Becherglas und spült Tiegel und Deckel in dieses Glas hinein ab. Man läßt den Metallblock mit Wasser bedeckt 1 Stunde lang stehen, hebt ihn dann heraus und spült ab. Die Lösung wird mit 0,01 n-Schwefelsäure in kleinem Überschuß versetzt (Methylrot als Indicator), dann wird 5 Minuten lang gekocht; schließlich wird der Säureüberschuß mit 0,01 n-Natronlauge zurückgenommen. Das Schmelzen und Auslaugen wird wiederholt, bis der Verbrauch an Schwefelsäure auf 0,5 cm³ sinkt.

Die Anzahl der nötigen Operationen hängt von dem Natriumgehalt des Aluminiums ab.

Nach einem weiteren Vorschlag von Bridges und Lee wird die Hauptmenge des Aluminiums durch wiederholtes Einengen der salpetersauren Lösung und Auswaschen des ausgeschiedenen Aluminiumnitrates mit konzentrierter Salpetersäure entfernt. Den Rest des Aluminiums fällt man mit Ammoniak, die übrigen Verunreinigungen mit Schwefelwasserstoff aus. Zum Schluß wird das Filtrat mit Ammoniumcarbonat von den letzten Schwermetallspuren und von den Erdalkalien befreit und das Natrium als Sulfat gewogen. Das Sulfat wird dann gelöst, ungelöst bleibende Rückstände werden zurückgewogen. Vielleicht ließe sich diese recht zeitraubende und komplizierte Methode dadurch abkürzen, daß nach der Abscheidung des Hauptteiles des Aluminiums das Natrium neben dem Rest Aluminium und den anderen Verunreinigungen als Tripelsalz gefällt wird.

Nach K. Steinhäuser und J. Stadtler werden zur genauen Bestimmung von Natrium in Aluminium 100 g Aluminiumspäne in einem 2-l-Becherglas mit Wasser bedeckt und durch vorsichtiges Zugießen von 900 cm³ konzentrierter Salzsäure gelöst. Aus dieser Lösung wird durch Einleiten von Salzsäuregas unter gleichzeitiger Kühlung Aluminium als Aluminiumchlorid niedergeschlagen, welches filtriert, mit konzentrierter Salzsäure gewaschen, in Wasser wieder gelöst und nochmals mit Salzsäuregas abgeschieden wird. Die Filtrate werden soweit als möglich eingeengt und zur weiteren Ausscheidung von Aluminiumchlorid wieder mit Salzsäure gesättigt. Damit wird so lange fortgefahren, bis fast das gesamte Aluminium ausgefällt ist. Die Restlösung wird zur Abscheidung der Kieselsäure in einer Porzellanschale mit etwa 10—15 cm³ konzentrierter Schwefelsäure bis fast zur Trockne abgeraucht; der Rückstand wird nach dem Erkalten mit Wasser und etwas Salzsäure unter Erhitzen aufgenommen und die Kieselsäure abfiltriert. Im Filtrat werden die Schwermetalle durch Einleiten von Schwefelwasserstoff niedergeschlagen; die Sulfide werden abfiltriert. Nach dem Einengen des Filtrates und Abdampfen des Schwefelwasserstoffes werden unter Zusatz von etwa 3—5 cm³ Bromwasser Fe, Al, Mn, Cr, Ti usw. mit Ammoniak im Überschuß gefällt; der Niederschlag wird abfiltriert. Wegen der großen Gefahr des Einschließens anderer Salze ist dieser Niederschlag wieder in Salzsäure zu lösen und nochmals zu fällen. Hierauf werden durch Abrauchen und Glühen in der Platinschale die Ammonsalze vertrieben. Der Rückstand wird mit Wasser und 3—5 Tropfen Schwefelsäure (1: 1) aufgenommen; in dieser Lösung fällt man nach Versetzen mit Ammoniak bis zum Auftreten der ammoniakalischen Reaktion mit 2—3 cm^3 einer 10%igen Ammoncarbonatlösung 2—3 cm^3 einer 5%igen Ammonoxalatlösung Calcium und etwa noch vorhandenes Aluminium in der Siedehitze. Nach mehrstündigem Stehen wird von dem Calciumniederschlag in eine gewogene Platinschale abfiltriert. Der Niederschlag wird mit heißem Wasser gut gewaschen. Der Inhalt der Schale wird eingeengt, durch Abrauchen bei dunkler Rotglut von den Ammonsalzen befreit und gewogen. Zur Bestimmung von Magnesium und Zink löst man den gewogenen Glührückstand mit Wasser und einigen Tropfen konzentrierter Salzsäure aus der Schale und fällt Magnesium durch Zugabe von 10%iger Ammonphosphatlösung im Überschuß und Ammoniak als Magnesiumammoniumphosphat. Man filtriert nach 12stündigem Stehen, verascht den Rückstand, glüht und wägt als $Mg_2P_2O_7$. Das Filtrat vom Magnesiumniederschlag wird auf dem kochenden Wasserbad bis zur vollständigen Vertreibung des Ammoniaks (Prüfung mit Curcumapapier) erhitzt, wobei sich Zink als das in neutraler Lösung schwerlösliche Zinkammoniumphosphat abscheidet; der Niederschlag wird abfiltriert, geglüht und als $Zn_2P_2O_7$ gewogen. Magnesium und Zink werden als $MgSO_4$ und $ZnSO_4$ vom gewogenen Glührückstand abgezogen. Der so erhaltene Wert für Natriumsulfat wird nach Abzug des jeweils zu bestimmenden Blindwertes auf Natrium umgerechnet.

Nach Gottschall liefert bei Abwesenheit von Titan die Bestimmung des Natriums in Aluminium mit Zinkuranylacetat gute Werte. Endlich wird nach C. B. Brook, S. H. Stott und A. C. Coates zur Bestimmung des Natriums in Aluminium und Aluminium-Siliciumlegierungen ein 60 g schweres Probestück in einem Eisenschliff in einem etwa 1 Zoll weiten Eisenrohr 30 Minuten auf 900° erhitzt. Das Na tritt dabei aus und oxydiert sich an der Oberfläche der Probe. Nach dem Abkühlen werden Probe und Eisenschliff mit Wasser gewaschen und die Lösung titriert.

11. Sauerstoff-Aluminiumoxyd (II/2, 1051). J. A. Kljatschko und J. J. Gurewitsch (1) berichten zu der Bestimmung des Aluminiumoxyds in Aluminium und dessen Legierungen, daß oberhalb 1000° geglühtes Aluminiumoxyd weniger hygroskopisch und in verschiedenen wäßrigen Lösungen (HCl, HN_3, KOH, $CuCl_2$, $BiCl_3$, HCl + H_2O_2) erheblich weniger löslich ist, als solches, das bei geringerer Temperatur geglüht worden ist. Die nassen Bestimmungsverfahren sind nach ihrer Ansicht nicht empfehlenswert, da in jedem einzelnen Falle die Löslichkeit in den verschiedenen Lösungen zu berücksichtigen ist und ziehen die alkalischen Verfahren, durch Lösen des Metalls in Lauge infolge geringer Löslichkeit, den sauren Verfahren vor.

Der erstere der erwähnten Verfasser empfiehlt neben der Methode von Ehrenberg den Aufschluß mit 7—8%iger Wismutchloridlösung. Das ausgeschiedene Wismut, sowie das ebenso im Aluminium vorhandene Kupfer werden in Salzsäure + Wasserstoffperoxyd gelöst und die für den Aufschluß benötigte Wismutchloridlösung dabei regeneriert.

Die Löslichkeit von Al_2O_3 in HCl + H_2O_2 ist geringer als in HNO_3, wie sie für das Lösen von Kupfer bei der Methode Ehrenberg verwendet wird.

12. Phosphor (II/2, 1050). Zur Bestimmung von P in technischem Aluminium wägt man nach W. D. Treadwell (7) und J. Hartnagel in den in Abb. 1 wiedergegebenen Zersetzungskolben (*K*) 0,1—1,0 g Aluminium entsprechend 1—60 γ P ein und spült die Apparatur bis vor die Quarzcapillare mit Wasserstoff durch, wobei derselbe durch einen an der

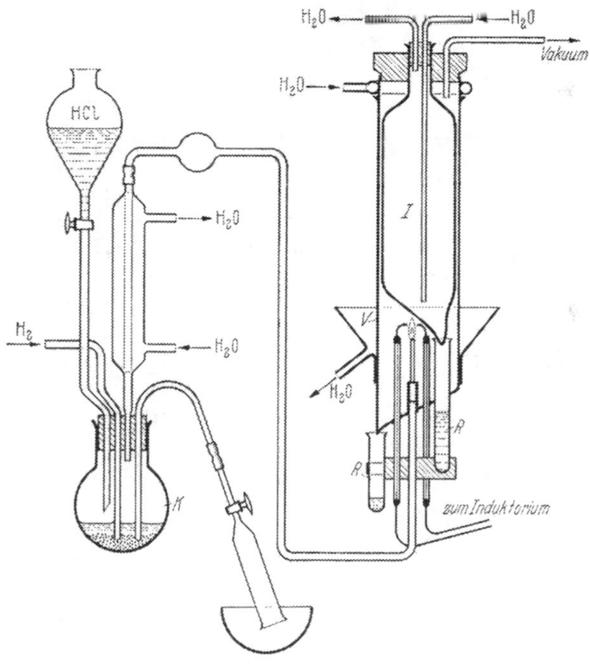

Abb. 1. Apparatur zur Bestimmung von P in technischem Aluminium.

Capillare angebrachten Dreiwegehahn abgeleitet wird. Hierauf wird die innere und äußere Kühlung der Verbrennungsglocke (*V*) eingeschaltet und Luft mit einer Geschwindigkeit von 5—7 Blasen pro Sekunde hindurchgesaugt, so daß stets ein genügender Überschuß für die Flamme bereit ist. Nunmehr wird das Aluminium mit verdünnter Salzsäure, bei sehr reinem Aluminium zur besseren Lösung unter Zusatz von 1 Tropfen Platinchlorwasserstoffsäure zersetzt und der Gasstrom mittels des Dreiwegehahns auf den Brenner umgeschaltet und zugleich mit dem Induktorium gezündet, wobei die Funkenstrecke zwischen den Platinspitzen 3 mm über der Quarzcapillare betragen soll. Die Flamme soll mit einer Höhe von 1 cm brennen, wobei die Spitze den Boden des Kühlers (*I*) berührt.

Der innere Kühler (*I*) in der Glocke soll einen Durchmesser von 5 cm und eine Länge von 15 cm haben und mit einem Spielraum von

2 mm in das äußere Kühlrohr (V), das am oberen Rand von außen mit Wasser berieselt wird, hineinspannen. Die Hauptmenge der Flammgase kondensiert sich hierbei am inneren Kühler, der restliche Teil in der äußeren Glocke. Diese ist daher schief abgeschnitten und mit einer kleinen angeschmolzenen Glasspitze an der untersten Kante versehen, so daß das Kondensationswasser mittels eines kleinen Reagensglases (R) gesammelt werden kann, ebenso das vom inneren Kühler abtropfende Kondensat. Nachdem die Zersetzung beendet ist (nach etwa 20—40 Minuten), wird die Apparatur noch 10—15 Minuten mit Wasserstoff ausgespült und hierauf der Zersetzungskolben mit Säure bis zum Hals gefüllt. Hierauf wird die Verbrennungsglocke mit wenig Wasser abgespült und das Kondensat mit Waschwasser in einer Platinschale mit 1—2 Tropfen verdünnter Schwefelsäure versetzt, auf 10 cm³ eingeengt und in einem Kolben von 50 cm³ übergespült. Nunmehr setzt man nach Ch. Zindzadze 1 cm³ Molybdänblaulösung hinzu, füllt bis zur Marke mit Wasser auf und erhitzt 10 Minuten lang im Wasserbad. Nach dem Erkalten auf Zimmertemperatur wird die entstandene Blaufärbung mit in genau gleicher Weise hergestellten Vergleichslösungen verglichen, wobei zweckmäßig die Verdünnung so zu halten ist, daß je γ P in 1 cm³ ist. Eine weitere Verdünnung der erhaltenen Molybdänblaulösung ist wegen einer nicht proportionalen Farbänderung nicht statthaft. Zur Herstellung der Molybdänblaulösung werden 30 cm³ reiner konzentrierter Schwefelsäure mit 50 cm³ Wasser verdünnt und darin 3 g Molybdänsäureanhydrid aufgelöst. Zu der erhaltenen Lösung werden 0,3 g chemisch reines Cadmium als Pulver oder als elektrolytische Flitter hinzugefügt und so lange geschüttelt, bis alles Cadmium gelöst ist.

13. Blei (II/2, 1042). Zur Bestimmung des Bleis wägt man 2 g der Späne in ein 400 cm³ fassendes Becherglas ein, übergießt sie mit 100 cm³ destilliertem Wasser und fügt 20 cm³ Salzsäure (1,19) hinzu. Wenn die Hauptreaktion nachgelassen hat, gibt man 1 cm³ Salpetersäure (1,4) hinzu, kocht bis zur vollständigen Lösung durch. Hierauf verdünnt man auf 150 cm³ mit heißem Wasser, filtriert ab und wäscht mit heißem Wasser aus. Das Filtrat wird mit 50 cm³ 25%iger Weinsäurelösung versetzt, unter Indizierung mit Methylrot mit Ammoniak eben neutralisiert und 25 cm³ einer Ameisensäuremischung, bestehend aus 200 cm³ Ameisensäure (1,2), 970 cm³ Wasser und 30³ Ammoniak (0,90), hinzugegeben. Dann erhitzt man bis zum Kochen und leitet einen kräftigen Schwefelwasserstoffstrom während 15 Minuten ein. Nach kurzem Abstehenlassen wird der Niederschlag durch ein aschefreies mit etwas Filterschleim beschicktes Filter abfiltriert und mit verdünnter Ameisensäurelösung ausgewaschen. Der Rückstand wird dann bei 500° in einem Porzellantiegel verascht, quantitativ in ein 200 cm³ fassendes Becherglas gespritzt und 5 Minuten lang mit 3 cm³ Ammoniakwasser digeriert. Der Tiegel wird mit heißer Salpetersäure (1 + 1) ausgespült, die Spülsäure mit Salpetersäure (1 + 1) auf ein Gesamtvolumen von 20 cm³ gebracht, zum Sieden erhitzt, mit 150 cm³ heißem Wasser verdünnt und bei 0,5 Ampere elektrolysiert. Nach Beendigung der Elektrolyse wird in bekannter Weise nach Waschen der Anode mit Wasser und

Alkohol und 30 Minuten langem Trocknen bei 210° die Gewichtszunahme als PbO_2 ermittelt. $PbO_2 \cdot 0,8643 = Pb$.

14. Silicium (II/2, 1051). Die Bestimmung geschieht nach Otis-Handy durch Lösen des Metalls in Mischsäure oder nach Regelsberger durch Lösen in Lauge (vgl. II/2, 1051). Nach L. H. Callendar (1) muß die abgeschiedene Kieselsäure mindestens 1 Stunde bei 900° geglüht werden, um sie ganz wasserfrei zu machen. Enthält dieselbe Aluminiumsulfat eingeschlossen, so muß zur Überführung derselben in Oxyd mindestens 10 Minuten lang mindestens auf 1000° erhitzt werden. Ist die Kieselsäure nicht rein weiß, so ist metallisches Si anwesend. In diesem Falle führt man am besten die Bestimmung nach der Natriumhydroxydmethode durch. Bei Serienanalysen rechnet der Verfasser mit einem durchschnittlichen SiO_2-Verlust von 3% durch unvollständige Abscheidung der Kieselsäure und Löslichkeit im Waschwasser. Die Ausführungsformen der drei bekanntesten Verfahren sind folgende:

a) Natriumhydroxydmethode. Die Aluminiumprobe wird in einem bedeckten großen Nickeltiegel mit frisch bereiteter 10%iger Natronlauge aufgelöst. Danach spült man Deckel und Tiegelwand mit heißem Wasser ab und kocht 10 Minuten weiter, aber ohne zur Trockne zu bringen. Dann verdünnt man und kocht, bis sich der gebildete Niederschlag vom Tiegelboden löst und gießt den Tiegelinhalt unter Umschwenken in überschüssige 60%ige Schwefelsäure ein. Man spült alle Kieselsäurereste aus dem Tiegel mit Schwefelsäure heraus, bedeckt mit einem Uhrglas und dampft bis zum Auftreten von Schwefelsäuredämpfen ein. Man erhitzt noch 15 Minuten länger, erhält nach dem Verdünnen mit Wasser 15 Minuten im Sieden, filtriert, wäscht mit heißer verdünnter Salzsäure (1 : 3) und mit heißem Wasser aus, verascht und glüht bei 900° bis zur Gewichtskonstanz. Die Kieselsäure prüft man in der üblichen Weise auf Reinheit. Im Filtrat befinden sich noch etwa 3% der anwesenden Kieselsäure, die bei genauem Arbeiten durch wiederholtes Eindampfen zu bestimmen sind. Im allgemeinen genügt jedoch diese Korrektur.

b) Anwendung eines Gemisches von verdünnter Salz-, Schwefel- und Salpetersäure. Die Lösung wird bis zum Rauchen eingedampft, die rückständige Kieselsäure mit Kalium-Natriumcarbonat geschmolzen und aus der Lösung dieser Schmelze wieder abgeschieden. Bei dieser Methode ist aber die Gefahr des Auftretens flüchtiger Siliciumverbindungen kaum zu vermeiden. Callendar schlägt daher bei Serienanalysen bekannten Ausgangsmaterials einen Korrekturfaktor vor, der aus dem einmal bestimmten wahren Aluminiumgehalt und den nach dieser oder einer noch mehr abgekürzten Methode (nur Auflösen, Eindampfen, Wiederaufnehmen, Filtrieren und Glühen) erhaltenen Werte berechnet wird.

c) Anwendung einer Mischung von 60 cm³ 60%iger Schwefelsäure und 40 cm³ konzentrierter Salpetersäure. Die wie üblich erhaltenen Werte stimmen bei Berücksichtigung des SiO_2-Gehaltes des ersten Filtrates und Anwendung des Faktors 0,470 für das Verhältnis von SiO_2 zu Si gut mit den nach der NaOH-Methode erhaltenen überein. Auflösen nur in Schwefelsäure (D 1,6) erlaubt zwar rasches Eindampfen, führt jedoch zu Silicium enthaltenden Rückständen. Anschließend berichtet Callendar (2) über Siliciumverluste, die durch die Bildung flüchtiger Siliciumverbindungen beim Auflösen der Aluminiumprobe in Säure entstehen. Die Größe des Verlustes ist von der Vorbehandlung der Legierung abhängig, wobei besonders das durch Erhitzen auf 550° und Abschrecken feinverteilte Silicium zu diesen Verlusten Anlaß gibt. Verluste entstehen beim Auflösen der Probe in Natriumcarbonat nicht. Gering sind die Verluste auch beim Auflösen in einer Mischung von Salpeter- und Schwefelsäure. Größere Abweichungen nach unten dagegen ergibt ein Auflösen in Schwefelsäure allein oder in einer aus Salzsäure, Salpeter- und Schwefelsäure gemischten Säure.

H. V. Churchill, R. W. Bridges und M. F. Lee berichten über zwei Verfahren zur Bestimmung des Siliciums in Aluminium und Aluminiumlegierungen. Bei dem sauren Verfahren wird 1 g Material in 35 cm³ eines Gemisches, bestehend aus 485 cm³ Wasser, 115 cm³ H_2SO_4, 200 cm³ HCl und 200 cm³ HNO_3, gelöst und abgeraucht. Nach Aufnahme mit 10 cm³ H_2SO_4 (1 : 3) und 100 cm³ Wasser wird durchgekocht, filtriert, das Filtrat nochmals eingeraucht und gleich behandelt. Beide Filter werden verascht, mit Soda geschmolzen, in verdünnter H_2SO_4 gelöst und die SiO_2 wie üblich abgeschieden und mit Flußsäure-Schwefelsäure abgeraucht. Nach dem Laugeverfahren wird 1 g in einem Becher aus Monelmetall in 15 ccm 30%iger NaOH gelöst, auf 5 cm³ eingeengt, 2—3 cm³ H_2O_2 zugesetzt und in 80 cm³ H_2SO_4 (1 : 1) eingegossen. Hierauf wird nach Zusatz von 2 cm³ HNO_3 (1,4) eingedampft und wie üblich weiter behandelt. Statt H_2SO_4 allein ist auch ein Gemisch von 65 cm³ H_2SO_4 (1 : 1) und 20 cm³ 60%iger $HClO_4$ zu empfehlen. Das Säureverfahren eignet sich für alle Aluminiumlegierungen, das Laugeverfahren besonders für Aluminium-Silicium-Magnesiumlegierungen. Im allgemeinen erwiesen sich die Dreisäuregemisch- und die Natronlaugemethode als gleichwertig gut, während bei der Perchlorsäuremethode Neigung zu etwas zu niedrigen Resultaten vorhanden war. Diese Minderbefunde treten aber nur bei Proben auf, die vorher bis zu 24 Stunden bei Temperaturen bis zu 260° C behandelt worden waren. Bei heißer behandelten Proben (bis zu 500° C) war dies nicht der Fall. Nach L. H. Callendar (3) sollen nach obigen Verfahren durch Aufschluß mit dem Dreisäurengemisch in Aluminiumproben, die 24 Stunden lang auf 550° erhitzt und in Wasser abgeschreckt wurden, Siliciumverluste von 18% auftreten. Churchill, Bridges und Lee schließen sich neuerdings den Ausführungen Callendars an und empfehlen für Schiedsbestimmungen das Laugeverfahren. P. Urech (2) liefert einen Beitrag zur analytischen Bestimmung der Zustandsformen des Siliciums in Aluminium bzw. in Aluminium-Siliciumlegierungen, aus dem hervorgeht, daß beim Lösen von Si-haltigem Al in HCl oder H_2SO_4 die auftretende Menge Silan unabhängig vom Si-Gehalt und der Korngröße des Si-Korns des Al ist. Beim Aufschluß mit NaOH erfolgt keine SiH_4-Bildung. Erheblich werden die Silanmengen bei Anwesenheit von viel Mg im siliciumhaltigen Aluminium infolge Bildung des Silicides Mg_2Si. H. Fuchshuber verkürzt die Abdampfzeit des Siliciumaufschlusses nach Otis-Handy, indem er 2 g Späne in einem 400-cm³-Becherglas in dem Säuregemisch nach Otis-Handy löst, nach beendigter Reaktion vorsichtig in kleinen Anteilen so lange 96%igen Alkohol oder Brennspiritus zugibt, der natürlich frei von mineralischen Bestandteilen sein muß, bis die Lösung nicht mehr aufschäumt. Nach Zugabe eines Überschusses von 10 cm³ wird das Deckelglas entfernt und der Aufschuß auf der Heizplatte bei 250—300° eingedampft. Durch den Alkoholgehalt wird die Lösung geleeartig verdickt, wobei das Siliciumsalzgemisch langsam und ohne zu stoßen zu einer blasigen Masse erstarrt, die sich mit einem Glasstabe leicht zerkleinern läßt. Vgl. auch die amerikanischen Normen in P. T. S. 620.

15. Zinn (II/2, 1054). Es werden 1 oder 2 g der Probe in einem 500 cm³ fassenden Erlenmeyerkolben mit 0,25 g reinem granulierten Antimon versetzt, dann 50 cm³ Wasser und 50 cm³ Salzsäure (1,19) hinzugegeben. Nun wird der Stopfen mit einem Glasrohr, das in ein mit gesättigter Natriumbicarbonatlösung gefülltes Becherglas eintaucht, aufgesetzt. Nachdem die erste heftige Reaktion vorüber ist, kocht man 10 Minuten bis zur völligen Auflösung des Zinns, kühlt den Kolben durch Einstellen in kaltes Wasser ab, wobei das Rohr zur Verhinderung eines Luftzutrittes noch in die Bicarbonatlösung eintauchen soll. Nach Erkalten wird der Kolben geöffnet, ohne Verzug 0,5 g Jodkalium und 2 oder 3 cm³ frisch bereitete Stärkelösung hinzugefügt und bis zur auftretenden Blaufärbung mit einer normalen Kaliumjodatlösung unter Berücksichtigung eines Blindwertes titriert. Ist die Endpunktbestimmung durch einen hohen Siliciumgehalt unsicher, so löst man die Probe in 50 cm³ Salzsäure (1 : 1) auf, kocht und filtriert in einem 500 cm³ fassenden Erlenmeyerkolben ab, wäscht den Rückstand gut mit heißem Wasser aus, setzt dem Filtrat 1 g zinnfreie Aluminiumspäne, 0,25 g Antimon und 50 cm³ Salzsäure hinzu und verfährt wie oben.

Bei Zinngehalten bis zu 0,1 g Sn schlägt K. Steinhäuser (4) vor, die Einwaage so einzurichten, daß man einen Schwefelwasserstoffniederschlag mit einem Gehalt von 1—3 mg Sn erhält. Man löst die Aluminiumspäne in Salzsäure, dampft die überschüssige Säure ab, indem man bis zu der ersten Kristallbildung einengt. Man verdünnt die Lösung auf das 3fache Volumen, macht sie durch Zugabe von Ammonacetat essigsauer und leitet Schwefelwasserstoff in die 60—70° heiße Lösung ein. Den Sulfidniederschlag zieht man mit farblosem Schwefelnatrium aus, wobei das gesamte Zinn in Lösung geht. Das Filtrat säuert man mit Salzsäure an, filtriert durch einen Porzellanfiltertiegel und versetzt das gebildete Sulfid durch Zugabe von 25 cm³ Salzsäure (1 : 5), welche 0,5 g Kaliumchlorat enthält, in der Hitze. Die Analysenlösung kann dabei bis auf ein Volumen von 10 cm³ gebracht werden. Die Lösung reduziert man mit 1,5 g Ferrum reductum, wobei sorgfältig jede Oxydation durch Luftsauerstoff zu vermeiden ist. Die siedend heiße, reduzierte Lösung filtriert man in ein 100-cm³-Meßkölbchen, das 5 cm³ 5%ige Quecksilberchloridlösung enthält. Während des Filtrierens muß das Kölbchen öfters umgeschwenkt werden, damit man ein gleichmäßig feines Korn erhält. Nach dem Filtrieren wird bis zur Marke aufgefüllt und mit Vergleichslösungen verglichen. Die Vergleichslösung (Vorratslösung) stellt man in der Weise her, daß man eine entsprechende Menge wasserhaltiges Zinnchlorid einwiegt und mit 10 Vol.-% konzentrierter Salzsäure versetzt. Zum Vergleich stellt man Lösungen her, die 1, 2 und 3 mg Sn enthalten, reduziert sie in der angegebenen Weise mit Ferrum reductum und filtriert sie ebenfalls in 100-cm^3-Kölbchen, welche Quecksilberchloridlösung enthalten.

16. Antimon. Nach E. Pache werden bei Anwesenheit von Blei und 2% Kupfer 1 g der Legierung in 30 cm^3 verdünnter HCl gelöst, mit 5 cm^3 3%iger H_2O_2 oxydiert und bis zur klaren Lösung erwärmt. Nun setzt man 50 cm^3 Wasser und hierauf 20 cm^3 20%ige Natriumsulfitlösung hinzu und kocht, bis SO_2-Geruch nicht mehr wahrnehmbar ist. Nach dem Verdünnen mit 100 cm^3 Wasser titriert man mit $^1/_{10}$ $KBrO_3$ unter Indizierung mit Methylorange.

Bei Anwesenheit von Pb und Mn ist bis zur Reduktion die Arbeitsweise dieselbe. Nach dem Verkochen der SO_2 verdünnt man mit 200 cm^3 Wasser, setzt 40 cm^3 Mangansulfat zu und titriert mit $^1/_{10}$ n-$KMnO_4$ auf schwach rosa, oder man löst 1 g in 10%iger NaOH, verdünnt mit 30 cm^3 Wasser, macht schwefelsauer und raucht bis zum Auftreten weißer Dämpfe ein. Nach dem Abkühlen verdünnt man mit 50 cm^3 Wasser, setzt 20 cm^3 HCl zu und erwärmt bis zur Klärung. Hierauf gibt man weitere 200 cm^3 Wasser und 40 cm^3 Mangansulfat zu und titriert mit 1 n-$KMnO_4$.

17. Zink (II/2, 1053). Nach Kolthoff (2) werden 50—100 cm^3 der von Kupfer abgetrennten schwefelsauren Lösung mit 25 cm^3 einer Fällungslösung (27 g $HgCl_2$ + 39 g NH_4CNS pro 1 l) geschüttelt. Man rührt $^1/_2$ Stunde aus, läßt über Nacht stehen und filtriert den aus [$ZnHg(CNS)_4$] bestehenden Niederschlag durch einen Glasfiltertiegel G 4 ab. Nach Auswaschen mit wenig Waschwasser, dem 2% der Fällungslösung hinzugesetzt sind, wird derselbe entweder getrocknet und direkt gewogen oder mit Kaliumjodat in Chloroform titriert. Hierbei löst man den Niederschlag in Salzsäure (1:1), versetzt mit etwa 2 cm^3 Chloroform und titriert mit Kaliumjodat, bis die zuerst aufgetretene Violettfärbung des Chloroforms verschwunden ist. Die Kaliumjodatlösung enthält 3,929 g KJO_3 und entspricht 0,0002 g Zn/cm^3. Zur Vermeidung einer Hydrolyse soll der Salzsäuregehalt nach Beendigung der Titration noch 12% HCl betragen. Bei Zinkgehalten über 1% Zink wägt man 2 g der Probe in ein 400 cm^3 fassendes Becherglas ein, übergießt die Späne mit 100 cm^3 Wasser und fügt 20 cm^3 Salzsäure (1,19) hinzu. Nach Beendigung der Hauptreaktion fügt man 1 cm^3 Salpetersäure hinzu und kocht so lange, bis alles Kupfer gelöst ist. Hierauf verdünnt man auf 200 cm^3, fügt 5 cm^3 Salzsäure (1,19) hinzu und leitet während 3 Minuten einen kräftigen Schwefelwasserstrom ein. Man filtriert ab, wäscht mit schwefelwasserhaltiger 1%iger Salzsäure aus, kocht das Filtrat zur Vertreibung des Schwefelwasserstoffes 10 Minuten lang durch, kühlt etwas ab und fügt 50 cm^3 einer 25%igen Weinsäurelösung hinzu. Nach Verdünnen auf 300 cm^3 neutralisiert man eben unter Indizierung mit Methylrot mit Ammoniak, setzt 25 cm^3 einer Ameisensäuremischung, bestehend aus 200 cm^3 Ameisensäure (1:2), 970 cm^3 Wasser und 30 cm^3 Ammoniak (0,90) hinzu, erhitzt zum Sieden und leitet 15 Minuten lang einen kräftigen Schwefelwasserstoffstrom hindurch. Nach kurzem Abhitzenlassen filtriert man ab und wäscht den Rückstand mit schwefelwasserstoffgesättigter 0,6%iger Ameisensäurelösung aus.

Nunmehr wird der Niederschlag in dem gleichen Becherglas in heißer Salzsäure (1:3) gelöst und das Filtrat mit heißem Wasser gut ausgewaschen. Nach Zugabe von 10 cm³ Schwefelsäure (1:1) wird bis zum Auftreten von Schwefelsäuredämpfen abgeraucht. Nach Abkühlen wird auf 100 cm³ verdünnt, abermals zum Sieden erhitzt, abfiltriert und der Rückstand ausgewaschen. Nachdem man das Filtrat mit 10 cm³ der gleichen Weinsäure versetzt und mit Ammoniak eben neutralisiert hat, leitet man 3 Minuten lang einen kräftigen Schwefelwasserstrom ein, fügt 10 cm³ der obigen Ameisensäuremischung hinzu und leitet weitere 5 Minuten Schwefelwasserstoff ein. Nach Abhitzenlassen wird der Niederschlag abfiltriert, mit schwefelwasserstoffhaltiger 0,6%iger Ameisensäure ausgewaschen, bei 700° C im Porzellantiegel verascht und als ZnO ausgewogen. Das ZnO wird in einem 200 cm³ fassenden Becherglase in 20 cm³ Salpetersäure (1:1) gelöst, die Lösung mit heißem Wasser auf 150 cm³ verdünnt und das Blei anodisch bei 0,5 Ampere elektroanalytisch abgeschieden, durch Multiplikation mit 1,268 auf $PbSO_4$ umgerechnet und mit einem ermittelten Blindwert vom unreinen Zinkoxyd in Abzug gebracht. $ZnO \cdot 0{,}8034 = Zn$.

Bei Zinkgehalten unter 1% Zink verfährt man in der gleichen Weise, bis man die erste Zinksulfidfällung in Schwefelsäure gelöst, eingedampft und auf 100 cm³ verdünnt hat. Dann wird filtriert, das Filtrat mit 25 cm³ einer Ammoniummercurithiocyanatlösung versetzt, kräftig durchgerührt und über Nacht stehengelassen. Nunmehr wird der Niederschlag durch einen Goochtiegel abfiltriert mit 1%iger Ammoniumquecksilberthiocyanatlösung ausgewaschen und 1 Stunde lang bei 110° C getrocknet. Man löst 32 g Ammoniumthiocyanat in 200 cm³ Wasser, rührt eine Lösung von 27 g Quecksilberchlorid in 500 cm³ Wasser ein, läßt 2 Tage stehen und filtriert von einem etwa entstandenen gelben Niederschlag ab. Es wird ein Blindversuch durchgeführt und der ermittelte Wert in Rechnung gestellt. Zn = Zinkmercurithiocyanat · 0,1289 = Blindversuch. Die häufig auftretende Lila-Purpurfärbung des normalerweise weiß aussehenden Cyanats ist bei Gehalten unter 20 mg Zn belanglos.

Th. Heczko (2) fällt zur Bestimmung des Aluminiums mit 8-Oxychinolin in technischem Aluminium und Aluminiumbronzen sowie Eisenlegierungen, die außerdem noch Nickel, Kobalt, Kupfer, Chrom und Molybdän enthalten, in tartrathaltiger, ammoniakalischer Lösung und hält die Schwermetalle durch Behandlung mit Kaliumcyanid infolge Bildung leicht löslicher Cyanidkomplexe in Lösung. Er löst von der Legierung so viel, daß die Einwaage nicht mehr als 0,08 g Al entspricht, in Königswasser und engt auf 20 cm³ ein. Hierauf fügt er 40—50 cm³ 20%ige Weinsäurelösung hinzu, verdünnt mit 100 cm³ Wasser und macht deutlich ammoniakalisch. Nach Zusatz von 5—10 g KCN leitet man einen lebhaften Schwefelwasserstrom in die Lösung ein, wodurch dieselbe durch Kieselsäure und Mangansulfid etwas getrübt wird. Man läßt 1 Stunde stehen, filtriert ab und wäscht mit schwefelammonhaltigem Wasser aus. Bei Gegenwart von mehr als 0,5% Si reißt die abgeschiedene Kieselsäure merkliche Mengen Aluminium mit nieder. Es ist daher das Filter mit

Niederschlag im Platintiegel zu veraschen, der Veraschungsrückstand mit Flußsäure-Schwefelsäure abzurauchen und der verbleibende Rückstand, gegebenenfalls nach vorherigem Aufschluß mit Pyrosulfat, mit Schwefelsäure zu lösen und mit dem Hauptfiltrat zu vereinigen. Hierauf verdünnt man die Lösung auf 50 cm³, setzt einige Gramm Ammonsulfat, 1 Tropfen Perhydrol und dann Ammoniak bis zum Umschlag von Methylorange hinzu. Nun wird von dem aus $Fe(OH)_3 + Al(OH)_3$ bestehenden Niederschlag abfiltriert und der Niederschlag ausgewaschen. Der Rückstand wird in Säure gelöst; die Lösung wird mit Weinsäure und Ammoniak versetzt und mit dem ersten Filtrat vereinigt. Bei Gegenwart von Chrom ist es nötig, vor dem Weinsäurezusatz das Chrom zu Chromsäure zu oxydieren. Die Legierung wird in 10 cm³ Schwefelsäure (1:5) gelöst, die Lösung mit einigen Gramm Ammoniumpersulfat und einigen Milligramm Silbernitrat erhitzt, bis sie durch das aus dem anwesenden Mangan gebildete Permanganat rot gefärbt ist. Dann gibt man 10 cm³ verdünnte Salzsäure zu und kocht einige Minuten lang. Die Lösung ist nun durch Chromsäure gefärbt, der Überschuß des Persulfats ist zerstört. Es wird abgekühlt, mit Weinsäure und Ammoniak versetzt und Schwefelwasserstoff eingeleitet. Die Lösung wird in diesem Fall blutrot. Der weitere Analysengang ist derselbe wie bei chromfreien Legierungen. Zum Ausfällen des Aluminiums verwendet man eine 10%ige alkoholische Lösung von Oxychinolin, die man in dünnem Strahl unter stetem Umschwenken in die fast siedende Aluminiumsalzlösung einfließen läßt. Man wendet 16mal mehr Oxin an als Aluminium vorhanden ist; dabei soll der Überschuß des Fällungsmittels nicht mehr als 0,1 g auf 100 cm³ Lösung betragen; ferner darf auf 20 Raumteile Aluminiumlösung höchstens ein Raumteil alkoholische Reagenslösung kommen. Nach der Fällung läßt man ein paar Minuten stehen, filtriert durch einen Glasfiltertiegel, wäscht mit warmem Wasser aus und trocknet. Niederschlag · 0,0587 = Aluminium.

M. I. Schubin (1) fällt das Zink im Filtrat der in Natronlauge gelösten Probe mit Natriumhydrosulfidlösung. Der Niederschlag wird mit verdünnter NaHS-Lösung, hierauf mit Wasser ausgewaschen und in heißer, verdünnter Schwefelsäure gelöst. Nach Verkochen des H_2S setzt man etwas 10%iges H_2O_2 hinzu, macht schwach ammoniakalisch, erhitzt zum Sieden, fügt noch 1—2 cm³ 25%igen Ammoniak zu und filtriert ab. Im Filtrat wird das Zn elektroanalytisch bestimmt.

Nach H. Wagner und H. Kolb zeigen bei der elektrolytischen Bestimmung von Zink in Aluminium und Aluminiumlegierungen, die bei bewegten Elektrolyten mit 3—4 Ampere bei etwa 4 Volt an einer Platinelektrode bei 50° in 15—20 Minuten erhaltenen Zinkniederschläge teils ein dunkelgraues, teils ein etwas helleres fast silbergraues Aussehen. Diese Färbungen werden auf Ausscheidung kleinerer oder größerer Mengen Eisen zurückgeführt und vorgeschlagen, den gefällten Metallniederschlag mit ganz verdünnter Salpetersäure von der Elektrode abzulösen, in Lösung gegangenes Eisen mit Ammoniak zu fällen, als Eisenoxyd zu bestimmen und auf Eisen umgerechnet von dem Niederschlag in Abzug zu bringen. Hiezu bemerken M. Dreifuss und A. Staab, daß der Chem. Fachausschuß d. D.M.B. die elektrolytische Bestimmung des

Zinkes im alkalischen Filtrat des in Natronlauge Unlöslichen, offenbar in Erkenntnis der letzterer Methode anhaftenden Mängel, nicht mehr anführt. Soll das Zink als Sulfid abgetrennt werden, so setzt man zur besseren Niederschlagung etwas Quecksilberchlorid hinzu. Vgl. noch über photometrische Bestimmungsverfahren bei der Leichtmetallanalyse M. Ginsberg, ferner K. Steinhäuser (5), vgl. ferner Chemische Analysen-Methoden für Aluminium und Aluminiumlegierungen. Verlag Aluminium-Zentrale, Literarisches Büro, Berlin W 9 und Handbuch für das Eisenhüttenlaboratorium, Bd. 2, Verlag Stahleisen Düsseldorf. 1939.

D_2. Raffinationsmetall.

Hier kommen nur colorimetrische Methoden in Betracht, vom Chem. Fachausschuß d. G.D.M.B. werden für die Eisenbestimmung das Kaliumrhodanidverfahren oder das Salicylsäureverfahren und für die Kupferbestimmung das Kaliumferrocyanid- oder das Dithizonverfahren nach Fischer vorgeschlagen. Ferner sind Versuche zur Ausarbeitung einer colorimetrischen Sr-Bestimmung im Gange.

D_3. Mikroanalytische Schnelluntersuchung von Reinaluminium.

Zur Bestimmung des Eisens, Kupfers und Mangans wird nach F. Pavelka und H. Morth (1) 0,1 g Al im 10-cm³-Meßkölbchen in 50%iger H_2SO_4 unter Erwärmen gelöst, mit 1 Tropfen H_2O_2 oxydiert und die Lösung aufgefüllt. 1—3 cm³ der Lösung werden im 5-cm³-Kölbchen mit 1 cm³ $K_4Fe(CN)_6$ · Lösung [0,2 g $K_4Fe(CN)_6$ gelöst in 1 l Wasser] versetzt, aufgefüllt und nach 10 Minuten im Keilcolorimeter von Authenrieth mit einer gleichzeitig hergestellten Vergleichslösung mit bekanntem Eisengehalt verglichen. — Man bestimmt zunächst unter gleichen Bedingungen die Entfärbungszeit eines Gemisches von Fe $(CHNS)_3$ und $Na_2S_2O_3$ unter Anwendung wechselnder bekannter Cu-Mengen. So erhält man für die vorhandenen Lösungen eine Eichkurve, aus der nach Hahn (2) die Cu-Werte unbekannter Lösungen durch Bestimmung der Entfärbungszeit abgelesen werden können. Die Reaktion ist von den Reagenzienmengen, den Konzentrationen und der Temperatur abhängig, daher ist genaueste Einhaltung der Arbeitsvorschriften erforderlich. Es gelingt, wenige Hundertstel Prozent bei weniger als 0,1 g Einwaage zu bestimmen. Zur Trennung des Mn und Fe von dem großen Al-Überschuß werden 2—3 cm³ der Lösung mit 1 cm³ 1%iger $FeSO_4$-Lösung, 5 Tropfen gesättigten Br-Wassers und 10%iger NaOH bis zum Lösen des Al $(OH)_3$ versetzt. Durch Mikrofilterröhrchen wird abfiltriert, gut ausgewaschen, der Niederschlag mit wenig H_2O_2 angefeuchtet, in 2 cm³ 2 n-H_2SO_4 gelöst und nach Zusatz von Ammonpersulfat und $AgNO_3$ als MnO_4 colorimetriert.

Zur Bestimmung des Siliciums und des Phosphors nach F. Pavelka und H. Morth (2) wird die Probelösung im 10-cm³-Meßkölbchen mit 1 Tropfen NH_4-Molybdatlösung (5 g/100 cm³), 2 Tropfen 1%iger NaF-Lösung und 3—4 Tropfen H_2SO_4 (1 : 5) versetzt. Bei Gegenwart von Si färbt sich die Lösung gelb. Hierauf fügt man 1 cm³ Hydrochinonlösung (2 g in

100 cm^3 Wasser + 0,2 cm^3 H_2SO_4) und nach 5 Minuten 2 cm^3 einer Lösung von 15 g Na_2CO_3 und 10 g Na_2SO_3 in 100 cm^3 Wasser hinzu und füllt auf 10 cm^3 auf. Nach 20 Minuten wird die Blaufärbung colorimetriert. Die Vergleichslösung besteht aus 2 cm^3 Wasserglaslösung bekannten Gehaltes, 2 cm^3 Hydrochinon und 2 cm^3 $Na_2CO_3 \cdot Na_2SO_3$-Lösung auf 20 cm^3. Statt der Silicatvergleichslösung kann man auch eine eingestellte salzsaure Calcium-Phosphatlösung verwenden. — Zur Bestimmung des P ermittelt man zunächst colorimetrisch die Summe von Si und P, dann nach Abscheiden des Si den P-Gehalt und errechnet aus der Differenz den Si-Gehalt.

E. Technische Aluminiumanalyse.

Einen systematischen und genauen Analysengang für Aluminium und seine leichten Legierungen siehe bei E. Azzarello, A. Accardo und F. Abramo.

F. Bestimmung der Aluminiumauflage und der Schichtdicke auf aluminierten Blechen (II/2, 1056).

Für die Dichtigkeitsprüfung von oxydischen Deckschichten auf Leichtmetall schlägt Duffek ein Verfahren vor, bei dem elektrolytische Farbkörper in fester Form aus wäßrigen Lösungen von Azofarbstoffen in den Poren abgeschieden werden, so daß das Verfahren auch für gefärbte Eloxalüberzüge sowie metallische und organische Überzüge geeignet ist. Die Proben werden anodisch bei einer Spannung von 20—60 Volt in die Lösung bei einer Versuchsdauer von 15 Sekunden eingebracht. Zur Feststellung der Eloxalschichten wird ein Lösungsmittel, bestehend aus einem Gemisch von Chrom- und Phosphorsäure, vorgeschlagen. Verchromtes Aluminium wird durch Behandeln mit Schwefelsäure (1 : 3) bei 2 A/dm^2 anodisch bei Verwendung einer Aluminiumkathode gelöst. Hierbei geht nach Beendigung der Auflösung der Strom auf Null zurück (vgl. auch A. Volmer).

G. Aluminiumlegierungen.

1. Art der Legierung. Zur Unterscheidung von Reinaluminium, kupferfreien und kupferhaltigen Aluminiumlegierungen beschreibt A. v. Zeerleder (1) zwei Verfahren, ein technologisches, das auf der Bestimmung der Ritzhärte mit Reißnadeln aus Aldreydraht verschiedener Härte beruht und ein chemisches, auf der Beobachtung der Reaktion mit Natronlauge beruhend. Eine Nadel mit einer Brinellhärte von 70 bis 80 kg/mm^2 ritzt nur Reinaluminium und gering legierte Sorten, auch im hartgewalzten Zustand, während alle höher legierten Legierungen, besonders auch die vergüteten, nicht mehr geritzt werden. Die Nadel aus weichgeglühtem Aldreydraht mit einer Brinellhärte von 30 kg/mm^2 ritzt nur das weichgeglühte Aluminium. Bei der chemischen Prüfung werden einige Tropfen 20%iger Natronlauge auf die blankgemachte Metallfläche gebracht und nach 10 Minuten langer Einwirkung abgespült. Hierbei zeigen alle kupferhaltigen Legierungen (Duraluminium,

Avional, deutsche und amerikanische Grundlegierungen) deutliche Schwärzung an der benetzten Stelle, während die kupferfreien Legierungen (Anticorrodal, Pantal, Silumin, Hydronalium), rein weiße (Reinaluminium), schwachgraue (Silicium) oder bräunliche Ätzungen (Mangan) geben.

M. Bosshard gibt eine einfache Methode zur Unterscheidung von 5 Gruppen der gebräuchlichsten Leichtmetallgußlegierungen: I. Al-Cu, II. Al-Zn, III. Al-Si, IV. Al-Mg und V. Mg, außerdem von 3 Mischgruppen I/II Al-Cu-Zn; I/III Al-Cu-Si und II/III Al-Zn-Si.

Als Prüflösung verwendet er:

1. 20 g Ätznatron in 100 cm³ Wasser.
2. 5%ige Salzsäure (1 Teil konzentrierte Säure und 7 Teile Wasser).
3. 30%ige Salpetersäure (1 Teil konzentrierte Säure und 1 Teil Wasser).
4. Cadmiumlösung (5 g Cadmiumsulfat, 10 g Natriumchlorid, 20 cm³ Salzsäure mit Wasser auf 100 cm³ verdünnt).

Es werden 3 Tüpfelproben durchgeführt.

A. Mit Lösung 1: Gruppe I und II zeigen nach 1 Minute graubraunen bis tiefschwarzen, im Wasser festhaftenden Niederschlag. Gruppe III weist nach 5 Minuten grau bis braune, ebenfalls festhaftende Färbung auf. Gruppe IV zeigt Weißbeizung. Gruppe V gar keinen Angriff.

Die Gruppen I und II können durch Lösung 2 weiter unterschieden werden. Die durch Natronlauge geschwärzten Stellen verschwinden bei II sofort, bei I nicht, oder nur sehr langsam. Bei Verwendung von Lösung 3 löst sich die Schwärzung bei I und II momentan, bleibt bei III auch mit Lösung 2 bestehen.

B. Mit Lösung 3: alle Aluminiumlegierungen bleiben unangegriffen. Gruppe V wird unter Gasentwicklung weiß gebeizt.

C. Mit Lösung 4: nach 1 Minute bildet sich bei Gruppe II und V grauer schwammiger Niederschlag, der leicht weggespült werden kann. Derselbe Niederschlag entsteht bei Gruppe IV erst nach 5 Minuten. Bei Gruppe I und III bildet sich kein Niederschlag.

Als Ergänzung zu dem von A. v. Zeerleder (2) angegebenen Methoden beschreibt E. Zurbrügg (1) weitere Reaktionen zur Feststellung von Mangan, Nickel und Magnesium in Aluminiumlegierungen, auch bei geringen Gehalten, wobei Mangan bei Gegenwart von Silbernitrat durch Oxydation mit Ammoniumpersulfat, Nickel mit Dimethylglyoxim und Magnesium mit Tetraoxyanthrachinon nachgewiesen werden. Nach diesen Verfahren nicht nachweisbar sind die Knetlegierungen der Gattung Aluminium-Magnesium-Silicium, Aluminium-Magnesium, Aluminium-Magnesium-Mangan, da auch die beiden ersten meist Mangan enthalten und Silicium erst bei Gehalten über 2% mit Ätznatron nachzuweisen ist. Die Aluminium-Magnesium-Siliciumlegierungen unterscheiden sich nun aber von den Aluminium-Magnesium, Aluminium-Magnesium-Manganlegierungen durch ihre Aushärtbarkeit, die Aluminium-Magnesiumlegierungen durch hohe Härte im weichgeglühten Zustand. Diese Unterschiede können zur Erkennung dieser Gattungen benutzt werden, wenn durch eine örtliche Erwärmung eine Aushärtung bzw. Weichglühung herbeigeführt wird und die betreffende Stelle mit einer Aldreynadel geritzt wird.

Endlich beschreibt E. Zurbrügg (2) noch ein Kurzprüfverfahren zur Unterscheidung der verschiedenen Aluminiumlegierungen: Durch einfache Tüpfelproben lassen sich nebeneinander nachweisen: Cu auch als Verunreinigung (0,1%), Zn nur als Legierungsbestandteil, Si von etwa 2% an, Ni, Mn und Ag (Fe).

2. Quantitative Bestimmung. Zur Bestimmung nur des säurelöslichen Aluminiums in Aluminiumlegierungen wird nach Bergmann die Probe in Salzsäure gelöst und die Lösung ohne vorherige Kieselsäureabscheidung mit Schwefelwasserstoff gefällt. In dem Filtrat der H_2S-Fällung wird Al als Phosphat gefällt, wobei Zn, Fe, Mn und Mg gelöst bleiben. Enthält die Probe auch Ti, so fällt man Fe, Ti und Al zusammen mit Oxychinolin aus und bestimmt Fe und Ti besonders, oder man fällt das Aluminium mit Ammoniak und im Filtrat die übrigen Elemente mit Schwefelammonium. Diese Fällung wird abfiltriert, verascht und nach dem Glühen mit dem Aluminiumhydroxydniederschlag vereinigt, geglüht und gewogen. Auf diese Weise hat man die Summe von Al_2O_3, Fe_2O_3, Mn_3O_4 ZnO und NiO erhalten. In einer zweiten Probe werden nach Zugabe von genügend Weinsäure Fe, Mn, Zn und Ni mit Schwefelammonium gefällt und als Oxyde zur Wägung gebracht. Aus der Differenz ergibt sich dann das Aluminium.

Über eine Trennung des Berylliums vgl. P. Adami (2).

Nach M. J. Schubin (2) werden zur direkten Bestimmung von Aluminium in Aluminium-Eisen-Mangan-Bronzen 0,5 g der Legierung mit 15 cm^3 verdünnter Schwefelsäure (1 + 2) und 3 cm^3 konzentrierter Salpetersäure unter Erwärmen gelöst. Die Lösung wird bis zum Auftreten der Schwefelsäuredämpfe eingedampft, mit 10 cm^3 Wasser versetzt und abermals bis zum Rauchen eingedampft. Der Rückstand wird mit 40 cm^3 Wasser aufgenommen, durchgekocht und von der abgeschiedenen Kieselsäure abfiltriert. Nachdem das Filtrat auf etwa 30—40 cm^3 eingedampft ist, wird erkalten lassen, mit Ammoniak bis zur beginnenden Trübung neutralisiert, mit 10 cm^3 verdünnter Schwefelsäure (1 + 9) angesäuert und in einen Elektrolyseur mit Quecksilberkathode eingefüllt. Die Elektrolyse wird bei einem Anfangsvolumen von 100 cm^3 zur Abscheidung von Kupfer mit 1,2—1,5 Ampere durchgeführt (20 bis 25 Minuten), darauf wird mit 8 cm^3 verdünntem Ammoniak versetzt und mit 2 Ampere weiter elektrolysiert. $1^1/_4$ Stunde nach Beginn der Elektrolyse werden 8—10 cm^3 Lösung durch das Abflußrohr abgegossen und wieder dem Elektrolyseur zugegeben (Gesamtvolumen 120—130 cm^3). Nach weiteren $^3/_4$ Stunden wird, ohne den Strom zu unterbrechen, die Lösung abgegossen und 6—8mal mit verdünnter Schwefelsäure (1 + 200) nachgewaschen. Die Gesamtlösung wird mit 12 cm^3 Salzsäure und 0,1—0,2 g Natriumsulfit versetzt und auf 250 cm^3 eingedampft. Zur Fällung des in Lösung befindlichen Aluminiums neben wenig Mangan wird die Lösung mit Methylrot versetzt, Ammoniak bis zum Umschlag in gelb und noch 1—2 Tropfen Überschuß zugegeben und 1—2 Minuten durchgekocht. Hierauf wird der Niederschlag filtriert, mit heißer 2%iger Ammoniumchloridlösung gewaschen, in Salzsäure gelöst und nochmals in der gleichen Weise gefüllt. Der Niederschlag wird hierauf verascht, geglüht und ausgewogen.

Kleine Mengen Aluminium werden nach M. I. Schubin (3) in eisenhaltigen Kupferlegierungen unter genauer Einhaltung folgender Fällungsbedingungen bestimmt:

Die schwefelsauren Lösungen sollen so viel Schwefelsäure enthalten, als etwa 25—30 cm³ einer 1:3 verdünnten Säure entspricht, da sonst ein Teil des Eisens leicht in kolloidaler Form gelöst bleibt. Auch soll man die Lösung noch vor Zugabe der Natriumsulfidlösung auf 80° erwärmen und ihr etwa 0,07—0,1 g festes Natriumsulfid zugeben. Beim Neutralisieren der Lösung mit Ammoniak soll vom letzteren ein Überschuß von 3—4 cm³ auf ein Volumen von 250 cm³ zugegeben werden; endlich genügen $1^1/_2$—2 cm³ der Natriumsulfidlösung und 0,5—1,0 g Weinsäure für einen Gehalt von 0,1—0,12 g Eisen. Die so hergestellte und behandelte Lösung wird nach Fällung des Eisens auf 20° abgekühlt, dann in einem Meßkolben auf 250 cm³ aufgefüllt und durch ein trockenes Faltenfilter filtriert. 200 cm³ des Filtrates werden mit 15 cm³ verdünnter Salzsäure (1:3) angesäuert, der Schwefelwasserstoff wird durch Kochen entfernt und die Lösung vom abgeschiedenen Schwefel abfiltriert. Das Filtrat neutralisiert man mit Ammoniak, säuert schwach mit Essigsäure an und setzt 2 g Ammonphosphat hinzu. Dann erwärmt man bis zum Kochen, läßt den Niederschlag sich absetzen, sammelt ihn auf einem Filter und wäscht ihn mit einer 1—$1^1/_2$%igen Ammonacetatlösung aus, worauf er getrocknet, verascht und gewogen wird.

Um eine Bestimmung in Gegenwart großer Mengen Fe, Cu und Zn auszuführen, bestimmt man in der Lösung das Kupfer zuerst elektrolytisch. Dann fällt man durch Zugabe von Ammoniak in geringem Überschuß, um das Zink in Lösung zu halten, das Eisen und Aluminium. Diesen Niederschlag sammelt man auf einem Filter und wäscht ihn 1—2mal mit einer 2%igen Ammonsulfatlösung, die im Liter 3—5 cm³ Ammoniak enthält. Den ausgewaschenen Niederschlag löst man in 30 cm³ heißer verdünnter Schwefelsäure, gibt Weinsäure zu und fällt nach der Neutralisation mit Ammoniak das Eisen zusammen mit den noch vorhandenen Spuren von Zink und Mangan in der oben angegebenen Weise mit Natriumsulfid und bestimmt dann im Filtrat das Aluminium.

Die Methode wurde auch an Legierungen, die Cu, Mn, Fe, Sn, Zn und Al enthielten, ausprobiert, wobei $2^1/_2$—3 g der Legierungen in Salpetersäure gelöst und zuerst das Sn durch Fällung und dann das Cu elektrolytisch entfernt wurden. Die mit diesen Legierungen sowie auch die mit Lösungen reiner Salze ausgeführten Beleganalysen zeigen gute Resultate, die bei Einwaagen von 2,5—5,0 g um höchstens 0,01—0,02% zu geringe Werte aufweisen.

a) Aluminium-Cadmium. Nach N. J. Budgen werden zur Cadmiumbestimmung in Aluminiumlegierungen, 2 g der Probe in 10 cm³ konzentrierter Schwefelsäure gelöst, eingeraucht und endlich in der auf 300 cm³ gebrachten Lösung bei Kochhitze mit rotierender Anode bei 0,25 Ampere/cm² und 5 Volt elektrolysiert.

b) Aluminium-Chrom (II/2, 1062). Zur Bestimmung von Chrom in Aluminiumlegierungen werden nach J. A. Kljatschko und J. J. Gurewitsch (2) 0,15—0,25 g Späne in 20—30 cm^3 Salzsäure (1 + 1) und einigen Tropfen Salpetersäure (1,4) gelöst und zur Entfernung der nitrosen Gase durchgekocht. Die abgekühlte Lösung wird allmählich zu einem kalten Gemisch von 20—30 cm^3 30%iger Ätzkalilösung und 7 cm^3 3—5%igem Wasserstoffperoxyd hinzugegeben. Hierauf wird 10 Minuten lang zur Zersetzung des überschüssigen Wasserstoffperoxyds gekocht und nach Abkühlen mit Salzsäure angesäuert, abermals abgekühlt und mit 300—400 cm^3 Wasser versetzt. Hierauf gibt man 10 cm^3 einer Mohrschen Salzlösung (20 g Salz + 50 cm^3 konzentrierte Schwefelsäure) mit Wasser auf 500 cm^3 aufgefüllt hinzu. Die Mohrsche Salzlösung wird mit Kaliumbichromat (0,1 n = 4,903 g pro Liter) eingestellt. Darauf wird mit 0,1 n-Kaliumbichromat bis zum Verschwinden der Blaufärbung eines auf eine Porzellanplatte gebrachten Tropfens titriert. L. Silverman löst 1 g der fettfreien Legierung in einem Gemisch von 10 cm^3 85%iger H_3PO_4 und 20 cm^3 70%iger technischer $HClO_4$, wenn nötig unter Erhitzen auf 120°. Nach längerem Erhitzen auf 220°, bis die Farbe rein gelb oder in Gegenwart von Mn braun ist, wird abgekühlt, auf 100 cm^3 verdünnt, mit 5 cm^3 HCl (1:3) zur Reduktion des Mn versetzt, auf 250 cm^3 verdünnt und Cl herausgekocht. Nach Zusatz von 10 cm^3 H_2SO_4 (1:1) verdünnt man auf 250 cm^3, kühlt unter 25° ab und titriert potentiometrisch mit 0,1 n-$FeSO_4$-Lösung · 1 cm^3 0,1 n-$FeSO_4$ = 1738% Cr. Al-Pulver und Lösungen, müssen vorsichtig auf dem Wasserbad erwärmt werden; nach Aufhören der heftigen Reaktion erfolgt der weitere Gang wie beschrieben.

c) Aluminium-Kupfer (II/2, 1063). J. A. Kljatschko und G. F. Burlak lösen zur elektrolytischen Schnellbestimmung des Kupfers in Aluminiumlegierungen, 1 g der Legierung in einer Mischung, bestehend aus 1 cm^3 Schwefelsäure (1,84), 3 cm^3 Salpetersäure (1,4) und 20 cm^3 Wasser, unter Erwärmen. Die Lösung wird mit Wasser verdünnt und bei 80° mit 0,5—2 Ampere und 2—3 Volt unter Rühren der Lösung durch mit 1200 Umdrehungen bewegten Spiralanoden bei möglichst konstanter Spannung elektrolysiert. Die Elektrolyse ist nach 10 Minuten beendet. Nach J. Wiliamson wird die Legierung die 4—6% Cu, 12—14% Al und 30% Ni enthalten kann, in Salzsäure gelöst, das Kupfer als CuS gefällt, zu CuO verglüht und in Salpetersäure gelöst. Hierauf wird schwach ammoniakalisch gemacht, filtriert, wieder mit Salpetersäure eben angesäuert, eingeengt, nach Ammoniakzusatz mit Eisessig und Kaliumjodid versetzt und das Kupfer jodometrisch bestimmt. Das Filtrat der Schwefelwasserstoffällung wird zur Al-Bestimmung durch Kochen von Schwefelwasserstoff befreit, mit schwefliger Säure versetzt und aufgekocht. Nach Zusatz von Natriumphosphat und 2 cm^3 Salzsäure im Überschuß wird durchgekocht, Eisessig und Natriumthiosulfat in Kristallen zugesetzt, aufgekocht, der Niederschlag abfiltriert und ausgewaschen. Die Fällung wird wiederholt und der gut ausgewaschene Niederschlag schließlich geglüht und gewogen. Nickel wird in einer besonderen Einwaage mit Dimethylglyoxim bestimmt. Mangan ermittelt man nach der Wismutatmethode, Kobalt nach Entfernung des Kupfers als Schwefelkupfer und des Eisens nach dem Acetat- oder Zinkoxydverfahren mit α-Nitroso-β-Naphthol. A. M. Sanko und O. J. Burssuk fällen in einer Kupfer-Nickel-Aluminiumlegierung nach der elektrolytischen Abscheidung des Kupfers das Nickel in ammoniakalischer Lösung bei Gegenwart von Weinsäure mit Dimethylglyoxim und im Filtrat hiervon das Al mit 8-(o)-Oxychinolin. 0,5 g des Metalls werden in 15 cm³ HNO_3 (1 : 1) gelöst, bis zur Sirupkonsistenz eingedampft, mit H_2SO_4 angefeuchtet und bis zum Auftreten von SO_3-Dämpfen abgeraucht; nach dem Abkühlen wird mit NH_3 neutralisiert, mit 2 n-H_2SO_4-Lösung angesäuert und Cu bei 75° elektrolytisch abgeschieden; zur Ni-Fällung wird die Lösung mit 3 g Weinsäure und 15—20 cm³ 1%iger alkoholischer Dimethylglyoximlösung und NH_3 versetzt; das Ni-Filtrat wird auf 300 cm³ aufgefüllt, 100 cm³ abgemessen, 2 g Weinsäure, 5 g NH_4Cl und NH_3 bis zur Phenolphthaleinfärbung zugegeben; Al wird dann mit 20 cm³ 2%iger Oxychinolinlösung durch tropfenweises Zugeben unter Umrühren abgeschieden, bei 1000° geglüht und als Al_2O_3 gewogen.

d) Aluminium-Nickel. Nach E. C. Pigott werden Nickel-Aluminiumlegierungen in Salzsäure und etwas Salpetersäure gelöst und nach dem Verkochen der Stickoxyde in der Lösung das Eisen mit Cupferron gefällt. Das im Filtrat befindliche Aluminium wird schließlich mit Ammoniak gefällt und als Al_2O_3 zur Wägung gebracht. Bei Gegenwart von Chrom wird der Glührückstand mit Soda aufgeschlossen, das Chrom im Schwefelsäureauszug der Schmelze mit Eisensulfat titriert und in Abzug gebracht. Nickel wird wie üblich mit Dimethylglyoxim gefällt. Nach einem Verfahren von R. C. Chirnside, das auf einer von Nickolls angegebenen Arbeitsweise zur Trennung des Al vom Mg bei nur wenig Al beruht, wird bei Gegenwart größerer Al-Mengen die kalte schwach saure Lösung der Ni-Legierung mit KCN bis zum Lösen des zuerst ausfallenden Niederschlags versetzt und unter ständigem Rühren in überschüssigen NH_3 gegossen. Das ausfallende $Al(OH)_3$ wird abfiltriert, mit 2%iger NH_4NO_3-Lösung gewaschen, getrocknet und geglüht. Der Glührückstand ist rein weiß.

e) Aluminium-Eisen (vgl. II/2, 1063 und S. 546, 558).

f) Aluminium-Magnesium (II/2, 1065). Magnesium wird als Magnesiumpyrophosphat bestimmt. Auch nach den amerikanischen Normen wird das Magnesium im Filtrat der Kalkfällung als Magnesiumphosphat ausgeschieden.

Nach A. Brenner und S. Hengl wird zur Schnellbestimmung des Magnesiums in Aluminiumlegierungen der Type Al-Si-Mg die Al-Probe, deren Einwaage so bemessen ist, daß man mit einer Auswaage von etwa 0,1 g $Mg_2P_2O_7$ rechnen kann, in 10 n-NaOH (8 cm³/g Al) gelöst. Den Rückstand samt Filter erhitzt man mit 10 cm³ konzentrierter HCl + 1 cm³ 3%iger H_2O_2, verdünnt mit 20 cm³ Wasser, filtriert, wäscht mit möglichst wenig Wasser aus, verkocht das H_2O_2, setzt 0,3 g Citronensäure und 0,3 g NH_4-Phosphat hinzu, macht ammoniakalisch, kühlt ab und versetzt mit weiteren 25 cm³ NH_3. Nach 15 Minuten wird filtriert, mit 2,5%iger NH_3 ausgewaschen, feucht verascht und ausgewogen. Der Maximalfehler beträgt ± 1,5 mg bei 100 mg Auswaage. Analysendauer 2 Stunden. Das Verfahren eignet sich für Mg-Gehalte bis zu 1%.

Zur Bestimmung von Magnesium in Duraluminium löst G. St. Smith 2 g der Legierung in 60—70 cm³ 10%iger Natronlauge und filtriert vom Ungelösten ab. Der Rückstand wird nach dem Auswaschen mit heißem Wasser durch Kochen mit 5 cm³ Schwefelsäure (D 1,2) und Wasser behandelt. Der nunmehr nach dem Abfiltrieren verbleibende Rückstand (Kupfer) ist magnesiumfrei, jedoch geht etwas Kupfer in Lösung. Die vereinigten Filtrate werden mit Natronlauge bis zur Bildung eines geringen Niederschlages versetzt, der wieder mit verdünnter Schwefelsäure in Lösung gebracht wird. Zur Oxydation des Eisens gibt man aus einer Bürette 0,1 n- oder 0,05 g n-Permanganatlösung zu, kocht auf und fügt Zinkoxydemulsion in geringem Überschuß zu. Hierauf läßt man in die fast kochende Lösung weiter so lange $KMnO_4$-Lösung zufließen, bis die Rotfärbung bei weiterem Kochen und weiterer Zugabe von Zinkoxyd bestehen bleibt. Den Permanganatüberschuß entfernt man durch Alkohol. Auf diese Weise werden Aluminium, Eisen und Mangan entfernt. In der Lösung verbleiben, wenn vorhanden, etwas Kupfer und Nickel. Das Magnesium fällt man aus der Lösung nach Zugabe von 1 g Cyankalium mit 10 cm³ 10%iger Natronlauge, kocht kurze Zeit, filtriert nach einigem Stehen ab und wäscht mehrmals mit 1%iger Natronlauge nach. Das Magnesiumhydroxyd wird in verdünnter Schwefelsäure gelöst. Der Lösung setzt man Ammoniumchlorid und Ammoniak zu. Ein entstehender Niederschlag deutet auf eine unvollständige Entfernung des Aluminiums und Eisens durch Zinkoxyd hin. Bei Abwesenheit eines Niederschlags wird in der wieder schwach sauer gemachten Lösung das Magnesium mittels Natrium-Ammoniumhydrophosphat oder Ammoniumphosphat und Ammoniak wie üblich gefällt und als Pyrophosphat gewogen. Dieses enthält zu vernachlässigende Mengen Mangan, und auch der Manganniederschlag enthält auf keinen Fall mehr als eine Spur Magnesium.

Mit einer für viele Zwecke hinreichenden Genauigkeit läßt sich die Magnesiumbestimmung auch titrimetrisch ausführen. Zu diesem Zweck wird die schwefelsaure Lösung mit Natronlauge alkalisch gemacht, dann wieder mit 0,1 n-Schwefelsäure angesäuert, gekocht und nach dem Abkühlen genau neutralisiert. Diese Lösung wird mit einem Überschuß an 0,1 n-Natronlauge versetzt und umgeschüttelt; in einem aliquoten Teil wird der Überschuß mit 0,1 n-Säure zurücktitriert.

Nach einem Verfahren zur Bestimmung des Magnesiums in manganhaltigen Aluminium-Magnesiumlegierungen von H. Blumenthal wird die aus möglichst feinen Spänen bestehende Probe der Legierung mit Natronlauge (für 1 g Legierung: 3 g NaOH) zersetzt. Der Niederschlag wird abfiltriert, gewaschen und in Salzsäure und etwas Salpetersäure aufgelöst. Hierauf gibt man 20 cm³ Weinsäurelösung (1: 1) zu, ferner eine hinreichende Menge von Ammoniumphosphatlösung und etwa 5 g Ammoniumchlorid. Nach dem Verdünnen mit Wasser auf etwa 150 cm³ stumpft man mit Ammoniak die Hauptmenge der freien Säure ungefähr ab. Man gießt die auf etwa 70° erwärmte klare Lösung schnell in 50 cm³ einer 10%igen Ammoniaklösung und spült mit Wasser nach. Man fügt noch etwa 30 cm³ 25%iges Ammoniak hinzu und läßt einige Stunden stehen. Hierauf wird filtriert, gewaschen, verascht, geglüht und gewogen.

Falls die Bestimmung nur auf die erste Dezimale genau sein muß, wird das Pyrophosphatgemisch zur Bestimmung des Mangangehaltes in Salzsäure gelöst, die Lösung mit Zinkoxyd abgestumpft und mit Permanganat nach Volhard titriert. Hierbei werden geringe Manganmengen von der Phosphorsäure zurückgehalten und infolgedessen nicht mittitriert; der dadurch bedingte Fehler kann aber für Betriebsanalysen in der Regel vernachlässigt werden. Will man den Fehler ausschalten, so muß man die Phosphorsäure vor der Mn-Titration abtrennen durch Schmelzen mit Alkalicarbonat, Auslaugen mit Wasser unter Zusatz von etwas Na_2O_2 und Filtrieren. Das Verfahren gibt gute Resultate und ist rasch durchführbar.

Zur volumetrischen Bestimmung von Magnesium in Duraluminium nach N. Sotowa löst man 2 g Späne in 40 cm^3 25%iger Kalilauge, verdünnt die Lösung mit heißem Wasser und sammelt die ausfallenden Hydroxyde von Kupfer, Eisen, Magnesium und Mangan auf einem Filter, auf dem man den Niederschlag so lange mit heißem Wasser auswäscht, bis das Waschwasser gegen Phenolphthalein nicht mehr alkalisch reagiert. Man löst den Niederschlag auf dem Filter mit 35 cm^3 heißer Salpetersäure (D 1,2) und wäscht 3—4mal mit heißem Wasser nach. Man gibt 2 g $KClO_3$ zur Lösung und dampft diese auf 10 cm^3 ein, wobei alles Mangan als MnO_2 ausfällt. Die Lösung mit dem Niederschlag verdünnt man mit heißem Wasser auf 60 cm^3 und fügt 30 cm^3 einer 25%igen Lösung von NH_4Cl und NH_4OH hinzu, wobei sich die Flüssigkeit blau färbt. Jetzt filtriert man vom abgeschiedenen Manganperoxyd und Ferrihydroxyd ab, wäscht sorgfältig mit heißem Wasser, dem man NH_4Cl und NH_4OH zugesetzt hat, aus und gibt zum Filtrat tropfenweise 10%ige Kaliumcyanidlösung bis zur Entfärbung und dann etwa noch 1 bis 2 cm^3. Die erhaltene farblose und klare Lösung erwärmt man auf etwa 60° und fällt das Magnesium durch Zugabe von 7—8 cm^3 25%iger alkoholischer Oxychinolinlösung. Dabei fällt das Magnesium als gelbgrüner Niederschlag $[Mg(C_9H_6OH)_2]$ aus. Nach 10—15 Minuten sammelt man diesen auf einem Filter, wäscht mit heißem ammoniakhaltigem Wasser so lange aus, bis das Waschwasser farblos abläuft, und dann noch 3—4mal mit reinem Wasser. Man löst den Niederschlag auf dem Filter in 30 cm^3 erwärmter 8%iger Salzsäure und wäscht mit heißem Wasser nach. Zum Filtrat gibt man aus einer Bürette 0,1 n-Bromid-Bromatlösung im Überschuß und dann noch 5 cm^3 20%ige Kaliumjodidlösung. Hierauf titriert man in bekannter Weise mit 0,1 n-Thiosulfatlösung das freie Jod.

Die 0,1 n-Thiosulfatlösung stellt man gegen eine genau gestellte 0,1 n-Jodlösung ein. Der Faktor zur Berechnung des Magnesiums ist 0,000304 gemäß den Gleichungen:

$$Mg(C_9H_6ON)_2 + 2\,HCl = MgCl_2 + (C_9H_7ON)_2$$
$$(C_9H_7ON)_2 + 4\,Br_2 = (C_9H_5Br_2ON)_2 + 2\,HBr + Br_2$$
$$Br_2 + 2\,KJ = 2\,KBr + J_2$$
$$J_2 + 2\,Na_2S_2O_3 = Na_2S_4O_6 + 2\,NaJ.$$

A. E. Martin gibt Vorschriften zur visuellen und elektrometrischen Titration von Aluminium in Magnesiumlegierungen: Für die visuelle Titration löst man 1 g Legierung in einem 250-cm^3-Kolben durch

Zusatz von 9 cm^3 konzentrierter Salzsäure, verdünnt auf etwa 200 cm^3, fügt 2 Tropfen Bromphenolblaulösung und dann n-Natronlauge zu, bis der Indicator entfärbt wird. Darauf versetzt man mit 10 cm^3 n-Salzsäure und bringt die Lösung auf 250 cm^3. 25 cm^3 davon werden in einem 100-cm^3-Nesslerglas mit noch 2 Tropfen Indicatorlösung und dann tropfenweise mit 0,1 n-Natronlauge bis nahezu farblos versetzt. Einen halben Tropfen vor dem Endpunkt ist die Lösung noch schwach gelb und einen halben Tropfen danach schon schwach blau. Jetzt wird 1 Tropfen Methylrot zugesetzt und weiter titriert, bis die Farbe scharf von Rot nach Neutral umschlägt. Die Differenz zwischen beiden Titrationen abzüglich des Blindversuches zeigt das Aluminium an. 1 cm^3 0,1 n-Natronlauge entspricht ziemlich genau 1% Aluminium. Den genauen Titer der 0,1 n-Natronlauge ermittelt man empirisch durch Titration von Lösungen mit bekanntem Aluminiumgehalt. Die Titrationen, die bei Tageslicht und immer gleich bleibenden Mengen der Indicatoren auszuführen sind, wurden mittels einer rotierenden Antimonelektrode potentiometrisch kontrolliert.

Für die elektrometrische Titration löst man 0,24 g der Legierung auf dem Wasserbad in 25 cm^3 n-Schwefelsäure, stumpft mit 4—5 cm^3 n-Natronlauge ab, erhitzt, wenn nötig zur Klärung der Lösung und verdünnt diese auf etwa 200 cm^3. Die Titrationen erfolgen in 2 Bechergläsern, die durch eine Kaliumchlorid-Agarbrücke verbunden sind. In jedes Glas ragt eine Platinblechelektrode, die mittels eines Widerstandes von 1 MΩ mit dem Cambridge-Galvanometer (700 Ω, 1600 mm je Mikroampere) verbunden ist. Um Polarisation zu vermeiden, darf die aus der Apparatur abgezeigte Strommenge nicht zu groß sein. In dem einen Becherglas befindet sich die Analysenlösung, im anderen ein Teil einer Bezugslösung von einer ähnlichen Legierung, um auf diese Weise im zweiten Glas eine Lösung mit konstanten p_H-Wert zu haben. In beide Lösungen gibt man so viel Chinhydron, daß etwas ungelöst bleibt. Titriert wird mit 0,05 g Natronlauge.

Vor Beginn der Titration steht das Galvanometer nahezu am Nullpunkt, da beide Lösungen fast den gleichen p_H-Wert aufweisen. Fügt man Natronlauge zur Analysenlösung, so steigt der p_H-Wert rapid und damit auch der Ausschlag; sobald die Fällung des Aluminiumhydroxyds beginnt, wird auch der Ausschlag verlangsamt und beim Ende der Fällung steigt er wieder schnell. Diese beiden Galvanometerstände, Beginn und Ende der Tonerdefällung, zeichnet man sich am besten auf einer Titrationskurve auf, die man bei der Titration von Lösungen mit bekannten Aluminiumgehalt vorher festgelegt hat und titriert dann die Analysenlösungen aus, wobei Beginn und Ende der Titration durch die festgelegten Punkte bestimmt werden. Der Natronlaugeverbrauch ist proportional dem Aluminiumgehalt. Das Becherglas mit der Bezugslösung bleibt unberührt. Durch Titration einer aluminiumfreien Magnesiumlösung erhält man einen Blindwert, der vor dem Natronlaugeverbrauch bei den Titrationen abzuziehen ist.

Zur Untersuchung von Elektronmetall nach I. Ubaldini und G. Mirri werden 2 g Späne tropfenweise mit etwa 20 cm^3 Salpetersäure (1,2) versetzt und nach dem Lösen mit 100 cm^3 heißem Wasser verdünnt und bis zum Absitzen des Niederschlages (SiO_2 und SnO_2) auf dem Wasserbade stehengelassen werden.

Der gewogene Niederschlag wird mehrmals mit Ammoniumchlorid erhitzt. Zurück bleibt die Kieselsäure. Im Filtrat bestimmt man Kupfer und Blei elektrolytisch; die restliche Menge Kieselsäure wird mit 7—8 cm^3 konzentrierter Schwefelsäure gefällt, abfiltriert und gewogen. Das Filtrat, das auf etwa 300 cm^3 verdünnt wird, versetzt man mit 15 bis 20 Tropfen 0,05%iger Tropäolinlösung und mit verdünntem Ammoniak bis zum Beginn des Farbenumschlages. In die heiße Lösung leitet man 10 Minuten lang lebhaft Schwefelwasserstoff ein und dann 30 Minuten langsamer. Das gefällte Zinksulfid wird abfiltriert und als Oxyd gewogen. Das vom Schwefelwasserstoff befreite Filtrat bringt man auf Volumen (300 cm^3) und nimmt für die Aluminiumbestimmung je nach dem Gehalt 100 oder 200 cm^3 (Al-Gehalt $<$ oder $>$ 10%). Die auf etwa 400 cm^3 verdünnte Flüssigkeit wird nach Zusatz von 15—20 Tropfen 0,5%iger alkoholischer Bromthymolblaulösung zum Sieden erhitzt und bis zum beginnenden Umschlag (nach Grünlichblau) mit verdünntem Ammoniak versetzt. Wägungsform: Oxyd. Für die Eisen- und Manganbestimmung werden besondere Einwaagen benutzt. Das Eisen bestimmt man jodometrisch in salzsaurer Lösung nach Fällung der Sulfide und Austreiben des Schwefelwasserstoffes, der Mangangehalt wird colorimetrisch ermittelt.

I. Ubaldini und V. Pelagnatti führen die Bestimmung des Magnesiums in Aluminiumlegierungen nach der Citratmethode aus, wobei die Substanz erst kalt, dann unter Erwärmen mit 25%iger Natronlauge zersetzt wird. Der unlösliche Rückstand wird abfiltriert, ausgewaschen, mit Salpetersäure (1:1) behandelt und die erhaltene Lösung filtriert und der Rückstand gut ausgewaschen. Das Filtrat neutralisiert man mit Ammoniak, setzt genügend Ammoniumcitratlösung zu und fällt dann das Magnesium durch Zugabe von Natriumphosphatlösung und konzentriertem Ammoniak.

g) Aluminium-Silicium (II/2, 1067). H. Pinsl berichtet über ein photometrisches Verfahren zur Bestimmung von Silicium in Aluminium- und Magnesiumlegierungen, ebenso über die photometrische Eisen-, Mangan- und Kupferbestimmung. 0,5 g der Probe werden in Ätznatron gelöst, der metallische Rückstand durch Filtrieren abgetrennt und im Filtrat das Silicium mit der Molybdatreaktion bestimmt. Der Rückstand wird in Salpetersäure gelöst und in 0,1 g Einwaage entsprechendem Anteil das Eisen mit der Rhodanreaktion und das Mangan mit der Persulfatreaktion erfaßt. Die Bestimmung des Kupfers erfolgt in 0,3 g Einwaage entsprechender Restflüssigkeit auf Grund der Blaufärbung in ammoniakalischer Lösung. Die Messung wird mit dem Zeiß-Pulfrich-Photometer vorgenommen. Die Übereinstimmung der photometrisch gefundenen Werte mit den Sollwerten einer Reihe von Aluminium-Kupferlegierungen war sehr befriedigend. Die Methode hat den Vorteil der Zeitersparnis. Die Bestimmung der 4 Elemente in einer Probe erfordert etwa 60—70 Minuten.

Die Si-Bestimmung in Roh- und Rein-Silumin kann indirekt durch volumetrische Al-Bestimmung durchgeführt werden, wobei zu beachten ist, daß dieselbe nur für bestimmte Zwecke brauchbar ist, da auch die übrigen Legierungsbestandteile Cu, Fe, Mn, Ti usw. auf diese Weise mit dem Aluminium mitbestimmt werden und ihr Säureverbrauch rechnerisch ermittelt und eingesetzt werden muß.

h) Aluminium-Zink (II/2, 1072). Die Bestimmung des Zinkes in leichten Aluminiumlegierungen geschieht nach J. Lurje (2) durch Fällen als Zink-Quecksilberrhodanid und Wägung oder Titration des gefällten Doppelsalzes mit KJO_3. Man löst die Legierung in verdünnter Schwefelsäure (1 : 3), fällt zuerst mit Schwefelwasserstoff, oxydiert dann im Filtrat, nach Vertreibung des H_2S durch Kochen, das Eisen mit Wasserstoffperoxyd oder Salpetersäure und gibt nach dem Erkalten 2—3 g Weinsäure hinzu. Danach werden noch einige Tropfen einer konzentrierten Kaliumrhodanidlösung und so viel Natriumacetat in konzentrierter Lösung hinzugegeben, daß die rote Farbe in eine citronengelbe übergeht. Man setzt 20 cm^3 des Reagenses (27 g $HgCl_2$, 39 g KCNS oder NH_4CNS in Wasser zu 1 l gelöst) zu, läßt den Niederschlag sich in $^1/_2$ oder 1 Stunde absetzen und filtriert durch eine Glasnutsche oder einen Goochtiegel, wäscht mit Wasser aus und trocknet bei 110° bis zum konstanten Gewicht. Das erhaltene Gewicht, multipliziert mit dem Faktor 0,1312, gibt die gefundene Menge Zink an.

Zur Titration sammelt man nach der Fällung den Niederschlag auf einem Filter, wäscht ihn aus und gibt Filter und Niederschlag in ein Glasgefäß mit eingeschliffenem Stopfen. Dann gibt man 5 cm^3 Chloroform, 20 cm^3 Salzsäure (D 1,19) und 5 cm^3 Wasser hinzu und titriert mit einer gestellten Lösung von KJO_3, bis die violette Färbung des Chloroforms gerade verschwindet. Von einer Lösung, die 19,6441 g KJO_3 im Liter enthält, entspricht 1 cm^3 = 0,0010 g Zink. Die Einstellung der Lösung erfolgt gegen reines Zink. 1 Zn entspricht 6 KJO_3.

Wo die Apparatur vorhanden, läßt sich das Zink auch elektrolytisch bestimmen, doch muß die Kathode vorher elektrolytisch mit Kupfer überzogen werden; das gebildete Aluminiumsulfat wird nach der Oxydation des Eisens mit 30%iger Natronlauge in Aluminat übergeführt. Bei einer Spannung von 3—4 Volt ist die Zinkabscheidung in 15—20 Minuten beendet.

3. Als weitere **Arbeitsverfahren** zur Bestimmung von Bestandteilen von Aluminiumlegierungen seien aufgeführt: Nach I. J. Klinow und T. I. Arnold wird bei der Schnellanalyse von Aluminiumlegierungen Si, Fe und Cu colorimetrisch, Zn elektrolytisch bestimmt und Al aus der Differenz berechnet: Sie lösen 1 g der Legierung durch Erhitzen in 20%iger Kalilauge (1), filtrieren vom Eisenkupferniederschlag durch ein mit 2%iger Kalilauge angefeuchtetes Filter in einem 200-cm^3-Meßkolben ab und waschen den Niederschlag 2—3mal mit 2%iger Kalilauge und dann 2mal mit Wasser aus. Der Niederschlag wird in einem anderen Kolben mit warmer verdünnter Salpetersäure (1 : 3) gelöst. Vom alkalischen Filtrat, welches Al, Si und Zn gelöst enthält, wird nach dem Auffüllen so viel, als 0,75 g der Einwaage entspricht, entnommen und das Zink elektrolytisch auf einer verkupferten Elektrode bei 2 Ampere und 3,5 Volt abgeschieden, was meist in 35—40 Minuten beendet ist. In dem Rest des alkalischen Filtrates (entsprechend 0,25 g Einwaage) wird unterdessen

Si colorimetrisch bestimmt, indem man der Lösung 5 cm³ der verdünnten Schwefelsäure (1 : 1) zugibt, abkühlt und 15—20 cm³ der Ammonmolybdatlösung (2) zugibt und auf 100 cm³ auffüllt. Die Vergleichslösung stellt man sich nebenbei her, indem man 10 cm³ der Standardlösung (3) in einen 100-cm³-Meßkolben bringt, dann 10 cm³ Eisessig und nach Durchmischen 2,5 cm³ Ammonmolybdatlösung (2) zusetzt und zur Marke auffüllt. Nach 5 Minuten langem Stehen können beide Lösungen colorimetriert werden. Die Lösungen müssen in diesem Falle verschieden behandelt werden, da die zu untersuchende Lösung noch Al und Zn enthält, wodurch in jedem Falle in ihr Trübungen auftreten, die den colorimetrischen Vergleich unmöglich machen, was durch den Schwefelsäurezusatz verhindert wird. Nach vielen Versuchen wurde dieser Weg gefunden, um in beiden Lösungen einen gleichen p_H-Wert zu erhalten, bei dem die Molybdänverbindung eine beständige Färbung ergibt. Zur Bestimmung des Kupfers und Eisens neutralisiert man die salpetersaure Lösung mit Ammoniak und setzt zur Fällung des Eisens einen Überschuß von 20 cm³ Ammoniak zu. Man filtriert in einem 250-cm³-Meßkolben ab, wäscht den Niederschlag mit schwachem Ammoniak aus und füllt das Filtrat zur Marke auf. Gleichzeitig pipettiert man 10 cm³ der Standardkupferlösung (5) in einem 250-cm³-Meßkolben, fügt ebensoviel Ammoniak zu, als die zu untersuchende Lösung enthält, füllt dann auf und vergleicht beide Lösungen im Colorimeter. Das ausgefällte Eisen wird unterdessen auf dem Filter in erwärmter verdünnter Salzsäure (1 : 1) gelöst und die Lösung in einem 1-l-Meßkolben gebracht; dann setzt man 10—15 cm³ der 30%igen Sulfosalicylsäurelösung (4) bis zur bleibenden Violettfärbung hinzu und darauf Ammoniak bis zum Umschlag nach Gelb. Man füllt auf und vergleicht die Gelbfärbung mit der einer ebenso behandelten Standardlösung (6).

Bei colorimetrischen Versuchen im Colorimeter nach Duboscq an Aluminiumlegierungen mit Gehalten an Si bis 1%, Fe bis 2%, Cu 1—8%, Zn bis 2,5% wurden gute Resultate erhalten.

Hierzu sind folgende Sonderlösungen erforderlich: 1. 20% Kalilauge (dieselbe muß frei von Si sein und soll in paraffinierten Flaschen aufbewahrt werden); 2. wäßrige 10%ige Ammonmolybdatlösung, 3. Standardlösung von Natriumsilicat, die genau 0,0022 g Si in 10 cm³ enthalten soll und in paraffinierten Flaschen aufzubewahren ist; 4. wäßrige 30%ige Lösung von Sulfosalicylsäure; 5. Standardkupferlösung, die in 10 cm³ 0,066 metallisches Kupfer enthalten soll; 6. eine Standardeisenchloridlösung, die in 10 cm³ 0,0175 g Fe enthält.

Bezüglich der spektralanalytischen Verfahren zur Bestimmung der Einzelbestandteile sei verwiesen auf E. H. S. van Someren, P. Baschulin, A. Baskakow und A. Striganow und K. A. Ssuchenko. Bei der visuellen photometrischen Bestimmung von Cr, V, Mo, Ti, Cu und Si in legierten Stählen erhält man innerhalb kurzer Zeit Ergebnisse von befriedigender Genauigkeit. Eine Bestimmung erfordert etwa 10—20 Minuten. Der Fehler ist bei einem Cr-Gehalt, z. B. von 0,2—2%, wenig geringer als bei 15—20%. Bei einigen Elementen, wie Nickel und Aluminium, sind die Fehler größer und können 10—20% der absoluten Menge erreichen; bei Ni-Gehalten unter 1,5% und Al-Gehalten unter 4%, und über 11% ist eine Bestimmung überhaupt nicht möglich. Besondere Bedeutung hat das Verfahren für die Bestimmung von Cr und Si in Al-Legierungen, vor allem zur Kontrolle von Gußstücken, die innerhalb von 10—30 Minuten ausgeführt werden kann, wobei die Genauigkeit der Cr-Bestimmung $\pm$ 5—10% des Cr-Gehaltes beträgt.

H. Aluminiumsalze[1].

Über die Untersuchung der Aluminiumsalze sei auf E. Merck verwiesen. Hier sei nur ein volumetrisches Bestimmungsverfahren des Aluminiums in Liquor - Aluminii - acetico - tartarici D.A.B. VI nach H. Mathes und U. P. Schütz beschrieben, wonach 1,5 genau gewogener Aluminium-Acetat-Tartratlösung in einem Meßkolben mit Wasser zu 100 cm^3 verdünnt werden. 10 cm^3 dieser Lösung werden in ein Becherglas abpipettiert und mit Wasser auf etwa 100 cm^3 verdünnt und mit 3—5 g Natriumacetat versetzt. Hierauf gibt man 10—12 cm^3 einer etwa 2%igen Oxychinolin-Acetatlösung zu, bis die Flüssigkeit schwach gelb gefärbt ist, und erhitzt kurze Zeit zum Sieden. Man läßt dann einige Minuten absitzen, filtriert durch einen mit angefeuchtetem Wattebausch verschlossenen Trichter und wäscht einige Male mit Wasser nach. Hierauf bringt man den Wattebausch mit dem daranhaftenden Niederschlag mit Hilfe eines Glasstabes in das Becherglas zurück, löst in 30 cm^3 heißer doppelt normaler Salzsäure und spült den auf einen Kolben gesetzten Trichter ebenfalls mit der heißen Lösung aus. Man wäscht mit 20 cm^3 Wasser nach und versetzt nach dem Abkühlen mit etwa 1 g Bromkalium. Dann titriert man nach Zusatz einiger Tropfen Methylrotlösung mit 0,1 n-Kaliumbromatlösung langsam (etwa 2 bis 3 Tropfen pro Sekunde), bis die Flüssigkeit eine rein gelbe Farbe angenommen hat und setzt noch weitere 2—3 cm^3 Bromatlösung hinzu. Nun gibt man etwa 0,5 g Jodkalium hinzu und titriert mit 0,1 n-Natriumthiosulfatlösung, bis der braune Niederschlag gelöst ist, versetzt mit Stärkelösung und titriert bis zum Umschlag. Zur Berechnung sind die verbrauchten Kubikzentimeter Thiosulfatlösung von der Anzahl der verbrauchten Kubikzentimeter Bromatlösung abzuziehen. 1 cm^3 0,1 n-Kaliumbromatlösung = 0,000225 g Al = 0,000425 g Al_2O_3.

J. Sonstiges.

Nach V. Gazzi wird zur Aluminiumbestimmung in Mineralwässern auf spektrographischem Wege, das durch kondensierte Funkenentladung mit Selbstinduktion zwischen Hohlelektroden für Lösungen nach F. Löwe hervorgerufene Spektrum unter Benutzung der Linien 3082,16 und 3092,8 verwendet.

K. Gehaltsbestimmung von technischem Aluminiumcarbid.

Nach W. D. Treadwell (8) werden 0,08 g Substanz in den in Abb. 2 wiedergegebenen Zersetzungskolben eingewogen. Nachdem der Laugespiegel in dem angeschlossenen Azotometer bis zum Eintritts-

[1] Siehe auch Tonerdepräparate; Erg.-Bd. II, 406.

rohr gesenkt ist, wird der Kolben 15 Minuten lang mit trockenem CO_2 ausgespült. Hiernach wird die Lauge bis zum Hahn emporgedrückt und weiter CO_2 nachgeleitet. Im Verlauf von 5 Minuten dürfen sich keine meßbaren Mengen von Gas mehr in dem Azotometer ansammeln. Nun läßt man aus dem Hahntrichter langsam Wasser zutropfen, bis die Gasentwicklung nachläßt. Zur vollständigen Zersetzung läßt man noch 20 cm^3 2 n-HCl zulaufen und erhitzt zur quantitativen Austreibung des Gases den Kolbeninhalt bis zum beginnenden Sieden. Nach Abkühlen auf Zimmertemperatur wird die gesamte Gasmenge, bestehend aus einem Gemisch von Methan und Wasserstoff, in dem Azotometer gemessen. Nunmehr wird in der zweiten Bürette ein bestimmtes Volumen

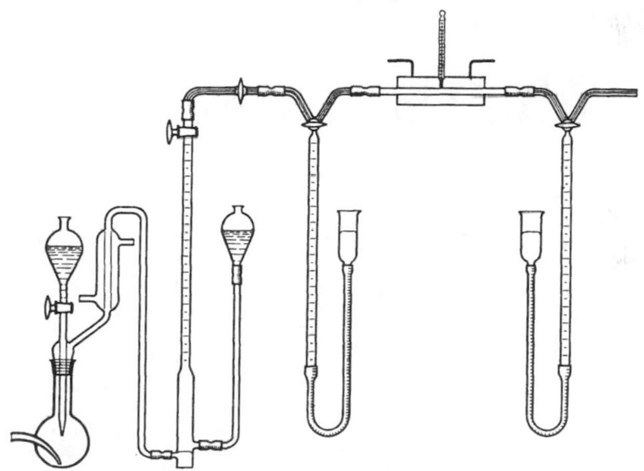

Abb. 2. Zersetzungsapparatur nach W. D. Treadwell.

Gas abgemessen und der Wasserstoff an einem Kupferoxydkontakt bei 250° C unter Kontrolle der Temperatur verbrannt, wobei das Kontaktrohr mit Stickstoff gefüllt ist. Hierauf erfolgt die Verbrennung des Methans in demselben Ofen ohne Sauerstoffzusatz bei 750—800° C nach J. R. Champbell und Th. Gray.

Literatur.

Adami, P.: (1) Chem. Zentralblatt **1934 I**, 578. — Ann. Chim. appl. **23**, 428—432 (1933). — (2) Ann. Chim. appl. **23**, 428—432 (1933). — Chem. Zentralblatt **1934 I**, 578. — Alten, F., H. Weiland u. E. Knippenberg: Ztschr. f. anal. Ch. **96**, 91 (1933). — Altmannsberger, K.: Chem.-Ztg. **61**, 618 (1937). — Chem. Zentralblatt **1937 II**, 2874. — Atack, F. W.: Chem. Zentralblatt **1916 I**, 176. — Atanasiu, J. A. u. A. J. Velculescu: Ztschr. f. anal. Ch. **97**, 102 (1934). — Azzarello, E., A. Accardo u. F. Abramo: Aluminium Non-ferrous, Rev. **2**, 210—211 (1937). — Chem. Zentralblatt **1937 II**, 3783.

Balanescu, G. u. M. D. Motzok: Ztschr. f. anal. Ch. **91**, 188 (1933). — Baschulin, P., A. Baskakow u. A. Striganow: Chem. Zentralblatt **1935 I**, 3450. — Techn. Physics. USSR. **1**, 108—117 (1934). — Benedetti-Pichler, A.: (1) Mikrochemie (Pregl-Festschrift) **1929**, 6. — (2) Mikrochemie (Pregl-Festschrift) **1929**, 6. — Emich-Festschrift **1930**, 1. — Berg, R.: (1) Das o-Oxychinolin (Oxin), S. 44. Stuttgart: Ferdinand Enke 1935. — (2) Ztschr. f. anal. Ch. **71**, 369 (1927). — (3) Das o-Oxychinolin (Oxin), S. 49. Stuttgart: Ferdinand Enke 1935. —

(4) S. 54. — (4) Ztschr. f. anal. Ch. **71**, 378 (1927). — Das Oxychinolin (Oxin), S. 49. (5) S. 58. — (6) S. 48. — (7) Chem. Zentralblatt **1928 I, 4946**. — (8) Das Oxychinolin (Oxin), S. 50. Stuttgart: Ferdinand Enke 1935. — Berg, R. u. M. Teitelbaum: Ztschr. f. anal. Ch. **81**, 1 (1930). — Bergmann: Chem.-Ztg. **56**, 643 (1932). — Ztschr. f. anal. Ch. **94**, 48 (1933). — Biltz, H. u. W. Biltz: Ausführung quantitativer Analysen. Leipzig 1930. S. 211. — Biltz, H. u. O. Hödtke: Ztschr. f. anorg. u. allg. Ch. **66**, 426 (1910). — Blumenthal, H.: Mitt. Materialprüfungs-Amt Groß-Lichterfelde West Sonderh. **22**, 42 (1933). — Ztschr. f. anal. Ch. **99**, 59 (1934). — Bogolepow, N. J.: Chem. Zentralblatt **1937 I**, 667. — Bosshard, M.: Aluminium **17**, 13—15 (1935). — Chem. Zentralblatt **1935 I**, 2593. — Brenner, A.: (1) Ztschr. f. anal. Ch. **113**, 137 (1938). — (2) Chem.-Ztg. **60**, 957 (1936). — Chem. Zentralblatt **1937 I**, 3524 nach Ztschr. f. anal. Ch. **112**, 357 (1938). — Brenner, A. u. S. Hengl: Chem. Zentralblatt **1938 II**, 2976. — Metallwirtschaft **17**, 596 (1938). — Bridges, R. W. and M. F. Lee: Ind. and Engin. Chem. Anal. Ed. **4**, 264 (1932). — Brook, C. B. u. S. H. Stott u. A. C. Coates: Analyst **63**, 32—36 (1938). — Brysgalow, G. S.: Chem. Zentralblatt **1936 I**, 2398. — Bucherer, H. Th. u. F. W. Meier: Ztschr. f. anal. Ch. **82**, 40 (1930). — Budgen, N. J.: Met. Ind. (London) **32**, 297 (1928). — Chem. Zentralblatt **1928 I**, 2432. — Ztschr. f. anal. Ch. **94**, 46 (1933). — Budkewitsch u. Tananaeff: Ztschr. f. anal. Ch. **103**, 349 (1935).

Caley, E. E.: Ind. and Engin. Chem., Anal. Ed. **4**, 340 (1932). — Ztschr. f. anal. Ch. **83**, 381 (1931); **94**, 51 (1933). — Callendar, L. H. (1) Analyst **57**, 500 (1932). — Ztschr. f. anal. Ch. **94**, 49 (1933). — (2) Analyst **58**, 81 (1933). — (3) Chem. Zentralblatt **1938 II**, 989. — Ind. and Engin. Chem., Anal. Ed. **9**, 533—534 (1937). — Champbell, J. R. and Th. Gray: Journ. Soc. Chem. Ind. **49**, 432 (1930). — Brody u. Millner: Ztschr. f. anorg. u. allg. Ch. **164**, 86, 96 (1927). — Cherpillod, F.: An. Falcificat Fraudes **30**, 232—239 (1937). — Chem. Zentralblatt **1937 II**, 3205. — Chirnside, R. C.: Chem. Zentralblatt **1934 II**, 476. — Analyst **59**, 278 (1934). — Churchill, H. V., R. W. Bridges u. M. F. Lee: Chem. Zentralblatt **1938 II**, 897. — Ind. and Engin. Chem., Anal. Ed. **9**, 201—202 (1937). — Ztschr. f. anal. Ch. **1938**, 115. — Clarens, J. et J. Lacroix: Bull. Soc. Chim. de France (4) **51**, 668 (1932). — Ztschr. f. anal. Ch. **94**, 47 (1933). — Clermont, J.: Ztschr. f. anal. Ch. **90**, 1—15 u. 321—330 (1932). — Craig, Th. J. J.: Journ. Soc. Chem. Ind. **30**, 184 (1911). — Ztschr. f. anal. Ch. **52**, 117 (1913).

Daubner, W.: Ztschr. f. angew. Ch. **49**, 137—138 (1936). — Chem. Zentralblatt **1936 I**, 1665, 3724. — Ztschr. f. anal. Ch. **108**, 353 (1937). — Davis, H. L.: Journ. Physical Chem. **36**, 1449 (1932). — Chem. Zentralblatt **1932 II**, 255. — Ztschr. f. anal. Ch. **94**, 47 (1933). — Dewar, J. u. B. A. Gardiner: Analyst **61**, 536 (1936). — Chem. Zentralblatt **1936 II**, 2949. — Doyle, A. L. u. W. H. Hadley: Chem. Zentralblatt **1938 II**, 2464. — Duffek: Ztschr. f. Metallkunde **30**, 265 (1938).

Eegriwe, E.: Ztschr. f. anal. Ch. **108**, 268 (1937). — Chem. Zentralblatt **1937 II**, 821. — Erdheim, E. u. E. Benesch: Ztschr. f. anal. Ch. **97**, 206 (1934). — Przemysl Chem. **16**, 128 (1932) durch Chem. Zentralblatt **1932 II**, 2850.

Fish, F. H. and J. M. Smith: Ind. and Engin. Chem., Anal. Ed. 8, 349—350 (1936). — Frere: Chem. Zentralblatt **1933 I**, 3981. — Fresenius u. Frommes: Chem. Zentralblatt **1933 II**, 1400. — Fuchshuber, H.: Chem.-Ztg. **82**, 743 (1938).

Gadeau, R.: Ztschr. f. anal. Ch. **112**, 118 (1938). — Chem. Zentralblatt **1937 II**, 632. — Ann. Chim. analyt. Chim. appl. **3**, 64—68 (1937). — Gaspary Arnal, T.: An.Soc. Españ. Fis. Quim. **32**, 868 (1934). — Chem. Zentralblatt **1935 I**, 2051. — Ztschr. f. anal. Ch. **103**, 210 (1935). — Gazzi, V.: Ann. Chim. appl. **24**, 226 (1934). — Ztschr. f. anal. Ch. **103**, 213 (1935). — Ginsberg, H.: Ztschr. f. angew. Ch. **51**, 663—667 (1938). — Metallwirtschaft **16**, 1107—1111 (1937). — Golowaty, R. N. u. Ssidorow: Chem. Zentralblatt **1935 I**, 3573. — Groyer, A. G. C. u. N. D. Pullen: Analyst **57**, 704 (1932). — Ztschr. f. anal. Ch. **94**, 48 (1933).

Hahn, F. L.: (1) Ztschr. f. anal. Ch. **71**, 22 (1927). — (2) Chem. Zentralblatt **1923 II**, 76. — Hahn, F. L. u. E. Hartleb: Ztschr. f. anal. Ch. **71**, 225 (1927). — Hahn, F. L. u. K. Vieweg: Ztschr. f. anal. Ch. **71**, 122 (1927). — Haslam, J.: Analyst **58**, 270 (1933). — Ztschr. f. anal. Ch. **97**, 206 (1934). — Heczko, Th.: (1) Chem.-Ztg. **102**, 1032 (1934). — Nickelber. **1933**, 10. — (2) Chem.-Ztg. **58**, 58

(1934). — Ztschr. f. anal. Ch. **103**, 211 (1935). — Hiltner, W.: Ausführung potentiometrischer Analysen, S. 55, 92. Berlin: Julius Springer 1935.

Ishimaru, S.: Ztschr. f. anal. Ch. **112**, 114 (1938). — Sci. Rep. Tôhoku Imp. Univ. **25**, 780 (1936).

Jilek, A. u. J. Kota: (1) Ztschr. f. anal. Ch. **87**, 422 (1932). — (2) Ztschr. f. anal. Ch. **87**, 422 (1931). — Jilek, A. u. J. Vřešťál: (1) Chem. Zentralblatt **1935 I**, 1743. — Ztschr. f. anal. Ch. **103**, 211 (1935). — (2) Chem. Listy Vedu Prümysl **26**, 497 (1932). — Chem. Zentralblatt **1933 I**, 3108. — Ztschr. f. anal. Ch. **97**, 206 (1934).

Kershner, K. u. R. D. Duff: Journ. chem. Education **9**, 1271 (1932). — Chem. Zentralblatt **1932 I**, 1207. — Ztschr. f. anal. Ch. **94**, 46 (1933). — Klasse, F.: Ber. Dtsch. Keram. Ges. **16**, 628—631 (1935). — Chem. Zentralblatt **1936 I**, 2179. — Kljatschko, J. A. u. G. F. Burlak: Chem. Zentralblatt **1936 I**, 2150. — Kljatschko, J. A. u. J. J. Gurewitsch: (1) Chem. Zentralblatt **1935 II**, 560. — Chem. Zentralblatt **1934 II**, 3013. — (2) Chem. Zentralblatt **1937 II**, 821. — Klinger, P.: Chemiker-Ausschuß des V.D.E., Ber. **103**. — Arch. f. Eisenhüttenwes. **8**, 337 (1935). — Ztschr. f. anal. Ch. **103**, 213 (1935). — Klinow, I. J. u. T. I. Arnold: Ztschr. f. anal. Ch. **104**, 51 (1936). — Betriebslabor. (russ.) **3**, 994 (1934). — Knowles, H. B.: J. Res. Nat. Bur. Stand. **15**, 87—96 (1935). — Chem. Zentralblatt **1936 I**, 4334. — Kollo, C. et N. Georgian: Bull. Soc. Chim. Romania **6**, 111 (1924). — Chem. Zentralblatt **1925 I**, 1639. — Ztschr. f. anal. Ch. **97**, 205 (1934). — Kota, J.: Chem. Zentralblatt **1938 II**, 254. — Kolthoff, I. M.: (1) Chemisch Weekblad **1928**. — (2) Maßanalyse, 2. Teil. — Steinhäuser, K.: Ztschr. f. angew. Ch. **50**, 609 (1937); **51**, 37 (1938). — Kolthoff, I. M. u. Sandell: Journ. Amer. Chem. Soc. **50**, 1900 (1928). — Küchler, K.: Ztschr. f. anal. Ch. **86**, 320 (1931); **90**, 48 (1932).

Lafuma, H.: Chem. Zentralblatt **1934 II**, 1498. — Lang, R. u. J. Reifer: Ztschr. f. anal. Ch. **93**, 162 (1933). — Lundell, G. E.: J. Res. Nat. Bur. Stand. **3**, 86 (1929). — Lundell u. H. B. Knowles: J. Res. Bur. Stand. **3**, 86 (1929). — Lurje, J. J.: (1) Chem. Zentralblatt **1936 I**, 2398. — (2) Betriebslabor. (russ.) **3**, 222 (1934). — Ztschr. f. anal. Ch. **99**, 58 (1934).

Martin, A. E.: Ztschr. f. anal. Ch. **112**, 117 (1938). — Mathes, H. u. U. P. Schütz: Pharm. Ztg. **1928**, Nr. 2. — Apoth.-Ztg. **69** (1928). — Mayr, C.: Ztschr. f. anal. Ch. **96**, 273 (1934). — Merck, E.: Prüfung der chemischen Reagentien auf Reinheit, 4. Aufl. Darmstadt 1931. — Millner, Th. u. F. Kunos: (1) Ztschr. f. anal. Ch. **113**, 83—119 (1938). — Chem. Zentralblatt **1938 II**, 2463. — (2) Chem. Zentralblatt **1933 I**, 818. — Ztschr. f. anal. Ch. **90**, 161—170 (1932). — Moser, L. u. A. Bruckl: Monatshefte f. Chemie **51**, 325 (1929). — Ztschr. f. anal. Ch. **83**, 93 (1931). — Moyer, H. V. and W. J. Remington: Ind. and Engin. Chem., Anal. Ed. **10**, 212, 213 (1938). — Chem. Zentralblatt **1938 II**, 2463. — Mussakin, A. P.: Ztschr. f. anal. Ch. **105**, 351, 361 (1936). — Chem. Zentralblatt **1936 II**, 1767.

Nickolls: Chem. Zentralblatt **1934 I**, 2457. — Niessner, M.: Ztschr. f. anal. Ch. **76**, 135 (1928).

Pache, E.: Chem.-Ztg. **1938**, 149. — Pavelka, F. u. H. Morth: (1) Chem. Zentralblatt **1933 II**, 3318. — Mikrochemie **13** (N.F. 7) 305—312 (1933). — (2) Mikrochemie **16** (N.F. 10) 239—246 (1935). — Chem. Zentralblatt **1935 I**, 2856. — Pigott, E. C.: Ind. Chemist chem. Manufacturer **11**, 273—274 (1935). — Chem. Zentralblatt **1936 I**, 1061. — Pinkus, A. u. E. Belche: Bull. Soc. Chim. Belgique **36**, 277. — Chem. Zentralblatt **1927 II**, 1056. — Pinsl, H.: Aluminium **19**, 439—446 (1937). — Chem. Zentralblatt **1935 II**, 2850; **1937 II**, 3204. — Prodinger, W.: Organische Fällungsmittel in der quantitativen Analyse, S. 157. Stuttgart: Ferdinand Enke 1937. — (1) 65. — (2) 145. — (3) 83. — (4) 69. — (5) 65. — (6) 113. — (7) 16. — (8) 53.

Rinne, R.: Chem.-Ztg. **57**, 992 (1933). — Ztschr. f. anal. Ch. **100**, 48 (1935). — Roller, P. S.: Journ. Amer. Chem. Soc. **55**, 2437 (1933). — Ztschr. f. anal. Ch. **70**, 316 (1927); **97**, 207 (1934).

Sanko, A. M. u. G. A. Budenko: Chem. Zentralblatt **1936 II**, 2760. — Sanko, A. M. u. O. J. Burssuk: Chem. Zentralblatt **1938 II**, 2976. — Ber. Inst. physik. Chem. Akad. Wiss. UKR. SSR. **6**, 245—246 (1936). — Scheibe, G. u. A. Schöntag: Metallwirtschaft **15**, 139 (1936). — Chem. Zentralblatt **1936 I**,

3724. — Schenck u. Ode: Chem. Zentralblatt **1930 I**, 1832. — Scherrer, J. A.: Chem. Zentralblatt **1936 I**, 2398. — Journ. Franklin-Inst. **220**, 791—792 (1935) nach Chem. Zentralblatt **1936 II**, 343. — J. Res. Nat. Bur. Stand. **15**, 585—590 (1935). — Schleicher, A. u. J. Clermont: Ztschr. f. anal. Ch. **86**, 191—216, 271—287 (1931). — Schlossmacher u. H. W. Trommnau: Neues Jahrbuch f. Mineralogie **68 A**, 349 (1934). — Schröder, A.: Dtsch. Goldschmiedeztg. **39**, 90—91 (1936). — Chem. Zentralblatt **1936 I**, 4188. — Schubin, M. J.: (1) Chem. Zentralblatt **1932 II**, 2212. — Ztschr. f. anal. Ch. **94**, 50 (1933). — (2) Chem. Zentralblatt **1935 II**, 2096; **1936 II**, 2760. — (3) Ztschr. f. anal. Ch. **104**, 49 (1936). — Betriebslabor. (russ.) **3**, 889 (1934). — Schwarz von Bergkampf, E.: Ztschr. f. anal. Ch. **83**, 345 (1931). — Shukowskaja, S. S. u. S. T. Baljuk: (1) Chem. Zentralblatt **1935 I**, 410, 2179. — (2) Chem. Zentralblatt **1936 II**, 343. — Silverman, L.: Chem. Zentralblatt **1938 II**, 2800. — Skworzwo, W. N.: Chem. Zentralblatt **1936 II**, 2949. — Smith, D. M.: Journ. Inst. Metals **56**, 257—272 (1935). — Chem. Zentralblatt **1936 I**, 599. — Smith, G. St.: Analyst **60**, 812 (1935). — Ztschr. f. anal. Ch. **108**, 359 (1937). — Someren, E. H. S. van: Foundry Trade J. **51**, 311—312 (1934). — Chem. Zentralblatt **1935 I**, 2414, 3168. — Sotowa, N.: Ztschr. f. anal. Ch. **100**, 133 (1935). — Betriebslabor. (russ.) **5**, 465 (1938). — Ssuchenko, K. A.: Chem. Zentralblatt **1937 I**, 1204. — Betriebslabor. (russ.) **5**, 757—763 (1936). — Steinhäuser, K.: (1) Ztschr. f. angew. Ch. **51**, 88 (1938). — (2) Ztschr. f. angew. Ch. **51**, 36 (1938). — (3) Ztschr. f. Metallkunde **26**, 136 (1934). — Ztschr. f. anal. Ch. **103**, 214 (1935). — (4) Mitt. Tagung des Chemikerfachausschusses d. Ges. Dtsch. Metallhütten- u. Bergleute am 20. 11. 1937, Berlin. — (5) Angew. Ch. **51**, 35—38 (1938). — Steinhäuser, K. u. Stadtler: Ztschr. f. anal. Ch. **89**, 269 (1932). — Stock, F. A.: Journ. Soc. Chem. Ind. **34**, 932 (1915). — Striganow, A. R.: Journ. Techn. Physik **5**, 1145—1157 (1935). — Chem. Zentralblatt **1936 I**, 3724. — Stuckert, L. u. F. W. Meier: Sprechsaal f. Keramik, Glas u. Emaille **1935 II**, 527. — Szegö, L.: Giorn. di Chim. ind. ed. appl. **14**, 226 (1932). — Chem. Zentralblatt **1932 II**, 1661. — Ztschr. f. anal. Ch. **94**, 51 (1933).

Tartakowski, W. J.: Ztschr. f. anal. Ch. **1938**, 361. — Light Metals (russ.) **5**, 7 (1936) durch Chem. Zentralblatt **1937 II**, 443. — Treadwell, W. D.: (1) Tabellen und Vorschriften zur quantitativen Analyse, S. 51. Berlin-Wien: Franz Deuticke 1938. — (2) Tabellen und Vorschriften zur quantitativen Analyse, S. 78. Berlin-Wien: Franz Deuticke 1938. — (3) S. 86. — (4) S. 130. — (5) S. 84. — (6) S. 51—53. — (7) S. 181. — (8) S. 252. 1938. — Treadwell, W. D. u. J. Hartnagel: Helv. chim. Acta **14**, 1023 (1932). — Tscherwjakow, N. J. u. E. N. Deutschmann: (1) Ztschr. f. anal. Ch. **106**, 211 (1936). — Betriebslabor. (russ.) **4**, 508 (1935). — (2) Chem. Zentralblatt **1936 I**, 2980. — Ztschr. f. anal. Ch. **106**, 211 (1936).

Ubaldini, I. u. G. Mirri: Ind. Chim. **9**, 1476 (1934). — Chem. Zentralblatt **1935 II**, 1946. — Ztschr. f. anal. Ch. **10**, 358 (1937). — Ubaldini, I. u. V. Pelagnatti: Ztschr. f. anal. Ch. **1938**, 361. — Chimie et Industrie **19**, 131 (1934) durch Chem. Zentralblatt **1937 I**, 4832. — Urech, P.: (1) Ztschr. f. anal. Ch. **1938**, 25—30. (2) Chem. Zentralblatt **1933 II**, 2708. — Ztschr. f. anorg. u. allg. Ch. **214**, 111—112 (1933).

Vieböck u. Brecher: Arch. der Pharm. **270**, 114 (1932). — Ztschr. f. anal. Ch. **94**, 47 (1933). — Volmer, A.: Chem. Fabrik **1938**, 465—474.

Wagner, H. u. H. Kolb: Chem.-Ztg. **1932**, 890. — Ztschr. f. anal. Ch. **94**, 50 (1933). — Wassiljew, K. A.: Chem. Zentralblatt **1936 I**, 2398. — Wiliamson, J.: Ind. Chemist chem. Manufacturer **12**, 204 (1936). — Chem. Zentralblatt **1936 II**, 1061; **1936 II**, 2950. — Willard, H. H. u. Ning Kang Tang: Chem. Zentralblatt **1938 II**, 2799. — Ind. and Engin. Chem., Anal. Ed. **9**, 357—368 (1937).

Zeerleder, A. von: (1) Aluminium **17**, 88 (1934). — Chem. Zentralblatt **1935 I**, 782. — (2) Chem. Zentralblatt **1935 I**, 782. — Ztschr. f. anal. Ch. **108**, 352 (1937). — Zindzadze, Ch.: Ind. and Engin. Chem., Anal. Ed. **7**, 227 (1935). — Zurbrügg, E.: (1) Aluminium **17**, 531—533 (1935). — Chem. Zentralblatt **1936 I**, 1272. — (2) Chem. Zentralblatt **1938 II**, 2463. — Aluminium **20**, 196—200 (1938).

Beryllium (II/2, 1096—1108).

Von

Dr. phil. **Hellmut Fischer** und Dr. phil. **Friedrich Kurz**, Berlin-Siemensstadt.

Einleitung.

Der Umfang der technischen Anwendung des Berylliums hat sich trotz zahlreicher Forschungsarbeiten gegenüber dem Stand von 1932 nicht wesentlich erweitert. Die Al-Be-Legierungen haben auch noch heute nur als Vorlegierungen Bedeutung. Neben einigen neuen Spezial-legierungen (Contracid u. ä.) sind nach wie vor die bekannten Cu-Be-, Ni-Be-Legierungen und Be-Stähle im Handel.

Seit 1932 sind im Schrifttum über die analytische Chemie des Berylliums etwa 30 Veröffentlichungen erschienen, die sich zum weitaus größten Teil mit der Prüfung und Verbesserung der bekannten Methoden befassen. In einigen Arbeiten sind auch neue qualitative Nachweise und quantitative Methoden vorgeschlagen worden.

Die zu dem Abschnitt Beryllium des Hauptwerkes erforderlichen Ergänzungen und Verbesserungen werden in der Reihenfolge der dort benutzten Gliederung dargelegt.

I. Qualitativer Nachweis des Berylliums.

Die analytische Chemie des Berylliums war bis in die neuere Zeit nicht nur arm an zuverlässigen quantitativen Bestimmungs- und Trennungsmethoden, sondern es bestand auch ein empfindlicher Mangel an sicheren qualitativen Nachweisreaktionen. So konnte im Hauptwerk nur eine einwandfreie Nachweisreaktion, nämlich die mit alkalischer Chinalizarinlösung nach H. Fischer (1, 2) gebracht werden. Inzwischen wurde mehrfach über praktische Erfahrungen bei der Anwendung dieses Farbnachweises und auch über weitere neue Reaktionen in der Literatur berichtet, so daß es zweckmäßig erschien, die bisherigen Ergebnisse kurz zusammenzufassen.

A. Chinalizarin als Reagens zum Nachweis des Berylliums.

a) Allgemeines. Ausführung des Nachweises. Alkalische Lösungen von Chinalizarin (Tetraoxyanthrachinon) besitzen eine rotviolette Farbe und nehmen, zu alkalischen Be-Salzlösungen hinzugefügt, einen charakteristisch kornblumenblauen Farbton an. Diese Farbreaktion ist außerordentlich empfindlich, die Grenzkonzentration beträgt 1:353000, die Erfassungsgrenze 0,14 γ Be in reinen Salzlösungen. Der Hauptbegleiter des Be in Mineralien und Gesteinen, das Aluminium, stört den Farbnachweis nicht. Größere Eisenmengen, welche den Nachweis durch das Ausfallen von Ferrihydroxyd und Adsorption des $Be^{\cdot\cdot}$ und zum Teil auch des Farbstoffes am Hydroxyd stören, können durch Tartratzusatz maskiert werden (allerdings nur in Abwesenheit von Al, welches mit Chinalizarin bei Tartratzusatz eine Rotfärbung verursacht). Magnesium, das ebenfalls eine kornblumenblaue Färbung mit alkalischer Chinalizarinlösung ergibt, kann neben Be infolge der Unbeständigkeit seiner Chinalizarinverbindung gegen Brom leicht erkannt werden.

Als Reagenslösung wird meist eine frisch bereitete 0,1 oder 0,05%ige Lösung des Chinalizarins in etwa 0,25 n-NaOH oder auch 0,01%ige alkoholische Lösung benutzt. Zur Ausführung des Nachweises versetzt man eine Probe der salzsauren Lösung der Hydroxyde von Al, Be und wenig Fe mit NaOH in geringem Überschuß (bis etwa 0,25 n-NaOH) und dann mit einigen Tropfen der Reagenslösung und vergleicht nun die Färbung mit einer Blindprobe etwa gleicher NaOH-Konzentration. Eine Abhängigkeit des Farbtones der alkalischen Chinalizarinlösung (und in geringerem Maße auch der alkalischen Be-Chinalizarinlösung) von der NaOH-Konzentration muß berücksichtigt werden.

b) Neuere Erfahrungen mit der Chinalizarinnachweisreaktion. 1. Für den schnell ausführbaren Nachweis des Berylliums in Silikaten und Gesteinen hat G. Rienäcker eine einfache Arbeitsmethode unter Benutzung von Chinalizarin mit Erfolg angewendet und die von H. Fischer (zit. S. 588) angegebene Empfindlichkeit des Nachweises bestätigt gefunden.

0,1 g des feinstgepulverten Silikates werden im Eisentiegel mit 1 g NaOH 5—10 Minuten geschmolzen und nach Erkalten unter Außenkühlung mit Eis durch Zugabe von Eisstückchen gelöst. Al, Be und Si gehen in Lösung, Fe und Mg bleiben als Hydroxyde von geringer Adsorptionsfähigkeit zurück und werden abfiltriert. Das auf etwa 30 cm^3 verdünnte Filtrat stumpft man ab mit etwa 3—4 cm^3 2 n-H_2SO_4 bis auf eine NaOH-Konzentration von 0,25 n und versetzt mit einigen Tropfen Reagenslösung. Man kann mit der Einwaage von 0,1 g noch 0,01% Be erkennen.

2. Th. Grosset empfiehlt in einer systematischen Untersuchung über die Ausführung der qualitativen Analyse der Schwefelammoniumgruppe an Hand zahlreicher Salzmischungen bekannten Gehaltes die Chinalizarinprobe als besten Berylliumnachweis. Er fällt aus der salzsauren Lösung der Sulfide Fe, Co, Ni, Mn, Cr mit NaOH und gibt zu dem mit HCl neutralisierten Filtrat der Hydroxyde 5—6 Tropfen alkoholische Chinalizarinlösung und dann unter Umschütteln tropfenweise NaOH. Auf die Zweckmäßigkeit der Ausführung einer Blindprobe sowie auf das Einhalten ungefähr gleicher NaOH-Konzentration wird besonders hingewiesen.

3. In bezug auf die Zuverlässigkeit des Be-Nachweises in Mineralien kamen L. Fresenius und M. Frommes (1) zu dem gleichen Ergebnis wie H. Fischer (zit. S. 588).

Auch A. A. Benedetti-Pichler und W. F. Spikes benutzten gelegentlich der Ausarbeitung eines qualitativen, mikroanalytischen Trennungsganges der Schwefelammoniumgruppe Chinalizarin zum eindeutigen Nachweis des Be.

Auf die Mehrdeutigkeit des Be-Nachweises mit Chinalizarin in Anwesenheit von seltenen Erden wie Thorium, Zirkonium usw., die ebenfalls Blaufärbungen ergeben, ist in neuerer Zeit hingewiesen worden (vgl. I B a).

B. Weitere Farbreaktionen zum Nachweis von Be.

a) Nachweis mit p-Nitrobenzol-azo-orcin. In der Farbreaktion der alkalischen, gelben Lösung des Azofarbstoffes p-Nitrobenzol-azo-orcin mit Be-Salzlösungen haben A. S. Komarowsky und N. S. Poluektoff einen Be-Nachweis gefunden, der sich durch hohe Empfindlichkeit auszeichnet und insbesondere auch bei Anwesenheit von seltenen Erden wie Th, Zr, Ce, La usw. angewandt werden kann. Die Grenzkonzentration ist 1:200000, die Erfassungsgrenze 0,2 γ Be (bei 0,04 cm^3 Untersuchungslösung).

Al, Cu, Ba, Sr stören nicht; $Mg^{\cdot\cdot}$ erzeugt eine braune Fällung. Zn ergibt wie Be rote Färbung und muß durch KCN maskiert werden. Es stören jene Metalle, die farbige Hydroxyde mit NaOH bilden. Eine Ausnahme bilden hierbei Ni, Co, Cu, Cd und Ag, welche durch KCN maskiert werden können.

Bei der Ausführung des Nachweises gibt man 1 Tropfen der alkalischen Lösung des Farbstoffes (0,025% in 1 n-NaOH) auf Filtrierpapier, bringt mit einer Capillare etwas von der Probelösung in die Mitte des gelben Fleckes der Reagenslösung. Benetzt man nun nochmals mit der Reagenslösung, so wird bei Be-Gegenwart der Fleck orangerot.

b) Nachweis mit Curcumin. Nach J. M. Kolthoff kann Be durch Bildung einer roten Adsorptionsverbindung seines Hydroxyds mit Curcumin in ammoniakalischer Lösung noch in einer Konzentration von 0,05 γ Be pro Kubikzentimeter nachgewiesen und im Konzentrationsbereich von 0,05—1 γ pro Kubikzentimeter colorimetrisch bestimmt werden. Al und Fe stören den Nachweis. F. G. Hills und G. Rienäcker konnten die Kolthoffschen Ergebnisse nicht bzw. nur teilweise bestätigen. Es finden sich unter dem Namen Curcumin mehrere Farbstoffe im Handel. Kolthoff hat den von ihm angewandten nicht näher charakterisiert.

c) Nachweis des Be in Mineralien und Gesteinen mit Morin nach H. L. J. Zermatten. Eine gesättigte, methylalkoholische Lösung von Morin ergibt in Anwesenheit von $Be^{\cdot\cdot}$ hellgelbgrüne Fluorescenzerscheinungen. Man schließt zur Ausführung des Nachweises eine kleine Probe der Mineralien oder Gesteine mit Na-K-Carbonatgemisch auf und bringt 1 Tropfen der Schmelze von 1 mm Durchmesser auf eine schwarze Tüpfelplatte. Nach dem Zerdrücken mit einem Glasstab löst man in 3 Tropfen 5 n-HCl und macht nach Zusatz von 1 Tropfen gesättigter, alkoholischer Morinlösung mit 4 Tropfen 5 n-NaOH alkalisch. Beryllium zeigt sich durch hellgelbgrüne Fluorescenz an, die bei vorsichtigem Ansäuern mit HCl verschwindet oder in Al-Anwesenheit blaustichig wird. Grenzkonzentration 1:50000. Al, Mg, Si, Ca, Ba, Sr und seltene Erden sollen nicht stören.

C. Mikroanalytischer Nachweis mit Hilfe des Mikroskops.

Für den mikroskopischen Nachweis des Berylliums durch kristalline Fällungen sind zahlreiche Vorschläge gemacht worden, die jedoch bei der teilweisen Löslichkeit der benutzten kristallinen Verbindungen

($BePtCl_6$, $Be(COO)_2 \cdot K_2(COO)_2$, $BeSO_4$ u. a.) sowie Störung durch Aluminium und Eisen usw. nicht allgemein benutzt wurden. Neuerdings bestätigte Benedetti-Pichler die schon von H. S. Booth und S. G. Trary hervorgehobene Zuverlässigkeit des Be-Mikronachweises mit Hilfe des durch Mikrosublimation erzeugten basischen Be-Acetates, dessen Herstellung gleichzeitig eine Trennung von Begleitelementen darstellt. Die Empfindlichkeit dieses Nachweises ist wesentlich geringer als bei den Farbnachweisen und die Ausführung relativ umständlich. Es können noch 10 γ nachgewiesen werden.

D. Über den spektrographischen Nachweis des Be in Mineralien und Legierungen usw.

liegen einige praktische Erfahrungen vor. H. Fesefeldt hat unter Benutzung des Kohlelichtbogens und eines großen Hilgerspektrographen in Al_2O_3-BeO-Mischungen steigender BeO-Verdünnung (10% $\cdots$ 0,0001% BeO) mit und ohne Gegenwart von Na_2CO_3, SiO_2, CaO, Fe_2O_3 die Grenzen des spektralanalytischen Be-Nachweises untersucht. Die Linien 2348,62 Å sowie 3130,42 Å und 3131,06 Å erwiesen sich als die empfindlichsten und ließen bei 20 mg Substanz noch 0,001% BeO (= etwa 0,1 γ BeO) und weniger erkennen. Wichtig ist das Ergebnis, daß die starke Herabsetzung der Empfindlichkeit obiger Linien infolge Alkaligegenwart durch Zusatz von SiO_2 fast gänzlich aufgehoben wird. CaO störte wenig, Fe_2O_3 fast überhaupt nicht. Auch A. K. Rusanov und V. M. Kostrikin benutzten bei ihren Versuchen über den spektralanalytischen Nachweis von Beryllium in Gesteinen und Mineralien die genannten Linien des Be und zogen einige Linien des Platins (als 2%iges Pt-Kohlepulver dem Mineralpulver beigemengt) als Vergleichslinien heran.

II. Quantitative Bestimmungs- und Trennungsmethoden.

A. Bestimmungsmethoden.

Zu den im Hauptwerk beschriebenen Bestimmungsverfahren ist inzwischen eine weitere Methode hinzugekommen (s. unter 3.). Die älteren bedürfen einiger Ergänzungen.

1. Bestimmung als BeO nach vorausgehender Fällung als Hydroxyd mit Ammoniak (II/2, 1096). Verfasser halten es, besonders im Hinblick darauf, daß diese Methode die am häufigsten für die Be-Bestimmung benutzte Methode ist, für notwendig, die Fällungsvorschrift genauer zu fassen. Die im Hauptwerk wie auch in der Arbeit von B. Bleyer und Boshart bezüglich der bei der Fällung anzuwendenden NH_3-Mengen und der Vermeidung eines NH_3-Überschusses gemachten Angaben sind nicht exakt genug. In neuerer Zeit wurden die Grenz-p_H-Werte des Fällungsbereiches von $Be(OH)_2$ bestimmt und nach den ausführlichen Untersuchungen von H. T. St. Britton (1) zu $p_H = 5{,}7$ und 6,5 gefunden. Es ist deshalb zweckmäßig, der Be-Lösung vor der Fällung etwas Bromkresolpurpurlösung[1] als Indicator zuzusetzen und dann solange Ammoniak hinzuzufügen, bis die Färbung des Indicators gerade nach purpur umschlägt. Außerdem führt man die Fällung vorteilhaft in der Hitze aus und kocht 1 Minute, da das so erhaltene Berylliumhydrat besser filtrier- und auswaschbar ist, und filtriert anschließend. Die kleinen noch im Filtrat vorhandenen Be-Mengen werden nach dem Einengen des Filtrats in der Kälte durch Ammoniak und mehrstündiges Stehen gefällt (M. Frommes).

2. Bestimmung als Berylliumoxyd nach vorausgehender Fällung mittels Hydrolyse von Ammoniumnitrit (II/2, 1097). Außer der Hydrolysemethode zur Bestimmung des Berylliums mit Hilfe von Ammoniumnitrit nach L. Moser und J. Singer kann auch die Selenigsäuremethode nach Jan Kota angewandt werden. Die schwach saure Be-Salzlösung wird mit 0,5 g seleniger Säure versetzt, zum Sieden erhitzt und in raschem Zuschuß mit 3 n-NH_3 bis zur Rötung von Phenolphthalein gefällt. Der sich rasch absetzende flockige Niederschlag wird filtriert, mit heißem Wasser gewaschen und zu BeO geglüht.

3. Bestimmung des Berylliums als BeO nach vorausgehender Fällung mittels Guanidincarbonat. Diese Methode wurde von A. Jilek und Jan Kota angegeben. Sie besitzt den besonderen Vorzug der Fällung des Be durch Guanidincarbonat in Form eines kristallinen Niederschlages (Zusammensetzung nicht bekannt) und der direkten Fällbarkeit des Be in Gegenwart von Al und Fe (s. auch II/2, 1100). Das Verfahren wurde bei Beryllanalysen von W. Roebling und H. W. Trommau mit Erfolg benutzt [vgl. auch R. Berg (1)].

Zur Bestimmung des Be setzt man zu der schwach salz- oder salpetersauren Lösung (der Säureüberschuß wird verdampft), die maximal 0,1 g BeO enthält, 50 cm^3 Ammoniumtartratlösung[2] zu; dann wird die Lösung durch verdünnte Kalilauge abgestumpft, so daß sie gegen Methylrot nur noch schwach sauer ist. Hierauf werden unter ständigem Rühren und in der Kälte 150 cm^3 filtrierte 4%ige Guanidincarbonatlösung und 2,5 cm^3 40%ige, annähernd neutrale Formaldehydlösung hinzugefügt. Nach der Fällung wird mit Wasser auf ungefähr 250 cm^3 aufgefüllt.

Der während einiger Sekunden entstandene, seidenartig glänzende kristallinische Niederschlag wird nach 12—14stündigem Stehen filtriert und mit einer kalten Waschlösung[3] durch ein Blaubandfilter (Schleicher & Schüll) bis zum Verschwinden der Cl'-Reaktion ausgewaschen. Der Niederschlag wird dann durch Glühen bis zum konstanten Gewicht in BeO übergeführt.

In Gegenwart von Ammoniumsalzen in unbekannter Konzentration wird wie folgt verfahren: Der zu fällenden Flüssigkeit werden 50 cm^3 Ammoniumtartratlösung und ungefähr 5 cm^3 40%ige Formaldehydlösung zugesetzt. Dann wird etwa 3 n-Natronlauge zugetropft bis zur dauernden Rotfärbung mit Phenolphthalein, die sich auch bei weiterem

[1] Umschlagsgebiet 5,2—6,8. Zubereitung: 0,1 g Indicator mit 1,85 cm^3 n/100 NaOH behandeln und auf 250 cm^3 verdünnen.

[2] NH_4-Tartratlösung: 42,5 g Weinsäure mit NH_3 neutralisieren und auf 2 l auffüllen.

[3] Waschlösung: 250 cm^3 enthalten 50 cm^3 NH_4-Tartratlösung, 150 cm^3 4%ige Guanidincarbonatlösung und 2,5 cm^3 40%iges Formalin.

Zusatz von Formalin nicht mehr ändert. Hierauf wird die Flüssigkeit mit verdünnter Salzsäure bis zur sauren Reaktion gegen Methylrot angesäuert, der Überschuß dieser Säure mit verdünnter Lauge abgestumpft, so daß die Lösung gegen Methylrot schwach sauer bleibt und im übrigen, wie bereits oben beschrieben wurde, verfahren.

4. Bestimmung geringer Mengen Beryllium durch colorimetrische Titration mit Chinalizarin [H. Fischer (1, 2) (II/2, 1098)]. Diese Methode stellt ein colorimetrisches Schätzungsverfahren dar, mit welchem kleine Mengen Be in der Größenordnung von 1 mg mit einem Fehler von ± 10—15% bestimmt werden können.

B. Trennungsmethoden.

1. Trennung des Aluminiums vom Beryllium. a) Trennung des Aluminiums vom Beryllium mittels des Oxinverfahrens (II/2, 1100). Als beste Methode für die Trennung des Fe und Al von Be ist nach dem heutigen Stande der Erfahrung die Methode nach Kolthoff-Sandell zu betrachten. Der früher verschiedentlich empfohlene Zusatz von Oxalsäure oder Weinsäure vor der Fällung mit Oxin ist überflüssig und kann gegebenenfalls bei mangelhafter Pufferung der vorher sauren Analysenlösung zu niedrige Al-Werte ergeben (vgl. auch V. M. Zwenigorodskaja und T. N. Smirnowa), da ja bekanntlich nach R. Berg (2) Fe von Al durch Fällung des Fe mit Oxin aus stark essigsaurer, Malon- oder Weinsäure enthaltender Lösung (Komplexbildung) quantitativ getrennt wird. Neuerdings hat H. B. Knowles in einer exakten Arbeit auf die Notwendigkeit einer zuverlässigen p_H-Einstellung bei den Fällungen mit Oxin und der Trennung des Be von Al, Ti, Zr sowie Fe usw. hingewiesen und unter Verwendung von Bromkresolpurpur als Indicator gute Resultate erzielt. Die Knowlessche Vorschrift der Fällung von Al (Fe, Ti, Zr) in Be-Gegenwart sei im folgenden wiedergegeben:

Die saure Lösung, welche nicht mehr als 0,1 g Aluminium und 10 cm^3 Salzsäure auf 200 cm^3 Volumen enthält, wird mit 15 cm^3 Ammoniumacetatlösung (30 g in 75 cm^3 Wasser) und mit 8—10 Tropfen Bromkresolpurpurlösung[1] versetzt (0,04% Lösung) und dann mit Ammoniak (1:1) bis zur Zwischenfarbe des Indicators neutralisiert. Unter dauerndem Rühren fügt man langsam essigsaure 2,5%ige Oxinlösung[2] in einem Überschuß von 15—25% über die äquivalente Menge zu und erhitzt unter weiterem Rühren das Gemisch zum Sieden. Man erhält 1 Minute im Sieden, läßt auf 60° C abkühlen und filtriert durch Glasfiltertiegel. Mit 100 cm^3 kaltem Wasser wird gewaschen und bei 135° C getrocknet. Das Be wird im Filtrat direkt mit NH_3 nach II A 1 gefällt und als BeO gewogen.

b) Trennung des Aluminiums von Beryllium mit Hilfe des Chloridverfahrens nach Havens (II/2, 1101). Es muß darauf hingewiesen werden, daß bei der Ausführung des Verfahrens stets Reste des Al bei dem Be im Filtrat bleiben, so daß besonders bei großen abzuscheidenden Al-Mengen eine Wiederholung der $AlCl_3 \cdot 6\,H_2O$-Fällung

[1] Siehe Fußnote 1, S. 592.
[2] Herstellung: 2,5 g Oxin in 5 cm^3 Eisessig lösen und auf 100 cm^3 auffüllen.

erforderlich ist (H. V. Churchill, R. W. Bridges und M. F. Lee; H. Fischer und G. Leopoldi). Die letzten Reste des Al müssen dann durch Fällen mit Oxin von Be getrennt werden. Die Chloridmethode hat also den Charakter einer Vortrennung. In diesem Zusammenhang sei hier auf die in der Praxis benutzte Vortrennung größerer Al-Mengen von Be mit Hilfe des KOH-Hydrolyseverfahrens hingewiesen (s. unter Al-Be-Legierungen, C 3c, S. 596).

c) Trennung des Berylliums von Al (und von Fe) nach der Guanidincarbonatmethode. Wie bereits erwähnt (s. oben), kann nach dieser Methode das Be von Al (und Fe) direkt durch einmalige Fällung mit Guanidincarbonat getrennt und bestimmt werden, während bei den im Hauptwerk beschriebenen Verfahren zuerst die Abtrennung von Al und Fe erfolgen muß.

Die Trennung geschieht nach der angegebenen Arbeitsweise (s. unter II A 3, S. 592). Bezüglich der Anwendungsgrenzen der Methode ist zu sagen, daß bei den Analysen von Jilek und Kota Mengenverhältnisse vorlagen von BeO: Al_2O_3 = 1:2 und 1:1 und von BeO: Fe_2O_3 = 1:35 bis 1:1,5 und hierbei gute Be-Werte erhalten wurden (vgl. auch Roebling und Trommau, zit. S. 592).

2. Trennung des Eisens von Beryllium. a) Die Trennung mit Hilfe der Oxinmethode wird in gleicher Weise ausgeführt, wie bei Al unter II B 1 a beschrieben wurde.

Bezüglich der Anwendung der Guanidincarbonatmethode sei auf II A 3 und II B 1 c hingewiesen.

b) Trennung des Eisens (und anderer Schwermetalle) von Beryllium durch Elektrolyse mit Hilfe der Quecksilberkathode. *Allgemeines.* Das Prinzip der Trennung zahlreicher Schwermetalle von den Metallen der Alkali- und Erdalkaligruppe sowie von Al, Ti, Be, P_2O_5, U, V und den seltenen Erden durch Elektrolyse in schwach schwefelsaurer Lösung und Abscheidung der Schwermetalle an einer Quecksilberkathode wurde schon vor langer Zeit benutzt. Während jedoch bei den älteren, exakten Arbeiten (R. E. Myers; L. G. Kollock und E. F. Smith) das Ziel der Analyse die gravimetrische Bestimmung des an der Kathode abgeschiedenen Schwermetalles war, findet dieses elektrolytische Verfahren in neuerer Zeit bei der Bestimmung der genannten, in Lösung bleibenden Elemente in Legierungen und Stählen vielfach eine vorteilhafte Anwendung (J. H. Buckminster und C. F. Smith; R. C. Benner und M. L. Hartmann; D. H. Brophy; C. M. Craighead; A. D. Melaven; G. E. F. Lundell, J. Hoffmann und H. H. Bright; H. Ipavic; W. Böttger; I. Morsing; I. Ssachijew; S. I. Rabashkin und S. M. Gutman; S. S. Muchina; F. K. Gerke und N. V. Lyubomirskaja; I. I. Lurje). Die Abscheidung der Schwermetalle, die edler sind als Mangan (Fe, Co, Ni, Zn, Cd, Pb, Ag, Cr, Mo usw.), findet in der schwach sauren Lösung ohne Schwierigkeiten statt. Bei Mn herrscht über die zur Erzielung einer quantitativen Abscheidung einzuhaltenden Bedingungen (Stromdichte, Säurekonzentration und Temperatur) noch keine Klarheit (vgl. V. M. Zwenigorodskaja; N. J. Chlopin), wodurch für Mn-haltige Legierungen eine besondere Mn-Abtrennung erforderlich ist. Gegenüber der Äther-Salzsäure-Extraktionsmethode zur Beseitigung größerer Fe-Mengen besitzt dieses Verfahren den Vorzug, daß mehrere Analysenproben von einem Analytiker auf einmal „enteisent“ und im gleichen Arbeitsgang von den weiteren Schwermetallen befreit werden können.

Arbeitsweise. Die schwefelsaure, ammoniumsalzfreie (W. Böttger) Lösung der Sulfate wird mit NaOH bis zur ersten bleibenden Trübung abgestumpft und mit etwa 2 cm^3 H_2SO_4 (1:1) versetzt und auf 300 cm^3 verdünnt. Man elektrolysiert dann in einem einfachen Elektrolysegefäß (s. Abb. 1) bei einer Stromdichte von etwa 0,15 Amp./cm^2 (etwa 6 bis 7 Ampere bei dem gezeichneten Apparat) und 10—16 Volt bis zur Entfärbung des Elektrolyts (1—3 Stunden, je nach Einwaage). Gleichzeitiges Bewegen der Lösung und des Quecksilbers der Kathode mit einem Rührer ist vorteilhaft. Bei größeren Einwaagen als 1 g (1—5 g) ist es zweckmäßig[1], zuerst nur den etwa 1 g entsprechenden Teil der schwach sauren Lösung der Legierung als Elektrolyt anzusetzen und den Rest erst nach und nach in Teilen zuzugeben. Für einen reichlichen Überschuß an Quecksilber (etwa 40—50 cm^3) ist zu sorgen.

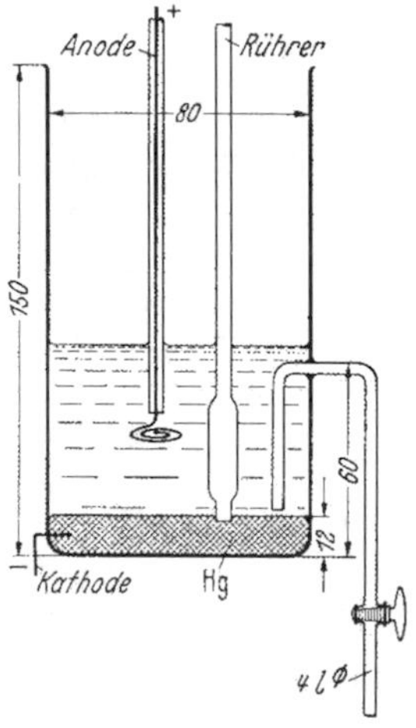

Abb. 1. Vorrichtung zur Elektrolyse mit Quecksilberkathode.

C. Spezielle Verfahren.

1. Bestimmung von Verunreinigungen im metallischen Beryllium (II/2, 1103). Die beschriebenen colorimetrischen Bestimmungen des Al im Be-Metall nach Stock, Praetorius und Prieß ist leider umständlich. Trotz zahlreicher neuerer Arbeiten über die colorimetrische Bestimmung des Al (s. Gmelin-Kraut) kann jedoch noch keine wesentlich bessere Arbeitsweise empfohlen werden. Fe stört bei der Stockschen Methode. Kleine Fe-Mengen von der gleichen Größenordnung wie die zu ermittelnden Al-Mengen werden mit dem Al mitbestimmt und müssen im Anschluß an die Fe-Bestimmung mit Rhodanid in Rechnung gesetzt werden.

2. Bestimmung des Berylliums in Beryll (II/2, 1104). a) Anwendung der Oxinmethode. Die Bestimmung erfolgt in der Lösung der von Kieselsäure befreiten Chloride des Be, Al und Fe durch Fällung der beiden letzteren mit Oxin nach Kolthoff-Sandell und Bestimmung des Be im Filtrat. Zweckmäßig benutzt man die von Knowles (s. II B 1a) präzisierte Form der Kolthoff-Sandellschen Methode und setzt keine Oxalsäure zu.

b) Anwendung des Chloridverfahrens nach Havens. Es wird auf Abschnitt II B 1 hingewiesen, in welchem die Chloridmethode als ein Vortrennungsverfahren bezeichnet wurde, dem eine Beseitigung der Reste des Al sowie des vorhandenen Fe mit Oxin zu folgen hat.

[1] Nach einer freundlichen Privatmitteilung aus dem Laboratorium der Firma Heraeus-Vakuumschmelze, Hanau.

3. Bestimmung des Be in Legierungen (II/2, 1106). a) In Kupfer und Nickellegierungen. Es ist zweckmäßiger, die Be-Bestimmung in Ni-Legierungen nicht direkt durch Fällen mit NH_3 und Umfällen auszuführen, sondern das Ni zuerst durch Elektrolyse mit Hg-Kathode zu beseitigen (s. II B 2) und dann erst die Be-Fällung mit NH_3 vorzunehmen.

b) In Eisenlegierungen. Man kann den Fe-Überschuß durch Ausäthern nach Rothe beseitigen. Vorteilhafter ist es jedoch, nach Abscheidung der Kieselsäure das Elektrolyseverfahren mit Quecksilberkathode anzuwenden (s. II B 2) und anschließend geringe Fe-Reste und vorhandenes Al durch Oxin zu fällen. Im Filtrat wird Be mit NH_3 gefällt.

c) In Aluminiumlegierungen. Gegenüber der Chloridmethode nach Havens besitzt die in der Praxis mehrfach benutzte KOH-Hydrolysemethode nach Gmelin und Schaffgotsch als Vortrennungsmethode den Vorzug apparativer Einfachheit und bietet den Vorteil, mehrere Analysenproben gleichzeitig nebeneinander verarbeiten zu können. Die Abscheidung des Berylliumhydroxyds durch Kochen der alkalischen Lösung muß nach den Versuchen von H. T. St. Britton (2) und von J. Dewar und P. A. Gardiner wegen des großen Al-Überschusses stets wiederholt werden.

Arbeitsweise[1]. Man löst 2—5 g Späne in wenig Salzsäure, scheidet die Kieselsäure ab und dampft das Filtrat der Kieselsäure auf etwa 50—100 cm^3 ein. Danach wird unter Rühren mit starker Kalilauge (etwa 30%ig) versetzt, bis die zuerst ausgeschiedenen Hydroxyde des Al und Be gerade wieder gelöst sind. Man spült nun in eine geräumige Nickelschale über, verdünnt auf 400—500 cm^3 und kocht 2—3 Stunden, bis alles Be als Hydroxyd ausgefallen ist (Prüfung des Filtrats mit Chinalizarin!). Das unreine Be-Hydrat wird abfiltriert, etwas mit heißem Wasser gewaschen, in warmer Salzsäure (1 : 1) gelöst und erneut der hydrolytischen Fällung unterworfen. Das nun erhaltene, noch unreine Berylliumhydroxyd befreit man durch Lösen in Salzsäure und Fällen mit NH_3 (Ausführung s. II A 1) von adsorbiertem Alkali sowie von eventuell vorhandenem Kupfer- und Magnesiumhydroxyd und nimmt nach erneutem Lösen in Salzsäure die Abtrennung der Al-Reste von Be mit Oxin vor. Erhält man hierbei noch eine verhältnismäßig starke Al-Oxinatfällung, so muß diese Trennung gegebenenfalls nach dem Veraschen im Platintiegel und Lösen mit konzentrierter H_2SO_4 (etwas abrauchen!) wiederholt werden. Das Be wird zum Schluß im Filtrat der Oxinfällung mit NH_3 nach der bekannten Vorschrift gefällt.

4. In Berylliumstählen (II/2, 1107). Die wichtigsten Legierungskomponenten der heute im Handel befindlichen Be-Sonderstähle sind außer Be und Fe, Ni, Cr, Mo, Co (Cu, Mn, W). Die im Hauptwerk angegebene Analysenmethode besteht in einem kombinierten Ausätherungs-Oxinverfahren zur Abtrennung der Begleitmetalle des Be, von welchen Fe, Ni und Cr berücksichtigt wurden (H. Fischer und G. Leopoldi). L. Fresenius und M. Frommes (1, 2) haben dieses Verfahren unter Berücksichtigung von W, Mo, Cu, Mn, V und P_2O_5 angewandt und kurz zusammengefaßt folgendermaßen gearbeitet:

[1] Nach einer freundlichen Privatmitteilung aus dem Laboratorium der Firma Heraeus-Vakuumschmelze, Hanau.

1. Lösen in HCl und HNO_3 (Einwaage 5 g), Abscheidung von WO_3; 2. Ausäthern des Fe aus dem eingeengten Filtrat; 3. Abrauchen mit H_2SO_4, Oxydation des Cr zu Chromat mit Persulfat, Fällen von Be (+ Al, Fe) mit NH_3, Oxydation und Fällung wiederholen, Co, Ni, Cr, Mo, Va sind im Filtrat dieser beiden Fällungen; 4. mit Oxin Al und Fe (sowie Reste von Ni, Mo, Cu) abscheiden; 5. Be aus dem Filtrat mit NH_3 fällen, nach dem Veraschen mit etwas HF + H_2SO_4 abrauchen. Dieses Verfahren ist bei der von L. Fresenius und M. Frommes gewählten Einwaage von 5 g geeignet für Stähle, welche einen Ni-, Cr-, Mo- und Co-Gehalt in den Grenzen von einigen Prozenten haben. Mit besonderem Vorteil wendet man jedoch bei den sehr hochlegierten Spezialstählen, wie z. B. Contracid mit 60% Ni, 15% Cr, 7% Mo, 0,7% Be, Rest Fe und auch allen anderen Be-Legierungen, das Quecksilberkathode-Elektrolyseverfahren zur Trennung der Schwermetalle von Be an.

Nach einer Privatmitteilung aus dem Laboratorium der Firma Heraeus-Vakuumschmelze, Hanau, führt man die Be-Bestimmung etwa auf folgende Weise aus:

2 g Späne werden in Königswasser gelöst, mit 20 cm^3 Schwefelsäure 1:1 versetzt und am Sandbad bis zum Entweichen von Schwefelsäuredämpfen erhitzt. Die Sulfate löst man nach dem Erkalten mit Wasser und filtriert von der abgeschiedenen Kieselsäure ab. Im Filtrat wird die überschüssige Schwefelsäure durch starke Kali- oder Natronlauge so lange abgestumpft, bis die Lösung sich durch basisches Ferrisulfat braun zu färben beginnt. Man säuert dann mit 1—2 cm^3 Schwefelsäure (1:1) an, bringt auf ein Volumen von etwa 150 cm^3 und gibt ungefähr die Hälfte hiervon in das zur Elektrolyse fertige Elektrolysegefäß, in welchem sich bereits 150—200 cm^3 Wasser mit 1 cm^3 Schwefelsäure (1:1) befinden. Man elektrolysiert dann wie bereits unter II B 2 b beschrieben und fügt den Rest der angesäuerten Lösung nach etwa $^1/_2$—$^3/_4$stündiger Elektrolysedauer hinzu. Bei noch größeren Einwaagen nimmt man entsprechend kleinere Anteile der angesäuerten Lösung, und erreicht so durch stets mäßige Konzentration der abzuscheidenden Metalle störungslosen Verlauf der Elektrolyse.

Nachdem der Elektrolyt farblos geworden ist, was nach etwa 3 Stunden der Fall ist, hebert man die Lösung unter Strom ab, spült nach, dampft gegebenenfalls etwas ein und fällt nach Zusatz von Ammoniumchlorid Be, Al und eventuell nicht abgeschiedene kleine Mengen Cr mit NH_3 (vgl. II A 1). Die in verdünnter Schwefelsäure gelösten Hydroxyde werden mit 1 g Ammoniumpersulfat versetzt und gekocht. Hierbei eventuell ausfallenden Braunstein filtriert man ab und fällt im Filtrat Be und Al mit NH_3, filtriert und löst in verdünnter Salzsäure. Anschließend wird die Trennung mit Oxin nach Kolthoff und Sandell durchgeführt.

Bei Wolfram enthaltenden Stählen scheidet man zunächst die Wolframsäure ab (s. L. Fresenius und M. Frommes), vertreibt die Salzsäure durch Abrauchen mit Schwefelsäure und führt dann die Elektrolyse mit Quecksilberkathode aus.

Literatur.

Benedetti-Pichler, A. A.: Mikrochemie **21**, 268 (1937). — Chem. Zentralblatt **1937 II**, 1625. — Benedetti-Pichler, A. A. u. W. F. Spikes: Mikrochemie **1936**, Molisch-Festschr. 23; Chem. Zentralblatt **1938 I**, 379. — Benner, R. C. and M. L. Hartmann: Journ. Amer. Chem. Soc. **32**, 1634 (1910); Chem. Zentralblatt **1911 I**, 423. — Berg, R.: (1) Das o-Oxychinolin 1938, S. 51; (2) desgl. S. 78ff. — Bleyer, B. u. Boshart: Ztschr. f. anal. Ch. **51**, 748 (1912). — Böttger, W.: Physikalisch-chemische Methoden der analytischen Chemie, Teil 2, S. 147. 1936. — Booth, H. S. and S. G. Trary: Journ. Physical Chem. **36**, 2641 (1932); Chem. Zentralblatt **1932 II**, 3921. — Britton, H. T. St.: (1) Journ. chem. Soc. London **127**, 2110 (1925); Chem. Zentralblatt **1926 I**, 735. — (2) Analyst **46**, 359 (1921); Chem. Zentralblatt **1921 IV**, 1295. — Brophy, D. H.: Ind. and Engin. Chem. **16**, 963 (1924); Chem. Zentralblatt **1924 II**, 2603. — Buckminster, J. H. and E. F. Smith: Journ. Amer. Chem. Soc. **32**, 1471 (1910); Chem. Zentralblatt **1911 I**, 37.

Chlopin, N. J.: Ztschr. f. anal. Ch. **107**, 104 (1936). — Churchill, H. V., Bridges and Lee: Ind. Engin. Chem., Anal. Ed. **2**, 405 (1930); Chem. Zentralblatt **1930 II**, 3818. — Craighead, C. M.: Ind. and Engin. Chem., Anal. Ed. **2**, 188 (1930); Chem. Zentralblatt **1930 II**, 1580.

Dewar, J. and P. Gardiner: Analyst **61**, 536 (1936); Chem. Zentralblatt **1936 II**, 2949.

Fesefeldt, H.: Ztschr. f. physik. Ch. A **140**, 254 (1929). — Fischer, H.: (1) Wiss. Veröff. a. d. Siemenskonzern **5**, H. 2, 99 (1926). — (2) Ztschr. f. anal. Ch. **73**, 54 (1928). — Fischer, H. u. G. Leopoldi: Wiss. Veröff. a. d. Siemenskonzern **10**, H. 2, 1 (1931). — Fresenius, L. u. M. Frommes: (1) Ztschr. f. anal. Ch. **87**, 273 (1932). — (2) Ztschr. f. anal. Ch. **93**, 275 (1933). — Frommes, M.: Ztschr. f. anal. Ch. **93**, 285 (1933).

Gerke, F. K. u. N. V. Ljubomirskaja: Zavodskaja Lab. **6**, 746 (1937); Chemical Abstracts **1937**, 8432. — Gmelin-Kraut: Handbuch der anorganischen Chemie, Syst. Nr. 35, S. 432, 442 (1934). — Grosset, Th.: Ann. Soc. Sci. Bruxelles, Ser. B **53**, 16 (1933); Chem. Zentralblatt **1933 II**, 94.

Hills, F. G.: Ind. and Engin. Chem., Anal. Ed. **4**, 31 (1932); Chem. Zentralblatt **1932 II**, 256.

Ipavic, H.: Jubil.-Festschrift Heraeus Vakuumschmelze 1933, S. 303.

Jilek, A. u. Jan Kota: Ztschr. f. anal. Ch. **87**, 422 (1932); **89**, 345 (1932).

Knowles, H. B.: Journ. Res. nat. Bur. Standards **15**, 87 (1935); Chem. Zentralblatt **1936 I**, 4334. — Kollock, L. G. and E. F. Smith: Journ. Amer. Chem. Soc. **27 III**, 1255 (1905); Chem. Zentralblatt **1905 II**, 1284; 1527; **1906 I**, 593. — Kolthoff, I. M.: Journ. Amer. Chem. Soc. **50**, 393 (1928); Chem. Zentralblatt **1928 I**, 2113. — Kota, Jan: Chem. Listy Vědu Průmysl **27**, 79, 100, 128, 150, 194 (1933); Chem. Zentralblatt **1933 II**, 254. — Kumarowski, A. S. u. N. S. Poluektoff: Mikrochemie **14**, 315 (1933/34); Chem. Zentralblatt **1934 II**, 1811.

Lundell, G. E. F., J. Hoffmann and H. H. Bright: Chem. Analysis of Iron and Steel 1931 und 1934. — Lurje, I. I.: Betriebslabor. (russ.) **3**, 495 (1934); siehe auch Ztschr. f. anal. Ch. **102**, 116 (1935). Chem. Zentralblatt **1936 I**, 2398.

Melaven, A. D.: Ind. and Engin. Chem., Anal. Ed. **2**, 180 (1930); Chem. Zentralblatt **1930 II**, 1253. — Morsing, I.: Jernkontorets. Ann. **121**, 143 (1937); Chem. Zentralblatt **1937 II**, 1053. — Moser, L. u. I. Singer: Monatshefte f. Chemie **48**, 673 (1927). — Muchina, S. S.: Betriebslabor. (russ.) **5**, 715 (1936); durch Chem. Zentralblatt **1937 I**, 137. — Myers, E.: Journ. Amer. Chem. Soc. **26 III**, 1124 (1904); Chem. Zentralblatt **1904 II**, 1338.

Rabashkin, S. I. u. S. M. Gutman: Betriebslabor. (russ.) **5**, 722 (1936); durch Chem. Zentralblatt **1937 I**, 1202. — Rienäcker, G.: Ztschr. f. anal. Ch. 88, 29 (1932). — Roebling, W. u. H. W. Trommau: Zbl. f. Mineralogie **1935** A, 134. — Rusanow, A. K. u. V. M. Kostrikin: Journ. applied Chem. (russ.) **9**, 2305 (1936) (deutsch 2311); Chemical Abstracts **1937**, 4615.

Stock, A., Praetorius u. Priess: Ber. Dtsch. Chem. Ges. **58**, 1577 (1925). — Ssachijew, I.: Ind. organ. Chem. (russ.) **1**, 164 (1936); durch Chem. Zentralblatt **1936 II**, 3153.

Zermatten, H. L. I.: Proc. Kon. Akad. Wetensch. Amsterdam **36**, 899 (1933); Chem. Zentralblatt **1934 I**, 1359. — Zwenigorodskaja, V. M.: Ztschr. f. anal. Chem. **100**, 267 (1935). — Zwenigorodskaja, V. M. u. T. N. Smirnowa: Ztschr. f. anal. Chem. **97**, 323 (1934).

Wismut[1].

Von

Dr.-Ing. **G. Darius**, Stolberg (Rhld.).

1. Bestimmungsformen des Wismut (II/2, 1109). Zur Prüfung des ausgewogenen Wismutoxydes auf Reinheit löst man es in Salpetersäure, in welcher es sich klar lösen muß (Zinn). Kocht man diese salpetersaure Lösung mit Ammoniumcarbonat im Überschuß, so muß das Filtrat farblos sein (Kupfer). Nach dem Ansäuren mit Salpetersäure darf weder durch Bariumnitrat noch durch Silbernitrat eine Trübung entstehen (Schwefelsäure und Chlor). Die Lösung des Carbonatniederschlages in möglichst wenig Salpetersäure darf innerhalb 12 Stunden nach Zusatz von 25 cm³ Schwefelsäure (1:2) nicht getrübt werden (Blei).

Es hat sich gezeigt, daß man die Fällung als Phosphat (II/2, 1110) besser in ganz schwach salpetersaurer Lösung (2 Vol.-% Salpetersäure) mit einer 10%igen Diammoniumphosphatlösung vornimmt. Um den Niederschlag grobkörnig zu erhalten, nimmt man die Fällung in der Siedehitze vor und läßt die Phosphatlösung möglichst langsam zufließen, zuerst sogar nur tropfenweise. Nachher verdünnt man mit heißem Wasser und gibt noch einen Überschuß des Fällungsmittels hinzu (bei 0,05 g Wismut etwa 20 cm³, bei 0,5 g Wismut etwa 60 cm³). Das Wismutphosphat ist nach der Auswaage in Königswasser zu lösen und wie oben beschrieben auf Reinheit zu prüfen. Eine quantitative Trennung von Blei und Wismut läßt sich mit einer einfachen Fällung als Phosphat nicht erreichen.

Bestimmung durch innere Elektrolyse (internal electrolysis) (II/2, 1111). H. J. S. Sand beschreibt diese neue Methode, die sich nach E. M. Collin besonders zur Trennung geringer Mengen Wismut von großen Mengen Blei eignet (s. S. 43). Die Apparatur (Abb. 1) besteht aus zwei hohlen Anoden (*A*), die aus Blei gegossen oder aus Bleiband spiralig um Glasröhren von 10 mm Außendurchmesser gewickelt hergestellt sind, und einer Platin-Netzkathode (*C*) von 25 mm Durchmesser und etwa gleicher Höhe. Die Elektroden und ein Glasrührer (*E*) in einem Führungsrohr (*B*) sind in dem hölzernen zweigeteilten Deckel (*L*) befestigt, wie es die Abbildung zeigt. Man erreicht so außer einer Durchrührung auch eine kräftige Bewegung des Elektrolyten in der Senkrechten. Die Drahtzuführung zur Kathode geht ebenfalls durch den Deckel. Die Anoden haben oberhalb des Deckels eingeschraubte oder angelötete Polklemmen. Diese Anoden werden zweckmäßig mit einem Wulst versehen, damit die Pergamentdiaphragmen (*D*) mit Bindfaden (*b*) sicher befestigt werden können. Die Diaphragmen (Bezugsquelle: Schleicher & Schüll, Düren/Rhld., Diffusionshülsen 100 × 16 mm) sind am oberen Ende 20 mm lang aufgeschlitzt und werden beim Gebrauch vermittels eines Trichters mit einer 5%igen salpetersauren

[1] Siehe auch Erg.-Bd. I, S. 43, 47.

Lösung des Anodenmetalls (Bleinitrat) gefüllt. Die Anodenlösung wird während der Analyse zeitweise ergänzt, um Diffusionsverluste der Probelösung in den Anodenraum hinein zu verhindern. Die Kathode (*C*) wird zweckmäßig durch mehrere Glasstäbe (*d*) gestützt. Der hohle Luftrührer (*E*) ist an seinem unteren Ende auf 37 mm pilzförmig verbreitert und hat 10—12 Löcher und außerdem etwa 60 mm vom unteren Ende entfernt noch zwei Öffnungen (*e*) von etwa 8 mm, die diametral zueinander angeordnet sind. Der Stengel des Rührers ist durch einen Gummischlauch (*B*) isoliert.

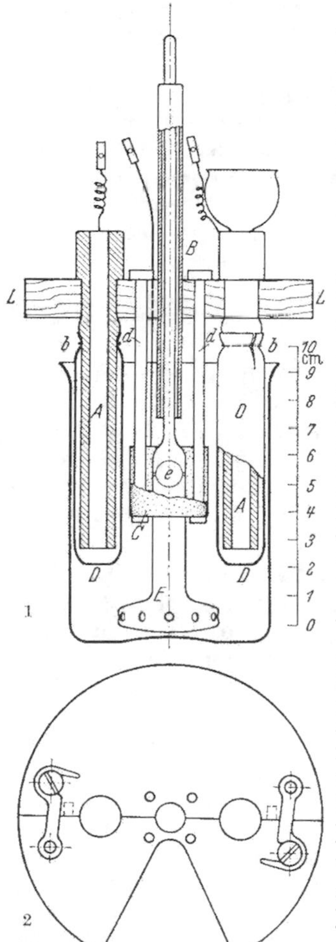

Abb. 1. Apparatur zur inneren Elektrolyse. 1 Schnitt, 2 Deckel.

Füllt man in das Becherglas die zu untersuchende Lösung (z. B. Bleinitrat mit wenig Wismut oder Kupfer) und verbindet die beiden Anoden mit der Kathode, so fließt ein Strom und die edleren Metalle scheiden sich in kurzer Zeit quantitativ auf der Platinkathode ab. In etwa 20 Minuten können so 10 mg Wismut bei Gegenwart von 10 g Blei abgeschieden werden. Falls in diesem Zeitraum sich mehr Metall abgeschieden haben sollte, dann löst man dieses nach der Auswaage mit verdünnter Salpetersäure ab und setzt die Elektrolyse fort, bis keine Abscheidung mehr erfolgt.

2. Wismuterze (II/2, 1113). Die von Heintorf (II/2, 1115) angegebene Methode hat sich besonders bei stark zinn- und bleihaltigen Materialien bewährt und gibt auch nach eigenen ausgeführten Versuchen einwandfreie Werte. 1 g Substanz wird im Eisentiegel mit Natriumperoxyd und etwas Natriumhydroxyd geschmolzen. Die Schmelze wird mit Wasser ausgelaugt, mit Salzsäure angesäuert, die etwa 400 cm³ betragende Lösung mit 30 cm³ Salzsäure (spez. Gew. 1,19) versetzt, und mit Ferrum hydrogenio reductum etwa 1 Stunde in mäßiger Wärme behandelt. Das auszementierte Kupfer, Antimon, Wismut und unter Umständen auch Arsen filtriert man durch ein mit Eisenpulver bestreutes Filter ab, wäscht mit heißem Wasser aus, spritzt den Niederschlag in das Becherglas zurück, löst mit Salzsäure und Kaliumchlorat die letzten Reste vom Filter, verkocht das Chlor und leitet Schwefelwasserstoff ein. Die Sulfide werden abfiltriert und in der im Hauptwerk beschriebenen Weise auf Wismut verarbeitet. Bei kupferreichen aber zugleich antimonarmen Materialien kann der durch Reduktion erhaltene Kupferwismutniederschlag noch Zinn enthalten. In diesem Falle setzt man je nach dem Kupfergehalt bis zu 0,1 g Antimon in Form einer 1% Antimonchloridlösung zu und erreicht so eine einwandfreie Trennung von Zinn.

3. **Wismutmetall** (II/2, 1117). Bei den qualitativen Vorprüfungen darf eine solche auf Tellur nicht unterbleiben. Dazu löst man 1 g Wismut in 5 cm^3 konzentrierter Salpetersäure, verdünnt mit wenig Wasser, filtriert das etwa abgeschiedene Gold ab, gibt zum Filtrat 5 cm^3 Salzsäure und filtriert das dabei ausgeschiedene Silberchlorid ebenfalls ab. Das Filtrat dampft man dann in einem Porzellantiegel scharf zur Trockne, nimmt den Rückstand mit 5 cm^3 Salzsäure auf, gibt zur klaren Lösung 5 cm^3 Natriumhypophosphitlösung und läßt das mit einem Uhrglas bedeckte Gefäß etwa $^1/_2$ Stunde auf dem Wasserbad stehen. Jede Spur Arsen und Tellur zeigt sich durch eine Verfärbung der Lösung. Bei größeren Mengen scheidet sich das Arsen als rotbrauner und das Tellur als blauschwarzer Niederschlag ab.

Bei den quantitativen Bestimmungen kann man das Arsen, besonders wenn es nur in geringen Mengen vorhanden ist, mit $^1/_{100}$ n-Jodlösung titrieren, indem man das Destillat (II/2, 1118) in einem 1-l-Erlenmeyerkolben auffängt, mit Natriumbicarbonat neutralisiert, etwa 10 g überschüssiges Salz zugibt und nach Zugabe von frisch bereiteter Stärkelösung mit Jodlösung titriert. Dabei ist aber wichtig, den Jodverbrauch des Bicarbonates zu bestimmen, indem man 100 cm^3 konzentrierte Salzsäure mit dem Salz neutralisiert und genau wie die Probe titriert. Der Leerverbrauch ist dann abzuziehen.

4. **Wismutlegierungen** (II/2, 1120). Von R. Strebinger und G. Ortner wird folgender Analysenweg angegeben: 1 g feingepulvertes Metall wird in Salzsäure gelöst, mit wenig Salpetersäure oxydiert, nach Zugabe von Weinsäure ammoniakalisch gemacht, die Metalle Blei, Wismut, Cadmium mit Ammoniumsulfid ausgefällt und im Filtrat das Zinn nach Zerstörung der Sulfosalze auf eine der bekannten Arten entweder titrimetrisch oder gravimetrisch bestimmt. Die abfiltrierten Sulfide werden in Salzsäure und Schwefelsäure gelöst, zweimal abgeraucht zur Trennung des Bleies von Wismut, und das Blei dann als Sulfat zur Auswaage gebracht. Im Filtrat von Blei werden mit festem Natriumcarbonat Wismut und Cadmium als Carbonate ausgefällt, der Niederschlag wird in stark verdünnter Salpetersäure gelöst, auf etwa 20 cm^3 eingedampft und festes Kaliumjodid zugegeben, bis die über dem schwarzen Wismutjodid stehende Lösung schwach gelb gefärbt ist. Dann gibt man etwa 300 cm^3 heißes Wasser hinzu und kocht auf, bis der Niederschlag ziegelrot und die Flüssigkeit farblos ist. Das abgeschiedene Wismutoxyjodid filtriert man durch einen Porzellanfiltertiegel und trocknet bei 110° C bis zum konstanten Gewicht.

$$\mathrm{BiOJ} \cdot 0{,}5939 = \mathrm{Bi} \quad (\log 0{,}5939 = 0{,}77371 - 1).$$

Im Filtrat des Wismutoxyjodids wird nach Zersetzung des Jodüberschusses mit Schwefelsäure das Cadmium am besten elektrolytisch oder als Sulfat bestimmt (II/2, 1124).

5. **Wismutsalze** (s. a. III, 988—995). Wismutsalze finden in der Heilkunde sowohl als anorganische als auch als organische Verbindungen Verwendung. Von ersteren sind besonders das Nitrat, das basische

Nitrat und das basische Carbonat zu erwähnen, von letzteren soll nur die Untersuchung von Bitannat und Subgallat angegeben werden. Weitere Bestimmungen für spezielle Präparate sind im Deutschen Arzneibuch (D.A.B. 6) beschrieben.

Wismutnitrat. 1 g Wismutnitrat wird zum Entweichen des Kristallwassers vorsichtig erhitzt und dann geglüht. Es müssen mindestens 0,460 g Wismutoxyd zurückbleiben, was einem Mindestgehalt von 42,1% Wismut entspricht.

Basisches Wismutnitrat. 1 g basisches Wismutnitrat muß beim Glühen 0,790—0,820 g Wismutoxyd hinterlassen, was einem Gehalt von 70,9—73,6% Wismut entspricht.

Basisches Wismutcarbonat. 1 g basisches Wismutcarbonat muß nach dem Glühen 0,900—0,920 g Wismutoxyd hinterlassen, was einem Gehalt von 80,7—82,5% Wismut entspricht.

Wismutbitannat. 0,5 g Wismutbitannat werden in einem flachen Porzellanschälchen vorsichtig verglimmt, auf die verkohlte und zum Teil veraschte Masse gibt man nach dem Abkühlen einige Tropfen konzentrierte Salpetersäure, erhitzt zunächst vorsichtig und glüht nachher über kräftiger Flamme. Dieses Aufnehmen mit Salpetersäure und Glühen wiederholt man bis zum konstanten Gewicht. Das zurückbleibende Wismutoxyd muß mindestens 0,100 g betragen, was einem Mindestgehalt von 17,9% Wismut entspricht.

Basisches Wismutgallat. 0,5 g basisches Wismutgallat werden in einem mit einem Uhrglas bedeckten Tiegel über kleiner Flamme vorsichtig erwärmt (Tiegel etwa 5—6 cm über Flamme). Wenn die Masse sich dunkel verfärbt, wird das Uhrglas etwas angehoben, wodurch der Tiegelinhalt anfängt zu verglimmen. Dieses Verglimmen wird jetzt durch abwechselndes Abheben und Auflegen des Uhrglases geregelt. Nachdem alles verglimmt ist, wird der offene Tiegel allmählich zum Glühen erhitzt, der Glührückstand wird in Salpetersäure gelöst, vorsichtig eingedampft und geglüht. Das dann ausgewogene Wismutoxyd muß 0,260 g betragen, was einem Mindestgehalt von 46,6% Wismut entspricht.

Literatur.

Collin, E. M.: Analyst **55**, 312 (1930). — Chem. Zentralblatt **1930 II**, 1739; **1931 I**, 489.

Sand, H. J. S.: Analyst **55**, 309, 680 (1930). — Chem. Zentralblatt **1930 II**, 1739.

Strebinger u. Ortner: Metall u. Erz **1937**, 485.

Cadmium.

Von

Dr.-Ing. **G. Darius**, Stolberg (Rhld.).

Einleitung (II/2, 1123). Zu den verschiedenen Herstellungsverfahren kommt in neuerer Zeit noch das elektrolytische, welches im Zusammenhang mit der Zinkelektrolyse durch die Verarbeitung von cadmiumhaltigen Rückständen aus der Zinklaugenreinigung, von Zink-Cadmiumflugstauben u. ä. dauernd an Bedeutung gewinnt.

1. Bestimmung als Sulfid (II/2, 1123). Nach in neuerer Zeit veröffentlichten Versuchen von C. Zöllner darf bei der Fällung des Cadmiums mit Schwefelwasserstoff die Acidität 15 cm^3 konzentrierte Schwefelsäure auf 100 cm^3 Analysenlösung betragen. Bei dieser Konzentration, die für die Fällung in der Kälte berechnet ist, fällt das Cadmium, wenn man zunächst in der Hitze und dann bis zum Erkalten einleitet, als gut filtrierbares orangerotes Sulfid aus. Besonders bei der Trennung vom Zink soll diese höhere Acidität insofern vorteilhaft sein, als bei ihr durch einmalige Fällung mit Schwefelwasserstoff die schwierige Trennung Cadmium-Zink einwandfrei durchzuführen sein soll.

2. Bestimmung als Sulfat (II/2, 1124). Es ist zweckmäßig, beim Eindampfen der Cadmiumsulfatlösung den Überschuß an Schwefelsäure möglichst gering zu halten und vor dem Auftreten der weißen Schwefelsäuredämpfe etwas Ammoniumcarbonat zuzusetzen, um den Säureüberschuß zu binden. Man vermeidet dadurch das unangenehme Verspritzen des Tiegelinhaltes und braucht das Cadmiumsulfat nur schwach zu glühen.

3. Indirekte Bestimmung. Eine weitere indirekte Titrationsmethode (II/2, 1126) wird von Enell angegeben. Der sorgfältig ausgewaschene Cadmiumsulfidniederschlag wird in Wasser suspendiert und mit einer bekannten Menge Silbernitrat versetzt. Die Umsetzung erfolgt schnell und quantitativ nach:

$$CdS + 2\,AgNO_3 = Cd(NO_3)_2 + Ag_2S.$$

Das gebildete Silbersulfid wird durch ein chlorfreies Filter filtriert und im Filtrat das überschüssige Silbernitrat mit Ammoniumrhodanid und Ferrisulfat als Indicator zurücktitriert.

1 cm^3 $^1/_{10}$ n-Silbernitratlösung = 0,00562 g Cd (log 0,00562 = 0,74974 — 3).

4. Bestimmung des Cadmiums in Erzen und Hüttenprodukten (II/2, 1126). Je nach dem zu erwartenden Cadmiumgehalt werden von dem fein gepulverten und getrocknetem Material 1—10 g mit 20—50 cm^3 Königswasser aufgeschlossen. Nach erfolgtem Lösen wird mit 20—30 cm^3 Schwefelsäure (1:1) abgeraucht, abgekühlt, mit 100 cm^3 Schwefelsäure (1:10) aufgekocht und der unlösliche Rückstand nach dem Erkalten durch ein dichtes Filter abfiltriert. Das Filter wird mit schwach schwefelsaurem Wasser ausgewaschen, das Filtrat in einem 500-cm^3-Meßkolben aufgefangen und soviel konzentrierte Schwefelsäure zugegeben, daß in der Lösung nach dem Auffüllen auf Marke etwa 5% enthalten sind. In einen aliquoten Teil leitet man nun in der Siedehitze Schwefelwasserstoff ein, läßt unter dauerndem Einleiten erkalten und leitet noch etwa 30 Minuten in der Kälte ein. Das Cadmiumsulfid fällt dadurch in dichter, roter Modifikation aus. Man filtriert durch ein dichtes Filter, am besten über Filterschleim, da der Niederschlag leicht trübe durchgeht. Man wäscht mit schwach schwefelsaurem Wasser aus. Der Niederschlag wird mit Natriumpolysulfidlösung in der Siedehitze behandelt, die unlöslichen Sulfide abfiltriert, ausgewaschen und mit kochender Salzsäure (1:3) oder kalter Salzsäure (spez. Gew. 1,124) gelöst. Etwa vorhandenes Wismut wird als Oxychlorid gefällt und abfiltriert. Das cadmiumhaltige Filtrat wird mit Schwefelsäure abgeraucht und mit schwach schwefelsaurem Wasser aufgenommen.

Die jetzt noch notwendige Trennung von Kupfer kann in verschiedener Weise je nach dem Kupfergehalt durchgeführt werden. Bei höherem Kupfergehalt kann die Trennung elektrolytisch in einer 6—7 Vol.-% schwefelsauren Lösung vorgenommen und in der entkupferten Lösung das Cadmium in der Siedehitze mit Schwefelwasserstoff gefällt werden. Bei geringeren Kupfergehalten wird die nach Trennung von Wismut erhaltene schwefelsaure Lösung mit Natriumhydroxyd alkalisch gemacht, mit Kaliumcyanid im Überschuß versetzt und aus dieser Lösung das Cadmium durch Alkalisulfid als Sulfid ausgefällt. Man kann aber auch die schwefelsaure Lösung, die man auf die oben angegebene Konzentration gebracht hat, erneut mit Schwefelwasserstoff fällen, abfiltrieren und durch Schwefelsäure (1:5) aus dem zurückgespritzten Niederschlag das Cadmiumsulfid herauslösen. Man filtriert das verbleibende Kupfersulfid ab und kann im Filtrat, welches man auf 6—7 Vol.-% Schwefelsäure verdünnen muß, das Cadmium nochmals mit Schwefelwasserstoff fällen.

Diese mehrfache Fällung mit Schwefelwasserstoff ist besonders bei zinkhaltigem Material unbedingt notwendig. Das nach einer der oben angegebenen Methoden erhaltene Cadmiumsulfid wird am besten endgültig als Sulfat oder elektrolytisch bestimmt (II/2, 1124 und 1125).

Bei den vorstehend angegebenen Arbeitsmethoden wurde die oft notwendige Trennung der beiden Metalle Cadmium und Zink immer in schwefelsaurer Lösung durchgeführt. Es besteht auch die Möglichkeit in salzsaurer Lösung die beiden Metalle durch Schwefelwasserstoff zu trennen. Man muß dann dafür Sorge tragen, daß auf 100 cm³ Lösung 28 cm³ freie Salzsäure (1:3) und 14 g Ammoniumsulfat enthalten sind, und zwar bei Abwesenheit von Ammonium- oder Alkalichloriden, da sonst die Fällung durch Schwefelwasserstoff nicht quantitativ ist. Insbesondere treten beim Abstumpfen von freier Salzsäure durch Ammoniak infolge Bildung von komplexen Cadmiumverbindungen große Verluste ein. Auch in salzsaurer Lösung wird der Schwefelwasserstoff in der Hitze (80°) $^1/_2$ Stunde lang eingeleitet und dann noch bis zum Erkalten. Das ausgefällte Cadmiumsulfid ist rot und gut filtrierbar. Dieses Sulfid wird in Salzsäure (1:3) gelöst und die Lösung nach Verjagen des Schwefelwasserstoff in beliebiger Weise weiter verarbeitet.

Zum Nachweis kleiner Mengen Cadmium kann man nach N. H. Tananajeff wie folgt verfahren: Man schließt eine ausreichende Menge Material mit Königswasser auf, fällt nach dem Lösen alle fällbaren Kationen mit Ammoniak, gibt zur Fällung von Silber und Mangan noch Kaliumjodid und Wasserstoffperoxyd hinzu und filtriert den Niederschlag ab. Im Filtrat werden mit überschüssigem Kaliumcyanid Kupfer, Nickel, Kobalt und Zink komplex gebunden und das etwa vorhandene Cadmium mit Natriumsulfid als gelbes Cadmiumsulfid abgeschieden. Falls anfangs nur eine Gelbfärbung auftritt, muß man die Fällung über Nacht stehenlassen, damit der Niederschlag ausflocken kann.

5. Untersuchung von Cadmiummetall (II/2, 1127). Cadmiummetall kommt in Reinheitsgehalten von über 99% in den Handel. Es ist zweckmäßig, das Cadmium direkt, in der oben beschriebenen Weise von 2 g Einwaage ausgehend, zu bestimmen, da die indirekte Bestimmung infolge der großen Cadmiumniederschläge, die zu verarbeiten sind, kaum Vorteile bietet.

Die reine Cadmiumlösung wird in einem Meßkolben aufgefangen und das Cadmium am Schluß von 0,25 g bestimmt. Als Verunreinigungen kommen Blei, Kupfer, Eisen und Zink in Frage. Zur Bestimmung von Blei und Kupfer werden 25 g Metall in Salpetersäure gelöst, die Stickoxyde verkocht, die Lösung auf etwa 200 cm³ mit 40 cm³ Salpetersäure (1,4 spez. Gew.) gebracht und warm bei 1,5 Ampere elektrolysiert. Kupfer und Bleisuperoxyd können sofort ausgewogen werden. Auswaschen unter Strom zunächst mit 2%iger Salpetersäure und dann mit Wasser, da sich sonst Cadmium niederschlagen kann. Bei ganz geringen Mengen Blei wird eine colorimetrische Nachbestimmung des Superoxydes ratsam sein (s. S. 794). Zur Bestimmung von Zink und Eisen werden 5 g Metall in Salpetersäure gelöst und mit Schwefelsäure abgeraucht, mit Wasser aufgenommen und in der etwa 100 cm³ betragenden 6 Vol.-% freie Schwefelsäure enthaltenden Lösung das Blei, Kupfer und Cadmium mit Schwefelwasserstoff gefällt, abfiltriert, der Niederschlag wie unter oben angegeben, in Salzsäure gelöst und nochmals mit Schwefelwasserstoff gefällt. Die beiden Filtrate werden vereinigt, der Schwefelwasserstoff verkocht, oxydiert, das Eisen 2mal mit Ammoniak gefällt und im Filtrat das Zink nach Neutralisieren und Ansäuren mit Schwefelsäure (1 cm³ 1 n auf 800 cm³ Lösung) mit Schwefelwasserstoff als Zinksulfid gefällt und als Zinkoxyd (II/2, 1703) ausgewogen. Das etwa vorhandene Eisen wird entweder als Eisenoxyd zur Auswaage gebracht oder colorimetrisch bestimmt.

Literatur.

Enell: Ztschr. f. anal. Ch. **54**, 593 (1915).
Tananajeff, N. H.: Ztschr. f. anal. Ch. **98**, 330 (1934).
Zöllner: Ztschr. f. anal. Ch. **114**, 8 (1938).

Kobalt.

Von

Dr. habil. **Fr. Heinrich** und Chefchemiker **Frohw. Petzold,** Dortmund.

I. Nachweis und Bestimmung (II/1, 1129).

Da $Cs_3Co(NO_2)_6$ noch schwerer löslich ist als das K-Salz, empfehlen H. Yagoda und H. M. Partridge, zum Nachweis sehr geringer Co-Mengen, zu der essigsauren Lösung 2 cm³ 6 mol. $NaNO_2$ + 0,5 cm³ 0,5 mol. $CsNO_3$-Lösung zu geben; es fällt $Cs_2NaCo(NO_2)_6$ aus. 0,05 mg Co/cm³ geben nach 2 Minuten noch einen deutlichen Niederschlag. Nimmt man KNO_2 statt des $NaNO_2$, so kann man noch 0,01 mg/cm³ nachweisen.

1. Gewichtsanalytische Bestimmung (II/2, 1130). Mit dem Dikaliumnatriumkobaltinitrit und seiner Verwendung zur gewichtsanalytischen Kobaltbestimmung haben sich C. F. Cumbers und J. B. M. Coppock eingehend beschäftigt. Der Kristallwassergehalt des $K_2NaCo(NO_2)_6$ nimmt nach ihren Versuchen mit steigender Fällungstemperatur regelmäßig ab. Das gerade 1 Mol. H_2O enthaltende Salz fällt bei 60° aus. Die bei niedriger Temperatur ausfallenden Verbindungen sind weniger beständig als die bei höherer Temperatur gefällten. — Der theoretische Co-Faktor für das Monohydrat von 0,1297 wird innerhalb des Bereiches Na : K = 15 : 1 bis 40 : 1 erhalten. Zur Co-Bestimmung werden 10 bis 25 cm³ der Lösung mit wenig Eisessig angesäuert und auf 60° erwärmt. Als Fällungsmittel dient eine Lösung von 30 g $NaNO_2$ und 1,25 g KCl in 35 cm³ heißem Wasser. Die Lösung wird filtriert und von dem 70° heißen Filtrat 1 cm³ für je 6,5 mg Co verwandt. Das ausfallende Komplexsalz wird auf einem Gooch- oder Porzellanfiltertiegel gesammelt und bei 120° getrocknet. — Ni stört nicht, wenn das Verhältnis Ni : Co = 1 : 1 nicht überschreitet; geringe NH_4-Mengen stören ebenfalls nicht.

Nach H. Funk und M. Ditt bietet die Anthranilsäure eine einfache Methode zur quantitativen Bestimmung des Kobalts. Verdünnte Co-Lösungen geben in der Hitze mit anthranilsaurem Alkali einen rosa gefärbten kristallinen Niederschlag von der Zusammensetzung $Co(C_7H_6O_2N)_2$. Die säurefreie Lösung, die auf 250 cm³ 0,1 g Co enthalten kann, wird aufgekocht und mit 35 cm³ 3%iger Reagenslösung versetzt und 5 Minuten kochen lassen. Nach 10 Minuten wird durch Porzellantiegel filtriert, mit der 20fachen verdünnten Fällungslösung und zum Schluß mit Alkohol ausgewaschen und ½ Stunde bei 105—110° getrocknet. Faktor 0,17803. Empfindlichkeit 1 : 800000.

A. Taurins beschreibt die Bestimmung von Kobalt in Form einer neuen Komplexverbindung mit Quecksilberjodid. Man läßt durch die im Erlenmeyerkolben befindliche, möglichst konzentrierte Co-haltige Lösung 15—20 Minuten lang CO_2 strömen, versetzt durch einen Tropftrichter mit konzentrierter NH_3 (25 cm³/25 mg Co), verdünnt auf etwa 150 cm³ und fügt durch den Tropftrichter tropfenweise die Reagenslösung hinzu (3,5 g $HgCl_2$ in 100 cm^3 Wasser, dazu 12,6 g KJ; filtrieren!). Der Niederschlag besteht aus kristallinen glänzenden Blättchen von der Zusammensetzung $(Co(NH_3)_6(HgJ_3)_2$. Er wird durch Porzellanfiltertiegel filtriert und mehrfach mit absolutem Alkohol und Äther gewaschen und 10 Minuten im Vakuum getrocknet. Faktor 0,04451. Nickel wird mitgefällt.

Eine spezifische gewichtsanalytische Kobaltbestimmung in Anwesenheit von Nickel und noch anderen Metallen haben W. R. Orndorff und M. L. Nichols ausgearbeitet, die auf der Kobaltabscheidung als Kobaltdinitrosoresorcinol beruht. Diese Methode wurde von O. Tomiček und K. Komarek sorgfältig nachgeprüft. Im Gegensatz zu den Angaben der genannten Autoren wurde gefunden, daß die Kobaltfällung nicht quantitativ ist und daß die scheinbar befriedigenden Resultate durch eine Fehlerkompensation zustande kommen.

Versuche, die Methode zu verbessern, lieferten keine befriedigenden Resultate.

Bei der Kobaltbestimmung mittels Nitroso-β-naphthol schließt L. Philippot den Nitroso-β-naphthol-Co-Niederschlag, der vollständig getrocknet sein muß, mit HNO_3 auf, dampft die Lösung mit konzentrierter H_2SO_4 bis zum Auftreten weißer Dämpfe ein, verdünnt, neutralisiert mit konzentriertem NH_3 und elektrolysiert bei 4 Volt und 1,5 Ampere in der Hitze etwa $2^1/_2$ Stunden lang. Kleine Mengen Ni, Zn und Fe stören nicht. — Etwas schneller kommt man zum Ziel, wenn man die schwefelsaure Co-Lösung nicht bis zum Auftreten der weißen Dämpfe abraucht, sondern vorher verdünnt, mit K_2CO_3 neutralisiert, das Co mit Br und KOH als Hydroxyd fällt, dieses in verdünnter H_2SO_4 löst, mit NH_3 neutralisiert und wie oben elektrolysiert.

2. Maßanalytische Bestimmung. Eine volumetrische Bestimmungsmethode beschreibt L. A. Sarver. Zur Ausführung der Methode wird die von störenden Ionen freie, mindestens 5 cm^3 6 n-Schwefelsäure enthaltende Lösung, mit 1—2 g Natriumperborat (in Lösung) und mit überschüssigem Natriumhydroxyd versetzt, wobei schwarzes Kobaltihydroxyd unter lebhafter Zersetzung des Perborats ausfällt. Die Lösung wird behufs Zerstörung des noch unveränderten Perborats etwa 10 Minuten gekocht. Nun setzt man einen paraffinierten Gummistopfen mit einem Tropftrichter mit offenem Hahn auf, entfernt den Kolben von der Heizplatte, schließt den Hahn rasch, bringt sofort eine gemessene Menge Ferrosulfatlösung in den Tropftrichter und läßt diese durch vorsichtiges Öffnen des Hahns in den Kolben einsaugen. Der Trichter wird unter Vermeidung von Luftzutritt, der die Ergebnisse beeinflußt, mit Wasser 3mal nachgespült. Nach Zusatz von 25—30 cm^3 6 n-Schwefelsäure wird einige Male umgeschwenkt, wobei sich das Kobalthydroxyd löst. Schließlich wird auf Zimmertemperatur abgekühlt, der Stopfen abgenommen und der Tropftrichter abgespült. Dann fügt man etwa 10 bis 25 cm^3 Phosphorsäure und 5 Tropfen 0,2%iger wäßriger Lösung von diphenylaminsulfosaurem Barium hinzu und titriert mit Kaliumbichromat bis zum Auftreten einer Violettfärbung.

Als störend sind zu vermeiden Nitrate oder andere Oxydationsmittel, die mit dem Indicator reagieren. Anwesenheit von Nickel stört nicht.

Ein Verfahren von J. Ledrut und L. Hauss zur oxydimetrischen Bestimmung des Kobalts mit Permanganat beruht auf der Schwerlöslichkeit des Co-Oxalats in Gegenwart von Ameisensäure. Die Co-Lösung, die kein NO_3' oder $NH_4^{\cdot}$ enthalten darf, wird mit etwa 35 cm³ HCOOH auf 100 cm³ Lösung versetzt. Man erwärmt auf 70°, fällt das Co mit etwa dem 3—4fachen der theoretischen Menge 2%iger Na-Oxalatlösung und läßt den Niederschlag 6—7 Stunden auf dem Wasserbad stehen. Dann wird er 2—3mal mit 25 cm³ 25%iger HCOOH dekantiert, auf einem Jenaer Glasfiltertiegel bis zum Verschwinden der Oxalsäurereaktion mit derselben Säure ausgewaschen und im 800-cm³-Becherglas bei 70° mit 100 cm³ 10%iger H_2SO_4 gelöst; man verdünnt mit 3,3%iger H_2SO_4 auf 600 cm³, erwärmt auf 70° und titriert mit $^1/_{10}$ n-$KMnO_4$.

R. Uzel und B. Jezek haben die maßanalytische Bestimmung des Kobalticyanidions untersucht. Sie beschreiben die visuelle Titration von $K_3Co(CN)_6$ mit 0,1 n-$AgNO_3$ und K_2CrO_4 als Indicator, sowie die potentiometrische Titration mit Ag-Indicatorelektrode, ferner die potentiometrische Titration mit Hg(1)- oder Hg(2)-Salzen und Hg-Elektrode und mit $CuSO_4$ und Cu-Elektrode. Es wird festgestellt, daß die Ergebnisse aller potentiometrischen Titrationen 2—4% zu niedrig ausfallen. Als Ursache hierfür wird die Adsorption des $(Co(CN)_6)'''$ an den entstehenden Niederschlag erkannt. Im Falle der Titration mit $CuSO_4$ tritt noch der Einfluß der Alkalisalze hinzu. Die erwähnte visuelle Titration ergibt einwandfreie Werte. Die Gegenwart von Mn und Zn stört nicht. Ni muß nach Umsetzung seines Komplexsalzes mit HCHO nach Feigl mit Dimethylglyoxim entfernt werden. Auch Fe und andere Begleitmetalle sind vorher durch ZnO-Fällung zu entfernen.

G. Spacu und M. Kuraš entwickelten eine neue maßanalytische Methode zur Kobaltbestimmung. Das Verfahren beruht auf der Fällung des Co mit 0,1 n-NH_4CNS und Pyridin als Komplexe $[CoPy_4(CNS)_2]$ und Rücktitration des überschüssigen $(NH_4)CNS$ mit 0,1 n-$AgNO_3$ und salpetersaurer $Fe(NH_4)_2(SO_4)_2$-Lösung als Indicator. Die Methode ist in Gegenwart aller Elemente, die unter diesen Bedingungen nicht ausfallen, anwendbar. Eine Abänderung dieser Methode beschreiben J. T. Dobbins und J. P. Sanders. Vgl. auch W. Hiltner und W. Grundmann.

3. Colorimetrische Bestimmung (II/2, 1133). E. S. Tornüla benutzt zur colorimetrischen Co-Bestimmung die Blaufärbung der komplexen Verbindung $(NH_4)_2[Co(CNS)_4]$. Bei Abwesenheit von Nickel nimmt man von einer neutralen, wäßrigen Kobaltlösung 40 cm³ und läßt diese in einen 100-cm³-Meßkolben einfließen. Dann werden 5 g NH_4SCN und 50 cm³ Aceton zugesetzt. Nach dem Durchschütteln wird bis zur Marke aufgefüllt. Die Flüssigkeit ist dann zur Untersuchung fertig. Die Standardlösung, die zum Vergleich dient, muß ebensoviel Rhodanid und Aceton enthalten. Standard- und Untersuchungslösung dürfen sich in ihrem Co-Gehalt um höchstens 100% unterscheiden. Als höchste noch zulässige Konzentration der Analysenlösung scheint ein Co-Gehalt von $2 \cdot 10^{-2}$ Mol/l zu gelten, die untere Grenze liegt bei etwa $6 \cdot 10^{-4}$ Mol/l. Ist neben Co auch Ni vorhanden, so ist der Vergleich der Farbintensitäten möglich, wenn auf die weiße reflektierende Platte des Colorimeters eine gelbe glatte Gelatinepapierscheibe (die grünlichgelbe Farbe war durch einen bei etwa 520 mμ beginnenden und zum violetten Ende des Spektrums sich ausbreitenden Absorptionsstreifen charakterisiert) gelegt wird. Dabei dürfen die durchstrahlten Schichten nicht höher als 25 mm sein. Wenn der Ni-Gehalt nicht größer ist als der des Kobalts, ist die Co-Bestimmung noch möglich, wenn die Lösung $8 \cdot 10^{-3}$ Mol/l $CoCl_2$ enthält. In verdünnten Lösungen, deren Co-Konzentration kleiner als etwa $8 \cdot 10^{-4}$ Mol/l ist, kann der Ni-Gehalt auch etwas größer sein als der des Kobalts, in noch verdünnteren Lösungen 2—3mal größer.

A. Chiarottino verwendet die Kobaltreaktion des Benzidins zur colorimetrischen Co-Bestimmung. Verschärft wird nach G. Spacu und C. Gh. Macarovici diese Kobaltreaktion durch Verwendung von Tolidin an Stelle von Benzidin.

In trockenen Versuchsgläsern werden gleiche Mengen der Vergleichslösung und der zu prüfenden Lösung mit je 5 cm³ 1%iger alkoholischer Dimethylglyoximlösung zusammengebracht und nach dem Umschwenken mit je 2 cm³ 1%iger Tolidinlösung versetzt. Nach Verlauf von etwa 15 Minuten wird der Vergleich in einem Colorimeter vorgenommen, wobei ein Farbenübergang von Rötlich in Rotbraun beobachtet wird. Die Lösungen sollen bei der Untersuchung keiner starken Belichtung ausgesetzt und in dunklen Flaschen aufbewahrt werden. Sie halten sich dann 8—10 Tage unverändert. Die Empfindlichkeitsgrenze ist für Dimethylglyoxim und Benzidin 0,00025 mg Kobalt und für Dimethylglyoxim und Tolidin 0,0002 mg Kobalt je Kubikzentimeter. In nickelhaltigen Kobaltlösungen wird das Nickel durch Dimethylglyoxim abgetrennt, das Filtrat eingedampft und mit Alkali behandelt. Der sich ergebende Rückstand wird in Salz- oder Schwefelsäure gelöst, die Lösung eingedampft, der Rückstand mit Wasser aufgenommen und die so erhaltene Lösung zur Prüfung verwendet.

4. Elektrolytische Bestimmung. Für die Elektroanalyse des Kobalts verwenden J. Guzmán und A. Rancano besondere Anoden aus passiviertem Eisen, analog der früher von Guzmán beschriebenen Nickelbestimmung. Die höchstens 1—1,5 g Kobalt (als Sulfat) enthaltende Lösung wird mit 40 g Ammoniumsulfat, 20 g Natriumsulfit und 75 cm³ konzentriertem Ammoniak versetzt und mit einer Stromstärke von 1,5—1,7 Ampere elektrolysiert. Die Dauer der Elektrolyse wird mit 1 Stunde angegeben.

II. Trennung des Kobalts von anderen Elementen (II/2, 1133).

Zur Trennung von Nickel beschreibt G. Schuster ein neues Verfahren, beruhend auf der Oxydation des $Co(OH)_2$ mit H_2O_2 in alkalischen Lösungen, wobei das $Ni(OH)_2$ unverändert bleibt (R. Fischer 1888). Das $Ni(OH)_2$ löst sich dann unverändert in einer ammoniakalischen NH_4Cl-Lösung und gelangt schließlich als Ni-Dimethylglyoxim, Kobalt als Co_2O_3 (Rose) oder als α-Nitroso-β-naphtholverbindung zur Wägung. Das Verfahren eignet sich zum Nachweis kleiner Mengen Ni in Co und umgekehrt, zur analytischen und auch zur gewerblichen Trennung beider.

E. Raymond benutzt zur Trennung von Nickel Triäthanolamin. Sein Verfahren beruht auf der Beobachtung, daß in Anwesenheit eines Überschusses von Triäthanolamin eine in der Kälte und Hitze beständige Kobaltverbindung entsteht, während unter gleichen Bedingungen die Nickelverbindung sich unter Abscheidung von Nickelhydroxyd zersetzt. Eine glatte Trennung ist aber infolge der unvollständigen Fällung des Nickels zunächst nicht möglich.

Wird jedoch in alkalischer Lösung gearbeitet, so gelingt es, den Nickelkomplex in der Wärme vollständig zu zerlegen, während das Kobaltsalz unverändert in Lösung bleibt. Das Nickelhydroxyd ist leicht filtrierbar, muß aber von anhaftendem Alkali befreit werden. Im Filtrat kann, nach Zerstörung des Komplexsalzes durch Essigsäure, das Kobalt durch Schwefelwasserstoff gefällt werden. Die Gegenwart des Triäthanolamins verhindert die direkte Elektrolyse des Kobalts. Sie wird zwar anwendbar bei Zusatz einer größeren Menge von Ammoniumsulfat, ist aber unsicher infolge anodischer Oxydation des Ammoniaks. Diese Schwierigkeit läßt sich allenfalls durch Zusatz von Harnstoff zur neutralisierten Lösung beheben.

E. Raymond gibt für die Trennung folgende Anleitung: Zur Lösung beider Metalle fügt man einen Überschuß (auf 1 Mol. Metall 10 Mol. Triäthanolamin) einer 20%igen Triäthanolaminlösung, hierauf einen großen Überschuß von Natriumhydroxyd (auf 1 Mol. Metall 100 Mol. Natriumhydroxyd) hinzu, verdünnt und bringt zum Kochen. Das ausgefällte Nickelhydroxyd wird abfiltriert. und mit 0,1 n-Sodalösung gewaschen, bis das Filtrat farblos abläuft; der Niederschlag wird in verdünnter Schwefelsäure gelöst, die Lösung elektrolysiert. Das Filtrat wird mittels Schwefelsäure neutralisiert, mit etwa 150 Mol. Harnstoff auf 1 Atom Metall versetzt und gleichfalls der Elektrolyse unterworfen. Zu vermeiden ist das Hineinbringen von Eisen, da sich dieses Metall hier wie das Kobalt verhält und dessen Resultat erhöht.

G. Spacu und G. Gh. Macarovici beschreiben eine Methode der gleichzeitigen Bestimmung von Kobalt und Nickel. Es wird in einem aliquoten Teil die Summe ihrer Niederschläge mit KSCN bei Gegenwart von Pyridin — ($CoPy_4(SCN)2$) + $NiPy_4(SCN)_2$) — (10—15 Minuten langes Trocknen im Vakuumexsiccator) bestimmt. In einer anderen Probe wird das Ni mit Dimethylglyoxim bestimmt.

Über die Trennung mit Pyridin vgl. auch E. A. Ostroumow (1).

Über den Nachweis und die Bestimmung von Nickel neben viel Kobalt und Dimethylglyoxim haben F. Feigl und H. J. Kapulitzas gearbeitet. Die äußerst empfindliche Dimethylglyoximmethode zum Nachweis von Nickel versagt, wenn Co in sehr großem Überschuß vorhanden ist. Die Verfasser geben eine eingehende Schilderung der bisherigen Versuche, Ni neben sehr viel Co nachzuweisen. Als neue Methode wird empfohlen, die verschiedene Beständigkeit der Komplexsalze mit KCN gegen Formaldehyd auszunützen; die des Co(3) und Fe bleiben unverändert, $K_2[Ni(CN)_4]$ reagiert gemäß:

$$K_2[Ni(CN)_4] + 2\,H_2CO = Ni(CN)_2 + 2\,H_2COKCN.$$

Das so entstandene $Ni(CN)_2$ gibt dann mit Dimethylglyoxim den bekannten Niederschlag.

J. J. Lurie und M. J. Troitzkya haben zwecks colorimetrischer Bestimmung von Kobalt in metallischen Nickel die Bedingungen festgelegt, unter denen der bei der colorimetrischen Bestimmung von Co störende Einfluß von großen Ni-Mengen wegfällt (bei Co-Bestimmung in metallischen Ni mit einem Verhältnis von Ni : Co von 500 : 1 und mehr). Diese lassen sich gut durch einen Zusatz von Natriumpyrophosphat als grüner, in Aceton-Wasser kaum löslichen Niederschlag binden, während das Co aus der analogen blauvioletten Pyrophosphatverbindung durch genügende Mengen NH_4CNS als blaues, in Aceton-Wasser lösliches komplexes Rhodanid $(NH_4)_2[Co(CNS)_4]$ extrahiert wird. Hierzu reicht eine NH_4CNS-Menge aus, die 5mal so groß wie die Na-Pyrophosphatmenge ist. Für die Bestimmung wird bei sehr reinem Ni eine 4 g-Probe, bei nicht so großer Reinheit eine 1—1,5-g-Probe verwendet. Diese wird in 20 bzw. 10 cm³ verdünnte HNO_3 (3 : 2) gelöst und dann mit 10 cm³ konzentrierter HCl (1,19) zur Trockne eingedampft und der Rückstand mit 3—5 cm³ HCl und 50 cm³ Wasser vorsichtig bis zur Lösung erhitzt (etwas C und SiO_2 bleiben zurück). Die unfiltrierte kalte Lösung wird mit Wasser auf 1000 cm³ verdünnt. Proben von je 25 cm³ werden in Kolben von 50—100 cm³ auf 10 cm³ eingedampft; zur Entfernung von Cu wird mit NH_4CNS und Na_2SO_3 auf 80—90° erhitzt, bis sie rein grün sind. Nach dem Abkühlen wird die Lösung mit 1 g Na-Pyrophosphat und 1 Tropfen Phenolphthalein versetzt und mit 12%igem NH_4OH neutralisiert. Nach Zusatz von 5 g NH_4CNS wird auf 15 cm³ verdünnt und 15 cm³ reines Aceton und 1—2 Tropfen NH_4OH hinzugefügt. Das Gemisch wird 1—2 Minuten geschüttelt und 2—3 Minuten stehengelassen. Von den entstandenen zwei Schichten wird die blaue Co-haltige in eine graduierte Eggertz-Teströhre überführt. Zur Herstellung der Vergleichslösung werden 3 g NH_4CNS in 12—13 cm³ Wasser gelöst und 15 cm³ Aceton und 1 Tropfen NH_4OH hinzugefügt. Zu der Lösung wird in einer Eggertz-Teströhre so lange eine Standard-$CoCl_2$-Lösung aus einer Mikrobürette hinzugegeben, bis die Farbe der Vergleichslösung der der zu analysierenden gleich ist. Der Vergleich erfolgt gegen einen weißen Hintergrund.

O. Mayr und F. Feigl geben ein Verfahren zur Bestimmung und Trennung des Kobalts als Kobaltinitroso-naphtholverbindung an. Es beruht auf der Überführung des Co(3)-Salzes nach Fällung mit NaOH in Acetat, das in stark essigsaurer Lösung mit α-Nitroso-β-Naphthol auch in Gegenwart von Ni, Zn und Al einen quantitativen, gut filtrierbaren Niederschlag von Co(3)-Nitrosonaphthol gibt: Schwach saure, 1—30 mg Co enthaltende Lösungen werden kalt mit 5—10 Tropfen H_2O_2 versetzt, mit 2 n-NaOH bis zur Fällung von $Co(OH)_3$ alkalisch gemacht, mit 10—20 cm³ Essigsäure angesäuert, die Lösung mit heißem Wasser auf 200 cm³ aufgefüllt, mit 10—20 cm³ des Reagens versetzt und aufgekocht. Der Niederschlag wird durch einen Porzellanfiltertiegel filtriert, mehrmals mit heißem 33%igen Eisessig und heißem Wasser gewaschen und bei 130° zur Gewichtskonstanz getrocknet.

Weitere Trennungsmethoden siehe bei H. Th. Bücherer und F. W. Meier, bei E. H. Swift, R. C. Barten und H. S. Backus, endlich bei E. A. Ostroumow (2).

III. Spezielle Verfahren.

1. Erze. (II/2, 1134). L. Cudroff beschreibt eine abgeänderte Nitritmethode zur Bestimmung von Kobalt und Nickel in Erzen und Oxyden. 1 g wird $^1/_2$ Stunde auf dem Wasserbad mit 10 cm³ HNO_3 erwärmt, nacheinander mit je 10 cm³ HCl und H_2SO_4 versetzt und 15 Minuten abgeraucht. Etwa ungelöst gebliebene Teilchen werden geglüht, mit $KHSO_4$ aufgeschlossen, in Wasser gelöst und dem Filtrat hinzugefügt. Nach Zugabe von 10 cm³ HCl wird in die kochende Lösung 2mal 20 Minuten lang H_2S eingeleitet. Nach Abfiltrieren wird das Filtrat eingedampft, bis alle freie H_2SO_4 verschwunden ist, mit 50 cm³ Wasser aufgenommen, gekocht, etwaiges $CaSO_4$ abfiltriert, mit 3 g Weinsäure versetzt, mit KOH eben alkalisch gemacht und 5 cm³ Essigsäure hinzugefügt. In die kochende Lösung werden 40 cm³ heiße, 50% schwach essigsaure KNO_2-Lösung gegeben. Man läßt über Nacht stehen, filtriert über Filterschleim und wäscht mit heißer 5%iger KNO_2-Lösung aus. Der Niederschlag wird in HNO_3 und H_2SO_4 gelöst und das Co elektrolytisch bestimmt. Im Filtrat wird Ni wie üblich mit Dimethylglyoxim bestimmt. H_2SO_4 und As müssen restlos entfernt sein, Fe und Zn stören nicht.

Eine abgeänderte Methode zur Kobaltbestimmung in Erzen mittels Nitroso-β-naphthols geben A. Craig und L. Cudroff an. 1 g des Erzes wird zunächst in Königswasser gelöst und die Lösung mit 10 cm³ Schwefelsäure abgeraucht. Nach Verdünnen mit etwas Wasser wird das Abrauchen noch 2mal wiederholt. Sodann wird mit 75 cm³ Wasser und 10 cm³ Salzsäure erhitzt, filtriert und ein etwaiger dunkler Rückstand mit Kaliumbisulfat geschmolzen. Die Wasserlösung der Schmelze wird zur Hauptmenge gebracht. Dann wird mittels Schwefelwasserstoff das Kupfer entfernt; das Filtrat wird oxydiert und durch doppelte Acetatfällung die Trennung vom Eisen vollzogen. In der stark essigsauren Lösung (zumindest 25% Essigsäure) wird mit Nitroso-β-naphthol das Kobalt gefällt; der Niederschlag wird stark geglüht und das erhaltene Oxyd (Co_3O_4) gewogen. Störend sind Salpetersäure bzw. Nitrate, sowie Zinn, Kupfer, Silber, Wismut, Chrom und Eisen.

Morris M. Fine führt die Bestimmung in Kobaltmineralien Heterogenit und Stainierit auf elektrolytischem Wege durch. Eine Erzmenge, die etwa 15—100 mg Co entspricht, wird mit wenig HCl zersetzt. Darnach wird H_2SO_4 zugegeben und die Probe bis zum Auftreten von SO_3-Nebeln erhitzt. Der Rückstand wird in Wasser aufgelöst und vorhandene Metalle der Cu-Gruppe durch Einleiten von H_2S entfernt. Nach Abfiltrieren wird das Fe durch Bromwasser oxydiert und das überschüssige Br durch Kochen entfernt. Hierauf wird Fe und Ca mit NH_4OH und NH_4-Oxalat ausgefällt. Zu dem auf 100 cm³ eingeengten Filtrat wird genügend $(NH_4)_2SO_4$ oder H_2SO_4 und NH_4OH zugegeben, bis mindestens 25—30 g Salz in der Lösung sind. Dann werden zu der Lösung 2 g Ammoniumbifluorid gegeben und bis zur Auflösung gerührt. Die auf 200 cm³ aufgefüllte Lösung wird über Nacht mit einer Stromstärke von nicht mehr als 0,5—0,8 Ampere pro Quadratzentimeter elektrolysiert. Die Elektroden werden mit Wasser, hierauf mit Alkohol gewaschen, getrocknet und gewogen. Der Elektrodenniederschlag wird mit HNO_3 entfernt und in der Lösung eventuell mit niedergeschlagenem Ni bestimmt. Die Elektroden bestehen aus Pt.

Vgl. hierzu auch W. K. Semel.

2. Metalle (II/, 1136). Zur Analyse von Stelliten siehe II/2, 1137, ferner S. Ss. Muchina und K. A. Ssuchenko, über die Bestimmung von Kobalt in Nickelüberzügen bei B. Egeberg und N. E. Promisel.

Zur Trennung des Nickels von Kobaltmetall oder Ferrokobalt empfiehlt H. A. Kar. „1 g Späne in 50 cm^3 HNO_3 (D 1,2) zu lösen; die Lösung wird dann mit NH_3 neutralisiert, und 50 cm^3 NH_3 im Überschuß zugegeben. Fe und Mn werden durch Kochen mit 10—15 g $(NH_4)_2S_2O_8$ oxydiert und abfiltriert. Das Filtrat wird auf Raumtemperatur abgekühlt, 20 g NH_4Cl werden zugegeben und das Ni wird mit einer 1%igen alkoholischen Lösung von $C_4H_8O_2N_2$ gefällt und nach dem Absitzen abfiltriert. Der Rückstand wird mit HNO_3 gelöst und nochmals mit NH_3 und mit $(NH_4)_2S_2O_8$ wie oben behandelt. Nach Versetzen mit NH_4Cl wird das Ni nochmals gefällt, filtriert, verascht, bei Rotglut geglüht und als NiO gewogen. Durch das Kochen mit $(NH_4)_2S_2O_8$ wird das $Co(OH)_2$ zu $Co(OH)_3$ oxydiert, während bei der Fällung des Ni die Gegenwart von NH_4Cl das Co in Lösung hält."

3. Kobaltsalze (II/1, 1148). W. McNabb hat die Abänderung einer Methode zur Bestimmung des Kobalts in Stahl von L. Malaprade auf gewisse Kobaltammine angewendet. Zweiwertiges Kobalt wird durch Erhitzen mit Natronlauge und Wasserstoffperoxyd zu Kobaltihydroxyd oxydiert. Die Reduktion zu $Co^{\cdot\cdot}$ wird in salzsaurer oder schwefelsaurer Lösung bei Gegenwart von Kaliumjodid ausgeführt und das freigemachte Jod mit Thiosulfat titriert. Bestimmungen des Kobalts in Kobaltamminen werden nach dieser Methode wie folgt ausgeführt:

Man wägt 0,1 g des Salzes ab und bringt es in ein 400-cm^3-Becherglas. Dann gibt man 100 cm^3 0,1 n-Natronlauge und 35 cm^3 Wasserstoffperoxydlösung zu. Das Becherglas bedeckt man mit einem Uhrglas und erhitzt die Lösung zum Sieden, bis die Zersetzung beendet ist. Das Kobaltihydroxyd filtriert man durch ein mit einem Conus versehenes Saugfilter und wäscht mit heißem Wasser aus. Sollte die Lösung die Endtitration störende Ionen, wie z. B. Nitrat- oder Bichromationen, enthalten, dann setzt man 100 cm^3 kochendes Wasser hinzu, rührt um, filtriert und wäscht das Kobaltihydroxyd mit ungefähr 150 cm^3 heißem Wasser aus. Man nimmt das Filter auseinander, zerreißt es und verwirft die gänzlich von Kobaltihydroxyd freien Teile; dann gibt man Filter und Niederschlag wieder in das Becherglas zurück. Man versetzt mit 150 cm^3 Wasser, fügt 4 g gepulvertes Kaliumjodid und, nachdem durch Rühren das Filter zerkleinert und das Kaliumjodid in Lösung gegangen ist, 8—10 cm^3 Schwefelsäure (1 : 3) hinzu. Nach langsamem Rühren läßt man einige Minuten stehen, bis sich das Kobaltihydroxyd gelöst hat. Die Lösung wird nun durch freigemachtes Jod braun oder gelb. Dieses wird mit 0,05 n-Thiosulfatlösung titriert; sobald die gelbe Farbe verblaßt, gibt man 5 cm^3 einer 0,5%igen Stärkelösung als Indicator zu. Zur Titration wird eine kalibrierte 10-cm^3-Bürette verwendet.

Die Thiosulfatlösung stellt man gegen eine 0,05 n-Kaliumjodidlösung nach W. McNabb und E. C. Wagner ein. Ein Blindversuch wird wie bei der Endtitration mit Filtrierpapier, Kaliumjodid und Säure mit demselben Volumen Wasser ausgeführt.

Ein sehr einfaches Verfahren zum Nachweis und zur Bestimmung des Nickels in den Kobaltsalzen des Handels mit Hilfe von Formaldoxim gibt G. Denigès. $Ni^{\cdot\cdot}$ läßt sich colorimetrisch bestimmen durch Vergleich mit einer 0,05 g $Co^{\cdot\cdot}$ (0,132 g wasserfreies $CoSO_4$) im Liter enthaltenden Lösung. 20 cm^3 der zu untersuchenden und der Vergleichslösung werden mit 2 Tropfen Formaldoximreagens und 4 Tropfen NaOH versetzt. Die rein gelbe Färbung der Vergleichslösung wird durch Zusatz bekannter Mengen $Ni^{\cdot\cdot}$ auf den mehr oder weniger starken braunen Farbton der $Ni^{\cdot\cdot}$-haltigen Co-Salzlösung gebracht. Man kann nach diesem Verfahren 1 ‰ Ni neben Co bestimmen.

4. **Sonstiges** (II/2, 1149). M. Procopio beschreibt den Nachweis und eine Schnellbestimmung des Kobalts in kobalthaltigen Ölen. Die zur Erhöhung der Trocknungsfähigkeit oder aus anderen Gründen Ölen manchmal zugesetzten Co-Salze von Fettsäuren u. dgl. können in einfacher Weise nachgewiesen werden, indem 4 cm^3 Öl in einem verschließbaren Meßzylinder von geringem Durchmesser in 4 cm^3 Äther gelöst und 5 cm^3 einer Lösung von 25 g NH_4SCN (Fe-frei) in 50 cm^3 Aceton + 50 cm^3 Wasser zugesetzt werden; wenn nach Schütteln zuerst eine grünliche Emulsion, beim Stehenlassen eine untere (wäßrige) Schicht von blauer Farbe erhalten wird, ist Co anwesend. Auf diese Weise sind noch 0,02 mg Co nachweisbar. Das Verfahren läßt sich auch zur colorimetrischen Bestimmung des Co verwenden, wenn zum Vergleich Lösungen von bekanntem Co-Gehalt herangezogen werden. Die Eigenfarbe des Öles beeinflußt die Ergebnisse nicht.

Kobaltfarben, wie Smalte u. a. (II/2, 1135) werden nach Mayr und Feigl mit Na_2CO_3 aufgeschlossen, das Filtrat der SiO_2 trocken gedampft, der Rückstand in Wasser gelöst und in bekannter Weise weiter behandelt. Das Co-Nitrosonaphthol hat die konstante Zusammensetzung $(C_{10}H_6O(NO_7)_3Co \cdot 2\,H_2O$. Faktor 0,09649.

G. Scacciati schlägt ein Verfahren für Bestimmung von Co und Zn in den Zinkerzen und in den Elektrolyten für Verzinkung vor. Es beruht auf der Bildung stabiler Komplexe aus Ni- und Co-Salzen mit Dithiocarbamaten.

Ferner beschreiben E. B. Kidson, H. O. Askew und J. K. Dixon eine colorimetrische Kobaltbestimmung in Böden und tierischen Organen. Sie verwenden als Reagens eine Lösung von 0,1 g Nitroso R-Salz (2,3,6-β-Naphtholdisulfonat) in 100 cm^3 Wasser. Die Co-Verbindung $[C_{10}H_4 \cdot OH \cdot NO \cdot (NaSO_3)_2]_3 \cdot Co$ bildet einen roten, auch beim Erhitzen mit Säuren stabilen Farbstoff.

Zur Bestimmung in reinen Co-Lösungen wird die Lösung mit 0,5 cm^3 HCl (1 : 1) angesäuert, mit einigen Tropfen HNO_3 oxydiert, kurz aufgekocht und nach Abkühlen mit 2 cm^3 Reagenslösung und 2 g Na-Acetat versetzt. Bei 70° wird die Lösung tropfenweise mit KOH versetzt (Phenolphthalein) und mit 0,5 n-HCl eben angesäuert. Nach Zusatz von 5 cm³ HNO_3 und Aufkochen wird in einem Colorimeterrohr (Lovibond-Tintometer) verglichen. Erfassungsgrenze: 0,1 γ; Cu und Cr stören, Mn, wenn es in größeren Mengen zugegen ist.

Zur Co-Bestimmung in Böden werden 5 g der Probe im Quarztiegel geglüht, der Rückstand mit HCl abgeraucht, SiO_2 abfiltriert, ein Teil des Filtrats mit Äther extrahiert und die Fe-freie Lösung wie oben weiterbehandelt.

Bei tierischen Organen (Blut, Nieren, Milz, Pankreasproben und in Viehfutter) wird die Substanz in konzentrierte H_2SO_4 und HNO_3 aufgeschlossen, Cu mit H_2S entfernt, das Filtrat vom H_2S befreit, ausgeäthert und wie unter 2 weiterbehandelt.

Literatur.

Bücherer, H. Th. u. F. W. Meier: Ztschr. f. anal. Ch. **89**, 161 (1932); Chem. Zentralblatt **1932 II**, 2493.

Chiarottino, A.: Industria chimica **8**, 32 (1933). — Ztschr. f. anal. Ch. **96**, 210 (1934). — Craig, A. and L. Cudroff: Chemist-Analyst **24**, 10 (1935). — Ztschr. f. anal. Ch. **109**, 127 (1937); Chem. Zentralblatt **1936 I**, 1273. — Cudroff, L.: Chemist-Analyst **22**, 6, 7 (1933); Chem. Zentralblatt **1934 I**, 1083. — Cumbers, C. F. and J. B. M. Coppock: Journ. Soc. Chem. Ind. **56**, Trans. 405 (1937); Chem. Zentralblatt **1938 I**, 4085.

Denigès, G.: Bull. Trav. Soc. Pharmac. Bordeaux **70**, 106, 107 (1932); Chem. Zentralblatt **1933 I**, 2146. — Dobbins, J. T. and J. P. Sanders: Ind. and Engin. Chem., Anal. Ed. **6**, 459 (1934); Chem. Zentralblatt **1935 I**, 222.

Egeberg, B. and N. E. Promisel: Metal Clean. Finish. **9**, 375, 493 (1937); Chem. Zentralblatt **1937 II**, 4233.

Feigl, F. u. H. J. Kapulitzas: Ztschr. f. anal. Chem. **82**, 417—425 (1930); Chem. Zentralblatt **1931 I**, 1647. — Fine, Morris M.: U. S. Dep. Int. Bur. Mines Rep. Invest. **1938**, Nr. 3370, 59; Chem. Zentralblatt **1938 II**, 3411. — Funk, H., u. M. Ditt: Ztschr. f. anal. Ch. **93**, 241 (1933); Chem. Zentralblatt **1933 II**, 1401.

Grundmann, W.: Siehe bei Hiltner. — Guzmán, J.: An. Soc. españ. Fis. Quim. **30**, 433 (1932). — Ztschr. anal. Ch. **96**, 196 (1934); Chem. Zentralblatt **1933 II**, 913. — Guzmán, J. y A. Rancano: An. Soc. españ. Fis. Quim. **31**, 348 (1933). — Ztschr. anal. Ch. **103**, 370 (1935).

Hiltner, W. u. W. Grundmann: Ztschr. f. anorg. u. allg. Ch. **218**, 1 (1934); Chem. Zentralblatt **1934 II**, 2714.

Kar, H. A.: Chemist-Analyst **20**, 15 (1931); Chem. Zentralblatt **1931 I**, 3377. Kidson, E. B., H. O. Askew and J. K. Dixon: New Zealand J. Sci. a. Techn. **18**, 601 (1936); Chem. Zentralblatt **1937 I**, 3994.

Ledrut, J. et. L. Hauss: Bull. Soc. Chim. Belgique **41**, 104 (1932); Chem. Zentralblatt **1932 II**, 96. — Lurie, J. J. u. M. J. Troitzkya: Mikrochemie **22**, 101 (1937); Chem. Zentralblatt **1937 II**, 2218.

Malaprade, L.: Bull. Soc. Chim. de France (4) **47**, 405 (1930). — Ztschr. f. anal. Ch. **86**, 251 (1931). — Mayr, C. u. F. Feigl: Ztschr. f. anal. Ch. **90**, 15 (1932); Chem. Zentralblatt **1932 II**, 3444. — Muchina, S. Ss. u. K. A. Ssuchenko: Betriebs-Labor. (russ.) **4**, 870 (1935); Chem. Zentralblatt **1936 II**, 4146.

McNabb, W. M.: Ztschr. f. anal. Ch. **92**, 8 (1933). — McNabb, W. and E. C. Wagner: Ind. and Engin. Chem., Anal. Ed. **1**, 32 (1929). — Ztschr. f. anal. Ch. **89**, 137 (1932).

Orndroff, W. R. et M. L. Nichols: Journ. Amer. Chem. Soc. **45**, 1439 (1923). — Ztschr. f. anal. Ch. **67**, 459 (1925/26). — Ostroumow, E. A.: (1) Betriebs-Labor. (russ.) **4**, 1317 (1935). — Ann. Chim. analyt. Chim. appl. (3) **19**, 89 (1937); Chem. Zentralblatt **1936 I**, 4769; **1937 II**, 1054. — (2) Ann. Chim. analyt. Chim. appl. (3) **19**, 145, 173 (1937); Chem. Zentralblatt **1937 II**, 2404.

Philippot, Léon: Bull. Soc. Chim. Belgique **44**, 140 (1935); Chem. Zentralblatt **1935 II**, 1923. — Procopio, M.: Annali Chim. appl. **25**, 222 (1935); Chem. Zentralblatt **1936 I**, 1745.

Raymond, E.: C. r. d. l'Acad. des sciences **200**, 1850 (1935). — Ztschr. f. anal. Ch. **105**, 452 (1936); Chem. Zentralblatt **1935 II**, 1756.
Sarver, L. Vgl. Brzeziner: Ztschr. f. anal. Ch. **97**, 431 (1934). — Scacciati, G.: Chim. e Ind. (Milano) **17**, 592 (1935); Chem. Zentralblatt **1936 I**, 1665. Schuster, G.: Ann. des Falsifications **23**, 485—487 (1930); Chem. Zentralblatt **1931 I**, 320. — Semel, W. K.: Betriebs-Labor. (russ.) **4**, 1178 (1935); Chem. Zentralblatt **1936 I**, 4600. — Spacu, G. u. M. Kurač: Bul. Soc. Stiinte Cluj **7**, 377 (1934); Chem. Zentralblatt **1934 I**, 2797. — Spacu, G. u. C. Ch. Macarovici: Bul. Soc. Stiinte Cluj **8**, 245 (1935). — Chem. Zentralblatt **1935 II**, 2707; **1937 I**, 138. — Ztschr. f. anal. Ch. **109**, 126 (1937). — Swift, E. H., R. C. Barton u. H. S. Bachus: Journ. Amer. Chem. Soc. **51**, 4161 (1932); Chem. Zentralblatt **1933 I**, 465.
Taurins, Alfred: Ztschr. f. anal. Ch. **101**, 357 (1935); Chem. Zentralblatt **1935 II**, 2707. — Torniček, O. u. K. Komarek: Ztschr. f. anal. Ch. **91**, 90 (1933). — Tornula, E. S.: Ztschr. f. anal. Ch. **83**, 6 (1931); Chem. Zentralblatt **1931 I**, 2512.
Uzel, R. u. B. Jezek: Collat. trav. chim. Tschécosl. **7**, 497 (1935); Chem. Zentralblatt **1936 I**, 2784. — Ztschr. f. anal. Ch. **109**, 127 (1937).
Wagner, E. C.: Siehe McNabb.
Yagoda, H. and H. M. Partridge: Journ. Amer. Chem. Soc. **52**, 4857 (1930); Chem. Zentralblatt **1931 I**, 1647.

Chrom.

Von

Dr. habil. **Fr. Heinrich** und Chefchemiker **Frohw. Petzold**, Dortmund.

Nachweis (s. a. Erg.-Bd. I, 19).

Zum Nachweis von Chrom in Metallen empfehlen S. P. Leiba und M. Schapiro eine schnelle durchführbare Tüpfelmethode. Zuerst wird das betreffende Metall glatt gefeilt und mit Benzin und Alkohol entfettet, dann gibt man auf die gereinigte Fläche einige Tropfen Schwefelsäure (1 : 3) und wartet, bis die Säure vollständig in Reaktion getreten ist. Hierauf gibt man 2—3 Tropfen einer frisch bereiteten konzentrierten Lösung von Natriumperoxyd hinzu und mischt sie mit der Säure, wobei nur die Chromate gelöst werden und die anderen Metalle ausfallen. Mit einer Pipette bringt man die Flüssigkeit und den Niederschlag auf ein Filtrierpapier und gibt auf den sich um den Niederschlag bildenden feuchten Rand 1 Tropfen einer gesättigten Lösung von Benzidinacetat in 50%iger Essigsäure. Bei Gegenwart von Chrom tritt dabei eine Blaufärbung auf. Man hat aber darauf zu achten, daß die Benzidinlösung nicht mit dem Niederschlag in Berührung kommt, da auch andere oxydierende Substanzen bläuend wirken.

Über den Mechanismus dieser Benzidinreaktion vgl. G. Kuhlberg.

I. Bestimmung von Chrom.

1. Gewichtsanalytische Verfahren (II/2, 1150). Auf die Möglichkeit der Chromfällung mit ammonbasischen Quecksilbersalzen nach B. Solaja sei hier nur hingewiesen. Mit Oxychinolin ist eine quantitative Fällung nach O. Hackl nicht zu erreichen. Besonders empfohlen werden von R. Klockmann zur Ammoniakfällung des Chroms als Hydroxyd das Jodid-Jodatverfahren von A. Stock sowie das Azid-Nitritverfahren von Fr. L. Hahn, die eine vorzügliche Genauigkeit und Trennschärfe und den Vorteil einer wesentlich einfacheren Arbeitsweise bieten.

2. Maßanalytische Verfahren (II/2, 1151). Bezüglich der jodometrischen Methode sei auf E. Schulek und A. Dózsa, ferner auf J. Jumanow verwiesen. Über die Oxydation mit Überchlorsäure vgl. H. H. Willard und W. E. Cake, J. F. Lichtin, L. H. James, D. Brard, endlich J. Haslam und W. Murray. Das von K. Someya entwickelte Verfahren der Reduktion mittels flüssiger Amalgame wurde von P. F. Popow und M. A. Nechamkina überprüft und als nicht einwandfrei erkannt. Dagegen ist nach Pares Chandra Banerjee nach E. Müller durch elektrolytische Reduktion erhaltenes Vanadin(2)-Sulfat als Reduktionsmittel geeignet. Zur Chrombestimmung muß Cr als CrO_4'' vorliegen. Das Cr(3)-Salz wird mit Na_2O_2 oxydiert, der Überschuß des H_2O_2 herausgekocht und die Lösung mit H_2SO_4 neutralisiert. Nach dem Abkühlen versetzt man mit einem Überschuß der V(2)-Lösung und titriert mit eingestellter $Fe_2(SO_4)_3 \cdot (NH_4)_2SO_4$-Lösung und KCNS als Indicator zurück.

Nach G. Tsatsa wird die Bestimmung von Alkalibichromaten in neutraler Lösung durch Fällung von $BaCrO_4$ mit $BaCl_2$ in Gegenwart von Na-Acetat mit anschließender Titration der freiwerdenden Essigsäure mit $^1/_{10}$ n-KOH durchgeführt.

Zur Bestimmung von Chromat und Bichromat fällen Al. Jonesco-Matiu und S. Herscovici das Cr mit $HgNO_3$, zentrifugieren und waschen den Niederschlag 3mal mit Wasser aus. Der gelbbraune Niederschlag wird im Zentrifugierröhrchen in der Kälte mit HNO_3 gelöst, die Lösung mit H_2SO_4 versetzt und auf 100 cm³ aufgefüllt. Dann versetzt man die Lösung mit einigen Tropfen 2%iger $KMnO_4$-Lösung bis zur Rosafärbung und fällt das Hg mit 10%iger Na-Nitroprussidlösung. Die milchig getrübte Lösung wird darauf mit 0,1 n-NaCl-Lösung bis zum Verschwinden der Trübung titriert. Liegt das Chrom als Kation vor, so wird es wie üblich nach Zusatz von NH_4NO_2 mit NH_3 gefällt, der Niederschlag mit H_2O_2 zu Chromat oxydiert und wie oben weiterbehandelt.

3. Sonstige Verfahren. M. Couture empfehlen ein Verfahren zur gasometrischen Bestimmung des Chroms. Zur Bestimmung des Cr aus der aus H_2O_2 entwickelten O_2-Menge wird eine Lösung von 15 g Na-Perborat + 15 g Na_2HPO_4 in 500 cm³ Wasser verwendet, die unter Umrühren allmählich mit 10%iger H_2SO_4 auf 1 l verdünnt wird. 20 cm³ dieser Lösung werden in einer Wagner-Flasche nach Anschluß der Gasbürette mit 5 cm³ $K_2Cr_2O_7$-Lösung von bekanntem Titer langsam gemischt und bis zum Aufhören der Gasentwicklung geschüttelt (höchstens 3—5 Minuten), vor der Ablesung wartet man einige Minuten. Nach Zugabe von 5 cm³ der zu untersuchenden Cr-haltigen Lösung wird wie oben verfahren unter Einhaltung der gleichen Zeiten. Das Verfahren eignet sich zur raschen Cr-Bestimmung in Erzen, Legierungen und technischen Cr-Verbindungen. Bei der Oxydation des Ausgangsmaterials zur CrO_4''-Stufe kann die Peroxydschmelze durch Behandlung mit NaOH + H_2O_2 ersetzt werden; zur vollständigen Austreibung des H_2O_2 wird eingedampft, mit Wasser aufgenommen, filtriert, mit H_2SO_4 angesäuert, einige Minuten gekocht und nach Abkühlung im Meßkolben auf die Marke aufgefüllt. Die erhaltenen Ergebnisse stimmen mit denen der jodometrischen Methode gut überein; ein Vorteil des Verfahrens liegt in der Unabhängigkeit von der Färbung der Lösung, z. B. bei Bestimmung von CrO_4'' neben $Cr^{\cdots}$. Geringe Mengen $Fe^{\cdots}$ stören nicht.

II. Trennung des Chroms von anderen Elementen (II/2, 1152).

Nach J. H. van der Meulen lassen sich Chrom und Mangan durch Persulfat getrennt oxydieren und jodometrisch bestimmen. Vgl. auch R. Lang und E. Faude.

Mit Pyridin trennt E. A. Ostroumow Chrom von Mangan, Kobalt und Nickel. A. Jilék und V. Viscovsky verwenden Chinolin zur Trennung von Chrom und Vanadin. Zur Trennung von V und Cr wird V in der Lösung von Alkalivanadat und Alkalichromat mit einer essigsauren Lösung von Chinolin gefällt und als V_2O_5 bestimmt. Im Filtrat wird das Cr nach Reduktion mit SO_2 durch Fällung mit NH_3 und Glühen im H_2-Strom als Chromoxyd bestimmt.

III. Spezielle Verfahren.

1. Erze und Gesteine (II/2, 1155). Zur Bestimmung von Chrom in Chromiten haben verschiedene Forscher Arbeitsbedingungen angegeben, die sich im wesentlichen nur in der Art des Aufschlusses unterscheiden. So schließen z. B. G. Tomarchio, M. Berthet, J. P. Mehlig den Chromit im Nickeltiegel, W. F. Pond und F. W. Hoertel im Eisentiegel mit Natriumperoxyd, E. A. Ostroumow im Platintiegel mit Soda, K. N. Todorowić und V. M. Mitrowić im Platintiegel mit einem Gemisch von Borax und Kaliumnatriumcarbonat und Caeser mit Kaliumbisulfat im Platintiegel auf. L. J. Lurje bzw. Cunningham und McNeill zersetzen den Chromit im Porzellan- oder Platintiegel mit einem Gemisch von Schwefelsäure und Chlorsäure und G. F. Smith und C. A. Getz mit einem Gemisch von Phosphorsäure-Schwefelsäure und Überchlorsäure. Weitere Unterschiede finden sich bei der Zerstörung des Peroxydes bei den trockenen Aufschlußverfahren. So setzen z. B. F. J. Tromp zur Zersetzung derselben Mangansulfatlösung zu und kochen kurz auf oder schütteln die kalte Lösung kurze Zeit mit fein verteiltem Mangansuperoxyd, während die oben angeführten Vertreter des Natriumperoxydaufschlusses dasselbe sowohl im alkalischen als auch angesäuerten Aufschluß durch Kochen zerstören. Als trockenes Aufschlußverfahren sei das von W. F. Pond und als Naßaufschlußverfahren von G. F. Smith und C. A. Getz näher beschrieben.

Nach W. F. Pond wird von dem sehr fein gepulverten Chromit etwa 1 g mit 7—8 g Na_2O_2 im Fe-Tiegel aufgeschlossen. Die in Wasser gelöste Schmelze wird mit einem Überschuß von Schwefelsäure gekocht und auf 1 l aufgefüllt. Eventuell abgeschiedene Flocken von Fe_3O_4

stören nicht. Davon werden 100 cm³ mit 20%iger Natronlauge alkalisch gemacht und unter Zugabe von 0,5 g Na_2O_2 15 Minuten gekocht. Das Eisenhydroxyd wird abfiltriert, die Lösung mit H_2SO_4 angesäuert und mit Na_2SO_3 reduziert. Der Überschuß an SO_2 ist zu verkochen, mit NH_3 das $Cr(OH)_3$ zu fällen und zu filtrieren. Das Chromhydroxyd wird mit Salzsäure gelöst und die Lösung mit NaOH unter Zugabe von Na_2O_2 alkalisch gemacht. Durch 30 Minuten langes Kochen werden die letzten Reste des Na_2O_2 zerstört. Die darauf mit HCl angesäuerte Lösung wird mit KJ versetzt und das J_2 mit Thiosulfat unter Stärkezusatz titriert.

Nach G. F. Smith und C. A. Getz wird etwa 0,1 g der feinstgepulverten Probe in 10 cm³ eines Gemisches von 8 Teilen 95%iger Schwefelsäure und 3 Teilen 85%iger Phosphorsäure unter Erhitzen am Rückflußkühler gelöst. Nach dem Abkühlen setzt man 12 cm³ einer Lösung von 2 Teilen 72%iger $HClO_4$ und 1 Teil Wasser hinzu, erhitzt auf 215°, versetzt mit 60—70 mg gepulvertem $KMnO_4$ und kühlt rasch ab. Nach vorsichtigem Zusatz von 125 cm³ Wasser und 25 cm³ verdünnter HCl wird wieder erhitzt, abgekühlt, 40 cm³ verdünnter H_2SO_4 (1 : 1) hinzugegeben und mit etwa 0,05 n-$FeSO_4$-Lösung titriert, bis der größte Teil des Cr(VI) reduziert ist. Dann setzt man 3 Tropfen einer 0,025 Mol. Ferroin-(o-Phenanthrolin-Fe(II)-)-Lösung hinzu und titriert weiter bis zur bleibenden Rosafärbung. Das $KMnO_4$ hat die Aufgabe, das bei der Oxydation mit $HClO_4$ bei 200° entstehende H_2O_2 zu zerstören. Das Verfahren ist auch zur Cr-Bestimmung in feuerfesten Steinen verwendbar.

I. J. Rikkert beschreibt ein Untersuchungsverfahren für Chromerz auf elektrolytischem Wege, bei dem in einer einzigen Einwaage Fe, Ni, Co und Cr kathodisch, Cr und V anodisch abgeschieden werden; während Al, Ti und P ausgefällt werden. Die Probe wird hierbei mit HNO_3—H_2SO_4-Gemisch gelöst, am folgenden Tag abgeraucht, in dem gewogenen Rückstand nach Abtreiben von SiF_4 mit HF und H_2SO_4 aus der Gewichtsdifferenz SiO_2 bestimmt, mit H_2SO_4 und HCl aufgenommen, wenn nötig filtriert, die Salze in Oxalate übergeführt und elektrolysiert.

Zur Bestimmung von Chrom neben Vanadin und Molybdän in Silicatgesteinen wird nach E. B. Sandell 1 g der feingepulverten Probe mit Na_2CO_3 aufgeschlossen, die wäßrige Lösung der Schmelze zur Reduktion des Mn mit Alkohol versetzt, filtriert und auf 1 l verdünnt. Bei Gegenwart von mehr als 0,01% Cr kann es direkt colorimetrisch gegen eine K_2CrO_4-Lösung bestimmt werden. Ist der Cr-Gehalt geringer, wird ein Teil der aufgefüllten Lösung mit H_2SO_4 neutralisiert, mit essigsaurem Oxin versetzt und zur Entfernung des V mit Chloroform extrahiert. Cr wird dann nach Zusatz von H_2SO_4 und Diphenylcarbazid colorimetrisch gegen eine in gleicher Weise behandelte K_2CrO_4-Lösung bekannten Gehaltes bestimmt.

Zur Bestimmung von Chrom in Gegenwart von Vanadin in Titanmagnetiterz scheiden W. S. Ssyrokomski und W. W. Stepin dreiwertiges Chrom mit Ammoniumbenzoat ab. 1 g des Erzes wird mit Na_2O_2 aufgeschlossen, die Schmelze mit Wasser ausgelaugt, die Lösung mit verdünnter HNO_3 (1 : 3) neutralisiert, von dem eventuell abgeschiedenen Niederschlag von SiO_2 und $Al(OH)_3$ abfiltriert, mit Essigsäure angesäuert und Cr und V mit $Pb(CH_3COO)_2$ abgeschieden. Der gewaschene Niederschlag wird mit HNO_3 zersetzt und Blei mit H_2SO_4 gefällt; das Filtrat wird mit Alkohol auf ein kleines Volumen eingedampft und mit NH_3 bis zur bleibenden Trübung versetzt. Es werden 2 cm³ Essigsäure und 1 g NH_4Cl zugegeben und tropfenweise 15—20 cm³ Ammoniumbenzoatlösung zugesetzt und 20 Minuten zum Sieden erhitzt; der Niederschlag wird filtriert, gewaschen und das Filtrat mit Waschwasser auf 50—60 cm³ eingedampft; die eventuell vereinigten Niederschläge werden bei 900—1000° geglüht und als Cr_2O_3 gewogen.

Zur Bestimmung geringer Mengen von Cr in Rubinen neben viel Aluminium- und Kaliumsalzen schließen W. J. O'Leary und J. Papish das Material im Platintiegel mit Kaliumbisulfat auf, oxydieren das Cr mit Natriumbismutat und titrieren nach Zusatz einer bestimmten Ferrosulfatmenge das nicht oxydierte Ferrosulfat mit Kaliumpermanganat zurück. Nach diesen Verfahren wurden in verschiedenen tiefroten Rubinen wechselnder Herkunft Cr_2O_3-Gehalte von 0,10—0,25% ermittelt.

In Schlacken der Chromnickelstahlfabrikation werden nach S. M. Krolewetz in 4 Einwaagen bestimmt: 1. SiO_2, Al_2O_3, Fe_2O_3, CaO, MgO, MnO; 2. Cr_2O_3; 3. FeO; 4. S und P. — Zur Bestimmung von SiO_2, Al_2O_3, Fe_2O_3, CaO, MgO und MnO wird 1 g gepulverte Schlacke mit 5 g $Na_2O_2 + K_2CO_3$ (1 : 1), nach Überdecken mit weiteren 5 g $Na_2O_2 + K_2CO_3$ im Tiegel 10—15 Minuten geschmolzen, hierauf mit siedendem Wasser ausgelaugt, unter Zusatz von 2—3 g Na_2O_2. Zum Filtrat gibt man auf 750 cm³ 20—30 g NH_4NO_3, kocht und engt bis auf einen Siedepunkt von 160—180° ein, wobei das Na_2SiO_3 zersetzt wird. Man verdünnt mit Wasser auf 200—250 cm³ und filtriert. Der aus SiO_2 und $Al(OH)_3$ bestehende Rückstand wird mit dem Rückstand der Erstfiltration vereinigt, in HCl gelöst, verdampft und filtriert. Das unlösliche SiO_2 wird mit $KNaCO_3$ im Pt-Tiegel geschmolzen, eingedampft, filtriert. Die vereinigten Filtrate enthalten das Al, Fe, Mn, Ca, Mg, Ni sowie P. In der einen Hälfte der Lösung wird MnO, in der anderen werden nach Teilung in zwei weitere Hälften, Fe_2O_3, Al_2O_3, CaO und MgO bestimmt. Zur MnO-Bestimmung gibt man zur ersten Hälfte (250 cm³) ZnO und titriert mit $^1/_{10}$ n-$KMnO_4$. Zur zweiten Hälfte gibt man überschüssige NH_4OH und kocht 10—15 Minuten nach Zusatz von Bromwasser; im Niederschlag hat man dann $Fe(OH)_3$, MnO_2, P_2O_5, $Al(OH)_3$, im Filtrat Ca, Mg und Ni (der Niederschlag wird nochmals in HCl gelöst und mit NH_4OH und Bromwasser behandelt); der unlösliche Rückstand stellt nach Glühen das gesamte $Fe_2O_3 + Mn_3O_4 + Al_2O_3 + P_2O_5$ dar. Das Al_2O_3 wird aus der Differenz der Fe-, P- und Mn-Bestimmung berechnet. Das Fe wird in HCl gelöst und der Glührückstand nach Reinhardt bestimmt. Aus den Filtraten wird nach Umfällung der Sesquioxyde das Ca und Mg in üblicher Weise ausgeschieden (man erhält sie vollkommen rein, wenn zuvor in die heiße Lösung H_2S eingeleitet wird, zur Ausscheidung des Ni). Für die Cr-Bestimmung wird eine besondere Einwaage mit $Na_2O_2 + K_2CO_3$ geschmolzen, das Filtrat mit H_2SO_4 angesäuert, Mohrsches Salz zugesetzt und der Überschuß in bekannter Weise zurücktitriert. Bei einem Cr-Gehalt bis 1% ist die Na_2O_2-Schmelze überflüssig. — Das FeO wird in einer besonderen Einwaage durch Lösen in H_2SO_4 (+HF) und Permanganattitration bestimmt. Zur S- und P-Bestimmung werden 1—2 g Schlacke in HCl (1,9) gelöst, unter Zusatz von $KClO_3$ die Lösung verdampft, das SiO_2 abfiltriert, aus dem Filtrat das Fe mit NH_3 ausgefällt, im Niederschlag in bekannter Weise das P bestimmt. Im Filtrat wird nach Zusatz von HCl der S bestimmt. Bei hohem Cr-Gehalt muß die Schlacke zuvor mit Na_2O_2 geschmolzen werden.

Zur Bestimmung von Eisenoxydul im Chromit werden nach A. W. Schein 3 g des Erzes sehr genau im Porzellanschiffchen eingewogen, in einen Mars-Ofen bei 1000° eingeführt und im trockenen O_2-Strom erhitzt. Die entweichenden CO_2 und Wasser werden im Ascaritrohr aufgefangen, das Schiffchen nach dem Abkühlen gewogen und aus der Menge des aufgenommenen O_2 unter Berücksichtigung der flüchtigen Bestandteile das anwesende FeO berechnet.

Chrom und Vanadium in Erzen und Legierungen bestimmen Hobert H. Willard und R. C. Gibson nach Oxydation mit kochender 70%iger Überchlorsäure zu Chrom- bzw. Vanadinsäure; das Oxydationsvermögen der $HClO_4$ wird durch Verdünnen mit Wasser beseitigt, so daß nun in üblicher Weise titriert werden kann. — Bei Cr- und V-Stählen mit wenig W wird folgendermaßen vorgegangen: 0,5—2 g werden in hohem Becherglas oder besser in 500 cm^3 Soxhlet-Flasche mit 20—25 cm^3 70%iger Überchlorsäure bis zur Lösung erwärmt; danach wird etwa $^1/_2$ Stunde stark erhitzt; nach geringer Abkühlung wird das gleiche Volum Wasser zugefügt und noch 3 Minuten gekocht. Nach Abkühlung kann titriert werden. Gußeisen und stark C-haltige Legierungen werden in verdünnter $HClO_4$ (wenn notwendig unter Zusatz von HNO_3) gelöst, da die konzentrierte Säure zu heftig wirkt; dann wird bis zum Rauchen erhitzt. Unter weiterer Zugabe von $HClO_4$ wird erhitzt, bis aller Graphit oxydiert ist (1—2 Stunden). Ferrochrom wird zunächst mit 20 cm^3 konzentrierter HCl erhitzt, nach 15 Minuten werden 15 cm^3 $HClO_4$ zugesetzt und $^1/_2$ Stunde erhitzt; nach Zugabe von wenig Wasser wird nochmals 15 Minuten erhitzt; dieses Verfahren wird fortgesetzt, bis alles Metall gelöst ist. Cr_2O_3 wird durch kochende $HClO_4$ in 15 Minuten zu Chromsäure oxydiert, feingepulverter Chromeisenstein erst nach 1—$1^1/_2$ Stunden. Cr und V werden dann am besten elektrometrisch mit $FeSO_4$ titriert.

2. Metalle und Legierungen (II/2, 1162). Zur Untersuchung von Chrom-Nickellegierungen feuchtet F. W. Scott 1 g der Probe in einem 400-cm^3-Becherglase mit 20 cm^3 Wasser an und setzt 20 cm^3 $HClO_4$ (70%ig) hinzu. Dann wird vorsichtig bis zum Rauchen erhitzt und 15—20 Minuten mit einem Uhrglas bedeckt gekocht. Nach dem Abkühlen wird ein gleiches Volumen Wasser hinzugefügt und nochmals kurz zur Entfernung etwa vorhandenen Chlors aufgekocht. Nach dem Verdünnen auf 300 cm^3 kann dann das Cr sofort in bekannter Weise mit $FeSO_4$ und $KMnO_4$ titriert werden. Nach der Cr-Bestimmung wird das SiO_2 abfiltriert und wie üblich bestimmt. Im Filtrat wird das Ni in der gewöhnlichen Weise mit Dimethylglyoxim bestimmt, während die Mn-Bestimmung in einer besonderen Einwaage, die in der oben beschriebenen Weise in Lösung gebracht wird, nach dem $(NH_4)_2S_2O_8$—As_2O_3-Verfahren durchgeführt wird.

Zur Chrombestimmung in Ferrochrom bedienen sich G. F. Smith und C. A. Getz als Aufschlußmittel einer 85%igen Phosphorsäure und als Oxydationsmittel eines Perchlorsäure-Schwefelsäuregemisches.

J. A. Kljatschko und J. J. Gurewitsch haben sich mit den gebräuchlichsten Chrombestimmungsverfahren in Aluminiumlegierungen beschäftigt und schlagen vor: 0,15—0,25 g sehr sorgfältig genommener Probe werden in 20—30 cm^3 HCl (1 : 1) + einigen Tropfen HNO_3 (1,4) gelöst und zur Entfernung des HNO_3 gekocht. Die abgekühlte Lösung wird allmählich zu einem kaltem Gemisch von 20—30 cm^3 30%iger KOH oder NaOH + 7 cm^3 3—5%iger H_2O_2 hinzugegeben. Es wird 10 Minuten lang zur Zersetzung des überschüssigen H_2O_2 gekocht und nach Abkühlen mit HCl angesäuert. Nach nochmaliger Abkühlung werden 300—400 cm^3 Wasser zugegeben, dann 10 cm^3 Lösung von Mohrschem Salz (20 g Salz + 50 cm^3 konzentrierter H_2SO_4 + Wasser bis auf 500 cm^3); die Mohrsche Salzlösung wird mit $K_2Cr_2O_7$ (0,1 n- = 4,903 g Bichromat auf 1 l Wasser) eingestellt. Darauf wird mit 0,1 n-$K_2Cr_2O_7$ titriert, bis zum Verschwinden der blauen Farbe eines Tropfens auf Porzellanplatte (Indicator: rotes Blutlaugensalz, täglich frisch bereitete Lösung).

3. Chromsalze und Verbindungen (II/2, 1163). Zur volumetrischen Cr-Bestimmung in Chromaten werden nach L. Irrera 200 cm^3 destilliertes Wasser mit 20 cm^3 konzentrierter HCl versetzt, 2 g $NaHCO_3$ zugefügt und während der CO_2-Entwicklung eine genau abgewogene Menge von etwa 0,5 g $K_2SnCl_4 \cdot 2\,H_2O$ (Überschuß) in die Lösung gebracht. Nach vollständiger Auflösung wird ein genau abgemessenes Volumen Chromatlösung zugegeben, es erfolgt dabei augenblicklich Reduktion zu $Cr^{\cdot\cdot}$. Der Überschuß an Reduktionsmittel wird mit $^1/_{10}$ n-$KMnO_4$-Lösung zurücktitriert nach: $2\,KMnO_4 + 5\,K_2SnCl_4 \cdot 2\,H_2O + 16\,HCl = 5\,SnCl_4 + 12\,KCl + 2\,MnCl_2 + 18\,H_2O$.

G. Tsatsa empfiehlt zur maßanalytischen Bestimmung von Alkalibichromaten die in üblicher Weise mit 0,1 n-Kalilauge durchzuführende Titration der Essigsäure, die bei der Fällung von Bichromaten mittels Bariumchlorids in natriumacetathaltiger Lösung in Freiheit gesetzt wird. Es wird hierbei eine so befriedigende Genauigkeit festgestellt, daß das Verfahren auch zur Titereinstellung von Alkalilösungen in der Acidimetrie vorgeschlagen wird.

Kaliumbichromat und Kaliumpermanganat in Gemischen ihrer Lösungen bestimmen B. L. Vaish und M. Prasad durch Abscheidung des Mangans in sodaalkalischer Lösung durch H_2O_2 als $Mn(OH)_4$. Es wird abfiltriert und das Cr in dem vom überschüssigen H_2O_2 befreiten Filtrat mit $Fe(NH_4)_2(SO_4)_2$ und $K_3Fe(CN)_6$ als Indicator titriert. Das Mischungsverhältnis $K_2Cr_2O_7 : KMnO_4$ kann dabei zwischen 5 : 1 und 1 : 5 schwanken.

Zur Bestimmung von Chrom in Chromoxyd lösen G. F. Smith, L. D. McVickers und V. R. Sullivan eine Mischung von 350 mg reinem Chromoxyd und Soda mit annähernd 20% Cr_2O_3 in 20 cm^3

72%iger Perchlorsäure. Man erhitzt 15 Minuten lang bis zum leichten Kochen, kühlt ab, indem man das Becherglas, das die Lösung enthält, 1 Minute lang auf eine kalte dicke Eisenplatte stellt und seinen Inhalt unmittelbar darauf mit kaltem Wasser zu 60 cm³ auffüllt. Nun wird erneut 2 Minuten lang gekocht, um das Chlor zu entfernen, sodann auf 300 cm³ mit kaltem Wasser verdünnt und mit etwa 0,07 n-Ferrosulfatlösung potentiometrisch titriert. Der wesentliche Unterschied zwischen der beschriebenen Methode und der von H. H. Willard und R. C. Gibson besteht im raschen Kühlen der heißen Perchlorsäurelösung der Chromsäure. Dieser Wechsel im Verfahren beseitigt eine Oxydationsumkehr des Chroms, welche der Bildung von Wasserstoffperoxyd zugeschrieben wird.

Nach N. I. Rodionowa werden für die Analyse des Chromoxyds die Bestimmung der hygroskopischen Feuchtigkeit, des Glühverlustes und der löslichen Salze nach den üblichen Methoden ausgeführt; weiter wird der in $KBrO_3$ und H_2SO_4 unlösliche Rückstand ermittelt und im Filtrat Cr_2O_3, Sesquioxyde und CaO bestimmt. Die Auflösung erfolgt nach Lyden gemäß der Gleichung:

$$5\,Cr_2O_3 + 6\,KBrO_3 + aq = 3\,K_2Cr_2O_7 + 4\,CrO_3\,aq + 3\,Br_2,$$

der Überschuß an $KBrO_3$ wird mit H_2SO_4 verkocht, der unlösliche Rückstand filtriert, gewaschen und geglüht; im Filtrat wird aus einem aliquoten Teil Cr nach der Oxydation mit $(NH_4)_2S_2O_8$ mit 0,1 n-$FeSO_4$ und 0,1 n-$KMnO_4$-Lösung titriert; im anderen Teil des Filtrates werden die Sesquioxyde und CaO bestimmt.

Zur Untersuchung der Chrombäder auf ihren Chrom- und Eisengehalt sei auf das Schrifttum von E. Müller und G. Haase, H. H. Willard und Ph. Joung, K. W. Fröhlich, E. E. Halls, Ph. Joung und A. Wogrinz verwiesen. D. Harries verdünnt zur Bestimmung von Cu, Ni, Fe und Zn in Chromierungsbädern 10 cm³ der Lösung auf 200 cm³, erhitzt zum Sieden und setzt zur Abscheidung des Cr eine gesättigte $Pb(NO_3)_2$-Lösung zu. Der Niederschlag wird abfiltriert und mit heißem Wasser gewaschen. Die Filtrate werden gesammelt und NaOH bis zur alkalischen Reaktion und alsdann noch ein kleiner Überschuß hinzugefügt. Die Lösung wird 1 Minute gekocht, sodann der Niederschlag von Cr-Spuren in wenig HCl gelöst und nochmals mit NaOH gefällt. Der gewaschene Niederschlag wird wieder in HCl gelöst und 10 cm³ konzentrierte H_2SO_4 zugesetzt. Es wird eingedampft bis zum Auftreten weißer Dämpfe, 100 cm³ Wasser zugefügt, einige Minuten an einem warmen Platz stehengelassen und abfiltriert ($PbSO_4$). Der Niederschlag wird mit verdünnter H_2SO_4 ausgewaschen, das Cu aus dem Filtrat mit H_2S gefällt, abfiltriert, in HNO_3 gelöst und elektrolytisch bestimmt. Das Filtrat von CuS wird zur Austreibung des H_2S gekocht und gleichzeitig durch Zusatz von 5 cm³ HNO_3 oxydiert. Nach Zusatz von 3—4 g NH_4Cl und einem geringen Überschuß von NH_3 kocht man 1 Minute, filtriert ab und bestimmt das Fe z. B. titrimetrisch. Das Filtrat von der $Fe(OH)_3$-Fällung wird mit CH_3COOH angesäuert und Ni mit Dimethylglyoxim gravimetrisch bestimmt. — Das anfangs für die Zn-Bestimmung aufbewahrte Filtrat wird mit dem Filtrat aus der

Ni-Bestimmung vereinigt, mit H_2SO_4 angesäuert (10 cm³ Überschuß), auf etwa 200 cm³ eingedampft und Zn als Phosphat bestimmt.

Zur Bestimmung von Chrom in Brüchen und Leder machen D. H. Cameron und R. J. Adams, P. W. Uhl, D. Brard (2), G. F. Smith und V. R. Sullivan und W. Ackermann nähere Angaben. Als Untersuchungsverfahren zur Chrom- und Eisenbestimmung in Gerbbrühen und Leder sei das Verfahren nach M. Bergmann und F. Mecke eingehender beschrieben. Ein entsprechender Teil der Lösung wird mit 60%iger $HClO_4$ erhitzt, wobei nach Verdampfen des überschüssigen Wassers der Kjeldahl-Kolben locker bedeckt gehalten werden muß, damit kein CrO_2Cl_2 entweichen kann. Nach beendeter Oxydation und Verkochen des gebildeten Cl_2 mit etwa 70 cm³ Wasser bestimmt man zunächst das Cr mit 0,1 n-$(NH_4)_2Fe(SO_4)_2$ und nach Reduktion der Gesamtlösung mit $SnCl_2$ das $Fe^{\cdot\cdot}$ mit 0,1 n-$K_2Cr_2O_7$. Nach Abzug des für Cr-Bestimmung verbrauchten Fe ergibt sich hieraus der Wert für den Fe-Gehalt der Brühe. Auch Leder, das Cr neben Fe enthält, kann nach diesem Verfahren aufgeschlossen und untersucht werden. Wenn gefettete Leder mit mindestens der 15fachen Menge $HClO_4$ ganz langsam und mit kleiner Flamme erhitzt werden, bis alles Fett zerstört ist, brauchen sie nicht erst vor der Oxydation mit $HClO_4$ verascht zu werden. Bei Gegenwart von Ba-Salzen setzt man nach der Oxydation 5 n-H_2SO_4 zu und filtriert dann das $BaSO_4$ direkt ab. Bei SiO_2-haltigen Ledern wird die Kieselsäure, die durch die $HClO_4$, wie schon Willard und Cake feststellten, quantitativ gefällt wird, ebenfalls nach der Oxydation und dem Verkochen einfach abfiltriert. Ist im Fe-Leder kein Cr vorhanden, so empfiehlt sich vor dem Aufschluß der Zusatz von etwas $K_2Cr_2O_7$-Lösung, die katalytisch wirkt und durch den Farbumschlag auf die Beendigung der Oxydation hinweist.

G. C. Spencer gab einen neuen colorimetrischen Test für Chrom mit Wollflocken. Zum Nachweis von Cr werden diese, die mit Serichromblau R rot gefärbt sind, in die zu prüfende Lösung eingebracht. Blaufärbung der Wolle zeigt Cr an. Wenn die Blaufärbung nicht zu tief ist, ist quantitative Bestimmung durch Vergleich mit Standards möglich.

Nach L. N. Lapin, W. O. Hein und A. P. Sokin erhitzt man zur Bestimmung des Chroms und der Chromate in Abwässern 100 cm³ Wasser nach Zusatz von 5 cm³ 20%iger NaOH, etwas Soda und 1 cm³ 30%iger H_2O_2 15 Minuten zum Sieden, läßt etwas abkühlen, erhitzt nach Zusatz von 0,1 g Kupferoxyd zur Zersetzung des überschüssigen H_2O_2 weitere 10 Minuten, filtriert kalt in einen Meßzylinder von 100 cm³, neutralisiert mit Phosphorsäure 1,3 bis zum Umschlag von Kongopapier, füllt auf und vergleicht 5 Minuten nach Zusatz von 1 cm³ alkoholischer Diphenylcarbazidlösung die Färbung mit Vergleichslösungen aus $^1/_{100}$ n-$KMnO_4$. Die in saurer Lösung störende Wirkung von Hg-Salzen und Molybdaten wird durch die alkalische Vorbehandlung, gegebenenfalls Zusatz von 2—3 g NaCl und durch Zusatz von etwas Oxalsäure zur komplexen Bindung des Mo behoben.

IV. Sonstiges (II/2, 1169).

Zur Bestimmung von Chrom in Titanweiß vgl. R. Flatt und X. Vogt, ferner J. Ourisson.

Endlich sei noch ein Verfahren zur colorimetrischen Bestimmung von Chrom in Pflanzenaschen, Boden, Wasser und Gesteinen nach C. F. J. van der Walt und A. J. van der Merve angeführt, bei dem SiO_2 mit HF und H_2SO_4 entfernt und die Sesquioxyde ausgefällt werden. Dieser Niederschlag wird in H_2SO_4 gelöst und das Cr in Gegenwart von $AgNO_3$ und HNO_3 mit $(NH_4)_2S_2O_8$ oxydiert. Aus dieser Lösung wird Al und Fe mit Na_2CO_3 entfernt. Im Filtrat erfolgt dann die colorimetrische Bestimmung des Cr mit Diphenylcarbazid.

Literatur.

Ackermann, W.: Collegium **1932**, 828; Chem. Zentralblatt **1933 I**, 719.

Banerjee, Pares Chandra: Journ. Indian Chem. Ser. **12**, 198 (1935); Chem. Zentralblatt **1936 II**, 1392. — Berthet, M.: Moniteur Produits Chim. **18**, 3 (1936); Chem. Zentralblatt **1936 II**, 1032. — Brard, D.: (1) Ann. Chim. analyt. Chim. appl. (3) **17**, 257 (1935). — Ztschr. f. anal. Ch. **109**, 436 (1937). — (2) Ann. Chim. analyt. Chim. appl. (3) **17**, 317 (1935); Chem. Zentralblatt **1936 I**, 2022. — Bergmann, M. u. Ferd. Mecke: Collegium **1933**, 609; Chem. Zentralblatt **1934 I**, 990.

Caeser: Ber. Dtsch. keram. Ges. **16**, 515 (1935); Chem. Zentralblatt **1936 I**, 120. — Cameron, D. H. and R. S. Adams: Journ. Amer. Leather Chemists-Assoc. **28**, 274 (1933); Chem. Zentralblatt **1933 II**, 484. — Couture, M.: Annali Chim. appl. **22**, 680 (1932); Chem. Zentralblatt **1933 I**, 3601. — Cunningham and McNeill: Chem. Zentralblatt **1929 II**, 197.

Flatt, R. et X. Vogt: Bull. Soc. Chim. France (5) **2**, 1985 (1935). — Ztschr. f. anal. Ch. **109**, 436 (1931); Chem. Zentralblatt **1936 II**, 140. — Fröhlich, K. W.: Angew. Chem. **45**, 508 (1932); Chem. Zentralblatt **1932 II**, 1807.

Hackl, Oskar: Ztschr. f. anal. Ch. **109**, 91 (1937); Chem. Zentralblatt **1937 II**, 2041. — Hahn, Fr. L.: Ber. Dtsch. Chem. Ges. **65**, 64 (1932). — Ztschr. f. anal. Ch. **90**, 46 (1932). — Halls, E. E.: Metallurgia **15**, 105 (1937); Chem. Zentralblatt **1937 I**, 4537. — Harries, D.: Chemist-Analyst **21**, 7 (1932); Chem. Zentralblatt **1932 II**, 3749. — Haslam, J. and W. Murray: Analyst **59**, 609 (1934); Chem. Zentralblatt **1934 II**, 3283. — Hoertel, F. W.: U. S. Dep. Int. Bur. Mines Rep. Invest. **1938**, Nr. 3370, 49; Chem. Zentralblatt **1938 II**, 3430.

Irrera, L.: Annali Chim. appl. **23**, 346 (1933); Chem. Zentralblatt **1933 II**, 2709.

James, L. H.: Ind. and Engin. Chem., Anal. Ed. **3**, 258 (1931). — Ztschr. f. anal. Ch. **92**, 283 (1933). — Jílek, A. u. V. Viscovsky: Collect. trav. chim. Tchécoslovaquie **4**, 1 (1932); Chem. Zentralblatt **1932 I**, 3325. — Jonesco-Matiu, Al. et S. Herscovici: Bull. Soc. Chim. France (4) **53**, 1032 (1933); Chem. Zentralblatt **1934 I**, 2318. — Jumanow, J.: Journ. chem. Ind. (russ.) **10**, 61 (1933); Chem. Zentralblatt **1934 I**, 3889.

Kljatschko, J. A. u. J. J. Gurewitsch: Leichtmetalle (russ.) **4**, 37 (1935); Chem. Zentralblatt **1937 II**, 821. — Klockmann, R.: Ztschr. f. anal. Ch. **111**, 365 (1937). — Krolewetz, S. M.: Chem. Journ., Ser. B. Journ. angew. Chem. (russ.) **7**, 636 (1934); Chem. Zentralblatt **1935 I**, 2566. — Kuhlberg, L.: Mikrochemie **20**, 244 (1936); Chem. Zentralblatt **1937 I**, 1485.

Lang, R. u. E. Faude: Ztschr. f. anal. Ch. **108**, 181 (1937); Chem. Zentralblatt **1937 I**, 4401. — Lapin, L. N., W. O. Hein u. A. P. Sokin: Ztschr. f. Hyg. **117**, 171 (1935); Chem. Zentralblatt **1935 II**, 2417. — O'Leary, Wm. J. and Jacob Papish: Amer. Mineralogist **16**, 34 (1931); Chem. Zentralblatt **1931 I**, 1793. — Leiba, S. P. u. M. M. Schapiro: Betriebs-Labor. (russ.) **3**, 503 (1934). — Ztschr. f. anal. Ch. **102**, 118 (1935). — Lichtin, J. J.: Ind. and Engin. Chem., Anal. Ed. **2**, 126 (1930). — Ztschr. f. anal. Ch. **84**, 448 (1931). — Lurje, L. J.: Betriebs-Labor. (russ.) **1932**, 21—25; Chem. Zentralblatt **1934 II**, 3149.

Mehlig, J. P.: Journ. chem. Educat. **13**, 324 (1936); Chem. Zentralblatt **1936 II**, 2410. — Meulen, J. H. van der: Rec. trav. chim. Pays-Bas **51**, 369 (1932); Chem. Zentralblatt **1932 II**, 411. — Müller, E. u. G. Haase: Ztschr. f. anal. Ch. **91**, 241 (1933). Chem. Zentralblatt **1933 I**, 1976.

Ostroumow, E. A.: (1) Betriebs-Labor. (russ.) **4**, 821 (1937); Chem. Zentralblatt **1937 II**, 1858. — (2) Betriebs-Labor. (russ.) **4**, 1317 (1935); Chem. Zentralblatt **1936 I**, 4769. — Ourisson, J.: Bull. Soc. ind. Mulhouse **100**, 565 (1934); Chem. Zentralblatt **1935 I**, 3206.

Pond, W. E.: Chemist-Analyst **27**, 59 (1938); Chem. Zentralblatt **1939 I**, 2255. — Popow, P. G. u. M. A. Nechamkina: Ukrain. Chem. Journ. (russ.) **10**, 187 (1935); Chem. Zentralblatt **1936 I**, 3547.

Rickert, I. J.: Betriebs-Labor. (russ.) **5**, 593 (1936); Chem. Zentralblatt **1937 II**, 4074. — Rodionowa, N. S.: Betriebs-Labor. (russ.) **6**, 630 (1937); Chem. Zentralblatt **1939 I**, 739.

Sandell, E. B.: Ind. and Engin. Chem., Anal. Ed. **8**, 336 (1936); Chem. Zentralblatt **1937 I**, 1489. — Schein, A. W.: Betriebs-Labor. (russ.) **6**, 505 (1937); Chem. Zentralblatt **1939 I**, 1012. — Schulek, E. u. A. Dózsa: Ztschr. f. anal. Ch. **86**, 81 (1931); Chem. Zentralblatt **1932 I**, 259. — Scott, Frank W.: Chemist-Analyst **25**, 4, 5 (1935); Chem. Zentralblatt **1936 I**, 1466. — Smith, G. F. and C. A. Getz: (1) Ind. and Engin. Chem., Anal. Ed. **9**, 378 (1937). — Ztschr. f. anal. Ch. **117**, 139 (1939). — (2) Ind. and Engin. Chem., Anal. Ed. **9**, 518 (1937); Chem. Zentralblatt **1938 II**, 2465. — Smith, G. Fred. and V. R. Sullivan: Journ. Amer. Leather Chemists Assoc. **30**, 442 (1935); Chem. Zentralblatt **1935 II**, 3342. — Smith, G. F., L. D. McVickers and V. R. Sullivan: Journ. Soc. Chem. Ind. **54**, 369 (1935). — Ztschr. f. anal. Ch. **109**, 346 (1937); Chem. Zentralblatt **1936 I**, 2782. — Solaja, Bogdan: Arhiv za Hemiju i Farmaciju **8**, 35 (1934). — Ztschr. f. anal. Ch. **111**, 363 (1937); Chem. Zentralblatt **1935 I**, 1903. — Someya, K.: Ztschr. f. anorg. u. allg. Ch. **160**, 357 (1927); vgl. auch Ztschr. f. anal. Ch. **66**, 281 (1925); **111**, 363 (1937). — Spencer, G. C.: Ind. and Engin. Chem., Anal. Ed. **4**, 245 (1932); Chem. Zentralblatt **1932 II**, 411. — Ssyrokomski, W. S. u. W. W. Stepin: Betriebs-Labor. (russ.) **6**, 689 (1937); Chem. Zentralblatt **1938 II**, 2465. — Stock, A.: Ztschr. f. anal. Ch. **40**, 480 (1901).

Todorović, K. N. et V. M. Mitrović: Bull. Soc. Chim. Roy. Yougoslavie **5**, 219 (1936); Chem. Zentralblatt **1936 I**, 2981. — Tomarchio, G.: Metallurgia (ital.) **27**, 21—23 (1935); Chem. Zentralblatt **1935 I**, 3451. — Tromp, F. J.: J. chem. metallurg. Min. Soc. South Africa **36**, 1 (1935); Chem. Zentralblatt **1936 I**, 1061. — Tsatsa, G.: Praktika (griech.) **10**, 235 (1935). — Ztschr. f. anal. Ch. **111**, 363 (1937); Chem. Zentralblatt **1936 I**, 4187.

Uhl, P. W.: Chemist-Analyst **21**, 7 (1932); Chem. Zentralblatt **1932 II**, 2004.

Vaish, B. L. and M. Prasad: Analyst **58**, 148 (1933); Chem. Zentralblatt **1933 I**, 2846.

Walt, C. F. J. van der and A. J. van der Merve: Analyst **63**, 809 (1938); Chem. Zentralblatt **1939 I**, 739. — Willard, H. H. and W. E. Cake: Ind. and Engin. Chem. **11**, 480 (1919). — Ztschr. f. anal. Ch. **92**, 283 (1933). — Willard, H. H. and R. C. Gibson: Ind. and Engin. Chem., Anal. Ed. **3**, 88 (1931). — Ztschr. f. anal. Ch. **92**, 283 (1933); Chem. Zentralblatt **1931 I**, 2239. — Willard, H. H. and Philena Young: Trans. electrochem. Soc. **67**, Preprint 7 (1935). — Ztschr. f. anal. Ch. **111**, 363 (1937); Chem. Zentralblatt **1935 I**, 1591. — Wogrinz, A.: Österr. Chem.-Ztg. **36**, 93 (1933); Chem. Zentralblatt **1933 II**, 1400. — Chem.-Ztg. **56**, 571 (1932); Chem. Zentralblatt **1932 II**, 2521.

Young, Philena: Metal Clean. Finish. **8**, 397, 473 (1936); Chem. Zentralblatt **1936 II**, 3154.

Kupfer (II/2, 1170—1289).

Von

Dr.-Ing. K. Wagenmann, Eisleben.

1. Maßanalytische Bestimmung nach der Jodidmethode (II/2, 1192 bis 1196). Für betriebsanalytische Zwecke empfehlen W. Orlik und W. Tietze für Kupferlegierungen — Messing, Bronzen, Rotguß, Neusilber u. a. — wenn sie keinen erheblichen Eisengehalt haben und weder Silber noch Quecksilber enthalten, die für diese Zwecke von ihnen etwas abgeänderte Jodidmethode nach dem Vorschlage von G. Bruhns, die ihrerseits sich von der de Haënschen Jodidmethode und ihren Verbesserungen (II/2, 1192) im wesentlichen nur durch die gleichzeitige Anwendung von Rhodankalium zwecks Jodersparnis unterscheidet.

Erforderliche Lösungen:

Schwefelsäure 1:1	500 cm³	Lösesäure	Rhodankalium	50 g	Rhodan-Jodlösung
Salpetersäure 1,4	200 cm³		Jodkalium	6 g	
Wasser	300 cm³		Wasser	1000 cm³	

Natriumthiosulfat	40 g	Thiosulfatlösung
Wasser	1000 cm³	

0,5 g Bohr- oder Feilspäne der Legierung bringt man mit 10 cm³ Lösesäure in einem 200-cm³-Erlenmeyerkolben unter gelindem Erwärmen in Lösung. Man dampft auf dem Sandbad bis zur beginnenden Kristallausscheidung ein. Nach Zusatz von 25 cm³ Wasser kühlt man ab und fügt 25 cm³ Rhodanlösung hinzu, wonach sofort mit der eingestellten Thiosulfatlösung wie bei der normalen Jodidmethode titriert werden kann.

Die störende Wirkung von Resten salpetriger Säure kann durch Zusatz einiger Gramm Harnstoff ausgeschaltet werden. Bis zu 0,2% stört Eisen nicht; etwas höhere Eisengehalte können durch Zusatz von einigen Gramm Natriumphosphat (1—2 Minuten vor Zusatz der Rhodanlösung!) unschädlich gemacht werden. Silber und Quecksilber stören, kommen aber in zu berücksichtigenden Mengen sehr selten vor.

Die Methode soll gegenüber der elektroanalytischen bei den Legierungen eine Höchstabweichung von $\pm 0{,}2\%$ Cu ergeben. Da die aufzuwendenden Jodmengen im Vergleich zu der de Haënschen Jodidmethode sehr viel geringer sind, ist die Arbeitsweise billiger, und die übliche Rückgewinnung des Jods ist nicht erforderlich.

2. Kupferbestimmung in Erzen (II/2, 1211). Zum Abrösten bituminöser oder schwefelhaltiger Erze empfehle ich für Serienbestimmungen und besonders für die Fälle, in denen die Abröstung wegen Verflüchtigungsgefahr bei niedriger Temperatur vor sich gehen soll, den elektrisch beheizten Glührost der Abb. 1. In leicht bearbeitbare Kieselgursteine („Diatomit"- oder „Sterchamolsteine") von Ziegelstein-Normalformat schneidet man Rillen ein zur Aufnahme der Glühspirale aus Chromnickeldraht. Mehrere Steine bettet man in einem Kasten aneinander.

Die Abröstung erfolgt in den bekannten rechteckigen Glühschälchen von etwa 60/43/10 mm, wie sie unter anderem zu Kohlenveraschungen angewendet werden. Reicht die Temperatur bei freiliegendem Schälchen nicht aus, so kann man sie durch Aufsetzen eines kleinen, seitlich offenen Gewölbes aus Asbestpappe steigern. Eine Einwaage von 2 g bituminöse Schiefer röstet so in 8—10 Minuten vollständig ab. Auch sulfidische Erze können damit abgeröstet werden, Schwefelkies sogar ohne nennenswertes Dekrepitieren, allerdings mit längerer Röstdauer.

3. Nebenbestandteile in Kupfererzen, -steinen, -speisen und -schlacken (II/2, 1217). Selenbestimmung (Beispiel Kupferrohstein). An Stelle des für Handelskupfer vorgesehenen Naßaufschlusses ist zur Selenbestimmung in obigen Produkten ein Schmelzaufschluß mit Natriumsuperoxyd zu empfehlen. Nach den „Ausgewählten Methoden“ des

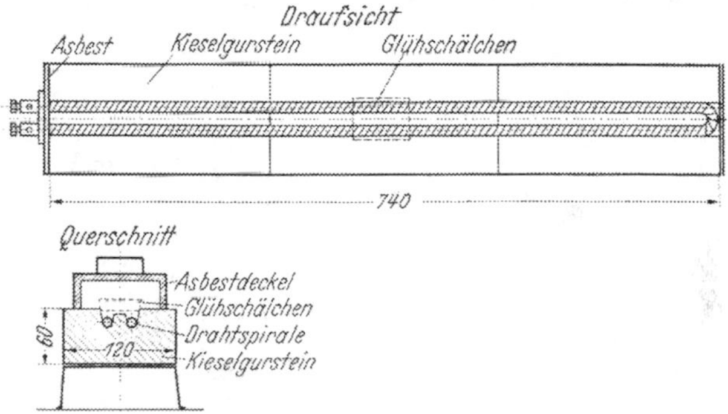

Abb. 1. Elektrisch beheizter Glührost (125 Volt, 8 Ampere, für Glühschälchen: ~ 60/43/10 mm).

Chemiker-Fachausschusses der Gesellschaft deutscher Metallhütten und Bergleute e. V., Berlin (Selbstverlag, Berlin 1931, S. 258) verfährt man folgendermaßen:

„100 g Rohstein werden im geräumigen Eisentiegel[1] mit 400 g Natriumsuperoxyd gemischt und mit wenig Natriumsuperoxyd abgedeckt. Da die Reaktion bei hochschwefelhaltigen Produkten bei Erhitzen des ganzen Tiegels unter plötzlichem Einsetzen sehr stürmisch verläuft, versuche man zuerst, die Reaktion von der Oberfläche aus einzuleiten, indem man ein brennendes Streichholz in die obere Schicht des Schmelzgemisches einführt, oder einen darin steckenden kleinen Holzspan entzündet. Wird die Schmelze nicht gut dünnflüssig, ist ein nachträgliches Erhitzen über dem Bunsenbrenner oder in einem Ofen erforderlich. Nach dem Erkalten löst man die Schmelze in etwa 2—3 l Wasser und entfernt die unlöslichen Oxyde unter mehrfachem Dekantieren mit Wasser, zweckmäßig über einer Nutsche. Das kalte Filtrat säuert man mit Salzsäure[2] schwach an; dabei ist ein Erwärmen der Lösung

[1] Hierzu bewähren sich gut Tiegel schwach konischer Form, aus Flußeisenblech geschweißt von etwa 9 cm mittlerem Innendurchmesser, bei etwa 16 cm Höhe und 0,5 cm Wandstärke.

[2] Zur Neutralisation darf keine Schwefelsäure verwendet werden, da größere Mengen Alkalisulfate die quantitative Fällung des Selens verhindern.

durch gleichzeitiges Kühlen zu verhindern. Unbekümmert um einen auftretenden Mangandioxydniederschlag leitet man in der Kälte zur Fällung der Schwefelwasserstoffgruppe kurze Zeit Schwefelwasserstoff ein. Der Schwefelwasserstoffniederschlag wird abfiltriert und mit schwefelwasserstoffhaltigem Wasser ausgewaschen. Aus dem Filtrat entfernt man die größte Menge des Schwefelwasserstoffes durch Einleiten eines Luft- oder Kohlensäurestromes, den Rest durch Einengen auf das Volumen, das zur Fällung des Selens mit Hydrazinsulfat im Kolben unter dem Rückflußkühler angewandt wird. Zu je 1 l Fällungsvolumen setzt man etwa 100 cm^3 konzentrierte Salzsäure hinzu, kocht etwa 3 Stunden unter dem Rückflußkühler zwecks Reduktion des Selenats zu Selenit, fällt dann das Selen in der im Hauptwerk II/2, 1248 beschriebenen Weise mit Hydrazinsulfat. Das ausgewogene Selen ist durch Veraschung auf Reinheit zu prüfen (SiO_2!)."

Bemerkung. Nachprüfungen von R. Fresenius und K. Wagenmann (nicht veröffentlicht) ergaben, daß beim selben Schmelzaufschluß zur Bestimmung des Tellurs nur ein Teil desselben in den wäßrigen Auszug der Schmelze geht. Zur Tellurbestimmung in obigen Produkten muß also entweder ein Naßaufschluß in Anwendung kommen oder besser, man löst den wasserunlöslichen Schmelzrückstand in Säure auf und bestimmt darin das Tellur (wie in II/2, 1248 angegeben) getrennt von dem Anteil, der im wäßrigen Schmelzauszug enthalten ist. Beide Tellurfällungen werden zusammen über einen Filtertiegel filtriert und ergeben den Gesamttellurgehalt.

Enthält die Probesubstanz Selen und Tellur, so erfolgt die Trennung der beiden ausgewogenen Metalloide gemäß der Methode nach Lenher und Smith.

4. Sauerstoffbestimmung[1] im Handelskupfer (II/2, 1234). Die Methode der Bestimmung des Glühverlustes eines sauerstoffhaltigen Kupfers im Wasserstoffstrom ist für technische Zwecke ausreichend, wenn das Probematerial kein Blei oder Selen enthält, und eine Glühtemperatur von 800° C nicht überschritten wird.

Jedenfalls brauchbar ist aber die nachstehende Methode der Reduktion im reinen Wasserstoffstrom und Absorption und Auswiegen des entstehenden Wassers. Damit ist die Sauerstoffbestimmung selbst für die praktisch vorkommenden niedrigsten Sauerstoffgehalte im Reinkupfer (wenige Hundertstel Prozente) bis auf wenige Tausendstel Prozente genau möglich. [Die früheren Schwierigkeiten waren aus der Verwendung von Gummischlauchstücken zur Verbindung der Apparateteile nach der Wasserstofftrocknung entstanden (s. S. 631).]

Probematerial. Sofern die Probenahme es ermöglicht, ist stückiges Material spänigem vorzuziehen, da die restlose Reinigung von Bohr-, Hobel- oder Feilspänen von anhaftenden, fehlerbringenden Verunreinigungen (Öl, Fett, Rost u. dgl.) immer mit Unsicherheiten behaftet ist. Bei der verhältnismäßig großen Oberfläche von Spanproben kann auch

---

[1] Die beiden hier aufgeführten Methoden hat K. Wagenmann vor einigen Jahren bis ins einzelne geprüft. Die zweite Methode wird auch in einem Ergänzungsband zu den „Ausgewählten Methoden" des Chemiker-Fachausschusses der Gesellschaft deutscher Metallhütten und Bergleute e. V., Berlin, erscheinen.

eine leichte Oxydation für Material mit niedrigem Sauerstoffgehalt einen großen Fehler verursachen. Wenn eben möglich, verwende man daher stückiges Probematerial, dessen Oberfläche mechanisch oder durch leichtes Abbeizen mit Salpetersäure gereinigt werden kann. Da die Zeitdauer einer Bestimmung bei einer bestimmten Reduktionstemperatur im wesentlichen von der Dicke der Probestücke abhängig ist, wird man diese möglichst dünn-blechförmig gestalten. Die Eindringtiefe des Wasserstoffes in Kupfer für vollständige Reduktion des Oxyduls ist aus Abb. 2 für verschiedene Glühtemperaturen zu entnehmen. Die für eine angewandte Probestückdicke zu wählende Glühdauer ist dann minimal halb so groß.

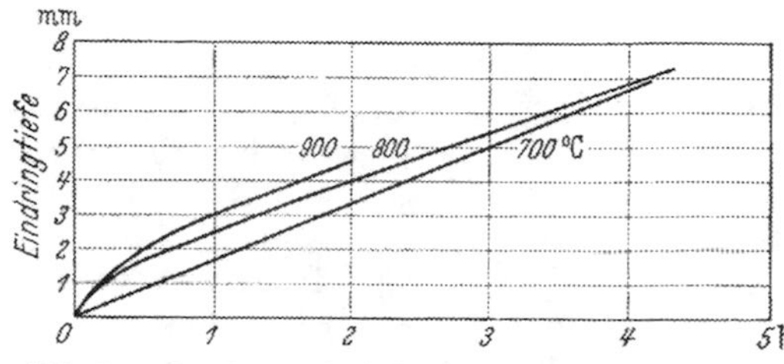

Abb. 2. Reduktionsgeschwindigkeit des Kupferoxyduls im Kupfer durch Wasserstoff.

Einwaage. Selbst für Sauerstoffgehalte von wenigen Hundertstel Prozenten genügt schon eine Einwaage von 20—25 g Probematerial; für stark inhomogenes Kupfer können bis etwa 100 g angewandt werden.

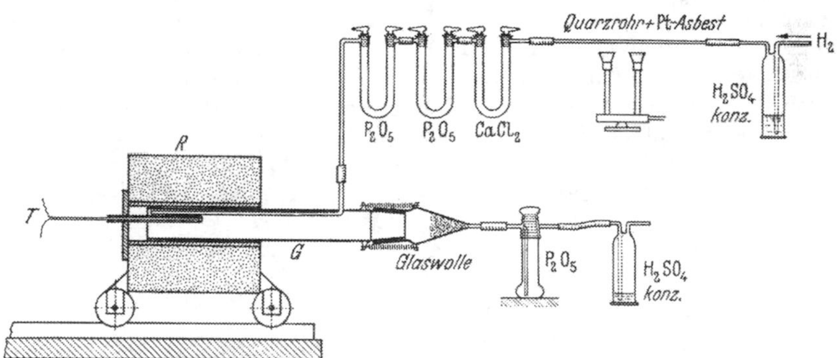

Abb. 3. Apparatur zur Bestimmung des Sauerstoffs im Kupfer.
R elektrisch heizbarer Röhrenofen (120 mm Rohrlänge, 40 mm lichter Durchmesser). *G* Glührohr aus geschmolzenem, durchsichtigem Bergkristall (250 mm Länge, 35 mm Durchmesser), *T* Thermoelement.

Apparatur. Für die Ausführung der Bestimmung eignet sich bestens die in Abb. 3 skizzierte Apparatur. Zur Aufnahme der Probe — unmittelbar oder im Glühschiffchen — dient ein Rohr aus geschmolzenem, durchsichtigem Bergkristall, der Form und ungefähr in den Abmessungen wie sie Oberhoffer angegeben hat. Ein verschiebbarer, elektrischer Röhrenofen, dessen Temperatur eingestellt sein muß, dient zum Erhitzen. Der einer Flasche entnommene oder elektrolytisch erzeugte Wasserstoff muß durch Überleiten über glühenden Platinasbest (oder ähnliches) vollständig von Sauerstoff gereinigt werden. Die Trocknung erfolgt durch Chlorcalcium und Phosphorpentoxyd[1]. Der Wasserstoff

[1] Das Verstopfen der mit P_2O_5 gefüllten Absorptionsgefäße läßt sich (bei gleichzeitiger Steigerung der Wirksamkeit) dadurch vermeiden, daß man sie mit Bimssteinkörnchen (etwa 3 mm) füllt, die zuvor in P_2O_5 geschüttelt wurden.

verläßt das Glührohr durch einen nur ganz schwach eingefetteten Glasconus, dessen Spitze mit Glaswolle ausgefüllt ist, um Pb-, Se- usw. Dämpfe zurückzuhalten, soweit sich diese nicht schon an der kalten Rohrwand niedergeschlagen haben. Das Verbrennungswasser wird durch Phosphorpentoxyd in einem geeigneten Absorptionsgefäß zurückgehalten; am Anfang und Ende der Apparatur befindet sich je eine Gaswaschflasche mit konzentrierter Schwefelsäure, um den Gasdurchgang beobachten zu können. Wenn man bei den Anschlüssen der Phosphorpentoxyd-Trocknungsvorlage und des Absorptionsgefäßes für das Wasser an das Glührohr (Kugel-) Schliffe vermeiden will, müssen die Röhrenenden möglichst sauber stumpf aufeinander stoßen, wonach die völlige Dichtung durch Gummischlauch erfolgen kann. Eine Verbindung dieser Apparaturteile selbst durch kurze Stücke Gummischlauch ergibt Übergewichte der Absorptionsvorlage, da ein mit Phosphorpentoxyd getrockneter Gasstrom Wasser aus dem Gummi aufnimmt, was bei einem Leergangversuch feststellbar ist.

Ausführung der Bestimmung. Nachdem das Glührohr mit der eingewogenen Probemenge beschickt und mit dem Glasconus verschlossen ist, wird etwa $^1/_2$ Stunde ein kräftiger Wasserstoffstrom durch die Apparatur geleitet. Nach Herabsetzen der Gasgeschwindigkeit auf etwa drei Blasen in der Sekunde schließt man das tarierte (mit H_2-Gas gefüllte!) Absorptionsgefäß an (Glas an Glas!) und schiebt den auf 800° C geheizten Röhrenofen über das Glührohr. Die minimale Zeitdauer, welche die Reduktion benötigt, ist aus obigem ersichtlich. Man wendet der Sicherheit halber die etwa $1^1/_2$fache Zeit auf. Bei größeren Einwaagen oder hoch sauerstoffhaltigem Probematerial kann sich Wasser im Glasconus kondensieren, das durch entsprechend langes Durchleiten von Wasserstoff in das Absorptionsgefäß überzuführen ist. Tarieren und Auswiegen des letzteren darf bekanntlich erst nach $^1/_4$stündigem Stehen in der Waage vorgenommen werden.

5. Handelskupfer (II/2, 1249). a) Methode zur Bestimmung sehr niedriger Gehalte an Arsen, Phosphor, Antimon und Schwefel auch in den Kupferlegierungen siehe „Elektroanalytische Bestimmungsmethoden“ (s. Erg.-Bd. I, S. 49).

b) Selenbestimmung in Roh- und Handelskupfer. Sehr genaue Ergebnisse für Selen und Tellur erhält man nach folgender Methode: 20 g Probematerial werden mit 80 cm³ Salpetersäure (spez. Gew. 1,4) gelöst, und die Hauptmenge der Stickoxyde durch kurzes Sieden ausgetrieben. Man verdünnt auf etwa 400 cm³ und fügt 5 cm³ einer 3%igen Ferrinitratlösung zu. Durch Zusatz starker Sodalösung ruft man eine bleibende, nicht zu reichliche Eisenfällung hervor, kocht 10 Minuten, läßt den Eisenniederschlag kurze Zeit absitzen, filtriert die noch heiße Lösung und wäscht den Niederschlag mit heißem Wasser nach. Mit dem Filtrat nimmt man nach Zusatz von weiteren 5 cm³ 3%iger Ferrinitratlösung die Eisenfällung nochmals vor. Die beiden Eisenniederschläge enthalten alles Selen und Tellur.

Bei Kupfersorten, die beim Auflösen in Salpetersäure einen unlöslichen Rückstand geben (s. II/2, 1249 Fußnote 2) wird derselbe mit dem

Eisenniederschlag abfiltriert. In solchem Falle muß natürlich die Auflösung des Eisenniederschlages vor der Selen- und Tellurfällung filtriert werden. Enthält das Probematerial reichlich Silber, so wird dasselbe zweckmäßig vor der Eisenfällung aus der Kupferlösung mit Salzsäure gefällt und abfiltriert.

Sind Selen und Tellur vorhanden, so löst man die Eisenniederschläge in 6—7%iger warmer Salzsäure und fällt Selen und Tellur aus etwa 200 cm³ Flüssigkeitsvolumen mit Hydrazinsulfat zusammen aus, filtriert (s. nachstehend), wäscht mit salzsaurem Wasser aus, trocknet und bestimmt das Gesamtgewicht.

Die Einzelbestimmung für Selen und Tellur kann dann weiterhin nach der Methode von Lenher und Smith (s. II/1, 506) oder nach der Salzsäuremethode von E. Keller oder F. P. Treadwell oder K. Wagenmann und H. Triebel vorgenommen werden.

Im ersteren Falle filtriert man Selen + Tellur über Asbest. Für die Salzsäuremethode filtriert man über einen Glas- oder Porzellanfiltertiegel und löst Selen und Tellur mit wenig starker Schwefelsäure + Wasserstoffsuperoxyd oder mit einigen Kubikzentimeter konzentrierter Kaliumbromatlösung und Zusatz einiger Körnchen Kaliumbromat unter Erwärmen. Wasserstoffsuperoxyd bzw. Brom verjagt man mit wenig verdünnter Salzsäure durch kurzes Sieden, wobei man jegliche Überhitzung der oberen Gefäßwandung vermeidet (Selenverluste!).

Eine sehr gute Selenbestimmung unter gleichzeitiger Abtrennung von Tellur ist folgende:

20 g Probematerial zersetzt man mit einer Lösung von 100 g Eisenchlorid ($FeCl_3 + 6\,H_2O$!) in 100 cm³ Wasser und 100 cm³ Salzsäure (1:1) in einem etwa 500-cm³-Kolben durch Sieden unter dem Rückflußkühler. Die Eisenchloridmenge je 20 g Kupfereinwaage darf nicht nennenswert vergrößert werden, da $FeCl_3$ Selen löst, während das in großem Überschuß entstehende $FeCl_2$ Selen ausfällt!

Nach 3—4stündigem Sieden filtriert man über einen Glas- oder Porzellanfiltretiegel und wäscht mit salzsaurem Wasser nach. Den Filtertiegelinhalt löst man (wie oben beschrieben) mit Schwefelsäure und Wasserstoffsuperoxyd oder mit Kaliumbromat wieder auf und setzt 100 cm³ 25%ige Salzsäure hinzu; einen hierbei etwa verbleibenden Rückstand (s. oben) filtriert man ab und wäscht mit 25%iger Salzsäure. Aus der stark salzsauren Lösung fällt man das Selen mit einigen Gramm Hydrazinsulfat in der Siedehitze aus, wobei das Tellur in Lösung bleibt.

6. Kupfer-Zinn- und Kupfer-Zinklegierungen (II/2, 1257). K. Brückner gibt für die Einzelbestimmungen der Legierungselemente (Zinn, Kupfer und Blei) in Rotguß- und Bronzematerialien neue Schnellmethoden von hoher Genauigkeit an. Die Nachprüfung der älteren Arbeitsweisen wie die grundlegenden Prüfungen für die empfohlenen Methoden sind sehr sorgfältige, so daß die letzteren nachfolgend kurz skizziert seien:

a) Zinnbestimmung (für alle Rotgußmaterialien). 1—5 g Bohr- oder Feilspäne werden im 500-cm³-Erlenmeyerkolben mit 15—35 cm³ konzentrierter Salzsäure und 10—25 cm³ Perhydrol (in einem oder in zwei Portionen) in Lösung gebracht. Ein etwa bleibender geringer Rückstand wird auf dem Sandbad unter Zutropfen von Perhydrol gelöst; das überschüssige Perhydrol wird verkocht. Das Kupfer fällt man unter Erwärmen auf dem Sandbad und unter zeitweisem Schütteln des Kolbens mit reinem Eisendraht. Man verdünnt mit Wasser auf das Doppelte, gibt nochmals Eisendraht hinzu und erhitzt auf dem Sandbad bis zur reichlichen Wasserstoffentwicklung. Man filtriert in einen 500-cm³-Erlenmeyerkolben und wäscht den Rückstand mit salzsäurehaltigem Wasser mehrmals aus. Aus der Lösung wird das Zinn vermittels reiner Aluminiumspäne innerhalb 15 Minuten zementiert. Man löst den Zinnschwamm und das überschüssige Aluminium durch Zusatz von 50 bis 80 cm³ konzentrierter Salzsäure unter Erwärmen und Durchleiten von Kohlensäure wieder vollständig auf. Die Zinnbestimmung erfolgt dann in der kalten Lösung in der üblichen Weise durch Titration mit $^1/_{10}$ n- oder $^1/_{20}$ n-Jodlösung unter Kohlensäureatmosphäre. Die Analyse ist in 30—35 Minuten auszuführen mit einer Abweichung bis höchstens 0,1% Sn gegenüber den genauesten bisherigen Methoden.

b) Kupfer- und Bleibestimmung. Die Arbeitsweise ist dadurch gekennzeichnet, daß die elektroanalytische Bestimmung des Kupfers und Bleis aus salpetersaurem, bewegtem Elektrolyt in Gegenwart der ausgeschiedenen Meta-Zinnsäure ausgeführt wird, so daß auch die von ihr bei der bisher üblichen Filtration zurückgehaltenen Kupfer- und Bleimengen bis auf wenige Hundertstel Prozente erfaßt werden. Die Einwaage wird im Elektrolysierbecherglas mit konzentrierter Salpetersäure gelöst, die Stickoxyde werden durch Erhitzen möglichst verjagt. Nach mäßigem Verdünnen neutralisiert man mit Ammoniak bis zur tiefen Blaufärbung, säuert mit Salpetersäure bis zum Verschwinden der tiefblauen Färbung wieder an und fügt weitere 15 cm³ Salpetersäure hinzu. Die Schnellelektrolyse erfolgt bei 40° C mit 4 bis 6 Ampere.

Aus Legierungen, die bis zu 20% Zinn und 2% Antimon enthalten, sind die Kupfer- und Bleisuperoxydniederschläge rein, wenn die angegebene Salpetersäuremenge innegehalten wird.

[Da die Salpetersäure an Kupfer zu Ammoniak reduziert wird, die Säurekonzentration also mit der Zeit abnimmt, ist die Elektrolyse bald nach beendeter Kupferfällung zu unterbrechen (K. Wagenmann).]

Bei über 2% liegenden Antimongehalten macht sich kathodische und anodische Mitabscheidung des Antimons bemerkbar, die deutlich an einer Mißfärbung des sonst hellroten Kupferniederschlages erkennbar ist. Dann fällt man die Niederschläge in bekannter Weise in frischem Elektrolyt um.

7. Verkupferungsbäder (II/2, 1285). Für die Betriebskontrolle saurer galvanoplastischer Kupferbäder, die aus Kupfersulfat und freier Schwefelsäure bestehen, empfiehlt A. Wogring die Zementation des Kupfers mit reinem Zinkstaub und die Titration des wieder gelösten Kupfers mit Thiosulfatlösung, also die Kupferbestimmungsmethode nach de Haën-Low mit spezielleren Abänderungen. (Näheres s. in der angegebenen Literatur.)

Literatur.

Brückner, K.: Chem.-Ztg. **61**, 951 (1937) Sn-Bestimmung; Chem.-Ztg. **62**, 32 (1938) Cu- und Pb-Bestimmung. — Bruhns, G.: Chem.-Ztg. **42**, 301 (1918).
Keller, E.: Journ. Amer. Chem. Soc. **19**, 771 (1897).
Lenher u. Smith: C.T.U., Berl-Lunge, 8. Aufl., Bd. II/1, S. 506. — Ausgewählte Methoden des Chemiker-Fachausschusses der Gesellschaft Deutscher Metallhütten- und Bergleute, S. 263. Selbstverlag Berlin 1931. — Metall u. Erz **27**, 235 (1930).
Oberhoffer: Metall u. Erz **15**, 33 (1918). — Orlik, W. u. W. Tietze: Chem.-Ztg. **54**, 174 (1930). Z. B. **1930 I**, 3334.
Treadwell, F. P.: Analytische Chemie, Bd. 2, S. 241. Leipzig u. Wien 1927.
Wagenmann, K. u. H. Triebel: Metall u. Erz **9**, 234 (1930). — Wogrinz, A.: Chem.-Ztg. **62**, 613 (1933).

Eisen.

Von

Dr. habil. **Fr. Heinrich** und Chefchemiker **Frohw. Petzold,** Dortmund.

Der ungeheure Aufschwung der Eisenerzeugung, verbunden mit einer tiefgehenden Änderung der den inländischen Erzvorkommen anzupassenden Erzeugungsverfahren, und mit einer Umstellung in den Fertigerzeugnissen (Austauschwerkstoffe), ohne Rückgang in den Werkstoffeigenschaften, die im Gegenteil noch qualitative Steigerungen verlangen, stellen größte Anforderungen nicht nur an den Metallurgen, sondern auch an den Analytiker.

Im folgenden sei deshalb versucht, hierfür das nötige analytische Rüstzeug zusammenzustellen.

I. Verfahren der Eisenbestimmung.

1. Gewichtsanalytische Verfahren. Die gebräuchlichste Form der gewichtsanalytischen Bestimmung des Eisens aus reinen Salzlösungen ist die Fällung aus chlorammoniumhaltiger Lösung mit Ammoniak. Die in einem Becherglas befindliche saure Eisensalzlösung wird durch Zugabe einiger Tropfen Perhydrollösung oxydiert und nach Zusatz von festem Chlorammonium auf etwa 70° erhitzt. Hierauf setzt man unter Umrühren vorsichtig Ammoniak in geringem Überschuß hinzu, erhitzt eine Minute zum Sieden und läßt in der Wärme kurze Zeit absitzen. Nunmehr wird durch ein mittelhartes Filter filtriert. Der Niederschlag wird mit heißem Wasser ausgewaschen, bis das Ablaufende mit Silbernitrat keine Chlorreaktion mehr anzeigt, getrocknet, im gewogenen Porzellantiegel verascht, bis zur Gewichtskonstanz geglüht und nach dem Erkalten im Exsiccator ausgewogen. $Fe_2O_3 \cdot 0{,}6994 = Fe$. Beim Veraschen ist besonders darauf zu achten, daß keine reduzierenden Gase in den Tiegel gelangen können, die nach E. Selch Eisenoxyd zu Eisenoxyduloxyd reduzieren, das selbst durch anhaltendes Glühen nicht mehr zu Oxyd aufoxydiert werden kann. Enthält die Lösung gleichzeitig Phosphor, so wird derselbe mit niedergeschlagen und muß besonders abgetrennt werden. Für die Abscheidung des Eisenhydroxyds aus neutralen reinen Eisenlösungen mit Ammoniumnitrit, sowie das Verdampfen reiner Eisensalzlösungen mit Schwefelsäure in gewogenen Porzellan- oder Quarztiegeln und Verglühen zu Eisenoxyd sei auf F. P. Treadwell (1) verwiesen. Auch kann Eisen, namentlich bei Anwesenheit von Begleitelementen (Aluminium, Nickel und Chrom) durch Fällen in stark salzsaurer, schwefelsaurer oder essigsaurer Lösung mit Cupferron nach H. Biltz und O. Hödtke abgetrennt und durch Verglühen des gut ausgewaschenen Niederschlages zu Eisenoxyd, bestimmt werden. Nach R. Berg erhält man durch Fällen des Eisens in essigsaurer Lösung mit Oxin, einen grünschwarzen, wasserfreien Ferrikomplex $Fe(C_9H_6ON)_3$ mit 11,44% Eisen, der entweder bei 120° bis zur Gewichtskonstanz getrocknet und als solcher ausgewogen oder unter Oxalsäurezusatz zu Eisenoxyd verglüht werden kann. Endlich kann man das Eisen nach A. Fischer und W. D. Treadwell elektrolytisch abscheiden und als Metall direkt zur Wägung bringen.

2. Maßanalytische und elektrometrische Verfahren. Die gebräuchlichsten maßanalytischen Verfahren sind das Permanganatverfahren und das Titanchloridverfahren nach Brandt (II/2, 1299—1309). Weniger im Gebrauch sind das Zinnchlorür- und das Kaliumbichromatverfahren (ebenda). Nach R. Berg kann die Bestimmung des Eisens auch durch Ausfällung mit einer gemessenen Menge Oxinatlösung von bekanntem Titer bei Temperaturen bis zu 50° C und Rücktitration des nicht verbrauchten Oxinats mit 0,1 n-Bromatlösung (1 cm³ = 0,000465 g Eisen) geschehen.

Eine weitere maßanalytische Eisenbestimmung beruht auf der Titration von Ferrosalz in salz- oder schwefelsaurer Lösung unter Zusatz von Tri-o-Phenanthrolin-Ferrokomplex oder Ferroin als Indicator nach Walden-Hammet und Chapman mit Cerisulfatlösung. 100 cm³ einer 0,15—0,20 g Eisen enthaltenden Lösung werden mit 20 cm³ Salzsäure 1,19 oder 10 cm³ Schwefelsäure 1,84 versetzt und im Cadmiumreduktor (s. „Der Tri-o-Phenanthrolin-Ferro-Komplex als Redox-Indicator und Cerisulfat-Normallösungen in der maßanalytischen Praxis“, 2. Aufl. — E. Merck, Chemische Fabrik, Darmstadt) reduziert, wonach das Volumen der Flüssigkeit etwa 200 cm³ betragen soll. Nunmehr setzt man 1—2 Tropfen einer $^1/_{40}$ molaren Ferroinlösung hinzu und titriert mit $^1/_{10}$ n-Cerisulfatlösung, bis die Farbe in schwefelsaurer Lösung von rot nach blaßblau, oder in salzsaurer Lösung von rotorange nach grünlichgelb umschlägt. 1 cm³ der $^1/_{10}$ n-Cerisulfatlösung entspricht 0,005584 g Eisen.

Über die Methoden zur elektrometrischen Bestimmung von Eisen (I, 475) vgl. P. Dickens und G. Thanheiser.

3. Colorimetrische Verfahren. Die colorimetrische Eisenbestimmung findet hauptsächlich Anwendung bei niedrigen Eisengehalten, z. B. bei der Bestimmung des Eisens in Zementen, feuerfesten Materialien, in Mennige, bei medizinischen Präparaten, in Trink- und Gebrauchswasser usw. Sie geschieht am zweckmäßigsten nach K. Steinhäuser und H. Ginsberg durch Ausziehen des Eisenrhodanids mit schwefligsäurehaltigem Äther, wodurch alle bei dem Verfahren möglichen Fehler, wie Verblassen der Farbe, Auftreten einer schmutzig gelbroten Färbung, Nachdunkeln, hydrolytische Spaltung des Eisenrhodanids, Alterung usw. völlig vermieden werden. Natriumoxalat, Weinsäure, Citronensäure und deren Natriumsalze dürfen wegen einer dadurch bedingten Verstärkung der Färbung nicht zugegen sein. Zur Herstellung von mit SO_2 gesättigten Äther leitet man in 200 cm³ Äther in der Kälte 20 Minuten lang SO_2-Gas ein. Da dieser Äther die Haut stark angreift, empfiehlt sich die Anlegung von Gummihandschuhen. Die Analysenlösung, die nun entweder durch Aufschluß mit Kaliumpyrosulfat oder durch Abrauchen mit Schwefelsäure erhalten wurde, wird auf ein bestimmtes Volumen gebracht. Hiervon entnimmt man 50 cm³, die aber nicht mehr als 0,00018 g Eisen enthalten dürfen, versetzt sie der Reihe nach mit 5 cm³ Salzsäure 1,19, 10 cm³ einer 50%igen Kaliumrhodanidlösung und 25 cm³ 96%igen Alkohol. Diese Lösung wird mit 15 cm³ Äther und dann unabhängig von der vorhandenen Menge noch weitere 3mal mit je 10 cm³ Äther ausgeschüttelt, wobei dem Äther jedesmal 10% des mit schwefliger Säure gesättigten Äthers zugesetzt werden. Die vereinigten Ätherauszüge werden in einem 50-cm³-Kölbchen mit Äther auf 50 cm³ aufgefüllt. Die weitere Untersuchung erfolgt im Colorimeter (I, 888), wobei zweckmäßig Farbfilter eingeschaltet werden. Lichtelektrische Colorimeter nach B. Lange gewährleisten unabhängig von der Sehtüchtigkeit des Beobachters eine vollkommene objektive Messung. In allen Fällen muß jedoch mit den zu verwendenden Lösungen ein Blindversuch durchgeführt werden. Nach A. Thiel und O. Peters wird bei Verwendung eines dreistufigen Colorimeters unter Anwendung des Eisensulfosalicylsäurekomplexes und einer Graulösung, also auf absolut colorimetrischem Wege, eine Genauigkeitssteigerung erreicht.

F. Alten, H. Weiland und E. Hille weisen bei der colorimetrischen Bestimmung des Ferroeisens neben Ferrieisen mit Sulfosalicylsäure wegen des Einflusses auf die Farbenintensität besonders auf die Einhaltung der Wasserstoffionenkonzentration hin. Van Urk arbeitet in stark saurer Lösung mit Pyramidon. Zur Bestimmung des Eisengehaltes in Phosphoriten und Apatiten auf colorimetrischem Wege machen S. N. Rosanow, S. A. Markowa und E. A. Fedotowa Angaben. W. Prodinger (1) gibt ein colorimetrisches Bestimmungsverfahren von Ferrosalzen mit Chinaldinsäure an, das Eisen noch in Gegenwart von ziemlich großen Mengen Cu, Ni, Co und Zn zu bestimmen gestattet. Sehr große Mengen Kupfer und Aluminium erschweren wegen der Unlöslichkeit ihrer Niederschläge bzw. durch Verdecken der Farbe des Eisenkomplexes infolge Eigenfärbung die quantitative Bestimmung. E. Mayr und A. Gebauer colorimetrieren Eisen mit Thioglykolsäure in alkalischer Lösung (rotes, leichtlösliches Ferroammoniumthioglykolat). Ni, Cr, Zn bilden ähnliche Komplexe, auch stören Cyanide und Nitrite, in größeren Mengen Pyrophosphat, Molybdat, Wolframat und Arsenat. Weitere colorimetrische Bestimmungsverfahren beschreiben L. B. Saywell und B. B. Cunningham (mit O-Phenanthrolin) und F. Feigl, P. Krumholz, H. Hamburg, ferner für die Bestimmung von Eisen in Bleimennige F. Hundeshagen.

4. Sonstige Verfahren. Ein ausgezeichnetes Verfahren zur Bestimmung der Begleitelemente des Eisens stellt nach Otto Schließmann und

Karl Zänker das spektralanalytische Verfahren dar, das seiner teuren Apparatur wegen allerdings bis heute nur in wenigen großen Laboratorien eingeführt ist, obwohl es sehr große Vorteile besonders bei der quali- bzw. quantitativen Untersuchung bietet.

Die polarographische Bestimmung einiger Eisenbegleiter nebeneinander in Stahl beschrieben eingehend G. Thanheiser und G. Maassen.

Endlich sind nach P. Klinger und W. Koch in neuester Zeit im Kruppschen Laboratorium für die Untersuchung einiger Eisenbegleiter ausgezeichnete mikroanalytische Schnellbestimmungsverfahren ausgearbeitet worden.

II. Trennung des Eisens von anderen Stoffen und deren Bestimmung neben Eisen.

1. Qualitative Bestimmung der Begleitelemente. Die qualitative Bestimmung der Begleitelemente kann sowohl auf trockenem als auch auf nassem Wege geschehen. Bei Materialien unbekannter Herkunft kann die Untersuchung aus einer Lösung nach den bekannten Trennungsgängen der qualitativen Analyse durchgeführt werden. In den weitaus meisten Fällen jedoch, wie bei Erzen, Zuschlägen, Hilfsstoffen, Schlacken, Eisen, Roheisen und Stahl, bei denen gewisse Begleiter immer anwesend sind und daher einen eigentlichen Nachweis nicht erfordern, genügt die Prüfung auf bestimmte Stoffe, die entweder spektralanalytisch oder durch spezifische Prüfverfahren zu geschehen hat.

Diese im folgenden in alphabetischer Reihenfolge beschriebenen Prüfverfahren[1] sind in ihrer Ausführung bei nichtmetallischen Stoffen (Erzen, Zuschlägen, Hilfsstoffen usw.) und Metallen etwas voneinander abweichend. In einzelnen Fällen sind auch nasse Schnellmethoden ausgearbeitet. Unterschieden sind diese Methoden durch (nmet.) für nichtmetallische Stoffe: Erze und dgl. (met.), für metallische Stoffe und (schn.) bei Schnellmethoden.

Ag (met.). Etwa 1 g Späne werden in Salzsäure unter Erwärmen gelöst, mit Salpetersäure aufoxydiert und mit Wasser stark verdünnt. Hierauf wird durch ein hartes Filter filtriert und mit heißem Wasser eisenfrei ausgewaschen. Der Filterrückstand wird hierauf mit wenig warmen Ammoniak behandelt und die Lösung mit verdünnter Salpetersäure eben wieder angesäuert, worauf bei Gegenwart von Silber eine weiße Fällung entsteht.

As (nmet.). Etwa 2 g des zu untersuchenden Materials werden in einem Becherglase nach Vermischen mit Kaliumchlorat mit 30—35 cm^3 Salzsäure erwärmt, bis der Chlorgeruch verschwunden ist. Hierauf gießt man die Salzsäurelösung in ein großes Reagensglas, gibt einige Körnchen arsenfreies Zink hinzu und verschließt das Reagensglas sofort mit einem Gummistopfen, durch dessen Bohrung ein rechtwinklig gebogenes, an dem einen Ende nach unten verjüngtes Glasrohr geführt ist,

[1] Teilweise in enger Anlehnung an das Handbuch für das Eisenhüttenlaboratorium, herausgegeben vom Chemikerausschuß des V.D.Eh., Verlag Stahleisen, Düsseldorf 1939, im folgenden abgekürzt mit Hdb.

das in ein zweites Reagensglas, in dem sich ein Silbernitratkristall befindet, hineinreicht. Bei Gegenwart von Arsen wird der Silbernitratkristall zuerst gelb, dann schwarz gefärbt. Auf diese Weise sollen sich noch Gehalte von 0,02% gut nachweisen lassen. Ist gleichzeitig Antimon zugegen, so tritt eine sofortige Schwarzfärbung des Kristalls auf.

(met.) vgl. oben oder nach E. B. Svenson.

B (met.). Etwa 1 g der Späne werden in Salzsäure gelöst, die Lösung in eine Porzellanschale gebracht, Methylalkohol und konzentrierte Schwefelsäure hinzugegeben und angezündet. Ein grüner Saum der Flamme zeigt die Anwesenheit von Bor an. Nach H. C. Weber und R. D. Jacobson wird getrocknete Luft (150 cm^3/min) durch die im Reagensglas befindliche, methanolhaltige Borlösung geleitet und das Methanoldampf und Methylborat anthaltende Gasgemisch durch eine feine Glasspitze in eine kleine Bunsenflamme eingeleitet. Grünfärbung zeigt Bor an.

Ba, Sr (nmet.). Man behandelt 2 g der betreffenden Probe mit Salzsäure ohne Zusatz eines Oxydationsmittels, engt zur Vertreibung der überschüssigen Säure auf einen kleinen Rest ein, verdünnt mit Wasser, erhitzt zum Sieden ohne etwa vorhandene ungelöst gebliebene Bestandteile abzufiltrieren, fügt etwa 1 cm^3 verdünnte Schwefelsäure 1 : 5 hinzu und läßt absitzen. Einen Teil des ausgewaschenen Niederschlages bringt man in die Öse eines Platindrahtes und in den Schmelzraum einer Bunsenflamme, wobei dieselbe bei Gegenwart von Barium gelbgrün, bei Strontium purpurrot gefärbt wird. Bei der Prüfung auf Strontium prüft man zuerst in der Reduktionsflamme, befeuchtet dann den Rückstand mit Salzsäure und bringt ihn nunmehr in den Schmelzraum der Flamme.

Be (met.). Etwa 1 g der Späne werden mit Salzsäure gelöst, mit Salpetersäure oxydiert und mit Ammoniumcarbonat bis zur alkalischen Reaktion versetzt. Hierauf wird vom Niederschlag abfiltriert und das Filtrat mit 0,05%iger Chinalizarinlösung in $^1/_{10}$ n-NaOH versetzt, wobei bei Gegenwart von Beryllium eine kornblumenblaue Farbe auftritt.

(nmet.). Nach G. Rienäcker und H. Fischer werden 0,1 g der feinstgepulverten Substanz mit 1 g Ätznatron im Eisentiegel geschmolzen. Die Schmelze wird zur Vermeidung der Hydrolyse des Beryllats unter Eiskühlung durch Zugabe von Eisstückchen gelöst, was durch Losstemmen des Schmelzkuchens mittels Nickelspatels und Zerreiben mit einem Quarzpistill wesentlich beschleunigt werden kann. Die Lösung wird von den Hydroxyden abfiltriert und mit Waschwasser auf etwa 30 cm^3 verdünnt. Abgemessene Mengen des Filtrates werden dann gegebenenfalls durch Abstumpfen mit Schwefelsäure auf eine Konzentration von 0,33 n-NaOH gebracht und zur Prüfung im Reagensglas mit 12 Tropfen einer frisch bereiteten 0,05%igen Chinalizarinlösung in $^1/_4$ n-Natronlauge versetzt, wodurch eine mehr oder weniger intensive kornblumenblaue Färbung auftritt, während die berylliumfreie Lösung nur violett gefärbt ist. Hierbei ist stets ein Blindversuch mit durchzuführen.

Ce (met.). Etwa 1 g der Probe wird in Salzsäure unter Zusatz einiger Kubikzentimeter Salpetersäure gelöst, die Lösung auf etwa 100 cm^3 verdünnt und festes Ammoniumoxalat hinzugegeben, wobei bei Gegenwart von Cer eine weiße Fällung auftritt. Der Niederschlag wird abfiltriert, ausgewaschen, in wenig Salzsäure gelöst, Wasserstoffperoxyd und verdünntes Ammoniak zugesetzt, wobei bei Gegenwart von Cer eine dunkelorange Fällung entsteht. Notwendig ist, daß das Eisen vollständig ausgewaschen wurde. Zweckmäßig wird die Fällung mit Oxalsäure behandelt.

Co (met.). Nach H. Ditz und R. Hellebrand wird etwa 1 g der Metallprobe in Salzsäure gelöst, mit Salpetersäure oxydiert und zur Abscheidung des Wolframs und Vertreibung der nitrosen Gase etwas eingeengt. Nach Verdünnen auf 50 cm^3 setzt man unter ständigem Rühren portionsweise reinstes Calciumcarbonat hinzu, bis ein dicker Eisenhydroxydniederschlag entsteht und die überstehende Flüssigkeit nicht mehr braun ist. Man bringt auf ein Filter und versetzt etwa 2 cm^3 des in einem Reagensglas aufgefangenen Filtrates mit etwa $1^1/_2$ g Ammoniumrhodanid und $1^1/_2$ cm^3 eisenfreiem Aceton. 0,1% Kobalt geben hierbei eine sehr deutliche Blaufärbung. Nickel stört bis zu 10% im allgemeinen nicht. Stärker störend wirkt Kupfer, von dem bereits sehr kleine Mengen mit Rhodansalz eine Rotfärbung erzeugen, die die Kobaltfarbe verdecken. In Mengen von $^2/_{10}$ mg Kupfer pro Kubikzentimeter läßt sich der Kobaltnachweis noch durchführen. Bei größeren Kupfergehalten muß das Kupfer vorher entfernt werden, was am besten nach F. Feigl (1) als Rhodanür geschieht. Das Filtrat der Eisenfällung wird mit schwefliger Säure und Ammonium-Rhodanid versetzt. Sobald durch Kupferrhodanür eine feine Trübung eingetreten ist, neutralisiert man mit Calciumcarbonat und versetzt das nunmehr farblose Filtrat mit Aceton. Kobalt gibt sofortige Blaufärbung.

(schn.). Ein oder mehrere gröbere Späne werden in 25%iger Salzsäure gelöst, wobei bei Gegenwart von Kobalt eine Blau-Grünfärbung auftritt.

Vergleiche auch **Ni, Co**, S. 641.

Cr (nmet.). Etwa 1 g der fein geriebenen Probe wird nach Leitmeier und Feigl im dickwandigen Porzellantiegel mit der 5fachen Menge Natriumcarbonat und etwas Natriumperoxyd aufgeschlossen. Die Schmelze wird mit Wasser ausgelaugt, durch Zusatz von einigen Tropfen Alkohol Mangan reduziert und nach Ansäuern des Filtrates mit Schwefelsäure mit einer alkoholischen Lösung von Diphenylcarbazid versetzt, wobei bereits Spuren Chrom eine blauviolette Färbung geben. Größere Mengen können auch als Bleichromat nachgewiesen werden (II/2, 1293).

(met.). Etwa 1 g wird in 10 cm^3 Salpetersäure 1 : 1 und 10 cm^3 Schwefelsäure 1 : 5 gelöst und zur Vertreibung der Stickoxyde einige Minuten gekocht. Sodann setzt man etwa 150 cm^3 40%ige Sodalösung und 10 cm^3 2%ige Kaliumpermanganatlösung hinzu und kocht unter Umschütteln 5 Minuten lang durch. Nach Zusatz von 2 cm^3 Alkohol wird das gebildete Permanganat reduziert. Ein Teil der durch ein Faltenfilter abfiltrierten Probe wird nach F. Feigl (2) zur Bindung von Molybdän mit Oxalsäurelösung, hierauf mit einer 1%igen alkoholischen Diphenylcarbazidlösung und etwa der 2—3fachen Menge der Lösung an verdünnter Schwefelsäure versetzt: Chrom gibt eine Blaufärbung. Für die Oxalsäurelösung werden 10 g kristallisierte Oxalsäure in 100 cm^3 heißem Wasser gelöst und nach dem Erkalten von den abgeschiedenen Kristallen abgegossen.

(schn.). Man löst einen Span in Salzsäure auf: eine smaragdgrüne Färbung zeigt Chrom an. Geringere Mengen weist man durch Lösen in verdünnter Salpetersäure und Oxydation mit Ammonpersulfat bei Gegenwart von Silbernitrat durch eine Gelbfärbung nach.

Kann man keinen Span entnehmen, so macht man ein Stück durch Schmirgeln oder Feilen blank und bepinselt mit Kupfernitratlösung. Unlegierte Stähle und Stähle bis etwa $2^1/_2$% Chrom zeigen hierbei, unmittelbar nach dem Aufbringen der Lösung einen starken, fast schwarzen Kupferniederschlag. Stähle von etwa 2,5 bis etwa 6% Chrom zeigen diese Kupferabscheidung nicht so intensiv und erst nach einiger Zeit, so daß sie von den niedrig legierten Stählen leicht zu unterscheiden sind. Stähle mit über 12% Chrom und niedrigerem Kohlenstoffgehalt sind untereinander nicht mehr zu unterscheiden, da sie mit salpetersaurer Kupfernitratlösung keine Kupferausscheidung mehr zeigen. Ähnlich lassen sich nichtrostende Chrom- und Chrom-Nickelstähle von gewöhnlichen Werkstoffen unterscheiden, wenn man ein blankes Stück derselben in Kupfersulfat- oder Kupferammoniumchloridlösung eintaucht. Nichtrostender Stahl bleibt hierbei blank, gewöhnlicher Werkstoff gibt einen Kupferniederschlag.

Cu (nmet.). Etwa 2 g der zu untersuchenden Probe werden mit 30—35 cm³ Salzsäure 1,19 unter Zugabe von etwas Kaliumchlorat unter häufigem Umschütteln und Erwärmen in Lösung gebracht. Nach dem Verschwinden des Chlorgeruches verdünnt man die Lösung mit geringen Mengen Wasser, erhitzt bis zum Sieden, fällt mit Ammoniak im geringen Überschusse alles Eisen aus und filtriert durch ein Faltenfilter ab. Das je nach Kupfergehalt schwach bis stark blau gefärbte alkalische Filtrat wird mit Salzsäure eben angesäuert und ein mit einem Platindraht umwickelter Eisendraht in die Lösung eingehängt. Bei Gegenwart von Kupfer schlägt sich sofort, bei geringen Mengen erst nach einigen Stunden metallisches Kupfer nieder. Hierbei lassen sich noch 0,01% Kupfer deutlich nachweisen. F. Ephraim säuert das von der Eisenfällung anfallende ammoniakalische Filtrat mit Essigsäure an und gibt eine wäßrige Lösung von Salicylaldoxim hinzu, wobei bei Gegenwart von Kupfer eine dicke voluminöse Fällung von gelblich-grünlich-weißer Farbe entsteht. Sehr geringe Mengen geben noch eine mehr oder wenige deutliche Opalescenz.

(met.). Etwa 1 g des Metalles löst man in Salzsäure 1:1 unter Oxydation mit etwas Salpetersäure, fällt Eisen durch einen Ammoniaküberschuß aus und filtriert durch ein Faltenfilter. Das Filtrat wird stark eingeengt, neutralisiert und mit etwa $1^1/_2$ cm³ Eisessig versetzt und mit Salicylaldoximlösung gefällt.

(schn.). Kupferstähle mit mehr als 0,2% Kupfer können von kupferfreien Werkstoffen durch Eintauchen eines größeren Stückes in verdünnte Schwefelsäure, etwa 10—20 %ig, unterschieden werden. Kupferhaltiger Stahl überzieht sich dabei, je nach Höhe des Kupfergehaltes mit einer mehr oder minder deutlichen roten Kupferschicht. Auch zeigen gekupferte Siemens-Martin-Stahle wesentlich geringere Säurelöslichkeit als ungekupferte.

F (nmet.). Ein Teil der gepulverten Probe wird im Reagensglas mit konzentrierter Schwefelsäure erhitzt. In das Reagensglas wird ein an einem Ende schwarz lackierter, mit einem Tropfen Wasser befeuchteter Glasstab hineingehalten, wobei bei Gegenwart von Fluor ein weißer, sich von dem schwarzen Anstrich deutlich abhebender Beschlag entsteht.

Mo (nmet., met.). Nach J. Koppel werden 5 g der fein gepulverten Probe mit 20 g Natriumhydroxyd und etwas Salpeter in Eisentiegel aufgeschlossen, die Schmelze mit Wasser ausgelaugt und filtriert. Etwa 10 cm^3 des eisenfreien Filtrates werden in einem Reagensglas mit einer Messerspitze vom xanthogensaurem Kalium versetzt, durchgeschüttelt und eben mit verdünnter Schwefelsäure angesäuert. Spuren von Molybdän färben die Lösung rötlich. Wesentlich ist, daß die zu prüfende Lösung vollständig eisenfrei und gut oxydiert ist.

(schn.). Es wird in Königswasser gelöst, mit Natronlauge übersättigt und filtriert. Das Filtrat wird mit Schwefelsäure angesäuert, etwas Zinnchlorürlösung und einige Körnchen Rhodankalium zugegeben, wodurch bei Gegenwart von Molybdän die Lösung rot wird.

Nb siehe **Ta, Nb** S. 643.

Ni (schn.). Eine kleine Stelle an dem betreffenden Stahlstück wird blank gemacht und mit einem Tropfen 20%iger Salpetersäure betupft. Nach kurzer Einwirkung wird der Tropfen mit einem Filterpapierstreifen aufgenommen, der vorher in alkoholische, essigsaure oder ammoniakalische Dimethylglyoximlösung getaucht und getrocknet wurde. Nickelgehalte bis zu 0,1% werden durch rote Färbung angezeigt. Niedrigere Nickelgehalte zeigen nur eine Randfärbung, auch bei Gegenwart von Chrom.

Ni, Co (nmet., met.). Etwa 2 g der fein gepulverten Probe werden mit 30 cm^3 konzentrierter Salzsäure unter Zusatz von etwas Salpetersäure durch Erwärmen in Lösung gebracht, nach Verkochen der nitrosen Gase mit Wasser verdünnt und Eisen, Tonerde usw. mit aufgeschlämmten Zinkoxyd ausgefällt. Nach Abfiltrieren durch ein Faltenfilter wird ein Teil des klaren, mit etwas Na-acetat versetzten Filtrates mit einer 1%igen alkoholischen Lösung von Dimethylglyoxim erwärmt, wobei bei Gegenwart von Nickel sofort ein rosenroter Niederschlag ausfällt. Nach Filtration desselben wird ein Teil des Filtrates stark eingeengt, die Lösung schwach essigsauer gemacht, einige Kubikzentimeter Ammoniumrhodanidlösung und einige Kubikzentimeter Amylalkohol und Äther (1:1) zugesetzt und durchgeschüttelt. Ist die obenauf schwimmende Schicht farblos, so enthält die Lösung weder Eisen noch Kobalt. Ist die Schicht rot oder rötlich, so ist Eisen vorhanden. In diesem Falle fügt man noch 2—3 cm^3 einer konzentrierten Ammoniumacetatlösung und 3 Tropfen einer 5%igen Weinsäurelösung hinzu, wodurch die Bildung von Ferrirhodanid verhindert wird und schüttelt wieder. Bei Anwesenheit von Kobalt wird die Amylalkoholätherschicht deutlich blau gefärbt. A. T. Tscherny fügt der zu prüfenden salzsauren Lösung festes Ammoniumrhodanid und ein Gemisch von Alkohol und Äther oder Aceton hinzu und schüttelt gut durch. Bei Rotfärbung der Alkoholätherschicht setzt man einige Tropfen Fluorwasserstoff oder einige Kristalle Ammoniumfluorid hinzu und schüttelt wieder. Sofort verschwindet die Rotfärbung und eine Blaufärbung erscheint bei Gegenwart von Kobalt. Hierbei wirken nur Molybdän und große Mengen Uran störend.

Pb (nmet.). Man scheidet (II/2, 1292) Bleisulfat ab, filtriert und wäscht mit schwach schwefelsäurehaltigem Wasser eisenfrei. Nach F. Emich breitet man das Filter mit dem Rückstand auf einem Uhrglas aus und streut auf die noch feuchten Sulfate kleine geriebene Körnchen Kaliumjodid, wobei sich an den Berührungsstellen nach kurzer Zeit immer deutlicher werdende kleine gelbe Inselchen von Bleijodid bilden, die selbst bei sehr geringen Mengen von Bleisulfat unter der Lupe noch gut zu erkennen sind.

S (met., schn.). Zur Unterscheidung von Automatenstahl mit höherem Schwefelgehalt von gewöhnlichem Werkstoff wird auf eine metallisch blanke Stelle in Salzsäure aufgelöste, arsenige Säure aufgetragen (D.R.P. 592908), wobei bei Schwefelgehalten von über 0,08% gelbes Arsensulfid sichtbar wird.

Sb (nmet.). Von der in gleicher Weise wie bei As vorbereiteten Lösung bringt man einige Kubikzentimeter in die Höhlung eines Platindeckels und legt ein nicht zu dünnes Stückchen metallisches Zink hinein. Bei Anwesenheit von Antimon entsteht ein brauner, bei größeren Gehalten ein schwarzer Fleck auf dem Platin, sobald der Eisenchloridgehalt der Lösung vollständig zu Chlorür reduziert ist und die Gasentwicklung aufgehört hat. Das Zinkstück muß hierbei groß genug sein, um nicht vollständig von der vorhandenen Säure gelöst zu werden. Auch darf es nicht zu leicht sein, damit es nicht durch die sich stürmisch entwickelnden Wasserstoffbläschen in der Flüssigkeit schwebend erhalten, und somit der Berührung mit dem Platin entzogen wird. Spült man nach Entfernung des Zinks den Deckel mit Wasser ab und bringt einige Tropfen Salpetersäure auf die Stelle, so wird der Fleck für einen kurzen Augenblick deutlicher und verschwindet dann spätestens nach einigen Sekunden. Schon 0,01% Sb werden so noch erkannt.

(met.). 10 g Späne werden in 10 g Schwefelsäure (1:5) gelöst. Der Rückstand, der neben säurebeständigen Carbiden und Kieselsäure das gesamte Antimon sowie Arsen und Kupfer enthält, wird abfiltriert, eisenfrei gewaschen und mit Salzsäure und einigen Tropfen Salpetersäure gelöst. Nach Aufkochen der verdünnten Lösung fällt man die Metalle mit Schwefelwasserstoff aus. Der ausgewaschene Niederschlag der Sulfide wird mit 10%iger Schwefelammoniumlösung behandelt, die erhaltene Sulfosalzlösung mit überschüssiger Schwefelsäure versetzt und von den ausgeschiedenen Sulfiden des Zinns und Antimons abfiltriert. Das etwa vorhandene Arsensulfid wird mit Ammoniumcarbonatlösung extrahiert und der zurückbleibende Rückstand mit wenig konzentrierter Salzsäure gelöst. Die Weiterprüfung geschieht, wie oben, auf dem Platinblech.

Se (met.). Etwa 1 g Späne werden nach Lösen in Salzsäure und einigen Tropfen Salpetersäure auf etwa 100 cm^3 verdünnt und mit Schwefelwasserstoff gefällt. Der entstandene gelbe Niederschlag wird abfiltriert, ausgewaschen und in wenig Salzsäure unter Zugabe einiger Tropfen Perhydrol gelöst. Nach dem Verkochen des Chlors wird die Probe mit metallischem Zink versetzt, wobei bei Gegenwart von wenig Selen auf dem Zink sich ein roter Niederschlag absetzt. Bei größeren Mengen tritt eine rote Fällung ein.

Sn (met.). 5—10 g werden unter Luftabschluß in einem kleinen Kolben mit konzentrierter Salzsäure gelöst. Die verdünnte Lösung wird schnell durch ein kleines Faltenfilter filtriert und das Filtrat mit wenig Quecksilberchloridlösung versetzt, wobei bei Gegenwart von Zinn eine Fällung von Quecksilberchlorür entsteht. Bei geringen Mengen ist es zweckmäßig, das Zinn erst mittels Zink auszufällen, den Metallschwamm abzufiltrieren, in Salzsäure zu lösen und wie oben weiter zu behandeln.

(nmet.). Etwa 2 g der feingepulverten Probe werden mit 10 g Natriumperoxyd im Alsint-Tiegel aufgeschlossen, die Schmelze mit Wasser ausgelaugt und mit Salzsäure zersetzt. Hierauf werden mit Schwefelwasserstoff die Schwermetalle abgetrennt, abfiltriert und ausgewaschen. Die Sulfide werden mit gelbem Ammoniumsulfid behandelt, vom Rückstand abfiltriert und das Filtrat mit Salzsäure zersetzt. Die so erhaltenen Sulfide von Arsen, Zinn und Antimon werden in der Wärme mit Ammoniumcarbonatlösung behandelt, wobei Schwefelarsen in Lösung geht. Der verbleibende und gut ausgewaschene Rückstand wird in möglichst wenig Salzsäure (1,19) gelöst, die Lösung mit Wasser verdünnt und in einen kleinen Platintiegel filtriert und eingeengt. Dann wird ein kleines blankes Stückchen Zinkblech in die Lösung gebracht, so daß dasselbe mit dem Platin in Kontakt steht. Sobald die Wasserstoffentwicklung aufgehört hat, spült man das Blech sorgfältig, jedoch ohne den Kontakt mit dem Platin zu lösen, ab und bringt schließlich das schwammige Zinn durch wenig Salzsäure (1,19) in Lösung und versetzt mit einem Tropfen Mercurichloridlösung, wobei bei Anwesenheit von Zinn eine weiße schnell grau werdende Fällung entsteht.

Ta, Nb (met.). Etwa 1 g Späne werden in Salzsäure gelöst, mit Salpetersäure oxydiert und mit Schwefelsäure bis zum Auftreten weißer Dämpfe eingeraucht. Nach dem Erkalten verdünnt man mit Wasser, setzt 50 cm^3 schweflige Säure hinzu und kocht mindestens $^1/_2$ Stunde durch, wobei bei Gegenwart von Tantal oder Niob ein weißer Niederschlag auftritt. Derselbe wird mit Kaliumpyrosulfat im Porzellantiegel aufgeschlossen. Die Schmelze wird mit gesättigter Ammonoxalatlösung in Lösung gebracht, einige Tropfen Tanninlösung zugegeben und tropfenweise mit Ammoniak versetzt. An der Einfallstelle fällt bei Tantal ein kanariengelber Niederschlag aus, der bei weiterer Zugabe von Ammoniak bei Gegenwart von Niob rötlich bis dunkelorange wird.

Te (met.). In gleicher Weise wie bei Selen tritt hier bei Reduktion mit Zink eine schwarze Fällung von Tellur auf.

Ti siehe II/2, 1293.

U (met.). Etwa 1 g Späne werden in Salzsäure gelöst, mit Salpetersäure oxydiert und die Hauptmenge des Eisens durch Äthern entfernt. Die Salzsäurelösung wird mit Ammoniak neutralisiert und Schwefelammonium zugesetzt, wobei Eisen- und Uranylsulfid ausfallen. Der ausgewaschene Niederschlag wird mit Ammoniumcarbonat durchgekocht, abfiltriert und mit gelbem Blutlaugensalz versetzt, wobei eine braunrote Färbung auftritt, die nach Zusatz von Ätzkali gelb wird.

V (nmet.). An Stelle von Kaliumnatriumcarbonat (II/2, 1294) schließt man besser mit Natriumcarbonat und Salpeter auf und reduziert in der alkalischen Lösung das Mangan durch etwas Alkohol. Hierbei bleibt etwa vorhandenes Titan im Rückstand, während Vanadin im Filtrat nach Ansäuern mit Schwefelsäure und tropfenweiser Zugabe von Wasserstoffperoxyd durch eine Orange- bis Braunfärbung nachgewiesen wird.

(met.). Etwa 1 g Stahl werden in verdünnter Schwefelsäure (1:5) gelöst und vom Unlöslichen abfiltriert. Dieser Rückstand wird verascht, mit einer Mischung von Natriumcarbonat und Natriumperoxyd aufgeschlossen, in Wasser gelöst, mit Schwefelsäure versetzt und mit der Hauptlösung vereinigt. Hierauf oxydiert man die Lösung mit 2 g Ammoniumpersulfat unter Erhitzen, kühlt nach Aufhören der Sauerstoffentwicklung ab und prüft nach J. Meyer und A. Pawletta auf Vanadin durch Zusatz einiger Tropfen 3%igen Wasserstoffperoxyds, wobei Vanadin eine Braunfärbung gibt. Molybdän, Titan und größere Mengen Chrom dürfen, da sie ähnliche Färbung geben bzw. durch ihre Eigenfärbung stören, nicht zugegen sein. J. Kassler (1) entfernt die Hauptmenge Chrom dadurch, daß er den Stahl in verdünnter Salzsäure löst und die Kieselsäure durch Eindampfen abscheidet. Die die Hauptmenge Vanadin enthaltende Kieselsäure wird verascht und mit etwa 3 g Natriumcarbonat aufgeschlossen und wie oben behandelt. Bei Gegenwart von Molybdän und Titan zersetzt man die wäßrige alkalische Schmelze mit Säure, verkocht die Kohlensäure und fällt das Molybdän mit Schwefelwasserstoff als Sulfid aus. Das Filtrat wird durch Kochen mit Ammoniumpersulfat oxydiert. Der abgeschiedene Schwefel wird filtriert und das Filtrat mit Peroxyd behandelt. Bei Gegenwart von Titan wird der wie gewöhnlich vorbereiteten Probe bei der Peroxydzugabe Ammoniumfluorid zugesetzt, wobei Titan in komplexes Titanfluorid überführt wird, das mit Wasserstoffperoxyd keine Färbung gibt.

(schn.). Ein oder mehrere gröbere Späne werden in 20% Schwefelsäure gelöst, mit Salpetersäure oxydiert, mit Wasser verdünnt und mit Peroxyd versetzt. Bei Gegenwart von Vanadin tritt Braunfärbung ein.

W (nmet.). 2—3 g des feingepulverten Materials werden mit 20 g Natriumcarbonat und 3 g Natriumsalpeter mindestens $^1/_2$ Stunde lang im Platintiegel aufgeschlossen. Die Schmelze wird mit Wasser ausgelaugt, zur Reduktion von Mangan mit etwas Alkohol versetzt und durch ein Faltenfilter filtriert. Nach W. D. Treadwell (1) setzt man dem alkalischen Filtrat einige Tropfen Ferricyankalium und hierauf Zinnchlorürlösung in geringem Überschuß zu, wodurch ein bleibender bläulichweißer bis gelber Niederschlag entsteht. Derselbe wird in möglichst wenig konzentrierter Salzsäure gelöst, wobei bei Gegenwart von größeren Mengen Wolfram bräunliche Flecken hinterbleiben. Erhitzt man die Lösung zum Sieden, so entsteht ein schwarzbrauner Niederschlag. Bei Anwesenheit von nur Spuren Wolfram färbt sich die anfänglich klare Salzsäurelösung gelb bis intensiv braunrot.

(met.). Etwa 0,1 g werden in einem Reagensglas in verdünnter Salzsäure gelöst, heiß durch tropfenweise Zugabe von konzentrierter Salpetersäure oxydiert und $^1/_2$ Stunde lang im siedenden Wasser stehengelassen. Ein gelber Niederschlag, der sich an der Wand des Glases ansetzt, zeigt

Wolfram an. Ist die gelbe Farbe infolge der Gegenwart anderer unlöslicher Stoffe (Graphit, Kieselsäure und Carbide) nicht zu erkennen, so filtriert man die Lösung durch ein kleines Filter und wäscht Glas und Filter mit verdünnter Salzsäure aus. Den Trichter mit dem ausgewaschenen Filter setzt man nun auf das benutzte Reagensglas und übergießt es mit 10 cm³ heißer verdünnter Natronlauge, wobei sich ein hinreichender Teil der gelben Wolframsäure als Natronwolframat löst. Nach Ansäuern der Lösung mit konzentrierter Salzsäure und Zusatz einiger frischer Kristalle zu Zinnchlorür entsteht bei Gegenwart von Wolfram eine Blaufärbung.

Zn (nmet.). Nachdem man die Sulfide von Zink, Nickel, Kobalt mit Schwefelwasserstoff (II/2, 1292) ausgefällt hat, wird der Rückstand mit schwefelwasserstoffhaltigem Wasser ausgewaschen und alsdann mit heißer verdünnter Salzsäure (1:6) behandelt. Hierbei geht Zinksulfid in Lösung. Nach dem Auskochen des Schwefelwasserstoffs wird die Lösung nach Zusatz von Phenolphthalein mit Sodalösung bis zur eben auftretenden Rotfärbung versetzt und das Zink als Carbonat ausgefällt und vor dem Lötrohr mit Soda auf der Holzkohle in der reduzierenden Flamme erhitzt, wobei ein gelber, nach dem Erkalten weißer Beschlag hinterbleibt. Nach Fischer und Leopoldi wird das Zinkcarbonat in möglichst wenig Säure gelöst, die Lösung mit so viel Natriumacetat gepuffert, daß blaues Kongopapier eben deutlich rotgefärbt wird und mit einer Lösung von Dithizon in Tetrachlorkohlenstoff (6 mg in 100 cm³) geschüttelt, wobei bei Gegenwart von Zink die Tetrachlorkohlenstoffschicht deutlich violett gefärbt wird.

Zr (nmet.). Etwa 2 g des feinst gepulverten Materials werden in einem Alsint-Tiegel mit 10 g eines Gemisches aus 3 Teilen Ätznatron und 1 Teil Natriumperoxyd 20 Minuten lang aufgeschlossen. Die erkaltete Schmelze wird mit Wasser ausgelaugt und von dem unlöslichen, wiederholt mit sodahaltigem Wasser ausgewaschenen Rückstand abfiltriert. Nach A. C. Rice, H. C. Fogg und C. James wird ein Teil des Rückstandes in Salzsäure gelöst, die Lösung mit Wasser auf 100 cm³ verdünnt und weiter 10 cm³ Salzsäure (1,19), 50 cm³ einer 3%igen Wasserstoffperoxydlösung und 50 cm³ einer 2,5%igen Phenylarsinlösung zugesetzt. Nach kurzem Durchkochen wird ein entstandener Niederschlag abfiltriert und mit 1%iger Salzsäure ausgewaschen. Nunmehr wird der verbleibende Rückstand so lange mit 15 cm³ Schwefelsäure (1+1) behandelt, bis alles gelöst ist. Nach Zusatz weiterer 50 cm³ Salzsäure 1:1 und Verdünnen auf 250 cm³ fällt mit 30 cm³ Phenylarsinsäurelösung bei Gegenwart von Zirkonium ein weißer Niederschlag aus. Derselbe wird in einem Porzellantiegel unter gut ziehendem Abzug verascht, in einem Platintiegel übergeführt und mit Flußsäure-Schwefelsäure in Lösung gebracht. Nach Verflüchtigung der Flußsäure wird mit Ammoniak aus der schwefelsauren Lösung das Zirkoniumhydroxyd ausgefällt. Nach W. Biltz und W. Mecklenburg wird ein zweiter Teil des in Schwefelsäure gelösten Aufschlußrückstandes auf 100 cm³ verdünnt, mit 10 cm³ Schwefelsäure 1,84 versetzt und in der Siedehitze mit 50 cm³ einer 10%igen Ammoniumphosphatlösung gefällt, wobei bei Gegenwart von Zirkonium ein voluminöser weißer Niederschlag von Zirkoniumphosphat entsteht. Schließt man denselben mit Soda auf, löst den ausgewaschenen Rückstand in Salzsäure auf und taucht in diese Lösung ein mit Curcumalösung getränktes Filterpapier ein und läßt eben eintrocknen, so entsteht nach R. B. Moore und nach R. J. Meyer und O. Hauser eine charakteristische, dem Bor ähnliche rotbraune Färbung.

Vergleiche auch H. Schäfer und E. Chandelle, der zur Prüfung das Dinatriummethylarsenat verwendet, wobei die Metalle Al, Cr, Ni, Co, Zn, Mo, Ca und Mg die Reaktion nicht stören, Eisen in größerer Menge jedoch verzögernd auf die Ausfällung wirkt.

Zur Unterscheidung verzinkter, cadmierter und verzinnter Bleche ist folgende Arbeitsweise zu empfehlen (Werkstoffhandbuch Stahl und Eisen, V 51)[1]:

Auf das zu untersuchende Blech werden etwa 2 Tropfen verdünnte Salzsäure gegeben und je nach der Stärke des Lösungsangriffs (20 Sekunden bis 10 Minuten) einwirken gelassen. Dann wird die Lösung mit etwa 10 cm^3 destilliertem Wasser in ein Reagensglas gespült, mit Ammoniak neutralisiert und mit 1 cm^3 konzentrierter Essigsäure angesäuert. Setzt man nun Schwefelwasserstoff hinzu und erwärmt, so tritt bei verzinkten Blechen ein weißer, bei cadmierten ein gelber und bei verzinnten ein brauner Niederschlag auf. Zweckmäßig ist hierbei die gleichzeitige Ausführung einer Blindprobe. Endlich sei für Fälle, bei denen aus irgendeinem Grunde eine Probenahme durch Anbohren u. dgl. nicht möglich ist, oder zur schnellen Aussortierung von Material die in der Praxis viel angewendete Funkenprobe nach Schliff und Scheibe beschrieben.

Diese Funkenprobe beruht darauf, daß man ein Stahlstück an den Rand einer schnell drehenden Trockenschleifscheibe hält, wodurch eine starke örtliche Erhitzung auftritt und Stahlteilchen unter Feuererscheinungen abgerissen und fortgeschleudert werden. Die Funkenbündel zeigen hinsichtlich Farbe, Lichtstärke und Form ein von der Stahlzusammensetzung abhängiges Bild. Bei Ausführung der Probe muß auf ein gleichmäßiges Arbeiten geachtet werden, da die Funkenbildung nicht nur abhängig ist von der Körnung und Härte, sondern auch von der Umfangsgeschwindigkeit der Schleifscheibe und dem Anpreßdruck. Folgende Tabelle und Abbildung zeigen die Hauptmerkmale der Funkenprobe nach M. Komers (W.Hdb. St., V 51) (Abb. 1, S. 648).

2. Quantitative Abtrennung und Bestimmung der Begleitelemente. a) Ätherverfahren nach Rothe. Alles als Ferrichlorid vorliegende Eisen geht bei Gegenwart von Salzsäure in Äther, während die Chloride der anderen Elemente — bei Vandin nur in Gegenwart von Perhydrol vollständig! — in der wäßrigen Salzsäure gelöst bleiben. Phosphor, Tellur, Zinn und Molybdän gehen nur zum Teil in die salzsaure Lösung. Aus der Ätherlösung kann das Eisen durch Zugabe von Kochsalz oder Natriumsulfat und Wasser ausgezogen und nach Vertreibung des Äthers mit Ammoniak ausgefällt werden. In den meisten Fällen bleiben in der salzsauren Lösung noch geringe Mengen Eisen zurück, die für sich noch zu bestimmen und der Hauptmenge hinzuzurechnen sind (II/2, 1310).

[1] Im folgenden abgekürzt: W.Hdb. St.

Stahlzusammensetzung	Funkenbild
Kohlenstoffstahl (unter 0,15% C)	Kurzes, dunkles Funkenbündel, keulenförmig und heller werdend im Verbrennungsteil, wenig sternförmige Verästelungen. (Diese Sterne sind das Kennzeichen für Kohlenstoff.)
Kohlenstcffstahl (0,15—1% C)	Mit zunehmendem Kohlenstoffgehalt dichteres, helleres Funkenbündel mit immer zahlreicheren Sternen und Zweigstrahlenbildung.
Kchlenstoffstahl (über 1% C)	Sehr dichtes Funkenbündel mit zahlreichen Sternen, bei weiterer Steigerung des Kohlenstoffgehaltes Abnahme der Helligkeit und Verkürzung der Funkenbündel.
Kohlenstoffstahl mit höherem Mangangehalt	Breites, dichtes, sehr hellstrahlendes gelbes Funkenbündel, Außenzone der Funkenlinie besonders hell. Zahlreiche Verästelungen der Zweigstrahlen.
Manganstahl (12% Mn)	Vorwiegen des doldenförmigen Manganfunkens; daher Unterdrückung des Kohlenstoffunkens.
Nickelstahl (Baustähle bis etwa 5% Ni)	Helle zungenförmige, am Ende gespaltene Funkenlinie, Aufhellung im Verbrennungsteil. Mit zunehmendem Kohlenstoffgehalt wird diese Erscheinung überdeckt.
Nickelstahl (hochlegiert)	Bei etwa 35% Ni deutliche Rotgelbfärbung des Bündels, im Verbrennungsteil deutlicher gelb, bei noch höherem Nickelgehalt (etwa 47%) nimmt die Helligkeit des Funkenbildes stark ab.
Chromstahl	Bei niedrigem Kohlenstoff- und Chromgehalt sind Funkenlinien feiner, mit zarten Zweigstrahlen und dunkler als bei Kohlenstoffstahl. Bei zunehmendem Kohlenstoffgehalt ist dieser Einfluß des Chroms schwerer zu erkennen. Steigt der Chromgehalt, wird das Funkenbündel dunkler und kürzer und die Zweigstrahlenbildung geringer.
Chromstahl mit niedrigem Kohlenstoff-, hohem Chromgehalt	Kurzes, dunkelrotes Funkenbündel ohne Sterne, wenig verzweigt; Funken haften am Umfang der Scheibe.
Chrom-Nickel-Stahl (Baustähle)	Rotgelber Nickelfunke mit keulenförmiger Aufhellung im Verbrennungsteil; wird leicht unterdrückt durch den überragenden Einfluß des Chroms und Kohlenstoffs. Bei höheren Chrom-Nickelgehalten ist das Funkenbündel deutlich dunkler.
Chrom-Nickel-Stahl hochlegiert, austenitisch	Dunkles, breites Funkenbündel, Spitzen der Funken speerspitzenartig ausgebildet.
Wolframstahl	Rote, kurze Funken, Funkenlinien biegen deutlich nach unten ab. Die Verästelungen der Kohlenstoffsterne werden unterdrückt. Je höher der Wolframgehalt, desto geringer die Funkenbildung überhaupt.
Molybdänstahl	Dunkle, speerspitzenartige Funken, nach unten abfallende Funkenlinie; starke Aufhellung im Verbrennungsteil, ähnlich wie bei Nickel.
Siliciumstahl	Hellgelbe zungenförmige Funken bei niedrigeren Siliciumgehalten vor, bei höheren Siliciumgehalten hinter den Kohlenstoffsternen; bei hohen Siliciumgehalten werden daher Kohlenstoff- und auch Manganeffekt undeutlicher.
Vanadinstahl	Bei sonst unlegiertem Stahl dunkleres Funkenbild als bei vanadinfreiem Stahl gleichen Kohlenstoffgehaltes. Schwer erkennbar, da reine Vanadinstähle kaum verwendet werden. Überdeckung des Vanadinfunkens durch Kohlenstoff und Legierungsbestandteile.

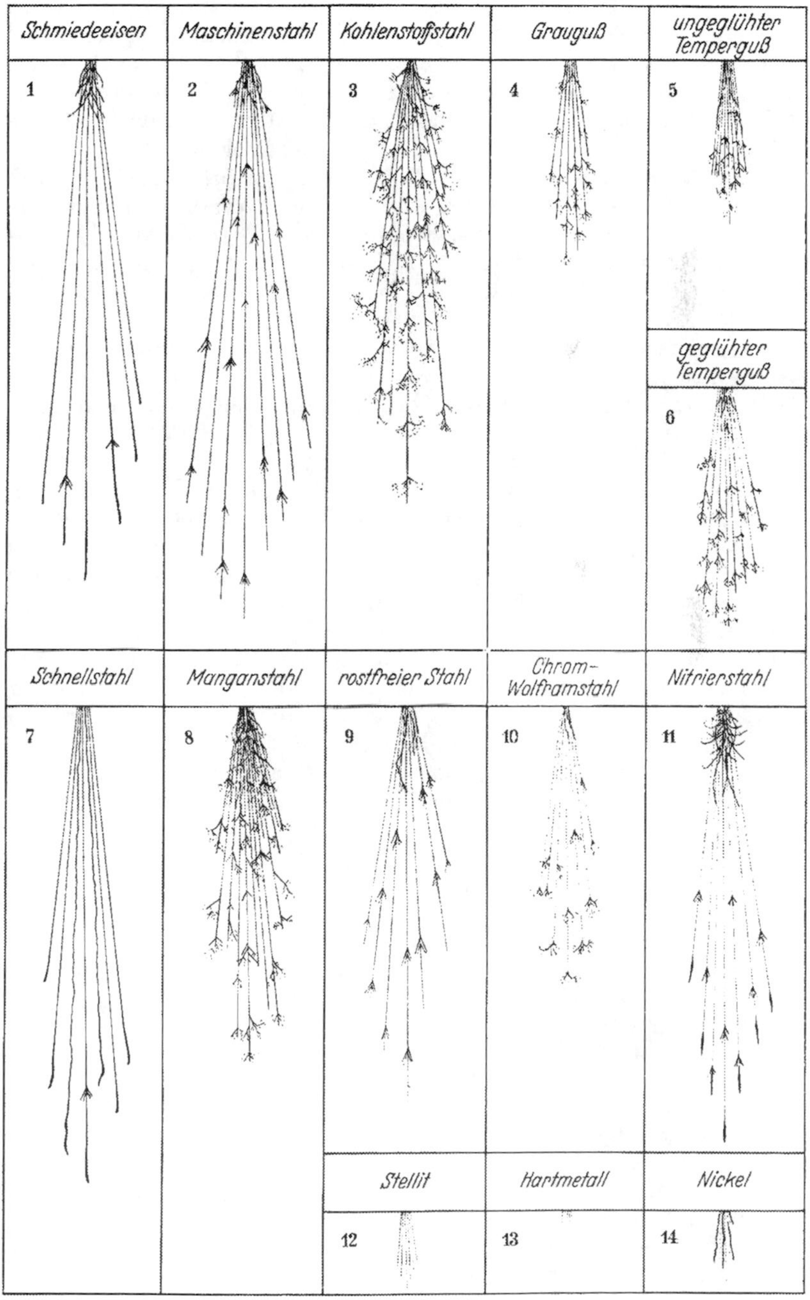

1 Schmiedeeisen
2 Maschinenstahl
3 Kohlenstoffstahl
4 Grauguß
5 ungeglühter Temperguß
6 geglühter Temperguß
7 Schnellstahl
8 Manganstahl
9 rostfreier Stahl
10 Chrom-Wolframstahl
11 Nitrierstahl
12 Stellit
13 Hartmetall
14 Nickel

Abb. 1. Funkenproben.

b) Acetatverfahren. Dieses Trennungsverfahren des Eisens, Aluminiums und Titans von den zweiwertigen Metallen, Mangan, Nickel, Kobalt und Zink beruht nach F. P. Treadwell (2) auf der hydrolytischen Spaltung des Ferri-, Aluminium- und Titanacetats in verdünnter Lösung, wobei sich Essigsäure und basische unlösliche Acetate bilden, während die Acetate der zweiwertigen Metalle in Lösung bleiben.

c) Das Ammoniumcarbonatverfahren nach H. und W. Biltz (1) beruht auf der gleichen Grundlage wie das Acetatverfahren, nämlich der Einstellung der Grenz-p_H-Werte, bei denen Ferrihydroxyd schon ausfällt, aber Manganhydroxyd noch in Lösung bleibt. Es gestattet eine Abtrennung des Mangans von Eisen und Aluminium.

Die das Mangan enthaltende Lösung wird auf etwa 400 cm^3 verdünnt mit 5 cm^3 konzentrierter Salzsäure und dann in der Hitze mit Ammoniak bis zur schwach alkalischen Reaktion versetzt, wobei alles Eisen und Aluminium und geringe Mengen des Mangans ausfallen. Man filtriert ab, wäscht aus und spritzt den Niederschlag mit möglichst wenig heißem Wasser vom Filter in eine Porzellankasserolle und wäscht das Filter mit wenig heißer Salzsäure (1 + 1) und heißem Wasser nach. Die Lösung wird zum Entfernen des Chlors durchgekocht und auf etwa 100 cm^3 eingeengt. Nach dem Abkühlenlassen auf Zimmertemperatur setzt man 5 g Ammoniumchlorid zu, dann tropfenweise zuerst eine mäßig starke und zuletzt eine stark verdünnte frisch bereitete Lösung von Ammoniumcarbonat. Der jeweils entstehende Niederschlag löst sich beim Umrühren zunächst schnell, dann langsamer wieder auf. Der Endpunkt wird daran erkannt, daß die Lösung nicht mehr durchsichtig ist, aber noch keine Spur von Niederschlag abgesondert hat. Sie darf beim Stehenlassen auf Zimmertemperatur nicht wieder klar werden, eher etwas trüb sein. Erwärmt man nun langsam zum Sieden, so scheidet sich das Eisen rein ab, das heiß filtriert und mit ammoniumchloridhaltigem Wasser ausgewaschen wird. Eine Probe des Filterinhaltes wird mit Natriumcarbonat unter Zusatz von etwas Salpeter oder Natriumperoxyd geschmolzen und so auf Manganfreiheit geprüft. Sollte Mangan mitgefallen sein, so ist die Fällung zu wiederholen.

d) Bariumcarbonatverfahren. Ferrisalze (nicht aber Ferrosalze), Aluminium-, Chromi-, Titan- und Uransalze werden in der Kälte durch alkalifreies Bariumcarbonat hydrolytisch gespalten und als Hydroxyde ausgefällt, während die zweiwertigen Metalle, Mangan, Nickel, Kobalt und Zink in Lösung bleiben [F. P. Treadwell (3)].

e) Komplexverbindungen mit organischen Stoffen erlauben die Trennung einzelner Elemente, z. B. die Trennung des Eisens von den Alkalien und Erdalkalien, von Mangan und Aluminium nach R. Berg (2).

H. Biltz und O. Hötke trennen Eisen von Aluminium und Chrom durch Fällen mit Cupferron (Nitrosophenylhydroxylaminammonium). Man läßt am Rande der in einem Becherglase befindlichen Versuchslösung langsam die Cupferronlösung unter Umrühren zufließen, wobei ein rotbrauner flockiger Niederschlag entsteht. Das Ende der Fällung wird leicht am Auftreten eines weißen feinkristallinen Niederschlages von Cupferron erkannt. Zur völligen Abscheidung des Eisens ist ein Überschuß von etwa $^1/_5$ der erforderlichen Menge Cupferron nötig (0,1 g Eisen benötigen

0,833 g Cupferron). Nach etwa 15—20 Minuten langem Stehen wird filtriert, der Niederschlag mit doppelt normaler Salzsäure und hierauf mit Wasser säurefrei gewaschen und zur Entfernung des Reagensüberschusses mit verdünntem Ammoniak und zum Schluß wieder mit Wasser nachgewaschen. Hierauf wird vorsichtig verascht und geglüht und als Fe_2O_3 ausgewogen.

H. Nissenson trennt das Eisen von Nickel und Kobalt in Speisen durch Lösen von 1 g Speise in mit Brom gesättigter konzentrierter Salzsäure. Die Lösung wird zur Vertreibung des Arsens eingedampft, der Rückstand mit verdünnter Schwefelsäure aufgenommen und bis zur Entwicklung von SO_3-Dämpfen abgeraucht. Nach Erkaltenlassen wird mit Wasser aufgenommen, vom Bleisulfat abfiltriert und das Filtrat mit Schwefelwasserstoff gesättigt. In diesem Filtrat wird der Schwefelwasserstoff verkocht, mit Wasserstoffperoxyd oder Ammoniumpersulfat oxydiert und tropfenweise mit einer 8%igen wäßrigen Cupferronlösung unter stetem Schütteln das Eisen ausgefällt.

Endlich gibt noch W. Prodinger (2) Trennungsmethoden des Eisens vom Mangan, Aluminium, Magnesium und Phosphorsäure mit Sulfosalicylsäure an.

f) Besondere Möglichkeiten der Trennung, besonders von den nichtmetallischen Einschlüssen der Eisenlegierungen, bieten die Verflüchtigungsverfahren im Chlor- oder Chlorwasserstoffstrom, sowie die anodische Auflösung.

III. Sonder-Verfahren.

A. Die Untersuchung der Erze.

1. Probenahme (I, 33 und II, 2, 879), ferner Hdb.

2. Gesamtanalyse von Erzen werden im allgemeinen nur bei unbekannten und neuen, erstmals in den Fabrikationsgang gebrachten Vorkommen durchgeführt, oder in größeren Abständen zur Prüfung auf etwaige Änderungen der Zusammensetzung. In allen anderen Fällen bestimmt man nur einzelne sowohl wertvolle als auch schädliche Bestandteile.

a) Die Feuchtigkeitsbestimmung (II/2, 1296) hat sofort bei der Probenahme in einem möglichst schnell auf Erbsengröße zerkleinerten Anteil des Probegutes durch Trocknen bei 105° zu erfolgen.

b) Chemisch gebundenes Wasser (II/2, 1296) wird direkt bestimmt durch Erhitzen einer genau gewogenen und bei 105° getrockneten Erzmenge im Verbrennungsrohr unter Durchleiten eines getrockneten Luftstromes auf etwa 4—500° C und Auffangen des Wasserdampfes im gewogenen Calciumchloridröhrchen. Enthält das Erz außer Carbonaten und Eisenoxydul noch organische Bestandteile, so ist eine Wasserbestimmung in dieser Weise unmöglich (II/2, 1297). Sind die Erze frei von all den genannten Stoffen, so können auch die Glühverlustbestimmungsmethoden angewendet werden.

c) Kohlendioxyd (II/2, 1336) wird nach Zersetzung der Carbonate mit verdünnten Mineralsäuren als solches in gewogenen Natronkalkröhrchen aufgefangen und zur Wägung gebracht. Die Zersetzung des Erzes erfolgt in einem Kolben nach Corleis oder ähnlicher Ausführung durch verdünnte Mineralsäure bei Gegenwart von Quecksilberchlorid zur Bindung etwa auftretenden Schwefelwasserstoffs. An den Corleis-Kolben schließen sich der Reihe nach an, eine Waschflasche mit Chromsäure oder ein Röhrchen mit Kupfersulfatbimsstein[1], eine Waschflasche mit konzentrierter Schwefelsäure, ein U-Röhrchen mit Phosphorpentoxyd, 2 U-Röhrchen mit Natronkalk und Phosphorpentoxyd oder 2 Absorptionsgefäße mit Kalilauge, 1 Natronkalkröhrchen und zum Abschluß 1 Blasenzähler mit konzentrierter Schwefelsäure. Zur Reinigung der Luft wird 15%ige Kalilauge und ein Natronkalkturm vorgeschaltet. Je nach dem zu erwartenden Kohlensäuregehalt werden 0,5—5 g der feingepulverten, bei 105° getrockneten Erzprobe in den Zersetzungskolben gebracht und mit so viel CO_2-freiem Wasser angeschlämmt, daß das beinahe an den Boden reichende Rohr eben eintaucht. Nachdem man zur Verdrängung der im Kolben befindlichen Kohlensäure $^1/_2$ Stunde lang CO_2-freie Luft durchgeleitet hat, gibt man nach Einschalten des gewogenen Absorptionsröhrchens durch das seitliche Trichterrohr schnell 50 cm³ verdünnte Schwefelsäure zu, setzt den Schliffstopfen wieder auf und dichtet mit Wasser ab. Sobald der durch die Gasentwicklung entstehende Überdruck nachläßt, wird ein gleichmäßiger kohlensäurefreier Luft- oder Stickstoffstrom durch die Apparatur geleitet, der Kolben langsam mit kleiner Flamme angeheizt und $^1/_2$ Stunde in gelindem Sieden erhalten. Hierauf läßt man unter weiterem Durchleiten von Luft völlig erkalten und bringt die Natronkalkröhrchen zur Wägung. Die Zunahme stellt direkt den Gehalt an Kohlendioxyd in Gramm in der Einwaage dar.

Häufig genügt auch die Bestimmung des Glühverlustes durch Glühen einer bestimmten Menge des Eisens im Porzellantiegel in der Muffel bis zur Gewichtskonstanz (II/2, 1297).

d) Untersuchungsgang aus einer Einwaage bei Abwesenheit von Barium, Strontium, Nickel und Zink. Bei Anwesenheit organischer Stoffe (Rasenerze, Kohleneisensteine) sind die Erze vor der Säurebehandlung im Porzellantiegel auszuglühen. Enthalten die Erze leicht flüchtige Stoffe, wie Arsen, Schwefel, Kohlensäure usw., die bei der Glühbehandlung flüchtig sind oder Veränderungen erleiden, so sind diese Stoffe in besonderen Einwaagen zu bestimmen. Enthält das Erz mehr als 1% Fluor, so treten bei der Säurebehandlung erhebliche Verluste an Kieselsäure infolge von Verflüchtigung von Siliciumtetrafluorid auf. In diesem Falle hat die Kieselsäurebestimmung in einer besonderen Einwaage zu geschehen.

Zur Bestimmung der Kieselsäure werden bei Abwesenheit von Fluor 1—5 g der feingepulverten und getrockneten Erzprobe in einem Becherglase von 400 cm³ Inhalt in 40 cm³ Salzsäure (1,19) unter Erwärmen gelöst, mit 5 cm³ Salpetersäure (1,4) oxydiert, zur Trockne verdampft und dieser Rückstand 1 Stunde lang auf 135° erhitzt. Nach Durchfeuchten des Rückstandes mit 30 cm³ Salzsäure (1,19) und Versetzen mit

[1] Dieselbe kann fortfallen, wenn man der Lösungssäure Quecksilberchlorid zugesetzt hat.

heißem Wasser filtriert man durch ein mittelhartes Filter und wäscht den Rückstand abwechselnd mit heißem bzw. heißem salzsäurehaltigem Wasser (1 : 3) aus. Das Filtrat und die Waschwässer dampft man zur Erfassung der restlichen Kieselsäuremengen abermals zur Trockne ein, erhitzt den Rückstand 1 Stunde lang auf 135° C, nimmt mit Salzsäure auf und filtriert die unlösliche Kieselsäure ab (Hauptfiltrat = F_H). Das Eindampfen und Abfiltrieren geschieht gegebenenfalls noch ein drittes Mal. Die vereinigten Filterrückstände, die die gesamte Kieselsäure neben sonstigen Verunreinigungen (Fe_2O_3, TiO_2, P usw.) enthalten, werden im gewogenen Platintiegel bei 1200—1250° verascht, die Rohkieselsäure nach Stadeler (1) mit 0,5 cm³ Schwefelsäure (1 : 4) und 10—30 cm³ Flußsäure versetzt, zur Trockne verdampft, geglüht und zurückgewogen. Die Gewichtsdifferenz stellt den Gehalt an Kieselsäure dar. Der im Tiegel noch verbleibende Rückstand wird in Salzsäure (1,19) bzw. nach vorherigem Aufschluß mit Kaliumnatriumcarbonat gelöst, vom Platin durch Fällen mit Schwefelwasserstoff getrennt und die abfiltrierte Lösung mit dem Hauptfiltrat F_H vereinigt.

Bei Gegenwart von Fluor werden (nach Hdb. S. 16) 0,5—1,0 g der feingepulverten Probe im Platintiegel mit 10 g Kaliumnatriumcarbonat vorsichtig über kleiner Bunsenflamme oder in der elektrisch beheizten Muffel bis zur Beendigung der Kohlensäureentwicklung bei schwacher Rotglut aufgeschlossen. Die Schmelze wird in einer Platinschale mit Wasser unter Erwärmen herausgelöst, vom unlöslichen Rückstande abfiltriert (F_1) und der Rückstand mit heißem sodahaltigem Wasser ausgewaschen. Dieser Rückstand (R_1) wird im Platintiegel eben verascht und ein zweites Mal mit Kaliumnatriumcarbonat aufgeschlossen und in gleicher Weise behandelt. Der hierbei anfallende gut ausgewaschene Rückstand (R_2) wird zunächst zurückgestellt. Das Filtrat (F_2) wird mit dem ersten Filtrat (F_1) vereinigt und die Lösungen mit verdünnter Salpetersäure mit Phenolphthalein als Indicator vorsichtig fast neutralisiert, wobei ein Sauerwerden unbedingt zu vermeiden ist. Nunmehr setzt man portionsweise 3—4 g festes Ammoniumcarbonat zu, kocht, bis der NH_3-Geruch nur noch schwach wahrnehmbar ist, und läßt bei 30—40° C etwa 12 Stunden stehen, wobei sich keine Salze ausscheiden dürfen und der größte Teil der Kieselsäure ausflockt. Man filtriert ab und wäscht mit warmem, 0,5% ammoniumcarbonathaltigem Wasser aus (F_3). Der Rückstand (R_3) wird nun mit dem Rückstand R_2 nach schwachem Veraschen mit Salzsäure behandelt, die Lösung zur Trockne verdampft, der Trockenrückstand 1 Stunde auf 135° C erhitzt, mit Salzsäure durchfeuchtet, mit Wasser aufgenommen, diese Lösung abfiltriert und der Rückstand (R_4) ausgewaschen. Filtrat (F_4) und Waschwässer werden noch ein zweites Mal zur Trockne verdampft und wie eben behandelt (R_5) und (F_5). Das Filtrat F_3, das die letzten Reste der Kieselsäure enthält, wird nach Seemann in einer großen Platinschale auf etwa 100 cm³ eingeengt, mit verdünnter Salpetersäure neutralisiert, so daß die Lösung eben noch alkalisch reagiert und durchgekocht. Die dabei auftretende Rotfärbung wird wieder mit Salpetersäure fortgenommen, bis nur noch ein geringer Verbrauch davon nötig ist. Dann wird mit 20 cm³ Schaffgotschscher Lösung (s. unten) versetzt.

Man rührt gut durch, läßt über Nacht stehen, filtriert vom unlöslichen Rückstand (R_6) ab und wäscht mit kaltem Wasser aus (F_6). Nun gibt man das Filter in einen gewogenen Platintiegel, verascht unter gut ziehendem Abzug (Quecksilberdämpfe!), gibt die Rückstände R_4 und R_5 hinzu, verascht und glüht 2 Stunden bei 1200° C in der elektrischen Muffel, bis zur Gewichtskonstanz und wägt aus. Durch Abrauchen mit Schwefelsäure-Flußsäure wird die reine Kieselsäure als Differenzwägung ermittelt. Die Schaffgotschsche Lösung wird bereitet durch Auflösen von 250 g Ammoniumcarbonat in 180 cm³ Ammoniak 0,92 und Auffüllen mit Wasser auf 1 l. Zur kalten Lösung gibt man 20 g frisch gefälltes Quecksilberoxyd hinzu und schüttelt die Lösung bis zur vollständigen Auflösung.

Zur Bestimmung des Fluors in Filtrat F_6 verkocht man die Hauptmenge Ammoniak, setzt 1—2 cm³ $^1/_2$n-Silbernitratlösung zu, wodurch alles Carbonat, Phosphat, Chromat und Vanadat ausgefällt wird. Nach Absitzenlassen in der Wärme wird der Niederschlag abfiltriert und mit heißem Wasser, dem einige Tropfen Silbernitratlösung zugesetzt werden, ausgewaschen. Im Filtrat wird das überschüssige Silbernitrat mit 5 cm³ 1%iger Kochsalzlösung ausgefällt, das Chlorsilber abfiltriert und heiß ausgewaschen. Nunmehr setzt man (Hdb., S. 126) dem Filtrat 2 cm³ einer 10%igen Sodalösung hinzu, dampft auf 150 cm³ ein und versetzt mit 10 cm³ Calciumchloridlösung, kocht kurz auf und läßt den aus Calciumfluorid und Calciumcarbonat bestehenden Niederschlag vollständig absitzen, filtriert durch ein dichtes, mit Filterschleim beschicktes, gehärtetes Filter, wäscht 5mal mit sodahaltigem Wasser aus, verascht vorsichtig in einer Platinschale und glüht bei dunkler Rotglut. Nach dem Erkalten setzt man 100 cm³ 10%ige Essigsäure hinzu, dampft zur Trockne ein und erwärmt auf der Dampfplatte, bis der Geruch nach Essigsäure verschwunden ist. Der Rückstand wird mit wenig heißem Wasser aufgenommen, zum Sieden erhitzt, mit einigen Tropfen verdünnter Essigsäure versetzt und durch ein kleines Filter abfiltriert. Zur Entfernung von Spuren von Calciumsulfat wäscht man den Niederschlag auf dem Filter mit einer warmen 25%igen Natriumthiosulfatlösung 3—4mal und hierauf 3mal mit heißem Wasser aus. Nach dem Trocknen wird der Rückstand möglichst vom Filter entfernt, das Filter für sich verascht, die Asche mit dem Rückstand vereinigt und im gewogenen Platintiegel bei schwacher Rotglut bis zur Konstanz geglüht und ausgewogen. Auswaage × 0,4867 ist Fluor. Zur Prüfung auf Reinheit wird das ausgewogene Calciumfluorid durch Abrauchen mit einigen Tropfen Schwefelsäure 1 : 4 in Calciumsulfat übergeführt. 1 g CaF_2 = 1,74 g $CaSO_4$.

e) Untersuchungsgang bei Gegenwart von Barium, Strontium, Nickel und Zink. Man setzt (vgl. auch Schema 1) der nach d) erhaltenen Erzlösung 10 cm³ Schwefelsäure (1+1) hinzu und dampft bis zum Auftreten weißer Nebel ein. Nach Abkühlenlassen verdünnt man mit 100 cm³ Wasser, setzt noch 5 cm³ Schwefelsäure (1+1) zu, kocht bis zur völligen Lösung der löslichen Sulfate und filtriert nach Zusatz von 15 cm³ Alkohol und Erkaltenlassen durch ein wenn nötig mit etwas Filterschleim beschicktes hartes Filter. Das Filter wird mit schwefelsäure- und alkoholhaltigem Wasser (1+1+100) eisenfrei

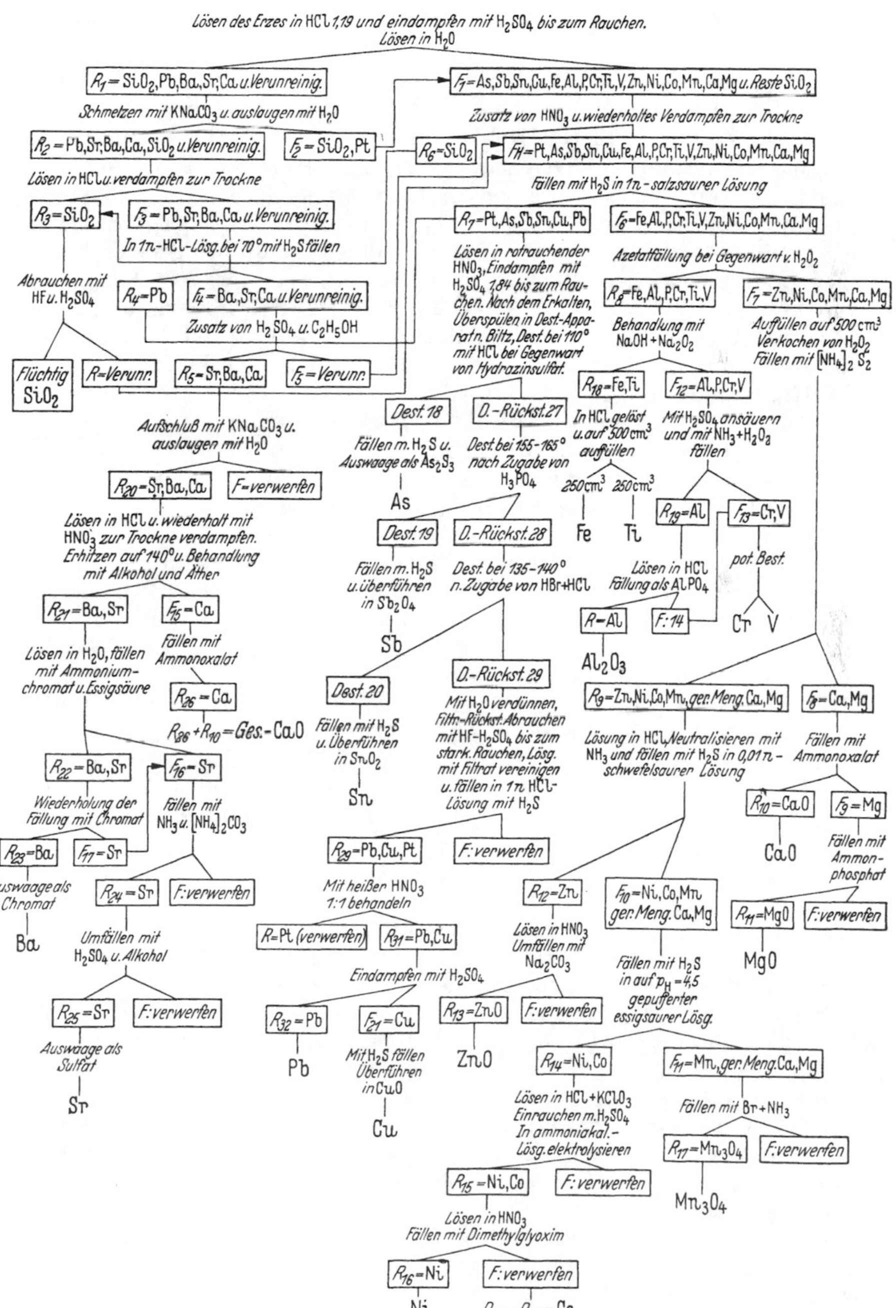

Abb. 2. Untersuchungsgang für Erze bei Anwesenheit von Ba, St, Co, Ni, Zn.

gewaschen (R_1). Das Filtrat F_1 wird zum Eindampfen auf die Dampfplatte gesetzt.

Filter und Rückstand R_1 (Barium-, Strontium — gegebenenfalls auch Bleisulfat, sowie die Hauptmenge SiO_2 und Verunreinigungen) werden im schräg stehenden Platintiegel vorsichtig — gegebenenfalls Filter und Rückstand getrennt — verascht (Verflüchtigung von Pb!) und mit Natriumkaliumcarbonat aufgeschlossen. Die Schmelze wird mit heißem Wasser ausgelaugt und filtriert. Der Rückstand (R_2) der Carbonate wird mit kochendem Wasser ausgewaschen und das Filtrat (F_2) mit Waschwassern vorsichtig schwach angesäuert und mit dem Filtrat F_1 vereinigt. Der noch durch Oxyde und Reste Kieselsäure verunreinigte Carbonatniederschlag R_2 wird mit Salzsäure behandelt und diese Lösung zur Abscheidung der SiO_2 zur Trockne verdampft. Nach Wiederaufnahme des Rückstandes mit Salzsäure wird von der Kieselsäure abfiltriert und der Rückstand (R_3) gut ausgewaschen. Das Filtrat F_3 wird nach J. Kunz durch Verdünnen auf eine HCl-Konzentration von $^1/_1$ n gebracht und bei 70° das Blei durch Schwefelwasserstoff ausgefällt, vom Niederschlage (R_4) abfiltriert, ausgewaschen und mit R_7 vereinigt.

In dem Filtrat der Schwefelwasserstoffällung (F_4) werden nach Zusatz einiger Tropfen Schwefelsäure (1 : 1) und Alkohol in der Siedehitze die Sulfate von Barium und Strontium ausgefällt, nach mehrstündigem Stehen abfiltriert und mit heißem schwefelsäure- und alkoholhaltigem Wasser (1+1+100) ausgewaschen (R_5). Filtrat und Waschwasser F_5 hiervon werden mit (F_H) vereinigt. Das Filtrat F_1 wird nach Zusatz von 5 cm³ Salpetersäure (1,4) wiederholt zur Trockne eingedampft, die Kieselsäure abfiltriert und ausgewaschen (R_6). Die beiden Filter R_3 und R_6 werden dann zusammen im gewogenen Platintiegel verascht und die Kieselsäure in bekannter Weise bestimmt und gereinigt. Der Abrauchrückstand wird gegebenenfalls nach vorherigem Aufschluß in Salzsäure gelöst und mit dem Hauptfiltrate F_H vereinigt.

Diese Lösung (F_H) wird nun nach Zusatz von Ammoniak bis zur schwach alkalischen Reaktion mit 30 cm³ alzsäure (1,19) versetzt, auf etwa 300 cm³ verdünnt, erhitzt und mit Schwefelwasserstoff gesättigt, wobei die Sulfide von Platin, Arsen, Antimon, Zinn, Blei und Kupfer und — soferne von Anfang oxydierend gelöst wurde — alles Arsen, neben geringen Mengen Eisen ausgefällt werden, die nach dem Destillationsverfahren (S. 660) getrennt und bestimmt werden können (R_7).

Das Filtrat F_6 von der Schwefelwasserstoffällung wird durch Kochen von diesem befreit, mit einigen Tropfen Perhydrol oxydiert und nach H. und W. Biltz (2) (S. 159) in eine große Porzellanschale übergespült, mit Kaliumchlorid (2 Mole KCl auf 1 Atom Fe) versetzt und auf dem Wasserbad eingedampft. Das zugesetzte Kalium bildet dabei Ferri- bzw. Zinkdoppelsalze, die beim Eindampfen nicht basisch werden und daher leicht löslich bleiben. Der nach dem Eindampfen auf dem Wasserbad gerade noch den richtigen Restsäuregehalt aufweisende Schaleninhalt wird mit wenig kaltem Wasser aufgenommen, mit einer konzentrierten, durch einige Tropfen Essigsäure schwach angesäuerte Lösung von 5 g kristallisiertem Natriumacetat und nach M. Carus mit einigen Kubikzentimetern 3%igem Wasserstoffperoxyd versetzt. Die tiefrote

Lösung wird mit 6—700 cm³ Wasser verdünnt und unter Umrühren fast bis zum Kochen erhitzt: Die Flüssigkeit entmischt sich fast augenblicklich. Rotbraunes Ferrihydrat bzw. basisches Acetat neben Phosphat scheiden sich ab. Der Zusatz von Wasserstoffperoxyd verhindert die Bildung höherwertigen Mangans. Nach einigermaßen erfolgtem Absetzen filtriert man durch ein großes mittelhartes Filter, wäscht mit siedend heißem, etwas Natriumacetat und Wasserstoffperoxyd enthaltendem, zuletzt einige Male nur mit reinem heißem Wasser aus (R_8). Für genaue Analysen ist die Wiederauflösung in Salzsäure und Wiederholung der Fällung notwendig.

Das erhaltene Filtrat F_7 und die Waschwässer werden auf etwa 200 cm³ eingedampft, etwa noch sich abscheidende Flöckchen von Ferrihydrat abfiltriert und mit R_8 vereinigt.

Wenig Chrom und Aluminium werden neben viel Eisen nach W. D. Treadwell (2) vollständig mitgefällt; bei viel Cr und Al versagt die Acetatfällung; hier führen das Ammoniak- oder das Hexamin- bzw. Nitritverfahren (G. Wynkoop) oder die Jodid-Jodatmethode (A. Stock und C. Massaziu) zum Ziel. Bei viel Phosphor muß gegebenenfalls noch Eisensalz zugesetzt werden.

Das Filtrat F_7 wird durch Kochen von überschüssigem Wasserstoffperoxyd befreit, dann in einem 500-cm³-Meßkolben mit 10 g festem Chlorammonium und kohlensäurefreiem Ammoniak bis eben zur alkalischen Reaktion und hierauf mit frisch bereitetem Schwefelammonium versetzt, bis zur Marke aufgefüllt und gut durchgeschüttelt. Nach Stehenlassen bis zur Klärung gießt man möglichst die klare Lösung durch ein mittelhartes Filter in ein trockenes Becherglas und verwendet 250 cm³ (F_8 bzw. F_9) zur Kalk- und Magnesiabestimmung (II/2, 1324) R_{10} = CaO, R_{11} = MgO. Nunmehr bringt man den gesamten Sulfidniederschlag (R_9) auf ein Filter, läßt ohne dasselbe auszuwaschen, gut abtropfen, spült den Niederschlag mit verdünnter Salzsäure mit einigen Tropfen Perhydrol in ein Becherglas über und vereinigt diese Lösungen mit der Hauptlösung. Man neutralisiert eben mit Ammoniak, bringt auf etwa 200 cm³, macht 0,01 n schwefelsauer und setzt 5 g Ammonsulfat zu. Nun wird in die heiße Lösung Schwefelwasserstoff bis zum Erkalten eingeleitet und 1—2 Stunden stehengelassen: Zinksulfid (R_{12}) wird abfiltriert, mit H_2S-haltigem Wasser ausgewaschen, und — falls nicht rein weiß — in verdünnter Salpetersäure nochmals gelöst, zur Trockne auf dem Wasserbade eingedampft, mit Schwefelsäure abgeraucht und erneut mit Schwefelwasserstoff gefällt. Nach Auflösen in etwas Salzsäure und Wasserstoffperoxyd wird mit Soda umgefällt und als ZnO (R_{13}) ausgewogen.

Das alles Nickel, Kobalt und Mangan enthaltende Filtrat (F_{10}) wird zur Vertreibung des Schwefelwasserstoffs durchgekocht und mit Ammoniak eben neutralisiert. Hierauf setzt man 4 g Ammoniumsulfat hinzu, puffert die Lösung mit 4 cm³ Eisessig auf $p_H = 4{,}5$, verdünnt auf 200 cm³ und leitet in die siedend heiße Lösung 20 Minuten Schwefelwasserstoff ein, wodurch die Hauptmenge von Nickel und Kobalt als Sulfide ausfallen. Der noch kolloidal suspendierte Anteil der Sulfide wird nun mit Hilfe von gebildeter Schwefelmilch niedergeschlagen.

Zu diesem Zwecke wird der etwas abgekühlten Lösung 5 cm^3 einer 5%igen Natriumsulfitlösung zugefügt und das Einleiten von Schwefelwasserstoff noch 5 Minuten fortgesetzt. Die Sulfitzusätze werden so lange wiederholt, bis sich die Schwefelmilch rein weiß ausscheidet, dann wird nochmals mit Schwefelwasserstoff gesättigt, durch ein Filter abfiltriert und mit 0,5%iger schwefelwasserstoffhaltiger Essigsäure ausgewaschen. Der alles Kobalt und Nickel enthaltende Niederschlag (R_{14}) wird mit Salzsäure und Kaliumchlorat in einem Becherglas gelöst, die Lösung mit 10 cm^3 Schwefelsäure eingeraucht, verdünnt, mit Ammoniak übersättigt, elektrolysiert und in bekannter Weise getrennt und bestimmt. Die gewogenen Metalle Kobalt und Nickel (R_{15}) werden in Salpetersäure gelöst, das Nickel mit Dimethylglyoxim ausgefällt und auf Metall umgerechnet (R_{16}) und von der Summe abgezogen, wodurch der Gehalt an Kobalt ermittelt wird. Im Filtrat (F_{11}) befindet sich alles Mangan, das mit Brom und Ammoniak in bekannter Weise ausgefällt (R_{17}) und als Mn_3O_4 zur Wägung gebracht wird.

Der Rückstand (R_8) wird in möglichst wenig Salzsäure gelöst, mit Soda neutralisiert und die Lösung unter kräftigem Umrühren in Natronlauge eingegossen. Hierauf wird Bromwasser oder Wasserstoffperoxyd zur Oxydation des Chroms und Vanadins hinzugefügt, bis die Lösung rein gelb erscheint. Der Überschuß der Oxydationsmittel wird durch Auskochen entfernt und die nunmehr gelb gefärbte Lösung durch ein mittelhartes Doppelfilter abfiltriert und mit heißem Wasser ausgewaschen. Bei Anwesenheit größerer Mengen Chrom ist die Fällung zu wiederholen. Der Rückstand (R_{18}), der nunmehr alles Eisen und Titan enthält, wird in Salzsäure gelöst und auf 500 cm^3 aufgefüllt. In je 250 cm^3 wird das Eisen durch Titration mit Kaliumpermanganat und das Titan auf colorimetrischem Wege ermittelt.

Das Filtrat (F_{12}) wird mit Schwefelsäure angesäuert und mit Ammoniak unter Zugabe von Wasserstoffperoxyd gefällt. Der Rückstand (R_{19}) enthält ein Gemisch von Aluminiumphosphat und Aluminiumoxyd neben geringen Mengen Chrom bzw. Vanadin. Der Niederschlag wird hierauf nochmals mit Salzsäure gelöst und die Fällung mit Ammoniak in Gegenwart von Wasserstoffperoxyd wiederholt. Nach nochmaligem Lösen in Salzsäure wird in bekannter Weise als Aluminiumphosphat gefällt und zur Wägung (R) gebracht.

Das Filtrat (F_{13}) wird mit dem Filtrat und dem Waschwasser der Aluminiumfällungen vereinigt und auf ein bestimmtes Volumen gebracht. In aliquoten Teilen wird dann Chrom und Vanadin potentiometrisch (bei viel Cr und V nur ein Teil) bestimmt; Phosphor wird in einer Sondereinwaage bestimmt.

Selbstverständlich kann die Bestimmung der einzelnen Stoffe Fe, Al, Ti, Ca, Mg usw. auch in einzelnen Teilvolumen geschehen, wobei aber zweckmäßig das Eisen in einer besonderen Einwaage bestimmt wird, da durch das wiederholte zur Trockne Verdampfen und Erhitzen leicht Verluste infolge Verflüchtigung eintreten können.

Der alles Barium- und Strontiumsulfat neben anhaftenden geringen Mengen Calciumsulfat enthaltende Rückstand (R_5) wird mit $KNaCO_3$ aufgeschlossen, die Schmelze mit Wasser ausgelaugt und vom ungelösten

Rückstande (R_{20}) abfiltriert. Nach gutem Auswaschen des Rückstandes mit heißem Wasser wird derselbe in wenig heißer Salzsäure (1:10) gelöst und mehrere Male unter Zusatz von HNO_3 (1,4) vorsichtig zur Trockne verdampft. Das Salzgemisch wird dann mit wenig Wasser aufgenommen und die Lösung in einem gewogenen 300-cm³-Erlenmeyerkolben übergespült. Unter beständigem Durchsaugen von trockener warmer Luft wird der Kolbeninhalt im Ölbad bei 110° nochmals zur Trockne gedampft. Ist alles Wasser verdunstet, so steigert man die Temperatur auf 140° C und hält etwa 2 Stunden unter beständigem Durchstreichen von trockener warmer Luft auf dieser Temperatur.

Nach dem Erkalten versetzt man zwecks Abtrennung des Bariums und Strontiums von dem beigemengten Calcium die trockenen Salze mit der 10fachen Gewichtsmenge absoluten Alkohol, verkorkt und läßt unter häufigem Umschütteln etwa 2 Stunden stehen. Darauf setzt man ein gleiches Volumen wasserfreien Äthers hinzu, verschließt und schüttelt gut um. Nach 12 Stunden filtriert man durch ein mit Äther-Alkohol benetztes Filter (R_{21}) und wäscht mit Äther-Alkohol aus, bis einige Tropfen Waschwasser beim Verdampfen auf dem Platinblech keinen Rückstand mehr hinterlassen.

Bei Calciumnitratmengen bis zu etwa 0,5 g ist die geschilderte Trennung vollständig; bei größeren Mengen ist aber der Rückstand von Barium- und Strontiumnitrat fast immer noch mit Calciumnitrat verunreinigt. In diesem Falle löst man erneut in Wasser auf, verdampft wie oben zur Trockne und wiederholt die Fällung. Die so vom Calcium befreiten Filtrate des Strontiums und Bariums werden in wenig Wasser gelöst und auf 300 cm³ je 1 g Salzgemisch verdünnt, gekocht und mit 6 Tropfen Essigsäure (1,065) und etwa 10 cm³ Ammoniumchromatlösung (1 + 10) versetzt. Nach einer Stunde filtriert man ab (Filtrat F_{16}) und wäscht den Bariumchromatrückstand (R_{22}) mit ammoniumchromathaltigem Wasser (1 + 100) aus, bis das Durchlaufende mit Ammoniak und Ammoniumcarbonat keine Fällung mehr ergibt. Dann wäscht man weiter mit reinem, warmem Wasser, bis das letzte Waschwasser mit neutralem Silbernitrat nur noch eine ganz geringe rötlichbraune Färbung ergibt.

Da das so ausgefällte Bariumchromat aber immer noch mitgefallenes Strontiumchromat enthält, spritzt man zur Wiederauflösung den Niederschlag in das Becherglas zurück, löst den am Filter noch haftenden Teil mit Salpetersäure (1 + 10) ebenfalls in das Becherglas und fügt tropfenweise noch 2 cm³ Salpetersäure (1 + 10) hinzu, daß der Niederschlag beim Erwärmen gerade völlig gelöst wird. Man verdünnt mit Wasser auf 200 cm³, erhitzt und setzt nach und nach unter ständigem Umrühren 6 cm³ Ammoniumacetat (3 + 10) und Ammoniumchromat bis zum Verschwinden des Essigsäuregeruches hinzu. Nach einer Stunde gießt man die Flüssigkeit durch einen gewogenen Goochtiegel und behandelt den Niederschlag im Becherglas mit heißem Wasser, läßt erkalten, filtriert, bringt den Niederschlag (R_{23}) in den Tiegel und wäscht mit kaltem Wasser aus, bis das Filtrat (F_{17}) mit neutralem Silbernitrat nur noch eine geringe Opalescenz erzeugt. Das damit quantitativ abgeschiedene Bariumchromat wird nach Trocknen und vorsichtigem Glühen ausgewogen.

Die das Strontium enthaltenden Filtrate (F_{16}) und (F_{17}) werden vereinigt und unter Zusatz von 1 cm³ Salpetersäure (1,40) eingeengt. Das Strontium wird heiß mit Ammoniak und Ammoniumcarbonat gefällt.

Der stets chromsäurehaltige Niederschlag (R_{24}) von Strontiumcarbonat wird einige Male mit heißem Wasser ausgewaschen und in möglichst wenig Salzsäure (1+10) gelöst. Die Lösung wird mit 50 cm³ Schwefelsäure (1+10) versetzt, mit Alkohol auf das doppelte Volumen gebracht und umgerührt. Nach 12 Stunden Stehen ist die Fällung des Strontiums als Sulfat vollständig. Man filtriert ab, wäscht mit 50%igem, mit etwas verdünnter Schwefelsäure (1+100), versetztem Alkohol, dann mit reinem Alkohol bis zum Verschwinden der Schwefelsäurereaktion aus, trocknet das Filter, verascht vorsichtig und glüht schwach (R_{25}). $SrSO_4 \cdot 0{,}5642 = SrO$.

Das Filtrat (F_{15}) wird durch Eindampfen von Alkohol und Äther befreit, wieder mit etwas Salzsäure aufgenommen und Kalk in bekannter Weise durch Fällen mit Ammoniumoxalat bestimmt (R_{26}). Die hierbei prozentual ermittelte Menge (R_{26}) muß noch der aus (R_{10}) ermittelten hinzugezählt werden.

f) Einzelbestimmung der Bestandteile der Eisenerze. As, Sb, Sn. Die Trennung und Bestimmung bei Gegenwart von Bi, Cu und Mo wird zweckmäßig in einer größeren Einwaage nach H. und W. Biltz (3) (S. 327—340) bestimmt.

Je nach den zu erwartenden Gehalten werden 10—25 g der feingepulverten Erzprobe in einem 600 cm³ fassenden, mit einem Uhrglase bedeckten Becherglase mit 100—200 cm³ gesättigter Bromsalzsäure zunächst etwa 12 Stunden lang bei 70° und dann weiter nach Entfernung des Uhrglases bis zur restlosen Verdampfung des Broms behandelt. Die so erhaltene Lösung wird mit Wasser verdünnt und filtriert.

Nach mehrmaligem Auswaschen des Rückstandes mit heißem, salzsäurehaltigem Wasser wird das Filter mit Rückstand in ein kleines Becherglas gebracht und zur Zerstörung des Filters in der Wärme mit rauchender Salpetersäure behandelt. Ein Veraschen des Filters mit Rückstand ist wegen der Gefahr der Verflüchtigung des Antimons infolge Reduktion unbedingt zu vermeiden. Hierauf wird der Inhalt des Glases in eine Platinschale gebracht, mit 5 cm³ Schwefelsäure (1,84), sowie etwa 50 cm³ 40%iger Flußsäure versetzt und unter öfterem Umrühren mit einem Platinstab bis zum Auftreten von Schwefelsäuredämpfen erhitzt. Bei Gegenwart von viel Kieselsäure und zur restlichen Zerstörung der organischen Substanz wird das Abrauchen mit Salpeter-Flußsäure wiederholt. Bei dieser Behandlung[1] gehen auch die in Form von Kiesen und Blenden vorhandenen und bisher noch nicht angegriffenen Metallverbindungen in Lösung (vgl. H. Nissenson und F. Crotogino).

Nach dem Erkalten wird der Schaleninhalt vorsichtig mit etwas Wasser verdünnt, mit dem Filtrat vereinigt und das Ganze auf etwa 500 cm³ gebracht. In der unter Kühlung mit Ammoniak (0,91) bis zur eben noch schwach sauren Reaktion und dann weiter mit etwa 100 cm³

[1] Fußnote 1, S. 637.

Salzsäure (1,19) ein Überschuß versetzten, nunmehr etwa 2 n-HCl-sauren Lösung erfolgt die Trennung nach J. Kunz. Man sättigt die Lösung in der Kälte mit Schwefelwasserstoff, erwärmt mehrere Stunden auf 70°, filtriert den Niederschlag ab und wäscht ihn mit schwefelwasserstoffhaltigem Wasser aus. Nunmehr wird das Filter mit dem Niederschlag in ein 250 cm³-Becherglas gebracht, in der Wärme mit roter rauchender Salpetersäure sowie 2 cm³ Schwefelsäure (1,84) bis zur völligen Zerstörung der organischen Substanz behandelt und darauf die Schwefelsäure bis zum starken Rauchen eingedampft.

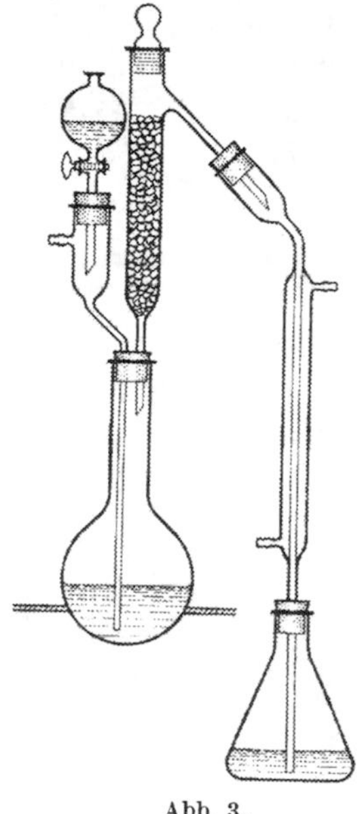

Abb. 3. Abdestillieren von Arsen.

Die Destillation der Lösung erfolgt aus einem weithalsigen Rundkolben von 150 cm³ Inhalt, 13—14 cm Halslänge und 2,5 cm innerer Halsweite (Abb. 3). Der Kolben steht auf einer Asbestplatte von 14×14 cm mit einer runden Öffnung von 6 mm Durchmesser in der Mitte. Für die Arsendestillation wird ein Kork- oder besser Gummistopfen (antimonfrei) mit zwei Bohrungen aufgesetzt. Durch die eine führt bis dicht an den Boden des Destillierkolbens ein Glasrohr; oberhalb des Kolbens ist es seitlich etwas abgebogen und führt zu einer Erweiterung, auf die ein Tropftrichter aufgesetzt wird, und an der seitlich ein Ansatz zum Einleiten von Kohlensäure angebracht ist. In die zweite Bohrung des Stopfens ist ein Fraktionieraufsatz eingepaßt, dessen unteres, innen etwa 8 mm weites Rohrende abgeschrägt ist. Es enthält eine 15—30 cm hohe und 2,5—3 cm breite Schicht grober, dünnwandiger Glasscherben. An den Aufsatz ist ein Kühler von etwa 20 cm Kühllänge angesetzt; das Ende des in seinem senkrechten Teile etwa 50 cm langen Kühlrohres ist unten auf 2 mm verjüngt und taucht in einen 750-cm³-Erlenmeyerkolben mit 50—100 cm³ Wasser. Man spült nun die mit Schwefelsäure eingedampfte Lösung mit etwas Wasser in den Kolben, setzt 2 g reines Hydrazinsulfat und 1 g Borax hinzu und läßt durch den Tropftrichter 100 cm³ Salzsäure (1,19) hinzufließen. Der Kolben wird mit kleiner Flamme unter gleichzeitigem Durchleiten eines schwachen Stromes schwefelwasserstofffreier Kohlensäure erhitzt. Ist der Inhalt des Kolbens bis auf etwa 30 cm³ abdestilliert, aber nicht weiter, da sonst Antimon mit übergehen kann, so gibt man weitere 30 cm³ Salzsäure (1,19) zu und destilliert auch diese über. Danach wechselt man die Vorlage, setzt nochmals 20—30 cm³ Salzsäure (1,19) hinzu und treibt wiederum bis auf 30 cm³ über. Das letzte Destillat verdünnt man auf das 5fache mit Wasser und prüft nach Zugabe von 1 g Kaliumbromid mit $^1/_{10}$ n-Kaliumbromatlösung. Erfolgt nach dem ersten Tropfen Farbumschlag, dann ist man sicher, daß sich in der ersten Vorlage alles Arsen befindet, das mit Schwefelwasserstoff ausgefällt in üblicher Weise bestimmt wird.

Für die folgende Destillation des Antimons muß der Fraktionieraufsatz zunächst restlos vom Antimon befreit werden. Man nimmt den Destillierkolben vom Stopfen und senkt ihn etwas. Die aus dem Stopfen herausragenden Rohre, das Gaseinleitungsrohr auch von innen, werden mit etwas Salzsäure (1,19) abgespült. Die Glasscherben werden durch Auftropfen von Salzsäure (1,19) von der Hauptmenge Antimon befreit. Dann verschließt man den Fraktionieraufsatz mit einem kleinen Stopfen und füllt warme Salzsäure (1,19) ein. Nach 10 Minuten langer Einwirkungsdauer läßt man die Flüssigkeit in ein Becherglas fließen und spült mit etwas Salzsäure (1,19) nach. Die Arbeitsweise wird noch ein zweites Mal wiederholt.

Zur Destillation des Antimons baut man nun die Apparatur gemäß Abb. 4 zusammen. Auf den Destillierkolben setzt man einen mit

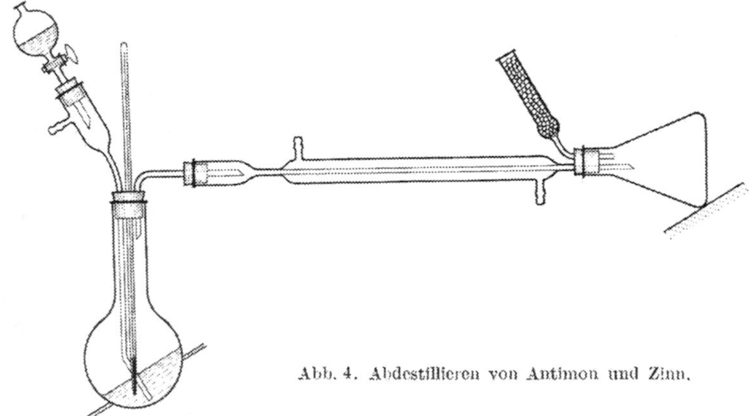

Abb. 4. Abdestillieren von Antimon und Zinn.

drei Bohrungen versehenen Stopfen, durch dessen eine Bohrung ein Thermometer mit einem kleinen Quecksilbergefäß hindurchgeht, so daß es bis dicht an den Boden des Kolbens reicht, bei der Destillation also völlig in die Flüssigkeit eintaucht. Durch die zweite Bohrung führt ein etwa 2 mm weites, zur Mitte des Kolbenbodens hin abgebogenes Glasrohr, das oben erweitert und mit einem Tropftrichter mit Glashahn versehen ist, der eine besonders feine Regelung der tropfenden Flüssigkeit erlaubt. Ein seitlicher Ansatz dient zum Einleiten von Kohlensäure. Die dritte Bohrung des Stopfens enthält ein gebogenes Glasrohr, das zu einem Kühler von etwa 25 cm Kühllänge führt. An den Kühler ist mit einem Stopfen ein 750-cm^3-Erlenmeyerkolben angesetzt; eine zweite Bohrung dieses Stopfens trägt ein senkrechtes, mit angefeuchteten Glasperlen oder Glasscherben beschicktes Absorptionsrohr. Die aus ihm entweichenden Abgase können etwas Chlorwasserstoff enthalten; von den zu ermittelnden Elementen sind sie aber frei.

Nunmehr wird der Kolbeninhalt mit 20 cm^3 Phosphorsäure (1,7) beschickt, in die Vorlage 200 cm^3 Wasser gegeben, Kohlensäure in mäßig schnellem Strom durchgeleitet und mit der Destillation begonnen. Ist die Temperatur der zu destillierenden Flüssigkeit auf etwa 155° gestiegen, so läßt man die aus dem Becherglase in den Tropftrichter übergespülte Spülsalzsäure und nach ihrem Verbrauch weitere Salzsäure (1,19) langsam zu dem Kolbeninhalt zutropfen, wobei die Temperatur zwischen 155° und 165° liegen soll. Die Destillationsgeschwindigkeit wird so eingestellt, daß 1 Tropfen in 1—2 Sekunden übergeht. Nach 50 Minuten ist alles Antimon überdestilliert. Zur Prüfung wird in einem Reagensglas 1 cm^3 aufgefangen und mit der 10fachen Menge gesättigten Schwefelwasserstoffwassers versetzt, wobei keine Färbung oder Trübung auftreten darf.

Das Destillat wird nun nach A. Simon und W. Neth mit Ammoniak eben abgestumpft, mit 10 cm^3 Salzsäure (1,19) je 100 cm^3 Flüssigkeit versetzt und zum Sieden erhitzt. Während man im Sieden erhält, leitet man 1 Stunde lang Schwefelwasserstoff ein. Hierauf verdünnt man zur Vervollständigung der Fällung mit dem gleichen Volumen gesättigten Schwefelwasserstoffwassers, filtriert nach $^1/_2$ Stunde durch ein mittelhartes Filter und wäscht den Niederschlag mit $^1/_2$ n-schwefelsaurem, mit Schwefelwasserstoff gesättigtem Wasser aus. Darauf bringt man das Filter mit Niederschlag in ein 250-cm^3-Becherglas, setzt rote rauchende Salpetersäure und 1 cm^3 Schwefelsäure (1,84) hinzu, erwärmt, bis alle organische Substanz restlos zerstört ist, spült dann in einen gewogenen Porzellantiegel (Gr. 5) über und dampft im Sandbade oder unter Beheizung mit Oberhitze nach Fr. Heinrich und F. Petzold völlig zur Trockne. Nunmehr glüht man in der elektrischen Muffel bei 820° (die Temperatur ist genau einzuhalten) bis zum konstanten Gewicht, läßt im Exsiccator erkalten und wägt schließlich als Sb_2O_4 aus. $Sb_2O_4 \cdot 0{,}7919 = Sb$.

Nachdem alles Arsen und Antimon abdestilliert ist, wird zur Destillation des Zinns eine neue, mit 200 cm^3 Wasser beschickte Vorlage vorgeschaltet, der Tropftrichter mit einer Mischung aus 1 Teil Bromwasserstoffsäure (1,4) und 3 Teilen Chlorwasserstoffsäure (1,19) beschickt und die Destillation bei langsamem Kohlensäurestrom wieder in Gang gebracht. Durch Regelung der Tropfgeschwindigkeit wird im Destillationskolben eine Temperatur von 135—145° eingehalten. Da bei höherer Temperatur etwas Wismut mit übergehen kann, ist auf die Einhaltung dieser Temperatur großer Wert zu legen. Man prüfe, wie bei Antimon, durch Auffangen von 1 cm^3 des Destillats und verdünnt mit der 10fachen Menge gesättigten Schwefelwasserstoffwassers, wobei weder eine Färbung noch eine Trübung auftreten darf.

Das Destillat wird nunmehr mit einigen Tropfen Methylorange versetzt und unter Umschwenken mit Ammoniak (0,91) bis zum Farbumschlag abgestumpft. Nachdem es dann wieder mit Salzsäure schwach angesäuert worden ist, wird das Zinn mit Schwefelwasserstoff gefällt. Nach längerem Absitzenlassen filtriert man durch ein mittelhartes Filter ab und wäscht mit ammoniumnitrathaltigem Wasser aus. Hierauf bringt man das Filter mit Niederschlag in gleicher Weise wie bei Antimon in ein Becherglas, zerstört durch Salpetersäure-Schwefelsäure die organische Substanz, dampft schließlich nach Überspülen in einen gewogenen Porzellantiegel (Gr. 5) zur Trockne ein und glüht endlich bis zur Gewichtskonstanz in der elektrischen Muffel. Da die

Zinnsäure hartnäckig Schwefelsäure zurückhält, glüht man abermals unter Zusatz von rückstandfreiem Ammoniumcarbonat, läßt im Exsiccator erkalten und wägt. $SnO_2 \cdot 0{,}7877 = Sn$.

Der von Arsen, Antimon und Zinn verbleibende Destillationsrückstand wird mit Wasser verdünnt und abfiltriert. Da Gefahr besteht, daß die Kieselsäure einen Teil der zu bestimmenden Metalle noch eingeschlossen enthält, wird der Filterrückstand in eine Platinschale gebracht und mit Flußsäure-Schwefelsäure bis zum starken Rauchen behandelt. Nach dem Abkühlen wird die schwefelsaure Lösung mit dem ersten Filtrat vereinigt, mit Ammoniak eben neutralisiert, mit Salzsäure wieder schwach angesäuert und Schwefelwasserstoff eingeleitet. Die ausgefällten Sulfide werden durch einen Glasfrittentiegel (1 G 4) abfiltriert und mit schwefelwasserstoffhaltigem Wasser ausgewaschen. Hierauf bringt man die Sulfide durch Behandeln mit heißer, verdünnter Salpetersäure in Lösung und wäscht den Tiegel noch einige Male mit heißem Wasser nach. Die erhaltene Lösung wird mit Ammoniak so weit abgestumpft, daß sie sich eben zu trüben beginnt. Man setzt einen geringen Überschuß von Ammoniumcarbonatlösung zu, kocht die Flüssigkeit, bis sie nur noch schwach nach Ammoniak riecht, läßt den Niederschlag in der Wärme absitzen, filtriert das basische Carbonat auf einen Porzellanfiltertiegel, wäscht mit heißem Wasser aus, löst den Niederschlag nochmals in Salpetersäure und wiederholt die Fällung. Hierauf wird der Tiegel mit Rückstand bis zum konstanten Gewicht geglüht, wobei ein Schmelzen unbedingt zu vermeiden ist. $Bi_2O_3 \cdot 0{,}8970 = Bi$.

Das ausgewogene Wismutoxyd ist noch durch Lösen in Salpetersäure auf Reinheit zu prüfen. Eine etwaige Trübung der Lösung deutet auf Kieselsäure hin, die abfiltriert wird. Beim Kochen des ammoniakalisch gemachten Filtrates mit Ammoniumcarbonatlösung darf das Filtrat des ausgeschiedenen basischen Wismutcarbonates keine blaue Färbung (Anwesenheit von Kupfersalzen!) aufweisen. Wird dieses Filtrat mit Salpetersäure wieder angesäuert und mit Bariumnitrat bzw. Silbernitrat versetzt, so darf keine Trübung von Sulfat- bzw. Chlorionen auftreten. Ebenso darf die Salpetersäurelösung des wieder ausgeschiedenen Wismutcarbonates nach Zusatz von 30 cm³ Schwefelsäure (1 + 2) innerhalb 12 Stunden nicht getrübt werden (Anwesenheit von Blei!). Im Filtrat vor der Wismutfällung kann noch Kupfer und Molybdän bestimmt werden.

Ba, Ca, Sr vgl. II/2, 1326.

CO_2 siehe S. 650.

CaO, MgO vgl. II/2, 1324.

Co siehe Ni, Co, S. 656.

Cr vgl. II/2, 1322.

Cu, Pb, Sb vgl. II/2, 1326.

Fe vgl. II/2, 1299.

Fe_2O_3 neben FeO (s. II/2, 1308) läßt sich in der beschriebenen Weise einwandfrei bestimmen, unter der Voraussetzung, daß das Erz keine durch Säuren zersetzbaren Stoffe enthält, die entweder reduzierende (wie sulfidische Stoffe) oder oxydierende Eigenschaften (wie höhere

Manganoxyde, Vanadiumoxyde usw.) besitzen, ferner darf kein metallisches Eisen zugegen sein (vgl. Petzold).

Zur Bestimmung von Ferrooxyd in Gesteinen und Mineralien behandeln V. Smirnov und N. Aidinjan 0,5 g mit 10 cm³ Schwefelsäure (1+1) und 10 cm³ 40%iger Flußsäure in einer Platinschale unter sofortiger Bedeckung der Flüssigkeitsoberfläche mit Toluol oder einer Lösung von Paraffin in Toluol bis zur völligen Auflösung auf dem Wasserbade. Hierauf wird die Lösung mit dem Tiegel in 400 cm³ Wasser gebracht und das Eisenoxydul bei Gegenwart von Borsäure mit Kaliumpermanganat titriert.

Zur Mikroprüfung der Silicate auf Eisenoxydul und Eisenoxyd beschreibt O. Hackl ein Verfahren, wobei er die Probe in einem Mikroplatintiegel, der mit einem Deckel versehen ist, mit Schwefelflußsäure behandelt. Der Platintiegel wird in einen mit Wasser beschickten Makro-Rose-Tiegel gestellt, in den während des Lösevorganges Kohlensäure eingeleitet wird. Nach einiger Zeit wird durch ein dünnes Röhrchen auch Kohlensäure direkt in den Mikrotiegel geleitet. Nach kurzer Zeit wird dieser zugedeckt und während das Wasser zum gelinden Sieden erhitzt wird, in den Mikrotiegel weiter Kohlensäure eingeleitet. Nach dem Aufschluß läßt man im Kohlensäurestrom erkalten und prüft auf 3-wertiges Eisen nach Zusatz von Borsäure mit Rhodansalz und auf 2-wertiges Eisen mit sehr verdünnter Kaliumpermanganatlösung.

Fe_2O_3, Al_2O_3, TiO_2 (II/2, 1309). Die nach Abscheidung der Kieselsäure erhaltene salzsaure, sowie die durch Behandeln des mit Schwefelsäure-Flußsäure erhaltenen Abrauchrückstandes mit Salzsäure erhaltene Lösung werden (Hdb.) in einem Becherglas von etwa 1 l Inhalt so lange mit Ammoniak (1:1) versetzt, bis die Lösung gegen Methylorange eben schwach alkalisch reagiert. Nach der Zugabe von 4 cm³ Salzsäure (1,124) wird bei Zimmertemperatur die völlige Klärung abgewartet, hierauf auf 400 cm³ verdünnt, 15 cm³ 80%ige Essigsäure und zur Reduktion des Eisens 50 cm³ einer 30%igen Ammoniumthiosulfatlösung hinzugesetzt und die Lösung zum Sieden erhitzt. Nach erfolgter Reduktion setzt man der siedenden Lösung 20 cm³ einer Diammoniumphosphatlösung (1+10) hinzu und unterhält unter ständigem Umrühren bzw. unter Verwendung eines Siedestabes 15 Minuten lang zum Sieden. Hierauf filtriert man durch ein mittelhartes Filter ab (ein lediglich durch Schwefel bedingtes trübes Filtrat stört hierbei nicht) und wäscht den Niederschlag 3mal mit kochendem Wasser aus. Der Niederschlag wird hierauf vom Filter in das Fällungsgefäß zurückgespült und das Filter mit heißer Salzsäure (1+3) nachgewaschen. Die salzsaure Lösung mit dem Niederschlag wird mit noch 20 cm³ Salzsäure (1,19) versetzt und so lange gekocht, bis sie, abgesehen von dem Schwefel, vollständig klar und durchsichtig geworden ist. Nach der Abkühlung der Lösung wird in gleicher Weise wie oben mit 20 cm³ Ammoniumthiosulfatlösung reduziert und mit Diammoniumphosphat gefällt, nur erfolgt hierbei der Diammoniumphosphatzusatz vor dem Aufkochen, also unmittelbar nach dem Thiosulfatzusatz. Der Niederschlag wird mit kochendem Wasser dekantiert, nach dem Filtrieren 6mal mit kochendem Wasser ausgewaschen, getrocknet und langsam verascht. Man glüht zunächst $^1/_2$ Stunde bei 1100°, steigert die Temperatur für $1^1/_2$ Stunden auf 1200°, läßt erkalten und wägt aus. Durch ein Nachglühen bei 1200° und Auswägen überzeugt man sich von der Gewichtskonstanz.

Der so erhaltene Glührückstand von Titan- und Aluminiumphosphat wird hierauf in einen Platintiegel übergepinselt und mit 10 g wasserfreier Soda aufgeschlossen. Nach dem Auslaugen der Schmelze mit heißem Wasser wird durch ein dichtes Filter filtriert, der Rückstand mehrmals mit heißem sodahaltigem Wasser (2 + 1000) ausgewaschen und hierauf mit heißer Salzsäure (1 + 3) vom Filter gelöst. Die Lösung wird eben ammoniakalisch gemacht, kurz aufgekocht und abfiltriert. Das Filter mit Rückstand wird wiederholt mit heißem Wasser ausgewaschen, getrocknet, verascht und geglüht (Auswaage · 1,889 = $Ti_2P_2O_9$) und von der ersten Auswaage in Abzug gebracht, wodurch der Gehalt an Aluminiumphosphat erhalten wird. $AlPO_4 \cdot 0{,}4178 = Al_2O_3$.

Barium und Strontium stören und müssen vorher als Sulfate aus der salzsauren Lösung abgeschieden werden. Bei Gegenwart von Chrom und Vanadium stellt man, wie eingangs beschrieben, durch Fällen mit Diammoniumphosphat die Phosphate von Aluminium und Titan her, verascht den erhaltenen mit Chrom und Vanadin verunreinigten Niederschlag in einem Platintiegel bei niederer Temperatur und schließt mit 10 g wasserfreiem Soda bis zum klaren Schmelzfluß auf. Der Schmelzkuchen wird in kochendem Wasser gelöst und die Lösung vom unlöslichen Rückstande, der alles Titan und etwas Eisen enthält, abfiltriert. Nunmehr wird der Rückstand mit sodahaltigem Wasser (2 + 1000) ausgewaschen und mit Kaliumpyrosulfat zur colorimetrischen Ti-Bestimmung aufgeschlossen. Das alles Aluminium neben Chromat und Vanadat enthaltende Filtrat wird mit Essigsäure neutralisiert und nach einem Zusatz von 15 cm³ Essigsäure mit 20 cm³ Ammoniumphosphat (1 + 10) versetzt und 15 Minuten durchgekocht, durch ein dichtes Filter abfiltriert, Filter mit Niederschlag etwa 6mal mit heißem Wasser ausgewaschen, verascht, getrocknet und geglüht. Der Rückstand besteht dann aus reinem Aluminiumphosphat.

K, Na. Die Bestimmung der Alkalien kann nach L. Smith [vgl. F. P. Treadwell (4)] durch Erhitzen des Erzes mit einem Gemisch von Ammoniumchlorid und Calciumcarbonat geschehen, wobei die gesamten Alkalien und ein Teil des Calciums in wasserlösliche Chloride übergehen, während die übrigen Metalle einschließlich Mg als Oxyde, die Kieselsäure als Calciumsilicat wasserunlöslich zurückbleiben.

Treten hierbei Schwierigkeiten beim Herauslösen der Alkalien aus dem Sinterrückstand auf, so muß das Flußsäureverfahren nach J. Berzelius angewendet werden. Die Trennung der Alkalien erfolgt nach dem Chloroplatinatverfahren oder nach der Perchloratmethode von Th. Schlösing-Wense oder maßanalytisch nach W. Daubner über Kaliummonotartrat.

Mn siehe II/2, 1312.

Mo, Bi, Cu siehe As, Sb, Sn, S. 659.

Mi, Co siehe II/2, 1323.

Pb, Cu, Zn. Zur Bestimmung von Blei, Kupfer und Zink in Erzen und Kiesabbränden aus einer Einwaage (Hdb.) werden 5 g Erz in 40 cm³

Salzsäure (1,19) gelöst, die Lösung mit 10 cm³ einer 10%igen Eisenchlorürlösung zur Reduktion von vorhandenem Arsen und 20 cm³ einer 10%igen Bariumchloridlösung zur Fällung etwa vorhandener Sulfationen versetzt und eingedampft. Man nimmt den Abdampfrückstand mit Salzsäure (1,19) auf, verdünnt mit Wasser und filtriert. Der Rückstand wird mit heißer verdünnter Salzsäure (1+3) und zuletzt mit heißem Wasser ausgewaschen (F_1). Das Filter mit Rückstand wird in einem Platintiegel vorsichtig verascht und die Kieselsäure mit Flußsäure-Schwefelsäure abgeraucht. Dem Abrauchrückstand schließt man hierauf mit etwas Kaliumnatriumcarbonat auf, löst die Schmelze in heißem Wasser, filtriert von den Carbonaten ab, löst sie mit verdünnter Salzsäure vom Filter und gibt die Lösung zum Hauptfiltrat F_1. Nun erhitzt man das Filtrat F_1, dessen Menge ungefähr 300 cm³ betragen soll, zum Sieden und reduziert das Eisenchlorid mit einer 10%igen Natriumhypophosphitlösung, indem man in kurzen Zwischenräumen mehrere Kubikzentimeter in die siedende Lösung fließen läßt, bis die hellgrüne Farbe des Eisenchlorürs erscheint. Durch entsprechendes Erhitzen erreicht man eher das Ziel als durch übermäßige Zugabe von Natriumhypophosphit. Um nun das Zink gleichzeitig mit dem Blei und Kupfer fällen zu können, muß die Fällung mit Schwefelwasserstoff in oxalsaurer Lösung erfolgen: Man stumpft die reduzierte Lösung nach dem Erkalten tropfenweise mit verdünntem Ammoniak unter Verwendung von Kongorotpapier ab. Sobald dieses nur noch schwach violett erscheint, ist die Ammoniakzugabe zu unterbrechen. Eine aufgetretene ganz schwache Trübung wird durch Zusatz einiger Kubikzentimeter heißer 3%iger Oxalsäurelösung weggenommen. Die Zugabe von Ammoniak muß in der Kälte geschehen, da sonst ein grobkörniger Niederschlag entsteht, der durch Oxalsäure schwer in Lösung zu bringen ist. Man verdünnt auf 800 cm³ und leitet Schwefelwasserstoff ein. Der das Blei, Kupfer und Zink als Sulfide enthaltende Niederschlag wird abfiltriert, gut mit schwefelwasserstoffhaltigem Wasser ausgewaschen, vorsichtig verascht und in möglichst wenig verdünnter Salpetersäure gelöst. Um eine Reduktion des Bleis beim Veraschen zu vermeiden, unterstützt man die Oxydation des Sulfids dadurch, daß man vorsichtig durch eine Platinspitze Luft oder Sauerstoff in den Porzellantiegel strömen läßt oder Filter und Niederschlag vor der Veraschung mit Ammoniumnitrat tränkt. Will man die Veraschung ganz vermeiden, so durchstößt man das Filter mit einem Platindraht, spült den Niederschlag in einen Erlenmeyerkolben, erwärmt und läßt mit einer Stechpipette tropfenweise warme Salpetersäure 1,2 an dem Filter herunterlaufen. Hierdurch werden die geringen Mengen des Niederschlages, die noch im Filter haften sollten, gelöst und die im Kolben sich ansammelnde Säure löst die Sulfide unter Bildung von Bleisulfat. Die erhaltene Lösung wird zur Trennung und Bestimmung des Bleis in bekannter Weise mit Schwefelsäure (1+1) abgeraucht. In dem Filtrat vom Bleisulfatniederschlag wird der Alkohol durch Eindampfen bis zum Abrauchen der Schwefelsäure verdampft und Kupfer mit Schwefelwasserstoff bestimmt. Zur Bestimmung des Zinks wird das schwefelsaure Filtrat der vorhergehenden Kupfersulfidfällung zur Vertreibung des Schwefelwasserstoffs gekocht und noch etwa vorhandenes

Eisen nach Oxydation mit Wasserstoffperoxyd durch Ammoniak entfernt. In dem ammoniakalischen Filtrat wird das Zink nach Zusatz von einigen Tropfen Kupfersulfat zur besseren Filtration des Schwefelzinks zunächst mit Schwefelammonium gefällt. Die nach längerem Stehenlassen abfiltrierten und mit schwefelwasserstoffhaltigem Wasser ausgewaschenen Sulfide werden auf dem Filter sofort mit verdünnter heißer Salzsäure (1+6) behandelt und die Lösung in einem Becherglas aufgefangen. Hierbei geht nur das Schwefelzink in Lösung, während das Kupfer auf dem Filter zurückbleibt. Die schwachsaure Zinklösung kocht man zur Vertreibung des Schwefelwasserstoffs einige Minuten, setzt 2 Tropfen Phenolphthalein hinzu, fällt das Zink mit so viel Sodalösung, bis eben eine schwache Rötung eintritt, kocht auf und läßt in der Wärme absitzen. Nunmehr filtriert man das Zinkcarbonat durch ein quantitatives Filter, wäscht mit heißem Wasser vollständig aus, trocknet das Filter mit Niederschlag, verascht in einen Porzellantiegel, glüht und wägt schließlich als Zinkoxyd aus. Um sich von der Reinheit des Zinkoxyds zu überzeugen, wird das Zinkoxyd in demselben Tiegel 2mal in mäßig heißer Muffel mit Ammoniumchlorid abgeraucht. Zum Schluß wird der Tiegel stärker geglüht und nach dem Erkalten zurückgewogen. Der Unterschied der beiden Wägungen ergibt den Gehalt an Zinkoxyd.

P_2O_5 siehe II/2, 1329.

S siehe II/2, 1333. Zur Bestimmung des Sulfidschwefels nach der Zinnmethode nach F. P. Treadwell (5) bringt man in ein Reagensglas von 20 cm Länge und 2,5 cm Weite eine 0,5 cm dicke Schicht von feinem Zinnpulver, darauf 2 g der Substanz in Stanniolpapier eingewickelt und dann eine etwa 6 cm hohe Schicht von feinen Zinngranalien. Man verschließt das Rohr mit einem 2fach durchbohrten Gummistopfen, durch dessen eine Öffnung ein Hahntrichter hindurchgeht, der unterhalb des Hahns ein Ansatzrohr besitzt, durch das vor und während der Bestimmung Wasserstoff im langsamen Strom hindurchgeleitet wird. Durch die zweite Bohrung führt ein im Winkel gebogenes Rohr, das in Verbindung mit einer mit Wasser gefüllten Waschflasche und zwei mit Cadmiumzinkacetatlösung gefüllten Absorptionsgefäßen steht. Zu Beginn der Bestimmung verdrängt man die Luft in der Apparatur durch Wasserstoff, dann läßt man langsam durch den Trichter so viel konzentrierte Salzsäure zufließen, daß die Zinnschicht bis zur Hälfte bedeckt ist. Man erwärmt das Röhrchen in einem kleinen Paraffinbad, bis die Probe vollständig gelöst ist, gibt erneut etwas Säure hinzu, bringt die Säure zum Sieden und vertreibt den Schwefelwasserstoff restlos aus dem Reaktionsgefäß. Durch Erhitzen der Waschflasche wird auch hieraus der Schwefelwasserstoff in die Vorlage übergeführt. Zu dem in dem Absorptionsgefäß befindlichem Cadmiumsulfid gibt man eine abgemessene größere Menge einer eingestellten Jodlösung, säuert mit Salzsäure an und titriert die überschüssige Jodlösung wie bei der Titerstellung mit Natriumthiosulfat zurück. Der Unterschied im Thiosulfatverbrauch bei der Titration der vorgelegten Menge Jodlösung und der bei der Bestimmung zurücktitrierten überschüssigen Jodlösung ergibt den Gehalt an Sulfidschwefel. Aus der Differenz des in bekannter Weise bestimmten

Sulfatschwefels und des Sulfidschwefels ergibt sich die Menge Sulfatschwefel.

Sb siehe II/2, 1326.

SiO_2 siehe II/2, 1298.

TiO_2 siehe II/2, 1334.

Va siehe II/2, 1323.

Zn siehe II/2, 1324.

Zr vgl. unter III C (S. 670).

B. Die Untersuchung der Zuschläge.

Basische Zuschläge sind Kalkstein, gebrannter Kalk, Dolomit u. dgl. (vgl. II/2, 1336), saure Zuschläge Sande, Tonschiefer und andere kieselsäurereiche Gesteine.

Die Untersuchung der letzteren geschieht wie die der Tone und Schamotten (vgl. Hdb. S. 199), ebenso die Untersuchung der Sande, soweit ihr Kieselsäuregehalt unter 95% liegt (Blau-, Kleb-, Stampf-, Formsande usw.). Sande mit mehr als 95% Kieselsäure, z. B. Silbersande, werden wie Quarzite und Silicasteine untersucht. Zur Prüfung der Formsande siehe Aulies.

An sonstigen Zuschlägen kommen in Frage: Flußspat (II/1, 676), Bauxit (s. III, 1), Soda und endlich die Rohphosphate und Phosphatkreide. Diese werden den Eisenerzen im Hochofen bei der Herstellung von Thomasroheisen zugeschlagen. Ihre Untersuchung geschieht in der Hauptsache auf Phosphorsäure und Kalk, gelegentlich sind auch die Prüfungen auf Kieselsäure, Eisenoxyd, Tonerde, Fluor und Alkalien erforderlich. Die Bestimmung der Phosphorsäure erfolgt entweder nach dem Molybdänverfahren nach Finkener und Meinecke oder nach dem Citratverfahren (III, 613).

Kieselsäure, Tonerde, Kalk, Eisenoxyd und Alkalien werden wie bei den Erzen bestimmt.

Zur Bestimmung des Fluors nach H. H. Willard und O. B. Winter durch Destillation wird 1 g feingepulvertes Phosphat in einen Destillationskolben, der mit einem 2mal durchgebohrten Stopfen, durch den ein Tropftrichter bzw. ein Thermometer hindurchgeht, verschlossen ist, eingebracht. Der Kolben wird mit einem Kühler verbunden und das Destillat in einem offenen Becherglas aufgefangen. Zu der Einwaage gibt man 50 cm^3 30%ige Überchlorsäure[1], 3 cm^3 Phosphorsäure und 30 cm^3 Wasser, und erhitzt langsam zum Sieden. Die anfangs bei 105—110° liegende Siedetemperatur steigt langsam auf etwa 135° an. Man hält diese Temperatur durch Zugabe von Wasser und destilliert etwa 150 cm^3 über. Das Destillat wird mit Natronlauge unter Zusatz von Methylrot als Indicator neutralisiert und mit Essigsäure ganz schwach angesäuert. Man erhitzt zum Sieden, setzt 10 cm^3 10%ige Calciumchloridlösung hinzu und läßt den Niederschlag in der Wärme absitzen. Hierauf wird durch ein mit Filterschleim beschicktes hartes Filter filtriert, der Rückstand mit einer Waschflüssigkeit, bestehend aus 1 cm^3 Essigsäure und

[1] Bezüglich der Gefahren beim Arbeiten mit Überchlorsäure vgl. F. Petzold (2).

1 cm^3 10%iger Calciumchloridlösung in 1 l, mehrmals ausgewaschen und zum Schluß 2mal mit reinem Wasser nachgewaschen. Der Niederschlag wird getrocknet und bis zur Gewichtskonstanz bei Dunkelrotglut geglüht und schließlich als CaF_2 zur Wägung gebracht. Geringe Mengen Kieselsäure können durch Abrauchen mit Flußsäure entfernt werden ($CaF_2 \cdot 0{,}4817 = F$).

C. Analyse der Hilfsstoffe.

Zu den Hilfsstoffen gehören die Desoxydationsmittel, in der Hauptsache metallisches Aluminium, Aluminium-Siliciumverbindungen, Calcium-Siliciumverbindungen oder Aluminium-Calciumverbindungen. Ferner werden für die Herstellung feuerfester Steine und Überzüge vielfach zirkonhaltige und berylliumhaltige Mineralien verwendet, deren Bestimmung ebenfalls hier behandelt sei.

1. Die Untersuchung der Desoxydationsmetalle schließt sich an die der betreffenden Metalle und deren Ferrolegierungen an (s. dort).

Bei Calcium-Aluminium wird die Probe, eventuell unter Kühlen, in Salzsäure gelöst, mit Salpetersäure oxydiert und die Lösung zur Abscheidung der Kieselsäure in bekannter Weise zur Trockne verdampft. Ein beim Abrauchen der Kieselsäure mit Flußsäure-Schwefelsäure etwa verbleibender Rückstand ist nach Lösen in Salzsäure bzw. nach Aufschluß desselben mit Natriumkaliumcarbonat und Lösen der Schmelze in Salzsäure mit dem Hauptfiltrat zu vereinigen und auf ein bestimmtes Volumen zu bringen. In einem Teilvolumen wird nach Zugabe von Chlorammonium Eisen und Tonerde mit Ammoniak ausgefällt, der Niederschlag gelöst und nochmals nach Zugabe von Chlorammonium mit Ammoniak umgefällt.

Im Filtrat wird das Calcium in bekannter Weise mit Ammoniumoxalat ausgefällt und maßanalytisch bestimmt. Der eisen- und aluminiumhydroxydhaltige Niederschlag wird in Salzsäure gelöst und das Aluminium als Aluminiumphosphat bestimmt (S. 665).

Vom Calcium-Silicium wird 1 g im Nickeltiegel mit einem Gemisch, bestehend aus 10 g Soda und 10 g Natriumnitrat, bis zum beginnenden Schmelzen über dem Bunsenbrenner, dann etwa 20 Minuten über dem Gebläse geschmolzen. Nach dem Erkalten des Tiegels wird die Probe in einem 1-l-Becherglas mit Wasser ausgelaugt und mit Salzsäure (1+4) versetzt. Die Lösung wird wiederholt zur Trockne verdampft und die Kieselsäure in bekannter Weise zur Abscheidung gebracht. Zur Reinigung wird dieselbe mit Flußsäure-Schwefelsäure abgeraucht und ein etwa verbleibender Rückstand aufgeschlossen, die Schmelze in Salzsäure gelöst, die Lösung mit dem Hauptfiltrat vereinigt und in einen 500-cm^3-Meßkolben mit Wasser bis zur Marke aufgefüllt. 200 cm^3 dieser Lösung werden in einen 600 cm^3 fassenden Becherglas nach Zugabe von Chlorammonium mit Ammoniak gefällt, der Niederschlag abfiltriert und ausgewaschen. Nach Lösen desselben in Salzsäure wird nach Zugabe von Chlorammonium die Fällung mit Ammoniak wiederholt, das Filtrat mit dem ersten Filtrat vereinigt und in bekannter Weise Kalk mit Ammoniumoxalat ausgefällt. Enthält die Legierung Mangan, so ist dieses vorher mit Brom und Ammoniak abzuscheiden und erst in dem Filtrat die Oxalatfällung vorzunehmen.

Alsimin und Sialman schließt man mit Natriumkaliumcarbonat-Natriumperoxyd auf und arbeitet weiter wie bei der Si-Bestimmung in Ferrolegierungen (S. 723) angegeben ist.

2. Die Untersuchung zirkonhaltiger Hilfsstoffe. In diesen kann die Bestimmung des Zirkoniums durch Ausfällung des Zirkons aus 10%iger Schwefelsäurelösung als Zirkonphosphat geschehen, das durch geeignete Nachbehandlung aus 2%iger Schwefelsäure in das Phosphat der Zusammensetzung ZrP_2O_7 übergeführt wird oder aus 10%iger Salzsäure mit Phenylarsinsäure und Überführung des Niederschlags durch Glühen in Zirkondyoxyd. Vgl. J. van Royen und A. Grewe, P. Klinger und O. Schliessmann und Hdb. S. 118. Nach beiden Verfahren wird das stets mit dem Zirkon vergesellschaftete Hafnium mitbestimmt, und zwar nach G. v. Hevesy und R. Hobbie etwa 1 Teil Hafnium auf 100 Teile Zirkon.

3. Die Bestimmung des Berylliums beruht auf der Ausfällung des Berylliums als Hydroxyd infolge Hydrolyse mit Ammoniumnitrit, nach vorheriger Abscheidung der Kieselsäure. Die Hauptmenge des Eisens wird nach dem Rothe-Ätherverfahren, die des Aluminiums nach dem Ätherchlorwasserstoffverfahren nach Fr. S. Havens (vgl. Hdb. S. 121) abgetrennt.

Bezüglich der Untersuchung von Koks vgl. II/1, 1—31. Die Untersuchung der Zuschlagmetalle Nickel, Kobalt usw. ist unter den betreffenden Kapiteln zu finden, ferner die hochmanganhaltiger bzw. vanadinreicher Schlacken als Mangan- bzw. Vanadinträger.

D. Die Untersuchung der Schlacken (II/2, 1337).

Die Eisenhüttenschlacken (vgl. II/2, 1337—1341) werden eingeteilt in Silicatschlacken mit Kieselsäuregehalten über 20%, in Phosphatschlacken, bei denen die Kieselsäure zum größten Teil durch Phosphorsäure ersetzt ist und in reine Oxydschlacken, in denen die Kieselsäuregehalte unter 15% liegen, der Phosphorsäuregehalt nur unbedeutend ist, während die Oxyde des Eisens und Mangans die Hauptbestandteile darstellen; bei dieser Einteilung lassen sich aber keine scharfen Grenzen ziehen, da zahlreiche Übergänge vorkommen.

Die Hauptbestandteile der Schlacken sind Kieselsäure, Tonerde, Kalk, Magnesia, Alkalien, Schwefel- und Kohlenstoffverbindungen, Eisen- und Manganoxyde, gelegentlich auch Verbindungen von Wolfram, Chrom, Vanadium, in selteneren Fällen Molybdän, Nickel und Kobalt.

Für die Untersuchung unterteilt man in

A. Gewöhnliche Schlacken und

B. in Sonderschlacken, die beim Erschmelzen von Sondereisen und legierten Stählen anfallen.

1. Die Untersuchung der gewöhnlichen Schlacken. Bei Abstichschlacken, deren Zusammensetzung sich während des Laufens ändert, werden, nachdem die erste Hälfte des Abstichs aus dem Ofen gelaufen ist, mittels eines großen eisernen Löffels eine Probe entnommen und weitgehendst zerkleinert. Bei Pfannenschlacken kann die Probenahme auch durch Eintauchen eines eisernen Stabes in die flüssige Schlacke erfolgen. Für die Probenahme von Schlacken vom Lager, sowie für die weitere Verarbeitung gelten die bei der Erzprobenahme gegebenen Vorschriften. Zu berücksichtigen ist, daß viele Schlacken Eisengranalien mechanisch eingeschlossen enthalten, die durch Auslösen, Absieben oder auch, sofern die Schlacken nicht selbst magnetisch sind, durch den Magneten entfernt werden. In den meisten Fällen wird der Anteil der Granalien ermittelt und mit 90% Eisen in Rechnung gestellt. Bei eisenreichen Schlacken wird der Eisengehalt der Granalien in einer größeren Einwaage gesondert bestimmt. Die Analyse der Schlacken wird je nach dem Verwendungszweck auf die reinen Schlacken oder auf die Schlacken im Anlieferungszustand, also auf die granalienhaltigen Schlacken, bezogen. Die Probe soll für die Analyse ein Sieb 0,12 Din. 1171 passiert haben. Ähnlich wie die Schlacken werden Konverterauswurf, Flugstaub (Dachschutt), Kaminbären usw. untersucht, während Walzensinter, Glühspan und Hammerschlag nach den Vorschriften der Erze analysiert werden.

Beim Auflösen der Schlacken durch Säuren ist zu beachten, daß die kalkreichen sich am besten, die kieselsäurehaltigen nur sehr schwer lösen. Es ist daher erforderlich, das Ausscheiden von gelatineartiger Kieselsäure, die die noch unzersetzten Schlackenpartikelchen vor weiterem Angriff schützt, möglichst zu verhindern, da selbst bei längerem Kochen keine weitere Lösung mehr erreicht werden kann. Zur Verhinderung des Ansetzens der Schlacken an die Glaswandung schlämmt man das eingewogene Schlackenmehl mit etwas heißem Wasser an, gibt dann verdünnte Salzsäure unter ständigem Schütteln oder Umrühren hinzu und kocht auf. Bei besonders schwer zersetzbaren Schlacken müssen die schwerlöslichen Bestandteile durch Filtration abgetrennt und nach schwachem Veraschen mit Soda oder Kaliumpyrosulfat aufgeschlossen werden. Selbstverständlich kann man auch von vornherein direkt den Aufschluß ausführen.

a) Bei Abwesenheit von Fluor werden 5 g Schlacke in einem 600-cm³-Becherglase mit 50 cm³ heißem Wasser angerührt und unter Umrühren mit 100 cm³ Salzsäure (1,12) zersetzt. Nach kurzem Aufkochen wird mit wenig Salpetersäure (1,4) oxydiert, die Kieselsäure abgeschieden (S. 651), mit Flußsäure-Schwefelsäure verflüchtigt und ein hierbei verbleibender Glührückstand mit Kaliumpyrosulfat oder mit Natrium-Kaliumcarbonat aufgeschlossen. Die Schmelze wird mit Wasser gelöst bzw. mit Salzsäure zersetzt und die saure Lösung mit den vereinigten Filtraten der Kieselsäureabscheidung vereinigt. In die auf etwa 80° erwärmte und auf Konzentration gebrachte Lösung wird etwa 20 Minuten lang Schwefelwasserstoff eingeleitet, wobei die Sulfide der Schwefelwasserstoffgruppe und des Platins ausgefallen. Nach wiederholtem Auswaschen mit schwefelwasserstoffhaltigem, schwach saurem Wasser wird das Filtrat durch Kochen von Schwefelwasserstoff befreit, mit einigen Tropfen Wasserstoffperoxyd oxydiert, in einen 500 cm³ fassenden Meßkolben überführt und nach dem Erkalten bis zur Marke mit Wasser verdünnt.

In einem Teilvolumen von 50 cm³ entsprechend 0,5 g Einwaage werden Tonerde und Titanoxyd mit Ammoniumphosphat gefällt und bestimmt (S. 664). Weitere 100 cm³ entsprechend 1 g Einwaage werden in einen Meßkolben von 500 cm³ übergeführt und bei eisenarmen, zugleich phosphorreichen Schlacken noch etwas Eisenchlorid hinzugefügt. Nunmehr wird die Acetatfällung durchgeführt und der Kolben nach dem Abkühlen bis zur Marke mit Wasser aufgefüllt. Nach gutem Durchschütteln filtriert man 250 cm³ entsprechend 0,5 g Einwaage in ein 600 cm³ fassendes Becherglas durch ein trockenes Filter ab, versetzt mit gesättigtem Bromwasser, bis die Lösung gelb gefärbt ist und macht deutlich ammoniakalisch. Man kocht einmal ganz schwach auf und hält die Lösung, ohne daß sie aber weitersiedet, so lange warm, bis der Niederschlag vom Manganoxydhydrat sich zusammengeballt hat und die überstehende Flüssigkeit wasserklar geworden ist. Man filtriert in ein 750 cm³ fassendes Becherglas und wäscht den Niederschlag etwa 10mal mit kaltem Wasser aus. Bei hohen Mangangehalten ist die Fällung zu wiederholen. In den vereinigten Filtraten wird der Kalk in ammoniakalischer oder schwach essigsaurer Lösung mit Ammonoxalat in der Siedehitze gefällt. Im Filtrat der Kalkfällung wird die Magnesia als Magnesiumpyrophosphat bestimmt.

Die Bestimmung des Gesamteisens kann in einem weiteren Teilvolumen von 50 cm³ nach vorherigem Umfällen mit Ammoniak in der Siedehitze durch Titration mit Permanganat nach Zimmermann-Reinhardt ermittelt werden. Wegen der Möglichkeit von Eisenverflüchtigung beim Eindampfen zur Abscheidung von Kieselsäure ist diese Eisenbestimmung unsicher und geschieht zweckmäßig in einer Sondereinwaage. Die Bestimmung des Mangans kann in einem weiteren Teilvolumen von 50 cm³ nach Volhard-Wolff oder in einer Sondereinwaage geschehen.

Zur Bestimmung von Phosphor werden 50 cm³ des Hauptfiltrates in einem 400 cm³ fassenden Becherglas mit Ammoniak im Überschuß versetzt und von dem entstandenen Eisenphosphat abfiltriert. Die Fällung wird in verdünnter Salpetersäure wieder gelöst und durch Fällen mit Ammoniummolybdat bestimmt. Bei geringen Phosphorgehalten wird der Ammoniakniederschlag abfiltriert, mit Wasser ausgewaschen, ins Fällungsgefäß zurückgespritzt und in verdünnter Salpetersäure gelöst. Ist die Schlacke von vornherein mit Kaliumpyrosulfat aufgeschlossen worden, so ist eine vorherige Abscheidung als Eisenphosphat unbedingt erforderlich. Bei phosphorreichen und zugleich eisenarmen Schlacken ist vor der Zugabe von Ammoniak zur vollständigen Abscheidung der Phosphorsäure noch Eisenchlorid hinzuzusetzen. Die Ausführung der Einzelbestimmungen geschieht wie bei Erzen.

Die Bestimmung des Gesamtschwefels erfolgt auf gewichtsanalytischem Wege durch das Aufschlußverfahren bzw. das Lösungsverfahren, auf maßanalytischem Wege durch das Verbrennungsverfahren.

Bei dem Aufschlußverfahren werden 1—3 g im Nickeltiegel mit einer Mischung von 10 g Natrium-Kaliumcarbonat und 5 g Natriumperoxyd aufgeschlossen und weiter behandelt wie bei der Schwefelbestimmung in Erzen.

Nach dem Lösungsverfahren werden 2 g der gepulverten Schlacke in einem Becherglas mit etwas Wasser angeschlämmt und mit etwa 70—80 cm³ Bromwasser versetzt. Man läßt etwa 3 Stunden bei Zimmertemperatur einwirken und setzt nach und nach verdünnte Salzsäure (1,12) bis zur vollständigen Zersetzung zu. Nunmehr wird zur Trockne verdampft, die Kieselsäure abgeschieden und im Filtrat der Schwefel durch Fällen als Bariumsulfat bestimmt. Enthält die Schlackenprobe Barium, so muß die Kieselsäure verascht und mit Natrium-Kaliumcarbonat aufgeschlossen werden. Die Schmelze wird mit Wasser ausgelaugt, abfiltriert und der Carbonatrückstand gut ausgewaschen. Das Filtrat wird zur Abscheidung der Kieselsäure mit Salzsäure eingedampft. Dieses Filtrat wird nunmehr mit dem Hauptfiltrat der Kieselsäureabscheidung vereinigt und mit Bariumchlorid gefällt.

Nach dem Verbrennungsverfahren wird 1 g der Schlacke in einem Verbrennungsschiffchen gleichmäßig verteilt und mit 2 g Elektrolyteisen oder einem sonstigen Eisen mit ganz geringem Schwefelgehalt, der natürlich ermittelt werden und in Abzug zu bringen ist, innig gemischt und bei etwa 1300° während 5 Minuten im Sauerstoff verbrannt. Der in den Verbrennungsgasen enthaltene Schwefel wird wie bei der Stahlanalyse maßanalytisch oder potentiometrisch bestimmt. Zur Titerstellung ist 0,1 g reines Bariumsulfat mit 2 g Eisen gut zu mischen und zu verbrennen.

Zur Bestimmung des Sulfatschwefels werden 2 g Schlacke in einem 300 cm³ fassenden Becherglas mit 50 cm³ Wasser angeschlämmt und unter dauerndem Rühren mit 40 cm³ Salzsäure (1,12) bei Zimmertemperatur versetzt. Hierauf wird die Lösung zur Trockne eingedampft und die Kieselsäure in bekannter Weise abgeschieden, während der als Sulfidschwefel vorhandene Schwefel als Schwefelwasserstoff weggeht. Die weitere Ausführung ist die gleiche wie bei der Gesamtschwefelbestimmung nach dem Lösungsverfahren. Bei Gegenwart von Barium ist der Aufschluß der Kieselsäure erforderlich. Die Bestimmung des Sulfidschwefels geschieht entweder nach dem Zinnverfahren (S. 667) oder durch Berechnung aus dem Unterschiede von Gesamtschwefel minus Sulfatschwefel. Vgl. hierzu O. Quadrat. Die Bestimmung der Alkalien erfolgt wie bei den Erzen entweder nach Lawrence-Smith oder nach Berzelius (S. 665).

Kohlenstoff kann in Schlacken als freier Kohlenstoff oder auch gebunden als Carbid oder Carbonat vorliegen. Zur Bestimmung des freien Kohlenstoffs werden je nach Kohlenstoffgehalt 1 oder mehr Gramm der Schlacke mit heißem Wasser angeschlemmt, mit Salzsäure (1,19) unter Zusatz einiger Tropfen Flußsäure versetzt und unter Kochen gelöst. Nach dem Verdünnen mit Wasser wird der unlösliche Rückstand über ausgeglühten Asbest filtriert, mit heißer Salzsäure (1+3) und schließlich mit heißem Wasser säurefrei gewaschen und bei 105° getrocknet. Der Rückstand wird im Sauerstoffstrom verbrannt und wie bei Stahl (S. 700) maßanalytisch bestimmt. Die Bestimmung des Calciumcarbid-Kohlenstoffs geschieht durch Zersetzung mit ausgekochtem Wasser im Corleiskolben unter Erwärmen und Durchleiten eines kohlensäurefreien Luft- oder Stickstoffstroms und Verbrennen der entwickelten

Gase im Sauerstoffstrom. Die Gase werden in einem Natronkalkturm aufgefangen und zur Wägung gebracht (vgl. Hdb. S. 151).

$$\frac{\text{Gewichtszunahme}}{\text{Einwaage}} \times 27{,}27 = \%\ \text{C}. \quad \text{g C} \times 2{,}67 = \text{g } CaC_2.$$

Der Carbid-Kohlenstoff läßt sich auch durch Bestimmung des entwickelten Acetylens über Acetylen-Kupfer oder Acetylen-Silber maßanalytisch ermitteln, bei höheren Carbidgehalten kann die Messung des entwickelten Acetylens volumetrisch erfolgen.

Die Bestimmung der Kohlensäure geschieht durch Zersetzen der Schlacke mit verdünnter Schwefelsäure und Auffangen des CO_2 mit Natronkalk wie bei Erzen (S. 650). Besonders ist hierbei Rücksicht zu nehmen, daß der mitentwickelte Schwefelwasserstoff restlos durch Chrom-Schwefelsäure oder Silbersulfat ausgewaschen wird.

Die Bestimmung von Eisenoxydul neben Eisenoxyd erfolgt durch Lösen der Schlackenprobe unter Luftabschluß in Salzsäure und anschließende Titration wie bei Erzen (S. 663). Voraussetzung für die Richtigkeit der Bestimmung ist jedoch vollkommene Freiheit von metallischem Eisen [vgl. Petzold (1)]. Schlacken mit größeren Mengen an zersetzlichen Sulfiden stören die Bestimmungen durch Entwicklung von Schwefelwasserstoff, der das in 3-wertiger Form vorliegende Eisen teilweise reduziert und dadurch einen zu hohen Gehalt an Eisenoxydul vortäuscht. Nach O. Quadrat wird aus der Differenz des Gesamt- und Sulfatschwefels der Sulfidschwefelgehalt berechnet. Ferner wird der Sulfidschwefel nach dem in der Stahlanalyse üblichen Cadmiumacetatverfahren (II/2, 1415) jodometrisch bestimmt und das im Lösungskolben befindliche 2-wertige Eisen oxydimetrisch bestimmt. Der Unterschied zwischen dem errechneten und dem durch Maßanalyse ermittelten Sulfidgehalt gibt den Betrag an letzterem an, der der jodometrischen Bestimmung entgangen und äquivalent dem Betrag an 3-wertigem Eisen ist, der bei der Zersetzung der Schlacke reduziert wurde. Zieht man diesen Betrag von dem durch die Titration erhaltenen Wert an 2-wertigem Eisen ab, so erhält man den berichtigten Wert an 2-wertigem Eisen.

Für die Bestimmung des metallischen Eisens werden nach F. Petzold (1) je nach dem zu erwartenden Eisengehalt 20—100 g des betreffenden Materials = *e* g durch ein Sieb von 20 DIN 1171 getrieben und auf einer Glasplatte in dünner Schicht ausgebreitet. Nunmehr werden mittels eines Elektromagneten bei 16 Volt Spannung bei 5 mm Entfernung die magnetischen Bestandteile herausgezogen. Nach kurzem Abklopfen — um die mechanisch mit angezogenen unmagnetischen Teilchen abzutrennen — wird das magnetische Gut nach Ausschalten des Stromes vom Magneten entfernt, wieder zu einer dünnen Schicht ausgebreitet und aus einer Entfernung von 10 mm mit dem Magneten behandelt. Der Vorgang wird ein drittes Mal wiederholt und endlich bei 15 mm Entfernung das nunmehr fast reine magnetische Gut entfernt. Besonders gut eignet sich hierfür (Abb. 5) ein fahrbarer Magnet.

Nachdem man das Gewicht der magnetischen Anteile bestimmt hat (*a* g), werden 1 g derselben sowie 10 g pulverisiertes Quecksilberchlorid abgewogen und in einen trocknen 200-cm³-Meßkolben gebracht, aus dem vorher durch Einleiten von reiner trockner Kohlensäure die Luft verdrängt wurde. Hierauf setzt man 100 cm³ kaltes ausgekochtes destilliertes Wasser hinzu, läßt 10 Minuten lang einwirken, erhitzt mit kleiner Flamme und hält schließlich 5 Minuten lang im Sieden. Nun kühlt man unter Durchleiten von Kohlensäure auf Zimmertemperatur ab, füllt bis zur Marke auf, schüttelt um und filtriert durch ein trocknes Filter in einen mit Kohlensäure gefüllten trocknen 100 cm³ fassenden Meßkolben ab. Diese 100 cm³ des Filtrates, entsprechend 0,5 g Einwaage, werden in eine mit etwa 2 l durch Kaliumpermanganat angerötetes Wasser beschickte Schale gespült, 100 cm³ Mangansulfat-Schwefelsäure zugegeben und mit Kaliumpermanganat auf Rosa titriert. Der Eisengehalt auf ursprüngliches Material berechnet, ist dann

$$\frac{\text{cm}^3\ \text{KMnO}_4 \times \text{Titer} \times a \times 200}{e} = \%\ \text{Fe}.$$

Wird auf die Bestimmung des Mangangehaltes Wert gelegt, so werden 100 cm³ des Filtrates mit 20 cm³ Salzsäure (1,19) versetzt, auf 200 cm³ verdünnt und in der Kälte mit Schwefelwasserstoff gefällt. Nach kurzem Absitzenlassen wird das ausgeschiedene Schwefelquecksilber durch ein mittelhartes Doppelfilter filtriert und mit Wasser ausgewaschen. Das Filtrat wird zur Vertreibung des Schwefelwasserstoffs durchgekocht, mit Wasserstoffperoxyd oxydiert, der Überschuß durch Auskochen zerstört und nach Zugabe von 10 g festem Chlorammonium mit Ammoniak gefällt. Hierauf wird filtriert, das Filter mit Rückstand gut ausgewaschen, in Salzsäure gelöst und die Fällung wiederholt. Filter mit Rückstand wird hierauf chlorfrei gewaschen und in einem Porzellantiegel verglüht und als Fe_2O_3 ausgewogen. Das Filtrat wird eben schwach sauer gemacht, Brom bis zur stark roten Färbung hinzugesetzt und das Mangan in bekannter Weise abgeschieden und als Mn_3O_4 zur Wägung gebracht.

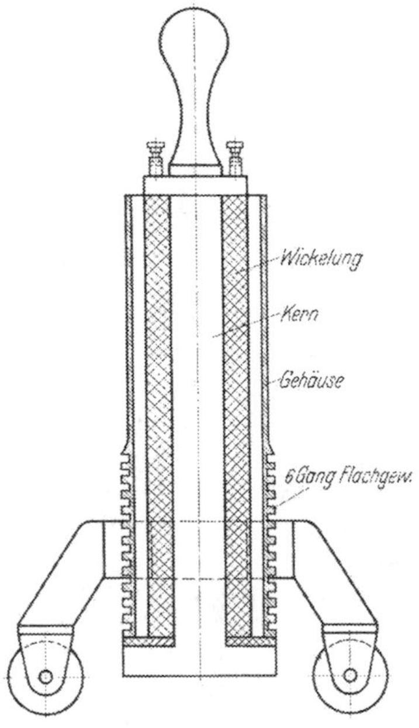

Abb. 5. Fahrbarer Magnet.

Will man die gewichtsanalytische Manganbestimmung umgehen, so kann man in einem weiteren Teilvolumen der Stammlösung nach Abscheiden des Quecksilbers mit Schwefelwasserstoff Eisen und Mangan zusammen durch Brom und Ammoniak abscheiden, nach Auswaschen in Lösung bringen und nach Volhard-Wolff titrieren.

Endlich sei noch auf ein Schnellverfahren zur Bestimmung von Eisenoxydul, Manganoxydul und Kalk in Schlacken nach L. Stadler und J. Bessonoff verwiesen, das nach E. Piper brauchbar ist.

b) Bei Anwesenheit von Fluor werden 0,5—1 g der feingepulverten Schlacke im Platintiegel mit 10 g Natrium-Kaliumcarbonat gut gemischt und vorsichtig über der Bunsenflamme unter allmählichem Steigern der Temperatur bis zur Beendigung der Kohlensäureentwicklung etwa 1 Stunde geschmolzen, wobei man die Temperatur 900° nicht überschreiten darf. Den Schmelzkuchen bringt man in eine Platinschale, löst die im Tiegel zurückgebliebenen Reste mit heißem Wasser heraus und gibt sie hinzu. Unter wiederholtem Zerdrücken des Rückstandes erhitzt man längere Zeit auf der Dampfplatte, bis keine körnigen Anteile mehr wahrnehmbar sind, versetzt mit etwas Alkohol und kocht einige Minuten durch zur Zersetzung der gebildeten Manganate. Der unlösliche Rückstand, enthaltend Eisen, Mangan, Kalk, Magnesia und Teile der Kieselsäure, wird durch ein Doppelfilter filtriert, wobei man zunächst den Rückstand nicht selbst mit aufs Filter bringt. Diesen spült man vielmehr in ein Becherglas über, verdünnt auf etwa 200 cm³, versetzt mit 2 g Natrium-Kaliumcarbonat, kocht 2 Minuten lang auf und läßt absitzen. Die Lösung filtriert man durch das gleiche Filter und wäscht den Rückstand 6—8mal mit heißem Wasser aus (R_1).

Das Filtrat wird im Becherglas unter Zusatz von Phenolphthalein mit Salpetersäure (1+4) neutralisiert, wobei die Lösung nicht sauer werden darf. Nunmehr gibt man 5 g festes Ammoniumcarbonat zu, kocht, bis ein Ammoniakgeruch nur noch schwach wahrnehmbar ist, und läßt mindestens 12 Stunden, am besten über Nacht bei etwa 40° auf der Dampfplatte absitzen. Der nunmehr entstandene Kieselsäureniederschlag wird durch ein mit Filterbrei beschicktes hartes Filter abfiltriert und mit warmem, 0,5% Ammoniumcarbonat enthaltenem Wasser ausgewaschen (R_2).

Das Filtrat der Ammoniumcarbonatfällung wird auf etwa 300 cm³ verdünnt, im bedeckten Becherglas unter Verwendung von Lackmuspapier als Indicator mit Essigsäure angesäuert und bis zur Beendigung der Kohlensäureentwicklung gekocht. Die Lösung muß völlig kohlensäurefrei sein, da sich sonst bei der Fällung des Fluors mit Chlorcalcium Calciumcarbonat bilden und einen erhöhten Fluorgehalt vortäuschen würde. Nach Vertreibung der Kohlensäure wird die Lösung nochmals filtriert und das Filter mit heißem Wasser ausgewaschen (R_3).

Das essigsaure Filtrat wird auf etwa 300 cm³ eingeengt und siedend heiß mit einer Lösung von 5 g Calciumchlorid versetzt. Nach Aufkochen der Lösung und 2stündigem Stehen in der Wärme wird durch ein mit Filterbrei beschicktes mittelhartes Doppelfilter filtriert. Man wechselt das Auffanggefäß und wäscht zunächst 4mal mit kaltem Wasser, das 0,5 g Calciumchlorid und 3 cm³ 80%ige Essigsäure je Liter enthält, und anschließend 2mal mit kaltem Wasser aus. Wenn beim Auswaschen das ablaufende Waschwasser sich trüben sollte, führt man trotzdem das Auswaschen in der angegebenen Weise durch. Man sorgt jedoch dafür, daß die noch im Trichterrohr sitzenden Anteile ins Auffanggefäß kommen, gibt 1,5 g Calciumchlorid hinzu, engt auf der Dampfplatte die Flüssigkeitsmenge auf etwa $^1/_3$ ihres Volumens ein und bringt die jetzt filtrierbaren restlichen Anteile des Calciumfluoridniederschlags auf ein zweites mit Filterbrei bedecktes Filter. Das bzw. die Filter mit dem Calciumfluoridniederschlag werden im gewogenen Platintiegel verascht und bei etwa 700—750° bis zum gleichbleibenden Gewicht geglüht und ausgewogen (A_1). Zur Erfassung der in der Auswaage eingeschlossenen Kieselsäure wird der Tiegelinhalt mit Flußsäure (ohne Schwefelsäure) abgeraucht, wieder bei 700—750° geglüht und zurückgewogen (A_2). Die Auswaage A_2, vermindert um das Tiegelgewicht, ist das Gewicht des reinen Calciumfluorids mit 48,67% Fluor, A_2—A_1 die eingeschlossene Kieselsäuremenge (Kieselsäure 1).

Bei Gegenwart von viel Phosphor und Chrom muß vor der Fluorfällung nach F. P. Treadwell (6) eine Abscheidung des Phosphors und des Chroms in neutraler Lösung mit Silbernitrat und Fällung des überschüssigen Silbernitrats durch Kochsalz erfolgen (vgl. S. 653). Das Filtrat vom Calciumfluorid wird nun mit Salzsäure (1,19) stark angesäuert und die darin enthaltenen Kieselsäurereste durch 2maliges Eindampfen in der bekannten Weise abgeschieden (Kieselsäure 2).

Der Rückstand R_1 wird nunmehr vom Filter in ein Becherglas gespritzt und mit Salzsäure und etwas Wasserstoffperoxyd in Lösung gebracht und die Kieselsäure abgeschieden (Kieselsäure 3). Das Filtrat hiervon kann für die Bestimmung des Gesamtcalciums und der Magnesia benutzt werden.

Der Rückstand 3 und die Kieselsäureabscheidung 2 werden zunächst in einer Platinschale verascht. Hierauf fügt man den Rückstand 2 und die Kieselsäureabscheidung 3 hinzu, verascht und glüht bis zur Gewichtskonstanz. Durch Abrauchen mit Flußsäure-Schwefelsäure wird die Kieselsäure aus dem Gewichtsverlust ermittelt und die im Calciumfluorid enthaltene Kieselsäure 1 hinzugezählt. Unerläßlich ist hierbei die in gleicher Weise vorzunehmende Berücksichtigung des Kieselsäuregehaltes der verwendeten Reagenzien.

Die Bestimmung des Fluors allein kann auch nach dem Destillationsverfahren mit Überchlorsäure erfolgen (vgl. S. 668).

Zur Bestimmung von Tonerde und Titan wird 1 g Schlacke in einer Platinschale mit Wasser angefeuchtet, mit 15 cm³ Schwefelsäure (1+4) und 15 cm³ Flußsäure versetzt und bis zur Trockne abgeraucht. Nach dem Erkalten versetzt man den Schaleninhalt mit 10 cm³ Schwefelsäure (1+1) und 5 cm³ Salpetersäure (1,2), raucht bis zur vollständigen Trockne ab, glüht den Rückstand auf einem Bunsenbrenner durch und nimmt ihn mit Salzsäure (1+1) auf. Hierauf spritzt man den Schaleninhalt in ein geräumiges Becherglas, fügt 50 cm³ Salzsäure (1,19) hinzu und kocht, bis sich der Rückstand möglichst vollständig gelöst hat. Ein unlöslicher Rückstand wird abfiltriert und mit etwas Kaliumpyrosulfat aufgeschlossen, die Schmelze in Wasser gelöst und mit der Hauptlösung vereinigt. Die Weiterverarbeitung erfolgt dann in der üblichen Weise. Das Filtrat der Ammoniakfällung kann für die Kalk- und Magnesia-Bestimmung benutzt werden.

Zur Bestimmung der Phosphorsäure werden 2 g Schlacke in einer Platinschale mit Wasser angefeuchtet und mit Flußsäure-Schwefelsäure bis zum starken Rauchen eingedampft. Nach dem Erkalten wird der Schaleninhalt mit Salzsäure (1+1) versetzt, in ein Becherglas übergespült, mit etwas Salpetersäure oxydiert und bis zur völligen Lösung durchgekocht. Ein verbleibender Rückstand wird mit Natrium-Kaliumcarbonat aufgeschlossen, die Schmelze in Wasser gelöst, filtriert und das Filtrat mit dem Hauptfiltrat vereinigt. Nunmehr wird der Phosphor durch Zusatz von Ammoniak als Eisenphosphat gefällt, von dem entstehenden Rückstand abfiltriert und mit heißem Wasser ausgewaschen. Der Niederschlag wird in das Fällungsgefäß zurückgespritzt, mit Salpetersäure gelöst und der Phosphor mit Ammoniummolybdat ausgefällt. Bei phosphorreichen und zugleich eisenarmen Schlacken muß zur vollständigen Ausscheidung der Phosphorsäure mit Ammoniak Eisensalz zugesetzt werden.

Die Bestimmung des Gesamtschwefels erfolgt zweckmäßig nach dem Verbrennungsverfahren (vgl. S. 673, 691). Die Verbrennungsgase werden in eine Vorlage geleitet, die Wasserstoffperoxyd enthält. Zur Vertreibung etwa mit übergegangener Flußsäure wird die Lösung in einer Platinschale mit Salzsäure, ohne jedoch zu überhitzen, zur Trockne gebracht. Nach dem Aufnehmen mit Wasser wird die Schwefelbestimmung als Bariumsulfat in bekannter Weise durchgeführt.

Die Bestimmung der Kohlensäure erfolgt wie bei Erzen (S. 650). Direkt hinter dem Lösungskolben, also vor dem Chromsäureröhrchen, wird jedoch ein Blasenzähler, der mit einer gesättigten Lösung von Silbersulfat beschickt ist, eingeschaltet. Der Lösungskolben wird zunächst mit 300 cm³ Salzsäure (1+1) und 5 g Borsäureanhydrid oder 5 g Zirkoniumhydroxyd beschickt. Unter Durchleiten eines schwachen kohlensäurefreien Luftstroms wird die Flüssigkeit unter gelindem Erwärmen ausgekocht. Hierauf wägt man die Absorptionsröhrchen, schaltet sie in die Apparatur ein, bringt die dem Kohlensäuregehalt entsprechend eingewogene Schlackenmenge in den Lösungskolben und kocht abermals 1 Stunde lang unter Hindurchleiten eines nicht zu schnellen CO_2-freien Luftstroms. Die Gewichtszunahme des bis auf Zimmertemperatur abgekühlten Absorptionsröhrchens entspricht der Menge Kohlensäure.

Zur Bestimmung der übrigen Schlackenbestandteile vgl. S. 665—668.

2. Die Untersuchung von Sonderschlacken. Hierher gehören: a) Thomasschlacken und Thomasmehl, b) Sodaschlacken von der Roheisenentschwefelung mit hohem Alkaligehalt, c) eigentliche Sonderschlacken mit Gehalten an Legierungsbestandteilen der Stahle.

a) Thomasschlacken und Thomasmehl (III, 606). Hier wird für die Verwendung zu Düngezwecke meist nur auf den Gehalt an gesamt- und citronensäurelöslicher Phosphorsäure geprüft.

α) *Freier Kalk in Schlacken* wird nach dem Glycerinverfahren von W. E. Emley oder dem Glykolatverfahren von P. Schläpfer und R. Bukowski bestimmt. Das Material muß ein Sieb 0,060 DIN 1171 passiert haben, und bei 105° getrocknet sein. Beim Glycerinverfahren wird 1 g des so vorbereiteten Materials in einen mit 30 cm³ wasserfreiem Glycerin beschickten Erlenmeyerkolben von 150 cm³ Inhalt gegeben. Das Kölbchen wird mit einem Gummistopfen verschlossen und auf der Dampfplatte bei 60—80° unter öfterem Umschütteln 2 Stunden belassen. Nach dem Erkalten werden 30 cm³ wasserfreien absoluten Alkohols und 2 cm³ alkoholische Indicatorlösung (0,1 g Phenolphthalein und 0,15 g Naphtholphthalein in 100 cm³ absolut wasserfreiem Alkohol) in den Kolben gebracht, der Kölbcheninhalt nach A. Willing in ein Zentrifugiergläschen von 120 cm^3 Inhalt mittelst absolutem Alkohol (etwa 6—10 cm^3), quantitativ übergespült und 10 Minuten lang bei 2500 Touren zentrifugiert, wobei sich alles Ungelöste am Boden absetzt und die überstehende Flüssigkeit vollkommen klar wird. Man titriert vorsichtig mit $^1/_{10}$ n-Benzoesäure bis zum Umschlag, wobei das Gläschen zweckmäßig nach jedem Zusatz gegen das Licht zu halten ist, um das Verschwinden der Rotfärbung genau beobachten zu können. Bei dunkelgefärbten oder calciumsulfidhaltigen Proben muß das abgekühlte Gemisch unter Zugabe von 50 cm^3 absolutem Alkohol filtriert werden. Die Filtration hat rasch zu geschehen, wobei Feuchtigkeit und Kohlensäure fernzuhalten sind.

Die alkoholische Benzoesäure wird hergestellt durch Lösen von 12,205 g bei 100° getrockneter Benzoesäure in 1 l absolutem Alkohol.

Das wasserfreie Glycerin stellt man sich durch längeres Erhitzen von käuflichem wasserfreiem Glycerin im elektrisch geheizten Trockenschrank bei 150° her, oder besser durch nochmaliges Abdestillieren im Vakuum und Aufbewahren in verschlossenen Flaschen. Das spezifische Gewicht soll nicht unter 1,266 liegen. Mit entwässertem Kupfersulfat geschüttelt, darf keine Blaufärbung eintreten. Die Einstellung der Benzoesäure geschieht mit reinem, durch Glühen von Calciumoxalat hergestelltem Calciumoxyd. Fehlerquellen sind: Nicht genügende Feinheit des Materials verursacht Zusammenbacken und dadurch unvollständige Lösung. Aufnahme von Wasser während der Zubereitung führt infolge Zersetzung von Kalkverbindungen zu Fehlern. Die Probe muß daher nach dem Reiben nochmals getrocknet werden. Ein Zusammenballen wird vermieden, wenn das Probematerial in das Glycerin gegeben wird und nicht umgekehrt. Freies Calciumhydrat, Ätzalkalien, Alkalicarbonate und Ammoniak wirken störend. In diesem Falle filtriert man die Lösung ab, verdünnt das Filtrat mit Wasser, treibt den Alkohol und das Glycerin ab und fällt den Kalk als Oxalat aus.

Beim Glykolatverfahren werden 0,5 g der in gleicher Weise wie beim Glycerinverfahren vorbereiteten Probe in einen trockenen 100-cm^3-Rundkolben gegeben, der 50 cm^3 Äthylenglykol enthält. Hierauf wird der Kolben mit einem Gummistopfen verschlossen und 30 Minuten lang im Wasserbad bei 65—70° belassen, wobei die Probe kräftig durchgeschüttelt werden muß. Danach wird die Lösung sofort über ein mit Glykol benetztes Papierfilter auf einen kleinen Büchnertrichter in eine Saugflasche gesaugt, wobei Feuchtigkeit und Kohlensäure fernzuhalten sind. Nach 3maligem Ausspülen des Kolbens mit je 10 cm^3 reinem wasserfreiem Alkohol wird das Filtrat mit 8—10 Tropfen Indicatorlösung versetzt und mit $^1/_{10}$ n-Salzsäure auf hellbraun-rosa titriert. Die Indicatorlösung besteht aus einer Lösung von 0,1 g Phenolphthalein in 100 cm^3 98%igem Äthylenglykol und 0,15 g Naphtholphthalein in 100 cm^3 Äthylenglykol. Zeigt das Filtrat eine braune Färbung, so daß eine direkte Titration unmöglich wird, so dampft man das Äthylenglykol ab, nimmt den Rückstand mit Salzsäure auf und fällt den Kalk in ammoniakalischer Lösung mit Ammoniumoxalat aus. Die Fehlerquellen sind die gleichen wie beim Glycerinverfahren. Die beiden Verfahren stimmen unter sich nicht immer überein, ergeben also keine absoluten Werte.

β) Für Reihenbestimmungen der *Phosphorsäure* im Thomasmehl eignet sich als Schnellverfahren ein von K. C. Scheel beschriebenes und von E. Piper (2) nachgeprüftes colorimetrisches Verfahren mit dem Pulfrich-Photometer.

Je 10 cm^3 der filtrierten citronensauren Auszüge werden in einem 100-cm^3-Meßkolben mit Wasser aufgefüllt und umgeschüttelt. 10 cm^3 dieser Lösung, entsprechend 0,01 g Einwaage mit etwa 1,6—1,9 mg P_2O_5, werden in einen 100-cm^3-Kolben nacheinander mit 3 Tropfen $^1/_{10}$ n-Kaliumpermanganat zur Oxydation der Sulfide, 50 cm^3 Wasser, 5 cm^3 Reduktionslösung und 10 cm^3 Molybdatlösung versetzt. Der Kolben wird darauf umgeschüttelt und 10 Minuten stehengelassen, um die Reduktion der Molybdän-Phosphorsäure abzuwarten. Hieraufpuffert man die Lösung mit 20 cm^3 Natriumacetatlösung, füllt mit Wasser auf und schüttelt gut durch. Die hierfür erforderlichen Lösungen sind:

1. Reduktionslösung: 1 g Monomethyl-P-amidophenolsulfat (Photo-Rex), 5 g Natriumsulfit (rein-trocken) und 150 g Natriumbisulfit (reinst) in 500 cm^3 Wasser. Die filtrierte Lösung hält sich in gut verschlossenen Flaschen sehr lange.

2. Molybdatlösung: 50 g Ammoniummolybdat in 500 cm^3 10 n-Schwefelsäure aufgelöst, auf 1000 cm^3 aufgefüllt und, wenn erforderlich, filtriert.

3. Acetatlösung: 1000 cm^3 5 n-Natronlauge — eingestellt auf die für Lösung 2 verwendete Schwefelsäure — werden mit Essigsäure neutralisiert und auf 2000 cm^3 verdünnt.

4. Eichlösung: 1,9167 g Monokaliumphosphat (nach Sörensen im Exsiccator über Schwefelsäure getrocknet) in 1000 cm^3 Wasser. Zur Haltbarmachung setzt man einige Tropfen Chloroform hinzu. 1 cm^3 der Lösung enthält dann 1 mg P_2O_5.

Bei der Photometrierung mit dem Pulfrich-Photometer ist zu jeder Analysenserie von 20 Lösungen eine Normalprobe zur ständigen Überwachung mit zu untersuchen. Gearbeitet wird mit einer üblichen Photometerlampe, dem Filter S 72 und einer 10-mm-Cuvette. Um Ungenauigkeiten in der optischen Beschaffenheit der einzelnen Cuvetten auszuschalten, wird immer die gleiche Cuvette verwendet, die nur mit Gummifingern angefaßt, und vor dem Photometrieren mit einem Lederlappen vollkommen trocken gerieben wird. Jeder Temperatureinfluß wird durch sorgfältige Einhaltung gleichbleibender Zimmertemperatur ausgeschaltet. Die Eichung des Photometers geschieht mit der oben angegebenen Eichlösung, deren Phosphorgehalt gewichtsanalytisch ermittelt wird. Auch von dieser Lösung wird eine Zwischenlösung hergestellt und zur Bestimmung von 3 Punkten der Eichkurve jeweils 10, 15 und 20 cm^3 entnommen.

b) Sodaschlacken, die beim Entschwefeln von Roheisen und Stahl mit Soda entstehen, sind eisenarme, aber stark alkalihaltige manganreiche Schlacken. Sie enthalten wenig Vanadin, können aber bis zu mehreren Prozenten Titanoxyd enthalten. Bei Berührung der sehr dünnflüssigen Schlacken mit den Eisenschmelzen erfolgt eine starke Reaktion. Je nach dem Zeitpunkt der Probenahme können daher in der Zusammensetzung der Schlacke Änderungen auftreten. Bei der Entschlackung der Roheisenpfannen werden zweckmäßig mehrere Proben zu einer Durchschnittsprobe vereinigt. Infolge ihres hohen Alkali- und Sulfidgehaltes neigen die Schlacken nach dem Erkalten infolge Wasser- und Kohlensäureaufnahme zu einem mehr oder weniger raschen Zerfall unter Entwicklung von Schwefelwasserstoff. Die genommenen Proben sind daher möglichst schnell nach dem Abkühlen durch ein Sieb 0,20 DIN 1171 zu treiben und in Stöpselflaschen aufzubewahren. Sollten die Schlackenproben schon beim Zerkleinern breiig werden, so trocknet man dieselben vorsichtig bei 105°, möglichst unter Ausschluß von Luft in einer Stickstoffatmosphäre im Trockenschrank.

Die Untersuchung geschieht wie die der gewöhnlichen Schlacken durch Zersetzen mittels Bromsalzsäure. Ein etwa verbleibender Rückstand wird mit Natrium-Kaliumcarbonat aufgeschlossen. 2,5 g Schlacke werden in einem 150 cm³ fassenden Becherglas mit etwa 40 cm³ gesättigtem Bromwasser versetzt, nach einer Einwirkungsdauer von etwa 3 Stunden in der Kälte gibt man nach und nach etwa 2 cm³ Salzsäure (1,12) bis zur völligen Zersetzung hinzu. Zur Bestimmung von Kieselsäure und Eisen, Mangan, Phosphor, Tonerde, Titan, Kalk und Magnesia (vgl. S. 670f.). Die Bestimmung des Gesamtschwefels erfolgt mit Rücksicht auf den hohen Titangehalt der Schlacke nach dem Aufschlußverfahren auf gewichtsanalytischem Wege (S. 672). Der Sulfidschwefel wird nach dem Zinnverfahren (S. 667) bestimmt. Der Sulfatschwefelgehalt ergibt sich aus der Differenz. Die Bestimmung der Gesamtalkalien erfolgt wie bei Erzen (S. 665). Hierbei kann man eine Trennung der Alkalien sparen und berechnet die Gesamtalkalien auf Natriumoxyd. Bei der Bestimmung der Kohlensäure, die wie bei der Erzuntersuchung durch Auffangen derselben in Natronkalk bestimmt wird, ist besonders darauf zu achten, daß zur Bindung der hierbei entstehenden großen Mengen Schwefelwasserstoff eine vollständige Absorption durch Chrom-Schwefelsäure oder Silbersulfat erreicht wird. Da die Sodaschlacken relativ rasch Feuchtigkeit anziehen, so ist eine Bestimmung des Hydratwassers nach dem Verfahren der Erzuntersuchung (S. 650) nötig und dasselbe in Rechnung zu stellen.

Zur Bestimmung der wasserlöslichen Anteile werden 2,5 g der Schlacke in einen 500 cm³ fassenden Schüttelkolben gebracht, mit etwa 400 cm³ ausgekochtem kohlensäurefreiem Wasser übergossen und 3 Stunden lang bei etwa 30° kräftig geschüttelt (Schüttelmaschine). Hierauf wird der gesamte Kolbeninhalt durch einen Glasfiltertiegel 1 G 3 oder einen Porzellanfiltertiegel unter Saugen filtriert. Der Rückstand wird mehrmals mit warmem Wasser gewaschen, bei 105° getrocknet und gewogen. Da durch das Auslaugen der Schlacken der Rückstand Hydratwasser aufgenommen hat, ist in dem bei 105° getrockneten Rückstand das Hydratwasser zu bestimmen. Dann ist: (Einwaage — Auswaage) + Hydratwasser = wasserlöslicher Anteil. Die Bestimmung der wasserlöslichen weiteren Einzelbestandteile geschieht nach dem bekannten Verfahren.

c) Sonderschlacken mit Gehalten an Legierungsbestandteilen des Stahles (vgl. Hdb.), die beim Erschmelzen legierter Stähle anfallen, können je nach dem Stahlerzeugungsverfahren und dem Zeitpunkt der Probenahme wechselnde Mengen an Oxyden der Legierungsmetalle neben den üblichen Schlackenbestandteilen enthalten. In der Hauptsache wird es sich dabei um Wolfram, Chrom, Vanadin, Titan, gelegentlich Molybdän, Nickel und Kobalt handeln. Wegen der Unlös-

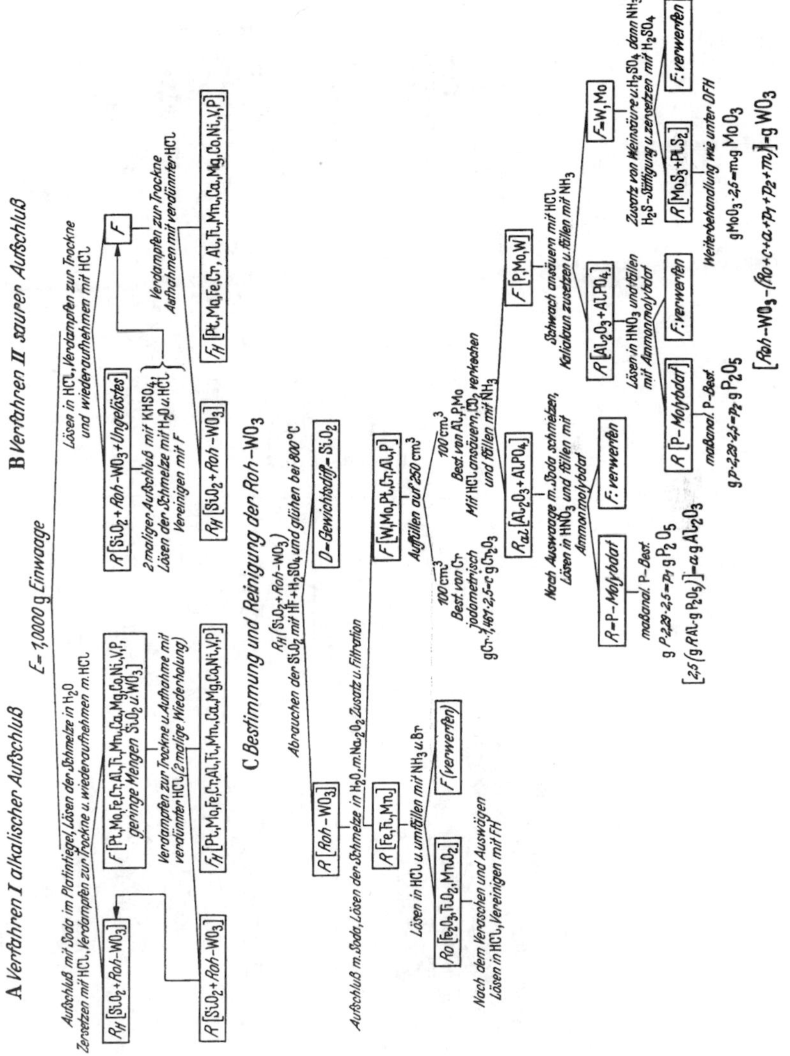

lichkeit der Chromoxyde, Wolframoxyde usw. führt ein Säureaufschluß allein selten zum Erfolg, sondern es bedarf vielmehr eines anschließenden oder auch direkten alkalischen oder sauren Schmelzaufschlusses. Die Proben sollen ein Sieb von 0,06 DIN 1171 passiert haben. Für die qualitative Prüfung vgl. S. 637 ff. Bei der Gesamtanalyse erfolgt die Bestimmung der Kieselsäure und der Wolframsäure entweder

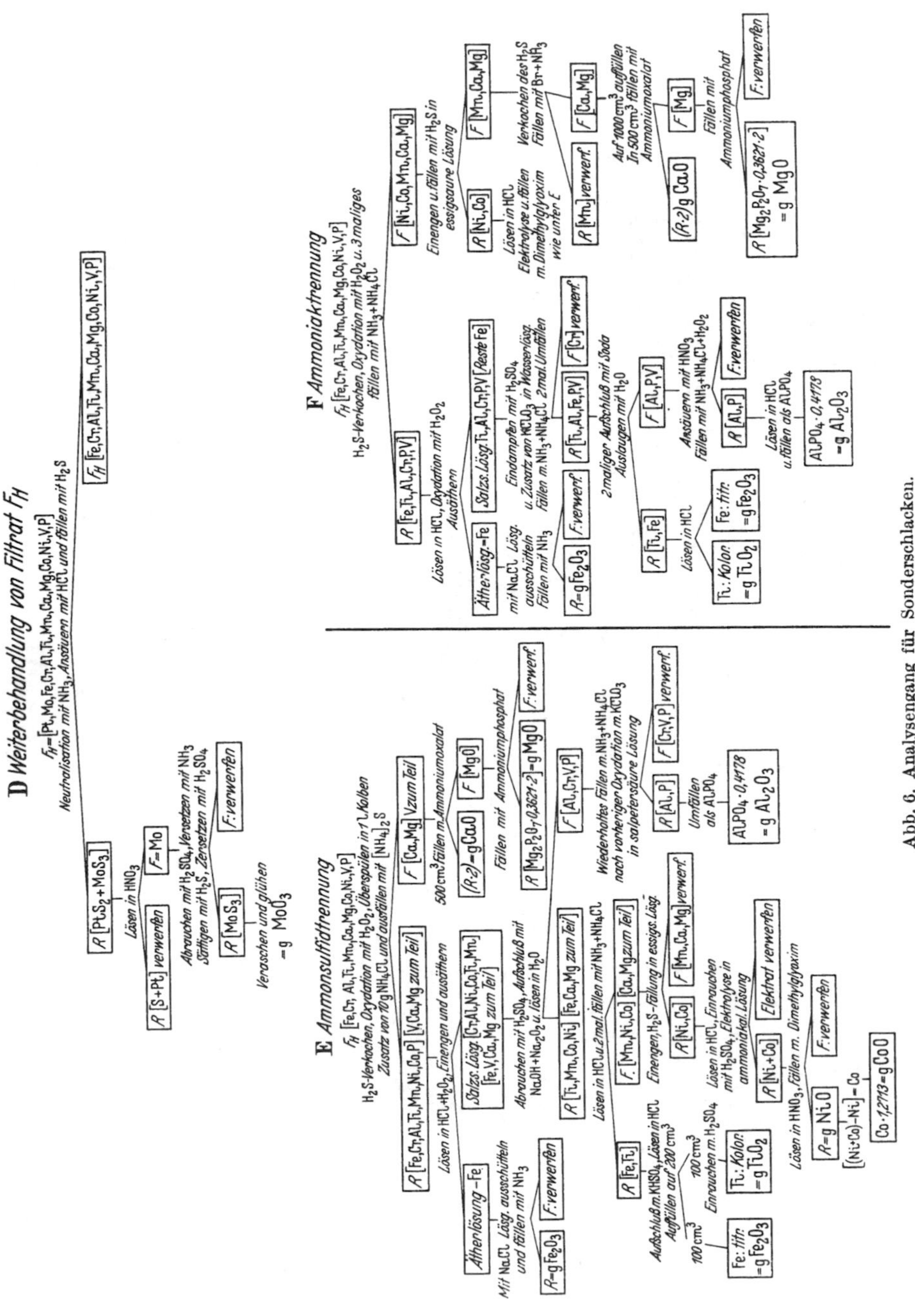

nach Aufschluß der Schlacken (vgl. das Untersuchungsschema) mit Natrium-Kaliumcarbonat oder mit Kaliumbisulfat.

α) *Alkalischer Aufschluß.* 1 g der feinst gepulverten und bei 105° getrockneten Probe wird mit 8 g Natroncarbonat gemischt und im Platintiegel 1—2 Stunden lang aufgeschlossen. Die Schmelze wird mit Wasser unter Erwärmen ausgelaugt, mit Salzsäure (1+1) versetzt, zur Trockne verdampft und 1 Stunde auf 135° erhitzt. Der Rückstand wird mit 30 cm³ Salzsäure (1,19) aufgenommen, mit 150 cm³ heißem Wasser verdünnt und bis zur Lösung der löslichen Bestandteile erhitzt. Die abgeschiedene Kieselsäure und Wolframsäure werden unter Verwendungen eines harten Filters abfiltriert und mit heißer verdünnter Salzsäure (1+50) ausgewaschen. Filtrat und Waschwasser werden noch 2mal eingedampft und wie vorher weiterbehandelt. Das zuletzt anfallende Filtrat wird als Hauptfiltrat F_H zunächst zurückgestellt.

β) *Saurer Aufschluß.* 1 g der feinst gepulverten Probe wird in einem Becherglas mit Wasser durchfeuchtet, mit Salzsäure (1,19) gelöst und die Lösung zur Trockne verdampft und einige Zeit bei 135° erhitzt. Der Rückstand wird hierauf mit 10 cm³ Salzsäure (1,19) aufgenommen, mit 20 cm³ heißem Wasser verdünnt und erwärmt, bis alles Lösliche sich gelöst hat. Der Rückstand wird filtriert, mit heißer verdünnter Salzsäure (1+50) ausgewaschen und das Filtrat F zunächst zurückgestellt. Der Rückstand wird im Porzellantiegel mit Abtropfdeckel (s. S. 710) verascht, mit etwa der 20fachen Menge Kaliumpyrosulfat vermischt, mit etwa 3 g Kaliumpyrosulfat bedeckt, unter Steigerung der Temperatur erhitzt und schließlich bei voller Flamme bis zum ruhigen Fluß geschmolzen. Nach dem Erkalten wird der Schmelzkuchen durch leichtes Klopfen aus dem Tiegel gelöst, in ein Becherglas gebracht und mit 200 cm³ Wasser und 10 cm³ Salzsäure (1,19) erwärmt. An den Wandungen noch befindliche Reste der Schmelze werden mit Salzsäure aufgelöst und mit der Hauptschmelze vereinigt. Ist der Aufschluß unvollkommen, so ist der Rückstand erneut aufzuschließen. Die Lösung der Schmelze — bei 2maligem Aufschluß auch das Filtrat von der ersten Auflösung der Schmelze — wird mit dem Filtrat F_1 vereinigt, eingedampft und auf 135° erhitzt. Der Rückstand wird mit Salzsäure (1,19) durchfeuchtet, mit heißem Wasser aufgenommen und bis zur Auflösung der Sulfate erwärmt. Die abgeschiedene Wolframsäure und Kieselsäure werden abfiltriert und mit heißer verdünnter Salzsäure (1+50) mehrmals gewaschen. Filtrat und Waschwasser stellen vereinigt das Filtrat F_H dar. Die nach α und β erhaltenen Filter samt Rückstände werden im gewogenen Platintiegel verascht (G_1) und bei 800° 1—2 Stunden lang geglüht. Nach dem Zurückwiegen (G_2) wird der Tiegelinhalt mit Flußsäure und Schwefelsäure abgeraucht, wieder bei 800° geglüht und gewogen (G_3). (G_2—G_3) = Kieselsäure, G_3—G_1 = Rohwolframsäure + Verunreinigungen.

Zur Ermittlung der Verunreinigungen der Wolframsäure wird der Tiegelinhalt mit Natriumcarbonat aufgeschlossen, in einem Becherglas mit heißem Wasser ausgelaugt und nach Zugabe einer Messerspitze Natriumperoxyd durchgekocht bis alles H_2O_2 ausgetrieben ist. Der Rückstand, Eisen, Titan und Mangan enthaltend, wird abfiltriert, zuerst mit sodahaltigem Wasser, schließlich mit reinem Wasser ausgewaschen und mit Salzsäure (1+1) vom Filter gelöst. In dieser Lösung wird unter Zusatz von Brom eine Ammoniakfällung durchgeführt, der erhaltene

Niederschlag abfiltriert, ausgewaschen und in dem vorher benutzten Platintiegel verascht, geglüht und gewogen (R_0). Dieser Rückstand wird mit Salzsäure gelöst und zum Hauptfiltrat F_H gegeben. Das alkalische Filtrat vom Rückstand, das Wolfram, Chrom, Molybdän, Aluminium, Phosphor und Platin enthalten kann, wird in einen 250-cm^3-Meßkolben gebracht und bis zur Marke aufgefüllt. In 100 cm^3 dieser Lösung wird der Chromgehalt wie bei der Chrombestimmung (S. 689) jodometrisch ermittelt, die gefundene Chrommenge wird auf die in Abzug zu bringende Menge Chromoxyd (Faktor 1,461) umgerechnet.

$$\text{g Cr} \cdot 1{,}461 \cdot 2{,}5 = e \text{ g } Cr_2O_3 .$$

Weitere 100 cm^3 der Lösung werden schwach mit Salzsäure angesäuert. Nach dem Verkochen der Kohlensäure wird die Lösung schwach ammoniakalisch gemacht. Ein entstehender Niederschlag, der Tonerde und Phosphorsäure enthalten kann, wird nach dem Absitzen abfiltriert, ausgewaschen, verascht, geglüht und als R_{Al} gewogen. In diesem Glührückstand R_{Al}, der durch Salzsäure oder wenn nötig durch Aufschluß in Lösung zu bringen ist, wird in bekannter Weise der Phosphorgehalt bestimmt. Die ermittelte Gewichtsmenge Phosphor wird mit 2,29 multipliziert und als Phosphorsäure von dem Gewicht des Glührückstandes abgezogen. Die Differenz ist Tonerde.

$$\text{g P} \cdot 2{,}29 = \text{g } P_2O_5 ; \ \text{g } R_{Al} - \text{g } P_2O_5 = \text{g } Al_2O_3 .$$

Die Phosphorsäure sowie die Tonerde werden auf die in Abzug zu bringenden Mengen umgerechnet.

$$\text{g } P_2O_5 \cdot 2{,}5 = p_1 \text{ g } P_2O_5 ; \ \text{g } Al_2O_3 \cdot 2{,}5 = a \text{ g } Al_2O_3 .$$

Die gefundene Menge Tonerde (a g Al_2O_3) ist außerdem der später ermittelten Hauptmenge Tonerde hinzuzurechnen. Das Filtrat der mit Ammoniak durchgeführten Tonerde und Phosphorsäurefällung wird nun wieder schwach mit Salzsäure angesäuert, mit etwa 0,2 g Kalialaun versetzt und der Phosphor neben dem überschüssig zugesetzten Aluminium mit Ammoniak im geringen Überschuß gefällt. Der Niederschlag wird abfiltriert, mit heißem Ammoniak und ammoniumchloridhaltigem Wasser gewaschen, in wenig Salzsäure gelöst und wie üblich (II/2, 1422 bis 1426) der Phosphor bestimmt. Die ermittelte Menge wird auf die als Phosphorsäure in Abzug zu bringende Menge umgerechnet.

$$\text{g P} \cdot 2{,}29 \cdot 2{,}5 = p_2 \text{ g } P_2O_5 .$$

Das erhaltene Filtrat wird nun weiter auf Molybdänsäure geprüft, indem die Lösung mit Weinsäure versetzt — auf Zusatz verdünnter Schwefelsäure darf keine Wolframsäuretrübung mehr erfolgen! — ammoniakalisch gemacht und mit Schwefelwasserstoff gesättigt wird. Nach Ansäuern mit Schwefelsäure fällt Molybdänsulfid aus, das nach Absitzenlassen abfiltriert und mit schwefelwasserstoffhaltigem, schwach saurem Wasser gewaschen wird. Bei Anwesenheit von Platinsulfid löst man den Niederschlag mit heißer Salpetersäure (1+1) vom Filter und filtriert nach dem Verdünnen mit Wasser vom ausgeschiedenen Schwefel und Platinsulfid ab. Das Filtrat wird hierauf mit 10 cm^3 Schwefelsäure (1+1) versetzt und bis zum Abrauchen eingeengt. In dieser Lösung wird die Ausfällung des Molybdänsulfids wie eben beschrieben, durchgeführt.

Das abfiltrierte und ausgewaschene Molybdänsulfid wird getrocknet und im Porzellantiegel bei 450° verascht, als Molybdäntrioxyd gewogen und auf die in Abzug zu bringende Menge umgerechnet.

$$\mathrm{g\,MoO_3} \cdot 2{,}5 = m\ \mathrm{g\,MoO_3}.$$

Die gefundene Menge Molybdänsäure (m g) ist außerdem der später ermittelten Hauptmenge Molybdänsäure zuzurechnen.

Der Gehalt an reiner Wolframsäure läßt sich nunmehr errechnen, indem vom Gewicht der Rohwolframsäure die ermittelten Mengen der Verunreinigungen an Oxyden des Eisens, Mangans, Titans, Chroms, sowie an Tonerde, Phosphorsäure und Molybdänsäure abgezogen werden. Rohwolframsäure — $(R_0 + c + a + p_1 + p_2 + m) = \mathrm{g\,WoO_3}$.

Bestimmung der Molybdänsäure. Das nach Verfahren α oder β erhaltene Hauptfiltrat F_H wird mit Ammoniak neutralisiert, auf 100 cm³ Flüssigkeit mit höchstens 10 cm³ Salzsäure (1,19) wieder angesäuert und erwärmt. Durch halbstündiges Einleiten eines lebhaften Schwefelwasserstoffstroms wird Molybdän neben sonstigen Verunreinigungen als Sulfid ausgefällt. Der Niederschlag wird nach dem Absitzenlassen abfiltriert und mit kalter verdünnter Salzsäure (1+3) ausgewaschen. Filtrat und Waschwasser werden vereinigt. Der Niederschlag der Sulfide wird mit heißer Salpetersäure (1+1) behandelt und nach dem Verdünnen mit Wasser vom ausgeschiedenen Schwefel und Platinsulfid abfiltriert. Das Filtrat wird mit 10 cm³ Schwefelsäure (1+1) versetzt und bis zum Rauchen eingeengt. Nach dem Erkalten wird die Lösung mit Wasser verdünnt, mit Ammoniak (0,91) neutralisiert, 20 cm³ Ammoniak im Überschuß hinzugegeben und mit Schwefelwasserstoff gesättigt. Sollte sich hierbei noch ein Niederschlag zeigen, so wird dieser abfiltriert, ausgewaschen, verascht, wieder in Salzsäure gelöst und zum beiseite gestellten Filtrat gegeben. In der abfiltrierten Lösung wird durch Ansäuern mit Schwefelsäure Molybdän ausgefällt, in Molybdäntrioxyd übergeführt und als solches ausgewogen. Man kann auch das Molybdänsulfid in Bleimolybdat überführen und als solches zur Wägung bringen. Zu der gefundenen Menge Molybdänsäure muß nun noch der in der Rohwolframsäure ermittelte Molybdängehalt hinzugezählt werden. Die Bestimmung der übrigen Bestandteile erfolgt unter Verwendung des Trennungsverfahrens mit Ammoniumsulfid (nur für geringe P-Gehalte) oder mit Ammoniak. Für höhere Phosphorgehalte ist jedoch die Acetattrennung vorzuziehen.

α) *Ammoniumsulfidtrennung.* Das Filtrat von der Molybdänabscheidung wird zur Vertreibung des Schwefelwasserstoffs gekocht, mit Wasserstoffperoxyd oxydiert und in einen Meßkolben übergeführt. Nach Zusatz von 10 g Ammoniumchlorid wird die Lösung zuerst mit kohlensäurefreiem Ammoniak abgestumpft und schließlich mit kohlensäurefreiem Ammoniumsulfid gefällt. Nach Auffüllen bis zur Marke und Durchschütteln verschließt man den Kolben mit einem Stopfen und läßt über Nacht absitzen. Dann wird die Lösung durch ein trockenes mittelhartes 18 cm-Filter in ein trockenes Glas filtriert. 500 cm³ des Filtrates werden zur Kalk- und Magnesiabestimmung verwendet. Der gut abgetropfte, aber unausgewaschene Niederschlag der Schwefelammoniumfällung wird hierauf in ein Becherglas übergespült und in verdünnter Salzsäure unter Zusatz von etwas Wasserstoffperoxyd gelöst. Ebenso werden die auf dem Filter und in dem Meßkolben befindlichen Reste des Niederschlags gelöst und mit der Hauptmenge vereinigt. Nach dem Einengen wird die klare Lösung erneut mit Wasserstoffperoxyd oxydiert, bis zur Sirupdicke eingedampft und ausgeäthert (II/2, 1309). Durch Ausschütteln der ätherischen Eisenlösung mit 5%iger Chlornatriumlösung kann das Eisen nach Umfällen mit Ammoniak als Hydroxyd bestimmt werden. Die vom Eisen befreiten salzsauren Metallchloridlösungen werden in dem vorher benutzten Becherglas gesammelt und durch Einengen auf der Dampfplatte der Äther vertrieben. Hierauf wird in eine große Platinschale übergeführt, mit 20 cm³ konzentrierter Schwefelsäure versetzt und die Hauptmenge Schwefelsäure abgeraucht. Nach dem Erkalten setzt man 10 g festes Ätznatron hinzu und schmilzt über kleiner Flamme unter Bewegen der Schale langsam durch. Wenn alles glatt geschmolzen ist, läßt man kurz abkühlen, bestreut die Schmelze mit etwa 0,5 g Natriumperoxyd und erhitzt wieder bis zum Schmelzen. Nach Erkalten wird die Schmelze mit heißem Wasser gelöst, nach Zugabe von einer Messerspitze Natriumperoxyd durchgekocht, in ein 400 cm³ fassendes Becherglas übergespült, auf 200 cm³ verdünnt und nach dem Absitzenlassen durch ein mittelhartes $12^1/_2$-cm-Filter abfiltriert. Niederschlag und Filter werden gut mit ammoniumsulfathaltigem Wasser ausgewaschen und in Salzsäure unter Zusatz von etwas Wasserstoffperoxyd gelöst. Das Filter wird mit heißer verdünnter Salzsäure nachgewaschen, im Platintiegel verascht, mit etwas Kaliumpyrosulfat geschmolzen und die wäßrige Lösung der Schmelze zum Filtrat gegeben. Unter Zugabe von Ammoniumchlorid wird mit Ammoniak gefällt. Zur vollständigen Abtrennung des Mangans ist die Fällung zu wiederholen. In dem Rückstand, der das Eisen und Titan enthält, geschieht die Trennung und Bestimmung nach bekanntem Verfahren (vgl. 664). Die vereinigten ammoniakalischen Filtrate werden eingeengt, schwach essigsauer gemacht und in der Kälte mit Schwefelwasserstoff gefällt. Ohne das Einleiten des Schwefelwasserstoffs zu unterbrechen, wird die Lösung langsam zum Sieden erhitzt und wieder abgekühlt. Nach dem Absitzenlassen wird das ausgefallene Nickel- und Kobaltsulfid durch ein gut laufendes Filter abfiltriert und sorgfältig mit Wasser ausgewaschen. Das Filtrat wird eingeengt, wobei sich häufig noch kleine Mengen Nickelsulfid abscheiden, die ebenfalls abzufiltrieren sind. Die Niederschläge werden hierauf mit Salzsäure und festem Kaliumchlorat gelöst und mit 10 cm³ Schwefelsäure eingeraucht. Die Bestimmung von Nickel und Kobalt erfolgt durch Elektrolyse, die des Nickels mit Dimethylglyoxim.

Das Filtrat der Hydroxydschmelze, das alles Aluminium, Chrom, Vanadin und den Phosphor enthält, wird mit Schwefelsäure eben angesäuert und nach Zusatz von Ammoniumchlorid mit Ammoniak das Aluminiumhydroxyd ausgefällt, das abfiltriert und mit heißem ammoniumnitrathaltigem Wasser ausgewaschen wird. Nach Lösen des Rückstandes in heißer Salpetersäure (1+1) und Zusatz von 6—8 g Kaliumchlorat wird zur Oxydation des Chroms und hierauf bis zum Verschwinden des Chlorgeruchs erhitzt. Nach dem Abkühlen wird etwas verdünnt, mit Ammoniak abgestumpft und nach Zusatz von 10 g Ammoniumchlorid abermals mit Ammoniak gefällt. Sollte das Aluminium auch jetzt noch nicht chromfrei sein, so muß die Fällung noch ein zweites Mal in gleicher Weise durchgeführt werden. Zur Prüfung auf Vanadin wird der nunmehr chromfreie Niederschlag in Salpetersäure (1+9) gelöst und mit Wasserstoffperoxyd versetzt. Entsteht eine rotbraune Färbung, so muß die Umfällung mit Ammoniak in Gegenwart von überschüssigem Wasserstoffperoxyd nochmals durchgeführt werden. Schließlich wird der gut ausgewaschene Niederschlag in Salzsäure gelöst und die Tonerde nach dem Phosphatverfahren bestimmt. Zu der gefundenen Menge Tonerde ist noch die bei der Rohwolframsäure ermittelte Menge hinzuzurechnen.

β) Ammoniaktrennung. Das Filtrat der Molybdänabscheidung wird nach Vertreibung des Schwefelwasserstoffs durch Kochen mit Wasserstoffperoxyd oxydiert und nach Zusatz von Ammoniumchlorid mit Ammoniak im geringen Überschuß gefällt. Nach Filtration des Niederschlages wird derselbe in das Fällungsgefäß zurückgespült, in Salzsäure gelöst und die Fällung ein zweites bzw. drittes Mal wiederholt. Die Filtrate und Waschwässer werden vereinigt. Die Bestimmung von Nickel und Kobalt geschieht in der gleichen Weise, wie eben beschrieben, durch Ausfällen mit Schwefelwasserstoff. Im Filtrat hiervon wird der Schwefelwasserstoff verkocht, das Mangan mit Brom und Ammoniak ausgefällt und im Filtrat hiervon Kalk und Magnesia in bekannter Weise bestimmt. Der Niederschlag von der Ammoniaktrennung, der alles Eisen, Titan, Chrom, Aluminium, Vanadin und Phosphor enthalten kann, wird in Salzsäure gelöst, mit Wasserstoffperoxyd oxydiert, zur Sirupdicke eingeengt und ausgeäthert.

Zur Titansäurebestimmung wird die vom Eisen befreite salzsaure Metallchloridlösung mit 40 cm^3 Schwefelsäure (1+1) versetzt, bis zum Rauchen eingeengt und nach dem Erkalten etwas verdünnt. Nach Zusatz von 6—8 g Kaliumchlorat, wird die Lösung so lange gekocht, bis alles Chrom in Chromat übergeführt und der Chlorgeruch verschwunden ist. Nach Abkühlen verdünnt man auf 200 cm^3, stumpft mit Ammoniak eben ab, setzt 10 g Ammoniumchlorid hinzu und fällt die Tonerde und Titanoxyd gemeinsam mit Ammoniak. Der Niederschlag wird abfiltriert, mit heißem ammoniumnitrathaltigem Wasser gewaschen und mit heißer Salpetersäure (1+1) gelöst. Nach Oxydation mit Kaliumchlorat wird die Fällung mit Ammoniak noch ein zweites, gegebenenfalls noch ein drittes Mal wiederholt. Die Filtrate werden verworfen. Der nunmehr chromfreie Niederschlag, der die Tonerde, Reste Eisen, Phosphor und Titan enthält, wird im Platintiegel eben verascht und mit reiner Soda längere Zeit geschmolzen. Die erkaltete Schmelze wird mit heißem Wasser ausgelaugt, vom Rückstand abfiltriert, mit sodahaltigem Wasser ausgewaschen, abermals verascht und mit Soda aufgeschlossen. Der abfiltrierte Rückstand wird in verdünnter Salzsäure gelöst, mit Ammoniak gefällt, und Titan und Eisen hierin in bekannter Weise bestimmt. Die vereinigten Filtrate der Sodaschmelze werden mit Salpetersäure angesäuert, zur Vertreibung der Kohlensäure gekocht und mit einigen Tropfen Wasserstoffperoxyd versetzt. Tritt hierbei eine noch Vanadin anzeigende rotbraune Färbung auf, so wird nach Zusatz von Ammoniumchlorid und Wasserstoffperoxyd mit Ammoniak das Aluminiumhydroxyd umgefällt. Nach Abfiltrieren und Auswaschen wird der Niederschlag in Salzsäure gelöst und das Aluminium nach dem Phosphatverfahren bestimmt.

d) Einzelbestimmungen für die Untersuchung der Schlacken.

1. Cr. Die Chrombestimmung kann geschehen nach dem Thiosulfatverfahren, nach dem Ferrosulfatverfahren und nach dem potentiometrischen Verfahren.

α) *Thiosulfatverfahren.* 1—2 g der feinst gepulverten Schlacke werden im chromfreien Eisen- oder Porzellantiegel mit der 8fachen Menge eines Natriumcarbonat-Peroxyd-Gemisches (1+3) innig gemischt und zunächst über kleiner, dann über starker Flamme aufgeschlossen. Die erkaltete Schmelze wird mit etwa 200 cm³ siedend heißem Wasser übergossen, zur Zerstörung der letzten Reste von Natriumperoxyd aufgekocht und in einen Litermeßkolben übergespült. Ist die Schmelze durch Manganat grün gefärbt, gibt man eine Messerspitze Natriumperoxyd zu und kocht eben nochmal auf. Hat man zum Aufschluß einen Eisentiegel benutzt, so ist unbedingt nötig, die Lösung beim Kochen mit etwas Kaliumpermanganat zu versetzen, dessen Überschuß durch einige Tropfen Alkohol zu zerstören und diesen durch Kochen restlos zu vertreiben. Nach dem Abkühlen auf 20° wird bis zur Marke aufgefüllt, gut durchgemischt und durch ein trockenes Faltenfilter in ein trockenes Becherglas filtriert. 500 cm³ des klaren Filtrats werden in einen 1-l-Erlenmeyerkolben gebracht, 1 g Jodkalium hinzugefügt, mit Schwefelsäure (1+3) angesäuert und mit 25 cm³ der Säure im Überschuß versetzt. Die Lösung wird mit Natriumthiosulfatlösung unter Zusatz von Stärke titriert. Bei Gegenwart von Vanadin muß dieses in folgender Weise abgetrennt werden: 750 cm³ des Filtrates werden etwas eingeengt, mit Salzsäure angesäuert und mit Natriumcarbonat alkalisch gemacht. Nach Zugabe eines größeren Permanganatüberschusses wird die Lösung gekocht, wodurch das Vanadin als Manganvanadat ausfällt. Das überschüssige Kaliumpermanganat wird hierauf durch etwas Alkohol reduziert und der Alkohol verkocht. Man spült in einen 750 cm³ fassenden Meßkolben über, füllt zur Marke auf und bestimmt dann das Chrom wie oben in 500 cm³ abfiltrierter Lösung.

β) *Ferrosulfatverfahren.* Bis zum Vorliegen des Filtrates ist der Gang der gleiche wie beim Thiosulfatverfahren. 500 cm³ des klaren Filtrates werden in einem 1-l-Erlenmeyerkolben unter Kühlen mit Schwefelsäure stark sauer gemacht. Sodann wird ein Überschuß einer eingestellten Ferrosulfatlösung hinzugegeben und mit Kaliumpermanganat bis zum Farbumschlag titriert. Vanadin stört in diesem Falle nicht. Da die Oxydation des Vanadylsalzes mit Kaliumpermanganat in der Kälte etwas langsam verläuft, darf mit der Titration erst aufgehört werden, wenn der violette Umschlagfarbton nicht mehr verschwindet.

γ) *Potentiometrisches Verfahren.* 1—2 g der feingepulverten Schlacke werden in der gleichen Weise geschmolzen und die Schmelze ausgelaugt. Die Lösung wird darauf ohne zu filtrieren abgekühlt und mit Schwefelsäure (1+3) bis zur sauren Reaktion versetzt. Man spült darauf die gesamte Lösung in einen 500 cm³ fassenden Meßkolben über und füllt bis zur

Marke auf. Zum Nachwaschen und Auffüllen des Kolbens wird Schwefelsäure (1+4) verwendet. Da das aus der Schlacke stammende ungelöste Manganperoxyd sich mit Ferrosulfat umsetzen würde, wird durch ein trocknes dichtes Filter abfiltriert. 250 cm^3 des Filtrats werden mit einer Ferrosulfatlösung bis zum Auftreten des Potentialsprunges titriert. Enthält die Schlacke gleichzeitig Vanadin, so erhitzt man die austitrierte Lösung auf 70° und titriert darauf das Vanadin allein mit Kaliumpermanganat bis zum Auftreten des Potentialsprunges. Der auf diese Weise oder in einer Sondereinwaage ermittelte Vanadingehalt ist durch 2,938 zu dividieren und von dem aus dem Ferrosulfatverbrauch erhaltenen Chromwert in Abzug zu bringen.

2. Zur Gesamteisenbestimmung werden je nach dem zu erwartenden Eisengehalt 1—2 g der feinst gepulverten Schlacke in einem Alsinttiegel mit der 8fachen Menge eines Gemisches, bestehend aus 1 Teil Natrium-Kaliumcarbonat und 3 Teilen Natriumperoxyd innig gemischt und zunächst über kleiner, dann über starker Flamme aufgeschlossen. Die erkaltete Schmelze wird in einem bedeckten Becherglas mit etwa 200 cm^3 siedend heißem Wasser übergossen und kurz aufgekocht. Wenn die Lösung grün gefärbt ist, setzt man nochmals eine Messerspitze Natriumperoxyd hinzu und kocht nochmals kurz durch. Die Lösung wird durch ein gut laufendes Filter filtriert und mit heißem natriumcarbonathaltigem Wasser ausgewaschen. Der gut mit heißem Wasser ausgespülte Alsinttiegel[1] zeigt an der Innenwandung bisweilen einen geringen bräunlichen Niederschlag von Eisen, den man durch Ausreiben mit einem Stückchen salzsäuregetränktem Filtrierpapier entfernen kann. Das Filter gibt man in das zum Auslaugen benutzte Becherglas und spült den reinen Tiegel gründlich mit heißem Wasser nach, das man ebenfalls in das Glas gibt. Der Niederschlag wird nun vom Filter in das Becherglas gespült und die Reste auf dem Filter mit heißer Salzsäure (1+1) dazugewaschen. Die klare Lösung wird mit Wasserstoffperoxyd oxydiert, aufgekocht und mit Ammoniak gefällt. Der ausgewaschene Niederschlag wird in Salzsäure gelöst und das Eisen nach Zimmermann-Reinhardt bestimmt.

3. FeO (vgl. S. 674 und Hdb.).

4. K, Na werden nach Lawrence-Smith oder nach Berzelius (vgl. S. 665) bestimmt.

5. Zur Manganbestimmung erfolgt der Aufschluß in der gleichen Weise wie bei der Eisenbestimmung. Die salzsaure Lösung des gut ausgewaschenen Rückstandes wird mit 1 g Kaliumchlorat oxydiert, stark eingeengt, und nach Aufnehmen mit wenig Salzsäure in einen 1-l-Meßkolben übergespült und mit Zinkoxydmilch im Überschuß versetzt und nochmals kurze Zeit aufgekocht. Nach Auffüllen mit Wasser bis zur Marke wird die Lösung durch ein trockenes Faltenfilter filtriert und 500 cm^3 des Filtrates nach Volhard-Wolff titriert (II/2, 1312). Enthält die Schlacke Kobalt, so werden 500 cm^3 des neutralen Filtrates mit 3 g Chlorammonium und 1 g Ammoniumpersulfat versetzt, zum

[1] Der Tiegel muß vollständig ausgekühlt sein. Er darf nicht mit Säure ausgekocht werden, da er dann bei weiterem Gebrauch springt.

Sieden erhitzt und 2 Minuten lang gekocht. Das ausgeschiedene Manganperoxyd wird unter Verwendung eines mit Filterbrei beschickten Doppelfilters abfiltriert, mehrmals mit kaltem Wasser gewaschen und mit 20—30 cm³ heißer Salpetersäure (1,2), der man 5 cm³ 3%iges Wasserstoffperoxyd zugesetzt hat, vom Filter in das Fällungsgefäß zurückgelöst. Das Filter wird mit heißem Wasser nachgewaschen und in der Lösung das Mangan nach Volhard-Wolff oder nach Smith bestimmt.

6. Zur **Phosphorbestimmung** werden 2—3 g der feinst gepulverten Schlacke mit etwa 10 g Natriumperoxyd in bekannter Weise aufgeschlossen. Die Schmelze wird mit Säure versetzt und SiO_2 abgeschieden. Im Filtrat wird — gegebenenfalls nach Zusatz von Eisen (es soll das 5fache des P-Gehaltes betragen) — nach dem Acetatverfahren der gesamte Phosphor abgetrennt und unter Zusatz von Ferrosulfat mit Ammonmolybdat gefällt.

7. Die **Schwefelbestimmung** erfolgt durch Verbrennung im Sauerstoffstrom nach Holthaus bei etwa 1350° mit anschließender titrimetrischer Bestimmung der Schwefelsäure (vgl. S. 673 u. 678) oder auch durch gewichtsanalytische Bestimmung im Schmelzaufschluß und Fällung als Bariumsulfat.

8. Für die **Vanadinbestimmung** dienen verschiedene Verfahren.

α) *Visuelles Verfahren.* 1—2 g der feinst gepulverten Schlacke werden im Porzellantiegel mit Natriumperoxyd wie üblich aufgeschlossen. Die erkaltete Schmelze wird in einem bedeckten Becherglas mit siedend heißem Wasser übergossen und nach Entfernung des Tiegels kurz aufgekocht. Die heiße Lösung wird mit 25—35 cm³ gesättigter Natriumsulfidlösung versetzt und etwa 5 Minuten gekocht. Der Gesamtinhalt des Becherglases wird nun in einen 500-cm³-Meßkolben gespült und abgekühlt. Nach Auffüllen zur Marke und Durchschütteln der Lösung werden 250 cm³ durch ein trockenes Filter abfiltriert, in eine Porzellanschale gebracht mit 25 cm³ konzentrierter Schwefelsäure, 10 cm³ konzentrierter Phosphorsäure und etwa 80 cm³ konzentrierter Salpetersäure versetzt und eingeraucht. Nach dem Abkühlen werden die an der Schalenwandung haftenden Lösungsrückstände sorgfältig mit Wasser in die Schale gespült und nochmals bis zur Marke eingeengt. Nach dem Abkühlen wird die Lösung mit Wasser verdünnt und in einen 750 cm³ fassenden Erlenmeyerkolben filtriert. Das Filter wird gut mit heißem Wasser nachgewaschen. Hierauf wird das Filtrat mit so viel 2,5%iger Kaliumpermanganatlösung versetzt und gekocht, bis die Rotfärbung nicht mehr verschwindet, und über Nacht in der Wärme stehengelassen. Dann werden 30 cm³ gesättigte wäßrige schweflige Säure zugesetzt und unter Durchleiten von Kohlensäure die überschüssige schweflige Säure fortgekocht. Hierauf wird das Vanadin bei etwa 70° mit eingestellter Kaliumpermanganatlösung titriert.

Für die Endbestimmung kann auch das Persulfatverfahren verwendet werden. Dabei wird das Filtrat mit 2 cm³ einer 2,5%igen Silbernitratlösung und 30 cm³ einer 15%igen Ammoniumpersulfatlösung versetzt und 10 Minuten gekocht. Nach Zugabe von 5 cm³ einer 5%igen Kochsalzlösung wird wiederum 10 Minuten gekocht und abgekühlt. Dann erfolgt die Vanadinreduktion wie üblich durch Zugabe von Ferrosulfatlösung. Das überschüssige Ferrosulfat wird durch 10 cm³ Ammoniumpersulfat und 1 Minute dauerndes Schütteln in der Kälte oxydiert, worauf die Endtitration des Vanadins mit Kaliumpermanganatlösung erfolgt.

β) Potentiometrisches Verfahren. 1 g feinst gepulverter Schlacke wird im Nickeltiegel mit Natriumperoxyd wie üblich aufgeschlossen, die erkaltete Schmelze wird in einem bedeckten 400 cm³ fassenden Becherglase mit möglichst wenig heißem Wasser ausgelaugt. Nach Entfernung des gut ausgespülten Tiegels wird der Inhalt des Becherglases mit Schwefelsäure angesäuert und mit 50 cm³ Phosphorsäure (1,72) versetzt. Bei wolframhaltigen Proben ist mit einem Gemisch von 1 Teil Phosphorsäure (1,72), 1 Teil Schwefelsäure (1,84) und 2 Teilen Wasser anzusäuern. Nach einiger Zeit wird die Lösung bis zum völligen Klarwerden mit festem Ferrosulfat versetzt, in der Hitze mit 2,5%iger Kaliumpermanganatlösung bis zur schwachen Rotfärbung und dann mit 5 cm³ im Überschuß oxydiert. Nach 3 Minuten langem Kochen wird festes Ferrosulfat bis zur Zerstörung des überschüssigen Kaliumpermanganats und dann noch etwa 0,8 g Ferrosulfat im Überschuß zugegeben und aufgekocht. Danach wird die Lösung auf 25° abgekühlt und unter die Apparatur gestellt, worauf mit einer Stechpipette unter Einschaltung der Rührvorrichtung 2,5%iges Kaliumpermanganatlösung zunächst bis zur Rosafärbung und dann ein Überschuß von 5 cm³ zugegeben wird. Das Permanganat läßt man zur vollständigen Oxydation des Vanadins 1 Minute lang einwirken, worauf man durch Zugabe von etwa 25 cm³ 1,25%iger Oxalsäurelösung die Rotfärbung zum Verschwinden bringt. Nach konstanter Potentialeinstellung wird mit Ferrosulfatlösung bis zum Auftreten des Potentialsprunges titriert.

Außer den bereits beschriebenen Verfahren eignet sich auch die ferrometrische Bestimmung nach Lang zur V-Bestimmung infolge ihrer schnellen Durchführung.

1 g Schlacke (900 M. S.-Feinheit) werden in einem 750-cm³-Erlenmeyerkolben mit 30 cm³ konzentrierter H_2SO_4 und H_3PO_4 versetzt und erwärmt. Anschließend fügt man 30 cm³ HNO_3 (1 + 1); 10 cm³ HCl (1,19) und 10 Tropfen HF zu und kocht den Inhalt so lange, bis dicke SO_3-Schwaden auftreten. (Aus Zeitersparnisgründen und zur Verhinderung der Bildung schwer löslicher Sulfatniederschläge raucht man am besten über einen offenen Brenner oder unter der Oberhitze im Abzug ab.)

Der Kolbeninhalt wird nun abgekühlt, auf etwa 300 cm³ mit destilliertem Wasser verdünnt und erneut abgekühlt. Man setzt zur Reduktion bis zur Blaugrünfärbung Ferrosulfatlösung zu und oxydiert wiederum mit einer Permanganatlösung bis zur starken, bleibenden Rotfärbung. Nach Zugabe von 3 Tropfen 0,01 molarer OsO_4-Lösung reduziert man mit arseniger Säure bis zum Farbumschlag nach blaugrün und gibt wegen der Trägheit der Reaktion einige Kubikzentimeter As_2O_3 im Überschuß hinzu. Nach 5 Minuten langem Stehen gibt man 2 g NaF und 3 Tropfen der Indicatorlösung hinzu und titriert mit eingestellter $^1/_{10}$ n-$FeSO_4$-Lösung bis zum Umschlag von tiefblau auf den ersten grünen Farbton.

Indicator: 1 g Diphenylamin in 100 cm³ H_3PO_4 (1,7).

Indicatorkorrektur: + 0,07 cm³ $^1/_{10}$ n-$FeSO_4$-Lösung.

Zur Schnellbestimmung von Vanadin in hochvanadinhaltigen Schlacken wird nach Petzold und Willing 1 g der durch ein Sieb von 900 Maschen pro Quadratzentimeter (entsprechend 30 DIN 1171) getriebenen Schlackenprobe in 80 cm³ einer Mischung von Phosphor-Schwefelsäure (50 cm³ Phosphorsäure [1,3] + 30 cm³ 30%iger Schwefelsäure) gelöst. Nach dem Erkalten setzt man 2,5%ige Kaliumpermanganatlösung unter Umrühren hinzu, bis die Lösung rot gefärbt ist. Nun wird bis zum Aufhören einer Gasentwicklung durchgekocht und durch Zugabe von kristallisiertem Eisensulfat die Färbung zurückgenommen. Man läßt erkalten, setzt 200 cm³ 10%ige Schwefelsäure hinzu, bringt die Lösung unter einen Rührapparat und versetzt unter stetem starkem Rühren mit so viel 2,5%iger Kaliumpermanganatlösung, bis die Lösung schwach rosa gefärbt ist. Dann gibt man noch 5 cm³ einer 0,6%igen Kaliumpermanganatlösung zu und rührt 2 Minuten weiter. Mit 8 cm³ 1,25%iger Oxalsäure nimmt man den Überschuß an Permanganat zurück und titriert nach Einstellen eines konstanten Potentials bei Zimmertemperatur mit Ferrosulfatlösung gegen eine Umschlagselektrode, bis der Zeiger des Meßinstrumentes durch den Nullpunkt geht.

Lösen sich die Schlacken in der Schwefel-Phosphorsäure nur schwer oder überhaupt nicht oder sind die Schlacken stark kalkhaltig, so verwendet man zum Lösen eine Mischsäure aus 20 cm³ Salpetersäure (1,2), 10 cm³ Schwefelsäure (1,84) und 1 cm³ Salzsäure (1+1). Nach dem Lösen wird am besten unter der Oberhitze nach Heinrich und Petzold bis zum Auftreten weißer Schwefelsäuredämpfe eingeraucht. Erkaltet wird der Rückstand mit 25 cm³ destilliertem Wasser aufgenommen, in ein Becherglas von 400 cm³ Inhalt übergespült, das Ganze bis zur völligen Lösung durchgekocht, mit 50 cm³ Phosphorsäure (1,3) versetzt und wie eben beschrieben weiterbehandelt.

Nach einem anderen Verfahren wird 1 g der in gleicher Weise vorbereiteten Probe in einen Silbertiegel, in den man vorher 10 g Ätznatron vorgeschmolzen hat, gebracht. Nachdem das Ganze vorsichtig zum Schmelzen gebracht worden ist, setzt man 2—3 g Natriumperoxyd hinzu, schmilzt kurze Zeit und läßt die Schmelze erkalten. Nach Auslaugen der Schmelze mit heißem Wasser spült man die Lösung in einen 500-cm³-Meßkolben über, füllt bis zur Marke auf, schüttelt durch und filtriert 250 cm³ durch ein trockenes Faltenfilter in ein 400-cm³-Becherglas ab. Man säuert mit Schwefelsäure eben an, gibt 20 cm³ obigen Phosphorsäure-Schwefelsäure-Gemisches hinzu und behandelt wie vorher angegeben weiter.

Erforderliche Lösungen: Ferrosulfatlösung für hohen Vanadingehalt: 50 g kristallisierter Eisenvitriol in 800 cm³ Wasser gelöst, mit 200 cm³ konzentrierter Schwefelsäure versetzt.

Stammlösung der Umschlagselektrode: 225 g Ferriammoniumsulfat und 1,5 g Ferrosulfat kristallisiert werden in 500 cm³ 20%iger Schwefelsäure gelöst; 10 cm³ dieser Lösung werden mit 150 cm³ Wasser verdünnt. Das Potential der Indicatorelektrode (gesättigte Kaliumsulfatlösung) gegen Umschlagselektrode beträgt 0,5 Volt.

Zur Bestimmung der Kieselsäure und der Phosphorsäure in stark vanadinhaltigen Schlacken wird nach A. Willing 1 g der feinst gepulverten Schlacke in Königswasser gelöst, zur Trockne verdampft, der Trockenrückstand auf 135° erhitzt, mit Salzsäure und Wasser aufgenommen und filtriert. Das Filtrat wird nochmals zur Trockne verdampft und die Kieselsäure in gleicher Weise abgeschieden. Beide Filter werden hierauf im Platintiegel verascht, gewogen und abgeraucht und die Kieselsäure in bekannter Weise ermittelt. Sollte der Veraschungsrückstand keine rein weiße Farbe zeigen, so wird er mit Soda aufgeschlossen und im Aufschluß die Kieselsäure wie üblich bestimmt. Das von der Kieselsäure befreite Filtrat wird mit Ammoniak neutralisiert und salpetersauer gemacht. Man setzt 5 cm^3 einer 10%igen Ferrosulfatlösung hinzu, fällt bei Zimmertemperatur mit 100 cm^3 Ammonmolybdatlösung, schüttelt gut durch, erwärmt auf 50°, läßt etwa 2 Stunden absitzen, filtriert ab und wäscht mit einer ammoniumnitrathaltigen verdünnten Salpetersäure (125 g Ammoniumnitrat + 4,9 l Wasser + 100 cm^3 Salpetersäure [1,2]) aus. Nunmehr wird der Niederschlag vom Filter mit verdünntem Ammoniak in ein Becherglas gelöst, vorsichtig mit verdünnter Salpetersäure angesäuert und noch 20 cm^3 Ammoniummolybdatlösung hinzugesetzt. Das nunmehr reine Ammoniumphosphormolybdat wird abfiltriert, ausgewaschen und in bekannter Weise maßanalytisch bestimmt.

Für die Phosphorbestimmung in Vanadinschlacken, bei der sich eine zweite Umfällung erübrigt, schlämmt man nach E. Stengel 2 g Schlacke mit 50 cm^3 heißem Wasser in einer Porzellanschale auf und gibt 50 cm^3 Salzsäure (1,19) hinzu. Nach dem Lösen in der Wärme oxydiert man mit Salpetersäure und dampft die Lösung zur Trockne.

Enthält die Schlacke metallische Bestandteile, so löst man in 50 cm^3 Salpetersäure (1,4) und gibt nur 10 cm^3 Salzsäure hinzu. Vor dem völligen Eindampfen setzt man noch 20 cm^3 Salpetersäure (1,4) hinzu. Der Eindampfrückstand wird geröstet, dann mit Salzsäure aufgenommen und wieder eben zur Trockne gedampft.

Den nach der einen oder anderen Arbeitsweise erhaltenen Rückstand nimmt man mit Salzsäure auf, verdünnt mit Wasser und filtriert das Unlösliche ab. Filter mit Inhalt wird im Platintiegel verascht, die Kieselsäure mit Flußsäure und Schwefelsäure abgeraucht und der Tiegelrückstand mit Natrium-Kaliumcarbonat oder Bisulfat aufgeschlossen. Die Schmelze laugt man mit Wasser aus, säuert die Lösung mit Salzsäure an, verkocht die Kohlensäure und gibt die Lösung zum Hauptfiltrat.

Je nach dem Phosphorgehalt bringt man die ganze Lösung oder einen Teil davon in ein Erlenmeyerkölbchen, macht schwach ammoniakalisch, löst den Niederschlag mit Salpetersäure (1,4) eben auf und gibt 2 cm^3 Salpetersäure (1,4) im Überschuß zu, wobei der Kolbeninhalt während des Lösungsvorgangs auf Zimmertemperatur zu halten ist, um zu verhindern, daß die Salpetersäure das Vanadin wieder oxydiert. Nun gibt man etwa 0,2 g fein geriebenes Ferrosulfat hinzu und schüttelt die Lösung, bis sich das Salz gelöst hat. Die Lösung soll jetzt 150 cm^3 betragen. Man versetzt sie mit 50 cm^3 Ammonmolybdatlösung und schüttelt gut durch. Nach einigen Minuten erwärmt man auf etwa 50°, schüttelt kräftig und läßt 2 Stunden stehen. Je nach der Phosphormenge erfolgt die Endbestimmung alkalimetrisch oder gewichtsanalytisch.

Für die Bestimmung von Tonerde, Kalk, Magnesia, Eisen, Titan und Mangan in stark vanadinhaltigen Schlacken wird nach F. Petzold und A. Willing 1 g der durch ein 900 Maschensieb pro Quadratzentimeter entsprechend 30 DIN 1171 getriebenen Schlacke in einer Platinschale mit etwa 10 g Ätznatron unter Schwenken der Schale über freier Flamme in etwa 5 Minuten aufgeschlossen. Zur etwas abgekühlten, aber noch flüssigen Schmelze, fügt man etwa 2—3 g Natriumperoxyd hinzu und hält noch etwa 5 Minuten unter öfterem Durchschwenken im Schmelzfluß. Nach dem Erkalten laugt man die Schmelze in einem 400 cm^3 fassendem Becherglas mit Wasser aus, setzt eine Messerspitze Natriumperoxyd hinzu und kocht unter Umrühren kurze Zeit durch. Nach kurzem Absitzenlassen filtriert man durch ein 15 cm Weißbandfilter, das mit etwas Filterbrei beschickt ist und wäscht den Filterrückstand mit sodahaltigem Wasser aus. Das Filtrat, das alles Aluminium neben Chrom, Vanadium und gewissen Anteilen an Kieselsäure enthält, wird mit einigen Tropfen Methylrot versetzt, mit Schwefelsäure angesäuert und in der Hitze mit Ammoniak bis zum Farbumschlag versetzt. Nach etwa 1 Minute langem Durchkochen wird das ausgefallene Aluminiumhydroxyd abfiltriert, ausgewaschen, in bekannter Weise als $AlPO_4$ umgefällt und zur Trennung von mitgefallenen Kieselsäuremengen abgeraucht. Der mit sodahaltigem Wasser gewaschene Filterrückstand des Schmelzaufschlusses, der neben geringen Mengen Kieselsäure alles Titan, Eisen, Mangan, Kalk und Magnesia enthält, wird unter Zusatz einiger Tropfen Perhydrol in Salzsäure gelöst. Nach Auskochen der Lösung zur Zerstörung des überschüssigen Perhydrols wird dann die Acetatfällung in einem 1-l-Meßkolben vorgenommen. Falls im Hinblick auf den Phosphorgehalt nicht genügend Eisen vorhanden ist, wird so viel Eisen als Eisenchlorid zugesetzt, daß mindestens auf 1 Teil Phosphor 5 Teile Eisen kommen. Der Meßkolben wird bis zur Marke aufgefüllt und umgeschüttelt. In 500 cm^3 abfiltrierter Lösung werden nach Abscheidung des Mangans durch Brom und Ammoniak Kalk und Magnesia in bekannter Weise bestimmt.

Zur Bestimmung von Fe, Ti und Mn wird 1 g der Schlacke in gleicher Weise aufgeschlossen und mit Wasser ausgelaugt. Der wäßrigen Lösung setzt man eine Messerspitze Natriumperoxyd hinzu, kocht kurz durch, filtriert ab und wäscht den Filterrückstand mit sodahaltigem Wasser aus. Der alles Eisen, Titan und Mangan enthaltende Filterrückstand wird unter Zusatz einiger Tropfen Perhydrol in Salzsäure gelöst und zur Zerstörung des überschüssigen Perhydrols ausgekocht. Nach Zusatz von 10 g Ammoniumchlorid fällt man Titan und Eisen mit Ammoniak. Der Niederschlag wird abfiltriert, ausgewaschen, in Salzsäure gelöst und die Fällung ein zweites bzw. drittes Mal wiederholt.

Zur restlosen Entfernung des Platins wird der nunmehr alles Eisen und Titan enthaltende Niederschlag mit Natronlauge umgefällt [1]. Die

---

[1] Anwesendes Platin kann auch durch Schwefelwasserstoff abgetrennt werden.

Hydroxyde werden in Salzsäure wieder aufgelöst und die Lösung auf 500 cm³ aufgefüllt. In der einen Hälfte der erhaltenen platinfreien Lösung wird Eisen durch Titration mit Kaliumpermanganat, in der anderen Hälfte Titan colorimetrisch ermittelt. Die vereinigten Filtrate der Ammoniakfällung werden salzsauer gemacht, mit Brom versetzt und das Mangan nach Zusatz von Ammoniak gefällt. Man filtriert ab, wäscht aus, löst in Salzsäure und bestimmt schließlich in der Lösung das Mangan nach Volhard-Wolff.

E. Die Untersuchung von Eisen und Stahl.

Zur Probenahme vgl. I, 33 und II/2, 883 und 1353, ferner Hdb. und W.Hdb. St. Lösen der Probe nach II/2, 1356. Für die Untersuchung sind Einzelbestimmungsverfahren im folgenden in alphabetischer Reihenfolge der chemischen Symbole beschrieben:

Ag. Zur Bestimmung von Silber werden nach W. Berg 10—15 g Späne in einem 600 cm³ fassenden Becherglase in 250 cm³ Salzsäure gelöst und zur Trockne verdampft. Hierauf wird mit Salzsäure aufgenommen, Kieselsäure und Chlorsilber abfiltriert und mit heißem Wasser gut ausgewaschen. Letztere werden in das Becherglas zurückgebracht, mit verdünntem Ammoniak (1+2) behandelt und durch dasselbe Filter wieder abfiltriert. Das Filtrat wird mit verdünnter Salzsäure eben angesäuert; das ausgeschiedene Silberchlorid läßt man im Dunkeln sich absetzen. Das Filtrat von der Kieselsäure wird zum Sieden erhitzt und ein kräftiger Strom von Schwefelwasserstoff während $^1/_2$ Stunde eingeleitet, wobei Kupfer, Molybdän, etwas Eisen und der Rest des Silbers als Sulfide ausfallen. Man filtriert ab, wäscht mit schwefelwasserstoffhaltigem Wasser aus, löst den Rückstand in Königswasser und dampft die Lösung eben ein. Nach Aufnahme mit Salzsäure (1+1) setzt man Ammoniak im Überschuß zu und kocht auf, wobei das ausgefallene Eisenhydroxyd abfiltriert und mit heißem Wasser ausgewaschen wird. Das Filtrat wird wieder mit verdünnter Salzsäure eben angesäuert, aufgekocht und im Dunkeln absitzen gelassen. Die beiden Fällungen von Chlorsilber werden durch einen Glasfiltertiegel abfiltriert, mit schwach salzsaurem Wasser ausgewaschen und zuerst bei 100°, zuletzt bei 130° bis zur Gewichtskonstanz getrocknet und ausgewogen.

Al. (Vgl. II/2, 1396 und W.Hdb. St. und W. Koch.) Nach P. Klinger bestimmt man Aluminium in Stahl durch Lösen der Probe in 150 cm³ Salzsäure (1,12) unter Erwärmen und Abscheiden der Kieselsäure in bekannter Weise. Der Trockenrückstand darf hierbei nicht zu stark erhitzt werden, da sich sonst ein Teil des Aluminiumchlorids verflüchtigen könnte. Der Rückstand wird mit Salzsäure und Wasser aufgenommen, die abgeschiedene Kieselsäure abfiltriert, ausgewaschen, verascht und mit Flußsäure bei Gegenwart von Schwefelsäure abgeraucht. Der verbleibende Rückstand wird mit Soda aufgeschlossen, die Schmelze hierauf mit Wasser ausgelaugt, mit Salzsäure zersetzt und die Lösung mit dem Filtrat der Kieselsäure vereinigt. Die so erhaltene Lösung wird in einem 1000 cm³ fassenden Becherglas bei etwa 150 cm³ Verdünnung so lange mit Ammoniak (1+1) versetzt, bis sie gegen Lackmuspapier gerade alkalisch reagiert. Nach Zusatz von 4 cm^3 Salzsäure (1,124) wartet man bei Raumtemperatur die völlige Klärung der Lösung ab, verdünnt auf 400 cm^3, gibt 15 cm^3 80%ige Essigsäure und zur Reduktion des Eisens 20 cm^3 einer 30%igen Ammoniumthiosulfatlösung hinzu und erhitzt die Lösung zum Sieden. Nach erfolgter Reduktion fällt man in der siedendheißen Lösung mit 20 cm^3 einer 10%igen Diammoniumphosphatlösung und kocht unter ständigem Umrühren bzw. unter Verwendung eines Siedestabes 15 Minuten lang durch. Hierauf filtriert man durch ein mittelhartes Filter ab (ein trübes Filtrat — lediglich durch Schwefel bedingt — ist belanglos) und wäscht den Niederschlag 3mal mit kochendem Wasser aus. Der Niederschlag wird vom Filter in das Fällungsgefäß zurückgespült und das Filter mit heißer Salzsäure (1+3) ausgewaschen. Zum Filtrat werden 20 cm^3 Salzsäure (1,19) hinzugegeben. Die salzsaure Lösung mit dem Niederschlag wird gekocht, bis sie abgesehen von dem Schwefel vollständig klar und durchsichtig ist. Bei Gegenwart von Kupfer wird dieses als Schwefelkupfer mitgefällt, weshalb man in diesem Falle vor der zweiten Fällung nach der Reduktion mit Thiosulfat die Lösung nochmals abfiltrieren muß. Nach der Abkühlung der Lösung wird in derselben Weise ein zweites Mal gefällt, nur erfolgt hierbei der Diammoniumphosphatzusatz vor dem Aufkochen, also unmittelbar nach dem Thiosulfatzusatz. Der Niederschlag wird mit kochendem Wasser dekantiert und nach dem Filtrieren 6mal mit heißem Wasser gewaschen, getrocknet und langsam verascht. Hierauf wird zunächst $^1/_2$ Stunde bei 1100° geglüht. Nach weiteren $1^1/_2$stündigem Glühen bei 1200° läßt man erkalten und wägt aus. Man überzeuge sich auf jeden Fall durch kurzes Nachglühen bei 1200° von der Gewichtskonstanz. Der Niederschlag kann auch nach dem Veraschen in der Muffel 1 Stunde bei 1100° vorgeglüht und über einem Gaspreßluftgebläse nachgeglüht werden. $AlPO_4 \cdot 0{,}2211 = Al$.

Bei Gegenwart von Nickel, Chrom, Titan usw. vgl. die in obiger Arbeit angegebenen Abänderungen des Verfahrens.

Bei dem von H. Vogt angegebenen Schnellverfahren zur Aluminiumbestimmung werden 4 g der Stahlprobe in Salzsäure (1,19) gelöst; die Lösung wird mit Salpetersäure oxydiert und zur Trockne verdampft. Den Rückstand nimmt man mit Salzsäure auf, filtriert die ausgeschiedene Kieselsäure ab und wäscht aus. In einem 500-cm^3-Meßkolben versetzt man das Filtrat mit einer gesättigten aluminiumfreien Kaliumhydroxydlösung im Überschuß, wobei Eisen als Hydroxyd ausfällt und das Aluminium als Kaliumaluminat in Lösung geht. Nach 3stündigem Stehen füllt man bis zur Marke auf und filtriert von der gut durchgeschüttelten Lösung 250 cm^3 durch ein Faltenfilter ab. Man bringt die Lösung in ein 600 cm^3 fassendes Becherglas, neutralisiert mit Salzsäure, macht schwach ammoniakalisch und säuert wieder mit 4 cm^3 Salzsäure (1,12) an. Nach Zugabe von 20 cm^3 Diammoniumphosphatlösung, 40 cm^3 Ammoniumthiosulfatlösung und 15 cm^3 Essigsäure wird etwa 15 Minuten gekocht, noch heiß von dem ausgeschiedenen Rückstand abfiltriert und das Filter mit heißem Wasser ausgewaschen. Das so erhaltene Aluminiumphosphat wird verascht und zur Reinigung mit 10 cm^3 Salzsäure in der Wärme gelöst. Ist klare Lösung eingetreten, so wird mit Wasser verdünnt und die Fällung wiederholt.

E. C. Pigott löst 5 g Stahl in Salzsäure, oxydiert mit Salpetersäure, dampft ein, nimmt mit heißer 5%iger Salzsäure auf, verdünnt auf 200 cm³, kocht auf und filtriert. Die Lösung wird mit Ammoniak abgestumpft und bei 60° mit einer wäßrigen Lösung von saurem Natriumsulfit versetzt. Nach der Reduktion des Eisens setzt man 10 cm³ Alkohol, 20 cm³ 10%ige Ammoniumphosphatlösung und eine Lösung von 10 g Natriumthiosulfat hinzu. Das SO_2 wird durch Kochen entfernt und die Lösung filtriert. Der Niederschlag wird verascht, im Platintiegel mit 4 g Soda und 1 g Kalisalpeter aufgeschlossen, die Schmelze mit schwach alkalischem Wasser ausgelaugt und der Aufschluß wiederholt. Die vereinigten Filtrate werden mit verdünnter Schwefelsäure versetzt, mit Ammoniumpersulfat oxydiert und nach weiterem Zusatz von 20 cm³ Wasserstoffperoxyd bei 60° mit 5 cm³ 10%iger Ammoniumphosphatlösung versetzt, mit Ammoniak fast neutralisiert und 30 cm³ einer gesättigten Ammoniumcarbonatlösung hinzugefügt. Nach $^1/_2$ Stunde Erwärmen auf 60° wird filtriert, der Niederschlag mit 2%iger Ammuniumcarbonatlösung und heißem Wasser ausgewaschen und im Porzellantiegel scharf geglüht. Falls der Rückstand nicht rein weiß ist, wird er in etwas Salpetersäure trocken gedampft und erneut geglüht.

I. Mignolet beschreibt eine Methode zur Bestimmung von Aluminium in Gußeisen, gewöhnlichen Stählen und Chromstählen, bei der er Aluminium und Chrom mittels Natriumperoxyd in Ferrat, Aluminat und Chromat überführt und im Filtrat vom Eisenhydroxyd das Aluminium als Hydroxyd durch alkalische Nitratlösung abtrennt.

Zur Aluminiumbestimmung in Nickel, Chrom und Nickeleisenlegierungen löst F. P. Peters die Legierung in Königswasser und konzentrierter Schwefelsäure, unterwirft diese Lösung der Elektrolyse zwischen einer Quecksilberkathode und einer Platinanode, wobei Eisen, Nickel, Kobalt, Chrom, Kupfer und Molybdän abgeschieden werden, während Aluminium mit Beryllium, Titan, Vanadin, Zirkon, Uran, Magnesium, Calcium und Cer in Lösung bleiben.

H. K. Kar empfiehlt ein elektrolytisches Bestimmungsverfahren von Titan, Zirkon oder Aluminium in Chromstahl und -legierungen, bei dem 1 g der Probe in 20—40 cm³ 10%iger Schwefelsäure gelöst werden. Die Lösung wird in einen Elektrolysierbecher, dessen Boden etwa 3 cm hoch mit Quecksilber bedeckt ist, filtriert und der Rückstand einige Male mit Wasser ausgewaschen. Die Elektrolyse wird $1^1/_2$—2 Stunden bei 4 Ampere ausgeführt. Als Stromzuführung dient ein Platindraht, der in das Quecksilber eintaucht und als Anode eine Platinscheibe von etwa 5 cm Durchmesser. Der auf dem Filter zurückgebliebene Rückstand wird geglüht und danach mit Bisulfat aufgeschlossen. Der schwach schwefelsaure Auszug wird zu der Elektrolytlösung hinzugegeben. Titan, Zirkon und Aluminium bleiben bei dieser Methode in Lösung und werden nach Verflüchtigung der SiO_2 (zum Teil durch Differenzbestimmungen) ermittelt. Vgl. auch A. T. Etheridge.

Zur Bestimmung von Tonerde neben Aluminium im Stahl vgl. Klinger und H. Fucke. G. T. Motok und E. O. Waltz endlich trennen das unlösliche Aluminiumoxyd in Stahl vom löslichen Aluminium durch Auflösen in warmer, etwa 15%iger Salzsäure.

As. [Vgl. II/2, 1413, W.Hdb. St., ferner A. Stadeler (2).]

W. M. Hartmann bestimmt Arsen in Eisen mit Kaliumbromat unter Verwendung der Osmiumsäure als Redoxindicator, ein Verfahren, das sich auch für die mikroanalytische Bestimmung eignet.

As, Sb, Sn. Zur gleichzeitigen Bestimmung von Arsen, Antimon und Zinn werden 10 g Späne in 100 cm³ Salpetersäure (1+1) unter Kühlen gelöst, die Lösung mit 20 cm³ Schwefelsäure (1,84) versetzt und bis zum starken Abrauchen der Schwefelsäure eingedampft. Nach dem Erkalten wird mit wenig Wasser aufgenommen, durchgekocht und die Lösung in einen Destillationskolben übergespült. Die Weiterverarbeitung erfolgt nach H. Biltz (S. 333).

B. [Vgl. II/2, 1414, 1415 und J. Kassler (2).] Das Chapinsche Verfahren beruht auf der Auflösung des Stahls unter einem Rückflußkühler in verdünnter HCl mit anschließender Oxydation mit H_2O_2 und Übertreiben des Bors als Borsäuremethylester. Nach Verdampfen des Alkohols wird das Bor mittels Ätznatron titriert. Das Verfahren arbeitet auf etwa 0,03% genau. Bei dem Lindgrenschen Verfahren werden 3 g Stahl in 20 cm³ einer Mischung gleicher Teile Salpetersäure und Salzsäure gelöst und die Lösung mit 30 g $CaCO_3$ neutralisiert. Nach dem Verkochen der CO_2 wird der Rückstand abfiltriert und Bor im Filtrate in gleicher Weise mit Ätznatron maßanalytisch bestimmt. N. Tschischewski löst in verdünnter H_2SO_4 unter dem Rückflußkühler, oxydiert mit H_2O_2 und scheidet Fe, Mn, usw. durch Elektrolyse der Lösung unter Verwendung einer Quecksilberkathode aus. Endlich sei noch ein colorimetrisches Verfahren angeführt, das zwar sehr schnell und genau (bis zu 0,001%) arbeitet, aber bei Gegenwart von Beryllium und Magnesium versagt. Nach diesem Verfahren werden 1 g der Stahlprobe in einem 500 cm³ fassenden Kolben unter dem Rückflußkühler mit 15 cm³ 20%iger Schwefelsäure erwärmt. Hierauf werden zur Oxydation 2 cm³ H_2O_2 hinzugegeben und 15 Minuten gekocht. Nach Abkühlen und Filtration werden Fe, Mn, Cr usw. durch Elektrolyse mittels einer Quecksilberkathode abgeschieden. Nach nochmaliger Filtration der sauren Lösung werden 10 cm³ H_2SO_4 (1,84) zugesetzt und bis eben zum Rauchen eingedampft. Nach Abkühlenlassen wird die Lösung in ein 100-cm³-Standglas gegeben und 5 cm³ einer Chinalizarinlösung (5 mg Chinalizarin werden in 100 cm³ H_2SO_4 [1,84] verrührt) zugesetzt; die zu 100 cm³ noch fehlende Flüssigkeitsmenge wird durch Auffüllen mit konzentrierter Schwefelsäure hergestellt. Hierauf wird die Farbe der Lösung mit der Farbe einer Probe mit einem bekannten Borgehalt verglichen.

Be. Vgl. II/2, 1396. R. Gadeau berichtet über die Bestimmung des Aluminiums, Berylliums und des Magnesiums in Eisenlegierungen, wobei das Eisen in einer tartrathaltigen, schwach ammoniakalischen Lösung mit Schwefelwasserstoff ausgefällt wird. Im Filtrat wird der Schwefelwasserstoff verkocht und das hierbei entstehende Filtrat auf ein bestimmtes Volumen gebracht. In einem Teilvolumen wird nach Ansäuern mit Essigsäure das Aluminium mit einer essigsauren, acetathaltigen Oxychinolinlösung ausgefällt. In einem zweiten Teilvolumen wird das Beryllium nach Versetzen der Lösung mit Natriumammoniumphosphat und schwachem Ansäuern mit Eisessig als Berylliumphosphat ausgefällt und bei 1000° zu $Be_2P_2O_7$ geglüht. In einem dritten Teilvolumen wird endlich das Magnesium in Gegenwart von Ammoniumtartrat bei 60° mit 5%iger Oxinlösung gefällt. Nickel und Chrom stören hierbei nicht, dagegen muß Chrom bei der Berylliumfällung vorher nach Oxydation der Lösung als Bleichromat abgetrennt werden.

L. N. Monjakowa und S. Janowski fällen Beryllium in Stahl aus essigsaurer Lösung mit Ammoniak und verglühen den Niederschlag zu BeO.

Vgl. auch H. Fischer (2), Fr. Spindeck und Kolthoff und Sandell.

C. Vgl. II/2, 1364—1377, ferner H. J. van Royen, E. Schiffer, C. Holthaus, P. Klinger und H. Fucke (2), E. Bascou, B. A. Rogers und W.Hdb. St.

H. J. van Royen und H. Grewe haben ein Schnellgerät für die volumetrische Kohlenstoffbestimmung in Roheisen und Stahl entwickelt (D.R.P.), bei dem hohe Genauigkeit der Befunde bei größter Schnelligkeit gegeben ist. Die Kalilauge-Absorptionspipette ist hierbei durch zwei leicht auswechselbare Natriumasbeströhrchen ersetzt.

Zur Bestimmung von gebundenem Graphitkohlenstoff und der einzelnen C-Arten, vgl. II/2, ferner O. Keune und H. Cramer.

Endlich beschreiben Chas. K. Donoho, W. P. Fishel und Jas. T. Mackenzie ein Verfahren zur Bestimmung von gebundenem Graphitkohlenstoff in grauem Gießereisen, bei dem die Salpetersäure, die nach ihrer Ansicht den Graphit unter Entwicklung merklicher Mengen kohlenstoffhaltiger Gase angreift, durch Salzsäure (1+1) ersetzt wird.

Ce. Die Bestimmung des Cers geschieht nach K. Swoboda und R. Horny durch Lösen von 2 g der Späneprobe in einem 500 cm³ fassenden Becherglase in 60 cm³ Salzsäure (1+1) unter Erwärmen. Nach beendeter Lösung wird am besten aus einer Tropfflasche unter Vermeidung eines Überschusses so viel Salpetersäure zugesetzt, als eben zur Oxydation von Eisen und Wolfram erforderlich ist. Die noch heiße Lösung wird mit 60 cm³ einer 25%igen Weinsäurelösung und 30—35 cm³ einer 10%igen salzsauren $SnCl_2$-Lösung zur Reduktion von Ferriion und teilweise auch von Wolframsäure versetzt. Hierauf wird mit konzentrierter Natronlauge im geringen Überschuß gefällt, das ganze in einen 500-cm³-Meßkolben übergespült, abgekühlt und nach Zusatz von 10 cm³ Alkohol mit Wasser bis zur Marke aufgefüllt. Nach kräftigem Durchschütteln wird unter Abhaltung oxydierender Dämpfe durch zwei ineinander gelegte trockne Faltenfilter filtriert. Eine Oxydation des Ferrohydroxyds ist dabei unbedingt zu vermeiden. Der Niederschlag enthält die Hydroxyde des Eisens, Mangans, Kobalts, Nickels und metallisches Tantal, während im Filtrat Ferrotartrat, Chromitartrat und die weinsauren Komplexe der Natriumsalze der Wolframsäure, Molybdänsäure, Vanadinsäure und Wolframsäure in Lösung sind. 250 cm³ des alkalischen Filtrates werden in einem 500 cm³ fassenden Becherglas tropfenweise mit Salzsäure bis zur deutlich sauren Reaktion versetzt, zum Sieden erhitzt, die Flamme entfernt und mit etwa 2 g festem Ammoniumfluorid gefällt. Die überstehende Flüssigkeit wird mit Ammoniak neutralisiert, mit 1—2 Tropfen Salzsäure sauer gemacht und der Niederschlag 1 Stunde lang absitzen gelassen. Hierauf wird durch ein hartes Filter, das mit etwas Filterschleim beschickt ist, abfiltriert und der Niederschlag mit heißem Wasser, das pro Liter 3 g Ammoniumfluorid enthält, alkalifrei gewaschen. Schließlich wird das Filter mit Niederschlag im Platintiegel verascht, geglüht und nach dem Erkalten als CeO_2 ausgewogen. $CeO_2 \cdot 0{,}8142 = \text{g Ce}$.

Vgl. hierzu R. Lang (2), P. Spacu und I. A. Atanasiu und Willard und Joung (2).

Co. Vgl. II/2, 1394—1396 und W.Hdb. St. Kobalt läßt sich in gleicher Weise wie Nickel aus ammoniakalischer Lösung elektrolytisch abscheiden, wobei Kupfer und Nickel gleichzeitig mitniedergeschlagen werden, während die anderen Metalle vorher abgetrennt werden müssen. Da ferner Kobalt wie Nickel mit Cyankalium stabile Komplexsalze bildet, läßt es sich wie dieses mit einer eingestellten Cyankaliumlösung titrieren. Für die Ausführung der potentiometrischen Bestimmung von Kobalt in Stahl sei auf P. Dickens und G. Massen verwiesen, für die polarographischen Verfahren vgl. G. Thanheiser und G. Massen (2), ferner E. Jaboulay und B. S. Evans.

Cr. Vgl. II/2, 1396—1403. Potentiometrisches Verfahren. 1 g der Stahlprobe wird in einem 300-cm^3-Erlenmeyerkolben in 60 cm^3 Schwefelsäure (1+4) gelöst, mit Salpetersäure oxydiert und eingeraucht. Die klare Lösung, die nur noch einige Flocken Kieselsäure enthalten darf, wird nach dem Abkühlen auf 100 cm^3 verdünnt und mit 10 cm^3 0,5%iger Silbersulfatlösung und 30 cm^3 50%iger Ammonpersulfatlösung versetzt. Hierauf wird bis zum Auftreten der Permanganatfärbung erhitzt und mit 5 cm^3 Kochsalzlösung gekocht. Sobald die Permanganatfarbe verschwunden ist, wird die Lösung auf Zimmertemperatur abgekühlt und mit Ferrosulfatlösung bis zum Potentialsprung titriert.

Enthält der Stahl gleichzeitig Vanadin, so erhitzt man die austitrierte Lösung auf 70° und titriert hierauf das Vanadin allein mit $^1/_{50}$ n-Kaliumpermanganatlösung bis zum Auftreten des Potentialsprunges. Die Differenz beider Titrationen ergibt den Chromgehalt.

Nach H. H. Willard und Ph. Young werden bei chromreichen Stählen 0,25 g, bei chromarmen bis zu 2 g in einem hohen, bedeckten Becherglas mit 20—25 cm^3 70%iger Perchlorsäure versetzt und langsam unter Vermeidung heftiger Reaktion erwärmt. Nach etwa 3—5 Minuten ist der Stahl völlig gelöst. Die Lösung wird dann noch etwa 15—20 Minuten gekocht und nach kurzem Abkühlen an der Luft unter fließendem Wasser abgekühlt. Dann werden 25 cm^3 Wasser zugesetzt, das Deckelglas abgespült und zur Entfernung alles Chlors nochmals 3 Minuten gekocht. Nunmehr wird auf 250—300 cm^3 verdünnt und unter fließendem Wasser abgekühlt. Enthält der Stahl mehr als Spuren Vanadin, so daß bei der Titration mit Permanganat zwei Endpunkte bestimmt werden sollen, so werden 15 cm^3 Phosphorsäure (1,37) zugefügt. Hierauf wird bei Zimmertemperatur ein gemessener Überschuß an $^1/_{10}$ n-Ferrosulfatlösung und 2—3 Tropfen $^1/_{40}$ molarer Ferroinlösung zugegeben und sofort mit $^1/_{10}$ n-Kaliumpermanganatlösung titriert, bis die Farbe der Lösung von rosa nach hellgrün umschlägt; dann wird zum Abstumpfen der freien Perchlorsäure kristallisiertes Natriumacetat unter Erwärmen der Lösung portionsweise zugegeben, bis die Bildung eines bleibenden Niederschlages von Ferriphosphat einsetzt. Die Lösung wird auf 50° erwärmt und sofort mit $^1/_{10}$ n-Kaliumpermanganatlösung titriert, bis die Farbe der Lösung von rosa nach hellgrün umschlägt und die Rosafarbe innerhalb 1 Minute nicht zurückkehrt. Vor der zweiten Titration ist ein erneuter Zusatz von 1 Tropfen $^1/_{40}$ molarer Ferroinlösung zweckmäßig.

Zur Bestimmung der Normalität der verwendeten Ferrosulfatlösung werden 25 cm³ einer $^1/_{10}$ n-Ferrosulfatlösung auf 100 cm³ verdünnt, mit 10—15 cm³ 70%iger Perchlorsäure versetzt, dann auf 250 cm³ verdünnt, mit 2 Tropfen einer $^1/_{40}$ molaren Ferroinlösung versetzt und mit $^1/_{10}$ n-Kaliumpermanganatlösung bis zum Umschlag titriert. Bei Gegenwart von Wolfram versagt das Verfahren.

Berechnung. Bei Zugabe von a cm³ $^1/_{10}$ n-Ferrosulfatlösung und einem Verbrauch von m cm³ $^1/_{10}$ n-Permanganatlösung bei der Titration bis zum ersten Endpunkt und weiteren n cm³ bis zum zweiten Endpunkt beträgt der Chromgehalt bei einer Einwaage von p g

$$100 \cdot 0{,}0017337 \cdot \frac{(a - m - n)}{p} \%$$

und der Vanadingehalt

$$\frac{100 \cdot 0{,}005095 \cdot n}{p} \%.$$

W. Hild löst 2 g Chromnickelstahl, wobei Wolfram in geringen Mengen nicht schadet, in einem 750 cm³ fassenden Erlenmeyerkolben in einem Säuregemisch, bestehend aus 10 cm³ Salpetersäure (1,2), 20 cm³ Schwefelsäure (1 + 1) und 100 cm³ heißem Wasser. Dann werden 20 cm³ einer 0,8%igen Kaliumpermanganatlösung hinzugesetzt, weitere 150 cm³ warmes Wasser hinzugefügt und 4 Minuten lang gekocht, wodurch alles Chrom zu Chromsäure oxydiert wird.

Den Überschuß des Mangans reduziert man durch Zugabe von 8 bis 10 cm³ einer 10%igen Mangansulfatlösung, kocht einige Sekunden durch und filtriert schnell durch ein Doppelfilter (ein gewöhnliches $12^1/_2$-cm-Filter und darüber ein Faltenfilter von 15 cm Durchmesser) in einen Erlenmeyerkolben ab. Den ersten Aufguß schüttet man zweckmäßig in den ersten Erlenmeyerkolben zurück, da hierbei häufig etwas feinverteiltes Mangansuperoxyd mit durch das Filter geht. Den Erlenmeyerkolben wäscht man dann 3mal und das Filter 4—5mal mit heißem Wasser aus, kühlt durch Schütteln unter fließendem Wasser ab und titriert in bekannter Weise, wobei die Flüssigkeitsmenge etwa 500 cm³ betragen soll.

Dieses Verfahren zeichnet sich durch große Schnelligkeit, Billigkeit und Genauigkeit aus. Vgl. auch P. Dickens und G. Thanheiser (2), W. F. Pond, E. Schiffer und P. Klinger, F. Spindeck (2) und Dorrington und Ward.

Eine unmittelbare photoelektrische Bestimmung von Chrom und Mangan beschreiben G. Thanheiser und J. Heyes durch direkte Messung der Spektrallinienintensität von Mangan und Chrom mit Hilfe einer Photozelle und eines Elektrometers, wobei zur Anregung der

Linien in eine Preßluftacetylenflamme durch einen Zerstäuber die Lösung der Probe eingeführt wird. Die Anwesenheit von anderen Legierungselementen stört die Bestimmung nicht.

Cu. Vgl. II/2, 1413 und W.Hdb. St.

Salicylaldoximverfahren. Das Verfahren nach F. Ephraim eignet sich besonders bei Gegenwart von Kobalt, Chrom, Molybdän, Vanadin und Aluminium; bei Gegenwart von Nickel sind andere Bestimmungsverfahren vorzuziehen. 2 g Stahlspäne werden in einem Erlenmeyerkolben von etwa 300 cm^3 Inhalt mit verdünnter Salpetersäure gelöst und die Lösung bis zum Verschwinden der nitrosen Dämpfe gekocht. Nach Zusatz von 5 cm^3 2%iger Kaliumpermanganatlösung erhitzt man zum Sieden, löst den ausgeschiedenen Braunstein in etwa 3 cm^3 Salzsäure (1,19) und verdünnt mit etwas Wasser. Wenn die Lösung getrübt ist, wird sie durch ein mittelhartes Filter filtriert und der Filterrückstand mit salzsäurehaltigem Wasser gewaschen. Das Filtrat wird mit 20 cm^3 75%iger Weinsäure und so viel Ammoniak versetzt, daß es deutlich danach riecht. Hierauf säuert man schwach mit Essigsäure (1+1) an, gibt 30 cm^3 Salicylaldoximlösung hinzu und rührt 5 Minuten lang um. Der sich grobflockig abscheidende Niederschlag wird durch einen bei 110° getrockneten Glasfiltertiegel 1 G_4 filtriert und mit heißem Wasser mehrmals ausgewaschen. Der Niederschlag darf keine Spur überflüssiges Reagens mehr erhalten, da sonst beim Trocknen leicht Zersetzung eintreten kann. Ebenso darf beim Auswaschen der Tiegelinhalt nicht trocken werden, da sonst Risse entstehen und ein vollständiges Auswaschen unmöglich wird. Zum Schluß wird der Filterinhalt einmal mit Alkohol nachgewaschen. Der Tiegel wird im Trockenschrank 1 Stunde lang bei 110° getrocknet. Auswage · 0,1894 = g Cu.

In Salpetersäure unlösliche Stoffe werden durch Zusatz von Salzsäure gelöst. Die Lösung verdampft man vollständig zur Trockne, nimmt mit 50 cm^3 Salpetersäure (1,2) auf, dampft nochmals zur Trockne, löst wiederum in Salpetersäure und behandelt wie oben angegeben.

Zur Herstellung der Salicylaldoximlösung löst man 10 g Salicylaldoxim in 50 cm^3 denaturiertem Alkohol und gießt diese Lösung in 950 cm^3 80° warmes Wasser. Dabei scheidet sich anfangs ein wenig Salicylaldoxim in Form feiner Tröpfchen aus, die sich langsam lösen. Erst wenn dieselben gelöst sind, wird abfiltriert.

Titrimetrisches Verfahren. Nach Petzold und Scheller (vgl. auch A. H. Low) werden 5 g der Stahlprobe in einem 250 cm^3 fassenden Meßkolben in 50 cm^3 eines Säuregemisches aus 1 Teil Salpetersäure (1+1) und 1 Teil Salzsäure (1,19), die portionsweise zugegeben wird, in der Wärme gelöst. Hierauf werden die nitrosen Dämpfe verkocht, kurze Zeit stehengelassen, aber nicht völlig abgekühlt und unter kräftigem Durchschütteln portionsweise 50 cm^3 Ammoniak (0,91) hinzugegeben. Hierauf wird der Kolben mit Ammoniak (1 Teil NH_4OH [0,91] + 2 Teile Wasser) auf 200 cm^3 unter wiederholtem Durchschütteln aufgefüllt, unter der Wasserleitung abgekühlt und nach nochmaligem Durchschütteln bis zur Marke aufgefüllt. Nunmehr wird ein Teil durch ein 18-cm^3-Faltenfilter abfiltriert und bei Kupfergehalten von 0—0,10% 100 cm^3, von 0,11—0,5% 50 cm^3 und über 0,50% Kupfer 25 cm^3 abpipettiert und in einem Philipsbecher auf 10—15 cm^3 eingedampft. Hierauf wird abgekühlt und tropfenweise Ammoniak hinzugesetzt, bis eben eine Blaufärbung auftritt. Nach Zugabe von 3 cm^3 36%iger Essigsäure wird durchgeschüttelt, 2 Tabletten Kaliumjodid zu 0,5 g hinzugesetzt, mit 10 cm^3 Wasser verdünnt und nach Zusatz von 2 cm^3 1%iger Stärkelösung mit $^1/_{200}$ n-Natriumthiosulfatlösung auf farblos titriert. Die Einstellung der Thiosulfatlösung geschieht in gleicher Weise mit Kupfernitratlösung bekannten Gehaltes unter Zugabe von Eisenchloridlösung. Legierungsbestandteile, wie Wolfram, Molybdän, Chrom, Nickel, Kobalt, Titan, Cer, Tellur, Beryllium und Uran stören hierbei nicht; Mangan dagegen von 2% an. Beim Zusatz von Ammoniak ist darauf zu achten, daß kräftig durchgeschüttelt wird, um ein Einschließen von Kupfer durch Eisenhydroxyd zu vermeiden. Genauestes Einhalten der Arbeitsvorschrift ist hier unerläßlich.

Ein Verfahren zur Bestimmung von Kupfer in Roheisen und Stahl beschreibt W. Åström, der in Schwefelsäure löst. Das ungelöst gebliebene Kupfer muß sofort durch Glaswolleasbest abfiltriert werden. Das Filter mit Rückstand wird in ein kleines Becherglas übergeführt, 7 cm^3 Salzsäure und 0,2 g Kaliumchlorat zugesetzt und unter Erhitzen gelöst. Die Lösung wird ammoniakalisch gemacht, filtriert und der Kupfergehalt colorimetrisch bestimmt. Nach einer Schnellmethode zur Bestimmung des Kupfers in Flußeisen von P. Schong werden 5 g Borspäne in einen Meßkolben von 250 cm^3 Inhalt in 75 cm^3 Salpetersäure (1,2) zunächst unter Kühlung, dann unter gelindem Kochen gelöst. Nach dem Abkühlen werden 50 cm^3 Ammoniak (0,91) hinzugesetzt, tüchtig durchgeschüttelt und nach dem Erkalten mit Wasser bis zur Marke aufgefüllt. In einem Teilvolumen wird das Kupfer schnellelektrolytisch abgeschieden. Über eine colorimetrische Bestimmung des Kupfers mittels Diäthyldithiocarbonat machen Angaben Th. Callan und I. A. R. Henderson, ferner L. A. Haddock und N. Evans und F. Grendel, mit Hilfe von Piperidinium-Piperidyl-Dithioformiat R. G. Harry. Eine potentiometrische Bestimmung endlich beschreiben K. Dietrich und K. Schmitt. Vgl. auch G. Thanheiser und G. Maassen (2).

Fe. Zur Eisenbestimmung beschreibt Fr. P. Peters (2) ein Verfahren für Nickel-Chrom und Nickel-Chrom-Eisenlegierungen, bei der das Material in Königswasser aufgeschlossen und mit Überchlorsäure eingedampft wird. Nach Zusatz von Ammoniumpersulfat wird das Eisen mit Ammoniak gefällt. Das Eindampfen mit Überchlorsäure muß bei viel Chrom wiederholt werden. Bis zu 1% Vanadin stört nicht, in Gegenwart größerer Mengen Vanadin geschieht die Titration mit Kaliumbichromat unter Zusatz von Dyphenylamin als Indicator. Bei Gegenwart von mehr als 6% Eisen wird die Cupferronfällung empfohlen.

H. Vgl. W.Hdb. St.

Mn. Vgl. II/2, 1382—1391 und W.Hdb. St. Bei Gegenwart von Kobalt empfiehlt J. Kassler (3) zur Bestimmung des Mangans in kohlenstoffhaltigen Stählen 2,5 g der Stahlspäne in 30 cm^3 Salpetersäure (1,2) zu lösen. Hochlegierte Stähle, die sich in Salpetersäure nicht lösen, werden durch 40 cm^3 Salzsäure (1,12) gelöst und mit 10 cm^3 Salpetersäure (1,2) oxydiert. Nach dem Aufkochen der Lösung wird in einem

250 cm^3 fassenden Meßkolben übergespült, mit aufgeschlämmtem Zinkoxyd gefällt, abgekühlt und bis zur Marke aufgefüllt. Je nach dem Mangangehalt filtriert man 20—100 cm^3 durch ein trocknes Filter ab, verdünnt auf 250 cm^3, setzt 3 g Ammoniumchlorid und 1 g Ammoniumpersulfat hinzu und erhitzt die Probe etwa 2 Minuten lang zum Sieden. Das abgeschiedene Mangansuperoxyd wird durch ein mit Filterbrei beschicktes Filter abfiltriert, mit kaltem Wasser gewaschen und vom Filter mit 20—30 cm^3 heißer Salpetersäure (1,2), der man 5 cm^3 3%iges Wasserstoffperoxyd hinzugesetzt hat, in das Fällungsgefäß zurückgelöst. Das Filter wird nochmals mit heißem Wasser nachgewaschen, das überschüssige Peroxyd verkocht, Mangan mit Ammoniumpersulfat und Silbernitrat oxydiert und mit arseniger Säure titriert.

Zur Untersuchung von Proben mit höheren Mangangehalten empfiehlt J. Kassler (4) das abgeänderte Persulfat-Silbernitratverfahren, nach dem 1 g Stahl bzw. Roheisen in einen 500 cm^3 fassenden Erlenmeyerkolben mit 30 cm^3 eines Säuregemisches, bestehend aus 100 cm^3 Schwefelsäure (1,84), 125 cm^3 Phosphorsäure 85%ig, 250 cm^3 Salpetersäure (1,42) und 525 cm^3 Wasser versetzt und unter Erwärmen gelöst wird. Nach Auskochen des Peroxydes verdünnt man mit 300 cm^3 Wasser, setzt 10 cm^3 einer 0,8%igen Silbernitratlösung und 10 cm^3 einer 25%igen Ammoniumpersulfatlösung zu, und erhält eine Minute lang im Sieden. Nach Abkühlen wird mit 75 cm^3 Wasser verdünnt und mit Arsenitlösung zurücktitriert. Das Verfahren eignet sich besonders zur Bestimmung von Mangan in hochmanganhaltigen Stählen, ferner zur Erhöhung der Genauigkeit bei niedrigen Manganstählen durch Vergrößerung der Einwaage.

Zur elektrometrischen Schnellbestimmung von Mangan in Wolframstählen sei auf die Arbeit N. J. Chlopins verwiesen.

Zur Bestimmung von Mangan in stark chromhaltigen Stählen empfiehlt F. W. Smith, das Chrom zuvor als Chlorchromsäure zu verdampfen, und Mangan weiter nach dem Persulfatverfahren zu bestimmen.

A. A. Jelissejew, P. J. Jakowlew und D. G. Ssuchow lösen von Manganstählen und Ferromanganproben 0,25—0,5 g in 30 cm^3 Schwefelsäure (1+4), oxydieren durch tropfenweisen Zusatz von schwacher Salpetersäure und verkochen die Stickoxyde. Die Lösung wird in einem 250-cm^3-Meßkolben mit 25—30 cm^3 Natronlauge (1+1) versetzt und geschüttelt, um die ausgefallenen Hydroxyde wieder aufzulösen; dann fällt man $Chrom^{III}$- und $Eisen^{III}$-Ionen mit aufgeschlämmtem Zinkoxyd in geringem Überschuß, kühlt ab, füllt zur Marke auf, schüttelt um und filtriert durch ein trocknes Filter. 100 cm^3 des Filtrates werden in einem 500-cm^3-Erlenmeyerkolben nacheinander mit 5 cm^3 Schwefelsäure (1,84), 5 cm^3 Phosphorsäure (1,7), 20 cm^3 0,5%iger Silbernitrat- und 50 cm^3 10%iger Ammoniumpersulfatlösung versetzt, erhitzt und kräftig, aber nicht länger als 3 Minuten unter häufigem Schütteln gekocht. Man läßt noch 10 Minuten unter wiederholtem Schütteln in der Wärme stehen, kühlt ab und titriert das gebildete Permanganat mit Ferroammoniumsulfatlösung bis zur Entfärbung.

Endlich berichten W. M. Murray und S. E. R. Ashley über eine spektralphotometrische Schnellmethode zur Bestimmung von Mangan,

Nickel und Phosphor in Eisen und Stahl, wobei das Mangan nach vorhergehender Oxydation als Permanganat, Nickel als Dimethylglyoxim und Phosphor als Phosphor-Vanadinmolybdat bestimmt werden. Bei Anwesenheit von größeren Mengen von Silicium versagt diese Phosphorbestimmung. Vgl. ferner G. Thanheiser und Heyes, ferner P. Dickens und G. Thanheiser (2).

Mo. Vgl. II/2, 1406 und W.Hdb. St. Die Bestimmung des Molybdäns geschieht gewichtsanalytisch durch Fällen als Sulfid in saurer Lösung bzw. ammoniakalischer Sulfosalzlösung und Überführung des Molybdänsulfids in Molybdäntrioxyd oder Bleimolybdat, oder man titriert mit Kaliumpermanganat oder bestimmt colorimetrisch mittels Rhodankalium und Zinnchlorür. (Vgl. auch Hdb.)

Nach S. D. Steele werden 3 g der molybdänhaltigen Probe in 35 cm^3 Schwefelsalpetersäure (250 cm^3 Schwefelsäure und 300 cm^3 Salpetersäure auf 1,5 l Wasser) gelöst und bis zur Trockne abgeraucht. Nach Abkühlenlassen wird der Rückstand mit 100 cm^3 5%iger Schwefelsäure aufgenommen und durchgekocht, bis alle löslichen Salze gelöst sind. Kieselsäure, Graphit usw. werden hierauf durch ein mit Filterbrei beschicktes Filter abfiltriert und mit etwa 5 cm^3 heißer 5%iger Schwefelsäure, darauf mit 90 cm^3 heißem Wasser ausgewaschen. Nunmehr versetzt man das Filtrat mit noch 15 cm^3 SO_2-Lösung, kocht, bis der Überschuß an schwefliger Säure ausgetrieben ist. Man verdünnt mit 250 cm^3 Wasser, kühlt auf 8° ab und setzt der Reihe nach unter dauerndem Rühren 20 cm^3 einer 1%igen Lösung von α-Benzoinmonoxym in Alkohol hinzu, hierauf 3 Tropfen Bromwasser und abermals 5 cm^3 des Benzoinmonoxyms. Man läßt 10 Minuten stehen, filtriert ab, und wäscht mit kalter 1%iger Schwefelsäure, die je 100 cm^3 5 cm^3 des Reagenzes enthält, aus; man verascht den Niederschlag zunächst bei niederer Temperatur, später bei 450—500°, und wäscht nach dem Erkalten das Molybdäntrioxyd aus.

Colorimetrisch bestimmt A. Eder Molybdän in Stählen nach Behandlung der Molybdate mit Rhodankalium und Zinnchlorür im Pulfrich-Photometer. (Vgl. auch S. L. Malowan.)

Zur potentiometrischen Bestimmung des Mo werden Verfahren ausgearbeitet von P. Dickens und R. Brennecke, P. Klinger, E. Stengel und W. Koch, zur spektrographischen Bestimmung von O. Schließmann und K. Zänker.

N. Vgl. II/2, 1428, 1429 und W.Hdb. St. Nach B. E. Cohn werden 5 g Roheisen mit 45 cm^3 60%iger nitratfreier Überchlorsäure und 5 cm^3 ammoniakfreiem Wasser bis zum Auftreten weißer Dämpfe erhitzt. Nach dem Abkühlen versetzt man mit 50 cm^3 10%iger Weinsäure, spült die Lösung in einen Kjeldahl-Kolben über, fügt 100 cm^3 20%ige Natronlauge hinzu, verdünnt auf 200 cm^3, destilliert und titriert schließlich mit 0,02 Normalsäure. Vgl. weiter P. Klinger (2), P. Klinger und W. Koch (2), R. v. d. Heide, S. J. Weinberg und S. Proschutinsky.

Siehe auch **O** und andere Gase (II/2, 1427 und S. 707).

Nb. Siehe unter **Ta** (S. 710).

Ni. Vgl. II/2, 1392 und W.Hdb. St., ferner auch die Arbeiten von G. Balz.

Zur potentiometrischen Nickelbestimmung behandelt man nach Fr. Heinrich und Bohnholtzer 1 g der Stahlprobe in einem 250 cm³ fassenden Becherglase mit 15 cm³ eines Säuregemisches, bestehend aus 2 Teilen Salzsäure (1,19), 1 Teil Salpetersäure (1,4) und 3 Teilen Wasser, und erhitzt bis zur völligen Lösung. Nach Verkochen der Stickoxyde setzt man 20 cm³ einer 25%igen Chlorammoniumlösung, und zur Ausfällung des Eisens und Erreichen einer bestimmten Alkalität 30 cm³ Ammoniak (0,91) zu. Hierauf gibt man noch genau 10 cm³ einer 0,01 n-Silbernitratlösung zu, verdünnt mit destilliertem Wasser auf 100 cm³ und bringt das Becherglas unter die Apparatur (Abb. 7). Mit einer Cyankaliumlösung, die 12 g Cyankalium und 5 g Ätzkali je Liter enthält, wird bei eingeschalteter Umschlagselektrode zuerst schnell, zum Schlusse tropfenweise titriert, bis der Zeiger des Meßinstrumentes durch den Nullpunkt geht. Die verbrauchten Kubikzentimeter (*a*) abzüglich der für das zugesetzte Silbernitrat verbrauchten Kubikzentimeter (*b*) (*a*—*b* cm³) multipliziert mit dem Titer entsprechen dem Nickelgehalt. Da Kupfer und Kobalt mittitriert werden, sind pro 0,1% Kupfer 0,05% Nickel und je 0,5 g Kupfer 0,35% Nickel in Abzug zu bringen. Bei Kobaltstählen ist eine besondere Eichkurve aufzustellen.

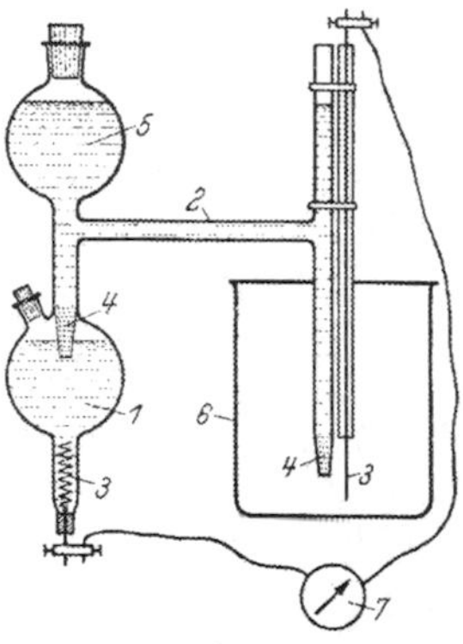

Abb. 7. Umschlagselektrode für Ni-Bestimmung. *1* Umschlagselektrode, *2* Stromschlüssel, *3* Ag-Draht, *4* Filterschleim, *5* gesättigte KCl-Lösung, *6* Titrierbecher, *7* Meßgerät.

Die Lösung für die Umschlagselektrode stellt man sich her, indem man in ein kleines Becherglas etwas Silbernitratlösung gibt und einen Silberdraht und eine Kalomelelektrode, die an eine Meßbrücke angeschlossen sind, eintauchen läßt (Abb. 8). Die Meßbrücke ist so eingestellt, daß das Nullinstrument keine Spannung zeigt, wenn die Kombination des Umschlagspotentionals 0,35 Volt gegen die Normalelektrode besitzt. Man setzt der Lösung unter Umrühren so lange Jodkalium bzw. wenn zuviel davon zugegeben ist, Kaliumchloridlösung hinzu, bis dieser Punkt erreicht ist, und beschickt damit die untere Kugel der Umschlagselektrode. Diese Lösung hält sich wochenlang, während eine austitrierte Lösung sich für die Umschlagselektrode hier nicht eignet.

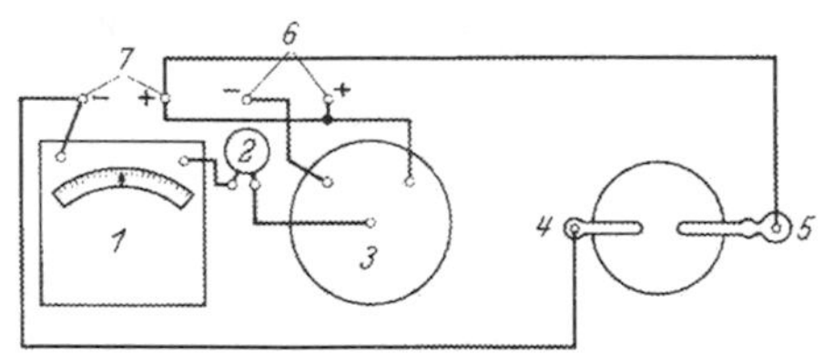

Abb. 8. Schaltungsschema bei Einstellung der Umschlagselektrode gegen Normalelektrode. *1* Meßgerät, *2* Widerstand, *3* Walzenmeßbrüche, *4* Umschlagselektrode, *5* Normalelektrode, *6* Akkumulator, *7* Indicatorelektrode.

O und andere Gase. Vgl. II/2, 1427, 1428 und W. Hessenbruch und P. Oberhoffer, H. Diergarten, G. Thanheiser und H. Ploum, ferner G. Thanheiser und E. Brauns, endlich P. Klinger (3). Im übrigen siehe bei **N** (S. 706) und bei Schlacke (II/2, 1429 und Erg.-Bd. II, 714).

P. (Vgl. II/2, 1423—1426 und W.Hdb. St. und W. Koch.)

S. (Vgl. II/2, 1415—1423 und W.Hdb. St.) Ferner sei verwiesen auf die Schwefelbestimmung durch Verbrennung im Sauerstoffstrom mit direkter Titration durch Natronlauge nach Seuthe, sowie auf die potentiometrische Ermittlung des Schwefelgehaltes nach G. Thanheiser und P. Dickens, endlich auf A. Gotta.

Sb. Zur Bestimmung des Antimons werden 1—5 g Bohrspäne in 60 cm^3 Bromsalzsäure gelöst und zur Trockne verdampft, wobei geringe Mengen Arsen flüchtig gehen. Der Eindampfrückstand wird mit 20 cm^3 Salzsäure (1,19) und 60 cm^3 Wasser aufgenommen, filtriert und ausgewaschen. In das heiße Filtrat wird mindestens $^1/_2$ Stunde Schwefelwasserstoff eingeleitet und nach Absitzenlassen in der Wärme von den ausgeschiedenen Sulfiden abfiltriert. Diese werden mit schwach salzsaurem, schwefelwasserstoffhaltigem Wasser ausgewaschen; der Niederschlag wird mit 10% Natriumsulfidlösung gründlich ausgelaugt, wobei das anwesende Kupfersulfid ungelöst bleibt. Die alles Antimon enthaltende Lösung wird in einem kleinen Becherglas aufgefangen und bis zum Wiederausfallen von Antimonsulfid angesäuert und abermals kurze Zeit Schwefelwasserstoff eingeleitet. Nach Stehenlassen auf der Dampfplatte bis zur Klärung wird durch ein kleines Filter abfiltriert und mit kaltem schwefelwasserstoffhaltigem Wasser ausgewaschen. Hierauf wird der größte Teil des Antimonsulfidniederschlages mit wenig Wasser vom Filter in einen 600-cm^3-Erlenmeyerkolben gespült; die am Filter haftenden geringen Niederschlagsmengen werden mit natriumsulfidhaltigem Wasser hinzugespült und das Filter kurz mit Wasser nachgewaschen. Der Kolbeninhalt wird dann mit 15 cm^3 Schwefelsäure (1,84) versetzt, bis zur völligen Klärung der Lösung gekocht und weiter erhitzt bis zum beginnenden Abrauchen der Schwefelsäure. Nach Erkalten versetzt man vorsichtig mit 100 cm^3 Wasser und filtriert vom ausgeschiedenen Schwefel ab. Das hierbei anfallende Filtrat wird mit Wasser auf 200 cm^3 verdünnt, mit 30 cm^3 Salzsäure versetzt und zum Sieden erhitzt. Hierauf setzt man einige Tropfen Methylorange hinzu und titriert mit einer auf Antimon eingestellten $^1/_{10}$ n-Kaliumbromatlösung bis eben zum Verschwinden der Rosafärbung.

Se. Austenitische Chromnickelstähle lösen C. G. Marvin und W. C. Schumb zur Bestimmung von Selen und Schwefel in Königswasser und dampfen zur Abscheidung der Kieselsäure nach Zusatz von Überchlorsäure zur Trockne. Nach Aufnahme des Trockenrückstandes mit Wasser und Filtration der Kieselsäure wird die Salzsäurekonzentration des Filtrates auf etwa 30% gebracht und weiter mit Schwefeldioxyd gesättigte Salzsäure zugesetzt. Nach 3stündigem Stehenlassen in der Wärme wird das ausgeschiedene Selen abfiltriert, ausgewaschen, getrocknet und zur Wägung gebracht. Das Filter und der Rückstand werden auf Rotglut erhitzt und zurückgewogen. Die Differenz stellt Selen dar. Da dieses Verfahren im allgemeinen etwas zu hohe Werte ergibt, löst das technologische Institut von Massachusetts in Überchlorsäure, fängt den entwickelten Selenwasserstoff auf, fällt

Selen mit Hilfe von Kieselerde aus, löst es in Salpetersäure und bestimmt es schließlich volumetrisch.

Nach L. Silverman läßt sich sein Kupferchloridverfahren schneller durchführen. W. C. Coleman und C. R. Mc Croscy lösen in Salzsäure und fangen das H_2Se in einer Kaliumjodidlösung auf. Das sowohl in der Salzsäure als auch in der Kaliumjodidlösung ausgeschiedene Selen wird abfiltriert, der Filterrückstand in Brom und Salzsäure gelöst und die selenhaltige Säure nach Norris und Fay mit einer 0,02 n-Natriumthiosulfatlösung titriert.

Si. Vgl. II/2, 1355, dann A. Stadeler (3) und W.Hdb. St. Zur Schnellbestimmung von Kieselsäure in Gußeisen und Stahl scheidet Ussatenko die Kieselsäure durch Zusatz von Gelatine, Eck und Petzold durch Alkohol unter bestimmten Arbeitsbedingungen aus.

Eine Bestimmung durch Anwendung von Überchlorsäure beschreiben A. Seuthe und E. Schäfer. Die Verwendung von Überchlorsäure eignet sich auch besonders zur Bestimmung von Phosphor, Chrom und Vanadin (vgl. ebenda).

Weiter vgl. H. Pinsl und P. Klinger und W. Koch (4).

Sn. Vgl. II/2, 1413, ferner S. A. Scherrer und W.Hdb. St. Nach Hdb. löst man 5—20 g Stahlspäne in 50—160 cm^3 Salzsäure (1,19) unter sofortiger Zugabe von 2 g Kaliumchlorid und oxydiert nach dem Lösen mit Kaliumchlorat. Nach Verdampfen des Chlors, wobei ein Eindampfen zur Trockne unbedingt zu vermeiden ist, verdünnt man mit Wasser und filtriert die unlösliche Kieselsäure ab. Der Rückstand wird mit salzsäurehaltigem Wasser ausgewaschen, das Filtrat mit Ammoniak abgestumpft und die schwach saure Lösung mit Schwefelwasserstoff gefällt. Nach Absitzenlassen der Sulfide wird durch ein mittleres Filter filtriert und mit schwach essigsaurem schwefelwasserstoffhaltigem Wasser ausgewaschen. Der Niederschlag wird mit Wasser in einen Erlenmeyerkolben gespritzt und am Filter haftende geringe Mengen mit Salzsäure und etwas Kaliumchlorat gelöst und mit der Hauptmenge vereinigt. Nunmehr wird das Chlor durch Erwärmen verjagt, 50 cm^3 Salzsäure $(1+3)$ und in kleinen Mengen 2—3 g Ferrum reductum hinzugegeben. Der Kolben wird mittels Bunsenventil verschlossen und 20 Minuten lang bei lebhafter Wasserstoffentwicklung erwärmt, wobei sich Arsen und Kupfer als Metall ausscheiden, die dann durch Filtration und Waschen abgetrennt werden. Das Filtrat versetzt man mit Ammoniak bis zur noch eben schwach sauren Reaktion und fällt das Zinn mit Schwefelwasserstoff aus. Man filtriert, wäscht mehrmals mit schwach essigsaurem, schwefelwasserstoffhaltigem Wasser aus, löst in Salzsäure und etwas Kaliumchlorat und wiederholt die Fällung ein zweites Mal. Die endgültige gewichts- oder maßanalytische Bestimmung geschieht in gleicher Weise wie bei Erzen (S. 662).

Für die maßanalytische Bestimmung des Zinns bei Gegenwart von Arsen und Kupfer wird der wie oben erhaltene erste Sulfidniederschlag mit Salzsäure und etwas Kaliumchlorat in einem 400 cm^3 fassenden Erlenmeyerkolben gelöst und das Chlor durch schwaches Erwärmen vertrieben. Nach Zusatz von 100 cm^3 Salzsäure $(1+3)$ reduziert man mit Blumendraht etwa 30 Minuten lang, wobei der Kolben mit einem Bunsenventil verschlossen ist und schwach erwärmt wird. Hierauf wird der Kolben unter fließendem Wasser abgekühlt, das Bunsenventil und der restliche Blumendraht entfernt und die Lösung sofort nach Zusatz von Stärkelösung mit Jodlösung titriert.

Wolframstähle, die geringe Mengen Zinn, aus dem Ferrowolfram stammend, enthalten können, werden in Bromsalzsäure gelöst. Hierauf setzt man pro 1 g Einwaage 7 g Weinsäure hinzu, macht mit Ammoniak schwach alkalisch, säuert mit Salzsäure wieder an und fällt mit Schwefelwasserstoff. Die weitere Behandlung der Sulfide erfolgt in der beschriebenen Weise.

Ta, Nb (vgl. II/2, 1618). 10 g der Stahlspäne werden in einem 600-cm^3-Becherglas mit 50 cm^3 konzentrierter Salzsäure gelöst und die Lösung zur Abscheidung der Kieselsäure zur Trockne verdampft. Nach Wiederaufnahme des Trockenrückstandes mit Salzsäure und heißem Wasser wird filtriert und die Filtrate noch ein zweites bzw. drittes Mal zur Trockne verdampft. Zur Erfassung der letzten Reste noch in Lösung befindlicher Erdsäuren wird das Filtrat nach Abstumpfen mit Ammoniak mit verdünnter Schwefelsäure bis zur schwach sauren Reaktion versetzt, 5 cm^3 schweflige Säure hinzugegeben und mindestens $^1/_2$ Stunde durchgekocht. Hierauf wird abfiltriert, ausgewaschen und der Rückstand mit den anderen Rückständen vereinigt. Die erhaltenen Filterrückstände werden im gewogenen Platintiegel verascht und die Kieselsäure in bekannter Weise abgeraucht, wobei, um Verluste von Tantal und Niob zu vermeiden, genügende Mengen Schwefelsäure anwesend sein müssen. Hierauf wird der Glührückstand mit Kaliumpyrosulfat aufgeschlossen, die Schmelze mittels gesättigter Ammoniumoxalatlösung ausgelaugt und bis zum Lösen durchgekocht. Die klare Lösung wird mit 10 cm^3 einer wäßrigen 10%igen Tanninlösung und 15 cm^3 kalt gesättigter Ammonchloridlösung versetzt, $^1/_4$ Stunde durchgekocht und mit einigen Tropfen Ammoniak versetzt, bis eine hellgelbe Tantaltanninfällung auftritt. Dieselbe wird abfiltriert, mit 2%iger Chlorammoniumlösung ausgewaschen und zunächst beiseite gestellt. Das Filtrat wird nochmals mit Tannin und Ammoniumchlorid versetzt, aufgekocht und so lange mit verdünntem Ammoniak neutralisiert, bis die anfangs rein gelbe Farbe der Fällung orange zu werden beginnt. Nunmehr wird wieder abfiltriert und der Niederschlag mit 2%iger Chlorammoniumlösung gewaschen. Das Filtrat wird nun weiter mit verdünntem Ammoniak versetzt, bis die orange gefärbte Tannin-Niobfällung ausfällt. Die Fraktionen 1 und 2 werden vereinigt, im Porzellantiegel verascht, mit Kaliumpyrosulfat unter Verwendung eines 'Abtropfdeckels aufgeschlossen und die Schmelze in Ammoniumoxalatlösung gelöst. Durch Zusatz von Tannin und von Chlorammonium fällt nunmehr beim Kochen die größte Menge des Tantals rein aus, das abfiltriert, verascht und gewogen wird. Nunmehr wird die Fraktion 3 ebenfalls im Porzellantiegel verascht, mit Pyrosulfat aufgeschlossen, die Schmelze in Ammoniumoxalatlösung gelöst und diese Lösung mit dem Filtrat der Hauptmenge des Tantals vereinigt. Durch vorsichtiges Neutralisieren mit verdünntem Ammoniak wird jetzt in der Hitze der Rest des Tantals gefällt. Beide Tantalfällungen werden in einem gewogenen Porzellantiegel verascht und als Ta_2O_5 ausgewogen. Im Filtrat wird durch weitere Zugabe von Ammoniak das Niob ausgefällt, abfiltriert, ausgewaschen, verascht und schließlich als Nb_2O_5 zur Wägung gebracht.

Nach Th. R. Cunningham werden zur Bestimmung von Niob und Tantal 2—5 g in einer Mischung von konzentrierter Salzsäure, Salpetersäure und Perchlorsäure bei 90° gelöst. Die Lösung wird mit 200 cm³ heißem Wasser verdünnt, mit 50—100 cm³ schwefliger Säure und 10 cm³ Salzsäure versetzt, Filterschleim zugegeben und aufgekocht. Nach 15 Minuten wird filtriert, der Rückstand mit 2%iger heißer Salzsäure ausgewaschen, im Platintiegel leicht verglüht, mit Flußsäure-Schwefelsäure abgeraucht, mit 200 cm³ 2%iger Salzsäure in ein 400 cm³-Becherglas übergespült, abermals mit 50 cm³ schwefliger Säure versetzt und aufgekocht. Nun filtriert man abermals, wäscht aus, verascht, glüht bei 1000—1050° und wägt aus. Den Glührückstand versetzt man mit 0,05 g reiner Titanerde und schließt hierauf mit 2—3 g Kaliumpyrophosphat auf. Den Aufschluß löst man nach dem Abkühlen portionsweise 3mal mit je 5 cm³ konzentrierter Schwefelsäure auf, setzt 20 cm³ 50%ige Bernsteinsäure hinzu, die 1 cm³ 30%iges Wasserstoffperoxyd enthält, verdünnt auf 100 cm³, erwärmt auf 60° und gießt die Lösung durch einen mit amalgamiertem Zink gefüllten Jones-Reduktor in eingestellte Ferrisulfatlösung und titriert mit 0,05 n-Kaliumpermanganatlösung zurück. Nb^{V} und Ti^{IV} werden im Reduktor reduziert, während Tantal nicht verändert wird. Der Titanzusatz dient zur Verhinderung der Hydrolyse des Nb und Ta im Reduktor. 1 cm³ der Kaliumpermanganatlösung entspricht 2,323 mg Nb oder 2,395 mg Ti. Der Tantalgehalt ergibt sich aus der Differenz von $Nb_2O_5 + Ta_2O_5$ und dem hier gefundenen Nb_2O_5. Blindversuche sind erforderlich. Abänderungen des Verfahrens bei molybdän- und wolframhaltigen Stählen siehe bei W. R. Schöller und bei J. Kassler (5).

Te. E. Deiss und H. Leysaht lösen 5—10 g Späne in Salpetersäure (1,2), dampfen ein und glühen zur Zerstörung der Nitrate. Nach dem Erkalten wird der Rückstand mit starker Salzsäure aufgenommen, die Lösung abermals eingedampft und die Kieselsäure abgeschieden. Das Filtrat wird auf etwa 100 cm³ eingeengt, mit einigen Körnchen Jodkalium versetzt und schweflige Säure eingeleitet, wobei Ferri- zu Ferroeisen reduziert und das vorhandene Tellur als Metall ausgeschieden wird. Nach Absitzenlassen des gefällten Tellurs wird der Niederschlag durch ein Porzellanfilter abfiltriert, zunächst mit verdünnter Salzsäure, dann mit Wasser, schließlich mit Alkohol und Äther ausgewaschen, und kurze Zeit im Trockenschrank bei 105° getrocknet. Vgl. hierzu Mitt. d. Chem.-Fachausschusses d. G.D.M.B., ferner A. Jilek und J. Kota.

Ti. Die Bestimmung des Titans kann auf colorimetrischem, gewichtsanalytischem oder auf potentiometrischem Wege erfolgen. Vgl. P. Klinger, E. Stengel und W. Koch (2), ferner Hdb. und W.Hdb. St.

Weiterhin beschreibt Th. R. Cuningham (2) eine Methode zur Bestimmung des Titans in Kohlenstoffstählen, hochchromhaltigen bzw. nickelhaltigen Stählen, bei der 0,5—1 g Stahlspäne in 100 cm³ 10%iger Schwefelsäure gelöst werden. Die kalte Lösung wird unter ständigem Schütteln mit Cupferron versetzt, bis der Niederschlag eben eine rötlichbraune Färbung angenommen hat. Von dem alles Titan neben kleinen Mengen Eisen enthaltenen Niederschlag wird abfiltriert und der Filterrückstand 12—15mal mit 5%iger Schwefelsäure ausgewaschen. Enthält der Stahl Molybdän und Wolfram, so wird außerdem ein 5maliges Auswaschen mit 5%igem Ammoniak vorgeschlagen. Bei kupferhaltigem Stahl muß vor der Cupferronfällung abfiltriert werden. Der hierbei anfallende Filterrückstand, der neben metallischem Kupfer noch andere unlösliche Bestandteile enthält, wird mit verdünnter Salpetersäure (1,13) erwärmt und die Lösung im geringen Überschuß mit Ammoniak versetzt und zum Sieden erhitzt. Der Niederschlag wird abfiltriert und zusammen mit dem Cupferronniederschlag mit Pyrosulfat aufgeschlossen. Die Schmelze wird mit 10%iger Schwefelsäure ausgelaugt und das Titan mit H_2O_2 colorimetrisch nach H. Ginsberg, bzw. R. Schwarz bestimmt.

Bei vanadinhaltigem Stahl ist der Cupferronniederschlag nach dem Veraschen mit 5 cm³ Flußsäure und 10 cm³ 60%iger Perchlorsäure zu behandeln und die Lösung auf dem Sandbade auf weniger als 5 cm³ einzuengen. Zur Abtrennung des Vanadins wird die Lösung mit Wasser verdünnt und mit einem Überschuß von etwa 5 cm³ Natronlauge einige Minuten gekocht. Der Niederschlag wird nach dem Abfiltrieren und Auswaschen mit Pyrosulfat geschmolzen und das Titan in der Schmelzlösung colorimetrisch bestimmt. Bei größeren Titangehalten ist die gewichts- oder maßanalytische Bestimmung vorzuziehen. Die wie eben mit Flußsäure und Perchlorsäure behandelte Cupferronfällung wird bis zur völligen Vertreibung der Perchlorsäure abgedampft und der Rückstand mit Pyrosulfat geschmolzen. Hierauf erfolgt die Trennung von Vanadin durch Kochen mit Natronlauge. Der hierbei erhaltene Rückstand wird abfiltriert und in heißer Schwefelsäure gelöst. Aus dieser Lösung werden die übrigen Verunreinigungen nach W. M. Thornton jr. abgetrennt und hierauf das Titan nochmals mit Cupferron im reinen Zustande gefällt.

C. M. Johnson beschreibt eine Schnellmethode zur Bestimmung des Titans in rostsicheren und unlegierten Stählen, wobei das in der Lösung größtenteils in der 2-wertigen Form enthaltene Eisen mit einem geringen Überschuß von Ammoniak gefällt wird.

Weiter siehe A. Jilek und J. Kota, Tcheng Da-Tchang und Li Houong, S. W. Marden und Mathesius.

U. [II/2, 1692 und Willard und Joung (3)]. Nach Abscheidung der Wolfram- und Kieselsäure wird nach J. Kassler (S. 101) das Eisen ausgeäthert und in der salzsauren Lösung das Uran durch Soda von den übrigen Metallen getrennt. In der Uranatlösung wird schließlich das Uran mit Ammoniak gefällt und als U_3O_8 zur Wägung gebracht. Bei der maßanalytischen Bestimmung wird die Uran enthaltende Lösung mit Schwefelsäure abgeraucht, auf etwa 100 cm³ verdünnt und die heiße Lösung im Jones-Reduktor (II/2, 1644) oder in einem Kolben mit Bunsenventil durch Zink reduziert.

Nach Lundell und Knowles ist die Reduktion besser bei Zimmertemperatur vorzunehmen. Hierbei tritt eine leichte Überreduktion teilweise bis zur 3-wertigen Stufe ein, die aber an der Luft in etwa 5 Minuten zur beständigen 4-wertigen Stufe wieder aufoxydiert wird. Nach

Kern beträgt die für die Reduktion vorteilhafteste Menge freier Schwefelsäure etwa $^1/_5$ des Volumens der zu reduzierenden Lösung.

Die reduzierte Lösung wird mit Wasser verdünnt und mit $^1/_{10}$ n-Kaliumpermanganatlösung bis zur Rotfärbung titriert. 1 cm³ $^1/_{10}$ n-Permanganatlösung = 0,0119 g U.

Jander und Reh bezeichnen die Reduktion durch Aluminium als besser, weil hierdurch eine Überreduktion vermieden werden soll.

Bei Gegenwart von Vanadin ist das gewichtsanalytische Verfahren vorzuziehen, zumindestens muß ein etwaiger Vanadingehalt berücksichtigt werden.

S. Little löst 5 g Stahl in 100 cm³ Salzsäure, fügt 15 cm³ Salpetersäure hinzu und dampft zur Trockne. Nach Aufnahme des Rückstandes mit 30 cm³ Salzsäure wird mit 60 cm³ Wasser verdünnt und durchgekocht. Hierauf wird abfiltriert, mit Wasser ausgewaschen und das Filtrat zur Trockne verdampft. Der Abdampfrückstand wird mit 60 cm³ Salzsäure (1 + 1) erwärmt und die erkaltete Lösung mit 85 cm³ Äther ausgeschüttelt. Der Rest der Lösung wird aufgekocht, mit Kaliumchlorat oxydiert und fast zur Trockne verdampft. Nach Wiederaufnahme mit 100 cm³ Wasser wird 0,5 g Ammoniumphosphat hinzugegeben, zum Sieden erhitzt und die heiße Lösung zu 200 cm³ einer heißen 5%igen Lösung von Natriumcarbonat gegeben. Nach weiterem Zusatz von 10 g Ammoniumchlorid äßt man $^1/_2$ Stunde absitzen, filtriert und wäscht mit schwach ammoncarbonathaltigem Wasser aus. Das Filtrat wird zur Zerstörung des Carbonats genügend lange gekocht, mit Schwefelsäure angesäuert und nochmals bis zum völligen Vertreiben der Kohlensäure gekocht. Nun gibt man 5mal soviel Ammoniumphosphat, als Uran vorhanden ist, hinzu, nimmt eine entstehende Trübung mit Schwefelsäure weg, versetzt mit 10 g Ammoniumacetat und 15 cm³ Essigsäure, erhitzt bis nahe zum Sieden und läßt über Nacht absitzen. Der Niederschlag wird abfiltriert, mit ammoniumacetathaltigem Wasser ausgewaschen, verascht geglüht und gewogen.

Va. Vgl. II/2, 1407—1410 und W.Hdb. St. Die Bestimmung des Vanadins geschieht am besten auf potentiometrischem Wege nach G. Thanheiser und P. Dickens (2) und F. Eisermann.

Nach G. H. Walden, L. P. Hammert und S. M. Edmonds wird die etwa 0,1 g Vanadin (etwa 20 cm³ $^1/_{10}$ Normallösung entsprechend) als Vanadat enthaltende Lösung mit 100 cm³ 10-molarer Schwefelsäure versetzt und auf 200 cm³ verdünnt. Nach dem Abkühlen werden 1—2 Tropfen Ferroinlösung zugesetzt und mit $^1/_{10}$ n-Ferrosulfatlösung titriert, bis die Farbe der Lösung von grünlich-blau nach rötlich-grün umschlägt.

Liegt das Vanadin in der Lösung in einer anderen Wertigkeitsstufe (etwa als Vanadylsalz) vor, so muß es zu Vanadat oxydiert werden: Die etwa 10 g Vanadin enthaltende Lösung wird mit 4 cm³ 10-molarer Schwefelsäure und dann vorsichtig mit einer etwa $^1/_{10}$ n-Kaliumpermanganatlösung versetzt, bis sie deutlich rosa gefärbt bleibt. Darauf werden bis zum Verschwinden der Rosafärbung vorsichtig einige Tropfen einer $^1/_2$-molarer Natriumnitritlösung und hierauf sofort 5 g Harnstoff zugegeben. Schließlich wird mit 100 cm³ 10-molarer Schwefelsäure versetzt und auf 200 cm³ verdünnt. Nach dem Abkühlen wird mit $^{1}/_{10}$ n-Ferrosulfatlösung titriert (1 cm³ = 0,005095 g V).

Das Verfahren läßt sich sehr gut zur Bestimmung von Vanadin in Vanadinstählen, Vanadin-Chromstählen und Ferro-Vanadin anwenden.

Zur Bestimmung kleiner Vanadinmengen, z. B. in Stählen, wird ein gemessener Überschuß von $^{1}/_{100}$ n-Ferrosulfatlösung und 1 Tropfen $^{1}/_{10}$-molarer Ferroinlösung zugesetzt und mit $^{1}/_{100}$-n-Cerisulfatlösung zurücktitriert. Hierbei ist eine Indicatorkorrektur anzubringen, die aus dem Verbrauch eines Tropfens $^{1}/_{40}$-molarer Ferroinlösung an $^{1}/_{100}$ n-Cerisulfatlösung unter den gleichen Arbeitsbedingungen ermittelt wird: 1 Tropfen $^{1}/_{40}$ Ferroinlösung verbraucht bei einem Gesamtvolumen von 200 cm³ 5-molarer Schwefelsäure etwa 0,15 cm³ $^{1}/_{100}$ n-Cerisulfatlösung. Dieser Betrag ist von der Anzahl Kubikzentimeter, die bei der Titration verbraucht werden, abzuziehen. Bei einem Vanadingehalt von nur 0,2% ist eine Genauigkeit von 0,003% zu erzielen.

W. Vgl. II, 1403—1405, ferner Brüggemann und W.Hdb. St. Die Bestimmung des Wolframs kann ferner erfolgen nach dem Salzsäureverfahren nach S. Zinberg, nach dem Mercuroverfahren, nach dem Cinchoninverfahren nach F. Krämer und nach dem maßanalytischen Verfahren nach J. Kassler (7).

Zum spektralanalytischen Nachweis und quantitativer Bestimmung vgl. O. Schließmann. Endlich berichten Rother und Jander über eine maßanalytische Bestimmung mittels der visuellen Leitfähigkeitstitration und P. Gadeau (2), über moderne Verfahren zur Analyse legierter Stähle.

Zr. Die Bestimmung des Zirkoniums in Stahl geschieht nach dem Phenylarsenatverfahren nach P. Klinger und Schließmann, nach dem Phosphatverfahren nach H. J. van Royen und H. Grewe, durch Fällung mit Cupferron nach Thornton jr. und Hayden jr., mit Propylaminsäure nach H. H. Geist und G. C. Chaudlee oder nach Caley und Burford, endlich nach G. Balanescu.

Schlacke. Vgl. II/2, 1429, 1430 und W.Hdb. St., ferner O. L. Bihet, G. R. Fitterer und F. W. Scott, R. Wasmuth und P. Oberhoffer, C. H. Herty, I. M. Gaines, H. Freeman und M. W. Lightnes, P. Klinger und H. Fucke (3), E. Maurer, P. Klinger und H. Fucke, P. Klinger und W. Koch (5), Franz W. Scott und René Castro und Albert Portevin.

F. Die Untersuchung der Ferrolegierungen.

Infolge des hohen Wertes der Ferrolegierungen ist neben einer genauen Untersuchung der Bemusterung derselben größte Sorgfalt zuzuwenden.

Während Ferromangan, die niedrigen Ferrosiliciumlegierungen und Spiegeleisen in offenen Wagen zum Versand kommen, werden die hochwertigen Legierungen in geschlossenen Kisten, Säcken, Tonnen oder Fässern verschickt. Zur Bemusterung ist es zweckmäßig, Art und Weise der Probenahme vorher zwischen Lieferanten und Empfänger genau festzulegen.

Bei Wagenladungen entnimmt man wahllos über die ganze Fläche etwa 50 Stücke oder mehr, zerschlägt jedes Stück und entnimmt von jedem wieder etwa ein walnußgroßes sauberes Stück und zerkleinert dieselben im Brecher oder Pochwerk oder im Mörser aus Sonderstahl, mit der Hand oder mit dem Preßlufthammer weiter, unter wiederholtem Absieben, bis das Ganze restlos ein Maschensieb 4,0 DIN 1171 entsprechend 4 mm Korngröße passiert hat, und verjüngt die Probe durch Mischen und Vierteilen auf etwa 1 kg. Nunmehr wird die Probe unter wiederholtem Absieben so weit zerkleinert, bis sie restlos ein Sieb 0,2 DIN 1171 entsprechend 0,2 mm Korngröße passiert hat. Durch wiederholtes Umsetzen und Vierteilen gelangt man schließlich zu den Analysenmustern. Enthält die Sendung neben grobstückigem noch feinstückiges und pulverförmiges Material, so ist das Verhältnis der einzelnen Körnungen durch Abschätzen festzustellen. Die Probenahme hat dann mit jeder Körnung einzeln, in der eben geschilderten Weise, zu geschehen. Sind die einzelnen Muster bis zur Analysenfeinheit zerkleinert, so wird aus den einzelnen Proben durch Mischung im festgestellten Verhältnis ein Durchschnittsmuster hergestellt.

Läßt sich das Probegut infolge seiner Zähigkeit, wie z. B. bei niedrig gekohltem Ferrochrom, nicht mörsern, so werden von der entsprechenden Stückzahl Bohrspäne entnommen, wobei darauf Rücksicht zu nehmen ist, daß Rand- und Kernzonen anteilmäßig erfaßt werden, die dann vereinigt und im Mörser so weit zerschlagen werden, daß sie restlos ein Sieb 2,0 DIN 1171 entsprechend 2 mm Korngröße passieren. Nach gründlichem Durchmischen und Vierteilen wird eine Menge von etwa 200 g im Preßlufthammer so weit zerkleinert, bis alles restlos durch ein Sieb 0,25 DIN 1171 hindurchgeht.

Zur Probenahme höherwertiger Legierungen werden gewöhnlich 10% des Gesamtgewichts herangezogen. Man entleert die wahllos zur Probenahme herausgegriffenen Kisten vollständig und breitet den Inhalt auf dem vorher gesäuberten, mit Eisenplatten belegten Boden aus. Nunmehr schaufelt man den Inhalt auf einen Kegel zusammen. Der Kegel wird hierauf 3mal umgesetzt, und zwar so, daß jede Schaufel über der Spitze des neu zu bildenden Kegels entleert wird. Nunmehr wird der Haufen abgeplattet und diagonal geteilt. Je zwei gegenüberliegende Viertel werden im Brecher auf etwa Eigröße gebrochen und in gleicher Weise durch Zusammensetzen zu einem Kegel und Vierteilen bis auf 2—3% der Lieferung verjüngt. Zwei gegenüberliegende Viertel werden nun bis auf Stücke von etwa 1 cm Durchmesser weiter gebrochen und nach dem Kegel- und Vierteilungsverfahren bis auf 10—20 kg verjüngt. Dieses so erhaltene Probegut wird im Brecher oder Mörser aus Sonderstahl, wie oben angegeben, weiter zerkleinert, bis alles restlos durch ein Sieb 4,0 DIN 1171 hindurchgeht, und auf 1 kg heruntergearbeitet. Durch weiteres Zerkleinern und Durchsetzen durch ein Sieb 0,20 DIN 1171 gelangt man schließlich zu der endgültigen Analysenprobe.

Zur Wertbestimmung wird in den meisten Fällen nur die Bestimmung des Hauptmetalls der Legierung erforderlich sein, doch wird es hier und da nötig sein, auch die Begleitstoffe, gegebenenfalls auch das Eisen zu

Löslichkeit von Ferrolegierungen.

	Salzsäure 1,19	Salpetersäure 1,2	Königswasser 2:3	H_2SO_4 1,8 50 n HNO_3 1,2 40 HF 50 4:1:1	H_2SO_4 1:4	H_2SO_4 1:16 H_3PO_4 1:65 1:1
Stahleisen	lösl.	lösl.	lösl.	lösl.	lösl.	schw. lösl.
Spiegeleisen . . .	lösl.	lösl.	lösl.	lösl.	lösl.	schw. lösl.
Phosphorspiegel .	lösl.	lösl.	lösl.	lösl.	lösl.	z. T. lösl.
Ferromangan 20%	lösl.	lösl.	lösl.	lösl.	lösl.	schw. lösl.
„ 50%	lösl.	lösl.	lösl.	lösl.	lösl.	schw. lösl.
„ 80%	lösl.	lösl.	lösl.	lösl.	lösl.	schw. lösl.
Ferrosilicium 12%	lösl.	unlösl.	lösl.	lösl.	lösl.	lösl.
„ 45%	unlösl.	unlösl.	unlösl.	lösl.	unlösl.	unlösl.
„ 90%	unlösl.	unlösl.	unlösl.	lösl.	unlösl.	unlösl.
Mangansilicium. .	z. T. lösl.	unlösl.	z. T. lösl.	lösl.	unlösl.	unlösl.
Alsimin	z. T. lösl.	z. T. lösl.	z. T. lösl.	lösl.	z. T. lösl.	z. T. lösl.
Sialman	z. T. lösl.	z. T. lösl.	z. T. lösl.	lösl.	z. T. lösl.	z. T. lösl.
Ferrochrom 1% C	lösl.	unlösl.	z. T. lösl.	lösl.	lösl.	lösl.
Ferrochrom 6% C	lösl.	unlösl.	z. T. lösl.	lösl.	lösl.	lösl.
Ferrowolfram . .	unlösl.	unlösl.	unlösl.	unlösl.	unlösl.	z. T. lösl.
Ferromolybdän. .	unlösl.	lösl.	lösl.	lösl.	unlösl.	unlösl.
Ferrovanadin . .	lösl.	lösl.	lösl.	lösl.	lösl.	lösl.
Ferrobor	z. T. lösl. 50%	z. T. lösl. 80%	z. T. lösl. 70%	z. T. lösl. 80%	z. T. lösl. 60%	z. T. lösl.
Ferrouran	lösl.	lösl.	lösl.	lösl.	lösl.	lösl.
Ferrocer	lösl.	lösl.	lösl.	lösl.	lösl.	lösl.
Ferrotitan	z. T. lösl.	w.lösl.	z. T. lösl.	lösl.	z. T. lösl.	z. T. lösl.
Ferrozirkon . . .	w.lösl.	w.lösl.	w.lösl.	lösl.	w.lösl.	schw. lösl.
Ferrotantalniob .	unlösl.	unlösl.	unlösl.	unlösl.	unlösl.	unlösl.
Ferronickel . . .	lösl.	lösl.	lösl.	lösl.	schw. lösl.	lösl.
Ferrokobalt . . .	lösl.	lösl.	lösl.	lösl.	schw. lösl.	lösl.
Ferrcaluminium .	lösl.	lösl.	lösl.	lösl.	schw. lösl.	schw. lösl.
Calciumsilicium .	unlösl.	unlösl.	unlösl.	lösl.	unlösl.	unlösl.
Calciumaluminium	lösl.	lösl.	lösl.	w.lösl.	w.lösl.	w.lösl.
Ferrophosphor . .	unlösl.	unlösl.	unlösl.	lösl.	unlösl.	unlösl.
Ferroschwefel . .	lösl.	z. T. lösl.	lösl.	lösl.	lösl.	lösl.
Ferroberyllium . .	lösl.	lösl.	lösl.	lösl.	lösl.	lösl.

Die gebräuchlichsten Aufschlußmittel sind auf S. 750 nachgetragen worden.

bestimmen. Da dieselben sich gruppenweise zusammenfassen lassen, sei die Bestimmung der Begleitelemente vorweggenommen, und dann erst die Untersuchung der einzelnen Ferrolegierungen beschrieben.

Zur Löslichkeit der Ferrolegierungen vgl. vorstehende Tabelle.

a) Die Bestimmung der Begleitelemente der Ferrolegierungen und des Eisens. Es handelt sich hier meistens um C, Si, Mn, P, S, Cu, As, Sn, Al, Ti, Ni, Fe, N, O.

Die Bestimmungsverfahren seien wieder in der alphabetischen Reihe der chemischen Symbole beschrieben:

Al. Zur Bestimmung von Aluminium in säurelöslichen Ferrolegierungen löst man 1 g in der Platinschale mit 10 cm^3 Salpetersäure (1,2) und Flußsäure. Man raucht mit Schwefelsäure (1+3) bis zur völligen Trockne ab, am besten unter der Oberhitze nach Fr. Heinrich und F. Petzold. Zum Schluß wird der Rückstand zur vollständigen Verflüchtigung der Flußsäure schwach geglüht, da nach F. Hinrichsen bei Anwesenheit von Fluorwasserstoff keine vollständige

Fällung des Aluminiums erreicht wird. Der Schaleninhalt wird mit reinem aluminiumfreien Ätznatron und etwas Natriumperoxyd vorsichtig geschmolzen, die Schmelze mit heißem Wasser ausgelaugt, in einen Meßkolben übergespült und bis zur Marke aufgefüllt. In einem Teilvolumen wird nach Ansäuern mit Schwefelsäure das Platin mit Schwefelwasserstoff ausgefällt. Im Filtrat hiervon wird der Schwefelwasserstoff verkocht und das Aluminium nach Zugabe von Methylrot mit Ammoniak ausgefällt. Der Niederschlag wird abfiltriert, ausgewaschen, in Salzsäure gelöst und die Fällung in gleicher Weise wiederholt. Endlich wird das Aluminium zu Tonerde verglüht und zur Wägung gebracht. Selbstverständlich kann man auch in der salzsauren Lösung nach Abscheiden des Platins mit Schwefelwasserstoff und Oxydieren des Filtrats mit Wasserstoffperoxyd das Aluminium direkt als Aluminiumphosphat bestimmen (S. 697).

Nach R. Berg verdünnt man die salzsaure Lösung des Glührückstandes auf etwa 100 cm³. Hierauf setzt man 2 g Weinsäure hinzu, macht schwach ammoniakalisch, setzt noch 2 cm³ Schwefelsäure (1 + 1) hinzu und leitet bis zur Entfärbung Schwefelwasserstoff ein. Hierauf wird wieder deutlich ammoniakalisch gemacht und weiter Schwefelwasserstoff bis zur völligen Fällung des Eisens eingeleitet. Das Eisensulfid wird abfiltriert und mit farblosem, ammoniumsulfidhaltigem Wasser ausgewaschen. Das Filtrat wird nach Bergkampf auf etwa 70° erwärmt und sofort, also ohne vorher den Schwefelwasserstoff zu entfernen, mit einer 5%igen Oxynatlösung (5 g o-Oxychinolin in 12 g Eisessig unter schwachem Erwärmen gelöst und mit Wasser auf 100 cm³ verdünnt) unter Umrühren versetzt. Zur Fällung von 0,1 g Al_2O_3 benötigt man 30 cm³ dieser Oxynatlösung. Nach etwa 5 Minuten langem Stehenlassen in der Wärme wird der grobkristalline Niederschlag heiß durch einen Glasfiltertiegel filtriert, mit heißem Wasser ausgewaschen, bei 140° 2 Stunden lang getrocknet und nach dem Erkaltenlassen im Exsiccator zur Wägung gebracht. Auswaage · 0,1110 = g Al_2O_3. Auswaage · 0,0587 = g Al.

Bei gleichzeitiger Anwesenheit von Titan fällt man nach Thornton zunächst das Eisen in weinsaurer Lösung mit Schwefelwasserstoff, dann das Titan mit Cupferron und endlich das Aluminium in ammoniakalischer Lösung, wie eben beschrieben, nach Bergkampf. Säureunlösliche Legierungen werden mit Natrium-Kaliumcarbonat-Natriumperoxyd aufgeschlossen, die Schmelze mit Wasser behandelt und die Lösung samt Niederschlag in einen Meßkolben übergespült. Ein durch ein trocknes Filter abfiltriertes Teilvolumen wird mit Salzsäure eben angesäuert, die Kohlensäure verkocht und das Aluminium, nach Zusatz von Chlorammonium und etwas Wasserstoffperoxyd mit Ammoniak gefällt. Die Fällung wird wiederholt und der Niederschlag nach dem Auswaschen geglüht und als unreine Tonerde ausgewogen, die durch Abrauchen mit Schwefelsäure-Flußsäure von etwa mitgefällter Kieselsäure befreit wird. Bei Gegenwart von Phosphor wird auch dieser mitgefällt und ist besonders zu bestimmen und in Abzug zu bringen, wenn man nicht vorzieht, den Abrauchrückstand nochmals aufzuschließen und das Aluminium als Aluminiumphosphat auszufällen.

In säurelöslichen Ferrolegierungen kann im Filtrate der SiO_2-Abscheidung (s. II/2, 1359) das Eisen und Mangan durch wiederholte Fällung mit Natronlauge und Natriumperoxyd abgeschieden werden. In den vereinigten Filtraten wird dann nach Ansäuern mit Schwefelsäure und Zusatz von Chlorammonium und Wasserstoffperoxyd das Aluminium mit Ammoniak ausgefällt. Bei Gegenwart von Vanadin ist die Fällung ein zweites bzw. drittes Mal eu wiederholen. Ferro-Titan wird nur mit Soda aufgeschlossen, die Schmelze in Wasser gelöst und von dem unlöslichen Natriumtitanat durch Filtration getrennt. Die so erhaltene Tonerde ist wegen der Gefahr mit ausgeschiedener Kieselsäure stets abzurauchen.

As. Zur Bestimmung von Arsen werden nach Kropf Ferro-Vanadin, Ferro-Molybdän, Ferro-Bor, Ferro-Mangan und andere in Salzsäure-Kaliumchlorat schwer lösliche Stoffe in einer Porzellanschale in Königswasser gelöst, die Lösung zur Trockne verdampft und der Rest geglüht. Hierauf wird der Trockenrückstand unter Zusatz einiger Körnchen Kaliumchlorat mit Salzsäure versetzt und zur Auflösung mäßig erhitzt. Die salzsaure Lösung wird in bekannter Weise abdestilliert.

Säureunlösliche Stoffe, wie Ferro-Chrom, Ferro-Uran und gekohltes Ferro-Titan werden im Eisentiegel mit Ätznatron-Natriumperoxyd aufgeschlossen; in dem angesäuerten Filtrat der mit Wasser ausgezogenen Schmelze wird dann mit Schwefelwasserstoff das Arsen ausgefällt. Dasselbe kann direkt bestimmt oder nochmals gelöst, abdestilliert und maßanalytisch bestimmt werden.

Stark siliciumhaltige Ferrolegierungen, ebenso Ferro-Wolfram, werden in der Platinschale mit Salpetersäure-Flußsäure gelöst, die Lösung mit Schwefelsäure zur Trockne verdampft und der Rückstand mit Salzsäure unter gelindem Erwärmen in Lösung gebracht. Zur Bestimmung des Arsens in Ferro-Wolfram löst man zweckmäßig: 5 g des Ferro-Wolframs in einer Platinschale mit 50 cm^3 Salpetersäure (1,2) und 10 cm^3 Flußsäure versetzt nach dem Lösen mit 20 cm^3 Schwefelsäure $(1+1)$, und dampft bis zum Auftreten weißer Schwefelsäuredämpfe ein. Nach dem Erkalten wird der Rückstand mit Salzsäure aufgenommen und in ein Becherglas übergespült. Reste an der Schalenwandung haftender Wolframsäure werden mit Natronlauge gelöst, in das gleiche Becherglas übergespült und zwecks Lösung aller Wolframsäure überschüssige Natronlauge zugegeben. Nunmehr versetzt man die Lösung nach Dieckmann und Hilpert mit Phosphorsäure und erwärmt bis zur völligen Lösung, wobei sich die beständigere Phosphor-Wolframsäure bildet. Die so erhaltene Lösung wird nun in die Arsendestillationsapparatur übergespült und nach Zusatz von Salzsäure, Kupferchlorür und Kaliumbromid das Arsentrichlorid überdestilliert und in bekannter Weise bestimmt.

C. Die Bestimmung des Kohlenstoffs geschieht in allen Ferrolegierungen durch Verbrennen im Sauerstoffstrom im Marsofen mit oder ohne Zusatz von Flußmitteln, bei verschieden hohen Temperaturen, durch Auffangen der Verbrennungsgase in gewogenen Natron-Kalkröhrchen oder auf gasvolumetrischem Wege. Als Zuschlagstoffe dienen Gemische von Kupfer und Mennige, Kobaltoxyd und Wismutoxyd,

Kobaltoxyd und Bleioxyd, Bleisuperoxyd, Zinn oder kohlenstoffarmes Eisen allein oder im Gemisch. Als Aufsaugematerial verwendet man Tonerde oder Manganoxyd. Bei allen Bestimmungen ist die aus den Zuschlagstoffen stammende und in einem blinden Versuch zu ermittelnde Kohlensäuremenge in Abzug zu bringen. Nach A. Kropf erfordern die stark siliciumhaltigen Eisenlegierungen, Ferro-Chrom, Ferro-Titan, Ferro-Zirkon, Ferro-Tantal, Ferro-Uran, Ferro-Nickel und Ferro-Kobalt hohe Verbrennungstemperaturen, etwa 1250—1300°, Ferro-Chrom sogar 1350° und größere Zuschlagsmengen. Ferro-Vanadium, Ferro-Molybdän, Ferro-Wolfram und Ferro-Bor verbrennen bei etwa 1000° bei Zugabe etwa der doppelten Menge Zuschlagsstoffe. Das bei der Verbrennung von Ferro-Molybdän zum Teil flüchtige Molybdän-Trioxyd wird durch Durchleiten der Verbrennungsgase durch 2 vorgeschaltete Waschflaschen mit konzentrierter Chromsäure zurückgehalten. Da Ferro-Vanadium, Ferro-Bor, Ferro-Titan stets Nitride enthalten, müssen die Verbrennungsgase über eine auf 400° erhitzte Kupferspirale geleitet werden, da sonst zu hohe Werte erhalten werden.

Nach J. Kassler geschieht die Verbrennung der Eisen-Manganlegierungen in der gleichen Weise wie beim Roheisen; bei niedrig gekohltem Ferro-Mangan mit 0,8—2% Kohlenstoff wie bei niedrig gekohlten Ferro-Chrom, unter Zusatz von 1 g kohlenstoffarmen Eisens und 3 g eines Gemisches, bestehend aus gleichen Teilen Kobaltoxyduloxyd und Wismutoxyd, bei 1250—1350°. Ferro-Molybdän wird zur Verhütung einer Sublimation mit 3 g eines Gemisches, bestehend aus gleichen Teilen Kobaltoxyduloxyd und Bleisuperoxyd, teils gemengt, teils überschichtet, bei 1200° verbrannt.

Bei Ferro-Vanadium setzt man, obwohl leicht verbrennlich, zur Vermeidung von Verlusten zweckmäßig kohlenstoffarmes Eisen hinzu. Vgl. auch Hdb.

Cu. Die Bestimmung des Kupfers erfolgt zweckmäßig im Filtrate der Kieselsäureabscheidung (s. II/2, 1359) durch Fällen mit Schwefelwasserstoff und Auswägen als Kupferoxyd oder nach dem Salicylaldoximverfahren (s. S. 703).

Nach Kropf wird Kupfer in Ferro-Wolfram, Ferro-Silicium, Ferro-Vanadin, Ferro-Bor, Ferro-Zirkon, Ferro-Phosphor, Ferro-Titan usw. durch Aufschließen in der Platinschale mit Salpetersäure und Flußsäure und Abdampfen mit Schwefelsäure bis zum Rauchen in dem mit Wasser aufgenommenem Filtrate bestimmt. Ferro-Chrom, Ferro-Uran, gekohltes Ferro-Titan und andere säureunlösliche Ferrolegierungen werden im Eisentiegel mit Ätznatron-Natriumperoxyd aufgeschlossen, die Schmelze mit Wasser ausgelaugt und nach dem Ansäuern zur Trockne verdampft. Im Filtrat hiervon wird das Kupfer mit Schwefelwasserstoff gefällt.

Fe. Das Eisen kann im Aufschlußrückstand mit Natrium-Kaliumcarbonat und Natriumperoxyd nach Lösen der ausgelaugten Schmelze und Auswaschen derselben mit sodahaltigem Wasser in Salzsäure maßanalytisch nach Zimmermann-Reinhardt bestimmt werden.

Hochsiliciumhaltige Legierungen sowie Ferro-Titan und Ferro-Zirkon werden in der Platinschale mit Salpeter- und Flußsäure gelöst und mit Schwefelsäure (1+1) am besten unter Verwendung der Oberhitze nach Fr. Heinrich und F. Petzold bis zum Rauchen eingedampft, der Rückstand mit konzentrierter Salzsäure aufgenommen und mit Wasser verdünnt. Das Filtrat wird mit Weinsäure versetzt, ammoniakalisch gemacht und mit Schwefelwasserstoff das Schwefeleisen ausgefällt. Nach Lösen des Sulfidniederschlages in Salzsäure und Oxydation der Lösung in Wasserstoffperoxyd wird das Eisen mit Ammoniak ausgefällt und entweder gewichtsanalytisch oder maßanalytisch bestimmt.

Zur potentiometrischen Bestimmung in Ferrolegierungen vgl. G. Thanheiser und P. Dickens.

Mn. Die Bestimmung des Mangans kann im Filtrat der Siliciumbestimmung (s. II/2, 1359) erfolgen, indem man das Eisen in einem Meßkolben mit Zinkoxyd ausfällt und bis zur Marke auffüllt (II/2, 1313). In einem Teilvolumen bestimmt man das Mangan nach Volhard-Wolff (II/2, 1383) oder nach F. Wald.

Bei Ferro-Silicium, Ferro-Titan, Ferro-Molybdän und Ferro-Zirkon schließt man 1 g der gepulverten Probe in einer Platinschale mit 10 cm³ Salpetersäure (1,18) und einigen Kubikzentimeter Flußsäure auf, verkocht nach dem Lösen die nitrosen Gase und verdünnt mit Wasser. Das Mangan wird in Gegenwart von Silbernitrat mit Ammoniumpersulfat oxydiert und mit arseniger Säure zurücktitriert. Die Einstellung des Titers geschieht unter gleichen Bedingungen mit einer Probe bekannten Mangangehaltes. Bei Ferro-Vanadium wird das Filter der Kieselsäure mit Natronlauge und Wasserstoffperoxyd behandelt, vom entstandenen Niederschlag der Eisen- und Manganoxyde abfiltriert und mit heißem Wasser ausgewaschen. Nach Lösen derselben in heißer Salzsäure wird nach Verkochen des Chlors in bekannter Weise weitergearbeitet. Säureunlösliche Legierungen schließt man im Porzellan- oder Alsinttiegel mit einem Gemisch von Natrium-Kaliumcarbonat und Natriumperoxyd auf, behandelt die Schmelze mit heißem Wasser und setzt, falls die Lösung von mangansaurem Natrium grün gefärbt ist, eine Messerspitze Natriumperoxyd zu und kocht nochmals auf. Hierauf wird von den Oxyden abfiltriert und der Rückstand mit sodahaltigem heißem Wasser ausgewaschen. Nunmehr wird der Niederschlag in heißer verdünnter Salzsäure gelöst, die Lösung zur Vertreibung des Chlors durchgekocht und in einen Meßkolben übergeführt. Nach Ausfällen des Eisens mit Zinkoxyd wird abgekühlt und bis zur Marke aufgefüllt. Die Weiterverarbeitung geschieht in der oben angegebenen Weise. Hierbei ist auch ein Blindversuch mit den Reagenzien und dem Tiegelmaterial auszuführen.

N. Die Stickstoffbestimmung geschieht bei löslichen Ferrolegierungen in gleicher Weise wie bei Stahl (S. 706), bei unlöslichen Ferrolegierungen nach P. Klinger (2) oder im kombinierten Verfahren, bei dem der unlösliche Rückstand noch mit Natriumbisulfat aufzuschließen ist. Ferner können säureunlösliche Ferro-Chroms durch längeres Erhitzen von 1—2 g Material mit 6—10 g Kaliumbisulfat unter Zusatz von 10 bis 20 cm³ konzentrierter Schwefelsäure aufgeschlossen werden.

Ni. Zur Bestimmung von Nickel werden 1—2 g der Legierung im Alsinttiegel mit Natrium - Kaliumcarbonat - Natriumperoxyd aufgeschlossen. Die Schmelze wird in Wasser gelöst und durch Filtration von dem das Nickel enthaltenden Rückstand abfiltriert. Nach Lösen des Rückstandes in Salzsäure wird die Lösung eingeengt, Weinsäure zugesetzt, ammoniakalisch gemacht und Nickel mit Dimethylylyoxim ausgefällt (II/2, 1391).

O. Zur Bestimmung von Sauerstoff werden nach A. Stadeler (4) die metallischen Bestandteile im Chlorstrom bei etwa 550° verflüchtigt, wobei Kieselsäure, Siliciumcarbid neben anderen Oxyden und Nitriten zurückbleiben.

P. Zur Bestimmung von Phosphor werden von säureunlöslichen Ferrolegierungen 2 g feingepulvertes Material mit 8—10 g Natriumperoxyd gemischt und in einem Silbertiegel bzw. Nickel- oder Eisentiegel anfangs zunächst mit kleiner Flamme, später mit voller Flamme bis zum völlig ruhigen Fluß der Schmelze erhitzt. Die dünnflüssige Schmelze wird mit einem Metallspatel durchgerührt, so daß alle sich etwa zu Boden gesetzten Teile unzersetzten Materials mit aufgeschlossen werden. Nach dem Abkühlen wird die Schmelze mit etwas Wasser gelaugt und, falls die Lösung infolge von gebildeten mangansaurem Natrium grün gefärbt ist, mit einem weiteren Gramm Natriumperoxyd zur Oxydation desselben versetzt. Nach etwa 5 Minuten langem Kochen zur Zersetzung des Wasserstoffperoxyds wird die Flüssigkeit samt Niederschlag in einen 500-cm³-Meßkolben übergespült und nach dem Abkühlen bis zur Marke aufgefüllt. Nunmehr filtriert man 250 cm³ durch ein trocknes mittelhartes Filter ab, säuert eben mit Salpetersäure an und fällt in bekannter Weise mit Ammoniummolybdat.

Man kann auch 250 cm³ des klaren Filtrates mit 0,2 g Kalialaun versetzen und nach dem Ansäuern mit verdünnter Salzsäure den Gesamtphosphor mit Ammoniak als Aluminiumphosphat neben dem restlichen Teil des zugesetzten Aluminiums als Aluminiumhydroxyd ausfällen. Bei Gegenwart von Vanadin muß die Fällung mit Ammoniak unter Zusatz von einigen Tropfen Wasserstoffperoxydlösung geschehen.

Der Niederschlag wird abfiltriert, mit heißem Wasser ausgewaschen und in etwas heißer Salzsäure gelöst. Die Fällung ist zweckmäßig in der gleichen Weise zu wiederholen. Der nunmehr erhaltene Phosphatniederschlag wird in verdünnter Salpetersäure gelöst, die Lösung mit Ammoniumnitratlösung versetzt und bei 60° mit Ammoniummolybdatlösung gefällt und maßanalytisch weiterbestimmt. (0,2 g Kalialaun, entsprechend 0,012 g Al, genügen zur Fällung von maximal 0,003 g Phosphor, entsprechend 0,15% P, bei 2 g Einwaage.)

Der geschilderte Aufschluß eignet sich für alle siliciumarmen Ferrolegierungen. Bei stark kieselsäurehaltigem Material muß auf jeden Fall die Kieselsäure durch Eindampfen abgeschieden werden.

Von säurelöslichen Ferrolegierungen wird 1 g feingepulvertes Material in einer geräumigen Platinschale mit 30 cm³ Salpetersäure (1,2) unter allmählichem Zusatz (am besten aus einer Tropfflasche) von etwa 15 cm³ 40%iger phosphorsäurefreier Flußsäure gelöst, wobei nach jedesmaligem Zusatz die nötigenfalls durch schwaches Erwärmen zu befördernde Reaktion abgewartet werden muß. Die erhaltene Lösung wird zur Trockne eingedampft. Man nimmt den Trockenrückstand mit 40 cm³

Salpetersäure (1,2) unter Erwärmen auf, filtriert einen etwa noch ungelöst gebliebenen Rückstand ab, wäscht denselben einige Male mit Wasser aus, trocknet und verascht ihn schwach in einem Porzellantiegel. Nach Überpinseln desselben in einem Platintiegel wird mit Natriumcarbonat aufgeschlossen, die Schmelze in Wasser gelöst, die Lösung abfiltriert, der Rückstand mit sodahaltigem Wasser ausgewaschen und das Filtrat nach Ansäuern mit Salpetersäure und Verkochen der Kohlensäure mit dem Hauptfiltrat vereinigt. Die in einen 500-cm^3-Erlenmeyerkolben übergeführten Filtrate werden mit 10 cm^3 Kaliumpermanganat in der Siedehitze oxydiert, das ausgeschiedene Manganperoxyd mit Kaliumnitratlösung reduziert und zur Vertreibung der nitrosen Dämpfe ausgekocht. Nach Zusatz von 50 cm^3 4%iger Boraxlösung, die nach Lundell und Hoffmann die fällungsverhindernde Wirkung etwa noch vorhandener Flußsäurereste aufhebt, setzt man der etwa 60° warmen Lösung 25 cm^3 Ammoniumnitratlösung und 50 cm^3 Ammoniummolybdatlösung hinzu und schüttelt 1 Minute durch. Nach kurzem Absitzenlassen in der Wärme wird die Phosphorbestimmung wie bei Stahl (s. S. 708) ausgeführt. Da die Flußsäure häufig phosphorhaltig ist, ist sie vorher auf Phosphor zu prüfen. Nach diesem Verfahren lassen sich Ferro-Beryllium, Ferro-Phosphor, Ferro-Bor, Ferro-Zirkon, Ferro-Uran, Ferro-Aluminium, Ferro-Titan, Ferro-Silicium, Ferro-Molybdän, Ferro-Vanadium und Calcium-Silicium aufschließen. Ferro-Silicium, Alsimin und Sialman schließt man zweckmäßig mit Natrium-Kaliumcarbonat-Natriumperoxyd auf. Bei Ferro-Wolfram geschieht der Aufschluß mit Salpetersäure und Flußsäure in der beschriebenen Weise; nur setzt man nach der Lösung 5 cm^3 Schwefelsäure (1+1) hinzu und dampft bis zum Abrauchen ein. Man verdünnt mit 20 cm^3 Salzsäure (1,19), nimmt mit heißem Wasser auf, filtriert die ausgeschiedene Wolframsäure durch ein doppeltes mittelhartes Filter ab und wäscht mit heißem, salzsäurehaltigem Wasser aus (Filtrat A). Die abfiltrierte Wolframsäure wird mit Kalium-Natriumcarbonat aufgeschlossen, die Schmelze mit Wasser ausgelaugt und die Lösung abfiltriert. Das schwach mit Salzsäure angesäuerte Filtrat wird mit 0,2 g Kalialaun versetzt und der Phosphor mit Ammoniak als Aluminiumphosphat (s. oben) ausgeschieden. Der gut ausgewaschene Rückstand wird in Salzsäure gelöst und die Lösung zu dem Filtrat A hinzugegeben. Die vereinigten Lösungen werden unter Zusatz von je 25 cm^3 Salpetersäure wiederholt eingeengt, hierauf mit Wasser verdünnt, allenfalls noch abgeschiedene Wolframsäure abfiltriert, ammoniakalisch gemacht und nach Zusatz von 10 cm^3 Salpetersäure (1,18) und 2 g Borax mit Ammonium-Molybdat gefällt.

Ferro-Vanadin löst man in einem Erlenmeyerkolben in 40 cm^3 Salpetersäure (1,18), verkocht die nitrosen Dämpfe, oxydiert mit Kaliumpermanganat, nimmt den Überschuß mit Kaliumnitrit weg, setzt zur Reduktion von V_2O_5 zu V_2O_4 der 60° warmen Lösung 1 g Hydrazinsulfat zu und fällt in bekannter Weise als Molybdat.

S. Für die Bestimmung von Schwefel kommen nach C. Holthaus das Ätherverfahren, das Verbrennungsverfahren, das Entwicklungsverfahren, das Aufschlußverfahren und das Reduktionsverfahren im Wasserstoffstrom in Betracht.

Das Ätherverfahren eignet sich für alle säurelöslichen Ferrolegierungen, Ferro-Mangan, Ferro-Phosphor, Ferro-Vanadin, Ferro-Molybdän, mit Ausnahme des 13%igen Ferro-Siliciums und des niedrig gekohlten Ferro-Chroms.

Das Verbrennungsverfahren eignet sich für alle säurelöslichen Ferrolegierungen, mit Ausnahme des niedrig gekohlten Ferro-Chroms, ebensogut wie für die säureunlöslichen Legierungen, Ferro-Titan, Ferro-Wolfram, 45- und 90%iges Ferro-Silicium und Ferro-Zirkon-Silicium; nicht so gut dagegen für hochgekohltes Ferro-Chrom; gänzlich unbrauchbar ist es für Ferro-Silicoaluminium und Calcium-Silicium. Als Zuschlagsstoff für das Verbrennungsverfahren eignet sich Zinn, wobei die Verbrennungstemperatur zwischen 1200—1450° liegt. Bei Ferro-Molybdän überschichtet man nach Kassler (7) zur Verhütung der Sublimation der Molybdänsäure mit 2 g reinem Kobaltoxyduloxyd.

Das Aufschlußverfahren ist geeignet für Ferro-Phosphor, Ferro-Vanadin, Ferro-Molybdän, Ferro-Chrom mit 4—6% Kohlenstoff und Ferro-Zirkon-Silicium, weniger sicher ist das Verfahren für alle übrigen Ferrolegierungen.

Das Entwicklungsverfahren ist ohne Berücksichtigung eines unlöslichen Rückstandes nur anzuwenden bei Spiegeleisen und Ferro-Mangan.

Das Reduktionsverfahren im Wasserstoffstrom nach Johnson ist brauchbar bei Ferro-Molybdän und Ferro-Wolfram.

Für die potentiometrische Bestimmung des Schwefels sei auf die Arbeiten von G. Thanheiser und P. Dickens verwiesen.

Si. Die Bestimmung von Silicium in säurelöslichen Ferrolegierungen geschieht in gleicher Weise wie bei Stahl durch Lösen der feingepulverten Substanz in Salzsäure oder Königswasser bzw. in Schwefelsäure, und wiederholtes Eindampfen zur Trockne bzw. bis zum starken Rauchen. Die Kieselsäure wird dann aus dem Differenzgewicht vor und nach dem Abrauchen der Rohkieselsäure mit Flußsäure-Schwefelsäure errechnet.

Säureunlösliche Ferrolegierungen werden im Silber- oder Nickeltiegel mit etwa der 10fachen Menge eines Gemisches aus gleichen Teilen Natrium-Kaliumcarbonat und Natriumperoxyd aufgeschlossen. Die Schmelze wird mit Wasser bzw. ganz verdünnter Salzsäure ausgelaugt und die angesäuerte Lösung — bei Gegenwart von Chrom unter Zusatz von schwefliger Säure oder Alkohol — zur Trockne verdampft und wie bei Stahl weiter bestimmt. Auch hierbei ist ein etwaiger Siliciumgehalt der verwendeten Reagenzien und des Tiegelmaterials durch einen Blindversuch zu bestimmen und bei der Probe selbst in Abzug zu bringen.

Bei Ferro-Wolfram darf die wolframhaltige Kieselsäure wegen der Verflüchtigungsmöglichkeit der Wolframsäure nicht über 900° geglüht werden. Auch ist es zweckmäßig, vor dem Zusatz der Flußsäure sich erst durch Abrauchen mit Schwefelsäure allein von der Gewichtskonstanz zu überzeugen. Ferro-Titan, Ferro-Uran und Ferro-Tantal werden zweckmäßig mit Kaliumpyrosulfat im Porzellantiegel aufgeschlossen und nach Lösen der Schmelze in Wasser und Zusatz von etwas Schwefelsäure bis zum starken Rauchen eingedampft und in bekannter Weise weiterbehandelt. Weitere Verfahren vgl. Hdb.

Sn. Die Bestimmung von Zinn ist erforderlich in Ferro-Wolfram und Ferro-Tantal-Niob-Legierungen. Von Ferro-Wolfram werden zweckmäßig nach Kassler (8) 5 g der feingepulverten Legierung im Nickel- oder Alsinttiegel in gleicher Weise wie bei Silicium mit Natrium-Kalium-carbonat-Peroxyd aufgeschlossen, die Schmelze mit heißem Wasser ausgelaugt und die Lösung samt Niederschlag auf ein bestimmtes Volumen gebracht. 500 cm^3 der durch ein trocknes Filter filtrierten Lösung werden mit Salpetersäure schwach angesäuert, mit überschüssigem Ammoniak versetzt, zum Kochen erhitzt und nach Zugabe von 10 g kristallisiertem Ammoniumnitrat abermals einige Minuten durchgekocht. Nach Absitzenlassen des Niederschlages in der Wärme wird filtriert, der Niederschlag mit heißem ammoniumnitrathaltigem Wasser ausgewaschen und der Filterrückstand (R) in heißer schwacher Salzsäure gelöst. Die Lösung wird hierauf mit Schwefelwasserstoff gefällt und das Zinn schließlich als Zinnsäure zur Wägung gebracht. Bei Gegenwart von Arsen und Antimon wird der nach obiger Arbeitsweise erhaltene Filterrückstand R in konzentrierter Schwefelsäure gelöst und das Arsen, Zinn und Antimon durch Destillation (S. 660) getrennt und bestimmt. Über die Bestimmung in Ferro-Tantal-Niob s. S. 727.

Ti. Nach G. E. F. Lundell, I. I. Hoffmann, H. A. Bright wird zunächst Vanadin durch doppelte Natronlaugefällung abgetrennt. Der Rückstand wird in Salzsäure gelöst und das Eisen ausgeäthert. Hierauf werden die letzten Eisenreste in weinsäurehaltiger ammoniakalischer Lösung durch Schwefelwasserstoff ausgeschieden. In dem hierbei anfallenden Filtrat wird der Schwefelwasserstoff verkocht, nach Ansäuern mit Schwefelsäure vom ausgeschiedenen Schwefel abfiltriert, und mit Permanganat oxydiert. Nach Ausfällung des Titans mit Cupferron wird Titan nach Aufschluß mit Pyrosulfat colorimetrisch bestimmt (vgl. S. 712).

b) Sonderuntersuchungsgänge für einzelne Ferrolegierungen. Die nötigen methodischen Grundlagen für die Untersuchung der einzelnen Ferrolegierungen enthalten bereits die Abschnitte III E (S. 696) und III F (S. 714). Soweit darüber hinaus noch Sonderangaben erforderlich sind, seien sie im folgenden in alphabetischer Reihe der Legierungsbestandteile gebracht; über die Desoxydationslegierungen Calcium-Aluminium und Calcium-Silicium siehe unter III C, Hilfsstoffe (S. 669).

Al. Die Bestimmung des Aluminiums in Ferro-Aluminium erfolgt nach H. J. van Royen (2) nach dem Hydrazinverfahren; auch empfiehlt sich die Anwendung des Phosphatverfahrens nach Klinger (S. 696) und des Oxychinolinverfahrens nach R. Berg (S. 649).

B. Zur Untersuchung von Ferro-Bor werden nach J. Kassler (9) 0,3 g Ferro-Bor in einem Erlenmeyerkolben mit Rückflußkühler in 30 cm^3 Perhydrol und 5—10 Tropfen konzentrierter Salpetersäure gelöst. Nach beendigter Reaktion kocht man 10 Minuten auf und filtriert nach dem Abkühlen von einem etwaigen Rückstand ab. Derselbe wird mit kaltem Wasser und 5%iger Kalilauge ausgewaschen und getrocknet. Hierauf befeuchtet man Filter mit Niederschlag mit 10%iger Kaliumnitratlösung, schließt in einem Platintiegel nach Veraschen mit Kalium-

Natriumcarbonat und etwas Kaliumsalpeter auf, laugt die Schmelze mit Wasser aus, und gibt die Lösung zur Hauptlösung. Die schwach salpetersaure Lösung wird in einen Destillationsapparat gespült und bei 150° im Paraffinbad zur Trockne destilliert. Nach Zugabe von 20 cm^3 Methylalkohol zum Trockenrückstand destilliert man im Luftstrom ab. Der Luftstrom beschleunigt hierbei die Destillation und verhindert das Zurücksteigen des Destillates. Die Destillation und der Zusatz des Methylalkohols wird etwa 8mal wiederholt, wobei die gesammelten Destillate in einer Vorlage in 80 cm^3 halbnormaler Natronlauge aufgefangen werden. Das Destillat wird zur Trockne verdampft, vorsichtig in sehr wenig Salpetersäure gelöst, 10 Minuten am Rückflußkühler gekocht und nach Abkühlen mit starker Barytlauge unter Zugabe von Methylorange genau neutralisiert. Nunmehr setzt man 25 g Mannit und einige Tropfen Phenolphthalein hinzu und titriert die Borsäure mit kohlensäurefreier halbnormaler Natronlauge bis zur Rotfärbung. 1 cm^3 halbnormal Natronlauge = 0,0054 g Bor.

Be. Zur Untersuchung von Ferro-Beryllium wird nach H. Eckstein 1 g der Legierung in 20 cm^3 Salzsäure (1 : 1) und etwas konzentrierter Salpetersäure vorsichtig gelöst und die Kieselsäure in bekannter Weise abgeschieden. Das Filtrat wird auf 500 cm^3 aufgefüllt, davon 100 cm^3 entnommen, schwach ammoniakalisch gemacht und durchgekocht. Das ausgeschiedene Berylliumhydroxyd wird abfiltriert, mit heißem, etwas Ammoniak enthaltendem Wasser ausgewaschen, verascht und die Summe der Oxyde nach Glühen bis zur Gewichtskonstanz festgestellt. Das Eisen wird in bekannter Weise ausgelöst, für sich bestimmt und von der Summe abgezogen. Auswaage · 0,3605 = g Be. Mangan und Aluminium dürfen bei diesem Untersuchungsgang nicht zugegen sein; in diesem Falle arbeitet man besser nach dem Oxynverfahren von Kolthoff und Sandell (vgl. S. 699).

Ce. Zur Analyse von Ferro-Cer wird nach Arnold zunächst die Kieselsäure mit Bromsalzsäure abgeschieden, das Filtrat mit Weinsäure versetzt und in ammoniakalischer Lösung mit Schwefelwasserstoff gefällt, wobei Cer in Lösung bleibt. Nach Zerstören der Weinsäure werden die Cerriterden in schwach saurer heißer Lösung mit einem Überschuß von Oxalsäure gefällt und nach 12stündigem Stehenlassen filtriert, mit warmer verdünnter Oxalsäurelösung ausgewaschen, geglüht und ausgewogen. Ist das Oxydgemisch fast weiß, so ist nur Cer vorhanden und ergibt mal 0,8141 den Gehalt in g Cer. Ist das Oxyd dagegen braun gefärbt, so enthält es noch andere Erdoxyde (Praseodymoxyde). In diesem Falle wird das Cer nach Knorr maßanalytisch bestimmt.

Cr. Zur Untersuchung von Ferro-Chrom vgl. II/2, 1396. Auf elektrometrischem Wege arbeiten P. Dickens und G. Thanheiser und G. F. Smith und C. A. Getz. Sie versetzen 0,1 g der (hoch oder niedrig gekohlten) Ferrochromprobe in einem 500-cm^3-Kolben mit 5 cm^3 85%iger Phosphorsäure, setzen Rückflußkühler mit Anschütz-Thermometer auf und erhitzen 8—10 Minuten lang auf 250°. Nach Aufhören jeder Gasentwicklung setzt man 15 cm^3 eines Gemisches gleicher Raumteile 72%iger $HClO_4$ und 80%iger H_2SO_4 zu, erhitzt wieder 5 Minuten auf 210° und kühlt auf 205° ab. Dann versetzt man die Lösung durch den

Kühlerkopf mit 30—40 mg feingepulvertem $KMnO_4$, kühlt unter lebhaftem Schütteln rasch ab, verdünnt mit 100 cm³ Wasser, setzt 10 cm³ HCl (1 + 4) hinzu und kocht kurz auf. Nach Zusatz von 20 cm³ H_2SO_4 (1 + 1) wird mit 0,05 n-$FeSO_4$-Lösung titriert, bis sich die Lösung gelblichgrün färbt; darauf setzt man 3 Tropfen 0,025-molarer Ferroinlösung zu, verdünnt auf 400 cm³ und titriert bis zum Erscheinen einer Rosafärbung. 1 cm³ 0,05 n-$FeSO_4$ = 8,666 mg Cr. An Stelle von $KMnO_4$ kann auch $K_2S_2O_3$ verwandt werden. Zur Bestimmung von Chromoxyd in Ferro-Chrom werden nach Hdb. 20 g der feingepulverten Probe in einem 1-l-Becherglas in 800 cm³ Salzsäure (1+3) in der Kälte vorsichtig gelöst. Nach längerem Stehenlassen in der Wärme wird die überstehende Flüssigkeit, ohne den Bodensatz aufzurühren, vorsichtig abgegossen. Durch wiederholte Zugabe von Wasser und Abhebern wird das Chrom allmählich entfernt und die Lösung schließlich wasserhell. Nun wird die Lösung bis auf 50 cm³ Flüssigkeitsmenge abgehebert, mit 120 cm³ Salzsäure (1,19) und 3—4 g Kaliumchlorat versetzt und gekocht. Sobald die Lösung auf die Hälfte eingedampft ist, wird in eine geräumige Platinschale übergeführt. Nach dem Absetzen des Rückstandes wird die überstehende Lösung vorsichtig durch ein Filter abgegossen, eventuell etwa mit auf das Filter gelangte Teile des Rückstandes in die Schale zurückgespritzt und der Schaleninhalt mit 5 cm³ Salzsäure (1,19) und 1 cm³ Flußsäure versetzt und erhitzt. Sobald die Lösung auf die Hälfte eingeengt ist, wird sie unter Benutzung des gleichen Filters filtriert, wobei der Rückstand völlig auf das Filter gebracht wird. Das Filter mit Rückstand wird einige Male mit heißem, salzsäurehaltigem Wasser ausgewaschen, im Porzellantiegel verascht, die Asche in einen Nickeltiegel übergeführt und durch Aufschließen mit Natriumperoxyd in bekannter Weise Chrom bestimmt.

Mn. Bei der Untersuchung von Ferro-Mangan und sonstigen Eisenmanganlegierungen in Stahleisen, Spiegeleisen, Phosphorspiegel usw. erfolgt die Manganbestimmung nach dem Verfahren von Volhard-Wolff (II/2, 1383).

Mo. Die Bestimmung des Molybdäns in Ferro-Molybdän (vgl. II/2, 1406) kann erfolgen durch gewichtsanalytische Bestimmung als Molybdäntrioxyd (Mitt. d. Chem.-Fachausschusses d. G.D.M.B.) oder als Bleimolybdat (ebenda) oder potentiometrisch nach P. Klinger, E. Stengel und W. Koch (2) oder colorimetrisch nach A. D. Funk. Weitere Angaben, besonders auch über Bestimmung von Wolfram in Ferro-Molybdän vgl. Hdb.

P. Die Bestimmung des Phosphors in Ferro-Phosphor geschieht nach dem Aufschlußverfahren durch Zersetzung der wäßrigen Schmelze und Fällen mit Ammoniummolybdat.

S. Von Schwefeleisen werden 0,5 g der feingepulverten Probe in einem Erlenmeyerkölbchen von etwa 150 cm³ Inhalt gebracht, das ein seitliches Ansatzrohr und ein eingeschliffenes Trichterrohr mit Glasrand besitzt. Das seitliche Ansatzrohr wird mit 3 Waschflaschen verbunden, an deren Einleitungsrohre an den unteren Enden gefrittete Siebplatten angeschmolzen sind. Die Waschflaschen werden mit je etwa 35 cm³ $^1/_{10}$ n-Jodlösung beschickt. Nunmehr bringt man in den Trichter des

Aufsatzes ein Gemisch von 20 cm³ Wasser und 20 cm³ 10%iger Schwefel säure, verbindet die obere Öffnung des Trichters mit einem Kohlensäureapparat und drückt mittels CO_2-Druckes die Säure in das Kölbchen, wobei man die Kohlensäurezufuhr so regelt, daß je Sekunde eine Blase in der letzten Waschflasche austritt. Hierauf erhitzt man bis zur vollständigen Zersetzung des Schwefeleisens und leitet schließlich unter gelindem Sieden der Flüssigkeit 5—10 Minuten lang Kohlensäure im langsamen Strom durch die Apparatur. Sollte hierbei eine Färbung der Jodlösung eingetreten sein, so ist die Bestimmung mit einer geringeren Einwaage oder mit einer größeren Menge vorgelegter Jodlösung zu wiederholen. Der Inhalt der Waschflaschen wird vereinigt und der Überschuß an Jodlösung in bekannter Weise nach Zusatz von Stärkelösung und mit $^1/_{10}$ n-Thiosulfatlösung zurücktitriert.

Si. Die Siliciumbestimmung in Ferro-Silicium, Mangansilicium, Siliciumaluminium, Siliciumaluminiummangan usw. erfolgt durch alkalischen Schmelzaufschluß in 12—15%igem Ferrosilicium durch Behandeln mit Brom-Salzsäure (II/2, 1360).

Als Schnellbestimmung des Siliciumgehaltes in Ferro-Siliciumlegierungen sei die Dichtebestimmung von M. v. Schwarz empfohlen.

Ta, Nb. Zur Bestimmung von Tantal, Niob, Zinn, Molybdän, Titan, Aluminium, Calcium, Magnesium, Eisen, Silicium und Kupfer ist nach persönlicher Mitteilung von K. Meier folgende Arbeitsweise der Gesellschaft für Elektrometallurgie zu empfehlen (s. Abb. 9, S. 732):

60 g Kaliumbisulfat werden in einem Tassentiegel, Gr. 5, vorgeschmolzen. Auf die eben erstarrte Schmelze gibt man 1,5 g der Ferro-Tantal-Nioblegierung, die ein Sieb von 900 Maschen pro Quadratzentimeter $\sim$ 30 DIN 1171 passiert hat, und schmilzt etwa 1 Stunde lang bei aufgelegtem Abtropfdeckel nach Müller. Die anfänglich stark schäumende Schmelze wird allmählich ruhig und ist dann klar und durchsichtig. Man läßt erkalten und stößt den umgekehrten Tiegel kurz auf ein Uhrglas auf, wodurch sich der Schmelzkuchen von der Tiegelwand leicht ablöst. Dann gibt man den Kuchen in ein $1^1/_2$-l-Becherglas, setzt etwa 200 cm³ kaltes Wasser hinzu und stellt das Glas auf die Dampfplatte. Nachdem man den Rest der Schmelze vom Tiegel mit heißem Wasser ausgespritzt und zur Hauptmenge gegeben hat, dekantiert man nach kurzem Absitzen durch ein doppeltes 15 cm mittelhartes Filter. Nunmehr verdünnt man mit Wasser auf etwa 1 l, setzt 75 cm³ schweflige Säure hinzu und kocht 60 Minuten kräftig durch.

Man läßt den Niederschlag, der alles Ta, Nb, Si, Ti und die größte Menge Sn und Mo enthält, in der Wärme absitzen, dekantiert durch das gleiche Filter, bringt den Hauptniederschlag und den sich etwa durch das Kochen mit SO_2 gebildeten Niederschlag schließlich aufs Filter und wäscht mit schwefligsäurehaltigem Wasser aus. Das Filtrat hiervon (F_1), das Fe, Mn, Al, Ca, Mg, Cu und geringe Mengen Zinn und Molybdän enthält, wird zunächst beiseite gestellt.

Der Niederschlag (R_1) wird im Trockenschrank getrocknet, vom Filter getrennt und dasselbe für sich im gleichen Aufschlußtiegel verascht. Dann wird der Filterinhalt dazugegeben und vorsichtig nicht über

450° C geglüht, da sonst das Molybdän sich verflüchtigen kann, und die stark geglühte Zinnsäure durch den sauren Schmelzaufschluß schwer oder ganz unlöslich wird. Der so behandelte Glührückstand wird nun mit etwa 20—25 g Kaliumbisulfat so lange geschmolzen, bis die Schmelze ruhig und durchsichtig ist (etwa 25 Minuten). Man klopft den Schmelzkuchen aus dem Tiegel, gibt ihn in ein 300—400-cm^3-Becherglas, setzt 30 cm^3 konzentrierte Salzsäure zu und spritzt den Deckel mit möglichst wenig heißem Wasser ab. Nun erwärmt man unter öfterem Umrühren auf der Dampfplatte, bis der Schmelzkuchen ganz zerfallen ist (wobei Tantal vollständig und Niob zum größten Teil ungelöst bleiben, während Titan und Zinn vollständig und Niob zu einem geringen Teil in Lösung gehen). Man kühlt ab, indiziert mit Kongorot, fällt das in Lösung gegangene Niob, Titan und Zinn durch Zugabe von Ammoniak bis zur schwach alkalischen Reaktion aus. Sofort wird dann mit Salzsäure (1,19) wieder sauer gemacht, noch weitere 50 cm^3 im Überschuß hinzugegeben und gut durchgerührt. Durch den Zusatz der Salzsäure werden die frisch gefällten Hydroxyde von Zinn und Titan gelöst, während fast alles Tantal und der größte Teil des Niobs ungelöst bleiben. Man filtriert dann die stark salzsaure Lösung durch ein 15 cm mittelhartes Doppelfilter und wäscht mit kalter 1%iger Salzsäure aus (R_2). Das Filtrat (F_2), das Zinn, Titan, Molybdän und geringe Mengen Tantal und Niob enthält, wird später verarbeitet. Der Rückstand (R_2), der die Hauptmenge Ta, Niob und Kieselsäure, neben geringen Mengen Zinn, Titan und Molybdän enthält, wird im Aufschlußtiegel schwach verascht und in oben beschriebener Weise zwecks restloser Abtrennung von Zinn, Titan und Molybdän von den Erdsäuren abermals mit Kaliumbisulfat aufgeschlossen und wie vorher weiter behandelt ($R_3 + F_3$). Bei hohen Zinn-, Titan- und Molybdängehalten ist sogar ein dritter Aufschluß mit Bisulfat zwecks restloser Abtrennung von Si, Mo und Ti erforderlich. Die auf diese Weise angefallenen Filtrate F_2, F_3 und etwa vom vierten Aufschluß werden vereinigt. Diese Lösung wird mit Ammoniak abgestumpft und hierauf mit so viel Salzsäure (1,19) versetzt, daß die Gesamtlösung nicht mehr als 3% freie Salzsäure enthält. Bald nach der Neutralisation mit Ammoniak scheiden sich immer geringe Mengen Erdsäuren als mehr oder minder starke Trübung ab, die auch in der 3%igen Salzsäure abgeschieden bleiben. Man läßt die Erdsäuren auf der Dampfplatte absetzen, filtriert durch ein doppeltes mittelhartes Filter von $12^1/_2$ cm und wäscht mit 1%iger Salzsäure aus (R_4 = Nb Teilfällung I und Filtrat F_4).

Zur Ausfällung des Zinns und Molybdäns wird das anfallende Filtrat F_4 in der Wärme mit Schwefelwasserstoff behandelt. Man läßt den Niederschlag auf der Dampfplatte absitzen, filtriert durch ein mittelhartes Filter ab und wäscht mit heißem schwefelhaltigem Wasser aus (R_5). Das Filtrat (F_5), das das gesamte Titan und Reste der Erdsäuren enthält, wird vom Schwefelwasserstoff durch Kochen befreit und beiseite gestellt.

Der Rückstand (R_5), der das Zinn, Molybdän und geringe Mengen Erdsäure enthält, wird vom Filter ins Fällungsglas zurückgespritzt. Dann gibt man 20 cm^3 Schwefelammonium hinzu und digeriert in der Wärme, wodurch sich die Sulfide des Zinns und Molybdäns auflösen.

Diese Lösung gibt man dann durch dasselbe Filter und wäscht mit ganz verdünntem schwefelammoniumhaltigem Wasser aus (R_6Nb) (R_6 = Teilfällung II). Der Niederschlag (R_6) wird in einem kleinen Porzellantiegel verascht und schwach geglüht. Das schwefelammoniumhaltige Filtrat F_6) wird mit Essigsäure angesäuert, durchgekocht und das ausgeschiedene Zinn und Molybdänsulfid abfiltriert, mit heißem, schwefelammoniumhaltigem Wasser gewaschen und das Filter samt Niederschlag (R_7) ins Fällungsglas zurückgegeben. Man setzt 200 cm³ 7%ige Oxalsäure hinzu und kocht 45 Minuten unter Ersatz des verdampfenden Wassers. Hierdurch wird das Zinnsulfid gelöst, während Molybdänsulfid zurückbleibt. Man filtriert dann das Molybdänsulfid (R_8) ab, wäscht aus, trocknet, glüht bei 450° C und wägt als Molybdäntrioxyd aus. Das oxalsäurehaltige Filtrat (F_7), das alles Zinn enthält, wird nach Zugabe von etwa 3 g Ammoniumnitrat mit Ammoniak neutralisiert, mit 20 cm³ Ammoniumsulfid versetzt und wieder essigsauer gemacht. In der Wärme wird dann Schwefelwasserstoff eingeleitet, der Rückstand (R_9) abfiltriert, ausgewaschen und zunächst zurückgestellt. Das Filtrat vom Schwefel-Zinn wird verworfen. Zur Kontrolle kann man das Zinndioxyd ($R_9 + R_{15}$) im Porzellantiegel mit Cyankalium reduzieren, das gebildete metallische Zinn in Salzsäure lösen, mit Aluminiumspänen im Kohlensäurestrom reduzieren und jodometrisch bestimmen.

Das alles Titan neben geringen Mengen Erdsäuren enthaltende, vom Schwefelwasserstoff befreite Filtrat (F_5) wird ammoniakalisch gemacht, wodurch Titan und die Erdsäuren als Hydroxyde ausfallen (R_{10}). Dann kocht man auf, filtriert ab und wäscht mit heißem Wasser aus. Das Filtrat wird verworfen. Der Filterrückstand (R_{10}) wird in einem kleinen Porzellantiegel verascht, geglüht und mit etwas Kaliumbisulfat aufgeschlossen. Nach dem Erkalten klopft man den Schmelzkuchen aus dem Tiegel, bringt ihn in ein 600 cm³ fassendes Becherglas und löst ihn in 30 cm³ Salzsäure (1,19). Hierzu gibt man noch das Spülwasser von Tiegel und Deckel. Das Ganze wird dann mit Wasser auf ein Volumen von etwa 300 cm³ gebracht, mit Kongorot indiziert, mit Ammoniak neutralisiert, sofort 30 cm³ Salzsäure (1,19) hinzugegeben und die Flüssigkeitsmenge auf etwa 500 cm³ verdünnt. Man kocht etwa 20 Minuten, wodurch die restliche Menge der Erdsäuren vollständig zur Ausscheidung gelangt. Der Niederschlag (R_{11}) wird filtriert, mit 1%iger kalter Salzsäure gewaschen (F_8), mit R_3, R_4 und R_6 vereinigt, in einem gewogenen, geräumigen Platintiegel bis zur Gewichtskonstanz bei 1000° geglüht und als Gesamterdsäuren und Rohkieselsäure (R_{12}) zur Wägung gebracht. Der Platintiegel wird dann mit 10 cm³ Flußsäure und 10 cm³ Schwefelsäure (1 + 1) beschickt und die Kieselsäure vorsichtig unter Oberflächenbeheizung nach Fr. Heinrich und F. Petzold abgeraucht. Der Tiegel und Rückstand wird zunächst über freier Flamme schwach und schließlich stark geglüht. Um hartnäckig von den Erdsäuren zurückgehaltene Schwefelsäure restlos zu entfernen, wird der Platintiegel mit etwas rückstandfreiem Ammoniumcarbonat beschickt und nochmals bei 1000° geglüht. Die Gewichtsdifferenz stellt die Kieselsäure, der Rückstand die Gesamterdsäuren dar (Re). Dieselben werden im Achatmörser feinstens gerieben und im Wägegläschen aufbewahrt.

Das alles Titan enthaltende Filtrat (F_8) wird ammoniakalisch gemacht, aufgekocht und abfiltriert. Der Niederschlag, bestehend aus dem gesamten Titan und Spuren Eisen wird ausgewaschen, verascht, geglüht und als $TiO_2 + Fe_2O_3$ (R_{13}) ausgewogen. Der Glührückstand (R_{13}) wird mit Kaliumbisulfat aufgeschlossen und darin weiter wie üblich das Titan colorimetrisch bestimmt. Das auf Titansäure umgerechnete Titan wird von der Auswaage $TiO_2 + Fe_2O_3$ abgezogen und das Eisenoxyd zu Eisen umgerechnet und zur Hauptmenge des Eisens rechnerisch hinzugeschlagen.

Zur Bestimmung des restlichen Zinns, des Kupfers, Eisens, Mangans, Aluminiums, des Kalks und der Magnesia aus dem Filtrat F_1 wird dieses mit Ammoniak abgestumpft (Methylrot) und mit so viel Salzsäure versetzt, daß die Lösung 3% freie Salzsäure enthält. Dann leitet man in der Wärme etwa 30 Minuten lang Schwefelwasserstoff ein. Man läßt den Niederschlag auf der Dampfplatte absetzen, filtriert und wäscht mit schwefelwasserstoffhaltigem heißem Wasser aus. Rückstand (R_{14} und Filtrat (F_9).

Der Rückstand (R_{14}), der das Kupfer und eventuell Zinn als Sulfid enthält, wird im Porzellantiegel verascht und geglüht. Der Glührückstand wird mit Salzsäure (1,19) behandelt, wobei sich das Kupferoxyd löst. Man verdünnt etwas mit Wasser, filtriert ab und wäscht mit heißem Wasser aus (R_{15} und Filtrat F_{10}).

Der Tiegelrückstand (R_{15}) wird mit (R_9) vereinigt, getrocknet, im gewogenen Porzellantiegel verascht und nach Zusatz von etwas rückstandfreiem Ammoniumcarbonat bis zur Gewichtskonstanz geglüht und als Zinnoxyd ausgewogen. Das Filtrat des mit Salzsäure behandelten Glührückstandes (F_{10}), das das Kupfer und geringe Mengen Eisen enthält, wird ammoniakalisch gemacht, kurz aufgekocht, filtriert und mit heißem Wasser gewaschen (R_{16} und Filtrat F_{11}).

Der Rückstand (R_{16}), der das Eisenhydroxyd enthält, wird mit Salzsäure vom Filter gelöst und dem Hauptfiltrat F_9 beigefügt. F_{11} wird $^1/_1$ n salzsauer gemacht, Schwefelwasserstoff eingeleitet und dann weiter das Kupfer, wenn es sich um geringe Mengen handelt, durch Glühen als Kupferoxyd bestimmt (R_{17}).

Das Filtrat F_9, welches alles Fe, Mn, Al, Ca und Mg enthält, wird vom Schwefelwasserstoff durch Kochen befreit, in einen 500-cm³-Meßkolben überführt und bis zur Marke aufgefüllt (Stammlösung). 100 cm³ dieser Lösung = 0,3 g Einwaage werden mit Salpetersäure oxydiert, durchgekocht, mit 5 g Ammoniumchlorid versetzt und mit Ammoniak das Eisen (R_{18}) ausgefällt und abfiltriert (F_{12}). Das Hydroxyd wird in Salzsäure gelöst und obige Fällung wiederholt. Das Eisenhydroxyd wird dann mit Salzsäure vom Filter gelöst und wie üblich mittels Kaliumpermanganat nach Zimmermann-Reinhardt bestimmt.

Die vereinigten Filtrate (F_{12}), die das gesamte Mangan, Calcium und Magnesium enthalten, werden salzsauer gemacht und mit Brom versetzt. Nachdem man schwach ammoniakalisch gemacht hat, fällt man unter Kochen das Mangan als Superoxydhydrat aus. Der Manganniederschlag wird filtriert, mit heißem Wasser gewaschen, Filter samt

Inhalt werden im Porzellantiegel getrocknet, verascht und geglüht. (R_{19}) Auswaage Mn_3O_4.

Das Filtrat von der Manganfällung (F_{13}) wird schwach essigsauer gemacht, darin in der Siedehitze der Kalk in bekannter Weise mit Ammonoxalat gefällt (R_{20}) und bestimmt. Im Filtrat (F_{14}) der Kalkfällung wird die Magnesia mittels Ammonphosphat in bekannter Weise (R_{21}) gefällt und bestimmt.

Zur Aluminiumbestimmung werden 100 cm³ = 0,3 g Einwaage der Stammlösung schwach ammoniakalisch gemacht (Lackmus). Dann wird der gebildete Niederschlag mit 5 cm³ Salzsäure (1,124) bei Zimmertemperatur in Lösung gebracht, mit 15 cm³ 80%iger Essigsäure versetzt und 50 cm³ 30%igen Ammoniumthiosulfat hinzugegeben und mit Wasser auf etwa 400 cm³ Volumen gebracht. Dann kocht man 5 Minuten. In die siedende Flüssigkeit werden 50 cm³ Ammoniumphosphat (1+10) hinzugegeben und 5 Minuten weitergekocht. Nach dem Absitzen des Niederschlages wird filtriert und mit heißem Wasser gewaschen. Das Filtrat wird verworfen. Der Rückstand wird mit heißem Wasser ins Fällungsglas zurückgespritzt, das Filter durch Auswaschen mit heißer Salzsäure (1+4) von den Resten des Niederschlages befreit und mit der Hauptlösung vereinigt. Dann gibt man 20 cm³ Salzsäure (1,19) zu und kocht, bis sich alles — mit Ausnahme des elementaren Schwefels — vollkommen gelöst hat. Man stumpft mit Ammoniak ab, bringt den gebildeten Niederschlag mit 5 cm³ Salzsäure (1,124) in Lösung, versetzt mit 15 cm³ 80%iger Essigsäure, dann mit 50 cm³ 30%igem Ammoniumthiosulfat, gibt 30 cm³ Ammoniumphosphat (1+10) hinzu, verdünnt mit Wasser auf etwa 400 cm³ und hält vom Sieden an die Flüssigkeit 15 Minuten im Kochen. Der Niederschlag wird filtriert, mit heißem Wasser ausgewaschen und im Porzellantiegel in bekannnter Weise als Aluminiumphosphat (R_{22}) bestimmt (Abb. 9).

Zur Trennung und Bestimmung der Erdsäuren kann das Tannin- oder das Marignacsche Verfahren angewandt werden.

Bei dem Tanninverfahren werden 0,25 g der Erdsäuren mit der 10fachen Menge Kaliumbisulfat im Porzellantiegel aufgeschlossen, die Schmelze mit gesättigter Ammonoxalatlösung in der Wärme gelöst, die Lösung in ein 800 cm³ fassendes Becherglas überspült und mit 15 cm³ gesättigter Ammonchloridlösung versetzt. Dann gibt man 5 cm³ einer frisch bereiteten 10%igen wäßrigen Tanninlösung unter Kochen hinzu und neutralisiert mit verdünntem Ammoniak (1+2) so lange, bis das gesamte Tantal, das eine hellgelbe Farbe hat, durch einen Teil mitgefällten Niobs ins Orange übergeht. Man kocht noch einige Minuten durch, läßt auf der Dampfplatte absetzen, filtriert durch ein 15 cm mittelhartes Filter und wäscht mit heißem ammonchloridhaltigem Wasser aus. Dieses Filtrat (F_{15}) enthält die Hauptmenge Niob und wird zunächst beiseite gestellt. Der Niederschlag (R_{23}) wird in einem Porzellantiegel verascht, mit der 10fachen Menge Kaliumbisulfat geschmolzen und wieder mit gesättigter Ammonoxalatlösung in Lösung gebracht. In einem 800 cm³ fassenden Becherglas wird dann die Fällung in gleicher Weise wiederholt, nur mit dem Unterschied, daß das Ammoniak vorsichtig tropfenweise hinzugegeben wird, bis ein rein gelber, grobflockiger Nieder-

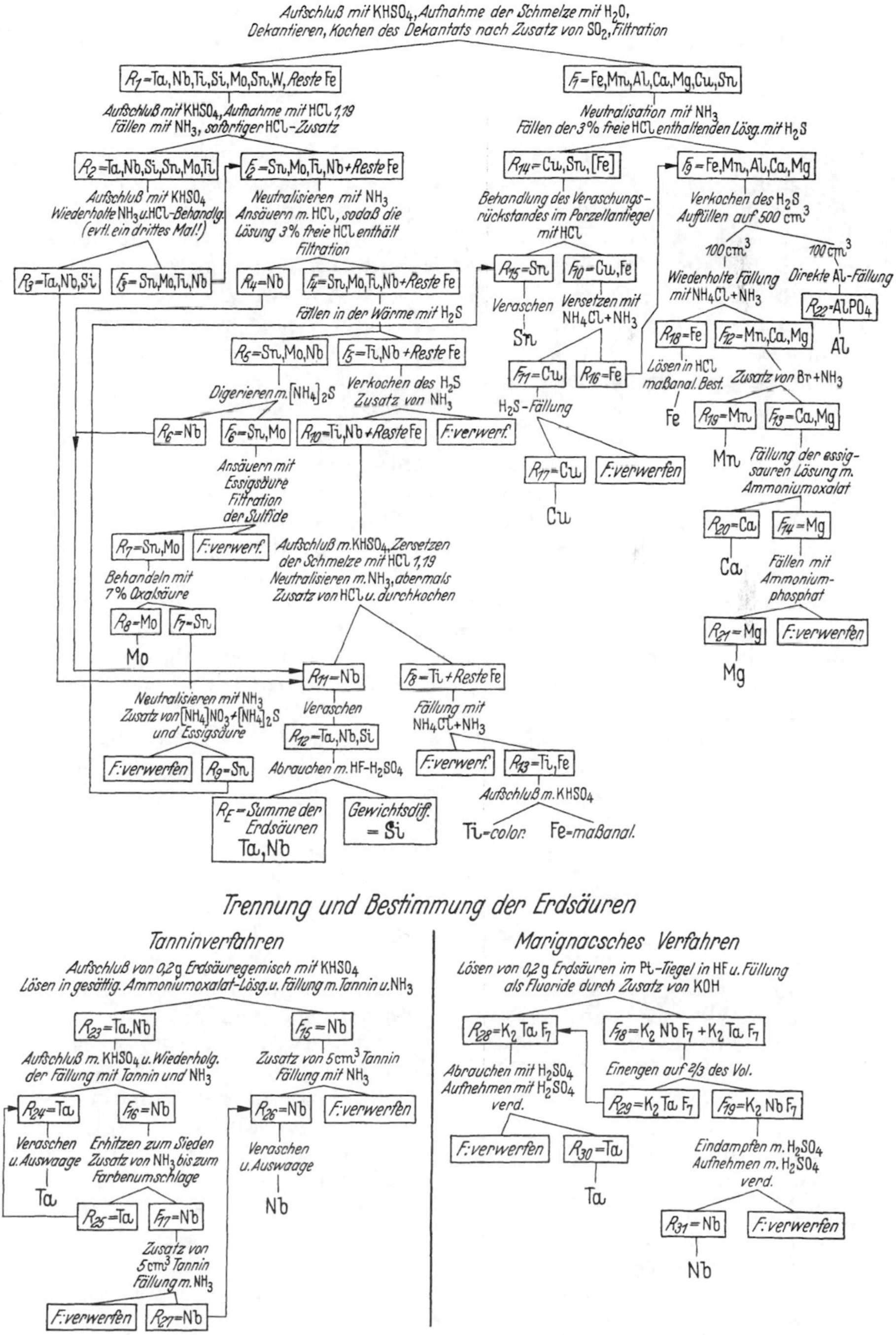

Aufschluß mit KHSO4, Aufnahme der Schmelze mit H2O,
Dekantieren, Kochen des Dekantats nach Zusatz von SO2, Filtration
R1 = Ta, Nb, Ti, Si, Mo, Sn, W, Reste Fe
F1 = Fe, Mn, Al, Ca, Mg, Cu, Sn
Aufschluß mit KHSO4, Aufnahme mit HCl 1,19
Fällen mit NH3, sofortiger HCl-Zusatz
R2 = Ta, Nb, Si, Sn, Mo, Ti
F2 = Sn, Mo, Ti, Nb + Reste Fe
Aufschluß mit KHSO4
Wiederholte NH3 u. HCl-Behandlg.
(evtl. ein drittes Mal!)
Neutralisieren mit NH3
Ansäuern m. HCl, sodaß die
Lösung 3% freie HCl enthält
Filtration
R3 = Ta, Nb, Si
F3 = Sn, Mo, Ti, Nb
R4 = Nb
F4 = Sn, Mo, Ti, Nb + Reste Fe
Fällen in der Wärme mit H2S
R5 = Sn, Mo, Nb
F5 = Ti, Nb + Reste Fe
Digerieren m. [NH4]2S
Verkochen des H2S
Zusatz von NH3
R6 = Nb
F6 = Sn, Mo
R10 = Ti, Nb + Reste Fe
F: verwerf.
Ansäuern mit
Essigsäure
Filtration
der Sulfide
R7 = Sn, Mo
F: verwerf.
Aufschluß m. KHSO4, Zersetzen
der Schmelze mit HCl 1,19
Neutralisieren m. NH3, abermals
Zusatz von HCl u. durchkochen
Behandeln mit
7% Oxalsäure
R8 = Mo
F7 = Sn
Mo
R11 = Nb
F8 = Ti + Reste Fe
Neutralisieren mit NH3
Zusatz von [NH4]NO3 + [NH4]2S
und Essigsäure
Veraschen
R12 = Ta, Nb, Si
Fällung mit
NH4Cl + NH3
F: verwerfen
R9 = Sn
Abrauchen m. HF-H2SO4
F: verwerf.
R13 = Ti, Fe
Aufschluß m. KHSO4
RE = Summe der
Erdsäuren
Ta, Nb
Gewichtsdiff.
= Si
Ti-color.
Fe-maßanal.
Neutralisation mit NH3
Fällen der 3% freie HCl enthaltenden Lösg. mit H2S
R14 = Cu, Sn, [Fe]
F9 = Fe, Mn, Al, Ca, Mg
Behandlung des Veraschungs-
rückstandes im Porzellantiegel
mit HCl
Verkochen des H2S
Auffüllen auf 500 cm3
R15 = Sn
F10 = Cu, Fe
100 cm3
100 cm3
Wiederholte Fällung
mit NH4Cl + NH3
Direkte Al-Fällung
Veraschen
Sn
Versetzen mit
NH4Cl + NH3
R22 = AlPO4
Al
R18 = Fe
F12 = Mn, Ca, Mg
F11 = Cu
R16 = Fe
Lösen in HCl
maßanal. Best.
Fe
Zusatz von Br + NH3
H2S-Fällung
R19 = Mn
F13 = Ca, Mg
Mn
Fällung der essig-
sauren Lösung m.
Ammoniumoxalat
R17 = Cu
F: verwerfen
Cu
R20 = Ca
F14 = Mg
Ca
Fällen mit
Ammonium-
phosphat
R21 = Mg
F: verwerfen
Mg
Trennung und Bestimmung der Erdsäuren
Tanninverfahren
Aufschluß von 0,2 g Erdsäuregemisch mit KHSO4
Lösen in gesättig. Ammoniumoxalat-Lösg. u. Fällung m. Tannin u. NH3
R23 = Ta, Nb
F15 = Nb
Aufschluß m. KHSO4 u. Wiederholg.
der Fällung mit Tannin und NH3
Zusatz von 5 cm3 Tannin
Fällung mit NH3
R24 = Ta
F16 = Nb
R26 = Nb
F: verwerfen
Veraschen
u. Auswaage
Erhitzen zum Sieden
Zusatz von NH3 bis zum
Farbenumschlage
Veraschen
u. Auswaage
Ta
Nb
R25 = Ta
F17 = Nb
Zusatz von
5 cm3 Tannin
Fällung m. NH3
F: verwerfen
R27 = Nb
Marignacsches Verfahren
Lösen von 0,2 g Erdsäuren im Pt-Tiegel in HF u. Fällung
als Fluoride durch Zusatz von KOH
R28 = K2 Ta F7
F18 = K2 Nb F7 + K2 Ta F7
Abrauchen mit H2SO4
Aufnehmen mit H2SO4
verd.
Einengen auf 2/3 des Vol.
R29 = K2 Ta F7
F19 = K2 Nb F7
F: verwerfen
R30 = Ta
Ta
Eindampfen m. H2SO4
Aufnehmen m. H2SO4
verd.
R31 = Nb
F: verwerfen
Nb

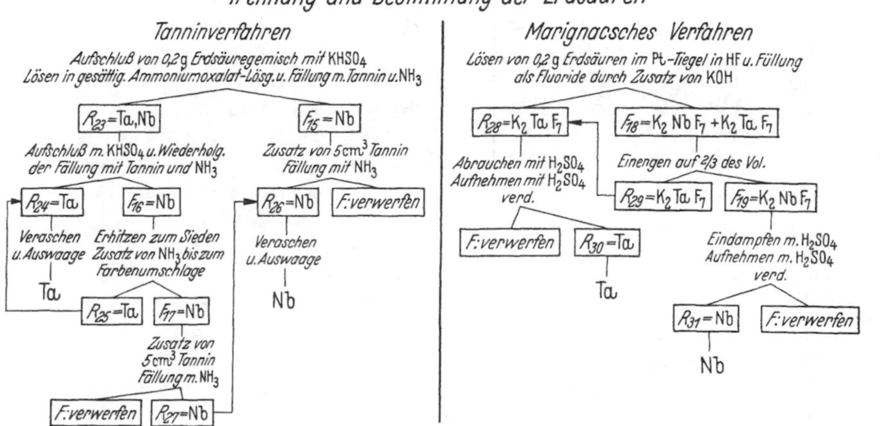

Abb. 9. Untersuchungsgang für Ferro-Tantal-Niob-Legierungen.

schlag, der jetzt aus reinem Tantalgerbsäurekomplex besteht, sich gebildet hat. Dieser Niederschlag wird abfiltriert und mit heißem ammoniumhaltigem Wasser gewaschen (R_{24} und Filtrat F_{16}). Im Filtrat (F_{16}) können noch geringe Mengen Tantal enthalten sein. Um sie restlos abzuscheiden, wird diese Lösung in der Siedehitze so lange mit Ammoniak versetzt, bis eine hellgelbe Fällung auftritt. Man gibt weiter vorsichtig Ammoniak hinzu, bis der hellgelbe Farbton eben durch Spuren mitgefallenes Niob dunkler wird. Die gelben Tantalniederschläge (R_{24} + R_{25}) werden vereinigt, im Porzellantiegel getrocknet, verascht, stark geglüht und als Ta_2O_5 ausgewogen. Filtrat (F_{15}), das die Hauptmenge Niob und Filtrat (F_{17}), das geringe Mengen Niob enthält, werden jedes für sich zum Sieden erhitzt, mit je 5 cm³ Tanninlösung versetzt, schwach ammoniakalisch gemacht (Lackmus) und etwa 5 Minuten durchgekocht. Die gerbsauren Niobniederschläge (R_{26} und R_{27}) werden jeder für sich durch ein mittelhartes Filter filtriert und mit heißem ammonchloridhaltigem Wasser gewaschen. Die Filtrate werden verworfen. Die Niederschläge R_{26} und R_{27}, die alles Niob enthalten, werden zusammen im Porzellantiegel getrocknet, verascht, stark geglüht und als Nb_2O_5 ausgewogen. Die geglühten Tantal- und Nioboxyde werden dann, unter Berücksichtigung der Teileinwaage von 0,2 g auf die ursprüngliche Einwaage von 1,5 g verrechnet.

Nach dem Marignac-Verfahren werden 0,5 g der im Achatmörser fein gepulverten Erdsäuren in einem Platintiegel von etwa 50 cm³ Inhalt oder in einer Platinschale mit 40%iger Flußsäure bis zur völligen Lösung in der Wärme digeriert und dann auf dem Sandbad auf 3—4 cm³ eingeengt.

Man verdünnt mit einigen Kubikzentimetern Wasser, erhitzt bis fast zum Kochen und fügt langsam unter ständigem Umrühren mit einem Platindraht eine Lösung von 0,8 g KOH in 3—5 cm³ Wasser hinzu. Man gibt dann etwas heißes Wasser nach, bis das Volumen der Flüssigkeit im Platintiegel schließlich 15—20 cm³ beträgt, was an einer im Platintiegel anzubringenden Marke eingestellt wird. Zu beachten ist, daß ein geringer Überschuß von H_2F_2 vorhanden sein muß. Nun kühlt man ab und läßt einige Zeit stehen, bis Kristallisation aufgetreten ist.

Von den ausgeschiedenen Kristallen (R_{28}) wird mit einem Platinspatel eine kleine Probe auf einen Objektträger gebracht und diese unter dem Mikroskop bei etwa 100facher Vergrößerung untersucht. Das Kaliumtantalfluorid, K_2TaF_7, bildet immer kleinere oder größere rhombische Nadeln, während die Kalium-Nioboxydfluoridverbindung je nach der Zusammensetzung in verschiedenen Kristallformen auftritt, so sehr häufig als viereckige, unregelmäßige Plättchen, ist die Lösung stärker flußsauer, in längeren breiten Blättern, die an den Rändern gezackt sind. Typisch für alle Varietäten ist, daß sie niemals ganz regelmäßig sind oder gerade verlaufende Kanten haben. Ist die Lösung aber sehr schwach flußsauer, dann können die Kristalle auch in Form kleiner Würfel anfallen. (Auch als rhombische Nadeln kann es mitunter auftreten; es ist das normale Niobkaliumfluorid, welches dem Tantalsalz isomorph ist und sich aus sehr stark flußsauren Lösungen bildet. Aus diesem Grunde darf also die Lösung, aus der die Kristallisationen erfolgen, nicht zu stark flußsauer sein.)

Hat die mikroskopische Untersuchung keine Niobkristalle gezeigt, so wird die Flüssigkeit aus dem Platingefäß durch ein 9-cm-Weißbandfilter (Trichter aus Hartgummi) in eine untergestellte Platinschale gegossen; der vorhandene Kristallbrei soll dabei möglichst im Tiegel zurückbleiben und das Wenigste davon auf das Filter gelangen. Man läßt die Flüssigkeit an dem Platinspatel entlang ablaufen, schiebt dann den Kristallbrei vom Ausguß weg etwas zur Seite und befreit die Kristalle durch leichtes Drücken mit dem Spatel möglichst weitgehend von der Flüssigkeit. Die Kristalle werden 2mal kurz mit 2 cm^3 Wasser von 20° C, welches etwas Kaliumfluorid (1%ig) gelöst enthält, dekantiert, wobei das Waschwasser in gleicher Weise durch das Filter in die Platinschale gegossen wird. Das Filter (R_{28}) wird noch einmal unter Drehen des Trichters und gleichzeitiges Beträufeln mit dem erwähnten Wasser ganz kurz ausgewaschen.

Die Lösung in der Platinschale (F_{18}) enthält nun alles Niob und vielleicht etwas Tantal, das sich beim Nachwaschen herausgelöst haben kann. Man dampft die Lösung ungefähr bis auf $^2/_3$ der Anfangsmenge (das waren 15—20 cm^3) ein, läßt abkühlen und untersucht etwa ausgeschiedene Kristalle wieder unter dem Mikroskop.

Im allgemeinen wird bei den angegebenen Ausgangsmengen und bei einer Flüssigkeitsmenge von etwa 20 cm^3 alles vorhandene Tantal als Kaliumtantalfluorid, frei von Niob, quantitativ ausgefällt werden, erst nach weiterem Eindampfen bis zu 10 cm^3 treten nach dem Abkühlen wieder Kristallisationen auf, die, ganz gleich, welche Kristallform sie aufweisen, nur aus Niobverbindungen bestehen. Es ist also zwischen dem Auftreten der Tantalkristalle und dem der Niobkristalle ein ziemlich großes Intervall. Während der Spanne des Eindampfens von 20 cm^3 auf 10 cm^3 treten beim Abkühlen meistens überhaupt keine Kristalle auf, (es sei denn, daß ein Niobit bzw. Columbit mit einem sehr hohen Niobgehalt vorliegt), höchstens ein paar Kaliumtantalfluoridnädelchen (R_{29}), die von dem Nachwaschen der abfiltrierten Tantalkristalle herrühren. Man soll jedenfalls das Nachwaschen recht vorsichtig und kurz gestalten, dann gelangen überhaupt keine oder nur ganz geringfügige Mengen Tantal in das Niobfiltat, welche in den meisten Fällen überhaupt vernachlässigt werden können.

Wenn die Trennung vorgenommen ist, so werden die Tantalkristalle (R_{28} und etwa R_{29}) nach Zugabe von 30 cm^3 Schwefelsäure (1+1) auf dem Sandbad eingedampft und nach dem Auftreten dichter weißer Nebel $^1/_2$ Stunde lang kräftig abgeraucht. Man läßt abkühlen, spült in ein Becherglas (zunächst mit halbverdünnter Schwefelsäure) und gibt Wasser zu, bis die Flüssigkeit etwa 300 cm^3 beträgt. Dann wird mit Ammoniak neutralisiert, mit einigen Tropfen Schwefelsäure schwach sauer gemacht, 1—2 Minuten gekocht und nach dem Absetzen des Niederschlages durch ein 12,5-cm-Filter (Weißband) abfiltriert. Zuletzt wird noch einige Male mit heißem Wasser (schweflige Säure) nachgewaschen, im Platinspiegel oder Porzellantiegel verascht, mit $(NH_4)_2CO_3$ versetzt, über der Bunsenflamme geglüht und als Ta_2O_5 (R_{30}) gewogen.

Die das Niob enthaltende Lösung (F_{19}) wird ebenfalls mit 30 cm^3 H_2SO_4 (1+1) abgeraucht, sonst in der gleichen Weise wie beim Tantal weiterbehandelt und der Niederschlag (R_{31}) schließlich als Nb_2O_5 zur Wägung gebracht.

Ti. Die Bestimmung des Titans in Ferro-Titan kann nach J. Kassler (10) auf gewichtsanalytischem Wege erfolgen durch doppelte Fällung mit Natriumthiosulfat, wobei Aluminium mitfällt und abgezogen werden muß, oder mit Cupferron, wobei zwar das Aluminium nicht mitgefällt, dagegen Zirkonium, Uran und Vanadin mitgefällt werden, oder auf maßanalytischem Wege nach Reduktion des Ti^{IV} durch Zink zu Ti^{III} und nachheriger Rücktitration mit Kaliumpermanganat. Potentiometrisch arbeiten P. Klinger, E. Stengel und W. Koch (2).

U. Zur Untersuchung von Ferro-Uran löst man nach J. Kassler (11) 1 g in 5 cm^3 konzentrierter Salpetersäure, fügt 20 cm^3 verdünnte Salzsäure hinzu und dampft zur Trockne ein. Der Trockenrückstand wird noch einmal mit etwas Salzsäure eingedampft und die Kieselsäure in bekannter Weise abgeschieden. Das Filtrat wird nach Einengen bis zur Sirupdicke ausgeäthert. Die fast eisenfreie Lösung wird hierauf eingeengt, mit 150 cm^3 heißem Wasser verdünnt und mit einem Überschuß an gesättigter Natriumcarbonatlösung gekocht. Nach Absitzenlassen wird vom Niederschlag abfiltriert und dieser, hauptsächlich aus den Hydroxyden des Chroms, Eisens und Mangans bestehend, gut ausgewaschen. Der Niederschlag wird dann erneut in Salzsäure gelöst und mit Soda umgefällt. Die vereinigten, nunmehr alles Uran enthaltenden Filtrate werden mit Schwefelsäure angesäuert, zur Vertreibung der Kohlensäure gekocht, mit carbonatfreiem Ammoniak in geringen Überschuß versetzt und das noch etwas Vanadin enthaltende Uran abfiltriert. Dieser Niederschlag wird im Platintiegel bei dunkler Rotglut verglüht und als U_3O_8 und V_2O_5 zur Wägung gebracht. Nunmehr wird der Rückstand mit 50 cm^3 konzentrierter Salzsäure gelöst und mit 30 cm^3 Schwefelsäure (1,58) versetzt und bis zum Auftreten weißer Dämpfe abgeraucht. Die schwefelsaure Lösung wird auf 250 cm^3 verdünnt und bei 80° bis zur Rosafärbung titriert. Das auf diese Weise erhaltene Vanadin wird von dem Rückstand in Abrechnung gebracht.

V. Die Bestimmung des Vanadins in Ferro-Vanadin (II/2, 1407) kann auch nach einem oxydimetrischen Verfahren nach vorheriger Reduktion mit schwefliger Säure oder Salzsäure und Titration mit Kaliumpermanganat, oder nach einem Schnellverfahren von A. Eder (2) oder potentiometrisch nach P. Dickens und G. Thanheiser oder ferrometrisch nach Lang erfolgen.

Nach Eder werden in einem 1-l-Erlenmeyerkolben 0,3 g der Probe in 25 cm^3 Schwefelsäure (1,84) 5,3 cm^3 Salpetersäure (1,4) und 50 cm^3 Wasser gelöst, und bis zum starken Rauchen der Schwefelsäure eingeraucht. Nach Zusatz von 100 cm^3 Wasser werden zur Reduktion 40 cm^3 frische schweflige Säure zugesetzt und unter Kochen und Durchleiten von Kohlensäure der Überschuß davon vertrieben. Nach Abkühlenlassen auf 20° wird auf 400 cm^3 verdünnt, 5 cm^3 Phosphorsäure (1,7) und 10 cm^3 20%ige Ammoniumpersulfatlösung hinzugegeben und das Ganze gut durchgeschüttelt. Nach 1 Minute wird mit Permanganatlösung auf starke Rotfärbung titriert, so daß die Farbe $^1/_2$ Minute unverändert bestehen bleibt. Der Überschuß wird mit arseniger Säure zurücktitriert, bis ein weiterer Zusatz den gelben Farbton nicht mehr ändert. Der so ermittelte Permanganatüberschuß, der 1 cm³ möglichst nicht überschreiten soll, ist vom Gesamtpermanganatverbrauch abzuziehen.

Falls Kupfer und Arsen zugegen sind, werden diese Metalle nach dem Verkochen der schwefligen Säure mit Schwefelwasserstoff ausgefällt. Im Filtrat der Sulfide wird der Schwefelwasserstoff verkocht und wie oben angegeben weitergearbeitet. Bei Gegenwart von Wolfram wird die Phosphorsäure gleich beim Lösen hinzugegeben. Zur Herstellung der Kaliumpermanganatlösung werden 19 g Kaliumpermanganat in 10 l Wasser gelöst, die Lösung eine Viertelstunde gekocht, absitzen lassen, vom Bodensatz abgegossen und über Glaswolle filtriert. Die Titerstellung erfolgt mit Natriumoxalat: 0,2 g Natriumoxalat nach Sörensen werden in 250 cm³ Wasser und 25 cm³ Schwefelsäure (1,84) gelöst, die Lösung auf 70° erhitzt und mit Kaliumpermanganatlösung auf schwach rosa titriert.

$$1\ \text{cm}^3\ \text{Kaliumpermanganat} = \frac{0{,}2 \cdot 0{,}7605}{(\text{verbrauchte Anzahl cm}^3\ \text{Permanganat})}\ \text{g Vanadin.}$$

Die Lösung der arsenigen Säure wird hergestellt durch Behandeln von 1,63 g · As_2O_3 mit 1 g Natriumhydroxyd in der Wärme. Nach erfolgter Lösung wird 1 cm³ Schwefelsäure (1,84) hinzugesetzt und das Ganze auf 1 l aufgefüllt. 2 cm³ der arsenigen Säure entsprechen dann etwa 1 cm³ obiger Kaliumpermanganatlösung. Die Einstellung auf Kaliumpermanganat geschieht zweckmäßig in der Weise, daß zu einer genau austitrierten Lösung einer Ferro-Vanadinprobe 1 cm³ der Kaliumpermanganatlösung hinzugesetzt und mit der arsenigen Säure titriert wird.

W. Zur Bestimmung des Wolframs in Ferro-Wolfram vgl. II/2, 1404 und S. 714.

Zr. Die Bestimmung des Zirkons in Ferro-Zirkon erfolgt nach P. Klinger (8) mit Hilfe von Phenylarsinsäure in folgender Weise: 1 g der feingepulverten Probe wird mit 15 cm³ Flußsäure und 5 cm³ konzentrierter Schwefelsäure in der Platinschale abgeraucht und mit konzentrierter Salzsäure aufgenommen. Die klare Lösung wird mit Wasser in einem Meßkolben auf 200 cm³ verdünnt. Von dieser Lösung werden 50 cm³ auf 10 cm³ eingeengt, mit einem Tropfen konzentrierter Salpetersäure oxydiert, mit Salzsäure 1 : 1 in den Schütteltrichter übergespült und ausgeäthert. In der von der Hauptmenge des Eisens erhaltenen salzsauren Lösung wird der noch verbliebene Äther verdampft, die eingeengte Lösung auf 500 cm³ verdünnt und mit 50 cm³ konzentrierter Salzsäure und 50 cm³ 3%iger Wasserstoffperoxydlösung versetzt. Zur Fällung werden 50 cm³ $2^1/_2$%ige Phenylarsinsäurelösung hinzugefügt, die Lösung zum Sieden erhitzt und 1 Minute lang gekocht, worauf nach dem Absitzen des Niederschlages zur Prüfung auf vollständige Fällung weitere Mengen des Fällungsmittels zugegeben werden. Nach nochmaligem Aufkochen wird der Niederschlag abfiltriert, mit 1%iger Salzsäure ausgewaschen, im Porzellantiegel unter dem Abzug verascht und zur völligen Entfernung des Arsens im Rose-Tiegel und Quarzrohr 1 Stunde im Wasserstrom bei 1000° geglüht.

Sollte sich beim Lösen der Probe in Salzsäure eine Abscheidung von Zirkonphosphat zeigen, so muß die Lösung vorher eingeengt und der Rückstand abfiltriert werden. Der Rückstand wird hierauf verascht, mit Soda aufgeschlossen, gelöst und die im Soda unlösliche Zirkonerde nochmals mit Kaliumpyrosulfat aufgeschlossen. Nach Lösen des Aufschlusses wird das Zirkon wie oben beschrieben in 10%iger Salzsäure gefällt und der gut ausgewaschene Niederschlag mit der Hauptfällung vereinigt.

Die Zirkonbestimmung kann auch nach dem Cupferronverfahren nach R. B. Moore geschehen. Mit dem Zirkon fällt immer auch das Hafnium mit, das aber nach Hevesy und Hobbie durchschnittlich im Verhältnis 1 : 100 vergesellschaftet ist.

G. Die Untersuchung der Metallüberzüge und Auflagen (Plattierungen) auf Eisen als Grundmetall.

Die Bedeutung dieser Verfahren ist durch die Entwicklung der neuzeitlichen Plattierungstechnik (vgl. Fr. Heinrich) außerordentlich gestiegen.

Zur Bestimmung der Metallauflagen kann nach 3 Arbeitsweisen gearbeitet werden:

1. Auf chemischem Wege durch Ablösen der Metallauflage (bzw. des Grundmetalls, wie z. B. bei V_2A) mit bestimmten Reagenzien und Feststellung der Gewichtsdifferenz oder des in Lösung gegangenen Metalls auf analytischem Wege.

2. Auf elektrochemischem Wege durch anodische Ablösung und Bestimmung des Auflagemetalls nach 1.

3. Durch Ausmessung der Niederschlags- bzw. Auflagestärke in einem Querschnitte im Mikroskop.

Die Verfahren nach 2 und 3 eignen sich wegen ihrer längeren Ausführungsdauer, und namentlich nach 3, infolge unmittelbarer Fehlerquellen durch Gratbildung, nicht zu Abnahmezwecken. Letztere sind nur zur Grobmessung bei stark profilierten Materialien zu empfehlen.

Das Aufbringen von Metallen auf Eisen als Grundmetall geschieht auf galvanischem Wege, auf feuerflüssigem Wege oder neuerdings besonders durch Aufwalzen (Plattieren).

Da die Metallauflage, namentlich bei stark profilierten Gegenständen, mehr oder weniger starke Unterschiede aufweisen kann, ist bei der Probenahme darauf Rücksicht zu nehmen. Von Blechen und Bändern stanzt man zweckmäßig an verschiedenen Stellen Blechstücke von 10×10 cm oder genau ausgemessener Seitenlänge heraus, reinigt sie mit warmem vergälltem Alkohol, trocknet im Heißluftstrom (Föhn) oder im elektrischen Trockenschrank, und wägt nach dem Erkalten im Exsiccator aus. Nach der Behandlung mit den betreffenden Reagenzien werden die Proben gut mit Wasser abgespült, abermals mit Alkohol behandelt, getrocknet und nach dem Erkalten zurückgewogen. Die Differenz stellt im allgemeinen das Gewicht der Metallauflage dar.

Bei Drähten verwendet man, soweit angängig, 10 cm lange, an verschiedenen Stellen entnommene Drahtstücke, und bei Preßstücken mehrere Einzelstücke zur Prüfung.

Für die Berechnung der Metallauflagen A sei bezeichnet

das Gewicht der Originalprobe	in g	mit G
das Gewicht der Probe nach dem Abbeizen	„ g	„ R
die Dichte des Überzugsmetalls	. . . . .	„ s
die abgebeizte Probenfläche	„ cm². . . .	„ F
die Länge einer Drahtprobe	„ cm	„ l
der Durchmesser einer Drahtprobe	„ mm	„ d,

dann ist

1. die Metallauflage A bei Blechen und Bändern

in g $$A = G - R,$$

in % $$A\% = (G - R)\cdot\frac{100}{G},$$

in g je cm² $$A\,(\mathrm{cm}^2) = \frac{G-R}{F},$$

in g je m² $$A\,(\mathrm{m}^2) = \frac{G-R}{F}\cdot 10000\,.$$

Die Auflagedicke in mm

bei einseitiger Auflage

$$D_1 = \frac{A\,(\mathrm{cm}^2)}{s}\cdot 10 = \frac{(G-R)\cdot 100000}{s\cdot F},$$

bei doppelseitiger Auflage

$$D_2 = \frac{1}{2}\cdot D_1 = \frac{(G-R)\cdot 50000}{s\cdot F}\,.$$

2. die Metallauflage bei Drähten in g und in % wie oben unter 1.

In g je laufenden m

$$A\,(\mathrm{m}) = \frac{(G-R)}{l}\cdot 100\,,$$

in g je cm² Oberfläche

$$A\,(\mathrm{cm}^2) = \frac{(G-R)}{l}\cdot\frac{1}{10\cdot d\cdot\pi} = \frac{(G-R)}{l\cdot d\cdot\pi\cdot 10}\,.$$

Die Schichtdicke in mm

$$D_0 = \frac{A\,(\mathrm{cm}^2)}{s}\cdot 10 = \frac{(G-R)}{l\cdot d\cdot\pi\cdot s}\,.$$

a) Bestimmung der Auflagen durch Ablösen auf chemischem oder elektrolytischem Wege.

α) *Auflagen reiner Metalle.*

Ag. Die Silberauflage wird durch anodische Lösung in der Kälte in 10%iger Cyankaliumlösung bei einer Stromdichte von 0,5—1 Ampere je dm² gelöst. Berechnung aus der Differenz.

Al. Die Bestimmung der Aluminiumauflage auf veraluminierten Blechen geschieht wie beim Zinn (vgl. S. 742) durch Behandeln mit heißer Natriumhydroxydlösung, wobei das Aluminium als Aluminat leicht in Lösung geht und als Verlust bestimmt wird.

Druckfehlerberichtigungen
für Chem.-techn. Untersuchungsmethoden, Erg.-Werk Bd. II.

S. 738:

Zeile 10 v. o.: statt „mm“ setze „cm“.

Zeile 19 v. o. Formel muß lauten: $D_1 = \frac{A\ (\mathrm{cm}^2)}{s} \cdot 10$ oder $\frac{A\ (\mathrm{m}^2) \cdot 0{,}001}{s}$.

Zeile 21 v. o. Formel muß lauten: $D_2 = \frac{1}{2} \cdot D_1$ oder $\frac{A\ (\mathrm{m}^2) \cdot 0{,}0005}{s}$.

Zeile 26 v. o. Formel muß lauten:

$$A\ (\mathrm{cm}^2) = \frac{G - R}{d \cdot \pi \cdot l} \text{ oder } A\ (\mathrm{m}^2) = \frac{(G - R) \cdot 10000}{d \cdot \pi \cdot l}.$$

Zeile 28 v. o. Formel muß lauten:

$$D_0 = \frac{A\ (\mathrm{cm}^2)}{s} \cdot 10 = \frac{(G - R) \cdot 10}{l \cdot d \cdot \pi \cdot s} \text{ oder } \frac{A\ (\mathrm{m}^2) \cdot 0{,}001}{s}.$$

S. 739:

Zeile 4 v. o.: statt „und mit einer Normalschwefelsäure“ setze „wird. Nach Zusatz einer gemessenen Menge Normalsalzsäure wird . . . .“

Zeile 5 v. o.: hinter der 2. Klammer ist einzufügen „mit n-Natronlauge“.

Zeile 6 v. o.: „wird“ ist zu streichen.

Zeile 7 v. o.: statt „0,00899 g“ setze „0,00889 g“.

J. Kuschmann und G. von der Dunk haben für Reihenbestimmungen ein maßanalytisches Verfahren ausgearbeitet, bei dem der Aluminiumniederschlag mit einer genau gemessenen Menge Normalnatronlauge im Überschuß heruntergelöst und mit einer Normalschwefelsäure unter Indizierung mit Thymolblau (0,2 g pro 100 cm^3) bis zum Farbumschlag nach gelb zurücktitriert wird.

1 cm^3 dieser Natronlauge = 0,00899 g Aluminium.

Au wie bei **Ag.**

Cd. Eine Cadmiumauflage wird entweder elektrolytisch wie bei Silber oder in gleicher Weise wie bei der Bestimmung des Zinks nach Keller und Bohacek (s. dort S. 743) bestimmt. Bei einiger Übung kann auch das Abbeizen nur mit Salzsäure (1+2) geschehen, wobei aber immer auf geringe Mengen in Lösung gegangenes Eisen Rücksicht zu nehmen ist.

Cr. Chromauflage. Die in bekannter Weise vorbehandelten und gewogenen Metallstücke werden in einer Porzellanschale bei Zimmertemperatur mit 5%iger Salzsäure behandelt, wobei alles Chrom, aber auch etwas Eisen mit in Lösung geht. Sobald die Gasentwicklung aufgehört hat, werden die Gegenstände aus der Säure entfernt, abgewaschen und nach dem Trocknen zurückgewogen. In der alkalischen Lösung wird das Chrom durch Oxydation mit Perhydrol in Chromat übergeführt und durch Filtration von dem Eisenhydroxyd abgetrennt, das in Salzsäure gelöst wird und schließlich durch Titration mit Kaliumpermanganat bestimmt und von dem Gewichtsverlust in Abzug gebracht wird.

Cu. Kupferauflagen werden in ammoniakalischer Ammoniumpersulfatlösung nach K. Schaarwächter gelöst, wobei das Eisen nicht angegriffen wird, vorausgesetzt, daß während der Ablösung kräftig gerührt wird und keine örtliche Ammoniakverarmung eintreten und demzufolge keine freie Schwefelsäure auftreten kann.

In einem 160 cm^3 fassenden hohen Becherglas werden etwa 10 g des verkupferten Materials bei Zimmertemperatur mit 300 cm^3 einer mit 15 cm^3 Ammoniak (0,91) versetzten 5%igen Ammoniumpersulfatlösung unter dauernder Durchrührung mittels eines elektrischen Rührers behandelt. Nach etwa 2 Stunden ist alles Kupfer in Lösung gegangen. Man entfernt das abgebeizte Eisen aus der Lösung, spritzt mit Wasser ab und wäscht etwa an Eisen haftendes Manganhydroxyd mittels Gummiwischers ab. Nach Behandeln mit Alkohol und Trocknen wird in bekannter Weise zurückgewogen, und aus der Differenz die Metallauflage berechnet. Sollen die Verunreinigungen oder Beimengungen der Kupferauflage mitbestimmt werden, so wird die Beizlösung aufgekocht, von etwa vorhandenem Manganhydroxyd abfiltriert und das Filter mit heißem Wasser kupferfrei gewaschen, darauf wird der Rückstand eben verascht, mit Königswasser gelöst und eben zur Trockne verdampft. Der Abdampfrückstand wird hierauf mit Wasser aufgenommen, mit etwas Bromwasser versetzt und mit Ammoniak gefällt. Der entstehende Rückstand wird abfiltriert, kupferfrei gewaschen und das Filtrat mit dem Hauptfiltrat vereinigt. Der Rückstand wird mit heißer Salzsäure gelöst, die Lösung mit Chlorammonium versetzt und zur Entfernung geringer Mengen Eisen 2mal mit Ammoniak gefällt. Hierauf wird das

Filtrat mit Ammoniumpersulfat versetzt und aufgekocht. Das entstehende Manganhydroxyd wird abfiltriert, mit heißem Wasser ausgewaschen und schließlich als Mn_3O_4 zur Wägung gebracht.

Das kupferhaltige Filtrat wird mit Salpetersäure (1,4) bis zum Verschwinden der Blaufärbung genau neutralisiert, weitere 20 cm³ Salpetersäure (1 + 1) und 10 cm³ Schwefelsäure (1 + 4) zugegeben, auf 500 cm³ verdünnt und das Kupfer schnellelektrolytisch bei 1,5 Ampere und 3 Volt abgeschieden. Im Elektrolysat wird dann das Nickel mit Dimethylglyoxim bestimmt. Das Filtrat hiervon wird mit Schwefelammonium versetzt, vom Niederschlag abfiltriert, der nach Auswaschen und Glühen als Zinkoxyd ausgewogen wird.

Die Prüfung auf Phosphor und gegebenenfalls auch auf Arsen geschieht in einer zweiten Probe. Die bei der Behandlung mit ammoniakalischer Ammoniumpersulfatlösung erhaltene Kupferlösung wird direkt mit 50 cm³ Ammoniak (0,91) und 50 cm³ Magnesiamixturlösung versetzt und $^1/_2$ Stunde lang ausgerührt. Der alles Arsen und Phosphor enthaltende Niederschlag wird abfiltriert, mit ammoniakalischem Wasser ausgewaschen, in verdünnter heißer Salzsäure gelöst und auf ein bestimmtes Volumen gebracht. In der einen Hälfte wird das Arsen durch Destillation als Arsentrichlorid bestimmt. Die andere Hälfte wird mit Kaliumbromid versetzt und mit Salzsäure wiederholt zur Trockne verdampft. Der Abdampfrückstand wird mit verdünnter Salzsäure aufgenommen, mit Ammoniak neutralisiert, mit Salpetersäure angesäuert und Phosphor mit Ammoniummolybdatlösung ausgefällt und maßanalytisch bestimmt.

Nach J. Kuschmann und G. von der Dunk kann die Kupferauflage auch durch Abbeizen mit einer 10%igen technischen oder nach Petzold (3) mit einer mit 2% Schwefelsäure versetzten reinen Chromsäurelösung (10%ig) bestimmt werden.

Endlich sei noch ein Schnellarbeitsverfahren nach Petzold (3) erwähnt, bei dem die Metallauflage in einem 160 mm hohen Becherglas aus Duranglas mit 100 cm³ einer Salpetersäure, bestehend aus 9 Teilen Salpetersäure (1,52) und 1 Teil Salpetersäure (1,4), behandelt und eben zum Sieden erhitzt wird. Sobald die Gasentwicklung aufgehört hat, wird die Säure abgegosssen, das zurückbleibende Eisen 2mal mit Salpetersäure (1,4) und zum Schluß mit viel kaltem Wasser in einem Guß nachgewaschen, mit Alkohol behandelt, getrocknet und zurückgewogen. Die Waschwässer und die Beizlösung werden vereinigt, mit etwas festem Chlorammonium versetzt, vorsichtig mit Ammoniak übersättigt, aufgekocht und der entstandene Eisenhydroxydniederschlag abfiltriert. Nach mehrmaligem Auswaschen mit heißem Wasser wird derselbe nochmals in Salzsäure gelöst, mit Ammoniak gefällt, verascht und als Fe_2O_3 zur Wägung gebracht. Der Rückstand mit 0,7 multipliziert ergibt die Menge Eisen, die von dem oben erhaltenen Differenzgewicht in Abzug zu bringen ist, um die Metallauflage zu erhalten.

Elektrolytisch wie bei **Ag.**

Ni. Zur Bestimmung einer Nickelauflage auf chemischem Wege wird das Material vollständig in Salpetersäure gelöst und das Nickel entweder elektrolytisch oder aber durch Fällen als Nickeldimethylglyoxim bestimmt.

Man erwärmt 2 g Material, nachdem man die Kanten sorgfältig durch Feilen von etwaigem Grat befreit hat, in 40 cm³ Salpetersäure (1,2). Nach dem Lösen setzt man 60 cm³ Schwefelsäure (1 + 4) hinzu und raucht bis zum Auftreten weißer Schwefelsäuredämpfe ein. Nach dem Erkalten wird mit 20 cm³ Schwefelsäure (1 + 4) und 100 cm³ Wasser aufgenommen, bis zum Lösen der Sulfate durchgekocht und in einem Meßkolben von 250 cm³ übergespült. Hierauf setzt man festes Chlorammonium und Ammoniak im Überschuß hinzu, kocht eben auf, kühlt auf Zimmertemperatur ab und füllt bis zur Marke auf. Nach kräftigem Durchschütteln filtriert man 125 cm³ durch ein trocknes Faltenfilter ab, und fällt das Nickel in bekannter Weise mit Dimethylglyoxim.

Will man das Nickel elektrolytisch abscheiden, so wird das im Kernmaterial enthaltene Kupfer mitbestimmt. Man elektrolysiert 125 cm³ des klaren Filtrates bei 3—4 Ampere und 3 Volt unter Rühren, bringt die alles Nickel und Kupfer tragende Kathode in eine Lösung, bestehend aus 30—40 cm³ Salpetersäure (1 + 1), 10 cm³ Schwefelsäure (1 + 4) und 300 cm³ Wasser, und schaltet sie als Anode ein. Das wieder in Lösung gehende Kupfer scheidet sich hierbei an der Kathode ab und wird zurückbestimmt. Aus der Differenz der beiden Niederschläge Nickel und Kupfer-Kupfer kann das Nickel errechnet werden.

Auf elektrolytischem Wege löst man bei einer Spannung von 4—6 Volt das Nickel in einer Schwefelsäure von 53—55 Bé anodisch ab. Die Bestimmung der Metallauflage durch Ermittlung der Gewichtsdifferenz vor und nach der Entfernung des Metallniederschlages ist im allgemeinen hier genau genug. Man muß nur darauf achten, daß die anodische Behandlung nicht länger vorgenommen wird, als gerade notwendig ist, um das Nickel zu entfernen, was eine gewisse Übung erfordert. Zweckmäßig ist jedoch immer, namentlich wenn die Bestimmung seltener vorkommt, im Elektrolysat das Nickel durch Ausfällung mit Dimethylglyoxim zu bestimmen. Hierbei muß das an der Kathode etwa niedergeschlagene Nickel mit wenig Salpetersäure in Lösung gebracht und mit dem Hauptelektrolyten vereinigt werden. Als Kathode verwendet man ein Bleiblech.

Pb. Die Bestimmung von Blei auf verbleiten Blechen, Rohren usw. kann auf chemischem wie elektrolytischem Wege erfolgen.

Chemisch kann das Lösen sowohl mit Lauge als auch mit Schwefelsäure erfolgen. Ist die Verbleiung sehr stark, so geht das Ablösen sehr schwer, hier kann man durch Abschmelzen oder durch Erhitzen in der Flamme die Hauptmenge des Bleis abschmelzen und dann nach einem der beiden Verfahren weiterbehandeln.

Die alkalische Ablösung geschieht mit einer 5%igen Natriumhydroxydlösung unter Zusatz von $^1/_2$ g Natriumperoxyd und Erhitzen bis zum Sieden, wobei sich unter stürmischer Gasentwicklung das Blei in Stücken ablöst. Nach Aufhören der Gasentwicklung ist das Eisen nicht völlig blank, sondern weist noch schwarze Flecken auf. Man bestreut dieselben abermals mit Natriumperoxyd und erhitzt nochmals. Da häufig, des besseren Haftens wegen, die Verbleiung unter Zinnzusatz geschieht, wird dieses nach diesem Verfahren mitbestimmt und muß, wenn es auf besondere Genauigkeit ankommt, in der mit Salzsäure angesäuerten Lösung jodometrisch zurückbestimmt werden.

E. Kasper und P. Slawik lösen das Blei durch abwechselnde Behandlung mit heißer konzentrierter Schwefelsäure und Wasser herunter, bestimmen das mit in Lösung gegangene Eisen durch Titration mit Kaliumpermanganat, und bringen es in Abrechnung. Die gereinigten und gewogenen Bleche werden um einen starken Platindraht gewickelt und abwechselnd 1 Minute lang in ein 400 cm³ fassendes Becherglas mit auf 250° erhitzter Schwefelsäure bzw. destilliertem Wasser gebracht. Nach gründlichem Abspülen und Trocknen wird der Platinstab entfernt und das Blech zurückgewogen. Die Schwefelsäure wird abgekühlt und vorsichtig quantitativ zu den Waschwassern gegeben. Nach Zusatz von 200 cm³ Salzsäure (1,19) wird einige Minuten durchgekocht, abkühlen gelassen und in einen 500 cm³ fassenden Meßkolben übergespült und bis zur Marke aufgefüllt. In 100 cm³ dieser Lösung wird dann in bekannter Weise das Eisen durch Titration mit Kaliumpermanganat bestimmt.

Elektrolytisch erfolgt die Ablösung anodisch wie bei Zinn (s. dort) in Natronlauge.

Sn. Zur Bestimmung der Zinnauflage auf Weißblechen wird das Zinn nach Detlefsen und Meyers mit warmer Natriumperoxydlösung zu löslichem Stannat umgesetzt, wobei das Eisen nur in untergeordnetem Maße angegriffen wird, so daß der eintretende Gewichtsverlust in den weitaus meisten Fällen direkt als in Lösung gegangenes Zinn angesprochen werden kann.

Enthält das verwendete Zinn Blei, so wird dasselbe mitbestimmt und als Zinn angesprochen. Hierbei ist zu bemerken, daß eine, allerdings äußerst geringe Zinnmenge, selbst bei längerem Kochen bei dieser Behandlung nicht mehr in Lösung zu bringen ist, was an einer auftretenden Marmorierung auf dem abgebeizten Blech erkenntlich wird. Bei genauer Zinnbestimmung muß daher einerseits das in Lösung gegangene Blei bestimmt, andererseits das noch anhaftende Zinn durch Abbeizen mit Salzsäure bestimmt und in Rechnung gesetzt werden. Hierbei ist ferner auf einen gewissen Eisengehalt, der aber selten mehr als 0,009% beträgt, Rücksicht zu nehmen.

Man stanzt aus einer Blechtafel an verschiedenen Stellen Blechstücke von 10×10 cm Seitenlänge heraus und behandelt sie zur Befreiung von anhaftendem Fett in einer Porzellanschale durch Abreiben mit einem Wattebausch, der mit warmem vergälltem Alkohol getränkt ist. Hierauf trocknet man die Blechstücke im Heißluftstrom oder im Trockenschrank und wägt sie nach dem Erkalten im Exsiccator aus (G). Dann bringt man die Blechstücke abermals in eine Porzellanschale von etwa 750 cm³ Inhalt, übergießt sie mit 500 cm³ heißem destilliertem Wasser und gibt portionsweise je 3 g festes Natriumperoxyd, im ganzen etwa 25 g, hinzu, wobei man die Flüssigkeit zum Sieden erhitzt und nach der letzten Zugabe noch weitere 5 Minuten darin erhält. Sobald die Gasentwicklung aufhört, setzt man nochmals 1 g Natriumperoxyd hinzu, kocht kurz auf, entfernt das Blech aus der Lauge, reibt es unter fließendem Wasser mit einem Wattebausch ab, spült mit vergälltem Alkohol nach und trocknet wieder und wägt nach dem Erkaltenlassen im Exsiccator zurück (*R*). Die Metallauflage entspricht dann der Gewichtsdifferenz (*G*—*R*) in Gramm pro angewandter Fläche und bedeutet demnach auch Gramm Zinn pro angewandter Fläche unter der Voraussetzung, daß das Zinn kein Blei enthält.

Bei besonders starker Zinnauflage (Milchkannen) löst man am besten in kochender 25%iger ausgekochter, also luftfreier Salzsäure und bestimmt entweder das Eisen zurück oder man titriert nach F. Peter das gelöste Zinn mit Eisenchloridlösung, wobei vorausgesetzt ist, daß das verwendete Zinn eisenfrei war.

Zur elektrolytischen Bestimmung der Zinnauflage wird in einer 10%igen Lösung von Natriumhydroxyd das Zinn bei einer Temperatur von 70—90° bei einer Stromdichte von 1—2 Ampere pro Quadratdezimeter als Stannat in Lösung gebracht und direkt aus dem Gewichtsverlust ermittelt. Das Zinnblech wird hierbei als Anode in die übliche Apparatur eingeschaltet, als Kathode verwendet man ein Kupferblech.

Zn. Zur Bestimmung der Zinkauflage bei verzinkten Eisenteilen geschieht das Abbeizen der Eisengegenstände nach O. Bauer mit Arsen-Schwefelsäure bestimmten Konzentrationen, wobei durch das sich ausscheidende Arsen ein weiterer Angriff der Eisenunterlage verhindert, oder nach A. Keller und K. A. Bohacek mit Schwefelsäure oder Salzsäure, der eine Sparbeize, z. B. Adazit oder Vogelsche Sparbeize zugesetzt wird, wobei das Zink unter stürmischer Wasserstoffentwicklung, aber ohne Angriff des Eisens, gelöst wird. Bei der Feuerverzinkung wird hierbei die aus einer Eisen-Zinklegierung Fe_3Zn_{10} bestehende Zwischenschicht mitgelöst, so daß in diesem Falle bei genauesten Bestimmungen das in Lösung gegangene Eisen nach Abscheidung des Arsens mit Schwefelwasserstoff in bekannter Weise bestimmt und in Anrechnung gebracht werden muß. Die Arbeitsweise ist die gleiche wie bei der Zinnbestimmung, nur daß man an Stelle der Natriumperoxydlösung arsenige Säurelösung verwendet, und die Entwicklung bei Zimmertemperatur bis zum Aufhören der Gasentwicklung durchführt. Die arsenige Säure stellt man sich durch Kochen von 2 g arseniger Säure mit 5 g Natriumbicarbonat und 250 cm^3 Wasser her. Nach Abkühlen der Lösung und Verdünnen auf 500 cm^3 wird mit Schwefelsäure neutralisiert, 12 cm^3 Schwefelsäure (1,84) im Überschuß hinzugegeben und mit Wasser nach dem Abkühlen auf 1 l aufgefüllt. Der Gewichtsverlust stellt bei der Naßverzinkung also direkt das Zinkgewicht dar. Da nach Keller und Bohacek bei der Feuerverzinkung der Zinkniederschlag jedoch nie aus reinem Zink besteht, sondern aus einem mehr oder weniger hohen Gehalt an Beimengungen von Blei und Eisen, ferner denjenigen Metallen, die dem Zinkbade bei der Verzinkung zugesetzt sind, sowie allen nichtmetallischen Bestandteilen des Überzuges besteht, die nach dem Verlustbestimmungsverfahren mit ermittelt werden, täuschen alle diese Stoffe einen Mehrgehalt an Zink vor. Will man daher den Blei- und Eisengehalt noch berücksichtigen, so scheidet man zunächst nach Abrauchen der Arsen-Schwefelsäure das Blei in bekannter Weise aus, und fällt in dem Filtrat, dem man 10 cm^3 konzentrierte Salzsäure zugesetzt hat, das Arsen mit Schwefelwasserstoff aus. Im Filtrat hiervon wird nach Verkochen des

Schwefelwasserstoffs und Oxydation mit Superoxyd das Eisen in Siedehitze mit Ammoniak ausgefällt und als Fe_2O_3 ausgewogen. Die Metallauflage beträgt dann [(G—R—(Fe+Pb)] g.

Für die Bestimmung des Zinks auf Drähten haben A. Keller und K. A. Bohacek den in Abb. 10 wiedergegebenen Apparat konstruiert, bei dem ein gemessenes Drahtstück in einem mit Säure gefüllten Apparat geworfen wird und aus der entwickelten Menge Wasserstoff auf den Zinkgehalt geschlossen werden kann. Um die Umrechnung zu vereinfachen, muß die Temperatur von 20° möglichst genau eingehalten werden. Hierbei entspricht, unter Berücksichtigung des Feuchtigkeitsgehaltes des Gases, 1 cm³ Wasserstoff 2,72 mg Zink. Erhöhung oder Erniedrigung der Versuchstemperatur von 20° um 1°, rufen Fehler von $\pm$ 0,37% hervor. Ebenso bedingt eine um 1 cm zu hohe oder zu niedrige Einstellung der Niveaufläche einen Fehler von $\pm$ 1%, während eine Erhöhung oder Erniedrigung des Barometerstandes von 760 mm um 10 mm einen Fehler von $\pm$ 1,2% mit sich bringt. Als Lösungssäure dient eine Mischung von 100 cm³ Salzsäure (1,19), 150 cm³ Wasser und 10 cm³ Sparbeize. Dieses Verfahren gestattet die Erkennung, welche Verzinkungsart vorliegt. Bei Feuerverzinkung kann in der Arsen-Schwefelsäure Eisen nachgewiesen werden. Selbstverständlich müssen die verwendeten Reagenzien dann eisenfrei sein.

Bezüglich weiterer Bestimmungsverfahren nach Aupperle, Creutzfeld, Walker, Strickland und Cushman vgl. E. H. Schulz und A. Vollmer.

In neuester Zeit ist eine ähnliche Meßapparatur, wie für Drähte, auch zur Schnellbestimmung der Zinkauflage auf verzinktem Gut mit ebenen Flächen, wie Blechen, Bändern, Förderwagen usw. entwickelt (D.R.P. 610765) und in den Handel gebracht worden.

Elektrolytisch kann eine Zinkauflage durch anodische Lösung in Cyankaliumlösung wie bei Silber (s. dort) ermittelt werden.

β) *Auflagen legierter Metalle.* Hier kommen in Frage Messing, Tombak, Monelmetall, V_2A-Stahl usw.

Bei der Bestimmung einer Tombak- oder Messingauflage ist die Arbeitsweise die gleiche wie bei Kupfer (s. dort), nur verwendet man zweckmäßig eine Lösung von 7,5 g Ammoniumpersulfat in 215 cm³ Wasser und 40 cm³ Ammoniak (0,91). Da hierbei immer mit in die Plattierungsschicht eindiffundiertem Eisen zu rechnen ist, muß bei genauen Bestimmungen dieses in der angegebenen Weise bestimmt und in Abzug gebracht werden. Soll der Kupfer- und Zinkgehalt mitbestimmt werden, so wird die kupferhaltige Lösung aufgekocht und abfiltriert. Das Filter wird mit heißem ammoniakalischem Wasser kupferfrei gewaschen und dasselbe in genau gleicher Weise, wie beim Kupfer beschrieben, bestimmt. Das Filtrat und die Waschwässer werden mit Salpetersäure (1,4) bis zum Verschwinden der Blaufärbung neutralisiert, mit 20 cm³ Salpetersäure (1,2) und 10 cm³ Schwefelsäure (1+4) versetzt und das Kupfer bei 3 Ampere und 2,5 Volt schnellelektrolysiert. Hierauf werden die Elektroden sorgfältig mit Wasser abgespritzt, die Spülflüssigkeit mit dem Elektrolysat vereinigt, mit Ammoniak übersättigt und mit 15 cm³ Schwefelammonium versetzt. Nach kurzem Durchkochen läßt man in der Wärme absitzen, filtriert ab, gegebenenfalls unter Zusatz von etwas Filterschleim, wäscht das Filter mit dem Niederschlag zunächst einige Male mit ammoniakhaltigem Wasser und später mit kaltem Wasser aus. Hierauf wird das Filter mit dem Niederschlag getrocknet, verascht, durch Glühen bei 900° in Zinkoxyd übergeführt und der Rückstand als ZnO ausgewogen.

Auch hierbei sind die Verfahren von J. Kuschmann und G. von der Dunk bzw. Petzold anwendbar.

Bei der Bestimmung von Nickel-Kupferauflagen ist zu beachten, daß verschiedene Diffussionsschichten auftreten können, und zwar sowohl durch Abwandern des Nickels in den Eisenkern als auch durch Einwandern des Eisens in die Kupfer-Nickelschicht. Durch Behandeln nickel-kupferplattierten Materials mit Salpetersäure bestimmter Konzentration wird innerhalb von 5—10 Minuten die Kupfer-Nickel-Plattierschicht heruntergelöst, während die in das Kernmaterial abgewanderte Nickelmenge nicht miterfaßt wird, und eine Nachbehandlung mit Bromsalzsäure erfordert.

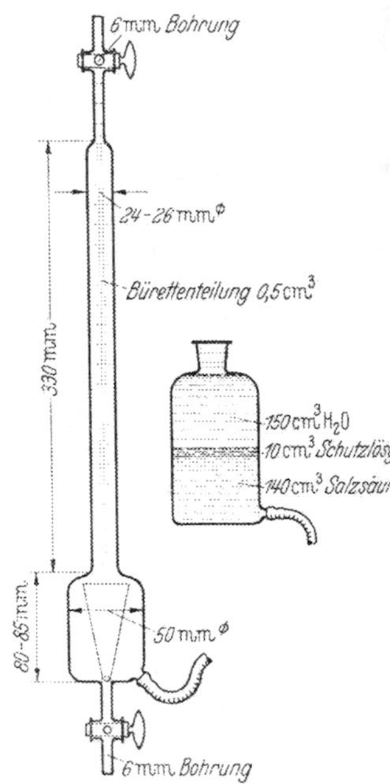

Abb. 10. Apparatur zur Bestimmung der Zinkauflage auf verzinkten Drähten. (Nach A. Keller und K. A. Bohacek.)

Nach E. Deiss und H. Blumenthal werden 10 g Material mit glatten und gratfreien Kanten, in einem Becherglas von 250 cm³ Inhalt mit 45 cm³ einer Salpetersäure, bestehend aus 600 cm³ Salpetersäure (1,4) und 240 cm³ Salpetersäure (1,5) bei Zimmertemperatur behandelt. Nach 10 Minuten ist gewöhnlich die Kupfer-Nickel-Plattierschicht herabgelöst. Die Lösung wird in ein 400 cm³ fassendes Becherglas dekantiert und das zurückbleibende Eisen 3mal mit viel Wasser schnell und gut abgespült.

Zur Kupferbestimmung wird die salpetersaure Lösung mit 30 cm³ konzentriertem Ammoniak (0,91) zur Neutralisation der Salpetersäure und dann mit 20 cm³ Schwefelsäure (1+4) versetzt, auf 300 cm³ verdünnt und das Kupfer an einer Platinkathode schnellelektrolytisch bei 4 Ampere und 3 Volt abgeschieden.

Die nur noch das Nickel enthaltende Lösung wird zur restlichen Vertreibung der Salpetersäure mit Schwefelsäure eingeraucht und das Nickel elektroanalytisch oder nach H. Grossmann nach Zusatz von Eisenchlorid mit Kaliumcyanid maßanalytisch bestimmt. Das nickelhaltige Elektrolysat wird hierbei in einen 600 cm³ fassenden Erlenmeyerkolben übergespült, mit 5 cm³ einer Eisenchloridlösung [25 g Eisenchlorid gelöst in 250 cm³ Salzsäure (1,19), mit Salpetersäure oxydiert und zu 500 cm³ mit Wasser aufgefüllt], 15 cm³ einer ammoniakalischen Weinsäurelösung (168 g Weinsäure gelöst in 835 g Wasser und mit 170 cm³ Ammoniak (0,91) versetzt) und 5 cm³ einer Silbernitratlösung (2 g Silbernitrat in 1000 cm³ Wasser) versetzt. Der sich ausscheidende

Silberchloridniederschlag wird dann durch vorsichtigen Ammoniakzusatz gerade in Lösung gebracht (hierzu sind meist 15 cm³ Ammoniak erforderlich) und die klare grüne Lösung mit 5 cm³ einer 6%igen Kaliumjodidlösung versetzt. Die nun durch Silberjodid getrübte Lösung wird mit einer Kaliumcyanidlösung (15,7764 g Cyankalium und 5 g Natriumhydroxyd und 1000 cm³ Wasser) bis zur völligen Lösung des Silberjodidniederschlages titriert. 1 cm³ dieser Cyankalilösung entspricht bei einer Einwaage von 1,00 g = 0,0035 g Nickel.

Zur Ermittlung des durch den Silberjodid-Indicatorzusatz bedingten Mehrverbrauches an Cyankalium werden zu 50 cm³, mit einigen Tropfen Salzsäure versetzten Wasser 5 cm³ Silbernitratlösung zugegeben. Der entstandene Niederschlag vorsichtig durch Ammoniak wieder eben in Lösung gebracht, das Silber durch Zugabe von 5 cm³ Kaliumjodidlösung wieder ausgefällt, und mit der obigen Kaliumjodidlösung vorsichtig zurücktitriert. Die Anzahl der titrierten Kubikzentimeter (meist 0,4 bis 0,5 cm³) sind dann bei der eigentlichen Nickeltitration in Abzug zu bringen. Bei der Einhaltung obiger Bedingungen werden für eine Kupfer-Nickellegierung 80/20 rund 58—60 cm³ Cyankaliumlösung verbraucht.

Zur Erfassung der in das Eisen eingewanderten Nickelmenge wird das mit Salpetersäure behandelte und mit Wasser gut abgespülte Restmaterial $^1/_2$ Stunde lang mit 50 cm³ Bromsalzsäure (100 cm³ Salzsäure [1,12] und 13 cm³ Brom) bei Zimmertemperatur behandelt. Zur Erfassung der letzten Nickelspuren schließt sich noch eine zweite Extraktion mit 35 cm³ Bromsalzsäure von 10 Minuten Dauer an. Die beiden Lösungen werden mit den Waschwässern des Restmaterials vereinigt, auf 250 cm³ gebracht, mit 5 cm³ Salpetersäure (1,4) versetzt und $^1/_2$ Stunde zur Vertreibung des Broms durchgekocht. Nunmehr setzt man 20 cm³ Weinsäure (168 g Weinsäure gelöst in 835 g Wasser und mit 170 cm³ konzentriertem Ammoniak versetzt) bis zur ganz schwachen Bläuung von Lackmuspapier hinzu. Nach weiterem Zusatz von 20 cm³ 1%iger Dimethylglyoximlösung wird nach $^1/_2$ Stunde Stehenlassen ein entstandener Niederschlag abfiltriert, mit heißem Wasser eisenfrei gewaschen, getrocknet und zu Nickeloxyd verglüht.

Berechnungsbeispiel:

Gesamteinwaage = A g; Kupfer = c g;

Nickel (salpetersaure Lösung) = n_1 g; (Bromsalzsäurelösung) = n_2 g;
Gesamtnickel = $(n_1 + n_2)$ g;

Kupfer + Nickel = $(c + n)$ g;

0,2% zulässige Beimengungen[1] $= \frac{(c+n)\,0{,}2}{100}$;

Gewicht der Plattierschicht:

$$M = (c + n + \left[\frac{(c+n)\,0{,}2}{100}\,\mathrm{g}\right] = (c+n)\cdot 1{,}002\,\mathrm{g}\,.$$

$$\%\text{ zulässige Beimengungen} = \frac{(c+n)\,0{,}2\cdot 100}{100\cdot M} = \frac{(c+n)\,0{,}2}{M}\,.$$

$$\text{Metallauflage in }\% = \frac{M\cdot 100}{A}\,.$$

[1] Soll die Menge der metalloiden Beimengungen, die aber nur sehr selten verlangt ist, bestimmt werden, so empfiehlt sich die Anwendung des kombinierten Deiss-Blumenthalschen Nitritverfahrens.

Als Schnellverfahren kann zur Ermittlung der Plattierstärke das Verfahren nach F. Petzold durch Lösen mit Salpetersäure (9 Teile Salpetersäure [1,52] und 1 Teil Salpetersäure [1,4]) Anwendung finden, bei dem das Nickel bis auf ganz geringe Mengen in Lösung geht und die beiden Brom-Salzsäure-Extraktionen fortfallen können. Man bestimmt in einem Teilvolumen das Eisen und setzt das entsprechende, auf die Gesamtmenge umgerechnete Eisengewicht von dem Gewicht des Abbeizverlustes, unter Hinzuzählen von 0,2% zulässigen Beimengungen ab. Nach A. Vollmer sollen diesen Verfahren gewisse Fehler anhaften, die durch Anwenden seiner Metallegierungsmittel vermieden werden.

Bei der Bestimmung einer V_2A-Auflage wird durch Behandeln mit Salpetersäure (1+1) das Eisen gelöst und die zurückbleibende V_2A-Auflage nach Abspülen und Trocknen zurückgewogen.

b) Bestimmung der Auflagenstärken durch mikroskopische Ausmessung der Querschliffe. Nach H. Krause werden die betreffenden Gegenstände an der zu untersuchenden Stelle senkrecht zur Oberfläche durchschnitten und die Schnittfläche, wie bei der Metallographie üblich geschliffen und poliert. Die Stärke wird mit einem Okularmikrometer bei mindestens 500facher Vergrößerung ausgemessen. Um bei den starken Beanspruchungen beim Schleifen und Polieren der Querschliffe die Kanten nicht wegzubrechen oder breitzuquetschen, umgibt man zweckmäßig den Schliff mit einem einigermaßen harten schleiffähigen Material (Karnaubawachs oder Woodmetall).

c) Zur Prüfung der Gleichmäßigkeit und Porosität der Metallschicht empfiehlt A. Vollmer den Ferroxylindicator. Bei 4% Gelatine (Marke Meissner Gold) und 1% Kaliumferricyanid auf 95% Wasser ist ein Wert $p_H = 6—6,5$ gewährleistet.

Zur Prüfung wird der Indicator bei 30° in ein 1,2 m langes beiderseitig verschlossenes Glasrohr von 15 mm Durchmesser eingebracht und das an 2 Glashäkchen gespannte Drahtstück einer 12stündigen Einwirkung ausgesetzt. Die auf einer Strecke von 1 m je Quadratzentimeter vorhandenen Poren werden ausgezählt und unter Berücksichtigung der Größe angegeben. Nach Vorschrift des Reichskuratoriums für Wirtschaftlichkeit gelten Zinnschichten, die bei dieser Prüfung 3 Poren/cm² enthalten, als gut, solche bis 12 Poren/cm² als mittelmäßig und über 12 als schlecht. Für alle Überzüge, die unedler als Eisen sind (z. B. Zn und Cd), eignen sich die Verfahren nach Garre, bei dem der Prüfkörper 3 Minuten lang als Anode in einen Elektrolyten geschaltet wird, der 40 g Kaliumferrocyanid und 2 g Magnesiumsulfat im Liter enthält. Als Stromquelle dient ein Akkumulator oder eine Taschenlampenbatterie, als Kathode Zink oder verzinktes Material. Ähnlich arbeitet Kenworthy, der bei der Prüfung von Phosphatschichten auf Eisen als Grundmetall die Verwendung folgender Lösung empfiehlt: 1% Kaliumferricyanid, 3% Natriumchlorid, 96% Wasser, 2% 3%iges Wasserstoffperoxyd.

Der Prüfkörper wird 10—30 sec eingetaucht. Die Undichtigkeiten zeigen sich augenblicklich als festhaftende Blaufärbungen. Für die zahlenmäßige Feststellung der Poren auf verzinntem Kupfer wird dem Ferroxylindicator 3%ige handelsübliche konzentrierte Ammoniaklösung hinzugesetzt. Für die Dichtigkeitsprüfung von oxydischen Deckschichten auf Leichtmetall schlägt Duffek ein Verfahren vor, bei dem elektrolytische Farbkörper in fester Form aus wäßrigen Lösungen von Azofarbstoffen in den Poren abgeschieden werden, so daß das Verfahren auch für gefärbte Eloxalüberzüge sowie metallische und organische Überzüge geeignet ist. Die Proben werden anodisch bei einer Spannung von 20—60 Volt in die Lösung bei einer Versuchsdauer von 15 Sekunden eingebracht.

Zur Feststellung von Eloxalschichten wird ein Lösungsmittel aus einem Gemisch von Chrom- und Phosphorsäure vorgeschlagen. Verchromtes Aluminium wird durch Behandeln mit Schwefelsäure (1+3) bei 2 A/dm² anodisch bei Verwendung einer Aluminiumkathode gelöst. Hierbei geht nach Beendigung der Auflösung der Strom auf Null zurück.

H. Die Untersuchung von Eisensalzen, Eisenbädern und Eisenbeizlösungen.

Über die Untersuchung der Eisensalze vgl. II/2, 1430—1433, ferner E. Merck.

Bei den Eisenbeizlösungen, deren Wiederaufarbeitung heute erhöhtes Interesse fordert (vgl. Fr. Heinrich), ist im allgemeinen nur der Gehalt an freier Säure zu bestimmen. Einwandfrei läßt sich die Bestimmung nur auf elektrometrischem Wege mittels des Triodometers feststellen. Für die Praxis genügt im allgemeinen folgendes Verfahren:

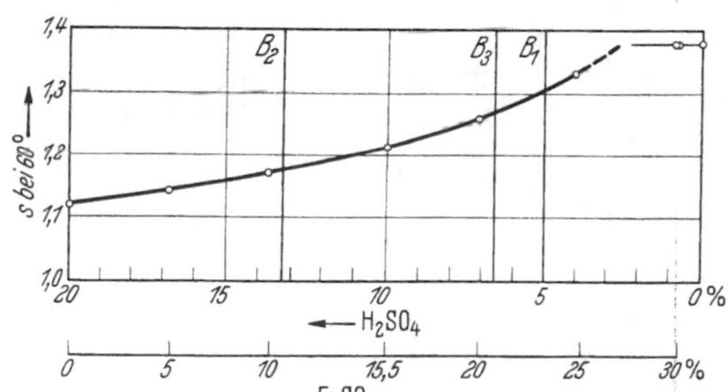

Abb. 11. Dichte von Beizlösungen bei 60°, ihr Gehalt an freier H_2SO_4 und an $FeSO_4$.

Die betreffende Beizlösung, die namentlich nach dem Ausbrauchen größere Ausscheidungen von Eisensalzen zeigt, wird genau gewogen und auf ein bestimmtes Volumen verdünnt, so daß die Eisensalze restlos in Lösung gehen. In einem aliquoten Teil titriert man dann mit $^1/_2$ n-Natronlauge bis zum Auftreten der ersten Trübung. Der Verbrauch an Natronlauge wird auf freie Säure umgerechnet.

Besonders für schwefelsäurehaltige Beizbäder hat sich auch folgendes Schnellverfahren als brauchbar erwiesen: Die Beizlösung wird auf 60° erhitzt und die Dichte der Lösung bei dieser Temperatur festgestellt. Aus einer Kurve (Abb. 11) kann dann der Gehalt an freier Schwefelsäure bzw. Eisensulfat abgegriffen werden. Voraussetzung ist hierbei, daß die Schwefelsäure genau mengenmäßig zugesetzt ist und nicht durch nachträglichen Zusatz von Säure die Konzentration verändert wurde. Außerdem darf die Lösung nicht durch Dampf erwärmt worden sein, da durch das hierbei entstehende Kondenswasser eine Verschiebung der

Dichte herbeigeführt wird. Die Kurven müssen für die betreffende Beizlösung besonders aufgestellt werden.

Zur Eisenbestimmung in Beizbädern werden 10 cm³ der Beize mit 10 cm³ einer 25 vol.-%igen Schwefelsäure und 1 Tropfen von Orthophenanthrolinferrokomplexlösung versetzt und mit einer 0,895 n-Kaliumdichromatlösung bis zum Farbumschlag titriert, wobei der ursprünglich rote Farbton braun wird und im Endpunkt durch einen plötzlichen Farbumschlag in ein klares Grün gekennzeichnet ist. Ist der Farbumschlag schwer zu erkennen, so muß man etwas mehr Indicatorlösung zusetzen. Ein anderer brauchbarer Indicator ist Dyphenylamin, das in 1%iger Lösung in konzentrierter Schwefelsäure oder 60%iger Essigsäure verwendet wird; dessen Farbe ändert sich von farblos in violett.

Nach Bablik soll bei Beizen ein Eisengehalt von 40—60 g im Liter nicht überschritten werden. Nach O. Wahle sinkt der Säuregehalt einer salzsauren Eisenbeize für 1 g gelöstes Eisen um etwa 0,1%. Der Säuregehalt kann annähernd durch Spindeln geprüft werden.

Endlich beschreibt K. Küchler ein Verfahren zur schnellen Bestimmung freier Salzsäure neben Ferri- und Aluminiumchlorid. Die zu untersuchende Lösung wird mit einem großen Überschuß an NaF versetzt unter Zufügung von NaCl zur Verringerung der Löslichkeit der sich bildenden komplexen Salze. Nach den Gleichungen

$$AlCl_3 + 6\,NaF = Na_3AlF_6 + 3\,NaCl \text{ und}$$
$$FeCl_3 + 6\,NaF = Na_3FeF_6 + 3\,NaCl$$

werden dadurch die störenden Eisen- und Aluminiumchloride beseitigt, und man kann die freie Säure mit NaOH und Phenolphthalein als Indicator titrieren.

J. Sonstiges.

1. Die Untersuchung von Hochofensauen geschieht nach dem Untersuchungsgang der Erzanalysen (vgl. S. 650).

Von Hochofenausschwitzungen, die stark cyanhaltig sind, genügt im allgemeinen die Cyanbestimmung: 5 g einer Durchschnittsprobe werden in einen 500 cm³ fassenden Meßkolben in Wasser gelöst, bis zur Marke aufgefüllt und durchgeschüttelt. 50 cm³, entsprechend 0,5 g der abfiltrierten Probe, werden in einem Becherglas mit etwa 200 cm³ Wasser versetzt und mit einigen Körnchen Jodkali versetzt. Sind Schwefelalkalien zugegen, so setzt man außerdem noch etwas frisch gefälltes Bleicarbonat hinzu. Dann titriert man mit $^1/_{10}$ n-Silbernitratlösung bis zum Auftreten einer ganz schwachen Trübung. 1 cm³ $^1/_{10}$ Silbernitratlösung = 5,404 mg HCN = 13,022 g KCN.

2. Analytische Überwachung erfordert auch die Wiederaufarbeitung von Reagenzien. Hierfür kommen besonders die Abfalllösungen der Phosphorfällungen (auf Molybdän), der Silberlösungen (auf Silber) und der Quecksilberlösungen von der Eisentitration (auf Quecksilber) in Betracht.

Zur Ausführung vgl. Hdb.

Löslichkeit der Ferrolegierungen.

	Gebräuchl. Aufschlußmittel zur Best. d. Hauptbestandteiles		Gebräuchl. Aufschlußmittel zur Best. d. Hauptbestandteiles
Stahleisen	HCl + $KClO_3$	Ferrovanadin . .	HNO_3 + HCl + H_2SO_4
Spiegeleisen . . .	„ „		1,2 1,10 1,84
Phosphorspiegel .	„ „	Ferrobor	30% H_2O_2 + HNO_3
Ferromangan 20%	„ „		R: $NaKCO_3$ + KNO_3
50%	„ „	Ferrouran	Königswasser
80%	„ „	Ferrocer.	„
Ferrosilicium 12%	HCl + Brom	Ferrotitan	$KHSO_4$ aufschl. oder
45%	$NaKCO_3$ + Na_2O_2		H_2SO_4 + HF + HNO_3
90%	„ „	Ferrozirkon . . .	H_2SO_4 + HF + HNO_3
Mangansilicium. .	„ „	Ferrotantalniob .	$KHSO_4$ aufschl.
Alsimin	Königswasser + R. mit	Ferronickel . . .	Königswasser
	$NaKCO_3$ + Na_2O_2	Ferrokobalt . . .	„
Sialman	„ „	Ferroaluminium .	„
Ferrochrom		Calciumsilicium .	$NaKCO_3$ + Na_2O_2
unter 1% C . .	H_2SO_4 + H_3PO_4	Calciumaluminium	HCl + HNO_3
6% C . .	„ „	Ferrophosphor . .	Na_2O_2 aufschl.
Ferrowolfram . .	$NaKCO_3$ + Na_2O_2	Ferroschwefel . .	H_2SO_4 1,12
Ferromolybdän .	„ „	Ferroberyllium . .	HCl + HNO_3

R = Rückstand.

Literatur.

Alten, F., H. Weiland u. E. Hille: Ztschr. f. anorg. u. allg. Ch. **215**, 81 (1933). — Ztschr. f. anal. Ch. **105**, 448—451 (1936). — Åström, W.: Arch. f. Eisenhüttenw. **11**, 515 (1937—1938). — Atanasiu, J. A.: Ztschr. f. anal. Ch. **112**, 15—19 (1938). — Aulich: Gießereiztg. **23**, H. 18, 431—437 (1936).

Bablik: Techn. Zbl. prakt. Metallbearb. **1938**, Nr. 13/14, 524. — Balanescu, G. Ztschr. f. anal. Ch. **101**, 102—108 (1935). — Balz, G.: Ztschr. f. anorg. u. allg. Ch. **231**, 15—23 (1937). — Chem. Zentralblatt **1937 II**, 1412. — Bascou, E.: Chimie et Industrie, 15. Congr. Bruxelles **1**, 83 (1935). — Ztschr. f. anal. Ch. **110**, 357, 358 (1937). — Bauer, O.: Mitt. Materialprüfungs-Amt Berlin-Dahlem **32**, 456 (1914). — Ztschr. f. Metallwirtschaft, Wissenschaft u. Technik **35**, 885 (1937). — Berg, R.: Ztschr. f. anal. Ch. **76**, 193 (1929). — (2) Ztschr. f. anal. Ch. **70**, 341 (1927); **71**, 369 (1927); **76**, 197 (1929). — Das O-Ochychinolin, S. 68—72. Stuttgart: Ferdinand Enke 1935. — Berg, W.: Chem.-Ztg. **55**, 259 (1931). — Bergkampf, E. Schwarz von: Ztschr. f. anal. Ch. **83**, 349 (1931). — Berzelius, J.: Vgl. F. P. Treadwell, S. 425. — Bihet, O. L., G. R. Fitterer u. F. W. Scott: Ztschr. f. anal. Ch. **105**, 355 (1937). — Biltz, H. u. O. Hödtke: Ztschr. f. anorg. u. allg. Ch. **66**, 426 (1910). — Biltz, H. u. W.: (1) Ausführung quantitativer Analysen, S. 205. Leipzig: S. Hirzel 1930. — (2) S. 159. — (3) S. 327—340. — Biltz, W. u. W. Mecklenburg: Ztschr. f. angew. Ch. **2**, 25, 2110 (1912). — Brüggemann, W.: Chem.-Ztg. **53**, 927 (1929).

Caley u. Burford: Ind. and Engin. Chem., Anal. Ed. **9**, 169, 170 (1937). — Chem. Zentralblatt **1936 I**, 4769. — Callan, Th. and J. A. R. Henderson: Analyst **54**, 650 (1929). — Ztschr. f. anal. Ch. **81**, 138 (1930). — Carns, M.: Chem.-Ztg. **45**, 1194 (1921). — Castro, R. u. A. Portevin: Arch. f. Eisenhüttenwes. **9**, 555 bis 562 (1936). — Chem. Zentralblatt **1937 I**, 390. — Chapin, H. W.: Journ. Amer. Chem. Soc. **30**, 1691 (1908). — Chandelle, E.: Bull. Soc. Chim. Belgique **46**, 283—300 (1937). — Chlopin, N. J.: Ztschr. f. anal. Ch. **102**, 263—270 (1935). — Cohn, E. B.: Chemist-Analyst **26**, 10, 11 (1937). — Coleman, W. C. and C. R. McCroscy: Ind. and Engin. Chem., Anal. Ed. 8, 192—197 (1936). — Cramer, H.: Ber. Chemiker-Ausschuß des V.D.E. Nr. 38. — Cuningham, Th. R.: Ind. and Engin. Chem., Anal. Ed. **10**, 233—235 (1938). — (2) Ind. and Engin. Chem., Anal. Ed. **5**, 305 (1933). — Ztschr. f. anal. Ch. **99**, 227—229 (1934).

Daubner, W.: Ztschr. f. angew. Ch. **46**, 830 (1936). — Deiss, E. u. H. Blumenthal: Mitt. Materialprüfungs-Amt Berlin-Dahlem, Sonderheft **22**, 32—37 (1937). — Deiss, E. u. H. Leysaht: Ztschr. f. anal. Ch. **105**, 323 (1936). —

Detlefsen u. Meyers: Ztschr. f. angew. Ch. **22**, 69 (1909). — Dieckmann u. Hilpert: Ber. Dtsch. Chem. Ges. **47**, 2444 (1914). — Diergarten, H.: Chemiker-Ausschuß des V.D.E. **63**. — Dietrich, K. u. K. Schmitt: Ztschr. f. anal. Ch. **109**, 25—31 (1937). — Chem. Zentralblatt **1937 II**, 821. — Dickens, P. u. R. Brennecke: Mitt. K.-Wilh.-Inst. Eisenforschg. **14**, 249—259 (1932). — Dickens, P. u. G. Maassen: Mitt. K.-Wilh.-Inst. Eisenforschg. **14**, 179, 180 (1932); **17**, 191 (1935). — Arch. f. Eisenhüttenwes. **3**, 277 (1929); **9**, 487 (1935/36). — Ber. Chemiker-Ausschuß des V.D.E. Nr. 67, 125. — Dickens, P. u. G. Thanheiser: (1) Mitt. K.-Wilh.-Inst. Eisenforschg. **14**, 169—177 (1932). — (2) Ber. Chemiker-Ausschuß des V.D.E. Nr. 67, 125. — Ditz, H. u. R. Hellebrand: Ztschr. f. anorg. u. allg. Ch. **225**, 73 (1935). — Donoho, Chas. K., W. P. Fishel u. Jas. T. Mackenzie: Journ. Amer. Chem. Soc., Septembertagung in Buffalo. — Dorrington u. Ward: Analyst **55**, 621—628 (1930). — Duffek: Ztschr. f. Metallkunde **30**, 265 (1938).

Eck, L. u. F. Petzold: Nicht veröffentlichte Mitt. aus der V. A. der Hösch A.G. Eckstein, H.: Ztschr. f. anal. Ch. **87**, 271 (1932). — Eder, A.: (1) Arch. f. Eisenhüttenwes. **11**, 185—187 (1937). — Chem. Zentralblatt **1938 I**, 132. — (2) Stahl u. Eisen **51**, 1236, 1237 (1931). — Eisermann, F.: Arch. f. Eisenhüttenwes. **12**, 245—246 (1938/39). — Emich, F.: Mikrochemisches Praktikum, S. 79, 2. Aufl. München: J. F. Bergmann 1931. — Emley, W. E.: Trans. Amer. Ceram. Soc. **17**, 720—726 (1915). — Ephraim, F.: Ztschr. f. anal. Ch. **83**, 144 (1930). — Ber. Dtsch. Chem. Ges. **63**, 1928 (1930). — Etheridge, A. T.: Analyst **1929**, 141. — Evans, B. S.: Analyst **62**, 363—377 (1937). — Chem. Zentralblatt **1937 II**, 2219.

Feigl, F.: (1) Qualitative Analyse mit Hilfe von Tüpfelreaktionen, 3. Aufl., S. 220. Leipzig: Akademische Verlagsgesellschaft 1938. — (2) S. 233. — Feigl, F., P. Krumholz u. H. Hamburg: Ztschr. f. anal. Ch. **90**, 199 (1932). — Fischer, A.: Elektroanalytische Schnellmethoden, S. 157–162. Stuttgart: Ferdinand Enke 1908. Fischer, H.: (1) Ztschr. f. anal. Ch. **73**, 55 (1928). — (2) Wiss. Veröff. a. d. Siemenskonzern **1**, 9—20 (1929). — Fischer, H. u. G. Leopoldi: Ztschr. f. anal. Ch. **97**, 385 (1934). — Funck, A. D.: Ztschr. f. anal. Ch. **68**, 285, 286 (1926).

Gadeau, R.: (1) Rev. Métall. **32**, 398 (1935). — Chem. Zentralblatt **1936 I**, 2151. — Ztschr. f. anal. Ch. **108**, 354 (1937). — (2) Ann. Chim. analyt. Chim. appl. [3] **19**, 64—68 (1937). — Chem. Age **36**. — Metallurg. **1937**, Sect. 29—30; Chem. Zentralblatt **1937 II**, 632. — Garre, G.: Arch. f. Eisenhüttenwes. **9**, 91 (1935/36). — Chem.-Ztg. **84**, 755—761 (1938). — Geist, H. H. u. G. C. Chandlee: Ind. and Engin. Chem., Anal. Ed. **9**, 169 (1937). — Ztschr. f. anal. Ch. **117**, 209 (1939). — Chem. Zentralblatt **1938 I**, 381. — Ginsberg, H.: Ztschr. f. anorg. u. allg. Ch. **209**, 105 (1932). — Gotta, A.: Stahl u. Eisen **58**, 869 (1938). — Ztschr. f. anal. Ch. **112**, 7—15 (1938). — Grendel, F.: Pharm. Weekblad **67**, 913, 1050, 1345 (1930). — Grossmann, H.: Chem.-Ztg. **101**, 1223 (1908).

Hackl, O.: Mikrochemie **21** (N. F.), 15, 224—226 (1937). — Haddock, L. A. u. N. Evers: Analyst **57**, 495 (1932). — Harry, R. G.: Analyst **56**, 736 (1931). — Hartmann, W. M.: Ztschr. f. anal. Ch. **113**, 45—51 (1938). — Havens, F. S.: Ztschr. f. anorg. u. allg. Ch. **16**, 15, 16 (1898). — Ztschr. f. anal. Ch. **41**, 115, 116 (1902). — Amer. Journ. Science, Silliman **4**, 111 (1897). — Heide, R. von der: Ztschr. f. anal. Ch. **96**, 7 (1934). — Heinrich, Fr.: (1) Chem. Fabrik **11**, 93—97 (1938). — (2) Stahl u. Eisen **57**, 757—762 (1937); **58**, 617—623 (1938). — Heinrich, F. u. W. Bohnholtzer: Chem.-Ztg. **53**, 471 (1929). — Ztschr. f. angew. Ch. **42**, 591 (1929). — Heinrich, F. u. F. Petzold: Chem.-Ztg. **60**, 145—147 (1936); **61**, 568, 569 (1937). — Herty, C. H., J. M. Gaines, H. Freeman u. W. M. Lightues: Ztschr. f. anal. Ch. **92**, 20 u. 107 (1933); **103**, 126—132 (1935); **104**, 50 (1936). — Hessenbruch, W. u. P. Oberhoffer: Ber. Chemiker-Ausschuß des V.D.E. Nr. 54. — Hevesy, G. v. u. R. Hobbie: Ztschr. f. anorg. u. allg. Ch. **212**, 134—144 (1933). — Hild, W.: Chem.-Ztg. **46**, 702 (1922); **93**, 895 (1931). — Hinrichsen, F.: Ztschr. f. anorg. u. allg. Ch. **58**, 83 (1908). — Holthaus, C.: Ber. Chemiker-Ausschuß des V.D.E. Nr. 39, 41. — Arch. f. Eisenhüttenwes. **1931**, 95—99. — Hothersall, A. W.: Journ. Iron Steel Inst. **113**, 225 (1936). — Hundeshagen, F.: Farbe u. Lack **30**, 352 (1930).

Jaboulay, E.: Rev. Métall. **34**, 166—169 (1937). — Chem. Zentralblatt **1937 II**, 2219. — Jander, G. u. R. Reh: Ztschr. f. anorg. u. allg. Ch. **129**, 293 (1923). — Jelissejew, A. A., P. J. Jakowlew u. D. G. Ssuchow: Ztschr. f.

anal. Ch. **112**, 114 (1938). — Chem. Zentralblatt **1937 I**, 2218. — Jílek, A. u. J. Kota: (1) Collect. Trav. chim. Tchécoslovaquie **6**, 398 (1934). — Chem. Zentralblatt **1935 I**, 442. — (2) Collect. Trav. chim. Tchécoslovaquie **4**, 412 (1932). — Chem. Zentralblatt **1933 I**, 1977. — Ztschr. f. anal. Ch. **103**, 369 (1935). — Johnson, C. M.: Iron Age **132**, 16, 24, 60, 62 u. 64 (1933). — Johnson, C. M.: Rapid methods for the chem. anal. of Special-Steels, 4. Aufl., S. 76. London: Chapman and Hall.

Kar, H. K.: Metals and Alloys **6**, 156, 157 (1936). — Chem. Zentralblatt **1936 I**, 1665. — Ztschr. f. anal. Ch. **110**, 213 (1937). — Kasper, E. u. A. Seawik: Chem.-Ztg. **30**, 308 (1935). — Kassler, J.: (1) Untersuchungsmethoden für Roheisen, Stahl und Ferrolegierungen, S. 81. Stuttgart: Ferdinand Enke 1932. — (2) S. 102. (3) S. 26. — (4) S. 24. — (5) S. 98. — (6) S. 101. — (7) S. 66. — (8) S. 138. — (9) S. 175. — (10) S. 151. — (11) S. 144, 145. — (12) S. 150. — Keller, A. u. K. A. Bohacek: Drahtwelt **35**, 541 (1932). — Kern, E. F.: Ztschr. f. anal. Ch. **44**, 420 (1905). — Kenworthy: Journ. Inst. Met. **4**, 225 (1937). — Kenne, O.: Ber. Chemiker-Ausschuß des V.D.E. Nr. 37. — Klinger, P.: (1) Ber. Chemiker-Ausschuß des V.D.E. Nr. 103. — (2) Ber. Chemiker-Ausschuß des V.D.E. Nr. 82, 119. — (3) Dissertation Münster 1925. — Klinger, P. u. H. Fucke: Ber. Chemiker-Ausschuß des V.D.E. Nr. 69, Nr. 100. — (2) Ber. Chemiker-Ausschuß des V.D.E. Nr. 69. — (3) Techn. Mitt. Krupp **3**, 4 (1935). — Klinger, P., E. Stengel u. W. Koch: (1) Ber. Chemiker-Ausschuß des V.D.E. Nr. 107. — Techn. Mitt. Krupp **3**, 41—44 (1935). — Arch. f. Eisenhüttenwes. **8**, 433—444 (1934/35). — (2) Techn. Mitt. Krupp **3**, 56 (1933). — Klinger, P. u. W. Koch: (1) Techn. Mitt. Krupp **2**, 33—37, 37—46 (1938). — (2) Ber. Chemiker-Ausschuß des V.D.E. Nr. 82 u. 119. — Arch. f. Eisenhüttenwes. **10**, 463—468 (1936). — Techn. Mitt. Krupp **3**, 61—67 (1937). — (3) Techn. Mitt. Krupp **3**, 58—61 (1935). — Ber. Chemiker-Ausschuß des V.D.E. Nr. 124. — (4) Techn. Mitt. Krupp **1938**, 49—65. — Klinger, P. u. O. Schliessmann: Arch. f. Eisenhüttenwes. **7**, 113—115 (1933/34). — Techn. Mitt. Krupp **3**, Heft 1, 1—4 (1935). — Knorre: Ztschr. f. angew. Ch. **9**, 685, 717 (1897). — Koch, W.: Ber. Chemiker-Ausschuß des V.D.E. Nr. 127. — Kolthoff, J. M. and E. B. Sandell: Journ. Amer. Chem. Soc. **50**, 1900 (1928). — Ztschr. f. anal. Ch. **79**, 209, 210 (1930). — Koppel, J.: Chem.-Ztg. **43**, 777, 778 (1919). — Krämer, F.: Engin. Mining. Journ. **59**, 345 (1895). — Krause, H.: Praxis der Oberflächenbehandlung. Techn. Zentralblatt prakt. Metallbearb. **44**, 208—213 (1934). — Kropf, A.: Laboratoriumsbuch für den Eisenhütten- und Stahlwerkschemiker, 2. Aufl. Halle a. S.: W. Knapp 1925. — Küchler, O.: Chem.-Ztg. **54**, 582 (1930). — Chem. Zentralblatt **1930 II**, 1579. — Kunz, J.: Helv. chim. Acta **16**, 1044—1054 (1933). — Kuschmann, J. u. G. v. d. Dunk: Nicht veröffentl. Mitt. aus der V. A. der Hösch A.G.

Lang, R. u. E. Faude: (1) Ztschr. f. anal. Ch. **108**, 181—189 (1937). — (2) Ztschr. f. anal. Ch. **97**, 395—401 (1934). — Chem.-Ztg. **58**, 258 (1934). — Lange, B.: Chem. Fabrik **1932**, 457; **1933**, 45; **1935**, 31. — Leitmeier, H. u. F. Feigl: Mineral. petrograph. Mitt., Abt. B. Ztschr. f. Kristallogr. **41**, 95 (1931). — Ztschr. f. anal. Ch. **92**, 281 (1933). — Lindgren, J. M.: Journ. Amer. Chem. Soc. **37**, 1137 (1915). — Little, S.: Chemist-Analyst **38**, 22 (1922). — Low, A. H.: Technical Methods of Ore Analysis, p. 77. 1905. — Lundell, G. E. F. and J. I. Hoffmann: Ind. and Engin. Chem. **15**, 44 (1923). — Lundell, G. E. F., J. I. Hoffmann and H. A. Bright: Chemical Analysis of Steel and Iron, p. 471, 472. New York: J. Wiley & Sons. — Lundell, G. E. F. and H. B. Knowles: Journ. Amer. Chem. Soc. **47**, 2637 (1925).

Malowan, S. L.: Ztschr. f. anal. Ch. **79**, 201—204 (1929). — Marden, S. W.: Ztschr. f. anal. Ch. **93**, 203 (1933). — Marvin, C. G. and W. C. Schumb: Ind. and Engin. Chem., Anal. Ed. 8, 109, 110 (1936). — Mathesius, H.: Chem.-Ztg. **14**, 134 (1930). — Maurer, E., P. Klinger u. H. Fucke: Techn. Mitt. Krupp **3**, 15—30 (1935). — Mayr, E. u. A. Gebauer: Ztschr. f. anal. Ch. **113**, 189—211 (1938); Chem. Zentralblatt **1938 II**, 2309. — Merck, E.: Prüfung der chemischen Reagenzien auf Reinheit, 4. Aufl., S. 93—112. Darmstadt 1931. — Meyer, R. J. u. O. Hauser: Die Analyse der seltenen Erden und Erdsäuren, S. 142. Stuttgart: Ferdinand Enke 1912. — Meyer, J. u. A. Pawletta: Ztschr. f. anal. Ch. **69**, 15 (1926). — Mignolet, J.: Chimie et Industrie, 15. Congr. Bruxelles **1**, 126 (1935); Chem. Zentralblatt **1936 II**, 1767. — Ztschr. f. anal. Ch. **110**, 356—357 (1937). — Monjakowa, L. N. u. S. Janowski: Chem. Zentralblatt **1936 I**, 1273. —

Moore, R. B.: (1) Die chemische Analyse seltener technischer Metalle, Leipzig: Akad. Verlagsgesellschaft 1927. — (2) Die chemische Analyse seltener technischer Metalle, S. 270. Leipzig: Akad. Verlagsgesellschaft 1927. — Motok, G. T. and E. O. Waltz: Iron Age **136**, 23 (1935); Chem. Zentralblatt **1936 I**, 2783. — Murray, W. M. and S. E. Q. Aschley: Ind. and Engin. Chem., Anal. Ed. **10**, 1—5 (1938).

Nissenson, H.: Ztschr. f. angew. Ch. **23**, 969 (1910). — Nissenson, H. u. F. Crotogino: Chem.-Ztg. **26**, 847—849 (1902); **28**, 184—186 (1904). — Norris, J. F. and H. Fay: Amer. Chem. Journ. **18**, 705 (1896).

Peter, F.: Chem.-Ztg. **45**, 438 (1929). — Ztschr. f. anal. Ch. **111**, 267 (1938). — Peters, F. P.: (1) Chemist-Analyst **24**, 4 (1935). — (2) Chemist-Analyst **26**, 6—15 (1937). — Petzold, F.: (1) Ber. Chemiker-Ausschuß des V.D.E. Nr. 129. — Arch. f. Eisenhüttenwes. **12**, 237—243 (1938—1939). — (2) Chem. Fabrik **10**, 302 (1937). — (3) Nicht veröffentl. Mitt. aus der V. A. der Hösch A.G. — Petzold, F. u. W. Scheller: Nicht veröffentl. Mitt. aus der V. A. der Hösch A.G. — Petzold, F. u. A. Willing: Nicht veröffentl. Mitt. aus der V. A. der Hösch A.G. — Pigott, E. C.: Ind. Chemist chem. Manufact. **12**, 360—361 (1936); Chem. Zentralblatt **1937 I**, 940. — Pinsl, H.: Ber. Chemiker-Ausschuß des V.D.E. Nr. 109. — Piper, E.: (1) Stahl u. Eisen **58**, 952 (1938). — (2) Stahl u. Eisen **58**, 892 (1938). — Pond, W. F.: Analyst **3**, 11 (1929). — Chem.-Ztg. **96**, 927, 947 (1929). — Prodinger, W.: (1) Organische Fällungsmittel, S. 54. Stuttgart: Ferdinand Enke 1937. (2) S. 115—117.

Quadrat, O.: Stahl u. Eisen **50**, 16—22 (1930).

Rice, A. C., H. C. Fogg u. C. James: Chem. Zentralblatt **1926 I**, 3498. — Rienäcker, G.: Ztschr. f. anal. Ch. **88**, 37–38 (1932). — Rogers, B. A., K. Wentzel and J. P. Riott: Trans. Amer. Soc. Metals. **27**, 175—190 (1939). — Rosanow, S. N., S. A. Markowa u. E. A. Fedotowa: Ztschr. f. anal. Ch. **106**, 198 (1936). — Rothe: Mitt. a. d. Kgl. Techn. Vers.-Anst. **1892**. — Stahl u. Eisen **30**, 460 (1910). — Rother u. Jander: Ztschr. f. anal. Ch. **42**, 930 (1930). — Royen, H. J. von: (1) Ber. Chemiker-Ausschuß des V.D.E. Nr. 36. — (2) Ber. Chemiker-Ausschuß des V.D.E. Nr. 28. — Royen, H. J. von u. H. Grewe: Arch. f. Eisenhüttenwes. **2**, 505—512 (1933—1934).

Saywell, L. B. and B. B. Cunningham: Ind. and Engin. Chem., Anal. Ed. **9**, 67—69 (1937). — Schaarwächter, K.: Ztschr. f. Metallkunde **39**, 273—276 (1937). — Schäfer, M.: Ztschr. f. anal. Ch. **110**, 18 (1937). — Scheel, K. C.: Ztschr. f. anal. Ch. **105**, 250, 269 (1936). — Scherrer, J. A.: Bur. Stand. Journ. Res. **8**, 309–320 (**1932**). — Schiffer, E.: Ber. Chemiker-Ausschuß des V.D.E. Nr. 43. Schiffes, E. u. P. Klinger: Arch. f. Eisenhüttenwes. **3**, 7—15 (1930—1931). — Schläpfer, P. u. R. Bukowski: Eidgen. Materialprüfanstalt an der Techn. Hochschule Zürich Ber. Nr. 63, S. 5—19. 1933. — Schliessmann, O.: Ber. Chemiker-Ausschuß des V.D.E. Nr. 102. — Schliessmann, O. u. K. Zänker: Arch. f. Eisenhüttenwes. **9**, 159—164 (1934—1935); **10**, 383—394 (1936). — Techn. Mitt. Krupp **3**, 31—40 (1935); **5**, 76—90 (1937). — Ber. Chemiker-Ausschuß des V.D.E. Nr. 116 u. 117. — Schliff u. Scheibe: Dtsch. Nortonges. **1936**, Heft 1, 12—15. — Schlösing, Th. u. W. Wense: Ztschr. f. angew. Ch. **1891**, 691; **1892**, 233. — Schöller, W. R.: The Analytical Chemistry of Tantalum and Niobium. London WC 2: Chapman & Hall 1937. — Ztschr. f. anal. Ch. **96**, 252 (1934). — Schong, P.: Chem.-Ztg. **53**, 524 (1932). — Ztschr. f. anal. Ch. **97**, 45, 46 (1934). — Schulz, E. H.: Stahl u. Eisen **29**, **II**, 1017 (1930). — Schwarz, M. v.: Ferrum **11**, 114, 115 (1913). — Schwarz, R.: Ztschr. f. anorg. u. allg. Ch. **210**, 303 (1932). — Scott, F. W.: Chemist-Analyst **25**, 58—62 (1936). — Seemann, F.: Ztschr. f. anal. Ch. **44**, 343—387 (1905). — Selch, E.: Ztschr. f. anal. Ch. **54**, 457 (1915). — Seuthe, A. vgl. C. Holthaus; Stahl u. Eisen **44** (1924), Bd. II, S. 1514. — Arch. f. Eisenhüttenwes. **5**, 95—100 (1931—1932); **8**, 349 (1934—1935). — Seuthe, A. u. E. Schäfer: Ber. Chemiker-Ausschuß des V.D.E. Nr. 121. — Arch. f. Eisenhüttenwes. **10**, 549—553 (1936—1937). — Silverman, L.: Ind. and Engin. Chem., Anal. Ed. **8**, 132 (1936). — Simon, A. u. W. Neth: Ztschr. f. anal. Ch. **72**, 308—310 (1927). — Simon, A. u. E. Thaler: Ztschr. f. anorg. u. allg. Ch. **162**, 260 (1927). — Smirnov, V. u. N. Aidinjan: Chem. Zentralblatt **1937**, 1857. — Smith, F. W.: Ind. and Engin. Chem., Anal. Ed. **1938**, 360—368 u. Ni-Ber. **1938**, 8, 9. — Smith, G. F. and C. A. Getz: Ind. and Engin. Chem., Anal. Ed. **1937**,

378—381. — Spacu, P.: Ztschr. f. anal. Ch. **104**, 28—30 (1936). — Spindeck, Fr.: (1) Chem.-Ztg. **54**, 221 (1930). — (2) Chem.-Ztg. **92**, 890 (1930). — Stadeler, A.: (1) Stahl u. Eisen **44**, 1477—1481 (1924). — Ber. Chemiker-Ausschuß des V.D.E. Nr. 40. — (2) Arch. f. Eisenhüttenwes. **9**, 423—439 (1935—1936). — Ber. Chemiker-Ausschuß des V.D.E. Nr. 111. — (3) Ber. Chemiker-Ausschuß des V.D.E. Nr. 52 u. 60. — (4) Ber. Chemiker-Ausschuß des V.D.E. Nr. 74. — Stadler, L. u. J. Bessonoff: Stahl u. Eisen **1938**, 952. — Steele, S. D.: Iron and Steel Ind. **11**, 267 (1938); Chem. Zentralblatt **1938 II**, 2465. — Steele, S. D. and E. Taylor-Austin: Chem. Zentralblatt **1937 I**, 4400. — Steinhäuser, K. u. H. Ginsberg: Ztschr. f. anal. Ch. **104**, 385 (1936). — Stengel, E.: Techn. Mitt. Krupp **2**, 97 (1939). — Stock, A. u. C. Massaciu: Ber. Dtsch. Chem. Ges. **34**, 467 (1901). — Svenson, E. B.: Chemist-Analyst **3**, 5 (1929). — Swank, H. W. and M. G. Mellon: Ind. and Engin. Chem., Anal. Ed. **10**, 719 (1938). — Swoboda, K. u. R. Horny: Ztschr. f. anal. Ch. **67**, 386 (1926).

Tcheng-Da-Tchang u. Li Houong: C. r. d. l'Acad. des sciences **200**, 2173 (1935). — Ztschr. f. anal. Ch. **106**, 291 (1936). — Thanheiser, G. u. E. Brauns: Ber. Chemiker-Ausschuß des V.D.E. Nr. 113. — Thanheiser, G. u. P. Dickens: (1) Mitt. K.-Wilh.-Inst. Eisenforschg **15**, 255—262 (1937). — Arch. f. Eisenhüttenwes. **1933**, 557—562. — Ber. Chemiker-Ausschuß des V.D.E. Nr. 99. — (2) Mitt. K.-Wilh.-Inst. Eisenforschg. **13**, 187—191 (1931); **14**, 169—177 (1932). — Thanheiser, G. u. J. Heyes: Ber. Chemiker-Ausschuß des V.D.E. Nr. 122. — Thanheiser, G. u. G. Maassen: (1) Ber. Chemiker-Ausschuß des V.D.E. Nr. 118. — (2) Ber. Chemiker-Ausschuß des V.D.E. Nr. 108. — Thanheiser, G. u. M. Ploum: Ber. Chemiker-Ausschuß des V.D.E. Nr. 113. — Thiel, A. u. O. Peters: Ztschr. f. anal. Ch. **103**, 161 (1935). — Thornton, W. M.: (1) Ztschr. f. anal. Ch. **54**, 614 (1915). — (2) Ztschr. f. anorg. u. allg. Ch. **87**, 375 (1914). — Thornton, W. M. u. E. M. Hayden: Ztschr. f. anorg. u. allg. Ch. **89**, 377 (1914). — Ztschr. f. anal. Ch. **55**, 347 (1916). — Treadwell, F. P.: (1) Kurzes Lehrbuch der analytischen Chemie, Bd. II, 11. Aufl., S. 76. Leipzig u. Wien: Franz Deuticke 1923. — (2) S. 126. — (3) S. 125. — (4) S. 423. — (5) S. 315, 316. — (6) S. 495. — Treadwell, W. D.: Elektroanalytische Methoden, S. 145—147. Berlin: Gebr. Bornträger 1915. — (1) Tabellen zur qualitativen Analyse, 13. Aufl., S. 91. Leipzig u. Wien: Franz Deuticke 1932. — (2) S. 78. — Tscherny, A. T.: Chem. Zentralblatt **1936 II**, 825. — Tschischewski, N.: Ind. and Engin. Chem. **18**, 607 (1926).

Urk, van: Pharm. Weekblad **63**, 1078—1080, 1121—1123. — Ussatenko, J. I.: Ztschr. f. anal. Ch. **106**, 211 (1936); **103**, 349 (1935).

Voigt, H., siehe P. Klinger: Ber. Chemiker-Ausschuß des V.D.E. Nr. 103. — Volhard, J. u. N. Wolff: Ann. Chem. u. Pharm. **198**, 318 (1879). — Stahl u. Eisen **11**, 377—380 (1891). — Vollmer, A.: Ztschr. f. Oberflächenbehandl. u. Veredlung **16**, 162—164 (1937). — Chem. Fabrik **11**, 463—474 (1938).

Wahle, O.: Techn. Zentralblatt f. prakt. Metallbearb. **1938**, 524. — Wald, F.: Chem.-Ztg. **53**, 719 (1929). — Walden, G. H., L. P. Hammett and R. P. Chapman: Journ. Amer. Chem. Soc. **55**, 2649 (1933). — Walden, G. H., L. P. Hammett and S. M. Edmonds: Journ. Amer. Chem. Soc. **56**, 57 (1934). — Wasmuht, R. u. P. Oberhoffer: Ber. Chemiker-Ausschuß des V.D.E. Nr. 64. — Weber, H. C. and R. D. Jacobson: Ind. and Engin. Chem., Anal. Ed. **10**, 273 (1938); Chem. Zentralblatt **1938 II**, 2625. — Weinberg, S. J. u. S. Proschutinsky: Ztschr. f. anal. Ch. **105**, 136—138 (1936). — Willard, H. H. and Ph. Joung: (1) Ind. and Engin. Chem., Anal. Ed. **6**, 48 (1934). — (2) Journ. Amer. Chem. Soc. **55**, 326 (1933). — (3) Journ. Amer. Chem. Soc. **55**, 3260 (1933). — Willard, H. H., Ph. Young, N. H. Furman and J. C. Schoonover: Journ. Amer. Chem. Soc. **53**, 2561 (1931). — Willard, H. H., Ph. Joung and W. D. Treadwell: Helv. chim. Acta **4**, 551 (1921); **5**, 732 (1922). — Willard, H. H. and O. B. Wintes: Ind. and Engin. Chem. **5**, 7—12 (1933); Chem. Zentralblatt **1929 I**, 1717. — Willing, A.: Unveröffentl. Mitt. aus der V. A. der Hösch A.G. — Wynkoop, G.: Journ. Amer. Chem. Soc. **19**, 434 (1897).

Zimmermann, M. u. C. Reinhardt: Ber. Dtsch. Chem. Ges. **14**, 779 (1881). — Stahl u. Eisen **4**, 704, 705 (1884). — Zinberg, S.: Stahl u. Eisen **28**, 1819 (1908).

Analyse von Magnesium und seinen Legierungen

(II/2, 1443).

Von

Dr. G. Siebel, Bitterfeld.

1. **Reinmagnesium.** Der Reinheitsgrad beträgt ~ 99,8% und die Hauptbeimengungen sind Si, Mn, Cu, Fe, Al, die nach den bekannten Methoden bestimmt werden.

2. **Mg-Legierungen** enthalten im allgemeinen folgende Legierungszusätze: Si, Sn, Cu, Pb, Zn, Cd, Al, Mn, Ag, Ce, Zr, Ca, Fe.

Si, Sn und Pb werden nach den bekannten Methoden bestimmt.

3. **Zinn** kann in der Weise ermittelt werden, daß die nach dem Lösen der Metallspäne in Salpetersäure ausfallende Kieselsäure und Zinnsäure wiederholt mit Ammonchlorid geglüht werden, wobei sich Zinntetrachlorid verflüchtigt. SnO_2 ergibt sich aus der Differenz.

4. **Kupfer** (IV, 1446). Bei größeren Gehalten an Kupfer über 0,5% und bei Anwesenheit von Cadmium erfolgt die Trennung und Bestimmung von Kupfer am zweckmäßigsten elektrolytisch aus dem schwefelsauren Filtrat der Siliciumbestimmung [F. P. Treadwell (4)]. Geringe Gehalte von Blei scheiden sich quantitativ als PbO_2 an der Anode ab und können so bestimmt werden. Nach Entfernen der Elektroden wird die Lösung neutralisiert, mit Cyankali versetzt und Cadmium elektrolytisch bestimmt [F. P. Treadwell (5)].

5. **Cadmium.** Das Cadmium kann ferner aus dem Filtrat der Siliciumbestimmung durch Schwefelwasserstoffällung ermittelt werden. Ist noch Kupfersulfid in dem Sulfidniederschlag vorhanden, so wird dieser abfiltriert und Cadmiumsulfid durch Übergießen mit heißer verdünnter Schwefelsäure herausgelöst. Aus dem schwach schwefelsauren Filtrat wird entweder Cadmiumsulfid mit Schwefelwasserstoff ausgefällt und Cadmium in der bekannten Weise als Cadmiumsulfat (II/2, 1123) oder wie oben elektrolytisch (II/2, 1123) bestimmt.

6. **Zink** (II/2, 1445). Das Filtrat wird eingedampft, mit Ammoniak fast neutralisiert und aus schwach essigsaurer Lösung Zinksulfid ausgefällt, das durch Glühen in Zinkoxyd (ZnO) übergeführt wird.

7. **Aluminium** (II/2, 1443). Im Filtrat kann es nach der Phosphatmethode oder nach der Oxinmethode von R. Berg (1) bestimmt werden. Aus dem Filtrat wird das Aluminium bei etwa 60° C mit einer 4% Oxinacetatlösung ausgefällt. Die Lösung wird zum Sieden erhitzt und darauf ein Überschuß einer 2 n-Ammonacetatlösung hinzugegeben. Der kristalline Niederschlag wird heiß abfiltriert, mit wenig heißem Wasser und schließlich mit kaltem Wasser bis zur Farblosigkeit gewaschen. Das Aluminium kann entweder durch Wägung des bei 130° C getrockneten Niederschlags (Faktor: 0,0687) oder durch Überführen in Aluminiumoxyd (ein Zusatz von 1—3 g wasserfreie Oxalsäure ist erforderlich, da das Metalloxinat flüchtig ist), oder maßanalytisch mit einer 0,1 n-Bromat-Bromidlösung (1 cm^3 entspricht 0,000225 g Al) bestimmt werden.

8. Mangan (II/2, 1446). Die Bestimmung von Mangan erfolgt unter 1% colorimetrisch und über 1% titrimetrisch nach Volhard-Wolff. Die colorimetrische Methode kann auch so abgeändert werden, daß die nach Zugabe von 0,15% Silbernitratlösung und 0,5—1 g Ammonpersulfat entstandene Permangansäure in der Kälte unter Zugabe von 4—5 cm³ einer 0,2% Kochsalzlösung mit einer Standard-Natriumarsenitlösung titriert wird. Diese Standardlösung wird so hergestellt, daß 0,65 g As_2O_3 und 1,95 g Na_2CO_3 in wenig heißem Wasser gelöst, filtriert und auf 1 l Wasser aufgefüllt werden. 1 ccm Lösung entspricht 0,0002 g Mn.

9. Eisen (IV, 1443) wird colorimetrisch nach der Kaliumrhodanidmethode oder nach folgender Methode bestimmt. 5 g Späne werden in Schwefelsäure (1:3) gelöst. Die Lösung wird mit Schwefelwasserstoff gesättigt, Niederschlag abfiltriert und mit heißem Wasser gewaschen. Das Filtrat wird in einem Erlenmeyerkolben mit weitem Hals 30 Minuten heftig gekocht (bis kein H_2S feststellbar ist), abgekühlt und mit einer $^1/_{10}$ n-Kaliumpermanganatlösung titriert.

10. Silber. Je nach dem Silbergehalt werden 0,5—1 g Metallspäne in verdünnter Salpetersäure gelöst, Lösung filtriert und in der Hitze Silberchlorid mit verdünnter Salzsäurelösung ausgefällt. Das Silberchlorid wird nach bekannten Methoden zur Wägung gebracht.

11. Cer. Es werden 0,5—2 g Metallspäne in verdünnter Salzsäure unter Zugabe von 1—5 cm³ Wasserstoffsuperoxyd gelöst. Diese Lösung wird mit Ammoniak (1:1) neutralisiert und Cer bzw. Aluminium mit Ammoniak (1:5) werden in der Hitze als Hydroxyde gefällt. Der Niederschlag wird in verdünnter Salzsäure gelöst, Cer mit gesättigter Oxalsäurelösung heiß als Oxalat gefällt, das nach längerem Stehen (am besten über Nacht) filtriert wird. Cer wird in der üblichen Weise als CeO_2 zur Wägung gebracht.

12. Zirkon. Bei Gehalten bis 2% werden 1—2 g Metallspäne in verdünnter Salzsäure gelöst. Verbleibt ein schwarzer Rückstand, der meistens aus ungelöstem Zirkon besteht, so wird dieser abfiltriert und in Kaliumbisulfat aufgeschlossen. Der Aufschluß wird in heißem Wasser gelöst und dem salzsäurehaltigen Filtrat hinzugegeben. Bei größeren Mengen Kieselsäure wird die Lösung eingedampft und die Kieselsäure abfiltriert. Die Lösung bzw. das Filtrat werden mit Ammoniak (1:1) neutralisiert und die Fällung wird mit Ammoniak (1:5) durchgeführt. Bei Anwesenheit von Aluminium erfolgt die Fällung am zweckmäßigsten in der Kälte und in diesem Falle wird der filtrierte Niederschlag mit verdünnter Salzsäure gelöst und Zirkonhydroxyd mit 10% Natronlauge ausgefällt. Dieser Niederschlag wird wieder in verdünnter Salzsäure gelöst, Zirkonhydroxyd mit Ammoniak (1:5) aus der Lösung gefällt, filtriert und in der üblichen Weise ZrO_2 bestimmt.

Ferner kann Zirkon mit Phenylarsinsäure ($C_6H_5AsO(OH)_2$) [A. C. Rice, H. C. Fogg und C. James (3); P. Klinger (2)] bestimmt werden. 0,5—1 g Metallspäne werden in Salzsäure (1:1) gelöst und 100 cm³ Lösung mit 10 cm³ Salzsäure (spez. Gew. 1,19) und etwas Wasserstoffsuperoxyd versetzt. Die Lösung wird auf etwa 500 cm³ mit Wasser verdünnt und die Fällung mit einer 2,5% Phenylarsinsäurelösung vorgenommen. Man erhitzt zum Sieden (1 Minute) und prüft nach Absitzen des Niederschlages auf vollständige Fällung. Der Niederschlag wird heiß filtriert und mit verdünnter Salzsäure ausgewaschen. Der Niederschlag wird unter dem Abzug etwa 2 Stunden an der Luft und dann 1 Stunde im Wasserstoffstrom (Rose-Tiegel und Quarzrohr) geglüht, um die letzten Reste von Arsen zu verflüchtigen. Der Rückstand wird als Zirkondioxyd gewogen.

13. Calcium (II/2, 1447). Die Bestimmung erfolgt bei geringen Gehalten am zweckmäßigsten nach der im Hauptwerk angegebenen Methode oder bei größeren Ca-Mengen aus schwach ammoniakalischer oder schwach essigsaurer Lösung durch Fällung mit Ammoniummolybdat [R. C. Viley (6)]. Die Fällung erfolgt in der Hitze unter tropfenweiser Zugabe von 0,4 n schwach essigsaurer oder schwach ammoniakalischer Ammonmolybdatlösung. Der Niederschlag wird in einen Goochtiegel abfiltriert, etwa 10mal mit heißem Wasser gewaschen und bei 130° C 30 Minuten getrocknet. Diese Methode eignet sich nur bei größeren Calciumgehalten und ist nicht so genau wie die erstere.

14. Chloride. Zum Nachweis und zur Bestimmung von Salzeinschlüssen, die von der Elektrolyse herrühren oder bei unsachgemäßem Schmelzen von Mg mit Abdecksalzen vorkommen können, wird so verfahren, daß 1—2 g Metallspäne in chlorfreier Salpetersäure gelöst werden. Diese Lösung wird mit 0,5% Silbernitrat versetzt und das ausfallende Silberchlorid kann bei kleinen Mengen nephelometrisch mit Standardlösungen ($MgCl_2$-Lösungen) verglichen und bei größeren Mengen als AgCl oder elektrolytisch bestimmt werden.

15. Nitrid. Es werden 20—40 g Metallspäne in einem etwa 3-l-Kolben in 25% Schwefelsäure vollständig gelöst. Zur Vorsicht wird die Vorlage noch mit verdünnter Schwefelsäure beschickt. Nach vollständiger Lösung wird Tropftrichter, Kugelröhre, Schlauch und Vorlage in den Kolben zurückgespült. An Stelle der Vorlage wird dann ein Erlenmeyerkolben von 500 cm³ gesetzt, der mit 25—50 cm³ $^1/_{10}$ n-Schwefelsäure beschickt ist und mit kaltem Wasser gekühlt wird. Die Lösung im Kolben wird stark verdünnt und zum Kochen erhitzt. Aus dem Tropftrichter läßt man vorsichtig starke Natronlauge bis zur stark alkalischen Reaktion zutropfen. Nach $^1/_2$stündigem Kochen spült man den Schlauch und das Einleitungsrohr in den 500er Erlenmeyerkolben und titriert unter Verwendung von Methylorange als Indicator oder Jod-Eosin mit $^1/_{10}$ n-Kaliumhydroxydlösung.

Literatur.

Berg, R.: Die chemische Analyse, S. 45. 1935.

Klinger, P.: Techn. Mitt. Krupp **1935**, 1—4.

Rice, A. C., H. C. Fogg u. C. James: Journ. Amer. Chem. Soc. **48**, 895, 902 1926).

Treadvell, F. P.: Lehrbuch der analytischen Chemie, 11. Aufl., Bd. 2, S. 156, 166.

Viley, R. C.: Ind. and Engin. Chem. (Anal. Ed.) **1931**, 127.

Mangan.

Von

Dr. habil. **Fr. Heinrich** und Chefchemiker **Frohw. Petzold,** Dortmund.

Nachweis (s. a. Erg.-Bd. I, 18).

Die qualitative Prüfung auf Mangan (vgl. F. P. Treadwell) erfolgt nach F. Feigl mit Hilfe von Tüpfelreaktionen durch katalytische Oxydation zu Permanganat in saurer oder alkalischer Lösung, mit Perjodat und Tetrabase, ferner mit Benzidin und mit Silberamminsalz. M. P. Babkin verwendet die Krum-Vollhardt-Reaktion zum Nachweis der Manganionen, bei der in Gegenwart anderer Kationen mit Alkali + H_2O_2 gefällt, der Niederschlag gewaschen und nach Auflösen in HNO_3 mittels PbO_2 das Mn^{++} zu MnO_4' oxydiert wird. Nach E. Kahane läßt sich Mangan in jeder Wertigkeitsstufe noch in einer Konzentration von 0,02 mg/l mit Formoxin in alkalischer Lösung (aus je 2 g Hydroxylaminchlorid und 1 cm^3 40%iger HCHO in 50 cm^3 Wasser) nachweisen, wobei Eisen durch $Zn(OH)_2$-Fällung vorher abgeschieden werden muß. Auch G. Denigès verwendet Formaldoxim als ein sehr empfindliches und spezifisches Reagens für die Metalle der Eisengruppe und besonders für Mangan. Das Formaldoximreagens wird hergestellt durch Lösen von 7 g Hydroxylaminchlorid und 3 g Trioxymethylen in 15 cm^3 Wasser unter langsamem Erhitzen zum Sieden und unter Schütteln bis zur vollständigen Auflösung. Bei Zusatz von 1 Tropfen Reagens und 2 Tropfen 10 n-NaOH zu 10 cm^3 der 10 mg Metall enthaltenden Lösung wird mit $Mn^{\cdot\cdot}$ sofort eine intensiv orangerote Färbung erhalten, die auch im siedenden Wasserbad bestehen bleibt. $Ni^{\cdot\cdot}$ gibt hierbei intensiv orangegelbe Färbung, die im siedenden Wasser nach 5 Minuten verschwindet und in Blaßviolett übergeht. $Co^{\cdot\cdot}$ gibt schwach strohgelbe kalt- und warmwasserbeständige Färbungen. Mit $Fe^{\cdot\cdot\cdot}$ tritt nach 2 bis 3 Minuten rotviolette Färbung auf, die sich beim Stehenlassen verstärkt, in siedendem Wasser aber nach 2 Minuten unter Ausscheidung von $Fe(OH)_3$ verschwindet; mit $Cu^{\cdot\cdot}$ wird nach Bach Violettfärbung beobachtet, die in der Kälte nach 12—15 Stunden bei 100° in 2 Minuten verschwindet; in einer Lösung, die 50 mg $Cu^{\cdot\cdot}$ enthält, wird nach Schütteln intensive Färbung erhalten. Stärker verdünnte Lösungen geben entsprechend schwächere Färbungen. Statt NaOH kann auch NH_4OH verwendet werden.

N. A. Tananaeff weist $Mn^{\cdot\cdot}$ als MnO_2 nach, indem die Lösungen mit einem Überschuß von KCN-Lösung und darauf mit Na_2O_2 behandelt wird. In Stählen und Gußeisen ist es zweckmäßig, das $Fe^{\cdot\cdot\cdot}$ vorher als $Fe(OH)_3$ durch Behandeln mit $Zn(OH)_2$ zu entfernen. Die Erfassungsgrenze beträgt 0,1 mg Mn; der Nachweis kann in der fertigen Lösung innerhalb 5—10 Minuten ausgeführt werden.

E. Jaffe benutzt das Triäthanolamin zum Nachweis von Spuren Gold und Silber und als charakteristisches Reagens auf Mangan, Nickel und Kobalt, wobei $Mn^{\cdot\cdot}$ einen weißen Niederschlag gibt, der sich rasch schmutzig rötlichgelb verfärbt; bei Zusatz von NaOH oder KOH tritt Braunfärbung ein; die Farbe verstärkt sich beim Schütteln und geht in Dunkelgrün über; beim Filtrieren werden ein brauner Niederschlag und ein smaragdgrünes Filtrat erhalten; wird der ursprüngliche Niederschlag in Weinsäure gerade gelöst, dann färbt sich die rötlichgelbe Lösung auf Zusatz von Alkali grasgrün, bei Alkaliüberschuß dunkelgelb, jedoch nach starker Verdünnung smaragdgrün; diese Lösung scheidet beim Stehen an der Luft unter Entfärbung einen rotbraunen flockigen Niederschlag aus. A. Foschini schlägt zum Nachweis der der 4. Analysengruppe angehörenden Elemente zur Vermeidung von Störungen des Zn- und Mn-Nachweises durch teilweise Wiederauflösung von CoS und NiS in der verdünnten Salzsäure vor, den mit $(NH_4)_2S$ + NH_4OH in Gegenwart von NH_4Cl gefällten Niederschlag aufzukochen, abzufiltrieren und mit etwas NH_4Cl enthaltendem Wasser auszuwaschen. Die Sulfide werden dann mit konzentrierter HCl, der einige Tropfen HNO_3 zugesetzt sind, behandelt. Die auf ein möglichst geringes Volumen eingeengte Lösung wird nach Aufnehmen mit einigen Tropfen Wasser vom Schwefel abdekantiert. Dem Dekantat wird allmählich bis zur schwach alkalischen Reaktion NaOH zugefügt (das Filtrat darf mit H_2S keine Schwarzfärbung zeigen), die so erhaltenen Hydroxyde von Co, Ni und Mn werden durch Filtration abgetrennt und im Filtrat Zn mit H_2S als ZnS nachgewiesen. Die Hydroxyde werden mit verdünnter Salzsäure eben gelöst und der Lösung $(NH_4)_2CO_3$ in großem Überschuß zugegeben. Das allein ungelöst bleibende $Mn(OH)_2$ gibt sich durch Bräunung an der Luft zu erkennen und kann eventuell noch durch die Manganatprobe identifiziert werden. Jensen versetzt 1 cm^3 der Probelösung mit wenigstens 2 cm^3 konzentrierter HCl und 4 cm^3 Äther-Salzsäure (1 : 1). Auf Zusatz von einigen Körnchen $KClO_3$ färbt sich die Lösung in Gegenwart von Mangan nach wenigen Sekunden grün. Der $KClO_3$-Zusatz ist nicht notwendig, wenn das Mn schon vorher vier oder höherwertig vorlag. Lösungen mit weniger als 0,05 mg Mn/10 cm^3 liefern nur Gelbfärbung (freies Cl). Höhere Empfindlichkeit (bis 0,002 mg herab) zeigt folgende Ausführungsform: Einige Tropfen der Lösung werden trocken gedampft, der Rückstand mit etwas HNO_3 angefeuchtet und mit etwas Äther-HCl übergossen. Bei 0,005 mg Mn ist die Grünfärbung noch deutlich, bei 0,002 mg verschwindet sie rasch. Die Empfindlichkeit des Nachweises wird durch die Gegenwart von Ni, Co, Cu, Fe und Cr beeinträchtigt, aber nicht aufgehoben.

Ferner berichtet Augusti über eine Mikrofarbreaktion des Mangankations, indem er die Reaktion des MnO_2 mit Strychnin und H_2SO_4 als Tüpfelreaktion ausbildet. 1 Tropfen der $Mn^{\cdot\cdot}$-Salzlösung wird auf dem Uhrglas mit 1 Tropfen NaOH oder KOH behandelt, wobei ein Überschuß an Lauge sorgfältig zu vermeiden ist. Nach kurzem Stehenlassen an der Luft dampft man bei schwacher Wärme zur Trockne ein und setzt nach Abkühlung dem Rückstand 1—2 Tropfen 1%iger schwefelsaurer Strychninlösung zu, wobei eine blauviolette Färbung, die nach Rot umschlägt, Mn anzeigt. Bei der Reaktion stören nicht: $Ag^{\cdot}$, $Al^{\cdot\cdot\cdot}$, $Fe^{\cdot\cdot}$, $Fe^{\cdot\cdot\cdot}$, $Cr^{\cdot\cdot\cdot}$, $Zn^{\cdot\cdot}$, $Ni^{\cdot\cdot}$, $Ca^{\cdot\cdot}$, $Sr^{\cdot\cdot}$, $Ba^{\cdot\cdot}$, $Mg^{\cdot\cdot}$, $Na^{\cdot}$, $K^{\cdot}$ und $Li^{\cdot}$, während

$Co^{\cdot\cdot}$ eine ähnliche Reaktion wie $Mn^{\cdot\cdot}$ gibt, das durch Zusatz einiger Tropfen 10%iger KCN-Lösung, Erhitzen, Zugabe einiger Tropfen konzentrierter HCl und Fällung des $Mn(OH)_2$ oder mit α-Nitroso-β-naphthol unschädlich gemacht wird. An Anionen stören nicht: NO_2', NO_3' und ClO_3', während ähnliche Reaktionen CrO_4'', Cr_2O_7'', $Fe(CN)_6''''$ und $Fe(CN)_6'''$ liefern. Eine deutliche Reaktion tritt noch mit 0,00000018 g $Mn^{\cdot\cdot}$ auf, die Reaktion ist also empfindlicher als die weniger spezifische mit Benzidin.

I. Quantitative Bestimmung des Mangans.

1. **Gewichtsanalytische Bestimmung** (II/2, 1448). Die folgenden Bestimmungsverfahren sind ergänzend zu nennen. Durch Abrauchen einer Salzlösung mit Schwefelsäure, Glühen bei 400—500° und Auswiegen in einem geschlossenen Gefäß kann nach W. D. Treadwell das Mangan als Mangansulfat bestimmt werden. Nach H. Funk und M. Demmel ist Mangan aus reiner Salzlösung als Mangananthranilat $Mn(C_7H_6O_2N)_2$ und nach Spacu und J. Dick als Pyridinrhodanid ausfällbar. Diese Fällungen haben aber bis heute noch wenig Bedeutung erlangt wegen der nicht unbeträchtlichen Löslichkeit der Niederschläge. Nach E. Berg kann Mangan aus neutraler bzw. ganz schwach essigsaurer alkaliacetathaltiger Lösung als kristalline, mattgelb aussehendes Oxinat der Zusammensetzung $Mn(C_9H_6ON)_2 \cdot 2\,H_2O$ gefällt werden. Die Auswägung dieses Niederschlages ist nicht möglich, da durch Trocknen bei 110° keine Gewichtskonstanz zu erreichen ist, während bei höheren Temperaturen bereits Zersetzung eintritt. Es ist daher nur ein Verglühen unter Oxalsäurezusatz zu Mn_3O_4 oder die Titration des Oxinates mit Bromid-Bromatlösung zulässig. Die Manganlösung wird hierbei mit 1—2 g Natriumacetat für je 50 mg Mn versetzt und nach Zusatz einiger Tropfen einer Lösung von schwefliger Säure oder von 0,1—0,2 g Hydroxylaminchlorhydrat gegen Phenolphthalein mit verdünntem Ammoniak schwach alkalisch gemacht, mit verdünnter Essigsäure entfärbt, wobei ein Säureüberschuß, da bereits bei 0,3% ein lösender Einfluß erkennbar ist, möglichst zu vermeiden ist, und bei 60—70° mit einem Überschuß an 4%iger alkoholischer Oxinlösung versetzt. Hierauf wird bis zum Sieden erhitzt und nach weiterem 10—15 Minuten langen Erwärmen auf etwa 100° der kristallin gewordene Niederschlag durch einen Porzellanfiltertiegel abfiltriert und mit warmem Wasser gewaschen. Nach dieser Arbeitsweise läßt sich Mangan von Alkalien und 100—200 mg Ca, Sr und Ba, dagegen nicht von der gleichen Menge Mg bei einmaliger Fällung trennen. Nach Abdecken des vorgetrockneten Niederschlages mit rückstandsfreier Oxalsäure wird er zu Mn_3O_4 verglüht und zur Wägung gebracht.

2. **Maßanalytische Bestimmung** (II/2, 1449). Nach B. Park können bei der Bismutatmethode durch vorhandene HNO_3 leicht Fehler entstehen, diese ist daher durch H_2SO_4 zu ersetzen. 0,5—3 g Erz werden mit HNO_3 gelöst, 10 cm³ konzentrierte H_2SO_4 zugegeben und über freier Flamme bis zum Auftreten von SO_3-Dämpfen eingedampft. Vorhandene organische Substanz wird zerstört. Nach dem Erkalten wird mit H_2SO_4

auf 6—8 cm^3 aufgefüllt, 90—100 cm^3 Wasser zugesetzt und zwecks Lösung der Sulfate erwärmt. Danach wird auf 50° abgekühlt, Na-Bismutat in geringem Überschuß (0,5 g genügen für 2% Mangan) zugegeben, die Lösung 1 Minute lang geschüttelt, durch Glaswolle oder Asbest abfiltriert und der Niederschlag mit wenig 3%iger H_2SO_4, bis alle $HMnO_4$ entfernt ist, ausgewaschen. Die Lösung von etwa 100 bis 150 cm^3 wird mit einem gewogenen Überschuß von Ferroammoniumsulfat versetzt und mit $^1/_{10}$-n-$KMnO_4$-Lösung zurücktitriert. Nach neueren Versuchen wird am besten in Gegenwart von OsO_4 gearbeitet. Nach Abfiltrieren des Bismutatüberschusses wird das Filtrat mit überschüssiger Arsenitlösung und 3 Tropfen 0,01 Mol. OsO_4-Lösung versetzt und darauf mit $KMnO_4$ bis zum elektrometrischen Endpunkt titriert. F. W. Scott nehmen bei großen Mengen Mangan die Oxydation in salpetersaurer Lösung mit $KClO_3$ vor. Der Niederschlag wird mit genau eingestellter, schwefelsaurer H_2O_2-Lösung in Lösung gebracht und das überschüssige H_2O_2 mit $KMnO_4$ zurücktitriert. Das Verfahren ist für Ferromangan, Spiegeleisen und basische Martin-Ofenschlacke geeignet. Bei letzterer ist vor der Mn-Bestimmung jedoch Abscheidung des SiO_2 erforderlich. A. Pinkus und L. Ramakers haben bei dem Verfahren von P. Smith festgestellt, daß die Oxydationsgeschwindigkeit mit der Temperatur und der Anfangskonzentration an $(NH_4)_2S_2O_8$ und $AgNO_3$ zunimmt, daß sie dagegen mit steigender Anfangskonzentration an $Mn^{\cdot\cdot}$ und Säure abnimmt. Bei genügendem Überschuß an $(NH_4)_2S_2O_8$ und nicht zu hoher Temperatur verläuft die Oxydation linear mit der Zeit. Die Reaktion scheint, wie auch aus der beobachteten Induktionsperiode hervorgeht, in 2 Stufen zu erfolgen, deren erste ($2\,Ag' + S_2O_8'' + 2\,H_2O \rightleftarrows Ag_2O_2 + 2\,SO_4'' + 4\,H^{\cdot}$) als langsamere die Gesamtgeschwindigkeit der Reaktion regelt; das gebildete Ag_2O_2 reagiert mit $Mn^{\cdot\cdot}$ nach der Gleichung $2\,Mn^{\cdot\cdot} + 5\,Ag_2O_2 + 4\,H^{\cdot} \rightarrow 2\,MnO_4' + 10\,Ag^{\cdot} + 2\,H_2O$. Für die Mn-Bestimmung nach Smith ergibt sich eine Höchstkonzentration von 10^{-3} g-Atom Mn und 1 g-Äquivalent HNO_3 oder H_2SO_4, eine Mindestkonzentration von 0,5 Mol. $(NH_4)_2S_2O_8$ und $5 \cdot 10^{-3}$ Mol. $AgNO_3$ im Liter. Die Oxydation muß bei Beginn der Titration mit As_2O_3 gebremst werden, was am einfachsten durch Zugabe eines Überschusses an H_2SO_4 geschehen kann. Nach A. Pinkus und Ch. Aronsfrau werden nach dem Verfahren von P. Smith bei der Titration mit $NaAsO_2$-Lösung auf einige Zehntel Prozent genaue Ergebnisse erhalten, wenn der Faktor $As_2O_3 : MnO_4 = 0{,}916$ gesetzt wird. Fe stört auch bei größeren Überschuß nicht, wenn vor der Titration etwas konzentrierte H_3PO_4 zugesetzt wird, um die gelbe Farbe des $Fe^{\cdot\cdot\cdot}$ zum Verschwinden zu bringen. Auf diese Weise läßt sich Mn auch in einem Stahl mit nur 1,5% Mn bestimmen. Auch Ni ist ohne Einfluß auf die Genauigkeit der Titration, wenn eine Konzentration von etwa 1,6 g/l nicht überschritten wird, für Co beträgt die Maximalkonzentration etwa 0,07, für Cr 0,09 g/l. Das Verfahren eignet sich daher auch zur Bestimmung von Mn in Co und Cr enthaltenden Spezialstählen. Zur maßanalytischen Manganbestimmung eignet sich ferner das auf S. 760 beschriebene Oxinatverfahren nach Berg, wobei der Oxinatniederschlag wieder gelöst und mit 0,1 n-Bromat-Bromidlösung, von der 1 cm^3 = 0,000687 g

Mn entspricht, titriert wird. Ferner sei das volumetrische Bestimmungsverfahren erwähnt, bei dem Mangan^{II}-Salz nach R. Lang und Fr. Kurtz, in flußsaurer Lösung bei Anwesenheit von Orthophosphorsäure der induzierten Oxydation durch Chromsäure plus arseniger Säure unterworfen und der entstandene Mangan^{III}-Flußsäurekomplex mit Ferrolösung unter Anwendung von Diphenylamin als Indicator titriert wird. Da Al-, Ca- und Mg-Ionen infolge Adsorption von Manganosalz an den ausfallenden Fluoriden dieser Metallionen störend wirken, ersetzt R. Lang die Flußsäure durch Metaphosphorsäure und die Orthophosphorsäure durch Schwefel- oder Salpetersäure. Bei der induzierten Oxydation bildet sich dann ein Mangan^{III}-methosphosphorsäurekomplex, der selbst gegen starke Schwefelsäure beständig ist. Die chloridfreie Mn-Lösung, die 5—40 cm³ konzentrierte H_2SO_4 oder 10—50 cm³ NO_2-freie konzentrierte HNO_3 enthalten darf, wird auf 180 cm³ verdünnt und mit einer hinreichenden Menge HPO_3, gelöst in 20 cm³ Wasser, versetzt. Nach Zugabe von 0,1 cm³ Diphenylaminlösung (1 g in 100 cm³ konzentrierter H_3PO_4) gibt man unter Schütteln 1,5%iger $K_2Cr_2O_7$-Lösung und As_2O_3-Lösung (15 g As_2O_3 und 10 g Na_2CO_3/l) im Überschuß zu und titriert nach $^1/_2$ Minute mit 0,1 n-$FeSO_4$-Lösung von Rot über Violett und Blau nach Grasgrün. Der rein blaue Farbton wird 2—3 cm³ vor dem Endpunkt erreicht. Die Gegenwart von Mg, Ca, Al, Ni, Co, Ti, Pb, Cu und geringe Mengen W stören nicht. Im letzten Falle ist Diphenylamin-p-sulfosäure als Indicator zu verwenden. In Gegenwart von Fe ist der HPO_3-Zusatz bei geringer Einwaage zu erhöhen. Nach dem Verfahren ist die Neutralisation der schwefelsauren Lösung bei der Mn-Bestimmung nach Cotti überflüssig geworden.

3. Colorimetrische Bestimmung (II/2, 1449). Die colorimetrische Bestimmung wird in der durch Ammoniumpersulfat bei Gegenwart von Silbernitrat zu Permanganat oxydierten salpetersauren Lösung in Photometern oder lichtelektrischen Colorimetern ausgeführt. Vgl. H. Pinsl, G. Thanheiser, H. L. Walters, W. F. Hillebrand, H. Freund, M. Bendig und H. Hirschmüller. Takemaro Yamamoto hat vergleichende Untersuchungen über die Persulfat- und die Perjodatmethode angestellt und gezeigt, daß beide Verfahren gleichwertig sind, wenn auf die Säurekonzentration Rücksicht genommen wird. Beim Persulfatverfahren darf die Lösung höchstens 2 n an H_2SO_4 sein. Ag dient in beiden Verfahren als geeigneter Katalysator. Die Reaktion $Mn^{\cdot\cdot} \rightarrow MnO_4'$ wird durch MnO_4' selbst, also autokatalytisch, beschleunigt. Alten und H. Weiland berichten über die colorimetrische Manganbestimmung mit Persulfat, wonach bei Verwendung von Phosphorsäure an Stelle von Schwefelsäure Silberchlorid nicht stört und größere Mengen zur MnO_4' oxydiert werden können als in schwefelsaurer Lösung. Es unterbleibt hierbei auch die Ausscheidung von Braunstein bei Gegenwart größerer Mengen Kaliumnitrat und Ferrisalze.

Nach E. Kahane und D. Brard ist zur colorimetrischen Bestimmung des Mn besonders das Formalaldoximreagens geeignet, das bei einer Empfindlichkeit von $1 : 5 \cdot 10^7$ eine tagelang beständige Braunfärbung mit Mn liefert. Nach Bach wird dieses aus 40%igem Formol

1 cm³ Hydroxylamin-HCl 2 g und 50 cm³ Wasser hergestellt. Störendes Fe kann durch $Zn(OH)_2$ entfernt werden.

Endlich sei noch eine Mikroschnellmethode nach I. M. Korenman angeführt, bei der in einer Reihe von mit einer 5-cm³-Marke versehenen Probiergläschen gleichen Durchmessers 1 oder 2 cm³ der Probelösung mit je 1 cm³ 10%iger $(NH_4)_2S_2O_8$-Lösung, je 0,5 cm³ 3 n-HNO_3 und 1 cm³ 0,1 n-$AgNO_3$-Lösung versetzt und auf 5 cm³ verdünnt werden. Nach kurzem Aufkochen im Wasserbad wird abgekühlt. Zum Vergleich wird ein weiteres Proberöhrchen mit 5 cm³ Wasser beschickt und aus einer Mikrobürette tropfenweise 0,01—0,15 n-$KMnO_4$ zugesetzt, bis Farbgleichheit besteht. Bei Mn-Gehalten unter 15 γ wird 0,001—0,0015 n-$KMnO_4$-Lösung verwandt. Aus den verbrauchten Kubikzentimetern $KMnO_4$-Lösung läßt sich der Mn-Gehalt der Probe leicht berechnen. Absoluter Fehler im Mittel etwa 2 γ. Fe(2), Fe(3), Ni, Co, Zn, Al und Cu stören nicht. In Gegenwart von viel Fe empfiehlt sich ein Zusatz von H_3PO_4. Co muß in der Vergleichlösung berücksichtigt werden. Pb wird als $PbSO_4$ abzentrifugiert. Cl ist durch Zusatz von überschüssigem $AgNO_3$ auszufüllen und durch Zentrifugieren zu entfernen.

4. Sonstige Verfahren. Spektralanalytische, polarographische und mikrochemische Bestimmungsverfahren vgl. auch das Kapitel Eisen (Erg.-Bd. II, S. 634).

II. Trennung des Mangans von anderen Metallen (II/2, 1449).

Vgl. auch W. H. Treadwell, ferner R. Berg. Nach W. F. Sstefanowski ergibt bei der maßanalytischen Manganbestimmung bei Gegenwart von viel Eisen, die von P. Ray und A. K. Chattopadhya ausgearbeitete Trennungsmethode mittels Urotropins sehr gute Ergebnisse für Fe, befriedigende für Mn, ist aber zeitraubend. Besser ist das von Kolthoff und Sandell ausgearbeitete Verfahren zur Bestimmung von Mn nach Oxydation mit Bromat in saurer Lösung und anschließender jodometrischen Bestimmung des gefällten MnO_2. In Gegenwart von Fe und der Metalle der Gruppe III B erhält man befriedigende Ergebnisse bei Verwendung eines großen Überschusses von Bromat und einer Acidität der Lösung, die unter 1,2 n liegt. Bei Abtrennung des Fe durch ZnO-Suspension wird das Analysenergebnis nicht merklich beeinflußt. Als Vorteil vor allen übrigen Mn-Bestimmungsverfahren, mit Ausnahme des potentiometrischen, bietet die beschriebene Methode die Möglichkeit, insbesondere in Spezialstählen Mn in Gegenwart von Cr, Ni, Cu und V zu bestimmen. Nach V. M. Zwenigorodskaja wird Mangan an der Quecksilberkathode nur teilweise abgeschieden. Die Trennung des Mn von Al, Be, Mg u. a. sowie von den fällbaren Metallen Zn, Cr, Fe, Cd u. a. ist daher auf diese Weise nicht möglich. Die Versuche wurden in einer Cain-Zelle unter Verwendung von Hydrazinsulfat als Reduktionsmittel ausgeführt. Dies bestätigt auch N. J. Chlopin. Trotz Änderung der Stromstärke, Zusatz organischer Säuren, von H_3PO_4 und Phosphaten, H_2O_2 usw. wurden in der Lösung noch Mengen von 0,8—8 mg Mn nachgewiesen. Diese Mengen sind allerdings so gering, daß sie eine folgende Al-Bestimmung als Oxychinolat in essigsaurer Lösung nicht beeinflussen. L. Szebellédy und M. Bartfay beschreiben einen Mangannachweis mittels Katalyse, bei dem 4,5 cm^3 der auf Mn zu prüfenden neutralen Lösung in einem Reagensglas mit 0,5 cm^3 gesättigter KJO_4-Lösung versetzt werden. Ein anderes Reagensglas wird mit der gleichen Menge Wasser und KJO_4-Lösung beschickt. Dann läßt man aus einer Bürette mit Feinteilung 0,1 cm^3 0,1%ige frisch bereitete salzsaure p-Phenetidinlösung in beide Gläser zufließen und schüttelt. Bei Gegenwart von Mangan entsteht eine zunehmende violettrote Färbung. Die Vergleichsprobe bleibt anfangs farblos, nach etwa 10 Minuten erscheint eine schwache Rosafärbung. Die Erfassungsgrenze für reine Mn-Salze beträgt 0,001 γ Mn, die Grenzkonzentration $1:5\cdot10^9$. Die Gegenwart von mit NaOH und Tierkohle gereinigtem NaCl stört hier nicht. Das Grenzverhältnis für Mn neben Cl′ beträgt 1 Mn : 10^8 NaCl. — Auch Cr stört nicht, wenn man 0,05 g Na-Acetat in 1 cm^3 der Probelösung löst, mit 10 cm^3 gesättigter KJO_4-Lösung und 0,2 cm^3 der p-Phenetidinlösung versetzt. Der Cr-Gehalt darf 1 mg/cm^3 nicht übersteigen. Grenzverhältnis 1 Mn : 1000 Cr; Fe kann durch Fluoridkomplexbildung unschädlich gemacht werden. Endlich sei auf die ferrometrische Bestimmung von Mangan, Cer, Chrom und Vanadin nebeneinander nach R. Lang und E. Fande verwiesen.

III. Spezielle Methoden.

1. Manganerze und Naturprodukte (II/2, 1450). Nach W. Hiltner werden zur Manganbestimmung in Manganerzen 0,8—1 g mit konzentrierter Salzsäure erwärmt, bis der Rückstand hell geworden ist. Dann wird auf dem Sandbade zur Trockne gedampft, der Rückstand mit etwa 5 cm^3 konzentrierter Salzsäure erwärmt, mit Wasser aufgenommen und die Lösung filtriert. Das feuchte Filter mit dem Löserückstande wird in einem Platintiegel verascht und der Rückstand mit etwa der 6fachen Menge Natriumcarbonat unter Zusatz einiger Körnchen Salpeter, zuletzt über dem Gebläse, verschmolzen. Ist die Schmelze grün, enthält sie also Mangan, so wird sie mit Wasser aufgenommen und die Lösung mit einigen Tropfen Alkohol erwärmt. Das dadurch reduzierte Mangan fällt aus und wird auf ein kleines Filter abfiltriert. Es wird mit einigen Tropfen heißer konzentrierter Salzsäure unter Nachwaschen mit etwas heißem Wasser vom Filter gelöst. Diese Lösung wird mit dem Hauptfiltrate vereinigt. Dieses versetzt man hierauf mit 2 cm^3 konzentrierter Salpetersäure, erhitzt zum Sieden und vertreibt die Stickoxyde durch Verkochen. Dann versetzt man die Lösung so lange mit konzentrierter Natronlauge, bis eine schwache Trübung bestehen bleibt, gibt nun 10 cm^3 konzentrierte Salzsäure und dann in der Kälte 15 g Natriumfluorid hinzu. Darauf wird die Lösung mit Wasser auf 120 cm^3 verdünnt und in der Kälte mit einer 0,1 n-Kaliumpermanganatlösung titriert. Die Reaktion $MnO_4' + 4\,Mn^{\cdot\cdot} + 8\,H^{\cdot} = 5\,Mn^{\cdot\cdot\cdot} + 4\,H_2O$ verläuft gegen das Ende etwas langsamer, so daß man die Einstellung des Gleichgewichtspotentials erst abwarten muß, bevor neue Permanganatlösung hinzugefügt wird. Als Elektropaar dient das Paar Platin/Silberjodid.

Da sich bei dieser Bestimmung kein Niederschlag ausscheidet, ist sie von manchen Fehlermöglichkeiten gegenüber der Volhardschen Methode frei. Voraussetzung für ihr Gelingen ist jedoch, daß die Acidität und der Gehalt an Natriumfluorid der Lösung in den oben angegebenen Grenzen bleibt. Andernfalls ist entweder die Reaktionsgeschwindigkeit oder der Potentialsprung nur sehr klein. Motojiro Sekino bestimmt Mangan in Eisen, Stahl und Erzen in der Weise, daß er die Probe in HNO_3 löst, die Lösung dann mit Na-Bismutat zur Zerstörung organischer Substanzen erhitzt und nach Zusatz von H_2O kocht, wobei das Kochen nicht zu lange ausgedehnt werden darf. Mn wird bei dieser Behandlung in Übermangansäure überführt, die bei bestimmter Temperatur und Konzentration der Lösung mit Ferroammonsulfat titriert wird. S. N. Rosanow und D. W. Woskresenskaja benutzen zur Mn-Bestimmung in Phosphoriten und Apatiten das colorimetrische Verfahren nach Walters, wobei die auftretenden Beimengungen außer großen Mengen Eisen keinen Einfluß haben auf die Färbung, die bei Abwesenheit organischer Stoffe und Cl-Ionen, die bei der Analyse leicht entfernt werden können, sehr haltbar ist. Während die Phosphorite mit Königswasser oder H_2SO_4 aufgeschlossen werden können, wird bei Apatiten eine vollständige Mn-Ausscheidung nur durch einen Soda- oder Flußsäureaufschluß erreicht. W. R. Schoeller und H. W. Webb fällen das Mangan in Tantaliten oder Columbiten in Gegenwart eines NH_3-Überschusses mit Tannin. H. Hauptmann und M. Balconi bestimmen Molybdän in Manganmineralen und MnO_2-Knollen aus Tiefseeablagerungen auf colorimetrischem Wege in der Weise, daß sie 1 g in 40 cm³ HCl (1 : 1) lösen, Chlor durch gelindes Kochen vertreiben, abfiltrieren, das Filtrat zur Trockne verdampfen und den Rückstand mit heißem Wasser und wenig Salzsäure aufnehmen. Die Lösung wird hierauf in einen 100-cm³-Meßkolben, der mit 20 cm³ heißer 16%iger KOH beschickt ist, gegossen, das ausgeschiedene Mn und Fe durch ein trockenes Filter abfiltriert und in aliquoten Teilen das Mangan colorimetriert. Die nach Kassler und Montignie sowie auf spektoskopischem Wege erhaltenen Werte stimmen sehr gut miteinander überein. Damit ist festgestellt, daß in MnO_2-Knollen in Tiefseeablagerungen Mo regelmäßiger Begleiter ist. Nach Ansicht der Verfasser eignen sich aber das Xanthogenatverfahren nach Malovan am wenigsten hierfür, mit der KCNS—$SnCl_2$-Methode nach Kassler lassen sich noch 5 g Mo in 20 cm³-Mischung und nach Montignie nach 20 g Mo sicher erkennen.

N. S. Krupenio führt bei Anreicherungsprozessen die Manganbestimmung in Manganerzen und Halbprodukten in der Weise durch, daß er 0,5 g feingemahlenes Erz in einem 500-cm³-Becherglas mit wenig Wasser und 20 cm³ Königswasser etwa 1 Stunde auf dem Sandbade unter Vermeidung des Siedens erhitzt. Liegen keine schwarzen Punkte mehr vor, werden 10 cm³ H_2SO_4 (1 : 4) zugesetzt und auf dem Sandbad bis zum Auftreten von SO_3-Nebeln eingedampft. Nach Abkühlung der Lösung werden 200 cm³ Wasser zugesetzt, zum Sieden erhitzt, mit 25 cm³ 20%iger $(NH_4)_2S_2O_8$-Lösung versetzt und 15—20 Minuten bis zum Aufhören der Gasentwicklung gekocht. Der Niederschlag (H_2MnO_3) wird auf dem Filter 4mal mit heißem Wasser gewaschen und zusammen mit dem Filter in das Becherglas zurückgebracht, dann mit 100 cm^3 Wasser und 25 cm^3 H_2SO_4 (1 : 4) versetzt und fast zum Sieden erhitzt; nach Zusatz von 50 cm^3 0,1 n-Oxalsäure wird deren Überschuß mit $KMnO_4$ zurücktitriert.

Zur Bestimmung eines Teiles der schädlichen Verunreinigung in Braunstein erhitzen R. Kächele und G. Kächele 100 g Braunstein mit 200 cm^3 der bei seiner Verarbeitung verwandten Elektrolytlösung oder mit einer reinen NH_4Cl-Lösung 4 Stunden lang auf dem Wasserbad unter häufigem Rühren. Die verdampfende Wassermenge wird mehrmals ersetzt; nach dem Abkühlen bringt man die Lösung auf das ursprüngliche Volumen und filtriert. In 100 cm^3 des Filtrats gibt man ein Stück blankes Zn-Blech (5×5 cm), das vom Elektrolyt völlig bedeckt sein muß, und läßt das verschlossene Gefäß etwa 8 Tage stehen. Alle Metalle, die edler sind als Zn, haben sich dann als mehr oder weniger dunkler Niederschlag auf dem Zn-Blech niedergeschlagen. Aus der Tiefe der Färbung läßt sich auf die ungefähre Menge der Verunreinigungen schließen. Ein Blindversuch mit Elektrolyt + Wasser, aber ohne Braunstein, ist erforderlich. Eine angenäherte quantitative Bestimmung ist möglich durch Vergleich mit $CuSO_4$-Lösungen bekannten Gehaltes, die in gleicher Weise auf dem Zn-Blech einwirken.

Nach H. Ditz ist die Bestimmung des „wahren" und des „formalen" Mangandioxydgehaltes im Braunstein aus dem „formalen" sowohl bei den älteren (vgl. Mohr) als bei den neueren Bestimmungsmethoden (vgl. Drotschmann, J. Meyer und Nerlich, Francke und Freitag) an die stillschweigende oder manchmal ausdrücklich gemachte Voraussetzung geknüpft, daß das gesamte Fe im Braunstein als Fe_2O_3 vorliegt. Da aber im Braunstein das Fe auch als Fe_3O_4 vorkommen kann, so trifft diese Voraussetzung nicht immer zu, wodurch die Bestimmung des wirksamen Sauerstoffs bzw. des formalen MnO_2-Gehaltes unrichtig werden kann. Naturgemäß wird es von dem Verwendungszweck des Braunsteins abhängen, ob und in welchem Ausmaße die dadurch bedingte Fehlerquelle für die Bestimmung des wahren MnO_2-Gehaltes praktisch von Bedeutung ist. Neben der Reaktionsfähigkeit des Fe_3O_4 unter den für die Bestimmung des Sauerstoffs gegebenen Verhältnissen wird auch seine relative Menge von Einfluß sein. Jedenfalls wird bei hochwertigen eisenarmen Braunsteinsorten, da selbst bei vollständiger Oxydation des Ferroeisens 2 Fe_3O_4 für die Reduktion von 1 MnO_2 erforderlich sind, der zu ermittelnde wahre MnO_2-Gehalt dadurch nur wenig beeinflußt werden. Grundsätzlich wäre aber für eine genaue Bestimmung des „wahren" MnO_2-Gehaltes diese mögliche Fehlerquelle zu berücksichtigen. Die Bestimmung des Oxydationswertes von Braunstein kann auf dreierlei Weise geschehen: 1. nach dem Ferrosulfatverfahren, 2. nach dem jodometrischen Verfahren nach Bunsen, oder 3. nach Rupp, wobei Braunstein unter bestimmten Bedingungen unmittelbar auf Jodwasserstoff einwirkt und das freigewordene Jod titriert wird. Über Arbeitsweisen der 3 Verfahren vgl. H. Biltz und W. Biltz.

Nach H. A. Kar werden zur Bestimmung von Mangan in Chrom-Kobaltlegierungen, Eisen-Kobaltstelliten und Kobaltschnelldrehstählen die Proben in einem Gemisch von H_2SO_4 und HCl gelöst und Fe, C usw.

mit HNO_3 oxydiert. Ein etwa verbleibender Rückstand wird abfiltriert, daraus das WO_3 mit NH_4OH herausgelöst, der Rest durch eine Na_2O_2-Schmelze aufgeschlossen und gelöst. Durch Zusatz einer ZnO-Aufschlämmung im Überschuß fallen Fe, Cr usw. aus. Zum Filtrat wird HNO_3 und dann NH_4OH im Überschuß zugefügt, so daß alles Zn in Lösung geht. Darauf wird mit $(NH_4)_2S_2O_8$ oxydiert, wobei Mn als MnO_2 fällt, während Co in seiner höchsten Oxydationsstufe in Lösung bleibt. Das filtrierte MnO_2 geht bei der Einwirkung von HNO_3 und $NaNO_2$ in $Mn(NO_3)_2$ über. Durch Zusatz von Na-Bismutat findet eine Oxydation zu $HMnO_4$ statt, die mit Na_3AsO_3 titriert wird.

J. Brinn bestimmt Blei, Kupfer und Mangan in Manganbronzen durch Ausscheiden der Pb als $PbSO_4$, das Kupfer colorimetrisch nach vorheriger Fällung als Cu_2S und das Mangan, das zunächst mit $(NH_4)_2S_2O_8$ in MnO_2 überführt wird, mit $Na_2NH_4PO_4$ als $Mn_2P_2O_7$. Endlich wird zur Bestimmung von Mangan in Wolfram und Ferrowolfram nach G. F. Smith, J. A. McHard und K. L. Olson 1 g der feingepulverten Probe in einen mit Rückflußkühler versehenen 500 cm³ fassenden Kolben eingewogen, mit 30 cm³ eines Teiles 72%iger $HClO_4$ und zweier Teile 85%iger H_3PO_4 auf 190°, wo die Lösung beginnt, und weiter auf 200 bis 215° erhitzt. Nach 45—60 Minuten ist die Lösung im allgemeinen beendet. Nach dem Abkühlen verdünnt man auf 200 cm³, setzt zu Mn-Oxydation 0,3 g KJO_3 hinzu, kocht 15 Minuten, kühlt ab, fällt das überschüssige JO_3' mit $Hg(NO_3)_2$, filtriert durch einen Büchner-Trichter in eingestellte $FeSO_4$-Lösung und titriert den $FeSO_4$-Überschuß mit $KMnO_4$ zurück. Oder man versetzt die in gleicher Weise gelöste Probe mit 20 cm³ konzentrierter HNO_3; Cl, HCl und NO_2 wird durch Kochen vertrieben und abgekühlt. Eine etwaige Violettfärbung der Lösung ist durch etwas $FeSO_4$-Lösung zu entfärben. Nach Zusatz von 15 cm³ konzentrierter H_2SO_4 wird aufgekocht, mit Na-Bismutat bis zur beginnenden Rosafärbung versetzt, die Färbung mit etwas $FeSO_4$-Lösung zurückgenommen und nach 10 Minuten in eingestellte $FeSO_4$-Lösung filtriert. Der Überschuß des $FeSO_4$ wird mit $Ce(SO_4)_2$ und Diphenylaminsulfosäure als Indicator zurücktitriert.

2. Mangansalze (II/2, 1455). Vgl. auch E. Merck.

F. C. Lutts bestimmt das Mangan in kaustischer Soda durch Überführung des Mn in MnO_4 mit Ammonpersulfat und $AgNO_3$ und Titration mit As_2O_3-Lösung, bei einer Einwaage von 25 g.

N. A. Clark berichtet über die Bestimmung kleiner Mengen Mangan in Salzlösungen auf colorimetrischem Wege bei Gegenwart von KNO_3, Ca-Phosphaten, $MgSO_4$, $FeCl_3$ oder Fe-Citrat. Die Oxydation erfolgt mit KJO_4, am besten in H_3PO_4 enthaltender Lösung. Über die Bestimmung mit Benzidin vgl. Stratton, Ficklen und Hough.

Über die Bestimmung von Mangansalzen neben Chromsalzen vgl. J. H. van der Meulen, ferner B. L. Vaish und M. Prasad.

3. Sonstiges. Zur Manganbestimmung in Geweben nach W. Hiltner wird das Mangan mittels Ammoniumpersulfat zu Kaliumpermanganat oxydiert und colorimetrisch bestimmt. Bei Gegenwart von Chrom wird das Mangan durch Ammoniak und Perhydrol zunächst als Mangansuperoxyd ausgefällt.

P. Bruère berichtet endlich über eine colorimetrische Bestimmung des Mangans in Anwendung auf die Untersuchung von Mehlen und Broten, die auch geeignet ist zur Kontrolle der Ausmahlungsanteile in der Mühle und zur Festlegung von Grenzzahlen und Normen für Mehltypen.

A. Ponte und R. Allegrini bestimmen Mangan in pflanzlichen Produkten durch Veraschen des Materials und Digerieren desselben in einem mit Uhrglas bedeckten Becherglase mit konzentrierter HNO_3 in der Wärme während längerer Zeit. Hiernach wird zum Sieden erhitzt, nach dem Verdünnen mit Wasser und unter Nachbehandlung des Ungelösten mit verdünnt. HNO_3 abfiltriert, das Filtrat stark eingeengt und schließlich mit Wasser auf 100 cm^3 gebracht. Je 25 cm^3 der Versuchs- und Vergleichslösung werden nach dem Versetzen mit 5 cm^3 konzentrierter HNO_3 auf kleiner Flamme eben zum Sieden erhitzt, von der Flamme entfernt, mit 0,5 g PbO_2 versetzt und 3 Minuten lang aufgekocht. Nach Abkühlen unter fließendem Wasser überführt man die Lösung in einen 100 cm^3 fassenden Hahnzylinder, spült bis auf 60 cm^3 nach und mischt durch. Nach 4—5 Stunden haben sich die Lösungen geklärt und lassen sich colorimetrisch vergleichen.

T. G. Thompson und T. L. Wilson dampfen zur Bestimmung des Mangans 1 l gut filtriertes Meerwasser ein, entfernen die Halogenide durch Abrauchen mit H_2SO_4 und bestimmen das Mn nach der Perjodatmethode. Der Mangangehalt im Meerwasser schwankt zwischen 0,2 bis $1{,}8 \cdot 10^{-4}$ Milligrammatomen per Kilogramm; in der Planktonasche wurden 0,07%, im Bodenschlamm 0,05—0,30% Mn ermittelt.

Elji Hamamoto geben zur Manganbestimmung in biologischen Materialien eine Mikrobestimmung auf polarographischem Wege, wonach nach Veraschung der Proben, zur Entfernung von Fe und Zn die $MnCl_2$-Lösung mittels Hg-Tropfkathode elektrolysiert wird. Die Empfindlichkeitsgrenze der Methode liegt bei 0,02—0,01 γ.

Über ein spektralanalytisches Verfahren zur Bestimmung von Mn in Nahrungsmitteln und Organen berichten T. C. Boyd und N. K. De.

C. C. Fulton führt den Nachweis von Mangan mit Aspirin, wonach 0,1 g + 5 cm^3 der auf Mangan zu prüfenden Lösung + je 0,5 cm^3 H_2O_2 3%ige Lösung und NH_3-Lösung (konzentriert + 2 Teile Wasser) oder mit 0,3 g Salicylsäure, gelöst in 1 cm^3 NH_3-Lösung + 0,5 cm^3 H_2O_2-Lösung und Zusatz der auf Mn zu prüfenden Lösung (nicht konzentrierter als 1 : 10000 (Aspirin) bzw. 1 : 50000 (Salicylsäure) nachweisen. Empfindlichkeit: 1 : 10^7.

Zur Prüfung des Mangans in Most und Wein werden nach C. von der Heide und K. Hennig 100 cm^3 Wein mit $H_2SO_4 + HNO_3 + H_2O_2$ mineralisiert, die Fremdkörper abgeschieden und uncolorimetrisch bestimmt.

Literatur.

Alten u. H. Weiland: Ztschr. f. Pflanzenern. A **30**, 193 (1933); Chem. Zentralblatt **1933 II**, 2046. — Augusti: Ann. Chim. appl. **24**, 535 (1934); Chem. Zentralblatt **1935 I**, 3573.

Babkin, M. P.: Ukrain. chem. Journ. 8, 179 (1934); Chem. Zentralblatt **1935 I**, 2567. — Bach: C. r. d. l'Acad. des sciences **128**, 363 (1899). — Bendig, M.

u. H. Hirschmüller: Ztschr. f. anal. Ch. **92**, 1 (1933); Chem. Zentralblatt **1933 I**, 2435. — Berg, E.: Ztschr. f. anal. Ch. **76**, 202 (1929). — Berg, R.: Das o-Oxychinolin, S. 68, 70, 74. Stuttgart 1935. — Biltz, H. u. W. Biltz: Ausführung quantitativer Analysen, S. 208. Leipzig 1930. — Boyd, T. C. u. N. K. De: Chem. Zentralblatt **1934 I**, 1676. — Brinn, J.: Chemist-Analyst **22**, 14 (1933); Chem. Zentralblatt **1934 I**, 1222. — Bruère, P.: Ann. des Falsifications Fraudes **27**, 150 (1934); Chem. Zentralblatt **1934 II**, 860.

Chlopin, N. J.: Ztschr. f. anal. Ch. **107**, 104 (1936); Chem. Zentralblatt **1937 I**, 1207. — Clark, N. A.: Ind. and Engin. Chem., Anal. Ed. **5**, 241 (1933); Chem. Zentralblatt **1933 II**, 2709.

Denigès, G.: Bull. Trav. Soc. Pharmac. **70**, 101 (1932); Chem. Zentralblatt **1933 I**, 2145. — Dick, J.: Ztschr. f. anal. Ch. **71**, 79 (1927); **112**, 356 (1938). — Ditz, H.: Ztschr. f. anorg. u. allg. Ch. **219**, 113 (1934); Chem. Zentralblatt **1934 II**, 3149. — Drotschmann: Chem. Zentralblatt **1932 I**, 3325.

Feigl, F.: Qualitative Analyse mit Hilfe von Tüpfelreaktionen. Leipzig 1938. — Foschini, A.: Ann. Chim. appl. **23**, 294 (1933); Chem. Zentralblatt **1933 II**, 1723. — Francke u. Freitag: Chem. Zentralblatt **1934 I**, 359. — Freund, H.: Leitfaden der colorimetrischen Methoden, S. 195. 1928. — Fulton, Ch. C.: Chem. Zentralblatt **1933 I**, 2984. — Funk, H. u. M. Demmel: Ztschr. f. anal. Ch. **96**, 385 (1934).

Hamamoto, Elji: Coll. Trav. chim. Tchécoslovaque **6**, 325 (1934); Chem. Zentralblatt **1935 I**, 1345. — Hauhtmann, H. u. M. Balconi: Ztschr. f. anorg. u. allg. Ch. **214**, 380 (1933); Chem. Zentralblatt **1934 I**, 88. — Heide, C. von der u. K. Hennig: Ztschr. f. Unters. Lebensmittel **66**, 341 (1933); Chem. Zentralblatt **1933 II**, 3496. — Hillebrand, W. F.: The Analysis of Silicates and Carbonate Rocks, p. 117. Washington 1910. — Hiltner, W.: (1) Ausführung potentiometrischer Analysen, S. 114. Berlin 1935. — (2) Ztschr. f. anal. Ch. **110**, 1241 (1937).

Jaffe, E.: Ann. Chim. appl. **22**, 737 (1932); Chem. Zentralblatt **1933 I**, 3221. — Jensen: Ztschr. f. anal. Ch. **109**, 178 (1937); Chem. Zentralblatt **1937 I**, 2218.

Kächele, R. u. G.: Chem. Zentralblatt **1938 II**, 2801. — Kahane, E.: Ann. Chim. analyt. Chim. appl. (3) **17**, 175 (1935); Chem. Zentralblatt **1935 II**, 3135. — Kahane, E. et D. Brard: Bull. Soc. Chim. biol. Paris **16**, 710 (1934); Chem. Zentralblatt **1934 II**, 3016. — Kar, H. A.: Chemist-Analyst **24**, 6 (1935); Chem. Zentralblatt **1935 II**, 2410. — Kolthoff u. Sandell: Chem. Zentralblatt **1930 I**, 559. — Korenman, J. M.: Mikrochemie **15**, 289 (1934); Chem. Zentralblatt **1934 II**, 3653. — Krupenio, N. S.: Betriebs-Labor. (russ.) **3**, 268 (1934); Chem. Zentralblatt **1935 II**, 726.

Lang, R.: Ztschr. f. anal. Ch. **102**, 8 (1932); Chem. Zentralblatt **1935 II**, 3135. — Lang, R. u. E. Fande: Ztschr. f. anal. Ch. **108**, 181 (1937). — Lang, R. u. Fr. Kurtz: Ztschr. f. anal. Ch. **181**, 111 (1929). — Lutts, F. C.: Chemist-Analyst **22**, 14 (1933); Chem. Zentralblatt **1934 I**, 578.

Merck, E.: Prüfung der chemischen Reagenzien auf Reinheit, S. 210. Darmstadt 1931. — Meulen, J. H. van der: Rec. trav. chim. Pays-Bas **51**, 369—373 (1932); Chem. Zentralblatt **1932 II**, 411. — Meyer, J. u. Nerlich: Chem. Zentralblatt **1921 III**, 932.

Park, B.: (1) Ind. and Engin. Chem. **18**, 597 (1926); Chem. Zentralblatt **1926 II**, 800. — (2) Ind. and Engin. Chem., Anal. Ed. **7**, 427 (1935); Chem. Zentralblatt **1937 I**, 1207. — Pinkus, A. et Ch. Aronsfrau: Bull. Soc. Chim. Belgique **41**, 549 (1932); Chem. Zentralblatt **1933 I**, 1658. — Pinkus, A. et L. Ramakes: Bull. Soc. Chim. Belgique **41**, 529 (1932); Chem. Zentralblatt **1933 I**, 1658. — Pinsl, H.: Arch. f. Eisenhüttenwes. **10**, 139 (1936/37). — Ponte, A. u. R. Allegrini: Chem. Zentralblatt **1933 II**, 649.

Ray, P. u. A. K. Chattopadhya: Chem. Zentralblatt **1928 I**, 1684. — Rosanow, S. N. u. D. W. Woskresemkaja: Ztschr. f. Pflanzenernähr. A **35**, 140 (1934); Chem. Zentralblatt **1935 I**, 140.

Schoeller, W. R. and H. W. Webb: Analyst **59**, 667 (1934); Chem. Zentralblatt **1935 I**, 1592. — Scott, F. W.: Chemist-Analyst **21**, 6 (A 32); Chem. Zentralblatt **1933 I**, 818. — Sekino, M.: Chem. Zentralblatt **1934 II**, 1498. — Smith, G. F., J. A. McHard and K. L. Olson: Ind. and Engin. Chem., Anal. Ed. 8, 350 (1936); Chem. Zentralblatt **1937 I**, 1207. — Smith, P.: Chem. News **90**, 232 (1934). — Stratton, Ficklen u. Hough: Chem. Zentralblatt

1932 II, 746. — Sstefanowski, W. F.: Chem. Journ., Ser. B. Journ. angew. Chem. (russ.) 7, 1288 (1934); Chem. Zentralblatt **1935 II**, 1409. — Szebellédy, L. u. M. Bartfay: Ztschr. f. anal. Ch. **106**, 408 (1936); Chem. Zentralblatt **1937 I**, 1206.

Tananaeff, N. A.: Ztschr. f. anal. Ch. **107**, 343 (1936); Chem. Zentralblatt **1937 I**, 3994. — Thanheiser, G. u. J. Heyes: Arch. f. Eisenhüttenwes. **11**, 31—40 (1937/38). — Thompson, Th. G. and Th. L. Wilson: Journ. Amer. Chem. Soc. **57**, 233 (1933); Chem. Zentralblatt **1933 I**, 3966. — Treadwell, F. P.: Kurzes Lehrbuch der analytischen Chemie, S. 141 bzw. 153. 1920. — Treadwell, W. D.: Tabellen und Vorschriften für quantitative Analysen, S. 55. Leipzig 1938.

Vaish, B. L. and M. Prasad: Analyst **58**, 148, 149 (1933). Bombay, Roy. Inst. of Sci.; Chem. Zentralblatt **1933 I**, 2846.

Walters, H. L.: Chem. News **84**, 239 (1901).

Yamamoto, Takemaro: Chem. Zentralblatt **1934 I**, 2625.

Zwenigorodskaja, V. M.: Ztschr. f. anal. Ch. **100**, 267 (1935); Chem. Zentralblatt **1935 I**, 3169.

Molybdän.

Von

Dr. habil. **Fr. Heinrich** und Chefchemiker **Frohw. Petzold**, Dortmund.

Das Molybdän hat in den letzten Jahren als Austauschmetall für das Nickel eine besondere Bedeutung erlangt. Vgl. deshalb auch im Abschnitt „Eisen“ unter IIIE (S. 696) und IIIF (S. 714).

I. Methoden der Molybdänbestimmung.

Hier sei zunächst ein qualitatives Schnellverfahren für die Tropfenbestimmung des Chroms und Molybdäns von S. P. Leiba und M. M. Schapiro genannt. Darnach wird für die Bestimmung des Molybdäns auf die gereinigte und entfettete Oberfläche der Stahlprobe 1 Tropfen Bromlösung (2 g Br und 4 g KBr in 10 g Wasser gelöst) aufgebracht, bis zur Entfärbung des Tropfens gewartet und dann abgegossen. Auf dieselbe Stelle wird 1 Tropfen verdünnte H_2SO_4 (1 : 5) gegeben, 2 bis 3 Minuten gewartet und 1 Tropfen 3%ige wäßrige Lösung des Kaliumxanthogenats zugegeben. Himbeerrote Färbung des Tropfens zeigt Molybdän an.

1. Gewichtsanalytische Bestimmungen (II/2, 1458). Zur Abscheidung des Molybdäns als Sulfid aus saurer Lösung in der Druckflasche nach Milch weisen L. Moser und M. Behr auf Grund eingehender Untersuchungen darauf hin, daß die quantitative Fällung des Molybdäns durch H_2S in der Druckflasche aus beliebig starken schwefelsauren Lösungen nur in verdünnten Lösungen, die höchstens 0,1 g MoO_3/100 cm^3 enthalten, möglich ist.

Ist die Mo-Lösung jedoch konzentrierter, so darf die Lösung höchstens 1 n-schwefelsauer sein, sonst ist die Fällung nicht mehr quantitativ. Wird eine Lösung, die mehr als etwa 0,1 g MoO_3/100 cm^3 enthält und stärker als 1 n-schwefelsauer ist, mit H_2S unter Druck gefällt und filtriert, so ergibt das Filtrat, falls es nicht mehr als 0,1 g MoO_3/100 cm^3 enthält, bei Wiederholung der Fällung die restliche Menge MoS_3.

Bei Ausführung einer Mo-Bestimmung (bei Abwesenheit von anderen Elementen!) wird man freilich wohl nie in so stark schwefelsaurer Lösung arbeiten und es ist daher eine Angabe der höchst zulässigen Acidität nicht unbedingt nötig. Von großer Wichtigkeit ist dies aber bei den Trennungen des Mo von den Metallen der $(NH_4)_2S$-Gruppe (vgl. Moser und Behr).

Die Tatsache, daß bei der Fällung von schwefelsauren Mo-Lösungen beliebiger Konzentration durch H_2S unter Druck die Lösung nicht stärker als höchstens 1 n-schwefelsauer sein darf, läßt sich folgendermaßen erklären: Es ist bekannt, daß die Löslichkeit des Schwefelwasserstoffes im Wasser durch den Zusatz von Salzen eine Verminderung erfährt, und im selben Sinne wirkt auch der Zusatz von Schwefelsäure (McLauchlan). Enthält die Lösung mehr MoO_3 als etwa 0,1 g/100 cm^3, und ist sie dabei stärker als 1 n-schwefelsauer, so bewirkt die größere Menge des gelösten Molybdates, sowie besonders die stärkere Schwefelsäure eine solche Erniedrigung der Löslichkeit des H_2S, daß die von der Lösung absorbierte Menge zur vollständigen Fällung des MoS_3 nicht mehr ausreichend ist.

Filtriert man nun das ausgefallene MoS_3 ab, sättigt das Filtrat nochmals mit H_2S und fällt es unter Druck, so muß — falls das Filtrat nicht mehr als 0,1 g MoO_3/100 cm^3 enthält — die restliche Menge MoS_3 ausfallen.

Über die Überführung des Molybdänsulfids in Oxyd durch Glühen haben P. H. M.-P. Brinton und A. E. Stoppel eingehende Untersuchungen über die Umwandlung in das Oxyd und die Flüchtigkeit von Molybdäntrioxyd [I. vgl. Brinton and Pagel: Journ. Amer. Chem. Soc. **45**, 1460 (1923); Chem. Zentralblatt **1923 IV**, 975] durchgeführt. Als höchste Temperatur, bei welcher MoO_3 sicher ohne Verlust durch Verflüchtigung geglüht werden kann, wurde annähernd 600° gefunden. Feuchtes, mit Schwefelwasserstoffwasser gewaschenes MoS_3 kann in einer Muffel, bestehend aus einem 50-cm^3-Porzellantiegel, der auf seinem Boden eine Asbestplatte von 4 mm Dicke enthält, und einem den Niederschlag enthaltenden auf einem Dreieck in dem äußeren hängenden, zweiten Tiegel, über einem Tirrilbrenner mit einer 12,5 cm hohen Flamme, deren Spitze 8 cm vom Boden der Muffel entfernt ist, vollständig in MoO_3 übergeführt werden, wobei Oxydationsmittel überflüssig sind.

Vergleichende Untersuchungen über die verschiedenen gewichtsanalytischen Molybdänbestimmungsmethoden hat E. Wendehorst ausgeführt, ferner G. R. Delbart und P. Duez.

Nach H. A. Doerner benutzt man zur Molybdänbestimmung als Bleimolybdat $^1/_2$ g Probe bei hochwertigem Material und bis 5 g bei minderwertigem. Die feinpulverisierte Probe wird mit 40 cm^3 HNO_3 + 7 cm^3 starker H_2SO_4 gerade unterhalb des Siedepunktes digeriert und dann bis zur Dampfbildung erhitzt. Nach dem Abkühlen werden 50 cm^3 Wasser zugegeben, durch Erhitzen die löslichen Sulfate gelöst und filtriert. Die meisten Erze enthalten genügend Fe, um alles vorhandene As zu fällen. Ist im Filtrat Fe und Cu vorhanden, so werden sie gefällt. Hierauf gibt man zu der Lösung 5 g Weinsäure, sättigt mit H_2S, filtriert einen etwaigen Niederschlag ab, fällt durch Zusatz eines geringen

Überschusses verdünnter H_2SO_4 das Mo aus und filtriert ab. Das so gewonnene MoS_3 wird in verdünntem Königswasser gelöst, mit NH_3 neutralisiert, 7 cm³ starke HCl + 10 g Ammoniumacetat und 300 cm³ Wasser zugegeben, erhitzt und langsam aus einer Bürette Bleiacetatlösung zugefügt, bis ein Prüfungstropfen mit einer frisch hergestellten Gerbsäurelösung keine Farbenänderung mehr ergibt. Nach Zusatz eines kleinen Überschusses wird $^1/_2$ Stunde erhitzt, das Bleimolybdat abfiltriert und schließlich als $PbMoO_4$ gewogen.

Nach I. S. Ssachijew kann als Schnellmethode die Mo-Bestimmung als $PbMoO_4$ nach dem von Dick aufgestellten Prinzip der Auswaschung des Niederschlages auf dem Gooch- oder Schottiegel mit Wasser, Alkohol und Äther und Trocknen im Vakuumexsiccator ausgeführt werden; auch das Trocknen des Niederschlages im Trockenschrank bei 120° ist zulässig.

Über die Auswaage des Molybdäns als Silbermolybdat haben Le Roy W. McCay gearbeitet und für die Löslichkeit des Silbermolybdats den Wert von 4,4 mg/100 cm³ Wasser bei 25° gefunden. In Gegenwart einer geringen Menge Silbernitrat ist die Löslichkeit praktisch Null. Zur Fällung wird das Alkalimolybdat in 150 cm³ Wasser gelöst, nach Zusatz von 1 Tropfen Methylorange mit H_2SO_4 angesäuert, mit 1 g Na-Acetat versetzt und aufgekocht. Dann setzt man vorsichtig und unter Schütteln $AgNO_3$-Lösung hinzu, bis die überstehende Lösung klar ist, läßt unter häufigem Schütteln abkühlen, filtriert durch einen Neubauer-Tiegel, wäscht mit 0,5%iger $AgNO_3$-Lösung aus, entfernt $AgNO_3$ aus dem Niederschlag mit 96%igem Alkohol und trocknet den Niederschlag bei 110°. Zur völligen Entfernung der letzten Feuchtigkeitsreste ist Erhitzen auf 250° erforderlich.

Endlich hat noch S. D. Steele die Anwendbarkeit des α-Benzoinmonoximverfahrens für bestimmte Legierungen untersucht und die für die Erreichung hoher Genauigkeit erforderlichen besonderen Vorsichtsmaßregeln angegeben.

Balanescu beschreibt ferner ein Bestimmungsverfahren von Molybdän mit o-Oxychinolin.

2. Maßanalytische Bestimmung (II/2, 1460). Über die Titration mit Kaliumpermanganat haben Kassler und Döring eingehend berichtet. Nach Kassler gehört die Reduktion der Molybdänsäure zu Mo_2O_3 durch Zink zu den genauesten und raschesten Bestimmungen des Molybdäns.

Zur Durchführung wird eine salzsaure Lösung der Probe mit 30 bis 70 cm³ $KClO_3$-Lösung (5%ig) oxydiert und mit 50 cm³ Wasser verdünnt; das Chlor wird in etwa 5 Minuten ausgekocht. Der Überschuß der freien Säure wird mit NaOH-Lösung abgestumpft und die klare heiße Lösung unter Umschwenken in einen $^1/_2$-l-Kolben gegossen, in welchem sich 120 cm³ heiße Natronlauge (120 g NaOH in 500 cm³ Wasser) befinden. Man kühlt ab, füllt zur Marke auf, schüttelt gut durch und filtriert durch ein gehärtetes Faltenfilter. 250 cm³ des Filtrats werden in 1-l-Kochkolben gebracht, mit H_2SO_4 (1+1) neutralisiert (es sind etwa 10 cm³ erforderlich), hierauf mit 30 cm³ H_2SO_4 (1+1) versetzt und aufgekocht; die organische Substanz wird mit einigen Kubikzentimetern $KMnO_4$-Lösung oxydiert, die Lösung mit 10 g Zinkpulver versetzt und 15 Minuten reduziert, wobei durch Regulieren der Flamme eine lebhafte Wasserstoffentwicklung einzuhalten ist.

Sofort nach dem Eintragen des Zinkes verfärbt sich die Flüssigkeit lichtbraun, sodann dunkelbraun und schon nach 5 Minuten, je nach der vorhandenen Menge MoO_3, licht- bis dunkelolivgrün. Nach 15 Minuten ist die Reduktion beendet. Der Kolben wird nun zur Verhütung der Rückoxydation mit einem Bunsen-Ventil oder mit einem mit Natriumbicarbonatlösung gefüllten Heberaufsatz nach A. Contat-H. Göckel verschlossen. Man kühlt rasch ab und filtriert die reduzierte Lösung. Ähnlich wie bei der Filtration im Jones-Reduktor. In einen langhalsigen Trichter gibt man etwas Glaswolle und darüber Glasperlen. Das Trichterrohr mündet unter der Oberfläche des Wassers, welches sich in einem darunter befindlichen Becherglas befindet. Durch diese einfache Einrichtung sollte eine rasche Filtration und ein Zurückhalten von allenfalls mit abgegossenen kleinen Zinkteilchen bewirkt werden. In das Becherglas von etwa 600 cm^3 Inhalt, welches sich unter dem Trichter befindet, kommen etwa 150 cm^3 ausgekochtes Wasser. Die Flüssigkeit wird nun aus dem Kolben durch den Trichter gegossen, unter möglichster Belassung des Zinks im Kolben. Hierauf werden Kolben und Trichter 2—3mal mit kaltem, ausgekochtem Wasser gewaschen und die reduzierte Molybdänsäure in bekannter Weise mit $KMnO_4$-Lösung titriert. Die Titration ist beendet, wenn 1 Tropfen Überschuß trotz sehr kräftigen Rührens eine deutliche Rosafärbung hinterläßt. Die Gesamtzeit, die für eine Reduktion samt Filtration und Titration benötigt wird, beträgt 25—30 Minuten.

Allenfalls vorhandenes Vanadin ist unschädlich, da es mit Eisen gemeinsam ausfällt. Chrom und Nickel können zugegen sein, Wolfram dagegen muß abgeschieden werden. Ebenso sind Chloride und Sulfate unschädlich, nur Nitrate dürfen nicht anwesend sein.

Döring hat das Kasslersche Verfahren nachgeprüft und brauchbar gefunden, ebenso ein Verfahren von Reissaus in einer abgeänderten, wesentlich vereinfachten Arbeitsweise.

N. Howell Furman und W. M. Murray haben eine Methode zur Bestimmung des Molybdäns durch Reduktion mit Quecksilber und Titration mit Cerisulfat angegeben. Bei einer Untersuchung über die Luftbeständigkeit 5wertiger Mo-Lösungen stellte sich heraus, daß die Lösungen sich in einigen Stunden nur sehr wenig verändern, daß sie aber über Tage und Wochen verhältnismäßig unbeständig sind. Weiter wurde festgestellt, daß MoO_3-Lösungen quantitativ zum 5wertigen Mo reduziert werden können, wenn sie 5 Minuten mit metallischen Hg in 2—3,5 n-HCl geschüttelt werden. Durch Filtration kann das Quecksilber von der Lösung getrennt und nach dem Waschen wieder verwendet werden. Die 5wertige Mo-Lösung kann mit Cerisulfat unter Benutzung des o-Phenanthrolin-Ferrokomplexes als Indicator bei einer Säurekonzentration von etwa 2 n-HCl bei Zimmertemperatur titriert werden.

Endlich hat P. Spacu die Reaktion $MoO_4'' + 2\,Ag^{\cdot} \rightarrow Ag_2MoO_4$, bei der das weiße Silbersalz ausfällt, in bezug auf ihre Anwendbarkeit zur elektrometrischen Bestimmung des Mo untersucht. Wegen der großen Löslichkeit in Wasser wurden Alkohol-Wasserlösungen angewendet. Selbst in 40—50% alkoholischer Lösung bewirkt aber die Löslichkeit des Molybdats noch eine Verschiebung des Wendepunktes in der Kurve. Bei Verwendung eines Ag-Fadens als Indicatorelektrode, einer Kalomelektrode als Vergleichselektrode und von 0,1 Mol. Lösung des von Na_2MoO_4 und 0,2 Mol. Lösung von $AgNO_3$ wird bei dem Anfangspotential 0,180 V das Umschlagspotential zu 0,283 V gefunden. Die Fehlergrenze ist 1% gegenüber 3% bei Verwendung wäßriger Lösungen.

Über neue Wege zur oxydimetrischen Bestimmung von Molybdän berichten R. Lang und St. Gottlieb (Handbuch für das Eisenhüttenlaboratorium, S. 101. Düsseldorf 1939), ferner B. Stehlik.

3. Colorimetrische Bestimmung (II/2, 1460). Diese Verfahren haben eine besondere Entwicklung durchgemacht in den Laboratorien der Stahlindustrie. So bestimmt A. Travers Molybdän in Gegenwart anderer Elemente; indem er 1 g der Probe in 25—40 cm³ HNO_3 (1+1) und 10 cm³ H_3PO_4 auflöst, aufkocht, tropfenweise mit 1 cm³ HF versetzt, mit 2 g $(NH_4)_2S_2O_8$, oxydiert, auf 100 cm³ verdünnt, mit Amylacetat ausschüttelt und mit Lösungen bekannten Mo-Gehaltes vergleicht. Diese werden aus Na_2MoO_4 durch Reduktion mit $SnCl_2$, Zusatz von KCNS und Ausschütteln mit Amylacetat hergestellt. Die Färbungen der Vergleichslösungen sind nicht lange haltbar.

L. C. Hurd und H. O. Allen stellten an Hand zahlreicher Versuche fest, daß die günstigsten Konzentrationen zur einwandfreien colorimetrischen Mo-Bestimmung nach dem KCNS—$SnCl_2$-Verfahren folgende sind: 5,0% HCl, 0,6% KCNS und $SnCl_2$ über 0,1%. Die Gegenwart von H_2SO_4 stört zuweilen. Die Extraktion ist 5 Minuten nach Zusatz der Reagenzien vorzunehmen. Butylacetat als Extraktionsflüssigkeit hat sich gegenüber Äther oder Cyclohexanol nicht bewährt.

L. H. James empfiehlt zur colorimetrischen Bestimmung von Molybdän im Stahl folgendes Verfahren: 0,1 g des zu untersuchenden Stahls oder Eisens werden in 5 cm³ HNO_3 (1,13) und 5 cm³ 60%iger $HClO_4$ gelöst. Dasselbe geschieht mit einer Probe, deren Mo-Gehalt bekannt ist. Man kocht noch 10 Minuten, bis reichlich weiße Dämpfe entweichen, kühlt ab und gibt 15 cm³ Wasser hinzu. Dann werden 5 cm³ einer wäßrigen Lösung von 50 g NaSCN in 1000 cm³ Wasser zugegeben. Das Ganze wird in einen Scheidetrichter übergeführt, wobei mit einer salzsauren Lösung von $SnCl_2$ und dann mit 20 cm³ Butylacetat nachgespült wird. Das Flüssigkeitsgemisch wird 1 Minute lang geschüttelt, die wäßrige Flüssigkeit abgelassen, weiter 5 cm³ NaSCN-Lösung und 15 cm³ $SnCl_2$-Lösung zugefügt und wieder 1 Minute geschüttelt. Ein eventuell entstandener Niederschlag von CuSCN wird abfiltriert und die von Molybdänrhodanid herrührende Braunfärbung im Colorimeter quantitativ ausgewertet. Vgl. weiter O. Keune, ferner G. A. Pantschenko.

II. Trennung des Molybdäns von anderen Metallen (II/2, 1460).

Hier sei bezüglich der Trennung von den Metallen der Schwefelammongruppe durch Schwefelwasserstoff unter Druck auf die grundlegenden Arbeiten von L. Moser und M. Beer verwiesen, die die Fällungsbedingungen für Molybdän durch Schwefelwasserstoff in der Druckflasche bei Gegenwart von verdünnter Schwefelsäure genau durchgearbeitet und erkannt haben, daß die Abscheidung des Molybdänsulfids aus beliebig starken schwefelsauren Lösungen nur für verdünnte Lösungen gilt, die höchstens 0,1 g MoO_3/100 cm^3 enthalten; ist mehr Molybdän vorhanden, dann darf die Lösung höchstens 1 n-schwefelsauer sein. Die Trennung des Molybdäns vom Zink, Nickel, Kobalt und Eisen ist quantitativ nur dann durchführbar, wenn die Lösung mindestens 5 n-schwefelsauer — bei Eisen 2,5 n- und beim Aluminium 1 n-sauer ist und nicht mehr als 0,1 g MoO_3/100 cm^3 (beim Aluminium unbeschränkt) vorhanden ist. Die Trennung des Molybdäns vom Uran in $^1/_2$ n-schwefelsaurer Lösung ergibt in weiten Grenzen gute Ergebnisse.

Eine weitere Überprüfung der einschlägigen Verfahren gibt W. Werz.

Endlich haben sich auch A. E. Stoppel, Ch. F. Sidener und P. H. M. P. Brinton mit der Trennung von Vanadin und Molybdän eingehend beschäftigt und festgestellt, daß die Abtrennung des Molybdäns als Sulfid durch Schwefelwasserstoff unter Druck die bessere Methode ist. Es bleibt zwar eine geringe Menge Molybdän in Lösung, da aber das Molybdänsulfid immer etwas Vanadin einschließt, findet eine Fehlerkompensation statt. Fällt man die Lösung von Molybdän und Vanadin mit Ammonsulfid, 2—3 g Weinsäure und Salzsäure, so ist zwar die Fällung des Molybdäns quantitativ; da der Niederschlag aber auch Vanadin enthält, ist der Molybdänwert zu hoch. Anstatt Ammonsulfid direkt zuzusetzen, leitet man auch besser Schwefelwasserstoff in die ammoniakalische Lösung. Wird bei der zweiten Methode der Niederschlag wieder aufgelöst und nochmals gefällt, so erhält man gute Resultate.

III. Spezielle Verfahren.

1. Mineralien (II/2, 1461). Nach E. B. Sandell wird zur Bestimmung von Chrom, Vanadin und Molybdän in Silicatgesteinen 1 g der feingepulverten Probe mit Na_2CO_3 aufgeschlossen, die wäßrige Lösung der Schmelze zur Reduktion des Mn mit Alkohol versetzt, filtriert und auf 1 l verdünnt. — Mo wird in einem Teil der Sodalösung bestimmt, indem man diese mit HCl ansäuert, KCNS und $SnCl_2$ hinzusetzt, das Mo-Rhodanid mehrfach mit Äther auszieht und die Färbung des Äthers colorimetrisch mit einer eingestellten $Mo(CNS)_3$-Lösung vergleicht. Erfassungsgrenzen: für V 0,002%, für Cr 0,001%, für Mo 0,003%. Die Methode ist für alle Eruptivgesteine anwendbar.

Eine einfache potentiometrische Methode zur schnellen Bestimmung von Molybdän in Erzen und Gesteinen hat F. Krüll als am meisten geeignet für die stannometrische Mo-Bestimmung in Erzen und Gesteinen angegeben: Das Material wird mit Na-K-Carbonat, Soda + Na_2O_2

oder Soda + $KClO_3$ im Pt- bzw. Ni-Tiegel aufgeschlossen und mit Wasser bzw. 5%iger NaOH ausgezogen. Nach dem Filtrieren wird die klare Lösung mit HCl schwach angesäuert, mit einer etwa der 10fachen Menge von P und As entsprechenden Menge $FeCl_3$ versetzt und kochend heiß in konzentrierte heiße NH_4OH-Lösung eingegossen. Der entstandene Niederschlag (Mitfällung von P und As) wird auf der Nutsche abgesaugt und gut mit 5%iger NH_4OH-Lösung ausgewaschen. Das NH_3 wird aus dem Filtrat vertrieben, dann wird wieder angesäuert, wiederum $FeCl_3$-Lösung hinzugesetzt, nach dem Erhitzen mit etwa 20%iger Na_2SO_3-Lösung zur Reduktion eines Teiles des $Fe^{\cdot\cdot\cdot}$ versetzt und schließlich kochend heiß in heiße NaOH-Lösung eingegossen (Näheres bei Dickens und Brennecke). Der erhaltene Niederschlag (Mitfällung von Co, V und Mn) wird mit 5%iger NaOH-Lösung ausgewaschen, das Mo-haltige Filtrat wird mit HCl neutralisiert, aliquote Teile werden mit H_3PO_4 zur Ausschaltung des störenden Wolframates versetzt, stark mit konzentrierter HCl angesäuert und bei 70° in CO_2-Atmosphäre mit eingestellter $SnCl_2$-Lösung potentiometrisch titriert.

Bei der Ermittlung des Molybdän- und Wolframgehaltes von Gesteinen haben G. v. Hevesy und R. Hobbie gezeigt, daß es nicht möglich ist, WO_3 und MoO_3 aus Gelen, die aus einer Mischung von SiO_2, $Fe(OH)_3$ und $Al(OH)_3$ bestehen, mit alkalischen Waschflüssigkeiten oder mittels in saurer Lösung beständiger Komplexe quantitativ herauszuholen. Auch mit alkoholischer HCl werden keine befriedigenden Ergebnisse erzielt. Als brauchbar erwies sich ein Sublimationsverfahren: Die feingepulverten Gesteine werden mit NaOH aufgeschlossen, der Schmelzkuchen in Wasser gelöst, mit HCl angesäuert, mit H_2O_2 oxydiert und nach Zugabe überschüssiger $BaCl_2$-Lösung mit NaOH-Lösung gefällt. Der Niederschlag wird sofort filtriert, mit Aceton entwässert und im HCl-Strom von Aceton völlig befreit. Dann wird HCl durch Cl_2 ersetzt und die Temperatur des Supremaxrohres langsam auf 600° gesteigert. Das Sublimat, das noch große Mengen Fe und Al neben W und Mo enthält, wird in verdünnter HCl gelöst und aus der Lösung Mo (mit Cu als Spurenfänger) als Sulfid gefällt und filtriert. Nach Lösung des Sulfidniederschlages wird Cu elektrolytisch entfernt, die Lösung eingeengt und Mo mit Phenylhydrazinschwefelsäure (vgl. Montignie) colorimetrisch bestimmt. Das Filtrat der Sulfidfällung wird alkalisch gemacht, eingedampft, getrocknet und im Rückstand W röntgenoskopisch bestimmt.

2. **Legierungen** (II/2, 1466). Zur Bestimmung von Molybdän in Gußeisen hat E. Taylor-Austin die von C. Thompson und J. Stott zusammengestellten gewichtsanalytischen Verfahren einer kritischen Untersuchung unterzogen und die genauen Fällungsbedingungen, unter denen das Bleimolybdatverfahren, die Fällung als Sulfid und mit α-Benzoinmonoxim gleich gute und vergleichbare Werte geben, festgelegt. Da diese Bestimmungsverfahren für andere Materialien gleich gut brauchbar sind, seien die verschiedenen Verfahren für Gußeisen eingehend beschrieben. Nach dem Bleimolybdatverfahren werden 2 g Bohrspäne mit 35 cm³ konzentrierter Salzsäure behandelt. Sobald die Reaktion aufhört, wird mit wenig konzentrierter Salpetersäure oxydiert,

das Königswasser durch Kochen zerstört, verdünnt und das Unlösliche (Graphit, Kieselsäure usw.) auf ein mit Filterfasern beschicktes Filter abfiltriert und mit heißem Wasser gut ausgewaschen. Das Filter mit dem Rückstand gibt man in einen 750-cm^3-Erlenmeyerkolben, der 150 cm^3 2 n-Natronlauge enthält, und erhitzt zum Sieden. Indessen stumpft man das saure Filtrat mit verdünnter Natronlauge ab, bis die Lösung tiefrotbraun wird, ohne einen Niederschlag zu enthalten. Diese Lösung wird auf 60° C erwärmt; dann läßt man sie durch einen Scheidetrichter langsam zu der kochenden Natronlauge mit dem Unlöslichen hinzu laufen, wobei andauernd geschwenkt werden muß. Der Scheidetrichter wird nachgespült, die natronalkalische Mischung nochmals kräftig durchgeschüttelt und in einen 500-cm^3-Meßkolben übergespült. Dort füllt man mit heißem Wasser zur Marke auf, gibt noch 2 cm^3 mehr als Ausgleich für den Niederschlag hinzu, mischt durch, gießt in den 750-cm^3-Erlenmeyerkolben zurück und mißt die Temperatur. Nachdem sich der Niederschlag etwas abgesetzt hat, gießt man durch ein dichtes Doppelfilter ab und entnimmt 250 cm^3 Filtrat (= 1 g Einwaage), die man wieder auf die vorher gemessene Temperatur gebracht hat. In einem 600-cm^3-Becherglas säuert man diese Lösung mit 30%iger Essigsäure gegen Lackmus eben an, fügt 20 cm^3 Essigsäure mehr hinzu, dann entsprechend dem Phosphorgehalt der Probe 25—30 g Ammonchlorid, erhitzt zum Sieden, versetzt mit 20 cm^3 4%iger Bleiacetatlösung und kocht 1 Minute lang. Der entstandene Niederschlag wird mit zugesetzten Filterfasern auf ein dichtes Filter abfiltriert, etwa 10mal mit heißer 2%iger Essigsäure ausgewaschen, bei einer 600° C nicht übersteigenden Temperatur verglüht und als $PbMoO_4$ gewogen. Eine Umfällung des gewogenen Bleimolybdats ist hierbei überflüssig.

Bei dem Sulfidverfahren stört zwar der Phosphor nicht, dagegen ist aber immer das Molybdäntrioxyd durch Eisenoxyd verunreinigt, so daß ein Schmelzen mit Soda oder Behandeln mit alkalischen Mitteln zur Rückbestimmung des Eisens erforderlich ist, das von dem MoO_3-Gehalte in Abzug zu bringen ist.

Nach dem Verfahren durch Fällung mit α-Benzoinmonoxim werden 3 g Späne in 35 cm^3 einer Mischung bestehend aus 250 cm^3 Schwefelsäure (1,84), 300 cm^3 Salpetersäure (1,4) und 1500 cm^3 Wasser gelöst. Die Lösung wird zur Trockne verdampft, der Eindampfrückstand 10 Minuten auf 250—300° C erhitzt und nach etwas Abkühlung mit 100 cm^3 5%iger Schwefelsäure aufgenommen und bis zur vollständigen Lösung aller löslichen Bestandteile durchgekocht. Bei chromhaltigen Proben sind etwa 10 Minuten erforderlich. Dann wird das Unlösliche (Graphit, Kieselsäure usw.) abfiltriert und zuerst 3mal mit je 15 cm^3 5%iger Schwefelsäure und 6mal mit heißem Wasser ausgewaschen. Das Filtrat versetzt man mit 10—15 cm^3 Schwefeldioxydlösung, kocht darauf 10 Minuten, verdünnt auf 250 cm^3 und kühlt auf 5—10° C ab. Zu dieser Lösung setzt man unter beständigem Rühren 10 cm^3 einer 2%igen Lösung von α-Benzoinmonoxim in Aceton, dann etwas Bromwasser bis zur schwach gelben Färbung und darauf noch 5 cm^3 des Reagenzes. Bei gelegentlichem Umrühren setzt man nach 10—15 Minuten etwas Filterfasern zu, filtriert auf ein dichtes Filter ab und wäscht den Niederschlag mit einer 5—10° C kalten Lösung, die 1% Schwefelsäure und 2,5% des Reagenzes enthält, vollständig aus. Der Niederschlag wird getrocknet, die organische Substanz bei möglichst niedriger Temperatur verbrannt und das Molybdäntrioxyd schließlich nicht über 500° C erhitzt.

Bei einer Einwaage von 3 g und sorgfältiger Beachtung der Arbeitsvorschrift enthält die ausgewogene Molybdänsäure weniger als 1 mg Eisenoxyd als Verunreinigung, die man zur Erzielung größerer Genauigkeit bestimmen kann, oder man fällt die alkalische Lösung nochmals mit Bleiacetat. Stellt man das Fällungsgefäß zur möglichst großen Abkühlung in Eiswasser, so fällt der Niederschlag praktisch eisenfrei aus. Es ist empfehlenswert, bei Molybdängehalten unter 0,1% die ausgewogene Molybdänsäure in Natronlauge aufzulösen und das Molybdän colorimetrisch nach der Stannochlorid-Rhodanidmethode zu bestimmen.

IV. Sonstiges (II/2, 1466).

Nach Kenneth E. Stanfield werden zur Molybdänbestimmung in Pflanzen von diesen 100 g mit H_2SO_4 abgeraucht, bei unter 500° völlig verascht, mehrfach mit HCl und HNO_3 behandelt, SiO_2 abgeschieden, Mo als MoS_3 gefällt und bei einem Mo-Gehalt von weniger als 5 mg colorimetrisch mit K-Äthylxanthat oder nach Reduktion mit $SnCl_2$ mittels KCNS bestimmt. Erfassungsgrenze 1 γ Mo. Bei Gegenwart von mehr als 5 mg Mo ist die Abscheidung als $PbMoO_4$ vorzuziehen. — Von Bodensorten werden 200 g zunächst 24 Stunden lang mit verdünnter HCl bedeckt, dann mehrfach mit HCl und HNO_3 ausgezogen und im übrigen wie oben behandelt. Erfassungsgrenze auch hier 1 γ Mo.

Literatur.

Balanescu, G.: Ann. Chim. analyt. Chim. appl. [2] **12**, 259 (1930). — Ztschr. f. anal. Ch. **83**, 470 (1931); Chem. Zentralblatt **1930 II**, 2808. — Brinton, Paul H. M.-P. and Arthur E. Stoppel: Journ. Amer. Chem. Soc. **46**, 2454 (1924); Chem. Zentralblatt **1925 I**, 554.

Contat, A.-H. Göckel: Ztschr. f. anal. Ch. **41**, 434 (1902).

Delbart, G. R. et P. Duez: Quatorz. Congr. Chim. ind. Paris 1934. Commun. 1. 1935; Chem. Zentralblatt **1936 I**, 3183. — Döring, Th.: Ztschr. f. anal. Ch. **82**, 193 (1930); Chem. Zentralblatt **1931 I**, 489. — Doerner, H. A.: Metal Ind. Lund. **37**, 444 (1930); Chem. Zentralblatt **1931 I**, 321.

Furman, N. H. and W. M. Murray: Journ. Amer. Chem. Soc. **58**, 1689 (1936); Chem. Zentralblatt **1937 I**, 1207.

Hevesy, G. v. u. R. Hobbie: Ztschr. f. anorg. Ch. **212**, 134 (1933); Chem. Zentralblatt **1933 II**, 1726. — Hurd, L. C. and H. O. Allen: Ind. and Engin. Chem., Anal. Ed. **7**, 396 (1935); Chem. Zentralblatt **1936 II**, 1211.

James, L. H.: Ind. and Engin. Chem., Anal. Ed. **4**, 89 (1932); Chem. Zentralblatt **1932 II**, 901.

Kassler, J.: Ztschr. f. anal. Ch. **75**, 457 (1928); Chem. Zentralblatt **1929 I**, 777. Keune, O.: Techn. Mitt. Krupp **3**, 215 (1935); Chem. Zentralblatt **1936 I**, 2151. — Krüll, Fr.: Zentralblatt Mineral. A **1934**, **331**; Chem. Zentralblatt **1935 I**, 2568.

Lang, R. u. St. Gottlieb: Ztschr. f. anal. Ch. **104**, 1 (1936); Chem. Zentralblatt **1936 I**, 3874. — Lauchlan, Mc: Ztschr. f. physik. Ch. **44**, 600 (1903). — Leiba, S. P. u. M. M. Schapiro: Betriebs-Labor. (russ.) **3**, 503 (1936); Chem. Zentralblatt **1936 I**, 3183.

Milch: Diss. Berlin 1887. — Montignie, E.: Bull. Soc. Chim. de France **4**, 47 (1930); Chem. Zentralblatt **1930 I**, 2281. — Moser, L. u. M. Behr: (1) Ztschr. f. anorg. u. allg. Ch. **134**, 49, 67 (1924). — (2) Ztschr. f. anal. Ch. **65**, 186 (1924/25).

Pantschenko, G. A.: Chem. Journ., Ser. B. Journ. angew. Chem. (russ.) 8, 722 (1935); Chem. Zentralblatt **1936 I**, 4188.

Reissaus, G.: Ztschr. f. anal. Ch. **67**, 154 (1925/26). — Le Roy and W. McCay: Journ. Amer. Chem. Soc. **56**, 2548 (1934); Chem. Zentralblatt **1935 II**, 3550.

Sandell, E. B.: Ind. and Engin. Chem., Anal. Ed. 8, 336 (1936); Chem. Zentralblatt **1937 I**, 1489. — Spacu, P.: Bul. Soc. Stünte Cluj 8, 317 (1935); Chem. Zentralblatt **1936 I**, 4769. — Ssachijew, J. S.: Betriebs-Labor. (russ.) **4**, 1339 (1935); Chem. Zentralblatt **1937 I**, 4400. — Stanfield, Kenneth E.: Ind. and Engin. Chem., Anal. Ed. **7**, 273 (1935); Chem. Zentralblatt **1936 I**, 852. — Steele, S. D.: (1) Iron Steel Ind. **1938**, 267. — (2) Nickel-Ber. 8, 83 (1938). — Stehlik, B.: Coll. Trav. chim. Tchécoslovaquie **4**, 418 (1932); Chem. Zentralblatt **1933 I**, 1976. — Stoppel, A. E., Ch. F. Sidener and P. H. M. P. Brinton: (1) Chem. News **130**, 353 (1925). — (2) Ztschr. f. anal. Ch. **86**, 388 (1931).

Taylor-Austin, E.: (1) Analyst **62**, 107 (1937). — (2) Ztschr. f. anal. Ch. **111**, 366 (1937/38). — Thompson, C and J. Stott: Foundry Trade Journ. **1934**, 123. — Travers, A.: Bull. Assoc. techn. Fonderie 8, 345 (1934); Chem. Zentralblatt **1935 I**, 444.

Wendehorst, E.: Ztschr. f. anal. Ch. **73**, 452 (1928). — Werz, W.: Ztschr. f. anal. Ch. **100**, 241 (1935); Chem. Zentralblatt **1935 I**, 3168.

Nickel.

Von

Dr. habil. **Fr. Heinrich** und Chefchemiker **Frohw. Petzold,** Dortmund.

Das Nickel hat an Bedeutung, besonders im chemischen Apparatebau, keineswegs verloren [vgl. Fr. Heinrich, Chem. Fabrik **11**, 94 (1938)] und hat als Plattierungs- und Überzugsmetall (ebendort S. 97) sogar noch an Verbreitung gewonnen. Diese Entwicklung widerspiegelt sich auch in den einschlägigen analytischen Arbeiten.

I. Methoden der Nickelbestimmung.

A. Bestimmung von Nickel und Kobalt gemeinsam (II/2, 1469).

Bei dem Cyanidverfahren (II/2, 1470) empfiehlt W. S. Boyer zur Erkennung des Endpunktes der Reaktion die Verwendung einer Photozelle und beschreibt eine hierfür geeignete Einrichtung. In Gegenwart von Chrom läßt sich die Cyanidtitration durchführen nach der Arbeitsweise von L. H. James, die auf der Oxydation der Chromverbindungen durch kochende konzentrierte Überchlorsäure beruht.

Spacu und Dick haben eine Schnellmethode zur Bestimmung des Nickels durch Fällung mit Pyridin und Ammonrhodanid ausgearbeitet. Man bringt die Nickelsalzlösung auf etwa 100 cm³, fügt für je 0,1 g Nickel 0,5 g Ammonrhodanid hinzu und fällt in der Siedehitze mit Pyridin. Zur Fällung dient für je 0,1 g Nickel 1 cm³ Pyridin. Nach Entfernen der Flamme und Umrühren scheidet sich Tetrapyridinnickelrhodanid $(NiPy_4)\ (SCN)_2$ kristallin ab, das zur Wägung gebracht wird. Kobalt und Zink werden mitgefällt.

B. Trennung von Nickel und Kobalt (II/2, 1471).

Bucherer und Meier empfehlen die gemeinsame Fällung durch Oxin. Dann erfolgt die gesonderte Bestimmung von Nickel neben Kobalt in 2%iger Natriumacetat enthaltender Essigsäure mittels wäßriger acetonhaltiger Dimethylglyoximlösung.

Nach Taurins wird die Ausfällung von $Ni(NH_3)_6(HgJ_3)_2$ mit 4,434% Ni aus ammoniakalischen Lösungen mit Hilfe von Quecksilber-Kaliumjodid vorgenommen. Der Niederschlag wird auf einem porösen Tiegel gesammelt, mit Alkohol und danach mit Äther gewaschen und nach der Trocknung im Vakuum ausgewogen. Um Nickel von Kobalt zu trennen, muß vorher das letztere in ammoniakalischer Lösung mittels Wasserstoffsuperoxyd oxydiert werden. An weiteren Möglichkeiten der Trennung und Bestimmung seien genannt die mittels Triäthanolamin nach Raymond, ferner die weniger genaue Arbeitsweise mit Alkaliphosphaten.

C. Bestimmung des Nickels nach der Trennung von Kobalt (II/2, 1472).

Hier sind ergänzend zu nennen die Arbeitsweisen mit Anthranilsäure nach Shennan, Smith und Ward bzw. nach Funk und Ditt, dann die mit Oxychinolin nach S. Ishimaru und besonders nach Theodor Heczko, der sich eingehend mit der Fällung des Aluminiums mit o-Oxychinolin bei Gegenwart von Eisen, Nickel, Kobalt, Chrom und Molybdän beschäftigt hat.

1. Fällung als Nickeloxim. Ranedo hat gefunden, daß der störende Einfluß des Kupfers ausgeschaltet wird, wenn vor der Fällung mit Dimethylglyoxim eine 10%ige Lösung von Natriumhydrosulfit zugesetzt wird, bis die Farbe der Lösung hellgelb wird. Wenn Nickel in Kupfernickellegierungen bestimmt werden soll, löst man die Probe zunächst in konzentrierter Salpetersäure, verdünnt, sättigt die Mineralsäure mit Natriumacetatlösung ab, gibt Natriumhydrosulfitlösung hinzu und dann Dimethylglyoxim. Wenn man in Siedehitze oder in heißer ammoniakalischer Lösung fällt, so übersteigt der dabei entstehendeFehler nicht 1%.

Mit den Grenzen, welche die zwar nur geringe Löslichkeit des Nickelglyoxims der Genauigkeit des Verfahrens setzt, haben sich P. Nuka, ferner E. G. Righellato eingehend beschäftigt und die früheren Angaben Bruncks (II/2, 1473) als richtig festgestellt.

In diesem Zusammenhang sei auf andere Oxime hingewiesen, die mit Nickel unlösliche Niederschläge bilden und die gegenüber dem Dimethylglyoxim gewisse Vorteile besitzen, z. B. α-Benzyldioxim (vgl. II/2, 1475) und Furaldioxim (Righellato). Nach B. A. Soule können mit α-Furaldioxim als Fällungsmittel infolge seiner größeren Empfindlichkeit unter gleichen Verhältnissen noch bis zu 0,0025% Nickel ermittelt werden gegenüber nur 0,01% Nickel bei Anwendung von Glyoxim.

Nach H. L. Riley kann man mit Salicylaldoxim gleich gute Ergebnisse erzielen, wie mit Dymethylglyoxim. Seine Untersuchungen zeigen, daß eine neutrale Lösung, die 1 Teil Nickel auf 1 Million Teile Wasser enthält, bereits eine deutliche Trübung gibt. Salicylaldoxim hat den Vorteil, daß es in Wasser löslicher ist als Dimethylglyoxim.

Nach „Special Reagents in Analytical Routine. The Estimation of Small Quantities“ ist, wenn Nickel und Kobalt gleichzeitig vorhanden sind, zur Bestimmung des Nickels α-Benzildioxim zu verwenden. Besonders wenn große Mengen von Kobalt anwesend sind, ergibt dieses Reagens eine höhere Genauigkeit als Dimethylglyoxim.

2. Maßanalytische Bestimmung. G. J. Smirnov hat sich eingehend mit dem vor Jahren schon von Parr und Lindgren vorgeschlagenen Verfahren einer maßanalytischen Bestimmung der Nickeloximfällung befaßt.

Bei der Arbeitsweise nach Parr und Lindgren darf die nickelhaltige Lösung weder Salz- noch Salpetersäure enthalten. Falls Eisen vorhanden ist, muß es als Ferri-Eisen vorliegen. Da die Fällung in schwachammoniakalischer Lösung vorgenommen wird, muß bei Anwesenheit von Eisen, Chrom oder Aluminium, genügend Weinsäure zugegeben werden, um eine Fällung der Hydroxyde dieser Metalle zu verhindern. Der Weinsäuregehalt muß etwa der doppelten Konzentration des Metalles entsprechen, das in Lösung gehalten werden soll. Bei Anwesenheit von Chrom muß auch noch Ammoniumchlorid zugefügt werden. Bei Anwesenheit von Mangan oder Zink wird die Probe mit Salzsäure gelöst, die aber wieder vollständig verdampft werden muß. Nach Verdünnung auf 3—400 cm^3 wird die zurückgebliebene freie Mineralsäure durch einen Überschuß von Natriumacetat neutralisiert. Die Anwesenheit von Kobalt erfordert einen etwas größeren Überschuß an Dimethylglyoxim.

Eine maßanalytische Bestimmung ist möglich durch Lösen in einem Überschuß von Säure und Zurücktitration mittels Lauge. Zur Ausführung wird eine Lösung mit 0,01 g Nickel je 25 cm^3 in üblicher Weise gefällt und durch ein gewöhnliches Filter filtriert. Der Niederschlag wird ausgewaschen, Rückstand mit Filter in das Becherglas zurückgebracht und durch Zugabe von 25 cm^3 $^1/_{20}$ n-Schwefelsäure und 200 cm^3 Wasser in Lösung gebracht. Die Rücktitration erfolgt mit Alkalilauge. Als Endpunkt der Titration wird der erste Farbenwechsel der Lösung in eine schwachgelbliche bzw. eine strohfarbige Lösung genommen. Parr und Lindgren konnten feststellen, daß dieser Farbenwechsel einige Minuten bestehen bleibt. Für die praktische Ausführung muß man sich erst mit diesem Farbumschlag vertraut machen. Bei der Nachprüfung hat Smirnov festgestellt, daß mit dem Verfahren sehr genaue Analysenwerte erhalten werden können.

Zur maßanalytischen Bestimmung des Nickeloxims nach S. Ishimaru (2) wird das Nickelglyoxim durch ein Glasfilter filtriert, gewaschen und in heißer 6 n-Schwefelsäure gelöst, wobei eine bestimmte Menge 0,1 n-Kaliumbichromat zur Oxydation des Glyoxims verwendet wird. Der Überschuß an Kaliumbichromat wird sodann mittels Ferrosulfat reduziert und ein Ferrosulfatrest mit Kaliumpermanganat bestimmt; 1 cm^3 0,1 n-Kaliumbichromat entsprechen 0,00024 g Nickel.

Ausgehend von der Fällungsmethode nach Spacu und Dick (vgl. Absatz IA, S. 779) fällen Spacu und Ripan mit einem Überschuß von Ammonrhodanidlösung und titrieren das nichtverbrauchte Rhodanid zurück (Prodinger.)

Eine Permanganattitration des Nickels nach Ausfällung als Oxalat beschreiben I. Ledrut und L. Hauss: Danach wird bei Anwesenheit von Ameisensäure Nickel bei etwa 70° als Oxalat ausgefällt. Die Fällung wird mit 25%iger Ameisensäure gewaschen, in 10%iger Schwefelsäure gelöst und die frei gewordene Oxalsäure mit 0,1 n-Kaliumpermanganat titriert. Stickoxyde oder Ammoniak beeinflussen die Titration nicht. Die Löslichkeit von Nickeloxalat in Ameisensäure nimmt mit steigendem Gehalt an Ameisensäure zunächst ab und dann zu. Die geringste Löslichkeit ist bei 25—30° vorhanden.

3. Elektrolytische Nickelbestimmung (II/2, 1476). Untersuchungen von J. Guzman und G. Garcia über die elektrolytische Bestimmung von Nickel unter Verwendung von Eisenkathoden haben gezeigt, daß die kleinste quantitativ bestimmbare Nickelmenge 1,2 g/162 cm^2 Kathodenfläche beträgt. Der beste Niederschlag wird bei Verwendung des folgenden Elektrolyten erhalten: 5 g Ammoniumsulfat, 3 g Natriumsulfit und 15 cm^3 konzentriertes Ammoniak (Spannung 3 Volt, Dauer 45 Minuten).

4. Potentiometrische Nickelbestimmung in Abwesenheit von Kobalt (II/2, 1476) [vgl. Z. anal. Chem. **96**, 270 (1934). Chem. Abstr. **28**, 3025 (1934), und Ni-Ber. **7**, 104 (1934).]

5. Colorimetrische Nickelbestimmung (II/2, 1476) J. H. Yoe und E. H. Wirsing haben die Reaktion zwischen Kalium-Dithiooxalat und Nickel untersucht, die schon L. T. Fairhall beschrieb. Die Empfindlichkeit und der Einfluß verschiedener Ionen wurden näher bestimmt. Die besten Ergebnisse wurden erzielt mit einer 0,05%igen Reagenslösung bei einer Nickelkonzentration von 10 mg/l.

Das Reagens weist noch 1 Teil Nickel in 125 Millionen Teilen einer Lösung nach, wenn die Prüfung in einem 50-cm^3-Nessler-Rohr ausgeführt wird und wenn die Acidität (Schwefelsäure) 0,002 n nicht übersteigt. Spuren von Alkali verursachen Fehler. Da auch andere Metalle mit dem Reagens Farbreaktionen geben, müssen sie vorher entfernt werden. Eisen und Kobalt sind zumeist beigemengt und müssen so weit abgetrennt werden, daß die Nickelmenge mehr als das Hundertfache dieser Metalle beträgt.

Nach Jaffe kann auch die Reaktion des Nickelions mit Triäthanolamin zu einer colorimetrischen Bestimmung dienen. Versetzt man eine Nickelsalzlösung in Abwesenheit von Kupfer, Eisen, Kobalt und Chrom mit einer wäßrigen Lösung von Triäthanolamin $(CH_2OHCH_2)_3N$, so zeigt sich eine Blaufärbung, die beim Zusatz von überschüssiger Kalilauge in Gelbgrün und durch Ammoniak in Smaragdgrün übergeht. Ist die Nickellösung sehr konzentriert, dann entsteht ein Niederschlag von Nickelhydroxydul.

Für die Durchführung dieser colorimetrischen Bestimmung vergleiche Jaffe, ferner Ochotin und Sytschoff und die zusammenfassende Arbeit von N. Strafford des Vortrages vor der Leeds Area Section des Institutes, Februar 1933, der die colorimetrischen Verfahren zur Bestimmung von Nickel und anderen Metallen erläutert, die entstehenden Reaktionen theoretisch untersucht und die Empfindlichkeit der verschiedenen Verfahren angibt.

II. Trennung des Nickels und Kobalts von anderen Metallen.

A. Gruppentrennung (II/2, 1477).

Über die Ausfällung des Nickels als Sulfid und seine Bestimmung als Oxyd enthält eine Mitteilung von M. M. Haring und B. B. Westfall Einzelheiten, besonders über die Ausfällung des Sulfids in Abhängigkeit der Wasserstoffionenkonzentration.

B. Trennung von einzelnen Begleitmetallen (II/2, 1480).

Nach R. C. Chirnside soll ein von Nickolls vorgeschlagenes Verfahren zur Trennung von Aluminium von Nickel in Magnesiumlegierungen für Nickellegierungen mit nur verhältnismäßig geringen Mengen Aluminium nicht geeignet sein. Als verbessertes Verfahren wird vorgeschlagen: Einer schwachsauren Lösung der Nickellegierung wird soviel Kalium-Cyanidlösung zugesetzt, bis sich unlösliches Kalium-Nickelcyanid gebildet hat. Die Lösung wird dann langsam unter beständigem Umrühren in Ammoniak eingegossen. Das ausgeschiedene Aluminium-Hydroxyd setzt sich ab, wird abfiltriert, mit 2%iger Ammoniumnitratlösung gewaschen, getrocknet und gewogen.

Einen anderen Weg zeigen H. H. Willard und N. K. Tang. Danach kann Aluminium durch Ausfällung als schweres, bernsteinsaures Salz von größeren Mengen Nickel, Calcium, Barium, Magnesium, Mangan, Kobalt, Zink, Eisen, Cadmium und Kupfer getrennt werden. Da es sich bei der Ausfällung um ein schweres Salz handelt, läßt sich die Filtration sehr leicht durchführen.

III. Spezielle Methoden.

A. Erze und sonstige Naturprodukte (II/2, 1483).

Zur Bestimmung von Nickel in Erzen empfiehlt R. D. Midson das Erz in Salpetersäure zu lösen, mit Schwefelsäure abzurauchen, mit Wasser aufzunehmen und zur Entfernung des Kupfers mit einem Streifen Aluminiumblech 20 Minuten zum Sieden zu erhitzen. Nach Oxydation des Eisens mit Salpetersäure und Zusatz von Weinsäure, Ammoniak und Ammonchlorid wird mit alkoholischer Dimethylglyoximlösung gefällt, auf dem Filter mit heißem Wasser gewaschen, der Niederschlag mit heißer Salpetersäure (1 + 4) gelöst und mit einer Lösung von 19 g Natriumcyanid, 2 g Silbernitrat und 5 g Ätznatron in 1 l Wasser unter Verwendung von Kaliumjodidlösung als Indicator titriert.

Zur Bestimmung kleiner Nickelmengen in Gesteinen haben H. F. Harwood und L. S. Theobald untersucht, inwieweit Kieselsäure, Eisen, Aluminium, Magnesium, sowie in die Auflösung hereingebrachte Ammoniumsalze die völlige Erfassung kleinster Nickelmengen beeinträchtigen. Es zeigte sich, daß ein Mitfallen des Nickels nur bei erheblichen Oxydniederschlägen in Frage kommt.

Das Nickel kann in einem besonderen Anteil genau bestimmt werden durch Fällen der Gesteinslösung mit Dimethylglyoxim oder α-Furildioxym in Gegenwart von Citronensäure, wodurch die Nachteile einer vorhergehenden Sulfidfällung vermieden werden.

Ausgehend von einer Einwaage von 2 g Gestein ist es möglich, unter Anwendung von Dimethylglyoxim bis herunter auf 0,01% Nickel befriedigende Resultate zu erreichen. Unter Benutzung von α-Furildioxym als Fällungsmittel, das B. A. Soule anführt, können in Anbetracht seiner größeren Empfindlichkeit unter gleichen Verhältnissen noch Mengen bis zu 0,0025% Nickel ermittelt werden.

B. Nickelmetall.

1. Rein- bzw. Handelsnickel (II/2, 1486). Bei der Schwefelbestimmung im Nickel (II/2, 1489) haben W. Düsing und K. Winckelmann festgestellt, daß bei Übertragung des zur Schwefelbestimmung in Eisen und Stahl bewährten Verfahrens von C. Holthaus (II/2, 1422) erhebliche Schwierigkeiten auftreten. Da bei der hüttenmännischen Gewinnung des Nickels das die Sprödigkeit des Nickels verursachende Nickelsulfür durch Mangan zerstört wird (W. Köster), haben Verfasser einen Manganzuschlag gegeben und festgestellt, daß bei 1250° C gearbeitet werden muß, und daß die besten Ergebnisse erzielt werden, wenn man zu 0,5 g Nickel 1 g Mangan als Zuschlag in die gebräuchlichen Schiffchen von 70 mm Länge und 10 mm Breite und Höhe gibt. Die vollständige Verbrennung dauert dann 6 Minuten.

Eine Methode zur Bestimmung kleiner Zinkmengen in Handelsnickel, die auf der verhältnismäßig großen Beständigkeit des Nickelcyanids gegenüber der des Zinkcyanids beruht, beschreibt B. S. Evans: Zinksulfid kann aus einer schwach essigsauren Lösung der Cyanide beider Metalle mit Schwefelwasserstoff frei von Nickel gefällt werden. Hierzu werden 10 g der Probe in verdünnter Salpetersäure (D 1,2) gelöst; die Lösung wird stark ammoniakalisch gemacht, erhitzt und einige Zeit stehengelassen. Etwa sich absetzende Hydroxyde werden abfiltriert, gewaschen und in verdünnter Salpetersäure gelöst. Dann wird die Fällung wiederholt. Zu den vereinigten Filtraten gibt man eine starke Kaliumcyanidlösung, bis sich der anfänglich gebildete Niederschlag gelöst hat, worauf die Lösung unter Verwendung von Lackmuspapier schwach essigsauer gemacht wird. Nun wird in einem mit Zu- und Ableitungsrohr für Schwefelwasserstoff versehenen Kolben auf 60° erhitzt. Man leitet Schwefelwasserstoff ein und bringt unter weiterem Einleiten zum Sieden. Dann läßt man bei verschlossenem Austrittsrohr unter dem Druck des Schwefelwasserstoffs erkalten. Der Niederschlag wird filtriert, mit 5%iger Ammoniumnitratlösung gewaschen und in verdünnter Salzsäure gelöst. Die Lösung wird mit 10 cm^3 Schwefelsäure $(1+3)$ eingedampft und abgeraucht. Der Abdampfungsrückstand wird mit 50 cm^3 Wasser und 5 cm^3 Salzsäure aufgenommen und in der Lösung mit Schwefelwasserstoff gefällt. Man filtriert vom Niederschlag ab und kocht bis zur Vertreibung des Schwefelwasserstoffs. Zur Lösung bringt man eine Auflösung von etwa 2 mg Blei in Salpetersäure und 10 cm^3 konzentrierte

Citronensäurelösung, macht mit Ammoniak alkalisch und bringt 5 cm³ gesättigter Kaliumcyanidlösung sowie 2—3 cm³ einer Mischung gleicher Raumteile von Kaliumcyanid- und Schwefelnatriumlösung hinzu. Man kocht, damit sich der entstandene Niederschlag zusammenballt, filtriert und wäscht mit 5%iger Ammoniumchloridlösung aus. Das Filtrat wird in Gegenwart von Methylorange mit Schwefelsäure neutralisiert, auf 200—250 cm³ verdünnt und mit 5 cm³ Ameisensäure versetzt. Jetzt wird wie vorhin Schwefelwasserstoff eingeleitet, die kalte Flüssigkeit filtriert, das Zinksulfid mit Ammoniumnitrat enthaltendem Wasser gewaschen, mittels einiger Tropfen verdünnter Schwefel- und Salpetersäure in einen gewogenen Porzellantiegel hineingelöst und das Filter mit heißem Wasser nachgewaschen. Der Tiegelinhalt wird auf dem Wasserbad eingedampft. Auf einer Eisenplatte wird hierauf die Schwefelsäure abgeraucht und schließlich der Tiegel in einer Muffel erhitzt. Um die letzten Spuren freier Schwefelsäure, die noch beim Zinksulfat sein sollten, zu berücksichtigen, wird dieses in Wasser gelöst, die Lösung in Gegenwart von Methylorange mit 0,1 n-Alkalilauge titriert und der entsprechende Betrag in Abzug gebracht.

2. Nickelüberzüge (II/2, 1491), hergestellt auf galvanischem Wege, oder neuerdings besonders durch Aufwalzen (Plattieren), hierüber vergleiche Abschnitt Eisen (S. 741).

Über die in England gebräuchlichen Verfahren zur Untersuchung von Vernicklungen wurde im Juniheft des Nickel-Bulletin 1937 eine Übersicht gegeben [Nickel-Bericht 7, 101—105 (1937)]:

Die Schutzwirkung einer Vernicklung hängt darnach von verschiedenen Einflüssen ab, die in neuerer Zeit durch umfangreiche Untersuchungen bestimmt wurden. Dabei hat sich ergeben, daß die Mindestdicke einer Vernicklung bei Witterungseinflüssen 0,025 mm und bei Verwendung im Inneren von Gebäuden 0,0125 mm betragen soll. Es ist demnach notwendig, an den fertigen Teilen die Schichtdicke zu bestimmen. Chemisch läßt sich die Bestimmung der Nickelmenge eines Überzuges durch Ablösen des Nickels in einem geeigneten Lösungsmittel bestimmen, wobei die Schichtdicke errechnet wird. Allerdings erhält man hierbei nur die mittlere Dicke einer bestimmten Oberfläche und nicht die Abschwächung des Niederschlages an den Kanten usw.

Mears empfiehlt für verschiedene Niederschlagsmetalle und Grundmetalle die in Tabelle 1 zusammengestellten Arbeitsverfahren.

Das Cyanidverfahren zur Bestimmung des Nickels auf Eisen oder Stahl geht von der Tatsache aus, daß eine Nickelanode in einer Natriumcyanidlösung erst dann passiv wird, wenn die Stromdichte einen bestimmten Wert übersteigt. Eine Eisen- oder Stahlanode wird dagegen in einer solchen Lösung bei einer wesentlich geringeren Stromdichte passiv. Ein Nickelniederschlag von 0,0125 mm Dicke wird in etwa 80 Minuten abgelöst. Von Bedeutung ist, daß die Lösungstemperatur zwischen 15 und 20° liegt und während des ganzen Verfahrens konstant bleibt. Enthält die Lösung mehr als 15 g/l Nickel, so muß sie erneuert werden.

Mesle, auch W. Blum und A. Brenner empfehlen zur Bestimmung der Schichtdicke bei ebenen Flächen ein Schleifverfahren mit einer

Tabelle 1. Chemische Verfahren zur Bestimmung der Schichtdicke.

Niederschlag	Grundmetall	Arbeitsweise
Nickel	Kupfer	Anodisches Ablösen in verdünnter Salzsäure und Cyanidtitration oder Dimethylglyoximbestimmung.
Nickel	Stahl	1. Anodisches Ablösen in Natriumcyanid, 2. Ablösen in konzentrierter Salpetersäure und Cyanidtitration oder Dimethylglyoximbestimmung.
Nickel	Aluminium, Duralumin, Zink	Auflösen des Grundmetalls in Natronlauge.
Chrom auf Nickel	Stahl	Ablösen von Chrom in Salzsäure, Ablösen von Nickel durch anodische Behandlung in Natriumcyanidlösung.
Chrom auf Nickel auf Kupfer	Stahl	1. Ablösen von Chrom in Salzsäure, von Nickel und Kupfer durch anodische Behandlung in Natriumcyanidlösung; 2. Ablösen von Nickel und Kupfer, in Salpetersäure mit elektrolytischer Bestimmung des Kupfers und Cyanidtitration oder Dimethylglyoximbestimmung des Nickels.
Nickel auf Kupfer	Stahl	Ablösen beider Niederschläge in konzentrierter Salpetersäure, Bestimmung von Kupfer nach elektrolytischem Verfahren und Bestimmung von Nickel durch Cyanidtitration oder Dimethylglyoxim.
Nickel auf Kupfer auf Nickel	Stahl	Ablösen beider Niederschläge in konzentrierter Salpetersäure, elektrolytische Bestimmung des gesamten Kupfergehaltes und des Nickels durch Cyanidtitration und Dimethylglyoxim.

Schleifscheibe von bekanntem Durchmesser, oder bei gebogenen Flächen mit einer feinen Feile. In beiden Fällen läßt sich die Dicke D aus der Breite B des Schnittes nach der Gleichung $D = \frac{B\,2}{8\,R}$ annähernd errechnen, wenn R der Radius der Schleifscheibe oder der gebogenen Fläche bekannt ist.

Bei der Bestimmung der Dicke von ebenen Niederschlägen verwendet man am besten eine Scheibe von 150 oder 200 mm Durchmesser und einer Breite von 4—12 mm. Die Umdrehungszahl soll etwa 3000 U/min betragen. Durch genaues Abdrehen der Scheibe mit einem Diamanten muß für eine genaue zylindrische Oberfläche der Scheibe gesorgt werden. Ferner ist erforderlich, daß die Schnittiefe genau eingestellt werden kann, und daß die Probe sich nicht verschiebt. Bei Stahlproben verwendet man am besten magnetische Aufspannplatten. Bei der Bestimmung macht man zunächst einige tiefere Schnitte, die bis in das Grundmetall eindringen, und geht dann mit der Schnittiefe zurück, bis das Grundmetall gerade noch bloßgelegt wird. Die Messung der Schnittlänge läßt sich am besten mit einem gewöhnlichen Mikroskop, wie es zur Bestimmung der Brinelleindrücke verwendet wird, vornehmen.

Für die mikroskopische Bestimmung wird ein Querschliff von der entweder in weiche Metalle, wie Blei oder Woodsches Metall, eingegossenen oder auch in Bakelit eingeformten Probe, hergestellt. Ein genaues Arbeiten ist möglich, wenn die Probe vorher noch geätzt wird. Von Carl werden hier die in Tabelle 2 zusammengestellten Ätzmittel empfohlen.

Tabelle 2. Ätzmittel für galvanische Niederschläge.

Niederschlag	Grundmetall	Ätzmittel
Nickel	Stahl	5% HNO_3, 95% Alkohol.
Nickel	Stahl	3 Teile Glycerin, 3 Teile konzentrierte HF, 1 Teil konzentrierte HNO_3 (dieses Ätzmittel gibt stärkere Kontraste als das vorhergehende).
Nickel auf Kupfer auf Nickel	Stahl	Ätzmittel wie vorher und Weiterbehandlung mit einer Lösung aus 6 Teilen NH_4OH, 1 Teil H_2O_2 (3%), zum Anätzen des Kupferniederschlages.
Nickel	Messing	6 Teile NH_4OH, 1 Teil H_2O_2 (3%)
Nickel	Zink	Ätzmittel wie vorher (die Zinklegierungen werden in 3—5 Sekunden schwarz), ferner eignet sich 20 g H_2CrO_4, 1,5 g Na_2SO_4, 100 cm^3 H_2O.

Endlich wird von Millot eine Tropfenprobe vorgeschlagen, bei der als Angriffsmittel eine Lösung dient aus 80 cm^3 Salpetersäure, 20 cm^3 Schwefelsäure (66° Bé) und 40 cm^3 destilliertem Wasser.

Dieses Angriffsmittel läßt man während einer Dauer von 1 Minute auf die entfettete Nickeloberfläche auftropfen. Darauf wird der Gegenstand abgewaschen, getrocknet und ein zweites Mal der Tropfenprobe unterworfen. Dies wird so lange fortgesetzt, bis das Grundmetall bloßgelegt ist. Die Angriffsgeschwindigkeit beträgt etwa 4 μ/min.

Von ähnlichen Gedankengängen geht die B.N.F.-Strahlprobe aus, die von dem Research Department, Woolwich, auf Veranlassung der British Non-Ferrous Metals Research Association entwickelt wurde, und bei der der Angriff wesentlich rascher erfolgt. Die Oberfläche der zu prüfenden Vernicklung wird auch hier zunächst entfettet und, falls ein Chromniederschlag vorhanden ist, von diesem befreit. Das Chrom löst sich, ohne daß ein Angriff des Nickels stattfindet, sehr rasch und leicht in Salzsäure mit 2% gelöstem Antimonoxyd auf. Nach der Entfettung wird die Probe getrocknet.

Die Versuchseinrichtung besteht aus einem kleinen Glasbehälter mit einem Auslaufrohr, das senkrecht an einem Stativ befestigt wird. Die Auslauföffnung soll etwa 5 mm über dem zu prüfenden Gegenstand liegen, und die Oberfläche des Gegenstandes soll unter 45° geneigt sein. Mit Hilfe einer Stoppuhr wird das Auslaufen der Lösung in Zeiträumen von 5—10 Sekunden unterbrochen und die Angriffsstelle geprüft. Dies wird so lange wiederholt, bis der Angriff des Grundmetalls sichtbar wird. Aus der Zeitdauer läßt sich die Niederschlagsdicke bestimmen. In der Abb. 1 sind die Angriffszeiten für eine Schichtdicke von 0,0025 mm in Abhängigkeit von der Temperatur aufgetragen. Aus diesem Diagramm läßt sich daher mit Leichtigkeit die Schichtdicke für eine bestimmte Flüssigkeitstemperatur ermitteln.

Der Endpunkt des Angriffes läßt sich während des Auslaufes der Flüssigkeit nicht deutlich feststellen (vgl. Tabelle 3). Wenn die Niederschlagsdicke ungefähr bekannt ist, so wird man zunächst die Auslaufzeit etwas kürzer wählen, als sie für die Dicke notwendig ist, und die Prüfung dann während kurzer Zeiträume von etwa 2 Sekunden fortsetzen. Für die Erkennung des Endpunktes der Angriffszeit sind in Tabelle 3 nähere Angaben zusammengestellt.

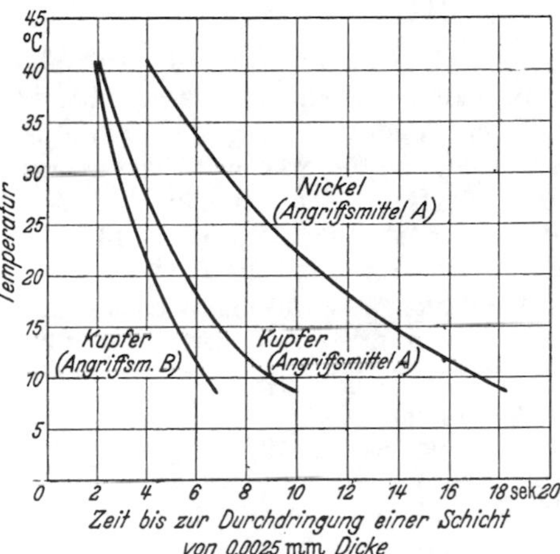

Abb. 1. Abhängigkeit der Durchdringungsgeschwindigkeit von der Temperatur der Angriffslösung (B.N.F. Strahlprobe). (Aus Nickel-Berichte 1937, S. 104.)

Bei zusammengesetzten Niederschlägen aus Nickel und Kupfer wird der Endpunkt beim Durchdringen der Verkupferung auf Nickel durch einen weißen Fleck gekennzeichnet.

Als Angriffsmittel werden für die Vernicklungen folgende Lösungen empfohlen:

Lösung *A* besteht aus 150 g/l Eisenchlorid, 100 g/l Kupfersulfat und 250 cm³/l Eisessig. Liegt die Verkupferung auf Stahl, so kann man die Durchdringung der Kupferschicht nicht genau bestimmen. In diesem Fall wird dann eine Lösung *B* verwendet, bei der beim Durchdringen der Verkupferung auf Nickel ein weißer Fleck und bei der Verkupferung auf Stahl ein brauner Fleck entsteht. Diese Lösung besteht aus 150 g/l Eisenchlorid, 20 g/l Antimonoxyd, 200 cm³/l Salzsäure (spez. Gew. 1,16) und 250 cm³/l Eisessig. Bei Glanzvernicklungen nach Weisberg und Stoddard verläuft der Angriff normal wie bei gewöhnlichen Vernicklungen.

Tabelle 3.
Bestimmung des Endpunktes bei der Strahlprobe (Vernicklungen).

Grundmetall	Erkennung des Endpunktes
Stahl	Kupferner Fleck als Folge eines Kupferniederschlages auf dem Grundmetall. Der Punkt entsteht erst einige Sekunden nach dem Abstellen der Flüssigkeit, da Kupfer in dem Angriffsmittel löslich ist.
Kupfer	Kupferner Fleck
Messing	Bräunlich-gelber Fleck, das Messing wird etwas verfärbt.
Aluminium	Schwarzer Fleck.
Zink	Schwarzer Fleck.

Bei Vernicklungen aus dem Schlötterschen Bad ist dagegen die Angriffsgeschwindigkeit 1,8mal so schnell.

Der Versuch läßt sich ohne Zerstörung der Probe ausführen, und man kann die geprüften Teile später wieder weiterverwenden. Das Verfahren läßt sich außerdem sehr rasch durchführen, da man zur Bestimmung der Niederschlagsdicke nur 1—2 Minuten benötigt. Die Genauigkeit beträgt etwa ± 15%.

Clarke (1) hat das Lösungsverfahren abgeändert. Hierbei wird die Oberfläche des zu untersuchenden Stückes von einem Lösungsmittel angegriffen, das aus einer Düse auf den Niederschlag gespritzt wird. Galvanische Niederschläge handelsüblicher Dicke werden bei diesem Verfahren in 1—2 Minuten von dem Lösungsmittel durchdrungen. Bei Vernicklungen wird als Angriffsmittel eine Lösung, die Eisenchlorid, Kupfersulfat und Essigsäure enthält, verwendet (engl. Patent).

S. G. Clarke (2) hat im Anschluß an die Entwicklung der B.N.F.-Strahlprobe weitere Versuche über die Normung dieses Verfahrens für den praktischen Betrieb ausgeführt. Dabei wurden die verschiedenen Faktoren festgestellt, die die Untersuchungsergebnisse beeinflussen, insbesondere der Einfluß der Abmessungen der Strahldüse und die Wirksamkeit des Angriffsmittels. Zu beachten ist, daß die Glasdüse eine genügende Länge des verjüngten Teiles aufweisen muß. Diese hängt von dem inneren Durchmesser des Rohres ab. Unter verschiedenen Bedingungen hergestellte Vernicklungen weisen bei der Strahlprobe im allgemeinen keine größeren Abweichungen als 10% auf. Für die Glanzvernicklung muß ein Korrekturfaktor von 1,8 benutzt werden. Jedoch nimmt die Reaktionsfähigkeit des Angriffsmittels (150 g/l Eisenchlorid, 100 g/l Kupfersulfat, 250 cm^3/l Essigsäure) im Laufe von etwa 14 Tagen nach der Herstellung zu. Verschiedene Proben von Eisenchlorid ergaben bei gleicher chemischer Zusammensetzung verschiedene Einwirkungszeiten. Eine abgeänderte Lösung von 120 g/l Eisenchlorid, 100 g/l Kupfersulfat, 250 cm^3/l Essigsäure, 50 cm^3/l Salzsäure (spez. Gew. 1,16) altert verhältnismäßig rasch und darf daher nur einen Tag nach der Herstellung verwendet werden. Bei dieser Lösung ist der Einfluß des Eisenchlorids nicht so groß wie bei der vorher angegebenen. Die Genauigkeit des Verfahrens ist bei Anwendung des letztgenannten Angriffsmittels verhältnismäßig groß (Fehlergrenze etwa ± 5%).

Einen ganz anderen Weg beschreibt A. Brenner mit einem Verfahren zur Dickenmessung von galvanischen Niederschlägen, insbesondere von Vernicklungen auf unmagnetischen Grundmetallen, das vom Bureau of Standards und anderen amerikanischen Instituten entwickelt worden ist. Es wird dabei ein Aluminium-Nickelstahl-Dauermagnet verwendet. Dabei stellte sich heraus, daß Vernicklungen, die unter verschiedenen Arbeitsbedingungen erzeugt wurden, Ungleichförmigkeiten des Magnetismus aufwiesen; durch Wärmebehandlung bei 400° konnte jedoch hohe Gleichmäßigkeit erreicht werden. Die Glanzvernicklungen aus Bädern, die organische Zusätze enthielten, waren magnetischer als gewöhnliche Vernicklungen; hier konnte durch Glühen kein völliger Ausgleich herbeigeführt werden. Die Ablesungen bei der Dickenmessung von Glanzvernicklungen müssen daher korrigiert werden. Auch durch

Verchromungen auf der Vernicklung treten Änderungen auf. Im allgemeinen läßt sich die Dickenmessung mit dem beschriebenen Verfahren aber sehr rasch durchführen, und bei dünnen Vernicklungen ist die Genauigkeit fast so groß wie bei mikroskopischen Messungen.

C. Nickellegierungen.

1. Nickel-Kupfer-Legierungen (II/2, 1492). Zum qualitativen Nachweis von Kupfer in Nickellegierungen empfehlen B. L. Herrington und J. G. Brereton folgendes Verfahren: Die Rückseite eines Stück feinen Sandpapiers wird mit einer Lösung von Ammoniumchlorid getränkt und dann getrocknet. Das eine Ende dieses Streifens wird sodann auf der Metalloberfläche abgerieben. Danach führt man das nicht abgeriebene Ende des Papierstreifens in eine nicht leuchtende Flamme eines Bunsenbrenners, wobei zunächst die Flamme gelb gefärbt wird. Kommt schließlich das abgeriebene Stück des Papierstreifens in die Flamme, so tritt ein Umschlag der Farbe in azurblau auf, wenn die Legierung Kupfer enthält. Zieht man den Papierstreifen aus der Flamme heraus, so wird die Farbe grün.

Quantitativ werden nach Hiltner und Seidel in Nickel-Kupfer- und Neusilberlegierungen Kupfer und Blei elektrolytisch bestimmt, Nickel und Zink potentiometrisch mit Kaliumcyanid und Natriumsulfid, nachdem Eisen als basisches Acetat ausgefällt worden ist. Mangan wird durch Oxydation (Kochen mit Silberpersulfat) ausgeschieden und als Kaliumpermanganat mit Oxalsäure titriert.

2. Chrom-Nickel-Legierungen. F. P. Peters empfiehlt zur Bestimmung von Nickel in Chrom-Nickel- und Eisen-Chrom-Nickellegierungen Eindampfen der in Königswasser aufgelösten Probe mit Überchlorsäure, wodurch das Chrom in die sechswertige Oxydationsstufe übergeführt wird. Dann wird die Lösung mit Citronensäure und Ammoncitrat titriert, und die Bestimmung des Nickels in schwach ammoniakalischer Lösung nach dem Verfahren von Moore vorgenommen.

3. Nickelhaltige Lagermetalle. Die American Society for Testing Materials schlägt zur Bestimmung von Nickel in Lagerbronzen kleine Änderungen bei Anwendung des Dimethylglyoximverfahrens vor.

4. Nickelbronzen und Leichtaluminiumlegierungen, vgl. Sydney Torrance. Chem. Zentralblatt **1938**, 24 und Analyst **63**, 488—492 (1938).

D. Salze und Bäder für galvanische Vernicklungen (II/2, 1497).

Entsprechend dem erhöhten Interesse, das heute Nickelüberzüge jeder Art finden, hat man sich in den letzten Jahren eingehend mit der Analyse der Salze und Bäder für galvanische Vernicklung beschäftigt.

C. R. McCabe gibt zur Kontrolle der Nickelbäder geringe Mengen Ammoniak zu einer Probe derselben und titriert die so entstehende alkalische Lösung mit Cyankalium.

Eine als genügend genau für die Bedürfnisse der Praxis angesehene colorimetrische Methode, für die Bestimmung des Nickels in Nickelbädern empfiehlt neben den elektrolytischen und maßanalytischen Verfahren E. Werner. Mittels bekannter Nickellösungen werden Vergleichsfarben hergestellt.

Nach S. G. Clarke und W. N. Bradshaq bereitet bei den gebräuchlichen Vernicklungsbädern mit hohen Gehalten an Nickelsulfat und Zusätzen von Kalium- oder Natriumchlorid und Kalium- oder Natriumfluorid, sowie Gehalten an Borsäure (als Puffersubstanz) die Bestimmung von Nickel usw. keine Schwierigkeiten. (Über die Bestimmung des Borgehaltes in Bädern dieser Zusammensetzung [Amer. Electroplaters' Monthly Rev. **7** (Aug. 1919)].)

Auf der Suche nach einem geeigneten Verfahren zur Bestimmung der Fluoride wurde vom Research Department, Woolwich, festgestellt, daß das Blei-Chlor-Fluorid-Verfahren nur eine unvollständige Bestimmung des Fluoridgehaltes zuläßt, während durch Calciumfluoridausscheidung eine schnelle und genaue Bestimmung möglich ist.

Über die Analyse von Vernicklungssalzen berichtet endlich noch J. Malý. Danach läßt sich sie Analyse wesentlich erleichtern, wenn man die Borsäure mit Äther extrahiert. Zu diesem Zweck werden 10 g des Salzgemisches 3 Stunden lang mit Äther im Soxhletapparat behandelt; der Ätherauszug wird dann eingedampft und nach Zusatz von 5 cm³ Glycerin die Borsäure volumetrisch mit 0,1 n-Lauge bestimmt. Den Salzrückstand löst man in heißem Wasser und titriert — bei etwaiger Rotfärbung durch Methylorange — die freie Schwefelsäure ebenfalls mit der gleichen Lauge.

M. H. Longfield haben zur Bestimmung von Borsäure etwa 3000 Untersuchungen mit verschiedenen Indicatoren und Verfahren durchgeführt und bei den meisten Vernicklungsbädern einen Gehalt von 1,9 g/l ermittelt.

Zur Herstellung eines geeigneten Indicators werden 100 cm³ Glycerin mit 10—40 Tropfen von $^1/_{10}$ n-Natriumhydroxydlösung versetzt. Zur Färbung dient Phenolphthalein (fleischrot). Das Glycerin wird auf eine Temperatur von nicht mehr als 65° gebracht, um etwa 200 g Methylrot zu lösen. Dann werden 5 cm³ der Vernicklungslösung zu 25 cm³ Glycerin gegeben. Wenn die Lösung einen niedrigen p_H-Wert aufweist, wird die freie Säure durch Titrierung mit $^1/_{10}$ n-Natriumhydroxyd unter Verwendung von Methylorange neutralisiert. Nachdem die Nickellösung neutral eingestellt ist, wird die Borsäure bestimmt.

E. Vincke berichtet über in den Laboratorien des Forschungsinstitutes für Edelmetalle gemachte Erfahrungen über die zur Bestimmung von Borsäure und Citronensäure.

Zahlreiche Forscher haben sich dann mit der Bestimmung der Wasserstoffionenkonzentration in Nickelbädern, auf deren Bedeutung schon früher (II/2, 1500) hingewiesen wurde, beschäftigt. So berichten J. Barbaudy, A. Guerillot, H. Manchon und R. Simon über laufende Feststellung der Wasserstoffionenkonzentration von Vernicklungsbädern in der Automobilindustrie.

Nach New Nickel Solution Test Apparatus (Brass World, Plating, Polishing an Finishing (April 1931) 86, Nickel-Bericht **112**, H. 6 (1931) wird bei der Kontrolle von Vernicklungsbädern zur Messung des p_H-Wertes nach dem Indicatorprinzip beim Hellige-Komparator eine Standardfarbscheibe benützt, die sehr genaue Bestimmungen zuläßt.

Vergleiche ferner Larson, Gollnow und Springer.

E. Sonstiges (II/2, 1500).

Nach R. Lucas, F. Grassner und E. Neukirch werden Spuren von Kupfer, Nickel und Eisen, die nebeneinander in Ölen vorhanden sind, am besten durch elektrolytische Trennung des Kupfers, Niederschlagen des Nickels mit Dimethylglyoxim und colorimetrische Bestimmung des Eisens mit Thiocyansäure ermittelt. Zur Bestimmung metallischer Teilchen in Staub, Sand und Schlamm gibt H. C. Lookwood zu dem von Ward entwickelten Verfahren nähere Anweisungen für die praktische Durchführung u. a. zur Ermittlung von Nickel. Die für die Bestimmung von Nickel geeigneten Verfahren beruhen auf Ausnutzung 1. der magnetischen Anziehung, 2. auf der fehlenden Blaufärbung bei Kaliumferrocyanid nach Behandlung mit Säuredämpfen, 3. auf der Rotfärbung nach Einwirkung von Säuredämpfen und Ammoniak bei Zusatz von Dimethylglyoximlösungen und 4. auf der Bildung von goldfarbigen Niederschlägen die durch Einwirkung von Goldchlorid entstehen.

IV. Analysenbeispiele (II/2, 1500).

W. Campbell gibt eine von der American Society for Testing Materials herausgegebene Liste von Nickellegierungen, in der die Bezeichnungen und Zusammensetzungen einer großen Anzahl NEM-Legierungen angegeben sind, ferner Angaben über die physikalischen Eigenschaften der Legierungen. In der Arbeit werden behandelt: Messinge, Bronzen, Kupfer-Nickel-Legierungen, Kupfer-Nickel-Zink-Legierungen (Nickelsilber, Agiroid, Alfenid, Argentan, Arguzoid, Argyrolith, Neusilber, Nickelin, Maillechort, Pakfong, Sterlin, Tutenag), Magnesiumlegierungen, Legierungen mit Zinn, Blei und Zink als Basis, Gold-, Silber-, Platin-Legierungen usw., Widerstands-, hitzebeständige, korrosionsbeständige Legierungen, Kobaltlegierungen usw.

Die Angaben bedeuten eine wertvolle Ergänzung zu den früher gebrachten Analysenbeispielen (II/2, 1500—1502).

Literatur.

Barbaudy, J., A. Guerillot, H. Miachon et R. Simon: C. r. d. l'Acad. des sciences **1931**, 739—741. — Ni-Ber. **5**, 92 (1931). — Blum, W. and A. Brenner: Journ. Res. nat. Bur. Standards **16**, 171—184 (1936). — Ni-Ber. **7**, 102 (1937). — Boyer, W. S.: Ind. and Engin. Chem., Anal. Ed. **1938**, 177—179. — Ni-Ber. **7**, 112 (1938). — Brenner, A.: Journ. Res. nat. Bur. Standards **18**, 565—583 (1937). — Ni-Ber. **7**, 107 (1937). — Bucherer, H. T. u. F. W. Meier: Ztschr. f. anal. Ch. **89**, 101 (1932). — Ni-Ber. **11**, 187 (1932).

Cabe, C. R. Mc: Metal Ind., N. Y. **1931**, 444. — Ni-Ber. **12**, 243 (1931). — Campbell, W.: Proc. Amer. Soc. Test. Mater. **1930 I**, 336—397. — Ni-Ber. **5**, 96 (1931). — Carl, F.: Metals and Alloys **5**, 739—742 (1934). — Ni-Ber. **4**, 58 (1934). — Chirnside, R. C.: Analyst **1934**, 278. — Ni-Ber. **5**, 75 (1934). — Clarke, S. G.: (1) Elektrodepositor's Techn. Soc. **1936**. — Metal Ind., Lond. **49**, 419—422 (1936). — Ni-Ber. **12**, 189 (1936). — (2) Elektrodepositors Techn. Soc. **1937**. — Ni-Ber. **12**, 180 (1937). — Clarke, S. G. and W. N. Bradshag: Analyst **1932**, 138—144. — Ni-Ber. **4**, 59 (1932).

Düsing, W. u. K. Winckelmann: Ztschr. f. anal. Ch. **113**, 419—422 (1930).

Evans, B. S.: Analyst **1935**, 464. — Ztschr. f. anal. Ch. **105**, 451 (1936). — Ni-Ber. **8/9**, 107 (1935).

Fairhall, L. T.: Journ. ind. Hyg. 8, 528 (1926). — Ztschr. f. anal. Ch. **73**, 426 (1928).

Gollnow, G.: Metallwaren-Ind., Galvano-techn. **1933**, Nr. 1, 9, 10. — Ni-Ber. **2**, 20 (1933). — Guzman, J. u. G. Garcia: Chemical Abstracts **28**, 3025 (1934) aus Anales soc. española Fis. Quim. **32**, 72—86 (1934). — Ni-Ber. **7**, 104 (1934).

Haring, M. M. and B. B. Westfall: Journ. Amer. Chem. Soc. **1930**, 5141—5145. Ni-Ber. **2**, 3 (1931). — Harwood, H. F. and L. S. Theobald: Analyst **58**, 673 (1933). — Ztschr. f. anal. Ch. **99**, 476 (1934). — Heczko, Th.: Chem.-Ztg. **58**, 1032, 1033 (1934). — Chem. Zentralblatt **1935 I**, 1491. — Herrington, B. L. and J. G. Brereton: Journ. Dairy Sci. **20**, 197, 198 (1937). — Ni-Ber. **6**, 90 (1937). — Hiltner, W. u. L. Seidel: Ztschr. f. prakt. Ch. **143**, 94—99 (1935). — Ni-Ber. **8/9**, 130 (1935). — Holthaus, C.: Stahl u. Eisen **44**, 1514 (1924).

Ishimaru, S.: (1) Sci. Rep. Tôhoku Univ. **24**, 493 (1935). — Ni-Ber. **1**, 6 (1936). — (2) Journ. Inst. Metals **1934**, 195 aus Kinzoku no Kenkyu **10**, 464—467 (1933). — Ni-Ber. **5**, 71 (1934).

Jaffe, E.: Industria Chimica **9**, 151 (1934). — Ztschr. f. anal. Ch. **105**, 452 (1936). — James, L. H.: Ind. and Engin. Chem., Anal. Ed. **1931**, 258. — Metallwaren-Ind., Galvanotechn. **1931**, 503. — Ni-Ber. **9**, 193, 244 (1931).

Köster, W.: Ztschr. f. Metallkunde **21**, 19 (1929).

Larson, E.: Brit. Chemical Abstracts A **1931**, 811. — Ni-Ber. **9**, 176 (1931). — Ledrut, J. et L. Hauss: Bull. Soc. Chim. de France **4**, 1136—1141 (1937). — Ni-Ber. **8**, 122 (1937). — Longfield, M. H.: Month. Rev. Amer. Electroplaters Soc. **23**, 23, 24 (1936). — Ni-Ber. **6** 99 (1936). — Lockwood, H. C.: Analyst **59**, 812—814 (1924). — Ni-Ber. **1**, 4 (1935). — Lucas, R., F. Grassner u. E. Neukirch: Mikrochem. Emich-Festschrift **1930**, 197—214. — Ni-Ber. **8**, 149 (1931).

Malý, J.: Chem. Listy Vedu Prumysl **29**, 24 (1935). — Chem. Zentralblatt **1935 II**, 1584. — Ztschr. f. anal. Ch. **108**, 204 (1937). — Chem.-Ztg. **1933**, 823, 824. — Ni-Ber. **12**, 182 (1933). — Mesle: Metals Ind., N. Y. **33**, 283—289 (1935). — Ni-Ber. **7**, 102 (1937). — Midson, R. D.: Chem. and Engin. Mind. Red. **29**, 196 (1937). — Chem. Zentralblatt **1937 II**, 632. — Millot: Drop. Test. Usine **41**, 37, 38 (1932). — Ni-Ber. **7**, 103 (1937). — Moore, B. B.: Chem. News **59**, 150, 292 (1889).

Nuka, P.: Ztschr. f. anal. Ch. **91**, 29—32 (1932). — Ni-Ber. **4**, 52 (1933). — Nickolls: Analyst **1934**, 16.

Ochotin, V. P. u. A. P. Sytschoff: Ztschr. f. anal. Ch. **90**, 109—111 (1932). — Ni-Ber. **2**, 23 (1933).

Pars and Lindgreen: Trans. Amer. Brass Founders Assoc. **5**, 120 (1912). — Peters, F. P.: Chemist-Analyst **1937**, 76—79. — Ni-Ber. **1**, 13 (1938). — Prodinger, W.: Organische Fällungsmittel, S. 131. Stuttgart: Ferdinand Enke 1937.

Ranedo, J.: Anals Soc. española Fis. Quim. **32**, 611 (1934). — Chem. Zentralblatt **1934 II**, 3411. — Ztschr. f. anal. Ch. **102**, 441 (1935). — Raymond, E.: C. r. d. l'Acad. des sciences **200**, 1850 (1935). — Ztschr. f. anal. Ch. **105**, 452 (1936).— Righellato, E. G.: Chem. Age **28**, 574 (1933). — Ni-Ber. 8, 118 (1933). — Riley, H. L.: Journ. Chem. Soc. London **1933**, 895. — Ni-Ber. 8, 118 (1933).

Shennan, R. J., J. H. F. Smith and A. M. Ward: Analyst **61**, 395—400 (1936). — Ni-Ber. 8, 128 (1936). — Smirnov, G. S.: Chemical Abstracts **1932**, 1541. — Ni-Ber. **5**, 76 (1932). — Soule, B. A.: Journ. Amer. Chem. Soc. **47**, 981 (1925). — Ztschr. f. anal. Ch. **71**, 407 (1927); **99**, 436 (1934). — Spacu, G. u. J. Dick: Ztschr. f. anal. Ch. **71**, 442 (1927). — Spacu, G. et R. Ripan: Bull. Soc. de Stiinte din Cluj **1**, 314 (1922). — Chem. Zentralblatt **1923 II**, 380. — Springer, R.: Metals Ind., London **49**, 541, 542 (1936). — Ni-Ber. **1**, 7 (1937). — Metallwaren-Ind., Galvanotechn. **1936**, 211, 212. — Oberflächentechnik **1936**, 135, 136. — Ni-Ber. **7**, 113 (1936). — Strafford, N.: Ni-Ber. **10**, 144 (1933).

Taurins, A.: Ztschr. f. anal. Ch. **97**, 27—36 (1934). — Ni-Ber. **7**, 104 (1934).

Vincke, E.: Chem.-Ztg. **57**, 695 (1933). — Ni-Ber. **12**, 182 (1933).

Ward: Analyst **58**, 26 (1933). — Weisbug u. Stoddard: Ni-Ber. **7**, 105 (1937). Werner, E.: Ztschr. f. anal. Ch. **105**, 453 (1936). — Willard, H. H. and N. H. Tang: Ind. and Engin. Chem., Anal. Ed. **9**, 357—362 (1937). — Ni-Ber. **8/9**, 126 (1937).

Yoe, J. N. and E. H. Wirsing: Journ. Amer. Chem. Soc. **54**, 1865—1876 (1932). — Ztschr. f. anal. Ch. **92**, 373 (1933). — Ni-Ber. **6**, 97 (1932).

Blei.

Von

Dr.-Ing. G. Darius, Stolberg (Rhld.).

1. Bestimmung als Chromat (II/2, 1506). Die infolge von Absorption des Fällungsmittels leicht auftretenden Überwerte kann man dadurch vermeiden, daß man die bleihaltige Lösung soweit verdünnt, daß ihr Säuregehalt zwischen 5—15 cm³ 3 n-Salpetersäure auf 250 cm³ liegt und das Fällungsmittel nur tropfenweise zur erwärmten Lösung zugibt.

2. Maßanalytische Methoden (II/2, 1507). Bei Erzen mit hohem Kalk- oder Barytgehalt erreicht man durch Abrauchen mit Schwefelsäure und Ausziehen des Rückstandes mit Ammoniumacetat keine vollständige Trennung des Bleies von den Verunreinigungen. Man spritzt daher das unreine Bleisulfat vom Filter, behandelt es in der Siedehitze mit Ammoniumchlorid und verdünnter Salzsäure (1:2). In der klarfiltrierten Lösung wird das Blei mit Schwefelwasserstoff als Sulfid gefällt, nachdem man sie vorher ammoniakalisch und dann wieder schwach salpetersauer gemacht hatte. Das Bleisulfid wird abfiltriert und mit Salpeterschwefelsäure eingeraucht. Das gereinigte Bleisulfat wird nun mit Ammoniumacetat gelöst und kann dann titriert werden.

3. Colorimetrische Bestimmung. Diese indirekte Bestimmung läßt sich besonders bei kleineren Bleimengen leicht durchführen. Sie gründet sich darauf, daß Molybdän bei Gegenwart von Stannochlorid mit Kaliumrhodanid eine blutrote Färbung ergibt, deren Farbton nach kurzer Zeit stabil ist (S. Feinberg). Nachdem man die geringe Menge Blei elektrolytisch abgeschieden hat (II/2, 1508), löst man das Superoxyd mit Salzsäure, macht essigsauer und fällt das Blei in der Siedehitze als Molybdat (II/2, 1506). Man filtriert ab, wäscht gut aus und löst den Niederschlag mit verdünnter Schwefelsäure. In diese Lösung gibt man 10 cm³ einer 5%igen Kaliumrhodanidlösung und 5 cm³ einer 10%igen Stannochloridlösung. Die Rotfärbung ist nach wenigen Minuten stabil und der Molybdängehalt kann gegen eine bekannte Molybdänvergleichslösung bestimmt werden.

$$\mathrm{Mo} \cdot 2{,}1583 = \mathrm{Pb} \quad (\log 2{,}1583 = 0{,}3342).$$

4. Bleierze (II/2, 1509) mit hohem Barytgehalt schließt man (2 bis 2,5 g) nur mit Salzsäure auf, gibt nach Beendigung der Schwefelwasserstoffentwicklung einige Kubikzentimeter Salpetersäure hinzu und dampft vorsichtig zur Trockne. Dann befeuchtet man den Rückstand mit Salzsäure und dampft wieder ab. Den Trockenrückstand nimmt man mit 5 cm³ Salzsäure und 30 cm³ Wasser auf, kocht auf, verdünnt mit kochend heißem Wasser, filtriert ab und wäscht mit heißem, schwach salzsaurem Wasser aus. Den Rückstand spritzt man vom Filter, kocht nochmals mit salzsaurem Wasser auf, filtriert zum ersten Filtrat hinzu. Der Rückstand wird verascht, im Porzellantiegel mit Soda geschmolzen und auf Blei geprüft. Falls solches vorhanden, scheidet man die Kieselsäure in bekannter Weise ab und gibt deren Filtrat zu der oben erhaltenen Bleilösung. In diese Lösung wird, nachdem sie bis zur schwach sauren Reaktion abgestumpft wurde, in der Wärme Schwefelwasserstoff eingeleitet. Der Niederschlag wird mit Natriumsulfid ausgezogen, abfiltriert, mit Salpeterschwefelsäure eingeraucht und das Blei als Sulfat abgeschieden.

Dieses Sulfat ist aber nie barytfrei und wird deshalb nochmals mit Ammoniumacetat gelöst, mit Schwefelwasserstoff gefällt und das nunmehr reine Bleisulfid als Sulfat zur Auswaage gebracht. Falls man aus anderen Gründen bei kieselsäure- und barythaltigen Bleierzen aber den Aufschluß mit Natriumperoxyd wählen muß, ist darauf zu achten, daß beim Ansäuren des wäßrigen Auszuges der Schmelze sich Silberchlorid, Bariumsulfat und ein Teil der Kieselsäure abscheiden. Diese Niederschläge sind abzufiltrieren und auf Bleifreiheit zu prüfen, indem man sie mit Salzsäure auskocht. Falls ein Teil des Filtrates mit Schwefelwasserstoff eine Trübung gibt, so ist das ganze Filtrat der salzsauren Schmelze hinzuzufügen. Wenn die Erze außerdem noch stark antimon- oder zinnhaltig sind, dann ist es zweckmäßig, vor dem Ansäuren der Schmelze etwas Weinsäure zuzusetzen, damit man nachher den Auszug mit Natriumpolysulfid auch zur Antimon- und Zinnbestimmung verwenden kann.

Wenn es notwendig sein sollte, daß außer den im Hauptwerk (II/2, 1512) angegebenen Bestandteilen noch Kieselsäure, Eisen, Tonerde, Mangan, Barium, Calcium und Magnesium bestimmt werden sollen, dann kocht man 2,5 g Erz mit Salzsäure und dampft 2mal mit Salzsäure zur Trockne. Den Trockenrückstand nimmt man mit Salzsäure und Wasser auf, kocht durch, filtriert heiß in einem $^1/_2$-l-Meßkolben, wäscht mit heißem Wasser aus, verascht den Rückstand im Porzellantiegel und schmilzt ihn im Platintiegel mit Natriumkaliumcarbonat. Die Abscheidung der Kieselsäure erfolgt in bekannter Weise, das Filtrat wird in den Meßkolben mit der Hauptlösung gegeben. Die unreine Kieselsäure wird verascht, ausgewogen und mit Flußsäure und Schwefelsäure abgeraucht, die Gewichtsdifferenz ist reine Kieselsäure, der Rückstand besteht aus Bariumsulfat. Dieses schmilzt man nochmals mit Natriumkaliumcarbonat, laugt mit Wasser aus, filtriert ab, löst das Bariumcarbonat in möglichst wenig Salzsäure, verdünnt mit Wasser und fällt etwa vorhandene Spuren von Blei mit Schwefelwasserstoff, läßt über Nacht absitzen, filtriert ab und bestimmt im Filtrat nach dem Verkochen des Schwefelwasserstoffes das Barium mit Schwefelsäure. Die vereinigten salzsauren Lösungen stumpft man mit Ammoniak ab und leitet in die schwach salzsaure Lösung Schwefelwasserstoff ein. Man füllt auf Marke, filtriert 400 $cm^3 = 2$ g ab, verkocht den Schwefelwasserstoff, oxydiert mit Brom, gibt festes Ammoniumchlorid hinzu, fällt 2mal mit Ammoniak, löst den Ammoniakniederschlag mit Salzsäure in einen 250-cm^3-Meßkolben und kann dann in aliquoten Teilen einerseits Eisen + Aluminium + Mangan und andererseits sowohl Eisen als auch Mangan nach bekannten Methoden bestimmen. In den zusammengegebenen Filtraten der Ammoniakfällungen verkocht man den Ammoniak, säuert schwach mit Salzsäure an, fällt die letzten Anteile von Barium mit Schwefelsäure und bestimmt im Filtrat des Baryt, den Kalk und die Magnesia nach bekannten Methoden.

In neuerer Zeit wird öfters die Bestimmung von Bleioxyd und Bleicarbonat neben Bleisulfid verlangt. Man wiegt 2,5 oder 5 g in einen $^1/_2$-l-Meßkolben ein, gibt 200 cm³ 30% Essigsäure hinzu und kocht etwa $^1/_2$ Stunde lang. Dann kühlt man ab, füllt auf Marke, filtriert einen aliquoten Teil ab und leitet Schwefelwasserstoff ein. Der Niederschlag wird abfiltriert und in bekannter Weise auf Blei verarbeitet. Auch hier ist das Bleisulfat, besonders bei kalk- und barythaltigen Erzen nochmals über Schwefelwasserstoff zu reinigen. Aus der Differenz des Gesamtbleigehaltes und des in der oben beschriebenen Weise bestimmten oxydischen Bleigehaltes ergibt sich der Gehalt an Bleisulfid.

Wegen der Wismutbestimmung wird auf S. 599 dieses Erg.-Bd. hingewiesen.

5. Bleischlacken (II/2, 1513). Unreine Aschen, besonders zinn- und antimonhaltige Weißmetall- oder Lötzinnaschen kann man zweckmäßig mit Brom-Bromwasserstoffsäure aufschließen. Bei diesem Aufschluß werden Zinn und Antimon verflüchtigt, wodurch die unter Umständen zeitraubende und schwierige Filtration des zinnsulfidhaltigen Schwefelwasserstoffniederschlages vermieden wird. Man schließt 5—10 g Asche mit 60 cm³ Brom-Bromwasserstoffsäure (1:7) auf, dampft fast zur Trockne und wiederholt diese Operation noch 1—2mal, bis alles Zinn und Antimon verflüchtigt ist. Dann dampft man mit 20 cm³ konzentrierter Schwefelsäure bis zu weißen Dämpfen ab, nimmt mit Wasser auf, spült in einen Meßkolben über. Man gibt jetzt 100 cm³ Ammoniumacetatlösung hinzu und kocht bis alles Bleisulfat gelöst ist. Dann wird in einen aliquoten Teil das Blei nach einer der vorher beschriebenen Methoden als Sulfat zur Auswaage gebracht.

6. Hartblei (II/2, 1518). Die Bestimmung des Arsengehaltes kann auch direkt in folgender Weise ausgeführt werden. 5 g Hartblei werden mit 30 cm³ konzentrierter Schwefelsäure durch starkes Erhitzen im Rundkolben aufgeschlossen bis zum Auftreten von starken weißen Dämpfen. Der Kolbeninhalt wird nach dem Erkalten vorsichtig mit Wasser verdünnt, erwärmt, mit 250 cm³ Salzsäure (1:1) versetzt und in den Destillierkolben des Arsenbestimmungsapparates übergespült. Dann destilliert (s. a. II/2, 1328) man in bekannter Weise mit Hydrazinsulfat und Kaliumbromid ab und bestimmt das Arsen entweder als Arsentrisulfid oder jodometrisch. Zur Bestimmung des Bleies löst man 10 g gefeiltes oder gesägtes Hartblei in einen $^1/_2$-l-Meßkolben mit 100 cm³ Salpetersäure (1:1) und 100 cm³ Weinsäurelösung (1:1), kühlt ab, füllt auf Marke, macht 100 cm³ dieser Lösung, entsprechend 2 g Einwaage, mit Natriumhydroxyd alkalisch und gibt 30 cm³ gesättigte Natriumsulfidlösung hinzu. Den Niederschlag läßt man in der Wärme absitzen, filtriert ihn ab, zieht ihn noch ein zweites Mal mit Natriumsulfid aus und raucht ihn im Fällungskolben mit Salpeterschwefelsäure ein. Das Blei wird dann in bekannter Weise als Sulfat zur Auswaage gebracht. Kupfer und Zink werden ebenfalls im Aufschluß mit Salpeterweinsäure bestimmt. Man entnimmt dem $^1/_2$-l-Meßkolben 250 cm^3, entsprechend 5 g Einwaage, gibt diese Lösung in einen neuen $^1/_2$-l-Meßkolben, fällt mit 10 cm^3 konzentrierter Schwefelsäure das Blei aus, füllt auf Marke und filtriert 400 cm^3, entsprechend 4 g Einwaage, ab. Diese Lösung macht man alkalisch und fällt mit Natriumsulfid, läßt absitzen, filtriert ab und raucht das Filter mit dem Niederschlag mit Salpeterschwefelsäure ab. Nach dem Auftreten der weißen Dämpfe läßt man erkalten, verdünnt, filtriert etwa ausgeschiedenes Bleisulfat ab und leitet in die klare Lösung Schwefelwasserstoff ein. Den Niederschlag filtriert man ab, löst ihn in Salpetersäure und elektrolysiert ihn auf Kupfer. Im Filtrat verkocht man den Schwefelwasserstoff, neutralisiert genau mit Ammoniak, mit Methylrot als Indicator, fällt das Zink in schwach schwefelsaurer Lösung (II/2, 1701) als Zinksulfid und bringt es als Zinkoxyd zur Auswaage. Zur Eisenbestimmung löst man 10 g Hartblei im $^1/_2$-l-Meßkolben in etwa 100 cm^3 Bromsalzsäure, verkocht das Brom, verdünnt mit salzsaurem Wasser, füllt auf Marke und entnimmt dem Kolben 250 cm^3, entsprechend 5 g Einwaage, gibt diese in einen 1-l-Meßkolben, verdünnt und leitet in die schwach salzsaure Lösung Schwefelwasserstoff ein. Man läßt längere Zeit absitzen, filtriert einen aliquoten Teil ab, verkocht den Schwefelwasserstoff, oxydiert mit Salpetersäure und fällt das Eisen mit Ammoniak und bestimmt es nach einer der bekannten Methoden. Da es sich meist nur um Spuren handelt, empfiehlt sich die colorimetrische Bestimmung mit Kaliumrhodanid. Im Filtrat vom Eisen kann dann noch Nickel mit Dimethylglyoxim bestimmt werden.

Die immer wichtiger werdende Alkalibestimmung in Legierungen kann auch durch Amalgamation ausgeführt werden. Man übergießt 10—20 g der Legierung (je nach Alkaligehalt) als Sägespäne mit etwa 300 cm^3 Wasser, bedeckt die Späne mit Quecksilber und erhitzt zum Sieden. Die Alkaliamalgame zersetzen sich dann unter Bildung von Hydroxyden, während die anderen Amalgame ungelöst bleiben. Jetzt leitet man in die heiße Lösung einen Kohlensäurestrom, um die Erdalkalien als Carbonate niederzuschlagen. Etwa gebildetes Erdalkalibicarbonat wird beim Kochen zersetzt, während die Alkalicarbonate in der Lösung bleiben. Man filtriert ab und kann im Filtrat die Alkalien in bekannter Weise bestimmen.

Literatur.

Feinsberg, S.: Ztschr. f. analyt. Ch. **1934**, 415.

Zinn (II/2, 1579—1614).

Von

Dr. **H. Toussaint,** Essen.

Boy[1] steckt bei dem Aufschluß mit Na_2O_2 (S. 1580) ein Stück Stangennatron bis zum Boden des Tiegels in das Gemisch, um ein schnelleres Flüssigwerden der Schmelze zu erreichen. Bei der Titration nach vorhergehendem Fällen mit H_2S kann gegebenenfalls eine Entfernung des Cu eingeschaltet werden: der Sulfidniederschlag wird mit Bromsalzsäure (Tropfflasche) von dem Filter gelöst, das überschüssige Br vorsichtig mit wäßrigem SO_2 fortgenommen, die SnO_2 mit NH_3 gefällt, filtriert, gewaschen. Jetzt wird das Filter in den Titrationskolben gegeben mit HCl behandelt und titriert.

Am Schluß der Beschreibung der Rademacherschen Methode zur Zn-Bestimmung (S. 1591) ist hinzuzufügen, daß Gegenwart von Ni stört, da dasselbe mit Al nicht ausfällt. Rademacher hat seine Methode neuerdings vereinfacht:

Das Zinn wird in HCl gelöst und (durch HNO_3, $KClO_3$ oder H_2O_2) vollständig zu $Sn^{\cdot\cdot\cdot\cdot}$ oxydiert. Die Lösung wird ammoniakalisch gemacht, mit soviel Schwefelammonium versetzt, daß alles $Sn(OH)_4$ in Lösung geht, zu etwa 200 cm^3 aufgefüllt und aufgekocht. Es wird filtriert, mit schwach schwefelammoniumhaltigem, heißen Wasser gewaschen. Der Sulfidniederschlag wird zur Bleiabscheidung mit H_2SO_4 abgeraucht. Das Filtrat wird mit Weinsäure, $HgCl_2$ und H_2S behandelt, wie angegeben. Das mit dem Zn niedergeschlagene Cu wird zum Schluß colorimetrisch bestimmt. ZnO ergibt sich aus der Differenz. Die Methode erlaubt gleichzeitig die Pb-Bestimmung, nicht aber die Bestimmung des Cu-Gehaltes, da letzterer bei der Behandlung mit Schwefelammonium nicht quantitativ in den Niederschlag geht. Sollte, was bei Handelszinn wohl kaum vorkommt, Ni zugegen sein, so muß nach dem Glühen und Wägen der Oxyde das Zn nach der Methode von Schneider-Finkener durch H_2S-Fällung bzw. das Ni mit Dimethylglyoxim bestimmt werden.

Zu S. 1597 oben gibt Boy[1] an: Enthält eine Legierung Cu und kein bzw. nur sehr wenig Sb, so fällt bei der Reduktion mit Ferrum reductum das Cu stets Sn-haltig aus, eine Angabe, die sich auch anderen Ortes findet. Durch Hinzufügen von etwa 0,1 g Sb in Form einer salzsauren $SbCl_3$-Lösung vor der Reduktion wird dieser Fehler ausgeschaltet.

Bei Gegenwart von organischen Substanzen (Kohle usw.) (S. 1605 oben) sintert Boy[1] zunächst mit Na_2CO_3 und schmilzt dann erst mit $NaOH + Na_2O_2$.

Auf S. 1606 steht: Die wie oben erhaltene Lösung eignet sich zur Zn-Bestimmung nach der Rademacherschen Methode; diese Angabe trifft nicht zu, wenn vorher ein Aufschluß im Nickeltiegel erfolgt ist.

[1] Freundliche Privatmitteilung.

Zur Bestimmung von dem Gesamt-NaOH in Natriumstannat wird 1 g Substanz in 70—80 cm³ H_2O gelöst und mit $^1/_2$ n-HCl titriert. Indicator Methylorange; neben dem Farbumschlag wird auf eintretende Trübung geachtet. Zur Bestimmung von freiem NaOH werden 5 g Stannat in einem 250-cm³-Meßkolben in 100—150 cm³ Wasser gelöst, mit 50 cm³ $BaCl_2 \cdot 2\,H_2O$ (1:10) versetzt, geschüttelt (Bariumcarbonat und -stannat fallen aus), nach dem Auffüllen zur Marke und gutem Durchmischen durch ein trockenes Filter filtriert und 100 cm³ bzw. mehr von dem Filtrat mit $^1/_2$ n-HCl und Methylorange titriert. Zur Bestimmung des Na_2CO_3-Gehaltes werden 5—10 g Stannat mit dünner H_2SO_4 behandelt und die dabei entweichende CO_2 durch klare Barytlauge geleitet; zum Schluß wird die Barytlauge, während noch CO_2-freie Luft durch den Apparat geht, bis nahe zum Sieden erhitzt. Die Barytlauge wird filtriert, heiß gewaschen, das Filter mit dem $BaCO_3$ in die Vorlage (kleiner Erlenmeyer) gegeben. Jetzt wird ein Überschuß von $^1/_2$ n-HCl hinzugefügt, das Filter gut damit verrührt und mit $^1/_2$ n-NaOH zurücktitriert.

Kleine Änderungen, Zusätze, Druckfehler usw.

Auf S. 1575, Zeile 18 von oben muß es heißen: $Sb^{\cdot\cdot\cdot\cdot\cdot}$ statt $Sb^{\cdot\cdot\cdot\cdot}$.

S. 1588, Zeile 4 von unten: „Durch Gegenwart von Ag wird die Blaufärbung verstärkt" ist zu streichen und es würde dann nur heißen: „Bei Anwesenheit von As tritt Grünfärbung auf."

S. 1592: Der letzte Absatz betreffend Einfluß von Al-Gehalt bei der Bestimmung von As ist zu streichen, da er nach späterer Überprüfung offenbar auf irreführende Beobachtungen zurückzuführen ist.

S. 1612: Entzinntes Blech (Schwarzblech). Durch Erfahrungen aus den letzten Jahren in dem Laboratorium der Th. Goldschmidt A.G. ist festgestellt, daß bei genauem Innehalten der auf S. 1585 angeführten Vorschrift des Jodindicators und sorgfältigem Arbeiten die $FeCl_3$-Titration nicht zu hohe Resultate gibt, sondern genau die gleichen wie bei dem vorhergehenden Falle des Sn mit H_2S. Bei sehr niedrigen Sn-Gehalten (0,02% und darunter) ist es wohl zweckmäßig, besonders wenn der ausführende Laborant nicht größere Übung in der Titration hat, über die H_2S-Fällung zu gehen. Die letztere Methode erlaubt bedeutend größere Einwaagen zu nehmen und so den Verbrauch an Titerflüssigkeit (sonst nur 0,2 cm³) zu erhöhen. In diesem Fall kann man auch nach dem Lösen der Sulfide durch NH_3-Fällung das Sn von den etwa vorhandenen geringen Mengen Cu trennen.

Tantal und Niob (II/2, 1615).

Von

Dr.-Ing. **Jean D'Ans**, Berlin.

Die analytischen Methoden zur Bestimmung von Tantal und Niob und zu ihrer Trennung von allen in Frage kommenden übrigen Elementen sind von W. R. Schoeller und seinen Mitarbeitern eingehend bearbeitet und in zahlreichen Mitteilungen veröffentlicht worden. W. R. Schoeller (1) hat sie vor kurzem in einem Buche zusammengefaßt.

Zu den Ausführungen im Hauptwerk (II/2, 1615) sind nur einige Ergänzungen erforderlich, die hauptsächlich den Erfahrungen von Schoeller entnommen sind.

Für den sauren Aufschluß (II/2, 1615) eignet sich $KHSO_4$ besser als $NaHSO_4$. Die Anwendung von Quarztiegeln wird empfohlen. Vor dem Lösen des Carbonataufschlusses (II/2, 1617) ist es zweckmäßig, der erkalteten Schmelze festes KOH_2 — etwa 10% des Gewichtes des angewandten Carbonats — zuzusetzen.

Dem folgenden Trennungsgang gibt Schoeller den Vorzug: 0,5 g Erz werden mit 4 g $KHSO_4$ aufgeschlossen; der Aufschluß wird in 10%iger warmer Weinsäurelösung (etwa 40 cm³) gelöst und der Tiegel mit etwas warmem Wasser gewaschen, die unter Rühren erzielte Lösung muß klar sein, ein geringer unaufgeschlossener Rückstand wird abfiltriert und dann nochmals aufgeschlossen. Ist Uran und damit auch Bleisulfat zugegen, so läßt man die Lösung mehrere Stunden stehen und filtriert letzteres mit dem übrigen unlöslichen Rückstand ab. Dieser kann SiO_2, SnO_2 neben dem $PbSO_4$ enthalten.

In die Lösung wird H_2S bei 50° eingeleitet. Der ausfallende Sulfidniederschlag kann etwas der Erdsäuren einschließen. Das Filtrat wird auf 150 cm³ eingedampft und gegebenenfalls gebildetes Ferrisalz mit H_2S zu Ferrosalz reduziert. Die Lösung wird dann ausgekocht, mit 25 cm³ konzentrierter HCl versetzt und 3 Minuten gekocht, wodurch die Erdsäuren durch Hydrolyse ausgeschieden werden. Es fallen dabei Tantal, Niob und Wolfram aus. Der Niederschlag kann Spuren von Ti, Zr, Th, U enthalten. Das Filtrat enthält noch kleine Mengen der Erdsäuren. Diese werden von den anwesenden seltenen Erden nach der Oxalat-, Tartrat- oder Fluoridmethode getrennt und der Hauptmenge zugeführt. Eine weitere Gruppentrennung von T_2O_5, Nb_2O_5, TiO_2 von ZrO_2, HfO_2, ThO_2, Al_2O_3, BeO, UO_3 in einer schwachsauren Oxalatlösung, die an NH_4Cl halbgesättigt ist, läßt sich mit Tannin durchführen (Schoeller und Powell).

Die Trennung des Tantals vom Niob wird nach der im Hauptwerk (II/2, 1618) beschriebenen Tanninmethode durchgeführt. Die neueren, verfeinerten Arbeitsmethoden müssen in den Originalarbeiten eingesehen werden. Auf einige sei hier ganz kurz hingewiesen.

Den Sulfidniederschlag, der kleine Mengen Erdsäuren mitgerissen hat, löst man in H_2SO_4, setzt der Lösung Weinsäure zu und neutralisiert dann mit Ammoniak. Man fällt mit gelbem Schwefelammonium Bi und Cu aus, säuert mit Essigsäure an, wonach auch Sb ausfällt. Im Filtrat bleiben die Erdsäuren.

Eine fraktionierte Fällung der Oxalatlösung mittels Tannin zur Trennung von Tantal und Niob wird von W. R. Schoeller (2) beschrieben, eine abgeänderte Fällungsmethode von V. S. Bykowa.

Eine verhältnismäßig einfache Methode zur Bestimmung von Nb im Gemisch von Ta_2O_5 und Nb_2O_5 wird von K. R. Krishnaswami und D. Suryanarayana Murthi angegeben. Man reduziert nach O. Ruff das Pentoxyd im H_2-Strom aber bei höchstens 800°, so daß sich Nb_2O_4 bildet. Die Gewichtszunahme beim nachherigen Glühen im Platintiegel erlaubt den Nb_2O_5-Gehalt und damit auch den Ta_2O_5-Gehalt auf 0,2% genau zu ermitteln.

Um den analytischen Fortschritt kurz zu kennzeichnen, sei noch auf einige Methoden hingewiesen. Die Fällung mit Phenylarsinsäure haben J. P. Alimarin und B. J. Fried bearbeitet, eine mit o-Oxychinolin in Oxalatlösung, die Ammonacetat enthält und phenolphthaleinalkalisch ist, hat P. Süe ausgearbeitet.

Ein colorimetrischer Nachweis und eine Bestimmung mit Pyrogallol oder Resorcin sind von N. F. Kriwoschlykow und M. S. Platonow und M. S. Platonow, N. F. Kriwoschlykow und A. A. Marakajew angegeben worden.

Literatur.

Alimarin, J. P. u. B. J. Fried: Mikrochemie **23**, 17—23 (1937).

Bykowa, V. S.: C. r. d'Acad. des sciences USSR. **18**, 655—657 (1938); Chem. Zentralblatt **1938 II**, 1823.

Krischwoschlykow, N. F. u. M. S. Platonow: Chem. Journ., Ser. B. Journ. angew. Chem. (russ.) **10**, 184—191 (1937); Chem. Zentralblatt **1937 II**, 2221.

Platonow, M. S., N. F. Kriwoschlykow u. A. S. Marakajew: Chem. Journ., Ser. A. Journ. allg. Chem. (russ.) **6**, 1815—1817 (1936); Chem. Zentralblatt **1937 II**, 2719.

Schoeller, W. R.: (1) The analytical chemistry of Tantalum and Niobium. The analysis of their minerals and the application of tannin in gravimetric analysis. London W. C. 2: Chapman & Hall Ltd. 1937. — (2) Analyst **37**, 750—756 (1932); Chem. Zentralblatt **1933 I**, 1658. — Schoeller, W. R. and A. R. Powell: Analyst **57**, 550 (1932); Chem. Zentralblatt **1933 I**, 977. — Schoeller, W. R. and E. F. Waterhouse: Analyst **57**, 284—289 (1932); Chem. Zentralblatt **1933 I**, 269. — Süe, P.: C. r. d. l'Acad. des sciences **196**, 1022—1024 (1933); Chem. Zentralblatt **1933 I**, 3988.

Titan, Zirkon, Hafnium, Thorium, seltene Erden (II/2, 1614).

Von

Dr.-Ing. **Jean D'Ans**, Berlin.

Die analytische Chemie der seltenen Erden, des Thoriums, des Zirkons, Hafniums und Titans ist in den letzten Jahren außerordentlich stark bearbeitet worden, wobei neben den gravimetrischen Methoden, die mikrochemischen, colorimetrischen und potentiometrischen gleichermaßen Beachtung fanden. Einiges soll hier nachgetragen werden, insbesondere die Vorschläge, die Verbesserungen der im Hauptwerk beschriebenen Methoden bringen; diese sind auch heute noch als wohlbegründet anerkannt.

Zirkon, Hafnium (II/2, 1624). Die direkte Bestimmung des Zirkons als Phosphat (II/2, 1626) und Wägung als ZrP_2O_7 ist durch die Untersuchungen von H. J. van Royen und W. Grewe nunmehr genau durchführbar, was eine wesentliche Vereinfachung bedeutet. Diese Methode ist als Richtverfahren vom Chemiker-Ausschuß des Vereins deutscher Eisenhüttenleute angenommen worden.

Wichtig ist der Befund, daß nur in etwa 2%iger Schwefelsäure ein Zirkonphosphat ausfällt, das beim Glühen genau das ZrP_2P_7 gibt. Diese Fällungsbedingungen waren von O. Ruff und Stephan noch nicht gefunden worden. Das Zirkon wird erst von den anderen Elementen wie bisher in 10%iger Schwefelsäure durch Fällen als Phosphat gefällt, dann wird es in das stöchiometrische Phosphat in 2%iger Schwefelsäure übergeführt. Man verfährt nach folgender Vorschrift:

Zur Zirkon-, Aluminium- und Eisenbestimmung werden 500 cm³ der Lösung aus dem Meßkolben genommen, auf etwa 300 cm³ eingedampft, mit Ammoniak versetzt, bis an der Einfallstelle ein gerade noch verschwindender Niederschlag entsteht. Dann werden 35 cm³ konzentrierte Schwefelsäure und 50 cm³ einer 10%igen Ammoniumphosphatlösung zugegeben. Man läßt die Lösung 15 Minuten lang kochen und den Niederschlag gut absitzen; dekantiert 2mal, filtriert durch ein dichtes aschefreies Filter und wäscht den Niederschlag mit 2%iger Schwefelsäure, die je Liter 0,1 g Ammoniumphosphat enthält, 3—4mal aus. Den Niederschlag spritzt man mit heißer 2%iger Schwefelsäure ins Fällungsgefäß zurück und gibt etwa 300 cm³ der gleichen Schwefelsäure zu. Nach abermaligem Zusatz von 5 cm³ Ammoniumphosphatlösung wird erhitzt, 3 Minuten lang gekocht und nach dem Absitzen des Niederschlages durch das zuerst benutzte Filter filtriert. Das Auswaschen des Niederschlages erfolgt 4mal mit heißer 1%iger Schwefelsäure, die mit 0,1 g Ammoniumphosphat je Liter versetzt ist, und zum Schluß 1mal mit heißem Wasser. Das Filter mit dem Niederschlag wird verascht und in der Muffel und anschließend auf dem Gebläse bis zu gleichbleibendem Gewicht geglüht. Die Glühtemperatur in der Muffel soll dabei etwa 1000—1050° betragen. Die Auswaage ist ZrP_2O_7.

In der Arbeit wird weiter der Aufschluß feuerfester Stoffe zur ZrO_2-Bestimmung beschrieben.

Über die Fällungsmethode als Phosphat siehe auch eine Arbeit von J. P. Alimarin.

Von anderen neuerdings empfohlenen Bestimmungsmethoden sei die Fällung mit Phenylarsinsäure hervorgehoben, die von verschiedenen Seiten geprüft worden ist (P. Klinger, H. J. van Royen und H. Greve) und die mit essigsaurem Oxin oder Dibromoxin in weinsaurer Lösung nach P. Süe und G. Wétroff.

Titan. Viel Beachtung wird neuerdings dem Titan in der Metallurgie und in der Keramik geschenkt. Daher ist seine analytische Bestimmung auf diesen Gebieten stark entwickelt worden. Hierüber siehe insbesondere die Abschnitte „Eisen" (Erg.-Bd. II, S. 711), „Aluminium" (Erg.-Bd. II, S. 550); ferner S. 472.

Das Titandioxyd als Pigment hat eine starke Verbreitung und Eingang auch zum Aufhellen der Färbung vieler Massen gefunden (Kautschuk, Kunstharze).

Einen zusammenfassenden Bericht über die neueren Bestimmungsverfahren hat R. Klockmann gegeben.

Das Titan kann nach J. C. Ghosh von allen Metallen mit Ausnahme des Zirkons durch Fällung in saurer Lösung als Phosphat getrennt werden. Der Niederschlag hat die Zusammensetzung $TiO \cdot HPO_4$, der zu $Ti_2P_2O_9$ verglüht wird (s. a. Tcheng Da-Tchang und Li Houong). Gut ist die Fällung als kristallines $Ti(JO_3)_4 \cdot 3\,KJO_3$ nach H. F. Beans und D. R. Mossman. Hierbei ist eine Trennung von den begleitenden Metallen erzielbar. Größere Mengen Eisen müssen zuvor ausgeäthert werden. Zur Trennung von Zr wird in H_2O_2-haltiger Lösung gearbeitet und im Filtrate das Ti gefällt. Das Ti-Jodat wird mit konzentrierter HCl und SO_2 gelöst und nach Vertreiben des SO_2 mit NH_4OH oder nach der Acetatmethode gefällt.

Mit Oxin läßt sich Ti von Al und Fe (s. Erg.-Bd. II, 552) trennen, wenn man die Lösung (100 cm^3) mit 3 g Ammoniumacetat und 1 g Weinsäure versetzt, mit NH_4OH neutralisiert, mit 20 cm^3 80%iger Essigsäure versetzt und mit 2%iger essigsaurer Oxinlösung fällt und zum Sieden erhitzt. Dem Filtrat des Fe-Niederschlages werden 4 g Oxalsäure zugegeben, mit NH_4OH neutralisiert, 3—5 Tropfen Essigsäure zugefügt, auf 60° erhitzt und Ti mit alkoholischer Oxinlösung gefällt, 10 Minuten gekocht, das Filtrat mit NH_4OH alkalisch gemacht und Al mit essigsaurer Oxinlösung heiß gefällt (J. M. Sanko und G. A. Butenko). Das 5-7-Dibromoxychinolin benutzen A. M. Sanko und A. J. Burssuk zur Trennung von Ti von Al; Eisen kann vorher mit Oxychinolin ausgefällt werden.

Die colorimetrische Bestimmung des Titans beruht auf der Bildung einer Peroxydverbindung bei Zusatz von H_2O_2 in schwefelsaurer Lösung. Die Konstitution dieser orangefarbigen Verbindung ist von R. Schwarz aufgeklärt worden, ihr kommt die Formel $TiO_2(SO_4)_2''$ zu, während ein $Ti(OH)_3 \cdot O_2H$ reingelb und unlöslich in Wasser ist. Die Anwendung einer lichtelektrischen Zelle zu dieser colorimetrischen Bestimmung wird von M. Bendig und H. Hirschmüller beschrieben. Weitere beachtenswerte Angaben über die Colorimetrie des Titans macht H. Ginsberg. Die Färbungen, die Phenol, Hydrochinon, Pyrogallol oder Salicylsäure geben, sind nach M. Schenk noch empfindlicher als die mit H_2O_2. Ebenso sollen sich zur Colometrie die Rhodankomplexe des Ti^{III} eignen.

Zur maßanalytischen Bestimmung des Titans durch Oxydation der dreiwertigen Stufe verfahren H. B. Hope, R. F. Moran und A. O. Ploetz derart, daß sie die Reduktion mit Zinkamalgam vornehmen und dann mit Ferriammonsulfat und Rhodan als Indicator titrieren. Die Arbeitsbedingungen, die bei einer elektrolytischen Reduktion einzuhalten sind, gibt G. T. Galfajan an.

G. A. Patschenko titriert in saurer Lösung mit Jod. W. M. Thorton jr. und R. Roseman geben an, daß beim Durchblasen von Luft durch die reduzierte Lösung man es erreichen kann, daß praktisch nur das Ti^{III} oxydiert wird. Man kann dann das Fe^{II} mit Permanganat direkt titrieren.

Metallisches Wismut reduziert nur das Fe^{III}, man kann nach A. K. Babko auf diese Weise das Fe allein titrieren; reduziert man eine Probe mit einem Zn- oder Cd-Reduktor, so erfaßt man Ti^{III} und Fe^{II} zusammen.

Thorium, seltene Erden (II/2, 1627).

Von grundsätzlicher Bedeutung ist die Entdeckung, daß es verhältnismäßig leicht möglich ist, einige der seltenen Erden — Samarium, Europium, Ytterbium — durch Reduktion in wäßriger Lösung in den zweiwertigen Zustand überzuführen. Das Verfahren der elektrolytischen Reduktion ist von A. Brukl zur Trennung der seltenen Erden eingehend ausgearbeitet worden. Die zweiwertigen Sulfate sind wenig löslich. Der zweiwertige Zustand erlaubt eine oxydimetrische oder jodometrische Bestimmung der betreffenden Erden. Diese Untersuchungen werden durch die Messung der Reduktions- und Abscheidungspotentiale der seltenen Erden durch W. Noddack und A. Brukl ergänzt.

Zu den grundlegenden Methoden der analytischen Trennung und Bestimmung der seltenen Erden und zur Analyse ihrer Erze und Erzeugnisse, die im Hauptwerk beschrieben worden sind, ist Wichtiges nicht nachzutragen. Die dort gemachten Ausführungen seien aber ergänzt durch einige kurze Hinweise auf interessante neuere Bestimmungsmethoden. Ein zusammenfassender Bericht hierüber an leicht zugänglicher Stelle ist von E. Einecke, R. Klockmann und M. Körnlein vor kurzem veröffentlicht worden.

Weitgehend anwendbar für die seltenen Erden ist die elektrometrische oder potentiometrische Titration, sei es mittels Alkali (G. Jantsch und H. Gawalowski) oder mittels Oxalatlösung [G. Jantsch, J. A. Atanasiu (2, 3)], ferner mittels $K_4Fe(CN)_6$ [J. A. Atanasiu (4), J. A. Atanasiu und A. J. Velculescu] oder mittels $K_3Fe(CN)_6$ [F. M. Schemjakin und W. A. Wolkowa].

Die Anwendbarkeit des Oxins zur quantitativen Bestimmung von seltenen Erden hat Th. J. Pirtea für das Lanthan nachgewiesen.

Zum Schluß soll noch ein von F. Hecht und E. Kroupa angegebener Untersuchungsgang für Monazit erwähnt werden.

Die durch Reduktion erhaltenen zweiwertigen Erden lassen sich nach A. Brukl (2) mit Ferriammonsulfat oxydieren. Das gebildete Ferrosalz wird dann mit Permanganat titriert. Das zweiwertige Europium ist nach N. H. McCoy jodometrisch bestimmbar.

Zur elektrolytischen Reduktion wendet A. Brukl (1) Quecksilberkathoden an. J. K. March bevorzugt Elektroden aus amalgamiertem Blei.

Thorium (II/2, 1629). Zur Fällung des Thoriums als Oxydhydrat und zur Trennung von den Ceriterden wird von A. M. Ismail und H. F. Harwood das Hexamethylentetramin empfohlen. Zur quantitativen Trennung von den Ceritnitraten ist die Fällung mit Sebacinsäure nach L. E. Kaufmann wohl geeignet. Zur quantitativen Fällung des Thoriums eignet sich auch das Oxychinolin. Der wägbare Niederschlag hat die Zusammensetzung $Th(C_9H_6ON)_4 \cdot C_9H_7ON$ (F. Hecht und W. Ehrmann).

Nach L. E. Kaufmann (2) eignen sich zur Trennung von Th von viel Ce am besten die Fällungsmethoden mit KJO_3 und mit Sebacinsäure.

Ceriterden (II/2, 1631). Die Anwendung in der Glasindustrie von reinem Cer zur Absorption ultravioletter Strahlen, mit Titan zusammen zur Gelbfärbung von Kristallglas sowie die Anwendung neodymreicher Erdoxyde zur Herstellung von Brillengläsern, die das Gelb in einer schmalen Bande absorbieren und dadurch bei grellem Sonnenschein Blendung verhüten und scheinbar den rot—blau Kontrast verstärken („Neophangläser"), hat sich beachtlich entwickelt.

Auch bei den Ceriterden ist zu den im Hauptwerk beschriebenen wichtigsten analytischen Bestimmungsmethoden nichts hinzuzufügen, so daß ergänzend hier nur noch auf einige neuere Methoden aufmerksam zu machen ist.

Cer. Für einen Nachweis von Ce^{IV} eignet sich nach L. Kulberg das Leukomalachitgrün in essigsaurer Lösung. Der Nachweis soll recht scharf sein.

Über die quantitative Bestimmung des Cers gibt G. Autié an, daß nach seinen Ermittlungen das Verfahren von G. v. Knorre in alkalischer Lösung, das von R. J. Meyer und A. Schweitzer mit Permanganat und das potentiometrische Verfahren von O. Tomiček die besten Ergebnisse liefern.

Zur Prüfung der Frage, wie man am besten drei- und vierwertiges Cer nebeneinander bestimmen kann, haben L. Weiss und H. Sieger die verschiedenen Methoden zur quantitativen Oxydation von Cerosalzen und zur Reduktion von Cerisalzen in Lösung untersucht.

Als Oxydationsmittel bewähren sich bei Innehaltung der festgelegten Arbeitsbedingungen, Persulfat auch in alkalischer Lösung, Chromsäure in salpetersaurer Lösung nach R. Lang, Ferricyankalium und die potentiometrische Titration mit des Ce^{III} mit Permanganat [s. a. J. A. Atanasiu (1)]. Bleisuperoxyd gibt unsichere, das BiO_4 zu niedere Ergebnisse. Als Reduktionsmittel kommen in Frage H_2O_2, As_2O_3,

$FeSO_4$, $K_4Fe(CN)_6$. Letztere beiden sind nur in nitratfreien Lösungen anwendbar. Die besten Ergebnisse liefert As_2O_3 (s. a. R. Lang und J. Zweřina, s. a. R. Lang und E. Faude).

Literatur.

Alimarin, J. P.: Ztschr. f. anal. Ch. **106**, 276—279 (1936); s. a. N. A. Tananajew: Chem. Journ., Ser. B. Journ. angew. Chem. (russ.) **10**, 1514—1520 (1937); Chem. Zentralblatt **1938 II**, 363. — Atanasiu, J. A.: (1) Ztschr. f. anal. Ch. **105**, 422, 423 (1936). — (2) Ztschr. f. anal. Ch. **112**, 15—19 (1938). — (3) Ztschr. f. anal. Ch. **113**, 276—279 (1938). — (4) Ztschr. f. anal. Ch. **108**, 329—333 (1937). — Atanasiu, A. J. u. A. J. Velculescu: Bull. Sect. sci. Acad. Roum. **19**, 37—46 (1937); Chem. Zentralblatt **1938 I**, 945.

Beans, H. T. and D. R. Mossman: Journ. Amer. Chem. Soc. **54**, 1905 (1932). — Bendig, M. u. H. Hirschmüller: Ztschr. f. anal. Ch. **92**, 1—17 (1933). — Brukl, A.: (1) Angew. Chem. **49**, 159—161 (1936). — (2) Angew. Chem. **50**, 25—29 (1937); siehe auch L. Holleck und W. Noddack: Angew. Chem. **50**, 819 (1937).

Einecke, E.: Ztschr. f. anal. Ch. **113**, 120—135 (1938).

Galfajan, G. T.: Ztschr. f. anal. Ch. **90**, 421—427 (1932). — Ghosh, J. C.: Journ. Indian Chem. Soc. 8, 695 (1931); Chem. Zentralblatt **1932 I**, 1807. — Ginsberg, H.: Ztschr. f. anorg. u. allg. Ch. **209**, 105—112 (1932); **211**, 401—411 (1933); **226**, 57—64 (1935).

Hecht, F. u. W. Ehrmann: Ztschr. f. anal. Ch. **100**, 98—103 (1935). — Hecht, F. u. E. Kroupa: Ztschr. f. anal. Ch. **102**, 81—99 (1935). — Hope, H. B., R. F. Moran and A. O. Ploetz: Ind. and Engin. Chem., Anal. Ed. 8, 48, 49 (1936); Chem. Zentralblatt **1936 I**, 4337.

Ismail, A. M. and H. F. Harwood: Analyst **62**, 185 (1937).

Jantsch, G.: Österr. Chem.-Ztg. **40**, 77—80 (1937). — Jantsch, G. u. H. Gawalowski: Ztschr. f. anal. Ch. **107**, 389—395 (1936).

Kaufmann, L. E.: (1) Chem.-Journ. Ser. B. Journ. angew. Chem. (russ.) 8, 1520—1524 (1935); Chem. Zentralblatt **1936 II**, 513. — (2) Chem. Journ., Ser. B. Journ. angew. Chem. (russ.) **9**, 918—924 (1936); Chem. Zentralblatt **1937 II**, 2563. — Klinger, P.: Techn. Mitt. Krupp **3**, 1—4 (1935); Chem. Zentralblatt **1935 II**, 2410. — Klockmann, R.: Ztschr. f. anal. Ch. **113**, 41—44 (1938). — Körnlein, M.: Ztschr. f. anal. Ch. **113**, 213—221 (1938). — Kulberg, L.: Chem. Journ., Ser. B. Journ. angew. Chem. (russ.) 8, 1452 (1935); Chem. Zentralblatt **1936 I**, 4335.

Lang, R.: Ztschr. f. anal. Ch. **97**, 395—401 (1934). — Lang, R. u. E. Faude: Ztschr. f. anal. Ch. **107**, 181—189 (1937). — Lang, R. u. J. Zweřina: Ztschr. f. anal. Ch. **91**, 5—12 (1932).

Marsh, J. K.: Journ. Chem. Soc. London **1937**, 1367. — McCoy, H. N.: Journ. Amer. Chem. Soc. **57**, 1756 (1935); **58**, 157 (1936).

Patschenko, G. A.: Chem. Journ., Ser. A. Journ. allg. Chem. (russ.) 8, 361—365 (1935); Chem. Zentralblatt **1937 II**, 2220. — Pirtea, Th. J.: Ztschr. f. anal. Ch. **107**, 191—193 (1936).

Royen, H. J. van u. W. Grewe: Arch. f. Eisenhüttenwes. **7**, 505—512 (1934).

Sanko, A. M. u. A. J. Burssuk: Chem. Journ., Ser. B. Journ. angew. Chem. (russ.) **9**, 895—898 (1936); Chem. Zentralblatt **1936 II**, 3928. — Sanko, A. M. u. G. A. Butenko: Betriebs.-Labor. (russ.) **5**, 415—418 (1936); Chem. Zentralblatt **1936 II**, 2760. — Schenk, M.: Helv. chim. Acta **19**, 625, 1127—1135 (1936); Chem. Zentralblatt **1937 I**, 1209. — Schwarz, R.: Ztschr. f. anorg. u. allg. Ch. **210**, 303 (1933). — Süe, P. et G. Wétroff: Bull. Soc. Chim. Paris [5] **2**, 1002—1007 (1935); Chem. Zentralblatt **1936 I**, 385.

Tcheng Da Tchang u. Li Houong: C. r. d. l'Acad. des sciences **200**, 2173 bis 2175 (1935); Chem. Zentralblatt **1936 I**, 4337; s. a. Chem. Zentralblatt **1936 I**, 1467. — Thornton, W. M. and R. Rosemamo: Journ. Amer. Chem. Soc. **57**, 619—621 (1935); Chem. Zentralblatt **1935 II**, 2411. — Tomiček, O. und M. Jašek: Journ. Amer. Chem. Soc. **57**, 2409—2411 (1935); Chem. Zentralblatt **1936 I**, 3547.

Weiss, L. u. H. Sieger: Ztschr. f. anal. Ch. **113**, 305—325 (1938).

Uran.

Von

Dr. habil. **Fr. Heinrich** und Chefchemiker **Frohw. Petzold**, Dortmund.

I. Methoden zur Uranbestimmung.

1. Gravimetrische Bestimmung (II/2, 1638). P. Rây und P. R. Rây und M. K. Bose [vgl. auch W. Prodinger (1)] bestimmen das Uran durch Fällen mit Chinaldinsäure in folgender Weise: Die Lösung des Uranylnitrates wird mit 5—7 g Ammoniumchlorid versetzt, auf 120 cm³ verdünnt und zum Sieden erhitzt. Hierauf gibt man tropfenweise unter Rühren eine Lösung des Natriumsalzes des Reagenzes im Überschuß hinzu. Nach Absitzenlassen des Niederschlages wird nach Zusetzen von etwas Filterschleim filtriert und mit einer heißen, 5% Hexamethylentetramin und 5% Ammoniumnitrat enthaltenden Waschflüssigkeit bis zum Verschwinden der Chlorreaktion ausgewaschen. Der Niederschlag wird naß im Platintiegel verbrannt, geglüht und schließlich als U_3O_8 ausgewogen.

Nach P. N. Das-Gupta vgl. Prodinger (2). kann man die Uranbestimmung durch Fällen mit 2%iger Tanninlösung ausführen: Die je 0,012 g Uran enthaltende Uranylsalzlösung wird mit 2 cm³ 2%iger Tanninlösung versetzt, wobei sich die Lösung dunkelbraun färbt. Hierauf läßt man kurz aufkochen und versetzt unter Umrühren so lange mit einer 10%igen ammoniakalischen Ammoniumacetatlösung, bis sich ein voluminöser schokoladebrauner Niederschlag abscheidet. Nach kurzem Stehenlassen in der Wärme wird von dem Niederschlag abfiltriert, dieser mit heißem ammoniumacetathaltigem Wasser, dem man etwas Ammoniak zugesetzt hat, ausgewaschen und nach dem Trocknen zu U_3O_8 verglüht.

Endlich sei noch die Bestimmung des Urans durch Fällung mit Oxin nach R. Berg (1, 2) angeführt, wobei Uranylsalze mit Oxin in schwach essigsaurer Lösung intensiv rotbraun aussehende schwerlösliche Verbindungen mit 33,86% Uran geben (vgl. F. Hecht und W. Reich-Rohrwig. Die Uranylsalzlösung, deren freier Essigsäuregehalt nicht mehr als 1—2% betragen darf, wird in der Hitze tropfenweise mit einer 3%igen Oxinacetatlösung im geringen Überschuß gefällt. Nach dem Auftreten der ersten, beim Umrühren beständigen Trübung, wird einige Minuten erhitzt, bis der Niederschlag kristallin geworden ist. Nunmehr überzeugt man sich durch weiteren Zusatz des Reagenzes von der Vollständigkeit der Fällung. Bei Verwendung einer schwach mineralsauren Lösung des Uranylsalzes setzt man 2—5 g Ammoniumacetat hinzu. Nachdem man kurze Zeit das gefällte Uranyloxinat in der Wärme hat stehen lassen, läßt man erkalten, filtriert ab, wäscht mit heißem und nachher noch mehrmals mit kaltem Wasser aus. Der bei 105—110° getrocknete Niederschlag, multipliziert mit 0,3386, ergibt den Gehalt an Uran in Gramm.

Zur Mikrobestimmung des Urans nach dieser Methode werden 3 cm^3 einer 0,5—3 mg enthaltenden Uranylsalzlösung in einem Jenaer Mikrofilterbecher nach Schwarz und Bergkampf, F. Hecht und H. Krafft-Ebing, der vorher bei 105° 10 Minuten lang getrocknet und nach dem Erkalten gewogen wurde, mit 2—3 Tropfen einer gesättigten Ammoniumacetatlösung versetzt und in der Hitze durch tropfenweisen Zusatz der überschüssig anzuwendenden Oxinatacetatlösung unter Umschwenken gefällt. Nach dem Erkalten wird abgesaugt, 3mal mit wenig heißem, 1mal mit kaltem Wasser gewaschen, danach bei 105° unter Übersaugen von staubfreier Luft 10 Minuten lang getrocknet und nach $^1/_2$stündigem Stehen in der Waage zur Wägung gebracht. Nach R. Berg (2) läßt sich die Uranbestimmung nach dieser Methode nur zur Trennung der Alkali- und Erdalkalimetalle anwenden.

Über einen neuen Weg zur gravimetrischen Trennung von 4- und 6wertigem Uran berichten F. Hecht und H. Krafft-Ebing (2).

Endlich kann Uran nach Holladay und Cunningham aus einer Lösung, die 120 mg Uran in 250—350 cm^3 2,8%iger schwefelsaurer Lösung enthält, unter Umrühren in der Kälte mit einem 1,5fachen Überschuß einer 5%igen wäßrigen Cupferronlösung gefällt werden. Der Niederschlag wird mit durch Schwefelsäure angesäuertem Wasser, dem pro Liter 1,5 g Cupferron zugesetzt sind, ausgewaschen, getrocknet und bei 1000° zu U_3O_8 verglüht.

F. M. Schemjakin, W. W. Adamowitsch und N. P. Pawlowa beschreiben eine gravimetrische Bestimmung von Vanadin und Uran mittels Ammoniumbenzoat und Salzen einiger anderen organischen Säuren. 1 cm^3 einer 0,05-normalen Uranyllösung und 3—4 cm^3 einer 0,05-normalen Ammoniumbenzoatlösung werden jede für sich zum Sieden erhitzt. Nachdem man die Benzoatlösung mit 1 cm^3 10%iger Ammoniumlösung versetzt hat, gibt man sie langsam zu der Uranyllösung hinzu und läßt kurze Zeit absitzen (etwa 2 Minuten). Hierauf wird durch ein hartes Filter abfiltriert, mit 2%iger ammoniakalischer Ammoniumnitratlösung gewaschen und schließlich das Filter mit Niederschlag verascht und zu U_3O_8 verglüht.

2. Maßanalytische Bestimmung. Über ein volumetrisches Bestimmungsverfahren von Uran, Vanadin, Kupfer und Eisen in Uranerzen wird von A. S. Russel eingehend berichtet. Ferner unternimmt Ch. Pierlé Nachprüfungen der verschiedenen Bestimmungs- und Trennungsmethoden des Urans.

Nach H. H. Willard und Ph. Young, N. H. Furman und J. C. Schoonover, W. D. Treadwell und E. Merck wird das Uran nach Reduktion vom 6wertigen zum 3wertigen Uran im Cadmiumreduktor und Wiederaufoxydation der 3wertigen Stufe mit Sauerstoff zur 4wertigen mit $^1/_{10}$ n-Cerisulfatlösung unter Anwendung von Ferroin wieder zum 6wertigen Uran oxydiert. Die 0,15—0,20 g Uran und 2 Vol.-% an Schwefelsäure (1,84) enthaltende Uranylsalzlösung wird langsam durch einen Cadmiumreduktor gegeben. Der Reduktor wird mit 2 Vol.-%iger Schwefelsäure gut nachgewaschen. Hierauf wird 5 Minuten lang ein kräftiger staubfreier Luftstrom durch die Lösung geblasen.

Nach Zusatz von 5 cm^3 Schwefelsäure (1,84) und 1—2 Tropfen $^1/_{40}$ molarer Ferroinlösung wird auf 200 cm^3 verdünnt und bei 50° mit $^1/_{10}$ n-Cerisulfatlösung titriert, wobei die Farbe am Äquivalenzpunkt von braungelb nach hellgrün umschlägt. 1 cm^3 $^1/_{10}$ n-Cerisulfatlösung entspricht 0,011907 g Uran.

Einen weiteren Weg der maßanalytischen Bestimmung bietet die Oxinmethode nach R. Berg (s. oben unter I 1), wenn man den Niederschlag mit einer $^1/_{10}$ n-Bromatlösung titriert, wobei 1 cm^3 0,00198 g Uran entspricht.

3. Potentiometrische Bestimmung. Hierzu vgl. A. Luyck, D. T. Ewing und Mabel Wilson, ferner N. A. Furman und I. C. Schoonover, G. E. F. Lundell und H. B. Knowles.

4. Colorimetrische Bestimmung (II/2, 1639). Siehe unter III A, S. 650.

II. Trennung des Urans von anderen Metallen

(II/2, 1639).

Für die Trennung des Urans von Tantal und Niob, Titan, Beryllium usw. beschreiben W. R. Schöller und H. W. Webb ein Verfahren mittels Tanninfällung in mit Chlorammonium halb gesättigter Oxalatlösung. Uran wird dann weiter vom Beryllium durch Fällung als Ferrocyanide abgetrennt.

Zur Trennung von Erdalkalimetallen und Alkalien wird nach E. A. Ostroumow das Uran in schwachsaurer oder neutraler Lösung unter Zugabe von Methylrot als Indicator mit einer 20%igen Pyridinlösung ausgefällt. Der Niederschlag wird auf einem Filter gesammelt, mit heißer 3%iger Ammoniumnitratlösung, der einige Tropfen Pyridin zugegeben sind, ausgewaschen, geglüht und als U_3O_8 gewogen. Diese Fällung eignet sich besonders zur Trennung des Urans von Erdalkalimetallen, ferner von Magnesium und Alkalien.

Zur Bestimmung von Uran, Vanadin und Eisen nebeneinander vgl. E. A. Ostroumow (2).

Eine Trennung des Vanadins vom Uran geschieht nach W. M. Hartmann (1) durch Ausziehen eines mit Salpetersäure eingedampften Gemisches von Uranylnitrat und Natriumvanadat bei Gegenwart von 2,5 cm^3 Salpetersäure mit Äther bzw. mit einem Gemisch von 100 cm^3 Eisessig und 5 cm^3 Salpetersäure (1,4).

Ebenso läßt sich Uran von Molybdän und Wolfram durch Ausziehen des mit Salpetersäure zur Trockne gedampften Uranylnitrats, Ammonmolybdats bzw. Natriumwolframnats durch Extraktion mit Äther abtrennen.

Von Chrom und Aluminium kann Uran durch Fällen einer 4%igen schwefelsauren Lösung mit Cupferron getrennt werden (s. S. 808). Vom Phosphor wird Uran getrennt durch Lösen des Uranylphosphatniederschlages in Ammoniumcarbonatlösung, Verdünnen dieser Lösung auf 200 cm^3, Ansäuern derselben bis zum Umschlagen von Methylrot mit 6 n-Essigsäure und Fällung mit 3% Oxinacetatlösung (s. S. 807).

III. Spezielle Methoden.

1. Erze und Mineralien (II/2, 1642). Ein colorimetrisches Bestimmungsverfahren für Uran in uranarmen Erzen haben J. Tschernichow und E. Guldina entwickelt. Sie behandeln 0,5 g des nicht mehr als 2% Uranoxyd enthaltenden Erzes mit 30 cm³ Schwefelsäure (1 + 4) und 5 cm³ Salzsäure (1,12) unter gelindem Sieden während einer Dauer von 30 Minuten. Zur Vermeidung des Verspritzens durch CO_2 aus etwa anwesenden Carbonaten wird der erste Teil der Säure nach vorherigem Anfeuchten der Einwaage mit 5 cm³ Wasser vorsichtig zugesetzt. Nach erfolgtem Aufschluß wird die Lösung mit heißem Wasser auf 50 cm³ verdünnt und von den unlöslichen Bestandteilen abfiltriert. Der Rückstand wird mit heißer verdünnter Schwefelsäure ausgewaschen. Aus der Lösung werden die Sesquioxyde in Gegenwart von 4—5 cm³ einer 3%igen Wasserstoffperoxydlösung mit kohlensäurefreiem Ammoniak gefällt. Der Niederschlag wird mit heißer 3%iger Ammoniumsulfatlösung, der man einige Tropfen Ammoniak hinzugesetzt hat, gewaschen und in einer möglichst kleinen Menge heißer verdünnter 1 Vol.-%iger Schwefelsäure gelöst und das Filter mit der gleichen Säure mehrmals nachgewaschen. Das Volumen der Lösung einschließlich Waschwasser soll höchstens 50 cm³ betragen. Die Lösung wird hierauf zwecks Abtrennung des Eisens in ein Elektrolysiergefäß mit Quecksilberkathode gebracht und bis zur vollständigen Abscheidung des Eisens bei einer Stromstärke von 4 Ampere und 6—8 Volt Spannung elektrolysiert. Auf die Anwesenheit von Eisen wird tüpfelanalytisch mit 0,2%iger Lösung von rotem Blutlaugensalz geprüft. Nach vollständiger Abtrennung des Eisens wird die Lösung bei eingeschaltetem Strom abgegossen und der Apparat mehrmals mit Wasser gespült. In der so gewonnenen, nicht mehr als 100 cm³ betragenden Lösung werden Aluminium und Uran mit kohlensäurefreiem Ammoniak in Gegenwart von Wasserstoffperoxyd gefällt. Der das Uran zum größten Teil als Uranvanadat enthaltende Niederschlag wird abfiltriert, 3—4mal mit ammoniakalischer Waschflüssigkeit gewaschen und dann in 3%iger eisenfreier Schwefelsäure gelöst. Aus der schwefelsauren Lösung wird das Uran zwecks Trennung von Vanadin als Phosphat gefällt. Die Lösung wird mit 6 n-Ammoniaklösung bis zum Erscheinen einer kleinen bleibenden Trübung neutralisiert und die Trübung unter Vermeidung eines Überschusses in Normalschwefelsäure gerade gelöst. Die Lösung wird bis auf 40 cm³ verdünnt, mit 5 cm³ 6 n-Essigsäure und 15 cm³ $^1/_3$ molarer Lösung von Dinatriumphosphat versetzt. Enthält die Lösung sehr wenig Aluminium, so setzt man zur besseren Koagulation 2 cm³ einer 5 mg Tonerde je Kubikzentimeter enthaltenden Alaunlösung hinzu. Die Lösung wird hierauf zum Sieden erhitzt und nach 10 Minuten langem Stehenlassen filtriert, und der Niederschlag 5—6mal mit normaler Ammoniumnitratlösung ausgewaschen. Das Vanadin muß hierbei vollständig ausgewaschen sein. Der Uranphosphatniederschlag wird in heißer, 0,2 Vol.-%iger Schwefelsäure gelöst und mit der gleichen Säure in einem Meßkolben bis zur 100 cm³-Marke aufgefüllt. Wenn das Erz kein Vanadin enthält, so ist die Phosphatfällung überflüssig und der Ammoniumuranatniederschlag wird direkt in der Schwefelsäure gelöst. Die Lösung wird hierauf nach Zusatz einer 10%igen gelben Blutlaugensalzlösung, die 1% Natriumsulfit enthält, colo rimetrisch bestimmt.

Über ein Analysenverfahren zur Untersuchung der Uranerze von Katanga, South Dakotah und Utah gibt C. W. Davis einen Bericht, der von B. M. Hartmann tabellarisch zusammengefaßt ist.

2. Sonstiges. F. Hernegger und B. Karlik beschreiben die quantitative Bestimmung sehr kleiner Uranmengen und des Urangehaltes des Meerwassers auf spektralanalytischem Wege. Ferner gibt H. de Carvalho Vorschriften für die Bestimmung des Urans in Mineralwässern in konzentrierter Lösung mit Kaliumferrocyanid auf colorimetrischem Wege.

Literatur.

Berg, R.: (1) Journ. f. prakt. Ch. **115**, 178 (1927). — (2) Das o-Oxychinolin, S. 66. Stuttgart 1935. — (3) Ztschr. f. anal. Ch. **76**, 202 (1929).

Carvalho, Herculano de: C. r. d. l'Acad. des sciences **191**, 95 (1930). — Ztschr. f. anal. Ch. **93**, 399 (1933).

Das-Gupta, P. N.: Journ. Indian Chem. Soc. **6**, 777 (1929); Chem. Zentralblatt **1930 I**, 1305. — Davis, C. W.: Amer. Journ. Science, Science (5) **11**, 201 (1926).

Ewing, D. T. and Mabel Wilson: Journ. Amer. Chem. Soc. **53**, 2101 (1931).

Furman, N. H. and J. C. Schoonover: Journ. Amer. Chem. Soc. **13**, 2561 (1931).

Hartmann, W. M.: Ztschr. f. anal. Ch. **93**, 379, 392 (1933). — Hecht, F. u. H. Krafft-Ebing: (1) Mikrochemie **15**, 39 (1934). — (2) Ztschr. f. anal. Ch. **106**, 321 (1936). — Hecht, F. u. W. Reich-Rohrwig: Monatshefte f. Chemie **53/54**, 596 (1929). — Hernegger, Fr. u. Berta Karlik: Sitzungsber. Akad. Wiss. Wien, Abt. IIa **144**, 217 (1935). — Holladay, J. A. and Cunningham, T. K.: Trans. Amer. Electr. Soc. **43**, 329 (1923). — Ztschr. f. anal. Ch. **66**, 295 (1925).

Lundell, G. E. F. and H. B. Knowles: Journ. Amer. Chem. Soc. **47**, 2637 (1925). — Ind. and Engin. Chem. **16**, 723 (1924). — Ztschr. f. anal. Ch. **68**, 307 (1926); **93**, 385 (1933). — Luyck, A.: Bull. Soc. Chim. Belgique **40**, 269 (1931). — Ztschr. f. anal. Ch. **93**, 382 (1933); Chem. Zentralblatt **1931 II**, 2761.

Merck, E.: Der Tri-o-Phenantrolin-Ferrokomplex als Redox-Indikator und Cerisulfat-Normallösungen in der maßanalytischen Praxis, 2. Aufl., S. 24.

Ostroumow, E. A.: (1) Ztschr. f. anal. Ch. **106**, 244 (1936); Chem. Zentralblatt **1937 I**, 138. — (2) Betriebs-Labor. (russ.) **4**, 754 (1937); Chem. Zentralblatt **1937 II**, 1858.

Pierlé, C. A.: Journ. Indian. Chem. Soc. **12**, 60 (1920). — Ztschr. f. anal. Ch. **93**, 375 (1933). — Prodinger, W.: (1) Organische Fällungsmittel in der quantitativen Analyse, S. 49. Stuttgart 1937. — (2) S. 152.

Rây, P.: Ztschr. f. anal. Ch. **86**, 13 (1931). — Rây, P. R. u. M. K. Bose: Ztschr. f. anal. Ch. **70**, 41 (1927); **95**, 407 (1933). — Russel, A. S.: Journ. Soc. Chem. Ind. **45**, 57 (1926). — Ztschr. f. anal. Ch. **73**, 308 (1928); **93**, 373 (1933).

Schemjakin, F. M., W. W. Adamowitsch u. P. N. Pawlowa: Betriebs-Labor. (russ.) **5**, 1129 (1936); Chem. Zentralblatt **1937 I**, 1986. — Schöller, W. R. and H. W. Webb: Analyst **58**, 143 (1933); **61**, 235 (1936). — Schwarz u. Bergkampf: Ztschr. f. anal. Ch. **69**, 336 (1926).

Treadwell, W. D.: Helv. chim. Acta **4**, 551 (1921); **5**, 733 (1922). — Tschernichow, J. u. E. Guldina: Ztschr. f. anal. Ch. **96**, 261 (1934).

Willard, H. H. and Philena Young: Journ. Amer. Chem. Soc. **55**, 3260 (1933).

Vanadium.

Von

Dr. habil. **Fr. Heinrich** und Chefchemiker **Frohw. Petzold,** Dortmund.

Einleitung (II/2, 1648).

Vanadin hat als Stahlveredlungsmetall erheblich an Bedeutung gewonnen, um so mehr, als es gelungen ist, dasselbe aus vanadinarmen, aber in großer Menge vorhandenen Roh- bzw. Abfallstoffen zu gewinnen.

Aus Erzen, Dachschutt usw. mit nur geringen Vanadingehalten wird zunächst im Hochofen ein vanadinhaltiges Roheisen erschmolzen, aus dem beim weiteren Verblasen im Konverter unter bestimmten Bedingungen ein Oxydgemisch, sog. Vanadinschlacke erhalten wird. Über Röst- oder Laugeverfahren gelangt man schließlich zu Ferrovanadin. Die recht verschiedenartig und kompliziert zusammengesetzten Schlacken erforderten die Entwicklung hierfür besonders geeigneter Untersuchungsverfahren.

I. Methoden der Vanadinbestimmung.

1. Gewichtsanalytische Bestimmung (II/2, 1649). Nach A. Jilek und V. Vicovsky wird eine 5—10 mg V_2O_5 enthaltende Lösung auf 100 cm^3 verdünnt, zum Sieden erhitzt und im mäßigen Überschuß mit einer 4%igen Oxychinolin-Acetatlösung versetzt. Hierauf wird bis zum Kristallinwerden des Niederschlages weiter erhitzt und nach dem Erkalten durch ein Weißbandfilter filtriert, mit heißen Wasser ausgewaschen und nach Vortrocknen unter Zusatz von Oxalsäure im Porzellantiegel zu V_2O_5 verglüht.

Auch Strychnin und Brucin kann zur gravimetrischen Vanadinbestimmung dienen. Hidehiro Gotô weist besonders auf die Bedeutung der Wasserstoffionenkonzentration bei der V-Bestimmung nach dem Oxinverfahren und die Löslichkeit des Oxins in verschiedenen Lösungsmitteln hin. Mit Ammoniumbenzoat bestimmen F. M. Schemjakin und W. F. Tschapygin das Vanadin nach folgender Arbeitsweise: Eine Lösung mit 0,10—0,15 g V_2O_5 in 25 cm^3 wird mit 2 n-HCl-Lösung angesäuert und durch tropfenweises Zugeben bis zur konstanten Färbung zu VO_2 reduziert (Überschuß nicht schädlich). Die VO_2-Lösung wird mit einer gesättigten Ammoniumbenzoatlösung (1 g Salz für 0,1 bis 0,15 g V_2O_5) gefällt, 2—3 Minuten gekocht, nach 3—4 Stunden durch ein Weißbandfilter filtriert, mit kalter gesättigter Benzoesäurelösung (0,37 g C_6H_5COOH in 100 cm^3) gewaschen, getrocknet, verascht, 15 bis 20 Minuten geglüht und als V_2O_5 gewogen. Mg, Al, Cu, Mo, W und Ti stören die Reaktion nicht; Fe und Cr müssen zuerst entfernt werden, da sie mitgefällt werden. Die Genauigkeit ist etwas geringer als bei der Methode von Rose, aber besser als bei der von Roscoe.

Endlich sei noch auf die Verwendung von Hexaminkobaltiverbindungen bei der gewichtsanalytischen Vanadinbestimmung nach W. G. Parks und H. J. Prebluda hingewiesen.

2. Maßanalytische Bestimmung (II/2, 1649). Nach B. J. Evans wird die vanadathaltige Lösung mit NaOH schwach alkalisch gemacht, mit 5 cm³ einer frisch bereiteten 10%igen Kaliumferrocyanidlösung und 50 cm³ Salzsäure 1 : 1 versetzt. Durch diese Lösung wird ein kräftiger CO_2-Strom geleitet, 20 cm³ 4%ige KJ-Lösung, 1 cm³ 10%ige $ZnSO_4$-Lösung und 30 cm³ Wasser zugegeben und mit einer 0,01 n-NaS_2O_4-Lösung gegen Stärke in bekannter Weise zurücktitriert.

A. F. Andrejew beschreibt ein Verfahren zur V-Bestimmung durch Reduktion desselben mit Amalgam nach R. A. Abrams und Titration unter Verwendung von Säurefuchsin und Trypanrot, wobei Cr, Mo, Ti und Fe nicht stören sollen, während W vorher entfernt sein muß. Zur acidimetrischen Bestimmung von Vanadin mit Hilfe von Oxyverbindungen sei auf die Arbeiten von W. K. Solotuchin verwiesen.

Ein Verfahren zur ferrometrischen Bestimmung von V, Cer, Mn und Cr nebeneinander beschreiben R. Lang und E. Faude. Das chloridfreie, etwa 5 cm³ konzentrierte Schwefelsäure enthaltende Lösungsgemisch Ce^{III}-, Mn^{II}-, Cr^{III}- und V^{IV}-Salz wird bei einem Volumen von etwa 100 cm³ mit 0,1 n-Permanganatlösung bis zur deutlichen, bleibenden Rotfärbung versetzt. Die Rotfärbung beseitigt man mit arseniger Säure und fügt von dieser noch einen kleinen Überschuß hinzu. Man versetzt außerdem mit 2—3 Tropfen einer 0,01 m-Osmiumtetroxydlösung, wodurch die Reduktion des entstandenen Mn^{III}- und etwa gebildeten Ce^{IV}-Salzes katalytisch beschleunigt wird. Nach etwa 1 Minute fügt man 2 g Natriumfluorid oder Ammoniumbifluorid und 3 Tropfen Diphenylaminlösung zu und titriert mit 0,1 n-Ferrolösung das Vanadat.

Hierauf gibt man 3 g kristallisierte Borsäure hinzu, um das Fluorid unschädlich zu machen, sodann 2 g Persulfat und 2—3 cm³ 0,1 n-Silbernitratlösung, verdünnt auf etwa 200 cm³ und erhitzt zum Sieden. Beim Auftreten der vom Permanganat herrührenden Rotfärbung gießt man 10 cm³ Salzsäure (1 : 1) zu und kocht weiter, bis kein Chlorgeruch mehr wahrzunehmen ist und das Silberchlorid sich grobflockig zusammengeballt hat. Die erkaltete Probe titriert man nach Zugabe von 2 g Metaphosphorsäure und 3 Tropfen Diphenylaminlösung mit Ferrolösung.

An Stelle von Fluorid soll man bei der Vanadintitration nicht Phosphorsäure verwenden, da sich sonst bei den nachfolgenden Operationen das Ce^{IV}-Salz durch Salzsäure sehr schlecht reduzieren läßt. Die Indicatorkorrektur beträgt bei Titration I, III und IV + 0,07 cm³, bei Titration II dagegen — 0,015 cm³ 0,1 n-Ferrosulfatlösung.

Ein volumetrisches Vanadinbestimmungsverfahren mit Kaliumjodat hat A. J. Berry angegeben.

3. Colorimetrische Bestimmung (II/2, 1653). Die Phosphor-Wolframatmethode nach E. R. Wright und M. G. Mellon (1) erfordert nach M. B. Sapadinski und W. M. Shogina genaue Einhaltung der Säure- sowie der Mo-Konzentrationen, bleibt aber trotzdem unsicher. Eine colorimetrische V-Bestimmung mit H_2O_2 in saurer Lösung beschreiben E. R. Wright und M. G. Mellon (2).

4. **Potentiometrische Bestimmung** (II/2, 1652). P. Spacu beschreibt eine elektrometrische Bestimmung der Metavanadate mit Silbernitrat, bei der als Indicatorelektrode ein Silberdraht benutzt wird. Das Umschlagspotential gegen die Kalomelnormalelektrode liegt bei $+0{,}27$ Volt (vgl. hierzu die Arbeiten von H. T. S. Britton und R. A. Robinson).

K. Maass verwendet zur potentiometrischen Vanadinbestimmung als Reduktionsmittel Vanadinsalzlösungen.

5. **Mikroanalytische Bestimmung.** J. Meyer und R. Hoehne zeigen, daß Co, Ni, Fe, Cr und V in ihren komplexen Salzen bei Anwendung von etwa 5—20 mg Substanz recht genau bestimmbar sind, wenn man Co- und Ni-Salze durch abwechselndes Erhitzen mit O_2 und H_2 in Metall, Fe-, Cr- und V-Salze durch Glühen im O_2-Strom in die betreffenden Oxyde überführt. Als Erhitzungsapparatur dient eine vereinfachte Preglsche Mikromuffel. Die Abweichungen der Ergebnisse von den theoretischen Werten betragen bei Co 0,1—0,2%, bei Ni 0,2 bis 0,3%, ebensoviel etwa bei Fe, Cr und V.

Tüpfelanalytisch bestimmen sehr kleine Vanadinmengen W. A. Silbermintz und K. P. Florenzki (vgl. auch A. S. Komarowsky).

II. Trennung des Vanadiums von anderen Elementen (II/2, 1653).

Arsensäure kann nach A. Jilek und V. Vicovsky (1) in saurer Lösung mit Oxychinolin, Strychnin, Brucin oder Chinolin von Vanadinsäure, die mit diesen Basen zu V_2O_5 verglühbare Niederschläge gibt, getrennt werden. Im Filtrat ist dann Arsen durch Schwefelwasserstoff bestimmbar.

Zur Trennung von als Chromsäure vorliegendem Chrom fällen A. Jilek und V. Vicovsky (2) die etwa 10—50 mg V_2O_5 und die gleiche Menge Cr_2O_3 in 100 cm^3 Gesamtvolumen enthaltende Lösung in der Kälte mit 4%iger Oxychinolin-Acetatlösung im mäßigen Überschuß, filtrieren nach 12stündigem Stehen durch ein hartes Filter ab und waschen mit kalter Waschflüssigkeit (4 cm^3 Reagenslösung mit Wasser zu 100 cm^3 verdünnt) chromatfrei.

In dem mineralsauren Filtrat wird dann das Chrom nach Reduktion mit schwefliger Säure als Chromoxyd bestimmt.

III. Spezielle Methoden (II/2, 1655).

A. Vanadin-Erze und Mineralien.

1. **Nachweis.** F. Ephraim kocht 1 cm^3 der zu untersuchenden Lösung in einem Reagensglas mit 1 cm^3 konzentrierter Salzsäure schnell auf etwa 0,4 cm^3 ein, kühlt ab, setzt 1 Tropfen einer 0,1%igen Lösung von eisenoxydulfreiem Eisenchlorid, dann 2 Tropfen 1%ige Dimethylglyoximlösung und hierauf konzentriertes Ammoniak bis zur alkalischen

Reaktion hinzu, wodurch bei Anwesenheit von Vanadin eine mehr oder weniger starke kirschrote Färbung auftritt. Bei Gegenwart eines Oxydationsmittels ist die Reaktion nicht brauchbar. Größere Mengen Co, Ni, Fe, Mn und Cu werden durch Kochen mit Natronlauge abgetrennt. Die Empfindlichkeit der Reaktion ist $1:400000 = 2{,}5\,\gamma/1\,cm^3$. Cr-Verbindungen wirken störend.

G. Gutzeit und R. Monnier weisen das Vanadin im Filtrate einer vorangegangenen Natronlaugefällung nach Ansäuern mit 20%iger Salpetersäure mit 0,5 cm³ einer kaltgesättigten acetonischen Lösung von 5,7-Dibrom-8-Oxychinolin auf einer Tüpfelplatte nach, wobei ein brauner Niederschlag bzw. bei verdünnten Lösungen eine Braunfärbung auftritt, die noch $1\,\gamma$ V erkennen läßt. J. I. Kretsch erhitzt die feingepulverte, mit Holzkohle gemischte und bei 110° getrocknete Probe in einem Porzellanschiffchen im elektrisch geheizten Ofen im Chlorstrom (0,2 bis 0,4 l/Min.) auf 300—400°, wobei das flüchtige $VOCl_3$ in einem mit Glaswollestopfen versehenen und mit verdünnter Schwefelsäure 2 : 1 beschicktem U-Rohr aufgefangen und zu V_2O_5 hydrolysiert wird. Bei Gegenwart von V entsteht auf der Glaswolle eine goldgelbe, bei viel V eine rotorange bis blutrote Färbung. Fe, U, Cu, Ti, Mo, Mn, Pb, K, Si, P, As, Ca und Cr stören diese Reaktion nicht. K. Woynoff berichtet über eine Reaktion von Vanadinchlorid mit Salicylsäure (1 g/6 l Wasser) bei der man eine amethyst-violette Färbung, mit Mekonsäure, bei der man eine Rotfärbung erhält. Eisen stört hierbei nicht.

A. Asmanow, P. H. M. P. Brinton und R. B. Ellestad weisen das Vanadin in phosphorhaltigen Erzen und Carnotit nach Abscheidung des Urans und der Tonerde im Filtrat davon nach, indem sie eine Probe des Carnotits, die etwa 0,1—0,2 g U_3O_8 enthält, mit 30 cm³ Salpetersäure (1 : 1) versetzen und vorsichtig zur Trockne verdampfen. Der Rückstand wird mit 10 cm³ konzentrierter Salpetersäure und 100 cm³ Wasser aufgenommen und so lange gekocht, bis nur noch die Gangart ungelöst ist. Jetzt neutralisiert man nahezu mit Ammoniak, gibt 1 g $Pb(NO_3)_2$ zur Fällung des Vanadins und reichlich 10 g gepulvertes Ammoniumcarbonat hinzu und verschließt das Gefäß nach Zusatz von 25 cm³ konzentriertem Ammoniak dicht. Innerhalb von 5 Minuten wird unter häufigem Schütteln auf 80° erwärmt und dann auf Zimmertemperatur abgekühlt; der Niederschlag wird abfiltriert und sorgfältig mit $(NH_4)_2CO_3$ enthaltendem Wasser ausgewaschen. Das Filtrat wird mit 0,5 cm³ konzentriertem Ammoniumsulfid und wenig Äther versetzt und bis zum guten Ausflocken von PbS erwärmt; dann wird filtriert. Das Filtrat wird so lange gekocht, bis sich die Hauptmenge des Ammonsulfids verflüchtigt hat. Dann wird mit Salzsäure angesäuert, die Kohlensäure durch Kochen entfernt und der ausgeschiedene Schwefel mit Salpetersäure oxydiert. Zur Fällung des Urans wird mit Ammoniak neutralisiert, mit einigen Kubikzentimetern Salpetersäure angesäuert und das Uran mit 3%igem Ammoniak niedergeschlagen. Der Niederschlag wird abfiltriert, mit 2%iger NH_4NO_3-Lösung gewaschen, verascht, geglüht und schließlich als unreines U_3O_8 gewogen. Darauf wird das Uranoxyd in heißer Salpetersäure gelöst, die Lösung etwas verdünnt und mit überschüssigem $(NH_4)_2CO_3$ neutralisiert. Das ausfallende

Aluminiumoxydhydrat wird abfiltriert, verascht, geglüht, als Al_2O_3 gewogen und vom Gewicht des Uranniederschlags abgezogen.

Zur Prüfung auf Vanadin kann man das Filtrat des Aluminiumniederschlags mit H_2SO_4 ansäuern und mit H_2O_2 versetzen. Eine schwache Rotbraunfärbung deutet auf geringe Mengen Vanadin.

Wenn auch die Genauigkeit dieser Methode nicht sehr groß ist, bietet der relativ einfache Arbeitsgang doch Vorteile.

2. Bestimmung von Vanadin und einigen Begleitelementen. Zur Bestimmung der Phosphorsäure neben Arsensäure, Vanadinsäure und Tonerde in Vanadinit erhitzen A. Travers und M. N. Lu die Substanz im Chlorwasserstoffstrom, wobei die Phosphorsäure unangegriffen bleibt, während die Vanadinsäure bei 400° als $VOCl_3$ und das Arsen unter denselben Bedingungen bei 450° verflüchtigt wird. Bei Steigerung der Temperatur auf 800° C sublimiert auch das Eisen, so daß Phosphorsäure und Tonerde rein zurückbleiben, die nach bekannten Verfahren vorher getrennt werden können. Arsen wird durch direkte Destillation bestimmt. Zur Vanadinbestimmung wird das Material mit Kaliumbisulfat aufgeschlossen, die Schmelze in Wasser gelöst und durch Bromzusatz oxydiert. Nach Verkochen des Broms wird das in 5wertiger Form vorliegende Vanadin mit Titantrichlorid oder mit Ferrosulfat und Diphenylamin titriert.

Nach E. B. Sandell werden zur Bestimmung von Vanadin, Chrom und Molybdän in Silicatgesteinen 1 g der feinstgepulverten Probe im Platintiegel mit 4—5 Teilen reinstem wasserfreien Natriumcarbonat gemischt, der Tiegelinhalt geschmolzen und bei bedecktem Tiegel 20 bis 30 Minuten oder bei größeren Gehalten an Chromit oder Magnetit, noch länger auf voller Temperatur eines Mékerbrenners gehalten. Nach dem Abkühlen des Tiegels wird der Schmelzkuchen durch Erwärmen mit einigen Kubikzentimetern Wasser gelöst, unter Nachspülen mit heißem Wasser in ein kleines Becherglas gebracht, in das weiterhin 2—5 Tropfen Alkohol zur Reduktion des Manganats und 30—40 cm^3 Wasser gegeben werden. Das Becherglas wird zur Auflösung des Schmelzkuchens auf dem Dampfbad erhitzt; der Zerfall der festen Brocken ist zweckmäßig durch Zerdrücken und Reiben zu beschleunigen. Die unlöslichen Anteile werden dann durch ein mit 20%iger Natriumcarbonatlösung vorgewaschenes Filter abfiltriert. Zum Auswaschen dient 1%ige Natriumcarbonatlösung. Filtrat und Waschflüssigkeit werden in einem 100 cm^3-Meßkölbchen zur Marke aufgefüllt. Zur Vanadinbestimmung versetzt man 10—25 cm^3 in einem Erlenmeyerkolben mit Methylorange und darauf aus einer Bürette vorsichtig bis zum Farbumschlag des Indicators mit 4 n-Schwefelsäure. Nun wird die Flüssigkeit in einen kleinen Scheidetrichter gebracht, mit 2 cm^3 reinstem Chloroform und mit 0,1 cm^3 Oxinlösung (2,5 g 8-Oxychinolin in 100 cm^3 2 n-Essigsäure) versetzt und 1 Minute lang durchgeschüttelt. Nach scharfer Trennung der Schichten wird das Chloroform in einen Platintiegel abgelassen. Das Trichterrohr wird mit 1 cm^3 Chloroform nachgewaschen und die gesamte Ausschüttelung mit Chloroform und Oxinlösung noch 2mal wiederholt. Der letzte Chloroformauszug soll höchstens eine durch das Oxin selbst verursachte schwach-gelbliche Färbung besitzen. Die vereinigten Chloroformmengen dunstet man nach Zusatz von 100 mg wasserfreiem Natriumcarbonat bei niedriger Temperatur ab, verglüht dann die organische Substanz, löst den Rückstand in 3—4 cm³ Wasser und spült mit einigen Kubikzentimetern Wasser in ein geeignetes zylindrisches Colorimeterrohr über. Das Gesamtvolumen in diesem Rohr beträgt etwa 8—10 cm³. In ein zweites, genau gleiches Colorimeterrohr werden 100 mg Natriumcarbonat und eine Wassermenge gegeben, die um ein paar Kubikzentimeter kleiner ist als die Analysenprobe. Der Inhalt beider Rohre wird nun der Reihe nach mit 1 cm³ 4 n-Schwefelsäure, 0,1 cm³ 85%iger Phosphorsäure und 0,2 cm³ Natriumwolframatlösung [5 g $Na_2WO_4 \cdot 2\,H_2O$ (analysenrein) in 100 cm³ Wasser], sodann das zweite Colorimeterrohr allein aus einer Bürette so lange mit bekannter Vanadinlösung versetzt, bis die Farbtöne in beiden Rohren bei axialer Beobachtung gegen einem weißen Untergrund gleich erscheinen. Der Unterschied in der Höhe der Füllungen wird bei Annäherung an den colorimetrischen Endpunkt durch Auffüllen mit Wasser ausgeglichen. Die zum Vergleich erforderliche Vanadinlösung wird durch Verdünnen einer stärkeren Alkalivanadatlösung auf einen Gehalt von etwa 10 γ V_2O_3/cm³ hergestellt; zur genauen Einstellung ist die stärkere Stammlösung in üblicher Weise nach Reduktion mittels schwefliger Säure mit Permanganat zu titrieren. Zur Chrombestimmung mittels Diphenylcarbazid werden 10 cm³ der vom Aufschluß stammenden Lösung in einem kleinen Scheidetrichter ohne Anwendung eines Indicators mit der zur Neutralisation erforderlichen Menge an 4 n-Schwefelsäure versetzt, die man bereits von der oben beschriebenen Vanadinbestimmung her kennt oder in einem parallelen Blindversuch ermittelt. Man fügt weiterhin 0,1 cm³ 2,5%ige Oxinlösung in 2 n-Essigsäure hinzu und extrahiert so oft mit jeweils 2 cm³ Chloroform, bis der Auszug farblos ist, mindestens jedoch 3mal. Zur Entfernung der letzten Anteile Chloroform wird durch ein kleines, feuchtes Filter in ein 25-cm³-Meßkölbchen filtriert, wobei die gesamte Flüssigkeitsmenge ein Volumen von 20 cm³ nicht übersteigen soll. Hierzu wird die Mischung aus 1 cm³ Diphenylcarbazidlösung (50 mg Diphenylcarbazid in 10 cm³ analysenreinem Aceton gelöst, mit 10 cm³ Wasser verdünnt), 1 cm³ 6 n-Schwefelsäure und 2 bis 3 cm³ Wasser gegeben, die Flüssigkeit durchgemischt, mit Wasser zur Marke aufgefüllt und im Colorimeter mit geeignetem Standardfarbstufen verglichen. Bei Chromgehalten unter 0,002—0,003% empfiehlt es sich, die Bestimmung in Form einer colorimetrischen Titration, wie bei Vanadin beschrieben, auszuführen.

Die Molybdänbestimmung wird mit 50 cm³ der ursprünglichen Lösung durchgeführt. Zu dieser werden in einem Scheidetrichter langsam 8 cm³ konzentrierte Salzsäure gegeben, die Flüssigkeit wird zum Austreiben überschüssiger Kohlensäure geschüttelt, auf 20° abgekühlt, mit 3 cm³ 5%iger Kaliumrhodanidlösung und nach dem Mischen noch mit 3 cm³ Zinnchlorürlösung versetzt und nach abermaligem Durchmischen 30—45 Sekunden stehen gelassen (Zinnchlorürlösung: 10 g $SnCl_2 \cdot 2\,H_2O$ in 100 cm³ Salzsäure (1 + 10); zum Gebrauch frisch anzusetzen). Die Reaktionsmischung wird nun im gleichen Scheidetrichter mit 6—7 cm^3 analysenreinem Äther[1] $^1/_2$ Minute lang heftig geschüttelt und nach der Trennung der Schichten die wäßrige Lösung in ein Becherglas, die ätherische in ein geeignetes Colorimeterrohr entleert. Die wäßrige Lösung wird in den Scheidetrichter zurückgebracht, nochmals mit 2—3 cm^3 Äther durchgeschüttelt und dieses Extrahieren so oft wiederholt, bis die ätherischen Auszüge völlig farblos geworden sind, was bei der zweiten oder dritten Ausschüttelung der Fall zu sein pflegt. Der Farbvergleich wird zweckmäßig wieder in Form einer colorimetrischen Titration ausgeführt, bei der in ein zweites, mit Äther gefülltes Colorimeterrohr aus einer Mikrobürette bekannte Mengen ätherischer Molybdänrhodanidlösung bestimmten Gehaltes bis zur Farbgleichheit mit der Analyse gegeben werden. Die Molybdänrhodanidlösung wird in der Weise hergestellt, daß 5 cm^3 Ammoniummolybdatlösung mit einem Gehalt von 50 γ MoO_3/cm^3 und 50 cm^3 5%ige Natriumcarbonatlösung im Scheidetrichter vorsichtig mit 8 cm^3 konzentrierter Salzsäure versetzt, geschüttelt, auf 20° abgekühlt, nunmehr nacheinander mit je 3 cm^3 der genannten Kaliumrhodanid- und Zinnchlorürlösung versetzt, wieder durchgemischt und nach 30—45 Sekunden zunächst mit 10 cm^3, dann bis zur Farblosigkeit des Auszuges mit Anteilen von 5 cm^3 Äther ausgeschüttelt werden. Die in einem 25-cm^3-Meßkölbchen gesammelten Äthermengen werden zur Marke aufgefüllt; 1 cm^3 entspricht 10 γ Molybdäntrioxyd; diese Lösung ist höchstens 1 Tag haltbar.

B. Hüttenprodukte.

Zur Bestimmung des Vanadins in Agglomeraten, Erzen und Gichtstaub schließen K. K. Ssuprun und In. M. Shitlowskaja in einer Platinschale 3 g des Materials mit 30 cm^3 Schwefelsäure (1 + 1) unter Zugabe von 10 cm^3 Flußsäure auf, dampfen bis zum Auftreten von Schwefelsäurenebeln ein und erhitzen noch weitere 5—10 Minuten bei dieser Temperatur. Der Schaleninhalt wird in einen Kolben übergespült, die ausgeschiedenen Salze durch Kochen in Lösung gebracht, auf 400 cm^3 verdünnt und mit Kaliumpermanganat oxydiert. Nach Zusatz von 20 cm^3 Phosphorsäure wird nach dem Verfahren von Chamner weiter gearbeitet.

H. H. Willard und R. C. Gibson bestimmen das Vanadin in Erzen auf elektrometrischem Wege mit Ferrosulfat, wobei sie die Oxydation mit kochender 70%iger Überchlorsäure vornehmen.

S. M. Gutman und T. W. Piradjan beschreiben zur Bestimmung von V in Schlacken ein elektrometrisches Schnellverfahren, bei dem die Schlacke im Fe- oder Ni-Tiegel mit Na_2O_2 aufgeschlossen und die mit Schwefelsäure neutralisierte wäßrige Auslaugung nach Zerstören des überschüssigen H_2O_2 durch Kochen und des $KMnO_4$ durch Oxalsäure mit Kaliumpermanganatlösung titriert wird.

J. J. Lurje und W. M. Nekrassowa setzen zur Bestimmung von Cr und V in Schlacken und Eisen den in Lösung gebrachten beiden

[1] Sämtlicher zu dieser Molybdänbestimmung verwendeter Äther ist mit einer Mischung aus gleichen Teilen Kaliumrhodanid- und Zinnchlorürlösung durchzuschütteln.

Elementen 3 g NH_4F und 3 Tropfen Diphenylamin als Indicator zu. Das Cr und V wird dann durch Zusatz eines 0,1 n-Mohrschen Salzlösung reduziert. Nach Zersetzung des Indicators durch längeres Kochen wird abgekühlt und mit 0,1 n-$KMnO_4$-Lösung nur das V oxydiert. Nach Zerstören des $KMnO_4$-Überschusses durch Kochen mit einigen Tropfen HCl wird abgekühlt und abermals wie oben angegeben titriert. Die Differenz entspricht dem Cr-Gehalt der Lösung.

Auf photocolorimetrischem Wege bestimmt H. Pinsl das Vanadin in Erzen und Schlacken.

Über einen Gesamtuntersuchungsgang von Sonderschlacken vgl. Hdb., 166—179 und Abschnitt Eisen S. 678.

Eine visuelle Vanadinbestimmung in Eisenerzen, Schlacken und ähnlichen Stoffen beschreibt E. Stengel, bei der er je nach dem zu erwartenden Vanadingehalt 1—2 g der feinst gepulverten Probe mit etwa 10 g Natriumperoxyd in einem Alsinttiegel innig vermischt und zunächst auf kleiner Flamme, dann einige Minuten bei starker Flamme bis zum ruhigen Fluß aufschließt. Die erkaltete Schmelze wird in einem bedeckten Becherglas mit siedend heißem Wasser übergossen und nach Entfernung des Tiegels kurz aufgekocht. Die heiße Lösung wird mit 30 bis 50 cm^3 einer gesättigten wäßrigen Natriumsulfidlösung versetzt. Nach kurzem Aufkochen wird die gesamte Lösung mit Rückstand in einem 500-cm^3-Meßkolben gespült, bei 20° zur Marke aufgefüllt, gemischt und unter Verwendung trockener Faltenfilter in ein trockenes Becherglas filtriert. Ein abgemessener Teil des Filtrats wird in einer Porzellanschale gegeben, mit 25 cm^3 Schwefelsäure (1,84), 10 cm^3 Phosphorsäure (1,7) und etwa 80 cm^3 Salpetersäure (1,4) versetzt und bis zum Rauchen der Schwefelsäure eingedampft. Nach dem Abkühlen werden die an den Schalenrändern haftenden Lösungsrückstände sorgfältig mit Wasser in die Schale gespült, worauf noch einmal bis zum Rauchen erhitzt wird. Nach dem Abkühlen wird die Lösung mit 50 cm^3 Wasser verdünnt und filtriert. Das Filter wird mit heißer verdünnter Schwefelsäure (1 + 3) ausgewaschen. Im Filtrat erfolgt die Vanadinbestimmung nach dem Persulfat-Silbernitratverfahren.

Die Bestimmung des Vanadins kann natürlich auch nach Reduktion mit schwefliger Säure und Verkochen des Überschusses durch Titration mit Kaliumpermanganat bei 70° erfolgen.

Die Bestimmung des Phosphors nach den bekannten Verfahren bietet hier gewisse Schwierigkeiten. E. Stengel gibt eine Arbeitsvorschrift für die Phosphorbestimmung in Vanadinschlacken, bei der 2 g der Schlacke in einer Porzellanschale mit 50 cm^3 heißem Wasser aufgeschlämmt und mit 50 cm^3 Salzsäure (1,19) zugesetzt werden. Nach dem Lösen in der Wärme oxydiert man mit wenig Salpetersäure und dampft die Lösung zur Abscheidung der Kieselsäure zur Trockne. Enthält die Schlacke metallische Bestandteile, so löst man in 50 cm^3 Salpetersäure (1,4) und gibt nur 10 cm^3 Salzsäure hinzu. Vor dem völligen Eindampfen setzt man noch 20 cm^3 Salpetersäure (1,4) hinzu. Der Eindampfrückstand wird geröstet, dann mit Salzsäure aufgenommen und wieder eben zur Trockne gedampft.

Den nach der einen oder anderen Arbeitsweise erhaltenen Eindampfrückstand nimmt man mit Salzsäure auf, verdünnt mit Wasser und filtriert den Rückstand ab. Das Filter mit Inhalt wird im Platintiegel verascht, die Kieselsäure mit Flußsäure und Schwefelsäure abgeraucht und der Tiegelrückstand mit Natriumkaliumcarbonat aufgeschlossen. Die Schmelze laugt man mit Wasser aus, säuert die Lösung mit Salzsäure an, verkocht darin die Kohlensäure und gibt sie zum Hauptfiltrat.

Je nach dem Phosphorgehalt versetzt man die ganze Lösung oder einen Teil davon mit 10 cm^3 Salzsäure (1,19) und engt auf 100 cm^3 Volumen ein. Nach dem Erkalten macht man die Lösung ammoniakalisch, löst den Niederschlag mit Salpetersäure (1,4) wieder eben auf und gibt 2 cm^3 Salpetersäure (1,4) im Überschuß zu. Während dieses Vorgangs muß die Lösung durch Kühlen auf Zimmertemperatur gehalten werden, um eine Wiederoxydation des Vanadins durch die Salpetersäure zu verhindern, die bei einer Erwärmung eintreten könnte. Nun gibt man etwa 0,2 g geriebenes Ferrosulfat hinzu und schüttelt die Lösung, bis sich das Salz gelöst hat. Das Volumen der Lösung soll jetzt 150 cm^3 betragen. Man versetzt mit 50 cm^3 Ammoniummolybdatlösung und schüttelt gut durch, wobei die Fällung des Phosphors als Ammoniumphosphormolybdat sofort einsetzt. Nach einiger Zeit wird auf etwa 40—50° erwärmt und nochmals kräftig geschüttelt. Die Erwärmung, die sich zur Behebung gelegentlicher Verfärbungen infolge von Molybdänreduktionen und zur Erreichung eines schnellen Absetzens des Niederschlages empfiehlt, kann jetzt unbedenklich erfolgen, da die Fällung des Phosphors schon fast beendet ist und eine Beeinflussung des Niederschlages durch entstehendes 5wertiges Vanadin nicht mehr zu befürchten ist. Nach etwa 2stündigem Stehen bei Zimmertemperatur wird der Niederschlag abfiltriert und mit salpetersäurehaltigem Wasser ausgewaschen. Die Endbestimmung erfolgt gewichtsanalytisch nach dem Glühen des Niederschlages bei 450° nach C. Meinecke (Faktor 0,01724).

C. Vanadinlegierungen (II/2, 1663).

Vgl. hierzu den Abschnitt Eisen, S. 713, 735.

D. Vanadinsalze (II/2, 1663).

Zur Bestimmung kleiner Mengen Vanadin in Uranpräparaten nach N. I. Tscherwjakow und E. A. Ostroumow werden diese zunächst in Sulfat oder Chlorid übergeführt. Man löst dann 0,2—0,5 g davon in möglichst wenig Wasser, bringt in ein Colorimeterrohr und in ein anderes eine anolog hergestellte reine U-Salzlösung. Dann säuert man beide Lösungen mit 5—6 Tropfen HCl (1 : 1) an, fügt 0,5 cm^3 H_3PO_4, die 4fache Menge Alkohol und 3—4 cm^3 Glycerin zu, mischt dann erst durch, setzt bei eventueller Trübung bei den Lösungen noch etwas verdünnte HCl zu, sodann 1 cm^3 0,5%ige Lösung von Dimethyl-p-phenylendiaminchlorid oder -sulfat, schüttelt beide Rohre 30 Sekunden vorsichtig um und bringt dann durchZusatz titrierter V^V-Salzlösung zur reinen U-Salzlösung auf gleiche Rotfärbung.

E. Sonstiges (II/2, 1664).

A. P. Winogradow bestimmt die im Organismus enthaltenen Vanadinmengen der Größenordnung 10^{-3} bis 10^{-50} % und die der Pflanzenaschen auf colorimetrischem Wege durch die Gelbfärbung, die Vanadate mit Phosphorwolframsäure geben. K. Bolschakow arbeitet zur Vanadinbestimmung in Titanomagnetiten in gleicher Weise.

D. Katakousinos bestimmt kleinste Mengen Vanadin in Böden und Gesteinen mit salzsaurem p-Phenylendiamin, das mit V-Salzen in der Kälte sehr dunkelfarbige Komplexverbindungen eingeht. Verdünnte Lösungen geben keine Fällung, sondern Färbungen, die zwischen Gelb und Dunkelgrün liegen. Auf diese Weise können noch Mengen von $5\,\gamma$ V/10 cm^3 Lösung deutlich erkannt werden.

Zur Bestimmung von Vanadin, Nickel und Molybdän in Meerwasser auf spektralanalytischem Wege verfahren Th. Ernst und H. Hörmann in folgender Weise: 1 l Meerwasser wird durch Cellafilter filtriert, 10 Minuten gekocht, mit CO_2-freiem NH_3 gefällt, mit heißem Wasser gewaschen und geglüht. Zur Ni-Anreicherung werden 3 l Meerwasser filtriert, mit HCl und Essigsäure angesäuert, heiß mit H_2S behandelt und ammoniakalisch gemacht. Die Proben werden mit 10, bei der Ni-Bestimmung mit 5 mg Fe versetzt und die Rückstände zwischen reinsten Spektralkohlenelektroden aufgetragen. Der Lichtbogen brennt während der ersten 40 Sekunden mit 5—6 Ampere, dann mit 8—9 Ampere. Mit Hilfe der bekanntesten Linien konnten im Meerwasser etwa $0{,}5\,\gamma$ V_2O_3, $0{,}1\,\gamma$ NiO und $1\,\gamma$ MoO_3 im Liter festgestellt werden. Im Wasser von Helgoland wurden geringe jahreszeitliche Schwankungen in V- und Mo-Gehalt nachgewiesen.

IV. Analysenbeispiele.

Schlacken.

	1 %	2 %	3 %		1 %	2 %	3 %
Ges.-Fe . . .	7,91	15,85	35,91	Cr_2O_3 . . .	7,86	0,28	5,55
Met. Fe . . .	0,98	0,20	14,80	V_2O_3 . . .	18,09	2,84	15,68
Ges.-Mn . .	30,26	12,34	11,33	CaO . . .	2,50	24,65	2,35
Ges.-P . . .	5,93	6,50	4,95	MgO . . .	1,12	3,90	0,90
SiO_2	6,97	15,54	9,66	S	0,14	0,06	0,07
Al_2O_3	0,50	0,48	0,38	Na_2O . . .	0,36	0,767	0,53
TiO_2	1,52	0,86	0,42				

Literatur.

Andrejew, A. F.: Chem. Zentralblatt **1939 I**, 197. — Betriebs-Labor (russ.) **7**, 258 (1938). — Asmanow, A., P. H. M. P. Brinton u. R. B. Ellestad: Ind. and Engin. Chem. **16**, 1191 (1924). — Chemie u. Industrie Sofia **10**, 137 (1931). — Chem. Zentralblatt **1933 II**, 3462. — Ztschr. f. anal. Ch. **99**, 120 (1934).

Berry, A. J.: Chem. Zentralblatt **1935 I**, 3319. — Analyst **59**, 736/39 (1934). — Bolschakow, K.: Chem. Zentralblatt **1931 II**, 1722. — Ztschr. f. anal. Ch. **98**, 143 (1934). — Britton, H. T. S. u. R. A. Robinson: Chem. Zentralblatt **1933 II**, 1005. — Journ. Chem. Soc. Lond. **1933**, 512.

Ephraim, F.: Ztschr. f. anal. Ch. **98**, 141 (1934). — Helv. chim. Acta **14**, 1266 (1931). — Ernst, Th. u. H. Hörmann: Chem. Zentralblatt **1936 I**, 4344. — Nachr. Ges. Wiss. Göttingen, Math.-physik. Kl., Fachgr. IV (N. F.) **1**, 205/08 (1936). — Evans, B. S.: Chem. Zentralblatt **1939 I**, 3426. — Analyst **52**, 570 (1927); **63**, 87013 (1938).

Gotô, Hidehiro: Chem. Zentralblatt **1938 II**, 2803, 2821. — Sci. Rep. Tôkoku Imp. Univ. Ser. I **26**, 418 (1938). — Gutman, S. M. u. T. W. Piradjan: Chem. Zentralblatt **1935 II**, 1584. — Rep. centr. Inst. Metals Leningrad **16**, 194—196 (1934). — Gutzeit, G. u. R. Monnier: Helv. chim. Acta **16**, 233 (1933). — Chem. Zentralblatt **1933 I**, 2981. — S. a. R. Berg: Das o-Oxychinolin, S. 85.

Jilek, A. u. V. Vicooky: (1) Chemicky Listy **26**, 1 (1932). — Czechoslovak. Chem. Communications **4**, 1 (1932). — (2) Chem. Zentralblatt **1932 I**, 3326. — Coll. Trav. chim. Tchécoslovaquie **4**, 1—7 (1932). — S. a. R. Berg: Das o-Oxychinolin, S. 16. Stuttgart: Ferdinand Enke 1935.

Katakousinos, D.: Praktika **4**, 448 (1932); Chem. Zentralblatt **1932 I**, 845. — Ztschr. f. anal. Ch. **98**, 143 (1934). — Komarowsky, A. S.: Chem. Zentralblatt **1937 I**, 1489. — Mikrochemie **20** (N. F. 14), 161—162 (1936). — Kretsch, J. J.: Ukrain. chem. Journ. **11**, 28 (1936); Chem. Zentralblatt **1936 II**, 1032.

Lang, R. u. E. Faude: Ztschr. f. anal. Ch. **108**, 181—189 (1937); Chem. Zentralblatt **1937 I**, 4401. — Lurje, J. J. u. W. M. Nekrassowa: Chem. Zentralblatt **1934 II**, 3283. — Betriebs-Labor. (russ.) **8/9**, 34—48 (1932).

Maas, K.: Ztschr. f. anal. Ch. **97**, 246 (1934). — Meyer, J. u. K. Hoehne: Chem. Zentralblatt **1935 I**, 2855. — Mikrochemie **16**, 187—192 (1935).

Parks, W. G. u. H. J. Prebluda: Chem. Zentralblatt **1936 I**, 3549. — Journ. Amer. Chem. Soc. **57**, 1676—1678 (1935). — Pinsl, H.: Chem. Zentralblatt **1938 I**, 2760. — Arch. f. Eisenhüttenwes. **11**, 293—296 (1937).

Sandell, E. B.: Chem. Zentralblatt **1937 I**, 1489. — Ind. and Engin. Chem., Anal. Ed. 8, 336—341 (1936). — Ztschr. f. anal. Ch. **114**, 61—63 (1938). — Schemjakin, F. M. u. W. F. Tschapygin: Chem. Zentralblatt **1936 I**, 1924. — Chem. Journ., Ser. B. Journ. angew. Chem., 8, 536 (1935); Chem. Zentralblatt **1936 I**, 3549. — Betriebs.-Labor (russ.) **3**, 986, 987. — Silbermintz, W. A. u. K. P. Florenzki: Chem. Zentralblatt **1936 I**, 3185. — Mikrochemie 18 (N. F. 12), 154—158 (1935). — Solotuchin, W. K.: Chem. Zentralblatt **1939 I**, 196—197. — Chem. Journ. Ser. B. Journ. angew. Chem., **10**, 1651—1661 (1937). — Spacu, P.: Ztschr. f. anal. Ch. **103**, 422 (1935). — Ssuprun, K. K. u. Ju. M. Shitlowskaja: Chem. Zentralblatt **1939 I**, 3937. — Betriebs-Labor. (russ.) **7**, 1194 (1938). — Stengel, E.: Techn. Mitt. Krupp **2**, 93, 97 (1939).

Travers, A. u. M. N. Lu: C. r. d. l'Acad. des sciences **196**, 703 (1933). — Ztschr. f. anal. Ch. **104**, 48 (1936). — Tscherwjakow, N. J. u. E. A. Ostroumow: Chem. Zentralblatt **1935 II**, 1066. — Betriebs-Labor. (russ.) **3**, 803—805 (1934).

Willard, H. H. u. R. C. Gibson: Chem. Zentralblatt **1931 I**, 2239. — Ind. and Engin. Chem., Anal. Ed. **3**, 88—93 (1931). — Winogradow, A. P.: C. r. Akad. Sci. USSR. Ser. A **1931**, 249. — Chem. Zentralblatt **1932 I**, 2870. — Ztschr. f. anal. Ch. **98**, 143 (1934). — Woynoff, K.: Chem. Zentralblatt **1934 I**, 3773. — Ber. dtsch. Chem. Ges. **67**, 554 (1934). — Wright, E. R. u. M. G. Mellon: (1) Chem. Zentralblatt **1937 II**, 2220. — Ind. and Engin. Chem., Anal. Ed. **9**, 251—254 (1937). — (2) Chem. Zentralblatt **1938 I**, 2413. — Ind. and Engin. Chem., Anal. Ed. **9**, 375 (1937).

Wolfram.

Von

Dr. habil. **Fr. Heinrich** und Chefchemiker **Frohw. Petzold,** Dortmund.

Über neuere Verfahren zur Untersuchung wolframhaltiger Stoffe gaben eingehendere zusammenfassende Berichte mit wertvollen Einzelheiten W. Hartmann und G. Dotreppe.

I. Methoden der Wolframbestimmung.

1. Gravimetrische Methoden (II/2, 1666). Hier empfiehlt Dotreppe vor allem die Reduktion des Wolframs in salzsaurer Lösung mit metallischem Zink: Man versetzt etwa 50 cm³ der etwa 3 n-salzsauren Wolframatlösung mit 2 g KCl und 2 g reinem Zink in 5 mm langen Stäbchen, und läßt etwa 20 Minuten auf dem Wasserbad stehen. Der abgesetzte indigoblaue Niederschlag wird filtriert, mit kochender Salzsäure ausgewaschen, bis sich das Filtrat auf Zusatz von $K_4Fe(CN)_6$ nicht mehr trübt, 2mal mit heißem Wasser ausgewaschen, getrocknet, geglüht und als WO_3 ausgewogen. Die Methode ist schnell ausführbar, aber etwas weniger genau.

Die Bestimmung des Wolframs durch Fällung mit o-Oxychinolin aus einem Oxalatkomplex haben A. Jilek und A. Ryšánek eingehend untersucht. Nach diesen Forschern fällt o-Oxychinolin, Wolfram und Zinn nicht, wenn diese in ihrer höchsten Oxydationsstufe in mineralsaurer Lösung vorhanden sind. Auch in einer nahezu neutralen ammoniumacetathaltigen Lösung wird zwar Wolfram gefällt, aber auch die Zinnverbindungen werden hydrolysiert und als unlösliche Verbindungen abgespalten. In weinsaurer Lösung wird nur Wolfram gefällt, aber nicht quantitativ, dagegen fällt aus oxalsaurer Lösung das Wolfram quantitativ und das Zinn bleibt in Lösung.

Zur Ausführung gibt man zu der höchstens 0,1 g W als Wolframat enthaltenden Lösung je 5 g Oxalsäure und Ammonacetat, verdünnt mit Wasser auf 150—200 cm³, neutralisiert mit verdünntem Ammoniak gegen Methylrot, erhitzt auf 60—80° C, fällt mit 2 cm³ (dem 3—4fachen Überschuß) einer Lösung von 20 g Oxin in 50 cm³ Eisessig und läßt bei der Fällungstemperatur 1—2 Stunden stehen. Wenn sich die Lösung geklärt hat, wird der gelbe, amorphe, aber leicht filtrierbare Niederschlag auf ein Blaubandfilter abfiltriert und mit etwa 300 cm³ einer Waschflüssigkeit ausgewaschen, die man durch Neutralisation von verdünntem Ammoniak gegen Methylrot mit einer heißen Lösung von je 5 g Oxalsäure und Ammonacetat und Zugabe von 1 cm³ der Reagenslösung herstellt. Zuletzt wäscht man mit kaltem Wasser nach. Da der Niederschlag, der auf 1 Molekül Wolframtrioxyd 2 Moleküle o-Oxychinolin enthält, hartnäckig größere Menge durch Waschen nicht ausziehbares Oxychinolin adsorbiert, kann man ihn nicht als solchen wägen, sondern trocknet ihn, verascht sorgfältig unter Zusatz von etwas Oxalsäure, glüht bei 800° C bis zum gleichbleibenden Gewicht und wägt als WO_3.

Bei Ausführungen dieses Fällungsverfahrens bewirkt die Anwesenheit größerer Mengen von Kaliumnitrat und -sulfat sowie Natriumchlorid keine Störung, während freie Essigsäure, auch freies Alkali, Minderbefunde an Wolfram verursacht. Vgl. auch Otero und Mentequi, S. Halberstadt, endlich H. R. Fleck.

2. Maßanalytische Bestimmung (II/2, 1670). Ein neuer Vorschlag zur maßanalytischen Bestimmung des Wolframs stammt von Dotreppe, vgl. dagegen aber M. Leslie Holt. Beachtlicher erscheint die Arbeitsweise von Raichinstein und Korobow, die auf der Resttitration der Wolframatlösung mit Bleiacetatlösung beruht unter Hinzufügung von Diaminechtscharlach 635 als Adsorptionsindicator. Das Verfahren soll in verdünnten Lösungen gute Ergebnisse liefern.

Über die potentiometrische Bestimmung von Wolfram vergleiche H. Brintzinger und E. Jahn und A. K. Babko.

3. Colorimetrische Bestimmung (II/2, 1670). Nach G. Heyne werden zur colorimetrischen Bestimmung kleiner W-Mengen (Größenordnung 0,1 mg) zwei Reaktionen benutzt, nämlich erstens die Rotfärbung, die entsteht, wenn in konzentrierter H_2SO_4 gelöste Wolframate mit Hydrochinon versetzt werden, und zweitens die Färbung von Wolframsäure mit Rhodamin-B. Zur Ausführung der 1. Methode wird die Wolramsäure, die z. B. in stark verdünnter ammoniakalischer Lösung vorliegt, mit 0,5 cm^3 10%iger Kalilauge versetzt, eingedampft und mit 0,55 cm^3 konzentrierter H_2SO_4 bis zum Rauchen erhitzt. Färbt sich die Lösung braun, so wird sie durch einige Körnchen $K_2S_2O_8$ entfärbt und weiter erhitzt, bis alles Persulfat zerstört ist. Die wasserhelle Lösung von Wolframsäure in H_2SO_4 läßt man im Exsiccator erkalten und versetzt sie dann mit 1 cm^3 Hydrochinon-Schwefelsäure (10 g Hydrochinon auf 100 cm^3 konzentrierter H_2SO_4). Die Lösung wird je nach der vorhandenen Wassermenge mehr oder weniger rot. Sie wird im Glasröhrchen mit Lösungen bekannten W-Gehaltes im durchfallenden Lichte verglichen. Die Färbungen halten sich etwa einen Tag. Auf diese Weise durchgeführte Bestimmungen weichen höchstens um 10—20% der vorhandenen W-Menge voneinander ab. Störend wirken $Fe^{\cdot\cdot\cdot}$, $Ta^{\cdot\cdot\cdot\cdot\cdot}$, $Nb^{\cdot\cdot\cdot\cdot\cdot}$, Nitrate, Chromate, Perrhenate und Molybdate. Bei gleichzeitiger Anwesenheit von Molybdän bewährt sich die 2. Methode. Molybdän gibt mit Rhodamin erst eine sichtbare Reaktion, wenn es in 10—20mal höherer Konzentration vorliegt. Zur quantitativen Bestimmung wird die zu untersuchende schwach angesäuerte Wolframatlösung auf 0,5 cm^3 gebracht, mit 1 Tropfen konzentrierter HCl stärker angesäuert und mit 2 cm^3 Rhodamin-B-Lösung (0,1 g auf 1000 cm^3 Wasser) versetzt. Die gelbrot fluorescierende Rhodamin-B-Lösung schlägt nach Violett um. Ebenso werden Vergleichslösungen mit abgestuften Wolframmengen angesetzt. Verglichen wird im durchfallenden oder auffallenden Licht. Die Genauigkeit der Methode beträgt schätzungsweise 20—33%.

F. M. Schemjakin, A. W. Wesselowa und M. J. Wladimirowa beschreiben eine neue Methode der colorimetrischen W-Bestimmung mittels Kupferwolframat: Die Einwaage von 0,4 g Natriumwolframat oder eine entsprechende Menge Wolframlegierung wird in 40 cm^3 Wasser bzw. HCl gelöst und vorsichtig neutralisiert. Ferner werden 2,5680 g Kupfervitriol in 200 cm^3 Wasser gelöst und 2 cm^3 dieser Lösung mit 98 cm^3 28%igem HCl versetzt; außerdem wird eine 0,1 n-Kupfervitriollösung hergestellt. Je 2 cm^3 der zu untersuchenden Wolframlösung werden in Reagensgläsern mit 6 cm^3 Wasser und 2 cm^3 0,1 n-Kupfervitriollösung versetzt, 30 Minuten lang auf 75° erwärmt und dann auf 17° abgekühlt. Die ausgefallenen Niederschläge werden abgesaugt, mit 5—6 cm^3 Alkohol (4 Teile Alkohol auf 1 Wasser) ausgewaschen und in 10 cm^3 28%iger HCl gelöst. Die erhaltenen Lösungen werden mit verschieden verdünnten Vergleichslösungen colorimetrisch verglichen. Die gefundene Menge Cu wird auf W umgerechnet. Die Empfindlichkeit beträgt $3 \cdot 10^{-6}$ g W im Kubikzentimeter; die Reaktion wird durch Mo, V, Silicat- und Phosphationen gestört; günstigster p_H-Wert 6—8.

Eine weitere colorimetrische W-Bestimmungsmethode stammt von F. A. Ferjantschitsch (s. unter III 1, S. 826).

II. Trennung des Wolframs von anderen Elementen.

Über die Trennung von Tantal und den seltenen Erden haben Powell, Schöller und Jahn ihre früheren Arbeiten (II, 1674) fortgesetzt und auf Titan ausgedehnt: Nach ihren Untersuchungen ist eine quantitative Trennung des W vom Ti durch Bisulfatschmelze des Oxydgemisches und wäßrigen oder sauren Auszug der Schmelze nicht zu erreichen. Auch die Sodaschmelze mit nachfolgendem wäßrigen Auszug ist unwirksam. Dagegen erfolgt die Trennung aus der Sodaschmelze quantitativ, wenn sie mit 10%iger NaOH ausgezogen wird.

Die Trennung des W von Ti und Nb — in Gegenwart oder Abwesenheit von Ta und Zr — gelingt durch Schmelzen des Oxydgemisches mit $KHSO_4$ und Behandeln des wäßrigen Auszuges mit schwach ammoniakalischer Mg-Salzlösung: die Erden fallen aus, während Alkaliwolframat in Lösung bleibt. Die Fällung ist zu wiederholen.

Über die Trennung von Arsen vgl. Th. Millner und F. Kunos, über die von Zinn vgl. J. E. Clennel, ferner die Arbeiten von Jilek und Ryšánek (Abschnitt I 1, S. 823).

Selen trennt V. Hovorka durch Reduktion mit Hydrazinhydrat in Weinsäure oder Na-K-Tartrat enthaltenden Lösungen, d. h. nach Überführung der Wolframsäure in einen organischen Komplex.

Nach H. Yagoda und H. A. Fales erfolgt die Trennung des Molybdäns von Wolfram am sichersten in einer Pufferlösung ($p_H = 2{,}9$), die Ammoniumformiat, Wein- und Ameisensäure enthält durch Fällung als MoS_3. Die Versuche von J. Koppel zur Trennung durch Ameisensäure konnten nicht bestätigt werden.

Zirkon wird von Wolfram nach Powell, Schoeller und Jahn durch Schmelzen mit Natriumcarbonat und Auslaugung der Schmelze mit Wasser getrennt.

III. Spezielle Methoden.

1. Wolfram, Erze und Gesteine (II/2, 1674). Einen vollständigen Analysengang für Wolframit beschreibt eingehend W. Stahl. Dann gibt S. Fernjančič eine Schnellmethode zur Bestimmung geringer Mengen Wolfram in Erzen, beruhend auf der Colorimetrierung der kolloiden Blaufärbung, die eine neutrale oder schwach saure Wolframatlösung mit $TiCl_3$ bildet: 0,100 g Durchschnittsprobe von 0,10 mm Feinheit wird im Platintiegel geglüht, mit HF und H_2SO_4 abgeraucht und einige Minuten mit 1 g Soda oder $KNaCO_3$ geschmolzen. Man zieht die Schmelze mit heißem Wasser aus, reduziert das Manganat durch Alkohol, filtriert und dampft in einem Porzellanschälchen fast zur Trockne. Der Rückstand wird mit 2 cm^3 heißem Wasser aufgenommen, die abgekühlte Lösung mit 10 Tropfen einer 25%igen KCNS-Lösung versetzt, mit Wasser auf 5 cm^3 und mit starker Salzsäure (CO_2-Entwicklung) auf 9,5 cm^3 aufgefüllt, tropfenweise mit Titanochloridlösung[1] in geringem Überschuß versetzt, auf 10 cm^3 aufgefüllt und colorimetriert. Proben mit über 0,5% WO_3 füllt man mit HCl (1 : 1) auf 15 oder 20 cm^3 auf. Die Vergleichslösung bereitet man aus 1 cm^3 neutraler Wolframatlösung, entsprechend 1 oder 0,1 mg WO_3 durch Zusatz von 1 cm^3 0,5 n-Sodalösung, 5 Tropfen KCNS-Lösung, Auffüllen mit Wasser auf 5 cm^3, mit starker Salzsäure auf 9,5 cm^3, Versetzen mit $TiCl_3$-Lösung und Auffüllen auf 10 cm^3. Die stärkere Vergleichslösung wird mit Salzsäure (1 : 1) auf 15 oder 20 cm^3 aufgefüllt.

Zur Zinnbestimmung in Wolframerzen vgl. K. Kiefer.

Einen neuen Weg der Wolframbestimmung in Wolframiten beschreiten N. S. Ssingalowski und P. M. Porchunow mit der Anwendung der Chlorierung: Die Einwaage von 0,5 g Wolframit wird auf einem Porzellanschiffchen in ein in einem elektrischen Ofen befindliches Rohr aus schwer schmelzbarem Glas eingeführt, und bei 450° 1 Stunde lang Cl_2 durchgeleitet. Der größte Teil des sich bildenden Chlorids verbleibt im Rohr und nur ein kleiner Teil tritt in das Auffanggefäß, in das auch das Chlorid aus dem Rohr nach dem Ausspülen mit schwacher HCl eingeführt wird. Die Lösung wird darauf mit 10 cm^3 HNO_3 (D 1,2) 20—25 Minuten lang gekocht, der Niederschlag abfiltriert und mit schwacher heißer HCl so lange gewaschen, bis sich im Filtrat kein Eisen nachweisen läßt. Das Filter mit Niederschlag wird darauf verascht und gewogen. Die Methode eignet sich besonders zur schnellen quantitativen WO_3-Bestimmung in Wolframiten, wobei eine Genauigkeit von $\pm$ 0,5% erzielt werden kann. Versuche zur W-Bestimmung in Scheeliten nach dieser Methode ergaben weniger befriedigende Resultate.

Zur Ermittlung des Wolfram- (und Molybdän-) gehalts von Gesteinen haben G. v. Hevesy und R. Hobbie ein Verfahren ausgearbeitet. Nach ihren Versuchen ist es nicht möglich WO_3 und MoO_3 aus Gelen, die aus einer Mischung von SiO_2, $Fe(OH)_3$ und $Al(OH)_3$ bestehen, mit alkalischen Waschflüssigkeiten oder mittels in saurer Lösung beständiger

[1] 0,5 cm^3 einer 15%igen $TiCl_3$-Lösung werden mit 1 cm^3 starker Salzsäure gekocht und mit HCl (1 : 1) auf 10 cm^3 aufgefüllt. 1 cm^3 reduziert 10—20 mg WO_3.

Komplexe quantitativ herauszuholen. Auch mit alkoholischer HCl werden keine befriedigenden Ergebnisse erzielt. Als brauchbar erwies sich dagegen ein Sublimationsverfahren. Die feingepulverten Gesteine werden mit NaOH aufgeschlossen, der Schmelzkuchen in Wasser gelöst, mit HCl angesäuert, mit H_2O_2 oxydiert und nach Zugabe überschüssiger $BaCl_2$-Lösung mit NaOH-Lösung gefällt. Der Niederschlag wird sofort filtriert, mit Aceton entwässert und im HCl-Strom von Aceton völlig befreit. Dann wird HCl durch Cl_2 ersetzt und die Temperatur des angewandten Supremaxrohres langsam auf 600° gesteigert. Das Sublimat, das noch große Mengen Fe und Al neben W und Mo enthält, wird in verdünnter HCl gelöst und aus der Lösung Mo (mit Cu als Spurenfänger) als Sulfid gefällt und filtriert. Nach Lösung des Sulfidniederschlages wird Cu elektrolytisch entfernt, die Lösung eingeengt und Mo mit Phenylhydrazinschwefelsäure (nach Montignie: Chem. Zentralblatt **1930 I**, 2281) colorimetrisch bestimmt. Das Filtrat der Sulfidfällung wird alkalisch gemacht, eingedampft, getrocknet und im Rückstand W röntgenoskopisch bestimmt.

2. Wolframmetall (II/2, 1686). Zur Untersuchung von Wolframabfällen eignet sich nach N. S. Ssingalowski und P. M. Porchunow, deren Chlorierungsmethoden (s. unter III, 1, S. 826), jedoch muß in diesem Falle die Probe vorher mit HCl zur Entfernung von Fe, Bi und Ca behandelt werden.

3. Wolframlegierungen (II/2, 1690). Vgl. besonders in Abschnitt Eisen IIIE (S. 696) und IIIF (S. 714).

Über die Manganbestimmung in Wolframlegierungen vgl. G. F. Smith, J. A. McHard und K. L. Olson.

4. Wolframverbindungen (II/2, 1697). Über Wolframcarbide und deren Untersuchung vgl. J. Itaka und J. Aoki.

5. Sonstiges. Zur Bestimmung des Kohlenstoffs in Wolframdrähten für Glühlampen hat W. J. King ein Verfahren angegeben, bei dem das bekannte Prinzip der Verbrennung in kohlensäurefreiem Sauerstoffstrom, des Auffangens des gebildeten Kohlendioxyds in titrierter Barytlauge, Abfiltrierens des Bariumcarbonats und Rücktitrierens des Barytüberschusses angewendet ist. Der Verfasser benutzt einen völlig geschlossenen Apparat, so daß Störungen durch den Kohlendioxydgehalt der Luft ausgeschlossen sind, und hat die Methode überhaupt dem Umstand angepaßt, daß es sich um sehr kleine Mengen handelt. Einzelheiten des ziemlich verwickelten Apparates siehe im Original.

Literatur.

Babko, A. K.: Bull. sci. Univ. Etat Kiev, Ser. chim. (ukrain.) Nr. 1, 147 (1935); Chem. Zentralblatt **1937 I**, 4400 — Brintzinger, H. u. E. Jahn: Ztschr. f. angew. Ch. **47**, Nr. 24, 456 (1934) u. Ztschr. f. anal. Ch. **94**, 396 (1933).

Clennel, J. E.: Min. Mag. Lond., **55**, 213, 278, 344 (1936); Chem. Zentralblatt **1937 I**, 3525.

Dotreppe, Georges: Chimie et Industrie **25**, Sonder-Nr. 3 bis. 173–178 (1931); Chem. Zentralblatt **1931 II**, 473.

Fernjanćić, S. (F. A. Ferjantschitsch): Betriebs-Labor. (russ.) **3**, 301 (1936). — Ztschr. f. anal. Ch. **97**, 332 (1934); Chem. Zentralblatt **1934 II**, 3014; **1936 I**, 1275. — Fleck, H. R.: Analyst **62**, 378 (1937); Chem. Zentralblatt **1937 II**, 2041.

Halberstadt, S.: Ztschr. f. anal. Ch. **92**, 86 (1933); Chem. Zentralblatt **1933 I**, 2983. — Hartmann, W.: Ztschr. f. anal. Ch. **85**, 191—235 (1931). — Hevesy, G. v. u. R. Hobbie: Ztschr. f. anorg. u. allg. Ch. **212**, 134 (1933); Chem. Zentralblatt **1933 II**, 1726. — Heyne, G.: Ztschr. f. angew. Ch. **44**, 237 (1931); Chem. Zentralblatt **1931 I**, 3148. — Holt, M. Leslie: Ind. and Engin. Chem., Anal. Ed. **6**, 476 (1934); Chem. Zentralblatt **1935 I**, 2222. — Hovorka, V.: Coll. Trav. chim. Tchécoslovaquie **7**, 182 (1936); Chem. Zentralblatt **1936 I**, 119.

Itaka, J. u. Y. Aoki: Bull. Chem. Ser. Japan **7**, 108(1932). — Ztschr. f. anal. Ch. **98**, 295 (1934).

Jilek, A. u. A. Ryšánek: Coll. Trav. chim. Tchécoslovaquie **5**, 136 (1933); Chem. Zentralblatt **1933 II**, 95 u. Zschr. f. anal. Ch. **111**, 424 (1938).

Kiefer, Karl: Ztschr. f. anal. Ch. **88**, 243 (1932); Chem. Zentralblatt **1932 II**, 576. — King, W. J.: Journ. Amer. Chem. Soc. **47**, 615 (1925). — Ztschr. f. anal. Ch. **96**, 137 (1934). — Koppel, J.: Chem.-Ztg. **48**, 801 (1924).

Milner, Th. u. F. Kunos: Ztschr. f. anal. Ch. **107**, 96 (1936); Chem. Zentralblatt **1937 I**, 1201. — Montignie: Bull. Soc. Chim. de France [4] **47**, 128 (1930); Chem. Zentralblatt **1930 I**, 2281.

Otero, E. u R. Montequi: An. Soc. espan. Fisica quim. **33**, 132 (1935); Chem. Zentralblatt **1936 I**, 4600; vgl. auch Chem. Zentralblatt **1934 II**, 2866.

Powell, A. R., W. R. Schoeller and C. Jahn: Analyst **60**, 506 (1935); Chem. Zentralblatt **1936 I**, 1275.

Raichinstein, Z. u. N. Korobow: Ztschr. f. anal. Ch. **104**, 192 (1936); **109**, 278 (1937); Chem. Zentralblatt **1935 II**, 2852; **1936 I**, 4472.

Schemjakin, F. M., A. W. Wesselowa u. M. J. Wladimirowa: Betriebs-Labor. (russ.) **5**, 231 (1936); Chem. Zentralblatt **1936 II**, 826. — Smith, G. F., J. A. McHard und K. L. Olson: Ind. and Engin. Chem., Anal. Ed. 8, 350 (1936); Chem. Zentralblatt **1937 I**, 1207. — Ssingalowski, N. S. u. P. M. Porchunow: Seltene Metalle (russ.) **2**, 35—37 (1933); Chem. Zentralblatt **1934 I**, 424. — Stahl, W. Chem.-Ztg. **56**, 175 (1932); Chem. Zentralblatt **1932 I**, 2490.

Yagoda, H. and H. A. Fales: Journ. Amer. Chem. Soc. **58**, 2494 (1936); Chem. Zentralblatt **1937 II**, 445 u. Zschr. f. anal. Ch. **111**, 416 (1938).

Zink (II/2, 1700).

Von

Dr.-Ing. **G. Darius**, Stolberg (Rhld.).

1. Bestimmung als Oxyd (II/2, 1703). Die Prüfung der Reinheit des ausgewogenen Zinkoxydes dehnt man heute zweckmäßig auch noch auf Nickel und Kobalt aus, indem man das im Filtrat von Aluminium, Eisen und Mangan mit Ammoniumsulfid gefällte Zinksulfid in verdünnter Salzsäure löst, wobei Nickel- und Kobaltsulfid ungelöst zurückbleiben. Bei hoch kalk- und magnesiahaltigem Material ist das Zinkoxyd auch auf Kalk und Magnesia zu prüfen, besonders wenn die Zinkfällung nur einmal ausgeführt wurde.

Genau so wichtig ist auch die Prüfung, ob die Fällung quantitativ gewesen ist. Man engt dazu das Filtrat der Zinksulfidfällung ein, oxydiert mit Bromsalzsäure, übersättigt mit Ammoniak, filtriert den Niederschlag gab und prüft das Filtrat mit Ammoniumsulfid auf Abwesenheit von Zink.

2. Zinkbestimmung in Zinkerzen (II/2, 1712). In neuerer Zeit wird Rohblende zum überwiegenden Teil als Flotationsblende gewonnen. Diese Blende enthält einen größeren Anteil an organischen Substanzen.

Bei ihrem Aufschluß ist daher darauf zu achten, daß der Abdampfrückstand rein weiß sei. Besonders, wenn mit Kaliumferrocyanid titriert wird, darf keine organische Substanz in der Erzlösung sein. Man oxydiert daher diese Blenden mehrmals mit Salpeterschwefelsäure. Falls dabei die Proben noch dunkel bleiben sollten, ist eine Vorfällung des Zinkes als Zinksulfid in schwach schwefelsaurer Lösung nicht zu umgehen. Die gleiche Vorfällung ist bei nickel- und kobalthaltigen Materialien notwendig. Diese Erze werden ohne Rücksicht auf die Dunkelfärbung zunächst genau so behandelt wie reguläre Proben. Es werden in saurer Lösung die Schwermetalle als Sulfide ausgefällt, dann der Schwefelwasserstoff verkocht, mit Wasserstoffperoxyd oxydiert, mit Ammoniak falls notwendig 2mal gefällt und vom Filtrat 0,5 oder 1 g entnommen, das Ammoniak verkocht, mit Methylrot als Indicator genau neutralisiert und das Zink als Sulfid gefällt (II/2, 1701). Das Zinksulfid wird abfiltriert, ausgewaschen, falls notwendig nochmals umgefällt, mit verdünnter Salzsäure vorsichtig vom Filter gelöst und mit einigen Kubikzentimeter Salpetersäure zur Trockne geraucht. Den Trockenrückstand nimmt man mit 6 cm^3 Salzsäure und 50 cm^3 Wasser auf, gibt, falls man nach Schaffner titrieren will, 25 cm^3 konzentriertes Ammoniak hinzu, spült in ein Batterieglas über und verdünnt auf 300 cm^3, während bei der Titration mit Kaliumferrocyanid die Lösung auf 250 cm^3 verdünnt wird und sofort titriert werden kann.

Bei stark arsenhaltigen Proben, besonders Flugstauben, genügt die Hinzugabe von 75 cm^3 Schwefelwasserstoffwasser zur Fällung der Schwermetalle nicht. Es ist in diesem Falle zweckmäßig, nach dem Aufnehmen des Aufschlußrückstandes mit Salzsäure und Wasser das Arsen durch Zugabe von einigen Körnern Natriumsulfit in der Siedehitze in die 3wertige Stufe zu reduzieren und nach dem Verkochen der schwefligen Säure die Schwermetalle durch Einleiten von Schwefelwasserstoff zu fällen.

a) Die sog. deutsche Schaffner-Methode (II/2, 1712) dürfte heute wohl nirgendwo mehr zur Ausführung genauer Zinkbestimmungen angewandt werden, dagegen findet man noch besonders in Betriebslaboratorien, wo täglich größere Serien von Zinkbestimmungen titriert werden müssen, die Titrationsart mit einer Bürette von Probe und Titer hintereinander auf den gleichen Farbflecken, da in diesem besonderen Falle die Titrationsform mit zwei Büretten zu zeitraubend ist. Man bedenke die größere Anzahl von Titereinwaagen und die Titerabnahmen. Wenn man aber darauf achtet, daß die Zinkinhalte von Probe und Titer innerhalb 3—5% übereinstimmen, dann ist es bei einiger Übung leicht möglich, auch auf diese Weise für die Praxis brauchbare Werte zu erhalten.

b) Die „belgische Schaffner-Methode" (II/2, 1713) erfaßt nicht den vollen Zinkgehalt der Probe, da der Eisenaluminiumniederschlag immer etwas Zink zurückhält. Dieser Fehler wird nicht durch Zugabe einer entsprechenden Menge Eisen zur Titerlösung ausgeglichen. Im Rapport 19 der Association belge de standardisation wird dieser bewußte Fehler wie folgt begründet: „Der Minderbefund an Zink, der ungefähr 0,25% auf je 10% Eisenoxyd beträgt, ist deshalb zu vernachlässigen, weil eisenhaltige Erze schwieriger zu verhütten und daher auch geringer zu bewerten sind als eisenarme Erze von gleichem Zinkgehalt. Der Minderbefund infolge des Eisengehaltes ist also in gewissem Sinne ein Ausgleich für die durch diesen Eisengehalt bedingte Minderwertigkeit des Erzes.“

3. Nebenbestandteile (II/2, 1720). In neuere Zeit wird besonders bei den Erzen, aus welchen das Zink elektrolytisch gewonnen werden soll, die Bestimmung des Nickels und Kobalts gefordert. Man schließt, je nach dem zu erwartenden Gehalt 5—10 g mit Salzsäure und Salpetersäure auf, raucht mit Schwefelsäure ab und leitet in die schwach saure warme Lösung, ohne vorher zu filtrieren, Schwefelwasserstoff ein. Man filtriert ab, verkocht den Schwefelwasserstoff und gibt ungefähr 30 g festes Ammoniumsulfat hinzu. Dann fällt man das Zink in ganz schwach schwefelsaurer Lösung (s. II/2, 1701) nötigenfalls 2mal. Die Filtrate vom Zinksulfid werden stark eingeengt und Nickel + Kobalt vom Eisen, Aluminium und Mangan durch doppelte Fällung mit Ammoniak und Wasserstoffperoxyd getrennt. Im Filtrat, welches nur Schwefelsäure enthalten darf, scheidet man dann das Nickel + Kobalt elektrolytisch ab. Man löst nach der Auswaage die Metalle mit Salpetersäure von der Elektrode, bestimmt in einem abgemessenem Teile dieser Lösung das Nickel allein mit Dimethylglyoxim und prüft den anderen Teil auf Zink. Ein etwa vorhandener Zinkgehalt wird in seiner vollen Höhe von der Summe Nickel + Kobalt abgezogen und Kobalt aus der Differenz errechnet.

Die Bestimmung der Sulfobasen Antimon und Zinn ist auch leicht nach Blumenthal (s. II/2, 1727) auszuführen. 5 × 10 g Blende werden mit hinreichender Salpetersäure aufgeschlossen, dann mit ungefähr 200 cm³ Wasser verdünnt und aufgekocht. Man läßt erkalten und stumpft die freie Säure mit Ammoniak möglichst ab. In der schwach salpetersauren Lösung fällt man in der Siedehitze durch Zugabe von Mangannitrat und Kaliumpermanganat Braunstein aus, welcher alles Antimon und Zinn mit niederreißt. Man filtriert ab, wiederholt die Fällung im Filtrat, filtriert den zweiten Braunsteinniederschlag zu den ersten hinzu, wäscht gut aus, trocknet und verascht das Filter und schmelzt den Rückstand im Nickeltiegel mit Natriumsuperoxyd. Die Weiterbehandlung der Schmelze ist dann wie unter Rohzink (s. S. 832) angegeben.

In Zinkflotationsbetrieben ist oft die Ermittlung des oxydisch gebundenen Zinkes von Bedeutung, da dieses meistens für die Flotation verloren ist. Zu diesem Zwecke kocht man 2,5 g Material ungefähr 30 Minuten lang mit 100 cm³ einer 15%igen Essigsäure, läßt erkalten, filtriert durch ein mittelhartes Filter, wobei das Filtrat vollständig klar sein muß, und wäscht mit warmen schwach essigsauren Wasser aus. Das Filtrat wird mit Salzsäure auf etwa 5 Vol.-% angesäuert und in der Wärme Schwefelwasserstoff eingeleitet bis zum Erkalten der Lösung. Man filtriert dann in einen $^1/_2$-l-Meßkolben, wäscht wie gewöhnlich aus, verkocht im Filtrat den Schwefelwasserstoff, oxydiert und fällt Eisen und Aluminium mit Ammoniak. Am nächsten Tage wird aufgefüllt und 1 g zur Titration entnommen. Da es sich im allgemeinen nur um wenige Prozente und darunter handelt, ist es hier von besonderer Bedeutung, daß die Titerlösung im Zinkgehalt mit der Probe möglichst genau übereinstimmt. Bei unbekanntem Material macht man daher eine Vorprobe.

4. Zinkaschen (II/2, 1723). Da in neuerer Zeit vielfach Zinkaschen mit einem nennenswerten Gehalt an Blei, Zinn, Antimon, Kupfer und Aluminium im Handel sind, genügt der einfache Säureaufschluß nicht mehr zur Feststellung des gesamten Zinkgehaltes. In diesem Falle wird der Aufschluß zweckmäßig in der von C. Boy angegebenen Weise umgeändert.

12,5 g Material werden mit 150 cm³ verdünnter Salpetersäure (1:2) unter Erwärmen vorsichtig gelöst, heiß in einen Litermeßkolben filtriert, das Filtrat muß vollkommen klar sein, und mit heißem Wasser ausgewaschen. Falls durch gelatinöse Kieselsäure die Filtration beeinträchtigt werden sollte, kann man in die heiße Lösung etwas Flußsäure geben. Das gut ausgewaschene Filter mit dem unlöslichen Rückstand wird dann in dem Aufschlußglas mit 50 cm³ konzentrierter Salpetersäure und 25 cm³ konzentrierter Schwefelsäure eingeraucht. Falls beim Einrauchen sich die Lösung dunkel färben sollte (organische Substanzen), dann oxydiert man mit einer Mischung von 2 Teilen konzentrierter Salpetersäure und 1 Teil konzentrierter Schwefelsäure so lange, bis der Rückstand rein weiß ist. Dieses ist besonders wichtig, wenn die Zinktitration mit Kaliumferrocyanid ausgeführt werden soll. Den Rückstand kocht man mit 100 cm³ Wasser durch und gibt ihn in den Litermeßkolben. Dann kühlt man ab, füllt auf Marke, schüttelt gut durch, filtriert durch ein trockenes dichtes Filter das Bleisulfat und den säureunlöslichen Rückstand ab und entnimmt dem klaren Filtrat 100 cm³ = $1^1/_4$ g Einwaage. Diese Lösung wird mit 20 cm³ verdünnter Schwefelsäure (1:1) zur Trockne gedampft und in der unter Zinkerzen beschriebenen Weise weiterbehandelt (s. II/2, 1712f.).

Bei stark kohlehaltigem Material ist der Aufschluß von 12,5 g nicht immer möglich, da die vollständige Oxydation der Kohle im Rückstand sich mit Salpeterschwefelsäure nicht erreichen läßt. Diese Aschen sind hygroskopisch und werden auch nicht im Originalzustand untersucht, so daß man sie ohne weiteres bei der Probenahme weitgehend zerkleinern kann, mindestens bis zum 1-mm-Sieb. Trotzdem ist das Material noch so ungleich, daß bei dieser Körnung keine gleichmäßigen Einwaagen gemacht werden können, denn in diesen Aschen befindet sich Kohle neben metallischen Zinkkörnern. Größere Einwaagen kommen wegen des Kohlegehaltes nicht in Frage, man muß daher das ganze Analysenmuster absieben, und zwar mindestens durch ein 0,2-mm-Sieb. Nachdem dann der Anteil an Grobem und Feinem festgelegt ist, kann man ohne irgendwelche Befürchtungen eine Einwaage von 2,5 g machen und diese direkt weiterverarbeiten.

5. Rohzink und Feinzink (II/2, 1725). Bei der Bedeutung, die bezüglich der Weiterverarbeitung des Zinkes auf den Zinngehalt gelegt wird, muß bei dieser Bestimmung ganz besonderer Wert auf genaue Ausführung gelegt werden. Nach den im Hauptwerk beschriebenen Methoden wird das Zinn ohne weitere Vorsichtsmaßnahmen entweder aus dem in Salpetersäure unlöslichen oder aus einer Schwefelschmelze bzw. einem Natriumsulfidauszug des Schwefelwasserstoffniederschlages bestimmt. Es hat sich nach den Erfahrungen des Zentrallaboratoriums der Stolberger Zink A.G. als unbedingt notwendig erwiesen, die gleich auf welche Weise erhaltene sulfoalkalische zinn- und antimonhaltige Lösung vorsichtig zur Trockne zu dampfen, nachdem man vorher durch Zusatz von Natriumsulfit die Polysulfide zerstört hat. Der Trockenrückstand wird mit 100 cm^3 Wasser aufgenommen und nach dem Aufkochen über Nacht stehen gelassen. Es scheiden sich durch diese Maßnahme alle Sulfide von Schwermetalle, die in den Polysulfidauszug übergegangen waren, wieder ab, und die Fällung des Zinn mit Schwefelwasserstoff ergibt nach Abtrennung des Antimon nur reines Zinnsulfid. Die hieraus erhaltene Zinnsäure ist immer weiß, während das nach der früher üblichen Weise erhaltene Zinnsulfid nach dem Abrösten immer dunkles Zinnoxyd ergab. Ferner ist es bei der Be stimmung nach Blumenthal (II/2, 1727) notwendig, den Braunsteinniederschlag mit Natriumperoxyd zu schmelzen, und nicht nur in Säure zu lösen. Der Aufschluß muß im Nickeltiegel erfolgen, denn es hat sich gezeigt, daß die üblichen Eisentiegel oft zinn- und kupferhaltig sind. Andererseits erscheint es bei den gewöhnlichen Hüttenrohzinken nicht notwendig, eine doppelte Braunsteinfällung vorzunehmen, man muß nur darauf achten, daß das Filtrat der ersten Fällung vollkommen wasserhell und klar ist.

Zur Antimon- und Zinnbestimmung werden 100 g Metall in verdünnter Salpetersäure (1:1) gelöst, es genügen hierzu 600 cm^3, in der dann vorliegenden schwach salpetersauren Lösung wird in der Siedehitze nach Blumenthal gefällt und klar filtriert. Der Niederschlag wird im Nickeltiegel verascht und mit Natriumperoxyd geschmolzen. Nach dem Erkalten wird die Schmelze mit Wasser gelöst, mit Salzsäure schwach angesäuert, das Chlor verkocht und Schwefelwasserstoff eingeleitet. Die Sulfide werden abfiltriert, bis zur Nickelfreiheit ausgewaschen, in den Fällungskolben zurückgespritzt, mit Natriumpolysulfidlösung ausgezogen, durch das erste Filter abfiltriert und mit natriumsulfidhaltigem Wasser ausgewaschen. Das Filtrat wird mit Natriumsulfit entfärbt und zur Trockne gedampft. Der Rückstand wird mit Wasser aufgenommen, die nach längerem Stehen abgesetzten Sulfide abfiltriert und aus der Sulfolösung das Antimon nach Zugabe von etwa 20 g festem Natriumsulfid elektrolytisch abgeschieden. Die vom Antimon befreite Lösung wird vorsichtig mit verdünnter Essigsäure angesäuert, der ausgefallene Schwefel zusammen mit dem Zinnsulfid abfiltriert, mit Bromsalzsäure und etwas Kaliumchlorat gelöst, der zurückbleibende Schwefel nach dem Verdünnen mit Wasser abfiltriert und in dem Filtrat das Zinn mit Schwefelwasserstoff als gelbes Zinnsulfid gefällt. Man läßt mindestens 12 Stunden absitzen, filtriert durch ein dichtes aschefreies Filter klar ab, wäscht mit ammoniumacetathaltigem Wasser aus, verascht das Filter und wägt die Zinnsäure aus.

Wenn es sich besonders bei unreinem Material um höhere Zinngehalte handelt und nur Zinn bestimmt werden soll, kann man nach der Schmelze des Braunsteinniederschlages in deren salzsauren Lösung in bekannter Weise, nach Abscheidung des Antimons mit Eisenpulver, das Zinn, nachdem man es vorher mit Aluminiumspänen reduziert und unter Luftabschluß wieder mit Salzsäure gelöst hatte, jodimetrisch bestimmen.

In verschiedenen Laboratorien ist es üblich, besonders bei eiligen Betriebsproben, die Eisenbestimmung direkt im Filtrat des beim Lösen des Zinks in verdünnter Schwefelsäure (1:4) entstandenen Metallschwammes durch Titration mit Kaliumpermanganat auszuführen. In dieser einfachen Form ergibt die Bestimmung immer zu geringe Befunde, da der Metallschwamm bis zu $^1/_3$ des vorhandenen Eisens zurückhalten kann. Dieser Fehler wird vermieden, wenn man den Metallschwamm in den Lösungskolben zurückspritzt und nochmals ungefähr 15 Minuten mit verdünnter Schwefelsäure (1:2) durchkocht. Man läßt etwas erkalten und filtriert zum ersten Filtrat hinzu, kühlt die gesamte Lösung, die etwa 600 cm^3 beträgt, ab und titriert dann erst mit Permanganat. Die so erhaltenen Werte decken sich hinreichend genau mit den auf die in der Gesamtanalyse angegebenen Weise ermittelten. Die Zeitdauer dieser Analyse beträgt jedoch nur 1—3 Stunden je nach der durch den Eisengehalt bedingten Lösungszeit (eisenarme Proben lösen langsamer). Falls die Bleibestimmung schnell ausgeführt werden soll, genügt es, 25 g oder des besseren Durchschnittes wegen 50 g in einem $^1/_2$-l- bzw. 1-l-Meßkolben mit verdünnter Salpetersäure zu lösen. Nach dem Lösen kühlt man ab, füllt auf Marke und entnimmt nach dem Durchschütteln 100 cm^3 = 5 g Einwaage, gibt etwa 0,02 g Kupfer als Nitrat hinzu, säuert auf 20 Vol.-% Salpetersäure an, erwärmt auf etwa 70° C und elektrolysiert unter Bewegen des Elektrolyten mit 2 Ampere 1 Stunde lang. Das an der Anode als Bleisuperoxyd abgeschiedene Blei wird bei 180° getrocknet und ausgewogen.

6. Hartzink und Zinkstaub (II/2, 1728). Der Schwierigkeit, bei der maßanalytischen Wertbestimmung nach Wahl den Zinkstaub ohne Bildung von Knoten in Lösung zu bringen, kann man dadurch begegnen, daß man ihn direkt vom Wägeschiffchen unter dauerndem Umschwenken des Kolbens in die 50 cm^3 Ferrisulfatlösung einträgt. Dieses Eintragen muß aber langsam und in kleinen Portionen erfolgen. Es gelingt dann bei einiger Übung die Knotenbildung vollständig zu vermeiden unter der Voraussetzung, daß der Staub trocken ist. Die in dieser Weise erhaltenen Werte decken sich vollständig mit den nach der im Hauptwerk (II/2, 1729) beschriebenen Ausführungsform erhaltenen, so daß das zeitraubende Trocknen der Kolben und das Anrühren mit Wasser vermieden werden kann.

7. Zinklegierungen (II/2, 1730). Bei der fortschreitenden Legierungstechnik gewinnen die verschiedenartigsten Zinklegierungen immer mehr an Bedeutung. Die analytische Bestimmung dieser oft nur in geringen Mengen zulegierten Metalle ist recht schwierig, zumal keine ausreichend erprobte Methoden vorhanden sind. Es handelt sich hier hauptsächlich um die Bestimmung von Al, Ni, Ca, Mg und Si. Die Einwaagen richten sich nach den jeweils vorliegenden Mischungsverhältnissen. Es hat sich als zweckmäßig erwiesen, diese Beimetalle in getrennten Einwaagen zu ermitteln. Zur Bestimmung des Aluminiums werden 10 bis 50 g in Salzsäure gelöst, ein etwaiger Rückstand wird abfiltriert, mit Schwefelsäure eingeraucht, mit Wasser aufgenommen und mit Ammoniak auf Aluminium geprüft und bei Seite gestellt. Die Hauptlösung wird zuerst mit starker und nachher tropfenweise mit schwacher Sodalösung bis zur bleibenden Trübung abgestumpft. Diese Trübung wird mit einigen Tropfen Säure fortgenommen und dann gibt man soviel in Wasser aufgeschlämmtes reines alkalifreies $BaCO_3$ hinzu, bis etwas ungelöstes Fällungsmittel sich auf dem Boden abscheidet. Nach einigen Stunden wird abfiltriert, der Niederschlag in Salzsäure gelöst, die Kohlensäure verkocht und Schwefelwasserstoff eingeleitet. Ein etwa entstandener Niederschlag wird abfiltriert und im Filtrat nach dem Verkochen des Schwefelwasserstoffes und darauffolgendem Oxydieren das Eisen und Aluminium durch doppelte Ammoniakfällung vom Barium getrennt, nachdem man vorher einen etwaigen Aluminiumniederschlag des Aufschlußrückstandes hinzugegeben hatte. Der Niederschlag wird verascht und ausgewogen. Man löst in möglichst wenig Salzsäure und titriert das Eisen mit Permanganat. Das Aluminium wird aus der Differenz errechnet (Leerversuch ist erforderlich).

Zur Nickelbestimmung löst man 10—50 g in Salzsäure, oxydiert mit Salpetersäure, gibt 1—2 g Weinsäure hinzu, macht schwach ammoniakalisch und fällt das Nickel mit Dimethylglyoxim. Um eine quantitative Trennung vom Zink zu erreichen, ist es notwendig, den Niederschlag noch einmal umzufällen. Man filtriert durch ein Jenaer Glasfilter ab und trocknet bei 105° C.

Die Calcium- und Magnesiumbestimmung kann in einer Einwaage ausgeführt werden. Je nach dem zu erwartenden Gehalt werden 5—50 g in verdünnter Salpetersäure gelöst. Man fügt 0,05—0,10 g Eisen in Form von Nitrat hinzu und übersättigt mit Ammoniak, bis alles Zinkhydroxyd gelöst ist, kocht auf, filtriert heiß ab, wäscht aus, löst den Niederschlag mit warmer Salzsäure durch das Filter, fällt ihm nochmals mit Ammoniak und filtriert zum ersten Filtrat hinzu. Die vereinigten Filtrate werden eingeengt, etwa sich ausscheidende basische Zinkverbindungen durch Ammoniak in Lösung gebracht. Jetzt gibt man ausreichend Natriumammoniumphosphat hinzu, übersättigt mit Ammoniak und läßt mindestens 24 Stunden absitzen. Der entstandene Niederschlag wird abfiltriert, in verdünnter Salzsäure gelöst und in diese saure Lösung Schwefelwasserstoff eingeleitet. Ein entstandener Niederschlag wird abfiltriert, im Filtrat wird der Schwefelwasserstoff verkocht und mit Brom oxydiert. Bevor jetzt die Erdalkalien gefällt werden, muß die zur ersten Fällung zugegebene Phosphorsäure als basisches Eisenphosphat gebunden werden, indem man etwa 0,2 g Eisen als Chlorid hinzugibt, mit Sodalösung bis zur eben bleibenden Trübung neutralisiert (im durchscheinenden Licht muß die Lösung noch klar sein) und mit 2 g Natriumacetat das Eisen, welches dann noch nicht an die Phosphorsäure gebunden ist, als basisches Acetat in der Wärme bindet. Man filtriert ab, kann den Niederschlag, wenn es sich um größere Mengen Calcium oder Magnesium handelt, in Salzsäure lösen und die Fällung wiederholen, übersättigt dann die vereinigten Filtrate mit Ammoniak, kocht auf und läßt über Nacht stehen. Dann wird ein etwa abgesetzter Niederschlag abfiltriert und im Filtrat das Calcium als Oxalat gefällt. Man läßt 24 Stunden absitzen, filtriert ab und verascht den Niederschlag. Nach der Auswägung wird das Calciumoxyd in wenig Salzsäure gelöst, mit Schwefelsäure und Alkohol umgefällt, nach dem Absitzen durch einen Porzellanfiltertiegel abfiltriert und als $CaSO_4$ gewogen.

Das Filtrat der Calciumfällung wird, besonders wenn es sich um geringe Magnesiumgehalte handelt, vorsichtig eingedampft, die Ammonsalze verjagt, der Rückstand mit Wasser und einigen Tropfen Säure aufgenommen und das Magnesium in bekannter Weise als Magnesiumammoniumphosphat gefällt, abfiltriert und als Magnesiumpyrophosphat ausgewogen.

Es ist ratsam, bei diesem langen Analysengang eine Leeranalyse nebenher laufen zu lassen, um sich von der Reinheit der verwendeten Chemikalien zu überzeugen.

Zur Siliciumbestimmung löst man 25 g Rohzink in dem Säuregemisch nach Otis-Handy (300 cm^3 verdünnte Schwefelsäure (1:1), 150 cm^3 konzentrierte Salzsäure und 75 cm^3 konzentrierte Salpetersäure). Nachdem das Metall zersetzt ist, raucht man bis zum Auftreten der weißen Dämpfe ab, läßt erkalten, verdünnt und filtriert ab. Der Niederschlag wird zurückgespritzt und das Bleisulfat mit Ammoniumacetat herausgelöst. Der Rückstand wird verascht, mit Natriumkaliumcarbonat geschmolzen, die Schmelze in Wasser gelöst, mit Salzsäure angesäuert und die Kieselsäure durch zweimaliges Abdampfen und scharfes Trocknen unlöslich gemacht. Dann wird mit salzsaurem Wasser aufgenommen, die abgeschiedene Kieselsäure abfiltriert, verascht und nach dem Auswägen mit Flußsäure-Schwefelsäure auf Reinheit geprüft. Das salzsaure Filtrat der Kieselsäure wird zur Sicherheit nochmals mit Schwefelsäure eingeraucht und mit Wasser wieder aufgenommen. Sich hierbei noch abscheidende Kieselsäure ist zu berücksichtigen.

Literatur.

Blumenthal: Ztschr. f. analyt. Ch. **74**, 33 (1928).
Boy, C.: Metall u. Erz **1934**, 358.

Namenverzeichnis.

Sachverzeichnis.

Druckfehlerberichtigungen
für Chem.-techn. Untersuchungsmethoden, Erg.-Werk Bd. II.

S. 738:

Zeile 10 v. o.: statt „mm“ setze „cm“.

Zeile 19 v. o. Formel muß lauten: $D_1 = \frac{A\ (\mathrm{cm}^2)}{s} \cdot 10$ oder $\frac{A\ (\mathrm{m}^2) \cdot 0{,}001}{s}$.

Zeile 21 v. o. Formel muß lauten: $D_2 = \frac{1}{2} \cdot D_1$ oder $\frac{A\ (\mathrm{m}^2) \cdot 0{,}0005}{s}$.

Zeile 26 v. o. Formel muß lauten:

$$A\ (\mathrm{cm}^2) = \frac{G - R}{d \cdot \pi \cdot l} \text{ oder } A\ (\mathrm{m}^2) = \frac{(G - R) \cdot 10000}{d \cdot \pi \cdot l}.$$

Zeile 28 v. o. Formel muß lauten:

$$D_0 = \frac{A\ (\mathrm{cm}^2)}{s} \cdot 10 = \frac{(G - R) \cdot 10}{l \cdot d \cdot \pi \cdot s} \text{ oder } \frac{A\ (\mathrm{m}^2) \cdot 0{,}001}{s}.$$

S. 739:

Zeile 4 v. o.: statt „und mit einer Normalschwefelsäure“ setze „wird. Nach Zusatz einer gemessenen Menge Normalsalzsäure wird . . . .“

Zeile 5 v. o.: hinter der 2. Klammer ist einzufügen „mit n-Natronlauge“.

Zeile 6 v. o.: „wird“ ist zu streichen.

Zeile 7 v. o.: statt „0,00899 g“ setze „0,00889 g“.

Printed in the United States
By Bookmasters